EUROPA LEHRMITTEL

Edition Harri Deutsch

Chemie

Ein Lehrbuch für Fachhochschulen

von

Roland Pfestorf

9., korrigierte Auflage

VERLAG EUROPA-LEHRMITTEL · Nourney, Vollmer GmbH & Co. KG
Düsselberger Straße 23 · 42781 Haan-Gruiten

Europa-Nr.: 54487

Autoren:

Dr. Johannes Kunisch	Kapitel 1, 2, 7.1–7.8, 8, 9.1, 26–34
Prof. Dr. Roland Pfestorf	Kapitel 3–6, 7.9, 8, 10, 19.5
Dr. Karl-Heinz Lautenschläger	Kapitel 9.2, 9.3, 11–19.4, 20–25
Dr. Heinz Kadner	verantwortete bis zur 7. Auflage die Kapitel 3 bis 6

Herausgeber:
Prof. Dr. Roland Pfestorf, ehemals Professor für Chemie/Physikalische Chemie an der Hochschule für Technik, Wirtschaft und Kultur Leipzig (FH), vorher Universität Leipzig.
rpfestorf@t-online.de

9., korrigierte Auflage 2013

Druck 5 4 3 2 1

ISBN 978-3-8085-5448-7

http://www.europa-lehrmittel.de
Satz: Satzherstellung Dr. Naake, 09618 Brand-Erbisdorf
Umschlaggestaltung: braunwerbeagentur, 42477 Radevormwald
Druck: Media-Print Informationstechnologie GmbH, 33100 Paderborn

S.K.

Chemie
Ein Lehrbuch für Fachhochschulen

Vorwort

Auch im Zeitalter der Globalisierung und der Informationsverwaltung muss ein Mindestmaß an chemischen Grundkenntnissen zum Verständnis von Stoffeigenschaften und Stoffwandlungsprozessen vorausgesetzt werden. Dabei wird das massive Vordringen von Informations- und Kommunikationstechnik für das gegenwärtige und zukünftige Bildungswesen auch auf diesem Gebiet zu einer großen Herausforderung. Im Rahmen dieses Buches wird das Wissen um prinzipielle chemische Zusammenhänge den stofflich orientierten Kapiteln vorangestellt, deren Inhalt man sich bei Bedarf – vor allem zum Verständnis bestimmter chemischer und technologischer Problemstellungen – aneignen kann.

Ob Materialwissenschaften, Werkstoff- bzw. Umwelttechnik oder Nano- und Biotechnologie, keine dieser Fachdisziplinen kommt ohne solide chemische Grundkenntnisse aus. Viele Nichtfachleute fürchten heute – teilweise unberechtigt – aufgrund des fehlenden chemischen Sachverstandes vermeintliche Risiken durch Chemikalien in Lebensmitteln, im Wasser, im häuslichen Umfeld und global in unserer Umwelt. Chemiker und Ingenieure mit entsprechender Spezialisierung sollten durch objektive und fundierte Urteile diesem Trend entgegenwirken können.

Dazu wurde auch das vorliegende Lehrbuch, welches schon über viele Jahre besonders die Ausbildung von Ingenieuren im Nebenfach an Fachhochschulen begleitet, von einem kleinen Autorenteam in Form der vorliegenden Auflage sowohl in seiner äußeren Gestaltung als auch in ausgewählten Kapiteln inhaltlich überarbeitet. In einer Zeit, in der vergleichbare Abiturkenntnisse nicht mehr vorausgesetzt werden können und damit Studenten ein Ingenieurstudium mit sehr unterschiedlichen (teilweise auch mangelhaften!) naturwissenschaftlichen Vorkenntnissen aufnehmen, soll das vorliegende Buch bei der Aneignung eines soliden Grundlagenwissens im Fach Chemie für verschiedene Ingenieurdisziplinen behilflich sein. Leider sind es nämlich fehlende Grundbegriffe, die den angehenden Ingenieuren das Verständnis chemischer Problemstellungen der Praxis erschweren.

Ausgehend von den Gesetzmäßigkeiten der allgemeinen Chemie werden die Arten der chemischen Bindung und darauf aufbauend die hauptsächlichen Reaktionstypen der anorganischen und organischen Chemie behandelt. Hierdurch bleibt der Charakter eines Lehrbuches erhalten, welches versucht, einen Überblick über die gesamte Chemie zu geben.

Auf folgende ingenieurtechnisch interessante Teilabschnitte des Buches sei besonders hingewiesen:

- Elektrochemie und Korrosion,
- Eisen und Stahl,
- Chemie und Technologie des Wassers,
- Petrol- und Kohlechemie,
- polymere Werkstoffe und Faserstoffe.

Wo es sich anbietet, werden Bezüge zu den aktuellen Umweltproblemen unserer Zeit hergestellt.

Trotzdem kann dieses Lehrbuch nicht alle stoffbezogenen Belange im umfangreichen Fächerspektrum der Chemie erfüllen. Es sollte aber leichter möglich sein, auf der Grundlage einer ausführlich behandelten allgemeinen Chemie notwendige Erweiterungen unter Nutzung zusätzlicher Quellen fachrichtungsbezogen und anwendungsorientiert vorzunehmen.

Dieses Lehrbuch ist sowohl zum Selbststudium – verknüpft mit kapitelbezogenen Aufgaben und Lösungen – als auch zur Vertiefung ausgewählter Lehrinhalte in der Fachdisziplin Chemie geeignet. Da es die allgemeine Chemie in praxisrelevanter Form darstellt, wird es besonders für die Ausbildung von Ingenieuren im Lehrgebiet Chemie – auch im Nebenfach – an Fachhochschulen empfohlen.

In der vorliegenden 9. Auflage des Lehrbuches werden konsequent die SI-Einheiten verwendet und die Elemente und Verbindungen weitgehend nach der IUPAC-Nomenklatur bezeichnet.

Die in diesem Lehrbuch der Chemie gegebenen Gefahrstoffhinweise können selbstverständlich nicht eine zusätzliche Information seiner Benutzer über jene Gefahrstoffe ersetzen, mit denen man in der Praxis eines Ingenieurs umzugehen hat. Es wird dafür auf die einschlägige Spezialliteratur verwiesen.

Das vorliegende Lehrbuch wird trotz aller Sorgfalt bei der Überarbeitung nicht frei von Fehlern sein. Hinweise, Anregungen und Kritik werden von den Autoren jederzeit entgegengenommen und bei einer Nachauflage berücksichtigt.

Herrn Dr. Steffen Naake, Brand-Erbisdorf, gebührt unser Dank bei der Satzherstellung auf der Basis der neuen Rechtschreibregeln.

Leipzig, im Herbst 2013 Im Auftrag der Autoren

Roland Pfestorf

Leserkontakt

Autoren und Verlag Europa-Lehrmittel
Nourney, Vollmer GmbH & Co. KG
Düsselberger Str. 23
42781 Haan-Gruiten
lektorat@europa-lehrmittel.de
http://www.europa-lehrmittel.de

Inhaltsverzeichnis

1 Gegenstand, Bedeutung und Entwicklung der Chemie 17

1.1 Gegenstand der Chemie 17

1.2 Entstehung, Entwicklung und Bedeutung der Chemie 18

2 Stoffe 20

2.1 Begriff des Stoffes (Stoff – Körper) 20

2.2 Atomarer Aufbau der Stoffe 20

2.3 Physikalische Eigenschaften der Stoffe – Aggregatzustände 21

2.4 Reine Stoffe und Stoffgemische 24

2.5 Lösungen und Konzentrationseinheiten 26

2.6 Die physikalische Trennung von Mischungen 28

2.6.1 Übersicht über Trennoperationen 28

2.6.2 Trennung von Stoffgemischen durch Änderung des Aggregatzustandes 30

2.7 Elemente und Verbindungen 34

3 Atombau 36

3.1 Elementarteilchen 36

3.2 Aufbau des Atoms 36

3.2.1 Bau des Atomkerns 37

3.2.1.1 Nuclide und Isotope 38

3.2.2 Bau der Atom- oder Elektronenhülle 39

3.2.2.1 Welle-Teilchen-Dualismus der Elektronen 39

3.2.2.2 Energieniveaus, Elektronenzustände, Quantenzahlen 42

3.2.2.3 Räumlicher Bau der Atomhülle – Orbitale 43

3.2.2.4 Elektronenkonfiguration – Atommodelle 45

3.2.2.5 Gesetzmäßigkeiten im Bau der Atomhülle 49

3.3 Atombau als Ordnungsprinzip der Elemente 50

4 Periodensystem der Elemente 52

4.1 Anordnung der Elemente nach ihrer Ähnlichkeit 52

4.1.1 Entwicklung des Periodensystems 52

4.1.2 Halogene und Edelgase als Beispiel 52

4.2 Anordnung der Elemente und Darstellung des Periodensystems 54

4.2.1 Atombau als Ordnungsprinzip 54

4.2.2 Lang- und Kurzperiodensystem 55

4.3 Periodizität der Eigenschaften der Elemente 57

4.3.1 Gleiche Eigenschaften 57

4.3.2 Eigenschaften, die sich periodisch ändern 58

4.4 Bedeutung dieser Gesetzmäßigkeiten für die Chemie 59

5 Chemische Bindung 61

5.1 Grundlagen der chemischen Bindung 61

5.2 Atombindung 62

5.2.1 Wesen der Atombindung 62

5.2.1.1 VB-Methode 63

5.2.1.2 σ-Bindung 64

5.2.1.3 π-Bindung . . . 65
5.2.1.4 Grundlagen der MO-Methode . . . 65
5.2.2 Polarisierte Atombindung . . . 67
5.2.3 Richtung der Atombindung . . . 69
5.2.4 Atombindigkeit . . . 70
5.2.5 Mesomerie . . . 71
5.2.6 Eigenschaften der Verbindungen mit Atombindung . . . 72
5.3 Ionenbeziehung . . . 73
5.3.1 Wesen der Ionenbeziehung . . . 73
5.3.2 Ionisierungsenergie und Elektronenaffinität . . . 74
5.3.3 Ionenwertigkeit . . . 74
5.3.4 Eigenschaften von Verbindungen mit Ionenbeziehung . . . 75
5.4 Metallbindung . . . 77
5.5 Zwischenmolekulare Bindung . . . 78
5.6 Chemische Bindung und PSE . . . 80
5.7 Besonderheiten der chemischen Bindung . . . 81
5.7.1 Bindungsverhältnisse am Kohlenstoffatom . . . 81
5.7.2 Bindungsverhältnisse in Komplexverbindungen . . . 83
5.7.2.1 Komplexverbindungen . . . 83
5.7.2.2 Struktur der Komplexe . . . 84
5.7.2.3 Wertigkeiten in Komplexverbindungen . . . 87
5.7.2.4 Komplexbildung am Metallion . . . 89
5.7.2.5 Bezeichnung von Komplexverbindungen . . . 90
5.8 Grundbegriffe der Kristallchemie . . . 91

6 Disperse Systeme . . . 94
6.1 Grundbegriffe . . . 94
6.1.1 Aufbau disperser Systeme . . . 94
6.1.2 Dispersitätsgrad . . . 94
6.1.3 Arten disperser Systeme . . . 94
6.1.4 Eigenschaften disperser Systeme . . . 95
6.2 Kolloiddisperse Systeme . . . 97
6.2.1 Arten der Kolloide . . . 98
6.2.2 Herstellung kolloider Systeme . . . 99
6.2.3 Eigenschaften kolloiddisperser Substanzen . . . 100
6.2.3.1 Hydrophile und hydrophobe Kolloide . . . 100
6.2.3.2 Reversible und irreversible Kolloide . . . 101
6.2.3.3 Schutzkolloide . . . 101
6.2.3.4 Sol-Gel-Umwandlung . . . 101
6.2.3.5 Adsorption . . . 102
6.3 Bedeutung der Kolloidchemie . . . 102

7 Massen-, Volumen- und Energieverhältnisse bei chemischen Reaktionen . . . 104
7.1 Verbindung und chemische Reaktion . . . 104
7.2 Gesetz von der Erhaltung der Masse und Gesetz der bestimmten Masseverhältnisse . . . 105
7.3 Relative Atommasse und relative Molekülmasse . . . 106
7.4 Stoffmenge, Mol und Avogadro-Konstante . . . 107
7.5 Stoffmengen- und Äquivalentkonzentration . . . 108
7.6 Gesetz von Avogadro . . . 110

7.7 Zustandsgleichung der Gase . . . 111
7.8 Stöchiometrische Berechnungen . . . 112
7.9 Thermodynamische Grundbegriffe zur energetischen Charakterisierung chemischer Reaktionen . . . 112
7.9.1 Innere Energie, Enthalpie und der 1. Hauptsatz der Thermodynamik . . . 112
7.9.2 Thermodynamische Reaktionsgrößen . . . 114
7.9.2.1 Molare Reaktions- und Bildungsenthalpien . . . 114
7.9.2.2 Direkte und indirekte Bestimmung von Reaktionsenthalpien . . . 116
7.9.3 Entropie, Prozessrichtung und der 2. Hauptsatz der Thermodynamik . . . 117
7.9.3.1 Prinzip von Thomsen und Berthelot . . . 118
7.9.3.2 Gibbs-Helmholtz-Gleichung und die freie Reaktionsenthalpie . . . 118
7.9.3.3 Triebkraft und Gleichgewicht bei chemischen Reaktionen . . . 119

8 Chemisches Gleichgewicht und Massenwirkungsgesetz . . . 121
8.1 Umkehrbarkeit chemischer Reaktionen . . . 121
8.2 Chemisches Gleichgewicht . . . 122
8.3 Verschiebung der Gleichgewichtslage . . . 124
8.3.1 Einfluss des Drucks . . . 124
8.3.2 Einfluss der Temperatur . . . 126
8.3.3 Einfluss der Konzentration . . . 126
8.4 Chemisches Gleichgewicht in heterogenen Systemen . . . 127
8.5 Beschleunigte Gleichgewichtseinstellung . . . 129
8.5.1 Einfluss der Temperatur . . . 129
8.5.2 Einfluss von Katalysatoren . . . 130
8.6 Zusammenwirkung von Druck, Temperatur und Katalysator . . . 131
8.7 Reaktionsgeschwindigkeit . . . 133
8.8 Reaktionsordnung . . . 134
8.9 Massenwirkungsgesetz . . . 136
8.9.1 Ableitung des Massenwirkungsgesetzes . . . 136
8.9.2 Anwendung des Massenwirkungsgesetzes . . . 137

9 Reaktionen anorganischer Verbindungen . . . 142
9.1 Aufbau und Abbau von Ionengittern . . . 142
9.1.1 Dissoziationskonstante und Dissoziationsgrad . . . 142
9.1.2 Konzentration und Aktivität . . . 144
9.1.3 Löslichkeitsprodukt . . . 145
9.2 Säure-Base-Reaktionen . . . 148
9.2.1 Die Brönstedsche Säure-Base-Definition . . . 148
9.2.2 Korrespondierende Säure-Base-Paare . . . 150
9.2.3 Protolyte – Ampholyte . . . 152
9.2.4 Protolytische Reaktionen . . . 153
9.2.5 Die Autoprotolyse des Wassers . . . 154
9.2.6 Der pH-Wert . . . 155
9.2.7 Die Stärke der Protolyte . . . 157
9.2.8 Der pK_S-Wert und der pK_B-Wert . . . 158
9.2.9 Berechnung des pH-Wertes . . . 163
9.2.10 Säure-Base-Titration . . . 165
9.2.11 Titration schwacher und mittelstarker Protolyte – Pufferlösungen . . . 169

9.2.12 Saure oder basische Reaktion wässriger Salzlösungen (Hydrolyse) . . . 173
9.2.13 Basischer und saurer Charakter von Metallhydroxiden (amphotere Hydroxide) . . 174
9.3 Redoxreaktionen . . . 175
9.3.1 Oxidation als Elektronenabgabe – Reduktion als Elektronenaufnahme . . . 175
9.3.2 Korrespondierende Redoxpaare . . . 176
9.3.3 Weitere Beispiele für Redoxsysteme . . . 179

10 Elektrochemie und Korrosion . . . 183
10.1 Einführung . . . 183
10.2 Leitfähigkeit von Elektrolytlösungen . . . 185
10.2.1 Spezifische elektrische Leitfähigkeit . . . 185
10.2.2 Einfluss von Temperatur und Konzentration auf die spezifische elektrische Leitfähigkeit . . . 187
10.2.3 Anwendung der Leitfähigkeitsmessung . . . 189
10.3 Elektrochemische Gleichgewichte . . . 189
10.3.1 Verhalten der Metalle gegenüber Oxonium- oder Hydronium-Ionen . . . 189
10.3.2 Galvanische Zellen . . . 191
10.3.3 Entstehen von Potenzialdifferenzen . . . 193
10.3.4 Standardpotenziale von Metallelektroden . . . 197
10.3.5 Standardpotenziale für Elektroden mit Nichtmetall-Ionen . . . 203
10.3.6 Standardpotenziale bei Ionenumladungen und bei anderen Redoxvorgängen . . . 206
10.4 Galvanische Elemente . . . 207
10.4.1 Quellenspannung und Klemmenspannung . . . 207
10.4.2 Konzentrationselement . . . 208
10.4.3 Primärelemente . . . 214
10.4.4 Sekundärelemente . . . 215
10.4.4.1 Bleiakkumulator (Bleisammler) . . . 216
10.4.4.2 Eisen-Nickel-Akkumulator (Stahlsammler) . . . 218
10.4.4.3 Nickel-Metallhydrid-Akkumulator (NMH) . . . 218
10.4.5 Brennstoffzellen . . . 220
10.5 Elektrolyse . . . 220
10.5.1 Begriffe . . . 220
10.5.2 Elektrodenvorgänge . . . 222
10.5.2.1 Katodenvorgänge . . . 222
10.5.2.2 Anodenvorgänge . . . 223
10.5.3 Elektrolyse von Salzschmelzen . . . 224
10.5.4 Elektrolyse in wässriger Lösung . . . 224
10.5.4.1 Allgemeine Regeln . . . 224
10.5.4.2 Beispiele für Elektrolysen in wässriger Lösung . . . 227
10.5.5 Faradaysche Gesetze . . . 230
10.6 Anwendung der Elektrolyse . . . 232
10.6.1 Elektrogravimetrie und Coulometrie . . . 232
10.6.2 Technische Schmelzflusselektrolysen . . . 233
10.6.3 Elektrolytische Metallraffination . . . 235
10.6.4 Alkalichloridelektrolyse . . . 236
10.6.4.1 Diaphragmaverfahren . . . 237
10.6.4.2 Amalgam- oder Quecksilberverfahren . . . 238
10.6.4.3 Membranverfahren . . . 239

10.6.5 Galvanisieren und Aloxieren (Eloxieren) . . . 240
10.6.6 Elysieren . . . 241
10.7 Korrosion von Metallen . . . 242
10.7.1 Begriff und Bedeutung der Korrosion . . . 242
10.7.2 Elektrochemische Korrosion . . . 242
10.7.3 Korrosion bei Eisenlegierungen . . . 244
10.7.3.1 Rosten . . . 245
10.7.3.2 Verzundern . . . 246
10.8 Korrosionsschutz der Metalle . . . 247
10.8.1 Aktiver und passiver Korrosionsschutz der Metalle . . . 247
10.8.2 Passiver Korrosionsschutz für unlegierte Eisenwerkstoffe . . . 248
10.8.2.1 Untergrundvorbehandlung unlegierter Eisenwerkstoffe . . . 248
10.8.2.2 Korrosionsschutzüberzüge für unlegierte Eisenwerkstoffe . . . 249

11 Wasserstoff . . . 253
11.1 Elementarer Wasserstoff . . . 253
11.2 Verbindungen des Wasserstoffs . . . 255
11.2.1 Wasser . . . 255
11.2.2 Wasserstoffperoxid . . . 256

12 Halogene . . . 258
12.1 Übersicht über die Elemente der 7. Hauptgruppe . . . 258
12.2 Chlor . . . 260
12.3 Verbindungen des Chlors . . . 262
12.3.1 Chlorwasserstoff und Salzsäure . . . 262
12.3.2 Oxide und Sauerstoffsäuren des Chlors . . . 263
12.4 Brom und seine Verbindungen . . . 265
12.5 Iod und seine Verbindungen . . . 266
12.6 Fluor und seine Verbindungen . . . 267

13 Elemente der Sauerstoffgruppe . . . 269
13.1 Übersicht über die Elemente der 6. Hauptgruppe . . . 269
13.2 Sauerstoff . . . 269
13.3 Ozon . . . 272
13.4 Schwefel . . . 273
13.5 Verbindungen des Schwefels . . . 275
13.5.1 Schwefelwasserstoff . . . 275
13.5.2 Schwefeldioxid . . . 276
13.5.3 Schweflige Säure . . . 278
13.5.4 Schwefeltrioxid . . . 279
13.5.5 Schwefelsäure . . . 281
13.6 Selen und Tellur . . . 283

14 Elemente der Stickstoffgruppe . . . 285
14.1 Übersicht über die Elemente der 5. Hauptgruppe . . . 285
14.2 Stickstoff . . . 285
14.3 Verbindungen des Stickstoffs . . . 288
14.3.1 Ammoniak . . . 288
14.3.2 Stickstoffoxide . . . 294
14.3.3 Salpetrige Säure . . . 295

14.3.4 Salpetersäure 295
14.3.5 Kalkstickstoff 297
14.3.6 Stickstoffdüngemittel 298
14.4 Phosphor 300
14.5 Verbindungen des Phosphors 302
14.5.1 Phosphorwasserstoff 303
14.5.2 Phosphorhalogenverbindungen 303
14.5.3 Oxide und Sauerstoffsäuren des Phosphors 304
14.5.4 Phosphat-Düngemittel 307
14.5.5 Phosphororganische Verbindungen 308
14.6 Arsen und seine Verbindungen 309
14.7 Antimon und seine Verbindungen 309
14.8 Bismut und seine Verbindungen 310

15 Nichtmetalle der Kohlenstoffgruppe 312
15.1 Übersicht über die Elemente der 4. Hauptgruppe 312
15.2 Kohlenstoff 312
15.3 Verbindungen des Kohlenstoffs 318
15.3.1 Kohlenstoffmonoxid 318
15.3.2 Kohlenstoffdioxid 320
15.3.3 Kohlensäure 323
15.3.4 Kohlenwasserstoffe 324
15.3.5 Carbide 324
15.3.6 Cyanide 325
15.4 Silicium 326
15.5 Verbindungen des Siliciums 327
15.5.1 Siliciumdioxid 327
15.5.2 Kieselsäure und Silicate 328
15.6 Technische Silicate 330
15.6.1 Gläser 330
15.6.2 Keramische Erzeugnisse 332
15.7 Silicone 334
15.8 Germanium 336
15.9 Bor und seine Verbindungen 337

16 Edelgase 339
16.1 Vorkommen der Edelgase 339
16.2 Eigenschaften und Verwendung der Edelgase 339

17 Eigenschaften, Vorkommen und Darstellungsprinzipien der Metalle 341
17.1 Eigenschaften der Metalle 341
17.2 Vorkommen der Metalle 346
17.3 Aufbereitung der Erze 347
17.4 Darstellungsprinzipien der Metalle 348
17.4.1 Reduktion von Schwermetalloxiden 349
17.4.2 Raffination der Rohmetalle 351

18 Metalle der 1. Hauptgruppe . . . 354
18.1 Übersicht über die Metalle der 1. Hauptgruppe . . . 354
18.2 Lithium . . . 355
18.3 Natrium . . . 356
18.3.1 Elementares Natrium . . . 356
18.3.2 Natriumverbindungen . . . 356
18.4 Kalium . . . 359
18.4.1 Elementares Kalium . . . 359
18.4.2 Kaliumverbindungen . . . 360
18.4.3 Gewinnung der Kalisalze . . . 361

19 Metalle der 2. Hauptgruppe . . . 365
19.1 Übersicht über die Metalle der 2. Hauptgruppe . . . 365
19.2 Magnesium . . . 366
19.2.1 Elementares Magnesium . . . 366
19.2.2 Magnesiumverbindungen . . . 367
19.3 Calcium . . . 368
19.3.1 Elementares Calcium . . . 368
19.3.2 Calciumverbindungen . . . 368
19.4 Barium . . . 369
19.5 Baubindemittel . . . 370
19.5.1 Bedeutung der Baubindemittel . . . 370
19.5.2 Luftbinder . . . 370
19.5.2.1 Kalk . . . 370
19.5.2.2 Gips . . . 371
19.5.2.3 Magnesiabinder . . . 371
19.5.3 Hydraulische Bindemittel . . . 371
19.5.3.1 Zemente . . . 371
19.5.3.2 Weitere hydraulische Bindemittel . . . 373
19.5.4 Hydrothermale Bindemittel . . . 374
19.5.4.1 Kalksandstein . . . 374
19.5.4.2 Porenbeton . . . 374

20 Metalle der 3. Hauptgruppe . . . 375
20.1 Übersicht über die Elemente der 3. Hauptgruppe . . . 375
20.2 Aluminium . . . 375
20.2.1 Elementares Aluminium . . . 375
20.2.2 Aluminiumverbindungen . . . 377
20.2.3 Aluminothermisches Verfahren . . . 379

21 Metalle der 4. Hauptgruppe . . . 380
21.1 Übersicht über die Elemente der 4. Hauptgruppe . . . 380
21.2 Zinn . . . 380
21.2.1 Elementares Zinn . . . 380
21.2.2 Zinnverbindungen . . . 381
21.3 Blei . . . 382
21.3.1 Elementares Blei . . . 382
21.3.2 Bleiverbindungen . . . 383

22 Metalle der 1. und 2. Nebengruppe . . . 385
22.1 Übersicht über die Metalle der 1. Nebengruppe . . . 385
22.2 Kupfer . . . 385
22.2.1 Elementares Kupfer . . . 385
22.2.2 Kupferverbindungen . . . 389
22.3 Silber . . . 389
22.3.1 Elementares Silber . . . 389
22.3.2 Silberverbindungen . . . 390
22.4 Übersicht über die Metalle der 2. Nebengruppe . . . 391
22.5 Zink . . . 391
22.6 Quecksilber . . . 393
22.6.1 Elementares Quecksilber . . . 393
22.6.2 Quecksilberverbindungen . . . 394

23 Eisen und Stahl . . . 396
23.1 Übersicht über die Metalle der 8. Nebengruppe . . . 396
23.2 Eisen . . . 396
23.2.1 Elementares Eisen . . . 396
23.2.2 Eisenverbindungen . . . 398
23.3 Eisen- und Stahlgewinnung . . . 399
23.3.1 Roheisengewinnung . . . 399
23.3.2 Stahlgewinnung . . . 402
23.4 Cobalt . . . 405
23.5 Nickel . . . 407

24 Wichtige Metalle der 4. bis 7. Nebengruppe . . . 409
24.1 4. Nebengruppe . . . 409
24.2 5. Nebengruppe . . . 410
24.3 6. Nebengruppe . . . 411
24.4 7. Nebengruppe . . . 415

25 Chemie und Technologie des Wassers . . . 419
25.1 Die wirtschaftliche Bedeutung des Wassers . . . 419
25.2 Natürliches Wasser . . . 419
25.3 Wasserhärte . . . 420
25.4 Anforderungen an die Wasserbeschaffenheit . . . 421
25.4.1 Anforderungen an die Trinkwassergüte . . . 421
25.4.2 Anforderungen der Industrie an Brauchwasser . . . 422
25.5 Trinkwasseraufbereitung . . . 423
25.5.1 Flockung und Filtration . . . 424
25.5.2 Kalk-Kohlenstoffdioxid-Gleichgewicht . . . 426
25.5.3 Entkeimung des Wassers . . . 427
25.6 Enthärtung des Wassers . . . 428
25.7 Abwasserreinigung . . . 430
25.7.1 Mechanische Reinigung . . . 430
25.7.2 Biologische Reinigung . . . 431
25.7.3 Schlammbehandlung . . . 434

25.8 Wasseruntersuchung . . . 437
25.8.1 Bestimmung der Wasserhärte . . . 437
25.8.2 Bestimmung des biochemischen Sauerstoffbedarfs . . . 438

26 Gegenstand der organischen Chemie . . . 440
26.1 Gegenstand der organischen Chemie . . . 440
26.2 Aufgaben und Bedeutung der organischen Chemie . . . 441
26.3 Zusammensetzung, Formeln und Isomerie organischer Verbindungen . . . 442
26.4 Einteilung und Nomenklatur organischer Verbindungen . . . 445
26.5 Bindungsverhältnisse . . . 446
26.5.1 Die σ- und die π-Bindung . . . 446
26.5.2 Polarisation der Atombindung . . . 449
26.6 Eigenschaften organischer Verbindungen . . . 451
26.6.1 Schmelz- und Siedepunkt organischer Verbindungen . . . 451
26.6.2 Löslichkeit organischer Verbindungen . . . 452
26.7 Reaktionen organischer Verbindungen . . . 453
26.7.1 Reaktionsgeschwindigkeit . . . 453
26.7.2 Reaktionsarten . . . 454

27 Gesättigte aliphatische Kohlenwasserstoffe – Alkane . . . 457

28 Ungesättigte aliphatische Kohlenwasserstoffe – Alkene und Alkine . . . 464
28.1 Alkene – Olefine . . . 465
28.2 Alkadiene – Diolefine . . . 469
28.3 Alkine – Acetylene . . . 473

29 Halogenverbindungen der Alkane und Alkene . . . 476
29.1 Halogenalkane . . . 476
29.2 Halogenalkene . . . 478

30 Derivate der aliphatischen Kohlenwasserstoffe . . . 483
30.1 Funktionelle Gruppen . . . 483
30.2 Alkanole (Alkohole) . . . 484
30.2.1 Einwertige Alkanole . . . 484
30.2.2 Mehrwertige Alkanole . . . 486
30.2.3 Technisch wichtige Alkanole . . . 486
30.3 Alkanale (Aldehyde) . . . 488
30.4 Alkanone (Ketone) . . . 490
30.5 Alkansäuren . . . 491
30.6 Alkensäuren . . . 494
30.7 Substituierte Carbonsäuren und Carbonsäurederivat . . . 495
30.7.1 Substituierte Carbonsäuren – optische Isomerie . . . 495
30.7.2 Carbonsäurederivate und Derivate der Kohlensäure . . . 497
30.8 Ester . . . 498
30.9 Ether . . . 500

31 Cyclische Verbindungen . . . 503
31.1 Cycloalkane – Naphthene . . . 503
31.2 Aromatische Kohlenwasserstoffe – Benzol . . . 504
31.3 Substitutionsprodukte aromatischer Kohlenwasserstoffe . . . 509
31.4 Phenole . . . 511
31.5 Aromatische Alkohole und Carbonsäuren . . . 512
31.6 Kondensierte aromatische Ringsysteme . . . 514
31.7 Heterocyclische Verbindungen . . . 515

32 Petrol- und Kohlechemie . . . 517
32.1 Entstehung, Vorkommen und Inhaltsstoffe von Erdöl und Erdgas . . . 517
32.2 Physikalische Trennung von Erdölbestandteilen . . . 518
32.3 Erdölveredlung mit chemischen Methoden – Petrolchemie . . . 521
32.4 Inhaltsstoffe, Entstehung und Vorkommen der Kohle . . . 523
32.5 Verfahren der Kohleveredlung . . . 524
32.6 Kraftstoffe . . . 526
32.7 Schmieröle und Schmierfette . . . 527

33 Eiweiße, Fette und Kohlenhydrate . . . 530
33.1 Aminosäuren . . . 530
33.2 Proteine . . . 531
33.3 Fette und fette Öle . . . 532
33.4 Seifen und synthetische Waschgrundstoffe . . . 533
33.5 Kohlenhydrate . . . 536
33.5.1 Monosaccharide . . . 537
33.5.2 Oligosaccharide . . . 538
33.5.3 Polysaccharide: Stärke und Cellulose . . . 539

34 Polymere Werkstoffe und Faserstoffe – Kunststoffe . . . 542
34.1 Arten der Polymerisation und Polymereigenschaften . . . 542
34.2 Thermoplaste auf der Basis von Ethen und Ethenderivaten . . . 544
34.3 Synthetischer Kautschuk . . . 549
34.4 Duroplaste auf der Basis von Phenolen . . . 551
34.5 Kunststoffe auf der Basis von Harnstoff und anderen Stickstoffverbindungen . . . 552
34.6 Epoxidharze . . . 553
34.7 Polyester . . . 554
34.8 Polyamide . . . 555
34.9 Kunststoffe auf Cellulosebasis . . . 556

Literaturverzeichnis . . . 560

Lösungen zu den Aufgaben . . . 561

Anlagen . . . 589

Sachwortverzeichnis . . . 608

1 Gegenstand, Bedeutung und Entwicklung der Chemie

1.1 Gegenstand der Chemie

Die Chemie ist, wie z. B. die Physik, Geologie oder Biologie, eine Naturwissenschaft.

Die einzelnen Wissenschaften unterscheiden sich durch ihren Gegenstand. Während sich die Biologie mit dem lebenden Organismus, mit Tier und Pflanze, beschäftigt, ist der Gegenstand der Physik die Energie in ihren verschiedenen Formen. Es ist verhältnismäßig schwierig, den Gegenstand der Chemie exakt abzugrenzen. In erster Linie beschäftigt sich die Chemie mit den stofflichen Vorgängen (Stoffumwandlungen, chemische Reaktionen). Im Verlauf chemischer Vorgänge entstehen aus den Ausgangsstoffen neue, andere Stoffe mit Eigenschaften, die von denen der Ausgangsstoffe verschieden sind. Schließlich gehören auch Untersuchungen über den Aufbau und die Eigenschaften der Stoffe zum Gegenstand der Chemie, da die stofflichen Vorgänge weitgehend vom Aufbau und den Eigenschaften der beteiligten Stoffe abhängen.

■ Gegenstand der Chemie sind die Stoffe und die stofflichen Veränderungen.

Die Naturwissenschaften stehen nicht isoliert nebeneinander. Viele Aufgaben der Chemie können nur in Zusammenarbeit mit anderen naturwissenschaftlichen Disziplinen gelöst werden. Besonders zwischen Chemie und Physik besteht ein enger Zusammenhang. So sind z. B. die Stoffumwandlungen in erster Linie an den mit ihnen verbundenen physikalischen Erscheinungen zu erkennen und werden in ihrem Ablauf durch physikalische Bedingungen beeinflusst. Die in der Chemie interessierende Frage nach dem Aufbau und den Eigenschaften der Stoffe wird zugleich auch vom Physiker gestellt. Beide wissenschaftliche Disziplinen haben gemeinsam zu ihrer Beantwortung beigetragen. Auch die Mathematik ist für die Chemie bedeutsam. Nachdem die qualitative Seite einer Stoffumwandlung oder der Aufbau eines Stoffes erkannt ist, werden die quantitativen Beziehungen mithilfe der Mathematik erfasst.

Die Chemie wird in einzelne Gebiete eingeteilt, wobei diese Teilgebiete eng miteinander zusammenhängen und sich teilweise überschneiden.

Die *analytische Chemie* beschäftigt sich mit der Trennung eines Stoffgemisches in reine Stoffe, mit der Identifizierung (Nachweis) und der mengenmäßigen Bestimmung dieser Stoffe. Die analytische Chemie ist von großer praktischer Bedeutung. Sie dient u. a. der Kontrolle chemischer Produktionsprozesse, der Prüfung von Werkstoffen und Brennstoffen, sie dient als Hilfsmittel bei der Diagnostik von Krankheiten usw. Vor allem aber schafft die analytische Chemie die Voraussetzungen für die chemische Synthese von praktisch wichtigen Produkten.

Die *synthetische (präparative) Chemie* befasst sich mit dem Aufbau von komplizierter gebauten Stoffen auf dem Wege der Stoffumwandlung. Insbesondere liefert die synthetische Chemie die Grundlagen für die Synthesen in der chemischen Technik, die aus einer geringen

Zahl von zum Teil billigen und leicht zugänglichen Rohstoffen eine Fülle von Werkstoffen, Gebrauchsgütern usw. produziert.

Gegenstand der *allgemeinen* und *physikalischen Chemie* sind u. a. die Grundgesetze der Chemie, die für jede Stoffumwandlung gelten.

Die spezielle Behandlung der Stoffe und ihrer chemischen Umsetzungen geschieht entweder im Rahmen der *organischen* oder der *anorganischen Chemie*. Dabei umfasst die organische Chemie das Gebiet der Kohlenstoffverbindungen, die anorganische Chemie die Verbindungen aller anderen Elemente. Daneben gibt es innerhalb der Chemie zahlreiche Spezialgebiete, wie die *Radiochemie*, die *Geochemie*, die *Biochemie*, die *Umweltchemie* usw.

1.2 Entstehung, Entwicklung und Bedeutung der Chemie

Die Chemie entstand und entwickelte sich in der Auseinandersetzung des Menschen mit seiner Umwelt. Der Trieb, sein Leben zu erhalten, ließ den Menschen der Urgesellschaft das zufällig gefundene Feuer zum Schutz gegen Kälte und zur Bereitung seiner Nahrung verwenden. Später lernte er, mithilfe des Feuers Bronze und schließlich auch Eisen zu gewinnen. Seit dieser Zeit wurden in ständig steigendem Maße chemische Prozesse zur Befriedigung der Bedürfnisse des Menschen herangezogen.

Während des Altertums und des Mittelalters wurden Gerberei und Färberei, Brauerei und Brennerei sowie die Bereitung von Arzneimitteln nach erprobten und überlieferten Rezepten betrieben, ohne dass man eine Vorstellung von den Gesetzen der zugrunde liegenden Prozesse hatte. Unabhängig von der gewerblichen Anwendung chemischer Prozesse entfalteten im Mittelalter die Alchemisten eine rege Experimentiertätigkeit. Dem damaligen niedrigen Stand der Naturerkenntnis entsprechend, gingen die Alchemisten von mystischen Vorstellungen aus. Ihre Hauptanliegen, Gold und ein Universalmittel gegen alle Krankheiten herzustellen, mussten selbstverständlich scheitern. Dagegen entdeckte mancher Alchemist bei seinen Versuchen zufällig einen bisher unbekannten Stoff, so z. B. *Brandt* (1669) den Phosphor. Von größerem Nutzen als die *Alchemie* war für die Menschheit die von *Paracelsus* Anfang des 16. Jahrhunderts ins Leben gerufene *Iatrochemie*, die sich mit der Herstellung von Arzneimitteln befasste. Die Alchemisten und Iatrochemiker betrachteten aber die beobachteten chemischen Erscheinungen isoliert. Erst seit dem 17. Jahrhundert kam mit der Entwicklung des Bürgertums das Bedürfnis auf, die Gesetzmäßigkeiten, nach denen die Stoffe zu neuen Stoffen zusammentreten, zu erforschen. Mit der Entdeckung einiger grundlegenden Naturgesetze Ende des 18. Jahrhunderts bis Anfang des 19. Jahrhunderts konnte eine wissenschaftliche Chemie entstehen.

Seit der Mitte des 19. Jahrhunderts begann sich die chemische Industrie, deren Anfänge bis ins 18. Jahrhundert zurückreichen, auf Grund der fortschreitenden ökonomischen Entwicklung kräftig zu entfalten. Zuerst entstand in England zur Verarbeitung der Baumwolle und pflanzlichen Öle der englischen Kolonien eine ausgedehnte Soda- und Seifenindustrie. Die deutsche Chemieindustrie nahm vom Superphosphat und vor allem von den Teerfarben ihren Ausgang. Wenn auch die Entwicklung der deutschen Chemieindustrie verspätet einsetzte, so hatte sie doch bereits bis zum Beginn des ersten Weltkrieges auf vielen Gebieten, besonders auf dem Gebiet der Farbstoffe und Pharmazeutika, nahezu eine Monopolstellung erreicht und war in der Folgezeit bis 1945 besonders durch die Entwicklung von kriegswichtigen Syntheseverfahren (Benzin, Kautschuk) gekennzeichnet.

Die Anwendung chemischer Verfahren und Methoden in der Wirtschaft ist heute eine Hauptrichtung des technischen Fortschritts und trägt wesentlich zur Steigerung der Arbeitsproduktivität bei. Sie besteht darin, dass zunehmend chemische Produkte als Arbeitsgegenstände oder Arbeitsmittel verwendet und chemische Methoden in vielen Produktionszweigen angewendet werden. In diesem Zusammenhang ist an die teilweise Verdrängung der traditionellen Werkstoffe (Metalle, Naturfaserstoffe usw.) durch Hochpolymere (Kunststoffe, Chemiefaserstoffe usw.) zu denken. Aber auch die Chemisierung der landwirtschaftlichen Produktion (Verwendung von synthetischen Düngemitteln, Futterzusätzen) und anderer Industriezweige ist bedeutend. Es gibt verschiedene Gründe, weshalb insbesondere mithilfe der Chemisierung effektiver produziert werden kann. Chemische Produkte werden aus in größeren Mengen vorhandenen, relativ billigen und zum Teil austauschbaren Rohstoffen erzeugt. Solche Rohstoffe für die Chemieproduktion sind Kohle und Erdöl, Erdgas, Wasser, Luft, Steinsalz, Kalkstein und Silikate. Im Gegensatz dazu stehen die Rohstoffe der metallurgischen Produktion (Erze) nur begrenzt zur Verfügung, sind nicht austauschbar und relativ teuer. Gleiches gilt auch für nachwachsende Rohstoffe aus pflanzlicher und tierischer Produktion (Holz, Wolle, Seide, Öle usw.). Die chemische Produktion ist auch deswegen besonders wirtschaftlich, weil in ihrem Verlauf nur sehr wenige nicht verwertbare Nebenprodukte auftreten (Recycling-Prozesse) und vor allem, weil ihre Technologie sehr oft einen kontinuierlichen Verfahrensablauf mit allen wirtschaftlichen Vorteilen der Mechanisierung und Automatisierung gestattet. Außerdem ist zu beachten, dass mit Hilfe der Chemie neue, nicht in der Natur vorhandene Stoffe erzeugt werden können, deren Eigenschaften vorzüglich dem Verwendungszweck angepasst sind (z. B. Werkstoffe „nach Maß", Pharmazeutika, Biokraftstoffe usw.) Zunehmend bringt diese Entwicklung ausgedehnte ökologische Probleme mit sich, die ihrerseits wiederum die Anwendung chemischen Wissens zu ihrer Lösung verlangen.

❍ Aufgaben

1.1 Welche Berührungspunkte haben Chemie und Physik?

1.2 Was versteht man unter analytischer und was unter synthetischer (präparativer) Chemie?

1.3 Es sind Beispiele für die Anwendung chemischer Verfahren und Methoden in der Industrie mit ihrer wirtschaftlichen und ökologischen Auswirkung zu nennen.

2 Stoffe

2.1 Begriff des Stoffes (Stoff – Körper)

Deutlich muss der Begriff *Stoff* vom Begriff *Körper* abgegrenzt werden. Körper sind Gebilde mit einer bestimmten Gestalt, die häufig der beabsichtigten Verwendung besonders angepasst wurde. Nur die Stoffe sind Gegenstand der Chemie. Mit den Körpern beschäftigt sich die Chemie im Allgemeinen nicht. Die Gestalt ist keine charakteristische Eigenschaft des Stoffes. Eine Ausnahme bilden die Kristallformen. Die Gestalt eines kristallinen Körpers ist eine Eigentümlichkeit des Stoffes, aus dem der Kristall besteht. Die Kristallform ist durch die Art der kleinsten Stoffteilchen (Ionen, Atome, Moleküle) bedingt und damit eine spezifische Stoffeigenschaft.

2.2 Atomarer Aufbau der Stoffe

Alle Stoffe sind aus *Atomen* aufgebaut (→ Kapitel 3). Die Atome sind aus chemischer Sicht die kleinsten Bausteine der Stoffe. Bei jeder chemischen Umsetzung bleiben die Atome erhalten, sie ändern lediglich ihre gegenseitige Lage zueinander, schließen sich zu neuen Verbänden zusammen, sie gruppieren sich um, verändern ihre elektrische Ladung usw.

> Die Atome sind vom Standpunkt der Chemie die kleinsten Bausteine aller Feststoffe, Flüssigkeiten und Gase. Sie bleiben bei chemischen Umsetzungen erhalten.

Die Atome sind außerordentlich klein. Ihr Durchmesser liegt in der Größenordnung von wenigen hundertmillionstel Zentimetern. Ein Eisenatom z. B. hat einen Radius von $1{,}72 \cdot 10^{-10}$ m. Die Masse der verschiedenen Atome liegt zwischen 10^{-24} und 10^{-22} g.

Jedes Atom besteht aus einem elektrisch positiv geladenen *Atomkern* und einer *Atom-* oder *Elektronenhülle*. Die Atomhülle wird von (elektrisch negativ geladenen) Elektronen gebildet.

Das Vermögen eines Atoms, mit anderen Atomen Bindungen einzugehen, d. h. an chemischen Umsetzungen beteiligt zu sein, ist praktisch nur durch die Zusammensetzung der Atomhülle bedingt.

Es sind gegenwärtig unter chemischen Gesichtspunkten – entsprechend der Anzahl der Elemente – 114 verschiedene Atomsorten bekannt. Die Atomsorten unterscheiden sich durch die Größe, die Masse und vor allem durch die Hüllenstruktur der Atome.

Innerhalb einer Atomsorte gleichen sich die einzelnen Atome in ihrer Hüllenstruktur und damit in ihrem Verhalten bei chemischen Umsetzungen. Zum Beispiel haben zwei Eisenatome stets die gleiche Atomhülle, chemische Umsetzungen mit ihnen verlaufen in der gleichen Weise. Jedoch können innerhalb einer Atomsorte Atome mit unterschiedlicher Kernzusammensetzung auftreten (*Isotope*). In ihrem chemischen Verhalten sind solche Isotope nicht zu unterscheiden (→ Abschn. 3.2.1.1).

2.3 Physikalische Eigenschaften der Stoffe – Aggregatzustände

Die *physikalischen Eigenschaften* charakterisieren einen Stoff. Sie ermöglichen es dem Chemiker, einen Stoff zu beschreiben, damit er jederzeit wiedererkannt (identifiziert) und von anderen Substanzen unterschieden werden kann. Bestimmte Eigenschaften dienen oftmals zur quantitativen und qualitativen Bestimmung von Stoffen (physikalische und physikalisch-chemische Analysemethoden). Außerdem werden Unterschiede in den physikalischen Eigenschaften verschiedener Stoffe zur Trennung von Stoffgemischen ausgenutzt (→ Abschn. 2.6). Es ist deshalb wichtig, die Eigenschaften der Stoffe zu kennen. Mit Hilfe der menschlichen Sinne kann man *Farbe, Geruch* und *Geschmack* feststellen. Farbe und Geruch sind für einen Stoff wichtige Kennzeichen. Die Prüfung des Geschmacks muss im Allgemeinen unterbleiben, da sehr viele Stoffe bereits in kleinen Mengen stark giftig wirken. Eine wichtige Eigenschaft eines Stoffes ist seine *Löslichkeit* (→ Abschn. 2.5).

Die Stoffe können im Allgemeinen in den drei *Aggregatzuständen* – fest, flüssig und gasförmig – auftreten. Die allmähliche Änderung der Temperatur führt an bestimmten Punkten zu einem plötzlichen Übergang in eine neue Qualität (fester Stoff, Flüssigkeit, Gas). Die folgende Übersicht enthält die Bezeichnungen für die Übergänge zwischen den einzelnen Aggregatzuständen.

$$\text{fest}\ \underset{\text{Schmelzpunkt (Fp)}}{\xrightarrow{\text{Schmelzen}}}\ \underset{\text{Erstarren}}{\xleftarrow{\text{Erstarrungspunkt}}}\ \text{flüssig}\ \underset{\text{Siedepunkt (Kp)}}{\xrightarrow{\text{Sieden}}}\ \underset{\text{Kondensieren}}{\xleftarrow{\text{Kondensationspunkt}}}\ \text{gasförmig}$$

Schmelzpunkt und *Siedepunkt* mit ihren Abkürzungen Fp[1] und Kp[2] bezeichnen die Temperaturen, bei denen sich der Übergang von fest nach flüssig bzw. von flüssig nach gasförmig vollzieht. Beide Daten stellen für einen Stoff außerordentlich wichtige Konstanten dar. Reine Stoffe haben bestimmte Schmelz- und Siedepunkte, die zu ihrer Identifizierung dienen können. Verunreinigungen verändern Schmelz- und Siedepunkt und sind dadurch zu erkennen. Im Allgemeinen wird durch Verunreinigungen der Schmelzpunkt herabgesetzt und der Siedepunkt erhöht. Es gibt aber auch eine große Anzahl Stoffe, für die sich kein Siedepunkt ermitteln lässt, da sie sich vor dessen Erreichen zersetzen (z. B. Rohrzucker) oder langsam erweichen (z. B. Harze).

Schmelz- und Siedepunkte werden in Grad Celsius (°C) oder in Kelvin (K) angegeben. Dabei gilt die Beziehung

$$\frac{T}{\mathrm{K}} = \frac{t}{^{\circ}\mathrm{C}} + 273{,}15$$

T Temperatur in K
t Temperatur in °C

---

[1] Fp Abkürzung für Fusionspunkt (Schmelzpunkt)
[2] Kp Abkürzung für Kochpunkt (Siedepunkt)

Es ist zu beachten, dass der Siedepunkt stark vom äußeren Druck abhängt (→ Abschnitt 2.6.2). Im Allgemeinen bezieht sich die Angabe des Siedepunkts auf die Verhältnisse unter Normdruck (101,3 kPa). Gilt die genannte Siedetemperatur für andere Druckbedingungen, so wird das ausdrücklich angegeben.

Zum Beispiel für Wasser: Kp (bei 9,9 kPa) = 45,5 °C.

Die Abhängigkeit des Schmelz- und Siedepunktes vom Druck veranschaulicht ein *Phasendiagramm* (Bild 2.1). Es zeigt für einen bestimmten Stoff, unter welchen physikalischen Bedingungen (Druck und Temperatur) die Aggregatzustände eines Stoffes vorkommen und für welche bestimmten Grenzbedingungen sie sogar nebeneinander bestehen können (→ Abschn. 2.6.2).

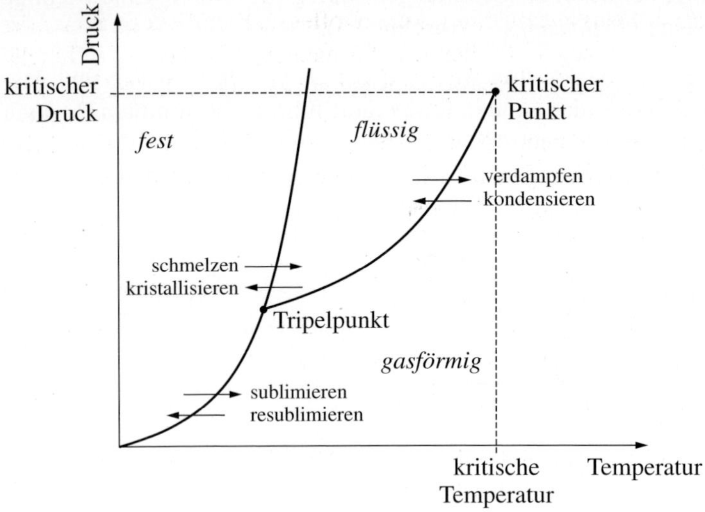

Bild 2.1
Phasendiagramm

Die Änderung des Aggregatzustandes ist ein treffendes Beispiel für einen *physikalischen Vorgang*. Die verschiedenen Zustände eines Stoffes lassen sich durch eine rein physikalische Maßnahme (Temperaturänderung) ineinander überführen. Der Stoff bleibt erhalten. Beim Schmelzen und in stärkerem Maße beim Sieden wird der Abstand zwischen den Stoffteilchen und damit die Beweglichkeit dieser Teilchen größer. Nur beim festen Stoff sind die Teilchen an bestimmte Plätze gebunden. Die *kinetische Wärmetheorie* besagt, dass sich beim Erwärmen die Geschwindigkeit erhöht, mit der sich die kleinsten Teilchen der Stoffe bewegen. Die Wärmeenergie ist proportional der kinetischen Energie (Bewegungsenergie) der Teilchen.

Feste Stoffe sind in der Regel kristallin aufgebaut. In einem *Kristall* sind die kleinsten Teilchen (*Gitterbausteine*) in bestimmter Art und Weise angeordnet (*Kristallgitter*). Zwischen den Gitterbausteinen wirken Anziehungskräfte, die das Gitter zusammenhalten. In einem festen Stoff beschränken sich die Bewegungen der kleinsten Teilchen auf Schwingungen um eine bestimmte Ruhelage. Bei der Schmelztemperatur reichen die Gitterkräfte nicht mehr aus, um das Kristallgitter zusammenzuhalten: Die Substanz schmilzt. Die Schmelze besitzt keinen geordneten Aufbau mehr, es besteht aber noch immer ein gewisser Zusammenhalt zwischen den Teilchen. Bei der Siedetemperatur endlich wird auch dieser letzte Zusammenhalt durch die Wärmebewegungen überwunden: Die Substanz verdampft. Die kleinsten Teilchen werden frei beweglich.

Ein fester Stoff hat stets eine bestimmte Form und ein bestimmtes Volumen. Eine Flüssigkeit hat ebenfalls ein bestimmtes Volumen, aber keine bestimmte Form; ihre Form ist jeweils durch das Gefäß bestimmt, in dem sie sich befindet. Ein Gas hat weder eine bestimmte Form noch ein bestimmtes Volumen; es füllt jedes ihm dargebotene Volumen aus.

Aufgrund der kinetischen Wärmetheorie ist es verständlich, dass ein Stoff im flüssigen Zustand energiereicher als im festen Zustand ist. Im gasförmigen Zustand ist der Energiegehalt noch höher. Man bezeichnet diejenige Wärmemenge, die zum Schmelzen eines Stoffes notwendig ist, als *Schmelzenthalpie*. Beim Übergang vom flüssigen zum gasförmigen Aggregatzustand muss die *Verdampfungsenthalpie* aufgewendet werden. Die Enthalpien sind Wärmemengen und werden auf die Masse bzw. Menge des Stoffes, z. B. auf ein Gramm oder ein Mol (→ Abschn. 7.4 und 7.9.1), bezogen. Einheit der Wärmemenge ist das Joule. Tabelle 2.1 enthält die Schmelz- und Verdampfungsenthalpien einiger ausgewählter Stoffe.

Tabelle 2.1 Schmelz- und Verdampfungsenthalpien einiger Stoffe

Stoff	Schmelzenthalpie in $kJ \cdot g^{-1}$	Verdampfungsenthalpie in $kJ \cdot g^{-1}$
Aluminium	0,365	11,7
Eisen (rein)	0,272	6,4
Kupfer	0,209	4,6
Ethylalkohol	0,105	0,84
Benzol	0,127	0,39
Quecksilber	0,012	0,30
Wasser	0,332	2,25
Ammoniak	0,339	1,37
Kohlendioxid	0,184	0,57
Schwefeldioxid	0,117	0,40

Eine wichtige Stoffkonstante ist die Dichte ϱ.

$$\text{Dichte} = \frac{\text{Masse}}{\text{Volumen}}, \quad \varrho = \frac{m}{V}$$

Maßeinheiten für die Dichte sind z. B. $g \cdot cm^{-3}$ oder $kg \cdot dm^{-3}$ usw.

Es ist in der Chemie auch üblich, die Dichte von Flüssigkeiten auf die Dichte von Wasser bei 4 °C = 1 zu beziehen *(Dichtezahl D)*. Da die Dichten der Flüssigkeiten stark temperaturabhängig sind, muss auch die Temperatur bei der Dichtezahl mit angegeben werden, z. B.

$$\text{Quecksilber } D_0 = 13{,}595\,1$$
$$D_{100} = 13{,}351\,4$$

Bei Gasen verwendet man zur Kennzeichnung der Dichte oft den Ausdruck *Litermasse*. Die Litermasse gibt die Masse (in Gramm) eines Liters des betreffenden Gases an. Die Litermasse ist temperatur- und druckabhängig, sie wird gewöhnlich für Normbedingungen (0 °C und 101,3 kPa) angegeben, z. B.:

Luft (trocken): Litermasse (unter Normbedingungen) = 1,293 g

Litermasse (bei 20 °C und 101,3 kPa) = 1,205 g

Gelegentlich wird die Dichte von Gasen auch auf die Dichte von trockener Luft unter Normbedingungen = 1 bezogen.

Durch die Dichtebestimmung kann bei flüssigen Stoffmischungen oft auf das Massenverhältnis der Mischungspartner geschlossen werden. Tabellenbücher der Chemie enthalten Übersichten über den Zusammenhang von Konzentration und Dichte einer Lösung.

Es gibt weitere zahlreiche physikalische Stoffeigenschaften, wie *optische Aktivität, dielektrisches Verhalten, Lichtabsorption, Lichtbrechung* usw., die in der Chemie zur Charakterisierung eines Stoffes herangezogen werden. Ihre Behandlung ist in diesem Rahmen nicht möglich. Andere physikalische Eigenschaften, wie Leitfähigkeit für Wärme, Druck- und Zugfestigkeit usw., werden im Rahmen der Physik und Werkstoffwissenschaft behandelt. Über die elektrische Leitfähigkeit werden im Abschnitt 10.2 Ausführungen gemacht (→ Aufg. 2.2 bis 2.4).

2.4 Reine Stoffe und Stoffgemische

Ein *reiner Stoff* stellt ein chemisches Individuum dar. Seine Zusammensetzung ist genau definiert. Reines Natriumchlorid z. B. besteht aus Natrium- und Chloridionen[1] im Verhältnis 1 : 1, und zwar nur aus diesen Ionen und stets in diesem Verhältnis. Ein reiner Stoff behält die gleichen physikalischen Konstanten, wie z. B. Schmelz- und Siedepunkt, auch wenn er noch so vielen Reinigungsoperationen unterworfen wird.

Selbstverständlich sind die Stoffe, mit denen die Chemie praktisch umgeht, nicht absolut rein. Je nach den praktischen Bedürfnissen werden die oben genannten Forderungen nach definierter Zusammensetzung und Konstanz der physikalischen Eigenschaften mehr oder weniger streng gestellt. Es ist auch zu beachten, dass der Genauigkeit von Reinheitsbestimmungen entwicklungsbedingte Grenzen gesetzt sind. Verschiedene z. B. in der Mikroelektronik benötigte Metalle werden bereits heute mit sehr großer Reinheit hergestellt (Reinstmetalle). Der Gehalt an Fremdelementen bei solchen Metallen liegt oft unterhalb 0,000 01 %.

Sind reine Stoffe miteinander gemischt, so spricht man von einem *Gemenge*, oft auch *Mischung, Gemisch* oder *disperses System* genannt (→ Kapitel 6). Dieses Gemisch kann heterogen oder homogen sein. Lassen sich in dem Gemenge entweder mit bloßem Auge, mit Lupe oder Mikroskop die Teilchen der verschiedenen Stoffe unterscheiden, so wird es als *heterogen* bezeichnet. Teilchen der verschiedenen Stoffe liegen dort sichtbar nebeneinander vor.

Beim Lösen von Kochsalz im Wasser entsteht ein Gemisch, das keinen heterogenen Charakter trägt. In der Lösung lassen sich die Teilchen der beiden Stoffe selbst mit einem Mikroskop nicht voneinander unterscheiden, weil sie sehr klein sind. Ein solches Gemisch wird *homogen* (einheitlich) genannt. *Lösungen* sind homogene Gemische. Sie besitzen durchgehend die

[1] Ionen sind elektrisch geladene Teilchen (→ Abschn. 5.3.1)

gleichen Eigenschaften. Heterogene Gemische weisen nebeneinander Stellen mit unterschiedlichen Eigenschaften auf.[1] Homogen sind nicht nur die Lösungen, sondern auch alle reinen Stoffe. Homogene und heterogene Mischungen sind sowohl zwischen Stoffen von gleichem als auch von verschiedenem Aggregatzustand möglich (→ Tab. 2.2).

Tabelle 2.2 Beispiele für verschiedene Arten von Mischungen

Aggregatzustände der Bestandteile	Homogene Gemische	Heterogene Gemische
fest–fest	Legierungen, z. B. Messing, Bronze	Granit und andere Gesteine
fest–flüssig	Lösungen, z. B. wässrige Zuckerlösung	Suspension, Aufschlämmung, z. B. Tonteilchen in Wasser; aber umgekehrt auch wasserhaltiger Ton
fest–gasförmig	Lösungen, z. B. Wasserstoff in Stahl	Rauch, z. B. Rußteilchen in Luft; aber umgekehrt auch poröses Material, z. B. Ziegelsteine
flüssig–flüssig	Mischung von Ethanol mit Wasser	Emulsion, z. B. Fetttröpfchen in Wasser (Milch)
flüssig–gasförmig	Lösung von Kohlendioxid in Wasser (Selterswasser)	Schaum und Nebel, z. B. Wassertröpfchen in Luft
gasförmig–gasförmig	Mischung von Sauerstoff mit Stickstoff (Luft)	gibt es nicht, da sich alle Gase homogen mischen

In einem heterogenen Gemenge können die Bestandteile in beliebigen Mengenverhältnissen vorliegen. Bei manchem homogenen Gemisch zeigt die Mischbarkeit bestimmte Grenzen, so z. B. bei einer Lösung zwischen Ether und Wasser.

In diesem Zusammenhang ist es notwendig, auch auf die Begriffe *homogenes* und *heterogenes System* hinzuweisen. Diese Begriffe werden u.a. bei der Untersuchung von Reaktionsabläufen (→ Abschn. 8.4) verwendet. Homogene Systeme bestehen aus einer Phase, heterogene Systeme aus zwei oder mehr Phasen.

Unter *Phasen* versteht man dabei die in dem System vorhandenen Zustandsformen der Stoffe, die sich durch Trennungsflächen voneinander abgrenzen. Da sich Gase unbegrenzt mischen lassen, also keine Trennungsfläche (Phasengrenze) besitzen, kann in einem heterogenen System stets nur eine gasförmige Phase vorliegen. Dagegen können viele feste und mehrere flüssige Phasen nebeneinander auftreten. Zwei feste Phasen liegen z. B. in einem Eisen-Schwefel-Gemenge vor. Um zwei flüssige Phasen handelt es sich, wenn zwei nicht miteinander mischbare Flüssigkeiten nebeneinander vorliegen. Dabei ist es gleichgültig, ob die beiden flüssigen Phasen nur eine einzige Berührungsfläche miteinander haben (z. B. Ölschicht auf Wasser) oder ob die eine in der anderen fein verteilt auftritt (Emulsion). Um nur eine Phase

[1] Die Bezeichnungen homogene und heterogene Gemische sind relativ. Siehe hierzu die Einteilung disperser Systeme nach der Teilchengröße der dispersen Phase in Abschn. 6.1

handelt es sich jedoch, wenn zwei Flüssigkeiten miteinander gemischt sind oder ein Feststoff bzw. ein Gas in der Flüssigkeit echt gelöst vorliegt.

Je nach der Anzahl der verschiedenartigen reinen Stoffe im System unterscheidet man Einkomponenten-, Zweikomponentensysteme usw. So ist z. B. der reine Stoff, der in einem bestimmten Aggregatzustand vorliegt, ein homogenes Einkomponentensystem. Ein Wasser/Ethanol-Gemisch ist ein homogenes Zweikomponentensystem.

2.5 Lösungen und Konzentrationseinheiten

Echte *Lösungen* sind homogene Mischungen von zwei und mehr Stoffen. Die Stoffe können vor dem Mischen gleiche oder auch verschiedene Aggregatzustände besitzen. Der Hauptbestandteil der homogenen Mischung wird als *Lösungsmittel*, die anderen Bestandteile werden als *gelöste Stoffe* bezeichnet. In manchen Fällen ist diese Unterscheidung unzweckmäßig oder nicht möglich.

Wirklich homogen ist eine Mischung (echte Lösung) nur dann, wenn die Stoffteilchen kleiner als 1 nm sind, d. h. als Atome oder Ionen bzw. in kleinen Atomverbänden (Moleküle) vorliegen. Mischungen, die größere Stoffteilchen enthalten, sind nicht mehr homogen, sondern *kolloiddisperse* oder *grobdisperse Systeme* (→ Kapitel 6).

Die Konzentration eines gelösten Stoffes kann in verschiedener Weise quantitativ beschrieben werden:

a) Die Angabe Masseprozent besagt, wie viel Gramm eines gelösten Stoffes in 100 g Lösung enthalten sind.
b) Die Konzentration wird durch die Masse gelösten Stoffes (in Gramm) in 100 g Lösungsmittel ausgedrückt.

Die Konzentrationsangaben a) und b) liefern unterschiedliche Werte, die leicht ineinander umgerechnet werden können.

c) Die Angabe Volumenprozent besagt, wie viel Milliliter eines gelösten Stoffes in 100 ml Lösung enthalten sind. Diese Konzentrationsangabe wird besonders bei der Mischung von Gasen oder Flüssigkeiten verwendet.
d) Verschiedentlich wird die Konzentration einer Lösung auch durch die Masse des gelösten Stoffes in einem bestimmten Volumen Lösung oder Lösungsmittel bzw. durch das Volumen des gelösten Stoffes in einer bestimmten Masse Lösung oder Lösungsmittel ausgedrückt.
e) Insbesondere bei physikalisch-chemischen Berechnungen wird die Konzentration einer Stoffart in einer homogenen Stoffmischung durch das folgende Verhältnis ausgedrückt: Anzahl der Teilchen des gelösten Stoffes zu Anzahl der insgesamt in der Lösung enthaltenen Teilchen. Dieser Quotient wird *Stoffmengenanteil*, häufig auch *Molenbruch*, genannt. Bilden z. B. die Stoffe A und B ein homogenes Gemisch und bedeutet n die jeweilige Anzahl der Teilchen, dann heißen die Stoffmengenanteile für A und B

$$x_{\mathrm{A}} = \frac{n_{\mathrm{A}}}{n_{\mathrm{A}} + n_{\mathrm{B}}}; \qquad x_{\mathrm{B}} = \frac{n_{\mathrm{B}}}{n_{\mathrm{A}} + n_{\mathrm{B}}}$$

Dabei bezeichnet n die Stoffmenge mit der Einheit Mol[1])

$$n = \frac{m}{M} = \frac{\text{Masse}}{\text{molare Masse}}$$

Der Stoffmengenanteil als Konzentrationsmaß liegt definitionsgemäß zwischen den Werten 0 und 1, und die Summe der Stoffmengenanteile aller am Gemisch beteiligten Komponenten beträgt immer 1.

f) Besonders für die analytische Chemie wichtige Konzentrationsmaße sind *Stoffmengen-* und *Äquivalentkonzentration* (Definition → Abschn. 7.5).

Meist können nicht unbegrenzte Mengen eines Stoffes in einem Lösungsmittel gelöst werden. Eine *gesättigte Lösung* eines bestimmten Stoffes nimmt nichts mehr von diesem Stoff auf. Die Konzentration des gelösten Stoffes in der gesättigten Lösung wird seine *Löslichkeit* genannt. Die Löslichkeit ist temperaturabhängig.

Die Wasserlöslichkeit der Salze nimmt meist mit steigender Temperatur zu. Eine Übersicht über die Veränderung der Löslichkeit mit der Temperatur gibt ein Löslichkeitsdiagramm (Bild 2.2). Daraus ist z. B. zu entnehmen, dass bei 20 °C nur etwa 32 g Kaliumnitrat in 100 g Wasser löslich sind, während sich bei 70 °C etwa 140 g des Salzes in der gleichen Wassermenge lösen. Beim Abkühlen einer solchen 70 °C warmen, gesättigten Lösung von Kaliumnitrat in Wasser auf eine Temperatur von 20 °C wird die Löslichkeitsgrenze unterschritten, und ein Teil des Kaliumnitrats kristallisiert aus. Oft verzögert sich das Auskristallisieren; es entstehen dann so genannte *metastabile übersättigte Lösungen*, aus denen jedoch beim Einbringen eines Kristallkeims schnell das überschüssige Salz auskristallisiert.

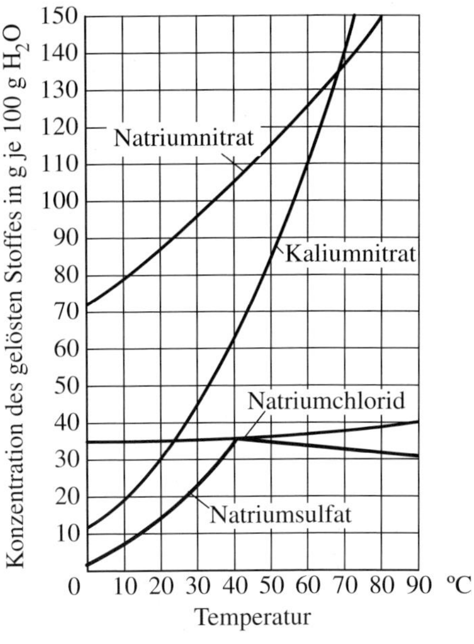

Bild 2.2 Löslichkeitsdiagramm

[1]) Zu den Begriffen Mol und molare Masse (Abschn. 7.4)

Die Löslichkeit von Gasen in Flüssigkeiten (und Feststoffen) nimmt mit steigender Temperatur ab. Zum Beispiel beobachtet man beim Erwärmen von Wasser schon weit unterhalb der Siedetemperatur kleine Gasbläschen, die sich an der Wand des Gefäßes bilden und schließlich zur Oberfläche des Wassers aufsteigen, um dort zu zerplatzen. Es handelt sich dabei um Luft und Kohlendioxid, die im Wasser gelöst waren und nun durch die Temperaturerhöhung ausgetrieben werden. In 1 l Wasser lösen sich bei 20 °C und normalem Luftdruck (101,3 kPa) 19 cm^3 Luft und 880 cm^3 Kohlendioxid. Da der Sauerstoff besser als der Stickstoff im Wasser löslich ist, besitzt die im Wasser gelöste Luft eine Zusammensetzung von etwa 64,5 % N_2 und 35,5 % O_2. Sie ist also sauerstoffreicher als atmosphärische Luft. Die Löslichkeit von Gasen in Flüssigkeiten ist darüber hinaus auch druckabhängig, sie steigt proportional dem Druck.

Jeder Lösevorgang ist mit einer mehr oder weniger großen Energieumsetzung verbunden. Beim Lösen wird entweder Wärme frei, oder es wird Wärme der Umgebung entzogen. Zwischen der Temperaturabhängigkeit der Löslichkeit eines Stoffes und dem Vorzeichen seiner Lösungswärme besteht ein Zusammenhang. Bei Stoffen, die beim Lösen Wärme abgeben, nimmt die Löslichkeit mit steigender Temperatur ab. Das Umgekehrte gilt für Stoffe, die beim Lösen Wärme verbrauchen.

Die allgemeinen Angaben „gut löslich“, „löslich“ und „unlöslich“ tragen relativen Charakter. Die Übergänge sind fließend. Als praktisch unlöslich werden gewöhnlich Stoffe mit einer Löslichkeit von weniger als 0,1 g in 100 g Lösungsmittel angesehen. Absolut unlösliche Stoffe gibt es nicht.

Das Wasser ist in der Chemie das wichtigste Lösungsmittel. Viele Säuren, Basen und Salze sind in ihm löslich. Außer Wasser kommen als Lösungsmittel vor allem organische Verbindungen, wie Alkohole, Ether, Kohlenwasserstoffe usw., in Frage. Lösungen haben große Bedeutung für die Trennung von Gemengen (→ Abschn. 2.6.1) und für chemische Umsetzungen. Eine chemische Reaktion kommt oft nur dann zustande, wenn die Stoffe in einer Lösung vorliegen. Im festen Zustand reagieren die Stoffe nur schwer miteinander. Die Flächen, mit denen sich hier die verhältnismäßig großen Stoffteilchen berühren, sind klein. Im gelösten Zustand dagegen sind die Stoffe in kleinste Partikeln zerteilt, oft sogar in Ionen dissoziiert (→ Abschn. 5.3), und haben somit mehr Gelegenheit, einander zu berühren und miteinander zu reagieren → Aufg. 2.7 bis 2.11).

2.6 Die physikalische Trennung von Mischungen

2.6.1 Übersicht über Trennoperationen

In einem Gemenge bleiben die Eigenschaften der Bestandteile erhalten. Deswegen besteht die Möglichkeit, ein Gemenge auf physikalischem Wege wieder in seine Bestandteile zu zerlegen. Je nach den Eigenschaften der Bestandteile gibt es unterschiedliche Trennungsverfahren für Gemenge (→ Aufg. 2.12).

Ein Gemenge fester Stoffe kann u. a. getrennt werden durch:

Klauben	Trennen eines grobkörnigen Gemenges durch Aussortieren
Seigern	Ausschmelzen der Bestandteile aus dem Gemenge

Verflüchtigen (Sublimieren)	Abtrennen der leichter flüchtigen Bestandteile durch unmittelbares Verdampfen
Hydroklassieren (Schlämmen)	Trennen der Bestandteile durch ihre unterschiedliche Sinkgeschwindigkeit in einer Flüssigkeit
Flotieren	Trennen der Bestandteile auf Grund ihrer unterschiedlichen Benetzbarkeit in einer Flüssigkeit
Extrahieren	Herauslösen einzelner Bestandteile mit Hilfe eines Lösungsmittels

Ein Gemenge fester Stoffe mit flüssigen Stoffen kann u. a. getrennt werden durch:

Filtrieren	Trennen der Festkörperteilchen von der Flüssigkeit mit Hilfe einer porösen Schicht (Filter), die die Festkörperteilchen wegen ihrer Größe zurückhält, die Flüssigkeit aber passieren lässt
Zentrifugieren	Trennen durch die Wirkung der Zentrifugalkraft
Dekantieren	Trennen von Flüssigkeiten und Bodenkörper durch Abgießen, Abhebern oder Ablassen der Flüssigkeit
Abdampfen[1]	Abtrennen der Flüssigkeit durch Verdampfen

Ein Gemenge fester Stoffe mit gasförmigen Stoffen kann u. a. getrennt werden durch:

Filtrieren	s. o.
Elektroreinigen	Abtrennen der suspendierten Festkörperteilchen durch ein elektrostatisches Feld

Ein Gemenge verschiedener flüssiger Stoffe kann u. a. getrennt werden durch:

Scheiden	Absitzenlassen nicht mischbarer Flüssigkeiten unterschiedlicher Dichte auf Grund der Schwerkraft
Zentrifugieren	s. o.
Extrahieren	s. o.
Adsorbieren	Binden eines Stoffes an die Oberfläche eines zugesetzten Feststoffes durch Oberflächenkräfte
Destillieren[1]	Trennen eines Gemisches von Flüssigkeiten mit unterschiedlichem Siedepunkt durch Überführen einer oder mehrerer Komponenten in die Dampfform. Meist wird der Destillation eine Kondensation (s. u.) angeschlossen

Ein Gemenge flüssiger und gasförmiger Stoffe kann u. a. getrennt werden durch:

Adsorbieren[2]	s. o.
Abtreiben[1]	Entfernen eines Gases aus einer Flüssigkeit durch Temperaturerhöhung oder Druckverminderung

Ein Gemenge gasförmiger Stoffe kann u. a. getrennt werden durch:

Adsorbieren	s. o.
Kondensieren[1]	Überführen einer oder mehrerer Komponenten in den Flüssigkeitszustand, meist durch Abkühlung.

[1] Nähere Ausführungen zur Theorie dieser Trennoperation s. Abschn. 2.6.2

[2] Der Vorgang der Adsorption ist nicht mit dem der Absorption zu verwechseln. Werden Gase in einer Flüssigkeit gelöst oder auch mechanisch gebunden, so spricht man von Absorbieren. Auch die Absorption kann zur Trennung dienen (zur Adsorption siehe auch Abschn. 6.2.3.5)

2.6.2 Trennung von Stoffgemischen durch Änderung des Aggregatzustandes

Die im Abschnitt 2.6.1 unter anderem genannten Trennoperationen Destillation, Abdampfen, Kondensation, Verflüchtigen, Abtreiben, Auskristallisation beruhen darauf, dass die Komponenten der Mischung unterschiedliche Siedepunkte bzw. Schmelzpunkte besitzen. Beim Überführen eines homogenen Mehrkomponentensystems, z. B. einer Flüssigkeitsmischung, in einen geeigneten Zustand (Druck und Temperatur) kann oft erreicht werden, dass sich ein heterogenes System bildet, dessen Phasen (z. B. Dampf und Flüssigkeit) eine andere quantitative Zusammensetzung haben als das System im ursprünglichen Zustand. Eine solche Phase, in der eine Komponente relativ stark konzentriert ist (oder aber stark an dieser Komponente verarmt ist), kann technisch verhältnismäßig einfach von den anderen Phasen getrennt werden (z. B. Trennung von fest–flüssig oder flüssig–dampfförmig).

Um diese Vorgänge verstehen zu können, sollen die Ausführungen im Abschn. 2.3 über den Übergang zwischen dem flüssigen und gasförmigen Aggregatzustand vertieft werden. Wir betrachten zunächst ein heterogenes System mit Flüssigkeits- und Dampfphase, bestehend aus nur einer Komponente. Zwischen den Molekülen im Inneren einer Flüssigkeit besteht eine gegenseitige Anziehung. An der Oberfläche der Flüssigkeit ist diese Anziehungskraft nur nach dem Flüssigkeitsinneren gerichtet (Bild 2.3).

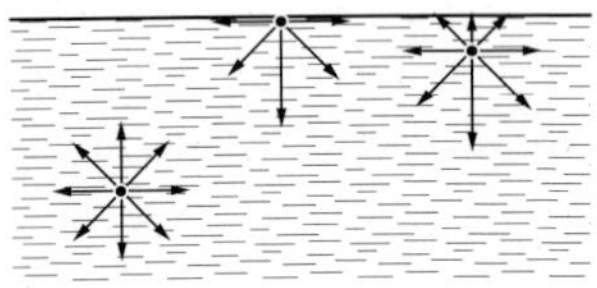

Bild 2.3 Unterschiedliche Anziehungskräfte der Teilchen in einer Flüssigkeit

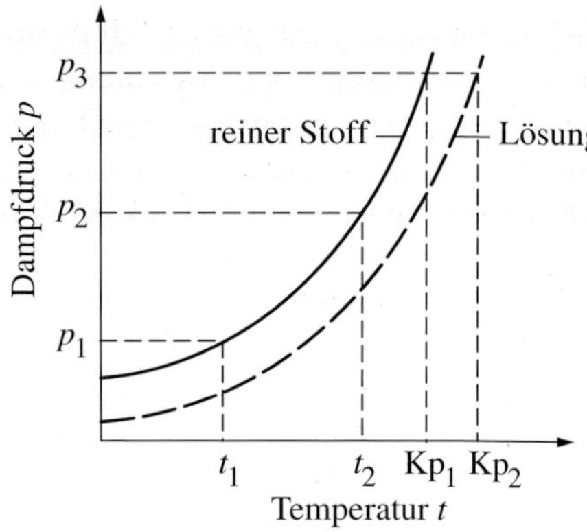

Bild 2.4 Abhängigkeit des Dampfdruckes einer Flüssigkeit von der Temperatur

Wegen der ständigen Bewegung der Moleküle (zunehmend mit steigender Temperatur) erfolgen Zusammenstöße, die gelegentlich einzelnen Molekülen der Flüssigkeitsoberfläche eine derart große Energie vermitteln, dass diese Moleküle imstande sind, die Anziehungskraft der Oberfläche zu überwinden und in den Gasraum über der Flüssigkeit auszutreten. Dort üben sie, wie die Moleküle jedes Gases, einen Druck auf die Wandungen des Gefäßes aus. Dieser Druck wird *Dampfdruck* p der Flüssigkeit genannt. Er hängt von der Temperatur t ab und steigt mit ihr progressiv an (Bild 2.4).

Ist das Gefäß geschlossen, so dass keines dieser Gasmoleküle in die Umgebung entweichen kann, so treffen andererseits auch Moleküle der Dampfphase unter der Wirkung des Dampfdruckes auf die Flüssigkeitsoberfläche auf und werden dort festgehalten, indem sie ihren Energieinhalt mit den Molekülen der Flüssigkeitsphase ausgleichen.

In dem beschriebenen System besteht demnach ein dynamisches Gleichgewicht: In der Zeiteinheit ist die Anzahl der Moleküle, die die Flüssigkeit verlassen, gleich der Anzahl der Moleküle, die in die Flüssigkeit eintreten.

Dieses Gleichgewicht wird als *Phasengleichgewicht* bezeichnet, weil hier zwei Phasen (flüssig und gasförmig) miteinander im Gleichgewicht stehen. Die Lage des Gleichgewichts ist von der Temperatur abhängig. Bei der Temperatur t_1 herrscht in der Gasphase der Druck p_1 (Bild 2.4). Steigt die Temperatur durch Wärmezufuhr von außen auf t_2, so nimmt die Anzahl der Moleküle, die in die Gasphase übertreten, zu, und der Dampfdruck steigt auf p_2.

Auch in einem offenen Gefäß stellt sich im Prinzip ein Gleichgewicht zwischen Flüssigkeits- und Dampfphase ein. Es verdampft Flüssigkeit an der Oberfläche, bis die darüber stehende Luft so viel Dampf enthält, wie dem Dampfdruck (bei der gegebenen Temperatur) entspricht. Da das System offen ist, diffundiert allerdings dieser Dampf durch die Luft in die Umgebung. Das Gleichgewicht wird gestört, deshalb verdampft weitere Flüssigkeit, bis sie völlig in Dampf umgewandelt ist (Verdunstung). Wird der Flüssigkeit laufend Wärme zugeführt, so steigt die Temperatur und damit der Dampfdruck, bis er schließlich dem äußeren Druck, dem Luftdruck p_3 gleich ist. Jetzt siedet die Flüssigkeit bei der Siedetemperatur Kp. Weitere Wärmezufuhr bewirkt keine weitere Temperaturerhöhung (Bilder 2.4 und 2.5). Sie dient lediglich zur Überwindung der Anziehungskräfte in der Flüssigkeit. Der Siedepunkt Kp ist also diejenige Temperatur, bei der der Dampfdruck und der äußere Druck einander gleich sind. Beträgt z. B. der äußere Druck 101,3 kPa (Luftdruck), so siedet Wasser bei 100 °C, da bei dieser Temperatur der Dampfdruck des Wassers ebenfalls 101,3 kPa beträgt.

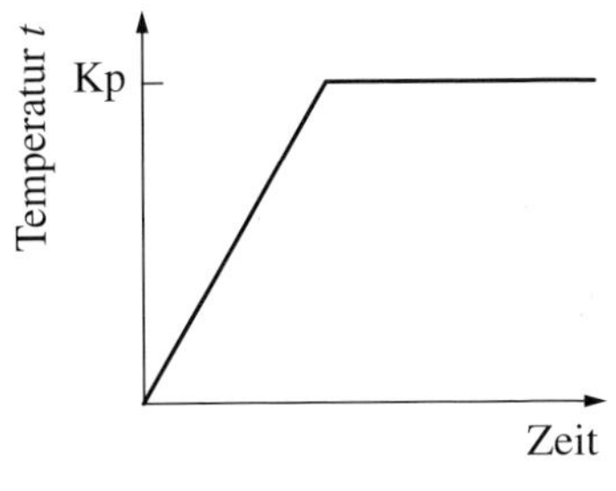

Bild 2.5 Verlauf der Temperatur beim Erwärmen einer Flüssigkeit (Kp = Siedetemperatur)

Diese Überlegungen erklären die Druckabhängigkeit des Siedepunktes. Sie gelten in entsprechender Weise für den umgekehrten Vorgang, d. h. für die Kondensation eines Dampfes. Betrachten wir jetzt die Lösung eines nichtflüchtigen Stoffes (z. B. eines Salzes) in einem flüchtigen Lösungsmittel (z. B. Wasser), also ein Zweikomponentensystem. Solche Lösungen haben stets einen niedrigeren Dampfdruck und damit einen höheren Siedepunkt, als das reine Lösungsmittel (*Siedepunktserhöhung*). Im Bild 2.4 verläuft die Dampfdruckkurve der Lösung unterhalb der des reinen Lösungsmittels; sie erreicht den Wert von p_3 erst bei der höheren Siedetemperatur Kp_2.

Die Siedepunktserhöhung bzw. Dampfdruckerniedrigung kann damit erklärt werden, dass in der Zeiteinheit zwar weniger Lösungsmittelteilchen die Flüssigkeitsoberfläche verlassen als im Fall des reinen Lösungsmittels; die an der Oberfläche zurückbleibenden Teilchen des gelösten Stoffes stellen jedoch eine durchlässige Wand dar, durch die die Lösungsmittelteilchen erst hindurchwandern müssen.

Die Siedepunktserhöhung bzw. Dampfdruckerniedrigung ist proportional dem Stoffmengenanteil des gelösten Stoffes.

Der Gefrierpunkt einer Lösung liegt tiefer als der des reinen Lösungsmittels (*Gefrierpunktserniedrigung*). Die Erniedrigung ist proportional dem Stoffmengenanteil des gelösten Stoffes. Auf dieser Erscheinung beruht die Verwendung von Kältemischungen aus Eis und Kochsalz oder die Verwendung von Ethylenglykol als Kühlwasserzusatz, um ein Einfrieren des Motorkühlers zu verhindern.

Komplizierter liegen die Verhältnisse bei Mischungen zweier flüchtiger Stoffe.

Bei idealen Mischungen[1] zweier Flüssigkeiten A und B beträgt der Dampfdruck p_M der Mischung bei konstanter Temperatur

$$p_M = x_A \cdot p_{0A} + x_B \cdot p_{0B}$$

wobei p_{0A} und p_{0B} die Dampfdrücke der reinen Stoffe sind und x_A bzw. x_B die Stoffmengenanteile der Stoffe A und B in der Mischung bedeuten (Bild 2.6). Dabei ist B der Stoff mit niedrigerem Siedepunkt.

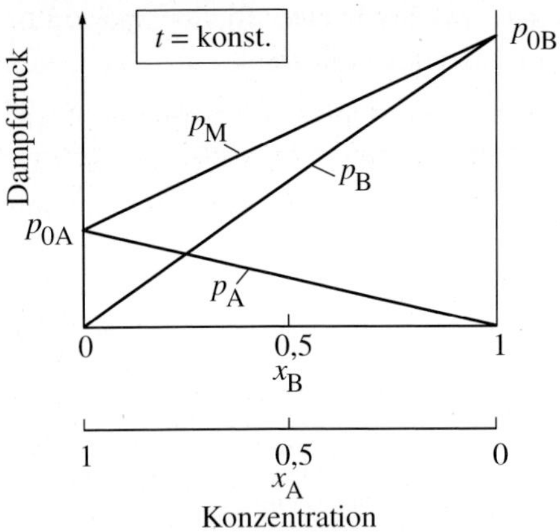

Bild 2.6 Abhängigkeit des Dampfdruckes von der Zusammensetzung einer idealen Mischung zweier Stoffe bei konstanter Temperatur

Für verschiedene Temperaturen zeigt Bild 2.7 eine Schar von Dampfdruckkurven. Aus dem Diagramm kann die Siedekurve bei konstantem Druck (hier z. B. bei 101,3 kPa) dieser idealen Mischung abgeleitet werden. Die Siedekurve gibt den Siedepunkt des Gemisches in Abhängigkeit von seiner Zusammensetzung bei konstantem Druck an (Bild 2.8).

Der Dampf besitzt nicht die gleiche Zusammensetzung wie das siedende Flüssigkeitsgemisch: Er enthält mehr von der leichter flüchtigen Komponente. Diese Tatsache kann hier nicht begründet werden, es sei lediglich auf die graphische Darstellung in Bild 2.9 verwiesen.

[1] Hier sind die Anziehungskräfte zwischen den verschiedenartigen Molekülen A und B ebenso groß wie die Kräfte zwischen den gleichartigen Molekülen A bzw. B.

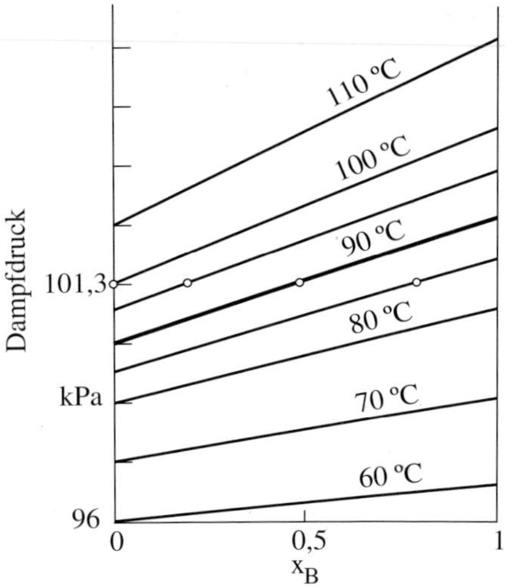

Bild 2.7 Dampfdrücke von idealen Flüssigkeitsgemischen zweier Stoffe bei verschiedenen Temperaturen und unterschiedlicher Zusammensetzung

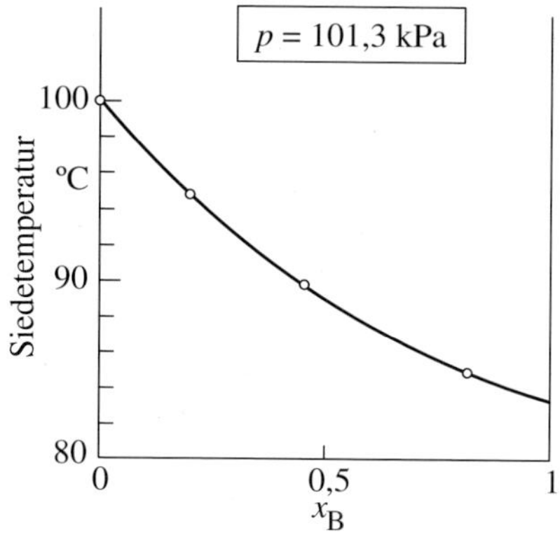

Bild 2.8 Siedekurve eines idealen Zweistoffgemisches

Aus diesem Grund nimmt während des Siedeverlaufes in der flüssigen Phase die niedriger siedende Komponente immer mehr ab, wobei gleichzeitig im Siedeintervall die Temperatur steigt. Diese Verhältnisse werden durch die Siedediagramm dargestellt (Bild 2.9).

Das *Siedediagramm* besteht aus der Kondensationskurve und aus der schon bekannten Siedekurve. Die Kondensationskurve gibt die Zusammensetzung desjenigen Dampfes an, der sich bei der betreffenden Temperatur aus der flüssigen Mischung bestimmter Zusammensetzung bildet, d. h. mit dieser Flüssigkeitsmischung im Gleichgewicht steht.

Die Benutzung des Diagramms sei an einem Beispiel erklärt: Wenn eine flüssige Mischung der Konzentration $x_B = 0{,}6$ und damit $x_A = 0{,}4$ erhitzt wird, so beginnt sie bei der Temperatur t_1 zu sieden (Punkt C). Der Dampf hat eine ungefähre Zusammensetzung von $x_B \approx 0{,}87$ und $x_A \approx 0{,}13$ (Punkt D). Er ist also gegenüber der Flüssigkeit reicher an Stoff B. Da somit die Flüssigkeit an B ärmer wird, steigt die Siedetemperatur (Verlauf von Punkt C nach E). Dabei nimmt gleichzeitig die Konzentration an B in der Flüssigkeit laufend ab. Bei der Siedetemperatur t_2 hat der Dampf schließlich die gleiche Zusammensetzung an A und B, wie sie in der ursprünglichen Flüssigkeit bei Siedebeginn t_1 vorlag. Dies bedeutete, dass nun alle Flüssigkeit verdampft ist, andernfalls könnte der Dampf nicht diese Zusammensetzung erreicht haben. Die Mischung siedet also in einem Bereich von $t_1 \ldots t_2$, wobei bei jeder Temperatur innerhalb des Bereiches die Flüssigkeitsphase mit der Dampfphase im Gleichgewicht steht.

Im Gegensatz zum reinen Stoff, bei dem ein fester Siedepunkt vorliegt, sieden also Zweikomponentensysteme der beschriebenen Art in einem Temperaturintervall.

Auf diesen hier geschilderten Vorgängen beim Erhitzen eines Flüssigkeitsgemisches beruhen solche Trennungsoperationen wie Destillation, Kondensation, Abdampfen usw. In allen diesen Fällen wird beim Durchlaufen des Siedeintervalls die Dampfphase von der Flüssigkeits-

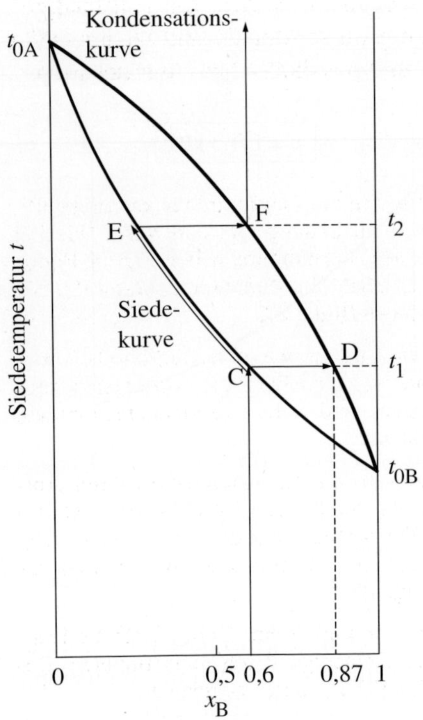

Bild 2.9 Siedediagramm einer idealen Mischung der Stoffe A und B

phase getrennt und schließlich durch Abkühlen wieder kondensiert. Da Dampf und Flüssigkeit jeweils zu der bestimmten Temperatur eine unterschiedliche Zusammensetzung haben, ist damit eine Trennung möglich.

Zur praktischen Durchführung und näheren Theorie dieser Vorgänge siehe Lehrbücher der physikalischen Chemie und der chemischen Technologie.

2.7 Elemente und Verbindungen

Es gibt reine Stoffe und Stoffgemenge. Die gewaltige Fülle von reinen Stoffen macht eine weitere Einteilung notwendig. Eine Einteilung, die den Erfordernissen der Chemie gerecht wird, erhält man, wenn die reinen Stoffe daraufhin untersucht werden, ob sie sich durch chemische Mittel in andere reine Stoffe zerlegen lassen oder nicht. Es gibt *einfache* und *zusammengesetzte reine Stoffe*. Die einfachen Stoffe heißen *Grundstoffe* oder *Elemente*, die zusammengesetzten nennt man *Verbindungen*.

Ein Element (Grundstoff) ist ein reiner Stoff, der auf chemischem Wege nicht in andere Stoffe zerlegt werden kann. Alle Atome eines Elementes reagieren chemisch gleich.
Eine Verbindung ist ein reiner Stoff, der aus mehreren Elementen besteht.

Alle Atome eines Elementes gehören der gleichen Atomsorte an, sie haben die gleiche elektrische Ladung der Atomhülle bzw. des Atomkerns (→ Abschn. 2.2 und 3.2). Jedem

Element ist ein Symbol in Form eines oder zweier Buchstaben zugeordnet. Ein vollständiges Verzeichnis enthält Anlage 4. Die Elemente lassen sich grob in Metalle und Nichtmetalle einteilen. Beide unterscheiden sich in ihren chemischen und physikalischen Eigenschaften.

❍ Aufgaben

2.1 Es sind die Begriffe Körper und Stoff zu unterscheiden!

2.2 Was besagen die Angaben für Ethanol Kp (bei Normaldruck) = 78,3 °C und $D_{20} = 0{,}789\,4$?

2.3 Es ist der Siedepunkt des Wassers bei 101,3 kPa in Kelvin anzugeben!

2.4 Welche Unterschiede bestehen zwischen dem festen und gasförmigen Zustand eines Stoffes? Es sind dabei auch die Energieverhältnisse zu berücksichtigen!

2.5 Es sind einige physikalische Eigenschaften zu nennen, die für einen Stoff charakteristisch sind!

2.6 In welcher Weise könnte ein Gemenge von Zucker und Sand getrennt werden?

2.7 Von welchen Faktoren hängt die Löslichkeit eines Stoffes ab?

2.8 Ist es von nennenswertem Vorteil, beim Herstellen einer gesättigten wässrigen Natriumchloridlösung (Kochsalzlösung) das Salz in heißem Wasser zu lösen? Löslichkeitsdiagramm (Bild 2.2)!

2.9 Bei einer Temperatur von 60 °C werden 100 g Natriumnitrat in 100 g Wasser gelöst. Bei welcher Temperatur beginnt Natriumnitrat auszukristallisieren, wenn die Lösung abgekühlt wird? Wie viel Gramm festes Natriumnitrat haben sich am Boden Abgesetzt, sobald die Zimmertemperatur (20 °C) erreicht ist (→ Bild 2.2)?

2.10 Ist die Luft, so wie sie natürlich als Atmosphäre vorkommt, ein homogenes oder ein heterogenes System, und welche Komponenten enthält dieses System?

2.11 Eine Natriumnitratlösung wurde durch Auflösen von 7 g $NaNO_3$ in 47 g H_2O bei 4 °C hergestellt. Welche Konzentration besitzt die Lösung (Angaben in verschiedenen, sinnvollen Konzentrationsmaßen)?

2.12 Es ist ein praktisches Beispiel für die Trennung eines Gemenges durch Zentrifugieren, Destillieren und Dekantieren zu nennen!

2.13 Anhand des Siedediagramms von Bild 2.9 ist zu erklären, welche Vorgänge sich beim Erwärmen eines Flüssigkeitsgemisches abspielen!

2.14 Wie lassen sich die Stoffe unterteilen?

2.15 Wie lauten die Symbole und die lateinischen Namen von Wasserstoff, Sauerstoff, Kohlenstoff, Stickstoff, Schwefel, Eisen, Kupfer, Calcium, Kalium und Phosphor?

3 Atombau

Am Ende des 19. und zu Beginn des 20. Jahrhunderts führten Untersuchungen auf dem Gebiet der Physik zur Entdeckung der Elementarbausteine des Atoms und zeigten seine Teilbarkeit im physikalischen Sinn.

3.1 Elementarteilchen

Als erste Atombausteine fand man in den Katodenstrahlen (vgl. Lehrbücher der Physik) Teilchen mit einer negativen Ladung von $1{,}6 \cdot 10^{-19}$ Amperesekunden (A s) und einer Masse, die etwa 1/1836 der eines Wasserstoffatoms beträgt.[1] Diese Teilchen wurden als „Atome der Elektrizität" angesehen und erhielten den Namen *Elektronen*. Sie sind Bestandteile jedes Atoms. Da Atome elektrisch neutrale Gebilde darstellen, suchte man nach den positiven Ladungsträgern. Sie entdeckte man in den Kanalstrahlen der Gasentladungsröhren und bezeichnet sie als *Protonen*.

Ein Proton zeigt eine positive Ladung, die zahlenmäßig der Ladung des Elektrons entspricht. Die Masse eines Protons gleicht fast der eines Wasserstoffatoms. Später fand man noch Teilchen, die keine Ladung tragen und deren Masse etwas größer als die Protonenmasse ist. Sie erhielten die Bezeichnung *Neutronen* (Tabelle 3.1).

Tabelle 3.1 Elementarteilchen

Elementarteilchen	Symbol	Ruhmasse[a] in g	Ladung in $1{,}6 \cdot 10^{-19}$ A · s
Proton	p	$1{,}6723 \cdot 10^{-24}$	+1
Neutron	n	$1{,}6745 \cdot 10^{-24}$	0
Elektron	e^-	$9{,}1091 \cdot 10^{-28}$	−1

[a] Ruhmasse ist die Masse eines Elementarteilchens in demjenigen physikalischen Bezugssystem, in dem sich das Teilchen in Ruhe befindet (vgl. Lehrbücher der Physik).

Berechnungen der Bindungskräfte im Kern, Untersuchungen der Eigenschaften kosmischer Strahlungen und Experimente mit Teilchenbeschleunigern führten zur Entdeckung weiterer Elementarteilchen, wie Meson, Positron, Neutrino, Antiproton und Antineutron. Für die folgenden Betrachtungen spielen allerdings nur die drei wichtigsten Elementarteilchen *Proton, Neutron* und *Elektron* eine Rolle.

3.2 Aufbau des Atoms

Rutherford stellte 1912 die Behauptung auf, dass die Atome im Bau unserem Planetensystem gleichen. Er nahm im Mittelpunkt einen positiv geladenen Kern an, in dem der größte Teil der Atommasse vereint ist und um den die negativen Elektronen kreisen (Rutherfordsches Atommodell).

Grundsätzlich halten wir an dieser Vorstellung über den Atombau, der Einteilung in *Atomkern* und *Atomhülle*, noch heute fest.

[1] Für Amperesekunde wird auch Coulomb (C) gesetzt. 1 A · s = 1 C

3.2.1 Bau des Atomkerns

Der Atomkern, den man sich vereinfacht als kugelähnliches Gebilde mit einem Durchmesser von ungefähr 10^{-14} m vorstellen kann, besteht aus Protonen und Neutronen. Sie werden als *Nucleonen* (Kernbausteine) bezeichnet. Die Summe dieser beiden Nucleonen heißt *Massen-* oder *Nukleonenzahl.*

$$\textit{Massenzahl} = \textit{Zahl der Protonen} + \textit{Zahl der Neutronen}$$

Da die Zahl der Protonen die Größe der positiven Ladung des Kerns bestimmt, wird sie auch Kernladungszahl genannt.

$$\textit{Kernladungszahl} = \textit{Zahl der Protonen}$$

Mit Hilfe von Röntgenstrahlen können die Kernladungszahlen der Atome bestimmt werden.

■ Ein chemisches Element besteht stets aus Atomen mit gleicher Kernladungszahl.

Die Massenzahl der Atome lässt sich durch Anwendung eines Massenspektrographen bestimmen (vgl. Lehrbücher der Physik). Damit ist auch die Zahl der Neutronen festgelegt. Mit Hilfe der erwähnten physikalischen Untersuchungsmethoden kann nun die Zusammensetzung der Atomkerne aller Elemente angegeben werden (Tabelle 3.2).

Tabelle 3.2 Bau der Atomkerne einiger Elemente

Atomkern des Elements	Zahl der Protonen (Kernladungszahl)	Zahl der Neutronen	Massenzahl (Nukleonenzahl)
Wasserstoff	1	–	1
Helium	2	2	4
Lithium	3	3	6
Beryllium	4	5	9
Bor	5	6	11
Kohlenstoff	6	6	12
Stickstoff	7	7	14
Sauerstoff	8	8	16
Fluor	9	10	19
Neon	10	10	20
Natrium	11	12	23

Die Ordnung der bekannten Elemente nach steigender Zahl der Protonen lässt sich ohne Schwierigkeiten bis zum Element mit der höchsten Kernladungszahl fortsetzen (→ Aufg. 3.1).

Den Aufbau der einzelnen Atomkerne stellt man mit Hilfe von zwei Zahlen und dem Symbol für das chemische Element dar. Der untere Index am Symbol gibt die Protonenzahl an, der obere Index entspricht der Massenzahl.

$$^{1}_{1}H \qquad ^{4}_{2}He \qquad ^{6}_{3}Li \qquad ^{9}_{4}Be \qquad ^{11}_{5}B$$

Mit diesen Angaben lässt sich die Neutronenzahl leicht berechnen:

$$\textit{Neutronenzahl} = \textit{Massenzahl} - \textit{Protonenzahl}$$

3.2.1.1 Nuclide und Isotope

Untersuchungen mit dem Massenspektrographen ergaben, dass in einem chemischen Element Atome existieren können, deren Kerne bei gleicher Protonenzahl eine verschiedene Massenzahl aufweisen. Diese unterschiedlichen Massenzahlen lassen sich nur durch eine verschieden große Zahl von Neutronen im Kern erklären. Atomkerne eines Elements mit diesen Merkmalen nennt man *isotope* Kerne.[1] Sie müssten in einer Tafel der Atomkerne, die nach steigender Kernladungszahl geordnet ist, am gleichen Ort stehen (Bild 3.1).

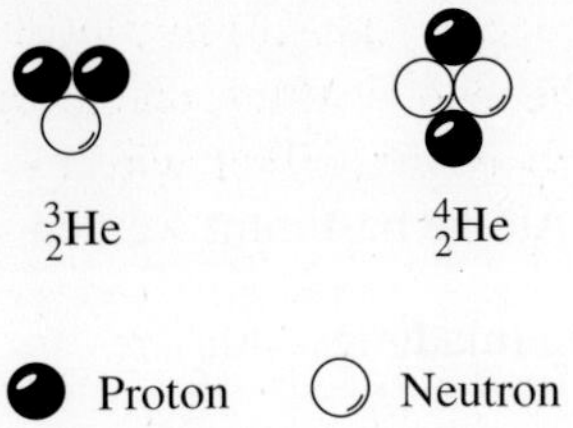

Bild 3.1 Isotope Atomkerne des Heliums

Bedingt durch den unterschiedlichen Bau der Kerne, kann man in einer großen Zahl chemischer Elemente verschiedene Atomarten oder *Nuclide* finden. *Isotope Nuclide*, also die Atomarten eines Elements mit isotopen Kernen, tragen auch die Kurzbezeichnung *Isotope*.

Isotope sind Nuclide (Atomarten) eines Elements, deren Kerne die gleiche Protonenzahl jedoch eine unterschiedliche Neutronenzahl und damit verschiedene Massenzahlen aufweisen. Die chemischen Eigenschaften der zu einem Element gehörenden isotopen Nuclide sind gleich.

Aus der Vielzahl der Nuclide seien die Isotope des Elements Kohlenstoff und die Isotope des Elements Sauerstoff angeführt:

$$^{12}_{6}C \quad ^{13}_{6}C \quad ^{16}_{8}O \quad ^{17}_{8}O \quad ^{18}_{8}O$$

Sauerstoff besteht aus drei Nucliden natürlich mit gleicher Kernladungszahl, aber verschiedener Massenzahl und gehört damit zu der großen Gruppe der *Mischelemente*. Fluor, Natrium, Aluminium, Phosphor, Mangan, Gold u. a. sind dagegen zu den *Reinelementen* zu zählen. Ein Reinelement besteht nur aus einem Nuclid (→ Abschn. 7.3).

Das Masseverhältnis der einzelnen Nuclide in den natürlich vorkommenden Mischelementen bleibt bei allen chemischen Umsetzungen im allgemeinen erhalten. Über den Anteil der einzelnen Nuclide beim Aufbau einiger Elemente gibt Anlage 4 Auskunft.

Die meisten Elemente setzen sich aus mehreren Nucliden zusammen. Das charakteristische Kennzeichen eines Elements kann also nur die Kernladungszahl sein aber nicht die Massenzahl (→ Aufg. 3.2).

Da die Atomkerne von verschiedenen natürlichen Nucliden durch Aussendung radioaktiver Strahlung zerfallen können, unterscheidet man *stabile Nuclide* und *radioaktive* oder *instabile Nuclide*. Durch Verfahren der Isotopentrennung (vgl. Lehrbücher der Physik) lassen sich die Isotope eines Elements rein gewinnen. Die stabilen Nuclide, die also keine radioaktiven

[1] isos (griech.) gleich, topos (griech.) Ort

Strahlen aussenden, werden in der Chemie, Biologie und Medizin zur Aufklärung chemischer Reaktionsabläufe bzw. physiologischer Vorgänge verwendet. Neben den natürlichen radioaktiven Nucliden der Elemente Radium, Thorium, Uranium u. a. haben vor allen Dingen die künstlich hergestellten Radionuclide auf vielen Gebieten der Wissenschaft und Technik große Bedeutung erlangt. Atomreaktor und Zyklotron sind die Produktionsstätten der künstlich radioaktiven Nuclide. Diese ergänzen den Anwendungsbereich der stabilen Nuclide, dienen als Strahlungsquelle in der Krebstherapie, ermöglichen Korrosions- und Verschleißuntersuchungen und sind aus der Mess-, Steuer- und Regelungstechnik nicht mehr wegzudenken.

Nuclide der Elemente Thorium, Uranium und Plutonium stellen die wichtigsten „Brennstoffe" zur Gewinnung von Atomenergie dar. Es ist Aufgabe der friedliebenden Menschheit, zu verhindern, dass diese Energie zur Vernichtung menschlichen Lebens eingesetzt wird ($\rightarrow$ Aufg. 3.3).

3.2.2 Bau der Atom- oder Elektronenhülle

Die Atomhülle baut sich aus Elektronen auf, über deren räumliche Verteilung *Rutherford* 1912 und *Bohr* 1913 die ersten Vorstellungen entwickelten. Er nahm an, dass sich die Elektronen auf Kreisbahnen von bestimmten Durchmessern bewegen und dabei keine Energie abgeben (Bohrsches Postulat). Angeregt durch genauere Untersuchungen von Spektrallinien bzw. Linienspektren, wies *Sommerfeld* 1916 auf die elliptische Form der meisten Elektronenbahnen hin. Das verfeinerte Bohrsche Atommodell zeigt nun in der Atomhülle verschiedene Schalen (K-, L-, M-, N-Schale), von denen jede durch eine bestimmte Zahl von Elektronenbahnen aufgebaut wurde. Heute müssen wir auch dieses „Planetenmodell" des Atombaus als eine grobe Vorstellung betrachten.

3.2.2.1 Welle-Teilchen-Dualismus der Elektronen

Nach einer von *de Broglie* 1923 geäußerten Vermutung sind die Elektronen nicht nur als Teilchen, sondern auch als Wellen aufzufassen. Die Wellennatur der Elektronen wurde 1927 durch ihre Beugungserscheinungen an Nickel-Einkristallen bestätigt. Wie Lichtstrahlen haben demnach Elektronen einen Doppelcharakter (Welle-Teilchen-Dualismus der Materie). Zu jedem Elektron der Masse m, das sich mit der Geschwindigkeit v bewegt, also nach der *Einsteinschen* Beziehung die Energie $E = m \cdot v^2$ hat, gehört eine Welle mit der Amplitude ψ (Materiewelle) und der Energie $E = h \cdot \nu$ (h = *Planck*sches Wirkungsquantum $= 6{,}626 \cdot 10^{-37}$ J · s; ν = Frequenz der Welle). Führt man λ als Wellenlänge ein und setzt für den Impuls $m \cdot v = p$, so gilt, da $v = \nu \cdot \lambda$ ist:

$$E = m \cdot v^2 = h \cdot \nu = h \cdot \frac{v}{\lambda}$$

$$\lambda = \frac{h}{m \cdot v} = \frac{h}{p} \tag{3.1}$$

Im atomaren Bereich liegen danach mit den Elektronen Objekte vor, die je nach der angewandten Messmethode ihren Teilchen- oder Wellencharakter hervorkehren. Durch genaue Messung der Masse m und der Geschwindigkeit v der Elektronen, die allerdings von der

Ortskoordinate x abhängt, also durch Bestimmung typischer Teilcheneigenschaften, könnte man vom Standpunkt der klassischen Physik aus die Energie des Elektrons berechnen. Aber nach der von *Heisenberg* 1927 aufgestellten *Unschärfebeziehung* sind bei einem Elementarteilchen gleichzeitig genaue Angaben über den Impuls p (oder die Geschwindigkeit) und die Koordinate x seines Aufenthaltsortes nicht möglich. Sind Δx und Δp Fehler des Ortes und des Impulses, so gilt $\Delta x \cdot \Delta p > h$. Legt man die Ortskoordinate x möglichst genau fest, der Fehler Δx nähert sich Null ($\Delta x \to 0$), so wächst der Fehler des Impulses Δp bzw. der Fehler der Geschwindigkeit ins Unendliche. Könnte man p genau messen, wäre die Ortskoordinate x nicht ohne großen Fehler Δx bestimmbar. Man kann also die Bewegung eines Elektrons nicht durch Angaben von Ortskoordinaten und Impuls in Form von Bahnkurven genau bestimmen. Die Elektronenbahnen im Atommodell von *Bohr* ergaben sich durch seine genialen Postulate (Festlegungen ohne physikalische Begründungen). Eines sagte z. B. aus, dass die Elektronen nur auf bestimmten Bahnen den Kern umkreisen und keine Energie in Form von Strahlung dabei abgeben, wie es die Gesetze der Elektrodynamik eigentlich erfordern. Weiter hilft hier die Quantenmechanik, die Wahrscheinlichkeitsaussagen für Messungen einer physikalischen Größe trifft. Wie bei Licht ist auch die Amplitude ψ eines Elektrons der Messung nicht zugänglich. Messbar dagegen ist die Intensität ψ^2. Sie drückt die *Ladungsdichte* der Ladungswolke aus, die das Elektron um den Kern bildet. Die Intensität ψ^2 der Elektronen-Welle in einem Volumenelement ist nun proportional der *Wahrscheinlichkeit* W, das Elektron in diesem Raum um den Atomkern zu treffen, $\psi^2 \sim W$. Es wird keine Aussage mehr über das Verhalten eines Elektrons zu einem bestimmten Zeitpunkt vorgenommen; nur die statistische Verteilung der vielen möglichen Aufenthaltspunkte eines Elektrons um den Atomkern zu verschiedenen Zeiten kennzeichnet das Erscheinungsbild eines Elektrons. Diese Verteilung der Intensitäten widerspiegelt also den Wellencharakter des Elektrons, das als Einzelobjekt nicht mehr zu beschreiben ist.

Das Ordnungsprinzip der Elektronen in der Atomhülle ist nun in erster Linie kein räumliches, sondern ein energetisches. Untersuchungen des Linienspektrums von Licht, das Wasserstoffatome aussenden, die energetisch angeregt wurden, ließen den Schluss zu, dass die Elektronen nur bestimmte Energiewerte aufweisen oder mit anderen Worten nur bestimmte (diskrete) Energieniveaus einnehmen können. Geht ein Elektron vom Energieniveau E_n nach E_{n-1} über, so gilt, wenn $E_n > E_{n-1}$ ist:

$$E_n - E_{n-1} = h \cdot \nu = \Delta E$$

Die Energie ΔE wird in Form von Licht bestimmter Frequenz oder Wellenlänge (Linienspektrum!) abgegeben.

▮ In der Atomhülle befinden sich die Elektronen auf bestimmten Energieniveaus.

Der Energiezustand eines Elektrons kann sich also nur in gewissen Stufen durch Aufnahme oder Abgabe kleiner Energieportionen ändern, die nach *Planck* als *Quanten* bezeichnet werden. Die Werte für die einzelnen Energieniveaus sind durch spektroskopische Untersuchungen zugänglich und für das Wasserstoffatom mit Hilfe der Schrödinger-Gleichung auch exakt berechenbar. *Schrödinger* betrachtete das Elektron als räumliche stehende Welle. Stehende Wellen kennt man z. B. an einer tönenden Saite (Bild 3.2) oder schwingenden Platte, die

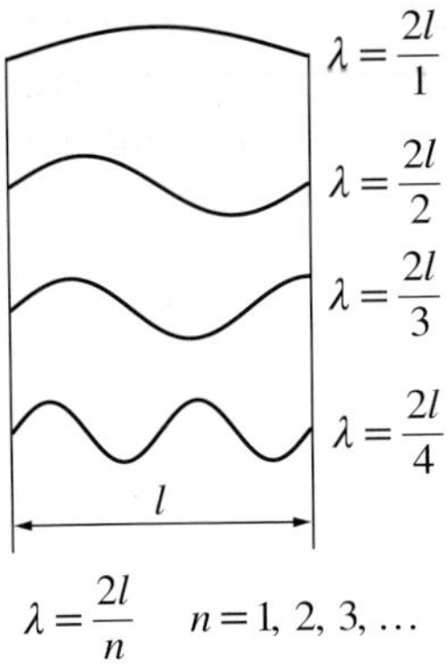

Bild 3.2 Stehende Wellen

mit Sand bestreut ist (Chladnische Klangfiguren). In den Knotenpunkten der Saite und in den Knotenlinien der schwingenden Platte herrscht Ruhe. Räumliche stehende Wellen können sich auch in eingeschlossenen Gasen bilden. Es treten dann Knotenflächen auf, die Ebenen oder Oberflächen von Kugeln und Kegeln sein können. *Schrödinger* formulierte nun 1926 für solch eine dreidimensionale Welle eine Gleichung, die den zeitunabhängigen (stationären) Zustand eines Elektrons im Wasserstoffatom beschreibt. Ausgehend vom Energieerhaltungsgesetz, nach dem die Gesamtenergie gleich der Summe von kinetischer Energie und potenzieller Energie des Systems ist, $E = E_{\text{kin}} + E_{\text{pot}}$, verknüpfte er die Wellenfunktion der klassischen Mechanik mit der de-Broglie-Beziehung $\lambda = h/p \rightarrow$ Gleichung 3.1 und schuf damit die Grundgleichung der *Wellenmechanik.*

$$\Delta\psi + \frac{8\pi^2 m}{h^2}(E - E_{\text{pot}})\psi = 0 \tag{3.2}$$

ψ als Amplitude der Elektronenwelle ist eine bestimmte Funktion der Raumkoordinaten x, y, z. Δ wird hier Laplace-Operator genannt und stellt in der höheren Mathematik eine Rechenvorschrift dar, wie die Funktion ψ unter Berücksichtigung der Raumkoordinaten zu behandeln ist. m steht für Elektronenmasse und h für das Plancksche Wirkungsquantum. E bedeutet im Falle des Wasserstoffatoms die Energie des Elektrons. Eine entsprechende Umformung der Gleichung zeigt, dass sich hinter der Größe $-\Delta\psi \cdot h^2/(8\pi^2 m)$ die kinetische Energie E_{kin} des Systems verbirgt.

Die Lösungen dieser Gleichung, die wiederum Funktionen darstellen, lassen nur ganz bestimmte Energieeigenwerte zu, die ein Elektron im Wasserstoffatom aufweisen kann. Sie ergeben sich aus

$$E = -\frac{1}{2}\frac{e^2}{r_0}\frac{1}{n^2} \tag{3.3}$$

e Ladung des Elektrons
r_0 $0{,}529 \cdot 10^{-10}$ m, $n = 1, 2, 3, \ldots$

Für Atome mit mehreren Elektronen gelten Näherungsverfahren zur Lösung der Schrödinger-Gleichung, die dann auch die Berechnung der möglichen Energieeigenwerte gestatten.

In den Lösungsfunktionen werden die Energieniveaus der Elektronen durch ganze Zahlen, die *Quantenzahlen*, charakterisiert. Außerdem vermitteln diese Lösungsfunktionen Vorstellungen über die räumliche Verteilung der Elektronen um den Atomkern. Man erhält so *wellenmechanische Atommodelle*. Nach ihnen gruppieren sich die Elektronen nicht wahllos um den Atomkern, sondern nehmen gewisse *Aufenthaltsräume* ein, die in Größe, Form und Orientierung durch die Quantenzahlen festgelegt werden. Die Kenntnisse über die Elektronenanordnung in der Atomhülle werden es später gestatten, Vorstellungen über den Aufbau von Molekülen zu entwickeln.

3.2.2.2 Energieniveaus, Elektronenzustände, Quantenzahlen

Aus den Lösungen der Schrödinger-Gleichung ergeben sich die *Hauptquantenzahlen* $n = 1, 2, 3, 4, \ldots$ Sie charakterisieren die Energiehauptniveaus, die man auch mit den Symbolen K, L, M, N kennzeichnen kann. Weiter treten in diesen Lösungen die *Nebenquantenzahlen* $l = 0, 1, 2, \ldots, (n-1)$ auf. Sie legen die Energienebenniveaus fest, die auch die Symbole s, p, d, f tragen können (Tabelle 3.3). In Atomen mit mehreren Elektronen weisen die Haupt- und die Nebenniveaus unterschiedliche Energiewerte auf (Bild 3.3). Tabelle 3.3 zeigt in der letzten Spalte die maximale Besetzung der Hauptniveaus mit Elektronen. Die Frage nach der maximalen Zahl der Elektronen auf den Nebenniveaus beantwortet Tabelle 3.4. Hier ist eine weitere Größe, die sich aus den Lösungen der Schrödinger-Gleichung ergibt, als *Magnetquantenzahl* $m = -l,\ -l+1, \ldots, 0, \ldots, l-1,\ l$ eingeführt. Sie kennzeichnet unterschiedliche Zustände der Elektronen, indem sie die Orientierung ihrer Aufenthaltsräume um den Atomkern festlegt.

Trotz unterschiedlicher Magnetquantenzahlen haben die Elektronen, die zu einem bestimmten Energienebenniveau gehören, also die gleiche Nebenquantenzahl aufweisen, gleiche Energien. Die verschiedenen Zustände, die zu m gehören, offenbaren sich erst durch Einwirkung magnetischer und elektrischer Felder auf die Atomhülle.

Tabelle 3.3 Besetzung der Energiehauptniveaus – Quantenzahlen

Energiehauptniveau		Mögliche Energienebenniveaus		Maximale Besetzung des Energiehauptniveaus
Symbol	Haupt-quantenzahl n	Symbol	Neben-quantenzahl $l = 0, 1, 2, \ldots$	$2 \cdot n^2$
K	1	1s	0	2
L	2	2s 2p	0, 1	8
M	3	3s 3p 3d	0, 1, 2	18
N	4	4s 4p 4d 4f	0, 1, 2, 3	32

Außerdem musste noch eine vierte Quantenzahl, die *Spinquantenzahl* s, eingeführt werden. Man kann sich diesen Spin als Eigendrehimpuls des Elektrons veranschaulichen, der nur mit den Werten $s = +1/2$ und $s = -1/2$ beschrieben wird. Auf Grund dieses Spins treten für jedes Elektron noch zwei weitere mögliche Zustände auf. Darum ist nach Tabelle 3.4 und Anlage 1.1 für das Energienebenniveau 2p ($n = 2$, $l = 1$) die Zahl der möglichen Elektronen auf diesem Niveau nicht 3, sondern 6. Wichtig ist in diesem Zusammenhang das *Pauli-Prinzip*:

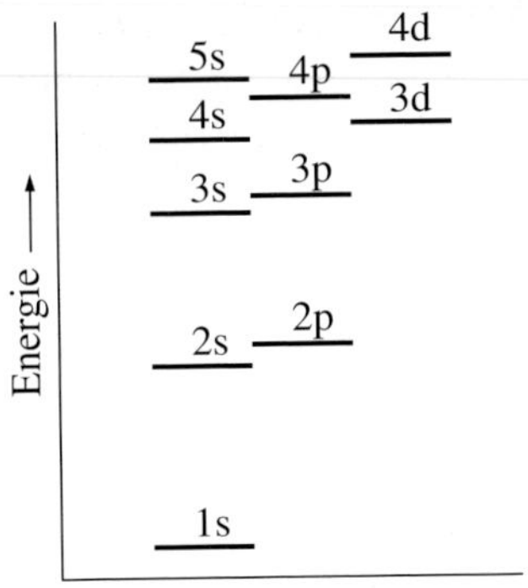

Bild 3.3 Reihenfolge der Energieniveaus in der Atom- oder Elektronenhülle

In der Hülle eines Atoms existieren keine Elektronen, die in ihren vier Quantenzahlen übereinstimmen.

Im Wasserstoffatom (Einelektronensystem) sind die zu einer Hauptquantenzahl gehörenden Zustände des Elektrons mit den Quantenzahlen l, m und s energiegleich (entartet). In Atomen mit mehreren Elektronen ist die Energiegleichheit aufgehoben (Bild 3.3).

Tabelle 3.4 Besetzung der Energienebenniveaus – Quantenzahlen

Energie-nebenniveau	Neben-quantenzahl	Magnet-quantenzahl	Spin-quantenzahl	Maximale Elektronenzahl	
				Neben-niveau	Haupt-niveau
1s	0	0	$+\frac{1}{2}$ $-\frac{1}{2}$	2	2
2s	0	0	$+\frac{1}{2}$ $-\frac{1}{2}$	2	
2p	1	$-1, 0, +1$	$+\frac{1}{2}$ $-\frac{1}{2}$	6	8
3s	0	0	$+\frac{1}{2}$ $-\frac{1}{2}$	2	
3p	1	$-1, 0, +1$	$+\frac{1}{2}$ $-\frac{1}{2}$	6	
3d	2	$-2, -1, 0, +1, +2$	$+\frac{1}{2}$ $-\frac{1}{2}$	10	18

3.2.2.3 Räumlicher Bau der Atomhülle – Orbitale

Die Wellenfunktion ψ für jeden Zustand eines Wasserstoffelektrons, der durch die Quantenzahlen n, l und m charakterisiert ist, lässt sich in ein Produkt zweier Lösungsfunktionen R und Y verwandeln, $\psi = R \cdot Y$. Die Funktion R hängt von n und l ab, Y von l und m. Da ψ^2 die Ladungsdichte angibt, interessiert $\psi^2 = R^2 \cdot Y^2$. Um diese Ladungsdichte ψ^2 gut veranschaulichen zu können, die auch die Aufenthaltswahrscheinlichkeit W des Elektrons

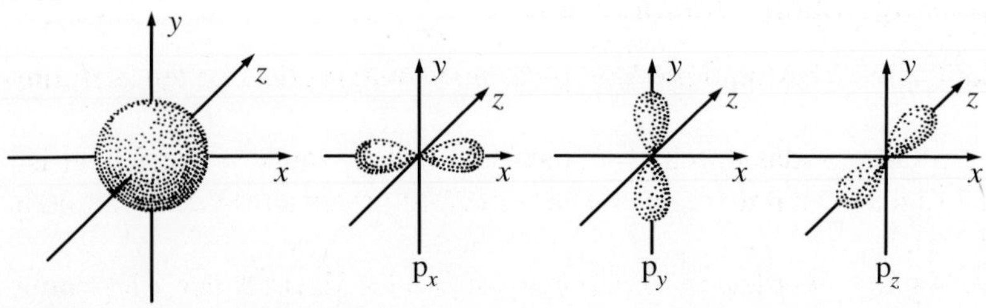

Bild 3.4 s- und p-Orbitale

um den Kern nach $\psi^2 \sim W$ widerspiegelt, stellt man nur Y^2 unter Einhaltung bestimmter mathematischer Bedingungen perspektivisch in einer Ebene dar. Für das Elektron im s-Niveau, also für ein s-Elektron, erhält man eine kugelförmige Oberfläche. Für p-Elektronen ergeben sich Oberflächen von hantelförmigen Gebilden, die je nach der Magnetquantenzahl $m = -1$, 0 oder $+1$ unterschiedliche Orientierung im Raum aufweisen (Bild 3.4). Da die ψ-Funktion, die den Elektronenzustand in Abhängigkeit von den Quantenzahlen n, l und m festlegt, als *Orbital* (eigentlich Bahnkurve) bezeichnet wird, soll hier auch für die geometrische Darstellung der Lösungsfunktion Y^2 der Begriff Orbital stehen. Es muss aber beachtet werden, dass diese Orbitale nicht die wahren Aufenthaltsräume von Elektronen auf verschiedenen Energieniveaus, also die Ladungswolken, wiedergeben. Sie stellen nur mehr oder weniger grobe Näherungen über die Größe, Form und Orientierung der wahren Aufenthaltsräume der Elektronen dar. Orbitale und Ladungswolken entsprechen sich beim s-Elektron noch am besten.

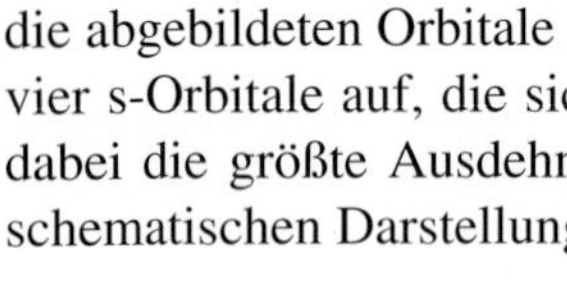

Bild 3.5 Schematische Darstellung von s- und p-Orbitalen

Auch Elektronen im s- und p-Niveau anderer Atome als des Wasserstoffatoms werden durch die abgebildeten Orbitale räumlich erfasst. Ein Atom mit der Hauptquantenzahl 4 weist z. B. vier s-Orbitale auf, die sich schalenförmig um den Atomkern schließen. Das 4s-Orbital hat dabei die größte Ausdehnung. Oftmals bedient man sich auch einer nichtperspektivischen schematischen Darstellung der s- und p-Orbitale (Bild 3.5).

Die Form der d- und f-Orbitale ist ebenfalls festgelegt. Ihre nähere Betrachtung muss hier entfallen.

Zusammenfassend lässt sich demnach über die Größen, die den Zustand eines Elektrons in der Atomhülle festlegen, folgendes aussagen:

1. Hauptquantenzahl n 2. Nebenquantenzahl l	bestimmen in erster Linie die Energie des Elektrons in der Atomhülle
3. Magnetquantenzahl m	bestimmt die Lage der Orbitale um den Atomkern
4. Spinquantenzahl s	bestimmt die Richtung des Elektronenspins

3.2.2.4 Elektronenkonfiguration – Atommodelle

Für die Elektronenanordnung in der Atomhülle, der *Elektronenkonfiguration*, gelten bestimmte Bedingungen:

1. *Pauli-Prinzip*: In einem Orbital, das durch die Quantenzahlen, n, l und m bezeichnet ist, können nur maximal 2 Elektronen mit entgegengesetztem (antiparallelem) Spin vorhanden sein (→ Abschn. 3.2.2.2).
2. *Aufbau-Prinzip*: Die Orbitale werden in der Folge steigender Energie der Elektronen besetzt (→ Bild 3.3).
3. *Hundsche Regel*: Orbitale mit gleicher Elektronenenergie, z. B. die p-Orbitale mit gleicher Hauptquantenzahl, werden zunächst nur mit einem Elektron besetzt, ehe eine Auffüllung mit dem zweiten Elektron erfolgt.

Wasserstoff

Das Wasserstoffatom hat gemäß seiner Kernladungszahl (Tabelle 3.2) nur ein Elektron mit den Quantenzahlen $n = 1$, $l = 0$, $m = 0$ und $s = -1/2$ oder $+1/2$ in der Atomhülle. Die Aufenthaltsorte des s-Elektrons verteilen sich kugelsymmetrisch um den Atomkern. Sie liegen zu 90 % innerhalb eines kugelförmigen Raumes von etwa $2 \cdot 10^{-10}$ m Radius, dem Radius der so willkürlich begrenzten Ladungswolke (Bild 3.6). Die Ladungsdichte innerhalb dieses Raumes ist unterschiedlich und in der Nähe des Atomkerns am größten (Bild 3.7). Betrachtet man jedoch die Zahl der möglichen Aufenthaltsorte der Elektronen in einer Kugelschale der geringen Dicke Δr, so gibt es eine solche Schale in einer bestimmten Entfernung r_0 vom Atomkern, in der diese Zahl ein Maximum erreicht (Bild 3.8). Hier ist die *radiale Ladungsdichte* am größten, wobei $r_0 = 0{,}529 \cdot 10^{-10}$ m beträgt. Diese Größe trat schon in Gleichung (3.3) auf und entspricht dem *Bohrschen Atomradius* für das Wasserstoffatom. Während aber *Bohr* behauptete, das Elektron bewegt sich in dieser Entfernung r_0 auf einer Kreisbahn um den Atomkern, formuliert man nun: In dieser Entfernung r_0 ist die Wahrscheinlichkeit am größten, das Elektron in einer dünnen Kugelschale der Ladungswolke anzutreffen. Für die *Elektronenkonfiguration* (Elektronenanordnung) der Atomhülle des Wasserstoffatoms gilt folgende Darstellung:

$$1s^1 \text{ oder } \overset{1s}{\boxed{\uparrow}}$$

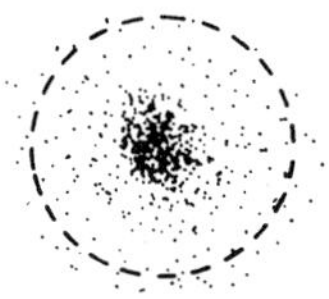

$r = 2 \cdot 10^{-10}$ m

Bild 3.6 Ladungswolke des 1s-Elektrons eines Wasserstoffatoms

Das Elektron befindet sich also im Energieniveau 1s, dessen quantitativ genau fassbarer Energiewert hier nicht interessieren soll. Man spricht auch vom 1s-Elektron.

Die Atomhülle selbst erhält die Bezeichnung $1s^1$. Die hochgestellte Ziffer gibt die Zahl der Elektronen an, die sich auf dem jeweiligen Energieniveau befinden (Bild 3.9).

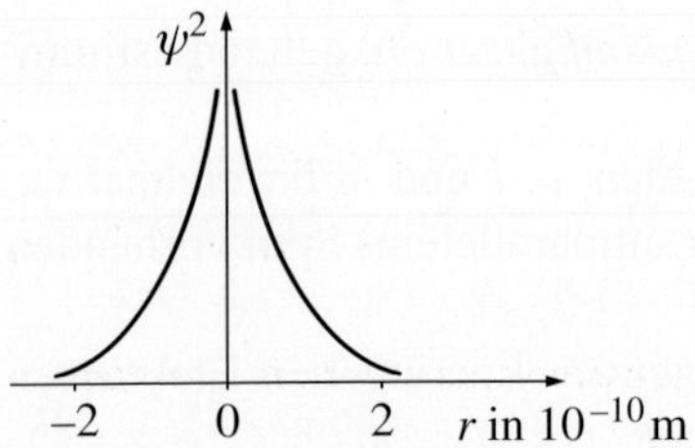

Bild 3.7 *Ladungsdichte des 1s-Elektrons eines Wasserstoffatoms*

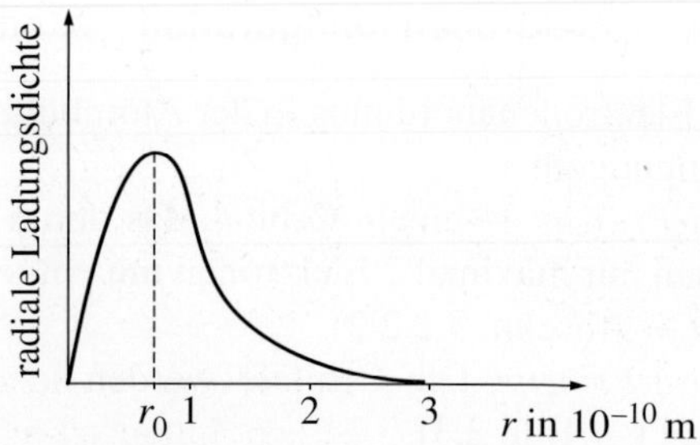

Bild 3.8 *Radiale Ladungsdichte für das 1s-Elektron des Wasserstoffatoms*

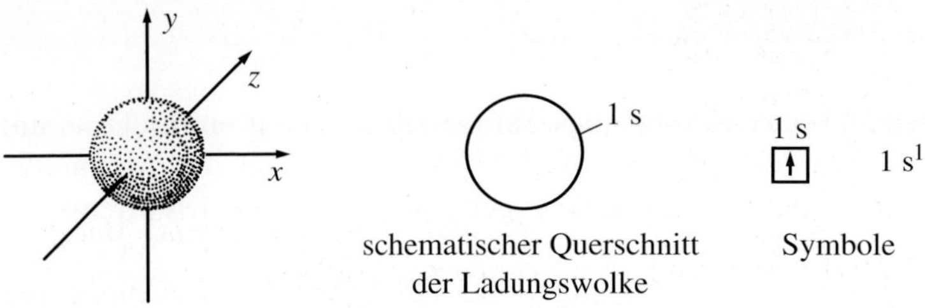

Bild 3.9 *Wellenmechanisches Modell des Wasserstoffatoms*

Helium

In der Atomhülle des Heliums bewegen sich 2 Elektronen. Der Aufenthaltsraum der Elektronen liegt wie beim Wasserstoffatom ebenfalls kugelsymmetrisch um den Atomkern. Der Durchmesser der Ladungswolke ist etwas kleiner, da die größere Ladung des Heliumkernes die Elektronen näher zu sich heranzieht (Bild 3.12). Die beiden Elektronen unterscheiden sich jedoch in ihrer Bewegungsform. Sie haben einen antiparallelen Spin. Als Darstellung für den Bau der Atomhülle wird hier folgende Form verwendet:

$1s^2$ oder 1s: [↑↓]

Die Pfeile symbolisieren die beiden Elektronen mit antiparallelem Spin.

Lithium und *Beryllium* siehe Tabelle 3.5.

Bor

Das dritte Elektron im 2. Hauptniveau hat keinen Platz mehr im Niveau 2s, sondern muss das energiereichere 2p-Niveau besetzen (Bild 3.10). Die Elektronenkonfiguration (Elektronenanordnung) der Atomhülle lautet:

$1s^2\ 2s^2\ 2p^1$ oder 1s: [↑↓] 2s: [↑↓] 2p: [↑][ ][ ]

Das Orbital des 2p-Elektrons ähnelt einer Hantel (Bild 3.4). Es kann von maximal zwei Elektronen gebildet werden, die man auch p_x-Elektronen nennt.

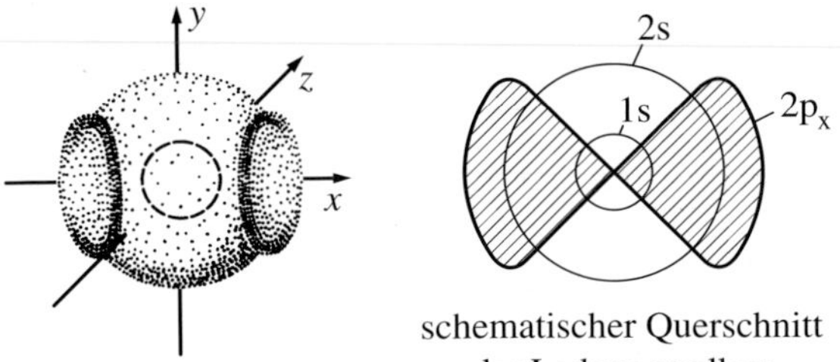

schematischer Querschnitt der Ladungswolken

Bild 3.10 Wellenmechanisches Modell des Boratoms

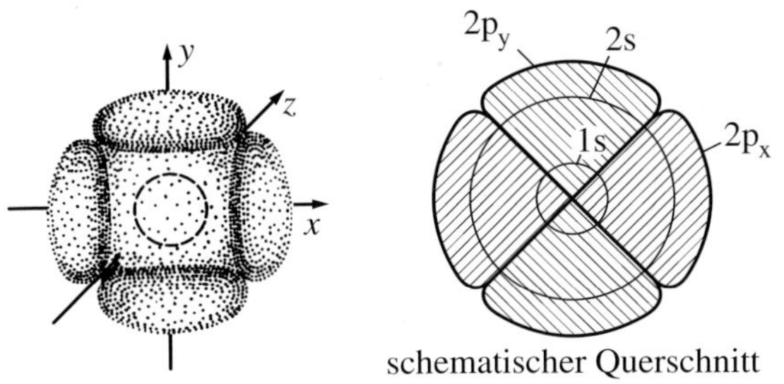

schematischer Querschnitt der Ladungswolken

Bild 3.11 Wellenmechanisches Modell des Kohlenstoffatoms

Kohlenstoff

Das sechste Elektron bzw. das vierte mit der Hauptquantenzahl 2 ist ebenfalls ein p-Elektron. Es bildet das $2p_y$-Orbital und ist demnach ein p_y-Elektron (Bild 3.11). Für die Elektronenkonfiguration steht:

$$1s^2\,2s^2\,2p_x^1\,2p_y^1 \text{ oder } \underset{}{\overset{1s}{\boxed{\uparrow\downarrow}}}\;\overset{2s}{\boxed{\uparrow\downarrow}}\overset{2p}{\boxed{\uparrow}\boxed{\uparrow}\boxed{}} \text{ kürzer auch } 1s^2\,2s^2\,2p^2$$

Damit erfüllt das p_y-Elektron die *Hundsche Regel*, die besagt, dass Elektronen auf dem gleichen Energieniveau erst die möglichen Orbitale einzeln besetzen, ehe dies durch das zweite Elektron erfolgt. Wird jedes p-Orbital nur durch ein Elektron gebildet, so zeigen die Elektronen parallelen Spin. Bei der paarweisen Besetzung liegt antiparalleler Spin vor (→ Aufg. 3.5).

Stickstoff

Das dritte Elektron des 2p-Niveaus bildet das p_z-Orbital:

$$1s^2\,2s^2\,2p_x^1\,2p_y^1\,2p_z^1 \text{ oder } \overset{1s}{\boxed{\uparrow\downarrow}}\;\overset{2s}{\boxed{\uparrow\downarrow}}\overset{2p}{\boxed{\uparrow}\boxed{\uparrow}\boxed{\uparrow}} \text{ kürzer auch } 1s^2\,2s^2\,2p^3$$

Sauerstoff

Gemäß der Hundschen Regel ist das vierte Elektron des 2p-Niveaus am Aufbau des $2p_x$-Orbitals beteiligt und zeigt dort antiparallelen Spin:

$$1s^2\,2s^2\,2p_x^2\,2p_y^1\,2p_z^1 \text{ oder } \overset{1s}{\boxed{\uparrow\downarrow}}\;\overset{2s}{\boxed{\uparrow\downarrow}}\overset{2p}{\boxed{\uparrow\downarrow}\boxed{\uparrow}\boxed{\uparrow}} \text{ kürzer auch } 1s^2\,2s^2\,2p^4$$

Tabelle 3.5 Bau der Atomhüllen einiger Elemente

Element	Elektronenkonfiguration der Atomhülle	1s	2s	2p	3s	3p	3d	4s
H	$1s^1$	[↑]						
He	$1s^2$	[↑↓]						
Li	$1s^2\,2s^1$	[↑↓]	[↑]	[ ][ ][ ]				
Be	$1s^2\,2s^2$	[↑↓]	[↑↓]	[ ][ ][ ]				
B	$1s^2\,2s^2\,2p^1$	[↑↓]	[↑↓]	[↑][ ][ ]				
C	$1s^2\,2s^2\,2p^2$	[↑↓]	[↑↓]	[↑][↑][ ]				
N	$1s^2\,2s^2\,2p^3$	[↑↓]	[↑↓]	[↑][↑][↑]				
O	$1s^2\,2s^2\,2p^4$	[↑↓]	[↑↓]	[↑↓][↑][↑]				
F	$1s^2\,2s^2\,2p^5$	[↑↓]	[↑↓]	[↑↓][↑↓][↑]				
Ne	$1s^2\,2s^2\,2p^6$	[↑↓]	[↑↓]	[↑↓][↑↓][↑↓]				
Na	$1s^2\,2s^2\,2p^6\,3s^1$	[↑↓]	[↑↓]	[↑↓][↑↓][↑↓]	[↑]	[ ][ ][ ]	[ ][ ][ ][ ][ ]	
Mg	$1s^2\,2s^2\,2p^6\,3s^2$	[↑↓]	[↑↓]	[↑↓][↑↓][↑↓]	[↑↓]	[ ][ ][ ]	[ ][ ][ ][ ][ ]	
Al	$1s^2\,2s^2\,2p^6\,3s^2\,3p^1$	[↑↓]	[↑↓]	[↑↓][↑↓][↑↓]	[↑↓]	[↑][ ][ ]	[ ][ ][ ][ ][ ]	
Si	$1s^2\,2s^2\,2p^6\,3s^2\,3p^2$	[↑↓]	[↑↓]	[↑↓][↑↓][↑↓]	[↑↓]	[↑][↑][ ]	[ ][ ][ ][ ][ ]	
P	$1s^2\,2s^2\,2p^6\,3s^2\,3p^3$	[↑↓]	[↑↓]	[↑↓][↑↓][↑↓]	[↑↓]	[↑][↑][↑]	[ ][ ][ ][ ][ ]	
S	$1s^2\,2s^2\,2p^6\,3s^2\,3p^4$	[↑↓]	[↑↓]	[↑↓][↑↓][↑↓]	[↑↓]	[↑↓][↑][↑]	[ ][ ][ ][ ][ ]	
Cl	$1s^2\,2s^2\,2p^6\,3s^2\,3p^5$	[↑↓]	[↑↓]	[↑↓][↑↓][↑↓]	[↑↓]	[↑↓][↑↓][↑]	[ ][ ][ ][ ][ ]	
Ar	$1s^2\,2s^2\,2p^6\,3s^2\,3p^6$	[↑↓]	[↑↓]	[↑↓][↑↓][↑↓]	[↑↓]	[↑↓][↑↓][↑↓]	[ ][ ][ ][ ][ ]	
K	$1s^2\,2s^2\,2p^6\,3s^2\,3p^6\;4s^1$	[↑↓]	[↑↓]	[↑↓][↑↓][↑↓]	[↑↓]	[↑↓][↑↓][↑↓]	[ ][ ][ ][ ][ ]	[↑]
Ca	$1s^2\,2s^2\,2p^6\,3s^2\,3p^6\;4s^2$	[↑↓]	[↑↓]	[↑↓][↑↓][↑↓]	[↑↓]	[↑↓][↑↓][↑↓]	[ ][ ][ ][ ][ ]	[↑↓]
Sc	$1s^2\,2s^2\,2p^6\,3s^2\,3p^6\,3d^1\;4s^2$	[↑↓]	[↑↓]	[↑↓][↑↓][↑↓]	[↑↓]	[↑↓][↑↓][↑↓]	[↑][ ][ ][ ][ ]	[↑↓]

Fluor

$1s^2\,2s^2\,2p_x^2\,2p_y^2\,2p_z^1$ oder 1s [↑↓] 2s [↑↓] 2p [↑↓][↑↓][↑] kürzer auch $1s^2\,2s^2\,2p^5$

Neon

$1s^2\,2s^2\,2p_x^2\,2p_y^2\,2p_z^2$ oder 1s [↑↓] 2s [↑↓] 2p [↑↓][↑↓][↑↓] kürzer auch $1s^2\,2s^2\,2p^6$

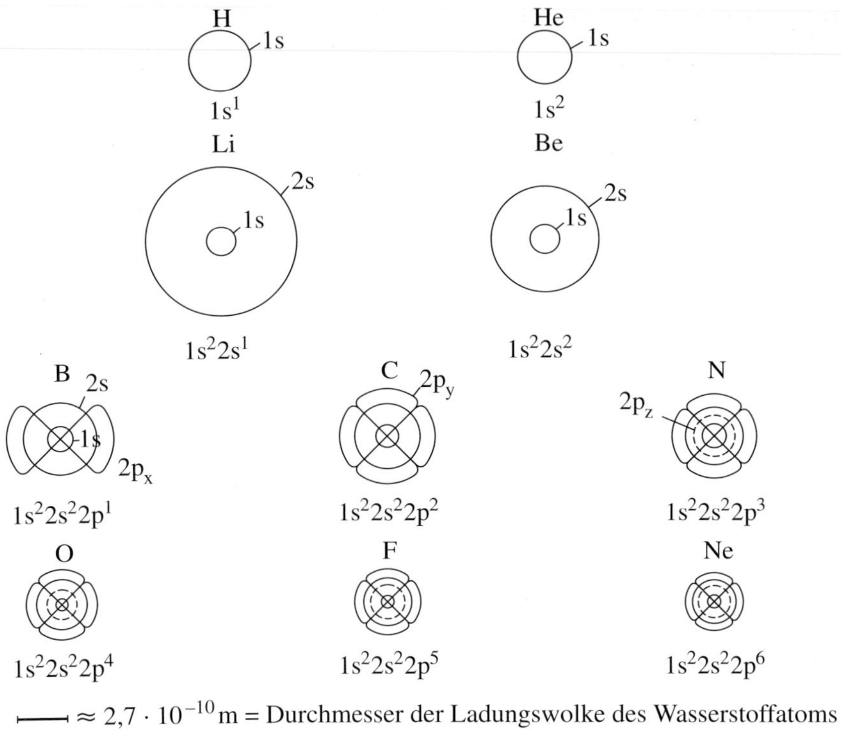

Bild 3.12 Wellenmechanische Atommodelle einiger Elemente

Mit 8 Elektronen ist das Energieniveau mit der Hauptquantenzahl 2 gefüllt. Tabelle 3.5 fasst die erworbenen Kenntnisse zusammen und erweitert sie. Querschnitte wellenmechanischer Modelle einiger Atome zeigt Bild 3.12. (Die Form der d- und f-Orbitale soll hier nicht behandelt werden.)

3.2.2.5 Gesetzmäßigkeiten im Bau der Atomhülle

Der systematische Aufbau der Atomhülle sämtlicher uns heute bekannter Elemente ist aus Anlage 1 ersichtlich. Zu ihr sind einige Erklärungen notwendig. Kalium (Kernladungszahl $= Z = 19$) baut z. B. das 19. Elektron nicht in das M-Energiehauptniveau ein, obwohl es doch 18 Elektronen aufnehmen kann (Tabelle 3.3). Dieses Elektron müsste dort das 3d-Niveau besetzen. Da aber das 4s-Niveau einen geringeren Energiewert aufweist als das 3d-Niveau (Bild 3.3), wird das 4s-Niveau erst mit 2 Elektronen voll besetzt, ehe der Aufbau des 3d-Niveaus bei Scandium ($Z = 21$) beginnt. Ähnliches vollzieht sich auch zwischen anderen Energieniveaus. Anlage 1 führt zur Erkenntnis wichtiger Gesetzmäßigkeiten:

1. *Kernladungszahl = Protonenzahl = Elektronenzahl = Ordnungszahl*
2. *Auf dem energiereichsten Hauptniveau (Niveau mit der höchsten Hauptquantenzahl) finden maximal 8 Elektronen Platz (Ausnahme: K- oder s-Niveau).*

3. *Chemisch ähnliche Elemente zeigen die gleiche Elektronenzahl auf dem energiereichsten Hauptniveau.*
(z. B. Ne, Ar, Kr, X, Rn – F, Cl, Br, I, At – Na, K, Rb, Cs, Fr)

Die s- und p-Elektronen auf dem Energieniveau mit der höchsten Hauptquantenzahl bestimmen vorwiegend die chemischen Eigenschaften der jeweiligen Atome. Da diese Elektronen für die Wertigkeit (Valenz) verantwortlich sind, heißen sie *Valenzelektronen*. Oft werden sie auch als *Außenelektronen* bezeichnet (→ Aufg. 3.6).

3.3 Atombau als Ordnungsprinzip der Elemente

Eine Anordnung der Elemente, die die Gleichheit in der Elektronenbesetzung der verschiedenen Niveaus hervorhebt, zeigt die Beilage, das *Periodensystem der Elemente (PSE)*. Man kann sich diese Anordnung der Elemente im PSE aus Anlage 1 entstanden denken.

> Ordnungsprinzip im PSE ist die Ordnung der Elemente nach steigender Kernladungszahl und nach gleicher Elektronenzahl der Atome auf den s- und p-Niveaus bzw. d- und f-Niveaus mit der höchsten Hauptquantenzahl.

Die sich bei diesem System ergebenden Zeilen heißen *Perioden*. Die Spalten nennt man *Gruppen*. Elemente mit gleicher Elektronenbesetzung des letzten s- bzw. p-Niveaus, also mit gleicher Außenelektronenzahl, bilden die Hauptgruppen. So gehören Lithium, Natrium, Kalium, Rubidium, Caesium und Francium, die alle ein Elektron auf dem jeweils energiereichsten s-Niveau aufweisen, zur 1. Hauptgruppe (Anlage 1). Elemente der 6. Hauptgruppe sind Sauerstoff, Schwefel, Selen, Tellur und Polonium mit der Elektronenkonfiguration $s^2\ p^4$ auf dem Niveau der höchsten Hauptquantenzahl. Jedes Atom dieser Gruppe hat also sechs Außen- oder Valenzelektronen (→ Aufgabe 3.7).

Die *Nebengruppen* setzen sich aus Elementen zusammen, die nicht nur in der Elektronenbesetzung der energiereichsten s- und p-Niveaus übereinstimmen, sondern auch in dem d-Niveau der zweithöchsten bzw. in dem f-Niveau der dritthöchsten Hauptquantenzahl. Elemente der 4. Nebengruppe sind Titanium, Zirconium und Hafnium mit einer Elektronenkonfiguration der letzten beiden Hauptniveaus von $s^2\ p^6\ d^2/s^2$. Zink, Cadmium und Quecksilber bilden die 2. Nebengruppe mit der Elektronenkonfiguration $s^2\ p^6\ d^{10}/s^2$ der letzten Hauptniveaus (Anlage 1). Die auch zu den Nebengruppen gehörenden Elemente der Lanthanide ($_{58}$Ce bis $_{71}$Lu) und Actinide ($_{90}$Th bis $_{103}$Lr) stimmen sogar in der Elektronenbesetzung der f-Niveaus überein (→ Aufgabe 3.8).

Innerhalb der Nebengruppen treten oft Abweichungen im Bau der energiereichsten s- und d-Niveaus ein, weil ein Elektron des s-Niveaus das letzte d-Niveau besetzt, z. B. $_{24}$Cr, $_{29}$Cu u. a. (→ Aufg. 3.9 und 3.10).

Über die große Bedeutung des PSE für die Entwicklung der Chemie und die Systematisierung chemischen Wissens wird Kapitel 4. unterrichten.

❍ Aufgaben

3.1 Wie groß ist das Masseverhältnis Wasserstoff : Kohlenstoff : Natrium ohne Berücksichtigung der Elektronen und mit der Festlegung: Masse eines Protons = Masse eines Neutrons?

3.2 Wie groß ist die durchschnittliche Massenzahl der Atome des Elements Chlor?

3.3 Aus $^{59}_{27}Co$ soll das radioaktive $^{60}_{27}Co$ hergestellt werden. Mit welchen Elementarteilchen ist der „Beschuss" des stabilen Kobalts durchzuführen?

3.4 Wie groß ist die maximale Elektronenzahl auf den Energieniveaus 2p, 3p, 3d, 4d und 4f?

3.5 Worin besteht beim Kohlenstoffatom der Unterschied zwischen dem Bohrschen Atommodell und dem wellenmechanischen Atommodell für die Erklärung des Energiezustandes der Elektronen auf dem energiereichsten Hauptniveau?

3.6 Es ist der Bau der Atomhülle aller Edelgase durch Angabe der entsprechenden Elektronenkonfiguration zu beschreiben!

3.7 Für die Atome der Elemente Beryllium, Magnesium, Calcium, Strontium und Barium ist die Elektronenbesetzung des Niveaus mit der höchsten Hauptquantenzahl anzugeben!

3.8 Wie lautet die Elektronenkonfiguration für die Atome der Elemente Aluminium, Eisen, Iod und Blei?

3.9 Welche Zahl von Elektronen herrscht bei den Atomen der Nebengruppen-Elemente auf dem energiereichsten Hauptniveau vor?

3.10 Es soll versucht werden, mit Hilfe der Anlage 1 die Reihenfolge der einzelnen Niveaus gemäß ihrer Energie nach dem 5s-Niveau anzugeben (Bild 3.2)!

4 Periodensystem der Elemente

4.1 Anordnung der Elemente nach ihrer Ähnlichkeit

4.1.1 Entwicklung des Periodensystems

Heute sind 114 Elemente bekannt. Von diesen wurden bisher 91 in der Natur (Erdrinde, Atmosphäre, zugänglicher Kosmos) nachgewiesen; hierzu kommen die in extrem geringen Spuren in den Uraniumerzen gefundenen chemischen Grundstoffe Neptunium (93) und Plutonium (94). Das natürliche Vorkommen der Elemente mit der Kernladungszahl 43 (Technetium) und 95 bis 112 wurde bisher nicht beobachtet. Die in der Natur nicht gefundenen Elemente sind das Ergebnis von Kernreaktionen oder Atomumwandlungen. Dabei gibt es künstliche Nuclide, wie das Rutherfordium (104), von denen nur wenige Atome gefunden wurden, aber auch solche, wie das Plutonium (94), die im Ergebnis industrieller Prozesse entstanden sind.

Um 1865 waren nahezu 60 Elemente bekannt, vor knapp 250 Jahren waren es jedoch nur 13, nämlich Kupfer, Zinn, Blei, Silber, Gold, Eisen, Antimon, Quecksilber, Zink, Arsen, Kohlenstoff, Schwefel und Bismut. Es ist verständlich, dass zur damaligen Zeit und früher das Bedürfnis, diese wenigen Elemente systematisch einzuordnen, nicht vorhanden war.

1817 erkannte *Döbereiner*, dass die relative Atommasse von Strontium mit dem arithmetischen Mittel der verwandten Elemente Calcium und Barium übereinstimmte. Später fasste er noch weitere Elemente zu solchen Dreiergruppen (Triaden) zusammen. Andere Chemiker fügten diesen Dreiergruppen neue Elemente mit ähnlichen Eigenschaften hinzu, z. B. kam so zur ersten Triade *Döbereiners* das Magnesium. Der englische Chemiker *Newlands* stellte 1863 ein System auf, das, nach steigender relativer Atommasse geordnet, sieben Gruppen zu je 7 Elementen enthielt. Die Elemente der fehlenden 8. Hauptgruppe, die Edelgase, wurden erst 1894 und später von den Engländern *Rayleigh* und *Ramsay* entdeckt.

Die vollständigste und umfassendste Arbeit auf dem Gebiet der systematischen Einordnung der Elemente erfolgte 1869 durch den russischen Chemiker *Dimitri Iwanowitsch Mendelejew* und den unabhängig von ihm arbeitenden deutschen Chemiker *Lothar Meyer*. Sie ordneten die damals bekannten Elemente – es waren über 60 – nach steigenden relativen Atommassen.

4.1.2 Halogene und Edelgase als Beispiel

In der Tabelle 4.1 ist eine Gruppe von Elementen tabellarisch mit verschiedenen sich *periodisch ändernden* Eigenschaften zusammengestellt worden. Es handelt sich um die im Periodensystem in der 7. Hauptgruppe stehenden Halogene (Salzbildner).

Die Elemente der 7. Hauptgruppe sind aber auch durch eine Anzahl *gemeinsamer* Eigenschaften gekennzeichnet. Sie sind alle typische Salzbildner, weil sie sich mit einem Teil der Metalle schon bei Raumtemperaturen zu Salzen verbinden. Damit sind sie Nichtmetalle. Mit Wasserstoff bilden die Halogene gasförmige binäre Verbindungen, die, in Wasser geleitet, die bekannten sauerstofffreien Säuren ergeben, z. B. ist Salzsäure eine Lösung von in Wasser geleitetem Chlorwasserstoffgas. Sie bilden aber auch sonst noch viele andere, untereinander ähnliche Verbindungen.

Tabelle 4.1 Eigenschaften der Halogene, die sich periodisch ändern

Periodische Eigenschaften	Fluor	Chlor	Brom	Iod
Anzahl der Hauptenergieniveaus	2	3	4	5
Kernladungszahl	9	17	35	53
relative Atommasse	19	35,5	79,9	126,9
Schmelzpunkt	−223 °C	−103 °C	− 7,2 °C	+113,5 °C
Siedepunkt	−188 °C	− 34,6 °C	+58,8 °C	+184,4 °C
Farbe im gasförmigen Zustand	fast farblos	gelbgrün	rotbraun	violett
Löslichkeit in Wasser	——— nimmt ab ———→			
Nichtmetallcharakter	——— nimmt ab ———→			
allgemeine Reaktionsfähigkeit	——— nimmt ab ———→			
Affinität zu Wasserstoff	——— nimmt ab ———→			
Affinität zu Sauerstoff	——— nimmt ab ———→			
Bildungswärme der Verbindungen mit Wasserstoff (in kJ)	268,8	91,7	48,6	5,4
Dissoziationsgrad (thermisch und elektrolytisch) der H-Verbindungen	——— nimmt zu ———→			
Durchmesser der Atome bzw. Anionen	——— nimmt zu ———→			
Oxidationsmittel	stark ←——→ schwach			
Reduktionsmittel	schwach ←——→ stark			

Außer den gemeinsamen oder ähnlichen Eigenschaften der Verbindungen der Halogene gibt es andere, die sich entsprechend der Reihenfolge der Elemente der 7. Hauptgruppe periodisch ändern. Vom Atombau her besitzen die Elemente der 7. Hauptgruppe alle 7 Außenelektronen, deshalb sind sie vor allem ein- und siebenwertig. Weil das Astat in der Erdkruste nur in geringsten Spuren vorkommt, wird es hier bei der Zusammenstellung der Eigenschaften der Halogene weggelassen. Die Atomphysik hat von diesem Element bisher 20 radioaktive Isotope erzeugt. Aber auch Astat lässt sich mit seinem Eigenschaften in die Gruppe der Halogene einordnen, und zwar müsste es – wie im Periodensystem – auf das Iod folgen.

Als ein weiteres Beispiel seien die Edelgase angeführt (Tabelle 4.2). Ihre typische gemeinsame Eigenschaft ist ihr reaktionsträges Verhalten. Aus diesem Grund verwendet man sie zur Füllung von Glühlampen und Leuchtröhren. Die Atome der Edelgase haben auf allen Elektronenhüllen eine stabile Besetzung, auch auf dem äußeren Energieniveau. Im Gegensatz zu den übrigen, bei Raumtemperatur ebenfalls gasförmig vorliegenden Elementen, kommen die Edelgase nicht molekular, sondern atomar vor. Zum Beispiel sind in der Luft wohl Sauerstoff- und Stickstoffmoleküle, aber nur Helium-, Neon-, Argon-, Krypton- und Xenonatome enthalten.

Obgleich die Edelgase gegenüber anderen Elementen besonders reaktionsträge sind, ist es trotzdem gelungen, Edelgasverbindungen herzustellen. Am bekanntesten sind Verbindungen der schweren Edelgase mit Fluor, z. B. Xenonhexafluorid XeF_6, Xenontetrafluorid XeF_4, Xenondifluorid XeF_2 und Kryptontetrafluorid KrF_4 (→ Abschn. 16.2).

Die Tabelle 4.2 enthält einige wichtige physikalische, periodisch sich ändernde Eigenschaften der Elemente der 8. Hauptgruppe.

Tabelle 4.2 Eigenschaften der Edelgase

Periodische Eigenschaften	Helium	Neon	Argon	Krypton	Xenon	Radon
relative Atommasse	4	20,2	39,9	83,8	131,3	222
Hauptenergieniveaus	1	2	3	4	5	6
Kernladungszahl	2	10	18	36	54	86
Dichte (in $kg\,m^{-3}$)	0,18	0,9	1,8	3,7	5,9	9,9
Schmelzpunkt	−272 °C	−249 °C	−189 °C	−157 °C	−111 °C	−71 °C
Siedepunkt	−269 °C	−246 °C	−186 °C	−153 °C	−108 °C	−62 °C
Löslichkeit in Wasser und organischen Lösungsmitteln	——— nimmt zu ———→					
Löslichkeit in Wasser in $ml\,l^{-1}$	8,61	10,5	33,6	59,4	108,7	230
Durchmesser der Atome	——— nimmt zu ———→					

4.2 Anordnung der Elemente und Darstellung des Periodensystems

4.2.1 Atombau als Ordnungsprinzip

Schon bei der Besprechung des Atombaus (→ Abschn. 3.3) war zu erkennen, dass heute im Periodensystem die Elemente nach der Anzahl der Protonen und nach der Verteilung ihrer Elektronen angeordnet sind. Obgleich *Mendelejew* und *L. Meyer* auf Grund der Erkenntnisse ihrer Zeit die Atome als unteilbar betrachten mussten, liegt auch ihrer Anordnung eine Einteilung nach dem Atombau zugrunde. Die von ihnen als Ordnungsprinzip gewählten relativen Atommassen hängen von der Anzahl der Protonen und der Neutronen ab. Mit steigender Kernladungszahl wird – allerdings weniger regelmäßig – auch die Neutronenzahl in der Regel immer größer.

An 3 Stellen[1)] ergaben sich zwischen der heutigen Anordnung der Elemente nach steigender Kernladungszahl und der früheren nach steigenden relativen Atommassen Unstimmigkeiten. Diese Stellen sind: Argon und Kalium, Cobalt und Nickel, Tellur und Iod (→ Aufg. 4.1).

Die Anordnung der Elemente im Periodensystem erfolgt nach dem Atombau, wobei man früher die relativen Atommassen zugrunde legte, heute von den Kernladungszahlen ausgeht.

[1)] Nimmt man noch die radioaktiven Elemente des Periodensystems hinzu, so ergeben sich weitere Unstimmigkeiten, z. B. an den Stellen Thorium (90) und Protactinium (91) oder Americium (95) und Curium (96).

Wie stark der Atombau die chemischen Eigenschaften beeinflusst, lässt sich besonders deutlich an Hand der chemischen Bindungen zeigen. Ausschlaggebend für die Art der chemischen Bindung, die die Elemente eingehen, ist die Anordnung der Elektronen. Aber auch die physikalischen Eigenschaften der Elemente sind abhängig von den Kernladungszahlen. Somit muss die Einteilung der Elemente nach dem Atombau zu einer Anordnung nach gleichen, ähnlichen und sich periodisch ändernden Eigenschaften führen. Darin liegt auch die Bedeutung des Periodensystems. Aus der Stellung eines Elementes ergeben sich wertvolle Rückschlüsse auf sein gesamtes chemisches und physikalisches Verhalten. Damit bestimmt der Atombau die chemischen und physikalischen Eigenschaften der Elemente.

Die chemischen und physikalischen Eigenschaften der Elemente sind eine Funktion der Kernladungszahlen.

4.2.2 Lang- und Kurzperiodensystem

Es hat in der Vergangenheit nicht an Versuchen gefehlt, neue Einteilungen der Elemente zu finden. Sie konnten alle das Lang- und das Kurzperiodensystem (Beilage und Anlage 2) nicht ersetzen. Diese zwei verschiedenen Anordnungen der chemischen Grundstoffe stimmen im Prinzip mit der von *Mendelejew* und *L. Meyer* 1869 getroffenen Einteilung überein. In beiden Periodensystemen sind alle Elemente nach dem Atombau, und zwar nach steigenden Kernladungszahlen geordnet. Es gibt Zeilen, die Perioden, und senkrechte Spalten, die Gruppen. Oft wird die erste Periode auch als Vorperiode bezeichnet, die 2. und 3. als kleine Perioden, die übrigen sind dann die großen Perioden. Innerhalb jeder Periode steigt die Kernladungszahl von Element zu Element von links nach rechts immer um 1 an. In den Gruppen besitzt das folgende gegenüber dem darüberstehenden eine um 2, 8, 18 oder 32 höhere Kernladungszahl. 2, 8, 18 oder 32 Elektronen betragen die stabilen bzw. maximalen Besetzungen der Atomhüllen. Die gleichen Zahlen tauchen in den Perioden wieder auf. Die sieben Zeilen des Periodensystems enthalten folgende Zahl von Elementen:

1. Periode	2 Elemente
2. Periode	8 Elemente
3. Periode	8 Elemente
4. Periode	18 Elemente
5. Periode	18 Elemente
6. Periode	32 Elemente
7. Periode	bisher 28 Elemente

In dieser Systematik spiegelt sich – das zeigt besonders deutlich Anlage 1 – die Verteilung der Elektronen auf den verschiedenen Energieniveaus wider (→ Aufg. 4.2). Im Lang- und auch im Kurzperiodensystem sind die senkrechten Spalten in Haupt- und Nebengruppen unterteilt. Die Elemente einer Gruppe haben besondere Namen. Diese richten sich häufig nach dem ersten Element der Gruppe (→ Aufg. 4.3).

I.	Hauptgruppe:	Alkalimetalle	1. Nebengruppe:	Kupfergruppe
II.	Hauptgruppe:	Erdalkalimetalle	2. Nebengruppe:	Zinkgruppe
III.	Hauptgruppe:	Borgruppe (Erdmetalle)	3. Nebengruppe:	Seltene Erdmetalle
IV.	Hauptgruppe:	Kohlenstoffgruppe	4. Nebengruppe:	Titaniumgruppe
V.	Hauptgruppe:	Stickstoffgruppe	5. Nebengruppe:	Vanadiumgruppe
VI.	Hauptgruppe:	Chalkogene (Erzbildner; Sauerstoffgruppe)	6. Nebengruppe:	Chromiumgruppe
VII.	Hauptgruppe:	Halogene (Salzbildner)	7. Nebengruppe:	Mangangruppe
VIII.	Hauptgruppe:	Edelgase	8. Nebengruppe:	Eisengruppe und Gruppe der Platinmetalle

Der Unterschied zwischen dem Lang- und dem Kurzperiodensystem liegt in der verschiedenen Stellung der Haupt- und Nebengruppen. Zwischen den Hauptgruppen- und den dazugehörenden Nebengruppenelementen gibt es gemeinsame Beziehungen, die allerdings meist nur sehr lose sind. Im Kurzperiodensystem steht jede Nebengruppe neben ihrer Hauptgruppe. Im Langperiodensystem sind alle Nebengruppen zwischen die 2. und 3. Hauptgruppe eingeschoben. Im Kurzperiodensystem sind somit die großen Perioden nochmals unterteilt, sie nehmen hier 2 Zeilen ein (→ Aufg. 4.4).

In der 8. Nebengruppe befinden sich in jeder Periode gleichzeitig 3 Elemente:

4. Periode: Fe Co Ni	Eisengruppe
5. Periode: Ru Rh Pd	Gruppe der Platinmetalle
6. Periode: Os Ir Pt	Gruppe der Platinmetalle

Diese Einteilung ergibt sich einmal auf Grund der chemischen Eigenschaften dieser Elemente, sie ist aber gleichzeitig bedingt durch die Gesamtzahl der chemischen Grundstoffe dieser Periode. Die 4. und 5. Periode mit je 18 chemischen Grundstoffen enthalten neben den 8 Hauptgruppenelementen 10 Elemente der Nebengruppen. In der 6. Periode verbleiben nach Abzug der 8 Hauptgruppenelemente noch 24 Elemente für die Nebengruppen. Diese verteilen sich auf die Nebengruppen 1, 2, 4 bis 7 mit je einem Grundstoff, die 8. Nebengruppe hat 3 Elemente, und die 3. erhält 15. 16 Elemente erscheinen in der 3. Nebengruppe der 7. unvollständigen Periode. Es handelt sich in der 6. Periode um die Lanthanoiden, in der 7. Periode um die Actinoiden. Auch diese 2 Elementgruppen haben jede für sich ähnliche und periodische Eigenschaften. So kommen z. B. die Lanthanoiden gemeinsam vor. Bei einer genaueren Untersuchung der Ytter- und der Zeriterde, die beide lange Zeit als einheitliche Stoffe angesehen wurden, konnten alle Lanthaniden gefunden werden. Die Actiniden sind radioaktiv, sie spielen vor allem in der Atomphysik eine Rolle.

Im Kurzperiodensystem (Anlage 2) erscheint an 1. Stelle das Symbol Nn. Im Langperiodensystem (Beilage) wurde es weggelassen. Es handelt sich um das Neutron mit der Ordnungszahl 0 und der Massenzahl 1.

4.3 Periodizität der Eigenschaften der Elemente

Es gibt zwei Möglichkeiten, wie man die Eigenschaften der im Periodensystem angeordneten Elemente betrachten kann, einmal waagerecht, also in den Perioden, zum anderen senkrecht, also innerhalb der Haupt- und Nebengruppen. Obgleich diese Betrachtungsweise sowohl für das Kurzperiodensystem als auch das Langperiodensystem gilt, lässt sie sich am deutlichsten im letzteren verfolgen. In diesem System treten gerade die die Chemie interessierenden Eigenschaften besonders klar hervor.

4.3.1 Gleiche Eigenschaften

a) Die Zahl der Valenzelektronen ist bei den Atomen einer Gruppe stets gleich.
b) Die wichtigsten Oxidationszahlen stimmen bei allen Elementen einer Gruppe überein (→ Abschn. 5.7.2.3).

Tabelle 4.3 Verbindungen der Elemente der 3. Periode mit Sauerstoff und Wasserstoff

Hauptgruppe	I	II	III	IV	V	VI	VII
Element	Na	Mg	Al	Si	P	S	Cl
Oxid	Na_2O	MgO	Al_2O_3	SiO_2	P_2O_5	SO_3	Cl_2O_7
Hydrid	NaH	MgH_2	AlH_3	SiH_4	PH_3	H_2S	HCl

Die zweite Eigenschaft ergibt sich aus der ersten, der gemeinsamen Außenelektronenzahl. Deshalb ist es üblich, diese Elektronen als Valenzelektronen[1] zu bezeichnen. Im Kurzperiodensystem (Anlage 2) wurden die gemeinsamen Oxidationszahlen einer Hauptgruppe in den letzten 2 Zeilen festgehalten. Auf die Elemente der 3. Periode (Tabelle 4.3) angewendet, bedeutet das: Hydride sind binäre Verbindungen mit Wasserstoff. Folgende Namen haben die 7 Wasserstoffverbindungen der 3. Periode: Natriumhydrid NaH[2], Magnesiumhydrid MgH_2, Aluminiumhydrid AlH_3, Siliciumwasserstoff (Monosilan) SiH_4, Phosphorwasserstoff PH_3, Schwefelwasserstoff H_2S, Chlorwasserstoff HCl. Die wichtigsten Oxidationszahlen für die Hauptgruppenelemente sind in der Tabelle 4.4 zusammengestellt.

Tabelle 4.4 Oxidationszahlen der Hauptgruppenelemente

Hauptgruppennummer	I	II	III	IV	V	VI	VII
Oxidationszahlen gegenüber Sauerstoff	+1	+2	+3	+4 +2	+5 +3	+6 +4	+7 +5 +3
Oxidationszahlen gegenüber Wasserstoff	+1	+2	+3	+4	−3	−2	−1

Selbstverständlich gibt es hiervon auch Ausnahmen, z. B. hat Fluor nur die Oxidationszahl 1, Stickstoff dagegen 1, 2, 3, 4 und 5. Für die Nebengruppenelemente lässt sich solch eine einfache Regel nicht aufstellen.

[1] valere (lat.) wert sein
[2] Im NaH tritt der Wasserstoff als Hydridion H^- auf

c) Die Elemente einer Gruppe bilde viele ähnliche Verbindungen. Außer den schon aufgeführten Beispielen soll noch ein weiteres genannt werden. Die Elemente der 6. Hauptgruppe, die Erzbildner, verbinden sich besonders häufig mit Metallen. Diese Verbindungen (Mineralien) sind dann meistens in größerer Anzahl in einem Erz enthalten. Besonders häufig sind die Metalle als Oxide bzw. Sulfide in den Erzen enthalten.
d) Elemente einer Gruppe kommen oft gemeinsam vor, z. B. enthalten schwefelhaltige Erze oft auch Sauerstoff-, Selen- und Tellur-Verbindungen.
e) Die Elemente einer Gruppe bilden oft gleiche Kristallgitter, z. B. liegen die Alkalimetalle im festen Zustand alle im kubisch-raumzentrierten Metallgitter vor (→ Bild 5.16).
f) Die Atome der Elemente einer Periode haben stets Elektronen mit gleicher Hauptquantenzahl.

In älteren Lehrbüchern und bei der Nomenklatur anorganischer Stoffe wurden die Oxidationszahlen noch mit römischen Ziffern angegeben bzw. verwendet.

4.3.2 Eigenschaften, die sich periodisch ändern

Mendelejew sprach von einem Gesetz der Periodizität, das durch seine Einteilung der Elemente sichtbar in Erscheinung trat. Da hierfür der Atombau die Ursache ist, sollen die nur vom Atombau abhängigen Eigenschaften der Hauptelemente zuerst betrachtet werden.

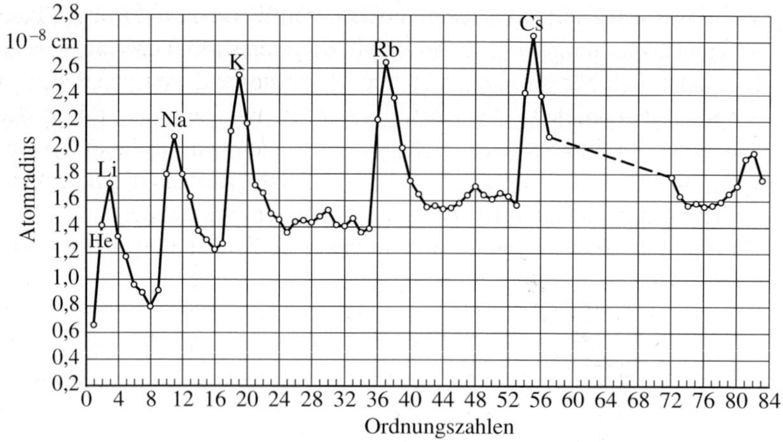

Bild 4.1 Atomradien in Abhängigkeit von den Ordnungszahlen

a) Innerhalb jeder Periode steigt die Kernladungszahl von Element zu Element immer um den Betrag 1.
b) Innerhalb jeder Gruppe nimmt sie von oben nach unten stets um die Beträge 2, 8, 18 oder 32 zu.
c) Innerhalb jeder Gruppe und jeder Periode steigen die relativen Atommassen (Ausnahmen → Abschn. 4.2.1) und die Massenzahlen an.
d) Der Atomradius wird in den Gruppen von oben nach unten größer, in den Perioden fällt er von links nach rechts ab (Bild 4.1).

e) Die Oxidationszahl verändert sich bei den Hauptgruppenelementen periodisch (Anlage 3).
f) Innerhalb einer Periode nimmt von links nach rechts der Metallcharakter ab bzw. der Nichtmetallcharakter zu.
g) Innerhalb einer Gruppe nimmt von oben nach unten der Metallcharakter zu bzw. der Nichtmetallcharakter ab (→ Aufg. 4.5).

In der 5. Hauptgruppe befinden sich oben typische Nichtmetalle (Stickstoff, Phosphor), das letzte Element der Gruppe ist das Metall Bismut. Besonders heftig reagierende Metalle stehen deshalb in den Perioden links und in den Gruppen unten, bei den Nichtmetallen ist es umgekehrt. Da die Metalle positive Ionen bilden, werden sie als elektropositive Elemente bezeichnet. Die Nichtmetalle sind dann die elektronegativen Elemente. Sie bilden negative Ionen. Somit nimmt der elektropositive Charakter der Elemente in den Gruppen von oben nach unten und in den Perioden von rechts nach links zu. Der elektronegative Charakter verhält sich umgekehrt (→ Abschn. 5.2.2 und 5.3.2).

h) Oxide der Metalle reagieren mit Wasser unter Hydroxidbildung, die der Nichtmetalle bilden Säuren. Auch diese Eigenschaft hängt von der Stellung der Metalle bzw. Nichtmetalle im Periodensystem ab.
i) Die Stellung der Elemente im Periodensystem bestimmt die Art der chemischen Bindung und die Übergänge zwischen deren Arten(→ Abschn. 5.6).

4.4 Bedeutung dieser Gesetzmäßigkeiten für die Chemie

Es wurde schon festgestellt, dass das Periodensystem das wichtigste Hilfsmittel der Chemie ist. Der Abschn. 4.3 zeigte, dass, ausgehend von einigen bekannten Elementen, Rückschlüsse auf die Eigenschaften weniger bekannter Elemente des Periodensystems möglich sind. Das ist auch der Grund, weshalb es in Chemiebüchern üblich ist, die Elemente im Zusammenhang mit den übrigen von einer Gruppe zu besprechen. Der Wert dieser systematischen Anordnung der Elemente kommt am deutlichsten darin zum Ausdruck, dass *Mendelejew* mit seinem System vor fast 140 Jahren in der Lage war, die Existenz von sechs damals noch nicht entdeckten Elementen vorauszusagen. Er nannte diese Elemente, deren Plätze er im Periodensystem frei ließ, Eka-Aluminium, Eka-Silicium, Eka-Mangan, Dvi-Mangan und Eka-Tellur [eka (sanskr.) der erste, dvi der zweite]. Die Eigenschaften der bald darauf gefundenen ersten 3 Elemente, von ihren Entdeckern Scandium, Gallium und Germanium genannt, stimmten verblüffend mit den von *Mendelejew* vorausgesagten überein. Auch bei den später entdeckten Grundstoffen Technetium, Rhenium und Polonium (das erste konnte bisher nur künstlich hergestellt werden) war eine weitgehende Übereinstimmung mit dem von *Mendelejew* beschriebenen Eka-Mangan, Dvi-Mangan und Eka-Tellur festzustellen.

Wegen ihres reaktionsträgen Verhaltens wurden die Edelgase erst um die Jahrhundertwende bekannt. Nach der Entdeckung des Heliums und Argons 1894 zeigten die im Periodensystem noch freien Plätze die Existenz weiterer Edelgase an. Die Suche hiernach war wenige Jahre später von Erfolg gekrönt. 1898 wurden die Elemente Neon, Krypton und Xenon gefunden. Radon als letztes Edelgas ist im Jahre 1900 bei der Untersuchung radioaktiver Substanzen entdeckt worden (→ Aufg. 4.7). Gibt es einen überzeugenderen Beweis für den Wert und die Bedeutung des Periodensystems als die Vorhersage und die Entdeckung unbekannter Elemente, deren Plätze in der damaligen systematischen Anordnung der Elemente noch frei geblieben waren?

Mit der Entdeckung des Astats im Jahre 1940 waren alle Lücken des Periodensystems geschlossen. Uranium (Ordnungszahl 92) bildete den Schluss des Periodensystems. Die Antwort auf die Frage, ob noch weitere, sogenannte „Transuran-Elemente" existieren, konnte 1940 von verschiedenen Forschergruppen gegeben werden. Nach der Entdeckung des ersten Transuran-Elements Neptunium wurden in rascher Folge die weiteren Transurane gefunden.

Gegenwärtig befasst sich die Atomphysik mit dem Auffinden von superschweren Elementen, wobei man im wesentlichen drei Wege beschreitet: Synthese durch Kernreaktionen, Untersuchung kosmischer Strahlen und Untersuchung von Naturvorkommen auf der Erde.

❍ Aufgaben

4.1 Weshalb ergibt eine Einteilung der Elemente nach den Kernladungszahlen nahezu die gleiche Reihenfolge wie eine Anordnung nach den relativen Atommassen?

4.2 Weshalb hat jedes Periodensystem nur 7 Perioden?

4.3 Weshalb hat jedes Periodensystem nur 8 Hauptgruppen?

4.4 Weshalb konnte das Periodensystem nicht schon im Mittelalter aufgestellt werden?

4.5 Welche Metalle und Nichtmetalle reagieren besonders heftig? Begründen Sie Ihre Entscheidung!

4.6 Weshalb hat man die Elemente der 8. Hauptgruppe erst ziemlich spät (um 1900) entdeckt?

4.7 Welche gemeinsamen und periodisch sich ändernden Eigenschaften besitzen die Elemente der 1. Hauptgruppe?

4.8 Wird es in Zukunft möglich sein, neue Nuclide zu schaffen, deren Kernladungszahlen unter 112 liegen?

4.9 Weshalb ist das Periodensystem für das Studium der Chemie von großer Wichtigkeit?

5 Chemische Bindung

Chemische Stoffe zeigen sehr unterschiedliche Eigenschaften: Salze lösen sich leicht in Wasser, ihre wässrigen Lösungen leiten den elektrischen Strom. Beim Stromdurchgang tritt eine Stoffumwandlung ein. Nichtmetalle und organische Verbindungen sind meist in Wasser sehr wenig löslich. Ihre Lösungen oder sie selbst im flüssigen Zustand leiten den elektrischen Strom sehr schlecht oder gar nicht. Metalle zeichnen sich durch Glanz und hohe Leitfähigkeit für Wärme und Elektrizität aus.

Für dieses unterschiedliche Verhalten ist die Bindungsart der Atome untereinander maßgebend, aus denen sich die Stoffe aufbauen. Obwohl schon im 19. Jahrhundert verschiedene Anschauungen über die Natur der chemischen Bindung entstanden, konnte man erst nach Klärung des Baus der Atomhülle in den ersten Jahrzehnten des 20. Jahrhunderts die große Bedeutung der Elektronen beim Zustandekommen einer chemischen Bindung erkennen.

5.1 Grundlagen der chemischen Bindung

Unter chemischer Bindung in weiteren Sinne versteht man den Zustand, der sich bei Vereinigung zweier oder mehrerer Atome bzw. Atomgruppen zwischen den Bindungspartnern einstellt. Er ist durch das Gleichgewicht zwischen anziehenden und abstoßenden Kräften ausgezeichnet, was einem Minimum der Bindungsenergie des entstandenen Systems entspricht.

Die dabei gebildete Gruppierung von Atomen hat einen geringeren Energiegehalt als die Summe der Energieinhalte, die von den einzelnen Komponenten aufgewiesen werden.

Wenn sich zwei Atome nähern, wobei also ihr Abstand r kleiner wird, verringert sich die potenzielle Energie des Systems bis zu einem Minimum. Versuchte man, die Atome noch näher aneinander zu bringen, so müsste man wieder Energie zuführen, da die abstoßende Kraft der beiden Atomkerne wirkt (Bild 5.1).

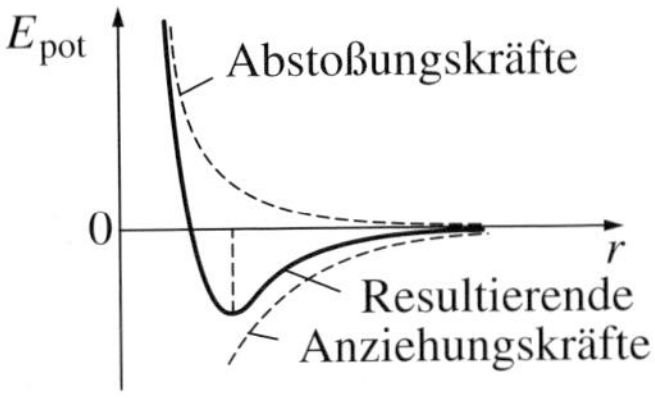

Bild 5.1 Energieverlauf beim Entstehen einer chemischen Bindung

Man unterscheidet 4 Arten des Zusammenhaltes von Bestandteilen chemischer Stoffe:

1. Atombindung (unpolare, homöopolare oder kovalente Bindung) in Molekülen oder Atomgittern
2. Ionenbeziehung (polare, heteropolare oder Ionen-Bindung) in Ionengittern z. B. von Salzen
3. Metallbindung in Metallen
4. Zwischenmolekulare Bindung im Molekülgitter z. B. des Zuckers

In den meisten chemischen Verbindungen treten Übergangsformen und nicht die reinen Bindungsarten auf. Oft wird nur die Atombindung als chemische Bindung bezeichnet, da sie in erster Linie durch das Wirken von einem oder mehreren Elektronenpaaren zustande kommt, an denen die sich bindenden Atome gemeinsam Anteil haben.

Angeregt durch das Bohrsche Atommodell, arbeiteten *Kossel* 1915 für Ionenbeziehung und *Lewis* 1916 für die Atombindung entsprechende Theorien aus. Danach streben viele Atome eine *stabile Edelgaskonfiguration* (8 Elektronen auf dem letzten besetzten Energieniveau) beim Eingehen einer chemischen Bindung an. Dieses *Oktettprinzip* gilt nicht für Wasserstoff und Helium, da bei ihnen schon 2 Elektronen auf dem K-Niveau einen stabilen Zustand bilden. Nach der Theorie von *Lewis* beruht die Atombindung auf einem *bindenden Elektronenpaar*, das sich vereinigende Atome gemeinsam nutzen. Diese Theorien gelten streng nur für die Elemente der 2. Periode (Lithium bis Fluor) des PSE, wobei der qualitative Charakter es nicht ermöglicht, Bindungsenergien, -längen und -winkel sowie Ladungsdichten zu errechnen, was die Grundanliegen einer quantiativen Theorie sind. Wellenmechanische Betrachtungen gestatten es heute, diesen Anliegen eher nachzukommen.

Um Probleme der chemischen Bindungen besser darstellen zu können, bedient man sich einer besonderen Symbolik. Dabei wird mit dem Zeichen für das chemische Element der Atomrumpf, der sich aus dem Atomkern und allen Elektronen außer den Außenelektronen zusammensetzt, beschrieben. Die Punkte sollen die s- bzw. p-Elektronen des letzten besetzten Hauptniveaus (Valenzelektronen) andeuten (→ Abschnitt 3.2.2.5).

H· He:

Li· Be: B: ·C: ·N: ·O: :F: :Ne:

Na· Mg: Al: ·Si: ·P: ·S: :Cl: :Ar:

Die Besetzung anderer Energieniveaus wird nur dann beschrieben, wenn sie für das Zustandekommen einer chemischen Bindung von Bedeutung ist. Die angewandte Symbolik spiegelt deutlich den Elektronenbestand der s- und p-Orbitale wider, wenn man an die Hundsche Regel denkt. Oft stellt man auch das Elektronenpaar in einem Orbital durch einen Strich dar (zwei Elektronen mit antiparallelem Spin). Dann sind besonders deutlich die *ungepaarten* oder *einsamen Elektronen* zu erkennen.

·N· ·O| |F· |Ne|

Im Verlauf der Bildung einer chemischen Bindung durchlaufen die Elektronen einen besonders *angeregten Zustand* („Valenzzustand“), in dem sich die Form der Orbitale etwas verändert. Er soll bei den Bindungsmöglichkeiten des Kohlenstoffatoms (→ Abschn. 5.7.1) näher beschrieben werden.

5.2 Atombindung

5.2.1 Wesen der Atombindung

Eine Atombindung entsteht in erster Linie zwischen Nichtmetallatomen. Nähern sich zwei dieser Atome, so kommt es zu einer Durchdringung der Aufenthaltsräume ihrer Elektronen, die näherungsweise durch eine Überlappung ihrer Orbitale, der *Atomorbitale*, dargestellt werden kann. Mit Hilfe der Schrödinger-Gleichung ist daher eine neue Wellenfunktion, die *Molekülwellenfunktion*, zu finden, die das Verhalten der Elektronen im Molekül widerspiegelt. Exakt ist das zur Zeit nur für das H_2^+-Molekülion möglich, das in wasserstoffgefüllten Gasentladungsröhren existiert und sich aus zwei Kernen und einem Elektron aufbaut. Für andere Moleküle bestehen zwei Näherungsverfahren zur Berechnung der Molekülwellenfunktion, deren Quadrat ψ^2 wiederum die Ladungsdichte im Molekül angibt.

5.2.1.1 VB-Methode

Hier soll die *VB-Methode* (Valenzbindungs-, Valenzstruktur- oder Elektronenpaar-Bindungsmethode) angewandt werden, die sich auf Arbeiten von *Heitler* und *London* (1927) gründet und später von *Pauling* und *Slater* weiterentwickelt wurde. Sie geht von der Annahme aus, dass zwei selbständige, nicht in Wechselwirkung befindliche Atome sich nähern. Die möglichen Wechselwirkungen berücksichtigt man dann durch Korrekturen der Molekülwellenfunktion. Am Beispiel des H_2-Moleküls sollen nun die Grundgedanken der VB-Methode erläutert werden.

Es nähern sich zwei Wasserstoffatome H_A und H_B mit dem Elektron (1) an H_A und dem Elektron (2) an H_B. Dadurch ist diese angenommene (fiktive) *Grenzstruktur* folgendermaßen zu formulieren:

$$H_\mathrm{A}(1)H_\mathrm{B}(2)$$

Die Molekülwellenfunktion ψ_1 ergibt sich nach den Gesetzen der Quantenmechanik als Produkt der Atomwellenfunktionen:

$$\psi_1 = \psi_\mathrm{A}(1) \cdot \psi_\mathrm{B}(2)$$

Bei der Annäherung kann natürlich auch das Elektron (1) zu H_B und das Elektron (2) zu H_A gehörig betrachtet werden. Es folgt eine andere gedachte Grenzstruktur:

$$H_\mathrm{A}(2)H_\mathrm{B}(1)$$

und daraus die Molekülwellenfunktion:

$$\psi_2 = \psi_\mathrm{A}(2) \cdot \psi_\mathrm{B}(1)$$

Diese ist der ersten gleichwertig, soweit es die Energie betrifft. Quantenmechanische Überlegungen, die hier nicht weiter interessieren können, führen zu einer Kopplung der Funktionen ψ_1 und ψ_2:

$$\psi_\mathrm{S} = \psi_1 + \psi_2$$

$$\psi_\mathrm{A} = \psi_1 - \psi_2$$

ψ_S wird wegen der Gleichheit der Vorzeichen als symmetrisch bezeichnet, während ψ_A asymmetrisch ist. Berechnet man für die beiden Funktionen die Energie in Abhängigkeit vom Kernabstand, so zeigt nur ψ_S ein Energieminimum, das auf eine Bindung hinweist (Bild 5.2). Beim Abstand r_0 ist der stabilste Zustand des Bindungssystems erreicht. Weitere Berechnungen ergaben, dass in diesem Zustand die Ladungsdichte ${\psi_\mathrm{S}}^2$ der beiden Elektronen zwischen den beiden Atomkernen am größten ist (Überlappungsbereich der beteiligten Atomorbitale).

Außerdem weisen die Elektronen (1) und (2) in der symmetrischen Funktion ψ_S antiparallelen Spin auf. In der asymmetrischen Funktion sind die Elektronenspins parallel gerichtet, d. h., die Spinquantenzahlen haben das gleiche Vorzeichen. Dieser antiparallele Spin ist aber nicht die Ursache für die Anziehung der beiden Atomkerne, sondern nur eine Voraussetzung für das Zustandekommen einer *Elektronenpaar-Bindung* zwischen zwei Atomen.

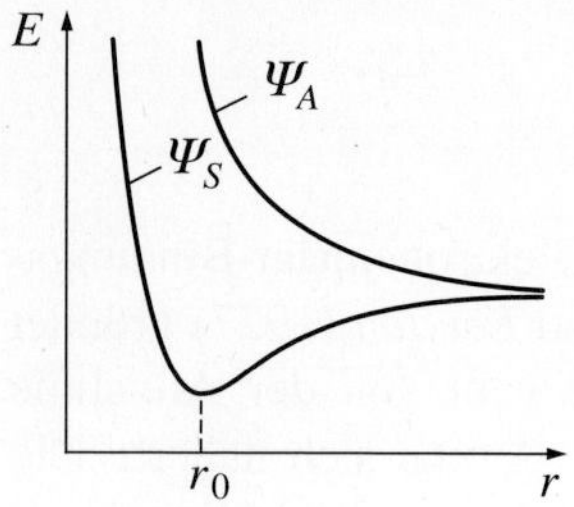

Bild 5.2 Energie der symmetrischen und asymmetrischen Wellenfunktion

Weitere denkbare Grenzstrukturen sind $H_A(1)(2)H_B$ und $H_AH_B(2)(1)$. Im ersten Fall würden alle beiden Elektronen an H_A, im zweiten an H_B sitzen, also entsteht H^-H^+ und H^+H^-. Lässt man diese erdachten Grenzstrukturen noch in den Rechnungsansatz eingehen, so erhält man eine sehr gute Übereinstimmung zwischen errechneten und experimentell bestimmten Werten. Für den Atomabstand im H_2-Molekül ergibt sich durch weitere Näherungen Gleichheit der Werte bei $0{,}741 \cdot 10^{-10}$ m. Alle vier Grenzstrukturen (→ Abschn. 5.2.5) dienen also nur zur Beschreibung bzw. zur Berechnung der Bindungsverhältnisse im Wasserstoffmolekül, ohne reale Strukturen zu sein, und ergänzen die einfachen Strukturformeln:

H : H oder H—H

Zusammenfassend betrachtet, führt die VB-Methode zu folgenden Aussagen hinsichtlich ihrer Anwendung auf andere Moleküle:

1. Zwei Elektronen mit antiparallelen Spins, die von verschiedenen Atomen oder auch, wie noch zu zeigen ist, nur von einem Atom zur Verfügung gestellt werden, können eine *Zweizentren-Elektronenpaar-Bindung* bilden.
2. In einem Molekül werden alle Bindungen als Zweizentren-Elektronenpaar-Bindungen dargestellt.
3. Die Zahl der ungepaarten Elektronen eines Atoms entspricht seiner Wertigkeit (Valenz) bei der Verbindungsbildung.

5.2.1.2 σ-Bindung

Der einfachste Fall der Durchdringung zweier Ladungswolken liegt vor, wenn sich zwei s-Orbitale überlappen. Es entsteht eine s-s-σ-Bindung (Bild 5.3). Dabei wird maximale Überlappung angestrebt, die zu einem Minimum der Energie des Bindungssystems führt.

> Bei einer σ-Bindung kommt es zu einer Erhöhung der Ladungsdichte auf der Kernverbindungsachse.

Im Chlormolekül Cl_2 vereinigen sich von zwei Chloratomen die beiden 3p-Orbitale, die nur von je einem Elektron gebildet werden. Es entsteht eine p-p-σ-Bindung (Bild 5.4).

Auch eine Überlappung eines s-Orbitals mit einem p-Orbital, die zu einer s-p-σ-Bindung führt, ist möglich (Bild 5.5). Diese Bindung liegt bei folgenden Molekülen vor, die mit Struktur- und Summenformel gekennzeichnet sind:

$\mathrm{H\cdot + \cdot\ddot{\underset{\cdot\cdot}{F}}:}$	$\rightarrow \mathrm{H:\ddot{\underset{\cdot\cdot}{F}}:}$	Fluorwasserstoff	HF
$\mathrm{H\cdot + \cdot\ddot{\underset{\cdot\cdot}{O}}\cdot + \cdot H}$	$\rightarrow \mathrm{H:\ddot{\underset{\cdot\cdot}{O}}:H}$	Wasser	H_2O
$\mathrm{\cdot\ddot{\underset{\cdot}{N}}\cdot + 3\cdot H}$	$\rightarrow \mathrm{H:\ddot{\underset{\cdot\cdot}{N}}:H}$ H	Ammoniak	NH_3

5.2.1.3 π-Bindung

Eine Überlappung von p-Orbitalen untereinander ist auch in einer Art möglich, die Bild 5.6 veranschaulicht und die zu einer π-Bindung führt.

▌ Bei einer π-Bindung tritt eine Erhöhung der Ladungsdichte axialsymmetrisch zur Kernverbindungsachse auf.

Da sich die Überlappung der Orbitale hier nicht in dem starken Maße vollziehen kann wie bei einer σ-Bindung, zeigt diese die größere Festigkeit.

▌ σ-Bindungen sind stabiler als π-Bindungen.

Bei Doppelbindungen, besonders zwischen Kohlenstoffatomen (→ Abschn. 5.7.1 und Bild 5.21), spielt die π-Bindung eine wichtige Rolle.

5.2.1.4 Grundlagen der MO-Methode

Die *MO-Methode*, auch Theorie der Molekülorbitale genannt, geht in ihrem Ansatz davon aus, dass sich bei einer Überlappung von *Atomorbitalen* um die Kerne *Molekülorbitale* bilden, die mit Elektronen besetzt sind. Im Gegensatz zur VB-Methode sieht man ein Elektron nicht mehr als einem Atomkern zugeordnet an, sondern betrachtet es als zum ganzen Molekül gehörig. Aus zwei Atomorbitalen bilden sich stets zwei Molekülorbitale, die ebenfalls durch Quantenzahlen charakterisiert werden können. In jedem Molekülorbital dürfen sich nicht mehr als zwei Elektronen befinden, die antiparallelen Spin aufweisen müssen. Allgemein bilden sich Mehrzentren-Orbitale. Wie bei den Atomorbitalen entsprechen den Molekülorbitalen auch besondere Energieniveaus. Der Rechenansatz lässt für das H_2-Molekül zwei Molekülorbitale entstehen, von denen das mit der niedrigeren Energie als *bindendes Orbital* σ_{1s} und das andere mit der höheren Energie als *lockerndes Orbital* σ^*_{1s} bezeichnet wird (Bild 5.7). Für das Entstehen einer Bindung müssen sich die Elektronen, die antiparallelen Spin zeigen, im bindenden Orbital befinden. Zur Beschreibung der Molekülstruktur dient folgende Schreibweise:

$$H_2[(\sigma_{1s})^2].$$

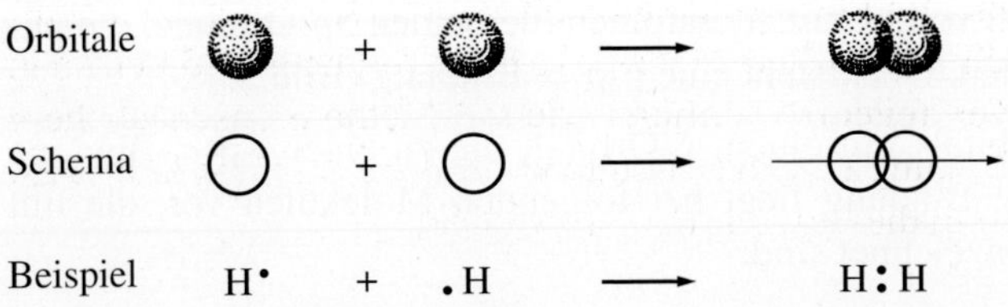

Bild 5.3 s-s-σ-Bindung

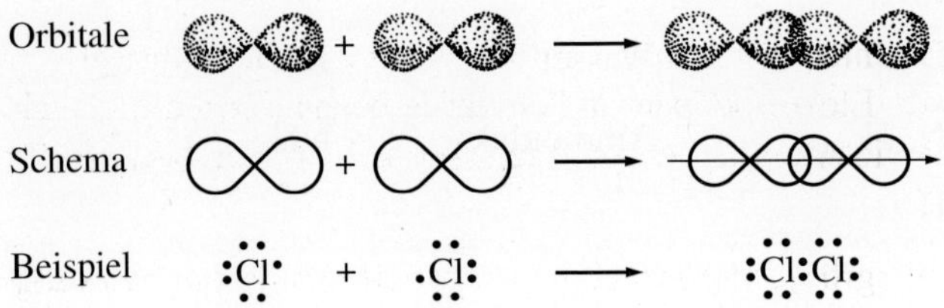

Bild 5.4 p-p-σ-Bindung

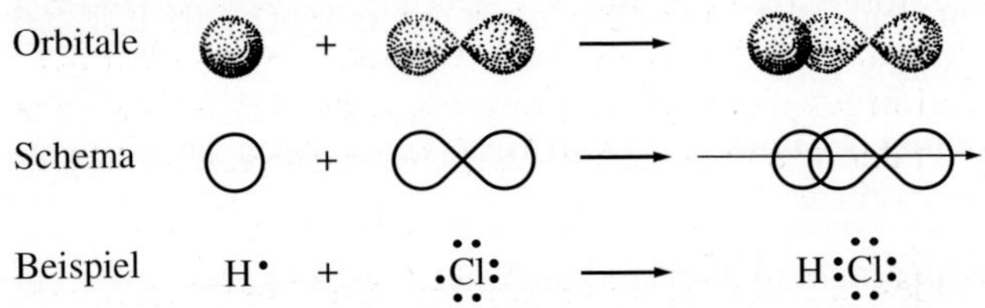

Bild 5.5 s-p-σ-Bindung

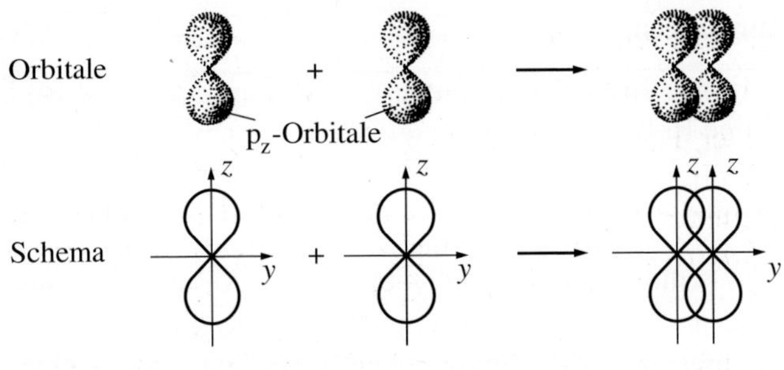

Bild 5.6 p-p-π-Bindung

Für das Sauerstoffmoleküle O_2 ergeben sich nach der MO-Methode zwei ungepaarte Elektronen, was seine paramagnetischen Eigenschaften erklärt (vgl. Lehrbücher der Physik). Das Energieniveau-Schema der Molekülorbitale stellt auszugsweise Bild 5.8 dar. Die 12 Valenzelektronen teilen sich in 8 bindende und 4 lockernde Elektronen auf. Diese kompensieren 4 bindende Elektronen, so dass zur Bindung selbst nur 4 bindende Elektronen übrigbleiben. Für die Molekülstruktur steht:

$$O_2[(\sigma_{1s})^2(\sigma_{1s}^*)^2(\sigma_{2s})^2(\sigma_{2s}^*)^2(\sigma_{2p})^2(\pi_{2p})^4(\pi_{2p}^*)^1(\pi_{2p}^*)^1]$$

Diese Verhältnisse im O_2-Molekül kann die in der VB-Methode verwandte Formel $\overline{\text{O}} = \overline{\text{O}}$ nicht wiedergeben.

Molekülorbitale lassen sich auch schematisch darstellen. In Bild 5.9 sind nur die bindenden Molekülorbitale der σ- und π-Bindung zusammengefasst.

Während die MO-Methode mit geringerem Rechenaufwand, ohne Grenzstrukturen zu benutzen, Eigenschaften der Moleküle, auch eine Ein- und Dreielektronen-Bindung, erklären kann und heute in der chemischen Praxis verbreitet ist, vermittelt die VB-Methode anschaulichere Vorstellungen über die chemische Bindung und die räumliche Struktur der Moleküle. Aus diesem Grunde wird die VB-Methode in diesem Lehrbuch verwendet.

5.2.2 Polarisierte Atombindung

Während im Wasserstoff- und auch im Chlormolekül die beiden Atomkerne durch ihre gleich großen Anziehungskräfte das bindende Elektronenpaar gleichmäßig beanspruchen und sich eine symmetrische Ladungswolke um die Atomkerne ausbildet, ist das im Chlorwasserstoffmolekül nicht mehr der Fall.

Das Chloratom zieht auf Grund seiner größeren Kernladung, also auf Grund der Wirkung eines elektrischen Feldes, das bindende Elektronenpaar stärker an, was zu einer ungleichmäßigen Ladungsverteilung und zu einer deformierten Ladungswolke um die beiden Atomkerne führt. Die Dichte der Ladungswolke, oder mit anderen Worten die *Aufenthaltswahrscheinlichkeit* der bindenden Elektronen, ist dabei in der Nähe des Chloratoms größer als in der Nähe des Wasserstoffatoms. Der Schwerpunkt der negativen Ladung liegt beim Chloratom. Es tritt *Polarisation* auf.

Die Wirkung eines elektrischen Feldes, die zur Verschiebung von Elektronen innerhalb eines Moleküls und damit zur Deformation der Ladungswolke führt, heißt Polarisation.

Man kann das durch folgende Schreibweise andeuten:

$$\mathrm{H}\cdot + \cdot\underset{\cdot\cdot}{\overset{\cdot\cdot}{\mathrm{Cl}}}: \rightarrow \overset{\delta^+}{\mathrm{H}}\ :\overset{\delta^-}{\underset{\cdot\cdot}{\overset{\cdot\cdot}{\mathrm{Cl}}}}: \quad \text{oder} \quad \mathrm{H{-}}\overline{\underline{\mathrm{Cl}}}| \quad \text{oder} \quad \overset{\delta^+}{\mathrm{H}} \triangleleft \overset{\delta^-}{\overline{\underline{\mathrm{Cl}}}|}$$

Das Wasserstoffatom wird *positiviert*, und das Chloratom wird *negativiert*. Die Bindung im Chlorwasserstoffmolekül ist also *polarisiert* (Atombindung mit Ionencharakter). Es bildet sich ein *Dipolmolekül*.

In einem Dipolmolekül fallen die Schwerpunkte der positiven und negativen Ladung nicht aufeinander.

Dadurch können noch elektrostatische Anziehungskräfte (Dipolkräfte) ungerichtet in den Raum hinausgehen, ähnlich wie Bild 5.14 zeigt.

Die charakteristische Eigenschaft eines Dipolmoleküls wird durch das *Dipolmoment* gemessen.

$$\mu = e \cdot l$$

e elektrische Ladung
l Abstand der Ladungsschwerpunkte

Das Dipolmoment μ des HCl-Moleküls beträgt $3{,}40 \cdot 10^{-30}$ C · m, während es für CO_2, CH_4 und CCl_4 Null ist.

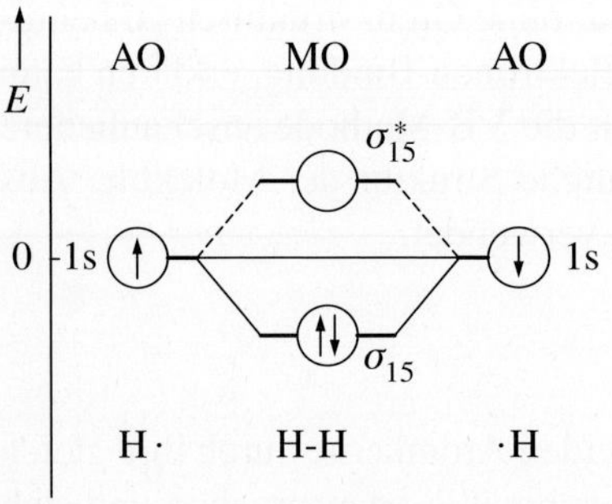

Bild 5.7 MO-Energieniveauschema des H_2*-Moleküls*

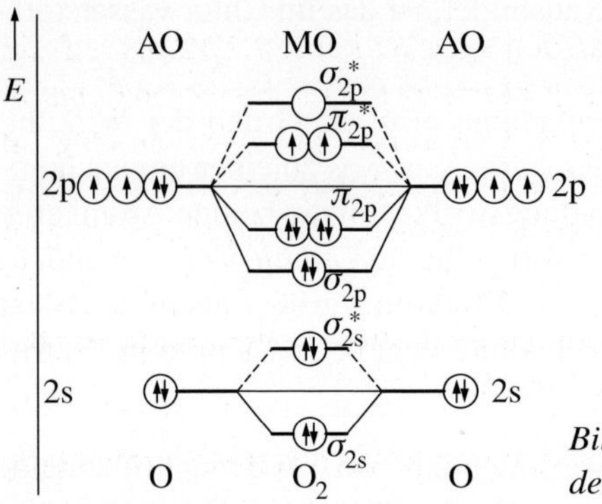

Bild 5.8 Vereinfachtes MO-Energieniveauschema des O_2*-Moleküls*

Die Polarisierbarkeit einer Bindung wird durch die *Elektronegativität* der sich bindenden Atome bestimmt.

> Die Elektronegativität ist ein Maß für die Fähigkeit eines Atoms in einem Molekül, die Elektronen anzuziehen.

Pauling berechnete auf Grund experimenteller Untersuchungen relative Werte für die Elektronegativität, indem er willkürlich die Elektronegativität für Kohlenstoff 2,5 setzte (Tabelle 5.1).

Im Periodensystem der Elemente wächst die Elektronegativität auf Grund der steigenden Kernladung innerhalb einer Periode von links nach rechts, d. h., Chlor ist elektronegativer als Schwefel. Innerhalb einer Gruppe nimmt die Elektronegativität von oben nach unten

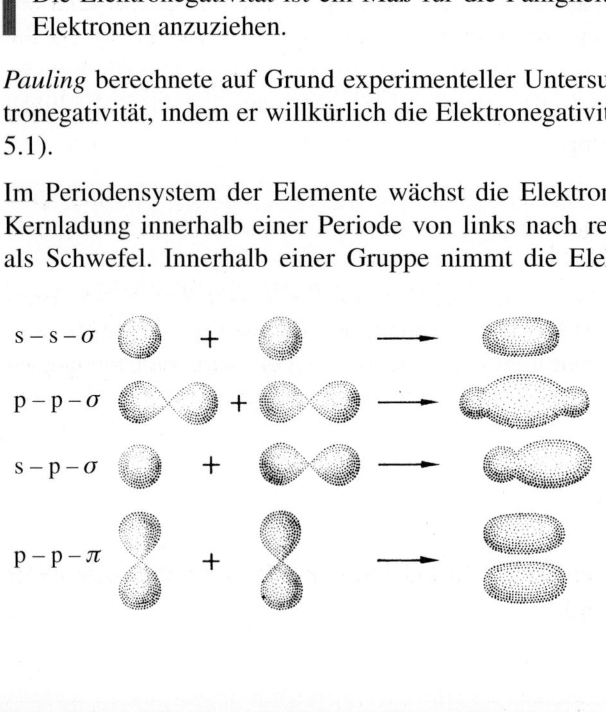

Bild 5.9 Bindende Molekülorbitale

Tabelle 5.1 Elektronegativitätsskala

H						
2,1						
Li	Be	B	C	N	O	F
1,0	1,5	2,0	2,5	3,0	3,5	4,0
Na	Mg	Al	Si	P	S	Cl
0,9	1,2	1,5	1,8	2,1	2,5	3,0
K	Ca	Ga	Ge	As	Se	Br
0,8	1,0	1,6	1,8	2,0	2,4	2,8

ab, da die sprunghaft steigende Elektronenzahl die anziehende Wirkung des Kerns auf die Eletronen der äußeren Orbitale stark abschwächt. Die Elektronegativität des Bromatoms in einer Verbindung ist also kleiner als die des Chloratoms. Dadurch ist die Atombindung im HBr-Molekül weniger polarisiert als im HCl-Molekül. Eine reine unpolarisierte Atombindung liegt nur in Molekülen vor, die aus zwei gleichen Atomen bestehen, z. B. H_2, Cl_2, Br_2. Die polarisierte Atombindung tritt viel häufiger auf.

Den Grad der Polarisierung einer Bindung kann man durch die Differenz der Elektronegativitätswerte der an der Bindung beteiligten Atome abschätzen.

Je größer die Differenz der Elektronegativitätswerte ist, um so stärker ist die Atombindung polarisiert.

Differenz der Elektronegativitätswerte für HCl $= 3{,}0 - 2{,}1 = 0{,}9$.
Differenz der Elektronegativitätswerte für HBr $= 2{,}8 - 2{,}1 = 0{,}7$.

Mit Hilfe der Elektronegativitätswerte lässt sich die Bindungsart abschätzen: Bei Differenzen $> 1{,}7$ liegt vorwiegend Ionenbeziehung vor. Sind die Differenzen $< 1{,}7$, so überwiegt die Atombindung.

5.2.3 Richtung der Atombindung

Das HCl-Molekül zeigt auf Grund der vorhandenen s-p-σ-Bindung einen gestreckten Bau (Bild 5.5). Im Wassermolekül überlappen sich dagegen zwei senkrecht aufeinander stehende p-Orbitale des Sauerstoffatoms mit zwei 1s-Orbitalen der Wasserstoffatome. Damit müssten eigentlich die zwei Atombindungen zwischen dem Sauerstoffatom und den beiden Wasserstoffatomen senkrecht aufeinander stehen. Der Winkel, den die beiden Bindungen aber wirklich miteinander bilden, beträgt rund 105 °C (Bild 5.10). Für diese Erscheinung ist unter anderem die Polarisation der vorhandenen Atombindungen verantwortlich, die man folgendermaßen darstellen kann:

$$\begin{matrix} \delta^+ & \delta^- \; \delta^- & \delta^+ \\ \mathrm{H} & :\ddot{\underset{..}{\mathrm{O}}}: & \mathrm{H} \end{matrix}$$

Die positivierten Wasserstoffatome werden auf Grund ihres positiven Ladungszuwachses etwas auseinander getrieben (Abstoßung).

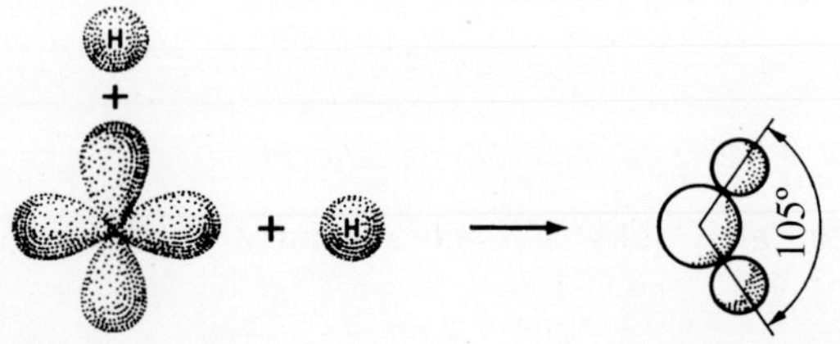

Bindende p-Orbitale des Sauerstoffatoms

Molekülmodell (Atome sind als Kugeln dargestellt)

Bild 5.10 Bau des Wassermoleküls

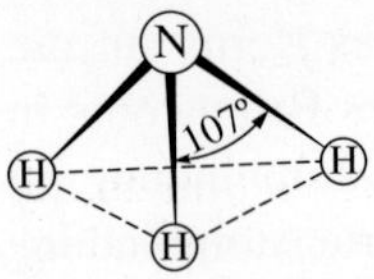

Bild 5.11 Bau des Ammoniakmoleküls (Es sind nur die Schwerpunkte der Atome dargestellt.)

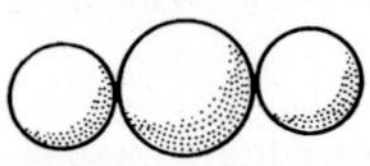

Bild 5.12 Bau des Kohlenstoffdioxidmoleküls

Ähnliche Ursachen führen auch zum Bau des Ammoniakmoleküls. Die 3p-Orbitale des Stickstoffatoms überlappen sich mit den 1s-Orbitalen der drei Wasserstoffatome. Das Ammoniakmolekül bildet eine regelmäßige dreiseitige Pyramide mit dem N-Atom an der Spitze. Der Winkel zwischen den gerichteten Bindungen beträgt 107° (Bild 5.11).

Kohlenstoffdioxid CO_2 bildet ein linear gebautes Molekül, das kein Dipolmolekül ist (Bild 5.12). Der Schwerpunkt der negativen Ladungen, die von den beiden Sauerstoffatomen durch Polarisation gezeigt werden, liegt genau im Schwerpunkt der positiven Ladung des Kohlenstoffatoms. Die Schwerpunkte der Ladungen fallen also aufeinander.[1)]

5.2.4 Atombindigkeit

Die Zahl der Atombindungen, die ein Atom eingehen kann, bezeichnet man als *Bindungswertigkeit* oder kurz als *Bindigkeit*. Im Methanmolekül CH_4 mit der Strukturformel

$$\begin{array}{ccccc} & & \mathrm{H} & & \\ & & | & & \\ \mathrm{H} & - & \mathrm{C} & - & \mathrm{H} \\ & & | & & \\ & & \mathrm{H} & & \end{array}$$

ist das Kohlenstoffatom also 4bindig.

Im Wassermolekül

$$\mathrm{H}-\overline{\underline{\mathrm{O}}}-\mathrm{H}$$

tritt der Sauerstoff 2bindig auf.

1) Die Entfernung der Atomkerne im Molekül, die Bindungslänge, lässt sich durch Addition der kovalenten Atomradien, manchmal allerdings nur in grober Näherung, abschätzen (→ PSE).

Im Ammoniakmolekül

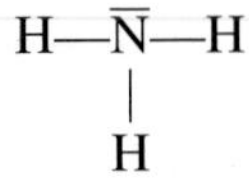

zeigt sich der Stickstoff 3bindig. Die beiden am Stickstoff noch ungebundenen Elektronen bilden ein *freies Elektronenpaar* (→ Aufg. 5.1).

Im Schwefelhexafluorid SF_6

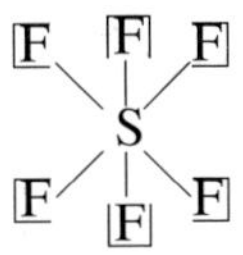

muss der Schwefel sogar 6bindig sein. Damit erhält er eine 12-Elektronenkonfiguration, die bei Elementen mit einem M-Niveau (→ Abschn. 5.1) ohne weiteres möglich ist.

5.2.5 Mesomerie

Im Molekül der Salpetersäure sind folgende Elektronenverteilungen und Bindungsmöglichkeiten denkbar:

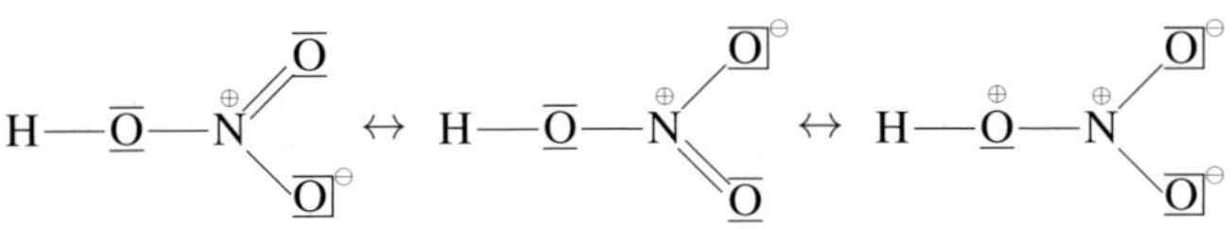

a) b) c)

Der Stickstoff ist hier gemäß der Oktettregel 4bindig. Keine der aufgestellten Formeln beschreibt aber die Elektronenverteilung im Molekül richtig. Man stellt sich vor, dass die wahre Struktur des Moleküls zwischen den drei oben angenommenen „Grenzstrukturen“ liegt. Der zweiköpfige Pfeil weist auf diesen Zustand zwischen den Strukturen, der auch als *Mesomerie* bezeichnet wird, hin.

Unter Mesomerie versteht man die Erscheinung, dass die wahre Elektronenverteilung im Molekül nur durch eine Kombination mehrerer festgelegter Grenzstrukturen (mesomerer Grenzstrukturen) beschrieben werden kann.

Die Grenzstrukturen sind keine realen physikalischen Gebilde, sondern stellen nur Schreibhilfen dar. Die π-Elektronen der Doppelbindungen sind nicht in der Weise lokalisiert, wie die Formeln a bis c zeigen. Es ist auch auf keinen Fall so, dass die Elektronenpaare zwischen den Atomen hin- und herpendeln und in einem Moment die eine und im nächsten die andere Grenzstruktur existiert. Die wahre Elektronenverteilung kann mit den verwendeten Strukturformeln nicht angegeben werden. Man muss sich vorstellen, dass die π-Elektronen der Doppelbindung fast gleichmäßig auf die noch am Stickstoffatom befindlichen Elektronenpaare verteilt sind. Es liegt demnach keine reine Einfachbindung, aber auch keine reine Doppelbindung vor, sondern es existieren zwischen dem Stickstoffatom und den drei Sauerstoffatomen drei Bindungen von fast gleichem Charakter.[1)]

Dieser Bindungszustand lässt sich aber mit den Elektronenformeln bei einer großen Zahl von Verbindungen nicht mehr darstellen. Darum bedient man sich der Formulierung durch Grenzstrukturen, die besonders in der organischen Chemie angewendet wird.

Die Grenzstrukturen a bis c enthalten noch Angaben über die *formale Ladung*. Gemäß der Eigenschaft der Grenzstrukturen, nur als Schreibhilfen zu dienen, muss die auftretende Ladung formal sein. Sie ist leicht zu berechnen. Jedes Atom erhält von einem bindenden Elektronenpaar allerdings nur ein Elektron zugesprochen. (Dabei ist es gleich, ob das Atom dieses Elektron zur Bindung einmal beigesteuert hat oder nicht.) Dann vergleicht man die ermittelte Zahl der Elektronen mit der Valenzelektronenzahl.

Aus der Differenz ergeben sich Zahl und Vorzeichen der Ladung. In Formel a trägt das Stickstoffatom die formale Ladung $\oplus$, da ihm in der Bindung nur vier Elektronen an Stelle der fünf Valenzelektronen zugesprochen werden. Einem von den beiden Sauerstoffatomen kommen in der Bindung sieben Elektronen zu, wodurch an ihm eine negative Ladung $\ominus$ entsteht.

5.2.6 Eigenschaften der Verbindungen mit Atombindung

Atome, die durch eine Atombindung zusammengehalten werden, bilden im festen Zustand eine regelmäßige räumliche Anordnung, ein *Atomgitter*.

■ In den Gitterpunkten eines Atomgitters sitzen ungeladene Atome.

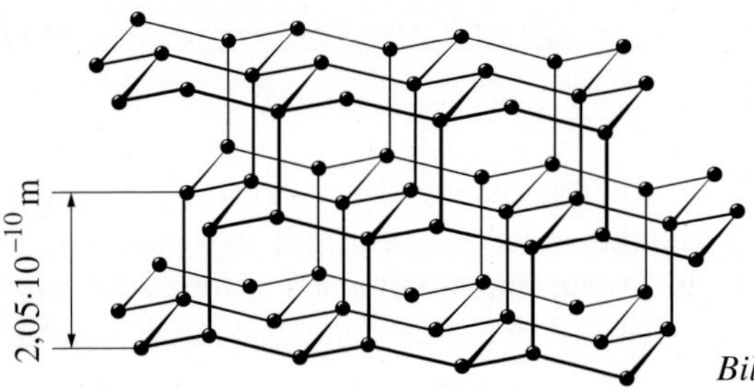

Bild 5.13 Atomgitter des Diamanten

Das ist besonders bei den Elementen Kohlenstoff, Silicium und Germanium der Fall. Von den Atomen dieser Elemente gehen gerichtete Atombindungen nach den Ecken eines Tetraeders. Bild 5.13 stellt das Atomgitter eines Diamanten dar. Die Härte des Diamanten zeigt, dass die Kräfte, die im Gitter wirken (Gitterkräfte), sehr groß sind.

■ Stoffe mit Atomgitter haben meist hohe Schmelz- und Siedepunkte.

Atombindungen herrschen auch in den Molekülen vor.

■ Im gasförmigen, flüssigen und festen Zustand leiten Stoffe, deren Atome durch Atombindungen zu Molekülen vereinigt sind, den elektrischen Strom nicht. Sie sind Nichtelektrolyte oder Isolatoren.

[1)] Die Bindung zwischen dem N-Atom und dem O-Atom, an dem das H-Atom hängt, weicht etwas ab.

Das zeigen Kohlenstoffdioxid CO_2, Tetrachlormethan CCl_4 u. a. Diamant ist ebenfalls ein Nichtleiter, während Silicium und Germanium zu den Halbleitern zu zählen sind.

5.3 Ionenbeziehung

5.3.1 Wesen der Ionenbeziehung

Gemäß den Betrachtungen in Abschn. 5.2.2 müssen sich Metalle und Nichtmetalle, z. B. Natrium und Chlor, in der Elektronegativität ihrer Atome unterscheiden. Nichtmetalle sind elektronegativer als Metalle. Eine Bindung zwischen den Atomen dieser beiden Elementengruppen wird also stark polarisiert sein, d. h., die Differenz der Elektronegativitäten ist groß. Wird sie größer als 1,7, kann sogar das elektronegativere Nichtmetallatom die s- und p-Elektronen der Orbitale des letzten besetzten Energieniveaus von Metallatomen „herausreißen“ (Modellvorstellung). Dabei erreichen das Nichtmetallatom durch Aufnahme von Elektronen, das Metallatom durch ihre Abgabe eine Edelgaskonfiguration (Oktett) ihrer letzten Hauptniveaus. Bringt man z. B. Natrium und Chlor unter leichtem Erwärmen zusammen, so bildet sich bei Abgabe von Energie Natriumchlorid NaCl, eine *Ionenverbindung*. Das s-Elektron des Natriumatoms baut das dritte nur durch ein Elektron gebildete p-Orbital des Chloratoms mit auf.

$$Na\cdot + \cdot\overline{\underline{Cl}}| \rightarrow [Na]^+ + \left[:\overline{\underline{Cl}}|\right]^- \quad \text{bzw.} \quad [Na]^+ + \left[|\overline{\underline{Cl}}|\right]^-$$

Ion (Kation) — Ion (Anion)

Durch Aufnahme oder Abgabe der Elektronen erhalten die Atome eine Ladung, sie werden zu *Ionen*. Positive Ionen bezeichnet man als *Kationen*, negative als *Anionen* (→ Abschn. 10.1)

■ Ionen sind elektrisch geladene Atome oder Atomgruppen.

Wie diese Ladungen zustande kommen, zeigt Tabelle 5.2.

Tabelle 5.2 Ladungsverhältnisse bei Atomen und Ionen

	Na-Atom	Na-Ion	Cl-Atom	Cl-Ion
Neutronenzahl n	12	12	18	18
Protonenzahl p	11	11	17	17
Elektronenzahl e^-	11	10	17	18
Ladung in $1{,}6 \cdot 10^{-19}$ A · s	± 0	$+1$	± 0	-1

▌Bei der Bildung von Ionenverbindungen erreichen Metall- und Nichtmetallatome durch Abgabe bzw. Aufnahme von Elektronen eine Edelgaskonfiguration. Aus den Atomen entstehen positiv bzw. negativ geladene Ionen.

Durch Wegfall des 3s-Orbitals ist der *scheinbare Durchmesser*[1)] des Na-Ions kleiner als der des Na-Atoms. Außerdem werden die verbliebenen 10 Elektronen stärker von den 11 Protonen des Kerns angezogen. Das Cl-Ion hat einen größeren scheinbaren Durchmesser

[1)] Mit Hilfe von Röntgenstrahlen ermittelter Durchmesser, wenn man sich die Atome als Kugeln vorstellt.

als das Cl-Atom. Durch Einbau eines Elektrons in ein p-Orbital wird die Anziehungskraft des Kerns auf alle Elektronen etwas geringer. Die einzelnen Orbitale können sich dadurch vergrößern.

5.3.2 Ionisierungsenergie und Elektronenaffinität

Um aus der Hülle des Metallatoms ein Elektron entfernen zu können, muss eine bestimmte Energie aufgebracht werden.

Als Ionisierungsenergie bezeichnet man die Energie, die zur Entfernung eines Elektrons aus dem Anziehungsbereich des Atomkerns dem Atom zugeführt werden muss.

Atome mit niedriger Ionisierungsenergie, z. B. Metallatome, geben leicht die Elektronen ihrer letzten Energieniveaus ab und erhalten dadurch positive Ladung.

- Metalle sind elektropositive Elemente.

Beim Einbau eines Elektrons in ein Energieniveau wird Energie frei.

Als Elektronenaffinität bezeichnet man die Energie, die beim Einbau eines Elektrons in die Atomhülle im Gaszustand frei oder gebraucht wird.

Je niedriger der Energiewert des Niveaus ist, in dem das Elektron Platz findet, desto größer ist die frei werdende Energie. Die Atome tragen negative Ladung.

- Nichtmetalle sind elektronegative Elemente.

Zur Ionisierung von Natrium muss eine Ionisierungsenergie von 495 kJ $\cdot$ mol^{-1} aufgebracht werden. (Sie beträgt bei Wasserstoff 1 310 kJ $\cdot$ mol^{-1} und stimmt gut mit dem aus Gleichung (3.3) im Abschn. 3.2.2 berechenbaren Eigenenergiewert überein.) Für die Elektronenaffinität des Chloratoms misst man 356 kJ $\cdot$ mol^{-1}, die bei der Ionenbildung frei werden ($\rightarrow$ Aufg. 5.2 und 5.3).

5.3.3 Ionenwertigkeit

Tabelle 5.3 zeigt die Ladung wichtiger Anionen.

Ohne besondere Schwierigkeiten können weitere Beispiele für die Ionenbeziehung formuliert werden. Sie lassen auch die Namensbildung der Ionenverbindung erkennen.

$$\mathrm{Mg}\colon + \cdot\underset{\cdot}{\ddot{\mathrm{O}}}\colon \rightarrow [\mathrm{Mg}]^{2+}[\colon\underset{\cdot\cdot}{\ddot{\mathrm{O}}}\colon]^{2-} \qquad \text{Magnesiumoxid MgO}$$

$$2\,\mathrm{K}\cdot + \cdot\underset{\cdot}{\ddot{\mathrm{S}}}\colon \rightarrow [\mathrm{K}]^{+}[\colon\underset{\cdot\cdot}{\ddot{\mathrm{S}}}\colon]^{2-}[\mathrm{K}]^{+} \qquad \text{Kaliumsulfid } K_2S$$

$$\dot{\mathrm{A}}\mathrm{l}\colon + 3\cdot\underset{\cdot\cdot}{\ddot{\mathrm{Cl}}}\colon \rightarrow [\colon\underset{\cdot\cdot}{\ddot{\mathrm{Cl}}}\colon]^{-}[\mathrm{Al}]^{3+}[\colon\underset{\cdot\cdot}{\ddot{\mathrm{Cl}}}\colon]^{-}[\colon\underset{\cdot\cdot}{\ddot{\mathrm{Cl}}}\colon]^{-} \qquad \text{Aluminiumchlorid } AlCl_3$$

$$2\,\dot{\mathrm{A}}\mathrm{l} + 3\cdot\underset{\cdot}{\ddot{\mathrm{O}}}\colon \rightarrow [\colon\underset{\cdot\cdot}{\ddot{\mathrm{O}}}\colon]^{2-}[\mathrm{Al}]^{3+}[\colon\underset{\cdot\cdot}{\ddot{\mathrm{O}}}\colon]^{2-}[\mathrm{Al}]^{3+}[\colon\underset{\cdot\cdot}{\ddot{\mathrm{O}}}\colon]^{2-} \qquad \text{Aluminiumoxid } Al_2O_3$$

Tabelle 5.3 Wichtige Anionen der Nichtmetalle

Bezeichnung	Elektronenbesetzung des letzten Hauptniveaus	Symbol
Fluoridion	$[:\ddot{\underset{\cdot\cdot}{\mathrm{F}}}:]^{-}$	F^{-}
Chloridion	$[:\ddot{\underset{\cdot\cdot}{\mathrm{Cl}}}:]^{-}$	Cl^{-}
Bromidion	$[:\ddot{\underset{\cdot\cdot}{\mathrm{Br}}}:]^{-}$	Br^{-}
Iodidion	$[:\ddot{\underset{\cdot\cdot}{\mathrm{I}}}:]^{-}$	I^{-}
Oxidion	$[:\ddot{\underset{\cdot\cdot}{\mathrm{O}}}:]^{2-}$	O^{2-}
Sulfidion	$[:\ddot{\underset{\cdot\cdot}{\mathrm{S}}}:]^{2-}$	S^{2-}
Nitridion	$[:\ddot{\underset{\cdot\cdot}{\mathrm{N}}}:]^{3-}$	N^{3-}

Die Ladungszahl der Ionen bezeichnet man als *Ionenwertigkeit*. Magnesium hat also die Ionenwertigkeit 2+, Sauerstoff 2− (→ Aufg. 5.4).

■ In einer chemischen Verbindung mit Ionenbeziehung ist die Summe der positiven Ionenwertigkeiten gleich der Summe der negativen Ionenwertigkeiten (→ Aufg. 5.5).

5.3.4 Eigenschaften von Verbindungen mit Ionenbeziehung

Da sich viele Oxide, Hydroxide und Salze aus Metallen und Nichtmetallen aufbauen, tritt bei diesen Verbindungen sehr oft die Ionenbeziehung auf.

■ Die meisten anorganischen Verbindungen sind im Festzustand Ionenverbindungen.

Eine besondere Betrachtung verdient zuerst der Bau der genannten Verbindungen. Wenn im dampfförmigen Zustand ein Na-Ion ein Cl-Ion anzieht, so bildet sich ein *Dipolmolekül.*

Obwohl elektrisch neutral, gehen noch elektrostatische Anziehungskräfte ungerichtet in den Raum hinaus. Dadurch können sich beim Abkühlen des NaCl-Dampfes mehrere Dipolmoleküle zu einem *Dipolverband* zusammenlegen (Bild 5.14).

Die nach allen Seiten wirkenden Anziehungskräfte der Ionen führen im festen Zustand zu einer räumlichen, regelmäßigen Anordnung der Ionen, zu einem *Ionengitter.*

Bild 5.15 zeigt, dass jedes Na-Ion von 6 Cl-Ionen umgeben ist bzw. jedes Cl-Ion von 6 Na-Ionen. Die Zahl der im Ionengitter einem Ion zugeordneten, benachbarten und entgegengesetzt geladenen Ionen bezeichnet man als *Koordinationszahl.* Sie beträgt im Natriumchloridkristall 6. In anderen Ionengittern treten 4, 8 und 12 als Koordinationszahlen auf.

■ Im festen Aggregatzustand sind die Ionen in einem Ionengitter regelmäßig angeordnet.

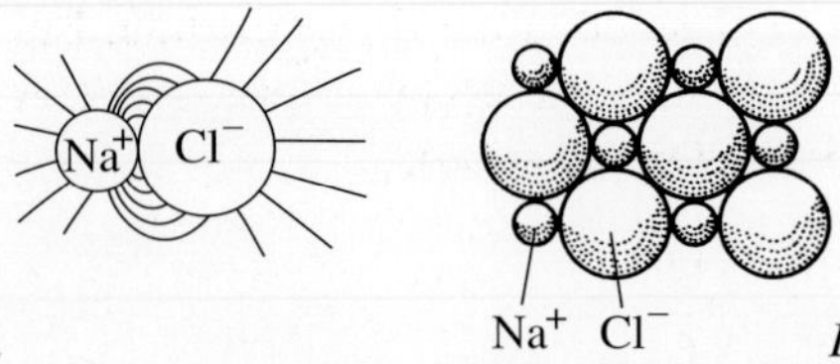

Bild 5.14 Dipolmolekül und Dipolverband

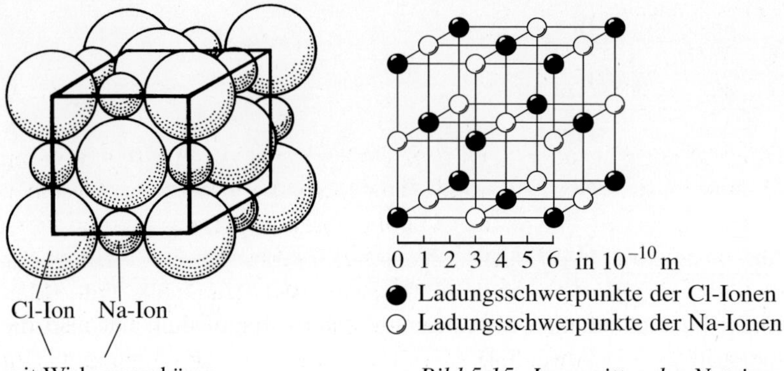

Bild 5.15 Ionengitter des Natriumchlorids

Dabei kann kein Natriumchloridmolekül in dem Ionengitter bestimmt werden, da sich niemals zwei bestimmte Ionen einander zuordnen lassen. Der Natriumchloridkristall ist ein „Riesenmolekül". Ihm käme eigentlich die Formel $(NaCl)_n$ zu, wobei *n* eine große Zahl darstellt.

Für Verbindungen mit Ionenbeziehung im festen Aggregatzustand verliert der Molekülbegriff seine Berechtigung.

Stöchiometrische Rechnungen sind jedoch wegen der für chemische Verbindungen geltenden Gesetzmäßigkeiten ohne Schwierigkeiten ausführbar (→ Abschn. 7.8). Die Formel gibt die Zusammensetzung der Ionenverbindung an und ist hier nicht mehr Symbol für ein Molekül.

Für die im Ionengitter wirksamen elektrostatischen Kräfte hat das *Coulombsche Gesetz* Gültigkeit. Zur Abschätzung dient folgende Form:

$$F \sim \frac{e_1 \cdot e_2}{\varepsilon_{rel} \cdot r^2}$$

F	Anziehungskraft zwischen den Ionen
e_1 und e_2	entgegengesetzte Ionenladungen
r	Abstand der beiden Ionenmittelpunkte
$\varepsilon_{rel.}$	relative Dielektrizitätskonstante

Die Anziehungskräfte der entgegengesetzt geladenen Ionen aufeinander sind also direkt proportional der Größe dieser Ladungen und umgekehrt proportional dem Quadrat des Ionenabstandes. Die relative Dielektrizitätskonstante $\varepsilon_{rel.}$ gibt an, in welchem Maße die Anziehungskraft geschwächt wird, wenn ein Stoff zwischen die Ionen tritt. Im Vakuum ist $\varepsilon_{rel.} = 1$, im Wasser beträgt $\varepsilon_{rel.} = 81$. In Luft kann man auch für $\varepsilon_{rel.} \approx 1$ setzen.

Um die Anziehungskräfte der Ionen im Ionengitter eines Kristalls (Gitterkräfte) zu überwinden, muss man relativ große Wärmemengen zuführen. Die Ionen, die schon bei 0 °C

Schwingungen um ihren Gitterplatz ausführen, verstärken diese unter der Energiezufuhr. Bei genügender Größe der zugeführten Energie können die Ionen ihre Gitterplätze verlassen. Der Kristall schmilzt. Die Ionen sind frei beweglich (thermische Dissoziation).

■ Ionenverbindungen haben meist hohe Schmelz- und Siedepunkte.

Tabelle 5.4 zeigt diese Eigenschaft sehr deutlich (→ Aufg. 5.6).

Tabelle 5.4 Schmelzpunkte von Natriumhalogeniden

	NaF	NaCl	NaBr	NaI
Schmelzpunkt in °C	988	801	740	660

Die Gitterkräfte in Kristallen lassen sich auch mit Hilfe des Wassers in einem Lösungsvorgang überwinden. Nach dem Coulombschen Gesetz wird die Anziehungskraft zwischen den Ionen durch Wasser auf 1/81 vermindert. Da Wasser aus Dipolmolekülen besteht, werden diese auf Grund ihrer Polarität (positivierte und negativierte Seite, → Abschn. 5.2.3) durch die Ionen in das Gitter hineingezogen. Das geringe Volumen des Wassermoleküls unterstützt sein Eindringen in das Gitter. Nun genügen die Wärmestöße, die von den Wassermolekülen auf Grund der Brownschen Molekularbewegung ausgeübt werden, um das Ionengitter zu zerstören. Der Kristall löst sich auf. Die Ionen sind frei beweglich.

■ Die Aufspaltung von Ionenverbindungen in frei bewegliche Ionen durch Wärme oder durch Dipolmoleküle eines Lösungsmittels nennt man elektrolytische Dissoziation.

Die durch die elektrolytische Dissoziation frei beweglich gewordenen Ionen transportieren beim Anlegen einer elektrischen Spannung elektrische Ladungen (→ Abschn. 9.1 und 10.1).

■ Im geschmolzenen Zustand und in wässrigen Lösungen leiten Ionenverbindungen elektrischen Strom. Sie sind Elektrolyte.

Eine große Anzahl von Verbindungen aus Metall- und Nichtmetallatomen zeigt jedoch keine reinen Ionenbeziehungen, sondern noch Anteile von Atombindungen. Wird dieser Anteil bei bestimmten Verbindungen, z. B. $HgCl_2$, recht groß, dann liegen eigentlich auch im festen Zustand stark polarisierte Atomverbindungen vor, die je nach Stärke des Metall- und Nichtmetallcharakters noch Ionenbeziehungsanteile zeigen. Diese Verbindungen bilden unter den oben genannten Bedingungen ebenfalls frei bewegliche Ionen.

Auch Moleküle aus Nichtmetallatomen, die durch stark polarisierte Atombindungen verbunden werden, z. B. HCl, dissoziieren unter dem Einfluss eines Lösungsmittels. Verbindungen mit solchen Molekülen nennt man *potenzielle Elektrolyte* (→ Abschn. 9.1, 9.2.1 und 10.1).

5.4 Metallbindung

Die Eigenschaften der Metalle und ihrer Legierungen weisen auf die besondere Natur der Metallbindung hin:

1. *große Festigkeit des Metallgitters, die allerdings meist nicht an die eines Atomgitters heranreicht,*
2. *gute Leitfähigkeit für Elektrizität und Wärme.*

Im *Metallgitter* liegen die aufbauenden Teile wie im Atomgitter eng beieinander. Manche Elektronen sind aber nicht zwischen den Gitterbausteinen lokalisiert, sondern können sich frei bewegen.

Alle Metallatome zeigen in ihrem höchsten Energieniveau wenige Elektronen, die leicht abgegeben werden können. Dadurch erhalten die Metallatome eine stabile Niveaubesetzung. (Zum Teil liegt Edelgaskonfiguration vor.)

$$\mathrm{Na}\cdot + \cdot\mathrm{Na} \rightarrow [\mathrm{Na}]^{+} \overset{\ominus}{\underset{\ominus}{}} [\mathrm{Na}]^{+}$$

Elektronengas

Die abgegebenen Elektronen schweben zwischen den Kationen und werden darum auch als freie oder vagabundierende Elektronen bezeichnet. Da sich die Elektronen wie die Atome oder Moleküle eines Gases frei bewegen, spricht man auch von einem *Elektronengas* des Metallgitters. Die positiv geladenen Ionen und die freien Elektronen bauen also das Metallgitter auf (Bild 5.16).

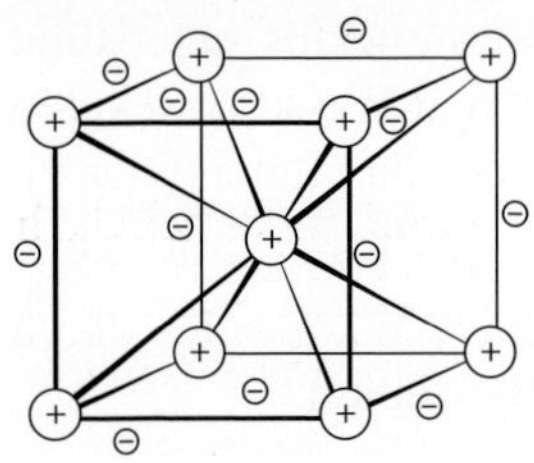

⊕ Ladungsschwerpunkte der Natriumionen
⊖ freie Elektronen

Bild 5.16 Metallgitter des Natriums

▮ In den Gitterpunkten eines Metallgitters befinden sich positiv geladene Ionen.

Die Energie der freibeweglichen Elektronen im Metallgitter nimmt bestimmte Werte an. Man kann also wie im Atom von Elektronen-Energieniveaus sprechen. Deren Zahl ist jedoch viel größer als in den einzelnen Atomen. Energieniveaus mit bestimmten Eigenschaften bilden zusammen ein *Energieband*, das von Elektronen besetzt ist.

Die gute Leitfähigkeit der Metalle (Leiter 1. Klasse) muss auf die Beweglichkeit der Elektronen im Metallgitter (Elektronengas) zurückgeführt werden.

Über die Eigenschaften der Metalle unterrichtet Abschn. 17.1

5.5 Zwischenmolekulare Bindung

Wenn sich Atome zu einem Molekül zusammengeschlossen haben, so ist es immer noch möglich, dass von dem gebildeten Molekül aus Anziehungs- und Abstoßungskräfte, die *zwischenmolekulare Kräfte* genannt werden, auf andere Teilchen einwirken. Diese Kräfte sind nur zum Teil elektrostatischer Natur. Anziehungskräfte, die sogar zwischen elektrisch neutralen Molekülen auftreten, bezeichnet man auch als *Van-der-Waalssche Kräfte*. Die zwischenmolekularen Kräfte führen zu *zwischenmolekularen Bindungen*. Einige Möglichkeiten zeigt Bild 5.17.

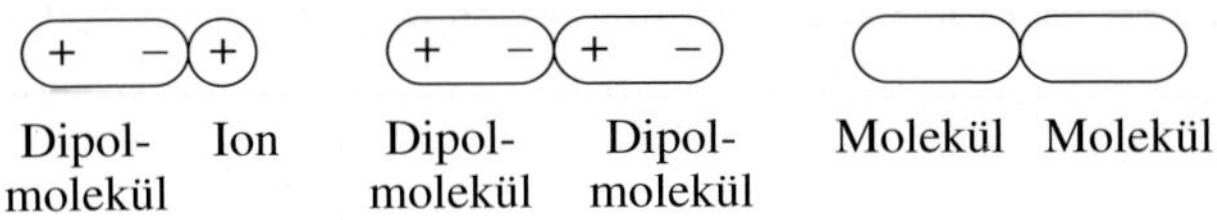

Bild 5.17 Zwischenmolekulare Bindungen

Zwischenmolekulare Kräfte erzeugen schwächere Bindung als die bisher besprochenen und sind ungerichtet.

Diese Tatsache ist für die Flüchtigkeit vieler organischer Verbindungen verantwortlich. Auf Grund der Wirkung zwischenmolekularer Kräfte bilden sich bei entsprechender Abkühlung sogar Kristallgitter von Gasen wie Kohlenstoffdioxid, Wasserstoff, Sauerstoff, Stickstoff und der Edelgase aus.

Organische Verbindungen, die meist Atombindungen aufweisen, kristallisieren in *Molekülgittern.*

Gesetzmäßig angeordnete Moleküle bauen Molekülgitter auf.

Die Moleküle werden durch die zwischenmolekularen Kräfte, die allerdings sehr schwach sind, auf ihren Gitterplätzen gehalten.

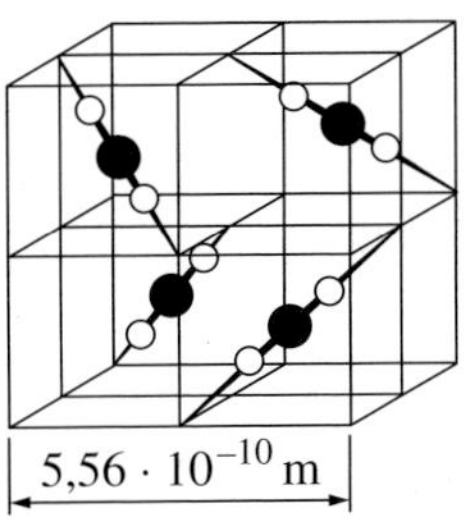

● Kohlenstoffatom
○ Sauerstoffatom

Bild 5.18 Molekülgitter des festen Kohlenstoffdioxids

Molekülgitter werden besonders von organischen Verbindungen im festen Zustand gebildet. Sie zeigen niedrige Schmelz- und Siedepunkte. Reine Molekülgitter leiten den elektrischen Strom nicht.

Zu diesen Substanzen gehören Farbstoffe, Vitamine, Hormone und viele andere. Auch anorganische Stoffe, wie z. B. Kohlenstoffdioxid und Ammoniak, können Molekülgitter bilden (Bild 5.18).

Wenn sich Wasserstoff mit stark elektronegativen Elementen wie Fluor, Sauerstoff und Stickstoff verbindet, entstehen zwischen den vorliegenden Dipolmolekülen *Wasserstoffbrückenbindungen*. Das Wasserstoffatom im Dipolmolekül ist positiv polarisiert (→ Abschn. 5.2.3) und bildet zu dem elektronegativen Atom eines anderen Dipolmoleküls eine „Brücke" aus, dargestellt hier durch Bindestriche.

$$
\begin{array}{ccccc}
 & & & & \mathrm{H} \\
:\ddot{\underset{..}{\mathrm{O}}}: & \mathrm{H} & - - & :\ddot{\underset{..}{\mathrm{O}}}: & \mathrm{H} \\
\mathrm{H} & & & &
\end{array}
$$

Im flüssigen Wasser liegen Zusammenschlüsse (Aggregate) aus 4 Molekülen H_2O vor. Sie sorgen dafür, dass es einen Siedepunkt von 100 °C aufweist. Dagegen zeigt Schwefelwasserstoff H_2S, bei dem sich keine solchen Aggregate auf Grund des Fehlens von Wasserstoffbrückenbindungen bilden, einen Siedepunkt von nur −60 °C. Im abgeschwächten Maße sind Wasserstoffbrückenbindungen auch mit Chlor, Schwefel und Kohlenstoff möglich (→ Tabelle 5.1).

Wasserstoffbrücken garantieren die Festigkeit und Elastizität makromolekularer Werkstoffe (z. B. Kunst- und Textilfasern, Holz) und sind auch für die Struktur und den Stoffwechsel von Eiweißstoffen von großer Bedeutung.

5.6 Chemische Bindung und PSE

Die Stellung der Elemente im Periodensystem ist ausschlaggebend für die Art der chemischen Bindung. Übergänge in den Eigenschaften der Elemente müssen sich in Übergängen zwischen den Arten der chemischen Bindung äußern. Das soll nachfolgend für die Elemente der 3. Periode gezeigt werden. Als Beispiele dienen die Verbindungen dieser Elemente mit Chlor.

$NaCl \quad MgCl_2 \quad AlCl_3 \quad SiCl_4 \quad PCl_3 \quad SCl_2 \quad Cl_2$

Ionenbeziehung ⟶ Atombindung

Hier stehen links Verbindungen mit reiner Ionenbeziehung, rechts solche mit reiner Atombindung. Dazwischen befinden sich die Übergänge der polarisierten Atombindung (→ Abschn. 5.2.2).

So wie es Übergänge zwischen der Ionenbeziehung und der Atombindung gibt, existieren auch Übergänge zwischen der Metallbindung und der Ionenbeziehung bzw. der Metallbindung und der Atombindung. Auch hierfür sollen die Elemente der 3. Periode herangezogen werden. Zuerst wird Natrium der Reihe nach mit allen Elementen kombiniert.

$(NaNa) \quad (NaMg) \quad (NaAl) \quad (NaSi) \quad Na_3P \quad Na_2S \quad NaCl$

Metallbindung (Metallgitter) ⟶ Ionenbeziehung (Ionengitter)

Die Klammern links deuten an, dass Natrium mit Magnesium, Aluminium und Silicium legiert vorliegt, wobei das Mengenverhältnis im Gegensatz zu chemischen Formeln verschieden sein kann.

$Na \quad Mg \quad Al \quad Si \quad P_4 \quad S_8 \quad Cl_2$

Metallbindung (Metallgitter) ⟶ Atombindung (Molekülgitter)

In der letzten Reihenfolge bilden die ersten drei Elemente Metallgitter. Silicium bildet ein dem besprochenen Diamantgitter ähnliches Atomgitter (Bild 5.13). Ab Schwefel liegen

Molekülgitter vor, wobei vom Schwefel S_8-Moleküle, vom Phosphor P_4-Moleküle im Kristall eingebaut sind.

Trotz der vielen möglichen Übergänge und der in Wirklichkeit nur geringen Zahl von Verbindungen mit reiner Ionenbeziehung, Atom- oder Metallbindung ist es üblich, die meisten Verbindungen der anorganischen und organischen Chemie der überwiegenden Bindungsart zuzuordnen.

5.7 Besonderheiten der chemischen Bindung

5.7.1 Bindungsverhältnisse am Kohlenstoffatom

Da der Kohlenstoff für die organische Chemie große Bedeutung hat, sollen seine Besonderheiten beim Eingehen einer Atombindung näher betrachtet werden. Diese Besonderheiten kann man sich mit Hilfe folgender Vorstellungen erklären:

Durch Energiezufuhr geht der Grundzustand des Kohlenstoffatoms C in einen *angeregten Zustand* C^* über:

$$\mathrm{C}\ \underset{1s}{\boxed{\uparrow\downarrow}}\ \underset{2s}{\boxed{\uparrow\downarrow}}\ \underset{2p}{\boxed{\uparrow}\boxed{\uparrow}\boxed{}}\ \xrightarrow{\text{Energie}}\ \mathrm{C}^*\ \underset{1s}{\boxed{\uparrow\downarrow}}\ \underset{2s}{\boxed{\uparrow}}\ \underset{2p}{\boxed{\uparrow}\boxed{\uparrow}\boxed{\uparrow}}$$

$$\mathrm{C}\ \ 1s^2\ 2s^2\ 2p_x^1\ 2p_y^1\ \xrightarrow{\text{Energie}}\ \mathrm{C}^*\ \ 1s^2\ 2s^1\ 2p_x^1\ 2p_y^1\ 2p_z^1$$

Damit sind nun sämtliche Orbitale des L-Niveaus mit je einem Elektron besetzt. Dann tritt aber eine Angleichung des Energiewertes des 2s-Niveaus an den Energiewert der 2p-Niveaus ein. Es bilden sich vier energetisch gleichwertige q-Niveaus. Diese Angleichung nennt man *Hybridisation*. Sie ist nur eine Modellvorstellung, um den Valenzzustand durch gleichartige Elektronen ausdrücken zu können, die zur Bildung einer lokalisierten Zwei-Zentren-Elektronenpaar-Bindung dienen. Der hybridisierte Zustand des Kohlenstoffatoms soll mit C^{**} gekennzeichnet werden.

$$\mathrm{C}^*\ \underset{1s}{\boxed{\uparrow\downarrow}}\ \underset{2s}{\boxed{\uparrow}}\ \underset{2p}{\boxed{\uparrow}\boxed{\uparrow}\boxed{\uparrow}}\ \rightarrow\ \mathrm{C}^{**}\ \underset{1s}{\boxed{\uparrow\downarrow}}\ \underset{q}{\boxed{\,|\,}\boxed{\,|\,}\boxed{\,|\,}\boxed{\,|\,}}$$

$$\mathrm{C}^*\ \ 1s^2\ 2s^1\ 2p_x^1\ 2p_y^1\ 2p_z^1\ \rightarrow\ \mathrm{C}^{**}\ \ 1s^2\ 2q^1\ 2q^1\ 2q^1\ 2q^1\ \ \text{oder}\ \ 1s^2\ 2sp^3$$

Orbitale, die von q-Elektronen gebildet werden, tragen auch die Bezeichnung sp^3-Orbitale. In ihnen wird noch die Herkunft der Elektronen aus einem s-Orbital und drei p-Orbitalen (Zustand nach der Anregung) deutlich. Die vier sp^3-Orbitale sind keulenförmig ausgebildet und zeigen nach den Ecken eines Tetraeders (Bild 5.19).

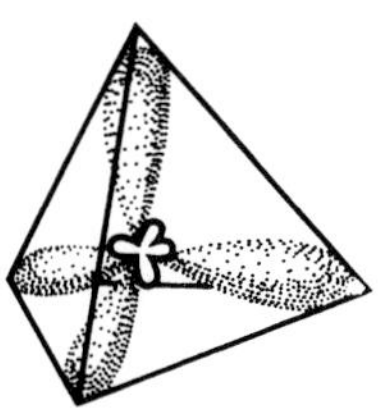

Bild 5.19 sp^3*-Hybridorbitale des Kohlenstoffatoms*

Wenn sich die vier sp^3-Orbitale (q-Orbitale) mit den 1s-Orbitalen von vier Wasserstoffatomen überlappen, bildet sich Methan.

$$\cdot\dot{\underset{\cdot}{C}}\cdot + 4\cdot H \rightarrow H:\underset{H}{\overset{H}{\underset{\cdot\cdot}{\overset{\cdot\cdot}{C}}}}:H \quad \text{bzw.} \quad H-\underset{H}{\overset{H}{\underset{|}{\overset{|}{C}}}}-H$$

Im Methanmolekül liegen also gerichtete Atombindungen vor (Bild 5.20). Die Energie, die für die Anregung benötigt wird, liefert die Vereinigung des Kohlenstoffatoms mit den vier Wasserstoffatomen.

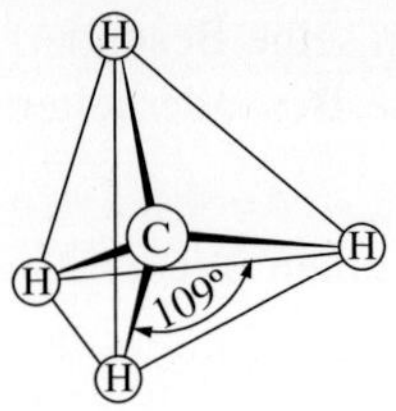

Bild 5.20 Bau des Methanmoleküls

Während sich bei der Entstehung des sp^3-Hybridniveaus alle drei p-Elektronen beteiligt haben, kann die Hybridisation auch nur zwei p-Elektronen umfassen.

	1s	2s	2p					1s	q	q	q	p
C^*	↑↓	↑	↑	↑	↑	→	C^{**}	↑↓	❘	❘	❘	↑

$$C^*\ 1s^2\ 2s^1\ 2p_x^1\ 2p_y^1\ 2p_z^1 \rightarrow C^{**}\ 1s^2\ 2q^1\ 2q^1\ 2q^1\ 2p^1 \quad \text{oder} \quad 1s^2\ 2sp^2\ 2p^1$$

Es treten hier drei q-Orbitale oder drei sp^2-Hybridorbitale und ein p-Orbital im L-Niveau auf. Wenn man sich nun eine Vereinigung aus zwei in der beschriebenen Art hybridisierten Kohlenstoffatomen und vier Wasserstoffatomen betrachtet (Ethen C_2H_4), kommt man zu folgenden Bindungsverhältnissen: Je ein q-Orbital der beiden Kohlenstoffatome durchdringen sich und bilden eine σ-Bindung. Die beiden anderen q-Orbitale der zwei Kohlenstoffatome überlappen sich mit den 1s-Orbitalen der vier Wasserstoffatome auch in einer σ-Bindung. Die beiden p-Orbitale der Kohlenstoffatome bilden eine p-p-π-Bindung (Bild 5.21).

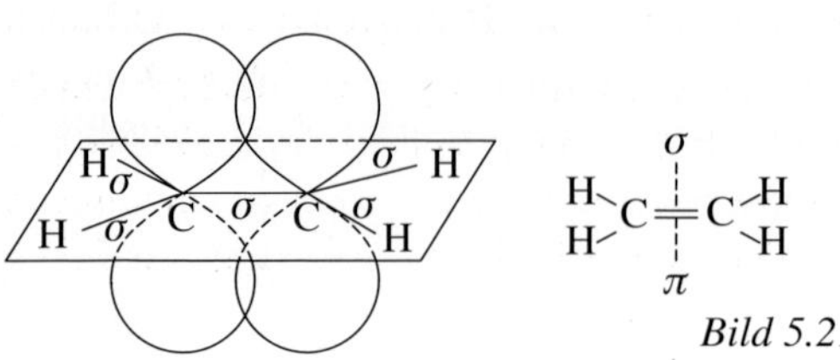

Bild 5.21 Bindungsverhältnisse im Ethenmolekül

Die Ebene der σ-Bindung steht also senkrecht zur Ebene der π-Bindung in dem entstandenen Ethenmolekül. In ihm liegen außerdem alle Kohlenstoff- und Wasserstoffatome in einer Ebene. Die Hybridisierung kann sich auch auf nur ein p-Orbital erstrecken, wie das Ethinmolekül (C_2H_2) zeigt:

	1s	2s	2p				1s	q	q	p	p
C*	↑↓	↑	↑	↑	↑	→ C**	↑↓	|	|	↑	↑

$$C^* \; 1s^2\, 2s^1\, 2p_x^1\, 2p_y^1\, 2p_z^1 \rightarrow C^{**} \; 1s^2\, 2q^1\, 2q^1\, 2p^1\, 2p^1 \quad \text{oder} \quad 1s^2\, 2sp\, 2p^2$$

Jetzt treten im L-Niveau zwei q-Orbitale oder sp-Orbitale auf. Bei der Beteiligung von zwei Wasserstoffatomen an der Verbindung mit zwei Kohlenstoffatomen, die sp-Orbitale aufweisen, ergeben sich folgende Bindungsverhältnisse:

Je ein q-Orbital der beiden Kohlenstoffatome bilden miteinander eine σ-Bindung. Die beiden noch vorhandenen q-Orbitale, eins an jedem Kohlenstoffatom, überlappen sich mit je einem Wasserstoff-s-Orbital ebenfalls zu einer σ-Bindung. Die vorhandenen zwei p-Orbitale an jedem Kohlenstoffatom bilden zwei p-p-π-Bindungen, deren Ebenen senkrecht aufeinander stehen (Bild 5.22).

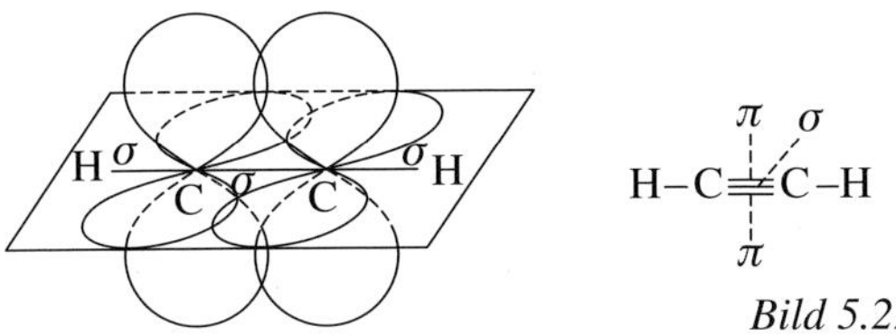

Bild 5.22 Bindungsverhältnisse im Ethinmolekül

Im Ethinmolekül liegen demnach zwischen den beiden Kohlenstoffatomen eine σ-Bindung, die sehr fest ist, und zwei π-Bindungen mit geringerer Festigkeit. Welche Bedeutung die σ- und die π-Bindung für die Reaktionsfähigkeit der entsprechenden Moleküle zeigen, wird in den Kapiteln 26 bis 30 (Organische Chemie) näher erläutert werden (→ Aufg. 5.7).

Hybridisierung ist auch am Sauerstoffatom im H_2O-Molekül und am Stickstoffatom im NH_3-Molekül vorstellbar.

5.7.2 Bindungsverhältnisse in Komplexverbindungen

5.7.2.1 Komplexverbindungen

Die bisher vorgenommenen Betrachtungen beschränkten sich in erster Linie auf Bindungsverhältnisse zwischen zwei Atomen gleicher oder verschiedener Elemente. Es lagen *binäre Verbindungen* oder *Verbindungen erster Ordnung* vor. Vereinigen sich aber Moleküle, die für sich allein existenzfähig sind, so entstehen *Verbindungen höherer Ordnung*. Sie werden auch als *Koordinationsverbindungen* bzw. im weiteren Sinne als *Komplexverbindungen* bezeichnet. Zu ihnen gehören auch die Anionen der Sauerstoffsäuren, wie Carbonat-, Nitrat-, Phosphat-, Sulfation u.a., sowie das Ammoniumion. Im engeren Sinne sind Komplexverbindungen chemische Substanzen, in denen sich ein Metallion mit Molekülen oder anderen Ionen umgeben hat.

> In Komplexverbindungen existieren bestimmte Atomgruppierungen, die im festen, flüssigen oder gelösten Zustand mehr oder weniger beständige Komplexe bilden.

Der Begründer der Lehre von den Komplexverbindungen ist der Schweizer Chemiker *A. Werner* (1866 bis 1919). Er wies auf die Fähigkeit der Atome hin, nach Absättigung ihrer stöchiometrischen Wertigkeit noch weitere Atome anlagern zu können. Seine Anschauungen konnten durch die modernen Theorien der chemischen Bindung bekräftigt werden[1)].

5.7.2.2 Struktur der Komplexe

Wenn Ammoniak mit Chlorwasserstoffgas reagiert, bildet sich Ammoniumchlorid (Salmiak).

$$NH_3 + HCl \rightarrow NH_4Cl$$

Die Elektronenformel gibt einen genaueren Einblick in den Bau der entstehenden Ammoniumgruppe, die ein komplexes Kation darstellt.

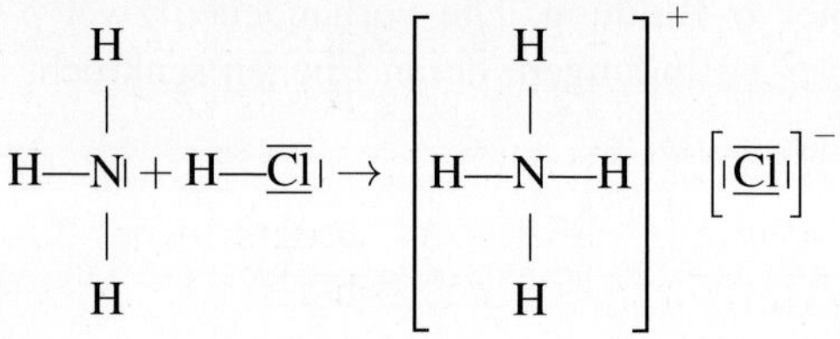

Das ungebundene, also freie Elektronenpaar des Stickstoffatoms im Ammoniakmolekül bindet das abgespaltene Wasserstoffion des Chlorwasserstoffmoleküls. Die entstandene vierte Atombindung am Stickstoffatom des Ammoniumions ist den bereits vorhandenen drei σ-Bindungen vollkommen gleich, obwohl zu dieser Bindung das Stickstoffatom zwei Elektronen, also das gesamte bindende Elektronenpaar, beisteuert.[2)] Die Gleichheit der Bindung kann durch Hybridisation der s- und p-Orbitale des Stickstoffatoms wie am Kohlenstoffatom erklärt werden (→ Abschn. 5.7.1). Da die Atombindungen in dem Ammoniumkomplex sehr fest sind, zerfällt das Ammoniumion nicht so leicht in seine Bestandteile.

Tabelle 5.5 Maximale Koordinationszahlen

Periode	Maximale Koordinationszahl
2.	4
3.	6
4.	6
5. und höher	8

Ähnlich dem Methanmolekül bildet das komplexe Kation NH_4^+ einen Tetraeder, in dessen Mittelpunkt das Stickstoffatom sitzt. Es wird als *Zentralatom* bezeichnet, um das sich die zugeordneten Wasserstoffatome als *Liganden* lagern.

Ein Komplexion besteht aus einem Zentralatom bzw. -ion und seinen Liganden mit einer charakteristischen Koordinationszahl.

Die Koordinationszahl erfasst dabei die Anzahl der Haftatome des Liganden, mit denen das Zentralatom bzw. -ion im Komplex verbunden ist.

1) Weiterführende Literatur:
Riedel, E.: Moderne Anorganische Chemie. – Berlin: de Gruyter, 1999, Kap. 2 und 4

2) Früher auch koordinative Bindung genannt.

Bei so genannten einzähnigen Liganden, die nur eine Elektronenpaarbindung zum Zentralteilchen ausbilden, sind Liganden- und Koordinationszahl identisch. Mehrzähnige Liganden – wie der Komplexbildner EDTA in Abschnitt 25.8.1 – besitzen mehrere Koordinationsstellen, womit die Koordinationszahl großer als die Zahl der Liganden ist.

Die Koordinationszahl richtet sich auch nach den räumlichen Ausdehnungen der beteiligten Ionen, Atome bzw. Atomgruppen und nach den Bindungsverhältnissen, die eine stabile Energieniveau-Besetzung der Atomhülle aller Bindungspartner anstreben.

Dabei wird von den Atomen der Elemente, die in der 2. Periode stehen, eine 8-Elektronen-Besetzung des L-Niveaus erreicht (Oktettregel). Die Atome der Elemente in der 3. und in höheren Perioden zeigen oft eine 10- und 12-Elektronen-Besetzung ihrer höchsten Energieniveaus. Das führt bei diesen Atomen zu komplizierten Bindungsverhältnissen, deren Darstellung hier nicht mehr zweckentsprechend erscheint.

Die Stellung eines Elements im Periodensystem der Elemente beeinflusst auch die maximale Koordinationszahl des betreffenden Atoms, die aber in den höheren Perioden selten erreicht wird (Tabelle 5.5).

Die Neigung einiger wichtiger Elemente zur Komplexbildung soll im Folgenden näher betrachtet werden. Da die Angabe der Elektronenformel genaue Kenntnis der Bindungsverhältnisse voraussetzt, die im Rahmen dieses Lehrbuches nicht benötigt wird, sieht man von der Elektronenschreibweise besser ab. Sie soll nur bei besonders interessanten Fällen herangezogen werden. Am Chloridion ($\rightarrow$ Abschn. 5.3.1) befinden sich vier ungebundene Elektronenpaare, die zur Bildung von weiteren Atombindungen dienen können. In den sauerstoffhaltigen Anionen, den *Oxo-Anionen*, treten so die Koordinationszahlen 1 bis 4 auf.

Natriumchlorid $NaCl$ $$Na^+\left[:\underset{..}{\overset{..}{Cl}}:\right]^-$$

Natriumhypochlorit $NaClO$ $$Na^+\left[ClO\right]^-$$

Natriumchlorit $NaClO_2$ $$Na^+\left[OClO\right]^-$$

Natriumchlorat $NaClO_3$ $$Na^+\left[\overset{O}{OClO}\right]^-$$

Natriumperchlorat $NaClO_4$ $$Na^+\left[\underset{O}{\overset{O}{OClO}}\right]^-$$

Auch das Sulfidion ist durch seine vier freien Elektronpaare fähig, weitere Atombindungen einzugehen und die Koordinationszahlen 2, 3 und 4 zu erreichen.

Natriumsulfid Na_2S $$\begin{matrix}Na^+\\ \\ Na^+\end{matrix}\left[:\underset{..}{\overset{..}{S}}:\right]^{2-}$$

Natriumhyposulfit Na_2SO_2 $$\begin{matrix}Na^+\\ \\ Na^+\end{matrix}\left[OSO\right]^{2-}$$

Natriumsulfit Na_2SO_3 $\begin{matrix} Na^+ & O & \\ & [OSO] & ^{2-} \\ Na^+ & & \end{matrix}$

Natriumsulfat Na_2SO_4 $\begin{matrix} Na^+ & O & \\ & [OSO] & ^{2-} \\ Na^+ & O & \end{matrix}$

Natriumthiosulfat $Na_2S_2O_3$ $\begin{matrix} Na^+ & S & \\ & [OSO] & ^{2-} \\ Na^+ & O & \end{matrix}$

Genaue Untersuchungen ergaben im Sulfation eine 12-Elektronen-Besetzung des höchsten Energieniveaus am Schwefelatom. Es muss eine besondere Elektronenkonfiguration im angeregten Zustand aufweisen:

Grundzustand:

Angeregter und hybridisierter Zustand:

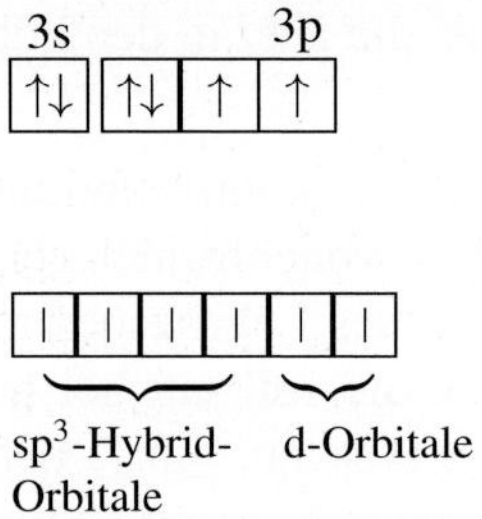

Durch das Auftreten der vier sp^3-Hybridorbitale bilden sich vier σ-Bindungen und mit Hilfe der beiden d-Elektronen noch zwei π-Bindungen. Damit wird der Schwefel 6-bindig. Zwei der möglichen mesomeren Grenzstrukturen des Sulfations lauten:

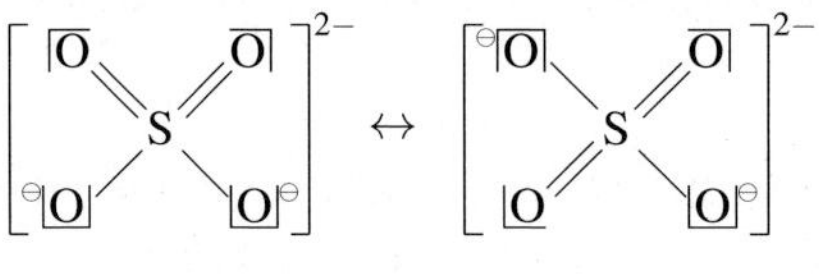

Im Nitration NO_3^- zeigt Stickstoff die Koordinationszahl 3.

Natriumnitrat $NaNO_3$ $Na^+ \begin{bmatrix} O \\ ONO \end{bmatrix}^-$

Die Ionenwertigkeit des Nitrations ist 1− (→ Abschn. 5.7.2.3).

Das komplexe Anion kann nur durch folgende mesomeren Grenzstrukturen beschrieben werden:

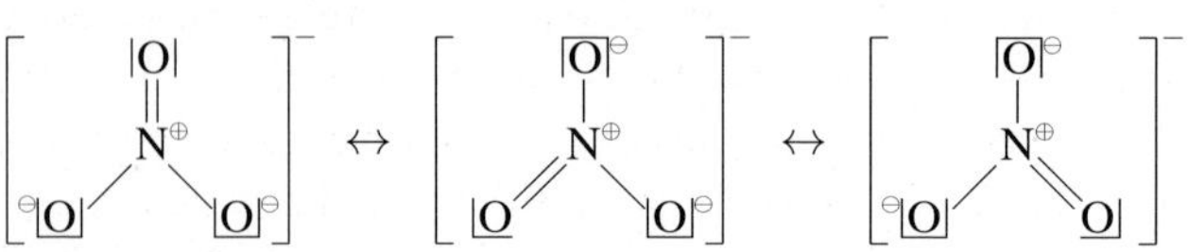

Die Ladungswolke der π-Elektronen verteilt sich gleichmäßig auf die drei σ-Bindungen, die man nun als $1\frac{1}{3}$-Bindung bezeichnen könnte. Sie sind untereinander völlig gleich, was man durch die Formeln der mesomeren Grenzstrukturen ausdrücken kann.

Bei gleicher Koordinationszahl wie im NO_3^--Ion erreicht das Carbonation CO_3^{2-} die Ionenwertigkeit 2– (→ Abschn. 5.7.2.3).

Natriumcarbonat Na_2CO_3 $\begin{matrix} Na^+ \\ \\ Na^+ \end{matrix} \left[\begin{matrix} O \\ OCO \end{matrix}\right]^{2-}$

Die räumliche Ausdehnung der Liganden um das Zentralatom bzw. -ion wird in erster Linie durch die Koordinationszahl bestimmt. Dabei sitzt es selbst in der Mitte der geometrischen Figur (Tab. 5.6).

Tabelle 5.6 Räumliche Struktur von Komplexionen

Koordinationszahl	Anordnung der Liganden	Beispiel
2	lineare Gruppierung	ClO_2^-
3	gleichseitiges Dreieck	CO_3^{2-}
4	Tetraeder	SO_4^{2-}
6	Oktaeder	SiF_6^{2-}

Bei einzelnen Koordinationszahlen können auch noch andere Anordnungen auftreten. So erfüllt eine quadratische Anordnung der Liganden ebenfalls die Koordinationszahl 4. Für diese verschiedenen Formen sind die Bindungsverhältnisse im Komplexion verantwortlich.

5.7.2.3 Wertigkeiten in Komplexverbindungen

Der Stickstoff im Ammoniumion erweist sich nach Formel NH_4^+ als 4-bindig. Die Ionenwertigkeit des komplexen Kations lässt sich durch Einführung der *Oxidationszahl* (Oxidationsstufe) leicht berechnen.

Die Oxidationszahl eines Atoms in einer chemischen Einheit (Molekül oder Ion) entspricht der Ionenwertigkeit, die das betreffende Atom bei Annahme einer vollständigen Zerlegung der chemischen Einheit in Ionen erhalten würde.

Dabei wird die relative Elektronenaffinität durch folgende Vorgaben berücksichtigt: Metalle, Bor und Silicium erhalten stets positive Oxidationszahlen. Das ist verständlich, da die Atome dieser Elemente durch Abgabe ihrer Elektronen gesättigte Energieniveaubesetzung (Edelgaskonfiguration) erreichen und dann positiv geladen sind (→ PSE).

Wasserstoff erhält die Oxidationszahl $+1$. Für Sauerstoff wird die Oxidationszahl -2 festgelegt. In der Fachliteratur werden die Oxidationszahlen auch häufig mit römischen Ziffern über dem Atomsymbol angegeben. Im Gegensatz zur Ionenwertigkeit steht bei den Oxidationszahlen das Vorzeichen vor der Zahl. Bei der Bestimmung der Oxidationszahl bleibt aber vollkommen unberücksichtigt, welche Bindungsart in der chemischen Einheit vorliegt. Es wird grundsätzlich eine Ionenbeziehung angenommen, obwohl das meist nicht den Tatsachen entspricht. Im Ammoniumion treten demnach folgende Oxidationszahlen auf:

$$\left[\begin{array}{ccc} & \overset{+1}{\mathrm{H}} & \\ ^{+1}\mathrm{H} & \overset{-3}{\mathrm{N}} & \mathrm{H}^{+1} \\ & \underset{+1}{\mathrm{H}} & \end{array}\right]^{+}$$

Ausgehend vom Ammoniak NH_3 erhält Stickstoff hier die Oxidationszahl -3.

Die Summe der Oxidationszahlen des Ammoniumions beträgt damit $4 \cdot (+1) + 1 \cdot (-3) = +1$, die Ionenwertigkeit ist 1+. Im Sulfation SO_4^{2+} zeigt Schwefel die Oxidationszahl +6.

$$\begin{array}{c} \overset{+1}{\mathrm{Na}^+} \\ \\ \overset{+1}{\mathrm{Na}^+} \end{array} \left[\begin{array}{ccc} & \overset{-2}{\mathrm{O}} & \\ \overset{-2}{\mathrm{O}} & \overset{+6}{\mathrm{S}} & \overset{-2}{\mathrm{O}} \\ & \overset{-2}{\mathrm{O}} & \end{array}\right]^{2-}$$

Die Ionenwertigkeit des Sulfations beträgt 2−. Natrium hat auf Grund seiner Ionenwertigkeit die Oxidationszahl +1. Für die gesamte Verbindung $\overset{+1+6-2}{Na_2SO_4}$ ergibt sich dann: $2 \cdot (+1) + 1 \cdot (+6) + 4 \cdot (-2) = 0$.

Die Summe der Oxidationszahlen aller Atome einer elektrisch neutralen Verbindung ist Null. Die Ladung eines Komplexions ergibt sich aus der Summe der Oxidationszahlen.

Natriumcarbonat Na_2CO_3
$$\begin{array}{c} \overset{+1}{\mathrm{Na}^+} \\ \overset{+1}{\mathrm{Na}^+} \end{array} \left[\begin{array}{ccc} & \overset{-2}{\mathrm{O}} & \\ \overset{-2}{\mathrm{O}} & \overset{+4}{\mathrm{C}} & \overset{-2}{\mathrm{O}} \end{array}\right]^{2-}$$

Kaliumperchlorat $KClO_4$
$$\overset{+1}{\mathrm{K}^+} \left[\begin{array}{ccc} & \overset{-2}{\mathrm{O}} & \\ \overset{-2}{\mathrm{O}} & \overset{+7}{\mathrm{Cl}} & \overset{-2}{\mathrm{O}} \\ & \overset{-2}{\mathrm{O}} & \end{array}\right]^{-}$$
(→ Aufg. 5.8)

Über die wichtigsten Oxidationszahlen der einzelnen Elemente unterrichtet Anlage 3 und ermöglicht die Berechnung der Oxo-Anionen-Ladung in Tabelle 5.7 (→ Aufg. 5.9)

Einige Oxo-Anionen können auch noch Wasserstoff-Ionen enthalten. Die positive Ladung eines H^+-Ions verringert die negative Ladung des Oxo-Anions um eine Einheit.

$$\left[\begin{array}{c} \mathrm{O} \\ \mathrm{HOSO} \\ \mathrm{O} \end{array}\right]^{-}$$ Hydrogensulfation $(HSO_4)^-$

$$\left[\begin{array}{c} \mathrm{O} \\ \mathrm{HOCO} \end{array}\right]^{-}$$ Hydrogencarbonation $(HCO_3)^-$

$$\left[\begin{array}{c} \mathrm{O} \\ \mathrm{HOPOH} \\ \mathrm{O} \end{array}\right]^{-}$$ Dihydrogenphosphation $(H_2PO_4)^-$

Tabelle 5.7 Wichtige Oxo-Anionen

Bezeichnung	Symbol
Chloration	ClO_3^-
Perchloration	ClO_4^-
Sulfition	SO_3^{2-}
Sulfation	SO_4^{2-}
Nitrition	NO_2^-
Nitration	NO_3^-
Phosphation	PO_4^{3-}
Carbonation	CO_3^{2-}
Silication	SiO_4^{4-}

Diese Ionen existieren im Ionengitter von Ionenverbindungen und bleiben auch bei der elektrolytischen Dissoziation weitgehend erhalten. Dadurch können sich z. B. folgende Ionenverbindungen bilden:

Natriumhydrogensulfat	$NaHSO_4$	Hydrogensalze
Natriumhydrogencarbonat	$NaHCO_3$	
Natriumdihydrogenphosphat	NaH_2PO_4	

Für Calciumhydrogencarbonat ergäbe sich also die Formel $Ca(HCO_3)_2$, da das Calciumion die Ionenwertigkeit 2+ aufweist (→ Aufg. 5.10)

5.7.2.4 Komplexbildung am Metallion

Metallionen können auf Grund ihrer elektrostatischen Anziehungskräfte andere Ionen oder auch Dipolmoleküle anziehen. Es entstehen *Metallionen-Komplexe*. Dabei bilden sich zwischen den Metallionen und den Liganden (Ionen oder Dipolmolekülen) unter Umständen Atombindungen aus, die natürlich mehr oder weniger polarisiert sind.

So kann Magnesium sechs Moleküle Wasser an sich binden, wenn Magnesiumchlorid $MgCl_2$ mit Wasser reagiert.

$$MgCl_2 + 6\,H_2O \rightarrow [Mg(H_2O)_6]Cl_2$$ [1)]

Oft schreibt man auch $MgCl_2 \cdot 6\,H_2O$.[2)] Es ist ein Hydrat entstanden. Das auf diese Weise gebundene Wasser heißt *Kristallwasser*. Stoffe, die Hydrate bilden, sind oft hygroskopisch.

Das gilt auch für Kupfersulfat $CuSO_4$.

$$\underset{\text{farblos}}{CuSO_4} + 5\,H_2O \rightarrow \underset{\text{blau}}{[Cu(H_2O)_4][SO_4(H_2O)]} \quad \text{oder} \quad CuSO_4 \cdot 5\,H_2O$$

[1)] Komplexe schließt man meist in eckigen Klammern [ ] ein.
[2)] Den Punkt liest man als „verbunden mit“.

Während das Cu^{2+}-Ion farblos ist, zeigt es hydratisiert als $[Cu(H_2O)_4]^{2+}$-Ion blaue Farbe in Lösung und auch im Kristall. Ammoniak bildet mit Metallionen ebenfalls Komplexe. Es entstehen *Ammoniakate*.

$[Cu(NH_3)_4]SO_4$ Tetramminkupfer(II)-sulfat

Auf Grund der geringen Stabilität dieser Cu^{2+}-Komplexe kann man durch einfaches Erhitzen Wasser bzw. Ammoniak aus ihnen wieder heraustreiben.

Kleine Metallionen, deren Ionenwertigkeit oft größer als 1+ ist, können auf Grund ihrer Anziehungskräfte die Atomhüllen von Ionen oder Dipolmolekülen stark deformieren, so dass mit Hilfe von freien Elektronenpaaren polarisierte Atombindungen entstehen.

Das Cyanidion hat folgende Elektronenkonfiguration:

$$\left[|\overset{\ominus}{C}\equiv N|\right]^-$$

Cyanidionen können sich mit den freien Elektronenpaaren der Kohlenstoffatome so an Metallionen anlagern, dass um sie gesetzmäßige neue Orbitale gebildet werden. Um das Cu^+-Ion lassen diese freien Elektronenpaare von vier CN^--Ionen vier Orbitale des N-Niveaus (Hauptquantenzahl 4) mit 8 Elektronen entstehen.

			3d					4s	4p		
Cu	$3s^2$	$3p^6$	↑↓	↑↓	↑↓	↑↓	↑↓	↑			
Cu^+	$3s^2$	$3p^6$	↑↓	↑↓	↑↓	↑↓	↑↓				
$[Cu(CN)_4]^{3-}$	$3s^2$	$3p^6$	↑↓	↑↓	↑↓	↑↓	↑↓	↑↓	↑↓	↑↓	↑↓

Durch Hybridisation sind die vier entstandenen Atombindungen vollkommen gleich und führen so zu einem tetraedrischen Bau des Kupferkomplexes.

5.7.2.5 Bezeichnung von Komplexverbindungen

Für die Benennung von Komplexionen gilt folgende Reihenfolge der Angaben:
1. Zahl der Liganden durch griechische Zahlwörter (mono, di, tri, tetra, penta, hexa)
2. Art der Liganden (H_2O = aqua, NH_3 = ammin, CN = cyano)
3. Art des Zentralatoms (sein Name bekommt in Anionen-Komplexen die Endung -at, z. B. S = sulfat, Fe = ferrat, Al = aluminat, Pb = plumbat)
4. Oxidationszahl des Zentralatoms (Angabe unter Weglassen des Vorzeichens in römischen Ziffern)

Auch in Komplexverbindungen werden die Kationen stets vor den Anionen genannt.

$[Mg(H_2O)_6]Cl_2$	Hexaaquamagnesiumchlorid (→ Aufg. 5.11)
$[Cu(NH_3)_4]SO_4$	Tetraamminkupfer(II)-sulfat
$K_4[Fe(CN)_6]$	Kalium-hexacyano-ferrat(II)
Na_2SO_3	Natrium-trioxosulfat(IV)
Na_2SO_4	Natrium-tetroxosulfat(VI)

Für die beiden letzten Verbindungen sind Trivialnamen in Gebrauch (Natriumsulfit, Natriumsulfat), so dass man von der Komplex-Nomenklatur und der Schreibweise mit eckigen Klammern absieht (→ Aufg. 5.12)

An dieser Stelle ist es auch möglich, den Begriff Salz zu definieren.

Ein Salz ist eine Verbindung mit vorwiegend heteropolarer Bindung. Es besteht aus Kationen (positiv geladenen Metall- oder Komplexionen) und aus Anionen (negativ geladenen Nichtmetall- oder Komplexionen).

Ausgenommen sind dabei Verbindungen, bei denen das Anion durch Sauerstoff oder die OH-Gruppe gebildet wird. Diese Verbindungen mit Ionenbeziehungen heißen bekanntlich Oxide bzw. Hydroxide.

5.8 Grundbegriffe der Kristallchemie

Viele anorganische und organische Verbindungen stellen unter den natürlichen Umweltbedingungen feste Stoffe, *Festkörper*, dar. Fast alle diese Substanzen kommen in einer Form vor, die wir als kristallisiert bezeichnen. Der Kristall eines Stoffes ist *homogen*, d. h., er zeigt einen chemisch einheitlichen Bau und weist einheitliche physikalische Eigenschaften auf, die allerdings richtungsabhängig sein können. So leitet ein Kristall z. B. die Wärme nicht nach jeder Richtung mit gleicher Größe. Solche Substanzen, die in verschiedenen Richtungen verschiedenes Verhalten zeigen, bezeichnet man als *anisotrop*. Flüssigkeiten oder auch Glas in nicht kristallisiertem Zustand zeigen gleiches Verhalten in allen Richtungen und sind demnach *isotrop*.

■ Kristalle sind homogene, anisotrope Körper.

Die Bausteine eines Kristalls können Atome, Ionen oder Moleküle sein, die gesetzmäßig angeordnet sind und periodisch in allen drei Raumrichtungen auftreten. Eine solche gesetzmäßige Anordnung heißt *Kristallgitter* (Raumgitter).

Ein Kristall ist ein Festkörper mit einer periodisch meist dreidimensionalen Anordnung bestimmter Bausteine.

Die Kräfte, die im Kristallgitter den Zusammenhalt der Bausteine bewirken und damit für die Eigenschaften der Kristalle des Festkörpers verantwortlich sind, hängen von der Art der Bausteine und damit von der Art der chemischen Bindung zwischen ihnen ab. Mit diesen Problemen beschäftigt sich die *Kristallchemie*. Tabelle 5.8 fasst die im Kapitel 5 bereits diskutierten kristallchemischen Grundbegriffe zusammen und erweitert sie. Hier muss aber besonders betont werden, dass die Eigenschaften von Kristallen, in denen Ionenbeziehungen oder Metallbindung vorherrscht, in erster Linie von der Ladung und dem Abstand der Ladungsschwerpunkte der Ionen abhängen und damit zum Teil sehr unterschiedlich sein können (→ Abschn. 5.3.4).

Gitter, in denen nur eine Bindungsart auftritt, sind relativ selten. Molekülgitter, in denen ausschließlich die zwischenmolekulare Bindung anzutreffen ist, finden wir nur bei den

Tabelle 5.8 Eigenschaften der Kristalle in Abhängigkeit von der Bindungsart (nach E. C. Evans: Einführung in die Kristallchemie)

Eigenschaft	Ionenbeziehung	Atombindung	Metallbindung	Zwischenmolekulare Bindung
mechanisch	harte Kristalle	harte Kristalle	wechselnde Härte der Kristalle	weiche Kristalle
thermisch	meist hoher Schmelzpunkt, niedriger Ausdehnungskoeffizient	hoher Schmelzpunkt, niedriger Ausdehnungskoeffizient	verschieden hoher Schmelzpunkt, verschieden großer Ausdehnungskoeffizient	niedriger Schmelzpunkt, großer Ausdehnungskoeffizient
elektrisch	im festen Zustand meist schwache Nichtleiter, in der Schmelze und in Flüssigkeiten hoher Dielektrizitätskonstante Auftreten freibeweglicher Ionen	im festen und geschmolzenen Zustand Nichtleiter	leitfähig durch Elektronentransport	Nichtleiter
strukturell	Anziehungskräfte nicht gerichtet, Strukturen mit hoher Koordinationszahl	Anziehungskräfte gerichtet, Strukturen mit niedriger Koordinationszahl	Anziehungskräfte nicht gerichtet, Strukturen mit hoher Koordinationszahl	Anziehungskräfte nicht gerichtet, Strukturen mit unterschiedlicher Koordinationszahl
Gittertyp	Ionengitter	Atomgitter	Metallgitter	Molekülgitter

kristallisierten Edelgasen. In den übrigen Molekülgittern herrscht zwischen den Atomen die Atombindung vor, die zu Molekülen führt, die ihrerseits durch die zwischenmolekularen Kräfte in den Gitterpunkten der Molekülgitter verankert werden. Allgemein betrachtet liegen in den meisten Kristallgittern mehrere Bindungstypen nebeneinander vor. Das entspricht damit der Tatsache des seltenen Auftretens reiner Bindungstypen. Viel häufiger sind Übergänge zwischen den Bindungsarten, z. B. polarisiert Atombindung, oder der Übergang zwischen Metallbindung und Ionenbeziehung in Legierungen (→ Abschn. 5.2.2 und 5.6).

❍ Aufgaben

5.1 Es ist die chemische Bindung von Schwefelwasserstoff genau zu beschreiben!

5.2 Wie verändern sich die Ionisierungsenergien in der Reihe Lithium, Natrium, Kalium, Rubidium, Caesium? Die Entscheidung ist zu begründen!

5.3 Wie verändern sich die Elektronenaffinitäten in der Reihe Fluor, Chlor, Brom, Iod? Wie lautet die Begründung für diese Veränderung?

5.4 Es ist zu erklären, wie im Magnesiumsulfid die Ladungen der Ionen zustande kommen!

5.5 Für die folgenden Verbindungen bzw. Grundstoffe ist die vorherrschende Art der chemischen Bindung anzugeben: Magnesiumoxid MgO, Iod I_2, Natriumsulfid Na_2S, Kaliumbromid KBr, Tetrachlormethan CCl_4, Stickstoff N_2, Ethan C_2H_6!

5.6 Wie kann man sich erklären, dass nach Tabelle 5.4 der Schmelzpunkt von Natriumbromid niedriger als der von Natriumfluorid ist? Berechnen Sie auch die Differenz der Elektronegativitätswerte!

5.7 Was kann man über die gegenseitige Verdrehbarkeit der CH_3-Gruppen im Ethan C_2H_6, der CH_2-Gruppen im Ethen C_2H_4 und der CH-Gruppen im Ethin C_2H_2 um die Achse der beiden Kohlenstoffatome aussagen?

5.8 Welche Beziehung besteht zwischen Ionenwertigkeit und Oxidationszahl? In welchem Zusammenhang werden diese Begriffe angewendet?

5.9 Begründen Sie die Ladung der Oxo-Anionen der Tabelle 5.7!

5.10 Es sind die Oxidationszahlen aller Atome und die Ladung der Ionen in folgenden Verbindungen anzugeben: Natriumnitrit $NaNO_2$, Natriumnitrat $NaNO_3$, Dinatriumhydrogenphosphat Na_2HPO_4, Kaliumsulfit K_2SO_3, Kaliumchlorat $KClO_3$. Welche Koordinationszahlen treten in den Anionen auf?

5.11 Welche Orbitale des Magnesiumions könnten bei der Bildung des Hexaaquamagnesiumchlorids mit Hilfe freier Elektronenpaare der Wassermoleküle gebildet werden?

5.12 Wie lauten die Namen folgender Verbindungen und die Oxidationszahlen der einzelnen Atome?

$K_2[PbCl_6]$, $[Ag(NH_3)_2]Cl$, $Na_3[AlF_6]$, $[Cr(H_2O)_6]Cl_3$

6 Disperse Systeme

6.1 Grundbegriffe

6.1.1 Aufbau disperser Systeme

Wenn ein Stoff in einem anderen verteilt wird, entsteht ein Gemisch, das man *disperses System* nennt. Der verteilte Stoff heißt auch *dispergierte Substanz* oder *disperse Phase*. Das Medium, in dem sich diese Substanz befindet, wird als *Dispersionsmittel* bezeichnet. Da dispergierte Substanz und Dispersionsmittel in allen Aggregatzuständen vorkommen können, gehören zu den dispersen Systemen viele bekannte Stoffe, wie Salzlösungen (Feststoff in Flüssigkeit), Nebel (Flüssigkeit in Gas), Emulsion (Flüssigkeit in Flüssigkeit) u. a. Selbst wenn man in einer Salzlösung mit Hilfe des Lichtmikroskops die dispergierte Substanz auf Grund ihrer geringen Teilchengröße nicht mehr von den Teilchen des Dispersionsmittels unterscheiden kann, gehört diese Lösung genauso zu den dispersen Systemen wie eine Aufschlämmung von Sand in Wasser (→ Tab. 2.2).

6.1.2 Dispersitätsgrad

Es ist leicht einzusehen, dass die Teilchengröße von besonderer Bedeutung für die Eigenschaften eines dispersen Systems ist und den zerteilten Stoff kennzeichnet. Den Grad der Zerteilung oder Zerkleinerung einer Substanz nennt man *Dispersions-* oder *Dispersitätsgrad*. Es besteht folgende Beziehung:

Zunehmender Dispersitätsgrad entspricht abnehmender Teilchengröße.

Mit fortschreitender Zerteilung einer bestimmten Masse Substanz steigt natürlich deren Gesamtoberfläche stark an.

6.1.3 Arten disperser Systeme

Der Bezeichnung disperser Systeme liegen folgende Prinzipien zugrunde:

1. Ordnung nach der Teilchengröße
2. Ordnung nach der Zahl der Atome im dispergierten Teilchen

Wie Tabelle 6.1 zeigt, unterscheidet man 3 Teilchengrößenbereiche.

Der Abgrenzung der Bereiche liegt die optische Wahrnehmung der dispergierten Substanz zugrunde. So sind in grobdispersen Systemen (z. B. Aufschlämmung von Erzkörnern in Wasser) die dispergierten Teilchen noch mikroskopisch mit Licht der Wellenlänge von 500 nm zu erfassen. Weiter kennt man die Größe typischer Moleküle chemischer Verbindungen, die meist unter 1 nm liegt. Zwischen diesen beiden Werten bewegen, sich nun die Teilchengrößen kolloiddisperser Systeme. Unter ihnen findet man Stoffe, die leimartige Eigenschaften zeigen. [1)]

Die Stoffe, die gemäß ihrer Teilchengröße im Dispersionsmittel kolloiddispers vorliegen, bezeichnet man als Kolloide.

[1)] colla (lat.) Leim

Tabelle 6.1 Teilchengrößenbereiche

	Grobdisperses System	Kolloiddisperses System	Feindisperses System
Teilchengröße	> 500 nm	500 bis 1 nm	< 1 nm

zunehmender Dispersitätsgrad →

abnehmender Teilchengröße →

Cellulose, Stärke, Eiweißstoffe, Kautschuk, Leim, Viscose, Seife, Kunststoffe, Lacke, Ton, Kieselsäure u. a. können Kolloide bilden. Das zweite Ordnungsprinzip richtet sich nach der Anzahl der Atome im dispergierten Teilchen (→ Tab. 6.2).

Tabelle 6.2 Einteilung disperser Systeme nach der Zahl der Atome im Teilchen

	Grobdisperses System	Kolloiddisperses System	Feindisperses System
Zahl der Atome im Teilchen	$> 10^9$	$10^9 \ldots 10^3$	$10^3 \ldots 2$

zunehmender Dispersitätsgrad →

abnehmender Zahl der Atome im Teilchen →

6.1.4 Eigenschaften disperser Systeme

Jedes disperse System zeigt charakteristische physikalische Eigenschaften, mit deren Hilfe eine Unterscheidung gut möglich ist. Dazu dient sein Verhalten beim Sedimentieren, Filtrieren, Diffundieren und Dialysieren, beim mikroskopischen Betrachten und bei der Einwirkung eines elektrischen Feldes. Hier sollen nur Systeme mit einer festen dispersen Phase und einem flüssigen Dispersionsmittel betrachtet werden. In diesem Falle gelten bestimmte Bezeichnungen (→ Tabelle 6.3).

Tabelle 6.3 Bezeichnung disperser Systeme

Art der dispersen Phase	grobdispers	kolloiddispers	feindispers (ionen- oder molekulardispers)
Bezeichnung des dispersen Systems	Suspension	kolloide Lösung (Sol)	echte Lösung

Die Teilchen grobdisperser Systeme werden durch Papierfilter leicht zurückgehalten, wie die *Filtration* einer Aufschlämmung von feinzermahlenem Sand in Wasser zeigt. Kolloiddisperse Systeme (z. B. Kaffee, Tinte, Seifenwasser) laufen durch ein Papierfilter. Gleiches kann man bei einer Salzlösung (echte Lösung), die zu den feindispersen Systemen zählt, deutlich beobachten. *Ultrafilter* (besonders präparierte Papierfilter mit sehr kleinem Porendurchmesser von 10 bis 100 nm) gestatten noch die Trennung der dispergierten Substanz vom Dispersionsmittel kolloider Lösungen, aber lassen die Abtrennung des zerteilten Stoffes in feindispersen Systemen nicht mehr zu. Die Teilchen einer Salzlösung können daher ungehindert die Poren der Ultrafilter passieren.

Disperse Systeme können auch durch ihr *Diffusionsverhalten* gekennzeichnet werden. Unter Diffusion versteht man die freiwillige Vermischung zweier Substanzen. Wird eine Gelatinegallerte mit Kupfersulfatlösung überschichtet, so ist deutlich das Einwandern der blauen Kupferionen in die Gelatineschicht zu beobachten. Führt man die Überschichtung mit der Lösung eines organischen Farbstoffes (Kongorot) durch, der ein kolloiddisperses System bildet, so bleibt die Grenze zwischen Gelatinegallerte und Farbstofflösung bestehen. Kolloide Lösungen diffundieren also nicht. Gleiches ist natürlich bei grobdispersen Systemen auf Grund ihrer großen Teilchen der Fall.

Lässt man die Diffusion durch eine semipermeable (halbdurchlässige) Membran ablaufen, so spricht man von *Dialyse*. Das Prinzip zeigt Bild 6.1. Kolloide dialysieren nicht. Die Teilchen feindisperser Systeme können die Membran leicht durchdringen, sie dialysieren. Auf diese Weise kann man kolloide Lösungen von feindispersen Verunreinigungen (Salzlösungen) befreien. Die Teilchen grobdisperser Systeme dialysieren selbstverständlich nicht.

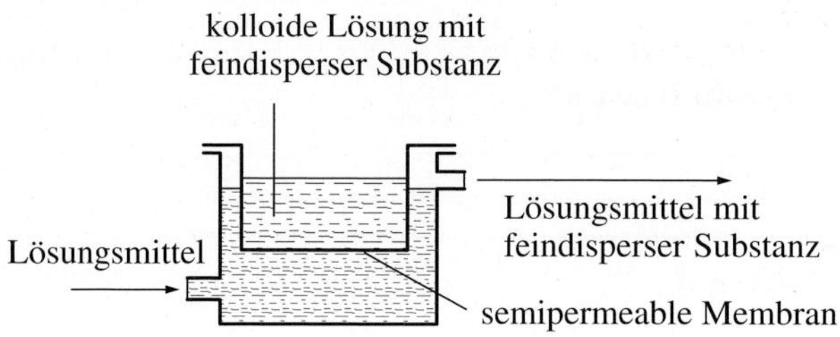

Bild 6.1 Dialyse

Ein optischer Effekt dient ebenfalls zur Kennzeichnung disperser Systeme. Lässt man das mit Hilfe von Linsen konzentrierte Licht einer Projektionslampe durch eine kolloide Lösung fallen, die dem Auge im durchfallenden Licht optisch »leer« erscheint, und beobachtet senkrecht zum Strahlenbündel, so ist dieses deutlich sichtbar. Man nennt diese Erscheinung *Tyndall-Effekt* und das sichtbar gewordene Strahlenbündel *Tyndall-Kegel* (Bild 6.2). Er kommt dadurch zustande, dass die Teilchen der kolloiddispergierten Substanz das Licht beugen und die Beugungsbilder dieser Teilchen, aber nicht sie selbst, von der Seite als leuchtende kleine Punkte sichtbar sind. Nimmt man die Betrachtung des Tyndall-Kegels mit dem Mikroskop vor, so wendet man das Prinzip der *Ultramikroskopie* an. Absolut staubfreie Salzlösungen als feindisperse Lösungen zeigen keinen Tyndall-Effekt und erweisen sich als optisch leer, während grobdisperse Systeme den Lichtkegel durch Reflexion des Lichtes an den großen Teilchen sichtbar werden lassen. Das ist allerdings kein Tyndall-Effekt mehr.

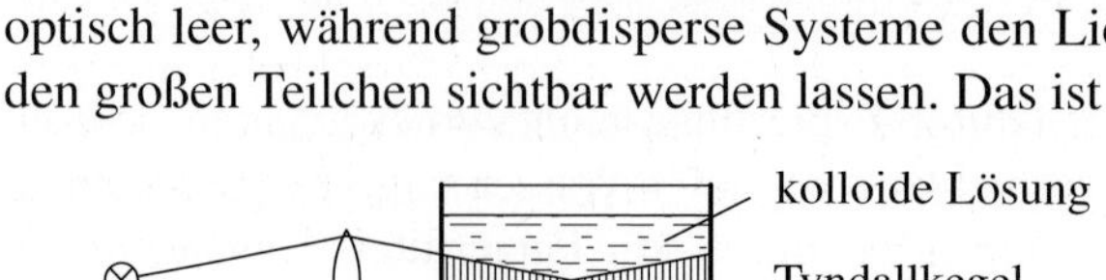

Bild 6.2 Tyndall-Effekt

Bringt man ein Eisenhydroxid-Sol (kolloide Lösung von $Fe(OH)_3$ in Wasser) mit Hilfe von zwei Elektroden in ein elektrisches Feld, so bewegt sich die rotbraune Substanz nach geraumer Zeit deutlich zur Katode.

Die kolloiden Teilchen müssen also in diesem Falle positiv geladen sein, da sie alle zum negativen Pol wandern. Die Bewegung der kolloiden Teilchen im elektrischen Feld nennt man *Elektrophorese*. Dabei bleibt das Dispersionsmittel in Ruhe, Eisenhydroxid-Teilchen wandern z. B. an die Katode, verlieren dort ihre positive Ladung (→ Abschn. 10.5.2) und flocken als schwerlöslicher, grobdisperser Niederschlag aus. Dabei treten keine chemischen Veränderungen ein. Bei der Elektrolyse von feindispersen Salzlösungen wandern wegen des Ladungsunterschiedes der vorhandenen Teilchen die Kationen zur Katode und die Anionen zur Anode, wenn ein elektrisches Feld angelegt wird. Im Gegensatz zur Elektrophorese tritt außerdem eine stoffliche Umwandlung des Elektrolyten ein. Grobdisperse Systeme erfahren im elektrischen Feld keine wesentlichen Veränderungen.

Die Ergebnisse der vorgenommenen Vergleiche fasst die Tabelle 6.4 zusammen (→ Aufg. 6.1).

Tabelle 6.4 Eigenschaften disperser Systeme

Art des dispersen Systems	Grobdisperses System	Kolloiddisperses System	Feindisperses System
Dispersionsmittel (flüssig) disperse Phase (fest)	Suspension	kolloide Lösung (Sol)	echte Lösung
Teilchengröße	> 500 nm	500 ... 1 nm	< 1 nm
Zahl der Atome im dispergierten Teilchen	$> 10^9$	$10^9 \ldots 10^3$	$10^3 \ldots 2$
Sedimentation	+	−	−
Filtration	+ (durch Papierfilter)	+ (durch Ultrafilter)	−
Diffusion	−	− (evtl. nur gering)	+
Dialyse	−	−	+
Lichtkegel	sichtbar	Tyndall-Effekt	optisch leer
Sichtbarkeit im Lichtmikroskop	+	− (nur im Ultramikroskop +)	−
elektrisches Feld	−	Elektrophorese	Elektrolyse

6.2 Kolloiddisperse Systeme

Da, anwendungstechnisch gesehen, die grobdispersen Systeme keine außergewöhnlichen Eigenschaften aufweisen und die Grundlagen der feindispersen Systeme (z. B. Lösungen von Säuren, Basen und Salzen) bereits an anderer Stelle ausführlich dargelegt werden, sollen nun kolloiddisperse Systeme im Vordergrund der Betrachtung stehen (→ Aufg. 6.2).

6.2.1 Arten der Kolloide

Auf Grund der Beschaffenheit und der Entstehungsweise der Kolloide lässt sich eine grobe Einteilung vornehmen. Hier soll am zweckmäßigsten zwischen *polymolekularen Kolloiden* und *Molekülkolloiden* unterschieden werden (→ Tab. 6.5).

Tabelle 6.5 Einteilung der Kolloide

- Kolloide
  - Polymolekulare Kolloide
    - Dispersionskolloide (kolloides Silber, Schwefelsol, Eisenhydroxid-Sol, Ölemulsion)
    - Assoziationskolloide (Seifenlösung)
  - Molekülkolloide (Lösungen von Cellulose, Kautschuk, Eiweißstoffen, Kunststoffen)

Die polymolekularen Kolloide zeigen Teilchen mit einer Größe von 1 bis 500 nm, die aus vielen Atomen bzw. Molekülen bestehen. Durch weitere Zerteilung der kolloiddispersen Phase können sich ohne chemische Reaktionen feindisperse Systeme bilden, da die einzelnen Bestandteile (Atome oder Moleküle) eines polymolekularen Kolloids oft nur durch zwischenmolekulare Kräfte zusammengehalten werden. Molekülkolloide weisen dagegen Teilchen kolloider Größe auf, die aus einem einzigen großen Molekül, einem *Makromolekül*, bestehen. Meist baut es sich aus mehreren Molekülen auf, deren Zusammenhalt aber durch Kräfte einer Atombindung (→ Abschn. 5.2) bewirkt wird. Als typisches Beispiel sei die Cellulose genannt, deren Makromolekül aus Traubenzuckermolekülen besteht (→ Abschn. 33.5.1). Ohne das Makromolekül zu zerstören und ohne seine chemischen Eigenschaften zu ändern, ist eine weitere Zerteilung von Molekülkolloiden nicht möglich (→ Aufg. 6.3).

Zu den polymolekularen Kolloiden gehören die *Dispersionskolloide*, die durch Zerteilung (Dispersion) einer festen oder flüssigen Substanz oder Verteilung eines gasförmigen Stoffes in der Art entstehen, dass im Dispersionsmittel die Teilchen kolloide Größe annehmen. Man teilt die entsprechenden Systeme am besten nach dem Aggregatzustand der dispergierten Substanz und des Dispersionsmittels ein (→ Tab. 6.6).

Zu den polymolekularen Kolloiden zählen auch die *Assoziationskolloide*, die durch freiwilligen Zusammenschluss (Assoziation) von Molekülen bei bestimmten Konzentrations- und Temperaturverhältnissen entstehen. Seifen und synthetisch hergestellte Waschmittel können Assoziationskolloide bilden (→ Aufg. 6.4).

Geht man von der Form der Teilchen aus, bietet sich eine Einteilung in kugelförmige *Sphärokolloide* und gestreckt gebaute *Linearkolloide* an. So kommen verschiedene Eiweißstoffe als Sphärokolloide in ihren dispersen Systemen vor. Der typische natürliche Vertreter, der Linearkolloide bildet, ist die Cellulose. Auch die synthetischen Faserstoffe und viele plastische Massen gehören hierher. Bei gleicher Konzentration sind Lösungen der Sphärokolloide durch ihre geringe Viskosität von den Lösungen der Linearkolloide mit ihrer durch die Sperrigkeit der Teilchen bedingten hohen Viskosität zu unterscheiden.

Tabelle 6.6 Dispersionskolloide und ihre Systeme

Aggregatzustand der dispergierten Substanz	Aggregatzustand des Dispersionsmittels	Bezeichnung des kolloiden Systems
fest	flüssig	Sol (Eiweiß in Wasser)
flüssig	flüssig	Emulsion (Öl in Wasser) [1)]
gasförmig	flüssig	Schaum (Luft in Wasser)
fest	gasförmig	Aerosol (Rauch)
flüssig	gasförmig	Aerosol (Nebel)
fest	fest	Legierungen, Gläser
flüssig	fest	feste Schäume, verschiedene Gallerte
gasförmig	fest	feste Schäume, Bimsstein

[1)] genau: Emulsoid

Besonders soll noch betont werden, dass der Begriff Kolloid nur einer Substanz im kolloiddispersen Zustand zukommt, der einen allgemein möglichen Zustand der Materie darstellt. Die alte Einteilung der Stoffe in Kristalloide (z. B. Salze) und Kolloide ist demnach heute nicht mehr üblich (→ Aufg. 6.5).

6.2.2 Herstellung kolloider Systeme

Grundlage der Herstellung kolloider Systeme ist eine Zustandsänderung des dispersen Anteils in einem dispersen System, wie Bild 6.3 zeigt. Sie geht natürlich mit einer Veränderung der Oberflächengröße einher.

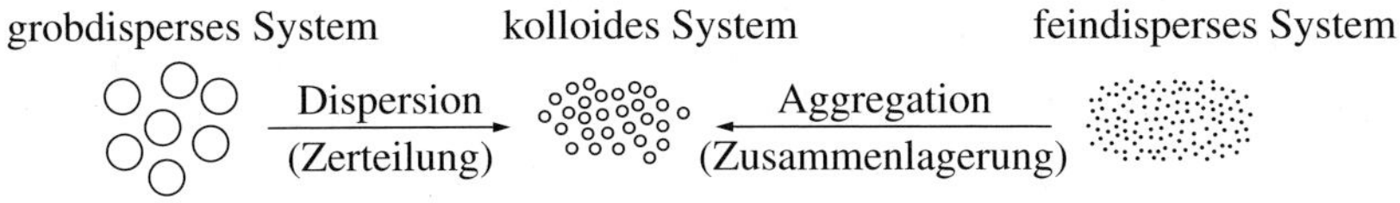

Bild 6.3 Herstellung von kolloiden Systemen

Bei der *Dispersion* unterscheidet man hauptsächlich folgende Methoden:

1. Zerteilung mit mechanischen Hilfsmitteln (Kolloidmühle, Ultraschallgerät, Emulgiermaschine)
2. Zerteilung von Metallen (Zerstäubung mit Hilfe des elektrischen Lichtbogens)
3. Zerteilung grobdisperser Stoffe durch »Anätzung« mit geringen Mengen von gelösten Elektrolyten, die in hoher Konzentration eine feindisperse Lösung bilden würden. (Gefällte Sulfide von Zink, Cadmium, Quecksilber u. a. geben mit H_2S-Wasser kolloide Lösungen. Gleiches ist beim Auswaschen von Aluminium-, Eisen- und Chromiumhydroxid-Niederschlägen mit salzsäurehaltigem Wasser zu beobachten.)
4. Auflösung von Stoffen mit Makromolekülen (Nitrocellulose in organischen Lösungsmitteln)

Eine *Aggregation* (Kondensation) kann man auf folgenden Wegen erreichen:

1. Übersättigung von Lösungen, wodurch Aggregate, Anhäufungen mit kolloider Größe entstehen (Eingießen einer alkoholischen Lösung von Schwefel in Wasser).
2. Chemische Reaktionen (Fällungen, Hydrolyse, Polymerisation), in deren Verlauf kolloide Teilchen gebildet werden. So fällt beim Einleiten von Schwefelwasserstoff in schweflige Säure kolloider Schwefel aus

$$H_2SO_3 + 2\,H_2S \rightarrow 3\,H_2O + 3\,S$$

6.2.3 Eigenschaften kolloiddisperser Substanzen

Die folgende Betrachtungen sollen sich auf besondere Eigenschaften erstrecken, die bestimmte Substanzen im kolloiddispersen Zustand zeigen. Ihr Verhalten zum Dispersionsmittel wird dabei besonders interessant sein.

Kolloide Teilchen, denen eine gewisse chemische Verwandtschaft mit dem Dispersionsmittel eigen ist, nennt man *lyophil*[1]. Im Gegensatz dazu stehen die *lyophoben*[2] Kolloide. Ist das Dispersionsmittel Wasser, so spricht man auch von *hydrophilen* oder *hydrophoben* Kolloiden.

6.2.3.1 Hydrophile und hydrophobe Kolloide

Hydroxide von Eisen, Aluminium, Chromium und Säuren, wie Kieselsäure, Zinnsäure u. a., zeigen durch ihre Hydroxidgruppen bzw. Wasserstoffatome Verwandtschaft mit dem Dispersionsmittel Wasser, so dass sich die kolloiden Teilchen mit einer dichten Hülle aus Wassermolekülen umgeben (Hydratation). Außerdem spalten sich die Hydroxidgruppen von den kolloiden Hydroxiden leicht ab und laden diese positiv auf. Die gleichsinnige Ladung (Abstoßung!) und vor allen Dingen die starke Hydrathülle verhindern ein Zusammentreten (Ausflocken) der kolloiden Teilchen zu grobdispersen Gebilden und erzeugen die Stabilität hydrophiler Kolloide in Lösung auch bei Zusatz von Elektrolyten, die durch ihre Ionen die Ladung der Kolloide kompensieren könnten.

Die hydrophoben Kolloide von Metallsulfiden, wie ZnS, As_2S_3, NiS, bilden keine Hydrathülle, aber laden sich durch Adsorption von überschüssigen Sulfidionen des Dispersionsmittels negativ auf. Dadurch kommt wieder auf Grund der gleichsinnigen Ladung eine gegenseitige Abstoßung der kolloiden Teilchen zustande, die eine Koagulation (Ausflockung) verhindert. Durch Zusatz von geringen Elektrolytmengen lässt sich die Ladung der Teilchen neutralisieren, so dass zwischen den kolloiden Teilchen und dem Dispersionsmittel keine Potenzialdifferenz mehr besteht. Es ist der *isoelektrische Punkt* des kolloiddispersen Systems erreicht. Da die hydrophoben Metallsulfid-Kolloide keiner schützenden Hydratation unterliegen, flocken sie am isoelektrischen Punkt leicht aus (→ Aufg. 6.6).

---

[1] lyophil (griech.) flüssigkeitsfreundlich
[2] lyophob (griech.) flüssigkeitsfeindlich

6.2.3.2 Reversible und irreversible Kolloide

Manche Kolloide lassen sich aus ihrem System durch Entzug des Dispersionsmittels ausflocken und sind später durch einfaches „Auflösen“ (Peptisation) wieder in den kolloiden Zustand zu überführen. So zeigen besonders organische Kolloide der Seifen und Eiweißstoffe dieses *reversible* Verhalten. Gelingt die Überführung in den kolloiden Zustand nach dem Ausflocken nicht mehr, was besonders bei den hydrophoben Kolloiden der Metalle der Fall ist, spricht man von *irreversiblen* Kolloiden. Allerdings weisen auch Kieselsäure und harnstoffhaltige Harze nach Wasserentzug irreversiblen Charakter auf. Dabei läuft aber in erster Linie kein kolloidchemischer Vorgang ab, sondern es bilden sich durch eine rein chemische Reaktion Polykieselsäure bzw. Polykondensate des Harnstoffs.

6.2.3.3 Schutzkolloide

Hydrophile Kolloide von Gummi, Stärke und Eiweißstoffen können hydrophobe Kolloide (z. B. Metalle) umhüllen. Dadurch werden diese gegenüber einem Elektrolytzusatz unempfindlicher, weil sie hydrophilen Charakter angenommen haben. Die umhüllenden Kolloide wirken als *Schutzkolloide* und garantieren die Stabilität des kolloiddispersen Systems (Bild 6.4). Auf solche Weise gelingt u. a. die Herstellung von wasserlöslichem kolloidem Silber (Kollargol) und des prachtvollen Rubinglases (Farbe von kolloidem Gold). In diesem Zusammenhang ist interessant, dass bei bestimmten Krankheiten Eiweißstoffe im Organismus auftreten, deren Schutzkolloidwirkung auf kolloide Metalle oder andere kolloiddisperse Substanzen, die dem Serum bei der klinisch-chemischen Untersuchung zugegeben werden, stark verringert ist.

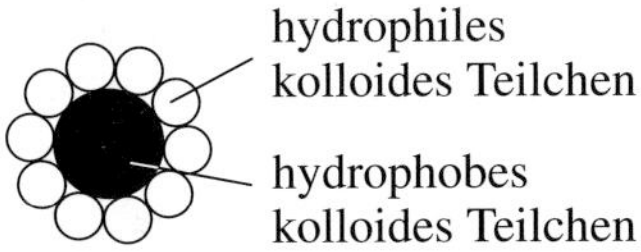

Bild 6.4 Wirkung von Schutzkolloiden

6.2.3.4 Sol-Gel-Umwandlung

Die in einem Sol befindlichen zusammenhanglosen lyophilen Kolloide gehen oft bei Temperatursenkung oder Ruhe in einen leicht deformierbaren, doch formbeständigen dispersionsmittelhaltigen Zustand über, den man *Gel* nennt. In ihm haften die kolloiden Teilchen aneinander und bilden ein Gerüst mit Hohlräumen kolloider Größe. Diese sind mit dem Dispersionsmittel gefüllt und stehen auch alle untereinander in Verbindung. Für ein Gel sind Pudding und Gelatine typische Beispiele. Besonders wasserreiche, durchsichtige Gele heißen *Gallerte*. Durch Einwirkung von mechanischen Kräften oder durch Wärme lässt sich bei vielen Gelen der Solzustand wieder herstellen. Gute Ölfarben zeigen diese Erscheinung sehr deutlich. Sie verflüssigen sich beim Umrühren oder beim Streichen mit dem Pinsel und verfestigen sich nach Aufhören der mechanischen Einwirkung in dem Maße, dass wohl ein Verlaufen der Pinselstriche eintritt, aber kein Ablaufen der Farbe (Nasenbildung) zustande kommt. Die reversible, mechanisch bedingte Sol-Gel-Umwandlung nennt man *Thixotropie*.

Mit der Zeit streben die kolloiden Teilchen der Sole und Gele eine Kristallordnung mit den entsprechenden Eigenschaften an und unterliegen damit einer *Alterung*, die meist irreversibel ist.

6.2.3.5 Adsorption

Unter Adsorption versteht man die Konzentrationsänderung eines Stoffes an der Grenzfläche zweier Phasen. Technisch besonders interessant sind die Phasengrenzflächen fest/gasförmig und fest/flüssig. Die feste Phase zeigt meist Adsorptionsflächen bzw. -hohlräume von kolloider Größe, so dass sie durch ihre große Oberfläche andere Kolloide, Moleküle oder Ionen gut festhalten kann. Aktivkohle, Kieselsäuregel und Aluminiumoxid sind die besten Adsorbentien [1], die auch in der Technik am meisten benutzt werden, Seife [2] und synthetische Waschmittel lagern ihre Kolloide besonders gut in die Grenzfläche flüssig/gasförmig ein und verringern den Zusammenhalt der Moleküle einer Wasseroberfläche. Solche Stoffe bezeichnet man als *grenzflächenaktiv*. Sie fördern die Benetzungseigenschaften des Wassers gegenüber Fett und erleichtern damit den Waschvorgang (Bild 6.5). Grenzflächenaktive Stoffe [3] gestatten auch die Herstellung stabiler grob- und kolloiddisperser Systeme (→ Aufg. 6.7).

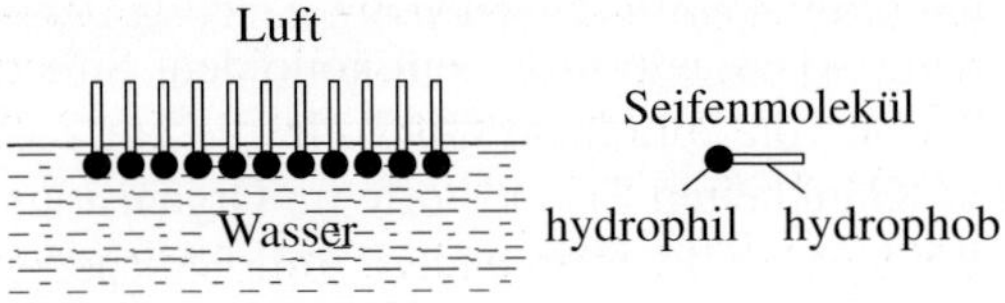

Bild 6.5 Einlagerung grenzflächenaktiver Stoffe in die Wasseroberfläche

6.3 Bedeutung der Kolloidchemie

Während die reine Chemie die Reaktionen zwischen Atomen, Ionen und Molekülen erforscht, bilden für die Kolloidchemie größere Aggregate den Gegenstand der Betrachtung. Die Kolloidchemie untersucht die physikalischen Eigenschaften der kolloiddispersen Systeme sowie ihre Herstellungs- und Vernichtungsbedingungen. Damit stellt sie ein selbständiges Gebiet innerhalb der physikalischen Chemie dar, dessen Bedeutung sich ständig vergrößert.

Kolloidchemische Methoden, wie Adsorption, Diffusion, Dialyse, Koagulation u. a., finden Verwendung in der analytischen, der organischen und klinischen Chemie, in der Bodenkunde und vor allen Dingen bei der Erforschung der makromolekularen Stoffe, zu denen synthetische Fasern und Kunststoffe gehören.

Kolloiddisperse Systeme spielen in der Technik eine große Rolle. Dazu zählen Graphit als Schmiermittel, bestimmte Metalle bzw. ihre Oxide als Färbemittel von Gläsern und synthetischen Edelsteinen, die lichtempfindlichen Silberhalogenidschichten der Film- und Photopapierindustrie, manche Tinten, Lehm, Ton u. a. In der organisch-chemischen Industrie werden kolloide Lösungen der technisch sehr wichtigen Naturprodukte Cellulose, Stärke und

[1] Mittel, die adsorbieren.
[2] Seifenmoleküle haben einen hydrophilen und einen hydrophoben Teil (→ Abschn. 33.4).
[3] auch Tenside genannt.

Kautschuk verarbeitet. Farben und Lacke, Seifen und synthetische Waschmittel, Klebe- und Appreturmittel stellen ebenfalls kolloiddisperse Systeme dar. Kolloidchemische Vorgänge findet man unter anderem beim Gerben, Färben und Waschen, bei der Herstellung synthetischer Fasern, beim Vulkanisieren, in der Lebensmittelindustrie (Butter-, Margarine-, Brot-, Speiseeisherstellung). Die Wirksamkeit der großtechnisch verwendeten Katalysatoren ist oft von ihren kolloiden Eigenschaften abhängig. Methoden der Entstaubung von Industrieabgasen sind ebenfalls kolloidchemischer Natur.

In der Biologie und Medizin nimmt die Kolloidchemie einen besonders großen Raum von heute noch nicht zu übersehenden Ausmaß ein, da die meisten organischen kolloiden Systeme, wie Protoplasma, Blut, Haut und Muskeln, in ihren physikochemischen Eigenschaften noch sehr wenig erforscht sind.

❍ Aufgaben

6.1 Welche Bedingungen muss eine disperse Substanz erfüllen, wenn man sie als kolloiddispers bezeichnen will?

6.2 In welchen Eigenschaften unterscheiden sich kolloide Lösungen von echten Lösungen?

6.3 Nennen Sie weitere Beispiele für Makromoleküle!

6.4 Welche Bindungsart herrscht in Assoziationskolloiden vor?

6.5 Durch welche Veränderung der Materie außer einer Zerteilung könnte man auch in den Größenbereich von Kolloiden gelangen?

6.6 Beurteilen und begründen Sie die Ausflockunsfähigkeit von NaCl-, $CaCl_2$-, und $Al(NO_3)_3$-Lösungen gleicher Konzentration auf ein Metallsulfid-Sol!

6.7 Suchen Sie Beispiele für die Anwendung grenzflächenaktiver Stoffe in Industrie, Land- und Nahrungsgüterwirtschaft und Haushalten!

7 Massen-, Volumen- und Energieverhältnisse bei chemischen Reaktionen

7.1 Verbindung und chemische Reaktion

Verbindungen und Gemenge unterscheiden sich grundsätzlich voneinander. Während in einem Gemenge die Bestandteile in ganz unterschiedlichen, innerhalb gewisser Grenzen sogar beliebigen Mengenverhältnissen auftreten können, liegen in einer bestimmten Verbindung die beteiligten Elemente stets in einem ganz bestimmten Mengenverhältnis vor (→ Abschn. 7.2). Die Elemente sind imstande, untereinander Verbindungen einzugehen. Nicht nur zwei, auch drei, vier und mehr verschiedene Elemente können sich verbinden. Daraus erklärt sich die große Zahl der Verbindungen. Es sind derzeit mehr als 10 Millionen Verbindungen bekannt.

Verbindungen werden durch *Formeln* bezeichnet. Eine Formel setzt sich aus den Symbolen der einzelnen Elemente zusammen, die am Aufbau der Verbindung beteiligt sind. So bedeutet die Formel CO für Kohlenmonoxid, dass die Anzahl der Kohlenstoffatome mit der Anzahl der Sauerstoffatome im Verhältnis 1 : 1 steht. Ein anderes Beispiel ist die Verbindung Wasser H_2O. Hier sind zwei Atome Wasserstoff mit einem Atom Sauerstoff verbunden. Eine stabile Verbindung der Formel HO ist dagegen unbekannt und theoretisch auch nicht denkbar. Ursache dafür ist die Wertigkeit der Elemente. Sauerstoff ist zweiwertig, und Wasserstoff ist einwertig. Zum gegenseitigen Absättigen der Wertigkeit, wie es für jede stabile Verbindung notwendig ist, müssen sich daher zwei Wasserstoffatome mit einem Sauerstoffatom verbinden. Die Wertigkeit beruht auf den chemischen Bindungskräften und wurde in Kapitel 4 näher erklärt. Ohne diese Ursachen der Wertigkeit zu berücksichtigen, kann mit dem Begriff der *stöchiometrischen Wertigkeit* gearbeitet werden.

> Wasserstoff ist stöchiometrisch einwertig. Die stöchiometrische Wertigkeit eines Elementes gibt an, wie viel Atome Wasserstoff ein Atom des betreffenden Elementes zu binden oder zu ersetzen vermag.

Die Wertigkeit der Elemente ist unterschiedlich, zudem kann ein Teil der Elemente in mehreren Wertigkeiten auftreten. In der Anlage 4 sind die Elemente mit ihrer stöchiometrischen Wertigkeit, symbolisiert durch römische Ziffern, aufgeführt.

Chemische Reaktionen sind Vorgänge, bei denen chemische Bindungen gelöst und/oder geknüpft werden: Die Atome gruppieren sich um, bilden neue Anordnungen, verändern ihre elektrische Ladung usw. Dabei entstehen aus den Ausgangsstoffen die Reaktionsprodukte, wobei Art und Anzahl der in den Ausgangsstoffen vorhandenen Atome erhalten bleiben.

Chemische Reaktionen werden stets von physikalischen Vorgängen begleitet (Aufnahme oder Abgabe von Wärme, Licht und anderen Energieformen). Gerade an den auftretenden physikalischen Erscheinungen, wie Wärme- oder Lichtentwicklung, lässt sich der Ablauf chemischer Reaktionen erkennen, und die Reaktionsprodukte können auf Grund der veränderten physikalischen Eigenschaften von den Ausgangsstoffen unterschieden werden (→ Aufg. 7.1).

Es ist üblich, die chemische Reaktion mit Hilfe einer *chemischen Gleichung* zu formulieren. Dabei werden die auf der linken Seite der Gleichung stehenden Formeln der Ausgangsstoffe durch einen Pfeil, der die Richtung der Reaktionsablaufes angibt, mit den rechts stehenden Formeln der Reaktionsprodukte verbunden. So lautet z. B. die Reaktionsgleichung für die Verbrennung von Wasserstoff:

$$2\,H_2 + O_2 \rightarrow 2\,H_2O$$

In Worten heißt das: Zwei Moleküle Wasserstoff (bestehend aus je zwei Atomen Wasserstoff) und ein Molekül Sauerstoff (bestehend aus zwei Atomen Sauerstoff) verbinden sich zu zwei Molekülen Wasser (bestehend aus je zwei Atomen Wasserstoff und einem Atom Sauerstoff). Die Zahl vor einer Formel (bzw. einem Symbol) – in diesem Falle die »2« vor H_2 oder vor H_2O – wird *Koeffizient* genannt. Er bezeichnet die Anzahl der Moleküle bzw. Atome. Der Koeffizient bezieht sich, wenn er vor einer Formel steht, jeweils aus das ganze Molekül; wenn er vor einem einzelnen Symbol steht (z. B. 2 H), auf dieses einzelne Atom. Die kleine tief gestellte 2 in H_2O ist ein *Index* und gibt an, wie viel Wasserstoffatome im Wassermolekül gebunden sind. Die tief gestellte Zahl bezieht sich jeweils nur auf das unmittelbar voranstehende Symbol.

Bei einer chemischen Gleichung muss die Summe der Atome der rechten Seite gleich der Summe der Atome der linken Seite sein. Diese Gleichheit besteht auch für die obige Verbrennungsgleichung des Wasserstoffs, wie leicht nachzuprüfen ist. Die rechnerische Richtigkeit einer Gleichung sagt selbstverständlich noch nichts darüber aus, ob die mit dieser Gleichung beschriebene Reaktion auch wirklich in der angegebenen Weise abläuft. Das lässt sich nur durch das Experiment oder durch komplizierte Überlegungen ganz anderer Art ermitteln.

7.2 Gesetz von der Erhaltung der Masse und Gesetz der bestimmten Masseverhältnisse

Von grundlegender Bedeutung für die Chemie ist das *Gesetz von der Erhaltung der Masse*:

■ Die Gesamtmasse der Ausgangsstoffe ist gleich der Gesamtmasse der Reaktionsprodukte.

Bei einer chemischen Reaktion bleibt die Gesamtmasse der beteiligten Stoffe unverändert, weil im Verlauf der Reaktion die Anzahl und die Art der Atome erhalten bleiben. Die Atome erfahren lediglich eine andere Anordnung. Sie lösen sich z. B. aus dem Molekülverband der Ausgangsstoffe und verbinden sich erneut zu anderen Molekülen, d. h. zu Molekülen des Reaktionsproduktes.

Eine wichtige Gesetzmäßigkeit beschäftigt sich mit den Masseverhältnissen, in denen die Elemente miteinander reagieren.

■ Die Elemente verbinden sich in bestimmten Masseverhältnissen; in einer chemischen Verbindung sind demzufolge die Elemente in einem bestimmten Masseverhältnis enthalten.

Dadurch unterscheiden sich chemische Verbindungen von Gemengen, bei denen – zumindest innerhalb gewisser Grenzen – jedes beliebige Mischungsverhältnis der Komponenten möglich ist. So kann z. B. Wasserstoff mit Sauerstoff in jedem Verhältnis gemischt werden. Lässt man jedoch ein solches Gemisch (Knallgas) reagieren, so erfolgt die Umsetzung nur dann vollständig, wenn die Gase im Volumenverhältnis 2 : 1 bzw. etwa im Masseverhältnis 1 : 8

stehen. Bei jeder Mischung der beiden Gase in einem anderen Verhältnis liegt entweder Sauerstoff oder Wasserstoff im Überschuss vor. Der jeweilige Überschuss beteiligt sich nicht an der Reaktion und bleibt neben dem entstandenen Wasser als Gas erhalten.

7.3 Relative Atommasse und relative Molekülmasse

Das Gesetz der bestimmten Masseverhältnisse liegt in der unterschiedlichen Masse der Atome der verschiedenen Elemente begründet. Das bei der Bildung von Wasser

$$2\,H_2 + O_2 \rightarrow 2\,H_2O$$

beobachtete Masseverhältnis ist $m_H : m_O \approx 1 : 8$. Infolgedessen ist ein Sauerstoffatom etwa achtmal so schwer wie zwei Wasserstoffatome und demnach etwa sechzehnmal so schwer wie ein Wasserstoffatom. Da die absoluten Atommassen sehr kleine Zahlen sind (→ Abschn. 2.2 und 7.4), ist es in der Chemie üblich und zweckmäßig, sogenannte *relative Atommassen* zu verwenden. Aus verschiedenen Gründen der Zweckmäßigkeit wurde das Isotop des Elementes Kohlenstoff mit der Massenzahl 12 als Bezugsgröße ausgewählt, und die Massen der Atome aller anderen Elemente wurden darauf bezogen. Für den Sauerstoff beträgt dann die relative Atommasse 15,999. Für viele Rechnungen in der Chemie kann man diese Verhältniszahl für Sauerstoff auf den Wert 16 runden.

Auf experimentellem Wege bestimmte man die Verhältniszahlen für die Massen aller anderen Atomsorten. So zeigt sich am obigen Beispiel für die Verbrennung von Wasserstoff, dass Sauerstoffatome etwa sechzehnmal so schwer wie Wasserstoffatome sind. Wasserstoff besitzt deswegen die relative Atommasse von rund 1 (genauer 1,008).

Die relative Atommasse eines Elementes gibt an, wie viel Mal schwerer ein Atom des betreffenden Elementes ist als $\frac{1}{12}$ Atom des Kohlenstoffisotops ${}^{12}_{6}C$.

Von den natürlich vorkommenden Elementen treten 22 mit einem einzigen Isotop auf. Sie werden als *Reinelemente* gegenübergestellt, die mit zwei bis zehn Isotopen in der Natur auftreten (→ S. 38). Zum Beispiel besteht der natürlich vorkommende Kohlenstoff zu 98,89 Masse-% aus dem Isotop ${}^{12}_{6}C$ und zu 1,11 Masse-% aus dem Isotop ${}^{13}_{6}C$. Die relative Atommasse des Kohlenstoffs beträgt laut Tabelle 12,011. Dieser Wert ist als Mittelwert der Massenzahlen der beiden beteiligten Isotope (unter Berücksichtigung ihrer unterschiedlichen Häufigkeit) zu verstehen. Die folgende Rechnung bestätigt das:

$$\frac{12 \cdot 98{,}89 + 13 \cdot 1{,}11}{100} \approx 12{,}011$$

Die Anlage 4 gibt eine Übersicht über die *relativen Atommassen*[1)] der Elemente nach dem Stand von 2009. Durch verfeinerte Messmethoden wurden in den vergangenen Jahrzehnten für die Reinelemente immer genauere relative Atommassen ermittelt. Dagegen wurden bei den Mischelementen immer größere Abweichungen in der Isotopenzusammensetzung von Proben unterschiedlicher Herkunft festgestellt, woraus sich ungenauere relative Atommassen

[1)] Im deutschen Sprachgebrauch wurde die relative Atommasse früher als *Atomgewicht* bezeichnet. Im englischen Sprachgebrauch wurde an *atomic weight* festgehalten.

ergaben. Schließlich entschloss sich die IUPAC, die die relativen Atommassen regelmäßig überprüft, mit den relativen Atommassen für 2009 für zehn Elemente statt eines bestimmten Wertes die *Intervalle* anzugeben, in denen die relativen Atommassen von Proben unterschiedlicher Herkunft liegen. Für diese Elemente wurden zugleich für den allgemeinen Gebrauch gerundete Werte festgelegt:

Wasserstoff	1,008	Sauerstoff	15,999
Lithium	6,94	Silicium	28,085
Bor	10,81	Schwefel	32,06
Kohlenstoff	12,011	Chlor	35,45
Stickstoff	14,007	Thallium	204,38

Aus den relativen Atommassen der beteiligten Elemente kann die *relative Molekülmasse* einer *Verbindung* errechnet werden.

Die relative Molekülmasse einer Verbindung ergibt sich durch Addition der relativen Atommasse aller am Aufbau des Moleküles beteiligten Atome.

Beispielsweise errechnet sich die relative Molekülmasse des Aluminiumoxids Al_2O_3 unter Verwendung gerundeter relativer Atommassen wie folgt:

$$\begin{array}{lll} 2\,\text{Al} & \widehat{=}\, 2 \cdot 27 = & 54 \\ 3\,\text{O} & \widehat{=}\, 3 \cdot 16 = & \underline{48} \\ \text{Al}_2\text{O}_3 & \widehat{=} & 102 \end{array}$$

(→ Aufg. 7.2)

7.4 Stoffmenge, Mol und Avogadro-Konstante

Die Symbole, Formeln und Gleichungen geben nicht nur darüber Auskunft, um welche Elemente oder Verbindungen es sich handelt, sondern sie besagen darüber hinaus, dass bestimmte Mengen der Stoffe gemeint sind.

Die Größe einer Portion eines Stoffes kann auf unterschiedliche Weise angegeben werden:

- Es wird die Masse der Portion angegeben. Maßeinheit ist das Kilogramm. Für das Alltagsleben ist dies eine praktische, weil leicht zu bestimmende, Größe. In der Physik spielt die Masse als Basisgröße eine wichtige Rolle.
- Es wird die Anzahl der Teilchen in der Stoffproportion angegeben. Diese Größe wird *Stoffmenge* genannt. Maßeinheit ist das *Mol*. In der Chemie erlaubt die Basisgröße Stoffmenge, quantitative Aussagen über den Ablauf chemischer Reaktionen zu machen.

Zur Maßeinheit der Stoffmenge, dem Mol, ist eine Bestimmung notwendig:

Ein Mol (1 mol) ist diejenige Anzahl von Teilchen, die in 12 g des Kohlenstoffisotops ${}^{12}_{6}C$ enthalten ist. Das ist eine Stoffmenge n, die aus N_A (= $6{,}022 \cdot 10^{23}$ Teilchen) besteht. N_A wird als *Avogadro-Konstante* bezeichnet. Bei den Teilchen der Stoffmenge muss es sich um eine definierte Teilchenart handeln (Atome, Moleküle, Ionen). Im Falle des Kohlenstoffs also um Kohlenstoffatome.

Die Masse, die ein Mol elementare Teilchen besitzt, die Masse also, die N_A Teilchen besitzen, wird *molare Masse* (oder gelegentlich auch *Molmasse*) genannt. Die molare Masse ist zahlenmäßig gleich der relativen Molekülmasse (bzw. relativen Atommasse), besitzt aber die Einheit $g \cdot mol^{-1}$.

Dies bedeutet, dass Stoffmengen von jeweils einem Mol unterschiedlicher Verbindungen (oder auch Elemente) aus der gleichen Anzahl von Molekülen (bzw. Atomen) bestehen. Der Grund liegt selbstverständlich darin, dass sich z. B. die Masse des Moleküls der Verbindung A zur Masse des Moleküls der Verbindung B verhält wie die relativen Molekülmassen der beiden Verbindungen (→ Abschn. 7.3).

Diese Aussagen sollen durch ein Beispiel erläutert werden: Die Gleichung

$Fe + S \rightarrow FeS$ bedeutet

1. in qualitativer Hinsicht, dass sich Eisen und Schwefel zu Eisensulfid verbinden,
2. in quantitativer Hinsicht, dass sich je ein Mol Eisen ($\hat{=}$ 56 g) und Schwefel ($\hat{=}$ 32 g) zu einem Mol Eisensulfid ($\hat{=}$ 88 g) verbinden.[1)] Aus jeweils einem Teilchen der beiden Ausgangsstoffe entsteht dabei durch Verbindung ein Teilchen des Endproduktes, oder aus je $6{,}022 \cdot 10^{23}$ Teilchen der Ausgangsstoffe bilden sich $6{,}022 \cdot 10^{23}$ Teilchen des Endproduktes.[2)]

Als Beispiele dienen auch folgende Aussagen: Da die relative Molekülmasse des Wassers 18 ist, beträgt seine molare Masse $18\ g \cdot mol^{-1}$. In 49 g Schwefelsäure H_2SO_4 und 18,25 g Chlorwasserstoff HCl sind die gleiche Anzahl von Molekülen enthalten, nämlich bei beiden Verbindungen 0,5 Mol.

Mithilfe der Avogadro-Konstante können absolute Atom- oder Molekülmassen berechnet werden:

$$\text{Absolute Atommasse} = \frac{\text{molare Masse}}{\text{Avogadro-Konstante}}$$

Die absolute Molekülmasse des Wasserstoffmoleküls beträgt z. B.:

$$m_{H_2} = \frac{2 \cdot 1{,}008\ g \cdot mol^{-1}}{6{,}022 \cdot 10^{23}\ mol^{-1}} = 3{,}2 \cdot 10^{24}\ g$$

7.5 Stoffmengen- und Äquivalentkonzentration

Zur quantitativen Bestimmung chemischer Verbindungen werden häufig wässrige oder andere Lösungen bestimmter Konzentration benötigt. Als günstiges Konzentrationsmaß erweist sich dabei die *Stoffmengenkonzentration* (häufig auch *Molarität* genannt).

> Die Stoffmengenkonzentration einer Lösung wird in $mol \cdot l^{-1}$ angegeben. Eine 1-M-Lösung, auch als 1-molare Lösung bezeichnet, enthält ein Mol der gelösten Verbindung in einem Liter Lösung.

1) Auch in den folgenden Berechnungen werden gerundete Werte für die relativen Atommassen verwendet.

2) Der Begriff Teilchen ist hier im Sinne eines angenommenen Moleküles FeS gebraucht, das in seiner Zusammensetzung der elektrisch neutralen Formeleinheit FeS entspricht.

Die Stoffmengenkonzentration oder Molarität $c(X)$ gibt die in einem bestimmten Volumen V enthaltene Stoffmenge $n(X)$ eines Stoffes X an:

$$c(X) = \frac{n(X)}{V} \quad \text{in mol/l}$$

Wird in der Praxis eine Masse $m(X)$ des Stoffes X mit der molaren Masse $M(X)$ abgewogen und gelöst und besitzt die fertige Lösung das Volumen V, so gilt:

$$c(X) = \frac{N(X)}{M(X) \cdot V} \quad \text{in mol/l}$$

Es ist zu beachten, dass z. B. eine 1-molare Lösung ein Mol im Liter der Lösung und nicht im Liter des Lösungsmittels enthält! Zur Herstellung einer 1-M-Natriumhydroxidlösung muss also zu 40 g Natriumhydroxid so viel Wasser zugegeben werden, bis das Volumen der entstandenen Lösung gerade 1 Liter beträgt.

Der Vorteil der Molarität als Konzentrationsmaß ergibt sich aus folgendem Beispiel:

$$HCl + NaOH \rightarrow NaCl + H_2O$$

36,5 g 40 g 58,5 g 18 g

Die Reaktionsgleichung besagt, dass ein Mol Chlorwasserstoff HCl ($\widehat{=}$ 36,5 g) vollständig mit einem Mol Natriumhydroxid NaOH ($\widehat{=}$ 40 g) zu Kochsalz NaCl und Wasser reagiert. Deshalb müssen sich auch gleiche Volumina gleichmolarer Lösungen von Chlorwasserstoff und Natriumhydroxid vollständig umsetzen. Diese Tatsache findet eine einfache Erklärung: Ein Mol der verschiedenen Stoffe enthält stets die gleiche Anzahl (*Avogadro*-Konstante, → Abschn. 7.4) kleinster Teilchen (Ionen, Atome, Moleküle). Daher müssen auch zwei Lösungen von gleicher Stoffmengenkonzentration und gleichen Volumina die gleiche Anzahl von Teilchen enthalten und wie oben beschrieben reagieren. Vergleichen wir noch zwei Reaktionen gleichen Typs:

$$HCl + KOH \rightarrow KCl + H_2O$$

$$HNO_3 + NaOH \rightarrow NaNO_3 + H_2O$$

Auch bei diesen Reaktionen müssen gleiche Volumina gleichmolarer Lösungen zur vollständigen Reaktion führen.

Lösungen von NaOH, KOH, HCl und HNO_3 von gleicher Molarität (oder gleicher Stoffmengenkonzentration) sind in den angegebenen Reaktionen äquivalent (gleichwertig). Anders aber liegen die Verhältnisse, wenn an Stelle von Chlorwasserstoff HCl die Schwefelsäure H_2SO_4 zur Reaktion mit der 1-molaren NaOH verwendet werden soll.

Nach der Reaktionsgleichung

$$H_2SO_4 + 2\,NaOH \rightarrow Na_2SO_4 + 2\,H_2O$$

ist zur Reaktion eines Mols Natriumhydroxid nur ein halbes Mol Schwefelsäure notwendig. Infolgedessen ist eine $\frac{1}{2}$-molare Schwefelsäure (98 g : 2 = 49 g H_2SO_4 je Liter) einer 1-molaren Chlorwasserstofflösung (36,5 HCl je Liter) äquivalent.

Da ähnliche Überlegungen oft notwendig werden, ist es zweckmäßig, nicht gleichmolare, sondern gleichwertige (äquivalente) Lösungen zu verwenden, die der jeweiligen Reaktion angepasst sind. Dieses Konzentrationsmaß wird *Äquivalentkonzentration* (häufig auch *Normalität*) genannt.

Die Äquivalentkonzentration einer Lösung wird in mol · l^{-1} angegeben. Eine 1-N-Lösung, auch als 1-normale Lösung bezeichnet, enthält einen Bruchteil eines Mols, nämlich ein Mol/stöchiometrische Wertigkeit der gelösten Verbindung, in einem Liter Lösung.

Als stöchiometrische Wertigkeit kommt bei den Säuren die Anzahl der Wasserstoffatome im Molekül, also die Ionenwertigkeit (Ladung) des Säurerestes, und bei den Hydroxiden die Anzahl der OH-Gruppen, also die Ionenwertigkeit des Metalls in Betracht. Demnach enthält z. B. 1 Liter einer 1-normalen Lösung 49 g Schwefelsäure H_2SO_4 40 g Natriumhydroxid NaOH oder 37 g Calciumhydroxid $Ca(OH)_2$.

Die Äquivalentkonzentration oder Normalität $c_n(X)$ gibt die in einem bestimmten Volumen V enthaltene Äquivalentmenge $n_{\text{Ä}}(X)$ eines Stoffes X an:

$$c_n(X) = \frac{n_{\text{Ä}}(X)}{V} \qquad \text{in mol/l}$$

Für die Äquivalentmenge des Stoffes X gilt:

$$n_{\text{Ä}}(X) = z \cdot n(X) = z \cdot \frac{m(X)}{M(X)}$$

Dabei steht z für die wirksame Wertigkeit (stöchiometrische Wertigkeit, gegebenenfalls Ionenwertigkeit), $m(X)$ für die einzuwägende Masse des Stoffes X und $M(X)$ für die molare Masse des Stoffes X.

Das Einsetzen des obigen Ausdrucks $n_{\text{Ä}}(X)$ in die darüber stehende Gleichung führt zu

$$C_n(X) = \frac{Z \cdot m(X)}{M(X) \cdot V} \qquad \text{in mol/l}$$

Die Gleichung bedeutet: Wird in der Praxis eine Masse $m(X)$ des Stoffes X mit der molaren Masse $M(X)$ abgewogen und gelöst und besitzt die fertige Lösung das Volumen V, so hat sie die Äquivalentkonzentration oder Normalität $c_n(X)$.

7.6 Gesetz von Avogadro

Experimentelle Untersuchungen ergeben, dass Gase, die an einer chemischen Reaktion beteiligt sind, stets im Volumenverhältnis kleiner ganzer Zahlen miteinander reagieren, während die Masseverhältnisse nicht ganzzahlig sind. Zum Beispiel verbinden sich bei der Verbrennung von Wasserstoff genau zwei Volumenteile Wasserstoff mit einem Volumenteil Sauerstoff. Da sich bei dieser Reaktion

$$2\,H_2 + O_2 \rightarrow 2\,H_2O$$

jeweils zwei Wasserstoffmoleküle mit einem Sauerstoffmolekül verbinden, muss wegen des vorstehend angegebenen Volumenverhältnisses die Anzahl der Moleküle in einem Raumteil

Wasserstoff genau so groß sein wie in einem Raumteil Sauerstoff und in einem Raumteil Wasserdampf. Das gilt selbstverständlich nur bei gleichem Druck und gleicher Temperatur. Auch bei jeder anderen Gasreaktion zeigt sich, dass in gleichen Volumina stets gleich viele kleinste Teilchen enthalten sind (Gesetz von *Avogadro*).

Gleiche Volumina aller Gase enthalten unter gleichen äußeren Bedingungen (Druck und Temperatur) stets die gleiche Anzahl von Molekülen.

Da andererseits ein Mol eines jeden Stoffes aus der gleichen Anzahl von Molekülen besteht, muss – als Folgerung aus dem Gesetz von *Avogadro* – ein Mol jedes beliebigen Gases das gleiche Volumen einnehmen. Experimentelle Bestimmungen haben ergeben:

Ein Mol eines Gases nimmt unter Normbedingungen (0 °C; 101,3 kPa) ein Volumen von rund 22,4 Litern ein. Dieses Volumen wird als *stoffmengenbezogenes Normvolumen*[1] bezeichnet.

32 g Sauerstoff O_2 besitzen also – ebenso wie 2 g Wasserstoff H_2, wie 28 g Stickstoff N_2 oder ein Mol eines anderen Gases – im Normzustand ein Volumen von rund 22,4 l.

7.7 Zustandsgleichung der Gase

Die *Zustandsgleichung der Gase* ermöglicht es, das Volumen von in chemischen Reaktionen entstehenden Gasen bei einem beliebigen Druck oder einer beliebigen Temperatur zu berechnen.[2] Sie lautet in ihrer allgemeinen Form:

$$\frac{V_0 \cdot p_0}{T_0} = \frac{V \cdot p}{T}$$

V_0 Volumen des Gases unter Normbedingungen
p_0 Normdruck (101,3 kPa)
T_0 Normtemperatur (273 K)
V Volumen des Gases beim Druck p und bei der Temperatur T
p Druck, unter dem das Gas mit dem Volumen V steht (gemessen in kPa)
T Temperatur, die das Gas mit dem Volumen V besitzt (gemessen in K)

Es ist zu beachten, dass der Wert für die Temperatur T nicht in Grad Celsius (°C), sondern in Kelvin (K) in die Gleichung eingesetzt wird.

Ein Rechenbeispiel ergibt:

Unter Normbedingungen liegen 10 l Kohlendioxid vor. Welchen Raum nimmt diese Gasmenge bei 30 °C und 99,3 kPa ein? Da in dieser Angabe nach V gefragt wird, stellt man die Zustandsgleichung um:

$$V = V_0 \frac{p_0 \cdot T}{p \cdot T_0} = \frac{10\,\text{l} \cdot 101{,}3\,\text{kPa} \cdot 303\,\text{K}}{99{,}3\,\text{kPa} \cdot 273\,\text{K}} = 11{,}3\,\text{l}$$

Die Kohlendioxidmenge nimmt bei 30 °C und 99,3 kPa ein Volumen von 11,3 l ein.

---

[1] Es wird auch der Begriff Molvolumen verwendet.

[2] Diese Gleichung gilt für manche Gase nur angenähert; siehe Lehrbücher der physikalischen Chemie.

7.8 Stöchiometrische Berechnungen

Mithilfe der in den vorstehenden Abschnitten gewonnenen Erkenntnisse über die quantitative Seite chemischer Reaktionen können für jede Reaktion die aufzuwendenden und die entstehenden Stoffmassen und Gasvolumina berechnet werden. Solche Berechnungen sind Gegenstand der *Stöchiometrie* (→ Aufg. 7.3 bis 7.10).

Die Methode soll an folgendem Beispiel gezeigt werden.

Welche Masse und welches Volumen Kohlendioxid entstehen beim Verbrennen von 10 g reinem Kohlenstoff, wenn das Kohlendioxid unter den Bedingungen 25 °C und 102,0 kPa vorliegt?

Lösung:

$$\begin{array}{llll} 10\,\mathrm{g} & & & x \text{ bzw. } y \\ C & + O_2 & \rightarrow & CO_2 \\ 12\,\mathrm{g} & 32\,\mathrm{g} & & 44\,\mathrm{g} \\ & 22{,}4\,\mathrm{l} & & 22{,}4\,\mathrm{l} \end{array}$$

$$10\,\mathrm{g} : 12\,\mathrm{g} = y : 22{,}4\,\mathrm{l} \qquad y = \frac{10\,\mathrm{g} \cdot 22{,}4\,\mathrm{l}}{12\,\mathrm{g}} = 18{,}71\,\mathrm{l}\,CO_2$$

$$10\,\mathrm{g} : 12\,\mathrm{g} = x : 44\,\mathrm{g} \qquad x = \frac{10\,\mathrm{g} \cdot 44\,\mathrm{g}}{12\,\mathrm{g}} = 36{,}7\,\mathrm{g}\,CO_2$$

Bei der Verbrennung von 10 g Kohlenstoff werden 36,7 g Kohlendioxid bzw. 18,7 l (unter Normbedingungen) gebildet. Auf die verlangten Bedingungen umgerechnet:

$$V = V_0 \frac{p_0}{p} \cdot \frac{T}{T_0} = 18{,}7\,\mathrm{l} \cdot \frac{101{,}3\,\mathrm{kPa}}{102{,}0\,\mathrm{kPa}} \cdot \frac{298\,\mathrm{K}}{273\,\mathrm{K}} = 22{,}3\,\mathrm{l}$$

7.9 Thermodynamische Grundbegriffe zur energetischen Charakterisierung chemischer Reaktionen

Zur quantitativen Beschreibung von Prozessen, die mit dem Austausch von thermischer Energie (in Form von Arbeit und Wärme) verknüpft sind, wird ein Teilgebiet der physikalischen Chemie, die Thermodynamik, angewendet. Die meisten Stoffwandlungsprozesse sind mit einem Wärmeaustausch verbunden und daher mit den Aussagen, Hauptsätzen und Gesetzmäßigkeiten im Rahmen der sogenannten chemischen Thermodynamik zu charakterisieren.

7.9.1 Innere Energie, Enthalpie und der 1. Hauptsatz der Thermodynamik

Im Folgenden werden nun einige wichtige Beziehungen der Thermodynamik zur energetischen Beschreibung von Stoffwandlungsprozessen (z. B. beim Verdampfen, beim Schmelzen, beim Sublimieren, beim Modifikationswechsel, beim Sieden, beim Lösen und Mischen, beim Adsorbieren und allgemein bei chemischen Reaktionen) benutzt.

Bei Kenntnis thermodynamischer Stoff- und Reaktionsdaten ist es mit ihrer Hilfe möglich, u. a. folgende Fragestellungen zu beantworten:

1. Wie groß sind die Energieänderungen beim Ablauf chemischer Reaktionen?
2. Findet eine chemische Reaktion aus thermodynamischer Sicht überhaupt statt?
3. Wie vollständig reagieren bei einer chemischen Reaktion Ausgangsstoffe (Edukte) zu Endstoffen (Produkte)?
4. Welchen Einfluss hat eine Veränderung der Reaktionsbedingungen auf einen Stoffwandlungsprozess?

Die Vielzahl der Stoffe und Stoffkombinationen, auf die man thermodynamische Betrachtungen anwenden kann, fasst man unter dem Begriff *System* zusammen. Ein System ist z. B. eine ablaufende chemische Reaktion, welche durch eine vorhandene oder gedachte Wand von der *Umgebung* getrennt ist. Je nach der Beschaffenheit dieser Wände ist nun ein Energie- und/oder Stoffaustausch zwischen System und Umgebung möglich. Für die chemische Thermodynamik, die Anwendung thermodynamischer Formalismen auf Stoffwandlungsprozesse, ist der Austausch von Energie besonders interessant.

Nach der Beschaffenheit der Wände unterscheidet man mindestens drei Systemarten:
1. Ein abgeschlossenes (auch isoliertes oder adiabatisches) System erlaubt keinen Stoff- und Energieaustausch.
2. Bei einem geschlossenen System ist nur ein Austausch von Energie, aber nicht von Stoffen möglich.
3. Die Wände eines offenen Systems lassen einen Energie- und Stoffaustausch zu.

Jedes stoffliche System verfügt über eine bestimmte *Innere Energie* u, die sich im wesentlichen aus der Kernenergie, aus der chemischen und thermischen Energie zusammensetzt. Diese Energie, die für einen Stoff absolut nicht bestimmbar ist, kann teilweise bei einem Stoffwandlungsprozess zwischen dem System und seiner Umgebung in Form von Arbeit w und/oder Wärme q ausgetauscht werden. Jeder Stoffumsatz bei einer chemischen Reaktion wird also stets von einem Energieumsatz in unterschiedlicher Form (u. a. mechanische oder elektrische Energie, Strahlungs- meist Wärmeenergie) begleitet.

Daraus folgt die Formulierung des 1. Hauptsatzes der Thermodynamik als spezielle Anwendung des allgemeinen *Energieerhaltungssatzes*:

> In einem geschlossenen System ist die Änderung der Inneren Energie Δu gleich der Summe von ausgetauschter Arbeit w und Wärme q.
>
> $$\Delta u = q + w$$

In einem abgeschlossenen System bleibt die Innere Energie selbstverständlich konstant. Die Innere Energie gehört im Formelgebäude der Thermodynamik zu den *Zustandsgrößen*, die unabhängig vom Reaktionsweg sind, auf den ein Endzustand bei einer Stoffwandlung erreicht wurde. Wärme und Arbeit dagegen sind *Prozessgrößen* und ihr Verhältnis zueinander von der Art des Prozesses abhängig.

Bei einem Energieaustausch in Form von q, w und damit Δu muss nun festgelegt werden, ob man diesen vom *System* oder von der *Umgebung* aus betrachtet.

Vereinbarungsgemäß gilt:

1. Der Energieaustausch wird vom System aus betrachtet.
2. Nimmt ein System Energie aus der Umgebung auf, erhält ihr Betrag ein positives Vorzeichen; es handelt sich um eine Reaktion mit endothermer Wärmetönung.
3. Der Betrag der ausgetauschten Energie besitzt ein negatives Vorzeichen, wenn dieser von der Umgebung auf das System übertragen wird; eine solche Reaktion verläuft exotherm.

Die meisten Reaktionen im Labor und der industriellen Praxis laufen unter konstantem Druck ab, d. h. unter isobaren Bedingungen (z. B. offene Systeme unter dem herrschenden äußeren Luftdruck).

Um thermodynamische Aussagen für isobare Prozesse, vor allem mit gasförmigen Reaktionsteilnehmern, treffen zu können, wurde aus Gründen der einfacheren Beschreibbarkeit von *J. W. Gibbs* (1872) eine von der Inneren Energie u abgeleiteten Zustandsgröße, die *Enthalpie* [1] h [2] eingeführt.

Wie bei der Inneren Energie ist auch der absolute Betrag der Enthalpie nicht bestimmbar. Messtechnisch kann aber eine Enthalpiedifferenz als Energieaustausch (eigentlich Enthalpieaustausch) bei isobaren Prozessabläufen erfasst werden. Diese Enthalpiedifferenz entspricht der Änderung der Inneren Energie des Systems, ergänzt durch die so genannte *Volumenarbeit* $p \cdot \Delta v$, die bei der Variation des Systemvolumens unter isobaren Verhältnissen ausgetauscht wird:

$$\Delta h = h_2 - h_1 = u_2 - u_1 + p(v_2 - v_1)$$

Bei einer Volumenvergrößerung wird die notwendige Volumenarbeit vom System verrichtet. Die benötigte Energie erhält das System entweder in Form von Wärme aus der Umgebung, oder aber das System entnimmt sie seinem eigenen Energieinhalt.

Die Enthalpieänderung Δh eines Systems berücksichtigt also zusätzlich die ausgetauschte Arbeit bei chemischen Vorgängen (vor allem mit gasförmigen Komponenten), die unter Volumenexpansion oder -kontraktion ablaufen. Andere Energieformen, wie elektrische Arbeit bei galvanischen Zellen, bleiben hier unberücksichtigt.

7.9.2 Thermodynamische Reaktionsgrößen

7.9.2.1 Molare Reaktions- und Bildungsenthalpien

Bei chemischen Reaktionen und allen anderen Stoffwandlungsprozessen verändern sich die thermodynamischen Größen der beteiligten Stoffe. Für die weiteren Betrachtungen sollen uns hier zunächst nur energetische bzw. enthalpische Effekte interessieren.

Nehmen wir an, dass in einem geschlossenen System eine chemische Reaktion, in folgender allgemeiner Schreibweise formuliert, abläuft:

$$\nu_A \mathrm{A} + \nu_B \mathrm{B} \rightarrow \nu_C \mathrm{C} + \nu_D \mathrm{D}$$

[1] thalpos (griech.) Wärme

[2] h von heat (engl.) Wärme

Dabei ist die Summe der *Stöchiometriezahlen* ν in einer Reaktionsgleichung in der Regel von Null verschieden. Korrekterweise müssten diese Stöchiometriezahlen zwischen Absolutzeichen gesetzt werden, da unter bestimmten Aspekten diese Koeffizienten der rechten Seite positiv und die der linken Seite negativ definiert sind.

Die Reaktionsgrößen – hier die Reaktionsenthalpie – werden auf einen Reaktionsfortschritt von $\Delta\xi = 1$ (griech. xi) bezogen, der auch als *Umsatzvariable*, *Reaktionslaufzahl* oder *Objektmenge* der Formelumsätze bezeichnet wird.

So entspricht die molare Reaktionsenthalpie $\Delta_R H$ (in $J \cdot mol^{-1}$) der bei einem Formelumsatz isobar ausgetauschten Wärmemenge:

$$\Delta_R H = \frac{\Delta_R h}{\Delta\xi}$$

Diese molare Reaktionsenthalpie beinhaltet die Reaktionswärme bei konstantem Druck, die sich auf einen molaren Formelumsatz einer Reaktionsgleichung mit den kleinsten ganzzahligen Stöchiometriezahlen bezieht.

z. B. $N_2 + 3\,H_2 \rightleftharpoons 2\,NH_3$

und nicht: $2\,N_2 + 6\,H_2 \rightleftharpoons 4\,NH_3$

Da die isobar ausgetauschten Reaktionswärmen bei unterschiedlichen Prozessen von der Temperatur und besonders bei gasförmigen Reaktionsteilnehmern vom Druck abhängig sind, muss man vergleichbare Größen auf definierte Reaktionsbedingungen standardisieren. Die üblichen Standardbedingungen sind $p = 101{,}3$ kPa und $T = 298{,}15$ K; die sich ergebenden Standardenthalpien werden mit dem Zeichen $\ominus$ versehen. Da die Elemente normalerweise bei chemischen Reaktionen keiner Umwandlung unterliegen, sondern nur andersartige Bindungs-

Tabelle 7.1 Bildungsenthalpien $\Delta_B H^{\ominus}$ einiger Stoffe bei 25 °C und 101,3 kPa

Stoff	Formel	Standardbildungsenthalpien[1] in $kJ \cdot mol^{-1}$
Wasser (flüssig)	H_2O	−285,8
Wasser (gasförmig)	H_2O	−241,8
Chlorwasserstoff	HCl	−92,3
Schwefeldioxid	SO_2	−296,8
Ammoniak	NH_3	−46,1
Stickstoffdioxid	NO_2	+33,2
Kohlendioxid	CO_2	−393,5
Kohlenmonoxid	CO	−110,5
Siliciumdioxid (fest, α-Form)	SiO_2	−910,9
Natriumchlorid	NaCl	−411,15
Kaliumchlorid	KCl	−436,75
Magnesiumoxid	MgO	−601,7
Calciumoxid	CaO	−635,1
Aluminiumoxid	Al_2O_3	−1 675,7
Eisen(II)-oxid	FeO	−276,2
Eisen(III)-oxid	Fe_2O_3	−824,2
Kupfer(II)-oxid	CuO	−157,3

[1] nach P. W. Atkins „Chemie einfach alles“. VCH, 1996

verhältnisse eingehen, wurde per Definition festgelegt, dass bei der Bildung der stabilsten Form einer Elementverbindung (z. B. $H + H \rightarrow H_2$) die entsprechende Reaktionsenthalpie Null beträgt.

Die molare Reaktionsenthalpie, die bei der Bildung einer chemischen Verbindung aus den beteiligten Elementen – oft nur formal denkbar – ausgetauscht wird, bezeichnet man unter Standardbedingungen als *molare Standardbildungsenthalpie* mit dem Symbol $\Delta_B H^\ominus$. (Im Rahmen dieses Buches werden die vollständigen Symbole $\Delta_R H^\ominus$ und $\Delta_B H^\ominus$ teilweise nur vereinfacht verwendet: ΔH). Solche Enthalpiewerte sind in Tabellenwerken mit unterschiedlichster Genauigkeit angegeben. Tabelle 7.1 enthält Bildungsenthalpien einiger ausgewählter Verbindungen. Diese Daten sind auf den bereits erwähnten Standardzustand bezogen und damit vergleichbar.

7.9.2.2 Direkte und indirekte Bestimmung von Reaktionsenthalpien

Reaktionsenthalpien können durch Messung der *Reaktionswärme* unter festgelegten Versuchsbedingungen mit Hilfe sogenannter *Kalorimeter* (Wärmemesser) direkt bestimmt werden. Zielgröße kalorimetrischer Methoden ist die Ermittlung der bei physikalischen oder chemischen Vorgängen auftretenden Wärmeeffekte. Mit einem Kalorimeter wird die dem Wärmeaustausch proportionale Temperaturänderung gemessen und auf der Basis der kalorimetrischen Grundgleichung

$$q = C_{\mathrm{Kal}} \cdot \Delta T$$

unterschiedlich ausgewertet. C_{Kal} ist das *Energieäquivalent* des Kalorimeters, meist angegeben in $J \cdot K^{-1}$. Ist diese apparative Größe bekannt oder wurde sie experimentell durch Eichung ermittelt, so führt die Messung der beobachtbaren Temperaturdifferenz ΔT in einer definierten Umgebung (isoperibol, isotherm, adiabatisch) zum ausgetauschten Wärmebetrag q im Kalorimeter.

Für den Ingenieur besonders bedeutsam ist die Anwendung der Methode der Kalorimetrie zur Bestimmung von Verbrennungsenthalpien bzw. Heiz- und Brennwerten mit einer *kalorimetrischen Bombe* (Bild 7.1).

Die auf diese Weise direkt zugänglichen Verbrennungswärmen haben sowohl praktische als auch theoretische Bedeutung. Als *Heiz- oder Brennwert* (DIN 5499) sind sie eine wichtige Kenngröße bei der Charakterisierung fester, flüssiger und gasförmiger Brennstoffe.

Des weiteren dienen sie unter Anwendung des Satzes von *Hess* zur indirekten Bestimmung von Standardbildungsenthalpien organischer und anorganischer Verbindungen sowie zur Berechnung von Standardreaktionsenthalpien beliebiger aber definierter chemischer Umsetzungen. Ist also eine direkte Bestimmung nicht möglich, erhält man nach dem Satz von *Hess* ableitbare kalorimetrische Größen. In Übereinstimmung mit der Aussage des 1. Hauptsatzes der Thermodynamik wurde von *Hess* (1840) der Satz der konstanten Wärmesummen formuliert:

> Die Reaktionsenthalpie, die auftritt, wenn ein chemisches System von einem bestimmten Anfangszustand in einen bestimmten Endzustand übergeht, ist unabhängig vom Weg der Umsetzung.

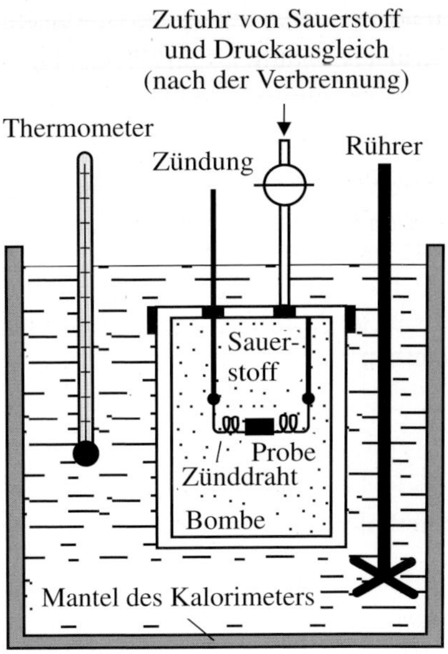

Bild 7.1 Schematische Darstellung eines Kalorimeters zur Bestimmung von Verbrennungsenthalpien

Beispiel:

Liegen im Anfangszustand Kohlenstoff und Sauerstoff vor, und besteht das Endprodukt aus Kohlendioxid, so kann diese Umsetzung auf zwei verschiedenen Wegen erfolgen:

$$C + O_2 \rightarrow CO_2 \qquad \Delta H = -393{,}5\ \text{kJ} \cdot \text{mol}^{-1}$$
$$C + \tfrac{1}{2}O_2 \rightarrow CO \qquad \Delta H_1 = -110{,}5\ \text{kJ} \cdot \text{mol}^{-1}$$
$$CO + \tfrac{1}{2}O_2 \rightarrow CO_2 \qquad \Delta H_2 = -283{,}0\ \text{kJ} \cdot \text{mol}^{-1}$$
$$\Delta H = \Delta H_1 + \Delta H_2 = -393{,}5\ \text{kJ} \cdot \text{mol}^{-1}$$

Die Reaktionsenthalpie ist für beide Wege die gleiche, nämlich $-393{,}5\ \text{kJ} \cdot \text{mol}^{-1}$, wenn der Standardzustand vorausgesetzt wird.

7.9.3 Entropie, Prozessrichtung und der 2. Hauptsatz der Thermodynamik

Wie die Erfahrung zeigt, laufen die den Naturvorgängen zugrunde liegenden chemischen Reaktionen nur in *eine* bestimmte Richtung freiwillig ab. So erfolgt z. B. der exotherme Rostvorgang des Eisens spontan zugunsten der Produkte – also zu basischen Eisenoxiden verschiedenster Art – und niemals in umgekehrter Weise. Solche freiwillig ablaufenden Vorgänge sind mit einer Abwertung der ausgetauschten Wärmeenergie verbunden, die man als *Dissipation*[1)] bezeichnet. Die Dissipation bedeutet, dass die ausgetauschte Wärmeenergie nach dem Ablauf einer chemischen Reaktion weniger gut oder gar nicht mehr in nutzbare Arbeit umgewandelt werden kann.

Benutzt man bei Wärmekraftmaschinen den Wirkungsgrad, um die begrenzte Möglichkeit der Umwandlung von thermischer Energie in Arbeit zu charakterisieren, bedarf es dazu bei

[1)] dissipatio (lat.) Zerstreuung, Verschwendung

chemischen Reaktionen wieder einer Zustandsgröße, die als *Entropie*[2] s bezeichnet wird. Die Größe der Entropieänderung Δs (gesamt) eines Systems einschließlich seiner Umgebung lässt eine Entscheidung zu, ob es sich um einen *reversiblen* (freiwillig umkehrbaren) oder irreversiblen Vorgang handelt.

Alle in der Natur ablaufenden Vorgänge sind *irreversibel.* So ergibt sich eine der möglichen Formulierungen des 2. Hauptsatzes der Thermodynamik, wenn er auf chemische Vorgänge angewendet wird:

> Die Entropie einer chemischen Reaktion kann in einem abgeschlossenen System nur zunehmen oder bei annähernder Reversibilität gleich bleiben.
>
> $$\Delta s \geqq 0$$

Oder nach *Clausius*:

> Die Entropieänderung bei chemischen Vorgängen innerhalb eines Systems kann nicht negativ sein.

Während der 1. Hauptsatz der Thermodynamik jede chemische Reaktion auch in umgekehrter Richtung zulässt, schränkt der 2. Hauptsatz diese Möglichkeiten auf den irreversiblen Prozessverlauf ein. Bei einer Stoffumwandlung ändert sich also neben der Reaktionsenthalpie (Reaktionswärme) auch die Entropie der Reaktanden. Dabei sind an dieser Stelle tiefergehende Vorstellungen zur Größe der Entropie nicht zu gewinnen. (Bei Bedarf sollten Lehrbücher der physikalischen Chemie oder der technischen Thermodynamik zu Rate gezogen werden.)

7.9.3.1 Prinzip von Thomsen und Berthelot

Bei der Suche nach der Ursache für die bevorzugte Richtung eines chemischen Prozesses wurden von *Thomsen* und *Berthelot* unabhängig voneinander – in dem nach ihnen benannten Prinzip – angenommen, dass ein stabiles chemisches Gleichgewicht mit einem enthalpischen Minimum verbunden sein muss. Demnach dürften nur exotherme Vorgänge freiwillig ablaufen. Mit der Weiterentwicklung der kalorimetrischen Charakterisierungsmöglichkeiten von chemischen und physikalischen Stoffwandlungsprozessen wurden zahlreiche Beispiele für spontan ablaufende Vorgänge mit endothermer Enthalpiebilanz gefunden.

Dieses Prinzip besitzt also keine allgemeine Gültigkeit, weil auch bei chemischen Reaktionen die gesamte ausgetauschte Enthalpie nicht in nutzbare Arbeit – zur reversiblen Prozessumkehr – umgewandelt werden kann.

7.9.3.2 Gibbs-Helmholtz-Gleichung und die freie Reaktionsenthalpie

Nach theoretischen Betrachtungen von *J. W. Gibbs* und *H. L. Helmholtz* ergeben sich als Maß für die Triebkraft einer chemischen Reaktion weitere Zustandsgrößen, die mit den Richtungsaussagen der Entropie verbunden sind. Eine dieser Zustandsgrößen ist die *freie Ent-*

[2] entrepein (griech.) umkehren

halpie g, die in der folgenden *Gibbs-Helmholtz*-Gleichung die Aussagen beider Hauptsätze zusammenfasst:

$$g = h - T \cdot s$$

Über diese Beziehung sind drei thermodynamische Zustandsfunktionen miteinander verknüpft, wobei sich Δg wiederum nur bei einer chemischen oder physikalischen Zustandsänderung des betrachteten Systems – unabhängig vom Reaktionsweg – bestimmen lässt.

$$\Delta g = \Delta h - T \cdot \Delta s$$

$$\Delta h = \Delta g + T \cdot \Delta s$$

Aus diesen Gleichungen ist ersichtlich, dass sich die Enthalpieänderung bei einer chemischen Reaktion aus zwei Anteilen zusammensetzt:

Δg aus dem „freien" Anteil und

$T \cdot \Delta s$ dem „gebundenen" Anteil.

Die Begriffe „frei" und „gebunden" beziehen sich auf die Umwandlungsmöglichkeit von chemischer Energie in Nutzarbeit, die das System mit seiner Umgebung austauschen kann. Der „gebundene" Anteil kann dabei wohl ausgetauscht, aber nicht zurückgewonnen werden.

7.9.3.3 Triebkraft und Gleichgewicht bei chemischen Reaktionen

Bei isotherm-isobarer Prozessführung entspricht die Änderung der freien Enthalpie $\mathrm{d}g$ dem freien Anteil der ausgetauschten Enthalpie, also der reversiblen Nutzarbeit. Sie ist damit ein quantitatives Maß für die Triebkraft einer chemischen Reaktion. Diese Betrachtung ist auch auf geschlossene Systeme anwendbar.

Spontane Prozesse sind mit einer Abnahme der freien Enthalpie g verbunden:

$$\Delta g < 0$$

Aus der *Gibbs-Helmholtz*-Gleichung ist damit ersichtlich, dass eine endotherme Reaktion nur dann thermodynamisch möglich ist, wenn bei dieser Reaktion der Entropieterm $T \cdot \Delta s$ die Enthalpieänderung Δh überkompensiert.

Führt man wieder die Schreibweise für chemische Reaktionen unter Standardbedingungen ein, so gilt:

$$\Delta_\mathrm{R} G^\ominus = \Delta_\mathrm{R} H^\ominus - T \cdot \Delta_\mathrm{R} S^\ominus$$

Die Zustandsgröße $\Delta_\mathrm{R} G$ (nicht nur unter Standardbedingungen) charakterisiert die Triebkraft (Freiwilligkeit oder Zwang) einer chemischen Reaktion:

$\Delta_\mathrm{R} G < 0$ Freiwilligkeit

$\Delta_\mathrm{R} G = 0$ Gleichgewicht

$\Delta_\mathrm{R} G > 0$ Zwang

Diese Aussagen beziehen sich aber nur auf den thermodynamisch möglichen Ablauf. So genannte kinetisch bedingte Reaktionshemmungen können erst durch Zufuhr von zusätzlicher Energie (Enthalpie, Aktivierungsenthalpie) und/oder den Einsatz von Katalysatoren überwunden werden.

Das Massenwirkungsgesetz stellt schließlich einen Zusammenhang zwischen freier Standardreaktionsenthalpie und thermodynamischer Gleichgewichtskonstanten K her:

$$\Delta_R G^{\ominus} = -RT \ln K$$

Dieser Zusammenhang ist neben der kinetischen Herleitung (→ Abschn. 8.9.1) auch auf der Basis thermodynamischer Gesetzmäßigkeiten exakt ableitbar.

❍ Aufgaben

7.1 Beim Beobachten einer brennenden Kerze soll versucht werden, die physikalischen Vorgänge von den chemischen Reaktionen zu unterscheiden.

7.2 Wie viel (Masse-)% Kupfer sind im Kupfer(II)-oxid enthalten?

7.3 Wie viel Liter Luft im Normzustand sind zum vollständigen Verbrennen von 1 g Kohlenstoff notwendig? Die Luft besteht zu 20,95 (Vol.-)% aus Sauerstoff O_2.

7.4 Wie viel Gramm Wasser entstehen bei der Verbrennung einer Wasserstoffmenge, die bei 18 °C und 102,6 kPa ein Volumen von einem Liter einnimmt?

7.5 Wie viel Liter Wasserstoff entstehen bei 102,4 kPa und 17 °C durch Umsetzung von 2 g Aluminium mit Salzsäure?

7.6 Was sagt die Gleichung

$$2\,CO + O_2 \rightarrow 2\,CO_2 \qquad \Delta H = -566\ \text{kJ} \cdot \text{mol}^{-1}$$

quantitativ aus?

7.7 In welchem Volumenverhältnis reagieren die Ausgangsstoffe bei der Gewinnung von Chlorwasserstoff? Wie verhält sich das Volumen des entstehenden Chlorwasserstoffs zu den Volumina der Ausgangsstoffe?

7.8 Wie viel Kohlendioxid kann aus 50 g Calciumcarbonat durch Zersetzung mit Salzsäure HCl gewonnen werden? Es sind die Masse und das Volumen (unter Normbedingungen) des entstehenden Kohlendioxids anzugeben.

7.9 Welche Normalität und Molarität besitzen gesättigte Lösungen (→ Bild 2.2) der folgenden Salze:
Natriumnitrat bei 80 °C
Kaliumnitrat bei 10 °C
Natriumchlorid bei 0 °C?

7.10 Welchen Gehalt in Massenprozent an H_3PO_4 hat die Phosphorsäure, die entsteht, wenn man 70 g P_2O_5 in 300 cm³ Wasser löst? ($\varrho(H_2O) = 1\ \text{g} \cdot \text{cm}^{-3}$)

7.11 Wie groß ist die Reaktionsenthalpie bei 25 °C und 101,3 kPa für folgende Umsetzung:
$FeO + CO \rightarrow Fe + CO_2$?
(Bildungsenthalpien der beteiligten Verbindungen → Tabelle 7.1)

7.12 Berechnen Sie die Standardbildungsenthalpie $\Delta_B H$ für Methan nach dem Satz von Hess und vergleichen Sie diese mit einem Literaturwert (Tabellenwerk)!

$$\Delta_C H\ (\text{Methan}) = -890{,}0\ \text{kJ} \cdot \text{mol}^{-1}$$
$$\Delta_B H\ (H_2O,\ l) = -285{,}8\ \text{kJ} \cdot \text{mol}^{-1}$$

7.13 Momentan versucht man, den klassischen Fahrzeugtreibstoff Benzin durch Methanol zu ersetzen. Benzin (hier nur als Isooctan angenommen) liefert bei vollständiger Verbrennung zu CO_2 und H_2O (g) eine Verbrennungswärme von $48 \cdot 10^3\ \text{kJ} \cdot \text{kg}^{-1}$.

a) Berechnen Sie die Verbrennungswärme für 1 kg Methanol!

	Methanol	Wasser	Kohlendioxid
$\Delta_B H$	−238,7	−241,8	−393,5

Werte in kJ · mol⁻¹

b) Vergleichen Sie die spezifischen Verbrennungswärmen von Benzin und Methanol miteinander. Welche Schlussfolgerungen ziehen Sie bezüglich der Tankgröße der Fahrzeuge, wenn sie mit diesem alternativen Treibstoff angetrieben werden würden? (Die Dichten von beiden Treibstoffarten werden als gleich groß angenommen.)

8 Chemisches Gleichgewicht und Massenwirkungsgesetz

8.1 Umkehrbarkeit chemischer Reaktionen

Beim Verlauf chemischer Reaktionen werden aus den Ausgangsstoffen Reaktionsprodukte gebildet. Ein Richtungspfeil verbindet die beiden Seiten der chemischen Gleichung

$$A + B \rightarrow C + D$$

Man sagt, die Reaktion verläuft von den Stoffen A und B ausgehend in Richtung auf die Stoffe C und D. Chemische Reaktionen können jedoch nicht nur in der einen (Hinreaktion), sondern auch in der umgekehrten Richtung (Rückreaktion) ablaufen.

$$C + D \rightarrow A + B$$

Im allgemeinen gibt es zu jeder Reaktion eine Gegenreaktion.

■ Chemische Reaktionen sind im allgemeinen umkehrbar.

Zwei Beispiele sollen diese Tatsache erläutern:

Rotes Quecksilber(II)-oxid zerfällt bei Temperaturen über 400 °C in Quecksilber und Sauerstoff:

$$2\,HgO \rightarrow 2\,Hg + O_2$$

Umgekehrt aber bildet sich dieses Quecksilberoxid, wenn bei einer Temperatur von etwa 300 °C elementares Quecksilber und gasförmiger Sauerstoff längere Zeit in einem geschlossenen Gefäß miteinander in Berührung stehen:

$$2\,Hg + O_2 \rightarrow 2\,HgO$$

Ebenfalls umkehrbar ist die Bildung von Kohlensäure beim Einleiten von gasförmigem Kohlendioxid in Wasser. Neben dem physikalischen Vorgang des Lösens erfolgt auch ein chemischer Umsatz. Dabei bildet ein wesentlich geringerer Teil des Kohlendioxids (nämlich nur 0,2 %) mit dem Wasser Kohlensäure:

$$CO_2 + H_2O \rightarrow H_2CO_3$$

Andererseits ist die Kohlensäure wenig stabil, sie zerfällt beim Erwärmen in Kohlendioxid und Wasser:

$$H_2CO_3 \rightarrow CO_2 + H_2O$$

Welche Richtung der Reaktionsverlauf nimmt, d. h., ob die Reaktion oder die Gegenreaktion bevorzugt abläuft, hängt von den *äußeren Bedingungen*, wie *Druck, Temperatur* und *Konzentration* der Ausgangsstoffe, ab. Die obigen Beispiele zeigen das deutlich. Ob das Quecksilber(II)-oxid aus den Elementen gebildet wird oder aber in die Elemente zerfällt, hängt vor allem von der beim Versuch gewählten Temperatur ab. Kohlensäure bildet sich vor allem dann, wenn Kohlendioxid unter Druck in Wasser eingeleitet wird (z. B. Herstellung von Selterswasser). Fällt der erhöhte Druck weg (Öffnen einer Selterswasserflasche), so beginnt das gelöste Kohlendioxid teilweise zu entweichen. Gleichzeitig zerfällt auch die in geringem Maße gebildete Kohlensäure H_2CO_3 allmählich wieder in Kohlendioxid und Wasser. Nicht bei allen chemischen Reaktionen ist die Gegenreaktion leicht zu beobachten. In vielen Fällen ist die Umkehrung einer Reaktion kaum wahrnehmbar, da die äußeren Bedingungen für den umgekehrten Reaktionsablauf nur sehr schwer zu erreichen sind.

8.2 Chemisches Gleichgewicht

Der bei einem chemischen Vorgang zu beobachtende Stoffumsatz, d. h. die Bildung der Reaktionsprodukte aus den Ausgangsstoffen, ist nicht nur das Ergebnis der Hinreaktion. Die äußerlich am Stoffumsatz zu erkennende Gesamtreaktion setzt sich vielmehr aus der gleichzeitig ablaufenden Hin- und Rückreaktion zusammen.

■ Bei einem chemischen Vorgang laufen gleichzeitig Hin- und Rückreaktion ab.

Dies steht in scheinbarem Widerspruch zu der Tatsache, dass chemische Vorgänge – je nach den äußeren Bedingungen – in der einen oder anderen Richtung verlaufen.

An einem Beispiel soll dieser Widerspruch aufgeklärt werden.

Iodwasserstoff HI, ein Gas, zerfällt beim Erhitzen teilweise, je nach der Höhe der Temperatur, in Iod und Wasserstoff.

$$2\,HI \rightarrow H_2 + I_2$$

Ein solcher Vorgang wird als *thermische Dissoziation*, d. h. Zerfall unter dem Einfluss von Wärme, bezeichnet.

Beim Erhitzen von Iodwasserstoff auf 300 °C zerfallen etwa 20 % aller Iodwasserstoffmoleküle in Iod- und Wasserstoffmoleküle. Betrachtet man jetzt willkürlich 100 Iodwasserstoffmoleküle, die in dem angenommenen Ausmaß von 20 % dissoziieren, so sind nach einer bestimmten Reaktionszeit 20 dieser Iodwasserstoffmoleküle in 10 Iod- und 10 Wasserstoffmoleküle zerfallen. Dieser Anzahl von Molekülen stehen 80 undissoziiert gebliebene Iodwasserstoffmoleküle gegenüber. Durch das Erhitzen des Iodwasserstoffs ist der durch vorstehende Gleichung wiedergegebene chemische Vorgang abgelaufen, allerdings nur unvollständig. Neben den in der Gleichung genannten Endprodukten H_2 und I_2 liegt auch noch ein großer Teil des Ausgangsstoffes HI vor. Werden die äußeren Bedingungen (Temperatur, Konzentration) konstant gehalten, so ändert sich an dieser Zusammensetzung des Gemisches auch im Verlauf längerer Zeit nichts mehr. Stets liegen von 100 Iodwasserstoffmolekülen 20 dissoziiert und 80 undissoziiert vor.

Im Bild 8.1 werden die Massenverhältnisse bei diesem Dissoziationsvorgang graphisch dargestellt. Zu Beginn (t_0) des Dissoziationsvorganges liegen 100 % Iodwasserstoffmoleküle (Kurve *1*) vor. Mit fortschreitender Zeit steigt die Temperatur, und der Anteil der Iodwasserstoffmoleküle nimmt ab, die Kurve *1* fällt, während der Anteil der Wasserstoff- und Iodmoleküle in gleichem Maße zunimmt, die Kurve *2* steigt. Zum Zeitpunkt t_g ist das der Temperatur von 300 °C entsprechend konstante Gleichgewichtsverhältnis erreicht.

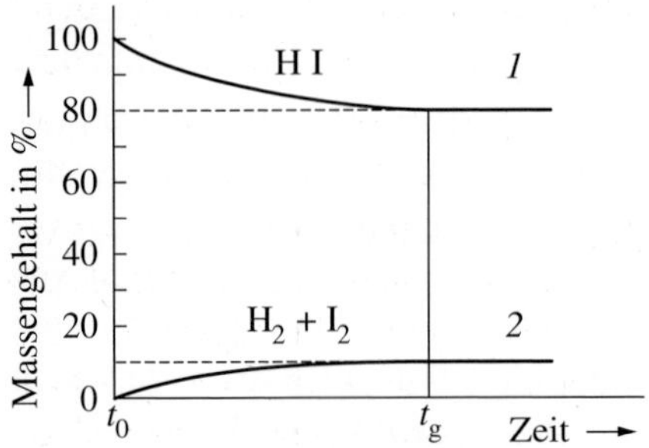

Bild 8.1 Bei der thermischen Dissoziation von Iodwasserstoff nimmt der Anteil der undissoziierten Iodwasserstoffmoleküle HI im gleichen Maße ab, wie der Anteil der Wasserstoff- und Iodmoleküle H_2 und I_2 zunimmt

Das nach Erreichen von 300 °C aus den zu Beginn willkürlich herausgegriffenen 100 Iodwasserstoffmolekülen entstandene System von 80 Iodwasserstoffmolekülen einerseits und je 10 Wasserstoff- und Iodmolekülen andererseits befindet sich aber nur scheinbar in Ruhe.

Tatsächlich zerfallen ständig weitere Iodwasserstoffmoleküle. Gleichzeitig treten jedoch im gleichen Verhältnis Wasserstoffmoleküle und Iodmoleküle wieder zu Iodwasserstoffmolekülen zusammen:

$$H_2 + I_2 \rightarrow 2\,HI$$

Neben der Hinreaktion (Bildung von H_2 und I_2) läuft gleichzeitig die Rückreaktion (Bildung von HI) ab.

Die Rückreaktion setzt bereits ein, sobald sich die ersten Wasserstoff- und Iodmoleküle gebildet haben. Da die Anzahl dieser Moleküle zu Beginn nur gering ist, läuft die Rückreaktion zunächst nur sehr langsam ab. Bedeutend größer ist die Geschwindigkeit der Hinreaktion, so dass anfangs sehr viel mehr Wasserstoff- und Iodmoleküle entstehen, als umgekehrt sich aus ihnen Iodwasserstoffmoleküle zurückbilden. Mit der steigenden Zahl von Wasserstoff- und Iodmolekülen nimmt aber auch die Wahrscheinlichkeit zu, dass zwei solcher Moleküle aufeinander treffen und sich zu einem Iodwasserstoffmolekül vereinigen, d. h., die Geschwindigkeit der Rückreaktion nimmt kontinuierlich zu. Andererseits nimmt während der Hinreaktion die Zahl der Iodwasserstoffmoleküle ständig ab. Dadurch kommen immer weniger Moleküle für einen Zerfall in Betracht, d. h., die Hinreaktion wird langsamer. Wenn der Reaktionsablauf nach außen zum Stillstand gekommen ist, so bedeutet das, dass Hin- und Rückreaktion die gleiche Geschwindigkeit besitzen. Dieser Zustand wird *Gleichgewichtszustand* genannt. Der Zeitpunkt, zu dem sich dieser Gleichgewichtszustand einstellt, wurde im Bild 8.1 bei t_g erreicht. Da Hin- und Rückreaktion auch weiterhin ablaufen, handelt es sich hier um ein *dynamisches* Gleichgewicht, im Gegensatz zum statischen Gleichgewicht, wie es beispielsweise von gleichmäßig belasteten Waagschalen bekannt ist. In dem chemischen System, bestehend aus Iodwasserstoff-, Waserstoff- und Iodmolekülen, herrscht ein chemisches Gleichgewicht. Das bedeutet, dass in einer Zeiteinheit ebenso viel Iodwasserstoffmoleküle zerfallen wie entstehen. Das gleiche gilt für die Wasserstoff- und Iodmoleküle. Das im Gleichgewichtszustand vorliegende Mengenverhältnis von Ausgangsstoffen und Endprodukten wird Lage des Gleichgewichts genannt.

Was hier am Beispiel der Dissoziation des Iodwasserstoffs dargestellt wurde, gilt auch für andere chemische Reaktionen:

> Bei einem chemischen Vorgang laufen gleichzeitig Hinreaktion und Rückreaktion ab. Alle chemischen Reaktionen verlaufen im allgemeinen so, dass ein Gleichgewichtszustand erreicht wird. Im Gleichgewichtszustand verlaufen Hin- und Rückreaktion mit gleicher Geschwindigkeit, damit ist die Reaktion äußerlich beendet. Das Mengenverhältnis der entstandenen Reaktionsprodukte zu den nicht umgesetzten Ausgangsstoffen hat bei gleichbleibenden äußeren Bedingungen einen feststehenden Wert erreicht.

Um auch in einer chemischen Gleichung auszudrücken, dass eine chemische Reaktion zu einem Gleichgewichtszustand führt, verbindet man die beiden Seiten der Gleichung durch zwei entgegengesetzt gerichtete Pfeile. Für die Dissoziation des Iodwasserstoffs lautet dann die vervollständigte Gleichung:

$$2\,HI \rightleftharpoons H_2 + I_2$$

Wenn chemische Reaktionen zu einem Gleichgewichtszustand führen, so bedeutet das zugleich, dass die Stoffumsetzung unvollständig verläuft. Stets befinden sich am Ende der Gesamtreaktion Ausgangsstoffe und Reaktionsprodukte miteinander im Gleichgewicht, d. h., sie liegen nebeneinander vor. Bei vielen Reaktionen ist der erreichte Gleichgewichtszustand allerdings so beschaffen, dass die Konzentration der Ausgangsstoffe sehr klein und die der Reaktionsprodukte sehr groß ist. Man sagt: Das Gleichgewicht liegt weit auf der Seite der Reaktionsprodukte. Eine Reaktion, die einem solchen Gleichgewichtszustand zustrebt, verläuft demnach praktisch vollständig.

Ob eine chemische Reaktion nahezu vollständig oder wegen der ungünstigen Gleichgewichtslage nur unvollständig ablaufen kann, ist von großem praktischem Interesse. Bei vollständig ablaufenden Reaktionen ist es im Prinzip möglich, aus einer bestimmten Menge von Ausgangsstoffen die stöchiometrisch errechenbare Menge an Reaktionsprodukten zu gewinnen. Liegt dagegen der Gleichgewichtszustand der Reaktion nicht völlig auf der Seite der Reaktionsprodukte, so ist auch nach Beendigung der Reaktion nicht die Gesamtmenge aller Ausgangsstoffe umgesetzt. Die Ausbeute ist mehr oder weniger schlecht. Das bedeutet jedoch einen höheren Bedarf an Einsatzmaterial, bezogen auf eine bestimmte Menge Fertigprodukte. Außerdem ist das Fertigprodukt mit den Einsatzstoffen verunreinigt; mindestens eine Reinigungsstufe muss dem Verfahren angeschlossen werden. Ein Herstellungsverfahren ist somit weniger wirtschaftlich. Es ist jedoch möglich, durch äußere Maßnahmen die Lage des chemischen Gleichgewichts z. B. auf die Seite der Reaktionsprodukte zu verschieben und damit die Ausbeute zu erhöhen. Der folgende Abschnitt beschäftigt sich mit dieser in der Praxis wichtigen Tatsache.

8.3 Verschiebung der Gleichgewichtslage

Die Lage des chemischen Gleichgewichts hängt von drei Faktoren ab:
a) von dem Druck, unter dem die Reaktionsteilnehmer stehen,
b) von der Temperatur, bei der die Reaktion abläuft,
c) vom Mengenverhältnis (von den Konzentrationen) der an der Reaktion beteiligten Stoffe.

In welcher Weise diese drei Faktoren die Lage des Gleichgewichts beeinflussen, wird durch das Prinzip vom kleinsten Zwang bestimmt:

> Übt man auf ein System, das sich im Gleichgewichtszustand befindet, durch Änderung der äußeren Bedingungen einen Zwang aus, so verschiebt sich die Lage des Gleichgewichts derart, dass der äußere Zwang vermindert wird. Das System weicht dem äußeren Zwang aus.

Es handelt sich hier um eine Gesetzmäßigkeit, die auch als *Prinzip von Le Chatelier und Braun* bezeichnet wird. Das Wirken dieses Prinzips lässt sich auch in den folgenden Beispielen nachweisen, in denen der Einfluss von Druck, Temperatur und Mengenverhältnis auf die Lage des Gleichgewichts betrachtet wird.

8.3.1 Einfluss des Drucks

Für den Einfluss des Drucks auf die Lage des chemischen Gleichgewichts gilt folgender Satz:

> Die Gleichgewichtslage einer chemischen Reaktion wird durch Änderung des Drucks verschoben, wenn das Volumen der gasförmigen Reaktionsprodukte von dem der gasförmigen Ausgangsstoffe verschieden ist.
> Durch Druckerhöhung wird das Gleichgewicht nach der Seite der Stoffe mit dem geringeren Volumen, durch Druckerniedrigung nach der Seite der Stoffe mit dem größeren Volumen verschoben.

Ein geeignetes Beispiel für diesen Zusammenhang ist die Synthese des Ammoniaks aus den Elementen.

Bei der Bildung von Ammoniak aus den Elementen nimmt das Volumen der beteiligten Stoffe ab. Nach dem Avogadroschen Gesetz entstehen aus einem Raumteil Stickstoff und drei Raumteilen Wasserstoff zwei Raumteile Ammoniak:

$$\boxed{N_2} + \boxed{H_2}\ \boxed{H_2}\ \boxed{H_2} \rightleftharpoons \boxed{NH_3}\ \boxed{NH_3}$$

1 Raumteil 3 Raumteile 2 Raumteile

Die Ausgangsstoffe nehmen also insgesamt vier Raumteile, das Reaktionsprodukt nimmt dagegen nur zwei Raumteile ein. Die Reaktion verläuft von links nach rechts unter Volumenverminderung.

Nach dem Prinzip des kleinsten Zwanges wird bei einer Erhöhung des Drucks diejenige Reaktion begünstigt, die unter Volumenverminderung abläuft, also im vorliegenden Beispiel die Hinreaktion, die Bildung von Ammoniak. Das System Stickstoff-Wasserstoff-Ammoniak weicht dem Zwang (Druckerhöhung) aus, indem ein Stoff mit kleinerem Volumen (Ammoniak) gebildet wird. Die Rückreaktion, der Zerfall des Ammoniaks, wird durch die Druckerhöhung gehemmt, weil diese Reaktion unter Volumenvergrößerung abläuft und damit der äußere Zwang noch vergrößert würde. Durch Druckerhöhung wird also die Lage des chemischen Gleichgewichts nach der Seite des Ammoniaks verschoben (Tabelle 8.1). Um bei der Ammoniaksynthese eine hohe Ausbeute zu erreichen, muss demnach ein möglichst hoher Druck angewendet werden. In der Technik wird unter einem Druck von mindestens 20 MPa gearbeitet.

Tabelle 8.1 Ammoniakanteile im Gleichgewicht mit Stickstoff und Wasserstoff in Abhängigkeit vom Druck bei einer konstanten Temperatur von 400 °C

Druck	Ammoniakanteil im Gasgemisch
0,1 MPa	0,4 Vol.-%
10 MPa	26 Vol.-%
20 MPa	36 Vol.-%
30 MPa	46 Vol.-%
60 MPa	66 Vol.-%
100 MPa	80 Vol.-%

Es gibt auch Gasphasenreaktionen, auf die die Veränderung des Drucks keinen Einfluss hat. Zum Beispiel zerfällt Iodwasserstoff HI beim Erwärmen nach der Gleichung

$$2\,HI \rightarrow H_2 + I_2$$

in Wasserstoffgas und Ioddampf. Aus zwei Raumteilen des Ausgangsstoffes (HI) entstehen hier zwei Raumteile der Endprodukte (H_2, I_2):

$$\boxed{HI} + \boxed{HI} \rightleftharpoons \boxed{H_2} + \boxed{I_2}$$

2 Raumteile 2 Raumteile

Das Gesamtvolumen bleibt also bei dieser Reaktion nahezu unverändert, und daher wird die Gleichgewichtslage durch Veränderung des Druckes nicht beeinflusst.

8.3.2 Einfluss der Temperatur

Für den Einfluss der Temperatur auf die Lage eines chemischen Gleichgewichts gilt folgender Satz:

> Bei Erhöhung der Temperatur wird eine im Gleichgewicht befindliche chemische Reaktion nach der Seite der Stoffe verschoben, zu deren Bildung Wärmeenergie verbraucht wird: eine endotherme Reaktion wird begünstigt. Bei Erniedrigung der Temperatur verlagert sich das Gleichgewicht nach der Seite der Stoffe, bei deren Entstehung Wärmeenergie frei wird: eine exotherme Reaktion wird begünstigt.

Da sämtliche chemischen Reaktionen mit einem Energieaustausch verbunden sind, übt die Temperatur (besser die ausgetauschte Wärmeenergie) auf alle chemischen Umsetzungen einen derartigen Einfluss aus. Als geeignetes Beispiel soll auch hier die Ammoniaksynthese herangezogen werden. Die um die molare Reaktionsenthalpie erweiterte Gleichung lautet:

$$N_2 + 3\,H_2 \rightleftharpoons 2\,NH_3 \qquad \Delta H = -92{,}1\ \mathrm{kJ \cdot mol^{-1}}$$

Daraus ist abzulesen, dass es sich bei der Bildung des Ammoniaks um eine exotherme Reaktion handelt, während die Spaltung des Ammoniaks in Stickstoff und Wasserstoff endotherm, d. h. unter Aufnahme von Wärmeenergie verlaufen würde. In Tabelle 8.2 wurden einige Werte zusammengestellt, die zeigen, wie der Ammoniakanteil im Gasgemisch von der Temperatur beeinflusst wird. Man erkennt, dass sich bei Temperaturerhöhung das Gleichgewicht nach der Seite des Ammoniakzerfalls verschiebt, da hierbei Wärme verbraucht wird. Um eine hohe Ausbeute an Ammoniak zu erhalten, muss also bei möglichst niedrigen Temperaturen gearbeitet werden. In der Technik kann man allerdings kaum die Temperatur von 400 °C unterschreiten, da sich sonst das Gleichgewicht zu langsam einstellen würde.

Tabelle 8.2 Ammoniakanteile im Gleichgewicht mit Stickstoff und Wasserstoff in Abhängigkeit von der Temperatur bei einem konstanten Druck von 20 MPa

Temperatur	Ammoniakanteil im Gasgemisch
300 °C	63 Vol.-%
400 °C	36 Vol.-%
500 °C	18 Vol.-%
600 °C	8 Vol.-%
700 °C	4 Vol.-%

8.3.3 Einfluss der Konzentration

Den Einfluss der Konzentration auf die Lage des chemischen Gleichgewichts beschreibt der Satz:

> Die Gleichgewichtslage einer chemischen Reaktion wird bei Erhöhung der Konzentration eines der Ausgangsstoffe auf die Seite der Endprodukte verschoben, d. h., die Ausbeute an Endprodukten steigt.

Die für die großtechnische Synthese von Schwefelsäure wichtige Oxidation des Schwefeldioxids zum Schwefeltrioxid erfordert nach der bekannten stöchiometrischen Berechnungsweise den Einsatz von 64 Massenteilen Schwefeldioxid auf 16 Massenteile Sauerstoff:

$$SO_2 + \frac{1}{2}O_2 \rightleftharpoons SO_3$$

64 Massenteile 16 Massenteile 80 Massenteile

Bei der großtechnischen Durchführung dieser Synthese bringt man jedoch nicht Schwefeldioxid und Sauerstoff in dem stöchiometrisch errechneten Mengenverhältnis in den Reaktor, sondern verwendet ein Gemisch mit weit höherem Sauerstoffanteil. Man erreicht damit eine wesentliche größere Ausbeute an dem erstrebten Schwefeltrioxid. Ursache dieser Ausbeutesteigerung ist eine Verschiebung des Gleichgewichts der Reaktion nach rechts, zugunsten des Endproduktes. Die gleiche Wirkung ließe sich mit einem Überschuss an Schwefeldioxid erreichen; sie wäre jedoch nicht sinnvoll, da es gerade darum geht, das Schwefeldioxid, dessen Gewinnung erhebliche Kosten verursacht, wirtschaftlich auszunutzen. Der in der Luft enthaltene Sauerstoff steht dagegen in jeder Menge zur Verfügung.

Mit Hilfe des Prinzips vom kleinsten Zwang lässt sich das wiederum leicht erklären. Die 64 Massenteile Schwefeldioxid und die 16 Massenteile Sauerstoff setzen sich nicht vollständig miteinander um. Beim Erreichen des Gleichgewichtszustandes liegen noch beträchtliche Anteile an Schwefeldioxid und Sauerstoff im Gemisch mit dem entstandenen Schwefeltrioxid vor. Ist jedoch Sauerstoff (oder auch Schwefeldioxid) im Überschuss vorhanden, so weicht das chemische System dem äußeren Zwang (Erhöhung der Konzentration eines Ausgangsstoffes) aus. Weiteres Schwefeldioxid wird zu Schwefeltrioxid umgesetzt, bis eine neue, jetzt weiter nach rechts verschobene Gleichgewichtslage erreicht ist. Die Ausbeute an Schwefeltrioxid steigt (→ Aufg. 8.1 bis 8.3).

8.4 Chemisches Gleichgewicht in heterogenen Systemen

Die vorstehenden Betrachtungen gelten in dieser allgemeinen Form nur für Reaktionen, die innerhalb eines *homogenen Systems* (→ Abschn. 2.4) ablaufen. Im allgemeinen gibt es zwei Arten von homogenen Systemen: Gasgemische und echte Lösungen. Die oben als Beispiele verwendete Dissoziation des Iodwasserstoffs, die Ammoniaksynthese und die Oxidation des Schwefeldioxids sind solche Reaktionen in homogenen Systemen. Davon müssen Reaktionen unterschieden werden, die in *heterogenen Systemen* (→ Abschn. 2.4) ablaufen. Um heterogene Systeme handelt es sich stets dann, wenn die an der Reaktion beteiligten Stoffe in verschiedenen Aggregatzuständen (besser Phasen) vorliegen, z. B. bei der Verbrennung von Kohlenstoff zu Kohlendioxid:

$$C + O_2 \rightarrow CO_2$$

fest gasförmig gasförmig

Besonders in heterogenen Systemen ist es gut möglich, den Reaktionsablauf so zu gestalten, dass der Gesamtumsatz vollständig erfolgt:

In einem heterogenen System stellt sich kein chemisches Gleichgewicht ein, wenn eine Phase ständig aus dem System austritt. Die Reaktion verläuft in diesem Falle vollständig in die Richtung, die zur Bildung des Stoffes führt, der aus dem System entweicht.

Das Entfernen eines der Reaktionsprodukte aus dem chemischen Gleichgewicht erfolgt, wenn bei der Reaktion ein gasförmiges Produkt entsteht und die Reaktion in einem offenen Gefäß abläuft. Ein Beispiel von großer technischer Bedeutung ist das Brennen von Kalkstein. Dabei wird Calciumcarbonat (Kalkstein) $CaCO_3$ in Calciumoxid (Branntkalk) CaO und Kohlendioxid CO_2 zerlegt:

$$CaCO_3 \rightarrow CaO + CO_2$$

Würde es sich um ein geschlossenes System handeln, d. h., würde das Brennen des Kalksteins in einem geschlossenen Gefäß erfolgen, so käme die Reaktion äußerlich zum Stillstand, lange bevor sämtliches Calciumcarbonat verbraucht wäre. Es würde sich wieder ein Gleichgewichtszustand einstellen. Ebenso wenig käme es zu einer vollständigen Umsetzung, wenn in einem geschlossenen Gefäß Kohlendioxid auf Calciumoxid einwirkt.

$$CaO + CO_2 \rightarrow CaCO_3$$

Auch hier stellt sich ein den vorliegenden Bedingungen entsprechender Gleichgewichtszustand ein. Es liegt ein heterogenes System vor, das aus drei Phasen besteht, und zwar aus zwei festen Phasen ($CaCO_3$ und CaO) und einer Gasphase (CO_2). Bei dem technischen Prozess des Kalkbrennens ist man aber daran interessiert, dass sich das Calciumcarbonat möglichst vollständig zu Calciumoxid umsetzt. Das ist leicht zu erreichen, indem man die Reaktion nicht in einem geschlossenen, sondern in einem offenen System ablaufen lässt, d. h. in einem Schacht- oder Ringofen, aus dem die Gasphase ständig abgeführt wird. Durch einen senkrecht nach oben gerichteten Pfeil bringt das die folgende Gleichung zum Ausdruck:

$$CaCO_3 \rightarrow CaO + CO_2 \uparrow$$

Da aus dem System eine Phase ständig entweicht, kann sich hier kein chemisches Gleichgewicht einstellen. Das Gleichgewicht wird dauernd gestört. Da die Gleichgewichtslage erneut angestrebt wird, reagieren allgemein in so einem Fall noch nicht umgesetzte Ausgangsstoffe weiter miteinander, bis die Reaktion quantitativ nach rechts abgelaufen ist.

Das Entfernen eines der Reaktionsprodukte aus dem Gleichgewichtssystem erfolgt auch, wenn in einer Lösung ein Stoff als Niederschlag ausgefällt wird. Bekannt ist z. B. der analytische Nachweis von Sulfationen mit Bariumchloridlösung. Dafür gilt folgende Ionenreaktion:

$$Ba^{2+}\,2\,Cl^- + SO_4^{2-} \rightarrow BaSO_4\downarrow + 2\,Cl^-$$

Ist Bariumsulfat aus einer wässrigen Lösung ausgefallen, so tritt der entstandene Niederschlag nicht aus dem vorliegenden System aus, sondern er bildet eine neue Phase. Es handelt sich dann um ein heterogenes System. Zwischen den beiden Phasen (1. wässrige Lösung mit sehr wenigen Barium- und Sulfationen, 2. Bodenkörper von Bariumsulfat) liegt wieder ein dynamisches Gleichgewicht vor. Es treten ständig Barium- und Sulfationen zu ungelöstem Bariumsulfat zusammen, während im gleichen Maße Bariumsulfat in Form seiner Ionen in

Lösung geht. Dieses Gleichgewicht liegt aber weit auf der Seite des praktisch ungelösten Bariumsulfats. Der Lösung werden die Barium- und die Sulfationen durch deren Übergang in die feste Phase fast vollständig entzogen. Das Gleichgewicht liegt auf der rechten Seite und der Gesamtvorgang kann in folgender Form vereinfacht dargestellt werden:

$$\underset{\text{gelöst}}{Ba^{2+}} + \underset{\text{gelöst}}{SO_4^{2-}} \rightleftharpoons \underset{\text{ungelöst}}{BaSO_4}$$

Wenn Bariumchlorid im Überschuss zugesetzt wird (gleichioniger Zusatz), erhöht sich die Konzentration der Bariumionen. Dadurch wird nach dem Prinzip vom kleinsten Zwang die Lage des Gleichgewichts noch mehr nach der Seite des ungelösten Bariumsulfats verschoben. Die Sulfationen werden dadurch praktisch quantitativ ausgefällt, d. h., in der Lösung bleibt nur eine außerordentlich geringe, für die praktische Analyse bedeutungslose Zahl an Sulfationen zurück (→ Aufg. 8.4 und 8.5). Der Pfeil der Rückreaktion (von rechts nach links) kann in diesem Falle auch weggelassen werden.

8.5 Beschleunigte Gleichgewichtseinstellung

Das chemische Gleichgewicht stellt sich im allgemeinen nicht momentan ein, es ist dafür eine gewisse Zeit erforderlich (siehe Bild 8.1). Die Geschwindigkeit der Gleichgewichtseinstellung kann aber beschleunigt (oder verzögert) werden. Dies kann auf zweierlei Art geschehen:

1. durch Temperaturerhöhung,
2. durch Katalysatoren.

8.5.1 Einfluss der Temperatur

Durch Erwärmen des Reaktionsgemisches stellt sich das chemische Gleichgewicht schneller ein. Alle chemischen Reaktionen verlaufen in der Kälte langsamer als in der Wärme[1]. Beim absoluten Nullpunkt, d. h. bei $-273{,}15$ °C, würde überhaupt keine Umsetzung mehr stattfinden. Für alle Gleichgewichtsreaktionen gilt:

> Je höher die Temperatur ist, bei der eine Gleichgewichtsreaktion abläuft, um so schneller wird der Gleichgewichtszustand erreicht.

Es ist zu beachten, dass die Temperatur in zweifacher Hinsicht Einfluss auf das chemische Gleichgewicht ausübt. Einerseits wird die Lage des Gleichgewichts verschoben (→ Abschn. 8.3.2), und andererseits wird die Reaktionsgeschwindigkeit beeinflusst, mit der sich das Gleichgewicht einstellt. Die Oxidation des Schwefeldioxids zu Schwefeltrioxid ist ein anschauliches Beispiel für diese doppelte Auswirkung der Temperatur (besser Wärmeenergie):

$$2\,SO_2 + O_2 \rightleftharpoons 2\,SO_3 \qquad \Delta H = -184{,}2\,\text{kJ} \cdot \text{mol}^{-1}$$

Um bei dieser Reaktion eine günstige Ausbeute an Schwefeltrioxid SO_3 zu erhalten, besteht einerseits die Forderung, bei möglichst niedrigen Temperaturen zu arbeiten: Das Gleichgewicht wird dann nach rechts verschoben, da die Hinreaktion exotherm verläuft. Andererseits

[1] Bei einer Temperaturerhöhung um 10 Grad steigt die Reaktionsgeschwindigkeit im allgemeinen auf das 2- bis 4fache (sog. RGT-Regel).

stellt sich der Gleichgewichtszustand bei niedrigen Temperaturen so langsam ein, dass sich nach angemessener Zeit erst ein kleiner Teil des Schwefeldioxids SO_2 und des Sauerstoffs umgesetzt hat. Bei hohen Temperaturen stellt sich zwar das Gleichgewicht rascher ein, gleichzeitig wird aber die Gleichgewichtslage ungünstig beeinflusst, d. h. der Schwefeltrioxidanteil im Gasgemisch verringert. Man ist in einem solchen Falle gezwungen, einen günstigen Mittelweg zu suchen. Im Falle der Schwefeltrioxid-Synthese arbeitet die chemische Technik bei Temperaturen zwischen 400 und 600 °C.

8.5.2 Einfluss von Katalysatoren

Die Anwesenheit bestimmter Stoffe, *Katalysatoren* genannt, führt bei chemischen Reaktionen zu einer beschleunigten (durch positive Katalysatoren) oder verzögerten (durch negative Katalysatoren) Gleichgewichtseinstellung. Katalysatoren haben keinen Einfluss auf die Lage des Gleichgewichts. Im Verlauf der Reaktion werden sie im Idealfall nicht verbraucht.

> Katalysatoren sind Stoffe, die die Geschwindigkeit einer chemischen Reaktion verändern, d. h. die Gleichgewichtseinstellung beschleunigen oder verzögern. Katalysatoren gehen aus der Reaktion unverändert wieder hervor.

Es ist eine Eigenart des Katalysators, dass dieser Stoff, der eine bestimmte Reaktion katalysiert, bei anderen Reaktionen wirkungslos ist. Wie ein Schlüssel nur zu einem bestimmten Schloss (oder zu wenigen Schlössern) passt, so wirkt ein spezieller Katalysator nur auf bestimmte Reaktionen ein. Die Wirkungsweise der verschiedenen Katalysatoren erwies sich, soweit sie bisher aufgeklärt werden konnte, als sehr kompliziert. Bei den technisch verwendeten Katalysatoren (als Feststoffkatalysatoren auch *Kontakte* genannt) handelt es sich meist um Stoffe, die auf Grund von vielen praktischen Versuchen ausgewählt wurden. Sehr oft sind solche Katalysatoren Gemenge verschiedener Stoffe. Katalysatoren spielen in der chemischen Technik eine sehr große Rolle, weil mit ihrer Hilfe Reaktionen bei relativ niedrigen Temperaturen mit ausreichender Reaktionsgeschwindigkeit durchgeführt werden können. Ohne Katalysatoren würden viele Reaktionen in der Praxis nicht realisierbar sein.

Besondere Bedeutung besitzen Katalysatoren für exotherme Reaktionen, bei denen eine Temperaturerhöhung eine ungünstige Gleichgewichtsverschiebung (in Richtung der Ausgangsstoffe) bewirkt, z. B. für die bereits erwähnte Synthese von Schwefeltrioxid SO_3 aus Schwefeldioxid SO_2 und Sauerstoff. Hier kann durch Katalysatoren erreicht werden, dass diese Reaktion schon bei einer Temperatur, die eine einigermaßen günstige Gleichgewichtslage bewirkt, mit hinreichender Geschwindigkeit abläuft.

Im Bild 8.2 wird schematisch am Beispiel der Schwefeltrioxid-Synthese der Einfluss veranschaulicht, den Temperatur und Katalysator auf die Reaktionszeit ausüben, in der sich das chemische Gleichgewicht einstellt. Bei 400 °C liegt das Gleichgewicht weit auf der Seite der unkatalysierten Schwefeltrioxidbildung:

$$2\,SO_2 + O_2 \rightleftharpoons 2\,SO_3$$

Bei dieser Temperatur stellt sich aber das Gleichgewicht so langsam ein, dass bis zum Zeitpunkt t_G eine für die technische Nutzung des Verfahrens viel zu lange Zeit vergehen würde. Durch Temperaturerhöhung auf 600 °C kann zwar erreicht werden, dass sich das Gleichgewicht wesentlich

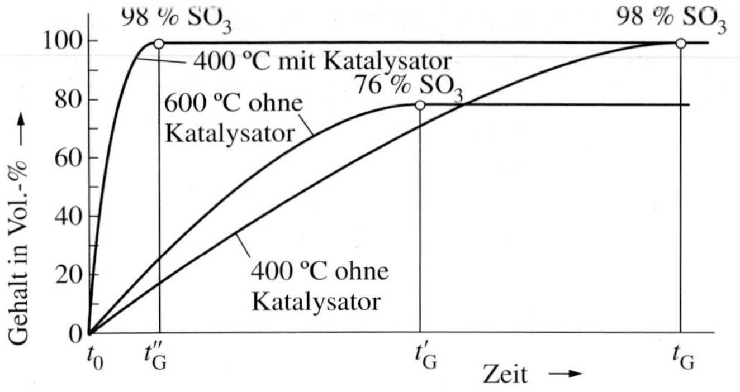

Bild 8.2 Einfluss der Temperatur auf die Lage des Gleichgewichts $2\ SO_2 + O_2 \rightleftharpoons 2\ SO_3$ *und eines Katalysators auf die Geschwindigkeit, mit der sich dieses Gleichgewicht einstellt (schematisch)*

rascher (schon zum Zeitpunkt t'_G) einstellt; dabei wird aber die Lage des Gleichgewichts erheblich in Richtung der Ausgangsstoffe verschoben, wodurch die Ausbeute an Schwefeltrioxid beträchtlich sinkt. Außerdem ist auch bei 600 °C die Geschwindigkeit der Gleichgewichtseinstellung für eine wirtschaftliche Durchführung des Verfahrens noch zu gering. Durch Einsatz eines Katalysators (heute meist Vanadiumpentoxid V_2O_5) wird die Geschwindigkeit der Reaktion so stark beschleunigt, dass man schon bei der für die Ausbeute günstigen Temperatur von 400 °C arbeiten kann. Der Gleichgewichtszustand ist dann zum Zeitpunkt t''_G erreicht, während er ohne Katalysator bei dieser Temperatur erst zum Zeitpunkt t_G vorliegen würde.

Durch Einsatz eines Katalysators kann erreicht werden, dass eine chemische Reaktion schon bei einer verhältnismäßig niedrigen Temperatur genügend schnell abläuft.

Das ist für exotherme Reaktionen besonders wichtig, da diese nur bei niedrigen Temperaturen eine wirtschaftlich günstige Gleichgewichtslage erreichen.

Auch im lebenden Organismus spielen Katalysatoren eine bedeutsame Rolle. Man nennt sie dort *Fermente* oder *Enzyme*. Die Oxidation des mit der Nahrung aufgenommenen Zuckers zu Kohlendioxid und Wasser erfolgt unter der katalytischen Wirkung solcher Fermente im menschlichen Organismus bereits bei einer Temperatur von +37 °C. Eine Verbrennung des Zuckers ohne Katalysator würde dagegen eine Temperatur von mehreren hundert Grad Celsius erfordern.

8.6 Zusammenwirkung von Druck, Temperatur und Katalysator

Die technische Durchführung der Ammoniaksynthese *(Haber-Bosch-Verfahren)* zeigt, wie die verschiedenen Faktoren zusammenwirken, die ein Gleichgewicht in seiner Lage oder in der Geschwindigkeit, mit der es sich einstellt, beeinflussen. Über die Abhängigkeit des im Gleichgewicht mit Stickstoff und Sauerstoff vorliegenden Anteils an Ammoniak von Druck und Temperatur gibt ein Nomogramm (Bild 8.3) Auskunft. Daraus geht hervor, dass der Ammoniakanteil mit zunehmendem Druck und mit abnehmender Temperatur steigt.

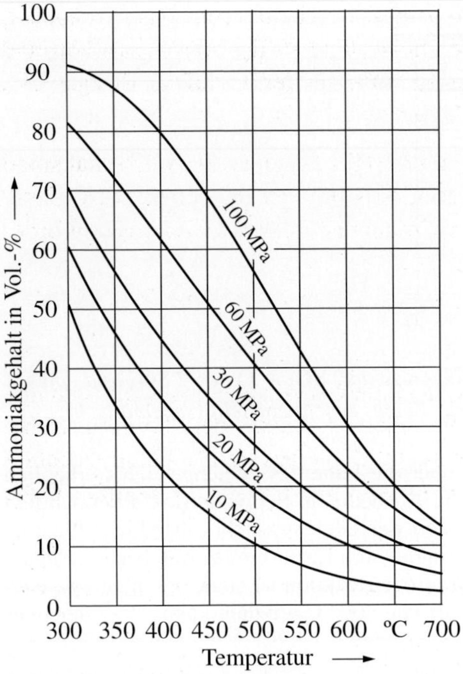

Bild 8.3 Abhängigkeit des im Gleichgewichtszustand vorliegenden Ammoniakanteils von Druck und Temperatur

Es ist aber auch zu beachten, dass mit abnehmenden Temperaturen die Reaktionsgeschwindigkeit sinkt. Um die Synthese des Ammoniaks möglichst wirtschaftlich zu gestalten, bestehen folgende Forderungen:

a) Die Lage des chemischen Gleichgewichts muss möglichst weit nach rechts, d. h. zugunsten der Bildung von Ammoniak, verschoben werden.
b) Das chemische Gleichgewicht muss sich möglichst rasch einstellen.

Als optimale Bedingungen wendet die chemische Technik bei der Ammoniaksynthese im allgemeinen einen Druck von mindestens 20 MPa, eine Temperatur von 500 °C und einen Katalysator an. Bei 20 MPa hält sich die Beanspruchung des Reaktors in erträglichen Grenzen, wobei auch die Gleichgewichtslage nicht allzu ungünstig ist. Mit 500 °C wurde eine Temperatur gefunden, bei der sich mit Hilfe eines Katalysators das Gleichgewicht hinreichend rasch einstellt, ohne dass die Lage des Gleichgewichts allzusehr nach der Seite der Ausgangsstoffe (N_2, H_2) verschoben wird. Wie aus Bild 8.3 hervorgeht, liegen bei 500 °C und 20 MPa 18 Vol.-% Ammoniak im Gleichgewicht vor. Um die Ammoniaksynthese möglichst wirtschaftlich zu gestalten, wird bei ihrer Durchführung nicht abgewartet, bis der Gleichgewichtszustand erreicht ist, sondern die Reaktion wird schon vorher unterbrochen. Zu diesem Zeitpunkt liegen bei 20 MPa und 500 °C etwa 11 % Ammoniak im Gemisch vor. Dieser Zustand ist bereits nach kurzer Zeit erreicht. Bis sich der Gleichgewichtszustand (18 % NH_3) eingestellt hätte, würde ein Mehrfaches dieser Zeit vergehen. Damit erhöht sich die Durchgangsgeschwindigkeit des Synthesegases (N_2, H_2) beträchtlich, und die Leistung des Reaktors liegt höher, als wenn man bei wesentlich geringerer Durchgangsgeschwindigkeit je Durchgang 18 % Ammoniak gewinnen würde. Allerdings ist es wegen des geringen Ammoniakanteils notwendig, das Verfahren in einem Kreisprozess durchzuführen. Das Ammoniak, dessen Kondensationspunkt mit −33,4 °C wesentlich höher liegt als der von Wasserstoff und Stickstoff, wird durch Tiefkühlung aus dem Reaktionsgemisch entfernt, und das Restgas (N_2, H_2) wird immer wieder dem Reaktor zugeführt (→ Abschn. 14.3.1).

Moderne Anlagen arbeiten bei 470 bis 530 °C und 25 bis 35 MPa, wobei ein Ammoniakanteil von 15 bis 20 % erreicht wird. Die Gleichgewichtslage ist bei diesem Druck noch relativ ungünstig, aber bei höheren Drücken ergeben sich extreme und kostenaufwendige Anforderungen an das Material der Reaktoren.

8.7 Reaktionsgeschwindigkeit

Die Geschwindigkeit, mit der eine chemische Reaktion abläuft, wird allgemein daran erkannt, wie schnell sich die Menge der reagierenden Stoffe ändert, d. h. zu- oder abnimmt. Dabei werden die an einer Reaktion beteiligten Mengen meist auf eine bestimmte Volumeneinheit bezogen, also wird die Konzentration angegeben. Daraus ergibt sich die Definition für die Reaktionsgeschwindigkeit:

> Die *Reaktionsgeschwindigkeit* ist die Änderung der Konzentration eines reagierenden Stoffes in Abhängigkeit von der Zeit.

Die Reaktionsgeschwindigkeit v kann durch die Abnahme der Konzentration eines der Ausgangsstoffe oder durch die Zunahme der Konzentration eines der Reaktionsprodukte in einer Zeiteinheit quantitativ erfasst werden: $v = \pm \frac{\mathrm{d}c}{\mathrm{d}t}$.

Als Maß für die Konzentration einer Lösung kommen vor allem die Molarität (→ Abschn. 7.5) und der Massen- bzw. Volumenbruch (→ Abschn. 2.5) in Betracht. Bei Gasgemischen werden auch die Partialdrücke (→ Abschn. 8.9.2) verwendet.

Wovon hängt nun die Größe der Reaktionsgeschwindigkeit ab?

Zu Beginn der allgemeinen Reaktion

$$\mathrm{A} + \mathrm{B} \rightleftharpoons \mathrm{C} + \mathrm{D}$$

sind im Reaktionsraum nur Moleküle A und B vorhanden. Die erste Voraussetzung für die Umsetzung dieser Moleküle zu Molekülen C und D ist, dass jeweils ein Molekül A und ein Molekül B zusammenstoßen. Dabei muss die Reaktionsbereitschaft so hoch sein, dass bei einem bestimmten Energieinhalt der Reaktanden eine Reaktion eintritt. Je mehr solche Zusammenstöße pro Zeitenheit erfolgen, um so schneller werden sich A und B miteinander umsetzen, d. h., um so größer ist die Reaktionsgeschwindigkeit der Hinreaktion. Es ist leicht einzusehen, dass die Zahl der Zusammenstöße und damit die Reaktionsgeschwindigkeit um so größer ist, je höher die Konzentrationsanteile der reagierenden Stoffe sind. Eine ähnliche Wirkung übt die Temperatur (besser der Energieinhalt) aus. Je höher die Temperatur ist, um so schneller bewegen sich die Moleküle im Reaktionsraum, und um so größer wird die Zahl der Zusammenstöße in der Zeiteinheit. Weiterhin ist bei höherer Temperatur, d. h. bei höherer Geschwindigkeit der Moleküle (mit höherer innerer Energie), der Zusammenstoß weitaus energiereicher, so dass eher eine Reaktion eintritt als bei einem Zusammenstoß langsamer Moleküle.

Die Reaktionsgeschwindigkeit steigt mit zunehmender Temperatur und mit zunehmender Konzentration der die Reaktion verursachenden Teilchen.

Dieser Zusammenhang lässt sich mathematisch wie folgt formulieren. Für den Einfluss der Konzentration, der in den folgenden Abschnitten besonders interessiert, erhält man im einfachsten Falle folgende Beziehung:

$$v = k \cdot c$$

Darin bedeuten
v Reaktionsgeschwindigkeit
k Geschwindigkeitskoeffizient (Geschwindigkeitskonstante)
c Konzentration

Diese Gleichung sagt aus: Die Reaktionsgeschwindigkeit ist der Konzentration proportional. Der Geschwindigkeitskoeffizient k ist für jede Reaktion verschieden. Für eine bestimmte Reaktion ist er bei gleichbleibender Temperatur konstant. Mit zunehmender Temperatur wird der Wert für k größer. Das beruht darauf, dass sich die Moleküle mit zunehmender Temperatur schneller bewegen. Damit steigt nicht nur die Zahl der Zusammenstöße, sondern auch deren Heftigkeit, also der Anteil der Zusammenstöße, die zu einer chemischen Umsetzung führen. Der bereits erwähnte Einfluss der Temperatur auf die Reaktionsgeschwindigkeit ist also in der Geschwindigkeitskonstanten k enthalten. Die obige Gleichung gilt nur im einfachsten Falle. Für die meisten chemischen Reaktionen erhält sie eine kompliziertere Form.

8.8 Reaktionsordnung

Die Abhängigkeit der Reaktionsgeschwindigkeit von der Konzentration wird durch die *Reaktionsordnung* bestimmt. Sie ist bei chemischen Reaktionen unterschiedlich. Die Gleichung

$$v = k \cdot c \tag{8.1}$$

gilt in dieser einfachen Form nur dann, wenn die Reaktionsgeschwindigkeit lediglich von der Konzentration einer einzigen Teilchenart abhängt. Das trifft z. B. auf eine Reaktion zu, die nach der allgemeinen Reaktionsgleichung

$$\mathrm{A} \rightarrow \mathrm{B} + \mathrm{C}$$

verläuft.

Hängt die Reaktionsgeschwindigkeit von der Konzentration zweier Teilchenarten ab, so müssen in der Gleichung für die Reaktionsgeschwindigkeit die Konzentrationen beider als Faktoren eingesetzt werden.

$$v = k \cdot c_{\mathrm{A}} \cdot c_{\mathrm{B}} \tag{8.2}$$

Diese Gleichung beschreibt z. B. die Reaktionsgeschwindigkeit einer Umsetzung, die nach der allgemeinen Reaktionsgleichung

$$\mathrm{A} + \mathrm{B} \rightarrow \mathrm{AB} \quad \text{oder} \quad \mathrm{A} + \mathrm{B} \rightarrow \mathrm{C} + \mathrm{D} \quad \text{usw.}$$

verläuft.

Für die Reaktion

$$A + B + C \rightarrow D + E \quad \text{usw.}$$

gilt die Gleichung

$$v = k \cdot c_A \cdot c_B \cdot c_C \tag{8.3}$$

Hängt die Reaktionsgeschwindigkeit von der Konzentration nach Gleichung (8.1) ab, so handelt es sich um eine Reaktion 1. Ordnung. Weiterhin gelten Gleichung (8.2) für die Reaktionen 2. Ordnung und die Gleichung (8.3) für die Reaktionen 3. Ordnung. Reaktionen höherer Ordnung treten praktisch kaum auf.

Für das folgende Beispiel wird eine Gleichung für die Reaktionsgeschwindigkeit aufgestellt. Der Zerfall sowie auch die Bildung des Iodwasserstoffs nach der Gleichung

$$H_2 + I_2 \rightleftharpoons 2\,HI$$

ist eine Reaktion 2. Ordnung. Eine Umsetzung von H_2 und I_2 zu HI kann nur erfolgen, wenn jeweils ein Molekül H_2 und ein Molekül I_2 zusammenstoßen.[1)] Die Wahrscheinlichkeit eines solchen Zusammenstoßes steigt mit der Konzentration des Stoffes H_2 und mit der Konzentration des Stoffes I_2. Sind in einem bestimmten Volumen nur je 1 Molekül H_2 und 1 Molekül I_2 vorhanden, so ist die Wahrscheinlichkeit eines Zusammenstoßes sehr gering. Wird nun die Zahl der Moleküle H_2 auf zehn erhöht, während weiterhin nur ein Molekül I_2 vorliegt, so steigt die Wahrscheinlichkeit des Zusammenstoßes von H_2 und I_2 auf das Zehnfache. Erhöht man aber jetzt die Zahl der Moleküle I_2 auch auf zehn, so steigt die Wahrscheinlichkeit des Zusammenstoßes von H_2 und I_2 auf das Hundertfache (Bild 8.4). Je häufiger Zusammenstöße erfolgen, um so größer ist die Reaktionsgeschwindigkeit. Die Geschwindigkeit der Hinreaktion ist also sowohl von der Konzentration des Wasserstoffs als auch von der Konzentration des Iods abhängig:

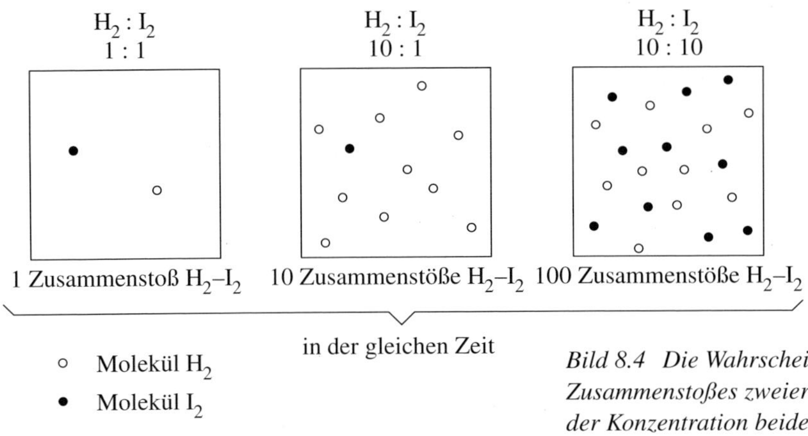

Bild 8.4 Die Wahrscheinlichkeit des Zusammenstoßes zweier Teilchen hängt von der Konzentration beider Teilchenarten ab

Die Ordnung einer Reaktion wird auf experimentellem Wege ermittelt. Dabei wird durch zahlreiche Versuche festgestellt, in welcher Weise die Konzentrationen der beteiligten Stoffe die Reaktionsgeschwindigkeit beeinflussen. Keinesfalls kann die Reaktionsordnung nur aus

1) Die Reaktion ist hier zweimolekular, was bei einer Reaktion 2. Ordnung nur dann zutrifft, wenn sie ohne weitere Zwischenschritte verläuft.

der chemischen Gleichung erkannt werden. Durch eine chemische Reaktionsgleichung werden lediglich der Ausgangs- und der Endzustand eines chemischen Systems gekennzeichnet. Meist liegen zwischen dem Ausgangs- und dem Endzustand eines chemischen Systems eine Reihe von Zwischenreaktionen, die in ihrer Gesamtheit als *Reaktionsmechanismus* bezeichnet werden. Die Summe dieser Einzelreaktionen oder Elementarreaktionen ergibt die formulierte Brutto- oder Summengleichung. Solche Summengleichungen können also nichts über die Zahl der zusammenstoßenden Teilchen und damit über die Reaktionsordnung und Reaktionsmolekularität aussagen (→ Aufg. 8.6).

8.9 Massenwirkungsgesetz

8.9.1 Ableitung des Massenwirkungsgesetzes

Mit Hilfe des Begriffes der Reaktionsgeschwindigkeit und ihrer Abhängigkeit von der Konzentration kann der chemische Gleichgewichtszustand mathematisch erfasst werden. Für die Ableitung wird eine allgemeine Reaktion 2. Ordnung angenommen:

$$\mathrm{A} + \mathrm{B} \underset{v_\mathrm{R}}{\overset{v_\mathrm{H}}{\rightleftharpoons}} \mathrm{C} + \mathrm{D}$$

Wenn im Anfangszustand nur die Stoffe A und B vorliegen, so wird die Reaktion in Richtung auf C + D mit der Geschwindigkeit v_H ablaufen. Für v_H einer Reaktion 2. Ordnung gilt, wie im Abschn. 8.8 mitgeteilt wurde:

$$v_\mathrm{H} = k_\mathrm{H} \cdot c_\mathrm{A} \cdot c_\mathrm{B} \tag{8.4}$$

Im Verlauf der Hinreaktion werden die Konzentrationen von A und B immer kleiner, da sich beide zu den Stoffen C und D umsetzen. Die Werte für c_A und c_B nehmen also ab, so dass sich nach Gleichung (8.4) die Geschwindigkeit v_H laufend verringert.

Andererseits setzt die Rückreaktion bereits ein, sobald die ersten Moleküle der Stoffe C und D gebildet worden sind. Die Geschwindigkeit v_R dieser Rückreaktion nimmt nach der Gleichung

$$v_\mathrm{R} = k_\mathrm{R} \cdot c_\mathrm{C} \cdot c_\mathrm{D} \tag{8.5}$$

fortwährend zu, da die Konzentration von C und D, also die Werte für c_C und c_D, kontinuierlich steigen. Durch die ständige Abnahme von v_H und die ständige Zunahme von v_R wird schließlich der Gleichgewichtszustand erreicht. Für ihn gilt:

$$v_\mathrm{H} = v_\mathrm{R} \tag{8.6}$$

Im Gleichgewichtszustand sind die Reaktionsgeschwindigkeiten von Hin- und Rückreaktion gleich groß. Setzt man für die beiden Geschwindigkeiten die in den Gleichungen (8.4) und (8.5) gegebenen Ausdrücke ein, so erhält man

$$k_\mathrm{H} \cdot c_\mathrm{A} \cdot c_\mathrm{B} = k_\mathrm{R} \cdot c_\mathrm{C} \cdot c_\mathrm{D} \tag{8.7}$$

Da k_H und k_R bei einer feststehenden Temperatur Konstanten sind, ist folgende Umformung der Gleichung möglich:

$$K_\mathrm{c} = \frac{k_\mathrm{H}}{k_\mathrm{R}} = \frac{c_\mathrm{C} \cdot c_\mathrm{D}}{c_\mathrm{A} \cdot c_\mathrm{B}} \tag{8.8}$$

Diese Gleichung ist die für Reaktionen vom allgemeinen Typ $A + B \rightleftharpoons C + D$ geltende mathematische Formulierung des *Massenwirkungsgesetzes (MWG)*, wobei als Zusammensetzungsvariable die Konzentration c gewählt wurde.

> Eine chemische Reaktion hat den Gleichgewichtszustand erreicht, wenn das Verhältnis zwischen dem Produkt der Konzentrationen der Reaktionsprodukte und dem Produkt der Konzentrationen der Ausgangsstoffe einen für die betreffende Reaktion charakteristischen, für eine bestimmte Temperatur konstanten Zahlenwert K_c erreicht hat.

Die mathematische Formulierung des Massenwirkungsgesetzes für eine chemische Reaktion kann man aus der Reaktionsgleichung gewinnen. Das folgende Beispiel zeigt das anzuwendende Verfahren:

Für die Ammoniaksynthese

$$N_2 + 3\,H_2 \rightleftharpoons 2\,NH_3 \quad \text{bzw.} \quad N_2 + H_2 + H_2 + H_2 \rightleftharpoons NH_3 + NH_3$$

gilt folgender Ausdruck für das MWG:

$$\frac{c^2_{NH_3}}{c_{N_2} \cdot c^3_{H_2}} = K_c$$

Die Zahlenwerte der Gleichgewichtskonstanten K_c lassen sich – in ihrer Abhängigkeit von der Temperatur – für die einzelnen chemischen Reaktionen berechnen. Unter Verwendung dieser Zahlenwerte kann mittels MWG die Gleichgewichtslage jeder chemischen Reaktion errechnet und der Einfluss von Temperatur- und Konzentrationsänderung auf die Gleichgewichtslage ermittelt werden.

8.9.2 Anwendung des Massenwirkungsgesetzes

Am Beispiel des Wassergasgleichgewichts soll das Massenwirkungsgesetz angewandt werden.

Für dieses Gleichgewicht

$$CO + H_2O \rightleftharpoons CO_2 + H_2$$

haben experimentelle Untersuchungen ergeben, dass die Gleichgewichtskonstante K_c bei der Temperatur 800 K (527 °C) ungefähr den Wert 4 besitzt:

$$\frac{c_{CO_2} \cdot c_{H_2}}{c_{CO} \cdot c_{H_2O}} = 4 \qquad \text{(bei 800 K)} \tag{8.9}$$

Was sagt diese Gleichung über die Lage des Gleichgewichts (bei 800 K) aus? Da der Quotient K_c einen Wert > 1 besitzt, muss der Zähler größer als der Nenner sein. Das Produkt der Konzentrationen der Reaktionsprodukte ist im Vergleich zum Produkt der Konzentrationen der Ausgangsstoffe viermal so groß. Das Gleichgewicht liegt also auf der rechten Seite der obigen Reaktionsgleichung. Man kann mit Hilfe der Gleichgewichtskonstanten das Mengenverhältnis im Gleichgewichtszustand errechnen. Dazu dient die folgende einfache Überlegung: Der oben angeführte Quotient des Massenwirkungsgesetzes ist z. B. dann gleich 4, wenn folgende Konzentrationen vorliegen:

$$\begin{aligned} c_{CO_2} &= 2\,\text{mol/VE} \qquad & c_{H_2} &= 2\,\text{mol/VE} \\ c_{CO} &= 1\,\text{mol/VE} \qquad & c_{H_2O} &= 1\,\text{mol/VE} \end{aligned}$$

Die Zahlenwerte bezeichnen die Anzahl Mole der Reaktanden in der Volumeneinheit VE. Durch Einsetzen in die Gleichung (8.9) erhält man:

$$4 = \frac{2\ \mathrm{mol/VE} \cdot 2\ \mathrm{mol/VE}}{1\ \mathrm{mol/VE} \cdot 1\ \mathrm{mol/VE}} \tag{8.10}$$

Im Wassergasgleichgewicht liegen also bei 800 K je zwei Mole Kohlendioxid und Wasserstoff neben je einem Mol Kohlenmonoxid und Wasserdampf in einer Volumeneinheit vor. Da ein Mol eines jeden Gases – hier als ideal angenommen – bei gleichen Bedingungen das gleiche Volumen einnimmt, ist es zweckmäßig, bei einem Gasgemisch die Konzentration durch den Molenbruch bzw. in Volumenprozent anzugeben.

Da insgesamt sechs Mole miteinander im Gleichgewicht stehen, ergeben sich für die einzelnen Komponenten folgende Molenbrüche bzw. Volumenprozente:

$$\begin{aligned}
CO_2 &: \text{Molenbruch } \frac{2}{6} \mathrel{\widehat{=}} 33{,}33\ \text{Vol.-\%} \\
H_2 &: \text{Molenbruch } \frac{2}{6} \mathrel{\widehat{=}} 33{,}33\ \text{Vol.-\%} \\
CO &: \text{Molenbruch } \frac{1}{6} \mathrel{\widehat{=}} 16{,}66\ \text{Vol.-\%} \\
H_2O &: \text{Molenbruch } \frac{1}{6} \mathrel{\widehat{=}} 16{,}66\ \text{Vol.-\%} \\
\hline
& \text{Molenbruch } 1 \quad 100 \quad \text{Vol.-\%}
\end{aligned} \tag{8.11}$$

Werden die Zahlenwerte für die Volumenprozente oder Molenbrüche in die Massenwirkungsgleichung eingesetzt, so bleibt selbstverständlich der Wert $K_c = 4$.

Dieser Gleichgewichtszustand wird erreicht, wenn man von einem Gemisch aus 50 Vol.-% Kohlenmonoxid CO und 50 Vol.-% Wasserdampf H_2O ausgeht, aber auch dann, wenn anfangs 50 Vol.-% Kohlendioxid CO_2 und 50 Vol.-% Wasserstoff H_2 vorliegen. In beiden Fällen bildet sich ein Gleichgewichtszustand heraus, der der Gleichgewichtskonstanten $K_c = 4$ entspricht.

Welchen Einfluss übt eine Konzentrationsänderung auf das vorliegende Gleichgewicht aus? Wird die Menge des Wasserdampfs verdoppelt, so entsteht durch Einsetzen in die Massenwirkungsgleichung der Ausdruck:

$$\frac{c_{CO_2} \cdot c_{H_2}}{c_{CO} \cdot c_{H_2O}} = \frac{\frac{2}{7} \cdot \frac{2}{7}}{\frac{1}{7} \cdot \frac{2}{7}} = 2 \tag{8.12}$$

Für die betrachtete Temperatur von 800 K muss dieser Quotient jedoch den Wert 4 besitzen, d. h., das Gleichgewicht ist gestört und muss sich neu einstellen. Der Wert des Quotienten ist jetzt zu klein. Er wird größer, wenn sich das im Zähler stehende Produkt der Konzentrationen der Reaktionsprodukte (CO_2, H_2) erhöht. Das kann nur dadurch erfolgen, dass sich entsprechend der Gleichung

$$CO + H_2O \rightleftharpoons CO_2 + H_2$$

die Ausgangsstoffe weiter zu den Reaktionsprodukten umsetzen, d. h., dass sich das Gleichgewicht nach der Seite der Reaktionsprodukte verschiebt. Die neue Gleichgewichtslage lässt sich errechnen. Man geht von der in Gleichung (8.10) wiedergegebenen Gleichgewichtslage aus und bezeichnet mit x die Konzentrationsänderung der beteiligten Stoffe, die sich – auf Grund der Erhöhung des Wasserdampfanteils auf das Doppelte – gegenüber der alten Gleichgewichtslage zusätzlich umsetzen.

An Stelle der Gleichung (8.12), die eine Störung des Gleichgewichts zum Ausdruck brachte, entsteht dann:

$$\frac{(2+x)\cdot(2+x)}{(1-x)\cdot(2-x)} = 4 \tag{8.13}$$

Der Wert x errechnet sich über eine quadratische Gleichung zu $x = 0{,}263$. Durch Einsetzen in die Gleichung (8.13) ergibt sich

$$\frac{c_{CO_2}\cdot c_{H_2}}{c_{CO}\cdot c_{H_2O}} = K_c \approx \frac{2{,}263\cdot 2{,}263}{0{,}737\cdot 1{,}737} \approx 4 \tag{8.14}$$

Die Berechnung der veränderten Konzentrationsangaben in Vol.-% ergibt:

2,263 Mol CO_2	$\widehat{=}$	32,33 Vol.-%
2,263 Mol H_2	$\widehat{=}$	32,33 Vol.-%
0,737 Mol CO	$\widehat{=}$	10,53 Vol.-%
1,737 Mol H_2O	$\widehat{=}$	24,81 Vol.-%
7 Mol Gasgemisch	$\widehat{=}$	100,00 Vol.-%

Vergleicht man die neuen Volumenverhältnisse, die sich bei der doppelten Zufuhr von Wasserdampf ergeben haben, mit denen, die auf Grund des Einsatzes von Kohlenmonoxid und Wasserdampf im Verhältnis 1 : 1 ursprünglich vorlagen, so zeigt sich, dass durch den Überschuss an Wasserdampf das hier wertvolle Kohlenmonoxid besser ausgenutzt wird. Nachdem die Gesamtreaktion wieder den Gleichgewichtszustand erreicht hat, sind statt 16,66 Vol.-% Kohlenmonoxid CO nur noch etwa 10,53 Vol.-% im Gasgemisch vorhanden. Dies steht in Übereinstimmung mit dem Prinzip vom kleinsten Zwang, wonach durch die Erhöhung der Konzentration (→ Absch. 8.3.3) eines Ausgangsstoffes das Gleichgewicht in Richtung der Reaktionsprodukte verschoben wird. Die Reaktion kommt also durch die Zufuhr von zusätzlichem Wasserdampf wieder in Bewegung, und es bilden sich so lange weiterhin Kohlendioxid und Wasserstoff, bis erneut der Gleichgewichtszustand erreicht worden ist.

Der Einfluss der Temperatur auf die Gleichgewichtslage findet in der Größe der Konstanten K_c seinen Ausdruck. Diese Temperaturabhängigkeit ist für das Wassergasgleichgewicht aus der Tabelle 8.3 ersichtlich.

K_c besitzt also bei niedriger Temperatur einen größeren Wert. Das heißt der Nenner $c_{CO}\cdot c_{H_2O}$ ist kleiner, der Zähler $c_{CO_2}\cdot c_{H_2}$ ist größer geworden. Mit anderen Worten: Bei tieferen Temperaturen werden die Konzentrationen der Ausgangsstoffe Kohlenmonoxid CO und Wasser kleiner und die der Reaktionsprodukte Kohlendioxid CO_2 und Wasserstoff H_2 größer. Das Gleichgewicht verschiebt sich also bei tieferen Temperaturen nach der Seite der

Tabelle 8.3 Temperaturabhängigkeit der Konstanten K_c des Wassergasgleichgewichts (nach Gleichung (8.9)

T in K	t in °C	K_c
300	27	8 700
400	127	1 670
600	327	24,2
800	527	4,05
1 000	727	1,39
1 200	927	0,71
1 400	1 127	0,48
1 750	1 477	0,28
2 000	1 727	0,20
2 500	2 227	0,17
3 000	2 727	0,14

Reaktionsprodukte. Das entspricht den Überlegungen (→ Abschn. 8.3.2), dass bei tieferen Temperaturen die exotherme Reaktion begünstigt wird:

$$CO + H_2O \rightleftharpoons CO_2 + H_2 \qquad \Delta H = -41{,}0\,\text{kJ} \cdot \text{mol}^{-1}$$

Ein Einfluss des Drucks auf die Gleichgewichtslage der Wassergasreaktion ist nicht zu beobachten, da bei der Reaktion keine merkliche Volumenänderung eintritt.

Der Einfluss des Drucks kann am Beispiel der Ammoniaksynthese erläutert werden.

$$3\,H_2 + N_2 \rightleftharpoons 2\,NH_3$$

Die Massenwirkungsgleichung für die Reaktion lautet:

$$\frac{c_{NH_3}^2}{c_{H_2}^3 \cdot c_{N_2}} = K_c$$

Der Druck, den ein Gas auf die Wandungen eines Gefäßes ausübt, ist der Anzahl der in der Volumeneinheit enthaltenen Gasmoleküle proportional. Mit anderen Worten: Der Druck eines Gases ist zugleich in Maß für seine Konzentration. In einer Mischung verschiedener Gase, wie sie z. B. im Ammoniakgleichgewicht vorliegt, setzt sich der Gesamtdruck der Gasmischung aus den *Partialdrücken*[1)] (Teildrücken) jeder einzelnen Gasart zusammen. Wie hoch der Druckanteil eines Gases am Gesamtdruck ist, hängt von der Konzentration dieses Gases ab. Deshalb können in die Massenwirkungsgleichung an Stelle der Konzentrationen die Partialdrücke eingesetzt werden:

$$\frac{(p_{NH_3})^2}{(p_{H_2})^3 \cdot p_{N_2}} = K_p$$

Die Konstante K_p hat meist einen anderen Zahlenwert als K_c.

Mit Hilfe dieser Form der Massenwirkungsgleichung lässt sich untersuchen, in welcher Weise sich z. B. eine Druckerhöhung auf das Doppelte auf die Lage des Ammoniakgleichgewichts auswirkt. Der Quotient erhält in diesem Falle folgendes Aussehen:

---

1) Der Partialdruck eines Gases in einer Gasmischung ist der Druck, den dieses Gas auf die Wände ausüben würde, wenn es allein das Volumen der Gasmischung ausfüllt.

$$\frac{(2p_{NH_3})^2}{(2p_{H_2})^3 \cdot (2p_{N_2})} = \frac{4p_{NH_3}^2}{8p_{H_2}^3 \cdot 2p_{N_2}} = \frac{p_{NH_3}^2}{2p_{H_2}^3 \cdot 2p_{N_2}} = \frac{K_p}{4}$$

Bei einer Druckerhöhung auf das Doppelte würde der Quotient also auf ein Viertel seines bisherigen Wertes vermindert werden. Nach dem Massenwirkungsgesetz muss jedoch dieser Quotient (bei einer bestimmten Temperatur) einen konstanten Wert K_p besitzen. Deshalb muss der Zähler des Bruches $(p_{NH_3})^2$ größer werden und der Nenner des Bruches $(p_{H_2})^3 \cdot p_{N_2}$ sich verkleinern. Das bedeutet, dass der Partialdruck p_{NH_3} und damit die Konzentration des Ammoniaks zunehmen und die Partialdrücke p_{H_2} und p_{N_2} und damit die Konzentrationen des Wasserstoffs und des Stickstoffs abnehmen müssen. Bei Druckerhöhung verschiebt sich also das Gleichgewicht – wie bereis in Abschn. 8.3.1 behandelt – zugunsten des Ammoniaks (→ Aufg. 8.7 bis 8.9).

❍ Aufgaben

8.1 Wie erklärt man sich die im Abschnitt 8.1 beschriebene Tatsache, dass oberhalb 400 °C Quecksilberoxid in die Elemente zerfällt, während es bei 300 °C aus den Elementen gebildet wird? Es ist zu beachten, dass Quecksilberoxid eine exotherme Verbindung ist!

8.2 Wodurch ist bei der Synthese von Ammoniak eine hohe Ausbeute zu erzielen?

8.3 Es ist zu erläutern a) der Einfluss des Drucks, b) der Einfluss der Temperatur auf folgende Gleichgewichtsreaktionen:

$H_2 + Cl_2 \rightleftharpoons 2\,HCl$ (1)
$\Delta_R H = -183{,}4\ kJ \cdot mol^{-1}$

$2\,SO_2 + O_2 \rightleftharpoons 2\,SO_3$ (2)
$\Delta_R H = -184{,}2\ kJ \cdot mol^{-1}$

$N_2 + O_2 \rightleftharpoons 2\,NO$ (3)
$\Delta_R H = +176{,}3\ kJ \cdot mol^{-1}$

$2\,NO + O_2 \rightleftharpoons 2\,NO_2$ (4)
$\Delta_R H = -113{,}5\ kJ \cdot mol^{-1}$

$2\,NO_2 \rightleftharpoons N_2O_4$ (5)
$\Delta_R H = -72{,}9\ kJ \cdot mol^{-1}$

8.4 Flüchtige Säuren werden aus ihren Salzen beim Erwärmen mit nichtflüchtigen Säuren ausgetrieben. Diese Tatsache ist am Beispiel der folgenden Reaktion zu erklären:

$2\,NaCl + H_2SO_4 \rightarrow Na_2SO_4 + 2\,HCl \uparrow$

8.5 Warum verlaufen die Reaktionen von
a) Natronlauge mit Ammoniumchlorid und
b) Salzsäure mit Natriumsulfit in offenen Systemen praktisch vollständig ab?

8.6 Für die Reaktionsgeschwindigkeit der Oxidation von Stickstoffmonoxid NO zu Stickstoffdioxid NO_2 gilt die Gleichung

$v = k \cdot c_{NO}^2 \cdot c_{O_2}$

Es ist die Reaktionsordnung anzugeben!

8.7 Bei der großtechnischen Gewinnung von Schwefelsäure nach dem Kontaktverfahren wird Schwefeldioxid mit Luftsauerstoff zu Schwefeltrioxid oxidiert.

$2\,SO_2 + O_2 \rightleftharpoons 2\,SO_3$

a) Wie lautet die Massenwirkungsgleichung bei Verwendung der Partialdrücke als Konzentrationsmaß? b) Was geschieht bei Druckerhöhung auf das Dreifache? c) Was geschieht bei Erhöhung der Konzentration von Sauerstoff? d) Bei 227 °C ist $K_p = 2{,}5 \cdot 10^{10}\ bar^{-1}$, bei 427 °C ist $K_p = 3{,}0 \cdot 10^4\ bar^{-1}$. Was kann über die Abhängigkeit des Gleichgewichtszustandes der Reaktion von der Temperatur ausgesagt werden?

8.8 Bei der Bildung von Iodwasserstoff nach der Gleichung

$H_2 + I_2 \rightleftharpoons 2\,HI$

wurden bei 356 °C für die Geschwindigkeitskonstanten folgende Werte $k_H = 3 \cdot 10^{-4}$ und $k_R = 3{,}6 \cdot 10^{-6}$ bestimmt. Wie groß ist die Gleichgewichtskonstante K_c bei dieser Temperatur?

8.9 Die Gleichgewichtskonstante K_p für die Bildung von Iodwasserstoff aus den Elementen hat bei 443 °C den Wert $K_p = 50$. Es ist für den bei dieser Temperatur herrschenden Gleichgewichtszustand zu berechnen, wievielmal der Partialdruck des gasförmigen Iodwasserstoffs größer ist als der des Wasserstoffs.

9 Reaktionen anorganischer Verbindungen

In diesem Kapitel sollen folgende wichtige Reaktionstypen anorganischer Reaktionen betrachtet werden:

1. Aufbau und Abbau von Ionengittern
2. Säure-Base-Reaktionen
3. Redoxreaktionen

Die Reaktionstypen werden an Beispielen anorganischer Reaktionen beschrieben. Grundsätzlich gibt es keine Unterschiede zwischen den Reaktionen anorganischer und organischer Verbindungen. Bei den organischen Reaktionen kommen jedoch Besonderheiten hinzu (→ Abschn. 26.7).

9.1 Aufbau und Abbau von Ionengittern

9.1.1 Dissoziationskonstante und Dissoziationsgrad

Unter *elektrolytischer Dissoziation* wird die Aufspaltung einer Verbindung in frei bewegliche Ionen unter der Einwirkung der Dipolmoleküle des Lösungsmittels (meist Wasser) verstanden (→ Abschn. 5.3). Dissoziierbar sind unbedingt alle echten Elektrolyte, d. h. (lösliche) Verbindungen, die bereits im festen Zustand aus Ionen aufgebaut sind, also ein Ionengitter besitzen und damit Verbindungen mit Ionenbeziehungen darstellen. Hierher gehört z. B. ein Großteil der Salze. Bekanntlich beruht die Ionenbeziehung auf der elektrostatischen Anziehung der entgegengesetzt geladenen Kationen und Anionen. Da die relative *Dielektrizitätskonstante* des Wassers bei Zimmertemperatur etwa 80 beträgt, wird die Anziehungskraft zwischen den Ionen im Kristallgitter auf $1/80$ gemindert, wenn das Salz in wässrige Lösung gebracht wird. Die Wärmebewegung der Teilchen reicht damit aus, die geminderte elektrostatische Anziehungskraft zu überwinden: Ionen dissoziieren in die wässrige Phase ab, es entsteht eine Salzlösung. In der Salzlösung sind die Ionen von Wassermolekülen umgeben. Jedes Ion besitzt eine Hydrathülle. An die Kationen lagern sich die negativen Seiten der polaren Wassermoleküle an: die Anionen ziehen die positiven Seiten der Wassermoleküle an. Auf diese Weise werden die Ionen in der Lösung stabilisiert, und somit wird das Wiederzusammentreten zu einem Ionengitter verhindert.

Die Dissoziation wird wie jede chemische Reaktion in Form einer Gleichung wiedergegeben. In solchen Dissoziationsgleichungen steht links die Formel für den undissoziierten Stoff, rechts erscheinen die entstehenden Ionen. Zum Beispiel

$$\mathrm{NaCl} \rightleftharpoons \mathrm{Na^+} + \mathrm{Cl^-}, \qquad \mathrm{MgCl_2} \rightleftharpoons \mathrm{Mg^{2+}} + 2\,\mathrm{Cl^-}$$

Der Doppelpfeil kennzeichnet die Umkehrbarkeit des Dissoziationsvorganges, d. h., es stellt sich ein Dissoziationsgleichgewicht ein (→ Kapitel 8 und Aufg. 9.1).

Allerdings gehorcht ein Dissoziationsgleichgewicht nur dann dem Massenwirkungsgesetz, wenn die Konzentration der beteiligten Ionen so klein ist, dass die zwischen den entgegengesetzt elektrisch geladenen Teilchen vorhandenen Anziehungskräfte vernachlässigt werden können. Das Massenwirkungsgesetz lässt sich daher in der bisherigen Form lediglich auf solche Ionenreaktionen anwenden, an denen nur schwache, d. h. wenig dissoziierte Elektrolyte beteiligt sind. Es handelt sich dabei oft um organische Moleküle mit polarisierten Atombindungen, die potenzielle Elektrolyte bilden (→ Abschn. 5.2.2 und 26.5.2). Angenähert gilt das Massenwirkungsgesetz auch für sehr verdünnte Lösungen stärkerer Elektrolyte. Für ein Dissoziationsgleichgewicht

$$AB \rightleftharpoons A^+ + B^- \qquad \Delta H > 0$$

lautet die Massenwirkungsgleichung

$$\frac{c_{A^+} \cdot c_{B^-}}{c_{AB}} = K_D \tag{9.1}$$

Die Gleichgewichtskonstante K_D wird bei den Dissoziationsgleichgewichten *Dissoziationskonstante* genannt. Der Zahlenwert der Dissoziationskonstanten K_D ist ein Maß für die Stärke eines Elektrolyten. Unter der Stärke eines Elektrolyten wird das Ausmaß der elektrolytischen Dissoziation verstanden.

Ein hoher Wert für K_D zeigt an, dass der Elektrolyt weitgehend in Ionen gespalten ist, während ein niedriger Wert für K_D darauf hinweist, dass der Elektrolyt zum größten Teil undissoziiert vorliegt (→ Aufg. 9.2 und 9.3). Selbstverständlich ist die Dissoziationskonstante – wie jede Gleichgewichtskonstante – von der Temperatur abhängig. Ihr Wert nimmt mit steigender Temperatur zu, da jede Dissoziation ein endothermer Vorgang ist und deshalb bei Temperaturerhöhung das Gleichgewicht nach rechts verschoben wird.

In Gleichung (9.1) werden also c_{A^+} und c_{B^-} mit steigender Temperatur größer und damit auch der Wert für K_D.

Ein anderes Maß für die Stärke von Elektrolyten ist der *Dissoziationsgrad* α.

Der Dissoziationsgrad α ist das Verhältnis der Zahl der zerfallenen zu der Zahl der ursprünglich vorhandenen Mole:

$$\text{Dissoziationsgrad } \alpha = \frac{\text{Anzahl der dissoziierten Mole}}{\text{Anzahl der Mole vor der Dissoziation}}$$

Eine Lösung, in der sämtliche Mole dissoziiert sind, besitzt den Dissoziationsgrad 1; sind nur die Hälfte der Mole zerfallen, so ist $\alpha = 0{,}5$.

Zwischen der Dissoziationskonstanten K_D und dem Dissoziationsgrad α besteht ein grundsätzlicher Unterschied. Der Dissoziationsgrad α ist von der Konzentration abhängig, in der der Elektrolyt in der Lösung vorliegt. Aus diesem Grunde muss bei der Angabe von Zahlenwerten für den Dissoziationsgrad stets die Konzentration genannt werden, für die er ermittelt wurde und für die er damit ausschließlich gilt. Die Dissoziationskonstante K_D ist dagegen nicht von der Konzentration der Elektrolytlösung abhängig. Für jede Konzentration stellt sich der Gleichgewichtszustand ein, bei dem in Gleichung (9.1) der Quotient $\frac{c_{A^+} \cdot c_{B^-}}{c_{AB}}$ den Wert K_D besitzt, der für die jeweils vorliegende Temperatur gilt. Die Dissoziationskonstante K_D ist daher ein Maß für die Stärke des Elektrolyten an sich.

Zwischen der Dissoziationskonstanten K_D und dem Dissoziationsgrad binärer Elektrolyte besteht ein Zusammenhang:

$$\frac{\alpha^2}{1 - \alpha} \cdot c = K_D \tag{9.2}$$

Der in Gleichung (9.2) gegebene Zusammenhang ist als *Ostwaldsches Verdünnungsgesetz* bekannt. Da K_D bei gegebener Temperatur konstant ist, muss mit zunehmender Verdünnung, d. h. mit abnehmender Konzentration c, der Quotient $\frac{\alpha^2}{1-\alpha}$ einen größeren Wert annehmen. Eine einfache mathematische Überlegung zeigt, dass der Wert dieses Quotienten dann zunimmt, wenn der Dissoziationsgrad α größer wird. (Der Zähler α^2 wird dann größer und der Nenner $1-\alpha$ gleichzeitig kleiner.) Damit wird die Erfahrung beschrieben, dass der Dissoziationsgrad eines Elektrolyten mit wachsender Verdünnung zunimmt.

9.1.2 Konzentration und Aktivität

Ein Natriumchloridkristall ist aus einer Vielzahl von Natrium- und Chloridionen zusammengesetzt. Dabei ist es nicht möglich, einem Natriumion ein bestimmtes Chloridion zuzuordnen, da die elektrostatischen Kräfte nach allen Seiten gleichmäßig wirken. Obwohl also ein Kochsalzkristall Natrium- und Chloridionen im Verhältnis 1 : 1 enthält, gibt es keine einzelnen, selbständigen NaCl-Moleküle. Diese Feststellung gilt nicht nur für das Natriumchlorid, sondern grundsätzlich für alle Stoffe mit typischer Ionenbeziehung, also vor allem für alle Salze. Wird ein Salz in Wasser gelöst, so werden die Ionen mit Hilfe der Wassermoleküle aus dem Gitterverband herausgelöst und bewegen sich dann im Lösungsmittel. Das gelöste Salz liegt nun ausschließlich in Form von Ionen vor. Der Dissoziationsgrad α eines Salzes muss folglich 1 ($\widehat{=}$ 100 %) betragen. Diese Feststellung scheint jedoch im Widerspruch zu den Ergebnissen zu stehen, die man erhält, wenn in Salzlösungen die elektrische Leitfähigkeit, der osmotische Druck, die Gefrierpunktserniedrigung oder Siedepunktserhöhung gemessen werden. Hierbei findet man nämlich Werte, nach denen sich die in Tabelle 9.1 wiedergegebenen *scheinbaren Dissoziationsgrade* ergeben. Andererseits kann aber einwandfrei nachgewiesen werden, dass Salze in wässrigen Lösungen keine Moleküle bilden, sondern tatsächlich in Form von Ionen vorliegen. Dieser Widerspruch findet folgende Erklärung: Auch nach dem Herauslösen aus dem Kristallgitter beeinflussen sich die Ionen gegenseitig auf Grund ihrer elektrischen Ladung. Jedes Anion wirkt so auf einige Kationen und jedes Kation auf einige Anionen ein. Durch diese *interionischen Wechselwirkungen* wird die Beweglichkeit der Ionen beeinträchtigt, so dass die Leitfähigkeit der Lösungen herabgesetzt wird. Durch Leitfähigkeitsmessungen erhält man also nur die scheinbaren Dissoziationsgrade. Diese sind aber für die chemischen und die physikalischen Eigenschaften einer Lösung wichtiger als die wahren Dissoziationsgrade.

Tabelle 9.1 Scheinbare Dissoziationsgrade von Salzen in 0,1 normaler Lösung bei 18 °C (durch elektrische Leitfähigkeitsmessungen ermittelt)

Salztyp	Beispiel	Scheinbarer Dissoziationsgrad (Durchschnittswerte)
A^+B^-	NaCl	0,83
$(A^+)_2B^-$	Na_2SO_4	0,75
$A^{2+}(B^-)_2$	$CaCl_2$	0,75
$A^{2+}B^{2-}$	$CaSO_4$	0,40

Der wahre Dissoziationsgrad beträgt bei fast allen Salzen 1. Der scheinbare Dissoziationsgrad ist dagegen von der Konzentration der Lösungen abhängig. Wird eine konzentrierte

Salzlösung verdünnt, so werden die interionischen Wechselwirkungen geringer, da sich der durchschnittliche Abstand der Ionen voneinander vergrößert. Eine Lösung, in der diese elektrostatischen Kräfte nicht mehr wirksam sind, wird als *ideale Lösung* bezeichnet. In Wirklichkeit liegen stets *reale Lösungen* vor. Bei sehr weitgehender Verdünnung können aber die elektrostatischen Kräfte so weit zurücktreten, dass sich die Ionen nahezu unabhängig voneinander bewegen und der scheinbare Dissoziationsgrad praktisch in den wahren Dissoziationsgrad übergeht. Solche sehr verdünnten Lösungen können wie ideale Lösungen behandelt werden. Das gilt für schwache Elektrolyte unterhalb einer 0,1-molaren Konzentration. Bei allen chemischen und elektrochemischen Reaktionen in Elektrolytlösungen wirken sich nun die interionischen Kräfte so aus, dass die Gesamtzahl der an sich vorhandenen Ionen nicht vollständig zur Wirkung kommt. Die Lösung erscheint dadurch nach außen hin geringer konzentriert, als dies tatsächlich der Fall ist. Um diese *wirksame Konzentration* von der *wahren Konzentration*, die aus den Ergebnissen quantitativer Analysen errechnet werden kann, unterscheiden zu können, wird der Begriff der *Aktivität* verwendet.

Die *Aktivität* (wirksame Konzentration) a ist das Produkt aus der wahren Konzentration c und einem *Aktivitätskoeffizienten* f_a; $a = c \cdot f_a$.

Der Aktivitätskoeffizient f_a ist der Quotient aus Aktivität und (wahrer) Konzentration:

$$f_a = \frac{a}{c}$$

Da bei allen realen Lösungen $a < c$ ist, muss der Aktivitätskoeffizient $f_a < 1$ sein. Bei unendlicher Verdünnung (ideale Lösung) hören die interionischen Wechselwirkungen auf. Es gilt dann $a = c$ und $f_a = 1$.

Bei Anwendung des Massenwirkungsgesetzes auf reale Lösungen von Elektrolyten muss an Stelle der wahren Ionenkonzentration die Aktivität eingesetzt werden. Für die Dissoziation des starken Elektrolyten AB ergibt sich damit:

$$\mathrm{AB} \rightleftharpoons \mathrm{A^+ + B^-}, \qquad \frac{a_{\mathrm{A^+}} \cdot a_{\mathrm{B^-}}}{a_{\mathrm{AB}}} = K_a$$

Im Rahmen dieses Buches werden oft die Begriffe Konzentration und Aktivität parallel verwendet.

9.1.3 Löslichkeitsprodukt

Die Löslichkeit eines Salzes ist von der Temperatur abhängig und für jede gegebene Temperatur konstant. Liegt ein Salz im Überschuss vor, d. h. in einer Menge, mit der die Löslichkeit überschritten wird, so bleibt ein Teil des Salzes ungelöst und setzt sich als Bodenkörper ab. Die über dem Bodenkörper stehende Lösung vermag bei der gegebenen Temperatur keinen weiteren Anteil des Salzes zu lösen und wird als *gesättigte Lösung* bezeichnet. In den gesättigten Lösungen von Salzen und anderen Elektrolyten liegt ein Sonderfall eines Dissoziationsgleichgewichts vor: In diesen Lösungen ist das Produkt der Aktivitäten der gelösten Ionen für eine bestimmte Temperatur konstant:

$$a_{\mathrm{A^+}} \cdot a_{\mathrm{B^-}} = L_{\mathrm{AB}}$$

Die Konstante L wird als *Löslichkeitsprodukt* bezeichnet. L_{AB} ist also das Löslichkeitsprodukt des Salzes AB.

Das Löslichkeitsprodukt ist das Produkt der Aktivität der Anionen und Kationen eines Elektrolyten in einer gesättigten Lösung. Das Löslichkeitsprodukt ist für die gesättigte Lösung eines jeden Elektrolyten eine charakteristische Konstante.

Tabelle 9.2 enthält die Löslichkeitsprodukte einiger schwerlöslicher Verbindungen. Mit Hilfe des Löslichkeitsproduktes kann errechnet werden, welche Mengen eines schwerlöslichen Salzes in einer gesättigten Lösung gelöst verbleiben. Werden z. B. Silbernitrat und Natriumchlorid in äquivalenten Mengen zusammengebracht, so entsteht ein Niederschlag von Silberchlorid:

$$Ag^+ + Cl^- \rightarrow AgCl \downarrow$$

Dabei werden nicht alle Silber- und Chloridionen ausgefällt, nach dem Löslichkeitsprodukt bleibt ein Teil der Ionen gelöst:

$$a_{Ag^+} \cdot a_{Cl^-} = L_{AgCl}$$

Da Natriumchlorid und Silbernitrat in äquivalenten Mengen eingesetzt wurden, ergibt sich die Aktivität der in der Lösung verbliebenen Silberionen und die Aktivität der in der Lösung verbliebenen Chloridionen gleichermaßen als Wurzel aus L:

$$a_{Ag^+} = a_{Cl^-} = \sqrt{L_{AgCl}} = \sqrt{1{,}6 \cdot 10^{-10}\,\text{mol}^2 \cdot \text{l}^{-2}} \approx 1{,}26 \cdot 10^{-5}\,\text{mol} \cdot \text{l}^{-1}$$

Die Aktivität des in der Lösung zurückgebliebenen Silberchlorids beträgt $1{,}26 \cdot 10^{-5}\,\text{mol} \cdot \text{l}^{-1}$ ($= 0{,}000\,013\,\text{mol} \cdot \text{l}^{-1}$) sie ist also äußerst gering. Wird der oben beschriebenen gesättigten Lösung von Silberchlorid entweder weiter Silbernitratlösung oder aber z. B. Salzsäure zugesetzt, so fällt weiteres Silberchlorid aus. Indem Salzsäure zugefügt wird, erhöhen sich die Aktivitäten der Chloridionen beträchtlich. Damit erhält das Produkt der Ionenaktivität $a_{Ag^+} \cdot c_{Cl^-}$ einen Wert, der erheblich über $L_{AgCl} = 1{,}6 \cdot 10^{-10}\,\text{mol}^2 \cdot \text{l}^{-2}$ liegt. Man sagt: Das Löslichkeitsprodukt wird überschritten. Da das Löslichkeitsprodukt L_{AgCl} bei gegebener Temperatur einen konstanten Wert besitzt, muss eine Erhöhung des Wertes a_{Cl^-} eine Herabsetzung des Wertes a_{Ag^+} zur Folge haben. Die Aktivität der gelösten Silberionen a_{Ag^+} kann sich aber nur dadurch verringern, indem weiteres Silberchlorid AgCl als Niederschlag aus der Lösung ausfällt. Das Überschreiten des Löslichkeitsproduktes hat hier und in jedem anderen Falle die Bildung eines ungelösten Niederschlags zur Folge. Es ist leicht einzusehen, dass bei Zugabe eines Überschusses an Silberionen – in Form der Silbernitratlösung – ebenfalls das Löslichkeitsprodukt L_{AgCl} überschritten wird und nur durch Ausfällung von Silberchlorid das Produkt $a_{Ag^+} \cdot a_{Cl^-}$ den Wert L_{AgCl} erreicht. Hier handelt es sich um einen gleichionigen Zusatz.

Es gilt allgemein:

Wird in einer Lösung das Löslichkeitsprodukt eines gelösten Elektrolyten überschritten, so entsteht ein unlöslicher Niederschlag dieses Elektrolyten.

Eine kurze Berechnung soll die Erkenntnis über das Löslichkeitsprodukt vertiefen. Wurde die Aktivität der Chloridionen a_{Cl^-} durch Zugabe von Salzsäure auf $0{,}1\,\text{mol} \cdot \text{l}^{-1}$ erhöht, so ergibt sich für die Aktivität der Silberionen a_{Ag^+}:

$$a_{Ag^+} = \frac{L_{AgCl}}{a_{Cl^-}} = \frac{1{,}6 \cdot 10^{-10}\ mol^2 \cdot l^{-2}}{1 \cdot 10^{-19}\ mol \cdot l^{-1}} = 1{,}6 \cdot 10^{-9}\ mol \cdot l^{-1}$$

Tabelle 9.2 Löslichkeitsprodukte einiger schwerlöslicher Salze und Basen in der Maßeinheit $mol^n \cdot l^{-n}$

Formel	Bezeichnung	L (bei 25 °C)
$AgBr$	Silberbromid	$7{,}7 \cdot 10^{-13}$
$AgCN$	Silbercyanid	$2 \cdot 10^{-12}$
Ag_2CO_3	Silbercarbonat	$6{,}2 \cdot 10^{-12}$
$AgCl$	Silberchlorid	$1{,}6 \cdot 10^{-10}$
AgI	Silberiodid	$1{,}5 \cdot 10^{-16}$
Ag_2S	Silbersulfid	$1 \cdot 10^{-51}$
Ag_2SO_4	Silbersulfat	$7{,}7 \cdot 10^{-5}$
$BaCO_3$	Bariumcarbonat	$8 \cdot 10^{-9}$
$BaSO_4$	Bariumsulfat	$1{,}1 \cdot 10^{-10}$
$CaCO_3$	Calciumcarbonat	$4{,}8 \cdot 10^{-9}$
$CaSO_4$	Calciumsulfat	$6{,}1 \cdot 10^{-5}$
$Ca(OH)_2$	Calciumhydroxid	$3{,}1 \cdot 10^{-5}$
CdS	Cadmiumsulfid	$1 \cdot 10^{-29}$
$CuCO_3$	Kupfercarbonat	$1{,}4 \cdot 10^{-10}$
CuS	Kupfersulfid	$4 \cdot 10^{-38}$
$Fe(OH)_2$	Eisen(II)-hydroxid	$4{,}8 \cdot 10^{-16}$
$Fe(OH)_3$	Eisen(III)-hydroxid	$4 \cdot 10^{-38}$
FeS	Eisensulfid	$4 \cdot 19^{-19}$
$MgCO_3$	Magnesiumcarbonat	$1 \cdot 10^{-5}$
$Mg(OH)_2$	Magnesiumhydroxid	$8 \cdot 10^{-12}$
$PbCl_2$	Bleichlorid	$1{,}7 \cdot 10^{-5}$
PbS	Bleisulfid	$1 \cdot 10^{-29}$
$PbSO_4$	Bleisulfat	$2 \cdot 10^{-7}$
SnS	Zinnsulfid	$1 \cdot 10^{-8}$
$SrCO_3$	Strontiumcarbonat	$1 \cdot 10^{-8}$
$SrSO_4$	Strontiumsulfat	$2{,}8 \cdot 10^{-7}$
ZnS	Zinksulfid	$1{,}1 \cdot 10^{-24}$
$Zn(OH)_2$	Zinkhydroxid	$1{,}3 \cdot 10^{-17}$

Die Aktivität der Silberionen ist also von $1{,}26 \cdot 10^{-5}\ mol \cdot l^{-1}$ auf $1{,}6 \cdot 10^{-9}\ mol \cdot l^{-1}$, also auf einen sehr kleinen Wert herabgesetzt worden. Werden einer Silbernitratlösung Chloridionen im Überschuss zugesetzt, so erhält man also eine praktisch vollständige Ausfällung der Silberionen. In der quantitativen Analyse bedient man sich dieses Verfahrens zu Ermittlung des Silbergehaltes. Da es für die quantitative Ausfällung der Silberionen lediglich auf die Erhöhung der Chloridionenaktivität a_{Cl^-} ankommt, kann an Stelle der Salzsäure auch eine andere chloridionenhaltige Lösung (z. B. eine Natriumchloridlösung) verwendet werden. Man spricht in diesem Falle allgemein von einem gleichionigen Zusatz, da der Lösung mit den Chloridionen Cl^- eine Ionenart zugesetzt wurde, die sie schon enthielt (→ Aufg. 9.4).

9.2 Säure-Base-Reaktionen

9.2.1 Die Brönstedsche Säure-Base-Definition

Nach *Arrhenius* (1859–1927), dem Begründer der Ionentheorie, gilt:

> Säuren sind Stoffe, die in wässriger Lösung unter Bildung von Wasserstoffionen H^+ dissoziieren.
> Basen sind Stoffe, die in wässriger Lösung unter Bildung von Hydroxidionen OH^- dissoziieren.

Diese in den Jahren 1884–1887 erarbeitete Säure-Base-Definition wird mitunter auch heute noch im Chemieunterricht verwendet, da sie eine Erklärung einfacher Säure-Base-Reaktionen ermöglicht. Sie entspricht jedoch nicht dem heutigen Stand der wissenschaftlichen Erkenntnisse. So ist schon lange erwiesen, dass es in wässrigen Lösungen keine Wasserstoffionen H^+ – also einzelne Protonen – gibt. Von den Definitionen, die in immer stärkerer Annäherung an die objektive Realität entwickelt wurden, eignet sich die von dem dänischen Chemiker *Brönsted* 1923 veröffentliche auch heute noch am besten für eine moderne und verständliche Behandlung der Säure-Base-Reaktionen. Sie haben den Vorteil, dass sie die Analogie zwischen den Säure-Base-Reaktionen und den Redoxreaktionen (→ Abschn. 9.3) deutlich werden lassen und auch für nichtwässrige Lösungsmittel gelten.

Nach *Brönsted* sind

> Säure Protonendonatoren,
> das sind Moleküle und Ionen, die Protonen abgeben können,
> Basen Protonenakzeptoren,
> das sind Moleküle und Ionen, die Protonen aufnehmen können.

Als Beispiel für eine *Säure* sei die *Salzsäure*, die wässrige Lösung des *Chlorwasserstoffs*, betrachtet. Nach *Arrhenius* dissoziiert der Chlorwasserstoff in wässriger Lösung in ein Wasserstoffion H^+ und ein Chloridion Cl^-:

$$HCl \rightarrow H^+ + Cl^-$$

Nach *Brönsted* reagiert der Chlorwasserstoff mit dem Wasser:

$$HCl + H_2O \rightleftharpoons H_3O^+ + Cl^-$$

Neben den Chloridionen Cl^- enthält die Salzsäure demnach Ionen mit der Formel H_3O^+, die als *Oxoniumionen* (früher Hydroniumionen) bezeichnet werden. Das *Oxoniumion* H_3O^+ besitzt die Form einer Pyramide (Bild 9.1).

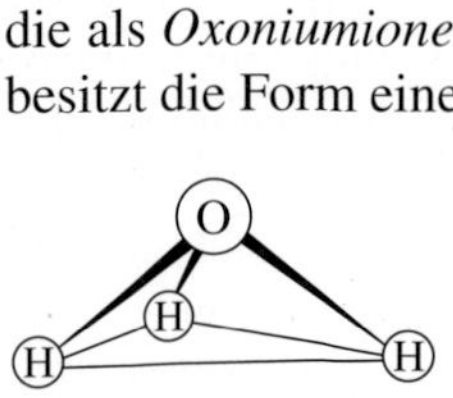

Bild 9.1 Modell des Oxoniumions

Das Oxoniumion kommt folgendermaßen zustande: Sowohl das Wassermolekül als auch das Molekül des Chlorwasserstoffs tragen Dipolcharakter, da sich Wasserstoff und Sauerstoff bzw. Wasserstoff und

Chlor in ihrer Elektronegativität unterscheiden:

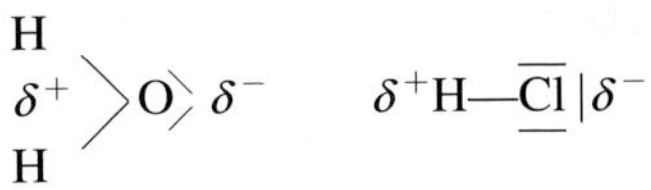

Infolge der elektrostatischen Anziehung lagert sich an die positive Seite jedes Chlorwasserstoffmoleküls ein Wassermolekül mit seiner negativen Seite an:

$$^{\delta+}H_2O^{\delta-} \ldots\ldots\ldots\ldots\ldots ^{\delta+}HCl^{\delta-}$$

Dabei kann es an einem der freien Elektronenpaare des Wassermoleküls zu einer Atombindung zwischen dem Sauerstoff des Wassers und dem Wasserstoff des Chlorwasserstoffs kommen, wodurch ein *Oxoniumion* H_3O^+ entsteht:

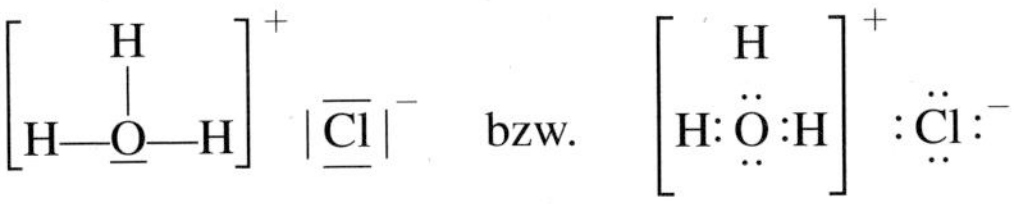

Aus dem Chlorwasserstoffmolekül ist der *Kern* des Wasserstoffatoms, also ein *Proton*, in das Oxoniumion H_3O^+ eingegangen und bewirkt dessen positive Ladung. Das *Elektron* des Wasserstoffatoms ist am Chlor zurückgeblieben, das dadurch eine abgeschlossene Achterschale und eine negative Ladung aufweist. Es liegt als Chloridion Cl^- vor. Der Chlorwasserstoff tritt also bei der Reaktion

$$HCl + H_2O \rightleftharpoons H_3O^+ + Cl^-$$

als Säure (nach der Brönstedschen Definition) auf, da er ein Proton abgeben kann:

$$HCl \rightarrow Cl^- + H^+$$

Zu beachten ist, dass dieses Proton, da es nicht selbständig in der Lösung existieren kann, mit Wasser Oxoniumionen (siehe oben) bildet (→ Aufg. 9.5).

Als Beispiel einer *Base* sei das *Ammoniak* NH_3 betrachtet, das mit Wasser unter Bildung von *Ammoniumionen* NH_4^+ reagieren kann:

$$H_2O + NH_3 \rightleftharpoons OH^- + NH_4^+$$

Die Bildung der *Ammoniumionen* NH_4^+ verläuft analog der Bildung der Oxoniumionen H_3O^+. Das Ammoniakmolekül weist Dipolcharakter auf, da es die Form einer Pyramide besitzt (Bild 9.2) und die Elektronegativitäten von Wasserstoff und Stickstoff unterschiedlich sind:

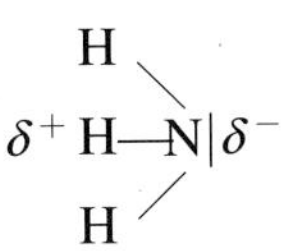

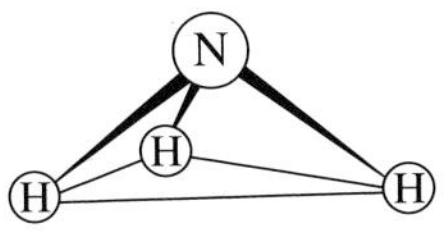

Bild 9.2 Modell des Ammoniakmoleküls

Infolge der elektrostatischen Anziehung lagert sich in wässriger Lösung an die negative Seite jedes Ammoniakmoleküls ein Wassermolekül mit seiner positiven Seite an:

$$^{\delta+}H_3N^{\delta-} \ldots\ldots\ldots\ldots\ldots {}^{\delta+}H_2O^{\delta-}$$

Dabei kann es an dem freien Elektronenpaar des Ammoniakmoleküls zu einer Atombindung zwischen dem Stickstoff und einem Wasserstoffatom des Wassers kommen:

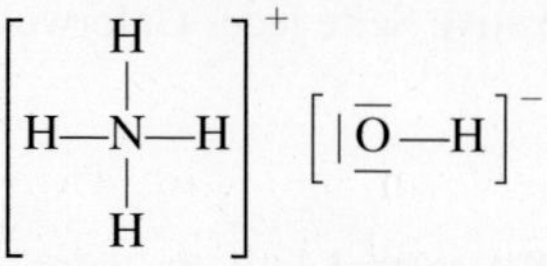

Der *Kern* des einen Wasserstoffatoms des Wassers, d. h. ein Proton, ist also in das Ammoniumion NH_4^+ eingegangen und bewirkt dessen positive Ladung. Das *Elektron* dieses Wasserstoffatoms ist am Sauerstoffatom zurückgeblieben. Das Hydroxidion ist daher einfach negativ geladen. Das Ammoniumion NH_4^+ hat die Form eines Tetraeders, in dessen Mittelpunkt das Stickstoffatom steht (Bild 9.3) ($\rightarrow$ Aufg. 9.6).

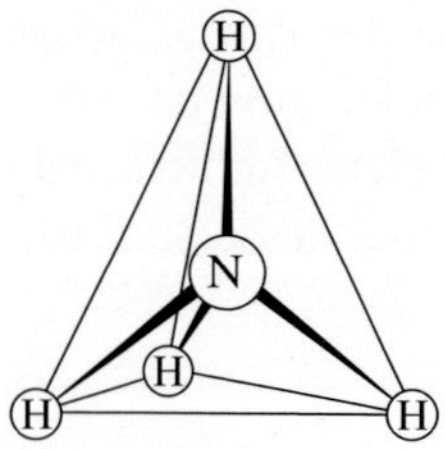

Bild 9.3 Modell des Ammoniumions

Beim Ammoniak handelt es sich demnach um eine Base nach der Definition *Brönsteds*, da das Ammoniakmolekül ein Proton aufzunehmen vermag:

$$NH_3 + H^+ \rightarrow NH_4^+$$

Die Brönstedsche Definition der Base ist demnach nicht an das Auftreten von Hydroxidionen gebunden. Sie unterscheidet sich also grundsätzlich von der Definition der Base nach *Arrhenius* ($\rightarrow$ Aufg. 9.7).

9.2.2 Korrespondierende Säure-Base-Paare

Bei der Aufnahme und Abgabe von Protonen handelt es sich um umkehrbare Vorgänge. Wie das Ammoniakmolekül unter Aufnahme eines Protons in ein Ammoniumion überzugehen vermag:

$$NH_3 + H^+ \rightarrow NH_4^+$$

so entsteht umgekehrt aus einem Ammoniumion durch Abgabe eines Protons ein Ammoniakmolekül:

$$NH_4^+ \rightarrow NH_3 + H^+$$

Damit handelt es sich beim *Ammoniumion* nach der Definition *Brönsteds* um eine *Säure*. Die Aufnahme und die Abgabe von Protonen sind Vorgänge, die miteinander verknüpft sind und daher in einer Gleichung dargestellt werden können:

$$\underset{\text{Säure}}{NH_4^+} \rightleftharpoons \underset{\text{Base}}{NH_3} + \underset{\text{Proton}}{H^+}$$

Für den Chlorwasserstoff ergibt sich dementsprechend die Gleichung:

$$\underset{\text{Säure}}{HCl} \rightleftharpoons \underset{\text{Base}}{Cl^-} + \underset{\text{Proton}}{H^+}$$

Beim *Chloridion* Cl^- handelt es sich also nach *Brönsted* um eine *Base*, da es ein Proton aufzunehmen vermag, wobei es in ein Chlorwasserstoffmolekül übergeht (→ Aufg. 9.8).

Nach der Brönstedschen Säure-Base-Definition ergibt sich, dass jeder Säure eine Base entspricht, die – wie in den Beispielen gezeigt wurde – durch Abgabe bzw. Aufnahme von Protonen ineinander übergehen können. Säure und Base, die in dieser Weise miteinander in Beziehung stehen, werden als *korrespondierendes Säure-Base-Paar* bezeichnet:

$$\textbf{Säure} \rightleftharpoons \textbf{Base} + \mathbf{H^+}$$

Einige wichtige korrespondierende Säure-Base-Paare sind:

$$HNO_3 \rightleftharpoons NO_3^- + H^+$$
$$H_2SO_4 \rightleftharpoons HSO_4^- + H^+$$
$$HSO_4^- \rightleftharpoons SO_4^{2-} + H^+ \qquad (\rightarrow \text{Aufg. } 9.9)$$
$$NH_4^+ \rightleftharpoons NH_3 + H^+$$
$$NH_3 \rightleftharpoons NH_2^- + H^+$$

Ein bemerkenswerter Unterschied zwischen den Säure-Base-Definitionen *Arrhenius* und *Brönsteds* besteht darin, dass diese Begriffe nach *Brönsted* nicht nur auf *Moleküle* sondern auch auf *Ionen* anzuwenden sind. Die Beispiele lassen erkennen, dass zu jedem Säure-Base-Paar außer dem Proton mindestens ein Ion gehören muss. Infolge der Abgabe eines Protons ist die Ladung der Base stets um 1 niedriger als die Ladung der Säure.

Nach dem Ladungszustand sind zu unterscheiden:

Neutralsäuren (Molekülsäuren)	Beispiel: HCl	
Kationsäuren	Beispiel: NH_4^+	
Anionsäuren	Beispiel: HSO_4^-	(→ Aufg. 9.10)
Neutralbasen (Molekülbasen)	Beispiel: NH_3	
Kationbasen	Beispiel: $N_2H_5^+$	
Anionbasen	Beispiel: HSO_4^-	

Kationbasen sind verhältnismäßig selten. Das als Beispiel gewählte Hydrazinium-(I)-Ion $N_2H_5^+$ tritt in dem korrespondierenden Säure-Base-Paar

$$N_2H_6^{2+} \rightleftharpoons N_2H_5^+ + H^+$$

als Kation*base*, in dem korrespondierenden Säure-Base-Paar

$$N_2H_5^+ \rightleftharpoons N_2H_4 + H^+$$

als Kation*säure* auf. Die Verbindung N_2H_4 wird als *Hydrazin* bezeichnet.

9.2.3 Protolyte – Ampholyte

Alle Moleküle und Ionen, die Protonen abzugeben oder aufzunehmen vermögen, d. h. alle Protonendonatoren und Protonenakzeptoren, werden als *Protolyte* bezeichnet.

Protolyte, die sowohl als Protonendonatoren als auch als Protonenakzeptoren, d. h. als Säuren und Basen im Sinne von *Brönsted*, auftreten können, werden *Ampholyte* [1)] genannt.

Das gilt zum Beispiel für das Ammoniakmolekül NH_3 und für das Hydrogensulfation HSO_4^-, die in den oben angegebenen korrespondierenden Säure-Base-Paaren einmal als Säure und einmal als Base vorliegen.

Vom Standpunkt der Mengenlehre betrachtet, bestehen zwischen den von *Brönsted* eingeführten Begriffen folgende Beziehungen (Bild 9.4):

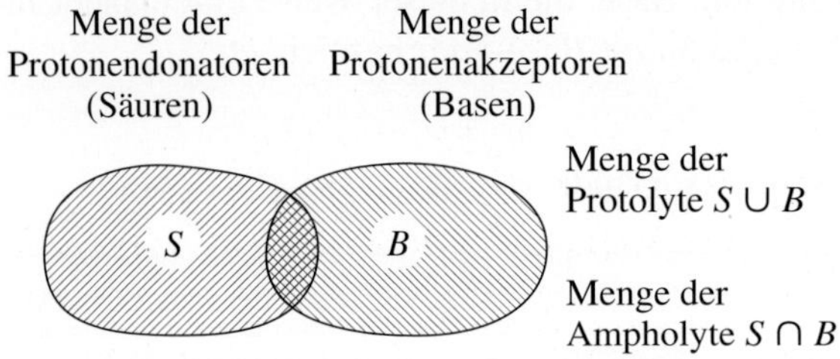

Bild 9.4 Menge der Protolyte und ihre Teilmengen

Die Protolyte sind die Vereinigungsmenge der Protonendonatoren (Säuren) und der Protonenakzeptoren (Basen):

$$S \cup B$$

Die Ampholyte sind die Durchschnittsmenge der Protonendonatoren (Säuren) und der Protonenakzeptoren (Basen):

$$S \cap B$$

Ein besonders wichtiger Ampholyt ist das *Wasser*, das in folgenden korrespondierenden Säure-Base-Paaren auftritt:

$$H_3O^+ \rightleftharpoons H_2O + H^+$$
$$H_2O \rightleftharpoons OH^- + H^+$$

Säure Base Proton

Während das *Wassermolekül* als Säure und als Base reagieren kann, tritt das *Oxoniumion* H_3O^+ nur als *Säure*, das *Hydroxidion* OH^- nur als *Base* auf.

Hier wird der Unterschied zur Arrhenius'schen Definition besonders deutlich, wonach unter Basen Stoffe verstanden wurden, die Hydroxidionen abspalten (z. B. das Natriumhydroxid NaOH), aber nicht das Hydroxidion selbst. Nach *Brönsted* handelt es sich bei den Metallhydroxiden um Salze (→ Abschn. 9.2.8) (→ Aufg. 9.11 und 9.12).

[1)] von ampho (griech.) beide zugleich

9.2.4 Protolytische Reaktionen

Da Protonen in wässriger Lösung allein nicht existenzfähig sind, kommt es zu einer Säure-Base-Reaktion erst dann, wenn zwei korrespondierende Säure-Base-Paare so miteinander in Beziehung treten, dass das eine die Protonen aufnimmt, die das andere abgibt.

Die im Abschn. 9.2.1 als Beispiel behandelte Reaktion von Chlorwasserstoff und Wasser setzt sich aus den korrespondierenden Säure-Base-Paaren HCl/Cl^- und H_3O^+/H_2O zusammen. Davon reagiert das zweite in Richtung einer Protonenaufnahme:

I	HCl		$\rightleftharpoons Cl^-$	$+ H^+$		(Protonenabgabe)
	Säure I		Base I			
II	H_2O	$+ H^+$	$\rightleftharpoons H_3O^+$			(Protonenaufnahme)
	Base II		Säure II			
I + II	HCl	$+ H_2O$	$\rightleftharpoons Cl^-$	$+ H_3O^+$		
	Säure I	Base II	Base I	Säure II		

Als Summe ergibt sich die Gesamtreaktion (→ Abschn. 9.2.1). Dem Chlorwasserstoff als Säure tritt hier also das Wasser als Base gegenüber, wobei die Chloridionen als neue Base und die Oxoniumionen als neue Säure entstehen.

Für die Reaktion von Ammoniak mit Wasser (→ Abschn. 9.2.1) gilt dementsprechend:

I	H_2O		$\rightleftharpoons OH^-$	$+ H^+$	(Protonenabgabe)
	Säure I		Base I		
II	NH_3	$+ H^+$	$\rightleftharpoons NH_4^+$		(Protonenaufnahme)
	Base II		Säure II		
I + II	H_2O	$+ NH_3$	$\rightleftharpoons OH^-$	$+ NH_3^+$	
	Säure I	Base II	Base I	Säure II	

Solche Reaktionen, bei denen die von einem korrespondierenden Säure-Base-Paar (I) abgegebenen Protonen von einem anderen korrespondierenden Säure-Base-Paar (II) aufgenommen werden, werden als *protolytische Reaktion* oder einfach als *Protolyse* bezeichnet. Die an einer protolytischen Reaktion beteiligten Stoffe werden unter der Bezeichnung *protolytisches System* zusammengefasst. Dementsprechend werden die beiden beteiligten korrespondierenden Säure-Base-Paare auch als Halbsysteme bezeichnet.

Halbsystem I	Säure I	$\rightleftharpoons$ Base I + Proton
Halbsystem II	Base II + Proton	$\rightleftharpoons$ Säure II
protolytisches System	Säure I + Base II	$\rightleftharpoons$ Base I + Säure II

Bei den protolytischen Reaktionen in wässriger Lösung, auf deren Behandlung wir uns hier beschränken, tritt in den meisten Fällen das Wasser in einem der beiden Halbsysteme auf (→ Aufg. 9.13).

9.2.5 Die Autoprotolyse des Wassers

In allen wässrigen Lösungen liegt ein protolytisches System vor, in dessen beiden Halbsystemen das Wasser einmal als Säure und einmal als Base auftritt (→ Abschnitt 9.2.3):

I	$\underset{\text{Säure I}}{H_2O} \rightleftharpoons \underset{\text{Base I}}{OH^-} + H^+$	(Protonenabgabe)
II	$\underset{\text{Base II}}{H_2O} + H^+ \rightleftharpoons \underset{\text{Säure II}}{H_3O^+}$	(Protonenaufnahme)
I + II	$\underset{\text{Säure I}}{H_2O} + \underset{\text{Base II}}{H_2O} \rightleftharpoons \underset{\text{Base I}}{OH^-} + \underset{\text{Säure II}}{H_3O^+}$	

Diese protolytische Reaktion, bei der das Wasser teils als Säure und teils als Base reagiert, wird als *Autoprotolyse*[1)] des Wassers bezeichnet. Eine Autoprotolyse ist bei allen Ampholyten, d. h. bei allen Protolyten, die sowohl als Säure als auch als Base reagieren können, möglich. Beispiel: Autoprotolyse des Ammoniaks

$$NH_3 + NH_3 \rightleftharpoons NH_4^+ + NH_2^-$$

Für die *Chemie der wässrigen Lösungen* ist nach *Brönsted*
- das *Oxoniumion* H_3O^+ die *wichtigste Säure* und
- das *Hydroxidion* OH^- die *wichtigste Base*.

Der Anteil des Wassers, der der Autoprotolyse unterliegt, ist äußerst gering. Er beträgt (bei 22 °C) 10^{-7} mol · l^{-1}. Dementsprechend ist die Konzentration der Oxoniumionen und der Hydroxidionen gleichermaßen 10^{-7} mol · l^{-1}.

Nach dem Massenwirkungsgesetz gilt für die Autoprotolyse des Wassers die Gleichung:

$$\frac{c_{H_3O^+} \cdot c_{OH^-}}{c^2_{H_2O}} = K$$

Da bei Reaktionen in verdünnten wässrigen Lösungen die Konzentration des Wassers praktisch unverändert bleibt, wird diese in die Konstante einbezogen, und es ergibt sich:

$$c_{H_3O^+} \cdot c_{OH^-} = K_W$$

K_W wird als *Ionenprodukt des Wassers* oder als *Protolysekonstante des Wassers* bezeichnet. Durch Einsetzen der Konzentration erhält man (für 22 °C)[2)]:

$$10^{-7}\ \text{mol} \cdot \text{l}^{-1} \cdot 10^{-7}\ \text{mol} \cdot \text{l}^{-1} = 10^{-14}\ \text{mol}^2 \cdot \text{l}^{-2}$$

Nach dem Massenwirkungsgesetz gilt diese Größe 10^{-14} mol^2 · l^{-2} für K_W nicht nur für reines Wasser, sondern auch für saure und basische wässrige Lösungen. Dabei müssen allerdings, soweit es sich nicht um sehr verdünnte Lösungen handelt, statt der (wirklichen) Konzentratio-

---

1) Nach *Arrhenius* wird die Autoprotolyse des Wassers als elektrolytische Dissoziation behandelt: $H_2O \rightleftharpoons H^+ + OH^-$

2) Die Autoprotolyse des Wassers nimmt mit steigender Temperatur zu, wobei das Ionenprodukt K_W z. B. bei 65 °C den Wert 10^{-13} mol^2 · l^{-2} erreicht.

nen die *Aktivitäten* (die wirksamen Konzentrationen → Abschnitt 9.1.2) eingesetzt werden, um dadurch die interionischen Wechselwirkungen zu berücksichtigen:

$$a_{H_3O^+} \cdot a_{OH^-} = K_W \qquad \text{(Konzentrationseinheiten wurden weggelassen)}$$

Mit der Aktivität der Oxoniumionen ist auf Grund dieser Beziehung auch die Aktivität der Hydroxidionen gegeben. $a_{H_3O^+}$ und a_{OH^-} sind einander umgekehrt proportional:

$$a_{H_3O^+} = \frac{K_W}{a_{OH^-}}; \quad a_{HO^-} = \frac{K_W}{a_{H_3O^+}}$$

Da K_W (bei Zimmertemperatur) den Zahlenwert 10^{-14} besitzt, gilt

für Wasser:	$a_{H_3O^+} = 10^{-7}$;	$a_{OH^-} = 10^{-7}$
für saure Lösungen	$a_{H_3O^+} > 10^{-7}$;	$a_{OH^-} < 10^{-7}$
für basische Lösungen	$a_{H_3O^+} < 10^{-7}$;	$a_{OH^-} > 10^{-7}$

Je größer (kleiner) die Aktivität der Oxoniumionen ist, um so kleiner (größer) ist die Aktivität der Hydroxidionen (→ Aufg. 9.14).

9.2.6 Der pH-Wert

Da die Zahlenwerte mit negativen Exponenten schwer handhabbar sind, bedienen wir uns nach einem Vorschlag des dänischen Chemikers *Sörensen* für die Angabe des sauren oder basischen Charakters von Lösungen statt der Aktivität der Oxoniumionen des pH-Wertes [1)], der als *negativer dekadischer Logarithmus des Zahlenwerts der Aktivität der Oxoniumionen* definiert ist:

$$\boxed{\mathrm{pH} = -\lg a_{H_3O^+}}$$

Demnach gilt

für neutrale Lösungen:	$a_{H_3O^+} = 10^{-7}$;	pH = 7
für saure Lösungen:	$a_{H_3O^+} > 10^{-7}$;	pH < 7
für basische Lösungen:	$a_{H_3O^+} < 10^{-7}$;	pH > 7

Um logarithmieren zu können, muss die Aktivität a als reiner Zahlenwert vorliegen. Das wird erreicht, indem in Gleichung

$$a = c \cdot f_a$$

dem Aktivitätskoeffizienten f_a (→ S. 145) die reziproke Einheit der Konzentration c gegeben wird:

$$c \text{ in } \mathrm{mol \cdot l^{-1}}$$
$$f_a \text{ in } \mathrm{l \cdot mol^{-1}}$$

Aus der in Tabelle 9.3 dargestellten pH-Wert-Skala sind die Zusammenhänge zwischen pH-Wert, Oxoniumionenaktivität, Hydroxidionenaktivität und saurem bzw. basischem Charakter einer Lösung ersichtlich (→ Aufg. 9.15).

---

1) potentia hydrogenii (lat.) Wirksamkeit des Wasserstoffs

Tabelle 9.3 pH-Wert-Skala

pH	0	1	2	3	4	5	6	7	8	9	10	11	12	13	14
$a_{H_3O^+}$	10^0	10^{-1}	10^{-2}	10^{-3}	10^{-4}	10^{-5}	10^{-6}	10^{-7}	10^{-8}	10^{-9}	10^{-10}	10^{-11}	10^{-12}	10^{-13}	10^{-14}
a_{OH^-}	10^{-14}	10^{-13}	10^{-12}	10^{-11}	10^{-10}	10^{-9}	10^{-8}	10^{-7}	10^{-6}	10^{-5}	10^{-4}	10^{-3}	10^{-2}	10^{-1}	10^0
	sauer ←							neutral					→		basisch

Analog zum pH-Wert ergibt sich aus der Hydroxidionenaktivität a_{OH^-} der pOH-Wert:

$$pOH = -\lg a_{OH^-}$$

Die Summe aus pH-Wert und pOH-Wert ist gleich 14. Das ist der negative dekadische Logarithmus des Ioneproduktes des Wassers K_W (→ S. 154):

$$pH + pOH = -\lg K_W$$

$$pH + pOH = 14$$

Für die Ermittlung des pH-Wertes stehen zwei grundsätzlich verschiedene Verfahren zur Verfügung.

1. die pH-Wert-Bestimmung mit Indikatoren,
2. die elektrochemische pH-Wert-Messung.

Als Indikatoren für die pH-Wert-Bestimmung werden Farbstoffe eingesetzt, die innerhalb bestimmter pH-Wert-Bereiche ihre Farbe verändern (Bild 9.5). Mit Hilfe von Universalindikatorpapieren, die eine Mischung verschiedener Indikatoren enthalten, ist bei geringem Aufwand eine sehr rasche, aber nur grobe pH-Wert-Bestimmung möglich.

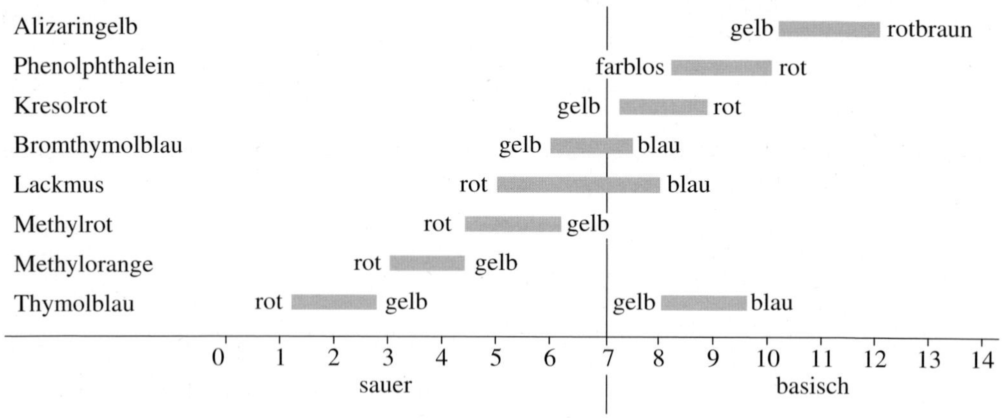

Bild 9.5 Umschlagbereiche einiger wichtiger Indikatoren

Wesentlich genauere Werte liefert die elektrochemische Methode, bei der daher von einer pH-Wert-*Messung* gesprochen werden kann. Sie beruht auf der Messung der Potenzialdifferenz, die sich zwischen einer Elektrode, die in die zu untersuchende Lösung taucht, und einer Bezugselektrode ergibt. Die hierfür entwickelten Geräte weisen Skalen auf, die eine direkte Ablesung des pH-Wertes – statt der an sich gemessenen Spannung – gestatten (→ Aufg. 9.16).

Der pH-Wert hat große praktische Bedeutung. Der Ablauf vieler chemischer Reaktionen im Laboratorium und in der chemischen Produktion, aber auch in anderen Wirtschaftszweigen ist vom pH-Wert abhängig.

Vielfach müssen bestimmte pH-Wert-Bereiche eingehalten werden, damit die chemischen Vorgänge in der gewünschten Weise ablaufen bzw. die Produkte die gewünschten Eigenschaften besitzen. Das gilt z. B. für die Textilindustrie, für die Lebensmittelindustrie und für die Trinkwasseraufbereitung. Andererseits müssen bestimmte pH-Wert-Bereiche vermieden werden, damit es nicht zu unerwünschten chemischen Vorgängen kommt. Das gilt z. B. für Kesselspeisewasser und Betriebswasser (Wasserstoffkorrosionstyp; → S. 244). Um die für die Erhöhung der Bodenfruchtbarkeit richtige Düngergabe zu ermitteln, werden in der Landwirtschaft pH-Wert-Untersuchungen an Bodenproben durchgeführt. Auch die Vorgänge in den lebenden Organismen sind von bestimmten pH-Werten abhängig. Daher spielen pH-Wert-Bestimmungen auch in der Medizin eine Rolle.

9.2.7 Die Stärke der Protolyte

Die einzelnen Säuren und Basen setzen sich in wässriger Lösung in ganz unterschiedlichem Maße mit Wasser um, mit anderen Worten:

Die einzelnen Säuren und Basen unterliegen in unterschiedlichem Maße der Protolyse.

Säuren, die in *hohem* Maße der Protolyse unterliegen, werden als *starke Säuren* bezeichnet. Beispiel: Salzsäure HCl

$$\underset{\text{Säure I}}{HCl} + \underset{\text{Base II}}{H_2O} \rightleftharpoons \underset{\text{Base I}}{Cl^-} + \underset{\text{Säure II}}{H_3O^+} \tag{9.3}$$

(Der dicke Pfeil deutet bei den Beispielen an, nach welcher Seite das Gleichgewicht verschoben ist.)

Säuren, die in *geringem* Maße der Protolyse unterliegen, werden als *schwache Säuren* bezeichnet. Beispiel: Blausäure HCN

$$\underset{\text{Säure I}}{HCN} + \underset{\text{Base II}}{H_2O} \rightleftharpoons \underset{\text{Base I}}{CN^-} + \underset{\text{Säure II}}{H_3O^+} \tag{9.4}$$

Das Gleichgewicht liegt auf der Seite der Blausäure- und Wassermoleküle.

Ebenso wird zwischen *starken* und *schwachen* Basen unterschieden. Das soll am Beispiel des Chloridions Cl^- und des Cyanidions CN^- erläutert werden, die in den beiden vorstehenden Gleichungen als Basen auftreten. Das Chloridion kann nach der Gleichung

$$\underset{\text{Säure I}}{H_2O} + \underset{\text{Base II}}{Cl^-} \rightleftharpoons \underset{\text{Base I}}{OH^-} + \underset{\text{Säure II}}{HCl} \tag{9.5}$$

der Protolyse unterliegen. Das Gleichgewicht liegt aber ganz auf der Seite der Chloridionen, bei denen es sich um eine sehr schwache Base handelt.

Dagegen stellt das Cyanidion eine starke Base dar, es setzt sich weitgehend mit Wassermolekülen zu Blausäuremolekülen um:

$$\underset{\text{Säure I}}{H_2O} + \underset{\text{Base II}}{CN^-} \rightleftharpoons \underset{\text{Base I}}{OH^-} + \underset{\text{Säure II}}{HCN} \qquad (9.6)$$

Vergleichen wir die Gleichungen (9.3) und (9.5), in denen die gleichen Protolyte (HCl, Cl^-) auftreten, miteinander, so ist festzustellen, dass in beiden Gleichgewichtsreaktionen das Gleichgewicht auf der Seite des schwächeren Protolyten Cl^- liegt.

Das gleiche gilt auch für den Vergleich zwischen den Gleichungen (9.4) und (9.6). Hier liegt das Gleichgewicht in beiden Fällen auf der Seite der schwachen Säure (HCN).

Was an diesen Beispielen gezeigt wurde, gilt allgemein:

■ Säure-Base-Reaktionen verlaufen in Richtung der Bildung der schwächeren Protolyte.

Mit anderen Worten: In einem protolytischen System setzt sich die stärkere Säure zur schwächeren korrespondierenden Base und die stärkere Base zur schwächeren korrespondierenden Säure um.

9.2.8 Der pK_S-Wert und der pK_B-Wert

Durch Anwendung des Massenwirkungsgesetzes auf die Protolyse von Säuren und Basen erhalten wir ein Maß für die Stärke der Säuren und Basen.

Für die *Protolyse einer Säure*, als Beispiel sei die Cyanwasserstoffsäure HCN (auch Blausäure) gewählt,

$$HCN + H_2O \rightleftharpoons CN^- + H_3O^+$$

gilt nach dem Massenwirkungsgesetz:

$$\frac{a_{CN^-} \cdot a_{H_3O^+}}{a_{HCN} \cdot a_{H_2O}} = K$$

Wie bei der Autoprotolyse des Wassers wird auch hier die – in verdünnten wässrigen Lösungen praktisch konstant bleibende – Aktivität des Wassers in die Konstante einbezogen, und wir erhalten:

$$\frac{a_{CN^-} \cdot a_{H_3O^+}}{a_{HCN}} = K_S \qquad (9.7)$$

Der Wert K_S wird als *Säurekonstante* bezeichnet. Er ergibt sich für beliebige Säuren aus:

$$\frac{a_{Base} \cdot a_{H_3O^+}}{a_{Säure}} = K_S \qquad (9.7a)$$

Für die *Protolyse einer Base*, als Beispiel wählen wir das Cyanidion,

$$H_2O + CN^- \rightleftharpoons OH^- + HCN$$

ergibt sich nach dem Massenwirkungsgesetz:

$$\frac{a_{OH^-} \cdot a_{HCN}}{a_{H_2O} \cdot a_{CN^-}} = K$$

$$\frac{a_{OH^-} \cdot a_{HCN}}{a_{CN^-}} = K_B \tag{9.8}$$

Der Wert K_B wird als *Basekonstante* bezeichnet. Er ergibt sich für beliebige Basen aus:

$$\frac{a_{OH^-} \cdot a_{Säure}}{a_{Base}} = K_B \tag{9.8a}$$

(→ Aufg. 9.17).

Zwischen der *Säurekonstante* K_S und der *Basekonstante* K_B eines korrespondierenden Säure-Base-Paares besteht eine bemerkenswerte Beziehung, die am Beispiel

$$HCN \rightleftharpoons CN^- + H^+$$

Säure Base Proton

erläutert werden soll.

Multiplizieren wir K_S und K_B (Gleichungen (9.7) und (9.8)) miteinander, so erhalten wir:

$$K_S \cdot K_B = \frac{a_{CN^-} \cdot a_{H_3O^+} \cdot a_{OH^-} \cdot a_{HCN}}{a_{HCN} \cdot a_{CN^-}}$$

Durch Kürzen ergibt sich daraus:

$$K_S \cdot K_B = a_{H_3O^+} \cdot a_{HO^-}$$

Das Produkt auf der rechten Seite dieser Gleichung ist als Ionenprodukt des Wassers bekannt (→ Abschn. 9.2.5). Demnach gilt:

$$K_S \cdot K_B = K_W \tag{9.9}$$

Das heißt: Das Produkt aus Säurekonstante und Basekonstante eines korrespondierenden Säure-Base-Paares ist gleich dem Ionenprodukt des Wassers, dessen Zahlenwert bei 22 °C 10^{-14} beträgt.

Analog zum pH-Wert (→ Abschn. 9.2.6) wurde an Stelle der Säurekonstante K_S der pK_S-Wert und an Stelle der Basekonstante K_B der pK_B-Wert eingeführt:

Der pK_S-Wert ist der negative dekadische Logarithmus des Säurekonstante K_S.
Der pK_B-Wert ist der negative dekadische Logarithmus der Basekonstante K_B.

$$pK_S = -\lg K_S$$
$$pK_B = -\lg K_B$$

Für alle korrespondierenden Säure-Base-Paare tritt auf Grund dieser Festlegung und auf Grund der Logarithmengesetze an Stelle der Multiplikation von K_S und K_B (Gleichung (9.9)) die Addition von pK_S und pK_B, wobei sich als Summe bei Zimmertemperatur stets 14 ($= -\lg 10^{-14}$) ergibt:

$$pK_S + pK_B = 14 \tag{9.10}$$

Die pK_S-Werte und die pK_B-Werte einiger wichtiger korrespondierender Säure-Base-Paare sind in Tabelle 9.4 zusammengestellt.

Tabelle 9.4 Korrespondierende Säure-Base-Paare ($t = 25$ °C)

pK_S		Säure	Protonen- $\longrightarrow$ abnahme	Base	+ Proton		pK_B
≈ −9		$HClO_4$	⇌	ClO_4^-	+ H^+		≈ 23
≈ −8		HI	⇌	I^-	+ H^+		≈ 22
≈ −6		HBr	⇌	Br^-	+ H^+		≈ 20
≈ −6	sehr stark	HCl	⇌	Cl^-	+ H^+	sehr schwach	≈ 20
≈ −3		H_2SO_4	⇌	HSO_4^-	+ H^+		≈ 17
−1,32		HNO_3	⇌	NO_3^-	+ H^+		15,32
0		H_3O^+	⇌	H_2O	+ H^+		14,00
1,42		HOOC—COOH	⇌	$HOOC—COO^-$	+ H^+		12,58
1,92		HSO_4^-	⇌	SO_4^{2-}	+ H^+		12,08
1,96		H_2SO_3	⇌	HSO_3^-	+ H^+		12,04
1,96	stark	H_3PO_4	⇌	$H_2PO_4^-$	+ H^+	schwach	12,04
2,22		$[Fe(H_2O)_6]^{3+}$	⇌	$[FeOH(H_2O)_5]^{2+}$	+ H^+		11,78
3,14		HF	⇌	F^-	+ H^+		10,86
3,35		HNO_2	⇌	NO_2^-	+ H^+		10,65
3,75		$HCOOH$	⇌	$HCOO^-$	+ H^+		10,25
4,75		CH_3COOH	⇌	CH_3COO^-	+ H^+		9,25
4,85		$[Al(H_2O)_6]^{3+}$	⇌	$[AlOH(H_2O)_5]^{2+}$	+ H^+		9,15
6,52		H_2CO_3	⇌	HCO_3^-	+ H^+		7,48
6,92	mittelstark	H_2S	⇌	HS^-	+ H^+	mittelstark	7,08
7,12		$H_2PO_4^-$	⇌	HPO_4^{2-}	+ H^+		6,88
7,25		$HClO$	⇌	ClO^-	+ H^+		6,75
9,25		NH_4^+	⇌	NH_3	+ H^+		4,75
9,40		HCN	⇌	CN^-	+ H^+		4,60
9,66		$[Zn(H_2O)_4]^{2+}$	⇌	$[ZnOH(H_2O)_3]^+$	+ H^+		4,34
10,40	schwach	HCO_3^-	⇌	CO_3^{2-}	+ H^+	stark	3,60
11,62		H_2O_2	⇌	HO_2^-	+ H^+		2,38
12,32		HPO_4^{2-}	⇌	PO_4^{3-}	+ H^+		1,68
12,9		HS^-	⇌	S^{2-}	+ H^+		1,1
14,00		H_2O	⇌	OH^-	+ H^+		0
≈ 23	sehr schwach	NH_3	⇌	NH_2^-	+ H^+	sehr stark	≈ −9
≈ 24		OH^-	⇌	O^{2-}	+ H^+		≈ −10
≈ 40		H_2	⇌	H^-	+ H^+		≈ −26
pK_S		Säure	Protonen- $\longleftarrow$ aufnahme	Base	+ Proton		pK_B

Für das als Beispiel gewählte Säure-Base-Paar (HCN/CN^-) ist in Gleichung (9.10) der pK_S-Wert der Blausäure (9,40) und der pK_B-Wert des Cyanidions (4,60) einzusetzen. Das ergibt:

$$9{,}40 + 4{,}60 = 14$$

Ist von einem korrespondierenden Säure-Base-Paar ein pK-Wert bekannt, so kann der andere nach Gleichung (9.10) leicht berechnet werden (→ Aufg. 9.18).

Aus Tabelle 9.4 ist ersichtlich:

■ Eine Säure bzw. Base ist um so stärker, je niedriger der pK_S-Wert bzw. der pK_B-Wert ist.

Bei den in Tabelle 9.4 zusammengestellten korrespondierenden Säure-Base-Paaren nimmt
- die Tendenz zur Protonenabgabe von oben nach unten ab,
- die Tendenz zur Protonenaufnahme von oben nach unten zu (→ Aufg. 9.19).

Für das Zustandekommen einer Säure-Base-Reaktion müssen zwei Voraussetzungen erfüllt sein:
1. Es müssen zwei korrespondierende Säure-Base-Paare vorhanden sein, von denen das eine als Säure, das andere als Base vorliegt.
2. Das in Form der Säure vorliegende Säure-Base-Paar I muss einen niedrigeren pK_S-Wert besitzen als das in Form der Base vorliegende Säure-Base-Paar II.

An Hand der Tabelle 9.4 lässt sich das wie folgt erläutern:

Zwei Säure-Base-Paare (Halbsysteme) können nur in der Weise zu einem protolytischen System zusammentreten, dass das *oben* stehende Halbsystem I *Protonen abgibt* (Reaktionsverlauf nach *rechts*) und das *unten* stehende Halbsystem II *Protonen aufnimmt* (Reaktionsverlauf nach *links*).

Beispiel:

Neutralisation der Phosphorsäure mit Ammoniak:
Bei der Protolyse der Phosphorsäure ergeben sich folgende korrespondierenden Säure-Base-Paare, die hier als Halbsystem I auftreten können:

$$pK_S = 1{,}96 \qquad H_3PO_4 \rightleftharpoons H_2PO_4^- + H^+ \qquad \text{(Ia)}$$

$$pK_S = 7{,}12 \qquad H_2PO_4^- \rightleftharpoons HPO_4^{2-} + H^+ \qquad \text{(Ib)}$$

$$pK_S = 12{,}32 \qquad HPO_4^{2-} \rightleftharpoons PO_4^{3-} + H^+ \qquad \text{(Ic)}$$

Als Halbsystem II liegt vor:

$$pK_S = 9{,}25 \qquad H^+ + NH_3 \rightleftharpoons NH_4^+$$

Das Halbsystem II kann also nur mit den Halbsystemen Ia und Ib zu einem protolytischen System zusammentreten, da deren pK_S-Werte niedriger liegen als der pK_S-Wert des Halbsystems II. Der pK_S-Wert des Halbsystems Ic liegt wesentlich höher. Bei der Neutralisation von Phosphorsäure mit Ammoniak verlaufen daher nur folgende Reaktionen:

$$H_3PO_4 + NH_3 \rightleftharpoons NH_4^+ + H_2PO_4^-$$

$$H_3PO_4 + 2\,NH_3 \rightleftharpoons 2\,NH_4^+ + HPO_4^{2-}$$

Dagegen entsteht kein Ammoniumphosphat $(NH_4)_3PO_4$ (→ Aufg. 9.20).

Die in Tabelle 9.4 angegebenen pK_S-Werte und pK_B-Werte beziehen sich auf wässrige Lösungen, in denen die genannten Protolyte die Konzentrationen $c = 1\ \text{mol} \cdot \text{l}^{-1}$ haben. Das Wasser selbst in diese Tabelle einzuordnen, ist problematisch, da sich Zahlenwerte für $pK_S(H_3O^+)$ und $pK_B(OH^-)$ nicht experimentell bestimmen lassen. Eine solche Einordnung ist allerdings wünschenswert, da die Ionen des Wassers gegenüber sehr starken Säuren und sehr starken Basen *nivellierend* wirken. Das heißt:

- In wässrigen Lösungen aller Säuren, die über dem Oxonium H_3O^+ stehen, wirkt dieses Ion als Säure.
- In wässrigen Lösungen aller Basen, die unter dem Hydroxidion OH^- stehen, wirkt dieses Ion als Base.

Es gibt nun zwei Ansätze, um pK-Werte für die Ionen des Wassers zu *berechnen*:

- Für die Protolyse der Säure Oxoniumion H_3O^+

$$\text{Säure} + H_2O \rightleftharpoons \text{Base} + H_3O^+$$

$$H_3O^+ + H_2O \rightleftharpoons H_2O + H_3O^+$$

ergibt sich die Gleichgewichtskonstante K nach dem Massenwirkungsgesetz wie folgt:

$$\frac{c_{H_2O} \cdot c_{H_3O^+}}{c_{H_3O^+} \cdot c_{H_2O}} = K$$

$$K = 1$$

Daraus resultiert als dekadischer Logarithmus $pK_S(H_3O^+) = 0$. Das Säure-Base-Paar $H_3O^+ \rightleftharpoons H_2O + H^+$ lässt sich daher als natürlicher Nullpunkt der protolytischen Skala auffassen. Nach

$$pK_S + pK_B = 14$$

ergibt sich $pK_B(H_2O) = 14$.

- Bei der Ermittlung von Säurekonstanten wird allerdings die Konzentration der Wassermoleküle c_{H_2O} – die während der Reaktion verdünnter wässriger Lösungen praktisch konstant bleibt – meist in die Konstante einbezogen:

$$\frac{c_{H_2O} \cdot c_{H_3O^+}}{c_{H_3O^+}} = K \cdot c_{H_2O}$$

$$\frac{c_{H_2O} \cdot c_{H_3O^+}}{c_{H_3O^+}} = K_S$$

$$c_{H_2O} = K_S(H_3O^+)$$

Diese Säurekonstante wird nun wie folgt berechnet:

$$c_{H_2O} = \frac{\varrho_{H_2O}}{M_{H_2O}} \qquad \varrho_{H_2O;\,25\,°C} = 997{,}044\ \text{g} \cdot \text{l}^{-1}$$

$$M_{H_2O} = 18{,}015\,28\ \text{g} \cdot \text{mol}^{-1}$$

$$c_{H_2O} = \frac{997{,}044\ \text{g} \cdot \text{l}^{-1}}{18{,}015\,28\ \text{g} \cdot \text{mol}^{-1}}$$

$$c_{H_2O} = 55{,}344\,4\ \text{mol} \cdot \text{l}^{-1}$$

$$K_S(H_3O^+) = 55{,}344\,4\ \text{mol} \cdot \text{l}^{-1}$$

Auf diese Weise wird erreicht, dass die Säurekonstante $K(H_3O^+)$ wie die anderen Säurekonstanten die Maßeinheit $mol \cdot l^{-1}$ trägt. Als negativer dekadischer Logarithmus des Zahlenwertes ergibt sich

$$pK_S(H_3O^+) = -1{,}74$$

Daraus folgt nach

$$pK_S + pK_B = 14$$

der pK_B-Wert 15,74.

Diese Zahlenwerte erscheinen vielfach in den Tafeln der pK-Werte. Es ist freilich willkürlich, nur die – im Nenner des Massenwirkungsquotienten stehende – Konzentration des Wassers (als Ausgangsstoff) in die Säurekonstante einzubeziehen. Da vorausgesetzt wird, dass die Konzentration des Wassers praktisch konstant bleibt, kann auch die – im Zähler stehende – Konzentration des Wassers (als Reaktionsprodukt) in die Konstante einbezogen werden:

$$\frac{c_{H_2O} \cdot c_{H_3O^+}}{c_{H_3O^+}} = K_S$$

$$\frac{c_{H_2O}}{c_{H_3O^+}} = \frac{K_S}{c_{H_2O}}$$

Es ergibt sich dann eine neue Säurekonstante:

$$\frac{c_{H_3O^+}}{c_{H_3O^+}} = K_S'$$

die – wie beim ersten Berechnungsansatz – den Wert 1 hat und daraus resultierend wiederum den pK_S-Wert 0.

9.2.9 Berechnung des pH-Wertes

Die Berechnung des pH-Wertes von Protolytlösungen geht von der Gleichung

$$pH = -\lg a_{H_3O^+} \qquad (9.11)$$

aus (→ S. 155). Dabei ist für starke Protolyte und für schwache Protolyte unterschiedlich zu verfahren. Für einfache Berechnungen wird statt von der Aktivität a meist von der Konzentration c ausgegangen (→ S. 145).

Für **starke Protolyte** gilt dann:

$$pH = -\lg \frac{c_{H_3O^+}}{mol \cdot l^{-1}} \qquad (9.11a)$$

Sehr starke Säuren (und Basen) unterliegen nahezu vollständig der Protolyse:

$$HCl + H_2O \rightarrow Cl^- + H_3O^+$$

Das folgt nach Gleichung (9.11a):

$$\frac{c_{Base} \cdot c_{H_3O^+}}{c_{Säure}} = K_S$$

$$\frac{c_{Cl^-} \cdot c_{H_3O^+}}{c_{HCl}} = 10^6$$

aus dem pK_S-Wert −6 (→ Tabelle 9.4, S. 160).

Die Konzentration der Oxoniumionen $c_{H_3O^+}$ im Gleichgewichtszustand ist daher praktisch gleich der Ausgangskonzentration C_{HCl} der Salzsäure:

$$c_{H_3O^+} = C_{HCl}$$

Diese kann also in Gleichung (9.11a) eingesetzt werden:

$$pH = -\lg \frac{C_{HCl}}{mol \cdot l^{-1}}$$

Für eine Salzsäure mit der Ausgangskonzentration $C_{HCl} = 0{,}02\,mol \cdot l^{-1}$ ergibt das den pH-Wert:

$$pH = -\lg \frac{2 \cdot 10^{-2}\,mol \cdot l^{-1}}{mol \cdot l^{-1}}$$

$$pH = 1{,}7$$

Schwache Elektrolyte unterliegen – im Gegensatz dazu – nur in sehr geringem Maße der Protolyse. In diesem Falle ist die Gleichgewichtskonzentration der Säure $c_{Säure}$ nahezu gleich der Ausgangskonzentration der Säure $C_{Säure}$:

$$c_{Säure} \approx C_{Säure}$$

Diese kann daher (für eine Näherungsrechnung) in die Gleichung (9.11a) eingesetzt werden:

$$\frac{c_{Base} \cdot c_{H_3O^+}}{C_{Säure}} = K_S$$

Außerdem sind die Gleichgewichtskonzentrationen der bei der Protolyse entstehenden Base und der Oxoniumionen einander gleich:

$$c_{Base} = c_{H_3O^+}$$

Daher ist es gerechtfertigt für c_{Base} ebenfalls $c_{H_3O^+}$ einzusetzen:

$$\frac{c^2_{H_3O^+}}{C_{Säure}} = K_S$$

In folgenden Schritten ergibt sich daraus eine Gleichung zur Berechnung des pH-Wertes schwacher Protolyte:

$$c^2_{H_3O^+} = K_S \cdot C_{Säure}$$

$$c_{H_3O^+} = \sqrt{K_S \cdot C_{Säure}}$$

und nach Übergang zu den negativen dekadischen Logarithmen:

$$pH = \frac{pK_S - \lg C_{Säure}}{2} \qquad \text{oder} \qquad pH = \frac{1}{2}(pK_S - \lg C_{Säure})$$

Für eine Cyanwasserstoffsäurelösung mit der Ausgangskonzentration $C_{HCN} = 0{,}02\,mol \cdot l^{-1}$ ergibt sich wie folgt der pH-Wert:

$$C_{HCN} = \frac{0{,}02\,mol \cdot l^{-1}}{mol \cdot l^{-1}}$$

$$-\lg C_{HCN} = 1{,}7$$

$$pH = \frac{9{,}40 + 1{,}7}{2}$$

$$pH = 5{,}55$$

Die Lösung ist also schwach sauer.

9.2.10 Säure-Base-Titration

Die Reaktion zwischen Salzsäure und Natronlauge, die nach *Arrhenius* als typisches Beispiel für eine Salzbildung galt, verläuft nach *Brönsted* wie folgt:

Der *Chlorwasserstoff* unterliegt in wässriger Lösung einer vollständigen Protolyse, da das Säure-Base-Paar HCl/Cl^- einen niedrigeren pK_S-Wert (-6) besitzt als das Säure-Base-Paar H_3O^+/H_2O:

$$\begin{array}{ll} \text{I} & HCl \rightleftharpoons Cl^- + H^+ \\ \text{II} & H^+ + H_2O \rightleftharpoons H_3O^+ \\ \hline & HCl + H_2O \rightleftharpoons Cl^- + H_3O^+ \end{array}$$

In gleicher Weise unterliegen in wässriger Lösung alle Säuren einer vollständigen Protolyse, die stärker sind als das Hydroniumion (und daher in Tabelle 9.4 *über* dem Säure-Base-Paar H_3O^+/H_2O stehen).

Das *Natriumhydroxid* NaOH ist nach *Brönsted* – im Unterschied zu *Arrhenius* – nicht als Base, sondern als *Salz* aufzufassen (→ Abschn. 9.2.13). Wie andere Salze liegt es in wässriger Lösung in Kationen und Anionen dissoziiert vor:

$$NaOH \rightleftharpoons Na^+ + OH^-$$

Das Hydroxidion OH^- ist mit dem pK_B-Wert 0 eine sehr starke Base.

Die Hydroxidionen ergeben mit den aus der Protolyse des Chlorwasserstoffs stammenden Oxoniumionen ein protolytisches System:

$$\begin{array}{ll} \text{I} & H_3O^+ \rightleftharpoons H_2O + H^+ \\ \text{II} & H^+ + OH^- \rightleftharpoons H_2O \\ \hline & H_3O^+ + OH^- \rightleftharpoons 2\,H_2O \end{array}$$

Die sehr starke Säure H_3O^+ geht in die sehr schwache Base H_2O über, die sehr starke Base OH^- in die sehr schwache Säure H_2O. Das Wasser tritt also im Halbsystem I als Base, im Halbsystem II als Säure auf. Es stellt sich das von der Autoprotolyse des Wassers bekannte Gleichgewicht ein (→ Abschn. 9.2.5). Äquivalente Mengen an Salzsäure und Natronlauge vorausgesetzt, reagiert die entstehende Lösung *neutral*. Die Lösung enthält Natriumionen Na^+ und Chloridionen Cl^-, es handelt sich also um eine Natriumchloridlösung (→ Aufg. 9.21).

Die Neutralisation ist Grundlage für die *Säure-Base-Titration* (auch als *Neutralisationsanalyse* bekannt), eines der wichtigsten Verfahren der *Maßanalyse*. Dabei wird die Konzentration einer Säure ermittelt, indem ihr so viel von einer Base bekannter Konzentration zugegeben wird, bis der *Neutralisationspunkt* erreicht ist. Die in der Lösung enthaltenen Stoffmengrn von Säure und Base sind einander dann äquivalent (→ Abschn. 7.2). Es wird daher auch vom *Äquivalenzpunkt* gesprochen. Umgekehrt wird auf diese Weise auch die Konzentration einer Base durch Zugabe einer Säure bekannter Konzentration ermittelt. Traditionell bedient man sich dazu einer Bürette (→ Bild 9.6), in der sich die Maßlösung bekannter Konzentration befindet, während die Untersuchungslösung in einem Erlenmeyerkolben oder Becherglas – wie man sagt – *vorgelegt* wird. Heute stehen dafür moderne Geräte zur Verfügung, die unmittelbar die Änderung des pH-Wertes der vorgelegten Lösung ermitteln und aufzeichnen.

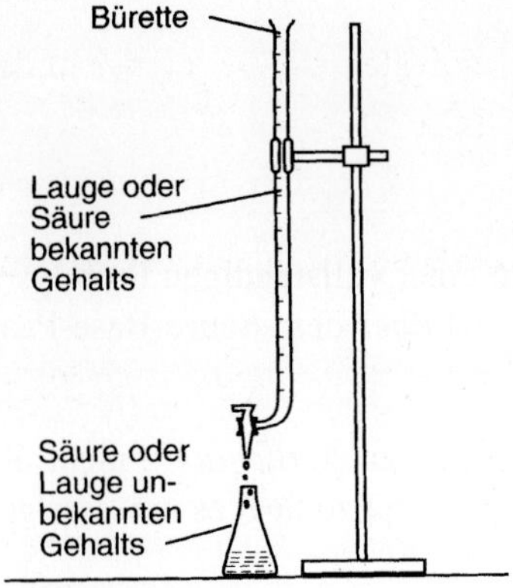

Bild 9.6 Maßanalyse

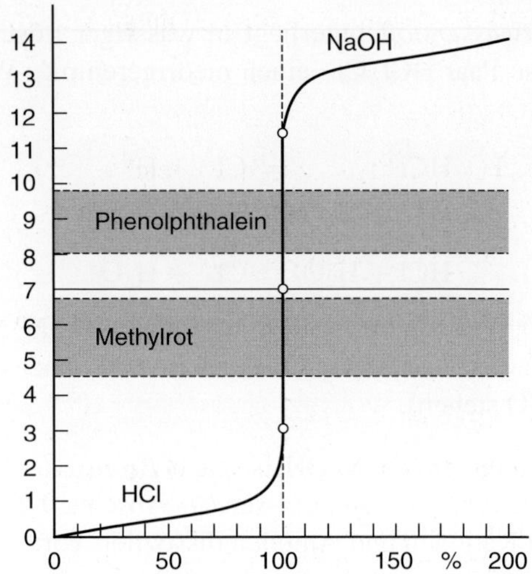

Bild 9.7 Säure-Base-Titration (Titrationskurven)

Das Bild 9.7 zeigt, wie sich der pH-Wert bei einer Neutralisationsanalyse verändert. Die mit HCl und NaOH bezeichnete Titrationskurve gilt allgemein für die Titration einer sehr starken Säure mit einer sehr starken Base. Das Diagramm bezieht sich auf Lösungen mit der Äquivalentkonzentration $c_{\mathrm{eq}} = 0{,}1 \text{ mol} \cdot \text{l}^{-1}$, wie sie für Titrationen am häufigsten verwendet werden.

Die Titrationskurve lässt erkennen, dass sich der pH-Wert einer vorgelegten Salzsäure bei Zugabe von Natronlauge zunächst nur sehr langsam verändert. Ist der pH-Wert 3 erreicht, führt eine geringfügige Zugabe weiterer Natronlauge zu einem Qualitätsumschlag, nach welchem die Lösung mit dem pH-Wert 11 deutlich basisch reagiert. Der Äquivalenzpunkt ist am Farbumschlag sowohl des Indikators Phenolphthalein als auch des Indikators Methylrot zu erkennen. Für die Neutralisation einer sehr starken Base mit einer sehr starken Säure ist die Kurve in der entgegengesetzten Richtung zu interpretieren.

Berechnung einer Titration

Von zwei Lösungen der gleichen Äquivalentkonzentration c_{eq} sind gleiche Volumina einander äquivalent (gleichwertig) (→ Kapitel 7).

Daraus folgt für die Maßanalyse:

Die Volumina von Untersuchungslösung und Maßlösung sind deren Äquivalentkonzentrationen umgekehrt proportional:

$$v(\mathrm{U}) : v(\mathrm{M}) = c_{\mathrm{eq}}(\mathrm{M}) : c_{\mathrm{eq}}(\mathrm{U}) \qquad (9.12)$$

Daraus ergibt sich:

$$v(\mathrm{U}) \cdot c_{\mathrm{eq}}(\mathrm{U}) = v(\mathrm{M}) \cdot c_{\mathrm{eq}}(\mathrm{M}) \tag{9.13}$$

Das Produkt der linken Seite dieser Gleichung ist die Äquivalentmenge (Stoffmenge der Äquivalente) n_{eq} der in der Untersuchungslösung enthaltenen Substanz (hier der Säure oder Base).

$$n_{\mathrm{eq}}(\mathrm{U}) = v(\mathrm{U}) \cdot c_{\mathrm{eq}}(\mathrm{U}) \tag{9.14}$$

Das Produkt der rechten Seite der Gleichung (9.13) ist die Äquivalentmenge n_{eq} der in der Maßlösung enthaltenen Substanz.

$$n_{\mathrm{eq}}(\mathrm{M}) = v(\mathrm{M}) \cdot c_{\mathrm{eq}}(\mathrm{M}) \tag{9.15}$$

Beim Äquivalenzpunkt sind die Äquivalentmengen von Untersuchungslösung und Maßlösung einander gleich:

$$n_{\mathrm{eq}}(\mathrm{U}) = n_{\mathrm{eq}}(\mathrm{M}) \tag{9.16}$$

Daher kann in Gleichung (9.15) $n_{\mathrm{eq}}(\mathrm{M})$ durch $n_{\mathrm{eq}}(\mathrm{U})$ ersetzt werden:

$$n_{\mathrm{eq}}(\mathrm{U}) = v(\mathrm{M}) \cdot c_{\mathrm{eq}}(\mathrm{M}) \tag{9.17}$$

Die *gesuchte* Äquivalentmenge $n_{\mathrm{eq}}(\mathrm{U})$ der Untersuchungslösung ergibt sich demnach als Produkt aus der *bekannten* Äquivalentkonzentration der Maßlösung $c_{\mathrm{eq}}(\mathrm{M})$ und dem bei der Titration *verbrauchten* Volumen der Maßlösung $v(\mathrm{M})$.

- Um die *Masse* $m(\mathrm{U})$ des in der Untersuchungslösung enthaltenen Stoffes zu ermitteln, muss in die Gleichung (9.17) an Stelle der Stoffmenge n der Quotient aus Masse m und molarer Masse M

  $$\text{Stoffmenge} = \frac{\text{Masse}}{\text{molare Masse}}; \qquad n = \frac{m}{M}$$

  eingeführt werden (→ Abschn. 7.4).

  Auf die Äquivalentmenge (Stoffmenge der Äquivalente) n_{eq} bezogen, ergibt sich:

  $$n_{\mathrm{eq}} = \frac{m}{M_{\mathrm{eq}}} \tag{9.18}$$

  Darin ist M_{eq} die *molare Äquivalentmasse*, die sich als Quotient aus molarer Masse M und Wertigkeit z ergibt:

  $$M_{\mathrm{eq}} = \frac{M}{z} \tag{9.19}$$

  Beispiel:

  Die molare Masse M der Schwefelsäure ist 98,08 $\mathrm{g \cdot mol^{-1}}$, die molare Äquivalentmasse $M_{\mathrm{eq}} =$ 49,04 $\mathrm{g \cdot mol^{-1}}$.

  $$\frac{98{,}08\ \mathrm{g \cdot mol^{-1}}}{2} = 49{,}04\ \mathrm{g \cdot mol^{-1}}$$

Wird Gleichung (9.18) in Gleichung (9.17) eingesetzt, so ergibt das:

$$\frac{m(\mathrm{U})}{M_{\mathrm{eq}}(\mathrm{U})} = v(\mathrm{M}) \cdot c_{\mathrm{eq}}(\mathrm{M})$$

Durch Auflösen nach $m(\mathrm{U})$ erhalten wir die Gleichung, mit der die Masse der in der Untersuchungslösung enthaltenen Substanz zu berechnen ist:

$$m(\mathrm{U}) = v(\mathrm{M}) \cdot c_{\mathrm{eq}}(\mathrm{M}) \cdot M_{\mathrm{eq}}(\mathrm{U}) \tag{9.20}$$

Bei der Anwendung dieser Gleichung ist besonders zu beachten, welche Größen sich auf die Untersuchungslösung beziehen und welche auf die Maßlösung.

Beispiel:

Zur Titration von 40 ml einer Schwefelsäure von unbekanntem Gehalt wurden 26 ml Natronlauge mit $c_{\mathrm{eq}} = 0{,}1\ \mathrm{mol \cdot l^{-1}}$ verbraucht. Die Masse m der in der Untersuchungslösung enthaltenen Schwefelsäure ist zu ermitteln.

$$m(\mathrm{H_2SO_4}) = v(\mathrm{NaOH}) \cdot c_{\mathrm{eq}}(\mathrm{NaOH}) \cdot M_{\mathrm{eq}}(\mathrm{H_2SO_4})$$
$$m(\mathrm{H_2SO_4}) = 0{,}026\ \mathrm{l} \cdot 0{,}1\ \mathrm{mol \cdot l^{-1}} \cdot 49{,}04\ \mathrm{g \cdot mol^{-1}}$$
$$m(\mathrm{H_2SO_4}) = 0{,}127\,5\ \mathrm{g}$$

- Die *Massenkonzentration* der Untersuchungslösung $\beta(\mathrm{U})$ ergibt sich als Quotient von Masse $m(\mathrm{U})$ und Volumen $v(\mathrm{U})$:

$$\beta(\mathrm{U}) = \frac{m(\mathrm{U})}{v(\mathrm{U})} \tag{9.21}$$

Beispiel:

Massenkonzentration der Schwefelsäure des vorigen Beispiels:

$$\beta(\mathrm{H_2SO_4}) = \frac{0{,}127\,5\ \mathrm{g}}{0{,}040\ \mathrm{l}}$$
$$\beta(\mathrm{H_2SO_4}) = 3{,}187\,5\ \mathrm{g \cdot l^{-1}}$$

- Die *Äquivalentkonzentration* $c_{\mathrm{eq}}(\mathrm{U})$ erhalten wir, indem Gleichung (9.13) nach $c_{\mathrm{eq}}(\mathrm{U})$ aufgelöst wird:

$$c_{\mathrm{eq}}(\mathrm{U}) = \frac{v(\mathrm{M}) \cdot c_{\mathrm{eq}}(\mathrm{M})}{v(\mathrm{U})} \tag{9.22}$$

Beispiel:

Äquivalentkonzentration c_{eq} der Schwefelsäure:

$$c_{\mathrm{eq}}(\mathrm{H_2SO_4}) = c\left(\tfrac{1}{2}\mathrm{H_2SO_4}\right)$$

Mittels der reziproken Wertigkeit kann angegeben werden, um welches Äquivalent es sich handelt. Der Index eq entfällt in diesem Falle.

$$c\left(\tfrac{1}{2}H_2SO_4\right) = \frac{v(NaOH)\cdot c\left(\tfrac{1}{1}NaOH\right)}{v(H_2SO_4)}$$

$$c\left(\tfrac{1}{2}H_2SO_4\right) = \frac{0{,}026\,l\cdot 0{,}1\ mol\cdot l^{-1}}{0{,}040\,l}$$

$$c\left(\tfrac{1}{2}H_2SO_4\right) = 0{,}065\ mol\cdot l^{-1}$$

- Die *Stoffmengenkonzentration* $c(U)$ ergibt sich schließlich als Quotient aus Äquivalentkonzentration $c_{eq}(U)$ und Wertigkeit $z(U)$:

$$c(U) = \frac{c_{eq}(U)}{z(U)} \tag{9.23}$$

Beispiel:

Stoffmengenkonzentration der Schwefelsäure

$$c(H_2SO_4) = \frac{c\left(\tfrac{1}{2}H_2SO_4\right)}{z(H_2SO_4)}$$

$$c(H_2SO_4) = \frac{0{,}065\ mol\cdot l^{-1}}{2}$$

$$c(H_2SO_4) = 0{,}032\,5\ mol\cdot l^{-1}$$

Aus Gleichung (9.23) geht hervor, dass bei einwertigen Verbindungen Stoffmengenkonzentration und Äquivalentkonzentration gleich sind:

$$c_{eq} = c$$

Beispiel:

Natronlauge NaOH

$$c\left(\tfrac{1}{2}NaOH\right) = c(NaOH)$$

9.2.11 Titration schwacher und mittelstarker Protolyte – Pufferlösungen

Die mit CH_3COOH und NH_3 bezeichnete Kurve im Bild 9.8 gibt die Neutralisation von Essigsäure mit Ammoniaklösung wieder, also einer mittelstarken Säure mit einer mittelstarken Base. Werden wiederum Lösungen gleicher Äquivalentkonzentration verwendet, wird der Äquivalenzpunkt erreicht, sobald die zugegebene Ammoniaklösung das gleiche Volumen hat wie die vorgelegte Essigsäure.

Der Wendepunkt der Kurve liegt beim pH-Wert 7. Es findet aber kein Qualitätssprung statt, der die genaue Ermittlung des Äquivalenzpunktes ermöglichen würde. Um einen Qualitätsumschlag zu erhalten, wie er zur Bestimumng des Äquivalenzpunktes erforderlich ist, müssen

- schwache und mittelstarke Säuren mit starken Basen und
- schwache und mittelstarke Basen mit starken Säuren

titriert werden.

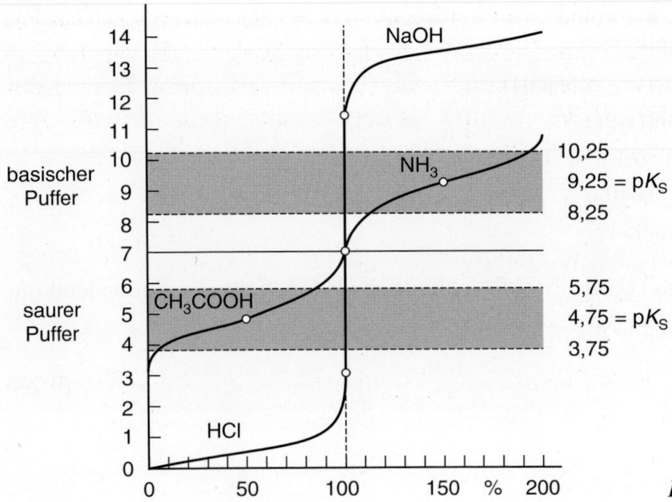

Bild 9.8 Pufferlösungen

Bei den im Bild 9.8 dargestellten Beispielen wird

- die *Essigsäure* mit *Natronlauge* titriert und
- die *Ammoniaklösung* mit *Salzsäure*,

wozu im zweiten Falle das Diagramm von rechts nach links zu lesen ist.

In den Kurven der Essigsäure und der Ammoniaklösung ist je ein Punkt gekennzeichnet, an dem der pH-Wert gleich dem pK_S-Wert ist: Essigsäure $pK_S = 4{,}75$; Ammoniak $pK_S = 9{,}25$ (→ Tabelle 9.4).

Quantitativ erfasst wird dieser Zusammenhang von der *Henderson-Hasselbalch*'schen Gleichung [1)]:

$$\text{pH} = \text{p}K_\text{S} + \lg \frac{c_\text{Base}}{c_\text{Säure}}$$

$$\text{pH} = 4{,}75 + \lg \frac{c_{\text{CH}_3\text{COO}^-}}{c_{\text{CH}_3\text{COOH}}}$$

Wurden 100 ml Essigsäure 50 ml einer Natronlauge von gleicher Äquivalentkonzentration zugegeben, so wurden 50 % der Essigsäuremoleküle CH_3COOH zur korrespondierenden Base Acetation CH_3COO^- umgesetzt. Deren Konzentrationen sind damit einander gleich:

$$c_{\text{CH}_3\text{COO}^-} = c_{\text{CH}_3\text{COOH}}$$

Das ergibt:

$$\text{pH} = 4{,}75 + \lg 1$$

$$\text{pH} = 4{,}75$$

(→ Aufgabe 9.22).

[1)] Der Nordamerikaner *L. J. Henderson* erkannte (1908) diese Gesetzmäßigkeit, der Däne *K. A. Hasselbalch* führte (1916) diese logarithmische Gleichung ein.

Beiderseits der gekennzeichneten Punkte in den Titrationskurven der Essigsäure und des Ammoniaks verlaufen diese Kurven verhältnismäßig flach. Das heißt, in diesem Bereich verändert sich der pH-Wert bei der Zugabe des Titrationsmittels nur verhältnismäßig langsam. Das wird praktisch genutzt, um den pH-Wert bestimmter Lösungen, die dann *Pufferlösungen* genannt werden, einigermaßen konstant zu halten.

Pufferlösungen enthalten (in der Regel) in äquivalenten Mengen

- eine schwache Säure und eines ihrer Salze
  – es wird dann von einem **sauren Puffer** gesprochen – oder
- eine schwache Base und eines ihrer Salze
  – es wird dann von einem **basischen Puffer** gesprochen.

Saure Puffer wirken im sauren Bereich (pH < 7), *basische Puffer* wirken im basischen Bereich (pH > 7).

Beispiel für einen *sauren Puffer*:

Essigsäure und Natriumacetat

$$\underset{\text{B I}}{CH_3COO^-} + \underset{\text{S II}}{H_3O^+} \rightleftharpoons \underset{\text{S I}}{CH_3COOH} + \underset{\text{B II}}{H_2O}$$

$$\underset{\text{S I}}{CH_3COOH} + \underset{\text{B II}}{OH^-} \rightleftharpoons \underset{\text{B II}}{CH_3COO^-} + \underset{\text{S I}}{H_2O}$$

Bei Zugabe einer starken Säure (z. B. Salzsäure) wirken gegenüber deren Oxoniumionen H_3O^+ die Acatationen als *Protonenakzeptoren*.

Bei Zugabe einer starken Lauge (z. B. Natronlauge) wirken gegenüber deren Hydroxidionen OH^- die Essigsäuremoleküle als *Protonendonatoren*.

Was vorstehend gesagt wurde, gilt analog auch für den *basischen Puffer*.

Beispiel für einen *basischen Puffer*:

Essigsäure und Natriumacetat

$$\underset{\text{S I}}{NH_4^+} + \underset{\text{B II}}{H_2O} \rightleftharpoons \underset{\text{B I}}{NH_3} + \underset{\text{S II}}{OH^-}$$

$$\underset{\text{B I}}{NH_3} + \underset{\text{S II}}{H_3O^+} \rightleftharpoons \underset{\text{S I}}{NH_4^+} + \underset{\text{B II}}{H_2O}$$

(→ Aufgabe 9.22).

Bei diesen Pufferungsvorgängen stellen sich *neue Gleichgewichte* ein. Das heißt, das Gleichgewicht verschiebt sich soweit – nach links oder nach rechts –, bis der Wert der Säurekonstante K_S wieder erreicht ist und damit auch der pK_S-Wert. Der pH-Wert der Pufferlösung ändert sich dabei nur in geringem Maße. Selbst wenn sich der Quotient $c_{\text{Base}}/c_{\text{Säure}}$ der *Henderson-Hasselbalch*'schen Gleichung zwischen $1/10$ und $10/1$ ändert, liegt die Änderung des pH-Wertes in dem Intervall von ± 1 (→ Bild 9.8).

Beispiel:

In einer Salzsäure mit der Konzentration $c = 0{,}05\,\text{mol} \cdot \text{l}^{-1}$ beträgt der pH-Wert infolge der praktisch vollständigen Protolyse:

$$HCl + H_2O \rightarrow Cl^- + H_3O^+$$

$$\text{pH} = -\lg 5 \cdot 10^{-2}$$

$$\text{pH} = 1{,}3$$

Es liegt also eine stark saure Lösung vor.

Die gleiche Stoffmenge an Chlorwasserstoff HCl, die demnach in einem Liter Wasser eine Änderung des pH-Wertes um 5,7 pH-Einheiten bewirkt, verursacht in einer Essigsäure-Natriumacetat-Pufferlösung, in der beide Komponenten mit einer Konzentration von $0{,}2\,\text{mol} \cdot \text{l}^{-1}$ vorliegen, nur eine geringfügige Änderung des pH-Wertes. Nach der Gleichung

$$H_3O^+ + CH_3COO^- \rightleftharpoons H_2O + CH_3COOH$$

nimmt die Konzentration der Base Acetation ab und die Konzentration der Essigsäure zu. Das ergibt nach der *Henderson-Hasselbalch*'schen Gleichung:

$$\text{pH} = \text{p}K_\text{S} + \lg \frac{c_\text{Base}}{c_\text{Säure}}$$

$$\text{pH} = 4{,}75 + \lg \frac{0{,}2 - 0{,}05}{0{,}2 + 0{,}05}$$

$$\text{pH} = 4{,}75 + \lg \frac{0{,}15}{0{,}25}$$

$$\text{pH} = 4{,}75 - 0{,}22$$

$$\text{pH} = 4{,}53$$

Das im Bild 9.8 dargestellte Intervall von ± 1 wird also noch bei weitem nicht ausgeschöpft.

Die Kapazität einer Pufferlösung hängt von deren Konzentration ab. Erst wenn – im vorstehenden Beispiel – die Acetationen verbraucht sind, nimmt der pH-Wert bei Zugabe weiterer Salzsäure rasch ab.

Pufferlösungen spielen eine überragende Rolle in allen lebenden Organismen. Das Blut des Menschen hat einen pH-Wert von 7,4. Schon das Überschreiten einer Toleranz von $\pm 0{,}4$ ist lebensbedrohlich. Auch bei vielen technischen Verfahren müssen enge pH-Bereiche eingehalten werden (Galvanotechnik, Textilveredlung, Lederverarbeitung, Biotechnologie).

Es gibt standardisierte Pufferlösungen für bestimmte pH-Bereiche.

Literatur dazu:

- *Kaltofen, R. u. a.*: Tabellenbuch Chemie. – Franfurt am Main: Verlag Harri Deutsch, 1998
- *Rauscher, R. u. a.*: Chemische Tabellen und Rechentafeln für die analytische Praxis. – Franfurt am Main: Verlag Harri Deutsch, 2000
- weiterhin: DIN 19 260, 19 266, 19 267.

9.2.12 Saure oder basische Reaktion wässriger Salzlösungen (Hydrolyse)

Bekanntlich reagieren nicht alle Salzlösungen neutral, sondern manche basisch, andere sauer. Auf diese allgemein als *Hydrolyse* bezeichnete Erscheinung soll in einigen Beispielen eingegangen werden:

Das *Ammoniumchlorid* NH_4Cl dissoziiert in wässriger Lösung in Ammoniumionen NH_4^+ und Chloridionen Cl^-.

$$NH_4Cl \rightleftharpoons NH_4^+ + Cl^-$$

Die Ammoniumionen sind eine *schwache Säure*, sie unterliegen teilweise einer Protolyse:

$$NH_4^+ + H_2O \rightleftharpoons NH_3 + H_3O^+$$

Demgegenüber sind dieChloridionen nur eine *sehr schwache Base* – sie stehen in Tabelle 9.4 *über* dem Wasser.

Eine Ammoniumchloridlösung reagiert daher sauer (→ Aufg. 9.23).

Das *Aluminiumchlorid* $AlCl_3$ dissoziiert in wässriger Lösung in Aluminiumionen Al^{3+} und Chloridionen Cl^-:

$$AlCl_3 \rightleftharpoons Al^{3+} + 3\,Cl^-$$

Auch diese Lösung reagiert *sauer*. Da die Chloridionen eine sehr schwache Base darstellen, muss die saure Reaktion auf die Aluminiumionen zurückzuführen sein. Nach *Brönsted* ist das so zu erklären, dass die Aluminiumionen infolge des geringen Radius und der hohen Ladung aus der Hydrathülle, die sich in wässriger Lösung um jedes Aluminiumion bildet, Protonen abstoßen können.

$$\underset{\text{Säure}}{[Al(H_2O)_6]^{3+}} \rightleftharpoons \underset{\text{Base}}{[Al(H_2O)_5OH]^{2+}} + H^+$$

Beim hydratisierten Aluminiumion handelt es sich also um eine Säure im Brönstedschen Sinne ($pK_S = 4{,}85$; Tabelle 9.4). Das vorstehende Säure-Base-Paar tritt mit dem Säure-Base-Paar H_3O^+/H_2O zu einem protolytischen System zusammen:

$$[Al(H_2O)_6]^{3+} + H_2O \rightleftharpoons [Al(H_2O)_5OH]^{2+} + H_3O^+$$

Bei dieser Protolyse der hydratisierten Aluminiumionen entstehen Oxoniumionen, die die saure Reaktion der Aluminiumchloridlösung verursachen.

Dagegen reagiert die wässrige Lösung von *Natriumcarbonat* Na_2CO_3 *basisch*. Natriumcarbonat dissoziiert in Natriumionen Na^+ und Carbonationen CO_3^{2-}. Die Carbonationen unterliegen als starke Base ($pK_B = 3{,}6$) einer weitgehenden Protolyse:

$$CO_3^{2-} + H_2O \rightleftharpoons HCO_3^- + OH^-$$

Die hydratisierten Natriumionen Na^+ treten nicht als Säure in Erscheinung, da die Natriumionen infolge des großen Radius und der geringeren Ladung – im Gegensatz zu den Aluminiumionen – kaum abstoßend auf die Protonen der Hydrathülle wirken.

Allgemein gilt:

> Die wässrige Lösung eines Salzes reagiert dann sauer oder basisch, wenn die Kationen und die Anionen dieses Salzes in unterschiedlichem Maße der Protolyse unterliegen.

Die wässrige Lösung reagiert

- *sauer*, wenn die *Kationsäure* den *niedrigeren* p*K*-Wert,
- *basisch*, wenn die *Anionbase* den *niedrigeren* p*K*-Wert

besitzt.

Beispiel:

Das *Ammoniumcyanid* NH_4CN dissoziiert nach der Gleichung

$$NH_4CN \rightleftharpoons NH_4^+ + CN^-$$

Das Ammoniumion NH_4^+ besitzt den pK_S-Wert 9,25, das Cyanidion CN^- den pK_B-Wert 4,60. Da der pK-Wert der Anionbase niedriger ist als der der Kationsäure, ist zu erwarten, dass eine wässrige Ammoniumcyanidlösung *basisch* reagiert (→ Aufg. 9.24).

Es gibt eine *Näherungsgleichung*, mit deren Hilfe der pH-Wert der wässrigen Lösung eines Salzes abgeschätzt werden kann, dessen Kation und Anion gleichermaßen schwache bis mittelstarke Protolyte sind:

$$pH \approx \frac{1}{2}(pK_W + pK_S - pK_B)$$

Der pK_W-Wert ist der negative dekadische Logarithmus des Ionenprodukts des Wassers: $pK_W = -\lg K_W$, für Zimmertemperatur beträgt er 14. Durch Einsetzen der pK-Werte

$$pH \approx \frac{1}{2}(14 + 9{,}25 - 4{,}60)$$

erhalten wir für eine wässrige Ammoniumcyanidlösung einen pH-Wert von 9,3. Die Lösung ist also *schwach basisch* (→ Aufg. 9.24).

9.2.13 Basischer und saurer Charakter von Metallhydroxiden (amphotere Hydroxide)

Es kann nun abschließend auch geklärt werden, wieso *Metallhydroxide* wie das Natriumhydroxid nach *Brönsted* als *Salze* aufzufassen sind. Diese Metallhydroxide dissoziieren in wässriger Lösung in Metallkationen und Hydroxidionen:

$$MeOH \rightleftharpoons Me^+ + OH^-$$

Die Hydroxidionen sind – wie die Anionen aller anderen Salze – Protonenakzeptoren. Allerdings ist die Stärke der Anionbasen, die bei der Dissoziation von Salzen in Lösung gehen, außerordentlich unterschiedlich (Tabelle 9.4; → Aufg. 9.25). Das Hydroxidion ist eine der stärksten Anionbasen. Es besteht aber kein grundsätzlicher Unterschied gegenüber den – bisher als Säurerestionen bezeichneten – Anionen von Salzen wie Natriumchlorid, Natriumsulfat oder Natriumcarbonat.

Nach der Brönstedschen Säure-Base-Definition sind die *elektropositiven Elemente*, wie Natrium und Kalium, insofern als *basenbildend* aufzufassen, als deren Hydroxide in wässriger Lösung durch ihre Hydroxidionen eine basische Reaktion verursachen. Wenn von einer

Abnahme des Basencharakters innerhalb der Perioden des Periodensystems gesprochen wird, so findet das nach *Brönsted* eine Erklärung in der *Zunahme des Säurecharakters* des hydratisierten Metallionen. Innerhalb der Perioden nimmt der Radius der Atome ab, aber die positive Kernladungszahl zu. Deshalb steigt die Tendenz, Protonen aus der Hydrathülle abzustoßen, vom Natrium über das Magnesium zum Aluminium an. Während die hydratisierten Natriumionen praktisch keinen sauren Charakter aufweisen, sind die hydratisierten Aluminiumionen bereits eine mittelstarke Säure (Tabelle 9.4).

Der *amphotere Charakter* eines hydratisierten Aluminiumhydroxids kommt besonders darin zum Ausdruck, dass sich ein Niederschlag dieser schwerlöslichen Verbindung sowohl bei einem Überschuss von *Oxoniumionen* als auch bei einem Überschuss von *Hydroxidionen* auflöst. So entsteht bei Zugabe von *Salzsäure* eine *Aluminiumchloridlösung*:

$$\underset{\text{Säure I}}{3\,H_3O^+} + \underset{\text{Base II}}{Al(OH)_3(H_2O)_3} \rightleftharpoons \underset{\text{Base I}}{3\,H_2O} + \underset{\text{Säure II}}{[Al(H_2O)_6]^{3+}}$$

Die Chloridionen sind an der Reaktion unbeteiligt.

Bei Zugabe von *Natronlauge* entsteht eine *Natriumaluminatlösung*:

$$\underset{\text{Säure I}}{Al(OH)_3(H_2O)_3} + \underset{\text{Base II}}{3\,OH^-} \rightleftharpoons \underset{\text{Base I}}{[Al(OH)_6]^{3-}} + \underset{\text{Säure II}}{3\,H_2O}$$

An dieser Reaktion sind die Natriumionen nicht beteiligt (→ Aufg. 9.26).

Die Brönstedsche Säure-Base-Definition gestattet es, wie die in den Abschnitten 9.2.10 und 9.2.12 behandelten Beispiele zeigen, recht verschiedenartig erscheinende chemische Reaktionen als einheitlichen Reaktionstyp zusammenfassen. Damit leistet die Brönstedsche Säure-Base-Definition einen wichtigen Beitrag zur Systematisierung der chemischen Erkenntnisse.

9.3 Redoxreaktionen

9.3.1 Oxidation als Elektronenabgabe – Reduktion als Elektronenaufnahme

Unter *Oxidation* wurde ursprünglich die Vereinigung eines Stoffes mit Sauerstoff (Oxygenium) verstanden, z. B. das Verbrennen von Kohlenstoff zu Kohlenstoffdioxid CO_2 oder – bei begrenztem Luftzutritt – zu Kohlenstoffmonoxid CO:

$$C + \tfrac{1}{2}O_2 \rightleftharpoons CO$$

Der Sauerstoff muss nicht elementar, sondern kann auch gebunden vorliegen, z. B. im Eisen(II)-oxid:

$$C + FeO \rightleftharpoons CO + Fe$$

Auch bei dieser Reaktion wird der Kohlenstoff oxidiert, zugleich wird aber das Eisen(II)-oxid zu elementaren Eisen reduziert.

Der ursprünglichen Bedeutung nach wird unter *Reduktion*[1)] die Zurückführung eines Oxids in den elementaren Zustand, d. h. der Entzug von Sauerstoff, verstanden (→ Aufg. 9.27).

1) reducere (lat.) zurückführen

In der zuletzt genannten Reaktion, die beim Hochofenprozess eine Rolle spielt, wirkt der Kohlenstoff gegenüber dem Eisen(II)-oxid als *Reduktionsmittel*, das Eisen(II)-oxid gegenüber dem Kohlenstoff als *Oxidationsmittel*:

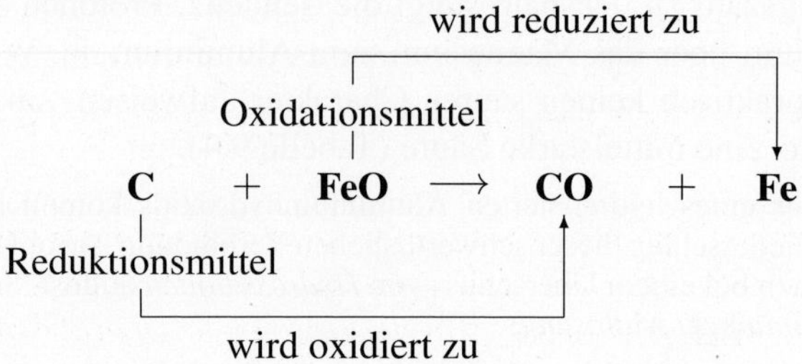

In ähnlicher Weise sind Oxidation und Reduktion stets miteinander gekoppelt, sie werden daher unter der Bezeichnung *Redoxreaktion* zusammengefasst.

Den Redoxreaktionen liegt ein Übergang von Elektronen zugrunde:

> Die *Oxidation* ist eine *Abgabe von Elektronen.*
> Die *Reduktion* ist eine *Aufnahme von Elektronen.*

Der vorstehende Redoxvorgang setzt sich demnach aus folgenden Teilvorgängen zusammen:

$\overset{0}{C} \rightarrow \overset{+2}{C} + 2\,e^-$	Oxidation Elektronenabgabe
$\overset{+2}{Fe} + 2\,e^- \rightarrow \overset{0}{Fe}$	Reduktion Elektronenaufnahme

Die Verwendung der Oxidationszahlen (→ Abschn. 5.7.2.3) gestattet folgende Aussagen:

> Bei der Oxidation nimmt die Oxidationszahl zu.
> Bei der Reduktion nimmt die Oxidationszahl ab.

Aus den beiden Teilreaktionen geht hervor, dass der Sauerstoff an der als Beispiel betrachteten Redoxreaktion gar nicht beteiligt ist. Der Sauerstoff weist vor und nach der Reaktion die Oxidationszahl −2 auf.

9.3.2 Korrespondierende Redoxpaare

Die modernen Begriffe Oxidation und Reduktion sind nicht mehr an den Sauerstoff gebunden. Das gilt auch für die Begriffe Oxidationsmittel und Reduktionsmittel:

> Oxidationsmittel enthalten Atome, Moleküle oder Ionen, die Elektronen aufzunehmen vermögen.
> Reduktionsmittel enthalten Atome, Moleküle oder Ionen, die Elektronen abzugeben vermögen.

(→ Aufg. 9.28)

Daraus ergibt sich eine bemerkenswerte Analogie zu den Begriffen Protonendonator und Protonenakzeptor im Sinne von *Brönsted* (› Abschn. 9.2):

> *Oxidationsmittel* enthalten *Elektronenakzeptoren*.
> *Reduktionsmittel* enthalten *Elektronendonatoren*.

Im Beispiel auf S. 176 ist das Eisen(II)-ion Elektronenakzeptor, das Kohlenstoffatom Elektronendonator.

Eine Redoxreaktion kommt nur dann zustande, wenn einem Elektronendonator ein Elektronenakzeptor gegenübersteht. Das heißt, ein *Redoxsystem* setzt sich – analog einem Säure-Base-System – aus einem *elektronenabgebenden* und einen *elektronenaufnehmenden* Halbsystem zusammen. Als weiteres Beispiel hierfür sei die Chlorknallgasreaktion dargestellt:

$$\text{I} \quad \overset{0}{H_2} \rightarrow 2\,\overset{+1}{H}{}^{+} + 2\,e^{-} \qquad \text{Oxidation}$$

$$\text{II} \quad \overset{0}{Cl_2} + 2\,e^{-} \rightarrow 2\,\overset{-1}{Cl}{}^{-} \qquad \text{Reduktion}$$

$$\overset{0}{H_2} + \overset{0}{Cl_2} \rightarrow 2\,\overset{+1\,-1}{HCl}$$

Zu beachten ist, dass in einer solchen Redoxgleichung die Summe der Oxidationszahlen der rechten Seite stets gleich der Summe der Oxidationszahlen der linken Seite sein muss. (Im vorstehenden Beispiel beträgt sie auf beiden Seiten Null.)

Jedes Halbsystem eines Redoxsystems kann – analog den korrespondierenden Säure-Base-Paaren – als *korrespondierendes Redoxpaar* bezeichnet werden. Für ein korrespondierendes Redoxpaar gilt folgendes Schema:

$$\underset{\text{(Red-Form)}}{\textbf{Elektronendonator}} \underset{\text{Reduktion}}{\overset{\text{Oxidation}}{\rightleftarrows}} \underset{\text{(Ox-Form)}}{\textbf{Elektronenakzeptor}} + \textbf{Elektronen}$$

- Die **Red-Form** eines korrespondierenden Redoxpaares
  - ist durch *Reduktion* entstanden und
  - wirkt – gegenüber einem geeigneten Reaktionspartner – *reduzierend*.
- Die **Ox-Form** eines korrespondierenden Redoxpaares
  - ist durch *Oxidation* entstanden und
  - wirkt – gegenüber einem geeigneten Reaktionspartner – *oxidierend*.

Die Red-Form eines korrespondierenden Redoxpaares hat mindestens ein Elektron mehr als die Ox-Form.

In einem *korrespondierenden Redoxpaar* steht
- einer *Red-Form*, die *stark reduzierend* wirkt, stets eine *Ox-Form* gegenüber, die nur *schwach oxidierend* wirkt,
- einer *Ox-Form*, die *stark oxidierend* wirkt, stets eine *Red-Form* gegenüber, die nur *schwach reduzierend* wirkt.

In Tabelle 9.5 wurden ausgewählte korrespondierende Redoxpaare so angeordnet, dass die *reduzierende Wirkung* der Red-Form von oben nach unten *abnimmt*, während die *oxidierende*

Wirkung der Ox-Form von oben nach unten *zunimmt*. Von den in Tabelle 9.5 enthaltenen korrespondierenden Redoxpaaren stellt das elementare Natrium das stärkste Reduktionsmittel, das elementare Chlor das stärkste Oxidationsmittel dar. Dementsprechend reagieren Natrium und Chlor leicht miteinander:

$$
\begin{array}{llll}
\text{I} & \underset{\text{Red I}}{2\,Na} & \rightarrow \underset{\text{Ox I}}{2\,Na^+} + 2\,e^- & \text{Oxidation} \\
\text{II} & \underset{\text{Ox II}}{Cl_2} + 2\,e^- & \rightarrow \underset{\text{Red II}}{2\,Cl^-} & \text{Reduktion} \\
\hline
 & \underset{\text{Red I}}{2\,\overset{0}{Na}} + \underset{\text{Ox II}}{\overset{0}{Cl_2}} & \rightarrow \underset{\text{Ox I}}{2\,Na^+} + \underset{\text{Red II}}{2\,Cl^-} &
\end{array}
$$

Wie die Gesamtgleichung erkennen lässt, erübrigt sich für Ionen die Angabe von Oxidationszahlen, da diese mit den Ionenwertigkeiten übereinstimmen.

Allen Redoxreaktionen liegt die Tendenz der korrespondierenden Redoxpaare zugrunde, aus ihrer *stärkeren Form* in ihre *schwächere Form überzugehen*. Ein Maß dafür stellen die *Redoxpotenziale*[1)] dar. Sie ermöglichen, den Ablauf von Redoxreaktionen vorauszusagen.

Die Redoxpaare sind in Tabelle 9.5 in Richtung der Oxidation angeordnet. Die Redoxpotenziale beziehen sich jedoch – vereinbarungsgemäß – auf den Reduktionsvorgang und wären daher exakter als *Reduktionspotenziale* zu bezeichnen. *Oxidationspotenziale* hätte ihnen gegenüber das entgegengesetzt Vorzeichen.

Tabelle 9.5 Korrespondierende Redoxpaare (t = 25 °C)

Red-Form	Oxidation → (Elektronenabgabe)	Ox-Form + Elektron	Redoxpotenzial in Volt
Na	⇌	$Na^+ + e^-$	−2,71
Mg	⇌	$Mg^{2+} + 2\,e^-$	−2,38
Al	⇌	$Al^{3+} + 3\,e^-$	−1,66
Zn	⇌	$Zn^{2+} + 2\,e^-$	−0,76
Fe	⇌	$Fe^{2+} + 2\,e^-$	−0,44
Sn	⇌	$Sn^{2+} + 2\,e^-$	−0,14
Pb	⇌	$Pb^{2+} + 2\,e^-$	−0,12
H_2	⇌	$2\,H^+ + 2\,e^-$	0
Sn^{2+}	⇌	$Sn^{4+} + 2\,e^-$	+0,20
Cu	⇌	$Cu^{2+} + 2\,e^-$	+0,35
$2\,I^-$	⇌	$I_2 + 2\,e^-$	+0,58
Fe^{2+}	⇌	$Fe^{3+} + e^-$	+0,75
Ag	⇌	$Ag^+ + e^-$	+0,80
Hg	⇌	$Hg^{2+} + 2\,e^-$	+0,86
$2\,Br^-$	⇌	$Br_2 + 2\,e^-$	+1,07
$2\,Cl^-$	⇌	$Cl_2 + 2\,e^-$	+1,36
Red-Form	← Reduktion (Elektronenaufnahme)	Ox-Form + Elektron	

↓ Reduktionswirkung nimmt ab
↓ Oxidationswirkung nimmt zu
↓ Elektonenaffinität nimmt zu

1) Die Herleitung des Begriffs Potenzial erfolgt im Abschn. 10.3.3. Bei den in Tabelle 9.5 angegebenen Zahlen handelt es sich um Standardwerte, die sich auf 25 °C, 101,325 kPa und 1-aktive Lösungen (→ S. 144) beziehen.

Für das Zustandekommen einer Redoxreaktion müssen zwei Bedingungen erfüllt sein:

1. Es müssen zwei korrespondierende Redoxpaare miteinander in Beziehung treten, von denen das eine in seiner *Red-Form*, das andere in seiner *Ox-Form* vorliegt.
2. Das in der *Ox-Form* vorliegende Redoxsystem muss ein *höheres Redoxpotenzial* haben als das in der *Red-Form* vorliegende.

An Hand der Tabelle 9.5 lässt sich das wie folgt erläutern:

Zwei korrespondierende Redoxpaare können nur in der Weise zu einem Redoxsystem zusammentreten, dass das *oben* stehende Halbsystem I *oxidierend* wirkt, dabei Elektronen abgibt und oxidiert wird (Reaktionsverlauf nach *rechts*), und das *unten* stehende Halbsystem II *reduzierend* wirkt, dabei Elektronen aufnimmt und *reduziert* wird (Reaktionsverlauf nach *links*).

$$\text{Red I} \longrightarrow \text{Ox I} \searrow$$

$$e^-$$

$$\text{Red II} \longleftarrow \text{Ox II} \swarrow$$

9.3.3 Weitere Beispiele für Redoxsysteme

Wird *Bromwasser*, eine wässrige Lösung von elementarem Brom Br_2, in eine *Kaliumiodidlösung* gegeben, so kommt es zu einer Redoxreaktion:

I	$2\,I^- \rightarrow I_2 + 2\,e^-$	Oxidation
II	$Br_2 + 2\,e^- \rightarrow 2\,Br^-$	Reduktion
	$2\,I^- + Br_2 \rightarrow I_2 + 2\,Br^-$	

Die Iodidionen I^- wirken als Reduktionsmittel, sie werden zu elementarem Iod I_2 oxidiert. Das elementare Brom Br_2 wirkt als Oxidationsmittel, es wird zu Bromidionen Br^- reduziert (vgl. Stellung der beiden Redoxpaare in Tabelle 9.5). Die Kaliumionen K^+ sind an der Reaktion unbeteiligt.

Wird dagegen Bromwasser in eine *Kaliumchloridlösung* gegeben, so kommt es zu keiner Reaktion. Die Chloridionen vermögen gegenüber dem elementaren Brom nicht als Reduktionsmittel zu wirken, und das elementare Brom vermag die Chloridionen nicht zu oxidieren, da das Chlor ein stärkeres Oxidationsmittel ist als das Brom (→ Tabelle 9.5).

Es gibt Ionen, die – abhängig vom Reaktionspartner – sowohl als Reduktionsmittel als auch als Oxidationsmittel auftreten können (Beispiele: Fe^{2+}, Sn^{2+}) (→ Tabelle 9.5). Das trifft für alle Atome bzw. Ionen zu, die sowohl eine höhere als auch eine niedrigere Oxidationszahl annehmen können, d. h., die sich sowohl oxidieren als auch reduzieren lassen. So werden Sn^{2+}-Ionen von Zink zu metallischem Zinn reduziert:

I	$Zn \rightarrow Zn^{2+} + 2\,e^-$	Oxidation
II	$Sn^{2+} + 2\,e^- \rightarrow Sn$	Reduktion

und von Quecksilber(II)-ionen zu Zinn(IV)-ionen oxidiert:

$$\text{I} \quad Sn^{2+} \rightarrow Sn^{4+} + 2\,e^- \qquad \text{Oxidation}$$

$$\text{II} \quad Hg^{2+} + 2\,e^- \rightarrow Hg \qquad \text{Reduktion}$$

Dieses Beispiel zeigt, dass es – analog den Ampholyten (→ Abschn. 9.2.3) – auch Atome und Ionen gibt, die je nach Reaktionspartner sowohl als Reduktionsmittel als auch als Oxidationsmittel reagieren können.

Weitere Beispiele lassen erkennen, dass recht verschiedenartig erscheinende Reaktionen zu den Redoxreaktionen gehören. Verdünnte Säurelösungen, die infolge der Protolyse Oxoniumionen H_3O^+ enthalten, reagieren mit *unedlen Metallen* unter Wasserstoffentwicklung:

$$\overset{0}{Zn} + 2\,\overset{+1}{H}Cl \rightarrow \overset{+2}{Zn}Cl_2 + \overset{0}{H}_2$$

$$\overset{0}{Fe} + 2\,\overset{+1}{H}_2SO_4 \rightarrow \overset{+2}{Fe}\,SO_4 + \overset{0}{H}_2$$

Allgemein formuliert, liegen diesen Reaktionen folgende *Redoxhalbsysteme* zugrunde:

$$\overset{0}{Me} \rightarrow Me^{n+} + n\,e^- \qquad \text{Oxidation}$$

$$n\,H^+ + n\,e^- \rightarrow \frac{n}{2}\overset{0}{H}_2 \qquad \text{Reduktion}$$

oder mit Oxoniumionen formuliert:

$$n\,H_3O^+ + n\,e^- \rightarrow \frac{n}{2}\overset{0}{H}_2 + n\,H_2O$$

Die Metalle werden oxidiert, die Wasserstoffionen werden reduziert (→ Aufg. 9.29).

Edle Metalle reagieren nicht in dieser Weise. In einigen Fällen findet aber eine Umsetzung von edlen Metallen mit konzentrierten Säuren statt, wobei Redoxvorgänge von ganz anderer Natur auftreten:

$$3\,\overset{0}{Ag} + 4\,H\overset{+5}{N}O_3 \rightarrow 3\,\overset{+1}{Ag}\overset{+5}{N}O_3 + \overset{+2}{N}O + 2\,H_2O$$

Auch hier werden die Metalle oxidiert. Oxidationsmittel ist der Stickstoff, der in der Salpetersäure die Oxidationszahl +5 aufweist. Er geht in das Stickstoffmonoxid über, in dem er die Oxidationszahl +2 besitzt.

Ein anderes Beispiel einer Redoxreaktion ist die analytische Bestimmung des Schwefels in schwefliger Säure mit Iodlösung:

$$\overset{0}{I}_2 + H_2\overset{+4}{S}O_3 + H_2O \rightarrow H_2\overset{+6}{S}O_4 + 2\,H\overset{-1}{I}$$

Bei dieser Reaktion wird der Schwefel im SO_3^{2-}-Ion oxidiert. Oxidationsmittel ist das elementare Iod, das dabei reduziert wird (→ Aufg. 9.30 bis 9.33).

Aus Anlage 3 ist zu entnehmen, um welchen Betrag sich bei den einzelnen Elementen im Verlauf einer Redoxreaktion die Oxidationszahl erhöhen oder erniedrigen kann. Damit lassen sich die Koeffizienten für die Gleichung einer Redoxreaktion finden.

Dafür ein Beispiel: Beim Stehen einer Eisen(II)-salzlösung an der Luft erfolgt eine Oxidation zur entsprechenden Eisen(III)-verbindung, erkennbar an der auftretenden Gelbfärbung. Das Eisen erhöht seine Oxidationszahl um 1, der Sauerstoff als Oxidationsmittel erniedrigt seine Oxidationszahl um 2.

Somit muss sich in der Gleichung Fe : O wie 2 : 1 verhalten:

$$2\,Fe^{2+} + O \rightarrow 2\,Fe^{3+} + O^{2-}$$

Da der Sauerstoff molekular vorkommt und die entstehenden negativen Sauerstoffionen weiter mit Wasser zu Hydroxidionen reagieren, ergibt sich schließlich die Gleichung:

$$4\,Fe^{2+} + \overset{0}{O}_2 + 2\,H_2\overset{-2}{O} \rightarrow 4\,Fe^{3+} + 4\,\overset{-2}{O}H^-$$

Die Summe der Oxidationszahlen der linken Seite ist gleich der der rechten Seite.

(→ Aufg. 9.34)

❍ Aufgaben

9.1 Wie lauten die Dissoziationsgleichungen für Kupfer(II)-chlorid, Calciumhydrogencarbonat, Zinksulfat, Trinatriumphosphat, Kaliumsulfit und Magnesiumnitrat?

9.2 Die Dissoziationskonstante K_D beträgt für Calciumhydroxid $Ca(OH)_2$ $3{,}7 \cdot 10^{-6}\ mol \cdot l^{-1}$ und für Zinkhydroxid $Zn(OH)_2$ $1{,}5 \cdot 10^{-9}\ mol \cdot l^{-1}$. Es sind hierzu die Dissoziationsgleichungen und die Massenwirkungsgleichungen aufzustellen. Was besagt ein Vergleich zwischen beiden Konstanten?

9.3 Der Dissoziationsgrad von 0,1-normaler Essigsäure beträgt 0,013, der von 1-normaler Essigsäure 0,004. Was kann daraus gefolgert werden?

9.4 Um Sulfationen SO_4^{2-} quantitativ zu bestimmen, fällt man sie durch Zusatz von Bariumionen Ba^{2+} (z. B. mit einer Bariumchloridlösung) als Bariumsulfat $BaSO_4$ aus. Dabei wird das Bariumchlorid nicht in der äquivalenten Menge, sondern im Überschuss zugefügt. Wie lautet die Begründung für diese Maßnahme? Es ist der Begriff des Löslichkeitsproduktes anzuwenden ($L_{BaSO_4} = 10^{-10}\ mol^2 \cdot l^{-2}$).

9.5 Wie ist die Reaktion einer wässrigen Lösung von Bromwasserstoff
a) nach *Arrhenius*,
b) nach *Brönsted* zu erklären?

9.6 Wie entsteht a) das Oxoniumion, b) das Ammoniumion? Was ist beiden Vorgängen gemeinsam?

9.7 Was ist nach *Brönsted* das bestimmende Merkmal a) einer Säure, b) einer Base?

9.8 Welche Base entsteht aus der Säure Bromwasserstoff durch Abgabe eines Protons?

9.9 Welche korrespondierenden Säure-Base-Paare bilden a) die salpetrige Säure, b) die schweflige Säure, c) der Iodwasserstoff?

9.10 Die Moleküle und Ionen der folgenden korrespondierenden Säure-Base-Paare sind als Neutralsäuren, Anionsäuren und Anionbasen einzuordnen:

$$HBr \rightleftharpoons Br^- + H^+$$
$$H_2CO_3 \rightleftharpoons HCO_3^- + H^+$$
$$HCO_3^- \rightleftharpoons CO_3^{2-} + H^+$$

9.11 Das Wassermolekül, das Oxoniumion und das Hydroxidion sind als Beispiele den Begriffen Protonendonator, Protonenakzeptor und Ampholyt zuzuordnen.

9.12 Welcher Ampholyt tritt in den korrespondierenden Säure-Base-Paaren der Aufgabe 9.10 auf?

9.13 Welches protolytische System liegt in einer wässrigen Lösung von Bromwasserstoff vor?

9.14 Wie groß ist die Aktivität der Oxoniumionen, wenn die Aktivität der Hydroxidionen a) $10^{-3}\ mol\,l^{-1}$, b) $5 \cdot 10^{-9}\ mol\,l^{-1}$ beträgt?
Wie groß ist die Aktivität der Hydroxidionen, wenn die Aktivität der Oxoniumionen c) $10^{-1}\ mol \cdot l^{-1}$, d) $2 \cdot 10^{-12}\ mol \cdot l^{-1}$ beträgt?

9.15 Welchen pH-Wert hat eine wässrige Lösung mit der Oxoniumionenaktivität a) $10^{-10}\ mol \cdot l^{-1}$,

b) $5 \cdot 10^{-7}$ mol · l^{-1}? Welche Oxoniumionenaktivität hat eine wässrige Lösung mit dem pH-Wert c) 5, d) 7,5?

9.16 Welche Farbe weisen die folgenden Indikatoren a) beim pH-Wert 3, b) beim pH-Wert 11 auf (→ Bild 9.5): Thymolblau, Methylrot, Lackmus, Bromthymolblau, Phenolphthalein?

9.17 Wie lauten die Gleichungen für die Säurekonstante des Ammoniumions und für die Basekonstante des Ammoniaks?

9.18 Der pK_B-Wert des Ammoniaks beträgt 4,75. Wie hoch ist der pK_S-Wert des Ammoniumions? Der pK_S-Wert des Chlorwasserstoffs beträgt ≈ -6. Wie hoch ist der pK_B-Wert des Chloridions?

9.19 Welches ist im korrespondierenden Säure-Base-Paar $NH_4^+ \rightleftharpoons NH_3 + H^+$
a) der starke, b) der schwache Protolyt?
$pK_S(NH_4^+) = 9{,}25$; $pK_B(NH_3) = 4{,}75$.

9.20 Mit Hilfe der Tabelle 9.4 ist in gleicher Weise wie für die Neutralisation von Phosphorsäure mit Ammoniak (→ Abschnitt 9.2.8) zu ermitteln, welche Reaktionen bei der Neutralisation von a) Schwefelsäure, b) Kohlensäure mit Ammoniak ablaufen!

9.21 Die Reaktion zwischen Kalilauge und Salpetersäure ist vom Standpunkt der Brönstedschen Säure-Base-Definition zu erläutern.

9.22 Ermitteln Sie für eine Pufferlösung, die äquivalente Mengen von Ammoniak und Ammoniumchlorid enthält, den pH-Wert und erläutern Sie die Wirkung dieses basischen Puffers.

9.23 Wie reagiert eine wässrige Lösung von Ammoniumhydrogensulfat NH_4HSO_4?

9.24 Wie reagiert eine wässrige Lösung von
a) Ammoniumdihydrogenphosphat,
b) Ammoniumacetat $NH_4(CH_3COO)$?

9.25 Die Anionen der folgenden Salze sind nach der Stärke ihres Basencharakters zu ordnen (Tabelle 9.4): Chloride, Sulfate, Hydrogensulfate, Nitrate, Nitrite, Carbonate, Hydrogencarbonate, Hydroxide, Bromide, Cyanide.

9.26 Wie reagiert Zinkhydroxid a) mit Natronlauge, b) mit Salzsäure? (Zinkhydroxid ist in Wasser schwer löslich; es ist von hydratisiertem Zinkhydroxid $Zn(OH)_2(H_2O)_4$ auszugehen.)

9.27 Es sind Gleichungen aufzustellen für die Oxidation von Phosphor, Kupfer und Calcium und für die Reduktion von Eisen(III)-oxid mit Kohlenstoff!

9.28 Weshalb ist Fluor das stärkste Oxidationsmittel und Caesium das stärkste Reduktionsmittel (Francium wird als künstliches, radioaktives Element außer Betracht gelassen)?

9.29 Für die chemische Reaktion zwischen folgenden Ausgangsstoffen sind die chemischen Gleichungen aufzustellen und die dazugehörenden Redoxvorgänge zu erklären: a) Aluminium, verdünnte Salpetersäure, b) Magnesium, Salzsäure, c) Zink, verdünnte Schwefelsäure.

9.30 Leitet man in konzentrierte Schwefelsäure Schwefelwasserstoff, so liegt nach der Reaktion der Schwefel mit der Oxidationszahl 0 vor. Stellen Sie die Gleichung auf, und erklären Sie den Redoxvorgang!

9.31 Eisen(III)-chlorid wird durch Einleiten von Schwefelwasserstoff in Eisen(II)-chlorid verwandelt. Es entstehen dabei Salzsäure und elementarer Schwefel. Stellen Sie die Gleichung auf, und erklären Sie den Redoxvorgang!

9.32 Es sind aus den Gleichungen der Aufgaben 9.29 bis 9.31 die Oxidations- und Reduktionsmittel anzugeben!

9.33 In welcher Form ist Wasserstoff Reduktionsmittel, in welcher Form Oxidationsmittel?

9.34 Beim technisch wichtigen Thermitschweißverfahren wird ein Gemisch von Aluminiumpulver und Eisen(II,III)-oxid Fe_3O_4 zur Reaktion gebracht. Es entsteht dabei Eisen, das bei der auftretenden hohen Temperatur flüssig ist. Wie erklären sich die ablaufenden Vorgänge, und wie lautet die Reaktionsgleichung?

10 Elektrochemie und Korrosion

10.1 Einführung

Wie bereits im Zusammenhang mit der metallischen Bindung erläutert wurde, existieren in Metallen frei bewegliche Elektronen (Elektronengas), die man auch Leitungselektronen nennt. Beim Stromdurchgang durch ein Metall sind diese Leitungselektronen die Ladungsträger. Die Ladung eines Elektrons heißt Elementarladung. Sie beträgt rund $1{,}6 \cdot 10^{-19}$ A · s. Fließt durch ein Metall ein elektrischer Strom, so finden keine stofflichen Veränderungen statt. Die Metalle bezeichnet man auch als Leiter 1. Klasse.

Beim Stromfluss durch Leiter 1. Klasse finden keine stofflichen Veränderungen statt. Ladungsträger sind die Elektronen.

Eine Vielzahl von chemischen Verbindungen bildet im festen Zustand ein Ionengitter. Bringt man solche Stoffe in Wasser oder andere geeignete Lösungsmittel, dann können auf Grund der *elektrolytischen Dissoziation* freie Ionen entstehen. Wie bereits früher erwähnt, nennt man solche Systeme Elektrolytlösungen, in denen Ionen als Ladungsträger auftreten. Im Gegensatz zu den Elektronen, die negativ geladen sind, haben Ionen entweder positive oder negative Ladungen. Ihre Beträge sind gleich der Elementarladung oder ihrem ganzzahligen Vielfachen. In Stoffen, die ein Ionengitter besitzen, sowie in Elektrolytlösungen ist die Zahl der positiven und negativen Ladungen gleich, so dass sie nach außen elektrisch *neutral* wirken. Taucht man in eine Elektrolytlösung zwei Elektroden (Katode – negative Elektrode; Anode – positive Elektrode) und verbindet diese mit einer Spannungsquelle, so fließt ein Strom, der jedoch im Gegensatz zu den Metallen bei sonst gleichen Bedingungen wesentlich kleiner ist. Ursache für den Stromfluss ist das elektrische Feld, das sich zwischen den Elektroden ausgebildet hat. Da bewegliche Ionen in elektrischen Feldern wandern, kommt es innerhalb der Lösung zu Konzentrationsveränderungen. Außerdem können an der Katode die positiv geladenen Kationen und an der Anode die negativ geladenen Anionen entladen werden. Bei diesem Vorgang kommt es zu einer Aufnahme bzw. Abgabe von Elektronen. Ein Elektronenaustausch ist in diesen Fällen mit einer chemischen Reaktion gleichzusetzen. Elektrolytlösungen bezeichnet man daher im Gegensatz zu den Metallen auch als Leiter 2. Klasse.

Beim Stromfluss durch Leiter 2. Klasse finden stoffliche Veränderungen statt. Ladungsträger sind die Ionen.

Kommt es beim Stromfluss in einer Elektrolytlösung zur Entladung von z-mal positiv geladenen Me^{z+}-Ionen und z-mal negativ geladenen X^{z-}-Ionen, wobei z eine kleine ganze Zahl ist, so treten an den Elektroden folgende Vorgänge auf:

$$\text{Katode:}\ Me^{z+} + z \cdot e^- \rightarrow \overset{0}{Me}$$

An der Katode erfolgt auf Grund der Aufnahme von Elektronen eine Reduktion. Man spricht in solchen Fällen auch von einer katodischen Reduktion.

$$\text{Anode:}\ X^{z-} \rightarrow \overset{0}{X} + z \cdot e^-$$

An der Anode werden Elektronen abgegeben, es findet also eine anodische Oxidation statt.

Löst man Chlorwasserstoffgas (HCl) in Wasser auf, so entsteht eine Elektrolytlösung. Im Gegensatz zum Natriumchlorid, dessen Gitter bereits vor dem Lösen aus Ionen besteht, bilden sich beim HCl die Ionen erst durch eine chemische Reaktion mit dem Lösungsmittel (→ Abschn. 9.2.1):

$$HCl + H_2O \rightleftharpoons H_3O^+ + Cl^-$$

Stoffe, die die Ionen bereits im Kristallgitter enthalten, sind *echte Elektrolyte*. Zu ihnen zählen vor allem die Salze. Bei Stoffen, die die Ionen erst durch eine Reaktion mit dem Lösungsmittel bilden, spricht man im Gegensatz dazu von *potenziellen Elektrolyten*. Beispiele dafür findet man bei den Molekülsäuren (Neutralsäuren) und Molekülbasen (Neutralbasen). Löst man Zucker in Wasser auf, so entsteht eine Lösung, die den elektrischen Strom praktisch nicht leitet. Das trifft auch bei anderen organischen Substanzen (z. B. Harnstoff) zu. Lösungen, die den elektrischen Strom praktisch nicht leiten, heißen *Nichtelektrolytlösungen*. Solche Stoffe zerfallen demnach beim Lösen nicht in Ionen. Es ist daher folgende Einteilung möglich:
a) Stoffe, die in Lösungen nicht in Ionen zerfallen (Nichtelektrolyte),
b) Stoffe, die die Ionen bereits im festen Zustand enthalten und im Lösungsmittel dissoziieren (echte Elektrolyte),
c) Stoffe, die mit dem Lösungsmittel chemisch reagieren und dabei Ionen bilden (potenzielle Elektrolyte).

In den geschilderten Beispielen und allgemein ist das Entstehen von Ionen nicht an das Vorhandensein eines elektrischen Feldes gebunden, sondern sie werden durch die beim Lösen ablaufenden physikalisch-chemischen Vorgänge oder durch chemische Reaktionen gebildet.

In den folgenden Abschnitten wird nur auf elektrochemische Vorgänge, die sich in wässrigen Lösungen abspielen, eingegangen. Da die Ionen Wasserdipole anlagern können, sind Wassermoleküle als Hydrathülle um die Ionen angeordnet. Die Ionen sind hydratisiert.

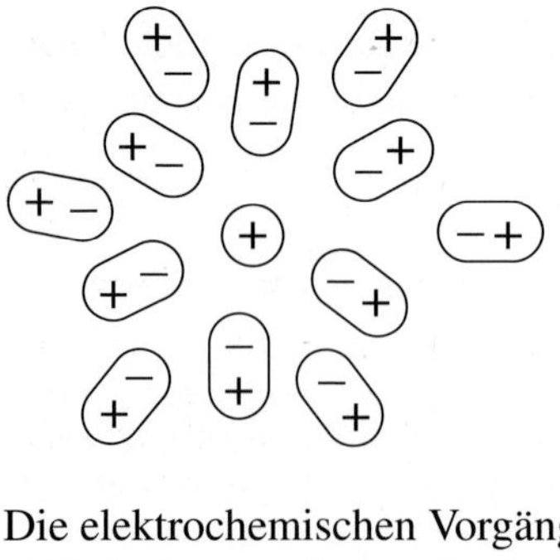

Bild 10.1 Schematische Darstellung der Hydrathülle eines Kations

Die elektrochemischen Vorgänge lassen sich in der Regel in zwei Gruppen einordnen:
a) Zwischen zwei verschiedenen Elektroden, die in einen Elektrolyten eintauchen (galvanisches Element), entsteht eine elektrische Spannung. Fließt ein Strom, so kommt es zu einer Umwandlung von chemischer in elektrische Energie. Solche elektrochemischen Reaktionen laufen freiwillig ab.
b) Durch eine Spannung, die man an zwei Elektroden, die in eine Elektrolytlösung eintauchen, anlegt, treten chemische Reaktionen auf, die man unter dem Begriff Elektrolyse

zusammenfasst. Die durch die Spannung verursachten chemischen Reaktionen würden nicht freiwillig ablaufen. Ein Teil der zugeführten elektrischen Energie ist in Form des höheren Energieinhaltes der Reaktionsprodukte gespeichert. Es kommt hier unter Zwang zur Umwandlung von elektrischer in chemische Energie.

Die Elektrochemie ist ein Teilgebiet der physikalischen Chemie. Neben den Begriffen Strom, Spannung und Widerstand, die durch das Ohmsche Gesetz verknüpft sind ($U = R \cdot I$), tritt bei der Beschreibung elektrochemischer Vorgänge die Faradaykonstante auf. Darunter versteht man die Elektrizitätsmenge, die zum Abscheiden von einem Mol eines einfach geladenen Ions aufzuwenden ist. Da ein Mol genau $6{,}022 \cdot 10^{23}$ Ionen sind, gilt z. B. für einfach positiv geladene Metallionen (Me^+):

$$Me^+ + e^- \rightarrow \overset{0}{Me}$$

$$N_L \cdot Me^+ + N_L \cdot e^- \rightarrow N_L \cdot \overset{0}{Me}$$

Für die Faradaykonstante F findet man somit:

$$F = N_L \cdot e^- = 6{,}022 \cdot 10^{23}\ mol^{-1} \cdot 1{,}602 \cdot 10^{-19}\ A \cdot s$$

$$F = 96\,485\ A \cdot s \cdot mol^{-1}$$

Man begeht keinen erheblichen Fehler, wenn dieser Wert auf $96\,500\ A \cdot s \cdot mol^{-1}$ gerundet wird.

Die Faradaykonstante spielt bei der Berechnung elektrochemischer Potenziale sowie bei der quantitativen Beschreibung elektrolytischer Vorgänge (Faradaysche Gesetze) eine wichtige Rolle.

10.2 Leitfähigkeit von Elektrolytlösungen

10.2.1 Spezifische elektrische Leitfähigkeit

Der Widerstand eines Leiters 1. oder 2. Klasse ist mit der folgenden Gleichung zu berechnen (l Länge; A Fläche):

$$R = \varrho \cdot \frac{l}{A}$$

Die Größe ϱ heißt *spezifischer elektrischer Widerstand*. Der Kehrwert von ϱ ist die *spezifische elektrische Leitfähigkeit* $\varkappa$ ($\varkappa = \varrho^{-1}$). In der Elektrochemie gibt man $\varkappa$ meist in der Einheit $\Omega^{-1} \cdot cm^{-1}$ an (→ Aufg. 10.1). Die Tabelle 10.1 enthält dazu einige Beispiele. Von besonderer Bedeutung sind die KCl-Lösungen, die in der chemischen Messtechnik für Eichzwecke Verwendung finden.

Fließt durch eine Elektrolytlösung ein Gleichstrom, so bilden sich an den Elektroden Reaktionsprodukte, durch die Polarisationsspannungen entstehen können (→ Abschn. 10.5.4), die der von außen angelegten Spannung entgegenwirken. Dadurch wird das Messergebnis verfälscht. Untersuchungen der Leitfähigkeit von Elektrolytlösungen führt man daher mit Wechselspannungen von unterschiedlicher Frequenz. Die Lösungen füllt man dazu in Leitfähigkeitsgefäße (Bild 10.2), deren Abmessungen den jeweiligen Bedingungen angepasst sind.

Tabelle 10.1 $\varkappa$-Werte einiger Elektrolyte

Stoff	Temperatur in °C	Spezifische elektrische Leitfähigkeit in $\Omega^{-1} \cdot cm^{-1}$
1 N KCl-Lösung	18	0,098 20
	25	0,111 73
0,1 N KCl-Lösung	18	0,011 192
	25	0,012 886
0,01 N KCl-Lösung	18	0,001 222 7
	25	0,001 411 5
30-%ige H_2SO_4	18	0,74
$AgNO_3$ geschmolzen	209	0,65
NaCl fest	700	$7 \cdot 10^{-5}$

Da der Feldlinienverlauf zwischen den Elektroden nicht homogen ist, kann der Quotient l/A nicht rechnerisch ermittelt werden. Nach einem Vorschlag von *Kohlrausch* bestimmt man ihn daher experimentell durch Verwendung von KCl-Eichlösungen, deren $\varkappa$-Wert bekannt ist. Aus dem gemessenen Widerstand R der in das Leitfähigkeitsgefäß gefüllten KCl-Lösung sowie der bekannten spezifischen Leitfähigkeit kann man das Verhältnis l/A, das auch *Gefäßkonstante* oder Widerstandskapazität heißt, berechnen.

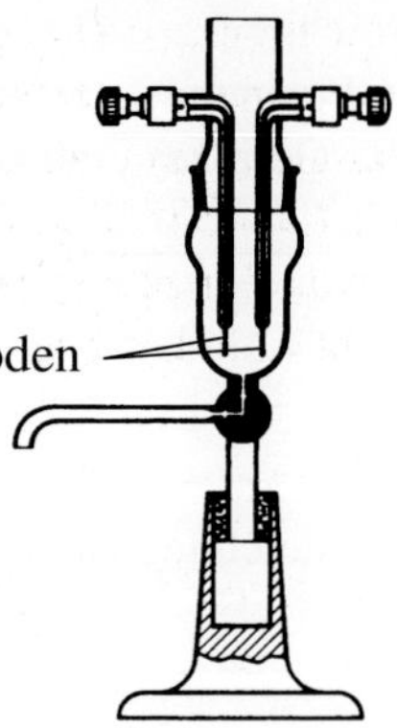

Bild 10.2 Leitfähigkeitszelle mit festen Elektroden

Beispiel: Wie groß ist die Gefäßkonstante eines Leitfähigkeitsgefäßes, wenn bei 25 °C mit einer 1 N KCl-Eichlösung ein Widerstand von $R = 35\ \Omega$ gemessen wurde?

Lösung: Aus Tabelle 10.1 folgt für $\varkappa = 0{,}111\,73\ \Omega^{-1} \cdot cm^{-1}$

$$\frac{l}{A} = R \cdot \varkappa = 35\ \Omega \cdot 0{,}111\,73\ \Omega^{-1} \cdot cm^{-1}$$

$$\frac{l}{A} = 3{,}910\,55\ cm^{-1}$$

Die Gefäßkonstante beträgt $3{,}910\,55\ cm^{-1}$

Beispiel: Welchen $\varkappa$-Wert hat eine 5-%ige Schwefelsäure bei 18 °C, wenn mit dem im vorigen Beispiel geeichten Gefäß ein Widerstand von $R = 18{,}755\ \Omega$ gemessen wird?

Lösung:

$$\varkappa = \frac{l}{A \cdot R}$$

$$\varkappa = \frac{3{,}910\,55\ \text{cm}^{-1}}{18{,}755\ \Omega}$$

$$\varkappa = 0{,}208\ \Omega^{-1} \cdot \text{cm}^{-1}$$

Der $\varkappa$-Wert der Säure beträgt unter diesen Bedingungen $0{,}208\ \Omega^{-1} \cdot \text{cm}^{-1}$ (→ Aufg. 10.2 und 10.3).

Beispiel: Wie viel mal so groß ist die elektrische Leitfähigkeit von Kupfer (bei 293 K) gegenüber dem für die 5-%ige Schwefelsäure bestimmten Wert?

Lösung: Der Wert des Kupfers ist in der Literatur mit $59{,}3\ \text{MS} \cdot \text{m}^{-1}$ angegeben. Auf diese Angabeform ist der Wert der Schwefelsäure umzurechnen (1 Siemens = 1 S = $1\ \Omega^{-1}$; 1 MS = 10^6 S).

$$\frac{59{,}3\ \text{MS} \cdot \text{m}^{-1}}{0{,}208 \cdot 10^{-4}\ \text{MS} \cdot \text{m}^{-1}} = 2{,}85 \cdot 10^6$$

Die elektrische Leitfähigkeit von Kupfer ist $2{,}85 \cdot 10^6$mal so groß.

10.2.2 Einfluss von Temperatur und Konzentration auf die spezifische elektrische Leitfähigkeit

Zwischen den Elektroden eines Gefäßes mit einem Elektrolyten besteht beim Anlegen einer Gleichspannung ein elektrisches Feld, dessen Stärke E durch die Gleichung $E = U/l$ gegeben ist. Auf elektrisch geladene Teilchen, in unserem Falle die Ionen, wirken in elektrischen Feldern Kräfte, die eine Bewegung zur Elektrode mit entgegengesetzter Ladung verursachen. Mit den Ionen wandert gleichzeitig die an sie gebundene Wasserhülle (Hydrathülle). Dadurch kommt es zu Wechselwirkungen mit dem Lösungsmittel, so dass sich die Ionen unter der Einwirkung der elektrischen Kräfte bald gleichförmig bewegen. Bei nicht zu hohen Spannungen ist die Ionengeschwindigkeit v der Feldstärke proportional:

$$v \sim E$$

Fügt man als Proportionalitätsfaktor die Ionenbeweglichkeit u ein, so ergibt sich die Gleichung

$$v = u \cdot E$$

Setzt man die Feldstärke in $\text{V} \cdot \text{cm}^{-1}$ und die Geschwindigkeit in $\text{cm} \cdot \text{s}^{-1}$ ein, so erhält die Ionenbeweglichkeit die Maßeinheit $\text{cm}^2 \cdot \text{V}^{-1} \cdot \text{s}^{-1}$. Die in Tabelle 10.2 angegebenen Beispiele lassen erkennen, dass besonders die Wasserstoffionen H^+ eine hohe Beweglichkeit und damit in elektrischen Feldern eine große Wanderungsgeschwindigkeit besitzen. Obgleich die Protonen H^+ in wässrigen Lösungen hydratisiert vorliegen, wandern diese unter der richtenden Wirkung des elektrisches Feldes ohne Mitnahme der Hydrathülle. Das bedingt ihre große Beweglichkeit, die nur mit der etwa halb so großen Beweglichkeit der Hydroxidionen OH^- vergleichbar ist. Die relativ hohen Werte beider Ionensorten treten beim Wasser als Lösungsmittel auf. Das hängt u. a. damit zusammen, dass auf Grund der Struktur des Wassers eine Bewegung ohne gleichzeitige Mitnahme der Hydrathüllen möglich ist, mit der die Ionen normalerweise umgeben sind. Statt der Ionenform H_3O^+ bedienen wir uns auch oft nur der Schreibweise H^+.

Tabelle 10.2 Ionenbeweglichkeiten in wässrigen Lösungen bei 18 °C

Kationen	Beweglichkeit in $cm^2 \cdot V^{-1} \cdot s^{-1}$	Anionen	Beweglichkeit in $cm^2 \cdot V^{-1} \cdot s^{-1}$
H^+	$32{,}7 \cdot 10^{-4}$	OH^-	$18{,}0 \cdot 10^{-4}$
Na^+	$4{,}5 \cdot 10^{-4}$	Cl^-	$6{,}8 \cdot 10^{-4}$
K^+	$6{,}7 \cdot 10^{-4}$	Br^-	$7{,}0 \cdot 10^{-4}$
Ag^+	$5{,}6 \cdot 10^{-4}$	NO_3^-	$6{,}4 \cdot 10^{-4}$
Cu^{2+}	$4{,}7 \cdot 10^{-4}$	SO_4^{2-}	$7{,}1 \cdot 10^{-4}$

Die spezifische elektrische Leitfähigkeit einer Elektrolytlösung hängt neben der Beweglichkeit der Ionen auch noch von deren Zahl in der Volumeneinheit, also von der Konzentration z. B. in $mol \cdot l^{-1}$ ab.

Alle Faktoren, die einen Einfluss auf die genannten Größen haben, beeinflussen somit auch die spezifische elektrische Leitfähigkeit.

Sie ist u. a. abhängig von der
- Art des Lösungsmittels,
- Temperatur der Elektrolytlösung,
- Konzentration der Elektrolytlösung.

Mit der Temperatur kann sich z. B. die Zähigkeit (Viskosität) des Lösungsmittels ändern. Dadurch treten veränderte Wechselwirkungsbedingungen zwischen den Lösungsmittelteilchen und der Hydrathülle der Ionen auf und beeinflussen damit die Ionenbeweglichkeit. Andererseits hat die Konzentration einen Einfluss auf den Dissoziationsgrad und somit auch auf die Zahl der freien Ionen in der Volumeneinheit (Ladungsträgerkonzentration).

Bei erhöhter Ionenkonzentration ist es weiterhin möglich, dass zwischen ihnen elektrostatische Beeinflussungen auftreten (interionische Wechselwirkungen), die zu einer Abnahme der Beweglichkeit führen. Auch die Änderung der Dielektrizitätskonstanten des Lösungsmittels durch einen hohen Anteil des Elektrolyten kann sich in solcher Weise auswirken.

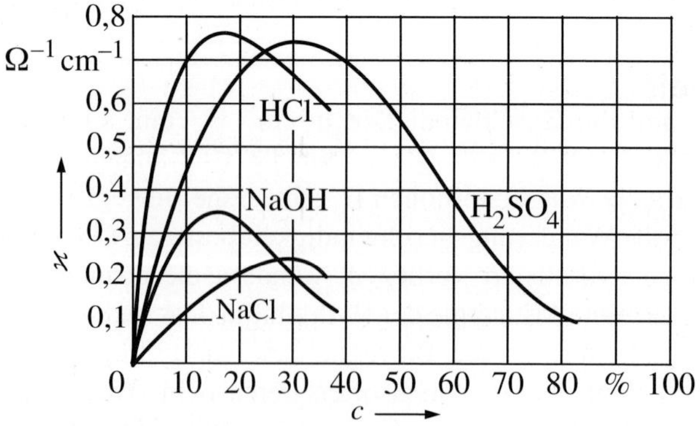

Bild 10.3 Zusammenhang zwischen elektrischer Leitfähigkeit und Konzentration (in Massen-%)

Die spezifische elektrische Leitfähigkeit einiger starker Elektrolyte durchläuft daher mit zunehmender Elektrolytkonzentration ein Maximum, dessen Auftreten durch die genannten Erscheinungen theoretisch gedeutet werden kann (→ Aufg. 10.4).

10.2.3 Anwendung der Leitfähigkeitsmessung

Werden bei chemischen Reaktionen in Lösungen Ionen mit großer Beweglichkeit im ausgefällten Bodenkörper oder durch die Bildung undissoziierter Wassermoleküle gebunden und durch solche mit geringerer Beweglichkeit ersetzt, treten Änderungen der Leitfähigkeit ein, die sich für Messzwecke ausnutzen lassen. Man kann daher z. B. bei einer Neutralisationsreaktion den Äquivalenzpunkt auch ohne Anwendung von Farbindikatoren bestimmen (→ Abschn. 9.2.10). Diese Methode der Maßanalyse heißt *konduktometrische Titration* (Leitfähigkeitstitration). Auch der Endpunkt von Fällungsreaktionen ist durch Leitfähigkeitsmessungen zu erfassen.

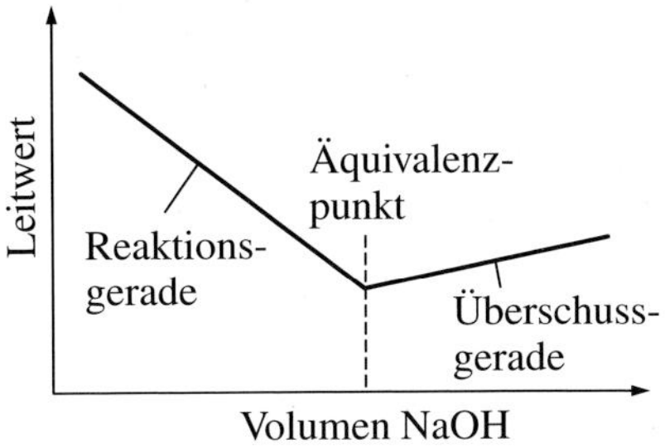

Bild 10.4 Leitwertsänderung bei der Neutralisation von Salzsäure

Beispiel: Bei der Neutralisation der starken Salzsäure mit der ebenfalls starken Natronlauge werden, wie aus der folgenden Reaktionsgleichung hervorgeht, H^+-Ionen hoher Beweglichkeit durch Na^+-Ionen ersetzt (unter den Ionen stehen ihre Beweglichkeiten in der Einheit 10^{-4} cm^2 · V^{-1} · s^{-1}; Tabelle 10.2):

$$\begin{array}{ccccccccccccc} H^+ & + & Cl^- & + & Na^+ & + & OH^- & \rightarrow & Na^+ & + & Cl^- & + & H_2O \\ 32{,}7 & & 6{,}8 & & 4{,}5 & & 18{,}0 & & 4{,}5 & & 6{,}8 & & \end{array}$$

Dadurch nimmt die Leitfähigkeit ab: Am Äquivalenzpunkt tritt ein Leitfähigkeitsminimum auf. Ist schließlich Lauge im Überschuss vorhanden, so nimmt die Leitfähigkeit wieder zu, weil zusätzlich Na^+- und freie OH^--Ionen auftreten. Bei der in Bild 10.4 gewählten Darstellung ist auf der Ordinate der Leitwert (Kehrwert des Widerstandes), welcher der spezifischen elektrischen Leitfähigkeit direkt proportional ist, aufgetragen.

10.3 Elektrochemische Gleichgewichte

10.3.1 Verhalten der Metalle gegenüber Oxonium- oder Hydronium-Ionen

Bringt man Chlorwasserstoffgas in Wasser, so tritt folgende Reaktion ein:

$$HCl + H_2O \rightleftharpoons Cl^- + H_3O^+$$

Auch in chemisch reinem Wasser sind H_3O^+-Ionen enthalten (Autoprotolyse):

$$H_2O + H_2O \rightleftharpoons H_3O^+ + OH^-$$

Bestimmte Metalle reagieren mit den H_3O^+-Ionen. Hierfür kann man die nachstehende verallgemeinerte Gleichung angeben:

$$Me + n\,H_3O^+ \rightleftharpoons Me^{n+} + \frac{n}{2} \cdot H_2 \uparrow + n\,H_2O$$

Führt man diese Reaktionen mit Magnesium-, Zink- und Eisenstücken (etwa gleich großer Oberfläche) durch, so entsteht bei der Umsetzung mit Salzsäure Wasserstoff. Dabei ist zu beobachten, dass in der gleichen Zeit das entwickelte Wasserstoffvolumen beim Magnesium größer ist als beim Zink und beim Zink wieder größer als beim Eisen. Das Reaktionsvermögen gegenüber den H_3O^+-Ionen ist also abgestuft (Reihenfolge: Mg, Zn, Fe). Diese Erscheinung hängt mit der unterschiedlichen Tendenz dieser Metalle zusammen, in den Ionenzustand unter Abgabe von Elektronen überzugehen. Silber und Kupfer reagieren nicht mit verdünnter Salzsäure. Sie besitzen demnach eine größere Bindungsneigung (Affinität) zu den Elektronen als die vorher genannten Metalle. Bringt man jedoch ein Kupferstück in eine Lösung, die Silberionen enthält (z. B. aus $AgNO_3$), so findet eine Reaktion statt, bei der das Kupfer als Ion in Lösung geht:

$$Cu + 2\,Ag^+ \rightleftharpoons Cu^{2+} + 2\,Ag \downarrow$$

Die Silberionen oxidieren dabei das Kupfer und nehmen Elektronen auf. Sie besitzen demnach eine größere Elektronenaffinität als das Kupfer. Bringt man ein Stück Silber in eine Kupfersulfatlösung, so tritt praktisch keine Reaktion ein.

Ordnet man die genannten Metalle nach ihrer Elektronenaffinität und nach ihrem Verhalten gegenüber den Oxoniumionen ($H_2 + 2\,H_2O \rightleftharpoons 2\,H_3O^+ + 2\,e^-$), so entsteht folgende Reihe:

$$\underset{\text{Zunahme der Elektronenaffinität}}{\xrightarrow{\text{Mg Zn Fe } H_2 \text{ Cu Ag}}}$$

Der mit in die Reihe aufgenommene Wasserstoff kann, genau wie die Metalle, positiv geladene Ionen bilden.

Bestimmte Metalle sind sogar in der Lage, die H_3O^+-Ionen des neutralen Wassers (pH = 7) zu entladen, was mit Magnesium und Zink nicht möglich ist. Beispiele dafür sind das Lithium, Natrium und Kalium. Mit Kalium lautet die Reaktionsgleichung:

$$2\,K + 2\,H_3O^+ \rightarrow 2\,K^+ + H_2 \uparrow + 2\,H_2O$$

Daran ist zu erkennen, dass das Kalium eine noch kleinere Elektronenaffinität besitzt als z. B. das Magnesium. Die Umsetzung verläuft beim Natrium nicht so heftig wie beim Kalium. Das Natrium ist also zwischen dem Kalium und Magnesium einzuordnen. Andererseits zeigen diese Ergebnisse, dass die oxidierende Wirkung der H_3O^+-Ionen von ihrer Konzentration (Aktivität) abhängig ist. Diese Erkenntnis lässt sich verallgemeinern und auf andere Ionenarten übertragen.

In die gefundene Reihe lassen sich nun weitere Metalle einbeziehen, deren Einordnung aus ähnlichen Experimenten mit Lösungen vergleichbarer Konzentration zu bestimmen ist. Man kommt so zu nachstehender Aufstellung, der sogenannten elektrochemischen Spannungsreihe:

$$\text{Li K Ca Na Mg Al Mn Zn Cr Fe Co Ni Sn Pb } \boxed{H_2} \text{ Cu Ag Pt Au}$$

Je weiter ein Metall links vom Wasserstoff steht, um so *unedler* ist es. Die Tendenz, unter Abgabe von Elektronen in den Ionenzustand überzugehen, ist dann besonders ausgeprägt. Diese Metalle können daher die Ionen der rechts von ihnen stehenden Elemente in ungeladene Atome überführen. Sie wirken also als Reduktionsmittel. Bezeichnet man bei solchen

Umsetzungen zwischen zwei Metallen das eine Metall mit $^{\mathrm{I}}\mathrm{Me}$ und das andere mit $^{\mathrm{II}}\mathrm{Me}$, so sind die folgenden Teilreaktionen möglich:

$$^{\mathrm{I}}\mathrm{Me} \rightarrow {}^{\mathrm{I}}\mathrm{Me}^{n+} + n \cdot \mathrm{e}^- \quad \text{Oxidation}$$
$$^{\mathrm{II}}\mathrm{Me}^{m+} + m \cdot \mathrm{e}^- \rightarrow {}^{\mathrm{II}}\mathrm{Me} \quad \text{Reduktion}$$

Wenn die Reaktionen in Richtung des Pfeiles ablaufen, so ist $^{\mathrm{I}}\mathrm{Me}$ unedler als $^{\mathrm{II}}\mathrm{Me}$. Das Metall I gibt n Elektronen ab; sein Ion ist dann auch n-mal positiv geladen. Das Ion des Metalles II ist m-mal positiv geladen; um es zu entladen, sind m Elektronen notwendig.

Die oben angegebenen Oxidations- und Reduktionsgleichung lassen sich dann zu der folgenden Redoxgleichung zusammenfassen (→ Abschn. 9.3):

$$m \cdot {}^{\mathrm{I}}\mathrm{Me} + n \cdot {}^{\mathrm{II}}\mathrm{Me}^{m+} \rightleftharpoons m \cdot {}^{\mathrm{I}}\mathrm{Me}^{n+} + n \cdot {}^{\mathrm{II}}\mathrm{Me}$$

Diese Gleichung kann wie folgt interpretiert werden:

a) Betrachtet man die linke Seite der Gleichung als den Ausgangszustand des Systems, so verläuft die Reaktion im Sinne des oberen Pfeiles, wenn $^{\mathrm{I}}\mathrm{Me}$ unedler ist als $^{\mathrm{II}}\mathrm{Me}$. Ist jedoch $^{\mathrm{I}}\mathrm{Me}$ das edlere Metall, so tritt keine Reaktion ein.

b) Wäre die rechte Seite der Gleichung der Ausgangszustand, so verläuft die Reaktion in der durch den unteren Pfeil angegebenen Richtung, wenn $^{\mathrm{II}}\mathrm{Me}$ das unedlere Metall ist. Im anderen Falle kommt es zu keiner Umsetzung (→ Aufg. 10.6).

10.3.2 Galvanische Zellen

Taucht ein Zinkstab in eine Kupfersulfatlösung ($CuSO_4$), so geht das Zink freiwillig in Lösung. Dabei geben die Zinkatome Elektronen ab und entladen dadurch Kupferionen. Das Zink ist das unedlere Metall ($^{\mathrm{I}}\mathrm{Me}$: Zn; $^{\mathrm{II}}\mathrm{Me}$: Cu; $^{\mathrm{I}}\mathrm{Me}^{n+}$: Zn^{2+}; $^{\mathrm{II}}\mathrm{Me}^{m+}$: Cu^{2+}). Da in diesem Falle $m = n$ ist, lautet die Reaktionsgleichung:

$$\mathrm{Zn} \rightarrow \mathrm{Zn}^{2+} + 2\,\mathrm{e}^- \quad \text{Oxidation}$$
$$\mathrm{Cu}^{2+} + 2\,\mathrm{e}^- \rightarrow \mathrm{Cu} \quad \text{Reduktion}$$
$$\mathrm{Cu}^{2+} + \mathrm{Zn} \rightarrow \mathrm{Cu} + \mathrm{Zn}^{2+} \quad \text{Redoxreaktion}$$

Diese Reaktion läuft im Prinzip auch dann ab, wenn man die nachstehende Versuchsanordnung zusammenstellt und den Kupfer- bzw. Zinkstab mit einem metallischen Leiter (z. B. als Verbindungsdraht) in Kontakt bringt.

In einem Gefäß befinden sich, getrennt durch eine poröse Scheidewand – auch *Diaphragma* genannt –, die ein Durchmischen der Elektrolyten verhindern soll, eine Kupfersulfat- und Zinksulfatlösung, in die ein Kupferstab bzw. Zinkstab eintaucht. Verbindet man beide Metalle außerhalb der Lösungen elektrisch leitend, so ist, weil das Diaphragma (z. B. Asbestpapier, Glasfritte) keinen besonders hohen elektrischen Widerstand verursacht, der Stromkreis geschlossen, und es fließen Elektronen vom Zink zum Kupfer. Dabei ist zu beobachten, dass die Masse des Kupferstabes größer und die des Zinkstabes kleiner wird. Am Kupferstab scheiden sich Cu^{2+} -Ionen aus der Lösung ab.

$$\text{Kupferstab } (\mathrm{Cu}/\mathrm{Cu}^{2+})\text{:} \quad \mathrm{Cu}^{2+} + 2\,\mathrm{e}^- \rightarrow \mathrm{Cu} \quad (\text{Reduktion})$$

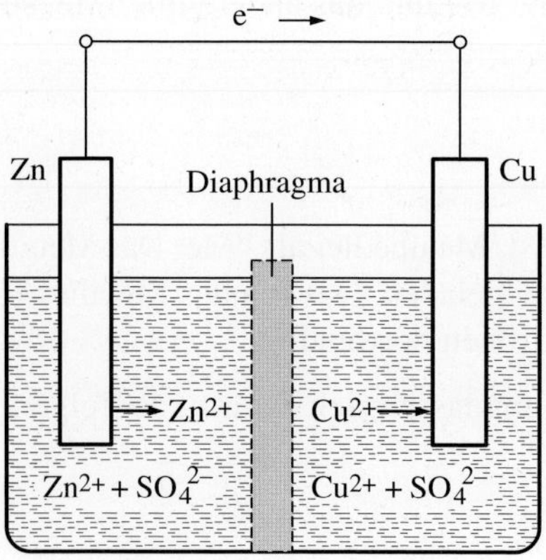

Bild 10.5 Galvanisches Element aus einer Kupfer- und Zinkelektrode (Daniell-Element)

Am Zinkstab gehen Zinkatome als Ionen in Lösung:

$$\text{Zinkstab } (Zn/Zn^{2+}):\ Zn \rightarrow Zn^{2+} + 2\,e^- \quad \text{(Oxidation)}$$

Es laufen somit, nur an getrennten Stellen, die gleichen chemischen Vorgänge wie im obigen Beispiel ab. Da Elektronen vom Zink zum Kupfer fließen, muss zwischen den beiden Elektroden eine elektrische Spannung bestehen. Solche Versuchsanordnungen nennt man auch *galvanische Zellen*. Zur näheren Kennzeichnung dient das nachstehende Schema:

Metall 1 / Elektrolytlösung 1 // Elektrolytlösung 2 / Metall 2

Der Schrägstrich (/) symbolisiert die Grenzfläche (Phasengrenze) zwischen Metall und Lösung. Zwei Striche (//) stehen für das Diaphragma. Metalle, die keinen direkten Einfluss auf die elektrochemischen Vorgänge haben, klammert man häufig ein. So bedeutet z. B. $(Pt)H_2$, dass die Elektrode aus Platin besteht, in dem Wasserstoff gelöst ist. Außer dem Ausdruck galvanische Zelle ist auch die Bezeichnung *galvanisches Element* üblich. Die Anordnung Metall 1/Elektrolytlösung 1 heißt auch *Halbelement* oder Elektrode (vgl. auch Abschn. 10.5.1).

An den Elektroden stellen sich heterogene Gleichgewichte ein, die durch elektrisch geladene Teilchen (Ionen) bestimmt werden. Im Gegensatz zu homogenen Gleichgewichten zwischen ungeladenen Teilchen (→ Abschn. 8.4) zeichnen sich solche Gleichgewichte durch Besonderheiten aus. So verursacht z. B. der Austausch elektrisch geladener Teilchen an den Phasengrenzen eine elektrische Aufladung dieser Phasen, wodurch einem weiteren Stofftransport entgegengewirkt wird. Es stellen sich daher sogenannte elektrochemische Gleichgewichte ein.

Für das *Daniell-Element* ist die nachstehende Schreibweise möglich:

$Zn/ZnSO_4$ // $CuSO_4/Cu$ oder verkürzt

Zn/Zn^{2+} // Cu^{2+}/Cu

Elektroden sind mehrphasige Systeme, an denen sich zwischen elektrisch leitenden und elektrisch in Reihe liegenden, benachbart angeordneten Phasen elektrochemische Gleichgewichte einstellen können.

Die Anordnungen Zn/Zn^{2+} bzw. Cu/Cu^{2+} sind Elektroden. Der Schrägstrich (/) symbolisiert also eine Phasengrenze, an der ein Austausch von Ladungsträgern vor sich gehen kann.

Meist verwendet man die Bezeichnung *Elektrode* jedoch auch in einer von hier abweichenden Bedeutung und meint damit nur den Stab, über den die Stromzuführung vorgenommen wird (z. B. bei einer Elektrolyse).

Galvanische Zellen (galvanische Ketten) entstehen durch ein elektrisches Zusammenschalten von zwei Halbelementen.

An den Phasengrenzen der elektrisch in Reihe liegenden Phasen einer galvanischen Zelle treten Spannungen auf (Potenzialdifferenzen), die durch elektrochemische Reaktionen bedingt sind.

10.3.3 Entstehen von Potenzialdifferenzen

Physikalisch ist das Potenzial φ eines Raumpunktes P_1 durch die elektrische Arbeit bestimmt, die erforderlich ist (oder frei wird), wenn eine Ladung aus großer Entfernung (∞) langsam bis an P_1 herangeführt wird. Ist diese Arbeit für eine Stelle P_2 genau so groß wie für P_1, so haben beide Stellen das gleiche Potenzial: $\varphi_1 = \varphi_2$. Im anderen Falle besteht zwischen P_1 und P_2 ein Potenzialunterschied, für den auch die Bezeichnung Spannung üblich ist.

> Eine Spannung ist eine Potenzialdifferenz. Es gilt:
>
> $$U_{12} = \varphi_1 - \varphi_2 = \Delta\varphi$$
>
> Zwischen Punkten mit gleichem elektrischem Potenzial besteht keine Spannung.

Die elektrochemischen Reaktionen, die an der Phasengrenze Metall/Elektrolytlösung auftreten, sind Umsetzungen, bei denen ein Übergang (Durchtritt) von Ladungsträgern (Elektronen/Ionen) von der einen in die andere Phase zu verzeichnen ist. Zwischen Metall und der Elektrolytlösung entsteht eine Potenzialdifferenz (Potenzialsprung), für die auch die Bezeichnung Galvanispannung üblich ist. Ursache für den Potenzialunterschied ist
a) eine elektrische Dipolschicht,
b) eine Ladungsdoppelschicht.

Beide Schichten zusammen bilden die sogenannte elektrochemische oder elektrische Doppelschicht, in der eine Potenzialdifferenz auftritt.

Dipolschichten könnten z. B. dadurch entstehen, dass Elektronen aus der Oberfläche eines Metalls austreten und dieses mit einer negativ geladenen Schicht überziehen, der positiv geladene Ladungsträger im Inneren des Metalls gegenüberstehen. Auch eine Adsorption von Dipolmolekülen, die in der Elektrolytlösung enthalten sind (z. B. Wassermoleküle), kann zu solchen Schichten führen.

Ein sehr vereinfachtes Modell einer Phasengrenze zeigt das Bild 10.6. Die Galvanispannung ist durch den Potenzialsprung $\Delta\varphi$ an der Phasengrenze bestimmt.

$$\Delta\varphi = \varphi_1 - \varphi_2$$

Ursache für den Potenzialsprung ist nach *Nernst* der elektrolytische *Lösungsdruck*. Taucht in Wasser ein Metall, so zeigt es eine unterschiedliche Tendenz, Metallionen aus dem

Gittverband abzustoßen und in die angrenzende flüssige Phase zu schicken. Ein Maß für diese Tendenz ist der elektrolytische Lösungsdruck p. Bei diesem Vorgang laden sich das Metall negativ und die angrenzende Lösung positiv auf, bis er im elektrochemischen Gleichgewicht zum Stillstand kommt. Taucht das Metall hingegen in Wasser, das bereits Ionen dieses Metalls enthält, so ist dieser Übergang erschwert, weil zusätzlich die allgemeine Tendenz einer Lösung, sich zu verdünnen, wirksam ist. Ein Maß dafür ist der *osmotische Druck* π, der aus diesem Grunde dem elektrolytischen Lösungsdruck entgegenwirkt. Da der osmotische Druck von der Konzentration der Ionen abhängt, folgt aus dieser Überlegung bereits qualitativ, dass der Potenzialsprung durch die Ionenkonzentration bestimmt ist. Formal sind nun drei Fälle zu unterscheiden:

a) Ist $p > \pi$, so gehen Metallionen in die Lösung über, und die Elektrode lädt sich negativ auf.
b) Ist $p = \pi$, so dürfte auch keine Potenzialdifferenz auftreten.
c) Ist $p < \pi$, so scheiden sich Metallionen aus der Lösung auf der Elektrode ab, die sich dadurch gegenüber dem angrenzenden Elektrolyten positiv auflädt.

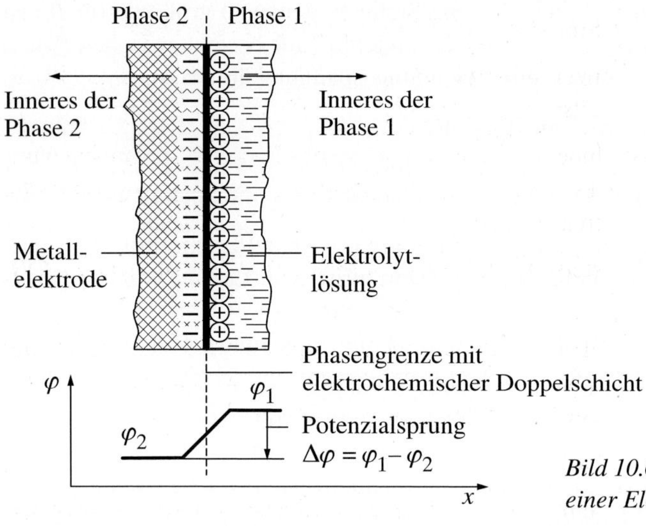

Bild 10.6 Elektrochemische Doppelschicht einer Elektrode

Unedle Metalle besitzen nach dieser Theorie einen sehr großen elektrolytischen Lösungsdruck. Eine Zinkelektrode, die in eine Zinkionen-Lösung eintaucht (Zn/Zn^{2+}), treibt daher Zn^{2+}-Ionen in die Lösung und lädt sich negativ auf. Kupfer hingegen hat einen sehr kleinen Lösungsdruck; hier scheiden sich umgekehrt Cu^{2+}-Ionen auf dem Kupferstab ab. Er ist daher gegenüber der angrenzenden Lösung positiv geladen.

Eine Berechnung des elektrolytischen Lösungsdrucks führt für unedle und edle Metalle zu extrem kleinen bzw. großen Werten (z. B. für Cu $1{,}22 \cdot 10^{-7}$ Pa, für Zn $4{,}05 \cdot 10^{31}$ Pa).

Heute lassen sich die elektrischen Potenziale über andere theoretische Ansätze bestimmen. Es ist jedoch ohne Zweifel, dass sich die Vorstellungen von *Nernst* sowie die von ihm aufgestellten mathematischen Beziehungen sehr befruchtend auf die Entwicklung der Elektrochemie ausgewirkt haben. Man bezeichnet daher auch heute noch solche Gleichungen, die die Abhängigkeit elektrischer Spannungen von der Konzentration (Aktivität) im elektrochemischen Gleichgewicht beschreiben, als *Nernst*sche Gleichungen.

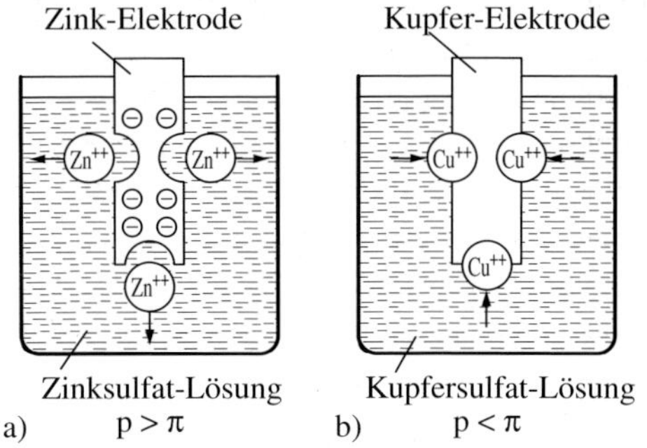

Bild 10.7 Lösungsdruck und osmotischer Druck bei der Potenzialbildung

Die Spannung, die zwischen den Polen einer galvanischen Zelle gemessen werden kann, heißt Zellspannung U.

Die Zellspannung setzt sich aus einer Summe von Galvanispannungen zusammen.

Hat sich an den einzelnen Phasengrenzen elektrochemisches Gleichgewicht eingestellt, so tritt an den Polen die Gleichgewichtszellspannung U_{eq} auf.

Potenzialunterschiede zwischen dem Inneren zweier benachbarter Phasen (Galvanispannungen) lassen sich nicht messen, weil es nicht möglich ist, eine Messanordnung ohne die Ausbildung zusätzlicher Phasengrenzen aufzubauen.

In galvanischen Zellen addieren sich stets mehrere Galvanispannungen zur messbaren Zellspannung.

Beim Messen der Zellspannung eines Daniell-Elementes kann man z. B. die Zinkphase der Zinkelektrode Zn/Zn^{2+} mit der Kupferphase der Kupferelektrode Cu/Cu^{2+} durch ein anderes Metall (z. B. Aluminium) verbinden. Es entsteht dann die Anordnung:

$$Al/Zn/Zn^{2+}\ (aq)//Cu^{2+}\ (aq)/Cu/Al$$

Um auszudrücken, dass die Metallionen in wässriger Lösung vorliegen, wendet man auch das Symbol (aq) an. An den Metall/Metall-Phasengrenzen (z. B. Al/Zn; Cu/Al) treten zusätzliche Galvanispannungen auf, die in die Zellspannung eingehen. Nach einer hier übergangenen Überlegung kann man zeigen, dass diesen Galvanispannungen Rechnung getragen wird, wenn man an die (rechte) Kupferphase nochmal die Zinkphase ansetzt (dabei ist die Art des elektrisch verbindenden Fremdmetalls belanglos). Das Daniell-Element müsste daher vollständig wie folgt symbolisiert werden:

Zn /	$ZnSO_4$ //	$CuSO_4$ /	Cu /	Zn
I	II	III	IV	I′
Zn /	Zn^{2+} //	Cu^{2+} /	Cu /	Zn
φ_I	φ_{II}	φ_{III}	φ_{IV}	φ_I'

Die Zellspannung U berechnet sich mit folgender Gleichung:

$$U_{\text{Daniell}} = \varphi_{\text{I}'} - \varphi_{\text{I}} = (\varphi_{\text{I}'} - \varphi_{\text{IV}}) + (\varphi_{\text{IV}} - \varphi_{\text{III}}) + (\varphi_{\text{II}} - \varphi_{\text{I}})$$

Der Potenzialsprung an der Phasengrenze $ZnSO_4//CuSO_4$ (Diffusionspotenzial) wurde bei der Berechnung vernachlässigt.

Die bisherigen Darlegungen zeigten, dass zur Beschreibung der theoretischen Zusammenhänge die Galvanispannungen eine Schlüsselfunktion haben. Eine Galvanispannung ist die Differenz der inneren elektrischen Potenziale zwischen einem Anfangs- und Endpunkt sich berührender Phasen. In der chemischen Fachliteratur werden Galvanispannungen auch häufig mit dem Zeichen g abgekürzt; als obere Indizes gibt man die Phasen an, zwischen denen die Spannung auftritt:

$$g^{\text{I, II}} = \varphi_{\text{I}} - \varphi_{\text{II}}$$

Für die Zellspannung des Daniell-Elementes ist somit auch die nachstehende Formulierung möglich:

$$U_{\text{Daniell}} = g^{\text{I}',\text{IV}} + g^{\text{IV,III}} + g^{\text{II,I}}$$

Galvanispannungen bilden sich nicht nur an der Phasengrenze von Elektroden aus, sondern z. B. auch an Kontaktstellen Metall 1/Metall 2 oder an der Berührungsstelle sich mischender Flüssigkeiten unterschiedlicher Art oder Konzentration gelöster Ionen.

Taucht ein Silberstab in eine Lösung von Silbernitrat ($AgNO_3$), so lässt sich diese Elektrode durch folgendes Symbol darstellen:

$$Ag/Ag^+ \text{ (aq)}$$

Die Elektrodenreaktion besteht in diesem Beispiel in einem Durchtritt von Silberionen Ag^+ durch die Phasengrenze. Diese Durchtrittsreaktion lässt sich, wenn man den festen Zustand des metallischen Silbers mit s (solidus, lat. fest) kennzeichnet, wie folgt darstellen:

$$Ag^+ \text{ (s,I)} \rightarrow Ag^+ \text{ (aq, II)}$$

Die linke Seite symbolisiert Silberionen als Bestandteil des Silbergitters, das mit dem Elektronengas in Wechselwirkung steht (Metallbindung; → Abschn. 5.4), die rechte Seite hingegen hydratisierte Silberionen in der wässrigen Lösung. Nach einer hier nicht möglichen Herleitung lässt sich die Gleichgewichtsgalvanispannung (elektrochemisches Gleichgewicht) dieser Ionenelektrode mit der nachstehenden Gleichung von *Nernst* berechnen:

$$g_{\text{eq}}^{\text{I, II}} = g_0^{\text{I, II}} + \frac{RT}{zF} \ln a$$

$g_0^{\text{I, II}}$ Standard-Galvanispannung
R allgemeine Gaskonstante
T Temperatur
z Betrag der Ionenwertigkeit der potenzialbestimmenden Ionen bzw. Zahl der pro Formelumsatz ausgetauschten Elektronen
F Faraday-Konstante
$\ln a$ natürlicher Logarithmus vom Zahlenwert der Aktivität bzw. Konzentration

Die Aktivität ist eine Größe, die sich wie alle Größen aus einem Zahlenwert und einer Einheit zusammensetzt:

$$\text{Größe} = \text{Zahlenwert} \cdot \text{Einheit}$$

Im Folgenden sei vereinbart, dass im Teil Elektrochemie mit a nur der Zahlenwert der Aktivität gemeint ist, der bei der Verwendung der Einheit $\mathrm{mol\,l^{-1}}$ auftritt. Das bedeutet, dass bei der Aktivität $a = 1\,\mathrm{mol\,l^{-1}}$ in der Gleichung nur ln 1 erscheint.

Wie bereits früher vermerkt (→ Abschn. 9.1.2), kann die Aktivität bei hoch verdünnten Lösungen durch die Konzentration ersetzt werden.

Gleichungen solcher Art hat erstmalig *Nernst* aufgestellt. Der erste Summand heißt Standardglied, der zweite Überführungsglied. Im Falle der Ag/Ag^+ (aq)-Elektrode ist der Betrag der Ionenwertigkeit $z = 1$. Die Gleichung für die Gleichgewichtsgalvanispannung vereinfacht sich somit zu

$$g_{\mathrm{eq}}^{\mathrm{I,II}} = g_0^{\mathrm{I,II}} + \frac{RT}{F} \ln a_{\mathrm{Ag^+}}$$

Wendet man diese Gleichung auf eine Kupferelektrode (Cu/Cu^{++} (aq)) an, so ist für $z = 2$ einzusetzen. Man findet z auch aus der Zahl der Elektronen, die je Gleichungsumsatz des potenzialbestimmenden Vorganges auftreten: $\mathrm{Cu} \rightarrow \mathrm{Cu^{2+}} + 2\,\mathrm{e^-}$.

Prinzipiell hat der Potenzialsprung an einer Phasengrenze kein Vorzeichen. Durch die Wahl der Reihenfolge der Phasen kann g mit positivem Vorzeichen erhalten werden. Ist solch eine Festlegung jedoch einmal getroffen, führt die Umkehrung der Zählrichtung der Phasen auch zu einem Vorzeichenwechsel:

$$g^{\mathrm{I,II}} = -g^{\mathrm{II,I}}$$

Die Gleichgewichtsgalvanispannungen treten nur auf, wenn elektrochemisches Gleichgewicht herrscht; das bedeutet, dass kein Stromfluss auftreten darf und dass die Gleichgewichtseinstellung nicht gehemmt ist. Ist das nicht gewährleistet, so weichen die Galvanispannungen vom Gleichgewichtswert ab.

10.3.4 Standardpotenziale von Metallelektroden

Es wurde bereits betont, dass man weder Absolutwerte von Potenzialen noch Galvanispannungen einer direkten Messung zugängig machen kann. Messbar sind Zellspannungen als Summe von Galvanispannungen. Um jedoch Elektroden untereinander vergleichen und charakterisieren zu können, ist es möglich, die Zellspannung zwischen einer beliebigen Elektrode V, die Versuchselektrode heißen soll, und einer Bezugselektrode B zu bestimmen. Ein solches Vorgehen ist auch deswegen vertretbar, weil für praktische Belange nicht Absolutwerte von Potenzialen, sondern Potenzialdifferenzen bedeutsam sind. Auf diese Weise lassen sich relative Elektrodenspannungen bestimmen, die ihrem Wesen nach Zellspannungen zu einer Vergleichselektrode sind. Zur Messung dient im Prinzip die nachstehende Anordnung:

Versuchselektrode		Bezugselektrode		
Metall- /	Elektrolyt- //	Elektrolyt- /	Metall- /	Metall-
phase	phase	phase	phase	phase
V	V	B	B	V
I	II	III	IV	I′

Die relative Zellspannung oder relative Elektrodenspannung – ab hier mit dem momentan häufiger verwendeten Symbol E bezeichnet – ist dann:

$$E_V = \varphi_I - \varphi_{I'}$$

Für die relative Elektrodenspannung sind auch die Bezeichnungen Potenzial der Elektrode, Elektrodenpotenzial oder Bezugsspannung in der Literatur anzutreffen. Eine wichtige Bezugselektrode ist die Standardwasserstoffelektrode, für die man in der Literatur auch die Bezeichnung Normalwasserstoffelektrode findet. Der schematische Aufbau einer Standardwasserstoffelektrode ist im Bild 10.8 gezeigt.

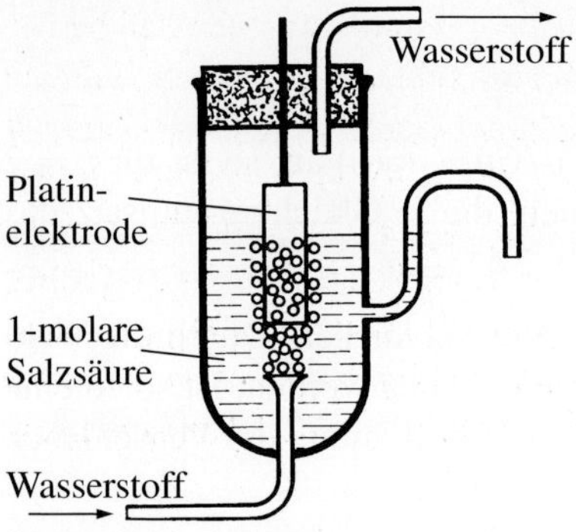

Bild 10.8 Prinzipdarstellung einer Standardwasserstoffelektrode

Das gewünschte Potenzial stellt sich bei dieser Elektrode ein, wenn folgende Bedingungen erfüllt sind:

Taucht eine platinierte Platinplatte, die ständig von Wasserstoffgas umspült wird, bei einem Druck von $p = 101{,}3$ kPa in eine Lösung der H^+-Ionenkonzentration $c_{H^+} = 1 \text{ mol} \cdot l^{-1}$ (genauer H^+-Ionenaktivität) bei 25 °C ein, so bildet sich das gewünschte Bezugspotenzial aus.

An die Reinheit des Wasserstoffs sowie des Elektrolyten sind hohe Anforderungen zu stellen, weil durch Verunreinigungen Vergiftungen der Elektrode auftreten können, die zu falschen relativen Elektrodenspannungen führen. Zur Kennzeichnung der Standardwasserstoffelektrode dient das nachstehende Elektrodensymbol:

$$(\text{Pt})/\text{H}_2\ (101{,}3\,\text{kPa}),\ \ \text{H}^+\ (\text{aq};\ c_{\text{H}^+} = 1\ \text{mol} \cdot \text{l}^{-1})$$

Diese Wasserstoffelektrode kann man auch als ein Halbelement auffassen, mit dem sich beliebige andere Halbelemente zu einer galvanischen Kette zusammenfügen lassen. Die zwischen der Standardwasserstoffelektrode und dem anderen Halbelement gemessene Spannung (relative Elektrodenspannung, Potenzial der Elektrode, Elektrodenpotenzial) beim Stromfluss $I = 0$ wird als Normal- oder Standardelektrodenpotenzial bezeichnet, wenn die oben angegebenen Bedingungen erfüllt sind.

An dieser Stelle sei nochmals vermerkt, dass der Begriff des Potenzials in der Fachliteratur zur Elektrochemie nicht einheitlich angewendet wird und außerdem zweideutig ist. Die zwischen der Normalwasserstoffelektrode und der Elektrode eines Halbelementes gemessene Spannung ist eine *Potenzialdifferenz*, für welche jedoch auch die Bezeichnung *Potenzial* üblich ist. Das

Normalpotenzial ist also streng genommen kein Potenzial, sondern eine Bezugsspannung zu einer definierten Vergleichselektrode. Diese unexakte Bezeichnungweise hat sich jedoch in der Fachliteratur eingebürgert, so dass im Interesse einer Vergleichbarkeit der hier gemachten Ausführungen genauso verfahren werden soll. Wenn also im Folgenden vom Potenzial eines Halbelementes die Rede ist, so ist die Bezugsspannung zu einer Vergleichselektrode – in der Regel der Normalwasserstoffelektrode – gemeint.

Das Elektrodenpotenzial zur Wasserstoffelektrode unter Standardbedingungen erhält die Bezeichnung E^0.

Zur Messung des Normalpotenzials einer Zinkelektrode müsste man im Prinzip die im Bild 10.9 gezeigte Versuchsanordnung aufbauen. Die elektrische Verbindung zwischen den beiden Halbelementen wird durch einen sogenannten Stromschlüssel erreicht, der in unserem Fall aus einem U-Rohr besteht, in welches eine neutrale Elektrolytlösung eingefüllt ist, die Ionen etwa gleich großer Beweglichkeit enthält. Dazu ist z. B. eine KCl-Lösung geeignet. Damit will man erreichen, dass Potenzialsprünge, die bei einer direkten Berührung der Säure und der $ZnSO_4$-Lösung auftreten würden (Diffusionspotenziale), praktisch unwirksam werden. Es sei jedoch betont, dass sich auch mit KCl-Lösungen diese Potenziale nicht ganz vermeiden lassen. Sie sind jedoch so klein, dass sie bei den folgenden Überlegungen immer vernachlässigt werden sollen. Die im Bild 10.9 gezeigte galvanische Kette kann man folgendermaßen kennzeichnen:

$$\mathrm{Zn/ZnSO_4 \; // \; KCl \; // \; HCl \; / \; H_2(Pt)}$$

$$\mathrm{Zn/Zn^{2+} \; // \; KCl \; // \; H^+ \; / \; H_2(Pt)}$$

$$c = 1 \qquad\qquad c = 1$$

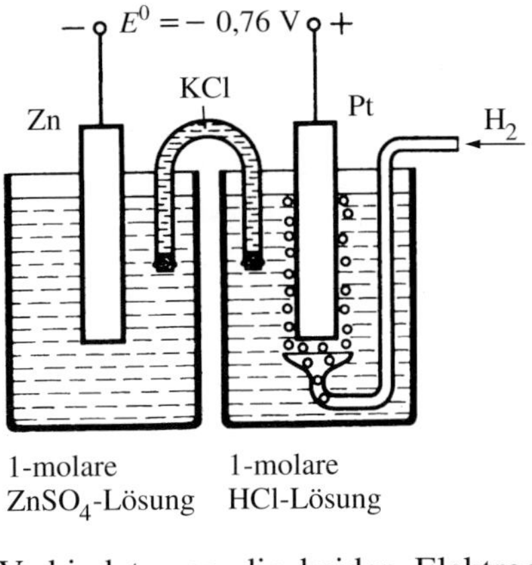

Bild 10.9 Anordnung zur Messung des Standardpotenzials einer Zinkelektrode

Verbindet man die beiden Elektroden über einen elektrischen Verbraucher, so fließt ein elektrischer Strom. Da der Lösungsdruck des metallischen Zinks größer ist als der osmotische Druck der Zinkionen in der Lösung, lädt sich das Zink negativ auf und schickt Zinkionen in die Lösung. Wäre keine Gegenelektrode vorhanden, so käme dieser Vorgang bald zum Stillstand (Gleichgewicht). In unserem Falle können jedoch die frei werdenden Elektronen ($Zn \rightarrow Zn^{2-} + 2\,e^-$) im geschlossenen Stromkreis zur Wasserstoffelektrode fließen und dort Wasserstoffionen entladen. Dadurch entsteht molekularer Wasserstoff.

Im stromlosen Zustand kann zwischen den beiden Elektroden eine Spannung von 0,76 V gemessen werden. Dieser Wert ist mit dem Potenzial der Zinkelektrode identisch. Man gibt jedoch den Potenzialen der Metalle, die an die Wasserstoffelektrode Elektronen liefern, nach Vereinbarung ein negatives Vorzeichen. Die auf die Normalwasserstoffelektrode bezogenen Normal- oder Standardpotenziale (Normalbezugsspannungen) sollen mit E^0 gekennzeichnet werden. Das Normalpotenzial der Zinkelektrode ist demnach $E^0_{\mathrm{Zn}} = -0{,}76$ V. Im Gegensatz zu den $g^{\mathrm{I,II}}$-Werten von Einzelelektroden sind die E^0-Werte als Bezugsspannungen einer direkten Messung zugängig.

Stellt man eine galvanische Kette aus der Normalwasserstoff- und einer Kupferelektrode der Ionenkonzentration $c_{\mathrm{Cu}^{2+}} = 1$ bei 25 °C zusammen, so beträgt die Potenzialdifferenz im stromlosen Zustand 0,35 V. Wird der Stromkreis durch Einschalten eines Verbrauchers geschlossen, so fließen die Elektronen von der Wasserstoff- zur Kupferelektrode. Die Verhältnisse sind also gerade umgekehrt wie bei der Zinkelektrode. Das Potenzial von Elektroden, die von der Wasserstoffelektrode Elektronen aufnehmen, versieht man mit einem positiven Vorzeichen. Für das Standardpotenzial der Kupferelektrode gilt somit

$$E^0_{\mathrm{Cu}} = +0{,}35\ \mathrm{V}$$

In der beschriebenen Weise lassen sich die Potenziale anderer Metallelektroden ermitteln. Ordnet man diese nach abnehmenden Standardpotenzialen, so entsteht wiederum die *elektrochemische Spannungsreihe* der Metalle (Tabelle 10.3). Die in der Kopfleiste angegebene allgemeine Gleichung Red. $\rightleftharpoons$ Ox. + $n \cdot \mathrm{e}^-$ soll zum Ausdruck bringen, dass die Metallatome als Reduktionsmittel, die Metallionen hingegen als Oxidationsmittel wirksam werden könnten. Vergleicht man diese Anordnung mit der im Abschn. 10.3.1 angegebenen, so ist eine Übereinstimmung zu erkennen. In Verbindung mit den dort gemachten Ausführungen kommt man daher zu folgenden Feststellungen:

a) Ein Metall ist um so unedler, je negativer sein Potenzial ist.
b) Das Metall mit dem negativeren Potenzial wirkt einem anderen gegenüber als Reduktionsmittel. Liegt dieses Metall elementar vor, so geht es unter Abgabe von Elektronen in die Ionenform über.
c) Metalle mit positiven Potenzialen wirken meist als Oxidationsmittel, wenn sie in Ionenform vorliegen.

Die früher beschriebene Reaktion zwischen Metallen und H_3O^+-Ionen ($c = 1\ \mathrm{mol \cdot l^{-1}}$)

$$\mathrm{Me} + n\,\mathrm{H_3O^+} \rightleftharpoons \mathrm{Me}^{n+} + \frac{n}{2}\mathrm{H_2}\uparrow + n\,\mathrm{H_2O}$$

verläuft somit im Sinne des oberen Reaktionspfeils, wenn $E^0 < 0$ V ist; im anderen Falle gilt die umgekehrte Reaktionsrichtung. Es sei jedoch betont, dass mitunter Hemmungserscheinungen auftreten können, so dass es nicht zum erwarteten Elektronenaustausch kommt. Da die Potenziale in der Spannungsreihe der Metalle alle auf die gleiche Elektrode bezogen sind, können sie auch zur Berechnung von Potenzialdifferenzen zwischen beliebigen Halbelementen benutzt werden.

Tabelle 10.3 Standardpotenziale der Metalle (25 °C, Aktivität = 1) in wässriger Lösung, gemessen gegen die Standardwasserstoffelektrode

Halbelement Red. $\rightleftharpoons$ Ox. + $n\,e^-$	Standardpotenzial in Volt	Halbelement Red. $\rightleftharpoons$ Ox. + $n\,e^-$	Standardpotenzial in Volt
$Li \rightleftharpoons Li^+ + 1\,e^-$	−3,03	$Co \rightleftharpoons Co^{2+} + 2\,e^-$	−0,27
$Cs \rightleftharpoons Cs^+ + 1\,e^-$	−3,02	$Ni \rightleftharpoons Ni^{2+} + 2\,e^-$	−0,23
$K \rightleftharpoons K^+ + 1\,e^-$	−2,92	$Sn \rightleftharpoons Sn^{2+} + 2\,e^-$	−0,14
$Ca \rightleftharpoons Ca^{2+} + 2\,e^-$	−2,84	$Pb \rightleftharpoons Pb^{2+} + 2\,e^-$	−0,12
$Na \rightleftharpoons Na^+ + 1\,e^-$	−2,71	$H_2 \rightleftharpoons 2\,H^+ + 2\,e^-$	±0
$Mg \rightleftharpoons Mg^{2+} + 2\,e^-$	−2,38	$Cu \rightleftharpoons Cu^{2+} + 2\,e^-$	+0,35
$Al \rightleftharpoons Al^{3+} + 3\,e^-$	−1,66	$Ag \rightleftharpoons Ag^+ + 1\,e^-$	+0,80
$Zn \rightleftharpoons Zn^{2+} + 2\,e^-$	−0,76	$Pt \rightleftharpoons Pt^{2+} + 2\,e^-$	+1,2
$Fe \rightleftharpoons Fe^{2+} + 2\,e^-$	−0,44	$Au \rightleftharpoons Au^+ + e^-$	+1,69

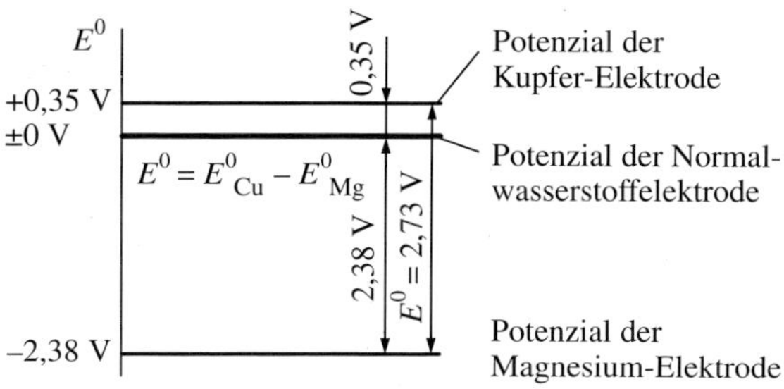

Bild 10.10 Potenzialdifferenz zwischen einer Kupfer- und Magnesiumelektrode

Beispiel: Wie groß ist die Spannung E^0 zwischen einer Magnesium- und Kupferelektrode, wenn die Bedingungen für das Entstehen der Standardpotenziale eingehalten werden?

Lösung: Nach Tabelle 10.3 ist die Potenzialdifferenz zwischen der Magnesium- und Wasserstoffelektrode 2,38 V. Da Magnesium ein unedles Metall ist, beträgt sein Standardpotenzial $E^0_{Mg} = -2{,}38$ V. Für Kupfer gilt: $E^0_{Cu} = +0{,}35$ V. Die Potenzialdifferenz zwischen beiden Elektroden ist somit $E^0 = 2{,}73$ V. Für die Berechnung der Spannung aus den Potenzialen gilt daher:

$$E^0 = E^0_{\text{edlereElektrode}} - E^0_{\text{unedlereElektrode}}$$

$$E^0 = E^0_{Cu} - E^0_{Mg} = +0{,}35\text{ V} - (-2{,}38\text{ V}) = 2{,}73\text{ V}$$

Die Spannungsdifferenz hat ein positives Vorzeichen.

Die in der Tabelle 10.3 angegebenen Potenziale gelten exakt nur bei 25 °C und der Ionenaktivität $a = 1$. Liegen davon abweichende Bedingungen vor, lassen sich die Standardpotenziale nach der folgenden Beziehung berechnen, die der Gleichung im Abschnitt 10.3.3 analog ist:

$$E = E^0 + \frac{RT}{zF} \ln a$$

E Elektrodenpotenzial bei Temperaturen und Aktivitäten, verschieden von den Standardbedingungen
E^0 Standardelektrodenpotenzial (Bezugsspannung zur Standardwasserstoffelektrode bei $a = 1$ und 25 °C)

Zwischen der Aktivität a bzw. der Konzentration c und dem Elektrodenpotenzial ergeben sich folgende Beziehungen:

a) $a = 1$: $E = E^0$, weil $\ln 1 = 0$ ist.
b) $a > 1$: $E > E^0$, weil der Logarithmus einer Zahl größer 1 positiv ist.
c) $a < 1$: $E < E^0$, weil der Logarithmus einer Zahl kleiner 1 negativ ist.

Setzt man für $R = 8{,}314\ \mathrm{W \cdot s \cdot K^{-1} \cdot mol^{-1}}$ und für $F = 96\,500\ \mathrm{A \cdot s \cdot mol^{-1}}$ in die Gleichung ein, so entsteht der folgende Ausdruck:

$$\frac{RT}{zF} = \frac{8{,}314\ \mathrm{W \cdot s} \cdot T}{96\,500\ \mathrm{A \cdot s \cdot K} \cdot z} = \frac{8{,}62 \cdot 10^{-5}\ \mathrm{V} \cdot T}{\mathrm{K} \cdot z}$$

Soll mit dem dekadischen Logarithmus gerechnet werden, so ist entsprechend der Gleichung $\ln a = 2{,}303\ \lg a$ noch mit dem Faktor 2,303 zu multiplizieren. Man erhält daher die Gleichung

$$E = E^0 + 2{,}303 \frac{8{,}62 \cdot 10^{-5}\ \mathrm{V} \cdot T}{\mathrm{K} \cdot z} \lg a = E^0 + \frac{1{,}984 \cdot 10^{-4}\ \mathrm{V} \cdot T}{\mathrm{K} \cdot z} \lg a$$

Wählt man weiterhin für T einige in der Praxis übliche Temperaturen, so ist die Gleichung noch weiter zu vereinfachen. Im einzelnen gilt für

$10\ °\mathrm{C} \mathrel{\widehat{=}} 283\ \mathrm{K} : 1{,}984 \cdot 10^{-4} \cdot 283\ \mathrm{V} = 0{,}056\ \mathrm{V}$

$20\ °\mathrm{C} \mathrel{\widehat{=}} 293\ \mathrm{K} : 1{,}984 \cdot 10^{-4} \cdot 293\ \mathrm{V} = 0{,}058\ \mathrm{V}$

$25\ °\mathrm{C} \mathrel{\widehat{=}} 298\ \mathrm{K} : 1{,}984 \cdot 10^{-4} \cdot 298\ \mathrm{V} = 0{,}059\ \mathrm{V}$

Für die Abhängigkeit des Potenzials von der Aktivität bei 20 °C entsteht somit die Gleichung:

$$E = E^0 + \frac{0{,}058\ \mathrm{V}}{z} \lg a$$

Beispiel: Wie groß sind die Potenziale einer Kupferelektrode, wenn die Aktivitäten der Cu^{2+}-Ionen bei 25 °C $a = 1$, $a = 0{,}1$ und $a = 0{,}01$ betragen?

Lösung:

$$E = E^0 + \frac{0{,}059\ \mathrm{V}}{z} \lg a$$

$$E^0 = 0{,}35\ \mathrm{V}$$

$$z = 2$$

$$a = 1: \quad E = 0{,}35\ \mathrm{V} + 0\ \mathrm{V} \quad (\lg 1 = 0)$$

$$E = 0{,}35\ \mathrm{V}$$

$$a = 0{,}1: \quad E = 0{,}35\ \mathrm{V} - \frac{0{,}059\ \mathrm{V}}{2} \quad (\lg 0{,}1 = -1)$$

$$E = 0{,}321\ \mathrm{V}$$

$$a = 0{,}01: \quad E = 0{,}35\ \mathrm{V} - \frac{0{,}059\ \mathrm{V}}{2} \quad (\lg 0{,}01 = -2)$$

$$E = 0{,}291\ \mathrm{V}$$

Beispiel: Welches Potenzial hat eine Wasserstoffelektrode bei einer Konzentration der H^+-Ionen von $10^{-7}\ \mathrm{mol \cdot l^{-1}}$ (Temperatur = 25 °C)?

Lösung: Die vorliegende Elektrode ist nicht mit der Standardwasserstoffelektrode identisch, weil andere Konzentrationen vorliegen. Die Reaktion für die Potenzialbildung ist

$$H_2 \rightleftharpoons 2\,H^+ + 2\,e^-$$

Das Elektrodenpotenzial dieser Wasserstoffelektrode E_H ist die zur Standardwasserstoffelektrode gemessene Spannung. Beachtet man, dass pH $= -\lg a_{H^+}$ und $E^0 = 0$ V, so folgt mit

$$E_H = E^0 + \frac{0{,}059\ \mathrm{V}}{2} \lg(a_{H^+})^2$$

Das Quadrat der Aktivität $(a_{H^+})^2$ erscheint in dieser Gleichung, weil beim potenzialbestimmenden Vorgang bei zwei ausgetauschten Elektronen ($z = 2$) auch 2 H^+-Ionen entstehen (vgl. zum Massenwirkungsgesetz → Abschn. 8.9.1).

$$E_H = E^0 + 0{,}059\ \mathrm{V} \cdot \lg a_{H^+} = -0{,}059\ \mathrm{V} \cdot \mathrm{pH} = -0{,}059\ \mathrm{V} \cdot 7 = -0{,}413\ \mathrm{V}$$

Das Potenzial beträgt bei den angegebenen Bedingungen $E = -0{,}413$ V.

Die H^+-Ionen im Wasser (pH = 7) sind daher nur von solchen Metallen zu Wasserstoff zu reduzieren, deren Potenzial unedler als −0,413 V ist (z. B. Na, K) (→ Aufg. 10.8).

Aus diesen Beispielen geht hervor, dass mit abnehmender Konzentration das Potenzial einer Metallelektrode unedler wird. Aus der Abhängigkeit des Potenzials einer Elektrode von Aktivität bzw. Konzentration und Temperatur folgt eine für die Praxis wichtige Schlussfolgerung, die mit der Erscheinung der *Korrosion* im Zusammenhang steht, deren Ursache elektrochemische Reaktionen sein können. In solchen Fällen bilden die Metalle in Gegenwart von Elektrolyten (z. B. Wasser, das CO_2 oder Salze gelöst enthält) galvanische Elemente, für die auch die Bezeichnung Korrosionselement üblich ist. Da das Metall mit dem unedleren Potenzial immer die Elektronenquelle darstellt, gehen seine Atome als Ionen in Lösung. Das kommt einer Zerstörung des Werkstoffes gleich. Die Entstehung verschiedener Potenziale ist aber nicht nur möglich, wenn unterschiedliche Metalle vorliegen, sondern sie wird auch dann auftreten, wenn das gleiche Metall bei unterschiedlichen Temperatur- und Konzentrationsbedingungen vorliegt. Zur Ausbildung von Potenzialdifferenzen, die zu einer ungewollten Zerstörung der eingesetzten Werkstoffe führen, kann es daher z. B. in folgenden Fällen kommen:
a) wenn eine Legierung aus verschiedenen Gefügebestandteilen besteht,
b) wenn verschiedene Metalle vorliegen,
c) wenn dasselbe Metall in Elektrolyten unterschiedlicher Konzentration, Temperatur oder Belüftung eintaucht.

Nähere Einzelheiten werden später behandelt (→ Abschn. 10.7, → Aufg. 10.9–10.12).

Die zwischen den Elektroden wirksame Spannung ist stets auch eine Zellspannung. Die an den Polen (Klemmen) wirksame Zellspannung heißt Quellen- oder Urspannung, wenn Leerlauf vorliegt, d. h., wenn kein Stromfluss auftritt. Ist das nicht der Fall, so tritt an den Klemmen eine niedrigere Spannung als die Quellenspannung auf, für die auch die Bezeichnung Klemmenspannung üblich ist.

10.3.5 Standardpotenziale für Elektroden mit Nichtmetall-Ionen

Die Neigung eines Atoms, in den Ionenzustand überzugehen, ist nicht nur bei den Metallen, sondern auch bei den Nichtmetallen unterschiedlich stark ausgeprägt. Gibt man z. B. zu

Lösungen von Kaliumbromid und Kaliumiodid Chlorwasser, so entsteht entweder Brom oder Iod:

$$Cl_2 + 2\,KBr \rightleftharpoons 2\,KCl + Br_2$$

$$Cl_2 + 2\,KI \rightleftharpoons 2\,KCl + I_2$$

Diese Reaktionen dienen in der analytischen Chemie zum Nachweis dieser beiden Ionenarten. Die Ionengleichungen lauten:

$$Cl_2 + 2\,Br^- \rightleftharpoons 2\,Cl^- + Br_2$$

$$Cl_2 + 2\,I^- \rightleftharpoons 2\,Cl^- + I_2$$

Bei diesen Vorgängen nimmt das Chlor Elektronen auf und geht in die Ionenform über. Die Neigung, negativ geladen aufzutreten, ist somit beim Chlor größer als beim Brom und Iod. Da andererseits das Brom Iod aus dessen Verbindungen freisetzt, findet man für die drei Elemente folgende Anordnung, die mit ihrer Stellung im Periodensystem übereinstimmt:

$$Cl_2 \quad Br_2 \quad I_2$$

$$\longleftarrow$$

Zunahme der Elektronegativität

Diese Reihe kann man durch weitere Elemente ergänzen:

$$F_2 \quad Cl_2 \quad Br_2 \quad I_2 \quad S \quad Se \quad Te$$

$$\longleftarrow$$

Zunahme der Elektronegativität

Je weiter links ein Nichtmetall in dieser Reihe steht, um so unedler ist es, d. h., seine Tendenz zur Ionenbildung ist groß. Die Nichtmetalle nehmen dabei Elektronen auf und wirken gegenüber dem Partner eines Redoxsystems als Oxidationsmittel. Metalle hingegen geben beim Übergang in den Ionenzustand Elektronen ab und sind in solchen Fällen Reduktionsmittel.

Die Stärke der oxidierenden Wirkung von Nichtmetallen lässt sich – genau wie bei den Metallen (Spannungsreihe) – durch ein Potenzial gegenüber der Normalwasserstoffelektrode ausdrücken. Die Vorgänge, die auch hier zur Potenzialbildung führen, sind Redoxreaktionen, für die man ganz allgemein die nachstehende Gleichung formulieren kann:

$$\mathrm{Red} \rightleftharpoons \mathrm{Ox} + z \cdot e^-$$

In der Gleichung für Redoxpaare stehen links die Stoffe mit der niederen (reduzierte Form) und rechts die mit der höheren Oxidationsstufe (oxidierte Form). Beispiele für korrespondierende Redoxpaare sind in den Tabellen 10.4 und 10.5 angegeben.

Taucht z. B. eine Platinplatte, die von Chlorgas umspült ist, bei 25 °C und 101,3 kPa in eine Lösung von Chloridionen ($a = 1$), so tritt zwischen dieser Chlorgaselektrode und der Standardwasserstoffelektrode eine Spannung von 1,36 V auf. Das Normalpotenzial des Halbelements $2\,Cl^- \rightleftharpoons Cl_2 + 2\,e^-$ beträgt somit $E^0 = +1{,}36$ V.

Weicht die Aktivität der Chloridionen von 1 ab, so nimmt die Elektrode ein anderes Potenzial an, das bei 25 °C nach folgender Gleichung zu berechnen ist:

$$E = E^0 + \frac{0{,}059\ \mathrm{V}}{z} \lg \frac{a_{\mathrm{Ox}}}{a_{\mathrm{Red}}} = 1{,}36\ \mathrm{V} + \frac{0{,}059\ \mathrm{V}}{2} \lg \frac{a_{\mathrm{Cl_2}}}{a_{\mathrm{Cl^-}} \cdot a_{\mathrm{Cl^-}}}$$

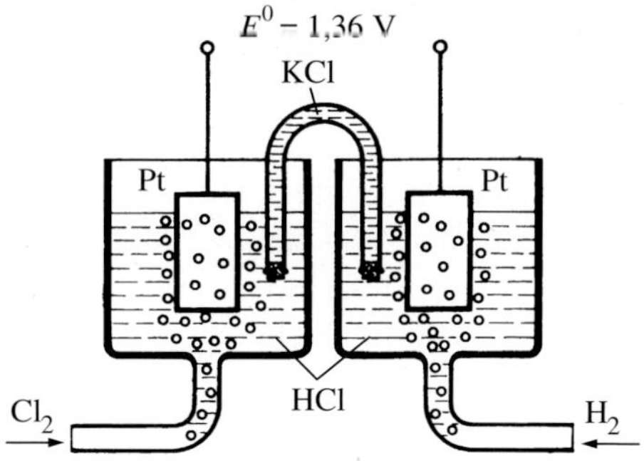

Bild 10.11 Schematische Darstellung einer Chlor-Knallgas-Kette

Der Einfluss der Aktivität des Chlors auf die Rechnung ist vereinbarungsgemäß bereits durch den Wert von E^0 erfasst. Für a_{Cl_2} kann daher eins in der Gleichung gesetzt werden. Schreibt man das Produkt der Aktivitäten von Cl^- über den Bruchstrich, so tritt der Exponent -2 auf: $(a_{Cl^-})^{-2}$. Die Anwendung der Logarithmengesetze liefert somit:

$$E = 1{,}36\ \mathrm{V} + \frac{0{,}059\ \mathrm{V}}{2} \lg a_{Cl_2} + \frac{0{,}059\ \mathrm{V}}{2} \lg(a_{Cl^-})^{-2}$$

$$E = 1{,}36\ \mathrm{V} - 0{,}059\ \mathrm{V} \lg a_{Cl^-}$$

Im Gegensatz zu der bei den Metallionen besprochenen Form der *Nernst*schen Gleichung tritt hier hinter E^0 ein Minuszeichen auf. Das gilt allgemein, wenn Anionen potenzialbestimmend sind. Die Oxidationswirkung eines anionbildenden Nichtmetalls steigt daher mit abnehmender Aktivität. Dadurch wird das Potenzial positiver; die Tendenz, Elektronen aufzunehmen, nimmt somit zu. Die Potenzialwerte sind also ein Maß für die Stärke der *reduzierenden* oder *oxidierenden* Wirkung eines Redoxsystems.

Tabelle 10.4 Standardpotenziale einiger Nichtmetalle
(25 °C, $a = 1$, $p = 101{,}3$ kPa)

Red	⇌ Ox	+ $z \cdot e^-$	Potenzial in Volt
Te^{2-}	⇌ Te	+ $2\,e^-$	−0,91
Se^{2-}	⇌ Se	+ $2\,e^-$	−0,77
S^{2-}	⇌ S	+ $2\,e^-$	−0,51
$2\,OH^-$	⇌ $\frac{1}{2}O_2$	+ $2\,e^- + H_2O$	+0,40
$2\,I^-$	⇌ I_2	+ $2\,e^-$	+0,58
$2\,Br^-$	⇌ Br_2	+ $2\,e^-$	+1,07
$2\,Cl^-$	⇌ Cl_2	+ $2\,e^-$	+1,36
$2\,F^-$	⇌ F_2	+ $2\,e^-$	+2,85

Setzt man voraus, dass durch die KCl-Lösung im Stromschlüssel nur eine elektrische Verbindung zwischen den beiden Gefäßen gewährleistet wird, also keine zusätzlichen Potenzialsprünge auftreten, kann die Zelle wie folgt symbolisiert werden:

$$\underset{\mathrm{I}}{(\mathrm{Pt})/\mathrm{Cl_2\ (g)}},\ \underset{\mathrm{II}}{//\mathrm{HCl\ (aq)}},\ \underset{\mathrm{I'}}{//\mathrm{H_2\ (g)/(Pt)}}$$

Mit (g) soll darauf verwiesen werden, dass H_2 und Cl_2 im gasförmigen Zustand eingesetzt werden. Da in diesem Beispiel die beiden Metallphasen durch ein gleiches Metall repräsentiert sind, treten auch nur zwei Galvanispannungen auf, deren Summe gleich der Zellspannung oder auch der relativen Elektrodenspannung (Elektrodenpotenzial) ist.

In der Tabelle 10.4 sind Standardpotenziale einiger Nichtmetalle angegeben. Die Anordnung nach zunehmenden Potenzialwerten liefert die gleiche Reihenfolge, wie bereits früher durch qualitative Überlegungen gefunden wurde. Je positiver das Potenzial ist, um so stärker ist die Neigung zur Elektronenaufnahme ausgeprägt. Die bevorzugte Reaktionsrichtung ist dann von rechts nach links:

$$\mathrm{Red} \rightleftharpoons \mathrm{Ox} + n\,\mathrm{e}^-$$

Bringt man z. B. Chlor mit Bromidionen zusammen, so nimmt das Chlor Elektronen auf und geht in Chloridionen über, weil $E^0_{\mathrm{Cl}^-} = +1{,}36$ V größer als $E^0_{\mathrm{Br}^-} = +1{,}07$ V ist.

10.3.6 Standardpotenziale bei Ionenumladungen und bei anderen Redoxvorgängen

Auch für Ionenumladungen in Redoxgleichungen sind Potenzialwerte bekannt, bei deren Kenntnis die chemische Reaktionsfähigkeit zu beurteilen ist (Tabelle 10.5). Unter bestimmten Bedingungen hat z. B. die Reaktion

$$\mathrm{NO_3^-} + 4\,\mathrm{H^+} + 3\,\mathrm{e^-} \rightleftharpoons \mathrm{NO} + 2\,\mathrm{H_2O}$$

ein Potenzial von $E^0 = +0{,}95$ V. Das Standardpotenzial des Kupfers ($\mathrm{Cu} \rightleftharpoons \mathrm{Cu^{2+}} + 2\,\mathrm{e^-}$) ist $E^0_{\mathrm{Cu}} = 0{,}35$ V. Gibt man demnach Kupfer in konzentrierte Salpetersäure, so ist es wegen seines kleineren Potenzials der Elektonenlieferant. Das Metall geht somit als Ion in Lösung. Da die Zahl der ausgetauschten Elektronen gleich sein muss, gilt für die Reaktionsgleichung:

$$\begin{array}{lcl} 3\,\mathrm{Cu} & \rightleftharpoons & 3\,\mathrm{Cu^{2+}} + 6\,\mathrm{e^-} \\ 2\,\mathrm{NO_3^-} + 8\,\mathrm{H^+} + 6\,\mathrm{e^-} & \rightleftharpoons & 2\,\mathrm{NO} + 4\,\mathrm{H_2O} \\ \hline 3\,\mathrm{Cu} + 2\,\mathrm{NO_3^-} + 8\,\mathrm{H^+} & \rightleftharpoons & 3\,\mathrm{Cu^{2+}} + 2\,\mathrm{NO} + 4\,\mathrm{H_2O} \end{array}$$

Tabelle 10.5 Standardpotenziale für Ionenumladungen und andere Redoxvorgänge (25 °C, $a = 1$, $p = 101{,}3$ kPa)

Red		⇌	Ox		+ $z \cdot \mathrm{e}^-$	Potenzial in Volt
Cr^{2+}		⇌	Cr^{3+}		+ 1 e^-	−0,41
Sn^{2+}		⇌	Sn^{4+}		+ 2 e^-	+0,20
Fe^{2+}		⇌	Fe^{3+}		+ 1 e^-	+0,75
NO	+ 2 H_2O	⇌	NO_3^-	+ 4 H^+	+ 3 e^-	+0,95
Mn^{2+}	+ 2 H_2O	⇌	MnO_2	+ 4 H^+	+ 2 e^-	+1,35
I^-	+ 3 H_2O	⇌	IO_3^-	+ 6 H^+	+ 6 e^-	+1,08
Cl^-	+ 3 H_2O	⇌	ClO_3^-	+ 6 H^+	+ 6 e^-	+1,45
Mn^{2+}	+ 4 H_2O	⇌	MnO_4^-	+ 8 H^+	+ 5 e^-	+1,52

Beispiel: Bei der Fertigung gedruckter Leiterplatten für die Elektronik ist von einer Trägerplatte metallisches Kupfer an den Stellen abzulösen, wo keine Leiterzüge benötigt werden. Ist dazu eine $FeCl_3$-Lösung geeignet?

Lösung: Eisen(III)-chlorid dissoziiert nach folgender Gleichung:

$$FeCl_3 \rightleftharpoons Fe^{3+} + 3\,Cl^-$$

Nach Tabelle 10.5 lassen sich Fe^{3+}-Ionen umladen. Das Potenzial beträgt $E^0 = +0{,}75$ V. Für Kupfer gilt $+0{,}35$ V. Die Umladung von Fe^{3+}-Ionen in Fe^{2+}-Ionen ist mit Kupfer möglich, weil dessen Potenzial kleiner ist. Bei diesem Vorgang liefert das Kupfer die Elektronen und geht als Ion in Lösung:

$$Cu + 2\,Fe^{3+} \rightleftharpoons 2\,Fe^{2+} + Cu^{2+}$$

10.4 Galvanische Elemente

Galvanische Zellen, die als Spannungsquellen dienen, heißen auch galvanische Elemente. Je nach Anwendung oder Wirkprinzip unterscheidet man Primärelemente und Sekundärelemente. Bei Primär- und Sekundärelementen steht die Lieferung elektrischer Energie im Vordergrund. Dabei laufen chemische Reaktionen ab, die sich durch Aufladen umkehren (Sekundärelemente) oder nicht umkehren (Primärelemente) lassen.

Zur Erhöhung der Spannung schaltet man einzelne galvanische Elemente elektrisch in Reihe und spricht dann von einer Batterie. Für die an den Polen (Klemmen) eines galvanischen Elements wirkende Zellspannung, für die auch die Bezeichnung Klemmenspannung üblich ist, ist nicht nur die Art der potenzialbestimmenden chemischen Reaktionen bedeutsam, sondern auch, ob diese Spannung mit oder ohne Stromfluss gemessen wird.

10.4.1 Quellenspannung und Klemmenspannung

Die Quellenspannung U_Q oder auch Zellspannung E einer elektrischen Spannungsquelle ist gleich dem im sogenannten Leerlauf ($I = 0$) vorhandenen Potenzialunterschied (Potenzialdifferenz) zwischen ihren Klemmen (Polen). Für Quellenspannung ist auch noch die Bezeichnung Urspannung üblich. Mit Leerlauf ist gemeint, dass der an den Klemmen wirksame äußere Widerstand praktisch unendlich groß ist (dann ist $I = 0$; offene Zelle).

Die Quellenspannung des Daniell-Elementes ist z. B. bei 25 °C und der Ionenaktivität $a = 1$ mol/l (wenn Diffusionspotenziale vernachlässigbar klein gehalten sind):

$$U_{Q\,\mathrm{Daniell}} = 0{,}35\ \mathrm{V} - (-0{,}76\ \mathrm{V}) = 1{,}11\ \mathrm{V}$$

Diese Spannung tritt jedoch nur dann auf, wenn das Element nicht durch einen elektrischen Verbraucher belastet ist. Ist diese Bedingung nicht erfüllt, so ist die Klemmenspannung U_K kleiner als Quellenspannung U_Q. Treten keine Reaktionshemmungen auf, so sind die Quellenspannungen (Urspannungen) mit den Gleichgewichtsspannungen identisch.

Die Abweichung der Klemmenspannung eines Elements von der Gleichgewichtsspannung hat mehrere Ursachen:

- Durch die Abweichung vom Gleichgewichtszustand ändern sich die Werte der einzelnen Galvanispannungen.

- Die galvanische Zelle hat selbst einen inneren Widerstand, an dem bei Stromfluss ein Spannungsabfall auftritt.

Fasst man die einzelnen inneren Widerstände R_i der einzelnen Phasen einer galvanischen Zelle zusammen und bezeichnet den äußeren Widerstand mit R_a, so lassen sich die Grundbeziehungen zwischen der Quellenspannung U_Q und der Klemmenspannung U_K durch einen Grundstromkreis (Bild 10.12) darstellen.

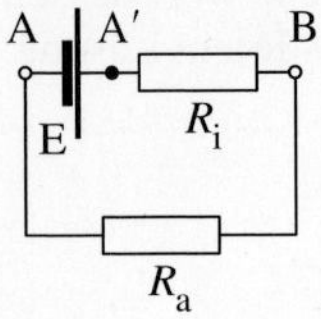

Bild 10.12 Grundstromkreis

Schließt man an die Klemmen A und B den Widerstand R_a an, so ist der Stromkreis geschlossen. Für die Stromstärke folgt nach dem Ohmschen Gesetz:

$$I = \frac{U_Q}{R_i + R_a}$$
$$U_Q = I \cdot R_i + I \cdot R_a$$

Die Spannung am Widerstand R_a ist die Klemmenspannung U_K. Für die Klemmenspannung gilt somit auch:

$$U_K = U_Q - I \cdot R_i$$

Die Klemmenspannung ist gleich der Quellenspannung (Urspannung), vermindert um die Spannung, die durch den inneren Widerstand auftritt ($I \cdot R_i$).

Legt man an die Klemmen eines galvanischen Elementes ein Voltmeter, so zeigt dieses nicht die Quellenspannung an, weil durch das Messgerät der Stromkreis geschlossen wird. Das Voltmeter wird zum Außenwiderstand R_a. Diese Messung liefert ein Ergebnis, das um so mehr vom wirklichen Wert abweicht, je kleiner der Eigenwiderstand (Innenwiderstand) des Messgerätes ist.

10.4.2 Konzentrationselement

Die Zellspannung zwischen einer Zink- und Kupferelektrode beträgt unter Standardbedingungen 1,11 V. Weicht jedoch die Aktivität von $a = 1$ für die potenzialbestimmenden Ionen ab, so nehmen die Einzelpotenziale der Elektroden Werte an, die von den Standardpotenzialen verschieden sind. Da sich die Zellspannung aus der Differenz der Einzelpotenziale ergibt, treten bei Änderungen der Konzentration sowie bei Temperaturschwankungen auch andere Urspannungswerte auf. Für die im Bild 10.13 gezeigte Anordnung (Daniell-Element) aus einer Kupfer- und Zinkelektrode ergeben sich die Gleichungen:

$$E = E_{Cu} - E_{Zn}$$
$$E = E^0_{Cu} + \frac{RT}{zF} \ln a_{Cu^{2+}} - \left(E^0_{Zn} + \frac{RT}{zF} \ln a_{Zn^{2+}} \right)$$

$$E = E^0_{Cu} - E^0_{Zn} + \frac{RT}{zF} \ln \frac{a_{Cu^{2+}}}{a_{Zn^{2+}}} = 1{,}11\,V + \frac{RT}{zF} \ln \frac{a_{Cu^{2+}}}{a_{Zn^{2+}}}$$

Beispiel: Wie groß ist die Zellspannung zwischen einer Kupfer- und Zinkelektrode, wenn folgende Bedingungen vorliegen: Temperatur 25 °C, $a_{Cu^{2+}} = 1$, $a_{Zn^{2+}} = 0{,}1$? Dabei ist $z = 2$.

Lösung:

$$E = 1{,}11\ \text{V} + \frac{0{,}059\ \text{V}}{z} \lg \frac{1}{0{,}1} = 1{,}11\ \text{V} + 0{,}030\ \text{V}\ \lg 10 = 1{,}11\ \text{V} + 0{,}030\ \text{V}$$

$$E = 1{,}14\ \text{V}$$

Die Zellspannung beträgt bei den angegebenen Bedingungen 1,14 V.

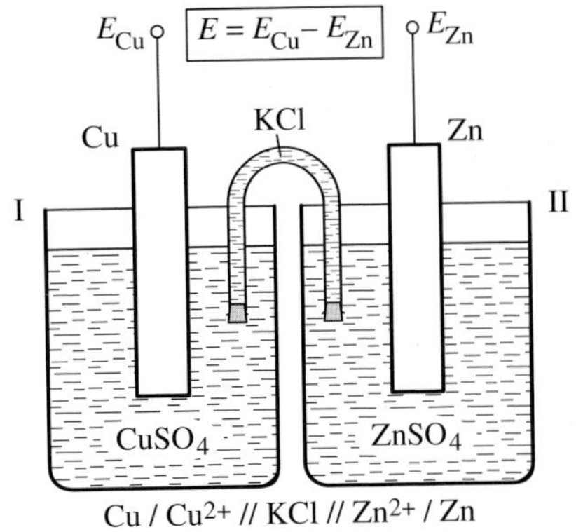

Bild 10.13 Daniell-Element

An der Zinkelektrode gehen Zinkatome als Ionen in Lösung. Die dabei freiwerdenden Elektronen fließen im äußeren Schließungsdraht zum Kupferstab, an dem Kupferionen aus der angrenzenden Lösung entladen werden. Die Zinkelektrode ist daher der Minuspol. Die Elektronen wandern zur Kupferelektrode, die den Pluspol darstellt. Bei diesen elektrochemischen Vorgängen bezieht man sich somit auf die tatsächliche Bewegungsrichtung der Elektronen. Die in der Elektrotechnik festgelegte Stromrichtung stimmt mit der eigentlichen Elektronenbewegung nicht überein, sondern verläuft gerade entgegengesetzt (technische Stromrichtung von + nach −).

Am Daniell-Element wurde gezeigt, dass sich bei einer Konzentrationsveränderung in den Elektrolytlösungen auch die Einzelpotenziale verändern. Hier bestanden die Elektroden aus verschiedenen Metallen. Es kann sich jedoch auch eine Zellspannung ausbilden, wenn zwei Elektroden aus dem gleichen Metall bei gleicher Temperatur in Lösungen ihrer Ionen eintauchen, die unterschiedliche Konzentrationen (Aktivitäten) besitzen.

Zur Erklärung soll die in Bild 10.14 dargestellte Versuchsanordnung dienen. In den Gefäßen I und II befinden sich Silbernitratlösungen unterschiedlicher Konzentration, in die Silberstäbe eintauchen. Da die Konzentration im Gefäß I größer als im Gefäß II ist, haben die beiden Silberelektroden verschiedene Potenziale. Zwischen den Elektroden besteht daher eine Zellspannung. Werden sie leitend verbunden, so fließen Elektronen von Elektrode II zu Elektrode I, weil diese wegen der größeren Konzentration ein positiveres Potenzial besitzt. Wie bereits früher dargestellt wurde, ist die Neigung zur Elektronenaufnahme um so größer, je positiver ein Potenzial ist. Im Gefäß I werden dadurch Silberionen entladen, im Gefäß II hingegen gehen Silberatome von der Elektrode als Ionen in Lösung. Dadurch nähern sich die Konzentrationen immer mehr an. Die Zellspannung wird kleiner und beträgt schließlich bei gleicher Konzentration Null Volt. Zur Kennzeichnung dieses galvanischen Elementes ist folgende Schreibweise möglich:

$$\underset{a_1}{Ag/Ag^+}//KCl//\underset{a_2}{Ag^+/Ag}$$

Da die Zellspannung in diesem Fall durch unterschiedliche Konzentrationen bedingt ist, nennt man solche Spannungsquellen auch *Konzentrationselemente*. Die Potenziale der beiden Silberelektroden sind durch folgende Gleichungen bestimmt:

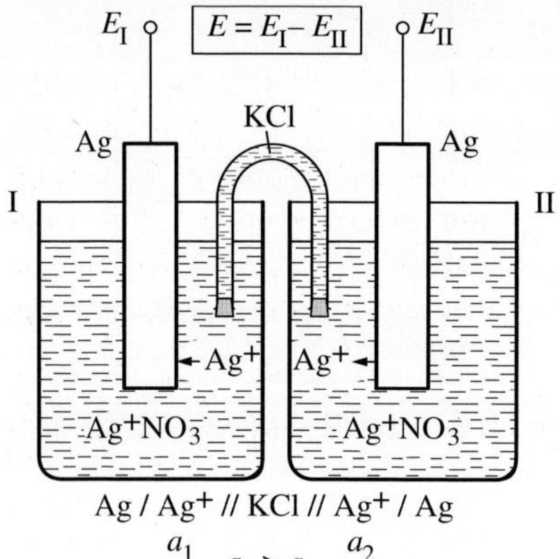

Bild 10.14 Silber-Konzentrationselement

Gefäß I; edlere Elektrode $E_I = E^0_{Ag} + \frac{RT}{zF} \ln a_1$

Gefäß II; unedlere Elektrode $E_{II} = E^0_{Ag} + \frac{RT}{zF} \ln a_2$

Als Potenzialdifferenz ergibt sich:

$$E = E_I - E_{II} = E^0_{Ag} - E^0_{Ag} + \frac{RT}{zF} \ln \frac{a_1}{a_2} = \frac{RT}{zF} \ln \frac{a_1}{a_2}$$

Die Zellspannung eines Konzentrationselementes ist bei gleicher Temperatur dem Logarithmus des Aktivitätsverhältnisses proportional.

Beispiel: Wie groß ist die Zellspannung zwischen zwei Silberelektroden, die bei 20 °C in Silbernitratlösung eintauchen, die Aktivitäten von $a_1 = 0{,}1$ und $a_2 = 0{,}001$ besitzen?

Lösung: Das Aktivitätsverhältnis ist $a_1 : a_2 = 10^2$. Setzt man diesen Wert ein, so ergibt sich:

$$E = \frac{R \cdot T}{z \cdot F} \cdot 2{,}303 \cdot \lg 10^2$$

$$E = 0{,}058 \text{ V} \cdot 2$$

$$E = 0{,}116 \text{ V}$$

Die Zellspannung beträgt bei den angegebenen Bedingungen

$$E = 0{,}116\ \text{V}$$

Die Potenzialdifferenz ist also von der Temperatur, dem Konzentrationsverhältnis (Aktivitätsverhältnis) und der Ionenwertigkeit z abhängig. Sie ist bei $a_1 : a_2 = 10 : 1$ und $z = 1$:

$$10\ ^\circ\text{C}\ E = 0{,}056\ \text{V}$$
$$20\ ^\circ\text{C}\ E = 0{,}058\ \text{V}$$
$$25\ ^\circ\text{C}\ E = 0{,}059\ \text{V}$$

Sind die Ionen zweifach positiv geladen (Me^{2+}, $z = 2$), so halbieren sich diese Werte bei sonst gleichen Bedingungen (→ Abschn. 10.3.4 und Aufg. 10.14).

Das Prinzip der Konzentrationskette liegt den potenziometrischen Messverfahren zugrunde. Dabei ist die potenziometrische Titration ein in der Elektroanalyse benutztes Verfahren zur Bestimmung des Endpunktes einer Titration (→ Abschn. 10.2.3), welches auf der Abhängigkeit des Elektrodenpotenzials von der Konzentration der potenzialbestimmenden Ionen beruht. Zur stromlosen Ermittlung der Potenzialdifferenz sind zwei Elektroden notwendig, von denen die eine mit bekanntem Potenzial als Bezugselektrode (Standardwasserstoffelektrode, im Allgemeinen häufig die Kalomel-Elektrode) benutzt wird.

Die Auswertung der so gebildeten galvanischen Kette erfolgt auf der Grundlage der Nernstschen Gleichung. Potenziometrische Verfahren sind geeignet:
a) zur Bestimmung des Endpunktes einer Titration,
b) zur Messung des Redoxpotenzials chemischer Reaktionen,
c) zur Messung der Konzentration von Metallionen,
d) zur Messung des pH-Wertes.

Das Potenzial einer Kalomelel-Ektrode wird durch die nachstehende Reaktion bestimmt:

$$2\,Hg + 2\,Cl^- \rightleftharpoons Hg_2Cl_2 + 2\,e^-$$

Über dem Quecksilber befindet sich eine an Kalomel (Hg_2Cl_2) und KCl gesättigte Lösung (Bild 10.15); die Salze Hg_2Cl_2 und KCl treten also als Bodenkörper auf. Das Potenzial dieser Elektrode ergibt sich nach:

$$E = E_0 + \frac{RT}{zF} \ln a_{Hg_2^{2+}}$$

Die Aktivität der Quecksilberionen ist jedoch über das Löslichkeitsprodukt mit der Cl^--Ionenkonzentration verknüpft. Steigt diese an, so sinkt die der Quecksilberionen ab.

Das Hauptanwendungsgebiet der Potentiometrie ist die pH-*Wert-Messung*, bei der man als Meßelektrode häufig mit *Glaselektroden* arbeitet. Glaselektroden bestehen aus einem Glasgefäß (Kolben-, Stab-, Nadelform) mit extrem dünner Wandung (Membran). Befinden sich innen und außen von dieser Membran Lösungen mit verschiedenem pH-Wert, so tritt eine Potenzialdifferenz auf, die in gesetzmäßiger Weise von der pH-Differenz bestimmt ist. Bei 25 °C gilt die Gleichung

$$pH_a = pH_i - \frac{E_G}{0{,}0591\,V}$$

pH_i pH-Wert im Inneren der Glaselektrode
pH_a pH-Wert der Lösung, in die die Elektrode eintaucht
E_G Potenzialdifferenz zwischen der inneren und äußeren Oberfläche der Glasmembran

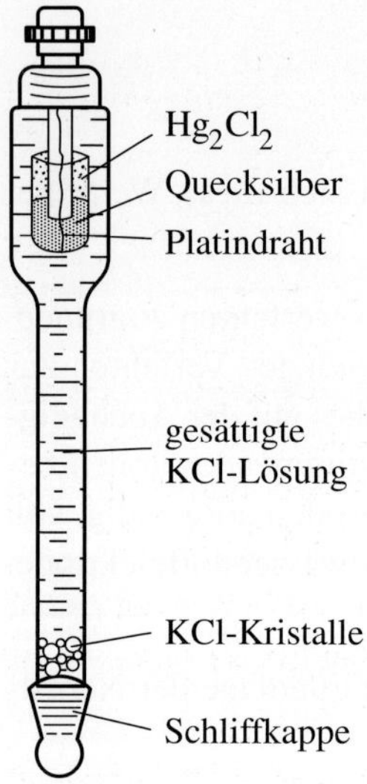

Bild 10.15 Schematische Darstellung einer Kalomel-Bezugselektrode

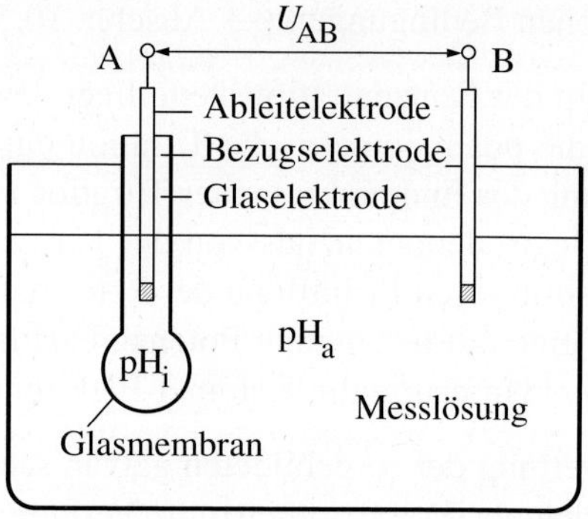

Bild 10.16 Schematische Darstellung der Messanordnung für die Bestimmung des pH-Wertes mit einer Glaselektrode

Die Potentialdifferenz erfasst man durch eine Ableitelektrode, die im Inneren der Glaselektrode untergebracht ist. Dient dazu eine Kalomel-Elektrode, und ist auch die Bezugselektrode eine Kalomel-Elektrode, so ist die Potenzialdifferenz an den Platindrähten (Punkte A und B im Bild 10.16) durch nachstehende galvanische Kette gegeben:

$$(A)\ Hg/Hg_2Cl_2,\ KCl/H_3O_i^+/\text{Glasmembran}/H_3O_a^+/KCl,\ Hg_2Cl_2/Hg\ (B)$$

Ableitelektrode mit Pufferlösung im Inneren der Glaselektrode	von außen an die Membran der Glaselektrode angrenzende Lösung, deren pH-Wert zu messen ist, und Bezugselektrode

Sind die Konzentrationen der H_3O^+-Ionen gleich ($H_3O_i^+ = H_3O_a^+$), so müsste auch die Potenzialdifferenz $E_G = 0$ sein. Besonders bei dicken Membranen tritt jedoch auch dann eine kleine Spannung auf, die man das „Asymmetriepotenzial" nennt.

Die Spannung zwischen den Punkten A und B in Bild 10.16 setzt sich aus einzelnen Teilspannungen (Potenzialsprüngen g) zusammen:

a) Potenzialsprung an der Ableitelektrode zwischen dem Quecksilber und den Quecksilberionen (g_A).

b) Potenzialsprung zwischen der Pufferlösung im Inneren der Glaselektrode und der Membran (g_{G1}); da die Pufferlösung einen konstanten pH-Wert hat, ist auch g_{G1} konstant.
c) Potenzialsprung zwischen der Außenseite der Membran und der angrenzenden Lösung mit einem unbekannten pH-Wert ($g_{G2} = g_x$). Dieser Potenzialsprung ändert sich, wenn die Aktivität $a_{H_3Oa^+}$ andere Werte annimmt.
d) Potenzialsprung an der Phasengrenze Quecksilber/Quecksilberionen der Bezugs-Kalomelelektrode (g_B).

Vernachlässigt man Diffusionspotenziale, so ist die Urspannung zwischen den Punkten A und B ($g_A \neq g_B$):

$$U_{AB} = g_A + g_{G1} + g_x + g_B$$

In dieser Gleichung sind g_A, g_{G1} und g_B praktisch konstant. Spannungsänderungen sind daher im Wesentlichen durch die Aktivitätsänderungen der H_3O^+-Ionen der angrenzenden Lösung bedingt. Schließt man zwischen den Klemmen A und B ein Messinstrument an, so ist der Stromkreis geschlossen. Da die Glasmembran einen sehr großen Widerstand besitzt, ist auch der Innenwiderstand dieses galvanischen Elements groß (mitunter 100 MΩ und mehr). An den Klemmen A und B tritt aber bei einem Stromfluss nur die Klemmenspannung auf.

Weil schon bei sehr kleinen Strömen der Unterschied zwischen der Ur- und Klemmenspannung groß ist, sind extrem hohe Forderungen an die elektronischen Baugruppen zu stellen, die zur Weiterverarbeitung der Spannungen dienen.

Eine industrielle pH-Meßanlage zur kontinuierlichen Überwachung des pH-Wertes besteht im wesentlichen aus drei Teilen:
a) Dem Geber, der in eine geeignete Armatur eingebaut ist und der die beiden Elektroden enthält,
b) dem Messzusatz, der u. a. zur Anpassung dient und der die Meßspannungen so umformt, dass eine direkte pH-Anzeige möglich ist,
c) dem Anzeigegerät (Schreiber, Messinstrument)

Außerdem müssen Korrektureinrichtungen zur Ausschaltung des Temperatureinflusses und des Asymmetriepotentials vorhanden sein.

Je nach der Messaufgabe sind Eintauch-, Durchfluss- oder Einbaugeber einzusetzen.

Die Kontrolle des pH-Wertes ist für viele Prozesse der chemischen Industrie die Voraussetzung für eine ökonomische Produktion. So ist z. B. bei der Alkalichloridelektrolyse (→ Abschn. 10.6.4) die Ausnutzung der elektrischen Energie oder der Verschleiß der Elektroden vom pH-Wert der Lauge abhängig. Viele Polymerisations- und Kondensationsreaktionen (→ Kapitel 34). der organischen Chemie setzen ganz bestimmte pH-Werte voraus. Aber auch in der Leder-, der Lebensmittelindustrie, der Galvanotechnik, der Zellstoff- und Papierindustrie spielt der pH-Wert eine wichtige Rolle. Überall dort, wo Reaktionen in Wasser ablaufen oder Wasser zur Anwendung kommt (Aufbereitung von Trinkwasser, Kesselspeisewasser, Abwasser), müssen Kenntnisse über den pH-Wert vorliegen. Das trifft auch für die Medizin, die Landwirtschaft und Biologie zu, weil die meisten Prozesse mit belebter Materie an das Wasser gebunden sind.

10.4.3 Primärelemente

Galvanische Elemente kann man in Primär- und Sekundärelemente einteilen. *Primärelemente* liefern nach ihrem Zusammenbau sofort eine Spannung. Sie sind nach einer Entladung verbraucht und können nicht wieder oder nur bedingt zur Speicherung elektrischer Energie dienen. Die bei der Stromlieferung ablaufenden chemischen Vorgänge lassen sich nicht umkehren; sie sind irreversibel. Die *Sekundärelemente*, für die auch die Bezeichnung *Akkumulatoren* üblich ist, lassen sich jedoch nach einer Energieentnahme bedingt wieder aufladen.

Das bereits erwähnte Daniell-Element ist ein Primärelement, welches kaum noch praktische Bedeutung hat. Historisch interessant ist das *Leclanché*-Element, das man als Rund- oder Flachzelle fertigt (Bild 10.17). Die chemischen Reaktionen, die bei der Stromentnahme ablaufen, sind sehr kompliziert. Das Element hat in der Regel den nachstehenden Aufbau:

$$(C)MnO_2//NH_4Cl//Zn$$

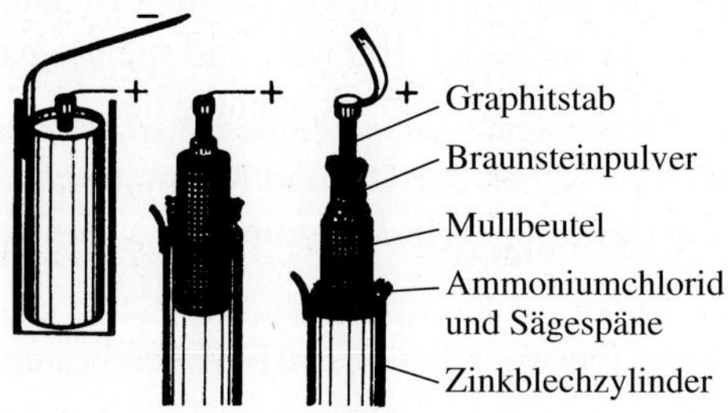

Bild 10.17 Einzelteile eines Leclanché-Elementes

Der Elektronendonator ist das Zink und damit der Minuspol der Spannungsquelle, weil hier ein Überschuss von Elektronen auftritt.

$$Zn \rightarrow Zn^{2+} + 2\,e^-$$

Als Elektrolyt wird eine Mischung aus Ammonium- und Zinkchlorid mit Stärke zu einem Gel verfestigt. Die Zn^{2+}-Ionen bilden mit dem entstehenden Ammoniak einen Diammin-Komplex:

$$Zn^{2+} + 2\,NH_4^+ + 2\,OH^- \rightarrow [Zn(NH_3)_2]^{2+} + 2\,H_2O$$

Der Grafitstab (C) ist mit Braunstein (MnO_2) umgeben, welcher als Oxidationsmittel in einer Mehrstufenreaktion die freiwerdenden Elektronen aufnimmt. Die potenzialbestimmende Teilreaktion am Pluspol bzw. an der Katode kann vereinfacht wie folgt formuliert werden:

$$MnO_2 + H_2O + e^- \rightleftharpoons MnO(OH) + OH^-$$

Aus Mangandioxid (Mn mit der Oxidationsstufe +4) entsteht ein basisches Oxid (mit der Oxidationszahl +3).

Für galvanische Elemente gelten somit folgende Feststellungen:
a) Der Minuspol ist elektrochemisch die Anode,
b) der Pluspol ist elektrochemisch die Katode.

Die Potenzialdifferenz zwischen den beiden Elektroden des *Leclanché*-Elementes beträgt etwa 1,5 V. Unter einem Element ist nur eine Einzelzelle zu verstehen. Eine Batterie enthält mehrere Einzelzellen. In den bekannten Taschenlampenflachbatterien sind z. B. drei Einzelzellen in Reihe geschaltet. Da sich bei dieser Schaltungsart die Teilspannungen addieren, kommt man auf eine Gesamtspannung von rund 4,5 V. Die Potenzialdifferenz zwischen den beiden Elektroden einer Einzelzelle ist stark vom pH-Wert abhängig. Hat ein Element längere Zeit Energie abgegeben, so verursacht die Zunahme von Hydroxidionen am Pluspol eine Spannungsminderung. Entnimmt man keinen Strom, so kann die Spannung wieder ansteigen, weil Hydroxidionen aus dem Katodenraum diffundieren (→ Aufg. 10.15).

In einer modernen sogenannten Quecksilber- oder Knopfzelle besteht die Anode ebenfalls aus Zink, während die katodische Reaktion mit Quecksilber(II)-oxid in Kaliumhydroxid als Elektrolyt abläuft. Die Gesamtreaktion dieser galvanischen Zelle kann wie folgt formuliert werden:

$$Zn + HgO \rightleftharpoons ZnO + Hg$$

Der Vorteil dieser Zelle ist, dass man sie in kleinen Dimensionen (u. a. für Uhren, Taschenrechner) fertigen kann und sie trotzdem langfristig eine recht konstante Spannung liefert. Das freigesetzte metallische Quecksilber erfordert im Sinne des Umweltschutzes besondere Anforderungen bei der Entsorgung erschöpfter Elemente dieser Art. Alternative Oxidationsmittel sind z. B. Silber- bzw. Chromoxid (Ag_2O, CrO_3).

Bei neueren Entwicklungen wird das unedle Metall Lithium mit einem Redox-Potenzial von $-3{,}03$ V als negative Elektrode sowohl bei Primär- als auch bei Sekundärelementen eingesetzt.

Bei der Konfektionierung einer solchen Zelle müssen auftretende Schwierigkeiten bei der katodischen Reduktion von Lithium-Ionen durch geeignete Zusätze (wie Graphit oder Ruß) vermindert werden. Als positive Elektrode in Primärzellen dieser Art werden als Katodenmaterial u. a. klassische Oxidationsmittel wie Ag_2CrO_4 und MnO_2 benutzt.

Das bekannt starke Reaktionsvermögen der Alkalimetalle – hier Lithium – mit Wasser erfordert den Einsatz eines nichtwässrigen aber leitfähigen Elektrolyten (→ Abschnitt 18.1). Dazu werden hochsiedende organische Lösungsmittel wie Propylencarbonat mit einem Leitsalz (z. B. Lithiumperchlorat) verwendet. Primärzellen auf Lithiumbasis sind für Langzeitanwendungen auch bei tiefen Temperaturen (bis -40 °C) und bei geringer Selbstentladung mit einer Zellspannung von 3,3 bis 3,5 V geeignet.

Wesentlich komplizierter sind die noch nicht völlig aufgeklärten Redoxverhältnisse bei Li-Sekundärelementen, auf die deshalb hier noch nicht eingegangen werden soll.

10.4.4 Sekundärelemente

Die in Sekundärelementen ablaufenden chemischen Reaktionen kann man durch Aufladen umkehren. Akkumulatoren sind daher auch zur Energiespeicherung geeignet. Ein Teil der zugeführten elektrischen Energie ist in den bei der Aufladung gebildeten Reaktionsprodukten enthalten. Von besonderer praktischer Bedeutung sind der Blei- und der Eisen-Nickel-Akkumulator sowie neuerdings solche mit Metallhydrid- und Li-Elektroden bzw. mit Festelektrolyten.

10.4.4.1 Bleiakkumulator (Bleisammler)

Im geladenen Zustand besteht ein *Bleiakkumulator* meist aus Gitterplatten (Pb-Sb-Legierung), in deren Maschen sich aktives schwammiges Blei oder Bleidioxid (PbO_2) befindet (Bild 10.18). Je nach Anwendungsfall sind diese Platten konstruktiv unterschiedlich ausgeführt. Als Elektrolyt dient Schwefelsäure, die mit destilliertem Wasser verdünnt ist. Die Dichte der Säure kann zwischen 1,18 g · cm^{-3} und 1,28 g · cm^{-3} liegen. Da bei den chemischen Vorgängen außerdem sich bildendes Bleisulfat $PbSO_4$ von Bedeutung ist, kann man für den Bleiakkumulator folgendes Schema angeben:

$$Pb/PbO_2//H_2SO_4//PbSO_4/Pb$$

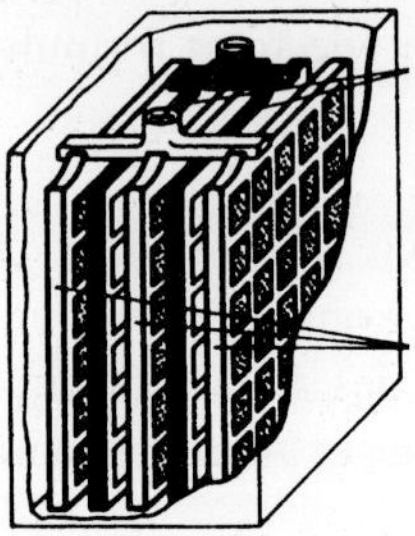

Bild 10.18 Aufbau eines Bleiakkumulators

Die Urspannung des Bleiakkumulators ergibt sich aus den Potenzialen der Pb/PbO_2- und Pb/$PbSO_4$-Elektrode. Im geladenen Zustand gilt:

$$E = E_{PbO_2} - E_{Pb} = 1{,}685\ \text{V} - (-0{,}276\ \text{V}) = 1{,}96\ \text{V}$$

In der Praxis rechnet man mit rund 2 V. Da die Pb/$PbSO_4$-Elektrode das negativere Potenzial besitzt, tritt sie als Elektronenlieferant auf. Während der Entladung findet an den beiden Elektroden folgende Reaktion statt:

Minuspol:

$$\begin{array}{l} Pb \rightarrow Pb^{2+} + 2\,e^- \\ \underline{Pb^{2+} + SO_4^{2-} \rightarrow PbSO_4} \\ \overset{0}{Pb} + SO_4^{2-} \rightarrow \overset{+2}{Pb}SO_4 + 2\,e^- \end{array}$$

Ein geringer Teil des gebildeten Bleisulfats löst sich in der Schwefelsäure; der überwiegende Anteil bleibt jedoch nach Sättigung der Säure in den Gitterplatten enthalten, so dass neben Blei auch Bleisulfat vorliegt. Da die Oxidationszahl des Bleis im Bleisulfat +2 beträgt, wird es hier oxidiert.

Im elektrochemischen Sinne ist somit der Minuspol die Anode.

Pluspol:

$$\begin{array}{l} PbO_2 + 2\,e^- + 4\,H^+ \rightarrow Pb^{2+} + 2\,H_2O \\ \underline{Pb^{2+} + SO_4^{2-} \rightarrow PbSO_4} \\ \overset{+4}{Pb}O_2 + SO_4^{2-} + 4\,H^+ + 2\,e^- \rightarrow \overset{+2}{Pb}SO_4 + 2\,H_2O \end{array}$$

Am Pluspol entsteht auch Bleisulfat. Das Blei geht dabei aus der Oxidationsstufe +4 im PbO_2 in die Oxidationsstufe +2 im Bleisulfat $PbSO_4$ über. An der Pb/PbO_2-Elektrode findet demnach eine Reduktion statt. Addiert man die beiden Teilgleichungen für die Anoden- und Katodenreaktion, so entsteht die Gleichung für die Gesamtreaktion:

$$\begin{array}{lll} \textit{Minuspol:} & Pb + SO_4^{2-} & \rightleftharpoons PbSO_4 + 2\,e^- \\ \textit{Pluspol:} & PbO_2 + SO_4^{2-} + 4\,H^+ + 2\,e^- & \rightleftharpoons PbSO_4 + 2\,H_2O \\ \hline \textit{Gesamtreaktion:} & PbO_2 + Pb + 2\,H_2SO_4 & \underset{\text{Laden}}{\overset{\text{Entladen}}{\rightleftharpoons}} 2\,PbSO_4 + 2\,H_2O \end{array}$$

Weil beim Entladen Bleisulfat entsteht, wird Schwefelsäure verbraucht. Dadurch verändern sich die Potenziale der Elektroden. Die Zellspannung nimmt ab.

Da zwischen der Dichte der Säure und der Zellspannung ein Zusammenhang besteht, wird in der Praxis der Ladungszustand eines Akkumulators durch Dichtemessung des Elektrolyten überprüft. Der in der Gesamtreaktionsgleichung angegebene obere Reaktionspfeil gilt für den Entladevorgang. Aus praktischen Erwägungen werden Akkumulatoren jedoch nicht bis zur Potenzialdifferenz Null zur Stromlieferung benutzt, sondern es ist je nach Typ bei einer bestimmten Entladespannung das Aufladen vorzunehmen, weil bei zu tiefer Entladung eine geringe Lebensdauer des Akkumulators auftritt (Verbiegen der positiven Platten, Lockerung der aktiven Masse der negativen Platten, Kurzschlüsse zwischen den Platten durch direkte Berührung oder durch Schlamm, der sich am Gefäßboden absetzt). Neben den genannten Reaktionen können an den Elektroden auch Vorgänge ablaufen, die nicht umkehrbar sind. Eine besonders unerwünschte Erscheinung ist die Sulfatisierung der Platten, die man auf eine Alterung des Bleisulfates zurückführt, das dadurch chemisch unvollkommen reagiert. Deshalb nimmt die Speicherfähigkeit der Akkumulatoren mit der Zeit ab. Die Sulfatisierung tritt auch dann auf, wenn die Elemente längere Zeit nicht benutzt werden. Es ist daher nach bestimmten Zeiträumen eine Stromentnahme mit nachfolgender Aufladung für eine lange Lebensdauer unerlässlich (→ Aufg. 10.16).

Beim Laden eines Akkumulators werden die chemischen Reaktionen, die während der Stromlieferung ablaufen, durch Anlegen einer äußeren Gleichspannung umgekehrt. Dabei ist an die Anode der Minus- und an die Katode der Pluspol anzuschließen. Am Minuspol nehmen Bleiionen Elektronen auf (Reduktion) und gehen in metallisches Blei über ($Pb^{2+} + 2\,e^- \rightarrow Pb$). Der Pluspol ist elektrochemisch die Anode, weil hier Blei aus der Oxidationsstufe +2 im $PbSO_4$ in die Oxidationsstufe +4 im PbO_2 übergeht (Abgabe von Elektronen). Die Richtung für die Gesamtreaktion gibt der mit Laden gekennzeichnete Pfeil der beschriebenen Gesamtreaktionsgleichung an. Da beim Aufladen Schwefelsäure entsteht, nimmt deren Dichte wieder zu. Ist die Umwandlung von Bleisulfat in Blei und Bleidioxid beendet, entsteht durch Elektrolyse Wasserstoff und Sauerstoff. Der Akkumulator gast. In der Ladekurve steigt die Spannung an, weil jetzt andere Vorgänge einsetzen. Das Gasen ist somit auch ein Zeichen für den Abschluss des Ladevorganges. Dass diese Zersetzung des Elektrolyten nicht sofort beim Anlegen einer äußeren Spannung zu beobachten ist, hängt damit zusammen, dass sich Wasserstoff an Blei und Sauerstoff an Bleidioxid nur schwer abscheiden lassen (Überspannungen). Vorgänge dieser Art sind Elektrolysen, die im nächsten Abschnitt näher beschrieben sind (→ Abschn. 10.5.4.1).

10.4.4.2 Eisen-Nickel-Akkumulator (Stahlsammler)

Neben dem Bleiakkumulator hat auch der *Eisen-Nickel-Akkumulator* noch praktische Bedeutung. Die Zellspannung liegt im aufgeladenen Zustand bei etwa 1,4 V. Als elektrochemisch aktive Stoffe wirken schwammiges Eisen und Nickel(III)-hydroxid, die in eine etwa 20-%-ige Kalilauge eintauchen. Es liegt somit ein galvanisches Element folgender Anordnung vor:

$$\mathrm{Fe//KOH//Ni(OH)_3/Ni}$$

Die Eisenelektrode ist der Minuspol, die Nickelelektrode der Pluspol. Beim Entladen treten folgende Reaktionen auf:

$$\begin{array}{lll}
\textit{Minuspol:} & \mathrm{Fe} & \rightarrow \mathrm{Fe^{2+} + 2\,e^-} \\
 & \mathrm{Fe^{2+} + 2\,OH^-} & \rightarrow \mathrm{Fe(OH)_2} \\
\hline
 & \mathrm{Fe + 2\,OH^-} & \rightarrow \mathrm{Fe(OH)_2 + 2\,e^-} \\
\textit{Pluspol:} & \mathrm{2\,Ni(OH)_3} & \rightarrow \mathrm{2\,Ni^{3+} + 6\,OH^-} \\
 & \mathrm{2\,Ni^{3+} + 2\,e^-} & \rightarrow \mathrm{2\,Ni^{2+}} \\
 & \mathrm{2\,Ni^{2+} + 4\,OH^-} & \rightarrow \mathrm{2\,Ni(OH)_2} \\
\hline
 & \mathrm{2\,Ni(OH)_3 + 2\,e^-} & \rightarrow \mathrm{2\,Ni(OH)_2 + 2\,OH^-}
\end{array}$$

Durch Addition der beiden Teilreaktionen entsteht die Gleichung für den Gesamtumsatz:

$$\begin{array}{lll}
\textit{Minuspol:} & \mathrm{Fe + 2\,OH^-} & \rightleftharpoons \mathrm{Fe(OH)_2 + 2\,e^-} \\
\textit{Pluspol:} & \mathrm{2\,Ni(OH)_3 + 2\,e^-} & \rightleftharpoons \mathrm{2\,Ni(OH)_2 + 2\,OH^-} \\
\hline
\textit{Gesamtreaktion:} & \mathrm{Fe + 2\,Ni(OH)_3} & \underset{\text{Laden}}{\overset{\text{Entladen}}{\rightleftharpoons}} \mathrm{Fe(OH)_2 + 2\,Ni(OH)_2}
\end{array}$$

Gegenüber dem Bleiakkumulator hat der Eisen-Nickel-Akkumulator einen höheren inneren Widerstand. Der Wirkungsgrad ist daher schlechter. Aus der Gleichung für die Gesamtreaktion folgt weiterhin, dass eigentlich die Konzentration der Kalilauge immer den gleichen Wert besitzen müsste. Es wird jedoch beobachtet, dass beim Entladen die Laugenkonzentration gering zunimmt. Es treten somit noch andere Reaktionen auf, deren genauer Verlauf immer noch umstritten ist. Man findet in der Literatur daher auch andere Darstellungen der Gesamtreaktion.

Eine Alternative ist die wiederaufladbare *Nickel-Cadmium-Zelle* (NC-Zelle), bei der statt Eisen das metallische Cadmium als Elektronendonator verwendet wird.

10.4.4.3 Nickel-Metallhydrid-Akkumulator (NMH)

Mit dieser Entwicklung soll das nachweislich toxische Cadmium ersetzt, eine längere Lebensdauer und eine stabilere Stromentnahme ermöglicht werden. Bestimmte Metalle und Legierungen (z. B. $LaNi_5$) sind in der Lage, erhebliche Mengen Wasserstoff zu speichern (→ Abschnitt 10.4.5) und diese können so als negative Elektrode (mit M bezeichnet) redoxaktiv fungieren.

Der reversible Lade- und Entladevorgang ist mit einer Volumenänderung (von 10 % bis 20 %) verbunden und basiert formal auf folgendem Redoxpaar:

$$M + H^+ + e^- \rightleftharpoons MH$$

Der zum Einsatz kommende basische Elektrolyt KOH ermöglicht die indirekte Wanderung von H^+-Ionen über die Bildung von Wassermolekülen am Pluspol, die dann an der negativen Elektrode wieder abgespalten werden.

$$OH^- \text{ (vom Elektrolyt)} + H^+ \rightleftharpoons H_2O$$

Das Speichermetall dient als negative Elektrode, welches die Protonen einlagert und dabei ein so genanntes Metallhydrid (MH) bildet.

Die positive Elektrode entspricht analog zum Ni-Cd-Akkumulator dem Ni-Redoxpaar (→ Abschnitt 10.4.4.2).

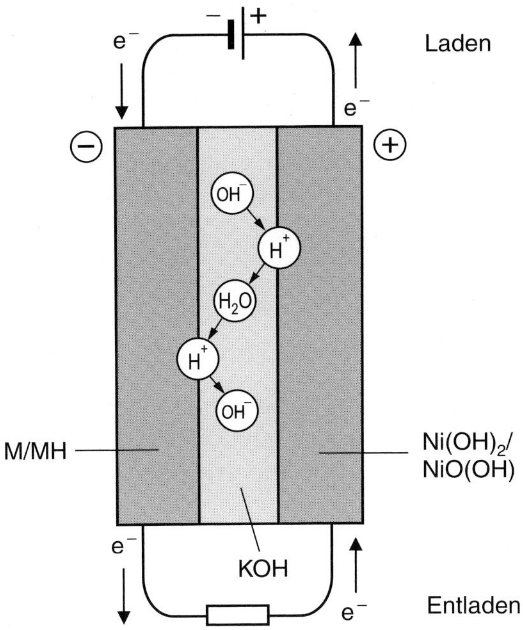

Bild 10.19 Prinzipskizze einer Nickel-Metallhydrid-Zelle

Formal ergibt sich als Bruttoreaktion (→ Bild 10.19):

$$MH + NiO(OH) \underset{\text{Laden}}{\overset{\text{Entladen}}{\rightleftharpoons}} M + Ni(OH)_2$$

Eine Zellspannung von 1,35 V ermöglicht eine Arbeitsspannung von bis zu 1,2 V.

Das Überladen und die Tiefentladung werden durch eine entsprechend große Dimensionierung der MH-Elektrode vermieden.

10.4.5 Brennstoffzellen

Unter einer *Brennstoffzelle* (Brennstoffelement, Gasbatterie) versteht man ein technisch einsetzbares galvanisches Element, bei dem durch Oxidation kontinuierlich zugeführter Stoffe (Brennstoffe) mit einem hohen Wirkungsgrad chemisch gebundene in elektrische Energie umgewandelt wird. Dieses Prinzip ist bereits seit 1838/39 bekannt. Ihre Anwendung stellt eine alternative Form der Energiewandlung mit geringen Schadstoffemissionen dar. In der bisher bekanntesten elektrochemischen Zelle dieser Art wird eine stille oder kalte Verbrennung von Wasserstoffgas (in Form von Metallhydriden besser transportierbar) in Gegenwart von Sauerstoffgas an katalytisch wirksamen Elektroden in einer wässrigen Kaliumhydroxidlösung als Elektrolyt durchgeführt.

Die Elektrodenreaktionen können vereinfacht wie folgt dargestellt werden:

Anode: $H_2 \rightarrow 2\,H^+ + 2\,e^-$

Katode: $O_2 + 2\,H_2O + 4\,e^- \rightarrow 4\,OH^-$

Die wahren Vorgänge an den Elektroden laufen über verschiedene Zwischenschritte komplizierter ab. Die Brennstoffzelle hat, verglichen mit Akkumulatoren, prinzipiell eine höhere Lebensdauer und entwickelt sich zu einer Schlüsseltechnologie im neuen Jahrhundert. Brennstoffzellen sind auf dem Wege als Antriebssystem für Kraftfahrzeuge mit PEM-Zelle (Polymer-Elektrolyt-Membran) und als Blockheizkraftwerk (BHKW) eingesetzt zu werden. Brennstoffe der Zukunft könnten auch Methanol, Hydrazin, Erdgas, Biogas und Benzin sein.

10.5 Elektrolyse

10.5.1 Begriffe

Bei einer Elektrolyse verursacht elektrische Energie chemische Reaktionen. Die Verhältnisse liegen also gerade umgekehrt wie bei galvanischen Elementen. Zur Durchführung einer Elektrolyse ist eine äußere Spannungsquelle erforderlich. Die Stromzuführungen heißen Pluspol und Minuspol.

Im Gegensatz zu galvanischen Elementen ist bei einer Elektrolyse der Minuspol jedoch die Katode, die ständig Elektronen abgibt (Elektronendonator). An der Katode erfolgt daher eine Reduktion (katodische Reduktion). An der Anode, die in diesem Fall Pluspol ist, können Anionen entladen werden. Da bei diesem Vorgang Elektronen abgegeben werden, spricht man auch von einer anodischen Oxidation (Bild 10.20). Sowohl bei galvanischen Elementen als auch bei der Elektrolyse treten somit folgende Elektronenaustauschreaktionen auf:
a) Anode: Abgabe von Elektronen (Oxidation)
b) Katode: Aufnahme von Elektronen (Reduktion)

Bei der Behandlung elektrolytischer Vorgänge wird der Begriff Elektrode auch in einem engeren Sinne gebraucht, als das bei galvanischen Elementen üblich ist. Hier ist mit Elektrode mitunter nur die metallische Phase bzw. der Teil der Zelle gemeint, der die Stromzuführung ermöglicht (z. B. Platinelektroden, Graphitelektroden, Bleielektroden).

Die Bezeichnungen Minuspol und Pluspol beziehen sich nicht auf die elektrochemischen Vorgänge, sondern auf die Pole einer Spannungsquelle. Sie kennzeichnen, ob ein Überschuss oder Mangel an Elektronen besteht.

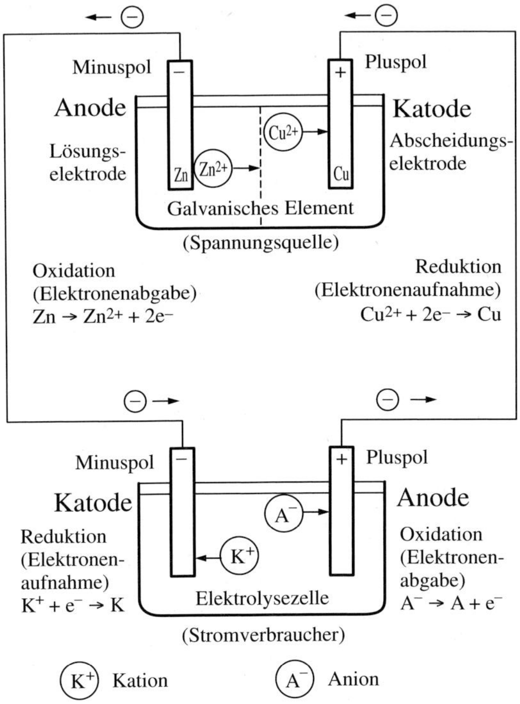

Bild 10.20 Vergleichende Gegenüberstellung von galvanischem Element und Elektrolysezelle

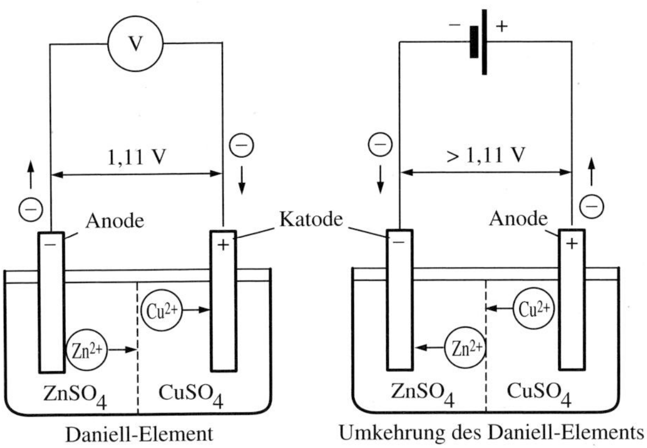

Bild 10.21 Umkehrung der Vorgänge im Daniell-Element durch Anlegen einer äußeren Spannung

Will man die Vorgänge, die in einem Daniell-Element ablaufen, umkehren, so ist an die Elektroden eine äußere Spannung anzulegen. Damit sich die Zinkionen auf der Zinkelektrode abscheiden, ist an diese der Minuspol zu legen. An die Kupferelektrode wird der Pluspol angeschlossen.

$$\mathrm{Zn} + \mathrm{Cu}^{2+} \underset{\text{Elektrolyse}}{\overset{\text{galvanisches Element}}{\rightleftarrows}} \mathrm{Zn}^{2+} + \mathrm{Cu}$$

Das Umkehren der Reaktionsrichtung ist jedoch nur dann möglich, wenn die von außen angelegte Spannung größer ist als die Urspannung des galvanisches Elementes (Bild 10.21).

10.5.2 Elektrodenvorgänge

Bei einer Elektrolyse treten an den Elektroden Wechselwirkungen mit Elektrolytlösungen bzw. auch Salzschmelzen auf. Die Vorgänge laufen im letzteren Falle dann bei erhöhter Temperatur im Schmelzfluss ab (Schmelzflusselektrolyse). Auch Oxide lassen sich durch eine Schmelzflusselektrolyse zerlegen.

Die vielseitigen Anwendungsformen elektrolytischer Methoden in der chemischen Industrie sowie der Laboratoriumspraxis hängen u. a. damit zusammen, dass es möglich ist, die Vorgänge an den Elektroden in einer gewünschten Richtung zu beeinflussen. Auf den Verlauf der Elektrodenreaktionen haben z. B. folgende Faktoren einen Einfluss:

- die Art des Elektrolyten,
- das verwendete Lösungsmittel,
- die Höhe der gewählten Spannung,
- die Größe des Stromes bzw. des Stromes je Flächeneinheit (Stromdichte),
- die Konzentration (Aktivität) der Ionen,
- die Art des Elektrodenwerkstoffes,
- die Temperatur des Elektrolyten.

10.5.2.1 Katodenvorgänge

An der Katode erfolgt immer eine Aufnahme von Elektronen (Reduktion). Bei der Formulierung von Katodenvorgängen stehen daher die Elektronen auf der Seite der Ausgangsstoffe (meist Ionen). An der Katode kann es zu folgenden Reaktionen kommen:

a) Entladen von Kationen

$$\left.\begin{array}{l} \mathrm{Na}^+ + 1\,\mathrm{e}^- \rightarrow \mathrm{Na} \\ \mathrm{K}^+ + 1\,\mathrm{e}^- \rightarrow \mathrm{K} \end{array}\right\} \text{Diese Reaktionen sind nur in Schmelzen oder wasserfreien Systemen möglich.}$$

$$\mathrm{Cu}^{2+} + 2\,\mathrm{e}^- \rightarrow \mathrm{Cu}$$

$$2\,\mathrm{H}^+ + 2\,\mathrm{e}^- \rightarrow 2\mathrm{H}$$

Bei letzterer Reaktion kommt es dann zur Bildung eines Wasserstoffmoleküls ($2\,H \rightarrow H_2$).

b) Reduktion von Anionen und Kationen (Änderung der Oxidationszahl)

$$\mathrm{NO}_3^- + 2\,\mathrm{H}^+ + 2\,\mathrm{e}^- \rightarrow \mathrm{NO}_2^- + \mathrm{H}_2\mathrm{O}$$

$$\mathrm{Fe}^{3+} + 1\,\mathrm{e}^- \rightarrow \mathrm{Fe}^{2+}$$

c) Reduktion organischer Moleküle

Ein bekanntes Beispiel ist die Reduktion von Nitrobenzol (→ Abschn. 31.3) zu Aminobenzol (Anilin). Die komplizierten Vorgänge können formal durch folgende Gleichungen beschrieben werden:

$$6\,H^+ + 6\,e^- \rightarrow 6\,H$$
$$6\,H + C_6H_5NO_2 \rightarrow C_6H_5NH_2 + 2\,H_2O$$
$$\overline{C_6H_5NO_2 + 6\,H^+ + 6\,e^- \rightarrow C_6H_5NH_2 + 2\,H_2O}$$

Nitrobenzol — Aminobenzol

d) Reduktion neutraler Moleküle

$$Cl_2 + 2\,e^- \rightarrow 2\,Cl^-$$
$$O_2 + 4\,H^+ + 4\,e^- \rightarrow 2\,H_2O$$

10.5.2.2 Anodenvorgänge

An der Anode erfolgt eine Oxidation, d. h. eine Abgabe von Elektronen. Bei der Formulierung von Anodenvorgängen müssen daher die Elektronen auf der Seite der Endstoffe stehen. An einer Anode sind z. B. folgende Reaktionen möglich:

a) Entladen von Anionen

$$2\,Cl^- \rightarrow 2\,Cl + 2\,e^-$$

Als Folgereaktion können sich die Chloratome zu einem Chlormolekül vereinigen ($2\,Cl \rightarrow Cl_2$).

$$2\,OH^- \rightarrow H_2O + \frac{1}{2}O_2 + 2\,e^-$$

b) Oxidation von Anionen und Kationen (Änderung der Oxidationszahl)

$$Fe^{2+} \rightarrow Fe^{3+} + 1\,e^-$$
$$MnO_4^{2-} \rightarrow MnO_4^- + 1\,e^-$$

Manganation — Permanganation

$$2\,SO_4^{2-} \rightarrow S_2O_8^{2-} + 2\,e^-$$

Sulfation — Peroxodisulfation

$$ClO_3^- + 2\,OH^- \rightarrow ClO_4^- + H_2O + 2\,e^-$$

Chloration — Perchloration

c) Oxidation organischer Moleküle

Elektrolysiert man eine alkalische Kaliumiodid-Ethanol-Lösung, so wird an der Anode Iod in das organische Molekül eingebaut (Substitution).

$$3\,I^- + C_2H_5OH + 9\,OH^- \rightarrow CHI_3 + 7\,H_2O + CO_3^{2-} + 10\,e^-$$

Ethanol — Triiodmethan „Iodoform“

d) Oxidation elektrisch neutraler Stoffe

Wenn das Redoxpotenzial des Elektrodenwerkstoffes niedriger als das Redoxpotenzial der Cl^-- bzw. OH^--Ionen des Elektrolyten ist, kann es zum Lösen der Anodenelektrode kommen (Elektrolyse mit angreifbarer Elektrode). Beispiele sind:

$$Cu \rightarrow Cu^{2+} + 2\,e^-$$
$$Ni \rightarrow Ni^{2+} + 2\,e^-$$
$$Ag \rightarrow Ag^{+} + 1\,e^-$$

10.5.3 Elektrolyse von Salzschmelzen

Natriumchlorid schmilzt bei 808 °C. Das Ionengitter, in dem die Natrium- und Chloridionen an einen bestimmten Ort gebunden sind, um den sie lediglich Schwingungen ausführen, bricht bei der angegebenen Temperatur zusammen. In der Schmelze besitzen die Ionen eine größere Beweglichkeit. Taucht man daher in die Schmelze zwei Graphitelektroden und legt eine Spannung an, so wandern die Ionen zur entgegengesetzt geladenen Elektrode und werden dort entladen. Bei dieser Schmelzflusselektrolyse sind somit folgende Reaktionen zu beobachten:

$$\begin{array}{ll} \text{Katode:} & Na^+ + 1\,e^- \rightarrow Na \\ \text{Anode:} & Cl^- \rightarrow Cl + 1\,e^- \rightarrow \tfrac{1}{2}\,Cl_2 + 1\,e^- \\ \hline & Na^+ + Cl^- \rightarrow Na + \tfrac{1}{2}\,Cl_2 \end{array}$$

Auch Zinkchlorid kann man durch eine Schmelzflusselektrolyse in die Elemente zerlegen. Zinkchlorid schmilzt bei 313 °C. In der Schmelze befinden sich Zink- und Chloridionen.

$$ZnCl_2 \rightarrow Zn^{2+} + 2\,Cl^-$$

Legt man an die Graphitelektroden eine entsprechend hohe Spannung an, so kommt es zu folgenden Reaktionen:

$$\begin{array}{ll} \textit{Katode:} & Zn^{2+} + 2\,e^- \rightarrow Zn \\ \textit{Anode:} & 2\,Cl^- \rightarrow 2\,Cl + 2\,e^- \rightarrow Cl_2 + 2\,e^- \\ \hline & Zn^{2+} + 2\,Cl^- \rightarrow Zn + Cl_2 \end{array}$$

Zink ist spezifisch schwerer als die Schmelze. Es setzt sich daher am Boden der Elektrolysezelle ab (→ Aufg. 10.17).

10.5.4 Elektrolyse in wässriger Lösung

10.5.4.1 Allgemeine Regeln

Bei der Elektrolyse wässriger Lösungen können sich außer den gelösten Ionen auch die H^+- und OH^--Ionen, die durch Autoprotolyse des Wassers entstehen, an den Reaktionen beteiligen.

Tauchen in eine Kupfersulfatlösung zwei Kupferbleche, so tritt zwischen diesen keine Spannung auf, wenn ihre Potenziale wegen derselben Ionenkonzentration den gleichen Wert besitzen. Wird an die Elektroden eine äußere Spannung angelegt, so kommt es zur Elektrolyse. Dabei nimmt, wie Messungen zeigen, die Masse der Katode zu, die der Anode jedoch ab. Die Konzentration der Kupferionen um die Anode wird größer. An den Elektroden laufen demnach folgende Vorgänge ab:

Katode: Es werden Kupferionen abgeschieden.

$Cu^{2+} + 2\,e^- \rightarrow Cu$

Anode: Von der Kupferanode treten Kupferionen in die Lösung über.

$Cu \rightarrow Cu^{2+} + 2\,e^-$

Da zu Beginn der Elektrolyse kein galvanisches Element vorliegt, kommt es schon durch sehr kleine Spannungen zu den beschriebenen Reaktionen. Unterbricht man die Elektrolyse, so kann, wenn ein Durchmischen der Ionen verhindert wurde, zwischen den Elektroden eine Potenzialdifferenz gemessen werden, weil die Aktivitäten der Cu^{2+}-Ionen an den beiden Elektroden nun verschieden sind. Verbindet man die Elektroden leitend, so fließt ein Strom in entgegengesetzter Richtung wie bei der Elektrolyse. Die durch den Konzentrationsunterschied bedingte Spannung wirkt auch während der Elektrolyse der von außen angelegten Elektrolysespannung entgegen (Bild 10.22).

Fließt durch einen Elektrolyten ein Strom, so kommt es also nicht nur zu Wanderungserscheinungen der Ionen, sondern an den Phasengrenzen treten Veränderungen auf, durch die Spannungen bedingt sind, die der Elektrolysespannung entgegenwirken. Diese Erscheinung heißt *galvanische Polarisation*. Polarisationsspannungen können u. a. durch folgende Vorgänge auftreten: Abscheidung von Ionen auf einer Elektrode (Durchtrittsreaktion), Konzentrationsänderungen der Ionen an den Elektroden, Änderung der Beschaffenheit der Elektrodenoberfläche, Diffusionsvorgänge.

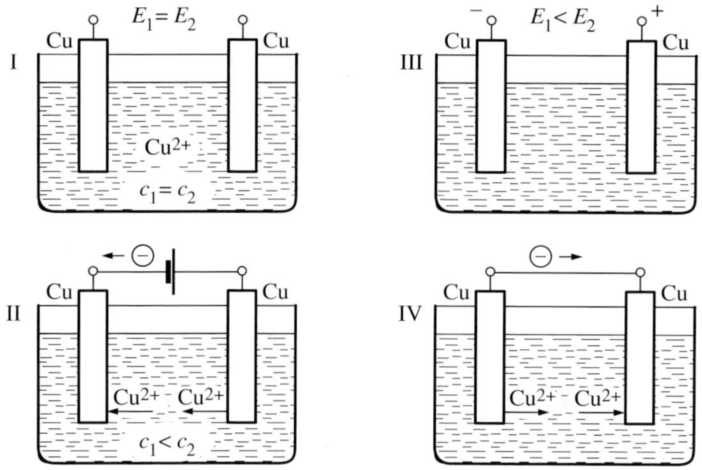

Bild 10.22 Zur Polarisationsspannung bei der Elektrolyse einer $CuSO_4$-Lösung mit Kupferelektroden

Verwendet man bei der Elektrolyse einer Kupfersulfatlösung keine Kupfer-, sondern Platinelektroden, so kommt es zu folgenden Reaktionen: Auf der Platinelektrode werden auch Kupferionen abgeschieden; an der Anode hingegen entsteht ein Gas, das sich bei einer

Untersuchung als Sauerstoff erweist. In der Lösung sind außer den SO_4^{2-}-Ionen auch OH^--Ionen enthalten, die an der Platinanode entladen werden:

$$\textit{Katode}:\ Cu^{2+} + 2\,e^- \rightarrow Cu$$

$$\textit{Anode}:\ 2\,OH^- \rightarrow 2\,OH + 2\,e^- \rightarrow H_2O + \tfrac{1}{2}\,O_2 + 2\,e^-$$

Durch das Abscheiden von Kupfer und Sauerstoff an den Platinelektroden entsteht ein galvanisches Element. Auch dadurch tritt eine Polarisationsspannung auf, die während der Elektrolyse ständig zu überwinden ist.

$$(Pt)Cu//CuSO_4//O_2(Pt)$$

Die Elektrolyse kann also nicht, wie bei der Verwendung von Kupferelektroden, mit beliebig kleinen Spannungen ausgeführt werden. Man nennt die von außen angelegte Spannung, die gerade zu einer Zersetzung der Elektrolyten führt, die *Zersetzungsspannung* U_z. Die zur dauernden Aufrechterhaltung der Elektrolyse erforderliche Spannung ist jedoch größer als die Zersetzungsspannung, weil zusätzliche Widerstände zu überwinden sind (z. B. Elektrolyt, Diaphragma). Für die Elektrolysespannung U_{El} gilt demnach:

$$U_{El} = U_Z + U_R$$

U_R Spannung an zusätzlichen Widerständen

Die Zersetzungsspannung findet man nach diesen Überlegungen, genau wie bei den galvanischen Elementen, aus der Differenz für die Potenziale der Einzelelektroden, die nach der Gleichung von *Nernst* bestimmt werden können. Alle Größen (u. a. Konzentration, Temperatur), die auf die Potenziale einen Einfluss haben, verändern auch die Elektrolysespannung. Für die Vielzahl der Reaktionsmöglichkeiten bei Elektrolysen in wässriger Lösung lassen sich einige Grundregeln erkennen, auf die im Folgenden hingewiesen sei.

Will man z. B. Wasserstoff aus einer Lösung der H^+-Ionenaktivität $a_{H^+} = 1$ abscheiden, so muss beim Einsatz einer platinierten Platinelektrode das Potenzial Null vorliegen. Werden jedoch andere Werkstoffe als Platin verwendet, so sind negative Potenziale erforderlich. Die Differenz zwischen dem gemessenen Potenzial und 0 V nennt man *Überspannung*. Auftretende Überspannungen lassen immer darauf schließen, dass Vorgänge an der Elektrode gehemmt und damit irreversibel ablaufen. Wie groß die Überspannungen im einzelnen sind, hängt u. a. von folgenden Größen ab: Elektrodenmaterial, Stromdichte, Temperatur und Konzentration der Ionen. Einen besonderen Einfluss haben der Elektrodenwerkstoff sowie seine Oberflächenbeschaffenheit. Treten Überspannungen auf, so berechnet man die zum Abscheiden der Ionen erforderlichen Potenziale nach der folgenden Gleichung:

$$E = E^0 \pm \frac{RT}{zF} \ln a + \eta$$

Die Größe η ist die Überspannung.

Sind in einer wässrigen Lösung außer den H^+-Ionen noch Metallionen vorhanden, dann würden sowohl Wasserstoff als auch das Metall an der Katode abgeschieden, wenn sie gleiche Abscheidungspotenziale hätten. Das Potenzial der H^+-Ionen beträgt in neutraler Lösung $E_H = -0{,}413$ V. Es sind daher folgende Reaktionen denkbar:

a) Das Abscheidungspotenzial der Metallionen ist annähernd −0,413 V. Es scheidet sich das Metall bei gleichzeitiger Entwicklung von Wasserstoff ab.
b) Das Potenzial der Metallionen ist kleiner als −0,413 V. Es werden nur Wasserstoffionen entladen.
c) Das Potenzial der Metallionen ist größer als −0,413 V. Es werden nur Metallionen abgeschieden.
d) Metalle mit einem negativeren (unedleren) Potenzial als der Wasserstoff lassen sich bei Gegenwart von H^+-Ionen an Elektroden entladen, an denen die Wasserstoffbildung eine große negative Überspannung besitzt, so dass das Wasserstoffpotenzial negativer ist als das der vorhandenen Metallionen.

Bei nicht zu hohen Stromdichten kann man demnach Ionen des Silbers, Quecksilbers, Kupfers, Antimons und Bismuts an Katoden aus dem gleichen Stoff, wie Ionen in der Lösung sind, bei Gegenwart von H^+-Ionen abscheiden. Das ist auch für Pb(II)-ionen in sauren Lösungen möglich, weil Wasserstoff an Bleielektroden eine große Überspannung besitzt. Enthält eine Lösung jedoch Ionen des Natriums, Kaliums, Lithiums, Magnesiums, Zinks oder Calciums, so entsteht bei nicht zu hohen Stromdichten an der Katode Wasserstoff. Abweichungen von dieser Regel treten wieder dann auf, wenn die Wasserstoffbildung durch eine hohe negative Überspannung gekennzeichnet ist. So lassen sich z. B. an Quecksilberelektroden Na^+-Ionen bei Gegenwart von H^+-Ionen abscheiden (Alkalichloridelektrolyse nach dem Quecksilberverfahren) (→ Aufg. 10.19).

10.5.4.2 Beispiele für Elektrolysen in wässriger Lösung

Salzsäure

Bei der Elektrolyse einer Salzsäurelösung kehrt man die Vorgänge, die in einer Chlor-Knallgas-Kette ablaufen, um:

$$2\,H^+ + 2\,Cl^- \underset{\text{galvanisches Element}}{\overset{\text{Elektrolyse}}{\rightleftarrows}} H_2 + Cl_2$$

Steigert man von 0 V ausgehend die Spannung an den Elektroden, die aus Platin bestehen sollen, so laufen folgende Vorgänge ab:
a) Zunächst entstehen an der Katode Wasserstoff und an der Anode Chlorgas:

$$\textit{Katode}\text{: } 2\,H^+ + 2\,e^- \rightarrow 2\,H \rightarrow H_2$$

$$\textit{Anode}\text{: } 2\,Cl^- \rightarrow 2\,Cl + 2\,e^- \rightarrow Cl_2 + 2\,e^-$$

Dadurch bildet sich ein galvanisches Element, dessen Spannung der Elektrolysespannung entgegenwirkt.

$$(Pt)/H_2//HCl//Cl_2(Pt)$$

Bei der Elektrolyse tritt eine Polarisationsspannung auf.
b) Erhöht man die äußere Spannung weiter, so nimmt auch die Polarisationsspannung zu. Beträgt bei Standardbedingungen die angelegte Spannung 1,36 V, so ist der Druck der Gase so groß geworden, dass sie aus der Flüssigkeit entweichen. Die Zersetzungsspannung ergibt sich in diesem Fall $U_Z = 1{,}36$ V. Da die Gaskonzentrationen jetzt gleich bleiben, ändert sich die Gegenspannung nicht mehr.

c) Steigt die Spannung weiter an, so fließt ein Strom, der nach dem Ohmschen Gesetz zu bestimmen ist.

Stellt man den Zusammenhang zwischen Spannung und Strom grafisch dar, so entsteht der in Bild 10.23 gezeigte Kurvenverlauf. Die Verlängerung des geradlinigen Teils bis zum Schnittpunkt mit der U-Achse liefert die Zersetzungsspannung U_Z. Die Spannung, die bei der Elektrolyse von Salzsäure gerade zur Zersetzung führt, ist genauso groß wie die Urspannung des entsprechenden galvanischen Elementes unter gleichen Bedingungen. Daraus folgt, dass in diesem Falle die Elektrodenvorgänge reversibel (umkehrbar) sind.

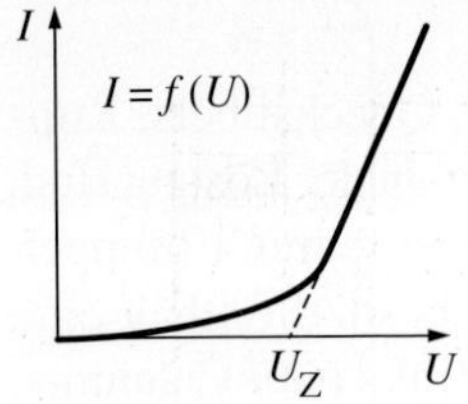

Bild 10.23 Beziehungen zwischen Strom und Spannung bei einer Elektrolyse; U_Z Zersetzungsspannung

Schwefelsäure

Elektrolysiert man verdünnte Schwefelsäure bei nicht zu hohen Stromdichten mit zwei Platinelektroden, so treten folgende Reaktionen auf:

$$\begin{array}{lll} \textit{Katode}: & 2\,H^+ + 2\,e^- & \rightarrow H_2 \\ \textit{Anode}: & 2\,OH^- \rightarrow 2\,OH + 2\,e^- & \rightarrow H_2O + \tfrac{1}{2}\,O_2 + 2\,e^- \\ \hline & 2\,H^+ + 2\,OH^- & \rightarrow H_2O + H_2 + \tfrac{1}{2}\,O_2 \end{array}$$

Da zwei H^+-Ionen bzw. OH^--Ionen beim Zerfall von 2 Molekülen Wasser entstehen, kann man die Gleichung auch folgendermaßen beschreiben:

$$2\,H_2O \rightarrow 2\,H_2 + O_2$$

Bei der Elektrolyse verdünnter Schwefelsäure wird das Wasser in Wasserstoff und Sauerstoff zerlegt. Das theoretische Volumenverhältnis von Wasserstoff zu Sauerstoff beträgt 2 : 1. Bei genauen Messungen treten jedoch Abweichungen von diesem Verhältnis auf, weil die Löslichkeit der beiden Gase im Elektrolyten unterschiedlich ist und bei erhöhten Stromdichten Nebenreaktionen auftreten können (Ozonbildung). Die Elektrolyse beginnt meist bei einer Spannung von 1,7 V. Da die Urspannung der Knallgaskette $(Pt)H_2//H_2SO_4//O_2(Pt)$ bei 1,23 V liegt, folgt, dass in diesem Falle die Elektrodenvorgänge gehemmt ablaufen. Da die Überspannung von Wasserstoff an Platin sehr klein ist, entfällt fast die gesamte Überspannung von 0,47 V auf die Entladung von Sauerstoff an Platin.

Salzlösungen

In einer wässrigen NaCl-Lösung sind die Kationen H^+ und Na^+ und die Anionen OH^- und Cl^- enthalten. Bei 25 °C und einer Natrium- und Chloridionenaktivität von 1 gelten für die Abscheidungspotenziale die folgende Werte:

$$E^0_{Na^+} = -2{,}71\ \text{V} \qquad E^0_{Cl^-} = +1{,}36\ \text{V}$$

Hat die Konzentration der H^+- und OH^--Ionen den Wert $10^{-7}\ \mathrm{mol \cdot l^{-1}}$ (pH-Wert = 7), so ist das Potenzial der H^+-Ionen $E_{H^+} = -0{,}413\ \mathrm{V}$. Für die OH-Ionen findet man mit $E^0_{OH^-} = +0{,}40\ \mathrm{V}$:

$$E_{OH^-} = 0{,}40\ \mathrm{V} - 0{,}059\ \mathrm{V}\ \lg 10^{-7} = 0{,}40\ \mathrm{V} + 0{,}41\ \mathrm{V} = 0{,}813\ \mathrm{V}$$

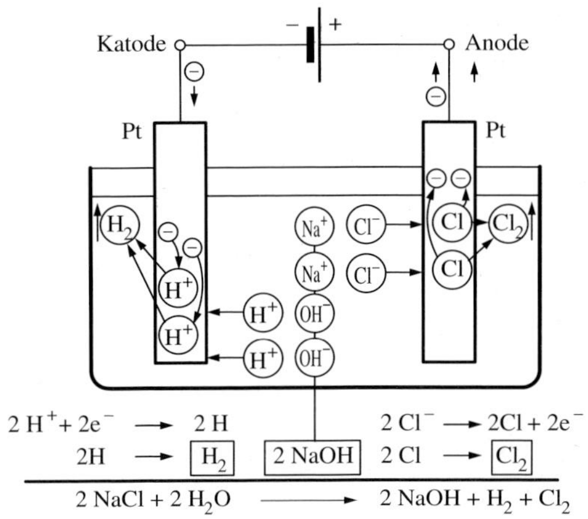

Bild 10.24 Schematische Darstellung der Vorgänge bei der Elektrolyse einer wässrigen NaCl-Lösung

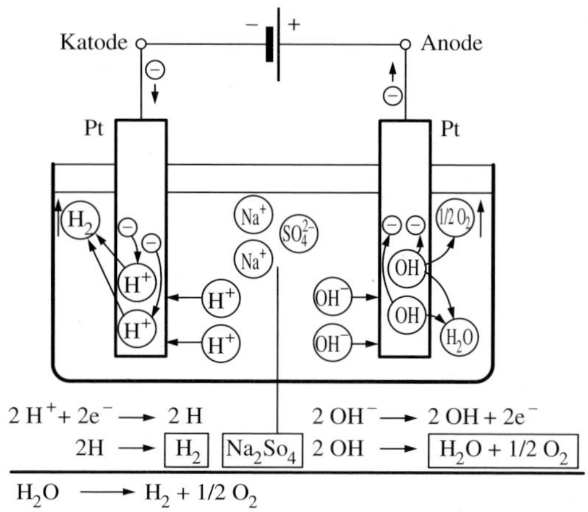

Bild 10.25 Schematische Darstellung der Vorgänge bei der Elektrolyse einer wässrigen Na_2SO_4-Lösung

Aus den Potenzialen der vier Ionen folgt, dass die Zersetzungsspannung bei der Abscheidung von H^+- und OH^--Ionen am niedrigsten wäre. Wird die Elektrolyse mit Platinelektroden ausgeführt, so kommt es nicht zur Entwicklung von Wasserstoff und Sauerstoff, sondern es entstehen Wasserstoff und Chlorgas, weil die Abscheidung von Sauerstoff an der Anode mit einer hohen Überspannung verbunden ist. Dadurch ist das Abscheidungspotenzial der OH^--Ionen größer als 1,36 V, und es kommt zur Entladung der Chloridionen. Bei Anionen wird demnach das Ion bevorzugt abgeschieden, das das weniger positive Potenzial besitzt (Bild 10.24).

In der Regel ist das Potenzial für die Abscheidung des Sauerstoffs aus den OH^--Ionen an der Anode jedoch niedriger als das der SO_4^{2-}- und NO_3^--Ionen. Bei der Elektrolyse wässriger Lösungen von Na_2SO_4, $NaNO_3$, K_2SO_4 oder KNO_3 werden somit die H^+- und OH^--Ionen entladen. In diesen Fällen wird also das Lösungsmittel elektrolytisch zerlegt. Dabei entstehen wieder Wasserstoff und Sauerstoff. Die Vorgänge bei der Elektrolyse von Na_2SO_4 sind im Bild 10.25 schematisch dargestellt.

Nach diesen Ausführungen sind auch die eingangs beschriebenen Reaktionen bei der Elektrolyse einer $CuSO_4$-Lösung verständlich. Da das Potenzial der Cu^{2+}-Ionen größer ist als das der H^+-Ionen, werden die Cu^{2+}-Ionen auf der Platinkatode abgeschieden. An der Anode entsteht Sauerstoff. Eine zusammenfassende Darstellung der Reaktion vermittelt Bild 10.26.

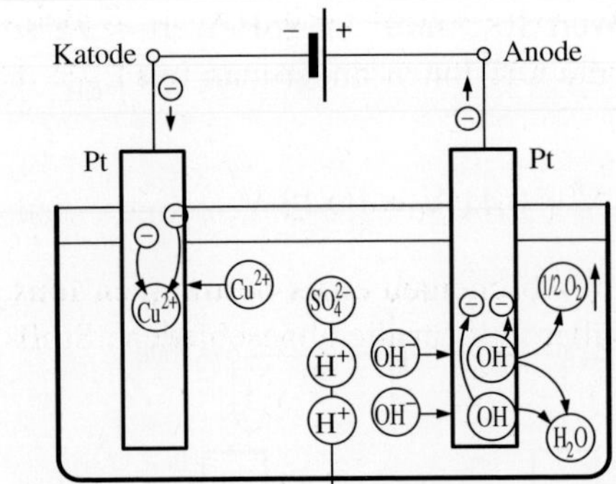

$$2\,OH^- \rightarrow 2\,OH + 2e^-$$

$$Cu^{2+} + 2e^- \rightarrow \boxed{Cu} \quad \boxed{H_2SO_4} \quad 2\,OH \rightarrow \boxed{H_2O + 1/2\,O_2}$$

$$CuSO_4 + H_2O \rightarrow Cu + H_2SO_4 + 1/2\,O_2$$

Bild 10.26 Schematische Darstellung der Vorgänge bei der Elektrolyse einer wässrigen $CuSO_4$-Lösung

Laugen (Basen)

Bei der Elektrolyse von Natron- bzw. Kalilauge wird, wie aus den bisherigen Darstellungen folgt, lediglich das Lösungsmittel zerlegt. An der Katode entsteht bei Verwendung von Platin als Elektrodenwerkstoff Wasserstoff. An der Anode entweicht Sauerstoff (→ Aufg. 10.20).

10.5.5 Faradaysche Gesetze

Die Faradayschen Gesetze stellen einen Zusammenhang zwischen der an den Elektroden umgesetzten Stoffmenge und der geflossenen Elektrizitätsmenge ($Q = I \cdot t$) dar. Bei Kenntnis des Abscheidungsvorganges

$$Me^+ + e^- \rightarrow \overset{0}{Me}$$

folgt ohne weiteres, dass die Zahl der abgeschiedenen Atome und damit ihre Masse m von der Zahl der geflossenen Elektronen, d. h. von der Elektrizitätsmenge, abhängt.

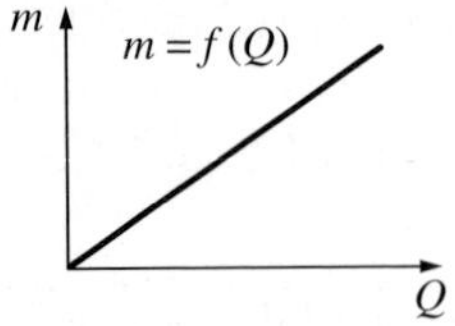

Bild 10.27 Zusammenhang zwischen abgeschiedener Masse und Elektrizitätsmenge

Verdoppelt sich die Zahl der geflossenen Elektronen, so verdoppelt sich auch die Zahl der abgeschiedenen Atome (Bild 10.27). Zwischen der Masse m und der Elektrizitätsmenge Q besteht eine direkte Proportionalität:

$$m \sim Q$$

$$m \sim I \cdot t$$

Fügt man einen Proportionalitätsfaktor, der mit $\ddot{A}$ bezeichnet sein soll, ein, so entsteht die folgende Gleichung:

$$m = \ddot{A} \cdot I \cdot t$$

Für die Konstante $\ddot{A}$ ist die Bezeichnung elektrochemisches Äquivalent üblich; als Maßeinheit dient meist $mg \cdot A^{-1} \cdot s^{-1}$. Die Gleichung ist der mathematische Ausdruck für das 1. Faradaysche Gesetz:

■ Die abgeschiedene Stoffmenge ist der geflossenen Elektrizitätsmenge direkt proportional.

Häufig dient nicht die gesamte Elektrizitätsmenge zum Abscheiden eines bestimmten Ions, weil Nebenreaktionen auftreten können. In solchen Fällen gilt für die abgeschiedene Stoffmenge m:

$$m = \eta \cdot \ddot{A} \cdot I \cdot t$$

In dieser Gleichung ist η die sogenannte Stromausbeute; ihr Zahlenwert ist kleiner als 1. Die Stoffmengen, die durch gleiche Elektrizitätsmengen bei unterschiedlich geladenen Ionen abgeschieden werden, lassen sich durch folgende Überlegungen finden. Um ein Mol einfach positiv geladener Ionen abzuscheiden, ist eine Elektrizitätsmenge von $Q \approx 96\,500$ A · s (1 Faraday) aufzuwenden (→ Abschn. 10.1).

Da zum Entladen eines zweifach positiv geladenen Ions zwei Elektronen notwendig sind, scheidet die Elektrizitätsmenge von einem Faraday nur $N_L/2$ Ionen ab. Bei einem dreifach positiv geladenen Ion entstehen nur $N_L/3$ Atome (1/3 Mol).

Daraus folgt:

■ Um ein Mol n-fach geladener Ionen abzuscheiden, ist eine Elektrizitätsmenge von n Faraday ($Q \approx n \cdot 96\,500$ A · s) auszutauschen.

Nach dieser Erkenntnis (2. Faradaysches Gesetz) lassen sich die elektrochemischen Äquivalente berechnen.

Beispiel: Wie groß ist das elektrochemische Äquivalent von Cu^{2+}-Ionen?

Lösung: Um ein Mol, das sind $6{,}023 \cdot 10^{23} Cu^{2+}$-Ionen, zu entladen, ist eine Elektrizitätsmenge von $Q \approx 2 \cdot 96\,500$ A · s aufzuwenden. Aus der oben aufgestellten Gleichung folgt:

$$\ddot{A} = \frac{m}{Q} = \frac{63{,}54\ \mathrm{g}}{193\,000\ \mathrm{A \cdot s}} = 0{,}329\ \mathrm{mg \cdot A^{-1} \cdot s^{-1}}$$

Beispiel: In welcher Zeit entstehen bei einer Elektrolyse von angesäuertem Wasser 2,5 l Wasserstoff, wenn die Stromstärke 2 A beträgt? Die Temperatur ist 18 °C, der Druck 100,6 kPa. Es sei vorausgesetzt, dass keine Nebenreaktionen auftreten ($\eta = 1$).

Lösung: Das Volumen ist zunächst auf Normbedingungen (101,3 kPa) umzurechnen (→ Abschn. 7.7)!

$$V_0 = \frac{p \cdot V \cdot T_0}{p_0 \cdot T} = \frac{100{,}6\ \mathrm{kPa} \cdot 2{,}5\ \mathrm{l} \cdot 273\ \mathrm{K}}{101{,}3\ \mathrm{kPa} \cdot 291\ \mathrm{K}}$$

$$V_0 = 2{,}33\ \mathrm{l}$$

Um ein Mol H^+-Ionen zu entladen, ist eine Elektrizitätsmenge von $Q \approx 96\,500$ A · s = 26,8 A · h (Amperestunden) notwendig. Soll ein Mol Wasserstoffmoleküle (H_2) entstehen, so ist die Elektrizitätsmenge doppelt so groß: $Q = 2 \cdot 26{,}8$ A · h. Ein Mol Wasserstoffmoleküle beansprucht unter Normbedingungen ein Volumen von 22,4 l (Molvolumen idealer Gase).

Tabelle 10.6 Beispiele für elektrochemische Äquivalente einiger Ionen

Ion	$\ddot{A}$ in $mg \cdot (A \cdot s)^{-1}$	$\ddot{A}$ in $g \cdot (A \cdot h)^{-1}$
Ag^+	1,118	4,025
Al^{3+}	0,093 2	0,335
Ca^{2+}	0,208	0,75
Fe^{2+}	0,289	1,04
Fe^{3+}	0,193	0,69
Cu^+	0,660	2,38
Cu^{2+}	0,329	1,18
Mg^{2+}	0,126	0,45
H^+	0,010 45	0,037 6
K^+	0,405	1,46
Na^+	0,238	0,86
Zn^{2+}	0,339	1,22
Cl^-	0,367	1,32
Br^-	0,828	2,98
OH^-	0,177	0,64
SO_4^{2-}	0,499	1,80

Daraus folgt:

$$22{,}4\ \text{l} \mathrel{\widehat{=}} 53{,}6\ \text{A} \cdot \text{h}$$
$$2{,}33\ \text{l} \mathrel{\widehat{=}} 5{,}57\ \text{A} \cdot \text{h}$$

Somit ist

$$t = \frac{Q}{I} = \frac{5{,}57\ \text{A} \cdot \text{h}}{2\ \text{A}} = 2{,}79\ \text{h}$$

Die Elektrolysedauer beträgt 2,79 Stunden.

Beispiel: Um bei der Elektrolyse einer Kupfersulfatlösung 2 g Kupfer abzuscheiden, musste man 2 h elektrolysieren. Wie groß war die mittlere Stromstärke? Die Stromausbeute sei 85 %.

Lösung:

$$I = \frac{m}{\eta \cdot \ddot{A} \cdot t} = \frac{2\ \text{g}}{0{,}85 \cdot 0{,}329\ \frac{\text{mg}}{\text{A} \cdot \text{s}} \cdot 7\,200\ \text{s}} = 0{,}993\ \text{A}$$

Die Stromstärke betrug $I = 0{,}993$ A.

(→ Aufg. 10.21–10.24)

10.6 Anwendung der Elektrolyse

10.6.1 Elektrogravimetrie und Coulometrie

Die Elektrogravimetrie ist eine Methode der quantitativen chemischen Analyse, bei der z. B. die in einer Lösung enthaltenen Ionen eines Stoffes auf einer Elektrode abgeschieden werden. Durch Wägung dieser Elektrode vor und nach der Elektrolyse kann man die Menge des in der Lösung enthaltenen Stoffes bestimmen.

Aus dem Faradayschen Gesetz folgt, dass zwischen der abgeschiedenen Stoffmenge und der aufgewendeten Elektrizitätsmenge bei einer Elektrolyse Proportionalität besteht. Diese Tatsache wird bei der Coulometrie ausgenutzt, bei der im Gegensatz zur Elektrogravimetrie die Stromausbeute 100 % betragen muss ($\eta = 1$). Durch Nebenreaktionen würde das Messergebnis verfälscht. Messeinrichtungen, bei denen aus der abgeschiedenen Stoffmenge auf die geflossene Elektrizitätsmenge zu schließen ist, nennt man Coulometer. Nähere Hinweise sind in Fachbüchern zur Analytischen Chemie enthalten.

10.6.2 Technische Schmelzflusselektrolysen

Die Metalle Kalium, Natrium, Beryllium, Calcium, Magnesium und Aluminium lassen sich durch eine Schmelzflusselektrolyse aus ihren Salzen oder Oxiden gewinnen Dabei nehmen die betreffenden Metallionen an der Katode Elektronen auf (katodische Reduktion).

Bei der Herstellung von Natrium geht man z. B. vom Natriumchlorid aus. Eine Elektrolyseanlage nach *Downs* zeigt das Bild 10.28. Da NaCl erst bei 808 °C schmilzt, setzt man Salze zu, durch die Systeme entstehen, die bei tieferen Temperaturen schmelzen. Geeignet sind z. B. $CaCl_2$, Na_2CO_3, KCl und andere Kombinationen. Das Metall darf während der Elektrolyse nicht mit dem Chlorgas in Berührung kommen.

Von besonderen Bedeutung ist die Schmelzflusselektrolyse von Aluminiumoxid (Al_2O_3). Auch in diesem Falle muss man mit schmelzpunktsenkenden Zusätzen arbeiten. Man elektrolysiert daher ein System aus $Al_2O_3/Na_3\,[AlF_6]$ (Tonerde/Kryolith) zwischen 900 °C und 950 °C. Das Al_2O_3 stellt man z. B. nach dem *Bayer*- bzw. *Hall-Heroult*-Verfahren her (→ Abschn. 20.2.2).

Die Vorgänge bei dieser Elektrolyse lassen sich vereinfacht folgendermaßen darstellen:

$$Al_2O_3 \rightleftharpoons 2\,Al^{3+} + 3\,O^{2-}$$

$$\textit{Katode}:\ 2\,Al^{3+} + 6\,e^- \rightarrow 2\,Al$$

$$\textit{Anode}:\ 3\,O^{2-} \rightarrow 3\,O + 6\,e^- \rightarrow \frac{3}{2}O_2 + 6\,e^-$$

Die Anoden bestehen aus Graphit, die der entwickelte Sauerstoff angreift; dabei bildet sich CO, das weiter zu CO_2 verbrennt.

Die Elektrolyse findet in einem Reaktionsraum statt, der im Bild 10.29 gezeigt ist. Als Katode dient der mit einer Kohlestampfmasse ausgekleidete Innenmantel der Elektrolysezelle. Da Aluminium bei 950 °C eine Dichte ϱ von 2,34 g · cm^{-3} die Schmelze jedoch von 2,15 g · cm^{-3} besitzt, setzt sich das Aluminium am Boden ab und wird meist nach zwei Tagen unter Niederdruck abgesaugt. Eine Zelle ist etwa 23 bis 25 Monate in Betrieb. Dann muss sie neu hergerichtet werden (Katodenstampfmasse). Die Anodenblöcke sind nach etwa einem halben Monat verbraucht. Da in einer Zelle, in zwei Reihen angeordnet, z. B. 32 bis 36 Graphitanoden hängen, ist ein kontinuierlicher Betrieb dadurch möglich, dass man die Anoden bei der Elektrolyse nicht gleichzeitig einsetzt. Nach einer bestimmten Betriebszeit sind sie deshalb unterschiedlich weit abgenutzt; das Auswechseln macht sich daher nicht zur gleichen Zeit für alle Anoden erforderlich, sondern sie sind je nach Abnutzungsgrad auszutauschen. Die

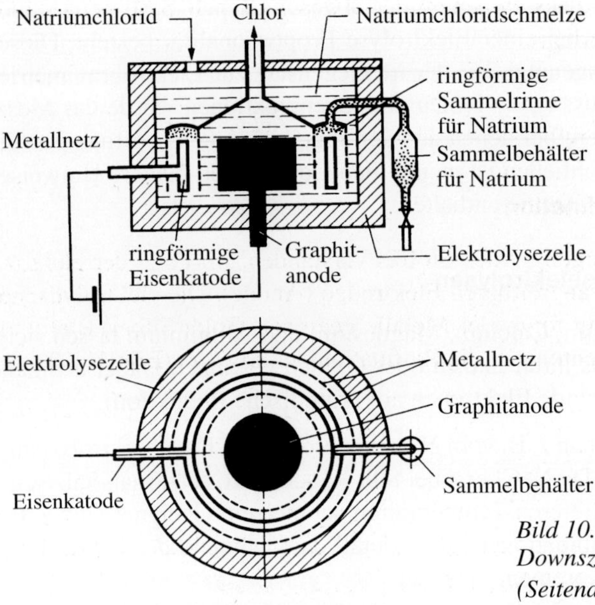

Bild 10.28 Schematische Darstellung einer Downszelle zur Natriumgewinnung (Seitenansicht und Draufsicht)

Elektrolyse wird dabei nicht unterbrochen. Das entstehende Aluminium hat eine Reinheit von 99,5 %. Durch Spezialverfahren kann man noch reineres Metall gewinnen.

Bei allen chemischen Verfahren steht nicht nur ein qualitativ hochwertiges Endprodukt im Vordergrund, sondern es sind auch stets Überlegungen wesentlich, die eine Herstellung unter wirtschaftlich günstigen Bedingungen gestatten. Das gilt besonders für solche Verfahren, zu deren Durchführung elektrische Energie erforderlich ist.

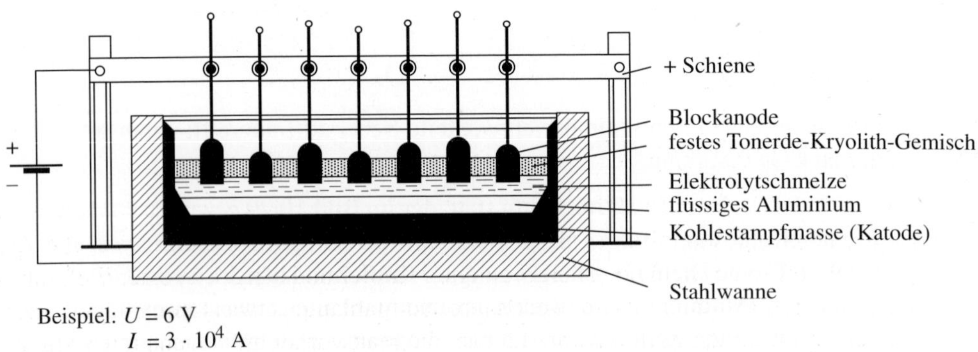

Bild 10.29 Elektrolysezelle für die Schmelzflusselektrolyse von Aluminiumoxid

Die elektrische Leitfähigkeit der Kryolith-Schmelze kann man z. B. durch Zusatz von 5 bis 15 % Lithiumfluorid erhöhen, wodurch gleichzeitig niedrigere Elektrolysetemperaturen möglich sind. Aluminiumoxid Al_2O_3 lässt sich vor der Elektrolyse mit Chlor in Aluminiumchlorid

$AlCl_3$ überführen, das man anschließend zusammen mit NaCl und LiCl (z. B. 5 % $AlCl_3$, 45 % LiCl und 50 % NaCl) elektrolytisch zerlegt:

$$2\,AlCl_3 \rightarrow 2\,Al + 3\,Cl_2$$

Das Chlor wird dabei im Kreislauf geführt (Alcoa- bzw. Toth-Verfahren).

10.6.3 Elektrolytische Metallraffination

Unter einer Raffination wird die Reinigung eines Stoffes verstanden. Im Falle der elektrolytischen Raffination arbeitet man mit angreifbaren Elektroden (Anode). Die elektrolytische Raffination ist z. B. zur Reindarstellung folgender Metalle geeignet: Gold, Silber, Blei und Zink. Von besonderer technischer Bedeutung ist die Raffination des Kupfers (Bild 10.30).

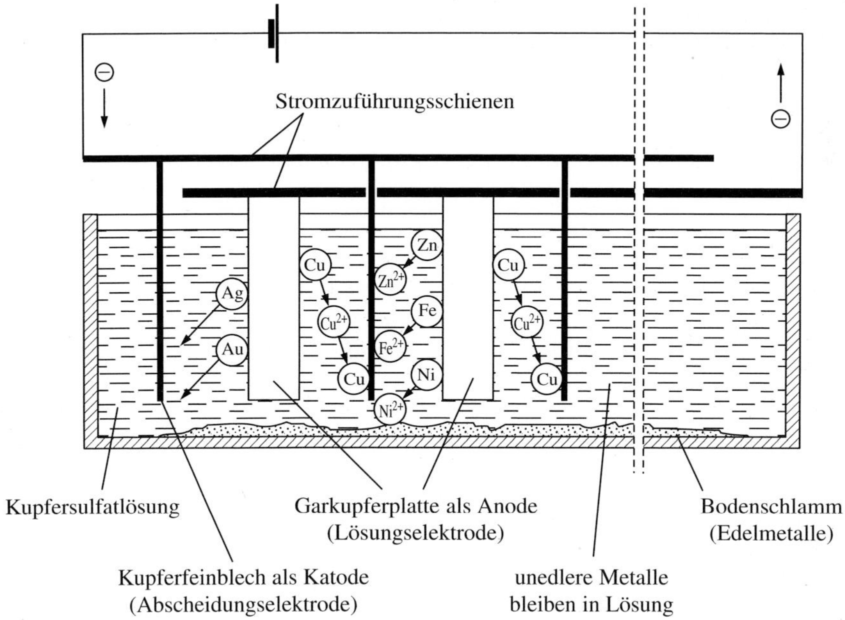

Bild 10.30 Schematische Darstellung der Vorgänge bei der Kupferraffination

Kupfer (Garkupfer) mit einem Gehalt von 99 % ist für die meisten Anwendungen noch nicht rein genug. Aus diesem Grunde nimmt man eine elektrolytische Raffination vor. Die Anodenplatten bestehen aus dem noch verunreinigten Kupfer und hängen in einer Elektrolytlösung, die neben Kupfersulfat noch Schwefelsäure, Sulfitablauge, etwas Leim und Salzsäure enthalten kann. Als Katoden dienen Kupferbleche, die man vorher auf sogenannten Mutterblechen elektrolytisch hergestellt hat und die daher sehr rein sind. Die Elektrolysespannungen betragen etwa 0,1 bis 0,25 V, die Stromstärke ist relativ groß und kann bei 9 000 A liegen. Bei der Angabe solcher Werte ist immer zu beachten, dass sie nur zur Kennzeichnung der Größenordnung dienen sollen. Die genauen Betriebsbedingungen weichen bei verschiedenen Anlagen immer etwas voneinander ab. Diese Bemerkungen haben allgemeine Bedeutung und treffen auch für die später behandelten technischen Elektrolyseverfahren zu.

Bei der Reinigung des Kupfers laufen nachstehende Reaktionen ab:

$$\begin{array}{lll} \textit{Katode}: & Cu^{2+} + 2\,e^- & \rightarrow Cu_{rein} \\ \textit{Anode}: & Cu_{roh} & \rightarrow Cu^{2+} + 2\,e^- \\ \hline & Cu_{roh} & \rightarrow Cu_{rein} \end{array}$$

Die Verunreinigungen gehen entweder als Ionen in Lösung (z. B. Ni), oder sie scheiden sich im Anodenschlamm ab. Eine Anodenplatte ist nach etwa 28 Tagen bis zu einem Rest von etwa 13 % aufgearbeitet. Das auf den Katodenblechen abgeschiedene Kupfer ist sehr rein (z. B. 99,95 % bis 99,98 %). Das in der Lösung enthaltene Nickel fällt als Nickelsulfat an. Aus dem Anodenschlamm trennt man Silber, Selen, Platin und Gold ab. Da im Elektrolysebad neben Nickel- und Kupferionen auch H^+-Ionen vorhanden sind, müssen die Betriebsbedingungen so gestaltet werden, dass sich an der Katode im wesentlichen nur Kupfer abscheidet.

Aus neutralen wässrigen Lösungen lassen sich solche Metallionen abscheiden, deren Potenziale größer als $-0{,}413$ V (pH = 7) sind. Metalle mit noch negativerem Abscheidungspotenzial werden nur an Elektroden entladen, an denen H^+-Ionen große Überspannungen besitzen. Von besonderer Bedeutung bei der Elektrolyse ist die Badtemperatur und die Stromdichte, die die Potenziale über die Konzentration der Elektrolyten wesentlich beeinflusst.

10.6.4 Alkalichloridelektrolyse

Elektrolysiert man nicht eine Schmelze, sondern eine wässrige Lösung von Kochsalz, so enthält diese neben Na^+- und Cl^--Ionen auch H^+- und OH^--Ionen (Autoprotolyse des Lösungsmittels). Besteht die Katode aus Eisen und die Anode aus Graphit, so laufen folgende Reaktionen ab:

$$\begin{array}{ll} \textit{Katode}: & 2\,H^+ + 2\,e^- \rightarrow 2H \quad \rightarrow H_2 \\ \textit{Anode}: & 2\,Cl^- \rightarrow 2\,Cl + 2\,e^- \rightarrow Cl_2 + 2\,e^- \end{array}$$

Auf Grund der Überspannung der OH^--Ionen am Graphit werden im wesentlichen nur Chloridionen entladen. Da im Katodenraum die Konzentration der H^+-Ionen durch deren Abscheiden sinkt, kommt es zu Störung des Gleichgewichtes zwischen den H^+- und OH^--Ionen ($c_{H^+} \cdot c_{OH^-} = 10^{-14}$ $mol^2 \cdot l^{-2}$). Dadurch dissoziiert ständig Wasser; die OH^--Ionenkonzentration nimmt daher im Katodenraum zu.

Da hier auch Natriumionen einwandern, entsteht Natronlauge. Diese Elektrolyse, die neben Chlor und Wasserstoff Natronlauge liefert, heißt Alkalichloridelektrolyse. Der Bau der Elektrolysezellen wird weitgehend davon bestimmt, dass die gebildete Lauge nicht mit dem Chlor in Berührung kommen darf, da sonst Hypochlorit (ClO^-) entsteht:

$$2\,OH^- + Cl_2 \rightleftharpoons ClO^- + H_2O + Cl^-$$

Das Hypochloritanion kann im alkalischen Medium an der Anode zu Chlorat oxidiert werden:

$$6\,ClO^- + 3\,H_2O \rightarrow 6\,H^+ + 2\,ClO_3^- + 4\,Cl^- + \frac{3}{2}\,O_2 + 6\,e^-$$

In der Zelle müssen Natronlauge und Chlor räumlich getrennt entstehen. Außerdem muss für einen kontinuierlichen Zufluss der Salzlösung und einen konstanten Abfluss der Lauge gesorgt sein. Vom wirtschaftlichen Standpunkt steht weiterhin die Forderung nach einer hohen Stromausbeute. Um diese Ziele zu verwirklichen, sind besonders zwei Verfahren von Interesse: Das *Diaphragmaverfahren* und das *Quecksilberverfahren*.

10.6.4.1 Diaphragmaverfahren

Beim Diaphragmaverfahren wird das Durchmischen der Lauge mit der chlorhaltigen Salzlösung (Sole) durch ein *Diaphragma* verhindert. Das Diaphragma, ein Ionenaustauscherharz mit negativen Ladungsträgern Nafion und somit für Anionen unpassierbar, ist meist in der Elektrolysezelle horizontal angeordnet (Bild 10.31). Man arbeitet jedoch auch mit Erfolg in Zellen, die ein vertikal ausgerichtetes Diaphragma besitzen.

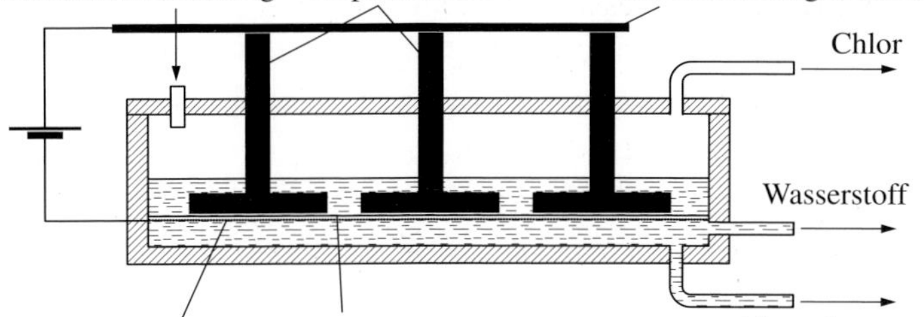

Bild 10.31 Schematische Darstellung einer Elektrolysezelle mit waagerechtem Diaphragma für die Alkalichloridelektrolyse

Da die Diaphragmen für die relativ gut beweglichen OH^--Ionen kein vollständiges Hindernis darstellen, wirkt man ihrer Bewegung durch ein langsames Fließen des Elektrolyten entgegen. Der Gesamtumsatz ist:

$$NaCl + H_2O \rightleftharpoons NaOH + \frac{1}{2}H_2 + \frac{1}{2}Cl_2$$

Der theoretische Wert der Zersetzungsspannung beträgt etwa 2,3 V. Die Mindestspannung für die Zersetzung liegt jedoch immer etwas höher, weil zusätzliche elektrische Widerstände zu überwinden sind. Die Katode besteht aus einem Eisendrahtnetz, auf dem sich das Diaphragma befindet. Darüber steht die NaCl-Sole, die kontinuierlich nachfließt. In die Sole taucht eine Graphitanode ein.

$$\begin{array}{lll}
\textit{Katode:} & 2\,H_2O & \rightleftharpoons 2\,H^+ + 2\,OH^- \\
 & 2\,H^+ + 2e^- & \rightarrow H_2 \\
\textit{Anode:} & 2\,NaCl & \rightleftharpoons 2\,Na^+ + 2\,Cl^- \\
 & 2\,Cl^- & \rightarrow Cl_2 + 2\,e^- \\
\textit{Katodenraum:} & 2\,Na^+ + 2\,OH^- & \rightleftharpoons 2\,NaOH \\
\hline
\textit{Gesamtreaktion:} & 2\,H_2O + 2\,NaCl & \rightleftharpoons 2\,NaOH + H_2 + Cl_2
\end{array}$$

Für eine bestimmte Weiterverarbeitung der Natronlauge stört ihr Chloridionengehalt; in der chemischen Industrie besteht ein steigender Bedarf für chloridfreie Laugen, die man nach dem Quecksilberverfahren herstellt.

Nachteilig beim Diaphragmaverfahren ist, dass im Laufe der Zeit die Anoden oxidieren (verbunden mit der Bildung von Graphitschlamm, der die Diaphragmen zusetzt sowie einer Verunreinigung des Chlors durch Oxide des Kohlenstoffs). Die Vergrößerung des Elektrodenabstandes führt außerdem zu einer erheblichen Erhöhung des spezifischen Energiebedarfs. In modernen Anlagen setzt man daher abmessungsstabile Metallanoden (z. B. auf der Basis des Titans) ein, die über längere Standzeiten verfügen (Größenordnung von Jahren) als die üblichen Graphitanoden.

Eine Angleichung der Funktionsdauer der Diaphragmen an die der Anoden ist z. B. durch den Einsatz von Asbest- und Kunststofffasern aus fluorhaltigen Polymeren möglich.

10.6.4.2 Amalgam- oder Quecksilberverfahren

Für das Abscheidungspotenzial von H^+-Ionen aus neutraler wässriger Lösung (pH = 7; 25 °C) gilt:

$$E_H = -0{,}41\ V + \eta$$

Will man daher aus einer wässrigen Lösung nicht die H^+-Ionen, sondern die Na^+-Ionen abscheiden, so muss das Potenzial der H^+-Ionen negativer sein als das der Na^+-Ionen ($E^0_{Na} = -2{,}71$ V). Das ist praktisch nur dadurch möglich, dass man als Katodenwerkstoff Quecksilber verwendet, an dem Wasserstoff eine hohe *negative Überspannung* besitzt. Das Quecksilberverfahren beruht auf dieser hohen Überspannung bei der Wasserstoffentwicklung an Quecksilberkatoden. Dadurch scheidet sich Natrium ab und löst sich unter Amalgambildung gut im Quecksilber (→ Abschn. 22.6).

An der Anode entsteht Chlor, weil die Entwicklung von Sauerstoff an Graphit kinetisch gehemmt abläuft. Die resultierenden Überspannungswerte könnten jedoch durch bestimmte Ionen herabgesetzt werden. Dadurch würde an der Anode auch Sauerstoff gebildet. An die Reinheit der Salzsole sind daher hohe Anforderungen zu stellen. Eine Sauerstoffbildung ist unerwünscht, weil sie die Graphitanoden schnell zerstört.

Bei der Elektrolyse kommen die verschiedensten Zellenformen zur Anwendung. Das im Quecksilber gelöste Natrium wird nach der eigentlichen Elektrolyse in einem besonderen Gefäß, dem sogenannten Zersetzer, mit Wasser zur Reaktion gebracht.

$$Na + H_2O \rightarrow NaOH + \tfrac{1}{2}\,H_2$$

Man muss daher zwischen der eigentlichen Elektrolysezelle und dem Zersetzer unterscheiden, in dem die Natronlauge entsteht. Das Natrium (als Amalgam) fließt im Quecksilber aus der Elektrolysezelle in den Zersetzer. Die gebildete Natronlauge enthält keine Chloridionen. Da das Quecksilber im Kreislauf geführt wird (Quecksilberpumpen), muss eine entsprechend hohe Zersetzungsgeschwindigkeit erreicht werden, weil es sonst im Laufe der Zeit zu einer Natriumanreicherung kommt. Natrium-Quecksilber-Systeme sind schon bei 1,6 % Natrium so zäh geworden, dass ein störungsfreier Betrieb unmöglich ist.

Man führt daher die Reaktion zwischen dem im Quecksilber gelösten Natrium und dem Wasser in Gegenwart von Eisen oder Graphit durch, weil dann höhere Zersetzungsgeschwindigkeiten auftreten.

Die Bedeutung der anfallenden Endprodukte hängt wesentlich von der wirtschaftlichen Situation des Erzeugerlandes ab. Früher war häufig die Natronlauge Hauptprodukt. Heute hat sich der Schwerpunkt auf die Chlorerzeugung verschoben, weil in der modernen chemischen Industrie ein steigender Chlorbedarf abzudecken ist. Es sind daher Bestrebungen zu erkennen, die Herstellung von Chlor so durchzuführen, ohne dass gleichzeitig Natronlauge als Nebenprodukt anfällt (→ Aufg. 10.25, 10.26 und 10.27).

Auch beim Quecksilberverfahren sind durch den Einsatz aktivierter Metallanoden technische Verbesserungen möglich. Metallanoden sind jedoch gegenüber Kurzschlussströmen sehr empfindlich. In Hochleistungszellen muss daher der Elektrodenabstand durch Rechner genau erfasst und gesteuert werden. Als Anodenwerkstoff kommt z. B. Titan in Betracht, das eine aktivierte Oberflächenschicht aus RuO_2-TiO_2-Mischkristallen besitzt.

Ein wesentlicher Nachteil des Amalgamverfahrens ist die Giftigkeit des Quecksilbers. Weltweit werden daher Forderungen nach einer drastischen Senkung der Quecksilberverluste je Tonne erzeugten Chlors (z. B. auf 1 g Hg je Tonne) erhoben, die bis zum angestrebten Verbot des Verfahrens führen (z. B. in Japan). Das würde jedoch bedeuten, dass in vielen Ländern die von der Textilindustrie benötigte chloridfreie Natronlauge nicht mehr zur Verfügung steht.

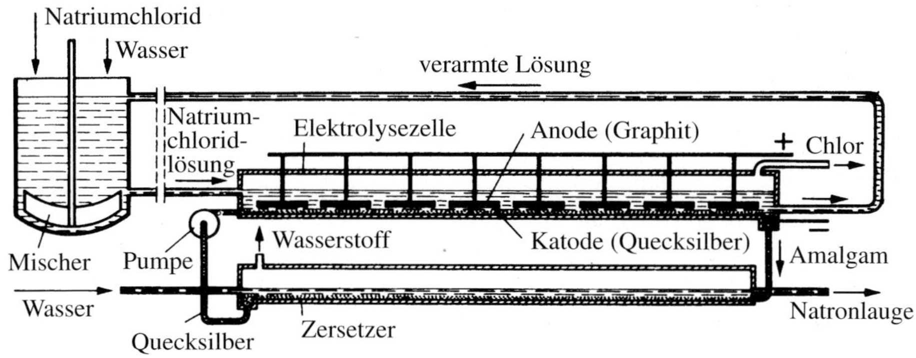

Bild 10.32 Schematische Darstellung des Stoffflusses bei der Alkalichloridelektrolyse nach dem Quecksilberverfahren

10.6.4.3 Membranverfahren

Natronlauge mit einem sehr niedrigem Chloridgehalt kann man auch nach dem Membranverfahren herstellen, bei dem die Trennung zwischen Anoden- und Katodenraum durch eine Kationenaustauscher-Membran vorgenommen wird. Bei diesem Verfahren durchfließt die NaCl-Sole nur noch den Anodenraum, aus dem die Na^+-Ionen durch die Membran (Nafion) in den Katodenraum gelangen. Diese verhindert auch ein Abwandern von OH^--Ionen bzw. das Eindringen von Cl^--Ionen in den Katodenraum, so dass dort eine praktisch chloridfreie 35-%ige Natronlauge entsteht. Solche Konzentrationen sind für Anwendungen in der Papier- und Zellstoffindustrie ausreichend. Daraus abgeleitete Forschungsarbeiten zielen auf eine Membran, die auch bei höheren Konzentrationen ihre Trennwirkung beibehält. Gegenüber traditionellen Anlagen zeichnet sich das Membranverfahren auch durch einen geringeren Energiebedarf aus.

10.6.5 Galvanisieren und Aloxieren (Eloxieren)

Die Elektrolyse findet eine weitere Anwendung in der Galvanotechnik. Beim Galvanisieren scheidet man aus Elektrolytlösungen (Galvanisierbäder) Metallionen auf der Oberfläche eines zu veredelnden Gegenstandes ab. Taucht z. B. in eine Lösung, die Silberionen enthält, eine Kupferkatode ein, so überzieht sich diese während der Elektrolyse mit einer Silberschicht. Besteht die Anode aus Silber, so geht hier für ein abgeschiedenes Ion ein Silberatom in Lösung (Elektrolyse mit angreifbarer Elektrode).

Katode: $Ag^+ + e^- \rightarrow Ag$

Anode: $Ag \rightarrow Ag^+ + e^-$

Bei der technischen Versilberung scheidet man das Silber häufig aus der Lösung eines komplexen Silbersalzes ab (z. B. $K[Ag(CN)_2]$).

Neben dem Versilbern haben das Verchromen, Vernickeln, Verkupfern, Verzinken, Vercadmieren und Vergolden praktische Bedeutung. Bei diesen Verfahren müssen die Oberflächen der zu veredelnden Gegenstände besonders sorgfältig gesäubert sein, weil Fett-, Schmutz-, und Oxidschichten die Haftfähigkeit der Metalle stark herabsetzen. Zur Säuberung dienen mechanische, chemische und elektrochemische Verfahren (Schleifen, Polieren, Entfetten mit organischen Lösungsmitteln, wie Tetrachlormethan – Tetra, Trichlorethen – Tri, und Perchlorethen – Per).

Da die zu veredelnden Gegenstände den elektrischen Strom leiten müssen, eignen sich zum Galvanisieren besonders die Metalle. Nichtleitende Gegenstände werden vorher oberflächlich mit einer Graphitpulver- oder Silberschicht versehen.

Beim *Aloxieren* (Eloxieren) wird durch eine elektrolytische Oxidation die auf Aluminium und Aluminiumlegierungen vorhandene Oxidschicht künstlich verstärkt. Häufig arbeitet man dabei in einem schwefelsauren Elektrolyten.

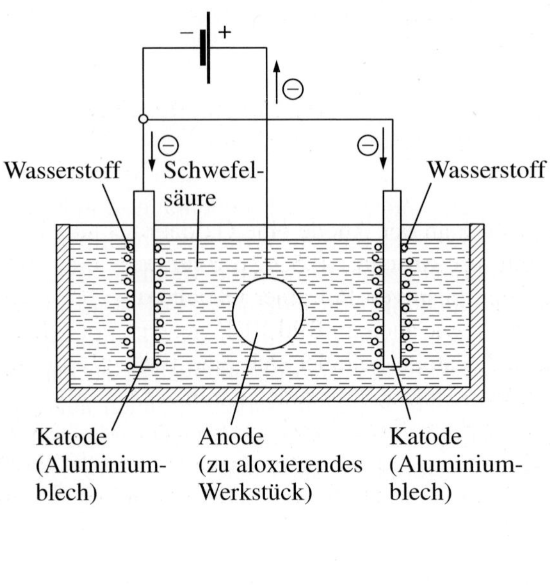

Bild 10.33 Schematische Darstellung des Eloxal-Verfahrens

An der Katode entwickelt sich Wasserstoff; an der Anode oxidiert der gebildete Sauerstoff das Aluminium an der Oberfläche zum Aluminiumoxid (Bild 10.33). Neben Schwefelsäure kommen auch Oxalsäurebäder zur Anwendung. Die bereits natürlich vorhandene Al_2O_3-Schicht kann man auf 0,01 bis 0,03 mm Dicke verstärken. In der Praxis begnügt man sich mit dieser Dicke, weil diese Schichten bereits ein Maximum an Korrosionsfestigkeit bieten. Durch die Al_2O_3-Schichten ist das Aluminium außerdem verschleißfester; auch das Einfärben verschiedenster Farbtöne ist möglich (Bild 10.34). Die Aluminiumoxidschicht ist ein guter Haftgrund für bestimmte Farbstoffe. Durch das Aloxieren hat man das Aluminium für viele Anwendungsfelder erschlossen (Fahrzeugbau, Küchengeräte, Haushaltmaschinen, Möbelbeschläge, Fassadengestaltung, Schmuckwaren) (→ Aufg. 10.28).

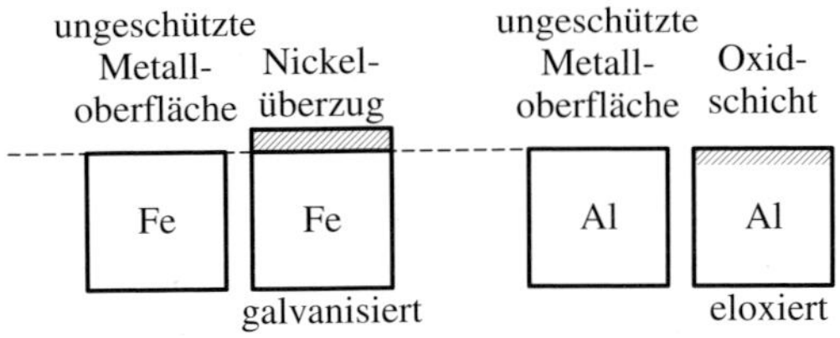

Bild 10.34 Zum Vergleich der Oberflächenveredlung durch Galvanisieren und Eloxieren

10.6.6 Elysieren

Das Elysieren, über das bereits 1948 der damalige sowjetische Wissenschaftler *Gussew* berichtete, ist ein Verfahren der Metallbearbeitung, bei dem durch elektrochemische Vorgänge (Elektrolyse) von einem Werkstück Werkstoffteile abgetragen werden können. Diese Methode kann zum Schleifen, Schneiden, Bohren, Drehen und Senken dienen; sie gewinnt besonders durch den zunehmenden Einsatz schwerspanbarer Werkstoffe (Hartmetalle, hochlegierte Stähle) an Bedeutung.

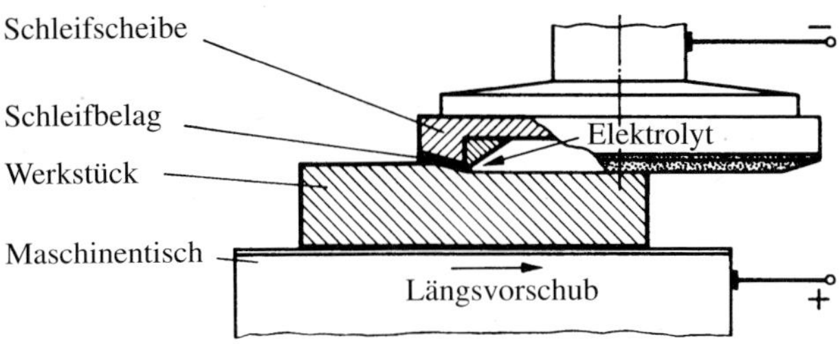

Bild 10.35 Wirkschema des elektrolytischen Senkrechtflachschleifens

Wie bereits erläutert, findet bei einer Elektrolyse an der Anode eine Oxidation statt, wobei der Anodenwerkstoff in Lösung gehen kann (→ Abschn. 10.5.2.2). Beim Elysieren wird deshalb das zu bearbeitende Werkstück an den positiven Pol einer Gleichspannungsquelle angeschlossen. Beim Senkrechtflachschleifen ist, wie auch im Bild 10.35 gezeigt, die Schleifscheibe die Katode. Zwischen Werkstück und Katode befindet sich eine Elektrolytlösung, deren chemische Zusammensetzung auf den Werkstoff abzustimmen ist. In der Literatur sind u. a. wässrige Lösungen folgender Salze beschrieben: $NaNO_3$-NaF-$NaNO_2$, $NaNO_3$-$NaNO_2$-Na_2HPO_4, $Na_2Cr_2O_7$-NaCl mit weiteren Zusätzen. Je nach dem verwendeten Elektrolyten enstehen an der Katode Gase (z. B. H_2, CO_2), die, wenn sie gesundheitsschädigend sind, abgesaugt werden müssen, damit die maximale Arbeitsplatzkonzentration (MAK) nicht überschritten wird.

Diese Form der Metallbearbeitung kommt gegenwärtig nur noch selten zum Einsatz.

10.7 Korrosion von Metallen

10.7.1 Begriff und Bedeutung der Korrosion

Den vielen Vorteilen, die der Einsatz der Metalle und ihrer Legierungen mit sich bringt, steht ein großer Nachteil gegenüber. Durch die verschiedensten Einflüsse wird ein großer Teil der metallischen Werkstoffe angegriffen und elektrochemisch zerstört. Das gilt insbesondere für das Eisen und seine Legierungen. Nach vorsichtigen Schätzungen geht alljährlich ca. ein Viertel der erzeugten Eisenmenge durch äußere, nicht beabsichtigte Einflüsse verloren. Diese Zerstörung wird als *Korrosion*[1)] bezeichnet.

Der Begriff Korrosion kann folgendermaßen definiert werden:

> Von der Oberfläche ausgehende unerwünschte Zerstörung von Werkstoffen durch chemische oder elektrochemische Reaktionen mit ihrer Umgebung.

Da die meisten Korrosionsvorgänge in Gegenwart von Elektrolyten ablaufen, wird die Korrosion der Metalle vor allem durch elektrochemische Reaktionen hervorgerufen. Eine Unterteilung in chemische und elektrochemische Korrosion ist dabei formal und oft nicht eindeutig anwendbar. Der Begriff Korrosion findet auch bei der Zerstörung von Baustoffen, Kunststoffen und anderen nichtmetallischen Werkstoffen Anwendung.

Voraussetzung für das Auftreten einer rein chemischen Korrosion ist das Nichtvorhandensein eines Elektrolyten an der Metalloberfläche. Das kann der Fall sein, wenn die Metalle höheren Temperaturen ausgesetzt werden und verzundern. *Zunder* wird als ein bei hohen Temperaturen auf der Metalloberfläche entstandenes, vorwiegend oxidisches Reaktionsprodukt definiert. Solche Schichten können, wenn sie festhaftend und zusammenhängend sind, das darunter liegende Metall vor weiterer Korrosion schützen. Ein ähnliches Verhalten zeigen auch einige andere Korrosionsprodukte, wie die Patinaschicht auf Kupfer, die vorwiegend aus basischem Kupfersulfat und Kupfercarbonat besteht. Sind Oxidschichten rissig oder an einzelnen Stellen mechanisch zerstört, so ist an diesen Stellen ein verstärkter Korrosionsvorgang zu erwarten, weil dann zusätzlich elektrochemische Reaktionen auftreten können.

Eine rein chemische Korrosion der Metalle ist außerdem möglich, wenn diese mit oxidierenden Gasen (Sauerstoff, Wasserdampf) bei höheren Temperaturen in Berührung kommen.

10.7.2 Elektrochemische Korrosion

Aus dem Abschn. 10.3 ist bekannt, dass für das Entstehen eines galvanischen Elements zwei verschieden edle Metalle und ein Elektrolyt Voraussetzung sind, dass aber auch durch lokal unterschiedliche Elektrolytzusammensetzung ein Metall zerstört werden kann.

---

1) corrodere (lat.): zernagen

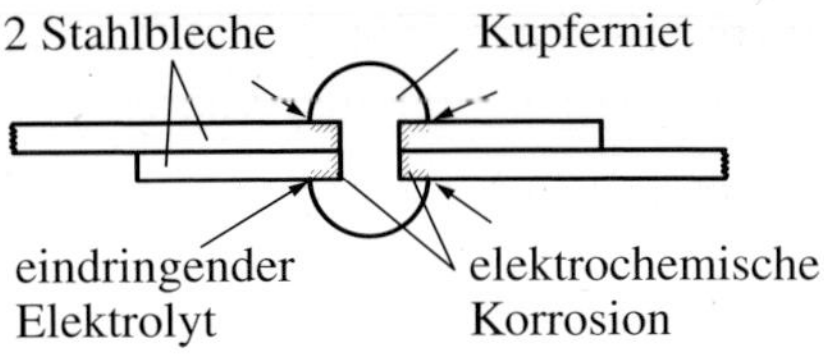

Bild 10.36 Kontaktkorrosion zwischen zwei Stahlplatten und einem Kupferniet

Die Bilder 10.36 und 10.37 zeigen Beispiele für die elektrochemische Korrosion. Werkstoffkombinationen wie im Bild 10.36, die zur Kontaktkorrosion führen, sind auch heute noch sehr häufig in der Praxis anzutreffen. Wenn die Berührungsstellen nicht durch entsprechende Isolation gegenüber der Einwirkung eines Elektrolyten geschützt sind, werden solche Verbindungen in einer Industrieatmosphäre oft schon nach kurzer Zeit zerstört.

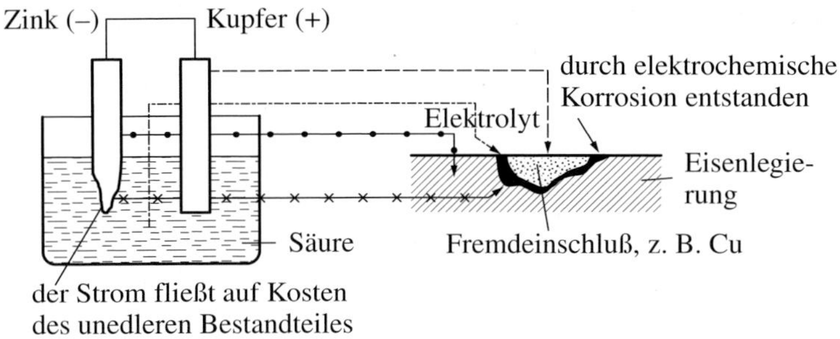

Bild 10.37 Lokalelementbildung, verglichen mit einem galvanischen Element

Die heterogene Struktur der meisten Gebrauchsmetalle führt zum Entstehen kleinflächiger Korrosionselemente, deren wirksame Elektrodenfläche nur Bruchteile eines mm^2 betragen kann. Im Bild 10.37 wird solch ein Lokalelement mit einem galvanischen Element verglichen. In der Praxis führen elektrochemische Korrosionsvorgänge dieser Art zum gefürchteten Lochfraß. Unter entsprechenden Bedingungen weist dann eine Metalloberfläche eine Vielzahl von kraterförmigen oder nadelstichartigen Vertiefungen auf: im Endzustand tritt vollständige Durchlöcherung ein. Die sekundären Schäden, die auf diese Weise, z. B. durch den Ausfall von Kesselanlagen in Energiebetrieben, entstehen, sind oft bedeutend höher als die direkten Korrosionsverluste. Zur Gruppe der ungleichmäßig abtragenden Korrosionsarten zählen außer der Kontakt- und der Lochfraßkorrosion noch die interkristalline Korrosion, die selektive Korrosion von Gefügebestandteilen einer Legierung, die Streustromkorrosion und die Spaltkorrosion.

Die *interkristalline Korrosion* ist ein Kornzerfall, insbesondere bei rost- und säurebeständigen Chrom-Nickel-Stählen, indem Risse entlang der Korngrenzen auftreten. Ursache ist z. B. das Ausscheiden von Chrom aus den Korngrenzbereichen und die Bildung von Mischcarbiden entlang der Korngrenzen. Durch die Chromverarmung ist die erforderliche Homogenität im Werkstoff nicht mehr gegeben, damit wird die Passivität[1)] in diesen Bereichen aufgehoben. Über elektrochemische Vorgänge erfolgt ein Angriff an diesen unedlen Stellen.

[1)] Passivität ist eine mit Potenzialveredlung verknüpfte Veränderung einer Metalloberfläche, die zu einer erhöhten Beständigkeit gegen Korrosion führt, z. B. durch Schutzschichten.

Bei der *selektiven Korrosion* werden bestimmte Gefügebestandteile bevorzugt angegriffen. So gehen z. B. bei der noch häufig beobachteten Entzinkung von Messing anfangs Kupfer- und Zinkionen aus den Mischkristallen z. B. in leitfähiges Kühlwasser. Schwammkupfer scheidet sich örtlich ab. An diesen Stellen beginnt dann die Entzinkung.

Die *Streustromkorrosion* wird vor allem durch äußere Gleichstromquellen (Schweißaggregate oder Elektrolyseeinrichtungen) verursacht. Die „vagabundierenden Ströme" treten an meist nicht überwachten Stellen über mehr oder weniger gut leitende Stoffe, z. B. feuchte Böden, in Rohrleitungen und andere Stahlkonstruktionen ein. An den Stromaustrittsstellen entstehen kraterförmige Anfressungen.

Durch unterschiedliche Bodenarten oder verschiedene Bodenbelüftung können Korrosionsströme geringerer Stärke auch ohne äußere Stromquellen in ungeschützten Rohrleitungen usw. auftreten. Da hier der feuchte Erdboden die Aufgaben eines Elektrolyten mit verschiedener Konzentration, z. B. durch unterschiedliche Bodenbelüftung, übernimmt, ist der Vergleich zum Konzentrationselement gegeben (Belüftungselement). Auch die *Spaltkorrosion* ist eine Art Belüftungskorrosion.

Die gleichmäßig abtragende elektrochemische Korrosion setzt die Anwesenheit eines Elektrolyten voraus. Korrosionsvorgänge dieser Art werden durch das Vorhandensein von Wasserstoffionen, Sauerstoff oder anderen Elektronenakzeptoren eingeleitet. Zu jedem Elektronenakzeptor gehört ein Elektronendonator. Diese Aufgabe übernimmt das korrodierende Metall, indem es positive geladene Metallionen an den Elektrolyten abgibt.

Bei der anodischen Teilreaktion erfolgt also die oxidative Auflösung des Metalls, bei Metallkombinationen immer die des unedleren Metalls mit dem niedrigeren Standardelektrodenpotenzial.

Anodische Teilreaktion:

$$\mathrm{Me} \rightleftharpoons \mathrm{Me}^{z+} + z\,\mathrm{e}^-$$

Als Katodenreaktion kommen in Abhängigkeit vom pH-Wert des Elektrolyten verschiedene Teilprozesse in Frage:

Katodische Teilreaktion:

$$2\,\mathrm{H_3O^+} + 2\,\mathrm{e}^- \rightleftharpoons \mathrm{H_2} + 2\,\mathrm{H_2O} \qquad \text{(Wasserstofftyp)}$$

$$\mathrm{O_2} + 2\,\mathrm{H_2O} + 4\,\mathrm{e}^- \rightleftharpoons 4\,\mathrm{OH}^- \qquad \text{(Sauerstofftyp)}$$

In sauren Lösungen (pH < 4) fungieren die Oxoniumionen als Elektronenakzeptor (Wasserstofftyp). Der Sauerstoff übernimmt in neutralen und alkalischen Lösungen die Rolle des Oxidationsmittels (Sauerstofftyp).

10.7.3 Korrosion bei Eisenlegierungen

Die bei Eisenlegierungen am häufigsten auftretenden Korrosionsprodukte sind Rost und Zunder.

10.7.3.1 Rosten

Werden blanke Drehspäne in einen mit Wasser gefüllten Standzylinder gebracht, so zeigt sich nach wenigen Tagen an den Stellen, wo Luft und Wasser gleichzeitig in ausreichendem Maße vorhanden sind, ein besonders starker Rostansatz.

Für die Rostbildung ist das gleichzeitige Vorhandensein von Wasser und Sauerstoff Voraussetzung.

Damit ist schon gesagt, dass die beim Rosten auftretenden Vorgänge vor allem elektrochemischer Natur sind (Bild 10.38). Das heterogene Aussehen des Rostes ist ein Beweis für seine unterschiedliche Zusammensetzung, die man auch analytisch durch Untersuchungen von Rost, der unter verschiedenen Bedingungen entstanden ist, nachprüfen kann (→ Aufg. 10.29).

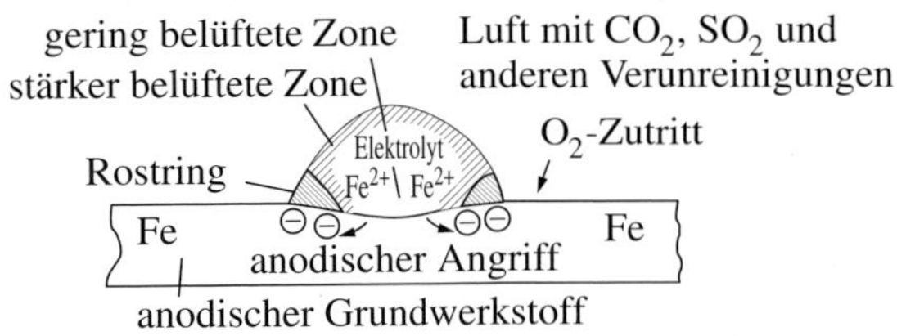

Bild 10.38 Elektrochemische Vorgänge beim Rosten von Eisen

Rost ist ein Eisenoxidhydrat oder Eisen(III)-oxidhydroxid von unterschiedlicher Zusammensetzung. Dies kann durch folgende Formeln ausgedrückt werden:

$$x\,FeO \cdot y\,Fe_2O_3 \cdot z\,H_2O \qquad \text{oder} \qquad FeO(OH)$$

In der Praxis wirkt bereits unbelastetes (natürlicher CO_2-Anteil der Luft) und vor allem belastetes Regen- bzw. Kondenswasser (mit SO_2, SO_3 und NO_x) mit einem pH-Wert zwischen 4 und 7 als der die Korrosion fördernde Elektrolyt (→ Aufg. 10.30 und 10.31). Die elektrochemischen Grundlagen zur Erklärung der Korrosion speziell des Rostens von Eisen ergeben sich aus der Spannungsreihe der Metalle. Die anodische Auflösung des Eisens ($E^0_{Fe} = -0{,}44$ V) erfolgt nur mit Oxidationsmitteln, die größere Standardelektrodenpotenziale besitzen. Dieser Vorgang verläuft in sauren, sauerstoffarmen Wässern nach dem Typ der Wasserstoffkorrosion ab (vergleiche 10.7.2). Bei gleichzeitigem Vorhandensein von Sauerstoff und Wasser (sauerstoffhaltiges Wasser bzw. feuchte Luft) reagiert das metallische Eisen nach dem Typ der Sauerstoffkorrosion, wobei der Sauerstoff der Luft nach folgenden beiden Gleichungen als Elektronendonator wirken kann:

$$O_2 + 2\,H_2O + 4\,e^- \rightleftharpoons 4\,OH^-$$
$$O_2 + 4\,H_3O^+ + 4\,e^- \rightleftharpoons 6\,H_2O$$

Für beide Beziehungen liegen die Elektrodenpotenziale im positiven Bereich und damit ist der Sauerstoff in der Lage Eisen zu Eisen(II)-ionen zu oxidieren.

Wie im Bild 10.38 dargestellt, bildet sich durch die unterschiedliche Sauerstoffkonzentration am Rande und in der Mitte des Wassertropfens eine Konzentrationskette mit Sauerstoff aus (Belüftungselement). In der Tropfenmitte gehen Fe^{2+}-Ionen in Lösung (anodische Oxidation), während am Rand der Sauerstoff reduziert wird (katodische Reduktion). Die entstandenen Fe^{2+}-Ionen werden durch den vorhandenen Sauerstoff weiter zu Fe^{3+}-Ionen oxidiert. Die formale und summarische Reaktionsgleichung für den komplexen Prozess der Rostbildung kann wie folgt geschrieben werden:

$$2\,Fe + H_2O + \frac{3}{2}O_2 \rightarrow 2\,FeO(OH)$$

Aufgrund der lockeren und spröden Beschaffenheit dieser Korrosionsprodukte erfolgt hier keine Passivierung der Metalloberfläche, sondern der Rostvorgang setzt sich bis zur völligen Zerstörung des Metalls ständig fort.

10.7.3.2 Verzundern

Zunder entsteht auf Eisenlegierungen bei der Warmverformung und bei den verschiedenen Wärmebehandlungsverfahren. Aus diesem Grund wird zwischen (Warm-) Walzzunder und Glühzunder unterschieden. Wird Walzstahl ohne vorherige Entzunderung wärmebehandelt, so können Walz- und Glühzunder gleichzeitig auf einem Werkstück auftreten. Sobald Eisenwerkstoffe über 200 °C erwärmt werden, treten mit bloßem Auge wahrnehmbare Oxidschichten auf. Zunderschichten werden bei höheren Temperaturen immer dicker. Im Temperaturbereich zwischen 575 bis 1 100 °C entstehen auf reinem Eisen die im Bild 10.39 dargestellten drei Oxide des Eisens. In einer schematischen Reaktionsgleichung kann dieser chemische Vorgang folgendermaßen festgehalten werden:

$$6\,Fe + 4\,O_2 \rightarrow FeO + Fe_3O_4{}^{1)} + Fe_2O_3$$

Bei den Legierungen des Eisens können außer den reinen Oxiden des Eisens auch die der Legierungselemente im Zunder auftreten. In obiger Gleichung kommt nicht zum Ausdruck, dass die Dicke der einzelnen Oxide temperaturabhängig ist. Von der Temperatur hängt auch die Zahl der gebildeten Oxide ab. Unter 575 °C entstehen nur Eisen(II, III)- und Eisen(III)-Oxid, über 1 100 °C Eisen(II)-Oxid und Eisen(II, III)-Oxid. Auch die zwischen 200 und 400 °C entstehenden Anlauffarben sind solche – allerdings hauchdünne – Oxidschichten. Durch Reflexion und Interferenz[2)] des Lichtes bilden sich die bekannten charakteristischen Färbungen.

■ Zunder ist ein Gemisch aus maximal 3 verschiedenen Eisenoxiden.

Bei der Zunderbildung laufen Diffusionsvorgänge ab, wobei auch das Eisen dem Sauerstoff entgegendiffundiert. Im Zunder kann deshalb elementares Eisen nachgewiesen werden.

In der Praxis sind für den Zunder weitere Namen üblich. In der Schmiede heißt er *Hammerschlag*, im Walzwerk *Walzensinter*. Vom wirtschaftlichen Standpunkt wird er als *Abbrand* bezeichnet. Obgleich diese Eisenoxide z. B. im Hochofenwerk erneut zu Eisenlegierungen verarbeitet werden können, stellen sie doch einen mit hohem Energieaufwand verbundenen Verlust dar. Diese Verluste liegen besonders hoch bei legierten Stählen. Durch entsprechende Schutzmaßnahmen beim Glühen lassen sich jährlich viele Millionen Mark einsparen.

[1)] Die Formel Fe_3O_4 sollte besser $FeO \cdot Fe_2O_3$ geschrieben werden, weil dann die tatsächlichen Verhältnisse erkenntlich sind. Fe_3O_4 zählt zu den Spinellen. Das sind Verbindungen, die sich aus einem II- und III-wertigen Metalloxid zusammensetzen. Das Verhältnis der 2 Eisenoxidarten beträgt 1 : 1.

[2)] Interferenz (Physik): Überlagerung von Schwingungen

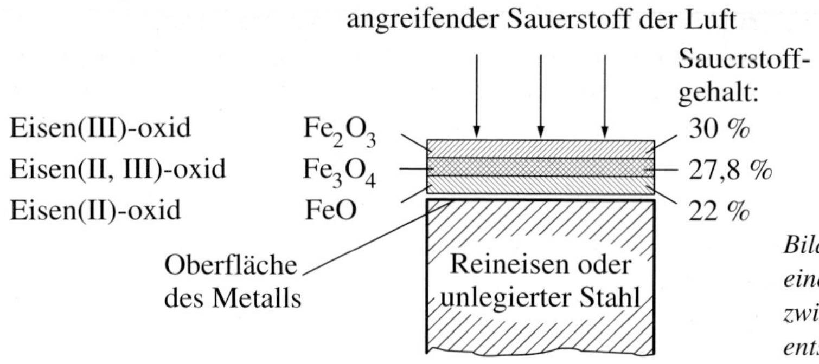

Bild 10.39 Schnitt durch eine Zunderschicht, die zwischen 575 und 1 100 °C entstanden ist

10.8 Korrosionsschutz der Metalle

10.8.1 Aktiver und passiver Korrosionsschutz der Metalle

Metalle können aktiv und passiv vor Korrosion geschützt werden. *Aktiver Korrosionsschutz* ist durch Legierungszusätze bzw. durch Erschmelzen von Metallen und Legierungen mit besonderer Reinheit möglich. Auch das korrosionsschutzgerechte Konstruieren, das z. B. zur Vermeidung von Kontakt- und Spaltkorrosion führt, ist an dieser Stelle zu nennen. Schon der Konstrukteur muss eine minimal korrosionsgefährdete Fläche anstreben. Das Schweißen ist dem Nieten oder Verschrauben vorzuziehen. Zum aktiven Schutz zählt das Entfernen der Korrosionsstimulatoren oder das Hemmen ihrer Wirkung (Reinhaltung von Wasser und Luft). Überhaupt spielt in diesem Zusammenhang der Einsatz von Korrosionsinhibitoren eine wichtige Rolle. Erdverlegte Rohrleitungen, aber auch Schiffe und metallische Gegenstände werden immer häufiger anodisch bzw. katodisch korrosionsgeschützt. Mit Hilfe dieser elektrochemischen Schutzverfahren erhält das zu schützende Metall ein edleres Potenzial. Die auch hier erforderlichen Elektrolyte sind der feuchte Erdboden, das Meerwasser usw.

Dabei ist der Wirkungsmechanismus der elektrochemischen Schutzverfahren vergleichbar mit den bewusst angewendeten Vorgängen der elektrochemischen Korrosion. Bei den am häufigsten anzutreffenden *katodischen Schutzverfahren* wird der zu schützende Gegenstand zur Katode. Hierzu sind zusätzliche Anoden erforderlich, für Eisenwerkstoffe kommt vor allem Magnesium in Frage. Da bei den auf diese Weise entstandenen elektrochemischen Elementen das Magnesium zerstört wird, werden diese Elektroden als *Opferanoden* bezeichnet. Auch die vor allem durch Gleichstromquellen hervorgerufene Streustromkorrosion (→ Abschn. 10.7.2) kann mit Hilfe von Opferanoden und damit durch katodischen Schutz vermieden werden. Während bei den katodischen Schutzverfahren der erforderliche, dem Korrosionsstrom entgegengesetzt gerichtete Schutzstrom mit und ohne Fremdstromquelle erzeugt werden kann, wird beim *anodischen Schutz* stets Fremdstrom benötigt. Hier ist der zu schützende Gegenstand die Anode eines Elements. Durch den Schutzstrom erreicht das zu schützende Metall den Passivzustand, bzw. dieser bleibt erhalten. Für dieses Verfahren ist somit Voraussetzung, dass das anodisch geschützte Metall eine passivierend wirkende Schutzschicht ausbildet, wie das z. B. bei Aluminium oder Titan der Fall ist. Auf diese Weise können mit diesem Schutzsystem sogar solche Metalle bei Anwesenheit von Elektrolytlösungen Verwendung finden, in denen sie ohne anodischen Schutz sehr schnell zerstört würden.

Die meisten Metalle werden jedoch durch *passive Korrosionsschutzmaßnahmen* vor der elektrochemischen Zerstörung geschützt. Beim passiven Schutz wird die Metalloberfläche mechanisch durch das Korrosionsschutzmittel von der zerstörend wirkenden Umgebung getrennt. Für diese Trennung steht eine Vielzahl von verschiedensten Schutzüberzügen zur Verfügung: Hierfür kommen organische, metallische und nichtmetallische anorganische Beschichtungen in Frage. Zum passiven Korrosionsschutz zählt auch die Oberflächenvorbehandlung der Metalle.

Für alle passiven Schutzverfahren gilt:

> Je besser eine metallische Oberfläche von Korrosionsprodukten, Fetten und Ölen, Salzen und sonstigen Verunreinigungen gesäubert wird, um so länger ist die Lebensdauer der anschließend aufgebrachten Korrosionsschutzüberzüge.

10.8.2 Passiver Korrosionsschutz für unlegierte Eisenwerkstoffe

Weit über 80 % der in der Praxis eingesetzten Eisenwerkstoffe werden auch heute noch passiv vor Korrosion geschützt.

10.8.2.1 Untergrundvorbehandlung unlegierter Eisenwerkstoffe

Zur Untergrund- oder Oberflächenvorbehandlung zählen das Reinigen und Entfetten, das Entrosten und Entzundern und die Nachbehandlung. Bei den Reinigungs- und Entfettungsverfahren werden vor allem alkalische Industriereiniger und organische Lösungsmittel eingesetzt. Der Reinigungseffekt wird erhöht durch Ultraschall bzw. durch das Arbeiten im Spritzverfahren.

Beim Entrosten und Entzundern gibt es die mechanischen, thermischen und chemischen Verfahren. Zu den mechanischen Verfahren zählen die Handentrostung mit Drahtbürste, der Einsatz mechanischer Werkzeuge wie rotierende Drahtbürsten, das Strahlen und das Trommeln. Nur mit Hilfe der letzten zwei Verfahren lassen sich metallisch saubere Oberflächen erzielen. Da das Trommeln, z. B. als Nass- oder Vibrationsgleitschleifen, nur für Kleinteile in Frage kommt, werden in Zukunft die schon heute an vielen Stellen eingesetzten Strahlverfahren praktisch alle anderen mechanischen Verfahren verdrängen. Dabei wird das Freistrahlen mit den billigen, nur einmal eingesetzten Strahlmitteln, z. B. Schlackensande, auf das Entrosten montierter, stationärer Stahlkonstruktion beschränkt bleiben. Der Hauptanteil des Strahlgutes wird in geschlossenen Kabinen und hier zum größten Teil in modernen automatischen Durchlaufanlagen entrostet und entzundert.

Zu den thermischen Verfahren gehört das Flammstrahlen. Dieses Verfahren ist sehr teuer und besonders energieintensiv, außerdem lassen sich auf diese Weise keine metallischen Oberflächen, die für eine maximale Lebensdauer wichtigste Voraussetzung sind, erzielen.

Eine ähnliche Bedeutung wie das Strahlen hat das Beizen. Hier werden Rost und Zunder mit Hilfe von Mineralsäuren (z. B. Phosphor-, Schwefel- und Salzsäure) vollständig entfernt. Wegen seines universellen Charakters wird dieses chemische Vorbehandlungsverfahren in der Praxis oft eingesetzt. Dabei gewinnt die Salzsäure auf Grund ihrer guten Beizeigenschaften und des verstärkten Anfalls von Abfallsalzsäure aus der chemischen und der Kaliindustrie immer mehr an Bedeutung. Der Anteil des Beizgutes, der mit Phosphorsäure entrostet und entzundert wird, ist gering.

Da beim Einbringen der korrodierten Eisenwerkstoffe in eine der genannten Säuren stets außer der gewünschten Reaktion zwischen Zunder und Beizmittel noch ein unerwünschter Vorgang zwischen Metall und Beizmittel abläuft, ist es üblich, dem Beizbad Inhibitoren, so genannte Sparbeizzusätze, zuzugeben (→ Aufg. 10.32). Auf diese Weise kann der unerwünschte Metallangriff um 90 % und mehr gegenüber einer nichtinhibierten Säure verringert werden. Auch beim Strahlen wird das Metall angegriffen, wie z. B. der hohe Verschleiß bei Strahldüsen zeigt.

Der größte Nachteil aller Beizverfahren sind die vor allem aus Säure- und Spülbädern anfallenden Abwässer. Diese müssen entsprechend den Abwasservorschriften durch Neutralisation, Aufbereitung oder Regeneration aufbereitet werden (→ Aufg. 10.34). Allerdings entstehen auch beim Strahlen in Kabinen durch auftretende Stäube Abfallprodukte, die entsprechend den gesetzlichen Bestimmungen in Entstaubungsanlagen zu behandeln sind. Auf diese Weise entstehen nicht unerhebliche zusätzliche Kosten. Ziel muss es sein, diese Abprodukte vollständig als Sekundärrohstoffe zu nutzen.

Als Nachbehandlungsverfahren kommen das Phosphatieren bzw. eine zusätzliche Spülung der Eisenwerkstoffe in nitrithaltigen oder chromsauren Bädern in Frage. Durch die Nachbehandlung wird der Haftgrund für den nachfolgenden Korrosionsschutzüberzug verbessert bzw. auch ein bedingter temporärer Korrosionsschutz geschaffen.

Beim *Phosphatieren* entstehen auf Eisenwerkstoffen, aber auch auf anderen Metallen, Phosphatschichten, die mit der behandelten Metalloberfläche fest verbunden sind und aus unlöslichen Eisen- (nichtschichtbildende Verfahren) oder Zink- bzw. Manganphosphaten (schichtbildende Verfahren) bestehen. Die Bildung löslicher Phosphate bzw. das Zurückbleiben derselben an der Metalloberfläche ist unerwünscht, weil diese, wie alle anderen löslichen Verbindungen, nach dem Aufbringen von Anstrichen durch osmotische Vorgänge unter Blasenbildung zur Zerstörung des Anstrichfilms führen würden. Der Einsatz bei Autokarosserien, Kühlschränken usw. zeigt, dass mit der Dünnschichtphosphatierung, hier sind die erzeugten Phosphatschichten nur um 1 µm dick, die besten Ergebnisse zu erzielen sind. Durch die Phosphatierung, aber auch durch eine Nachbehandlung in nitrithaltigen oder chromsauren Lösungen werden die Metalle passiviert (→ Abschn. 10.7.2), so dass auf diese Weise die Korrosionsschutzwirkung von Anstrichstoffen zusätzlich unterstützt wird.

10.8.2.2 Korrosionsschutzüberzüge für unlegierte Eisenwerkstoffe

Unlegierte Eisenwerkstoffe können temporär mit Hilfe von Korrosionsschutzölen und -fetten, Wachsen oder Abziehlacken geschützt werden.

Der Hauptanteil der Korrosionsschutzüberzüge ist noch immer den Anstrichstoffen vorbehalten. Diese bestehen in der Regel aus dem Lösungsmittel und den filmbildenden Stoffen, wie Bindemitteln und Pigmenten. Entsprechend der Vielzahl der Einsatzgebiete ist die Zusammensetzung dieser Stoffe sehr unterschiedlich. Ihre Namen erhalten diese organischen Korrosionsschutzmittel oft durch die verwendeten Bindemittel, wie Vinoflex-, Chlorkautschuk- oder Alkydharz-Anstrichsysteme.

Besonders gute Korrosionsschutzeigenschaften haben alle durch Erwärmen (Flammspritzen, Wirbelsintern) aufgebrachten Kunststoffüberzüge, weil sich mit zunehmender Schichtdicke und verringertem Porenanteil die Korrosionsschutzwirkung erhöht. Bei den metallischen Überzügen steht das Feuerverzinken aus ökonomischen Gründen, aber auch wegen seiner guten Korrosionsschutzeigenschaften, an erster Stelle (→ Aufg. 10.35). Die größere Lebensdauer haben die sogenannten Duplexsysteme; hier werden feuerverzinkte Stahlteile anschließend noch mit einem Anstrichsystem versehen. Neben der Feuermetallisierung in den verschiedensten Schmelzbädern lassen sich Metalle auch auf galvanischem Wege auf Eisenlegierungen abscheiden. Dabei stehen bei den galvanischen Verfahren auch dekorative Gesichtspunkte im Vordergrund.

Für die Abscheidung metallischer Schutzschichten gibt es neben dem Schmelztauchen oder Feuermetallisieren und der galvanischen Veredlung noch eine Reihe weiterer Verfahren, z. B. das Metallspritzen, das Plattieren und die Diffusionsverfahren.

Beim *Metallspritzen* wird mit Gas oder elektrischem Strom und ölfreier Pressluft Metalldraht oder -pulver im plastischen Zustand auf das zu schützende Werkstück aufgebracht. Beim Lichtbogen- oder Plasmaspritzen sind durch die höhere thermische Energie auch der Einsatz solcher Metalle, deren Schmelzpunkt über 1 600 °C liegt, möglich. Das *Plattieren* erfolgt meist beim Warm- oder Kaltwalzen, indem auf diese Weise ein korrosionsbeständiger metallischer Werkstoff auf die zu schützende Metalloberfläche aufgebracht wird. Die *Diffusionsverfahren*, die auch als *Gasplattierung* bezeichnet werden, führen zu zunder- und verschleißfesten Überzügen durch Bildung und Zersetzung gasförmiger Verbindungen des Überzugmetalls unter Luftabschluss. So entstehen beim Chromdiffusionsverfahren oder Inchromieren 0,1 bis 0,2 mm dicke, festverwachsene Diffusionsschichten auf Stahloberflächen. Es gibt allerdings auch Diffusionsverfahren, die mit Metallpulver arbeiten, z. B. wird beim Sherardisieren (Staubverzinken) Zink mit Schichtdicken um 20 μm bei 380 °C innerhalb von 60 Minuten auf Eisenlegierungen aufgebracht.

Von den sonstigen Verfahren sei noch das Emaillieren genannt, das sich durch den vorwiegenden Einsatz einheimischer Rohstoffe auszeichnet. Emailschichten zeichnen sich durch ihre hohe chemische Beständigkeit aus, wobei die meisten Überzüge dieser Art sehr spröde und damit stoßempfindlich sind.

Die Korrosion führt demnach nicht nur zu hohen Kosten, indem ein Teil der Metalle zerstört wird, sie erfordert auch für den Schutz der metallischen Werkstoffe erhebliche Ausgaben. Die jährlichen Gesamtkosten durch Korrosion werden international mit mehreren Prozent des gesellschaftlichen Bruttoprodukts angegeben, z. B. in den USA mit etwa 4 % (→ Aufg. 10.35 und 10.36). Die zunehmende Tendenz der Schadstoffbelastung unserer Umwelt erfordert steigende Kosten für die Korrosionsverhütung und einen nicht unerheblichen Anteil für den notwendig werdenden Materialaustausch. Deshalb sind die sorgfältige Ausführung der Arbeiten zum Schutz der Metalle, das Erkennen von neu auftretenden Ursachen der Korrosion und die optimale Wahl der Werkstoffe wichtige Voraussetzungen für den modernen Korrosionsschutz.

❍ Aufgaben

10.1 Wievielmal größer ist die spezifische elektrische Leitfähigkeit von Silber (62 $MS \cdot m^{-1}$) im Vergleich zu einer 30-%igen Schwefelsäure (0,74 $\Omega^{-1} \cdot cm^{-1}$)?

10.2 Für den Widerstand einer 0,02 M KCl-Lösung hat man in einem Leitfähigkeitsgefäß einen Wert von $R = 89{,}1\ \Omega$ gefunden. Wie groß ist die Gefäßkonstante, wenn $\varkappa = 0{,}002\,77\ \Omega^{-1} \cdot cm^{-1}$ ist (Temperatur 25 °C)?

10.3 Wie groß ist die spezifische elektrische Leitfähigkeit einer untersuchten Wassersorte, wenn die Gefäßkonstante des verwendeten Leitfähigkeitsmessgefäßes 0,048 cm^{-1} und der gemessene Widerstand $R = 1{,}3 \cdot 10^6\ \Omega$ betragen?

10.4 Von welchen Faktoren ist der spezifische Widerstand einer Elektrolytlösung abhängig, und welche Schlussfolgerungen ergeben sich daraus für deren Messung?

10.5 Titriert man eine vorgelegte Natronlauge mit Salzsäure, so nimmt die Leitfähigkeit der Lösung bis zum Äquivalenzpunkt ab; bei einem weiteren Säurezusatz steigt sie jedoch wieder an. Wie lässt sich diese Beobachtung begründen?

10.6 Welche Umsetzung ist zu erwarten, wenn man ein sorgfältig gesäubertes Eisenblech in eine Kupfersulfatlösung hält?

10.7 Welche Bedingungen sind bei einer Normalwasserstoffelektrode erfüllt?

10.8 Bringt man Natrium in Wasser, so entsteht Wasserstoff, der sich dabei häufig entzündet. Welche physikalischen und chemischen Reaktionen treten auf? Wie lassen sich die verschiedenen Vorgänge theoretisch begründen? Warum tritt zwischen Wasser und Kupfer keine derartige Reaktion ein?

10.9 Nimmt beim Verdünnen einer Lösung, in der Metallionen potenzialbestimmend sind, die zu einer Standardwasserstoffelektrode gemessene Spannung zu oder ab?

10.10 Wie groß ist das Potenzial einer Kupferelektrode, wenn die Konzentration der Cu^{2+}-Ionen 1,3 $mol \cdot l^{-1}$ beträgt (25 °C)? Ist der Ausdruck Potenzial exakt? Welche Elektrode dient als Bezugselektrode?

10.11 Welche Faktoren haben auf das Potenzial einer Elektrode einen Einfluss?

10.12 Um wie viel Volt ändert sich das Potenzial einer Wasserstoffelektrode, wenn der pH-Wert um eine Einheit (also z. B. von pH = 1 auf pH = 2) ansteigt?

10.13 Welcher Unterschied besteht zwischen der Klemmen- und Zellspannung eines galvanischen Elementes?

10.14 Wie groß sind die Potenzialunterschiede zwischen zwei Silberelektroden, die bei 20 °C in $AgNO_3$-Lösungen eintauchen, deren Aktivitäten sich a) wie 1 : 1000, b) wie 1 : 50 verhalten?

10.15 Wie ist der Begriff Anode elektrochemisch definiert? Ist bei einer Flachbatterie mit 4,5 V der längere oder kürzere Anschluss der Minuspol (Bild 10.17)?

10.16 Warum ändert sich der innere Widerstand eines Bleiakkumulators beim Auf- oder Entladen (Bild 10.18)?

10.17 An welcher Elektrode würde bei einer Schmelzflusselektrolyse von LiH der Wasserstoff abgeschieden?

10.18 Unter welchen Bedingungen kann man aus einer Lösung, die H^+-Ionen enthält, Na^+-Ionen abscheiden, und welche Forderungen sind an den Elektrodenwerkstoff zu stellen?

10.19 Warum entsteht beim Aufladen eines Bleiakkumulators an der Katode zunächst kein Wasserstoff?

10.20 Welche Ionen werden bei der Elektrolyse nachstehender Stoffe entladen?

a) NaCl (Schmelze), NaCl in H_2O, KCl (Schmelze), KCl in H_2O,
b) HCl und H_2SO_4,
c) NaOH, KOH } in wässrigen
d) $MgCl_2$ und K_2SO_4 } Lösungen

Wie könnte man die verschiedenen Reaktionsmöglichkeiten systematisieren?

10.21 Es sind die elektrochemischen Äquivalente von Aluminium und Wasserstoff zu berechnen?

10.22 Wie viel Milliliter Wasserstoff entstehen bei der Elektrolyse von angesäuertem Wasser, wenn der mittlere Elektrolysestrom 0,3 A und die Elektrolysedauer 1,3 h betragen? Es sei angenommen, dass es durch Verunreinigungen nur zu einer Stromausbeute von $\eta = 0{,}95$ kommt.

Welches Sauerstoffvolumen kann man theoretisch erwarten, und wodurch kann es beim praktischen Versuch zu Abweichungen kommen? Temperatur: $t = 25\ °C$, Druck: $p = 102{,}6$ kPa.

10.23 Bei der Elektrolyse einer Nickelsulfatlösung entstanden in 45 min 2 g Nickel. Wie groß war die mittlere Stromstärke bei einer Stromausbeute von 90 %?

10.24 Warum ist der Zahlenwert, den man für 1 Faraday bestimmt, von der Wahl der Bezugseinheit für die relativen Atommassen abhängig (z. B. ^{12}C)?

10.25 Welche Faktoren beeinflussen bei der Herstellung von Chlor nach der Alkalichloridelektrolyse im wesentlichen die Kosten?

10.26 Welcher Unterschied besteht zwischen dem Diaphragma- und Quecksilberverfahren?

10.27 Welche Elektrolyseverfahren haben für die chemische Industrie eine besondere Bedeutung?

10.28 Worin besteht der Unterschied zwischen dem Galvanisieren und Aloxieren?

10.29 Weshalb schützt eine Rost-, aber auch eine Zunderschicht das Eisen nicht vor weiterer Korrosion?

10.30 Weshalb ist die vor mehr als 1 500 Jahren in Delhi aufgestellte 17 t schwere und 18 m hohe Eisensäule bisher kaum durch Korrosion zerstört, obgleich abgeschlagene Stücke schon auf der Seereise nach England Rosterscheinungen zeigten?

10.31 Über London sollen täglich 200 t schweflige Säure durch das in den Abgasen enthaltene Schwefeldioxid entstehen.
Welche Menge Kohle muss hierzu verbrannt werden, wenn ein durchschnittlicher Schwefelgehalt mit 1,2 % angenommen wird?

10.32 Welche Reaktionsgleichungen beschreiben das Beizen mit Schwefelsäure, wenn die zu entfernenden Korrosionsprodukte die drei Eisenoxide des Zunders sind?

10.33 In abgearbeiteten Beizlösungen müssen nicht nur die verbliebenen Säuren unschädlich gemacht werden, sondern auch die Eisensalze. Welche protolytischen Vorgänge (vereinfacht dargestellt), die zur Zerstörung des biologischen Lebens der Flussläufe führen würden, sind hierfür die Ursache?

10.34 Weshalb wirken Zinküberzüge, aber auch Zinkstaubanstriche, als katodischer Schutz für Eisenwerkstoffe? Wie verhalten sich Zinnüberzüge?

10.35 Was ist Korrosion?

10.36 Welche Verfahren zählen zum aktiven und welche zum passiven Korrosionsschutz? Welche Bedeutung haben diese Verfahren für die Praxis?

11 Wasserstoff

11.1 Elementarer Wasserstoff

Symbol: H [von hydro-genium (griech./lat.) – Wasserbildner; engl.: Hydrogen]

Kernladungszahl:	1
Relative Atommasse:	1,008
Schmelzpunkt:	−259,20 °C
Siedepunkt:	−252,77 °C
Dichte bei 0 °C; 101,3 kPa:	$0{,}0899\ g \cdot L^{-1}$
Dichte bei −253 °C; 101,3 kPa;	$0{,}0708\ g \cdot cm^{-1}$

Vorkommen

Der Wasserstoff wurde 1766 von *Cavendish* entdeckt. In elementarem Zustand tritt er in zweiatomigen Molekülen H_2 – nur in Spuren – in der Lufthülle der Erde auf. Die Sonne besteht, wie spektralanalytisch ermittelt wurde, zu 57 % aus Wasserstoff. Im uns bekannten Weltall ist der Wasserstoff das weitaus häufigste Element. In Form seiner Verbindungen ist der Wasserstoff auf der Erde außerordentlich verbreitet (0,9 % der Erdrinde, dritthäufigstes Nichtmetall nach Sauerstoff und Silicium). Außer im Wasser und in allen Säuren (→ Abschn. 9.2.2) ist Wasserstoff auch in den weitaus meisten organischen Verbindungen enthalten.

Darstellung

Im Laboratorium kann Wasserstoff im *Kippschen Apparat* durch Umsetzung von Salzsäure mit Zink gewonnen werden:

$$2\,HCl + Zn \rightarrow ZnCl_2 + H_2$$

Auch Calciumhydrid CaH_2 und Wasser ergeben Wasserstoff:

$$CaH_2 + 2\,H_2O \rightarrow Ca(OH)_2 + 2\,H_2$$

Großtechnisch gewonnen wird Wasserstoff heute vorwiegend durch *Dampfspaltung* (engl. steam reforming) von *Methan* (Erdgas)

$$CH_4 + H_2O \rightarrow 3\,H_2 + CO \qquad \Delta H = 206\ kJ \cdot mol^{-1}$$

und anderen Kohlenwasserstoffen (Erdöl).

Demgegenüber ist Kohlevergasung, bei der eine Reduktion von Wasser mittels Kohlenstoff stattfindet (→ Wassergasprozess; Abschn. 15.3.1):

$$H_2O + C \rightarrow CO + H_2 \qquad \Delta H = 131\ kJ \cdot mol^{-1}$$

in den Hintergrund getreten.

Bei beiden Verfahren wird durch Umsetzung des Kohlenstoffmonoxids mit Wasserdampf weiterer Wasserstoff erzeugt:

$$H_2O + CO \rightarrow CO_2 + H_2 \qquad \Delta H = -41{,}2\ kJ \cdot mol^{-1}$$

Bei der Alkalichloridelektrolyse (→ Abschn. 10.6.4) entsteht Wasserstoff durch katodische Reduktion von Wasserstoffionen:

$$2\,H^+ + 2\,e^- \rightarrow H_2$$

Die Elektrolyse von Wasser

$$2\,H_2O \rightarrow 2\,H_2 + O_2 \qquad \Delta H = 572\ \text{kJ} \cdot \text{mol}^{-1}$$

ist gegenwärtig nur in der Nähe von Wasserkraftwerken wirtschaftlich durchführbar, stellt aber – Kernfusionsenergie vorausgesetzt – eine Alternative nach Erschöpfung der Lager fossiler Brennstoffe dar.

Eigenschaften

Wasserstoff ist das leichteste Gas (Litermasse 0,09 g bei 20 °C und 101,3 kPa; Luft dagegen 1,29 g) und die leichteste Elementsubstanz überhaupt. Er ist farblos und geruchlos. Wasserstoff brennt mit schwachblauer Flamme. Mit Sauerstoff bzw. Luft gibt er Gemenge, die bei Zimmertemperatur beständig sind, aber beim Erhitzen unter lautem Knall explodieren und daher als *Knallgas* bezeichnet werden:

$$2\,H_2 + O_2 \rightarrow 2\,H_2O_{\text{gasf}} \qquad \Delta H = -483{,}6\ \text{kJ} \cdot \text{mol}^{-1}$$

Die Explosionswirkung beruht darauf, dass der entstehende Wasserdampf durch die frei werdende Wärme sofort ein sehr großes Volumen einnimmt. Um Knallgasexplosionen zu vermeiden, muss, bevor der einem Gasentwickler entnommene Wasserstoff entzündet wird, die sog. *Knallgasprobe* durchgeführt werden. Dazu wird ein Reagenzglas mit dem entwickelten Gas gefüllt und dann mit der Mündung an eine Flamme gehalten. Verbrennt der Wasserstoff dabei mit pfeifendem Geräusch, so enthält er noch Sauerstoff. Um die hohen Temperaturen (über 2 000 °C), die beim Verbrennen von Wasserstoff mit reinem Sauerstoff entstehen, gefahrenlos zum Schweißen und Schneiden von Metallen ausnutzen zu können, wird ein besonderer Brenner, der Daniellsche Hahn, verwendet, bei dem sich die beiden Gase erst an der Brennstelle mischen. Heute wird zum Schweißen an Stelle des Wasserstoffs meist Ethin (Acetylen) verwendet.

Auch mit Fluor und Chlor verbindet sich Wasserstoff explosionsartig (→ Abschn. 11.2).

Wasserstoff wird in Stahlflaschen geliefert, die einen Anschlusszapfen mit Linksgewinde und einen roten Farbanstrich besitzen. Der Druck in den Flaschen beträgt bis zu 15 MPa (150 bar). Dennoch liegt der Wasserstoff darin gasförmig vor. Er lässt sich erst unterhalb 33 K (−240 °C; kritische Temperatur) verflüssigen.

Verwendung

Wasserstoff wird in großen Mengen technisch verwendet. Er ist Ausgangsstoff für die Ammoniaksynthese (→ Abschn. 14.3.1). Hydrierungen, d. h. Reaktionen, bei denen Wasserstoff angelagert wird, spielen aber auch in der organisch-technischen Chemie eine große Rolle (Erdölraffination, Fetthärtung, Methanolsynthese u. a.).

Als Brennstoff der Zukunft wird er bereits in Brennstoffzellen eingesetzt (→ Abschn. 10.4.5).

(→ Aufg. 11.1 bis 11.4).

11.2 Verbindungen des Wasserstoffs

Von den zahlreichen Verbindungen des Wasserstoffs werden hier nur seine beiden Oxide *Wasser* H_2O und *Wasserstoffperoxid* H_2O_2 behandelt.

11.2.1 Wasser

Das Wasser ist eine der häufigsten chemischen Verbindungen. Es bedeckt in den Weltmeeren etwa drei Viertel der Erdoberfläche und ist als Wasserdampf (mit bis zu 4 Vol.-%) auch in der Atmosphäre enthalten.

Unter Normaldruck (101,3 kPa) siedet Wasser bei 100 °C und erstarrt bei 0 °C zu Eis. Es hat bei 4 °C mit $1\ g \cdot cm^{-3}$ die größte Dichte.

Das Wasser ist ein ausgezeichnetes Lösungsmittel, das sowohl für alle Lebensvorgänge als auch für alle Zweige der Produktion unentbehrlich ist. In der Technik dient es aber nicht nur als Lösungsmittel, sondern auch als Transportmittel und als Kühlflüssigkeit, vor allem aber zur Dampferzeugung und damit zur Umwandlung von Wärmeenergie in mechanische Energie. Die ausreichende Wasserversorgung ist heute in allen Industrieländern, aber ebenso in den Entwicklungsländern, ein Problem von erstrangiger Bedeutung.

In den Molekülen des Wassers sind die Atome nicht linear, sondern in einem Winkel von 105° angeordnet (→ Abschn. 5.2.3). Die Ladungsschwerpunkte der positiven und der negativen Ladungen fallen dadurch nicht zusammen, so dass die Moleküle des Wassers *Dipolcharakter* besitzen. Die Eigenschaften des Wassers werden weitgehend dadurch bestimmt. So liegen die Moleküle des Wassers im flüssigen Zustand nicht einzeln vor, sondern in Form von *Molekülassoziationen* $(H_2O)_n$, wobei n durchschnittlich 6 beträgt. Hierauf beruht der (im Vergleich zum Schwefelwasserstoff H_2S) hohe Siedepunkt des Wassers. Diese Molekülassoziationen kommen durch *Wasserstoffbrückenbindungen* zustande, die sich zwischen den elektronegativen Sauerstoffatomen und den elektropositiven Wasserstoffatomen ausbilden. Da die beim Dipolmolekül des Wassers nach außen wirkenden Ladungen schwächer sind als die Ladungen von Ionen, besitzen die Wasserstoffbrückenbindungen nur geringe Festigkeit.

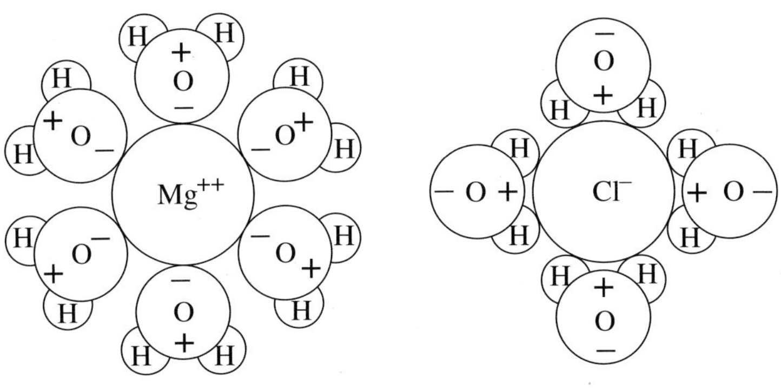

Bild 11.1 Hydratisierte Ionen

In wässrigen Lösungen von Elektrolyten lagern sich die Dipolmoleküle des Wassers mit ihrer entgegengesetzt geladenen Seite an die positiv bzw. negativ geladenen Ionen an. Um die Ionen bildet sich dadurch eine Hülle von Wassermolekülen (Bild 11.1). Dieser Vorgang wird als *Hydratation* bezeichnet. Bei bestimmten Ionen bleibt die Hydratation auch beim Auskristallisieren erhalten. Das Wasser ist dann als *Kristallwasser* in die Kristalle eingebaut (→ Abschn. 5.7.2.4).

(→ Aufg. 11.5 bis 11.8).

11.2.2 Wasserstoffperoxid

Im Molekül des Wasserstoffperoxids H_2O_2 sind zwei Sauerstoffatome durch ein gemeinsames Elektronenpaar miteinander verbunden:

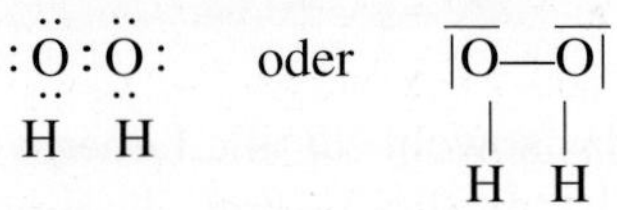

Die Gruppe —O—O— wird als *Peroxogruppe* bezeichnet.

Zwischen den beiden Sauerstoffatomen besteht eine p-p-σ-Bindung (→ Abschn. 5.2.1.2). Die beiden s-p-σ-Bindungen zwischen den Wasserstoff- und Sauerstoffatomen sind um 90° gegeneinander verdreht, so dass das eine Wasserstoffatom bei räumlicher Darstellung senkrecht zur Papierebene stehen müsste.

Wasserstoffperoxid kann durch Elektrolyse von Schwefelsäure (45 %ig) und Umsetzung der entstehenden Peroxodischwefelsäure mit Wasser gewonnen werden:

$$H_2S_2O_8 + 2\,H_2O \rightarrow H_2O_2 + 2\,H_2SO_4$$

Heute wird Wasserstoffperoxid aber hauptsächlich durch Oxidation von Alkylanthrahydrochinon mit Luftsauerstoff hergestellt:

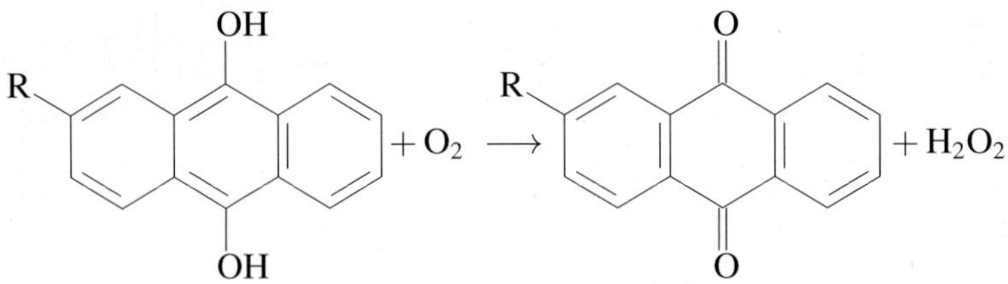

Aus dem dabei entstehenden Alkyl-anthra-chinon wird durch Reduktion mit Wasserstoff das Alkyl-anthra-hydrochinon zurückgewonnen:

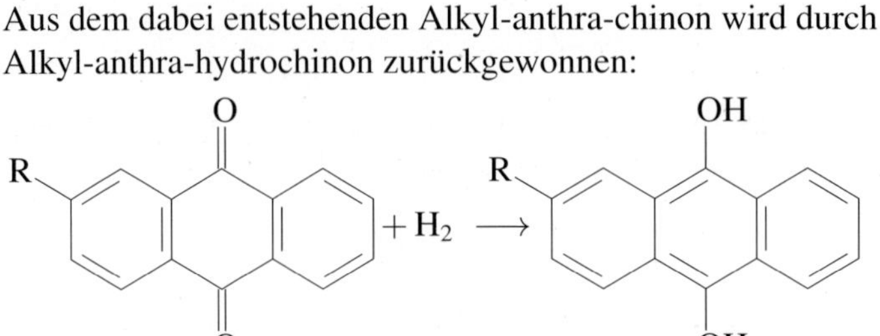

Als Alkylrest R kann im einfachsten Falle die Ethylgruppe $-C_2H_5$ auftreten.

Wasserstoffperoxid ist eine farb- und geruchlose Flüssigkeit, die sich in jedem Verhältnis mit Wasser mischen lässt. In den Handel kommt es vor allem als 30 %ige Lösung *(Perhydrol)* und als 3-%ige Lösung.

Die Peroxogruppe ist wenig beständig. Das Wasserstoffperoxid zerfällt daher leicht in Wasser und atomaren Sauerstoff:

$$H_2O_2 \rightarrow H_2O + O$$

Infolge dieser Sauerstoffabspaltung ist das Wasserstoffperoxid ein starkes *Oxidationsmittel.* Durch Lichteinwirkung wird der Zerfall beschleunigt. Daher soll Wasserstoffperoxid stets in braunen Flaschen aufbewahrt werden. Außerdem werden dem Wasserstoffperoxid meist *Stabilisatoren* zugesetzt. Das sind Stoffe, die den Zerfall hemmen (z. B. Phosphorsäure).

Auf Grund seiner Oxidationswirkung wird das Wasserstoffperoxid als *Bleichmittel* und als *Desinfektionsmittel* verwendet. In Waschmitteln ist Wasserstoffperoxid in einer Anlagerungsverbindung mit Borax enthalten, aus der es beim Auflösen in Wasser frei wird. Gegenüber anderen Bleichmitteln (z. B. Chlor) hat Wasserstoffperoxid den Vorteil, dass es keine gewebeschädigenden Rückstände, sondern nur Wasser hinterlässt (vgl. vorstehende Gleichung).

Beim Umgang mit konzentrierter Wasserstoffperoxidlösung (Perhydrol) ist Vorsicht geboten, da sie die Haut und insbesondere die Augen angreift! Schon die Dämpfe reizen Augen und Atemwege.

(→ Aufg. 11.9 und 11.10)

❍ Aufgaben

11.1 Wo und in welcher Form tritt Wasserstoff in der Natur auf?

11.2 Wie wird Wasserstoff
a) im Laboratorium
b) großtechnisch
erzeugt?

11.3 Welches sind die wichtigsten physikalischen und chemischen Eigenschaften des Wasserstoffs?

11.4 Wozu wird Wasserstoff technisch verwendet?

11.5 Weshalb ist heute die Wasserwirtschaft für hochentwickelte Industriestaaten von außerordentlicher Bedeutung?

11.6 Wie kommt der Dipolcharakter der Wassermoleküle zustande?

11.7 Wie beeinflussen die Wasserstoffbrückenbindungen die Eigenschaften des Wassers?

11.8 Was ist unter der Hydratation von Ionen zu verstehen?

11.9 Welche Atomgruppe ist für das Wasserstoffperoxid charakteristisch?

11.10 Nach welcher Reaktionsgleichung zerfällt Wasserstoffperoxid?

12 Halogene

12.1 Übersicht über die Elemente der 7. Hauptgruppe

In der 7. Hauptgruppe des Periodensystems stehen die typischen Nichtmetalle *Fluor, Chlor, Brom* und *Iod* sowie das künstlich erzeugte radioaktive Element *Astat*, das für die Chemie praktisch keine Rolle spielt. Da diese fünf Elemente mit den Metallen typische Salze bilden (z. B. Natriumchlorid), werden sie als *Halogene* (Salzbildner) bezeichnet. Bei 20 °C sind Fluor und Chlor gasförmig, Brom flüssig und Iod fest.

Die Atome der Halogene zeigen – infolge des relativ geringen Atomradius – eine starke *Elektronenaffinität.* Alle Halogene besitzen auf dem höchsten Energieniveau folgende Elektronenbesetzung:

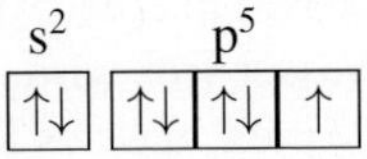

Dieses Energieniveau kann durch Aufnahme eines Elektrons voll aufgefüllt werden, wobei die *einwertig negativen Ionen* F^-, Cl^-, Br^- und I^- entstehen. Alle Halogene haben einen stark elektronegativen Charakter und eine *hohe Reaktionsfähigkeit.* Das Fluor ist das elektronegativste Element und das reaktionsfähigste Nichtmetall überhaupt. Vom Fluor zum Iod nimmt die Stärke dieser Eigenschaften ab.

Im gasförmigen Zustand bestehen die elementaren Halogene aus *zweiatomigen Molekülen* mit einem gemeinsamen Elektronenpaar (p-p-σ-Bindung), z. B.:

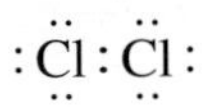

Auch mit dem elektroneutralen Kohlenstoff gehen die Halogene typische Atombindungen ein, z. B. im Tetrachlormethan:

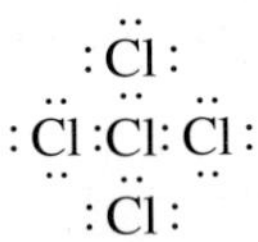

Zwischen den Halogenen und dem Wasserstoff treten dagegen stark polarisierte Atombindungen (s-p-σ) auf, so dass die Halogenwasserstoffe *Dipolmoleküle* bilden (→ Abschn. 9.2.1):

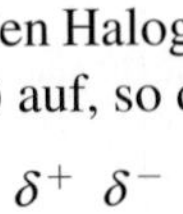

In den Verbindungen mit Sauerstoff haben die Halogene die Oxidationszahlen +1, +3, +5 und +7, mit Wasserstoff und den Metallen −1. Während die Verbindungsneigung zu Wasserstoff und zu den Metallen beim Fluor am stärksten ist, ist die Verbindungsneigung zum Sauerstoff beim Iod am stärksten. In Tabelle 12.1 wurden die Eigenschaften der Halogene übersichtlich zusammengestellt (→ Aufg. 12.1).

Tabelle 12.1 Übersicht über die Gruppe der Halogene

Element	Fluor	Chlor	Brom	Iod
Symbol	F	Cl	Br	I
Kernladungszahl	9	17	35	53
Relative Atommasse	18,998	35,45	79,904	126,90
Schmelzpunkt in °C	−220	−101	−7,2	+114
Siedepunkt in °C	−188	−34	−59	+184
Aggregatzustand bei 20 °C	gasförmig	gasförmig	flüssig	fest
Dichte in $g \cdot l^{-1}$ bei 0 °C und 101,3 kPa	1,696	3,21	—	—
Dichte in $g \cdot cm^{-3}$	1,1 fl., −200 °C	1,56 fl., −34 °C	3,12 f., −7 °C	4,95 f., 25 °C
Farbe im Gaszustand	farblos	gelbgrün	rotbraun	violett
Verbindungsneigung				
zu Sauerstoff	——— nimmt zu ——→			
zu Wasserstoff	——— nimmt ab ——→			
Allgemeine Reaktionsfähigkeit	——— nimmt ab ——→			
Nichtmetallcharakter	——— nimmt ab ——→			
Elektronegativer Charakter	——— nimmt ab ——→			

12.2 Chlor

Symbol: Cl [von chloros (griech.) gelbgrün; engl. Chlorine]

Das Chlor ist das wichtigste Halogen und gilt allgemein als der typische Vertreter der Halogene.

Vorkommen

Das Chlor kommt infolge seiner hohen Reaktionsfähigkeit in der Natur nur gebunden vor, und zwar vor allem als *Natriumchlorid* NaCl *(Steinsalz), Kaliumchlorid* KCl *(Sylvin)* und *Kaliummagnesiumchlorid* $KCl \cdot MgCl_2 \cdot 6\,H_2O$ *(Carnallit)*. Diese Salze treten in großen Lagerstätten auf, die vor etwa 200 Mill. Jahren durch Eindunsten abgeschnittener Meeresteile entstanden. Die Weltmeere enthalten heute etwa 2,7 % Natriumchlorid.

Gewinnung

Im Laboratorium wird Chlor durch Oxidation von konzentrierter Salzsäure HCl mit Kaliumpermanganat $KMnO_4$ oder einem anderen starken Oxidationsmittel erzeugt:

$$16\,HCl + 2\,KMnO_4 \rightarrow 2\,KCl + 2\,MnCl_2 + 8\,H_2O + 5\,Cl_2$$

Technisch wird Chlor durch Elektrolyse wässriger Lösungen von Natriumchlorid gewonnen (→ Abschn. 10.6.4).

Eigenschaften

Chlor ist ein gelbgrünes Gas von hoher Dichte ($3{,}2\ g \cdot l^{-1}$), das sich leicht verflüssigen lässt (kritische Temperatur 144 °C) und sich leicht in Wasser löst (etwa $2{,}3\,l\ Cl_2$ in $1\,l\ H_2O$). Da wasserfreies Chlor Eisen erst bei höheren Temperaturen angreift, kann flüssiges Chlor in Stahlflaschen und in Kesselwagen aufbewahrt und transportiert werden.

Chlor greift die Schleimhäute und das Lungengewebe stark an und ist daher ein gefährliches Giftgas. Arbeiten mit Chlor müssen stets unter dem Abzug ausgeführt werden.

Im ersten Weltkrieg wurde Chlor als Kampfmittel eingesetzt, wodurch Tausende von Soldaten einen grauenvollen Tod fanden.

Chlor gehört zu den reaktionsfähigsten Elementen. Es verbindet sich mit fast allen Elementen. Mit Natrium und anderen unedlen Metallen reagiert Chlor schon bei Zimmertemperatur:

$$2\,Na + Cl_2 \rightarrow 2\,NaCl$$

Höhere Temperaturen, Wasserdampfgehalt des Chlors und feine Verteilung der Metalle begünstigen die Reaktion. Unter diesen Bedingungen reagiert Chlor auch mit verhältnismäßig edlen Metallen wie Kupfer:

$$Cu + Cl_2 \rightarrow CuCl_2$$

Bei allen diesen Reaktionen, die z. T. mit Lichterscheinungen ablaufen, nimmt das Chlor Elektronen auf und geht dabei in das Chloridion Cl^- über:

$$Cl_2 + 2\,e^- \rightarrow 2\,Cl^-$$

Das Chlor wirkt also als *Oxidationsmittel* und wird dabei selbst *reduziert*.

Ein Gemisch von *Wasserstoff* und Chlor im Volumenverhältnis 1 : 1 *(Chlorknallgas)* reagiert beim Erhitzen oder unter dem Einfluss von ultravioletten Strahlen (Sonnenlicht, brennendes Magnesium) explosionsartig:

$$H_2 + Cl_2 \rightarrow 2\,HCl \qquad \Delta H = -184{,}6\ kJ \cdot mol^{-1}$$

Bei Zimmertemperatur und im Dunkeln ist das Chlorknallgas dagegen beständig. Mit anderen Nichtmetallen reagiert Chlor weniger heftig.

Der einfacheren Handhabung wegen wird im Laboratorium an Stelle des gasförmigen Chlors für viele Zwecke dessen wässrige Lösung, das *Chlorwasser*, verwendet. Im Chlorwasser ist aber neben gelöstem elementarem Chlor auch Salzsäure HCl und hypochlorige Säure HClO enthalten, da sich das Chlor zum Teil mit dem Wasser umsetzt:

$$\overset{0}{Cl_2} + H_2O \rightleftharpoons H\overset{-1}{Cl} + H\overset{+1}{Cl}O$$

Die *hypochlorige Säure* HClO zerfällt unter Einwirkung von Licht in Salzsäure und atomaren Sauerstoff:

$$HClO \rightarrow HCl + O$$

Da der *atomare Sauerstoff* sehr reaktionsfähig ist, wirkt das Chlorwasser – und ebenso feuchtes Chlorgas – stark oxidierend.

Verwendung

Chlor dient als Ausgangsstoff für die Erzeugung von *Chlorwasserstoff* und *Salzsäure* sowie zahlreicher organischer Chlorverbindungen, unter denen sich wichtige Lösungsmittel und Pflanzenschutzmittel befinden (→ Kapitel 29). Der größte Teil des industriell erzeugten Chlors wird jedoch über das *Vinylchlorid* $CH_2{=}CHCl$ bei der Erzeugung von *Polyvinylchlorid* (PVC) (→ Abschn. 34.2) verbraucht. Chlor ist daher für die chemische Industrie ein unentbehrliches Zwischenprodukt.

Chlor bzw. Chlorwasser sowie hypochlorige Säure bzw. Hypochlorite (→ Abschn. 12.3.2) eignen sich zum Bleichen von Geweben, Zellstoff und Papier durch oxidative Zerstörung von Farbstoffen. Das Chlor muss nach dem Bleichen restlos entfernt werden, indem es mit Natriumthiosulfat (Antichlor) $Na_2S_2O_3 \cdot 5\,H_2O$ zu Chloridionen reduziert wird:

$$S_2O_3^{2-} + 4\,Cl_2 + 5\,H_2O \rightarrow 2\,SO_4^{2-} + 8\,HCl + 2\,H^+$$

Da die Erzeugung und Anwendung von Chlor mit Umweltbelastungen einhergeht, werden in zunehmendem Maße andere Bleichmittel eingesetzt (u. a. solche, die Wasserstoffperoxid abspalten; → Abschn. 11.2.2). Für die Entkeimung von Trinkwasser (→ Abschn. 25.5.3) und Badewasser (oxidative Zerstörung von Mikroorganismen) kann Chlor nicht entbehrt werden (→ Aufg. 12.3 bis 12.5). Auch bei der umweltfreundlicheren *Ozonisierung* von Wasser ist zusätzlich eine geringe *Sicherheitschlorierung* nötig, da nur diese bis zum Verbraucher wirksam ist.

12.3 Verbindungen des Chlors

12.3.1 Chlorwasserstoff und Salzsäure

Chlorwasserstoff ist ein farbloses, stechend riechendes Gas, das sich sehr leicht in Wasser löst (bei 20 °C etwa 450 l HCl in 1 l H_2O).

Die wässrige Lösung des Chlorwasserstoffs wird als *Chlorwasserstoffsäure* oder *Salzsäure* bezeichnet.

Die Chlorwasserstoffmoleküle, die stark polarisierte Atombindungen aufweisen, geben leicht Protonen ab. Der Chlorwasserstoff ist eine sehr starke Säure ($pK_S \approx -6$) und unterliegt in wässrigen Lösungen einer vollständigen Protolyse:

$$HCl + H_2O \rightleftharpoons Cl^- + H_3O^+$$

Im *Laboratorium* wird zur Darstellung des Chlorwasserstoffs der Umstand ausgenutzt, dass die leichtflüchtige Salzsäure von der schwerflüchtigen Schwefelsäure aus ihren Salzen, den *Chloriden*, verdrängt wird:

$$NaCl + H_2SO_4 \rightarrow NaHSO_4 + HCl\uparrow$$

Oberhalb 800 °C setzt sich das Natriumhydrogensulfat mit weiterem Natriumchlorid um:

$$NaCl + NaHSO_4 \rightarrow Na_2SO_4 + HCl\uparrow$$

Daraus ergibt sich als Gesamtreaktion

$$2\,NaCl + H_2SO_4 \rightarrow Na_2SO_4 + 2\,HCl\uparrow$$

Die *technische Gewinnung von Chlorwasserstoff* erfolgt durch Synthese aus den Elementsubstanzen, indem man in einem Quarzbrenner (Bild 12.1) Chlor und Wasserstoff verbrennt:

$$H_2 + Cl_2 \rightarrow 2\,HCl$$

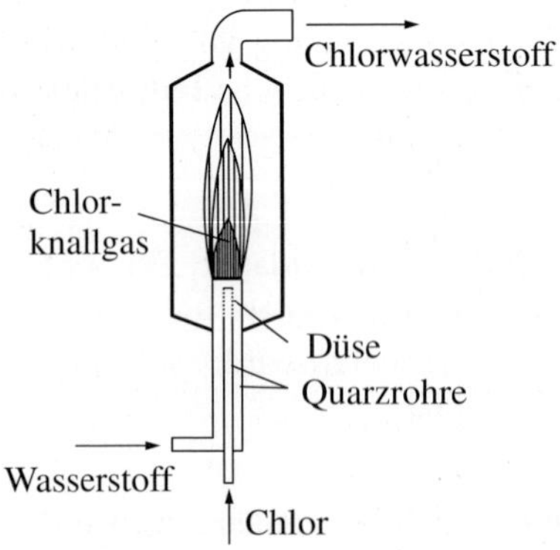

Bild 12.1 Quarzbrenner zur Chlorwasserstoffsynthese

Salzsäure wird erzeugt, indem durch eine Reihe von Steingutgefäßen Chlorwasserstoffgas einem Wasserstrom entgegen geleitet wird *(Gegenstromprinzip)*. Die Salzsäure kommt als konzentrierte Salzsäure mit 32 bis 37 % HCl in Glasballons oder Steingutgefäßen in den Handel. Aus dieser konzentrierten Salzsäure entweicht Chlorwasserstoff, der mit dem Wasserdampf der Luft Salzsäurenebel bildet. Die daraus abgeleitete Bezeichnung „rauchende

Salzsäure“ ist nicht exakt, da es sich hier nicht um Rauch (fest in gasförmig), sondern um Nebel (flüssig in gasförmig) handelt (Tabelle 2.2).

Die Salzsäure reagiert lebhaft mit fast allen *Metallen*, die in der Spannungsreihe links vom Wasserstoff stehen, z. B.:

$$Zn + 2\,HCl \rightarrow ZnCl_2 + H_2 \uparrow$$

Dabei entstehen die *Chloride* der betreffenden Metalle. Die Metalle, die in der Spannungsreihe rechts vom Wasserstoff stehen (Cu, Ag, Pt, Au), werden dagegen von der Salzsäure nicht angegriffen. Das *Königswasser*, eine Mischung von drei Teilen konzentrierter Salzsäure und einem Teil konzentrierter Salpetersäure, greift infolge Bildung von atomarem Chlor, das besonders reaktionsfähig ist, auch die Edelmetalle – selbst das Gold, den „König der Metalle“ – an:

$$3\,HCl + HNO_3 \rightarrow NOCl + 2\,Cl + 2\,H_2O$$
$$Au + 3\,Cl \rightarrow AuCl_3$$

Auch das dabei entstehende *Nitrosylchlorid* NOCl reagiert mit den Edelmetallen.

Die wichtigsten Salze der Salzsäure sind das *Natriumchlorid* NaCl (*Kochsalz, Steinsalz*) und das *Kaliumchlorid* KCl (*Sylvin*). Die Metallchloride sind mit Ausnahme von *Silberchlorid* AgCl, *Quecksilber(I)-chlorid* Hg_2Cl_2 und *Blei(II)-chlorid* $PbCl_2$ im Wasser leicht löslich.

Die Salzsäure dient zum Beizen und zum Ätzen von Metallen, zum Herauslösen von Metallen aus Erzen und zur Kesselsteinbeseitigung. In der Landwirtschaft verwendet man sie zum Konservieren von Grünfutter. Außerdem ist Salzsäure bzw. Chlorwasserstoff ein wichtiges Zwischenprodukt der chemischen Industrie.

12.3.2 Oxide und Sauerstoffsäuren des Chlors

Das Chlor bildet mehrere Oxide, in denen es die Oxidationszahlen +1 (Dichlormonoxid Cl_2O), +4 (Chlordioxid ClO_2), +6 (Dichlorhexaoxid Cl_2O_6) und +7 (Dichlorheptaoxid Cl_2O_7) aufweist. Diese Oxide haben aber kaum praktische Bedeutung. Erheblich wichtiger sind die vier Sauerstoffsäuren des Chlors und deren Salze (Tabelle 12.2).

Tabelle 12.2 Säuren des Chlors

Oxidationszahl	Bezeichnung	Formel	Bezeichnung der Salze	Formel der Salze (Me = einwertiges Metall)
−1	Salzsäure (Chlorwasserstoffsäure)	HCl	Chlor*ide*	MeCl
+1	*hypo*chlor*ige* Säure	HClO	*Hypo*chlor*ite*	MeClO
+3	chlor*ige* Säure	$HClO_2$	Chlor*ite*	$MeClO_2$
+5	Chlor*säure*	$HClO_3$	Chlor*ate*	$MeClO_3$
+7	*Per*chlor*säure*	$HClO_4$	*Per*chlor*ate*	$MeClO_4$

Die **hypochlorige Säure** HClO, auch unterchlorige Säure genannt, entsteht – neben Salzsäure – beim Einleiten von Chlor in Wasser (→ Abschn. 12.2). Sie ist eine mittelstarke Säure (pK_S =

7,25). Die wichtigsten Salze der hypochlorigen Säure sind *Natriumhypochlorit* $NaClO$ und *Kaliumhypochlorit* $KClO$. Die hypochlorige Säure wird schon von der Kohlensäure aus ihren Salzen verdrängt:

$$2\,KClO + H_2CO_3 \rightarrow K_2CO_3 + 2\,HClO \qquad (12.1)$$

$$2\,HClO \rightarrow 2\,HCl + 2\,O \qquad (12.2)$$

Da hierbei atomarer Sauerstoff entsteht, dienen wässrige Lösungen der Hypochlorite als Bleichlaugen ($KClO$, *Eau de Javelle*; $NaClO$, *Eau de Labarraque*). Die erforderliche Kohlensäure entsteht beim Bleichen aus dem Kohlenstoffdioxid der Luft.

Wird Chlor über Calciumhydroxid (gelöschten Kalk) $Ca(OH)_2$ geleitet, so bildet sich *Chlorkalk*, dessen wirksamer Bestandteil ein gemischtes Salz der Salzsäure und der hypochlorigen Säure ist, also ein Calciumchloridhypochlorit:

$$Cl_2 + Ca(OH)_2 \rightleftharpoons CaCl(ClO) + H_2O \qquad (12.3)$$

Dieses gemischte Salz zeigt folgenden Aufbau:

$$[Ca]^{2+}\begin{matrix}[Cl]^- \\ [ClO]^-\end{matrix}$$

Wie jedes Hypochlorit bildet der Chlorkalk mit dem Kohlenstoffdioxid der Luft hypochlorige Säure. Die daraus nach Gleichung (12.2) entstehende Salzsäure setzt sich mit weiterem Chlorkalk unter Entwicklung von elementarem Chlor um:

$$CaCl(ClO) + HCl \rightarrow CaCl_2 + HClO \qquad (12.4)$$

$$H\overset{+1}{Cl}O + H\overset{-1}{Cl} \rightarrow \overset{0}{Cl_2} + H_2O \qquad (12.5)$$

Bei der in Gleichung (12.5) wiedergegebenen Reaktion handelt es sich um einen Redoxvorgang, die hypochlorige Säure wird zu Chlor reduziert, die Salzsäure zu Chlor oxidiert. Da sowohl der Sauerstoff als auch das Chlor stark oxidierend wirken, wird Chlorkalk als Desinfektionsmittel (oxidative Zerstörung von Mikroorganismen) verwendet.

Die **Chlorsäure** $HClO_3$ und ihre Salze, die *Chlorate*, geben leicht Sauerstoff ab und sind daher starke Oxidationsmittel. *Kaliumchlorat* $KClO_3$ zerfällt beim Erhitzen auf 400 °C in *Kaliumchlorid* KCl und *Kaliumperchlorat* $KClO_4$:

$$4\,K\overset{+5}{Cl}O_3 \rightarrow K\overset{-1}{Cl} + 3\,K\overset{+7}{Cl}O_4 \qquad (12.6)$$

Wie die Oxidationszahlen zeigen, kommt es beim Erhitzen von Kaliumchlorat zunächst zu einer *Disproportionierung* (→ Abschn. 14.3.3). Das Kaliumperchlorat zerfällt dann bei 500 °C weiter in Kaliumchlorid und Sauerstoff:

$$3\,K\overset{+7}{Cl}\overset{-2}{O_4} \rightarrow 3\,K\overset{-1}{Cl} + 6\,\overset{0}{O_2} \qquad (12.7)$$

Wird dem Kaliumchlorat Mangan(IV)-oxid MnO_2 *(Braunstein)* als Katalysator zugesetzt, so zerfällt es schon bei 150 °C unmittelbar in Kaliumchlorid und Sauerstoff:

$$2\,KClO_3 \xrightarrow{MnO_2} 2\,KCl + 3\,O_2 \qquad (12.8)$$

Diese Reaktion wird im Laboratorium zur Sauerstoffdarstellung angewandt. Mit organischen oder anderen leicht oxidierbaren Stoffen (z. B. Phosphor oder Schwefel) setzt sich Kaliumchlorat beim Erhitzen, aber auch schon auf Schlag oder Reibung explosionsartig um. Praktisch angewandt wird das bei den Zündhölzern, deren Kopf unter anderem Kaliumchlorat enthält, während sich in der Reibfläche roter Phosphor befindet.

Die **Perchlorsäure** $HClO_4$, auch Überchlorsäure genannt, gehört zu den stärksten Säuren, d. h., sie ist in verdünnten Lösungen praktisch vollständig protolysiert ($pK_S \approx -10$). In wässrigen Lösungen ist die Perchlorsäure recht beständig und wirkt trotz ihres höheren Sauerstoffgehalts weniger oxidierend als die übrigen Sauerstoffsäuren des Chlors. Ebenso sind ihre Salze, die *Perchlorate*, viel beständiger als die Salze der übrigen Sauerstoffsäuren des Chlors. Die *wasserfreie* Perchlorsäure neigt dagegen stark zu explosivem Zerfall, der schon von Staubteilchen ausgelöst werden kann. Sie verursacht auf der Haut schwer heilende, schmerzhafte Wunden (→ Aufg. 12.6 bis 12.8).

12.4 Brom und seine Verbindungen

Symbol: Br [bromos (griech.) Gestank; engl. Bromine]

Vorkommen

Brom ist erheblich weniger verbreitet als Chlor. Wie dieses kommt es in der Natur nicht elementar, sonder nur in Verbindungen vor. Bromverbindungen (vor allem *Kaliumbromid* KBr, *Natriumbromid* NaBr und *Magnesiumbromid* $MgBr_2$) begleiten meist in einem Verhältnis von etwa 1 : 300 die analogen Chlorverbindungen der Salzlagerstätten.

Gewinnung

Die Bromide reichern sich in den Endlaugen der Kalisalzverarbeitung an. Durch Einleiten von Chlor wird daraus elementares Brom gewonnen:

$$2\,Br^- + Cl_2 \rightleftharpoons Br_2 + 2Cl^-$$

Der Stellung der beiden Elemente in der Spannungsreihe der Nichtmetalle entsprechend, wird das Brom durch das Chlor aus seinen Verbindungen verdrängt.

Eigenschaften

Brom ist neben dem Quecksilber das einzige bei Zimmertemperatur flüssige Element. Es erstarrt bei −7,3 °C und siedet bei 58,8 °C. Bei Zimmertemperatur ist der Dampfdruck schon so hoch, dass das tiefbraune flüssige Brom rotbraune Dämpfe aussendet.

Die Bromdämpfe sind von stechendem Geruch und reizen sehr stark die Atemwege. Brom ist wie das Chlor ein starkes Gift. Auf der Haut ruft Brom tiefe, schmerzhafte Verletzungen hervor. Bei Arbeiten mit Brom, die unterm Abzug erfolgen müssen, sind daher Gummihandschuhe und Schutzbrille zu tragen.

Leichter zu handhaben als das Brom ist das *Bromwasser*, eine wässrige Lösung des Broms, die im Laboratorium an Stelle von Brom eingesetzt werden kann.

In seinen chemischen Eigenschaften ist das Brom dem Chlor sehr ähnlich, nur verlaufen chemische Reaktionen mit Brom weniger heftig als die analogen Reaktionen mit Chlor.

Verbindungen

Die meisten Verbindungen des Broms sind den analogen Verbindungen des Chlors ähnlich. Der *Bromwasserstoff* HBr ist ein farbloses, stechend riechendes Gas, das sich sehr leicht in Wasser löst.

Bromwasserstoffsäure ist eine sehr starke Säure ($pK_S = -9$). Die Salze der Bromwasserstoffsäure, die *Bromide*, lösen sich fast alle leicht in Wasser. Unlöslich ist das gelbliche *Silberbromid* AgBr, das unter dem Einfluss von Licht in Silber und Brom zerfällt und daher als lichtempfindlicher Stoff in der Fotografie verwendet wird.

12.5 Iod und seine Verbindungen

Symbol: I [von iodos (griech.) veilchenblau [1)]; engl. Iodine]

Vorkommen und Gewinnung

Auch das Iod [2)] kommt nicht elementar, sondern nur in Verbindungen vor. Iod ist noch erheblich seltener als Brom. Für die Gewinnung kommt vor allem der *Chilesalpeter* in Betracht, der etwa 0,12 % Natriumiodat $NaIO_3$ enthält. Schwefeldioxid reduziert das Natriumiodat zu elementarem Iod:

$$2\ Na\overset{+5}{I}O_3 + 5\,\overset{+4}{S}O_2 + 4\,H_2O \rightarrow Na_2\,\overset{+6}{S}O_4 + 4\ H_2\overset{+6}{S}O_4 + \overset{0}{I_2}$$

Eigenschaften

Iod bildet grauschwarze, metallisch glänzende Kristalle. Beim Erwärmen sublimiert es zu violetten Dämpfen. Iod löst sich nur sehr wenig in Wasser, dagegen gut in Alkohol, aber auch in einer wässrigen Kaliumiodidlösung. Eine 5 %ige alkoholische Lösung (sogenannte *Iodtinktur*) ist als Antiseptikum bekannt.

Die alkoholische Iodlösung und die wässrige Iod-Kaliumiodid-Lösung sind braun gefärbt. Das Iod geht hier mit dem Lösungsmittel bzw. mit dem Kaliumiodid Anlagerungsverbindungen ein. Dagegen löst es sich in sauerstofffreien Lösungsmitteln (z. B. Chloroform $CHCl_3$) in Form von I_2-Molekülen und behält dadurch seine violette Farbe bei.

Verbindungen

Iodwasserstoff HI, ein farbloses Gas, ist wie die anderen Halogenwasserstoffe in wässriger Lösung eine sehr starke Säure ($pK_S \approx -10$). Ihre Salze sind die *Iodide*, das bekannteste davon ist das *Kaliumiodid* KI.

---

1) nach der Farbe der Dämpfe

2) in deutschsprachiger Literatur auch Jod geschrieben

Iodsäure HIO_3 ist eine kristalline Substanz, die sich sehr leicht in Wasser löst (bei 20 °C 269 g HIO_3 in 100 g H_2O). Ihre Salze sind die *Iodate*, von denen das *Natriumiodat* $NaIO_3$ das wichtigste ist.

(→ Aufg. 12.9)

12.6 Fluor und seine Verbindungen

Symbol: F [von fluere (lat.) fließen[1]; engl. Fluorine]

Das Fluor steht in der VII. Hauptgruppe an erster Stelle. Wie alle Elemente der 2. Periode nimmt das Fluor innerhalb seiner Gruppe eine gewisse Sonderstellung ein.

Vorkommen und Gewinnung

Das Fluor kommt nur in Verbindungen vor, von denen die wichtigsten der *Flussspat* CaF_2 und der *Kryolith* $Na_3[AlF_6]$ sind.

Infolge seiner hohen Elektronenaffinität lässt sich Fluor nur durch *anodische Oxidation* elementar herstellen.

$$2\,F^- \rightarrow 2\,F + 2\,e^-$$

$$2\,F \rightarrow F_2$$

Das geschieht z. B. durch Elektrolyse einer Schmelze von Kaliumhydrogenfluorid KHF_2.

Eigenschaften

Das dabei entstehende Fluor ist ein schwach grünlich-gelbes Gas. Es ist das reaktionsfähigste Nichtmetall. Es reagiert mit fast allen Elementsubstanzen, sogar mit dem Edelgas Xenon. Mit den meisten Elementsubstanzen reagiert es heftig. Dem Wasser entzieht es den Wasserstoff:

$$2\,F_2 + 2\,H_2O \rightarrow 4\,HF + O_2$$

Vom Fluor lässt sich daher – im Gegensatz zu den anderen Halogenen – keine wässrige Lösung herstellen.

Verbindungen

Das Fluor weist in fast allen seinen Verbindungen die Oxidationszahl −1 auf.

Die wichtigste Fluorverbindung ist der *Fluorwasserstoff*, eine farblose Flüssigkeit, die bei 19,5 °C siedet und schon unterhalb dieser Temperatur an der Luft starke Nebel bildet. Der Fluorwasserstoff hat einen stechenden Geruch und ist *sehr giftig*.

Nur oberhalb 90 °C liegt der Fluorwasserstoff in HF-Molekülen vor. Bei niedrigeren Temperaturen lagern sich jeweils mehrere HF-Moleküle zu größeren Molekülen (z. B. $(HF)_6$) zusammen. Deshalb ist Fluorwasserstoff – im Gegensatz zu den anderen Halogenwasserstoffen – bei Zimmertemperatur flüssig (Sonderstellung des Fluors).

---

[1] nach dem in der Metallurgie als Flussmittel verwendeten Calciumfluorid (Flussspat) CaF_2

Fluorwasserstoff löst sich leicht in Wasser, er stellt eine mittelstarke Säure dar ($pK_S = 3{,}14$). Die wässrige Lösung ist als *Flusssäure* bekannt. Die Salze des Fluorwasserstoffs sind die *Fluoride*, von denen das *Calciumfluorid* (*Flussspat*) CaF_2 das wichtigste ist.

Als leichtflüchtige Säure wird der Fluorwasserstoff von schwerflüchtigen Säuren aus seinen Salzen verdrängt. Hierauf beruht die Gewinnung von Fluorwasserstoff:

$$CaF_2 + H_2SO_4 \rightarrow CaSO_4 + 2\,HF \uparrow$$

Sowohl der gasförmige Fluorwasserstoff als auch die Flusssäure greifen Glas an, ihre Gewinnung erfolgt daher in Bleigefäßen. Andererseits wird diese Eigenschaft beim Ätzen von Glas angewandt. Gasförmiger Fluorwasserstoff gibt eine matte, Flusssäure eine klare Ätzung. Flusssäure wird auch dazu verwendet, Gussstücke von anhaftendem Quarzsand zu befreien. Flusssäure wird in Gefäßen aus Blei, Kautschuk oder Paraffin aufbewahrt.

Die Flusssäure verursacht auf der Haut schwer heilende, schmerzhafte Verätzungen. Daher müssen beim Umgang mit Flusssäure unbedingt flüssigkeitsdichte Sicherheitshandschuhe und Schutzbrille getragen werden. Schon bei Verdacht auf Flusssäureverätzung ist der Arzt aufzusuchen, da Schmerzen oft erst nach Stunden auftreten und dann schwere Schäden (besonders bei Verätzungen unter den Fingernägeln) nicht mehr zu vermeiden sind.

Weitere wichtige Fluorverbindungen sind die *Hexafluorokieselsäure* $H_2[SiF_6]$ und deren Salze, die *Hexafluorosilicate*, z. B. Magnesiumhexafluorosilicat $Mg[SiF_6]$, die dazu eingesetzt werden, die Oberfläche von Beton zu härten und besonders wasserundurchlässig zu machen.

Zu den organischen Fluorverbindungen siehe Abschnitte 29.1 und 34.2.

❍ Aufgaben

12.1 Weshalb werden die Elemente der 7. Hauptgruppe des Periodensystems als Halogene bezeichnet?

12.2 In welcher Reihenfolge nimmt die allgemeine Reaktionsfähigkeit der Halogene zu?

12.3 Wie wird Chlor technisch gewonnen?

12.4 Weshalb wirkt Chlor als Oxidationsmittel?

12.5 Worauf ist es zurückzuführen, dass Chlorwasser bleichend wirkt?

12.6 Wie wird Salzsäure technisch gewonnen?

12.7 In welchen Gefäßen kann a) flüssiges Chlor, b) konzentrierte Salzsäure aufbewahrt und transportiert werden?

12.8 Was ist beim Umgang mit Kaliumchlorat zu beachten?

12.9 Wie verhalten sich wässrige Bromid- und Iodidlösungen gegenüber Chlor bzw. Chlorwasser?

13 Elemente der Sauerstoffgruppe

13.1 Übersicht über die Elemente der 6. Hauptgruppe

In der 6. Hauptgruppe des Periodensystems stehen die Elemente *Sauerstoff, Schwefel, Selen, Tellur und Polonium.*

Da diese Elemente, vor allem Sauerstoff und Schwefel, maßgeblich am Aufbau der Erdrinde beteiligt sind, werden sie unter der Bezeichnung *Chalkogene* (Erzbildner) zusammengefasst. Bei den meisten Erzen handelt es sich um *Oxide* oder *Sulfide*. Sulfidische Erze enthalten häufig *Selenide*, seltener *Telluride* als Beimengungen. *Polonium* ist ein radioaktives Zerfallsprodukt des Urans und findet sich in der Uranpechblende.

Innerhalb der 6. Hauptgruppe tritt eine deutliche Abstufung der Eigenschaften der Elemente auf. Sauerstoff und Schwefel sind typische Nichtmetalle. Das Selen tritt in zwei nichtmetallischen und einer metallischen Modifikation auf. Beim Tellur überwiegt bereits deutlich der Metallcharakter.

Die Atome aller Elemente der 6. Hauptgruppe haben auf dem höchsten Energieniveau folgende Elektronenbesetzung:

s^2	p^4		
↑↓	↑↓	↑	↑

Dieses Energieniveau kann durch Aufnahme von zwei Elektronen voll aufgefüllt werden, wobei die Atome zwei negative Ladungen erhalten (z. B. S^{2-}). In Verbindungen mit Wasserstoff und den Metallen besitzen die Elemente der 6. Hauptgruppe durchweg die Oxidationszahl -2. In Verbindungen mit Sauerstoff und im Komplexionen treten Schwefel und die folgenden Elemente der 6. Hauptgruppe mit den Oxidationszahlen $+2$, $+4$ und $+6$ auf, während der Sauerstoff selbst eine Ausnahme bildet und in der Regel die Oxidationszahl -2 aufweist.

Die Oxide von Schwefel und Selen sind Nichtmetalloxide und bilden daher mit Wasser Säuren. Das Tellurdioxid TeO_2 ist amphoter. Dem abnehmenden Nichtmetallcharakter entsprechend, ist die Schwefelsäure eine starke und die Tellursäure eine sehr schwache Säure. In Tabelle 13.1 wurden die wichtigsten Eigenschaften der Elemente der 6. Hauptgruppe zusammengestellt.

13.2 Sauerstoff

Symbol: O [von oxy-genium (griech./lat.) Säurebildner; engl. Oxygen]

Die Luft enthält 20,95 Vol.-% Sauerstoff. In freier und gebundener Form (Wasser, Siliciumdioxid, Silicate, oxidische Erze usw.) bildet der Sauerstoff 49,4 % der Masse der Erdrinde. Der Sauerstoff ist ein farb- und geruchloses Gas, das unter Normaldruck bei 90 K (-183 °C) flüssig wird. Die Masse eines Liters beträgt unter Normalbedingungen 1,43 g. Sauerstoff tritt in der Regel in zweiatomigen Molekülen O_2 auf (→ Abschn. 5.2.1.4).

Tabelle 13.1 Übersicht über die 6. Hauptgruppe

Element	Sauerstoff	Schwefel	Selen	Tellur	Polonium
Symbol	O	S	Se	Te	Po
Kernladungszahl	8	16	34	52	84
Relative Atommasse	15,999	32,06	78,96	127,6	209[1)]
Schmelzpunkt in °C	−218,9	119,0 (monokline Form)	220,2 (metallische Form)	450	254
Siedepunkt in °C	−183,0	444,6	685	1 390	962
Dichte in $g \cdot cm^{-3}$	1,14 fl., −183 °C	2,07 rhomb.	4,8 grau	6,25	9,4
Farbe der nicht metallischen Form	hellblau (flüssige Form)	gelb	rot	braun	
Verbindungsneigung					
zu Sauerstoff	nimmt zu →				
zu Wasserstoff	nimmt ab →				
Nichtmetallcharakter, elektronegativer Charakter, Säurecharakter der Oxide	nehmen ab →				

[1)] Massenzahl des langlebigsten Isotops

Der Sauerstoff ist *elektronegativ*. Er zeigt ein starkes Bestreben zur Aufnahme von Elektronen und ist daher ein starkes Oxidationsmittel. In seinen Verbindungen tritt er in der Regel mit der Oxidationszahl −2 auf.

Der Sauerstoff liegt im normalen Zustand nicht in *Molekülen* mit zwei gemeinsamen Elektronenpaaren vor ($\overline{\underline{O}}=\overline{\underline{O}}$), sondern in *Biradikalen* mit zwei ungepaarten Elektronen:

$$\cdot\overline{\underline{O}}-\overline{\underline{O}}\cdot$$

Darauf beruht die hohe Reaktionsfähigkeit des Sauerstoffs und sein *Paramagnetismus*[1].

Im *Laboratorium* wird Sauerstoff durch thermische Dissoziation von sauerstoffreichen Verbindungen gewonnen, z. B. von *Kaliumpermanganat* $KMnO_4$

$$4\,KMnO_4 \xrightarrow{>200\,^\circ C} 4\,MnO_2 + 2\,K_2O + 3\,O_2\uparrow$$

oder *Kaliumchlorat* $KClO_3$ (→ Abschn. 12.3.2).

Auch durch katalytische Zersetzung von *Wasserstoffperoxid* H_2O_2 lässt sich leicht Sauerstoff darstellen, wobei Mangan(IV)-oxid als Katalysator dient:

$$2\,H_2O_2 \xrightarrow{MnO_2} 2\,H_2O + O_2\uparrow$$

Der entstehende Sauerstoff bringt einen glimmenden Holzspan zum Entflammen (*Nachweis für Sauerstoff*).

Die *technische Gewinnung* von Sauerstoff geht von flüssiger Luft aus, die durch fraktionierte Destillation in Sauerstoff und Stickstoff zerlegt wird.

Beim *Linde-Verfahren* zur *Luftverflüssigung* (Bild 13.1) wird – von Staub und Kohlenstoffdioxid gereinigte – Luft zunächst auf 5 MPa (50 bar) komprimiert, wobei sie sich erwärmt. Diese komprimierte Luft wird durch Wasserkühlung vorgekühlt und dann durch ein Drosselventil entspannt. Dabei kommt es zu einer starken Abkühlung der Luft, da zur Überwindung der in der Luft herrschenden zwischenmolekularen Kräfte Energie verbraucht wird *(Joule-Thomson-Effekt)*. Die abgekühlte Luft wird vom Kompressor wieder angesaugt, wobei sie in einem Gegenstromapparat aus verdichteter Luft Wärme aufnimmt und diese abkühlt. Die auf diese Weise im Kreislauf geführte Luft kühlt sich schließlich bis zu den Kondensationspunkten von Sauerstoff (90 K; −183 °C) und Stickstoff (77 K; −196 °C) ab, sodass sich flüssige Luft abscheidet und weitere Luft in den Kreislauf aufgenommen wird.

Flüssige Luft hat eine Temperatur von etwa 81 K (−192 °C), sie lässt sich ebenso wie flüssiger Stickstoff und flüssiger Sauerstoff in doppelwandigen Gefäßen (Thermosflaschen) und sonstigen gut isolierten Behältern (z. B. Spezialkraftfahrzeugen für Sauerstofftransport) aufbewahren und transportieren. Diese Gefäße dürfen nicht fest verschlossen werden, da die verflüssigten Gase ständig sieden, indem sie aus der Umgebung Wärme aufnehmen.

In Ländern, denen aus Wasserkräften gewonnene billige Elektroenergie zur Verfügung steht, wird Sauerstoff auch durch elektrolytische Zerlegung von Wasser technisch gewonnen.

[1] Paramagnetische Stoffe werden – weitaus schwächer als ferromagnetische – von einem Magnetfeld angezogen.

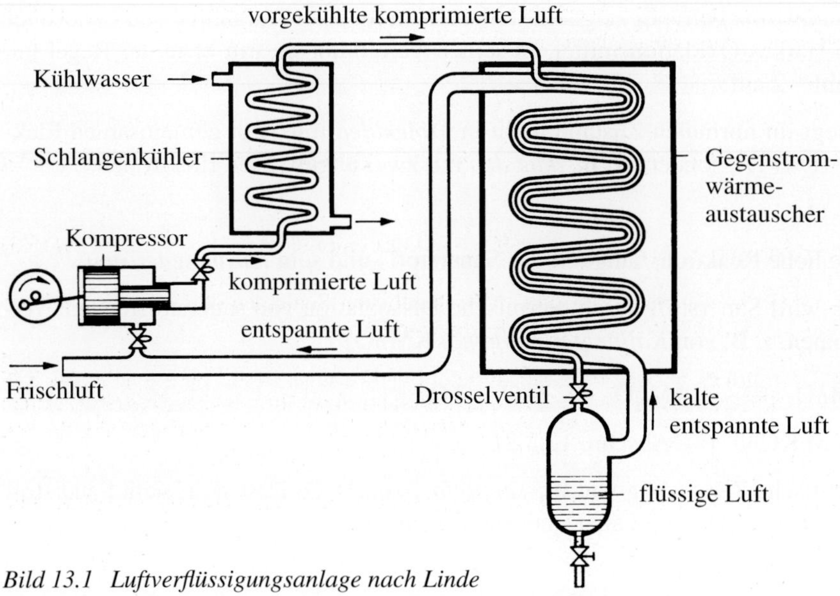

Bild 13.1 Luftverflüssigungsanlage nach Linde

Sauerstoff wird – mit Acetylen – zum Schweißen und Schneiden von Metallen verwendet. Dazu wird er in Stahlflaschen unter einem Druck von etwa 15 MPa (150 bar) geliefert. Die Sauerstoffflaschen sind durch blauen Anstrich gekennzeichnet, ihr Anschluss besitzt Rechtsgewinde. (Die Ventile *der Sauerstoffflaschen* dürfen *wegen Explosionsgefahr nicht eingefettet* werden.) Zur Intensivierung metallurgischer Prozesse wird heute vielfach sauerstoffangereicherte Luft eingesetzt.

(→ Aufg. 13.2 und 13.3)

13.3 Ozon

Vom Sauerstoff gibt es eine zweite Modifikation, das *Ozon*. Es unterscheidet sich vom gewöhnlichen Sauerstoff dadurch, dass es dreiatomige Moleküle O_3 besitzt. Die beiden Modifikationen des Sauerstoffs werden auch als *Disauerstoff* O_2 und *Trisauerstoff* O_3 bezeichnet.

Der Bindungszustand im Ozonmolekül kann durch folgende mesomeren Grenzstrukturen beschrieben werden:

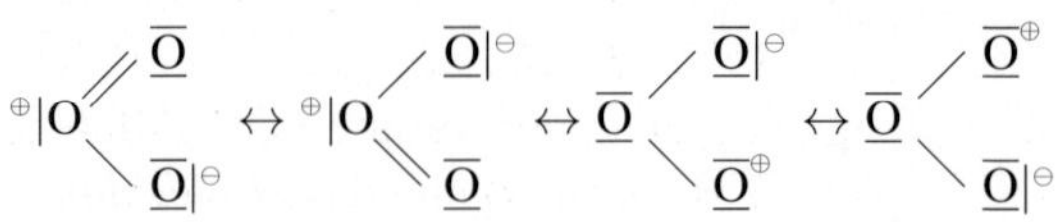

Die beiden vom mittleren Sauerstoffatom ausgehenden Bindungen sind demnach einander gleich. Es handelt sich bei beiden um einen Bindungszustand, der zwischen einer Einfachbindung und einer Doppelbindung liegt (→ Abschn. 5.2.5).

Die Ozonmoleküle entstehen, indem sich ein *Sauerstoffatom* mit einem *Sauerstoffmolekül* vereinigt:

$$O + O_2 \rightleftharpoons O_3 \qquad \Delta H = -103\ \text{kJ} \cdot \text{mol}^{-1} \qquad (13.1)$$

Diese Reaktion ist zwar exotherm, ihr muss aber die Aufspaltung von molekularem Sauerstoff in atomaren Sauerstoff vorangehen, die stark endotherm verläuft:

$$\frac{1}{2}O_2 \rightleftharpoons O \qquad \Delta H = +247\ \text{kJ} \cdot \text{mol}^{-1} \qquad (13.2)$$

Wie sich aus der Addition der Gleichungen (13.1) und (13.2) ergibt, verläuft die Ozonbildung endotherm:

$$1\frac{1}{2}O_2 \rightleftharpoons O_3 \qquad \Delta H = +144\ \text{kJ} \cdot \text{mol}^{-1} \qquad (13.3)$$

Bildung und Zerfall von Ozon verlaufen in den unterschiedlichen Schichten der Atmosphäre unter Aufnahme von Sonnenstrahlung (UV-Licht) und Abgabe von Wärme.

Die technische Ozongewinnung erfolgt in *Ozonisatoren*, in denen unter einer Wechselspannung von etwa 10 000 V stille elektrische Entladungen stattfinden. In dem durchströmenden Sauerstoff bilden sich bis zu 15 % Ozon. In der Nähe von künstlichen Höhensonnen und von Kopiergeräten, die mit UV-Licht arbeiten, ist der charakteristische Geruch [1)] des Ozons wahrzunehmen.

Ozon bildet sich auch durch Umsetzung von Stickstoffoxiden, wie sie in Autoabgasen enthalten sind, mit Sauerstoff:

$$NO_2 + O_2 \rightarrow NO + O_3$$

Ozon ist ein sehr starkes Gift (MAK-Wert 0,2 mg · m^{-3}). Bei Smogwetterlagen können gesundheitsschädigende Konzentrationen an Ozon auftreten.

Ozon zerfällt leicht in molekularen und atomaren Sauerstoff. Der atomare Sauerstoff (Monosauerstoff) wirkt sehr stark oxidierend. Ozon tötet daher Mikroorganismen und kann zum Entkeimen von Trinkwasser verwendet werden (→ Aufg. 13.4).

Die Ozonschicht in der Stratosphäre ist eine Voraussetzung für das Leben auf der Erde, da sie einen großen Anteil der UV-Strahlung absorbiert.

13.4 Schwefel

Symbol: S [von sulfur (lat.); engl. Sulfur]

Vorkommen

Schwefel kommt in der Natur sowohl gediegen als auch in Verbindungen vor.

Große Lager an *elementarem Schwefel* gibt es in Polen, auf Sizilien, in den USA und in Japan. Wichtige sulfidische Erze sind *Pyrit* FeS_2, *Kupferkies* $CuFeS_2$, *Bleiglanz* PbS und *Zinkblende* ZnS. In besonders großen Mengen treten in der Natur einige Sulfate auf, vor allem das *Calciumsulfat* ($CaSO_4$, *Anhydrit*; $CaSO_4 \cdot 2\,H_2O$, *Gips*) und das *Magnesiumsulfat* $MgSO_4$ (*Kieserit* $MgSO_4 \cdot H_2O$). Außerdem ist in allen *Kohlen* Schwefel (0,5 bis 3 %) enthalten. Auch viele Eiweißstoffe enthalten Schwefel. Er geht bei der Fäulnis dieser Eiweißstoffe in Schwefelwasserstoff H_2S über.

[1)] ozein (griech.) riechen

Gewinnung

Aus den Schwefellagern wird der Schwefel entweder bergmännisch abgebaut und über Tage aus dem begleitenden Gestein ausgeschmolzen oder mit Hilfe von überhitztem Wasserdampf unter Tage geschmolzen und in flüssiger Form durch Bohrlöcher heraufgedrückt.

Im Erdgas, in den Raffineriegasen sowie auch in den bei einer Vergasung oder Entgasung von Kohle entstehenden Gasgemischen (Generatorgas, Wassergas, Kokereigas, Schwelgas) ist *Schwefelwasserstoff* enthalten. Da er bei der Verwendung dieser Gase als Synthesegase (z. B. für die Ammoniaksynthese) die Katalyse stören würde, muss der Schwefelwasserstoff abgetrennt werden. Nach dem *Claus-Verfahren* kann aus dem Schwefelwasserstoff elementarer Schwefel gewonnen werden:

$$H_2\overset{-2}{S} + 1\tfrac{1}{2}\,\overset{0}{O_2} \rightarrow \overset{+4-2}{SO_2} + H_2\overset{-2}{O} \qquad \Delta H = -519\ \mathrm{kJ \cdot mol^{-1}}$$

$$2\,H_2\overset{-2}{S} + \overset{+4}{S}O_2 \rightarrow 3\,\overset{0}{S} + 2\,H_2O \qquad \Delta H = -147\ \mathrm{kJ \cdot mol^{-1}}$$

$$3\,H_2S + 1\tfrac{1}{2}\,O_2 \rightarrow 2\,S + 3\,H_2O \qquad \Delta H = -666\ \mathrm{kJ \cdot mol^{-1}}$$

Dabei wird der Schwefelwasserstoff zunächst zu einem Drittel mit Luft verbrannt. Das entstandene Schwefeldioxid-Schwefelwasserstoff-Gemisch wird dann an einem Bauxit-Kontakt zu elementarem Schwefel umgesetzt. Dieses zweistufige Verfahren hat den Vorteil, dass nur ein Bruchteil der insgesamt frei werdenden Wärme im Kontaktofen auftritt, wo sie schwer abzuführen ist.

Eigenschaften

Schwefel ist ein geruchloser, fester, gelber Stoff. Er tritt in verschiedenen *Modifikationen* (Erscheinungsformen) auf (Bilder 13.2 und 13.3).

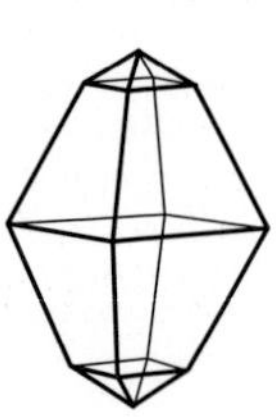

Bild 13.2 Kristall des rhombischen Schwefels

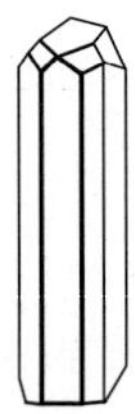

Bild 13.3 Kristall des monoklinen Schwefels

Der bei Zimmertemperatur beständige α-Schwefel bildet rhombische Kristalle (Bild 13.2). Beim Erwärmen geht er bei 95,6 °C in den monoklinen β-Schwefel über (Bild 13.3). Bei 119 °C schmilzt der β-Schwefel und geht in λ-Schwefel über, der eine hellgelbe Schmelze bildet. Der λ-Schwefel steht mit dem braunen, zähflüssigen μ-Schwefel im Gleichgewicht (Tabelle 13.2). Dieses Gleichgewicht verschiebt sich mit zunehmender Temperatur nach der Seite des μ-Schwefels, so dass die Schmelze beim weiteren Erwärmen immer zähflüssiger und dunkler wird. Bei 444,6 °C siedet der Schwefel. Der Schwefeldampf besteht zunächst aus S_8-Molekülen, die sich mit weiterer Temperaturerhöhung in S_2-Moleküle aufspalten. Beim Abkühlen verlaufen diese Vorgänge umgekehrt. Wird Schwefeldampf rasch abgekühlt, so sublimiert er, d. h., er geht unmittelbar in Schwefelpulver über.

Tabelle 13.2 Modifikationen des Schwefels

→ Erwärmen →

95,6 °C, 119 °C, 444,6 °C

α-Schwefel ⇌ β-Schwefel ⇌ λ-Schwefel ⇌ μ-Schwefel ⇌ S_8 ⇌ S_2

fest (α-, β-Schwefel) – flüssig (λ-, μ-Schwefel) – gasförmig (S_8, S_2)

← Abkühlen ←

Die Erscheinung, dass ein Element in mehreren Modifikationen auftritt, wird als *Allotropie* bezeichnet. Man spricht daher auch von allotropen Modifikationen. Dabei wird noch unterschieden zwischen *enantiotropen* (wechselseitig umwandelbaren) und *monotropen* Modifikationen (nur einseitig umwandelbar). Beim Schwefel handelt es sich um enantiotrope Modifikationen.

Schwefel ist in Wasser unlöslich. α-Schwefel löst sich in *Kohlenstoffdisulfid (Schwefelkohlenstoff)* CS_2, einer leicht verdampfenden (Kp = 46 °C), giftigen Flüssigkeit, deren Dämpfe mit Luft hochexplosive Gemenge ergeben.

Schwefel gehört zu den Elementen mit hoher Reaktionsfähigkeit. An der Luft und besonders heftig in Sauerstoff verbrennt er mit blauer Flamme zu Schwefeldioxid:

$$S + O_2 \rightarrow SO_2 \qquad \Delta H = -296{,}8\ \text{kJ} \cdot \text{mol}^{-1} \qquad (13.4)$$

Mit den meisten Metallen verbindet er sich beim Erhitzen zu Metallsulfiden, z. B.:

$$Fe + S \rightarrow FeS \qquad \Delta H = -95\ \text{kJ} \cdot \text{mol}^{-1}$$

$$Cu + S \rightarrow CuS \qquad \Delta H = -49\ \text{kJ} \cdot \text{mol}^{-1}$$

Da diese Reaktionen exotherm sind, laufen sie nach anfänglichem Erhitzen selbständig weiter.

Verwendung

In elementarer Form wird der Schwefel als Schwefelpulver zur Vulkanisation von Kautschuk und zur Herstellung von Zündsätzen (Zündholzköpfe, Schwarzpulver, Feuerwerkskörper) verwendet. Schwefel ist Ausgangsstoff für zahlreiche Schwefelverbindungen.

13.5 Verbindungen des Schwefels

13.5.1 Schwefelwasserstoff

Bei etwa 500 °C verbindet sich Schwefel mit Wasserstoff zu Schwefelwasserstoff H_2S:

$$H_2 + S \rightarrow H_2S \qquad \Delta H = -20\ \text{kJ} \cdot \text{mol}^{-1} \qquad (13.5)$$

Schwefelwasserstoff fällt als Nebenprodukt bei der Kohleveredlung und der Erdölverarbeitung an.

Die Moleküle des Schwefelwasserstoffes entsprechen denen des Wassers. Zwischen dem Schwefelatom und den beiden Wasserstoffatomen liegt je ein gemeinsames Elektronenpaar (s-p-σ-Bindung) vor:

$$H{:}\underset{\cdot\cdot}{\overset{\cdot\cdot}{S}}{:}H$$

Der Schwefel besitzt im Schwefelwasserstoff die Oxidationszahl -2, der Wasserstoff die Oxidationszahl $+1$.

Der Schwefelwasserstoff ist ein unangenehm riechendes[1], *sehr giftiges Gas*, das sich leicht in Wasser löst (bei 20 °C 2,61 H_2S in 1 l H_2O).

Schwefelwasserstoff ist eine mittelstarke Säure ($pK_S = 6{,}92$), er unterliegt daher in wässrigen Lösungen einer teilweisen Protolyse:

$$H_2S + H_2O \rightleftharpoons HS^- + H_3O^+$$

Das *Hydrogensulfidion* HS^- ist amphoter, als Base ist es mittelstark ($pK_B = 7{,}08$), als Säure ist es schwach ($pK_S = 13$):

$$HS^- + H_2O \rightleftharpoons S^{2-} + H_3O^+$$

Salze des Schwefelwasserstoffes sind die *Hydrogensulfide*, z. B. Kaliumhydrogensulfid KHS, und die *Sulfide*, z. B. Natriumsulfid Na_2S, in denen der Schwefel ebenfalls die Oxidationszahl -2 aufweist. Viele Sulfide sind in Wasser schwer löslich. Daher wird der Schwefelwasserstoff in der analytischen Chemie als Fällungsmittel benutzt.

Der Schwefelwasserstoff ist flüchtiger als der Chlorwasserstoff, deshalb reicht schon die Salzsäure aus, um den Schwefelwasserstoff aus seinen Salzen zu verdrängen:

$$FeS + 2\,HCl \rightarrow H_2S \uparrow + FeCl_2$$

Diese Reaktion zwischen Eisensulfid FeS und Salzsäure dient im Laboratorium zur Gewinnung von Schwefelwasserstoff.

Schwefelwasserstoff verbrennt mit blauer Flamme zu Schwefeldioxid SO_2:

$$2\,H_2S + 3\,O_2 \rightarrow 2\,SO_2 + 2\,H_2O \tag{13.6}$$

(→ Aufg. 13.5 und 13.6).

13.5.2 Schwefeldioxid

Eigenschaften

Das Schwefeldioxid SO_2 ist ein stechend riechendes, farbloses Gas, das unter normalem Druck schon bei -10 °C flüssig wird. Unter einem Druck von 0,4 MPa (4 bar) lässt es sich bei Zimmertemperatur verflüssigen. Flüssiges Schwefeldioxid ist ein ähnlich gutes Lösungsmittel wie Wasser. Beim Verdampfen entzieht das Schwefeldioxid seiner Umgebung eine erhebliche

[1] Der Schwefelwasserstoff verleiht faulen Eiern ihren charakteristischen Geruch (Zersetzung von schwefelhaltigen Eiweißstoffen)

Wärmemenge. Diese Erscheinung kann in Kühlanlagen ausgenutzt werden. Außerdem dient Schwefeldioxid als Desinfektionsmittel, Schädlingsbekämpfungsmittel und Bleichmittel.

Der Bindungszustand im Schwefeldioxidmolekül SO_2 kann durch folgende mesomeren Grenzstrukturen beschrieben werden:

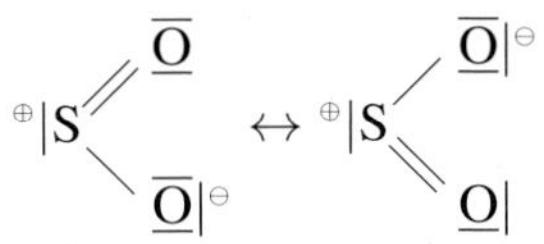

Die beiden S—O-Bindungen sind einander gleich (→ Abschn. 5.2.5).

Gewinnung

Das Schwefeldioxid SO_2 spielt als Zwischenprodukt bei der Schwefelsäuregewinnung eine außerordentlich wichtige Rolle in der chemischen Industrie. Es kann aus verschiedenen Ausgangsstoffen gewonnen werden. So entsteht es beim Verbrennen von Schwefel direkt aus den Elementsubstanzen:

$$S + O_2 \rightarrow SO_2 \qquad \Delta H = -296{,}8\ \text{kJ} \cdot \text{mol}^{-1} \qquad (13.7)$$

Elementarer Schwefel wird gegenwärtig immer bedeutsamer als Ausgangsstoff für die Schwefelsäuregewinnung, da bei hinreichender Reinheit des Schwefels auf die sonst notwendigen kostspieligen Anlagen zur Reinigung des Schwefeldioxids weitgehend verzichtet werden kann.

Schwefeldioxid entsteht auch beim *Verbrennen von Schwefelwasserstoff* (Gleichung 13.6) und beim *Rösten* (Erhitzen unter Luftzufuhr) *sulfidischer Erze*, z. B.:

$$2\,ZnS + 3\,O_2 \rightarrow 2\,ZnO + 2\,SO_2 \qquad (13.8)$$

Das Schwefeldioxid tritt daher bei der Gewinnung von Metallen aus sulfidischen Erzen als wertvolles Nebenprodukt auf. Beim Rösten von *Pyrit* FeS_2 ist das Schwefeldioxid dagegen Hauptprodukt:

$$2\,FeS_2 + 5\tfrac{1}{2}\,O_2 \rightarrow Fe_2O_3 + 4\,SO_2 \qquad \Delta H = -1\,706\ \text{kJ} \cdot \text{mol}^{-1} \qquad (13.9)$$

Pyrit war früher der Hauptrohstoff für die Schwefelsäuregewinnung. Er ist aber inzwischen hinter den *elementaren Schwefel* zurückgetreten, dessen Verbrennung den Vorteil bietet, keine Rückstände zu hinterlassen. Sie erfolgt in Brennkammern, in die flüssiger Schwefel eingesprüht wird.

Aus der Notwendigkeit heraus, Stoffe im Kreislauf zu führen, basiert ein zunehmender Anteil der Schwefelsäureproduktion heute auf der Rückgewinnung von Schwefeldioxid aus Abfallschwefelsäure, die in großen Mengen, u. a. bei der Erdölraffination, anfällt.

Das beim Verbrennen von schwefelhaltiger Kohle entstehende Schwefeldioxid führt zu einer starken Umweltbelastung (Schäden im Pflanzenwuchs). Dem wird entgegengewirkt durch Modernisierung von Heizungsanlagen sowie durch Rauchgasentschwefelungsanlagen in Kraftwerken. Beim bekanntesten dieser Verfahren wird das Schwefeldioxid mittels Kalkmehl in Gips übergeführt:

$$SO_2 + CaCO_3 + 2\,H_2O + \tfrac{1}{2}O_2 \rightarrow CaSO_4 \cdot 2\,H_2O + CO_2,$$

der zum Teil als Baustoff verwendet wird.

In rohstoffarmen Ländern lässt sich Schwefeldioxid aus *Sulfaten* gewinnen. Aus Calciumsulfat (Anhydrit $CaSO_4$ oder Gips $CaSO_4 \cdot 2\,H_2O$) kann im Gemisch mit Koks bei über 1000 °C Schwefeldioxid abgespalten werden:

$$2\,CaSO_4 + C \rightarrow 2\,CaO + CO_2 + 2\,SO_2$$

Dieses sehr energieintensive Verfahren wurde dadurch wirtschaftlich gestaltet, dass sich unter Zugabe von Ton das Calciumoxid zu Zementklinkern umsetzt *(Müller-Kühne-Verfahren)*. Heute dient es nur noch der Aufarbeitung von Calciumsulfat aus der Rauchgasentschwefelung.

Bedeutsam ist noch die Spaltung von Eisen(II)-sulfat, das als Abfallprodukt beim Metallbeizen und bei der Titan(IV)-oxidgewinnung anfällt:

$$2\,FeSO_4 \cdot H_2O \rightarrow Fe_2O_3 + 2\,SO_2 + \tfrac{1}{2}\,O_2 + 2\,H_2O$$

Das Rösten von Sulfiden und das Spalten von Sulfaten wird in Öfen unterschiedlicher Konstruktion durchgeführt:

- in Etagenöfen (Bild 13.4); z. B. Pyrit und Eisen(II)-sulfat,
- in Drehrohröfen; z. B. Calciumsulfat und Pyrit,
- in Wirbelschichtöfen (siehe Bild 15.2); z. B. Pyrit und Zinkblende.

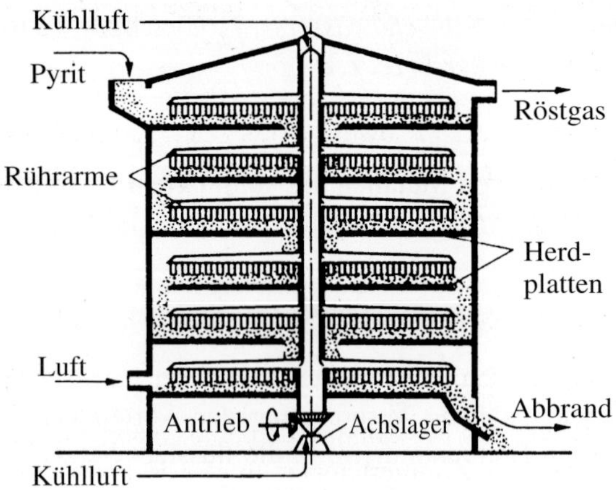

Bild 13.4 Etagenröstofen

13.5.3 Schweflige Säure

Schwefeldioxid löst sich sehr leicht in Wasser (bei 20 °C etwa 40 l SO_2 in 1 l H_2O). Das gelöste Schwefeldioxid reagiert z.T. mit dem Wasser, wobei sich schweflige Säure H_2SO_3 bildet:

$$SO_2 + H_2O \rightleftharpoons H_2SO_3 \qquad (13.10)$$

Das Schwefeldioxid ist demnach das *Anhydrid der schwefligen Säure*. Das in Gleichung 13.10 wiedergegebene Gleichgewicht liegt weit auf der linken Seite dieser Gleichung. Beim erwärmen von schwefliger Säure wird das Gleichgewicht noch weiter nach links verschoben, sodass die schweflige Säure vollständig in Schwefeldioxid und Wasser zerfällt. Infolge dieser ungünstigen Gleichgewichtslage ist in der wässrigen Lösung von Schwefeldioxid nur wenig schweflige Säure H_2SO_3 enthalten. Diese Lösung reagiert daher nur schwach sauer, obwohl die schweflige Säure eine starke Säure ist ($pK_S = 1{,}92$), die in wässriger Lösung weitgehend protolysiert:

$$H_2SO_3 + H_2O \rightleftharpoons HSO_3^- + H_3O^+$$

Das entstehende *Hydrogensulfition* HSO_3^- ist amphoter, als Base ist es schwach ($pK_B = 12{,}08$), als Säure mittelstark ($pK_S = 7$):

$$HSO_3^- + H_2O \rightleftharpoons SO_3^{2-} + H_3O^+$$

Salze der schwefligen Säure sind die *Hydrogensulfite*, z. B. Calciumhydrogensulfit $Ca(HSO_3)_2$, und die *Sulfite*, z. B. Kaliumsulfit K_2SO_3.

In der schwefligen Säure und im Schwefeldioxid hat der Schwefel die Oxidationszahl +4. Da er sowohl höhere (Schwefelsäure, Schwefeltrioxid +6) als auch niedrigere Oxidationszahlen (elementarer Schwefel 0, Schwefelwasserstoff −2) annehmen kann, wirkt die schweflige Säure bzw. das Schwefeldioxid gegenüber starken Oxidationsmitteln, wie z. B. Chlor, *reduzierend:*

$$H_2\overset{+4}{S}O_3 + \overset{0}{Cl_2} + H_2O \rightarrow H_2\overset{+6}{S}O_4 + 2\,H\overset{-1}{Cl}$$

gegenüber starken Reduktionsmitteln, wie z. B. atomarem Wasserstoff, *oxidierend:*

$$H_2\overset{+4}{S}O_3 + 6\,\overset{0}{H} \rightarrow H_2\overset{-2}{S} + 3\,\overset{+1}{H_2}O$$

Die schweflige Säure bzw. das Schwefeldioxid kann also sowohl als Reduktionsmittel als auch als Oxidationsmittel auftreten, je nachdem, mit welchem anderen Stoff es reagiert. (→ Aufg. 13.7)

13.5.4 Schwefeltrioxid

Schwefeldioxid lässt sich in Gegenwart von Luft zu Schwefeltrioxid SO_3 oxidieren:

$$2\,SO_2 + O_2 \rightleftharpoons 2\,SO_3 \qquad \Delta H = -184{,}2\ \text{kJ} \cdot \text{mol}^{-1} \tag{13.11}$$

Es handelt sich um ein chemisches Gleichgewicht, das bei Zimmertemperatur ganz auf der Seite des Schwefeltrioxids liegt. Allerdings ist bei Zimmertemperatur die Reaktionsgeschwindigkeit der Hinreaktion so gering, dass sich praktisch kein Schwefeltrioxid bildet. Bei der technischen Gewinnung von Schwefeltrioxid nach dem Kontaktverfahren wird daher ein *Katalysator* (meist Vanadium(V)-oxid V_2O_5) eingesetzt, mit dessen Hilfe bei 400 °C eine hinreichende Reaktionsgeschwindigkeit erreicht wird. Nach Gleichung 13.11 wird das Gleichgewicht mit zunehmender Temperatur in Richtung des Schwefeldioxids verschoben. Bei 400 °C ist aber die Lage des Gleichgewichts (mit 98 % SO_3) noch sehr günstig.

Schwefeltrioxid ist unterhalb 17 °C ein eisartiger fester Stoff. Sein Siedepunkt liegt bei 45 °C.

Die Schwefeltrioxidmoleküle SO_3 kommen dadurch zustande, dass an das freie Elektronenpaar des Schwefels im Schwefeldioxidmolekül (→ Abschn. 13.5.2) ein weiteres Sauerstoffatom tritt. Der Bindungszustand im Schwefeltrioxidmolekül kann durch folgende mesomere Grenzstrukturen wiedergegeben werden:

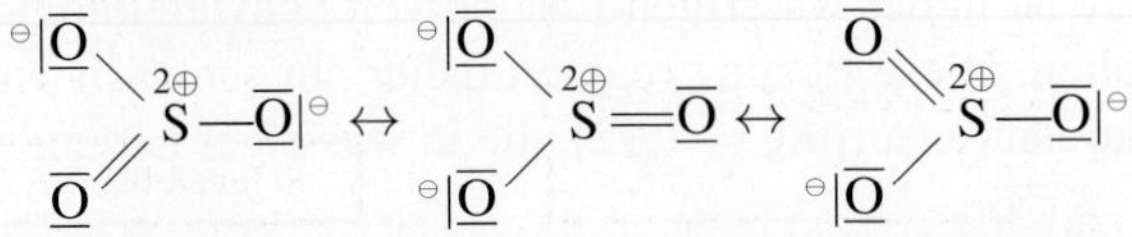

Wie beim Schwefeldioxid sind auch hier alle S—O-Bindungen einander gleich.

Beim *Kontaktverfahren* (seit 1878) wird ein vorher gereinigtes Schwefeldioxid-Luft-Gemisch durch Kontaktöfen (Bild 13.5) geleitet. Das darin enthaltene Vanadium(V)-oxid wirkt etwa im Sinne der folgenden Gleichungen als Sauerstoffüberträger:

$$2\,V_2O_5 + 2\,SO_2 \rightarrow 2\,V_2O_4 + 2\,SO_3$$
$$2\,V_2O_4 + O_2 \rightarrow 2\,V_2O_5$$
$$\overline{2\,SO_2 + O_2 \rightarrow 2\,SO_3}$$

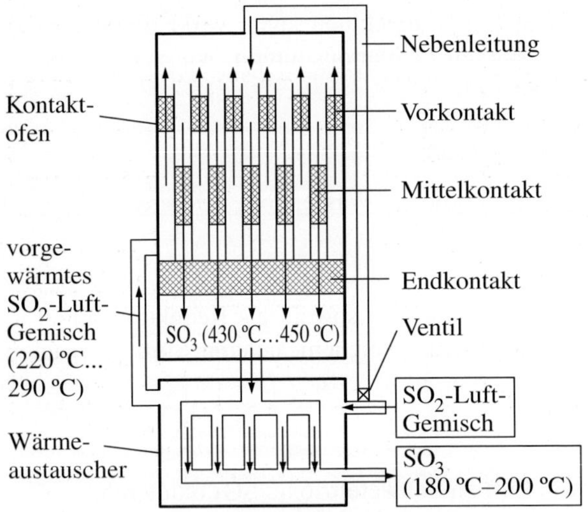

Bild 13.5 Kontaktofen zur Gewinnung von Schwefeltrioxid

Da die Oxidation des Schwefeldioxids exotherm verläuft (→ Gl. 13.11), erwärmt sich das Gasgemisch im Kontaktofen. In einem Wärmeaustauscher wird die Wärme des austretenden Gasgemischs zum Vorwärmen des eintretenden Gasgemischs genutzt. Die Temperatur im Kontaktofen kann durch Zufuhr nicht vorgewärmten Gasgemischs durch eine Nebenleitung geregelt und so automatisch konstant gehalten werden.

Die Umsetzung des Schwefeldioxid erreicht 98 %, in neuen Anlagen, die nach dem Doppelkontaktverfahren arbeiten, 99,7 %. Auf eine Druckanwendung und auf eine Durchführung als Kreisprozess wird daher verzichtet. (Beim Doppelkontaktverfahren erfolgt eine teilweise Abtrennung des entstandenen Schwefeltrioxids durch Absorption in Schwefelsäure, bevor das Gasgemisch weitere Kontaktschichten durchströmt. Durch die Verringerung des Schwefeldioxidgehalts in dem dann noch verbleibenden Abgas (2 kg SO_2 je 1 t H_2SO_4) wird die Umweltbelastung wesentlich herabgesetzt.)

Das *Nitroseverfahren* (*Bleikammerverfahren*; seit 1746) ist nur noch historisch von Interesse.

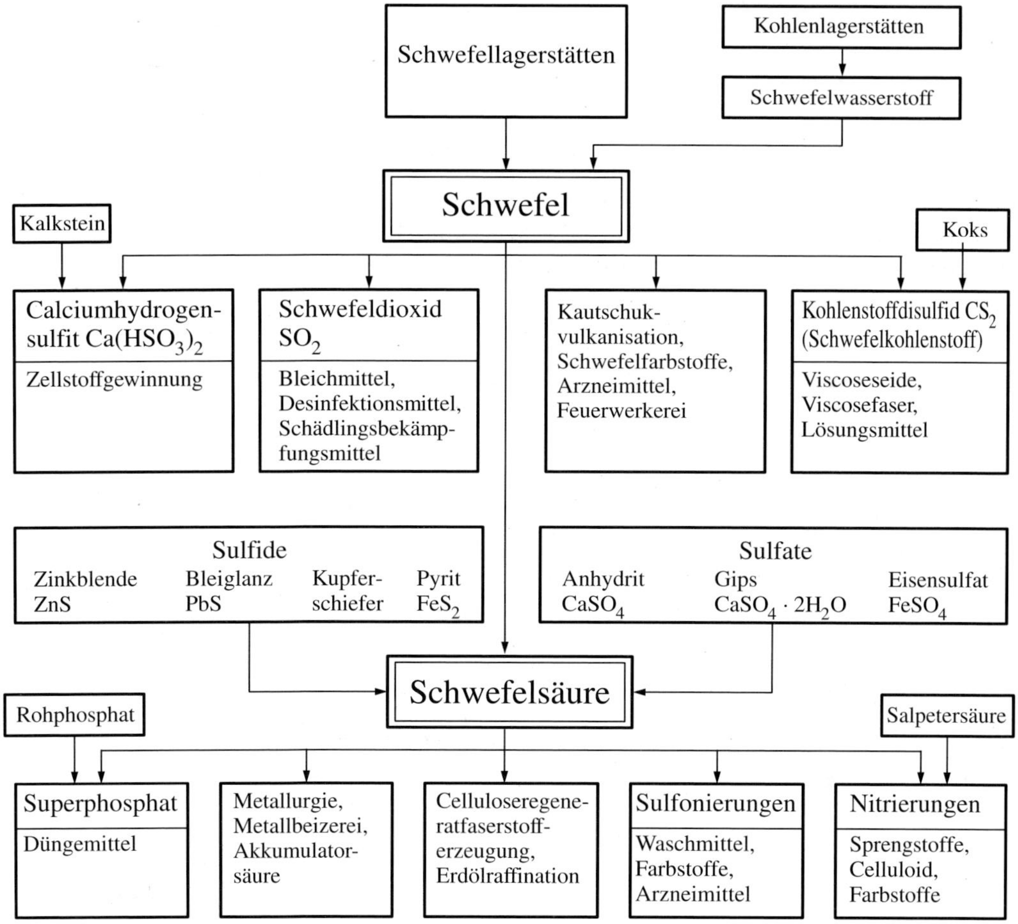

Bild 13.6 Wichtige Erzeugnisse auf der Basis von Schwefel und Schwefelsäure

13.5.5 Schwefelsäure

Wird Schwefeltrioxid in Wasser eingeleitet, so entsteht unter Wärmeentwicklung Schwefelsäure:

$$SO_3 + H_2O \rightarrow H_2SO_4 \qquad \Delta H = -89\ \text{kJ} \cdot \text{mol}^{-1} \tag{13.12}$$

Das *Schwefeltrioxid* ist demnach das *Anhydrid der Schwefelsäure*. Das Schwefeltrioxid löst sich allerdings nur relativ schwer in Wasser, dagegen sehr gut in konzentrierter Schwefelsäure. Das im Kontaktverfahren erzeugte Schwefeltrioxid wird daher in konzentrierte Schwefelsäure eingeleitet, der gleichzeitig ständig die äquivalente Menge an Wasser zugeführt wird. Die auf diese Weise gewonnene bis zu 98-%ige Schwefelsäure wird als *Kontaktschwefelsäure* (oder kurz als Kontaktsäure) bezeichnet.

Konzentrierte Schwefelsäure (mit etwa 94 % H_2SO_4 im Handel) ist eine farblose, ölige Flüssigkeit von hoher Dichte (1,83 $g \cdot cm^{-3}$ bei 20 °C) und hohem Siedepunkt (338 °C). Für viele technische Zwecke wird eine konzentrierte Schwefelsäure verwendet, die durch Verunreinigungen bräunlich gefärbt ist. Als verdünnte Schwefelsäure wird meist eine 10-%ige Schwefelsäure verwendet.

Beim Mischen von konzentrierter Schwefelsäure mit Wasser tritt eine starke Erwärmung ein. Wird Wasser in konzentrierte Schwefelsäure gegossen, so erhitzt sich das Wasser sofort bis zum Sieden, sodass Schwefelsäure verspritzt wird. Zum Herstellen verdünnter Schwefelsäure muss daher *stets die konzentrierte Schwefelsäure* unter Umrühren vorsichtig *in das Wasser gegossen* werden, *niemals umgekehrt*!

Da konzentrierte Schwefelsäure begierig Wasser aufnimmt, kann sie als Trockenmittel eingesetzt werden. Zu trocknende feste oder flüssige Stoffe werden dazu in einen *Exsikkator* gebracht, der ein Schälchen mit konzentrierter Schwefelsäure enthält. Zu trocknende Gase werden durch eine mit konzentrierter Schwefelsäure gefüllte Waschflasche geleitet. Holz, Textilien und andere organische Stoffe, auch die menschliche Haut, werden von konzentrierter Schwefelsäure zerstört. Die Schwefelsäure entzieht diesen Stoffen, die hauptsächlich aus Kohlenstoff, Wasserstoff und Sauerstoff aufgebaut sind, Wasser, sodass nur Kohlenstoff zurückbleibt. *Beim Umgang mit konzentrierter Schwefelsäure ist daher stets Vorsicht geboten.*

Schwefelsäure ist eine sehr starke Säure ($pK_S \approx -3$), sie unterliegt in wässriger Lösung praktisch vollständig der Protolyse:

$$H_2SO_4 + H_2O \rightleftharpoons HSO_4^- + H_3O^+$$

Das entstehende *Hydrogensulfation* HSO_4^- ist ein Ampholyt, als Base ist es sehr schwach ($pK_B \approx 17$), als Säure stark ($pK_S \approx 1{,}92$).

$$HSO_4^- + H_2O \rightleftharpoons SO_4^{2-} + H_3O^+$$

Das *Sulfation* SO_4^{2-} ist eine schwache Base ($pK_B = 12{,}08$). Die Salze der Schwefelsäure sind die *Hydrogensulfate*, z. B. Natriumhydrogensulfat $NaHSO_4$, und die *Sulfate*, z. B. Kupfersulfat $CuSO_4$.

Verdünnte Schwefelsäure reagiert auf Grund ihres hohen Gehalts an Oxoniumionen mit Metallen, die in der Spannungsreihe links vom Wasserstoff stehen, unter Wasserstoffentwicklung (Redoxreaktion).

Konzentrierte Schwefelsäure verhält sich, da sie keine Oxoniumionen enthält, ganz anders als verdünnte. So entsteht bei der Reaktion von konzentrierter Schwefelsäure mit Metallen nicht Wasserstoff, sondern Schwefeldioxid:

$$\overset{0}{Zn} + H_2\overset{+6}{S}O_4 \rightarrow \overset{+2}{Zn}O + \overset{+4}{S}O_2\uparrow + H_2O$$

$$\frac{ZnO + H_2SO_4 \rightarrow ZnSO_4 + H_2O}{Zn + 2\,H_2SO_4 \rightarrow ZnSO_4 + SO_2\uparrow + 2\,H_2O}$$

Auch hierbei handelt es sich um eine Redoxreaktion, an der die Protonen H^+ unbeteiligt sind. Von konzentrierter Schwefelsäure wird – vor allem beim Erwärmen – auch Kupfer oxidiert, das in der Spannungsreihe rechts vom Wasserstoff steht. Andererseits werden einige in der Spannungsreihe links vom Wasserstoff stehende Metalle, vor allem Eisen und Chrom, von *kalter* konzentrierter Schwefelsäure nicht angegriffen. Diese Erscheinung wird als *Passivierung* bezeichnet. Auf diesen Metallen bildet sich eine dichte Oxidschicht, die den weiteren Angriff der Säure verhindert. Die Passivierung dieser Metalle wird erst beim Erhitzen mit konzentrierter Schwefelsäure aufgehoben. Daher kann konzentrierte Schwefelsäure (mindestens 93-%ig) in eisernen Kesselwagen transportiert werden.

Die Schwefelsäure ist ausgesprochen schwerflüchtig (hoher Siedepunkt) und verdrängt daher die meisten anderen Säuren aus deren Salzen:

$$Na_2CO_3 + H_2SO_4 \rightarrow Na_2SO_4 + CO_2 \uparrow + H_2O$$

$$2\,NaCl + H_2SO_4 \rightarrow Na_2SO_4 + 2\,HCl \uparrow$$

$$CaF_2 + H_2SO_4 \rightarrow CaSO_4 + 2\,HF \uparrow$$

$$2\,NaNO_3 + H_2SO_4 \rightarrow Na_2SO_4 + 2\,HNO_3$$

Im Weltmaßstab ist die Düngemittelindustrie (vor allem Superphosphat) Hauptabnehmer für Schwefelsäure. Weiterhin wird Schwefelsäure verwendet für die Erzeugung von *Chemiefaserstoffen* (Cellulose-Regeneratfaserstoffen), zum *Aufschließen von Erzen*, zum *Beizen von Metallen*, zur *Raffination von Erdölprodukten* und als *Akkumulatorensäure*. In der organisch-chemischen Industrie dient sie zum *Sulfonieren* (Einführen der Gruppe-SO_3H in organische Verbindungen) und im Gemisch mit Salpetersäure zum Nitrieren (→ Aufg. 13.8 bis 13.10).

13.6 Selen und Tellur

Symbol: Se [von selene (griech.) Mond; engl. Selenium]
Symbol: Te [von tellus (lat.) Erde; engl. Tellurium]

Selen und Tellur treten in der Natur in sehr geringen Mengen als Begleiter des Schwefels auf. Selen reichert sich bei der Kupferelektrolyse im Anodenschlamm an und wird technisch daraus gewonnen.

Selen bildet – wie der Schwefel – mehrere Modifikationen. Neben einer grauen Modifikation gibt es zwei rote Modifikationen, die beim Erhitzen auf 150 °C in die stabilere graue Form übergehen. Graues Selen ist dagegen nur über den Dampfzustand in rotes Selen umzuwandeln. Es handelt sich also um eine monotrope (nur einseitig umwandelbare) Modifikation. Vom *Tellur* sind keine verschiedenen Modifikationen bekannt, es ist grau und metallisch glänzend.

Das graue Selen und das Tellur sind *Halbleiter*. Selen wird in bedeutendem Maße in der Halbleitertechnik eingesetzt. Die im Kristallgitter des grauen Selens vorliegenden Atombindungen (Elektronenpaarbindungen) werden durch Lichteinwirkung (absorbierte Lichtquanten) zum Teil in einzelne Elektronen aufgespalten, sodass das im Dunkeln nichtleitende Selen eine erhebliche elektrische Leitfähigkeit erhält. Das wird genutzt in *Selenbrücken* (bei Belichtung schließen sie ähnlich einem Schalter den Stromkreis), in *Selenphotozellen* (an einer Grenzfläche Metall/Selen treten Elektronen in das Metall über, wodurch eine Spannung entsteht, die als Maß für die Lichtintensität dienen kann; photoelektrische Belichtungsmesser) und in *Selengleichrichtern* (an einer Grenzfläche Selen/Cadmium bildet sich eine Übergangszone aus (pn-Übergang, → Abschn. 15.8), die praktisch nur in einer Richtung leitfähig ist, sodass aus Wechselstrom ein pulsierender Gleichstrom entsteht). Sie sind heute weitgehend durch Silicium-Halbleiter abgelöst.

Kolloide Lösungen von Selen in Glas und Email verleihen diesen eine Rotfärbung.

Selen bildet Verbindungen, die denen des Schwefels analog sind. Von den *Seleniden*, den Salzen des Selenwasserstoffs H_2Se, werden *Galliumselenid* Ga_2Se_2 und *Indiumselenid* In_2Se_3 ihrer Halbleitereigenschaften wegen technisch verwendet. Alle Selenverbindungen sind *stark giftig*.

Tellur ist wesentlich seltener als Selen. Einige *Telluride*, Salze des Tellurwasserstoffs H_2Te, werden gegenwärtig wegen ihrer Halbleitereigenschaften technisch bedeutsam.

❍ Aufgaben

13.1 In welcher Reihenfolge nimmt bei diesen Elementen der Säurecharakter der Oxide ab?

13.2 Beim allmählichen Verdampfen flüssiger Luft ändert sich deren Zusammensetzung. Nimmt dabei der Anteil des Sauerstoffs oder der des Stickstoffs in der zurückbleibenden flüssigen Luft zu? (Begründung!)

13.3 Welche Oxidationszahl hat der Sauerstoff in seinen Verbindungen?

13.4 Nach welcher Reaktionsgleichung zerfällt Ozon?

13.5 Wozu dient das *Claus*-Verfahren?

13.6 Welche Eigenschaften hat Schwefelwasserstoff?

13.7 Wie verhält sich Schwefeldioxid gegenüber Wasser?

13.8 Welche Bedingungen müssen eingehalten werden, um beim Kontaktverfahren eine wirtschaftliche Ausbeute an Schwefeltrioxid zu erhalten?

13.9 Wie unterscheiden sich konzentrierte und verdünnte Schwefelsäure in ihren Eigenschaften?

13.10 Was für Gefäße eignen sich zum Transport konzentrierter Schwefelsäure?

14 Elemente der Stickstoffgruppe

14.1 Übersicht über die Elemente der 5. Hauptgruppe

In der 5. Hauptgruppe des Periodensystems stehen die Elemente *Stickstoff, Phosphor, Arsen, Antimon* und *Bismut*. Diese Elemente zeigen in ihren Eigenschaften eine deutliche Abstufung, Stickstoff und Phosphor sind typische Nichtmetalle, vom Arsen und Antimon gibt es nichtmetallische und metallische Modifikationen. Bismut ist ein typisches Metall.

Der Säurecharakter der Hydroxide nimmt innerhalb der Gruppe ab, der Basencharakter der Hydroxide nimmt innerhalb der Gruppe zu. Stickstoff, Phosphor, Arsen und Antimon bilden Molekülsäuren, deren korrespondierende Anionbasen in Salzen (Nitraten, Phosphaten usw.) auftreten. Bismut tritt in Salzen praktisch nur als Kation auf. Aber auch Arsen und Antimon bilden Verbindungen, in denen sie als elektropositiver Bestandteil vorliegen.

Die Atome der Elemente der 5. Hauptgruppe haben auf dem höchsten Energieniveau folgende Elektronenbesetzung:

s^2		p^3	
↑↓	↑	↑	↑

Dieses Energieniveau kann durch Aufnahme von drei Elektronen voll aufgefüllt werden, wobei die Atome drei negative Ladungen erhalten. In den Wasserstoffverbindungen (z. B. NH_3 und PH_3) weisen die Elemente der 5. Hauptgruppe dementsprechend die Oxidationszahl -3 auf. Gegenüber Sauerstoff und anderen elektronegativen Elementen, wie Schwefel und Chlor, kommen ihnen dagegen vorwiegend die Oxidationszahlen $+3$ und $+5$ zu. Die wichtigsten physikalischen und chemischen Eigenschaften der Elemente der 5. Hauptgruppe sind in Tabelle 14.1 zusammengestellt.

14.2 Stickstoff

Symbol: N [von nitro-genium (grich./lat.) Salpeterbildner; engl. Nitrogen]

Vorkommen

Stickstoff bildet in Form zweiatomiger Moleküle N_2 den Hauptbestandteil der *Luft* (78,1 Vol.-%). Von den anorganischen Stickstoffverbindungen treten nur die *Nitrate* in abbauwürdigen Mengen in der Natur auf. (*Chilesalpeter* besteht hauptsächlich aus *Natriumnitrat* $NaNO_3$.) Außerdem ist der Stickstoff charakteristischer Bestandteil aller *Eiweißstoffe* und als solcher unentbehrlich für alle Lebensvorgänge (→ Kapitel 33).

Gewinnung

Für die technische Gewinnung des Stickstoffs und seiner Verbindungen dient heute fast ausschließlich die Luft als Ausgangsstoff. Der Stickstoff kann daraus sowohl auf physikalischem als auch auf chemischem Wege abgetrennt werden.

Tabelle 14.1 Übersicht über die Stickstoffgruppe

Element	Stickstoff	Phosphor	Arsen	Antimon	Bismut
Symbol	N	P	As	Sb	Bi
Kernladungszahl	7	15	33	51	83
Relative Atommasse	14,007	30,974	74,922	121,76	208,98
Schmelzpunkt in °C	−210,5	44,1 (weiß)	613 (Sublimationspunkt)	630,5	271,0
Siedepunkt in °C	−195,8	280,0 (weiß)		1 640	1 560
Dichte in $g \cdot cm^{-3}$	0,81 fl., −196 °C	1,82 (weiß)	5,73 (grau)	6,68	9,8
Verbindungsneigung					
zu Sauerstoff	→ nimmt zu →				
zu Wasserstoff	→ nimmt ab →				
Nichtmetallcharakter, Säurecharakter der Oxide	→ nehmen ab →				
Metallcharakter, Basencharakter der Oxide	→ nehmen zu →				

Beim *Linde-Verfahren* wird die Luft verflüssigt und dann durch *fraktionierte Destillation* weitgehend in Sauerstoff und Stickstoff zerlegt (→ Abschn. 13.2).

Größere technische Bedeutung besitzt das chemische Verfahren, bei dem der Sauerstoff durch Umsetzung mit glühendem Koks abgetrennt und das Kohlenstoffdioxid ausgewaschen wird (→ Abschn. 14.3.1).

$$4\,N_2 + O_2 + C \rightarrow 4\,N_2 + CO_2$$

Auf diese Weise wird allerdings kein reiner Stickstoff gewonnen, sondern ein als *Luftstickstoff* bezeichnetes Gemenge, das mehr als 1 % Edelgase enthält (→ Kapitel 16). Auch der in *Erdgasen* enthaltene Stickstoff wird zum Teil technisch genutzt.

Reiner Stickstoff lässt sich im Laboratorium durch Erhitzen von *Ammoniumnitrit* NH_4NO_2 herstellen:

$$\overset{-3}{N}H_4\overset{+3}{N}O_2 \rightarrow \overset{0}{N}_2 + 2\,H_2O$$

Eigenschaften

Stickstoff ist ein farbloses und geruchloses Gas, das sich sehr schwer kondensieren lässt. Bei 101,3 kPa (1,013 bar) wird der Stickstoff erst bei 77,35 K (−195,8 °C) flüssig und bei 62,65 K (−210,5 °C) fest. Unter einem Druck von 3,55 MPa (35,5 bar; kritischer Druck) lässt sich Stickstoff bei 126,05 K (−147,1 °C; kritische Temperatur) verflüssigen.

Der Stickstoff ist weder selbst brennbar, noch unterhält er die Verbrennung anderer Stoffe. Er gehört zu den *inerten Gasen*, die in chemischen Apparaturen und in Glühaggregaten der Metallurgie eingesetzt werden, um Reaktionen mit Luftsauerstoff zu verhindern. Stickstoff ist bei gewöhnlicher Temperatur sehr reaktionsträge, da die Bindung der beiden Stickstoffatome im Stickstoffmolekül, die auf drei gemeinsamen Elektronenpaaren beruht,

:N: : :N:

außergewöhnlich fest ist (es liegen eine π_x-, eine π_y- und eine σ-Bindung vor). Der Stickstoff reagiert mit anderen Elementen erst dann, wenn die Moleküle unter starker Energiezufuhr zu Stickstoffatomen aufgespalten worden sind:

$$N_2 \rightarrow 2\,N \qquad \Delta H = +713\,\text{kJ} \cdot \text{mol}^{-1}$$

Bei hohen Temperaturen vereinigt sich der Stickstoff mit den meisten anderen Elementen. Mit *Metallen* bildet er *Nitride:*

$$N_2 + 3\,Mg \rightarrow Mg_3N_2 \qquad \Delta H = -482\,\text{kJ} \cdot \text{mol}^{-1}$$

Mit *Sauerstoff* setzt sich der Stickstoff bei den Temperaturen des elektrischen Lichtbogens (3 000 °C und mehr) zu *Stickstoffmonoxid* NO um (→ Abschn. 14.3):

$$N_2 + O_2 \rightleftharpoons 2\,NO \qquad \Delta H = +176\,\text{kJ} \cdot \text{mol}^{-1}$$

Mit *Wasserstoff* reagiert Stickstoff bei hohem Druck (> 20 MPa; 200 bar) und hoher Temperatur (> 400 °C) unter Bildung von *Ammoniak* (→ Abschn. 14.3.1):

$$N_2 + 3\,H_2 \rightleftharpoons 2\,NH_3 \qquad \Delta H = -92{,}2\,\text{kJ} \cdot \text{mol}^{-1}$$

(→ Aufg. 14.3).

14.3 Verbindungen des Stickstoffs

Die wichtigsten anorganischen Verbindungen des Stickstoffs sind das *Ammoniak* NH_3, das *Stickstoffmonoxid* NO und das *Stickstoffdioxid* NO_2 sowie die *salpetrige Säure* HNO_2 und die *Salpetersäure* HNO_3 und deren Salze. Außerdem gibt es viele organische Stickstoffverbindungen.

14.3.1 Ammoniak

Eigenschaften des Ammoniaks

Ammoniak NH_3 ist ein leichtes Gas (Dichte $\varrho = 0{,}77\,\mathrm{g\,l^{-1}}$) von charakteristischem, stechendem Geruch, das unter Normaldruck bei $-33{,}4$ °C flüssig wird und bei $-77{,}7$ °C erstarrt. Unter einem Druck von etwa 1 MPa (10 bar) lässt es sich schon bei Temperaturen bis 25 °C verflüssigen. In Stahlflaschen und Kesselwagen wird es in flüssiger Form transportiert. Auf Grund seiner außerordentlich hohen Verdampfungswärme kann es in Kühlanlagen als Kältemittel verwendet werden.

Das Ammoniakmolekül (→ Abschn. 5.2.3) hat gewisse gemeinsame Eigenschaften mit dem Wassermolekül. So besitzt es Dipolcharakter:

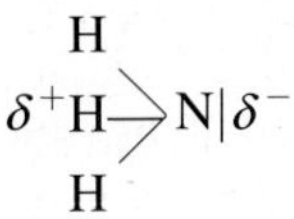

Im flüssigen Ammoniak treten zwischen den elektronegativen Stickstoffatomen und einem elektropositiven Wasserstoffatom eines benachbarten Ammoniakmoleküls Wasserstoffbrückenbindungen auf. Das kann dazu führen, dass das Proton dieses Wasserstoffatoms an das freie Elektronenpaar des anderen Ammoniakmoleküls gebunden wird (s-p-σ-Bindung):

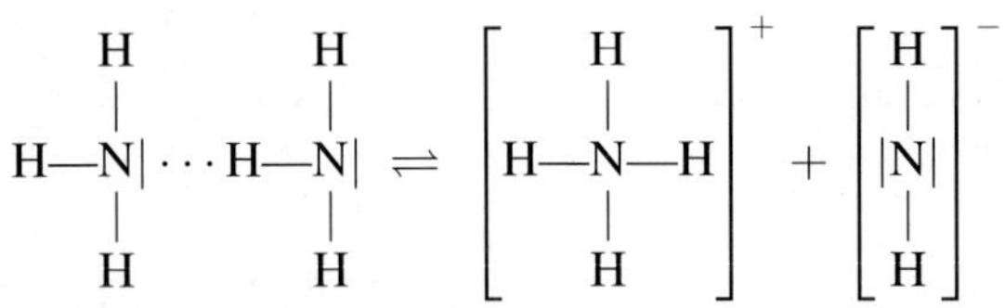

Es handelt sich hier um die Autoprotolyse des Ammoniaks (→ Abschn. 9.2.5).

Ammoniak löst sich außerordentlich leicht in Wasser (bei 20 °C etwa 700 l NH_3 in 1 l H_2O). Die Lösung ist als *Salmiakgeist* bekannt.

Ammoniak ist eine mittelstarke Base ($\mathrm{p}K_\mathrm{B} = 4{,}75$), die in wässriger Lösung weitgehend protolysiert ist (→ Abschn. 9.2.7):

$$\underset{\text{Säure I}}{H_2O} + \underset{\text{Base II}}{NH_3} \rightleftharpoons \underset{\text{Base I}}{OH^-} + \underset{\text{Säure II}}{NH_4^+}$$

Infolge dieser Reaktion färbt sich feuchtes rotes Lackmuspapier bei Anwesenheit von Ammoniak blau *(Nachweis für Ammoniak)*.

Ammoniumverbindungen

Das Ammonium NH_4^+ als Kation bildet mit verschiedenen Anionen *Salze*, z. B. *Ammoniumchlorid* NH_4Cl, *Ammoniumnitrat* NH_4NO_3 und *Ammoniumsulfat* $(NH_4)_2SO_4$, die sämtlich leicht wasserlöslich sind. Die beteiligten Ionen unterliegen in wässriger Lösung in unterschiedlichem Maße der Protolyse. Eine wässrige Lösung von Ammoniumchlorid reagiert sauer (→ Abschn. 9.2.12).

Wird einer Ammoniumchloridlösung konzentrierte Natronlauge zugesetzt, so kommt es zu folgender Umsetzung:

$$NH_4^+ + OH^- \rightarrow NH_3\uparrow + H_2O$$

Da das Natriumhydroxid praktisch vollständig dissoziiert ist, liegt eine hohe Konzentration an Hydroxidionen vor. Diese verdrängen als nichtflüchtige Base Ammoniak, das gasförmig entweicht und sich durch Blaufärbung von feuchtem, rotem Lackmuspapier nachweisen lässt *(Nachweis für Ammoniumsalze)*.

Ammoniumchlorid (Salmiak) bildet sich beim Einleiten von Ammoniak in Salzsäure. Es entsteht aber – als feiner weißer Rauch (Verwendung als Nebelmittel) – auch durch Vereinigung von Ammoniak und Chlorwasserstoff im gasförmigen Zustand:

$$NH_3 + HCl \rightleftharpoons NH_4Cl$$

Beim Erhitzen zerfällt es in Umkehrung dieser Reaktion. Das Säubern von Lötkolben mit *Salmiakstein* beruht darauf, dass anhaftende Metalloxide durch den entstehenden Chlorwasserstoff zu flüchtigen Metallchloriden umgesetzt werden. (→ Aufg. 14.4 und 14.5)

Technische Gewinnung des Ammoniaks

Die technische Gewinnung von Ammoniak erfolgt heute in der ganzen Welt nach dem durch die deutschen Chemiker Haber[1)], Bosch[2)] und Mittasch[3)] entwickelten Verfahren durch Synthese aus den Elementsubstanzen Stickstoff und Wasserstoff. Während Stickstoff in der Luft unbegrenzt zur Verfügung steht, bedarf die Gewinnung des Wasserstoffs eines hohen technischen Aufwandes. Die Elektrolyse des Wassers liefert zwar einen außerordentlich reinen Wasserstoff, sie ist aber mit zu hohem Energieaufwand verbunden. Daher erfolgt die Abtrennung des Wasserstoffs aus dem Wasser mittels fossiler Brennstoffe, die den Sauerstoff zu Kohlenstoffmonoxid CO umsetzen. Nach dem ursprünglichen Verfahren wurde hierfür Koks verwendet. Heute dienen dazu vorwiegend Erdgas und Erdöldestillationsprodukte, die den Vorteil bieten, dass sie selbst einen hohen Anteil an Wasserstoff in die Reaktion einbringen:

$$C + H_2O \rightarrow CO + H_2 \qquad \Delta H = 131\,kJ \cdot mol^{-1} \tag{14.1}$$

$$CH_4 + H_2O \rightarrow CO + 3\,H_2 \qquad \Delta H = 206\,kJ \cdot mol^{-1} \tag{14.2}$$

$$—CH_2— + H_2O \rightarrow CO + 2\,H_2 \tag{14.3}$$

Die Gruppe $—CH_2—$ steht hier für beliebige Kohlenwasserstoffe.

[1)] *Fritz Haber* (1868 bis 1943), Professor der Chemie an der Technischen Hochschule Karlsruhe, Nobelpreisträger 1918.

[2)] *Carl Bosch* (1874 bis 1940), deutscher Industriechemiker, Nobelpreisträger 1931.

[3)] *Alwin Mittasch* (1869 bis 1933), Katalyseforscher.

Neben *Methan* CH_4, welches Hauptbestandteil des sogenannten trockenen *Erdgases* ist, werden vor allem *Leichtbenzine* und *Rückstände* der Erdöldestillation für die technische Gewinnung von Ammoniak eingesetzt.

Das Wasser wird in Form von *Wasserdampf* zugeführt.

Die Wasserstoffbildung nach den vorstehenden Gleichungen verläuft *endotherm.* Zur Aufrechterhaltung der Reaktion ist es daher notwendig, von außen Wärme zuzuführen oder im Reaktor selbst freizusetzen. Das geschieht, indem in das Reaktionsgemisch *Sauerstoff* eingeblasen wird.

$$C + \tfrac{1}{2}\,O_2 \rightarrow CO \qquad \Delta H = -110{,}5\ \mathrm{kJ \cdot mol^{-1}} \qquad (14.4)$$

$$CH_4 + \tfrac{1}{2}\,O_2 \rightarrow CO + 2\,H_2 \qquad \Delta H = -\ 35\ \mathrm{kJ \cdot mol^{-1}} \qquad (14.5)$$

$$\text{—}CH_2\text{—} + \tfrac{1}{2}\,O_2 \rightarrow CO + H_2 \qquad (14.6)$$

Das entstehende Mischgas enthält neben Wasserstoff und Kohlenstoffmonoxid noch Schwefelwasserstoff H_2S und andere Schwefelverbindungen, die – zum Teil in mehreren Verfahrensstufen – abgetrennt werden müssen. Die Schwefelwasserstoff-Grobreinigung kann durch Auswaschen mit einer Speziallösung erfolgen (Purisol-Verfahren; Sulfolan-Verfahren), die Feinreinigung durch Adsorption des Schwefelwasserstoffes an Zinkoxid:

$$H_2S + ZnO \rightarrow H_2O + ZnS$$

Das entstehende Zinksulfid ZnS wird in einer Zinkhütte wieder zu Zinkoxid aufgearbeitet, wobei als Nebenprodukt Schwefelsäure gewonnen werden kann (→ Abschn. 13.5.2).

Das *Kohlenstoffmonoxid* CO wird durch *Konvertierung* – heute meist in zwei Stufen – unter dem Einfluss von Katalysatoren mit Wasserdampf zu Kohlenstoffdioxid umgesetzt, wobei weiterer Wasserstoff gewonnen wird:

$$CO + H_2O \rightarrow H_2 + CO_2 \qquad \Delta H = -41{,}2\ \mathrm{kJ \cdot mol^{-1}}$$

Das *Kohlenstoffdioxid* wird (z. B. mit wässrigem Triethanolamin, $C_6H_{15}NO_3$, als Katalysatorentgifter) aus dem Gasgemisch ausgewaschen.

Die verschiedenen Verfahren zur *Synthesegasgewinnung* unterscheiden sich

- einerseits durch die Art der eingesetzten Brennstoffe und
- andererseits darin, wie der Wasserdampf und die Luft bzw. der Sauerstoff zugeführt werden.

Beim ursprünglichen Haber–Bosch-Verfahren wurde in *Drehrostgeneratoren* (→ Bild 13.4) durch glühenden Koks abwechselnd Luft (exotherme Reaktion; Heißblasen, Gleichung (14.4)) und Wasserdampf (endotherme Reaktion; Kaltblasen, Gleichung (14.1)) geblasen.

Bei der *Wirbelschichtvergasung* (→ Bild 14.1) wird feinkörnige Braunkohle (< 4 mm) in den Reaktor (Winkler-Generator; → Bild 15.2) eingebracht und durch ein eingeblasenes Gemisch aus Wasserdampf und (mit Sauerstoff angereicherter) Luft in der Schwebe gehalten. Dabei laufen eine endotherme Reaktion (14.1) und eine exotherme Reaktion (14.4) gleichzeitig ab.

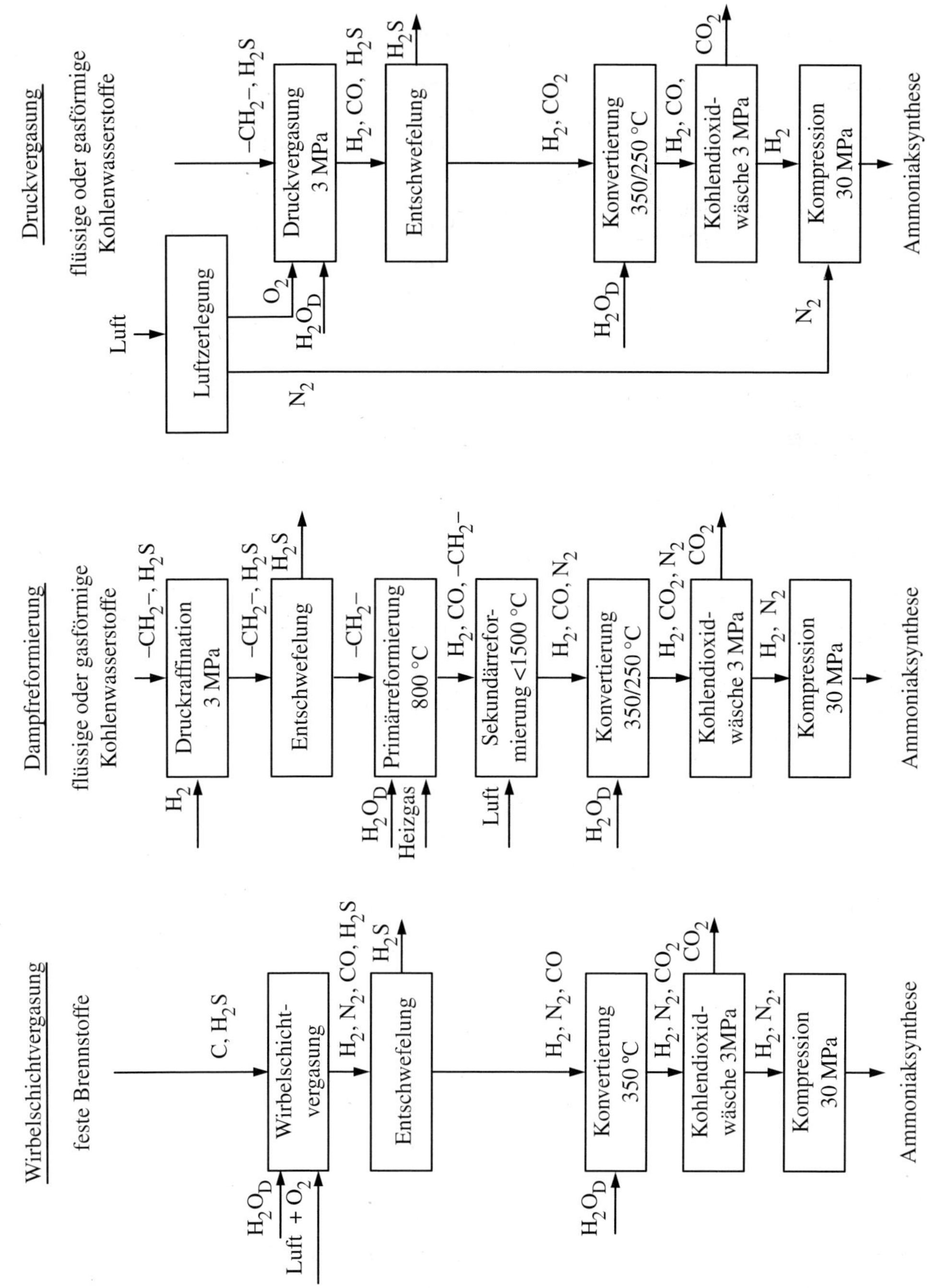

Bild 14.1 Verfahren zur Synthesegasgewinnung (stark vereinfacht); H_2O_D = *Wasserdampf*

Bei der *Dampfreformierung*[1] von Kohlenwasserstoffen durchläuft das Reaktionsgemisch nacheinander zwei Reaktoren (→ Bild 14.1). Im Primärreformer wird Wasserdampf eingeblasen, im Sekundärreformer dagegen Luft. Der Primärreformer wird durch Fremdheizung auf etwa 800 °C gehalten; im Sekundärreformer erwärmt sich das Reaktionsgemisch auf bis zu 1 500 °C. Die Wärme wird zur Erzeugung von Wasserdampf genutzt.

Bei diesen beiden Verfahren erfolgt die Reaktionsführung so, dass abschließend ein Synthesegas mit der stöchiometrischen Zusammensetzung $N_2 + 3\,H_2$ zu Verfügung steht.

Bei der *Druckvergasung* (→ Bild 14.1) wird der Stickstoff erst unmittelbar vor der Kompression dem Wasserstoff zugefügt. Bei diesem Verfahren ist eine Luftzerlegung vorgeschaltet. An Stelle von Luft wird hier Sauerstoff gleichzeitig mit Wasserdampf in den Vergasungsreaktor eingeblasen, so dass hier wiederum endotherme und exotherme Reaktionen zugleich ablaufen.

Um die Kosten für die Kompression des Synthesegases niedrig zu halten, erfolgt in modernen Anlagen bereits die Erzeugung des Synthesegases unter erhöhtem Druck (etwa 3 MPa; 30 bar).

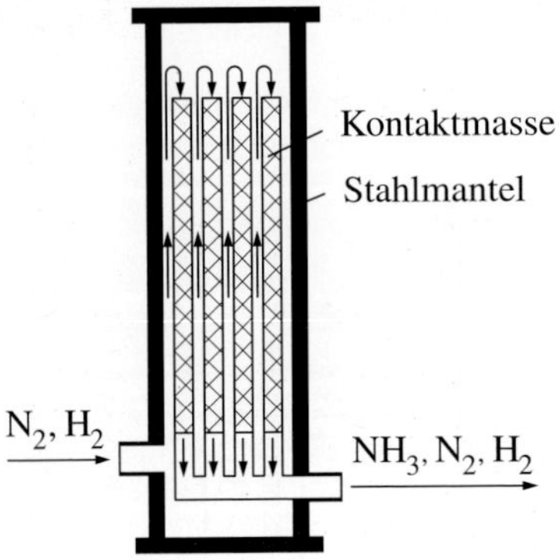

Bild 14.2 Älterer Röhrenofen zur Ammoniaksynthese (schematischer Längsschnitt)

Die Ammoniaksynthese beruht auf der Gleichgewichtsreaktion

$$N_2 + 3\,H_2 \rightleftharpoons 2\,NH_3 \qquad \Delta H = -92{,}2\,\mathrm{kJ \cdot mol^{-1}}$$

Nach dem Prinzip vom kleinsten Zwang hängt die Lage dieses Ammoniakgleichgewichtes von Druck und Temperatur ab (→ Aufg. 14.6).

Die Gleichgewichtslage ist bei hohem Druck und niedriger Temperatur am günstigsten (→ Abschn. 8.6, Bild 8.3). Da die Temperatur aber auch die Reaktionsgeschwindigkeit beeinflusst, wurde die technische Durchführung der Ammoniaksynthese erst möglich, nachdem es gelungen war, Katalysatoren zu finden, unter deren Einfluss die Ammoniakbildung schon bei 400 bis 500 °C mit hinreichender Geschwindigkeit verläuft. Als Katalysator wird heute Eisen(II)-oxid eingesetzt, das geringe Mengen Kaliumoxid K_2O und Aluminiumoxid Al_2O_3 enthält. Im Reaktor wird das Eisen(II)-oxid durch das Synthesegas zu aktivem Eisen reduziert, von dem die katalytische Wirkung ausgeht.

[1] Zuvor werden durch Wasserstoffdruckraffination organische Schwefelverbindungen zu Schwefelwasserstoff hydriert.

Die Ammoniaksynthese wird in Hochdruckreaktoren durchgeführt. Moderne Anlagen arbeiten bei 470 bis 530 °C mit 25 bis 35 MPa (250 bis 350 bar). Bei diesem Druck ist zwar die Gleichgewichtslage mit 15 bis 20 % NH_3 noch relativ ungünstig, aber bei höheren Drücken ergeben sich extreme Anforderungen an das Material der Reaktoren. Da die Reaktion exotherm verläuft, muss ständig Wärme abgeführt werden. Das erfolgt zunächst durch Wärmeaustausch, wobei das Frischgas auf die Reaktionstemperatur vorgewärmt wird (→ Bild 14.3). In modernen Großreaktoren (1 000 t/d und mehr) wird außerdem nach Durchströmen der einzelnen Katalysatorschichten jeweils kaltes Frischgas zugesetzt, und schließlich dient die überschüssige Reaktionswärme noch der Dampferzeugung.

Auf Grund der ungünstigen Gleichgewichtslage muss die Ammoniaksynthese als *Kreisprozess* durchgeführt werden. Das Reaktionsgemisch wird dazu auf 0 °C (und darunter) abgekühlt. (Das geschieht zunächst durch Wärmeaustausch mit Frischgas, durch Wasserkühlung und schließlich durch Tiefkühlung mit verdampfendem Ammoniak.) Dabei wird der Ammoniakanteil des Reaktionsgemischs größtenteils verflüssigt. Das Restgas (das noch bis zu 3 % NH_3 enthält) geht in die Ammoniaksynthese zurück (→ Bild 14.3). Als Nebenprodukt der Ammoniaksynthese wird Argon gewonnen, das sich als Beimischung des Luftstickstoffs allmählich im Restgas anreichert.

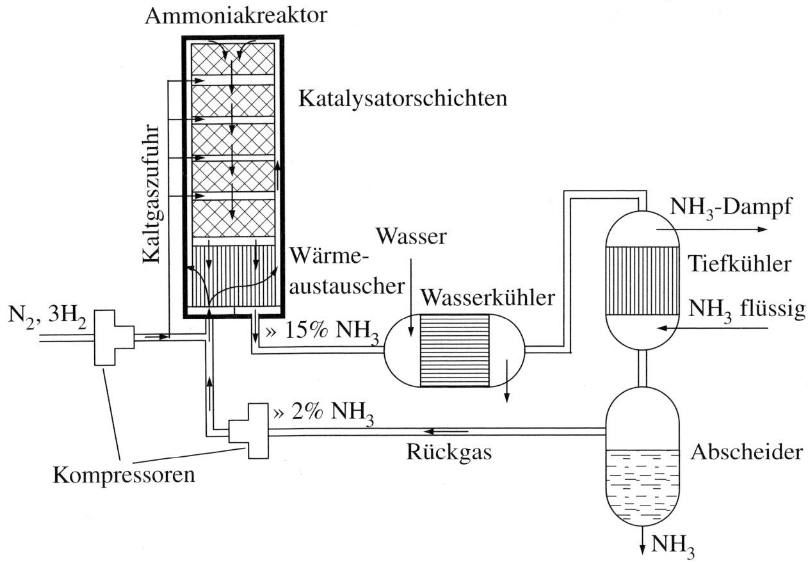

Bild 14.3 Ammoniaksynthese (stark vereinfacht)

Verwendung des Ammoniaks

Ammoniak ist der Ausgangsstoff für die meisten anderen Stickstoffverbindungen, vor allem für die *Salpetersäure* (→ Abschn. 14.3.4). Der größte Teil der Ammoniakproduktion wird zu *Stickstoffdüngemitteln* weiterverarbeitet (→ Abschn. 14.3.6). Ammoniak ist unentbehrlicher Hilfsstoff für die Gewinnung von Soda (→ Abschn. 18.3.2). Außerdem geht die technische Gewinnung der meisten organischen Stickstoffverbindungen auf das Ammoniak zurück.

14.3.2 Stickstoffoxide

Stickstoff bildet mehrere Oxide. Die wichtigsten sind *Stickstoffmonoxid* NO, *Stickstoffdioxid* NO_2 und *Distickstofftetraoxid* N_2O_4.

Alle diese Oxide sind mehr oder weniger *giftig* und bei Zimmertemperatur gasförmig. Sie stehen durch Gleichgewichtsreaktionen miteinander in Beziehung und treten daher als Gemenge auf. Man spricht dann allgemein von *nitrosen Gasen*.

Stickstoffmonoxid NO ist ein farbloses Gas, das unter Normaldruck bei 122,2 K (−151 °C) flüssig wird und bei 110,2 K (−163 °C) erstarrt. Es kann durch Synthese aus Stickstoff und Sauerstoff gewonnen werden:

$$N_2 + O_2 \rightleftharpoons 2\,NO \qquad \Delta H = +176\ \text{kJ} \cdot \text{mol}^{-1}$$

Im Gegensatz zur Oxidation anderer Elementsubstanzen verläuft diese Oxidation des Stickstoffs stark endotherm, da hierbei die außerordentlich stabile Bindung der N_2-Moleküle überwunden werden muss. Bei Zimmertemperatur liegt das Gleichgewicht ganz auf der Seite der Ausgangsstoffe. In der Luft bildet sich daher normalerweise kein Stickstoffmonoxid. Erst bei den Temperaturen des elektrischen Lichtbogens (über 3 000 °C) ist das Gleichgewicht so weit in Richtung des Stickstoffmonoxids verschoben, dass an eine wirtschaftliche Gewinnung zu denken ist. Wegen des sehr hohen Bedarfs an Elektroenergie konnte jedoch das auf dieser Reaktion beruhende *Nitrumverfahren* zur Bindung von Luftstickstoff nur zeitweilig wirtschaftliche Bedeutung erlangen.

Heute wird Stickstoffmonoxid aus Ammoniak gewonnen (→ Abschn. 14.3.4). Das Stickstoffmonoxid reagiert schon bei Zimmertemperatur mit dem Sauerstoff der Luft unter Bildung von Stickstoffdioxid NO_2:

$$2\,\overset{+2-2}{NO} + \overset{0}{O_2} \rightleftharpoons 2\,\overset{+4-2}{NO_2} \qquad \Delta H = -113\ \text{kJ} \cdot \text{mol}^{-1}$$

Der Stickstoff geht dabei von der Oxidationszahl +2 zur Oxidationszahl +4 über.

Stickstoffdioxid NO_2 ist ein rotbraunes Gas, das sich stets mit *Distickstofftetraoxid* N_2O_4 im Gleichgewicht befindet:

$$\underset{\text{rotbraun}}{2\,NO_2} \rightleftharpoons \underset{\text{farblos}}{N_2O_4} \qquad \Delta H = -61{,}5\ \text{kJ} \cdot \text{mol}^{-1}$$

Nach dem Prinzip vom kleinsten Zwang wird die Lage dieses Gleichgewichts mit zunehmender Temperatur nach der Seite des Stickstoffdioxids, mit abnehmender Temperatur nach der Seite des Distickstofftetraoxids verschoben. Das Gasgemisch färbt sich daher mit zunehmender Temperatur dunkler, wie sich in einem zugeschmolzenen Glasrohr zeigen lässt.

Stickstoffdioxid zerfällt bei Temperaturen über 200 °C wieder in Stickstoffmonoxid und Sauerstoff. Es ist daher ein starkes Oxidationsmittel.

Distickstofftetraoxid setzt sich mit Wasser zu *Salpetersäure* HNO_3 und *salpetriger Säure* HNO_2 um:

$$N_2O_4 + H_2O \rightarrow HNO_3 + HNO_2$$

Das Distickstofftetraoxid kann also als gemischtes Anhydrid dieser beiden Säuren aufgefasst werden.

(→ Aufg. 14.9)

14.3.3 Salpetrige Säure

Salpetrige Säure HNO_2 ist nur in verdünnter wässriger Lösung beständig. Beim Erwärmen zerfällt sie in Salpetersäure und Stickstoffmonoxid:

$$3\,H\overset{+3}{N}O_2 \rightarrow H\overset{+5}{N}O_3 + 2\,\overset{+2}{N}O + H_2O$$

Ein derartiger Übergang von einer mittleren Oxidationszahl teils zu einer höheren, teils zu einer niedrigeren Oxidationszahl wird als *Disproportionierung* oder als *Oxidoreduktion* bezeichnet.

Da die salpetrige Säure sowohl zu einer höheren als auch zu einer niedrigeren Oxidationszahl übergehen kann, wird sie von starken Oxidationsmitteln (z. B. Kaliumpermanganat) oxidiert:

$$H\overset{+3}{N}O_2 + H_2O \rightarrow H\overset{+5}{N}O_3 + 2\,H^+ + 2\,e^-$$

von Reduktionsmitteln (z. B. Eisen(II)-salzen) dagegen reduziert:

$$H\overset{+3}{N}O_2 + H^+ + e^- \rightarrow \overset{+2}{N}O + H_2O$$

Salpetrige Säure gehört noch zu den starken Säuren ($pK_S = 3{,}35$), sie unterliegt nach

$$HNO_2 + H_2O \rightleftharpoons NO_2^- + H_3O^+$$

der Protolyse. Das Nitrition NO_2^- ist eine schwache Base ($pK_B + 10{,}65$).

Die Salze der salpetrigen Säure, die Nitrite, sind *giftig*. Das *Natriumnitrit* $NaNO_2$ wird zur Herstellung von Farbstoffen verwendet.

14.3.4 Salpetersäure

Salpetersäure HNO_3 wird heute fast durchweg durch *katalytische Oxidation* von *Ammoniak* gewonnen.

Beim *Ostwald*[1]-Verfahren (Bild 14.4) läuft in einem Ammoniak-Luft-Gemisch (mit etwa 10 % NH_3) bei 600 °C am Platin-Rhodium-Kontakt hauptsächlich folgende Reaktion ab:

$$4\,NH_3 + 5\,O_2 \rightarrow 4\,NO + 6\,H_2O \qquad \Delta H = -1\,168\ \text{kJ} \cdot \text{mol}^{-1}$$

Das *Ammoniak* NH_3 wird also zu *Stickstoffmonoxid* NO oxidiert.

[1] *Wilhelm Ostwald* (1853 bis 1932), Professor der physikalischen Chemie in Leipzig, Nobelpreisträger 1909.

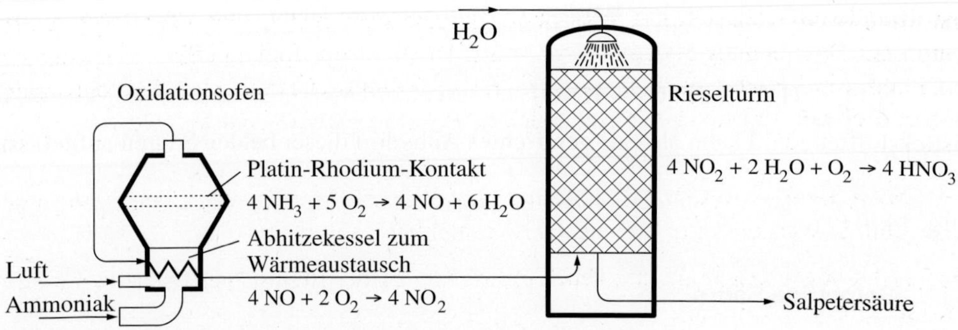

Bild 14.4 Gewinnung von Salpetersäure nach dem Ostwald-Verfahren

Daneben laufen aber auch Reaktionen ab, bei denen Ammoniak NH_3 und Stickstoffmonoxid NO in elementaren Stickstoff N_2 zerfallen. Um diese unerwünschten Reaktionen möglichst zurückzuhalten, darf das Gemisch den Kontakt nur sehr kurze Zeit (1/1 000 Sekunde) berühren. Das wird dadurch erreicht, dass der Kontakt in Form sehr feinmaschiger Netze (bis zu 50 übereinander) im Reaktionsraum ausgespannt ist und von dem Gasgemisch mit hoher Geschwindigkeit durchströmt wird.

Durch Luftüberschuss wird das in den Kontaktöfen entstandene Stickstoffmonoxid sofort weiter zu *Stickstoffdioxid* NO_2 oxidiert:

$$4\,NO + 2\,O_2 \rightarrow 4\,NO_2$$

Das Stickstoffdioxid wird in Rieseltürmen mit Wasser und Luftsauerstoff zu einer etwa 50 %igen *Salpetersäure* HNO_3 umgesetzt:

$$4\,NO_2 + 2\,H_2O + O_2 \rightarrow 4\,HNO_3$$

Aus 4 mol Ammoniak entstehen also theoretisch 4 mol Salpetersäure.

Konzentrierte Salpetersäure kommt mit etwa 62 % HNO_3 in den Handel. Sie hat eine Dichte von etwa 1,4 $g \cdot cm^{-3}$.

Die Salpetersäure HNO_3 ist eine sehr starke Säure ($pK_S = -1{,}32$), sie unterliegt in wässriger Lösung einer nahezu vollständigen Protolyse:

$$HNO_3 + H_2O \rightleftharpoons NO_3^- + H_3O^+$$

Verdünnte Salpetersäure reagiert daher mit allen Metallen, die in der Spannungsreihe links vom Wasserstoff stehen, unter Wasserstoffentwicklung. Die *Oxoniumionen* wirken gegenüber den Metallatomen *oxidierend*.

Konzentrierte Salpetersäure reagiert auch mit *Kupfer, Silber* und *Quecksilber*:

$$\begin{array}{l} \overset{0}{Cu} + 2\,H\overset{+5}{N}O_3 \rightarrow \overset{+2}{Cu}O + 2\,\overset{+4}{N}O_2\uparrow + H_2O \\ CuO + 2\,HNO_3 \rightarrow Cu(NO_3)_2 + H_2O \\ \hline Cu + 4\,HNO_3 \rightarrow Cu(NO_3)_2 + 2\,NO_2\uparrow + 2\,H_2O \end{array}$$

Hier wirken die (nicht protolysierten) *Salpetersäuremoleküle* oxidierend.

Gold und *Platin* werden auch von konzentrierter Salpetersäure nicht angegriffen. Diese wird daher (unter der Bezeichnung *Scheidewasser*) zum Trennen von Gold und Silber verwendet. Gold und Platin werden nur von *Königswasser*, einer Mischung aus drei Teilen konzentrierter Salzsäure und einem Teil konzentrierter Salpetersäure, angegriffen und aufgelöst (→ Abschn. 12.3.1).

Infolge *Passivierung* (→ Abschn. 13.5.5) sind einige unedle Metalle, vor allem *Eisen* und *Chrom*, gegenüber konzentrierter Salpetersäure beständig.

Beim Erhitzen, aber auch schon unter dem Einfluss von Licht, tritt ein langsamer Zerfall der Salpetersäure ein:

$$2\,HNO_3 \rightarrow H_2O + 2\,NO_2 + \tfrac{1}{2}\,O_2$$

Das entstehende Stickstoffdioxid löst sich in der Säure und färbt sie gelb. Infolge der Sauerstoffabgabe wirkt konzentrierte Salpetersäure *stark oxidierend*. Leicht brennbare Stoffe können von konzentrierter Salpetersäure entzündet werden. Daher dürfen Gefäße, die zur Aufbewahrung und zum Transport von Salpetersäure verwendet werden, nicht mit Stroh, Holzwolle oder ähnlichem umgeben sein.

Die Salze der Salpetersäure, die *Nitrate*, zerfallen beim Erhitzen unter Abgabe von Sauerstoff. Die Reaktion verläuft bei den *Alkalinitraten*

$$2\,KNO_3 \rightarrow 2\,KNO_2 + O_2\uparrow$$

anders als bei den *Schwermetallnitraten*:

$$2\,Pb(NO_3)_2 \rightarrow 2\,PbO + 4\,NO_2\uparrow + O_2\uparrow$$

Infolge der Sauerstoffabgabe sind auch die Nitrate *starke Oxidationsmittel*. Kaliumnitrat wird in Sprengstoffen als Sauerstofflieferant verwendet.

Außer zur Gewinnung von Nitraten dient die Salpetersäure auch zum *Nitrieren*, das in der organischen Chemie eine wichtige Rolle spielt. Mit der sogenannten *Nitriersäure*, einem Gemisch aus konzentrierter Salpetersäure und konzentrierter Schwefelsäure, werden *Nitrogruppen* —NO_2 in organische Verbindungen eingeführt.

(Aufg. 14.10 bis 14.12)

14.3.5 Kalkstickstoff

Außer der Ammoniaksynthese gibt es noch ein weiteres Verfahren zur Bindung des Luftstickstoffs. Feingemahlenes *Calciumcarbid* reagiert bei etwa 1 000 °C mit *Stickstoff*, der durch Luftverflüssigung und fraktionierte Destillation der flüssigen Luft gewonnen wurde:

$$CaC_2 + N_2 \rightleftharpoons CaCN_2 + C \qquad \Delta H = -301\ \text{kJ} \cdot \text{mol}^{-1}$$

Es entsteht ein Gemenge aus *Calciumcyanamid* $CaCN_2$ und elementarem *Kohlenstoff*, das als *Kalkstickstoff* bezeichnet wird. Da die Reaktion stark exotherm verläuft und eine zu starke Erwärmung die Lage des Gleichgewichts ungünstig beeinflusst, wird nur ein Teil des Calciumcarbids erhitzt. Die Reaktion schreitet dann ohne weitere Wärmezufuhr fort.

Kalkstickstoff dient als *Düngemittel*, des Calciumgehalts wegen vor allem für kalkarme und saure Böden. Im Boden setzt er sich mit Wasser unter Bildung von Ammoniak um:

$$CaCN_2 + 3\,H_2O \rightarrow CaCO_3 + 2\,NH_3$$

Beim Umgang mit Kalkstickstoff ist zu beachten, dass er *giftig* ist.

Das Calciumcyanamid $CaCN_2$ leitet sich vom *Cyanamid* NC—NH_2 ab, indem dessen Wasserstoffatome durch Calcium ersetzt werden:

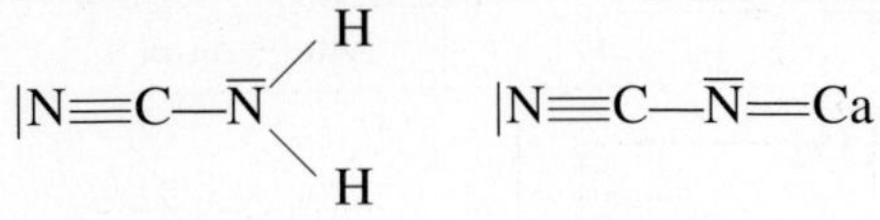

Cyanamid Calciumcyanamid

(→ Aufg. 14.13)

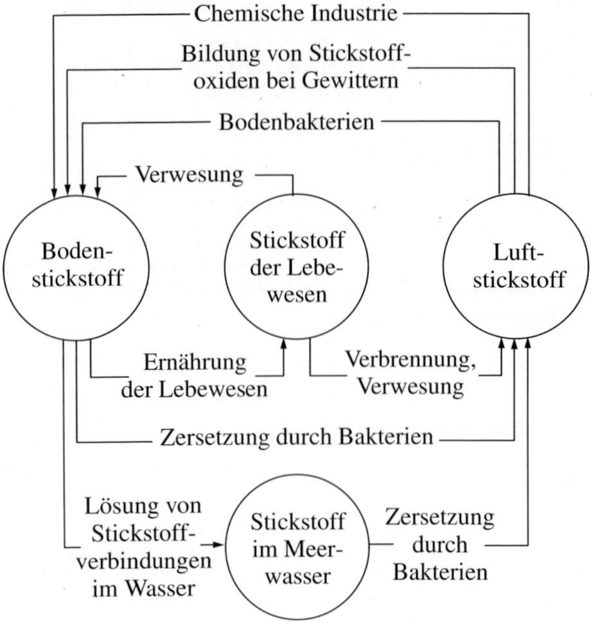

Bild 14.5 Kreislauf des Stickstoffs

14.3.6 Stickstoffdüngemittel

Als Bestandteil aller Eiweißstoffe ist Stickstoff unentbehrlich für die Lebensvorgänge (→ Kapitel 33). Die Pflanzen decken ihren Stickstoffbedarf mit den im Boden enthaltenen Ammoniumsalzen und Nitraten und bauen daraus Eiweißstoffe auf. Lediglich die Leguminosen (Hülsenfrüchtler) vermögen mit Hilfe von Mikroorganismen (Knöllchenbakterien), die sich an den Wurzeln ansiedeln, den Stickstoff der Luft für sich zu nutzen. Mensch und Tier sind auf tierisches und pflanzliches Eiweiß angewiesen.

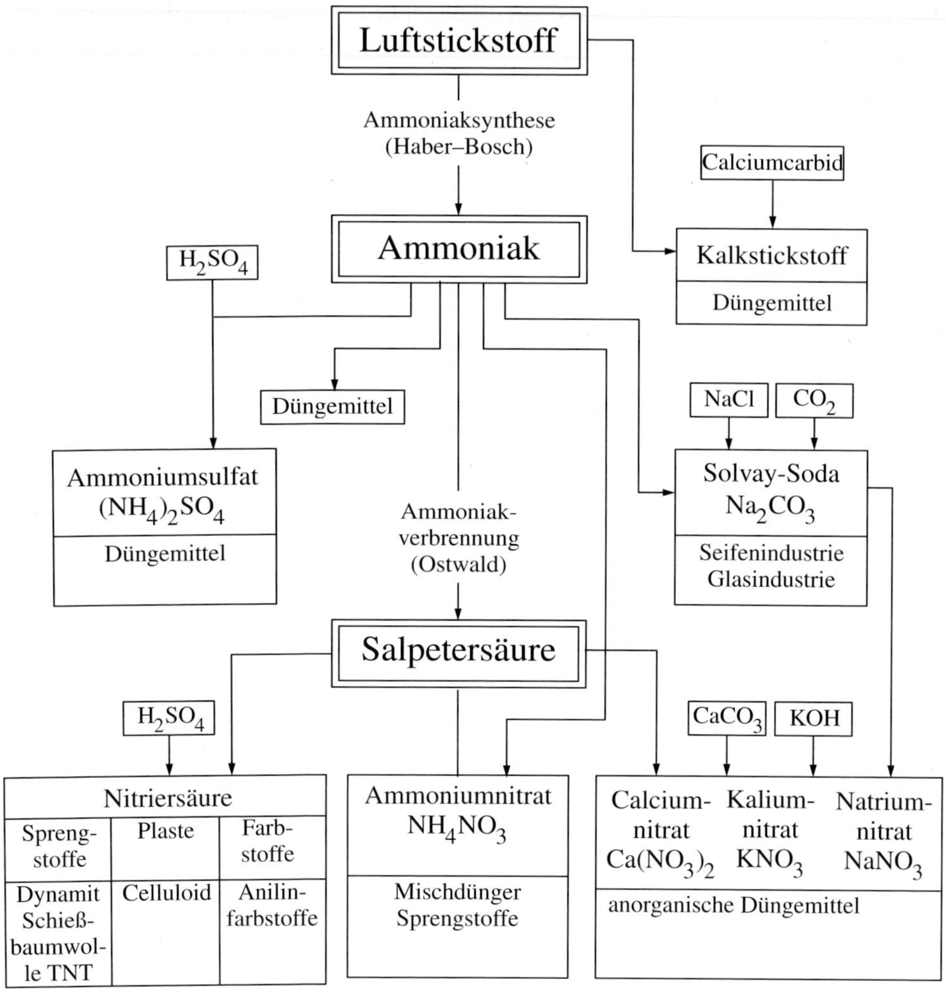

Bild 14.6 Wichtige Erzeugnisse auf Stickstoffbasis

Bei intensiv betriebener Landwirtschaft verarmt der Boden an Stickstoffverbindungen, so dass es – wie zuerst der deutsche Chemiker *Justus von Liebig* erkannte – notwendig wird, dem Boden regelmäßig Stickstoffverbindungen zuzuführen. In der Gegenwart ist es aber zu einem dringenden Gebot des Umweltschutzes geworden, durch Überdüngung verursachte Schäden an Böden und Grundwasser zu vermeiden.

Unter den Stickstoffdüngemitteln stand das *Ammoniumsulfat* $(NH_4)_2SO_4$ lange Zeit mengenmäßig an erster Stelle. Heute hat diese Rolle der *Harnstoff* übernommen (→ Abschn. 30.7.2).

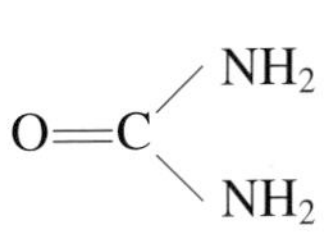

Das heute noch erzeugte Ammoniumsulfat fällt größtenteils als Nebenprodukt bei der Gewinnung von Hydroxylamin an, das für die Caprolactamsynthese benötigt wird (→ Abschn. 30.9).

Ammoniumnitrat NH_4NO_3 wird durch Neutralisation von Salpetersäure mit gasförmigem Ammoniak erzeugt:

$$HNO_3 + NH_3 \rightarrow NH_4NO_3 \qquad \Delta H = -115\ \text{kJ} \cdot \text{mol}^{-1}$$

Da es explosiv ist, wird es in der Bundesrepublik Deutschland als Dünger nur in Gemischen eingesetzt, vor allem zusammen mit Calciumcarbonat als *Kalkammonsalpeter*. In reiner Form dient es als Sprengstoff.

In steigendem Maße werden auch flüssige Düngemittel verwendet, z. B. flüssiges Ammoniak, sowie wässrige Lösungen, die Ammoniumnitrat und Harnstoff enthalten.

(→ Aufg. 14.14)

14.4 Phosphor

Symbol: P [von phosphoros (griech.) Lichtträger; engl. Phosphorus]

Vorkommen

Phosphor tritt in der Natur nicht elementar auf, sondern nur in Verbindungen, vor allem in Phosphaten, den Salzen der Phosphorsäure H_3PO_4. Die wichtigsten Phosphatmineralien sind *Phosphorit* $Ca_3(PO_4)_2$ und *Apatit* $3\,Ca_3(PO_4)_2 \cdot Ca(Cl,F)_2$.

Große Phosphatlagerstätten befinden sich in Russland (Halbinsel Kola), in China, in den USA (Florida) und in Nordafrika (Algerien). Auch in vielen Eisenerzen, vor allem in der lothringischen *Minette*, sind Phosphate enthalten. Diese Phosphate gehen bei der Stahlgewinnung nach dem Thomas-Verfahren in die Schlacke über, die gemahlen unter der Bezeichnung *Thomasmehl* als Düngemittel in den Handel kommt.

Gebundener Phosphor ist unentbehrlich für die lebenden Organismen, so bestehen Knochen, Zähne und Horn vor allem aus Calciumphosphat $Ca_3(PO_4)_2$. Aber auch in den Muskeln, im Blut, in den Nervenfasern und in der Gehirnsubstanz sowie in der Milch und im Eidotter ist gebundener Phosphor enthalten, und zwar vor allem im *Lecithin*.

Mit den menschlichen und tierischen Exkrementen werden ständig Phosphorverbindungen ausgeschieden. Die heutigen Phosphatlagerstätten sind z.T. in früheren geologischen Epochen durch Zersetzung von tierischen Exkrementen und Tierkadavern entstanden. Auf einigen peruanischen Pazifikinseln bilden sich aus Exkrementen von Seevögeln auch heute noch phosphor- und stickstoffhaltige Ablagerungen, die unter der Bezeichnung *Guano*[1)] als Düngemittel verwendet werden.

[1)] huano (peruanisch) Mist

Gewinnung

Gewonnen wird *Phosphor*, indem ein Gemisch von *Calciumphosphat* (Phosphorit) $Ca_3(PO_4)_2$ [oder *Apatit* $3\,Ca_3(PO_4)_2 \cdot Ca(Cl,F)_2$], Koks und Siliciumdioxid (Quarzsand) in einem Elektroofen auf mindestens 1 400 °C erhitzt wird:

$$\begin{array}{ll} 2\,Ca_3(PO_4)_2 + 10\,C & \rightarrow 6\,CaO + 10\,CO + P_4 \\ 6\,CaO + 6\,SiO_2 & \rightarrow 6\,CaSiO_3 \\ \hline 2\,Ca_3(PO_4)_2 + 10\,C + 6\,SiO_2 & \rightarrow P_4 + 10\,CO + 6\,CaSiO_3 \end{array}$$

Der Phosphor entweicht als Dampf – in Form von P_4-Molekülen – aus dem Elektroofen und wird in einem Kondensationsturm unter Wasser aufgefangen. Das Kohlenstoffmonoxid kann als Heizgas genutzt werden. Das Siliciumdioxid führt das Calciumoxid in eine leicht schmelzende Schlacke über, die von Zeit zu Zeit abgestochen wird.

Eigenschaften

Vom Phosphor gibt es mehrere *allotrope Modifikationen* (→ Abschn. 13.4): den *weißen*, den *violetten* und den *schwarzen Phosphor* (Tabelle 14.2). Der *rote Phosphor* ist dagegen keine einheitliche Modifikation, sondern ein Gemenge, dessen Hauptbestandteil der violette Phosphor ist. Technisch werden nur weißer und roter Phosphor verwendet.

Weißer Phosphor ist metastabil, er geht direkt in roten (violetten) Phosphor über. Dagegen ist die Umwandlung von rotem (violettem) Phosphor in weißen Phosphor nur über den Dampfzustand möglich. Weißer und violetter Phosphor sind demnach *monotrope Modifikationen*.

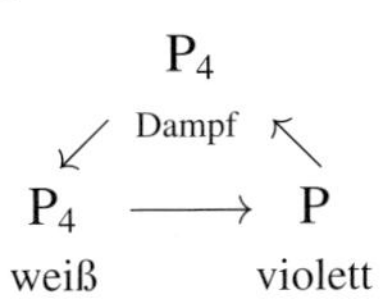

Weißer Phosphor schmilzt bei 44,1 °C und siedet unter Luftabschluss bei 280 °C. Er ist wachsartig weich und hat eine Dichte von 1,82 g cm^{-3}. Weißer Phosphor ist *sehr giftig* (schon 10 mg können tödlich wirken) und außerordentlich reaktionsfähig. Weißer Phosphor entzündet sich an der Luft bei etwa 50 °C, in feinverteilter Form auch schon bei Zimmertemperatur, und verbrennt unter starker Wärmeentwicklung mit gelblich-weißer Flamme zu *Phosphor(V)-oxid* P_2O_5:

$$P_4 + 5\,O_2 \rightarrow 2\,P_2O_5 \qquad \Delta H = -3\,020\ \text{kJ} \cdot \text{mol}^{-1}$$

Weißer Phosphor muss daher unter Wasser aufbewahrt werden. Der Name Phosphor beruht darauf, dass weißer Phosphor an feuchter Luft langsam oxidiert und dabei im Dunkeln bläulich leuchtet *(phosphoresziert)*.

Weißer Phosphor verursacht schwer heilende *Brandwunden*. Weißer Phosphor wurde im zweiten Weltkrieg in Phosphorbrandbomben eingesetzt.

Roter (violetter) Phosphor ist nicht giftig und wesentlich weniger reaktionsfähig als weißer. Er entzündet sich erst oberhalb 400 °C. Die Dichte des violetten Phosphors beträgt 2,34 g · cm^{-3}, die des im Handel befindlichen *roten Phosphors* etwa 2,2 g · cm^{-3}.

Tabelle 14.2 Erscheinungsformen des Phosphors

Bezeichnung		Beschreibung	Entstehung	Eigenschaften
weißer Phosphor	allotrope Modifikationen	metastabile nichtmetallische Modifikation	durch Kondensation von Phosphordampf P_4	Selbstentzündung oberhalb 50 °C, löslich in Kohlenstoffdisulfid CS_2, sehr giftig
violetter Phosphor	allotrope Modifikationen	stabile nichtmetallische Modifikation	durch Polymerisation von P_4-Molekülen	(siehe unter rotem Phosphor)
schwarzer Phosphor	allotrope Modifikationen	metallische Modifikation	bei 1 200 MPa (12 000 bar) und 200 °C	metallischer Glanz, elektrische Leitfähigkeit, gute Wärmeleitfähigkeit
roter Phosphor		Gemenge, dessen Hauptbestandteil violetter Phosphor ist	aus weißem Phosphor durch unvollständige Polymerisation beim Erhitzen auf 260 °C unter Luftabschluss	entzündet sich erst oberhalb 400 °C, in Kohlenstoffdisulfid unlöslich, ungiftig

Verwendung

Technisch verwendet wird heute vor allem der rote Phosphor, und zwar hauptsächlich in der *Zündholzfabrikation*. Die ersten Phosphorzündhölzer enthielten in ihren Köpfen weißen Phosphor. Sie wurden, weil sie giftig sind und sich zu leicht entzündeten, 1903 verboten. Für die heutige Sicherheitszündhölzer wird roter Phosphor verwendet, der sich aber nicht im Zündholzkopf, sondern in der Reibfläche befindet. Der *Zündholzkopf* kann z. B. aus Kaliumchlorat $KClO_3$, Kaliumdichromat $K_2Cr_2O_7$, Zinkoxid ZnO, Schwefel, Kieselgur und Leim bestehen, die *Reibfläche* aus rotem Phosphor, Antimonsulfid Sb_2S_3, Kreide $CaCO_3$, Glaspulver und Leim. Beim Anstreichen eines Zündholzes wird etwas roter Phosphor aus der Reibfläche herausgerissen. Dieser reagiert infolge der Reibungswärme mit dem Kaliumchlorat des Zündholzkopfes. Der brennende Phosphor entzündet den Schwefel, dieser das Paraffin, mit dem das Holz getränkt ist. Dadurch wird schließlich die Entzündungstemperatur des Holzes erreicht.

14.5 Verbindungen des Phosphors[1)]

Phosphor begegnet uns in seinen Verbindungen mit allen Oxidationszahlen von −3 bis +5, wobei die Oxidationszahlen −3, +3 und +5 vorherrschen. Phosphorverbindungen werden in vielen Bereichen der Technik verwendet, wobei die Phosphate am bedeutsamsten sind.

---

1) Prof. Dr. Klaus Sommer, Pirmasens, gebührt Dank für ergänzende Beiträge zu den Phosphorverbindungen.

14.5.1 Phosphorwasserstoff

Phosphorwasserstoff (Phosphan, Phosphin) PH_3, eine dem Ammoniak analoge Verbindung, ist ein farbloses, sehr giftiges Gas (MAK-Wert 0,15 mg · m^{-3}). Es lässt sich aus Calciumphosphid Ca_3P_2 und Wasser erzeugen:

$$Ca_3P_2 + 6\,H_2O \rightarrow 2\,PH_3\uparrow + 3\,Ca(OH)_2$$

Technisch gewonnen wird *Phosphan* PH_3 bei der *Disproportionierung* von weißem Phosphor in Natronlauge. In Gegenwart von Calciumhydroxid $Ca(OH)_2$ entsteht dabei neben *Natriumhypophosphit* NaH_2PO_2 auch *Calciumphosphit* $CaHPO_3$:

$$\overset{0}{P}_4 + 2\,NaOH + Ca(OH)_2 + 3\,\overset{+1}{H}_2O \rightarrow \overset{-3+1}{P\,H_3} + 2\,Na\overset{+1}{H}_2\overset{+1}{P}O_2 + Ca\overset{+1+3}{H\,P}O_3 + \overset{0}{H}_2\uparrow$$

Der dabei anfallende Wasserstoff wird abgefackelt.

Das Natriumhypophosphit dient zur Herstellung von Flammschutzmitteln, wie Tris-butylphosphan $(C_4H_9)_3P$ oder Tetrakis-hydroxymethyl-phosphonium-chlorid $(HOCH_2)_4PCl$. Dieses wird zur waschbeständigen Flammschutzausrüstung von cellulosischen Textilien verwendet.

Der charakteristische Geruch, der dem aus technischen (calciumphosphidhaltigem) Calciumcarbid erzeugten Ethin (Acetylen) anhaftet, beruht auf einem geringen Gehalt an Phosphan.

14.5.2 Phosphorhalogenverbindungen

Phosphor bildet mit Halogenen
- Phosphortrihalogenide PX_3 [1],
- Phosphorpentahalogenide PX_5 sowie
- Phosphoroxidhalogenide POX_3 und
- Phosphorsulfidhalogenide PSX_3.

Darüber hinaus gibt es Verbindungen vom Typ P_2X_4 sowie Polyhalogenverbindungen wie PCl_3Br_4 oder PCl_6I, die bisher nur theoretische Bedeutung haben.

Wichtige Vertreter sind
- das flüssige *Phosphortrichlorid* PCl_3 (MAK-Wert 3 mg · m^{-3}) und
- das feste *Phosphorpentachlorid* PCl_5 (MAK-Wert 1 mg · m^{-3}),

die beide an der Luft rauchen und stark ätzend wirken.

Phosphorhalogenide sind – mit Ausnahme der Fluoride – leicht aus den Elementen zu gewinnen. *Phosphortrichlorid* PCl_3 entsteht in heftiger Reaktion beim Einleiten von Chlor in eine Dispersion von weißem Phosphor in bereits erzeugtem Phosphortrichlorid, wobei Chlor im Unterschuss gehalten werden muss:

$$P_4 + 6\,Cl_2 \rightarrow 4\,PCl_3$$

[1] Das Symbol X steht hier für die verschiedenen Halogene.

Phosphortrichlorid PCl_3 wird zur Herstellung von Phosphorpentachlorid $POCl_3$ und Phosphorsulfidchlorid $PSCl_3$ verwendet, wobei weiteres Chlor, Sauerstoff oder Schwefel addiert werden:

$$8\,PCl_3 + S_8 \xrightarrow{AlCl_3} 8\,PSCl_3$$

Mit Alkoholen oder Phenolen bildet das Phosphortrichlorid Ester der phosphorigen Säure, die als Stabilisatoren in Kunststoffen und als Zwischenprodukte bei der Insektizidsynthese genutzt werden. Weiterhin dient Phosphortrichlorid zur Gewinnung von Phosphonsäuren (→ Abschn. 14.5.5) und von Fettsäurechloriden.

Phosphoroxidchlorid $POCl_3$ und *Phosphorsulfidchlorid* $PSCl_3$ werden zur Erzeugung von Alkyl- und Phenylestern benötigt, die Bestandteile von Weichmachern, Flammschutzmitteln und Pestiziden sind.

14.5.3 Oxide und Sauerstoffsäuren des Phosphors

Von den Oxiden des Phosphors sind
- das Phosphor(III)-oxid (Phosphortrioxid) P_2O_3 und
- das Phosphor(V)-oxid Phosphorpentaoxid) P_2O_5

wichtig. Die Formeln P_2O_3 und P_2O_5 sind *Summenformeln*. Diese geben lediglich die stöchiometrische Zusammensetzung wieder.

Phosphor(III)-oxid liegt in P_4O_6-Molekülen vor, Phosphor(V)-oxid in P_4O_{10}-Molekülen. Daneben sind auch die Moleküle P_4O_7, P_4O_8 und P_4O_9 bekannt.

Phosphor(III)-oxid P_2O_3 entsteht, wenn Phosphor unter beschränktem Luftzutritt verbrennt:

$$P_4 + 3\,O_2 \rightarrow 2\,P_2O_3$$

Es handelt sich um eine weiße, wachsartige, kristalline Substanz, die wie der Phosphor *sehr giftig* ist.

Mit Wasser setzt sich das Phosphor(III)-oxid zu *phosphoriger Säure* H_3PO_3 um:

$$P_2O_3 + 3\,H_2O \rightarrow 2\,H_3PO_3$$

Das Phosphor(III)-oxid ist also das *Anhydrid der phosphorigen Säure*.

Die *phosphorige Säure* $(OH)_3P$ steht im Gleichgewicht mit der tautomeren[1] *Phosphonsäure* $H[P(O)(OH)_2]$:

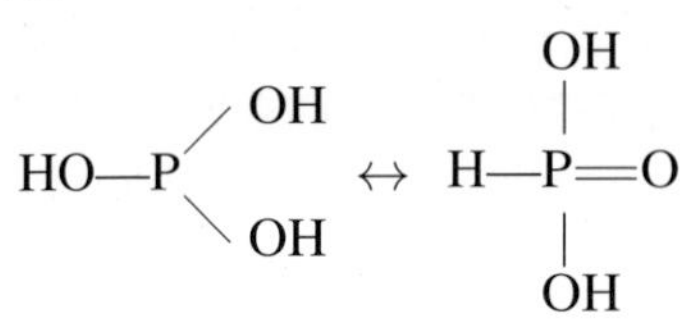

phosphorige Säure Phosphonsäure

[1] aus griech. *to autos meros*; zu selben Teilen; in diesem Falle zeigt sich die *Tautomerie* darin, dass Wasserstoffatome innerhalb des Moleküls leicht die Plätze wechseln können.

Die Phosphonsäure wird industriell durch Hydrolyse von Phosphortrichlorid PCl_3 gewonnen:

$$PCl_3 + 3\,H_2O \rightarrow H[P(O)(OH)_2] + 3\,HCl$$

Phosphor(V)-oxid P_2O_5, das beim vollständigen Verbrennen von Phosphor entsteht, ist ein sehr hygroskopisches (wasseranziehendes), lockeres, weißes Pulver. An der Luft zerfließt es unter Wasseraufnahme, wobei zunächst *Metaphosphorsäure* HPO_3 entsteht:

$$P_2O_5 + H_2O \rightarrow 2\,HPO_3 \qquad (14.7)$$

Die Metaphosphorsäure setzt sich mit weiterem Wasser zur *Orthophosphorsäure* H_3PO_4 um, die meist kurz als *Phosphorsäure* bezeichnet wird:

$$2\,HPO_3 + 2\,H_2O \rightarrow 2\,H_3PO_4 \qquad (14.8)$$

Zur technischen Gewinnung von Phosphorsäure stehen zwei unterschiedliche Verfahren zur Verfügung. Beim sogenannten nassen Aufschluss von Phosphaten mittels Schwefelsäure:

$$Ca_3(PO_4)_2 + 3\,H_2SO_4 \rightarrow 2\,H_3PO_4 + 3\,CaSO_4$$

entsteht eine erheblich verunreinigte Phosphorsäure, die hauptsächlich in der Düngemittelproduktion eingesetzt wird. Eine reine Phosphorsäure wird gewonnen, indem Phosphor mit Luftüberschuss verbrannt und das dabei rauchförmig anfallende Phosphor(V)-oxid in Wasser eingeleitet wird:

$$P_2O_5 + 3\,H_2O \rightarrow 2\,H_3PO_4 \qquad (14.9)$$

Diese Gleichung ergibt sich auch durch Addition der Gleichungen (14.7) und (14.8). Das Phosphorpentoxid ist demnach sowohl *Anhydrid der Metaphosphorsäure* als auch *Anhydrid der Orthophosphorsäure*.

Die *Orthophosphorsäure* H_3PO_4 stellt eine starke Säure dar ($pK_S = 1{,}96$), die weitgehend der Protolyse unterliegt:

$$H_3PO_4 + H_2O \rightleftharpoons H_2PO_4^- + H_3O^+$$

Das Dihydrogenphosphation $H_2PO_4^-$ ist ein Ampholyt, als Base reagiert es schwach ($pK_B = 12{,}04$); als Säure reagiert es mittelstark ($pK_S = 7{,}12$), wobei sich folgendes Gleichgewicht einstellt:

$$H_2PO_4^- + H_2O \rightleftharpoons HPO_4^{2-} + H_3O^+$$

Das Hydrogenphosphation HPO_4^{2-} ist gleichfalls ein Ampholyt, als Base reagiert es mittelstark ($pK_B = 6{,}88$); als Säure reagiert es schwach ($pK_S = 12{,}32$), so dass das Gleichgewicht

$$HPO_4^{2-} + H_2O \rightleftharpoons PO_4^{3-} + H_3O^+$$

weit auf der linken Seite liegt.

Die Phosphationen PO_4^{3-} sind eine starke Base ($pK_B = 1{,}68$), sie setzen sich in wässriger Lösung zur korrespondierenden Säure HPO_4^{2-} um. Eine wässrige Phosphorsäurelösung enthält daher nur einen unbedeutenden Anteil an Phosphationen PO_4^{3-}.

Entsprechend der stufenweisen Protolyse bildet die Phosphorsäure drei Reihen von Salzen, deren Benennung am Beispiel der Natriumsalze gezeigt sei:

NaH_2PO_4	Natriumdihydrogenphosphat (primäres Natriumphosphat),
Na_2HPO_4	Dinatriumhydrogenphosphat (sekundäres Natriumphosphat),
Na_3PO_4	Trinatriumphosphat (tertiäres Natriumphosphat).

Die in Klammern stehenden Bezeichnungen sind veraltet, aber noch hin und wieder im Gebrauch.

Nach der Verwendung wird zwischen

- *technischen Phosphaten* und
- *Düngemittelphosphaten* (→ Abschn. 14.5.4)

unterschieden. Die Bedeutung der technischen Phosphate nahm um 1930 – vor allem durch Einsatz als Wasserenthärter und in Waschmitteln – sprunghaft zu. Unter den technischen Phosphaten spielen *kondensierte Phosphate* eine wichtige Rolle.

Die *kondensierten Phosphate* werden durch Erhitzen aus primären oder sekundären Phosphaten gewonnen. Dabei bilden sich Di-, Tri- und Polyphosphate, zum Beispiel:

$$NaH_2PO_4 \xrightarrow{\text{Wärme}} Na_2H_2P_2O_7 \begin{array}{l} \nearrow Na_3P_3O_9 \\ \quad \text{Wärme} \\ \searrow (NaPO_3)_n \end{array}$$

Das kann durch Einblasen von Phosphatlösungen in Sprühtürme gegen einen Heißluftstrom bewerkstelligt werden, wobei es zu einer Wasserabspaltung (*Kondensation*) kommt. Die hierfür einzusetzenden Phosphatlösungen werden durch Neutralisation von Natronlauge und Phosphorsäure gewonnen.

Ein bekanntes Beispiel für ein kondensiertes Phosphat ist das *Pentanatriumtripolyphosphat* $Na_5P_3O_{10}$:

$$NaH_2PO_4 + 2\,Na_2HPO_4 \rightarrow Na_5P_3O_{10} + 2\,H_2O$$

Die Bezeichnung *Polyphosphate* wird auf *kettenförmige* kondensierte Phosphate[1] angewandt.

Daneben gibt es auch *cyclische* kondensierte Phosphate mit der allgemeinen Summenformel $(NaPO_3)_n$ ($n = 3 \ldots 6$). Sie werden *Metaphosphate* genannt, da sie sich von der *Metaphosphorsäure* $(HPO_3)_n$ ableiten lassen. Ein bekanntes Beispiel ist das *Trimetaphosphat*:

$$3\,NaH_2PO_4 \rightarrow Na_3P_3O_9 + 3\,H_2O$$

mit folgender Struktur:

$3\,Na^+ +$

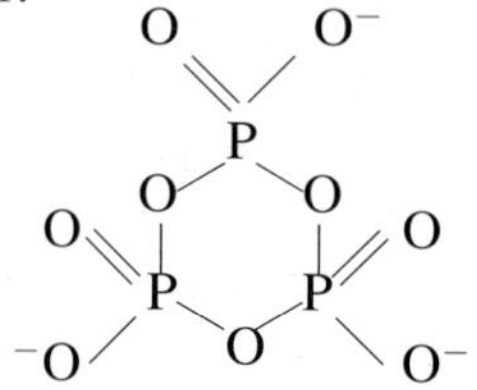

[1] auch *Catena-Phosphate* genannt, nach *catena* (lat.) Kette

Phosphate und *Diphosphate* werden in der Lebensmittelindustrie als Dispergatoren und Stabilisatoren verwendet. Sie dienen als Korrosionsschutzmittel und zum Fällen von Härtebildnern. *Kondensierte Phosphate* führen als Komplexbildner schwerlösliche Schwermetallsalze in lösliche Verbindungen über. Zahnpasten enthalten als Fluorträger Dinatriumfluorphosphat Na_2PO_3F und als Putzkörper Madrell'sches Salz, ein schwerlösliches Natriumpolyphosphat $(NaPO_3)_n$ ($n = 20 \ldots 80$). Auch Kalium-, Ammonium-, Calcium-, Aluminium und Zinkphosphate werden technisch verwendet.

14.5.4 Phosphat-Düngemittel

Für die lebenden Organismen sind bestimmte Phosphorverbindungen unentbehrlich. Mensch und Tier decken ihren Bedarf an Phosphorverbindungen mit der Aufnahme tierischer und pflanzlicher Nahrung. Die Pflanzen nehmen Phosphate aus dem Boden auf. Bei intensiv betriebener Landwirtschaft müssen dem Boden regelmäßig Phosphate als Düngemittel zugeführt werden.

Als Ausgangsstoff für die Gewinnung von Phosphat-Düngemitteln dient das Calciumphosphat $Ca_3(PO_4)_2$, das als Phosphorit und Apatit (→ Abschn. 14.4) vorkommt. Da das Calciumphosphat für die Pflanzen unlöslich ist, muss es *aufgeschlossen* (d. h. in lösliche Form übergeführt) werden. Das geschieht im *nassen Aufschluss* mit Schwefelsäure:

$$Ca_3(PO_4)_2 + 2\,H_2SO_4 \rightarrow Ca(H_2PO_4)_2 + 2\,CaSO_4$$

Das entstehende Gemisch aus wasserlöslichem Calciumhydrogenphosphat und Calciumsulfat ist als *Superphosphat* bekannt. Da Superphosphat nur einen Gehalt von höchstens 20 % P_2O_5 hat, verursacht es hohe Transportkosten. Vorteilhafter sind Ammoniumphosphate, die durch Neutralisation von Phosphorsäure mit Ammoniak gewonnen werden:

$$H_3PO_4 + 2\,NH_3 \rightarrow (NH_4)_2HPO_4$$

Das Diammoniumhydrogenphosphat $(NH_4)_2HPO_4$ bringt neben bis zu 47 % P_2O_5 zugleich 17 % Stickstoff N in den Boden. Die Erzeugung von Phosphatdüngemitteln ist im Weltmaßstab ein Hauptverbraucher von Schwefelsäure.

Beim *trockenen Aufschluss*, zu dem keine Schwefelsäure nötig ist, wird ein Gemisch von *Calciumphosphat* $Ca_3(PO_4)_2$, *Calciumcarbonat* $CaCO_3$, *Natriumcarbonat* (Soda) Na_2CO_3 und *Siliciumdioxid* (Sand) SiO_2 (bzw. Silicaten) in Drehrohröfen bei etwa 1 200 °C gesintert. Dabei entsteht im wesentlichen ein Gemenge aus *Natriumcalciumphosphat* $NaCaPO_4$ und *Calciumsilicat* $CaSiO_3$ bzw. Ca_2SiO_4. Dieses als *Alkalisinterphosphat* bezeichnete Produkt ist zwar – wie das als Ausgangsstoff dienende *Calciumphosphat* $Ca_3(PO_4)_2$ – wasserunlöslich, wird aber von den organischen Säuren, die die Pflanzenwurzeln ausscheiden, allmählich aufgelöst und kann dann von den Pflanzen aufgenommen werden. Der Einsatz von Sinterphosphaten steht heute weit hinter dem von Diammonphosphat und Superphosphat zurück. *Thomasmehl*, das gleichfalls als Phosphatdüngemittel verwendet wird, ist ein Nebenprodukt der Thomas-Stahlwerke (→ Abschn. 14.4 und 23.3.2). Es entspricht in seiner Löslichkeit den Sinterphosphaten (→ Aufg. 14.15).

14.5.5 Phosphororganische Verbindungen

Die organischen *Phosphonsäuren* und ihre Derivate sind die wichtigsten *phosphororganischen Verbindungen.* Sie sind gekennzeichnet durch eine direkte P—C-Bindung, die hohe Hydrolysestabilität besitzt:

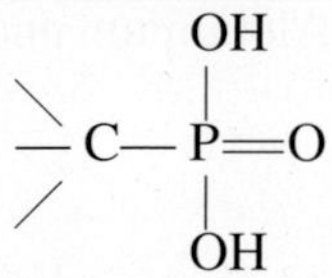

Die Atomgruppe —$PO(OH)_2$ ist als *Phosphonylgruppe* bekannt.

Phosphororganische Verbindungen werden dort verwendet, wo es – im Vergleich zu anorganischen Phosphorverbindungen – auf hohe chemische Stabilität ankommt, also dort, wo eine konstante Wirkung über einen längeren Zeitraum erforderlich ist.

Einfache Phosphonsäure-Derivate dienen als Flammschutzmittel in Kunststoffen und Textilien. Beispiele sind:

Vinylphosphonsäure

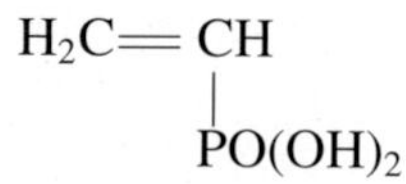

Methanphosphonsäure-methylester

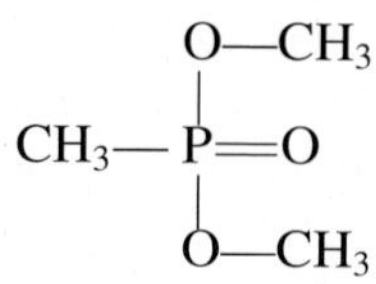

Allgemein werden solche Ester *Phosphonate* genannt.

Es gibt auch Phosphonsäuren mit mehreren Phosphonylgruppen im Molekül. Ihre Derivate (Ester) werden als *Biphosphonate* bezeichnet. Sie werden verwendet in Wasch- und Reinigungsmitteln, in der Brauchwasserbehandlung, in Rückkühlwerken und Kühlwasserkreisläufen, als Antioxidantien in Seifen, zur Stabilisierung von Peroxidverbindungen, in Zahnpasten und zum Korrosionsschutz. Diese vielfältigen Einsatzmöglichkeiten der Biphosphonate beruhen vor allem darauf, dass sie sehr stabile Komplexverbindungen (→ Abschn. 5.7.2) zu bilden vermögen.

Beispiel: Amino-tris-methan-phosphonsäure

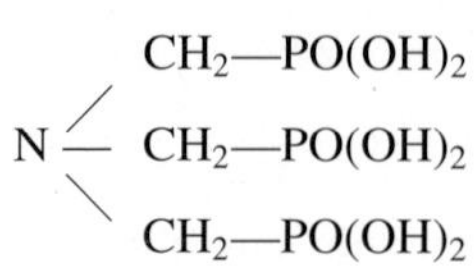

Neuerdings werden geminale[1] Biphosphonate – beide Phosphonylgruppen stehen am selben Kohlenstoffatom – zur Behandlung von Osteroporose eingesetzt.

[1] von *geminus* (lat.) Zwilling

Beispiel: 1-Hydroxyethan-1,1-diphosphonsäure

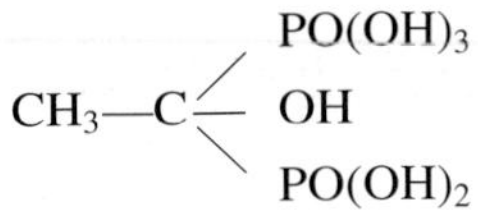

14.6 Arsen und seine Verbindungen

Symbol: As [Herkunft des Namens umstritten; engl. Arsenic]

Arsen kommt in der Natur gediegen und in Form von Arseniden (z. B. Speiskobalt $CoAs_2$) und Sulfiden (z. B. Auripigment As_2S_3 und Arsenkies FeAsS) und als Arsenik As_2O_3 vor. Da Arsen bei 633 °C sublimiert, kann es aus Arsenkies durch Erhitzen gewonnen werden:

$$FeAsS \rightarrow FeS + As$$

Arsen bildet zwei monotrope Modifikationen (→ Abschn. 13.4): Das metastabile, nichtmetallische gelbe Arsen (Dichte $\varrho = 1{,}97\ g \cdot cm^{-3}$) geht beim Erhitzen in das stabile graue Arsen (Dichte $\varrho = 5{,}73\ g \cdot cm^{-3}$) über, das schwach metallischen Charakter besitzt (geringe elektrische Leitfähigkeit). Graues Arsen sublimiert bei 606 °C. Durch rasches Abkühlen des Arsendampfes As_4 erhält man gelbes Arsen.

Die wichtigsten Arsenverbindungen sind:

- *Arsenwasserstoff* (Arsin) AsH_3, ein knoblauchartig riechendes, sehr giftiges, farbloses Gas;
- *Arsen(III)-oxid (Arsenik)* As_2O_3, giftiges, farbloses Pulver (kann auch als durchscheinende Substanz vorliegen), dient zur Schädlingsbekämpfung, als Entfärbungsmittel in der Glasfabrikation, die medizinische Verwendung ist stark zurückgegangen;
- *Arsenide*, binäre Verbindungen des Arsens mit Metallen. Aluminiumarsenid AlAs, Galliumarsenid GaAs und Indiumarsenid InAs gehören zu den A^{III}-B^{V}-Verbindungen zwischen Elementen der III. und der V. Hauptgruppe des PSE, die in der Halbleitertechnik eingesetzt werden.

Arsen und seine Verbindungen sind stark giftig (tödliche Dosis bei 0,1 g, *für die gasförmigen Verbindungen bei* $0{,}1\ mg \cdot l^{-1}$*).*

14.7 Antimon und seine Verbindungen

Symbol: Sb [von stibium (lat.), einer schwarzen Schminke aus Grauspießglanz Sb_2S_3; engl. Antimony]

Antimon kommt vor allem im *Grauspießglanz* Sb_2S_3 vor und kann daraus durch Reduktion mit Eisen gewonnen werden:

$$Sb_2S_3 + 3\,Fe \rightarrow 3\,FeS + 2\,Sb$$

Der metallische Charakter ist beim Antimon viel stärker ausgeprägt als beim Arsen. Außer dem stabilen *metallischen Antimon* und dem instabilen, nichtmetallischen *gelben Antimon* gibt es noch *amorphes Antimon*, das beim Erhitzen auf 100 °C explosionsartig kristallisiert (sogenanntes explosives Antimon).

Antimon ist sehr spröde, es wird daher nur in Legierungen verwendet. So ist es Bestandteil des in der polygraphischen Industrie verwendeten *Letternmetalls* (67 % Blei, 28 % Antimon, 5 % Zinn). Antimon dehnt sich beim Erstarren aus und bewirkt dadurch, dass beim Schriftguss die Matrizen gut ausgefüllt werden. Außerdem ist Antimon Bestandteil mancher Blei- und Zinnlegierungen, die als *Lagermetalle* verwendet werden. Das Antimon ist bei diesen Lagermetallen an der Bildung harter Trägerkristalle beteiligt, die in einer weichen, nachgiebigen Grundmasse liegen. Auch zum Herstellen von Halbleiterbauelementen wird Antimon benötigt (→ Abschn. 15.8).

Die bekanntesten Antimonverbindungen sind:
- *Antimonwasserstoff* SbH_3, ein farbloses, giftiges Gas von unangenehmem Geruch,
- *Antimon(V)-sulfid* Sb_2S_5, das Kautschuk und Zündholzköpfen eine rote Färbung verleiht.

14.8 Bismut und seine Verbindungen

Symbol: Bi [von bismutium, latinisiert aus Wismut; schon im 15. Jahrhundert im Sprachgebrauch erzgebirgischer Bergleute; wahrscheinlich von „Wiesen muten"; „muten": etwas begehren, seit dem 19. Jahrhundert nicht mehr gebräuchlich; erhalten in „vermuten"; engl. Bismuth]

Bismut (deutsch auch Wismut) kommt gediegen und als *Bismutglanz* Bi_2S_3 und *Bismutocker* Bi_2O_3 vor. Daraus wird es analog dem Antimon gewonnen.

Bismut ist ein schwach rötliches, sprödes, relativ edles, leicht schmelzendes (Fp = 271 °C) Schwermetall (Dichte $\varrho = 9{,}8\ \mathrm{g \cdot cm^{-3}}$) von nicht sehr ausgeprägtem metallischem Charakter und geringer elektrischer Leitfähigkeit. Im Gegensatz zu Arsen und Antimon besitzt es keine nichtmetallische Modifikation. Hier zeigt sich deutlich, dass der metallische Charakter innerhalb der Hauptgruppen zunimmt.

Das *Bismut(III)-oxid* Bi_2O_3 ist im Gegensatz zu den analogen Oxiden des Arsens und Antimons nicht amphoter, sondern ausgesprochen basisch. Dagegen ist es gelungen, von der fünfwertigen Stufe des Bismuts sowohl *Bismut(V)-salze* (z. B. BiF_5) als auch *Bismutate* (z. B. Na_3BiO_4) darzustellen. In der fünfwertigen Stufe ist das Bismut also *amphoter*.

Bismut wird als Hauptbestandteil niedrigschmelzender *Legierungen* (*Wood*-Metall, *Lipowitz*-Metall) eingesetzt (Fp = 60 bis 70 °C), die für Schmelzsicherungen (selbsttätige Feuerlöscheinrichtungen, Alarmanlagen u. a.) verwendet werden.

❍ Aufgaben

14.1 Wie verhalten sich diese Elemente hinsichtlich ihres Metall- bzw. Nichtmetallcharakters?

14.2 Welche Oxidationszahlen sind für die Elemente der 5. Hauptgruppe charakteristisch?

14.3 Nach welchen Verfahren kann Stickstoff aus der Luft gewonnen werden?

14.4 Welche Eigenschaften hat Ammoniak?

14.5 Wie kommt es in einer wässrigen Lösung von Ammoniak zur Bildung von Ammoniumionen?

14.6 Wie wird die Lage des Ammoniakgleichgewichts von den äußeren Bedingungen beeinflusst?

14.7 Weshalb ist die Ammoniaksynthese auf Basis von Kohlenwasserstoffen vorteilhaft?

14.8 Welches technische Prinzip ermöglicht es, die Ammoniaksynthese wirtschaftlich zu gestalten, obwohl auf Grund der Gleichgewichtslage nur ein Ammoniakanteil von 15 bis 20 % zu erreichen ist?

14.9 Was versteht man unter nitrosen Gasen?

14.10 Wie wird Salpetersäure heute technisch gewonnen?

14.11 Was ist beim Umgang mit konzentrierter Salpetersäure zu beachten?

14.12 Wie unterscheiden sich verdünnte und konzentrierte Salpetersäure in ihrem Verhalten gegenüber Metallen?

14.13 Was ist Kalkstickstoff, und wozu wird er verwendet?

14.14 Weshalb muss den landwirtschaftlich genutzten Böden ständig Stickstoffdünger zugeführt werden?

14.15 Welche Unterschiede bestehen zwischen Superphosphat und den Sinterphosphaten hinsichtlich der Gewinnung und der Eigenschaften?

15 Nichtmetalle der Kohlenstoffgruppe

15.1 Übersicht über die Elemente der 4. Hauptgruppe

In der 4. Hauptgruppe des Periodensystems stehen die Nichtmetalle *Kohlenstoff* und *Silicium* und die Metalle *Zinn* und *Blei*. Das *Germanium* zeigt in seinen Eigenschaften eine deutliche Mittelstellung zwischen Metallen und Nichtmetallen.

Germanium und Silicium besitzen Halbleitereigenschaften.

Die Atome der Elemente der 4. Hauptgruppe haben auf dem höchsten Energieniveau folgende Elektronenbesetzung:

s^2	p^2		
↑↓	↑	↑	

Es sind also vier Elektronen notwendig, um dieses Energieniveau voll auszufüllen. Bei den Verbindungen des Kohlenstoffs wird das durch Beteiligung an vier gemeinsamen Elektronenpaaren erreicht. Der Kohlenstoff ist daher *vierbindig* (→ Abschn. 5.2.4). Zu einem abgeschlossenen Energieniveau können die Elemente der 4. Hauptgruppe prinzipiell auch dadurch kommen, dass sie vier Elektronen abgeben. Dann fällt das höchste Energieniveau weg, und das nächstniedere, das – außer beim Kohlenstoff – mit s^2p^6 voll besetzt ist, wird zum höchsten. Durch die Abgabe von Elektronen erhalten die Atome in diesem Falle positive Ladungen. Während der Kohlenstoff keine Neigung zeigt, durch Abgabe von Elektronen positive Ionen zu bilden, treten beim Zinn und Blei solche Ionen auf.

Die Beständigkeit der vierwertigen Stufe nimmt vom Kohlenstoff zum Blei hin ab. Beim Blei ist die zweiwertige Stufe die beständigere. Die Tabelle 15.1 gibt eine Übersicht über die Elemente der 4. Hauptgruppe.

15.2 Kohlenstoff

Symbol: C [von carbo (lat.) Kohle; engl. Carbon]

Vorkommen

Kohlenstoff tritt in der Natur sowohl elementar als auch in Verbindungen auf. Vom elementaren Kohlenstoff sind seit langem zwei Modifikationen bekannt, *Diamant* und *Graphit*.

Beim so genannten *amorphen*[1)] *Kohlenstoff*, zu dem Ruß, Holzkohle und Koks gerechnet werden, handelt es sich um feinkristalline Abarten des Graphits. Eine ganz neue Entwicklungsrichtung der Kohlenstoffchemie ist entstanden, nachdem 1985 aus Ruß Kohlenstoffmoleküle mit 60 und mehr Atomen isoliert werden konnten. Diese kugelförmigen Moleküle sind als *Fullerene* bekannt geworden.

---

1) amorph (griech.) gestaltlos, hier nichtkristallin

Tabelle 15.1 Übersicht über die 4. Hauptgruppe

Element	Kohlenstoff	Silicium	Germanium	Zinn	Blei
Symbol	C	Si	Ge	Sn	Pb
Kernladungszahl	6	14	32	50	82
Relative Atommasse	12,011	28,085	72,63	118,71	207,2
Schmelzpunkt in °C	≈ 3 700 (Sublimationstemperatur des Graphits)	1 410	937	231,8	327,4
Siedepunkt in °C		2 620	2 830	2 720	1 760
Dichte in $g \cdot cm^{-3}$	2,26 Graphit 3,53 Diamant	2,33	5,32	5,75 grau 7,3 weiß	11,35
Metallcharakter, Basencharakter der Oxide	——— nimmt zu ——→				
Nichtmetallcharakter, Säurecharakter der Oxide	——— nimmt ab ——→				
Beständigkeit					
der vierwertigen Stufe	——— nimmt ab ——→				
der zweiwertigen Stufe	——— nimmt zu ——→				

Die wichtigsten *Diamantlagerstätten* befinden sich in Afrika (Südafrika, Zaire) und in Sibirien. Die Weltförderung an Diamant beträgt etwa 1 800 kg je Jahr. Große *Graphitlagerstätten* befinden sich in Sibirien, in Sri Lanka, Madagaskar und in den USA.

Elementarer Kohlenstoff tritt auch in den *Braunkohlen- und Steinkohlenlagern* auf (→ Abschn. 32.4). Bei diesen *Kohlen* handelt es sich um ein Gemisch aus wenig elementarem Kohlenstoff in Graphitform und zahlreichen Kohlenstoffverbindungen. Daneben enthalten die Kohlen auch anorganische Verbindungen, die beim Verbrennen als Asche zurückbleiben.

In gebundener Form liegt der Kohlenstoff außer in den *Kohlen* und im *Erdöl* und *Erdgas* auch in allen *lebenden Organismen* vor. Wesentlich größere Mengen an gebundenem Kohlenstoff finden sich aber in anorganischen Verbindungen. Das *Kohlenstoffdioxid* CO_2 ist nicht nur in großen Mengen in der Atmosphäre enthalten, sondern in noch weit größeren Mengen im Wasser der Meere gelöst. Das *Calciumcarbonat* $CaCO_3$, ein Salz der Kohlensäure, bildet als *Kalkstein, Kreide* oder *Marmor* sowie im *Dolomit* $CaCO_3 \cdot MgCO_3$ ganze Gebirgszüge.

Kristallgitter und Eigenschaften

Der *Diamant* besitzt ein *Atomgitter* (Bild 5.13), in dem jedes Kohlenstoffatom durch vier gemeinsame Elektronenpaare (homöopolare Bindungen) mit vier benachbarten Kohlenstoffatomen verbunden ist. Dementsprechend leitet der Diamant die Elektrizität nicht. Da die Kohlenstoffatome im Diamantgitter eine sehr dichte Packung aufweisen (Abstand zwischen den Atommittelpunkten $1{,}54 \cdot 10^{-10}$ m) und jedes Atom in vier Richtungen durch die sehr festen Atombindungen gebunden ist, ist Diamant einer der härtesten Stoffe, die wir kennen. Der Diamant bildet farblose, durchsichtige, sehr stark lichtbrechende Kristalle. Durch Verunreinigungen (vor allem Metalloxide) kann er die verschiedensten Färbungen zeigen.

Der *Graphit* bildet ein Kristallgitter (Bild 15.1), in dem jedes Kohlenstoffatom durch gemeinsame Elektronenpaare so mit drei Nachbaratomen verbunden ist, dass sich Schichten mit wabenartig angeordneten Sechsecken ergeben. Da jedes Kohlenstoffatom nur an drei gemeinsamen Elektronenpaaren beteiligt ist, steht je Kohlenstoffatom noch ein Elektron zur Ausbildung von Doppelbindungen zur Verfügung. Diese Doppelbindungen treten, ständig wechselnd, zwischen verschiedenen Kohlenstoffatomen auf, so dass jeder C-C-Bindung im Mittel ein Drittel Doppelbindungscharakter zukommt. Da im Gegensatz zum Diamant im Graphit nicht alle Elektronen im Kristallgitter fest gebunden sind, besitzt der Graphit elektrische Leitfähigkeit. Die Schichten des Graphitgitters werden nur durch relativ schwache Kräfte von der gleichen Art zusammengehalten, wie sie auch der Bildung von Molekülgittern zugrunde liegen (zwischenmolekulare Kräfte, van-der-Waalssche Kräfte; → Abschnitt 5.5). Graphit lässt sich daher in den Schichtebenen leicht spalten und leicht verschieben (Verwendung als Schmiermittel).

Diamant und Graphit unterscheiden sich beträchtlich in ihrer Dichte (Diamant $\varrho = 3{,}5\ \mathrm{g \cdot cm^{-3}}$, Graphit $\varrho = 2{,}25\ \mathrm{g \cdot cm^{-3}}$).

Als dritte Kohlenstoffmodifikation sind heute die *Fullerene* bekannt. Das ist eine Gruppe von Substanzen, die aus *Käfigmolekülen* mit 60 und mehr Kohlenstoffatomen bestehen. Die Käfigmoleküle sind aus Fünfringen und Sechsringen aufgebaut. Für das C_{60}-Molekül ergibt sich dabei eine fußballähnliche Gestalt (Bild 15.2). Es weist 12 Fünfringe und 20 Sechsringe auf, wobei jeder Fünfring von fünf Sechsringen umgeben ist. Da diese Moleküle an die Kuppelbauten des amerikanischen Architekten *Buckminster Fuller* erinnern, wurde für die ganze Substanzgruppe der Name *Fullerene* geprägt. Das stabilste Fulleren C_{60} wird auch *Buckminster-Fulleren* genannt.

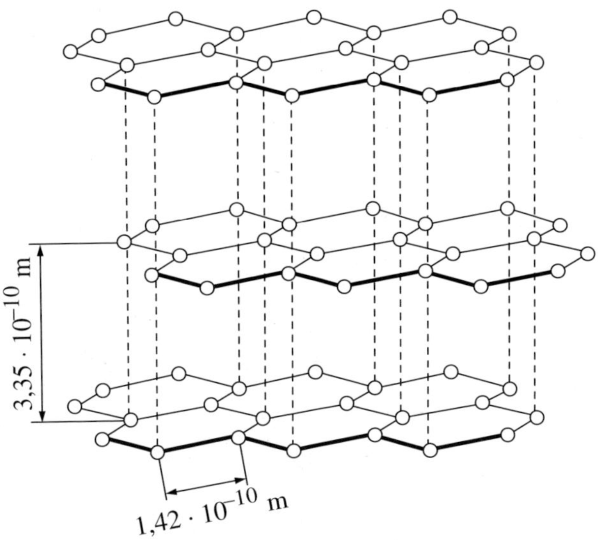

Bild 15.1 Graphitgitter

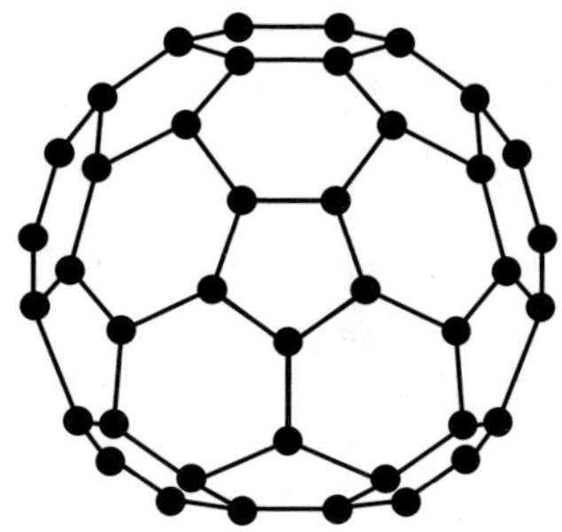

Bild 15.2 Molekül des Fullerens C_{60}

Die Fullerene wurden 1985 in dem Ruß entdeckt, der sich beim Bestrahlen von Graphit mit einem Laser unter Heliumatmosphäre von reduziertem Druck ergibt. Die Entdecker, der Brite *Harold W. Kroto* und die Amerikaner *Robert F. Curl* und *Richard E. Smalley*, erhielten 1996 den Nobelpreis für Chemie. Wägbare Mengen von Fullerenen wurden zuerst (1990) von dem Deutschen *Wolfgang Krätschmer* und dem Amerikaner *Donald R. Huffman* aus dem Ruß gewonnen, der sich in einem Lichtbogen zwischen Graphitelektroden bildet. Die Fullerene werden daraus mit organischen Lösungsmitteln (Benzol, Toluol) extrahiert und durch deren Verdampfen als feste Substanzen gewonnen. Es entsteht überwiegend C_{60} (etwa 80 %), daneben C_{70} (etwa 10 %) und der Rest höhere Fullerene (C_{76}, C_{78}, C_{84}). Eine Trennung kann durch Chromatographie erfolgen. C_{60} ist als Pulver braun gefärbt und besitzt einen metallischen Glanz. Anwendungen in der Katalyse, in der Medizin, als Halb- und Supraleiter werden gegenwärtig untersucht. Die Dichte ist mit 1,68 $g \cdot cm^{-3}$ wesentlich geringer als die des Graphits.

An jenen Kohlenstoffatomen, die an den Nahtstellen zwischen zwei Sechsringen stehen, können unter Aufspaltung der π-Bindungen Additionsreaktionen erfolgen. Auf diese Weise ist inzwischen eine Vielzahl von Fullerenverbindungen synthetisiert worden. Durch Addition von Alkalimetallatomen entstehen *Fulleride*, z. B. Lithiumfullerid Li_3C_{60}, durch Addition von Halogenatomen *Fullerenhalogenide*, z. B. Fullerenfluoride unterschiedlicher Zusammensetzung ($C_{60}F_6$, $C_{60}F_{60}$ u. a.).

Bei der Herstellung von Fullerenen wurden auch so genannte **Nanoröhren** gefunden.

Anfang der 1990er Jahre wurden bei der Herstellung von Fullerenen sogenannte **Kohlenstoff-Nanoröhren** (CNT, engl.: carbon nanotubes) gefunden. Seit dieser Zeit sind ihre Eigenschaften und Anwendungen Untersuchungsgegenstand der wissenschaftlichen Forschung. Diese neue Form des molekularen Kohlenstoffs (Allotropie) besteht aus einem oder mehreren nahtlosen konzentrischen Graphitzylindern (Bild 15.3). Im Ergebnis der sp^2-Hybridisierung des Kohlenstoffs entstehen aus der wabenartigen Struktur von Sechsecken Hohlzylinder mit einem Durchmesser von wenigen Nanometern (nm) und einer Länge im Millimeterbereich (mm). Starke van-der-Waals-Kräfte (→ Abschn. 5.5) bewirken eine Tendenz, sich zu ein- oder mehrwandigen Bündeln zu vereinen.

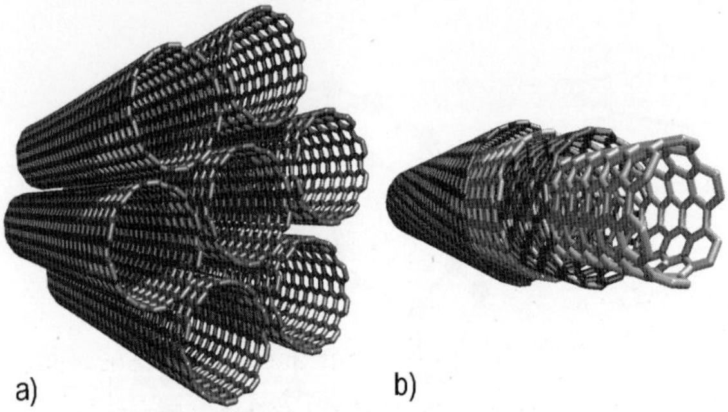

Bild 15.3 Kohlenstoff-Nanoröhren a) einwandig, b) mehrwandig

Bild 15.4 Unterschiedlich verdrillte Kohlenstoff-Nanoröhren

Diese neue Kohlenstoffform zeigt für die Technik u. a. sehr interessante mechanische Eigenschaften, die zukünftig neue Einsatzfelder eröffnen. Die Zugfestigkeit einer mehrwandigen Nanofaser – momentan bis 63 GPa – entspricht dem mehr als Dreißigfachen einer Stahlfaser (max. 2 GPa). Isolierende, halbleitende oder metallisch leitende Eigenschaften ermöglichen die Herstellung maßgeschneiderter Nanoröhren auf Kohlenstoffbasis. Die Umhüllung mit Polymeren oder Tensiden, die Füllung der Röhren lassen eine Kombination der Materialeigenschaften mit anderen Stoffklassen der Chemie zu (z. B. elektrisch leitende Kunststoffe, Verbesserung der Anbindung bei Faserverbundwerkstoffen). Die Strombelastbarkeit wird mit ca. 1000facher Belastbarkeit der von Kupferfasern geschätzt. Die halbleitenden Eigenschaften ermöglichen die Anwendung als Transistoren, Displays bzw. Datenspeicher, die höhere Schaltzeiten, Temperaturen und Spannungen zulassen, als solche auf Siliziumbasis. Rastertunnelmikroskope auf Nanoröhrenbasis erhöhen die Auflösung um das Zehnfache.

Bisher wurden Nanoröhren unterschiedlicher Art im Lichtbogen zwischen Graphit-Elektroden mit und ohne Katalysatoren, mit Laserstrahlen und durch die katalytische Zersetzung von Kohlenwasserstoffen in kleinen Mengen hergestellt. Die großindustrielle Herstellung solcher Produkte begann erst im Jahre 2004.

Gesundheitliche Auswirkungen von Nanoröhren in der Umwelt sind wegen ihrer besonderen Struktur beim Kontakt mit Lungengewebe zum gegenwärtigen Zeitpunkt noch nicht ausreichend belegt. Die toxische Auswirkung der verbliebenen metallischen Katalysatorrückstände sind Inhalt aktueller medizinischer Untersuchungen.

Chemische Reaktionen

Diamant geht unter Luftabschluss bei 1 500 °C in Graphit über:

$$C_{Diamant} \rightarrow C_{Graphit} \qquad \Delta H = 1{,}9\ kJ \cdot mol^{-1}$$

Um umgekehrt Graphit in Diamant zu verwandeln, sind Drücke von etwa 5 000 MPa (50 000 bar) und Temperaturen von etwa 1 500 °C erforderlich. Auf diese Weise werden heute Diamanten für technische Zwecke künstlich hergestellt.

Graphit wird in großen Mengen künstlich erzeugt. Dazu wird Koks mit Silicium im Elektroofen auf mehr als 2 200 °C erhitzt. Das zunächst entstehende Siliciumcarbid zerfällt dabei in Graphit und Silicium, das sich verflüchtigt und mit weiterem Koks reagiert.

$$C_{Koks} + Si \xrightarrow{2\,000\,°C} SiC$$

$$SiC \xrightarrow{2\,200\,°C} Si + C_{Graphit}$$

Graphit verbrennt an der Luft bei 700 °C zu Kohlenstoffdioxid:

$$C_{Graphit} + O_2 \rightarrow CO_2 \qquad \Delta H = -394\ kJ \cdot mol^{-1}$$

Unter Luftabschluss sublimiert Graphit bei 3 700 °C.

Kohlenstoff reagiert allgemein erst bei sehr hohen Temperaturen mit anderen Elementsubstanzen. So sind zur Vereinigung von Kohlenstoff und Wasserstoff zu *Ethin (Acetylen)* die Temperaturen des elektrischen Lichtbogens erforderlich:

$$2\,C + H_2 \rightarrow C_2H_2 \qquad \Delta H = +266\ kJ \cdot mol^{-1}$$

Glühender Kohlenstoff reagiert mit *Wasserdampf* je nach den Reaktionsbedingungen unter Bildung von *Kohlenstoffmonoxid* CO oder *Kohlenstoffdioxid* CO_2 und Wasserstoff:

$$C + H_2O \rightarrow CO + H_2 \qquad \Delta H = +131\ kJ \cdot mol^{-1}$$

$$C + 2\,H_2O \rightarrow CO_2 + 2\,H_2 \qquad \Delta H = +\ 90\ kJ \cdot mol^{-1}$$

Mit *Schwefeldämpfen* reagiert glühender Kohlenstoff unter Bildung von *Kohlenstoffdisulfid (Schwefelkohlenstoff)*:

$$C + 2\,S \rightarrow CS_2 \qquad \Delta H = +87{,}5\ kJ \cdot mol^{-1}$$

Alle diese Reaktionen verlaufen endotherm, wodurch sich die erforderlichen hohen Temperaturen erklären.

Verwendung

Diamant wird seiner großen *Härte* wegen vielfältig *technisch* verwendet (Bohrerspitzen für sehr hartes Material, Glasschneider, Feinstbearbeitung von Metallen bei hohen Schnittgeschwindigkeiten, Abrichten von Schleifscheiben, Achslager in Präzisionsinstrumenten, Ziehsteine für sehr feine Drähte). Ein geringer Teil der Diamanten (5 bis 10 %) wird durch Schleifen mit Diamantpulver zu *Brillanten* verarbeitet, die als Schmuck dienen.

Graphit eignet sich auf Grund seiner Eigenschaften (gute elektrische Leitfähigkeit, gute Wärmeleitfähigkeit, hohe Hitzebeständigkeit, relativ gute chemische Beständigkeit, Gleitfähigkeit) für viele technische Zwecke: Elektroden für Elektroöfen und Elektrolysezellen,

Schmelztiegel, Stromabnehmer an Elektromotoren und Generatoren, kolloider Graphit in Schmiermitteln. Bleistiftminen werden durch Brennen eines Gemenges aus Graphit und Ton gewonnen.

Ruß dient als Füllstoff für Kautschuk und als schwarzer Farbstoff (Druckfarbe, Tusche), dem gleichzeitig eine Rostschutzwirkung zukommt (Ofenschwärze). Ruß wird gewonnen, indem Kohlenstoffverbindungen, z. B. *Ethin* C_2H_2, unter beschränkter Luftzufuhr verbrannt werden:

$$2\,C_2H_2 + O_2 \rightarrow 4\,C + 2\,H_2O$$

Koks entsteht durch *Entgasung* (Trockendestillation, Erhitzen unter Luftabschluss) von Steinkohle und Braunkohle (Abschn. 32.5). Er besteht hauptsächlich auf miteinander verfilzten, sehr kleinen Graphitkristallen, enthält aber stets Verunreinigungen. Koks wird in der Metallurgie in großen Mengen als Reduktionsmittel verwendet und ist Ausgangsstoff für die Gewinnung von Calciumcarbid und Kohlenstoffmonoxid, die ihrerseits vielen großtechnischen chemischen Prozessen zugrunde liegen.

Holzkohle wird durch *Entgasung* von Holz gewonnen. Sie weist im Gegensatz zum Steinkohlen- oder Braunkohlenkoks kaum Verunreinigungen auf (vor allem keinen Schwefel) und wird daher in der Metallurgie als Reduktionsmittel eingesetzt, wenn Verunreinigungen unbedingt vermieden werden müssen.

Aktivkohle (A-Kohle) ist eine nach einem besonderen Verfahren aus Holz oder anderem organischen Material durch Entgasung hergestellte, außerordentlich poröse Kohle. An ihrer großen inneren Oberfläche *adsorbiert* sie zahlreiche Stoffe. Sie wird daher verwendet, um aus Gasgemischen und Flüssigkeitsgemischen bestimmte Bestandteile (z. B. Benzol und andere Kohlenwasserstoffe, Schwefelwasserstoff, Kohlenstoffdisulfid und viele Farbstoffe) abzutrennen. Auch die Wirkung von Gasmaskenfiltern beruht z.T. auf Aktivkohle. Eine besondere Art von Aktivkohle, die *Tierkohle*, dient in der Medizin zum Entgiften des Magen-Darm-Kanals, Sie entsteht, indem Blut oder Knochen unter Luftabschluss stark erhitzt werden.

15.3 Verbindungen des Kohlenstoffs

15.3.1 Kohlenstoffmonoxid

Kohlenstoffmonoxid CO (meist kurz Kohlenmonoxid, mitunter auch Kohlenoxid ganannt) ist ein farb- und geruchloses, sehr giftiges Gas. Es entsteht, wenn Kohlenstoff unter beschränkter Luftzufuhr verbrennt:

$$C + \tfrac{1}{2}\,O_2 \rightarrow CO \qquad \Delta H = -110{,}5\ \text{kJ} \cdot \text{mol}^{-1}$$

Mit weiterem Sauerstoff verbrennt das Kohlenstoffmonoxid mit blauer Flamme zu *Kohlenstoffdioxid* CO_2:

$$CO + \tfrac{1}{2}\,O_2 \rightarrow CO_2 \qquad \Delta H = -283\ \text{kJ} \cdot \text{mol}^{-1}$$

Bei Kohlenstoffüberschuss stellt sich ein Gleichgewicht ein, das als *Boudouard-Gleichgewicht* bezeichnet wird:

$$CO_2 + C \rightleftharpoons 2\,CO \qquad \Delta H = +172{,}5\ \text{kJ} \cdot \text{mol}^{-1}$$

Das *Boudouard-Gleichgewicht* spielt bei zahlreichen technischen *Reduktionsprozessen* (z. B. Hochofenprozess) eine entscheidende Rolle. Bei Normaldruck liegt das Gleichgewicht bei 400 °C praktisch ganz auf der Seite des Kohlenstoffdioxids, bei 1 000 °C praktisch ganz auf der Seite des Kohlenstoffmonoxids.

Mit einer Dichte von $\varrho = 1{,}25\ \mathrm{g \cdot l^{-1}}$ ist Kohlenstoffmonoxid leichter als Luft ($1{,}29\ \mathrm{g \cdot l^{-1}}$). Seine Giftwirkung beruht darauf, dass sich das Kohlenstoffmonoxid an das *Hämoglobin*, den roten Blutfarbstoff, anlagert und dadurch den Sauerstofftransport blockiert. Die außergewöhnliche Giftigkeit des „Stadtgases", das heute weitgehend durch Erdgas verdrängt worden ist, beruht auf einem hohen Kohlenstoffmonoxidgehalt (etwa 18 %). Bei Kohlenstoffmonoxidvergiftungen muss möglichst rasch Sauerstoffbeatmung durchgeführt werden.

In den Katalysatoren von Verbrennungsmotoren wird das in den Abgasen enthaltene Kohlenstoffmonoxid CO zu Kohlenstoffdioxid CO_2 oxidiert, und zwar teilweise durch Luftsauerstoff (nach obiger Gleichung) und teilweise durch Stickstoffmonoxid NO, das auf diese Weise gleichzeitig aus den Abgasen entfernt wird:

$$\mathrm{CO + NO \rightarrow \tfrac{1}{2}\,N_2 + CO_2}$$

Die *technische Gewinnung* von Kohlenstoffmonoxid kann durch Vergasung von Kohle bzw. Koks oder von flüssigen und gasförmigen Kohlenwasserstoffen erfolgen. Je nachdem, ob als Vergasungsmittel *Luft* oder *Wasserdampf* eingesetzt wird, entsteht dabei *Generatorgas* (auch Luftgas genannt), ein Gemisch aus Kohlenstoffmonoxid CO und Stickstoff N_2

$$\underbrace{\mathrm{4\,N_2 + O_2}}_{\text{Luft}} \mathrm{+ 2\,C} \rightleftharpoons \underbrace{\mathrm{4\,N_2 + 2\,CO}}_{\text{Generatorgas}} \qquad \Delta H = -221\ \mathrm{kJ \cdot mol^{-1}}$$

oder *Wassergas*, ein Gemisch aus Kohlenstoffmonoxid CO und Wasserstoff H_2:

$$\mathrm{H_2O + C} \rightleftharpoons \underbrace{\mathrm{H_2 + CO}}_{\text{Wassergas}} \qquad \Delta H = +131\ \mathrm{kJ \cdot mol^{-1}}$$

(Die analogen Reaktionsgleichungen für die Vergasung von Kohlenwasserstoffen sind im Abschnitt 14.3.1 dargestellt). Die Bildung von Generatorgas verläuft *exotherm*, die Bildung von Wassergas *endotherm*. Wird Luft in den Reaktor (Generator) eingeblasen, erwärmt sich der Koks *(Warmblasen)*; wird Wasserdampf eingeblasen, kühlt sich der Koks ab *(Kaltblasen)*.

Der spezifische Heizwert für Generatorgas (≈ 25 % CO; ≈ 70 % N_2) ist etwa $4\,000\ \mathrm{kJ \cdot m^{-3}}$, für Wassergas ($\approx 40$ % CO; ≈ 50 % H_2) etwa $10\,000\ \mathrm{kJ \cdot m^{-3}}$.

Zur großtechnischen Vergasung fester Brennstoffe dienen unter anderem die *Winkler-Generatoren* (→ Bild 15.5), in die ständig ein Gemisch von Wasserdampf und Sauerstoff (bzw. mit Sauerstoff angereicherter Luft) eingeblasen wird. Bei annähernd gleichbleibender Temperatur (von etwa 900 °C und normalem Druck) bildet sich ein Mischgas, das hauptsächlich aus Kohlenstoffmonoxid und Wasserstoff (sowie – bei Verwendung von Luft – Stickstoff) besteht. Die zu vergasenden Brennstoffe (vor allem Rohbraunkohle) werden in feinkörniger Form (< 4 mm) mittels einer Förderschnecke in den Reaktionsraum eingebracht, hier von dem mit hoher Geschwindigkeit einströmenden Gasgemisch in die Höhe gerissen und im Schwebezustand vergast (*Wirbelschichtvergasung*).

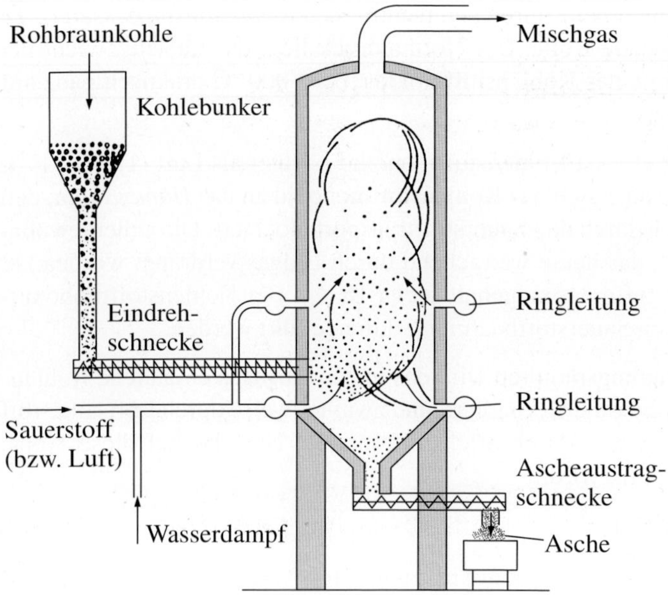

Bild 15.5 Winkler-Generator (Prinzip-Skizze)

Die Vergasung fester Brennstoffe ist gegenwärtig gegenüber dem Einsatz von Erdgas und Erdölprodukten in den Hintergrund getreten. Den ökonomischen und politischen Unsicherheiten des Erdölmarktes steht allerdings eine langfristig sichere Versorgung mit einheimischer Braunkohle gegenüber. Daher wird an der Weiterentwicklung der Braunkohlevergasung gearbeitet. So ist es mit höheren Temperaturen und erhöhtem Druck (etwa 1 MPa = 10 bar) gelungen, die Qualität der erzeugten Gase zu verbessern und durch bessere Nutzung des eingesetzten Brennstoffs die Wirtschaftlichkeit des Verfahrens zu erhöhen.

Im Kohlenstoffmonoxid CO ist der Kohlenstoff *stöchiometrisch zweiwertig*. Hier liegt einer der Fälle vor, in denen die stöchiometrische Wertigkeit und die Bindungswertigkeit (Bindigkeit) nicht übereinstimmen. Der Kohlenstoff ist hier *dreibindig*, d. h., er ist an drei gemeinsamen Elektronenpaaren beteiligt:

:C:::O:

Dem Kohlenstoff kommt im Kohlenstoffmonoxid die *Oxidationszahl* +2 zu. Beim Übergang zum Kohlenstoffdioxid nimmt der Kohlenstoff die Oxidationszahl +4 an.

$$2\ \overset{+2-2}{CO} + \overset{0}{O_2} \rightleftharpoons 2\ \overset{+4\ -2}{CO_2}$$

Das Kohlenstoffmonoxid wirkt dementsprechend *reduzierend*.

15.3.2 Kohlenstoffdioxid

Kohlenstoffdioxid CO_2 (häufig kurz Kohlendioxid genannt) ist in der Luft (0,03 Vol.-%) enthalten. Im natürlich auftretenden Wasser ist stets etwas Kohlenstoffdioxid gelöst (→ Abschn. 25.5.1). Quellwässer mit besonders hohem Kohlenstoffdioxidgehalt *(Sauerbrunnen,*

Säuerlinge) dienen medizinischen Zwecken. In der Erdrinde eingeschlossenes Kohlenstoffdioxid führt im Bergbau mitunter zu den gefährlichen Kohlenstoffdioxideinbrüchen.

Kohlenstoffdioxid entsteht bei der vollständigen Verbrennung von Kohlenstoff und kohlenstoffhaltigen Verbindungen, wie Methan CH_4 und andere Kohlenwasserstoffen:

$$C + O_2 \rightarrow CO_2 \qquad \Delta H = -394\ kJ \cdot mol^{-1}$$

$$CH_4 + 2\,O_2 \rightarrow CO_2 + 2\,H_2O \quad \Delta H = -891\ kJ \cdot mol^{-1}$$

bei der *Konvertierung* von Wassergas (→ Abschn. 14.3.1):

$$CO + H_2O \rightleftharpoons H_2 + CO_2 \qquad \Delta H = -41\ kJ \cdot mol^{-1}$$

aber auch beim Brennen von *Calciumcarbonat* (Kalkstein):

$$CaCO_3 \rightarrow CaO + CO_2\uparrow$$

Im Laboratorium wird Kohlenstoffdioxid aus Calciumcarbonat und Salzsäure hergestellt:

$$CaCO_3 + 2\,HCl \rightarrow CaCl_2 + H_2O + CO_2\uparrow$$

Kohlenstoffdioxid ist ein farb- und geruchloses Gas. Es ist nicht brennbar und unterhält im Allgemeinen auch die Verbrennung anderer Stoffe nicht. Daher kann es wie Stickstoff als *Schutzgas* dienen. Da seine Dichte ($\varrho = 1{,}98\ g \cdot l^{-1}$) viel größer ist als die der Luft, sammelt es sich an tiefgelegenen Stellen an. Daher muss z. B. vor dem Einstieg in Brunnenschächte mit einer brennenden Kerze geprüft werden, ob diese frei von Kohlenstoffdioxidansammlungen sind. Kohlenstoffdioxid ist an sich nicht giftig. Es kann aber durch Sauerstoffverdrängung zum Ersticken führen. Die Werte für die *maximale Arbeitsplatzkonzentration* (MAK-Werte) einiger anorganischer Stoffe enthält die Tabelle 15.2.

Tabelle 15.2 Richtwerte der höchstzulässigen Konzentration schädlicher Stoffe, auch MAK-Werte genannt

Stoff	Höchste Konzentration in $mg \cdot m^{-3}$
Kohlenstoffdioxid	9 000
Kohlenstoffmonoxid	33
Kohlenstoffdisulfid	30
Schwefelwasserstoff	15
Schwefeldioxid	5
Natriumhydroxid	2
Chlor	1,5
Ozon	0,2

Kohlenstoffdioxid löst sich gut in Wasser (bei 15 °C und 101,3 kPa 1 l CO_2 in 1 l H_2O). Dabei setzt sich etwa 0,1 % des Kohlenstoffdioxids mit dem Wasser zu *Kohlensäure* H_2CO_3 um:

$$CO_2 + H_2O \rightleftharpoons H_2CO_3$$

Das Gleichgewicht liegt weit auf der Seite des Kohlenstoffdioxids. Das Kohlenstoffdioxid ist das *Anhydrid der Kohlensäure.* Es ist falsch, wenn das Kohlenstoffdioxid selbst als „Kohlensäure“ bezeichnet wird.

Wird Kohlenstoffdioxid unter erhöhtem Druck in Wasser gelöst, so entsteht künstliches Selterswasser[1]. Auch Limonade, Flaschenbier und künstlicher Schaumwein enthalten Kohlenstoffdioxid, das unter erhöhtem Druck darin gelöst wurde. Der Bierausschank vom Fass erfolgt in der Regel ebenfalls unter Kohlenstoffdioxiddruck. Beim echten Schaumwein wird das Kohlenstoffdioxid durch Gärung in den Flaschen selbst erzeugt.

Beim Einleiten von Kohlenstoffdioxid in eine wässrige Lösung von Calciumhydroxid *(Kalkwasser)* oder von Bariumhydroxid *(Barytwasser)* entstehen weiße Trübungen von *Calciumcarbonat* $CaCO_3$ bzw. *Bariumcarbonat* $BaCO_3$:

$$Ca(OH)_2 + CO_2 \rightarrow CaCO_3\downarrow + H_2O$$

$$Ba(OH)_2 + CO_2 \rightarrow BaCO_3\downarrow + H_2O$$

Diese Reaktionen dienen zum Nachweis von *Kohlenstoffdioxid.*

Kohlenstoffdioxid wird bei Zimmertemperatur unter einem Druck von 5,8 MPa (58 bar) flüssig. Es kommt in Stahlflaschen in flüssigem Zustand in den Handel. Beim Verdampfen von flüssigem Kohlenstoffdioxid wird die erforderliche Verdampfungswärme der Umgebung entzogen, die sich dadurch bis unter den Gefrierpunkt (−78,5 °C) des Kohlenstoffdioxids abkühlen kann. Das wird zur Erzeugung von *Kohlenstoffdioxidschnee* als *Trockeneis* für Kühlzwecke und als Feuerlöschmittel praktisch genutzt. Da Kohlenstoffdioxid die Entwicklung von Mikroorganismen hemmt, eignet sich dieses Trockeneis besonders zum Frischhalten von Lebensmitteln. Die Löschwirkung beruht in erster Linie auf der Verdrängung des Sauerstoffs vom Brandherd (hohe Dichte!), in zweiter Linie auf dem Wärmeentzug. *Kohlenstoffdioxidschneelöscher* – auch Kohlensäureschneelöscher genannt – bieten folgende Vorteile: Einsatz in elektrischen Anlagen möglich, da Kohlenstoffdioxid nicht leitet; Kohlenstoffdioxid sublimiert ohne Rückstände; im Gegensatz zu Nasslöschern durch Ventil abstellbar und wieder in Betrieb zu setzen.

Bei den *Nassfeuerlöschern*, die sich besonders zum Löschen der Brände von Holz, Papier, Stroh, Textilien und Kohlen eignen, befindet sich komprimiertes Kohlenstoffdioxid in einer Stahlpatrone. Es wird durch Einschlagen eines Bolzens frei und drückt die Löschflüssigkeit (Wasser mit Kaliumcarbonat und anderen Zusätzen) aus dem Löscher heraus. Der Löscheffekt beruht auf dem Wärmeentzug (spezifische Wärme und Verdampfungswärme sind beim Wasser höher als bei allen anderen Löschmitteln). Nasslöscher dürfen nicht eingesetzt werden bei Bränden an elektrischen Anlagen sowie bei Leichtmetall- und Calciumcarbidbränden.

[1] Benannt nach dem Kurort Niederselters bei Limburg/Lahn, der Mineralquellen mit hohem Kohlenstoffdioxidgehalt besitzt. Im künstlichen Selterswasser sind außer Kohlenstoffdioxid auch Salze (Kochsalz, Soda u. a.) gelöst, um ihm einen ähnlichen Geschmack zu verleihen wie den natürlichen Sauerbrunnen.

Kohlenstoffdioxid spielt im *Stoffwechsel lebender Organismen* eine wichtige Rolle. Bei der *Atmung* nehmen *Mensch, Tier* und *Pflanze* aus der Luft *Sauerstoff* auf und oxidieren damit organische Stoffe ihres Körpers zu *Kohlenstoffdioxid* und *Wasser*. Die Energie, die dabei frei wird, benötigen Mensch, Tier und Pflanze, um ihre Lebensprozesse aufrechtzuerhalten. Andererseits setzen die Pflanzen mit Hilfe des *Chlorophylls* (Blattgrüns) *Kohlenstoffdioxid* (aus der Luft) und *Wasser* (aus dem Boden) zu organischen Stoffen um (Zucker, Stärke, Cellulose u. a.), wobei *Sauerstoff* frei wird. Dieser Vorgang wird als *Assimilation*[1] des *Kohlenstoffdioxids* bezeichnet, aber auch als *Photosynthese*, da das Sonnenlicht die erforderliche Energie liefert. Im Dunkeln erfolgt keine Photosynthese, so dass die Pflanzen nachts Sauerstoff verbrauchen, während bei Tage die Assimilation stärker ist als die Atmung. *Atmung* und *Assimilation* sind einander entgegengesetzt:

$$\text{organische Stoffe} + \text{Sauerstoff} \underset{\text{Assimilation}}{\overset{\text{Atmung}}{\rightleftarrows}} \text{Kohlenstoffdioxid} + \text{Wasser} + \text{Energie}$$

Mit dieser Gleichung werden allerdings nur Ausgangsstoffe und Endprodukte angegeben. Beide Prozesse sind in Wirklichkeit außerordentlich kompliziert, sie verlaufen über zahlreiche Zwischenstufen.

Das Kohlenstoffdioxid gehört neben dem Wasserdampf zu den Gasen, die den natürlichen Treibhauseffekt der Atmosphäre bewirken, indem sie die von der Erde ausgehende (langwellige) Wärmestrahlung weitgehend zurückhalten, während die (kurzwellige) Lichtstrahlung der Sonne nur wenig gehindert eindringen kann. Ohne diesen natürlichen Treibhauseffekt gäbe es auf der Erde kein flüssiges Wasser, sondern nur Eis. Mit der industriellen Entwicklung hat sich aber der Gehalt der Atmosphäre an Kohlenstoffdioxid durch das Verbrennen fossiler Brennstoffe ständig erhöht. Es wird nun befürchtet, dass sich dadurch der Treibhauseffekt verstärkt und es zu einer allgemeinen Temperaturerhöhung kommt. Obwohl diese Auswirkungen noch nicht eindeutig nachgewiesen sind, wurden in den letzten Jahren vorsorglich Maßnahmen in Angriff genommen, um den Kohlenstoffdioxidausstoß weltweit zu reduzieren. Umstritten ist auch die vorgesehene Erdspeicherung von CO_2.

15.3.3 Kohlensäure

Da sich von dem Kohlenstoffdioxid, das sich in Wasser löst, nur ein sehr geringer Anteil (0,1 %) zu Kohlensäure umsetzt:

$$CO_2 + H_2O \rightleftharpoons H_2CO_3$$

reagiert eine solche Lösung nur schwach sauer, obwohl die Kohlensäure zu den mittelstarken Säuren gehört ($pK_S = 6{,}52$). Konzentrierte oder gar wasserfreie Kohlensäure lässt sich nicht herstellen, da das Kohlenstoffdioxid beim Erwärmen aus der Lösung entweicht.

Bei der Protolyse der Kohlensäure stellt sich folgendes Gleichgewicht ein:

$$H_2CO_3 + H_2O \rightleftharpoons HCO_3^- + H_3O^+$$

[1] assimilare (lat.) anpassen, hier im Sinne von Anpassung an die Bedürfnisse der Pflanzen gebraucht.

Das Hydrogencarbonation HCO_3^- ist ein Ampholyt, als Base reagiert es mittelstark ($pK_B = 7{,}48$); als Säure reagiert es schwach ($pK_S = 10{,}4$), so dass das Gleichgewicht

$$HCO_3^- + H_2O \rightleftharpoons CO_3^{2-} + H_3O^+$$

weit auf der linken Seite liegt.

Das Carbonation CO_3^{2-} ist eine starke Base ($pK_B = 3{,}6$). Die Kohlensäure bildet zwei Reihen von *Salzen*, die *Carbonate* und die *Hydrogencarbonate*. Da das Carbonation eine stärkere Base ist als das Hydrogencarbonation, reagiert die wässrige Lösung von Natriumcarbonat (Soda) Na_2CO_3 stärker basisch als die von Natriumhydrogencarbonat (Natron) $NaHCO_3$.

$$\begin{array}{llll} H_2O & +CO_3^{2-} \rightleftharpoons & OH^- & +HCO_3^- \\ H_2O & +HCO_3^- \rightleftharpoons & OH^- & +H_2CO_3 \\ \text{Säure I} & \text{Base II} & \text{Base I} & \text{Säure II} \end{array}$$

Die Carbonate der Alkalimetalle sind leicht in Wasser löslich, die Carbonate der übrigen Metalle sind schwerlöslich bzw. praktisch unlöslich. Das unlösliche Calciumcarbonat (Kalkstein) $CaCO_3$ wird aber von der in natürlichem Wasser enthaltenen Kohlensäure zu löslichem Calciumhydrogencarbonat umgesetzt:

$$\underset{\text{unlöslich}}{CaCO_3} + H_2CO_3 \rightleftharpoons \underset{\text{löslich}}{Ca(HCO_3)_2}$$

Darauf beruht ein Teil der Härte des Wassers (→ Abschn. 25.3).

15.3.4 Kohlenwasserstoffe

Abweichend von allen anderen Elementen bildet der Kohlenstoff eine außerordentlich große Anzahl von Wasserstoffverbindungen. Diese Kohlenwasserstoffe werden in der organischen Chemie (→ Kapitel 27) behandelt.

15.3.5 Carbide

Als Carbide werden alle bei normaler Temperatur im festen Aggregatzustand vorliegenden binären Verbindungen von Kohlenstoff mit Metallen oder Nichtmetallen bezeichnet.

Technisch am wichtigsten ist das *Calciumcarbid* CaC_2 (oft kurz *Carbid* genannt), das man erhält, wenn Calciumoxid (gebrannter Kalk) CaO mit Koks in einem elektrischen Ofen (Bild 15.6) auf etwa 2 300 °C erhitzt wird:

$$CaO + 3\,C \rightleftharpoons CaC_2 + CO\uparrow \qquad \Delta H = +469\ \text{kJ}\cdot\text{mol}^{-1}$$

Das *Kohlenstoffmonoxid* CO setzt sich mit Luftsauerstoff zu Kohlenstoffdioxid um.

Reines Calciumcarbid bildet farblose Kristalle. Technisches Calciumcarbid ist durch Kohlenstoff und gebrannten Kalk verunreinigt. Calciumcarbid ist als Ausgangssubstanz für die *Acetylenchemie* bekannt (→ Abschn. 28.3), einen Zweig der organisch-technischen Chemie, der in der 1. Hälfte des 20. Jahrhunderts vor allem in Deutschland entwickelt wurde. In den

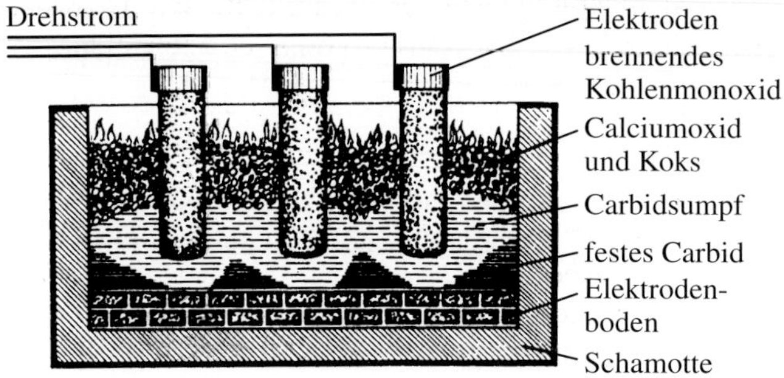

Bild 15.6 Carbidofen

letzten Jahrzehnten wurde jedoch das *Acetylen* (Ethin) H—C≡C—H als Ausgangsstoff für zahlreiche organischen Synthesen weitgehend durch das *Ethylen* (Ethen)

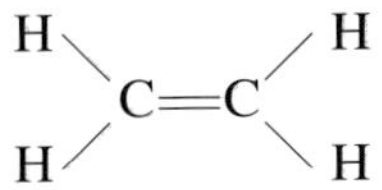

verdrängt, das aus Erdöl und Erdgas leicht zugänglich ist (→ Abschn. 28.1). Dem steht gegenüber, dass die Carbidöfen einen außerordentlich hohen Verbrauch an Elektroenergie haben (3 000 kW · h je t CaC_2) und nachteilige Auswirkungen auf die Umwelt (Staubentwicklung) schwer beherrschbar sind.

Calciumcarbid wird noch eingesetzt zur Erzeugung von *Kalkstickstoff* (→ Abschn. 14.3.5).

Die Bedeutung anderer Carbide liegt in ihrer außerordentlichen *Härte*. So ist *Borcarbid* B_4C härter als Diamant. *Siliciumcarbid* SiC dient unter der Bezeichnung *Carborundum* als *Schleifmittel* (Schleifscheiben, Schmirgelpapier).

Eisencarbid Fe_3C (Cementit) ist Bestandteil des Stahls.

Wolframcarbid W_2C, *Titancarbid* TiC, *Tantalcarbid* Ta_2C und *Molybdäncarbid* Mo_2C sind in den sogenannten *Hartmetallen* enthalten, die entstehen, wenn ein Gemisch aus pulverförmigen Carbiden und Metallpulver (Cobalt, Nickel u. a.) gesintert wird. Das Metall dient als Bindemittel für die außerordentlich harten, aber auch verhältnismäßig spröden Carbide. Die Hartmetalle behalten ihre Härte auch bei hohen Temperaturen (bis 900 °C) und ermöglichen daher beim Drehen, Hobeln, Fräsen und Bohren von Stahl hohe Schnittgeschwindigkeiten. Auch sehr harte Werkstoffe, wie Granit oder Glas, lassen sich mit Hartmetall-Werkzeugen bearbeiten.

(→ Aufg. 15.7)

15.3.6 Cyanide

Cyanide[1], wie Kaliumcyanid (Cyankali) KCN und Natriumcyanid NaCN, sind Salze der Cyanwasserstoffsäure HCN.

Cyanwasserstoffsäure (*Blausäure*) HCN ist bei Zimmertemperatur eine farblose Flüssigkeit, die aber bereits Gas abgibt (Siedepunkt 26 °C). Ihr charakteristischer Geruch ist von bitteren

[1] von kyanos (griech.) blau

Mandeln und Obstkernen bekannt, die sehr geringe Mengen Blausäure enthalten. Blausäure ist außerordentlich giftig (MAK-Wert 11 mg/m^3). Die Blausäure ist eine schwache Säure (→ Tabelle 9.4):

$$NCN + H_2O \rightarrow CN^- + H_3O^+$$

Die Alcalicyanide und Erdalkalicyanide (Calciumcyanid $Ca(CN)_2$) sind wasserlöslich und ebenfalls äußerst giftig (MAK-Wert 5 mg(CN)/m^3). Aus ihnen wird schon durch das Kohlenstoffdioxid der Luft etwas Cyanwasserstoff freigesetzt:

$$2\,KCN + CO_2 + H_2O \rightarrow 2\,HCN + K_2CO_3$$

Weitaus weniger giftig als die Cyanide sind die Komplexsalze, in denen das Cyanidion als Ligand stabil gebunden ist.

Beispiel: Eisen(III)-hexacyanoferrat(II) (Berliner Blau)

$$Fe_4[Fe(CN)_6]_3$$

(→ S. 398).

Die Cyanide werden unter anderem genutzt zur Erzeugung von Farbpigmenten und zum Aufschluss von Edelmetallerzen (Cyanidlaugerei):

$$Ag_2S + 4\,NaCN \rightarrow 2\,Na[Ag(CN)_2] + Na_2S$$

Cyanate sind Salze der Cyansäure HOCN, zum Beispiel Natriumcyanat $Na^+[OCN]^-$.

15.4 Silicium

Symbol: Si [von silex (lat.) Feuerstein; engl. Silicon]

Silicium ist mit 25 % nach dem Sauerstoff das häufigste Element unserer Erdrinde. Es tritt in der Natur nur gebunden auf, und zwar in Form von *Siliciumdioxid* SO_2 (Quarz, Sand) und von *Silicaten* (z. B. *Feldspat* und *Glimmer*). Quarz, Feldspat und Glimmer sind die Hauptbestandteile der wichtigen gebirgsbildenden Gesteine *Granit* und *Gneis*.

Elementares Silicium kann durch Reduktion von Siliciumdioxid (Quarz) SiO_2 mit Magnesium oder Aluminium dargestellt werden:

$$SiO_2 + 2\,Mg \rightarrow Si + 2\,MgO \qquad \Delta H = -293\ \text{kJ} \cdot \text{mol}^{-1}$$

Technisch wird es durch Reduktion mit Koks in elektrischen Öfen gewonnen:

$$SiO_2 + 2\,C \rightarrow Si + 2\,CO \qquad \Delta H = +690\ \text{kJ} \cdot \text{mol}^{-1}$$

Silicium bildet metallisch glänzende, graue Kristalle mit Diamantgitter. Das braune, pulverförmige Silicium ist eine feinkristalline Abart, keine selbständige Modifikation.

Silicium schmilzt bei 1 410 °C. Gegenüber dem *Sauerstoff* der Luft ist Silicium beständig, beim Erhitzen bildet sich eine dichte Schicht von *Siliciumdioxid* SiO_2, die der Luft den weiteren Zutritt verwehrt. Erst bei sehr hohen Temperaturen setzt sich das Silicium vollständig mit Sauerstoff um:

$$Si + O_2 \rightarrow SiO_2 \qquad \Delta H = -911\ \text{kJ} \cdot \text{mol}^{-1}$$

Mit verdünnten und konzentrierten *Laugen* reagiert Silicium unter Wasserstoffentwicklung und Bildung eines *Silicats:*

$$Si + 2\,NaOH + H_2O \rightarrow Na_2SiO_3 + 2\,H_2$$

Gegenüber *Säuren* ist das Silicium dagegen beständig.

Silicium lässt sich mit Metallen legieren. In Form von *Ferrosilicium* (Silicium-Eisen-Legierungen mit 25 bis 90 % Si) dient es als Desoxidationsmittel in der Stahlgewinnung und als Legierungszusatz für säurefestes Gusseisen. Ferrosilicium wird in Elektroöfen aus Siliciumdioxid, Eisenspänen und Koks erzeugt.

Silicium hat eine sehr geringe elektrische Leitfähigkeit. In Form von *Reinstsilicium* (99,999 999 9 % Si) ist es heute mengenmäßig der wichtigste Ausgangsstoff für Halbleiterbauelemente. Dazu wird pulverförmiges Silicium mit Chlorwasserstoff zu *Trichlorsilan* $HSiCl_3$ umgesetzt:

$$Si + 3\,HCl \rightarrow HSiCl_3 + H_2$$

das – nach extremer Reinigung durch fraktionierte Destillation – thermisch gespalten wird:

$$HSiCl_3 \rightarrow Si + HCl + Cl_2$$

15.5 Verbindungen des Siliciums

15.5.1 Siliciumdioxid

Siliciumdioxid SiO_2 ist die häufigste chemische Verbindung der Erdrinde. Es tritt in mehreren polymorphen[1)] Modifikationen *(Quarz, Tridymit* und *Cristobalit)* auf, die in folgenden Temperaturbereichen stabil sind:

$$\alpha\text{-Quarz} \underset{}{\overset{575\,°C}{\rightleftarrows}} \beta\text{-Quarz} \overset{870\,°C}{\rightleftarrows} \text{Tridymit} \overset{1\,470\,°C}{\rightleftarrows} \text{Cristobalit} \overset{1\,710\,°C}{\rightleftarrows} \text{Schmelze}$$

Die wichtigsten natürlichen Vorkommen des Siliciumdioxids sind:

- *Quarzsand* (kurz *Sand* genannt), häufig durch Eisenhydroxid gelb gefärbt, Hauptbestandteil des Sandsteins;
- *Bergkristall*, sehr reiner, wasserklarer Quarz, Schmuckstein, Rohstoff für Quarzglas;
- *Amethyst*, violette Abart des Quarzes, Schmuckstein;
- *Citrin*, gelbe Abart des Quarzes, Schmuckstein;
- *Rosenquarz*, rosa Abart des Quarzes, Schmuckstein;
- *Opal*, wasserhaltige, amorphe Modifikation des Siliciumdioxids;
- *Chalcedon*, gealterter, wasserärmerer, kristallisierter Opal;
- *Feuerstein*, Abart des Chalcedons, mit muschelig scharfkantigem Bruch, in der Steinzeit für Waffen und Werkzeuge verwendet;
- *Achat* und *Heliotrop*, Abarten des Chalcedons, Schmucksteine;
- *Kieselgur*, Ablagerungen von Kieselgerüsten fossiler Diatomeen (einzelliger Kieselalgen), von erdiger Beschaffenheit, außerordentlich porös und saugfähig.

[1)] Das Auftreten mehrerer Modifikationen einer *Verbindung* wird als *Polymorphie* bezeichnet, das Auftreten mehrerer Modifikationen eines *Elements* dagegen als *Allotropie*.

Siliciumdioxid ist gegenüber *Säuren* und *Laugen* weitgehend beständig. Nur von *Flusssäure* HF wird es angegriffen:

$$SiO_2 + 4\,HF \rightarrow SiF_4 + 2\,H_2O$$

Das zunächst entstehende gasförmige *Siliciumtetrafluorid* SiF_4 setzt sich mit überschüssiger Flusssäure zu *Hexafluorokieselsäure* $H_2[SiF_6]$ um:

$$SiF_4 + 2\,HF \rightarrow H_2[SiF_6]$$

Mit geschmolzenen *Alkalihydroxiden* reagiert das Siliciumdioxid unter Bildung von *Alkalisilicaten*:

$$SiO_2 + 2\,NaOH \rightarrow Na_2SiO_3 + H_2O$$

Der hohe Schmelzpunkt und die chemische Widerstandsfähigkeit des Siliciumdioxids beruhen darauf, dass das Siliciumdioxid – im Gegensatz zum Kohlenstoffdioxid – keine Moleküle bildet, sondern ein *Kristallgitter*, in dem jedes Siliciumatom mit vier Sauerstoffatomen und jedes Sauerstoffatom mit zwei Siliciumatomen verbunden ist. Die vier von einem Siliciumatom ausgehenden Atombindungen sind nach den Ecken eines Tetraeders gerichtet (Bild 15.7). Dadurch entsteht ein Kristallgitter, das eine gewisse Ähnlichkeit mit dem Diamantgitter zeigt (Bild 5.13, S. 72). Das Siliciumdioxid gehört nach Aufbau und Eigenschaften zu den *diamantartigen Stoffen*.

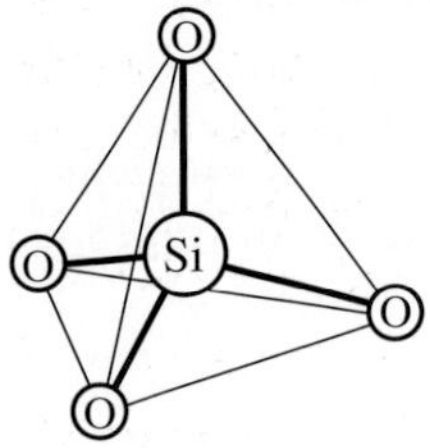

Bild 15.7 SiO_4-Tetraeder des Siliciumdioxidgitters und der Silicatgitter

Siliciumdioxid wird verwendet zur Herstellung von Quarzglas und Quarzgut. Außerdem ist es Hauptbestandteil der *Gläser* (→ Abschn. 15.6.1).

Quarzglas entsteht beim Abkühlen einer Schmelze aus Bergkristall, einer farblosen, durchsichtigen Art des Quarzes. Es ist für ultraviolette Strahlen durchlässig (Verwendung für Quecksilberdampflampen, z. B. Höhensonnen), verträgt sehr hohe Temperaturen (erweicht bei 1 650 °C) und auch jähen Temperaturwechsel (von mehreren hundert Kelvin) und ist chemisch viel widerstandsfähiger als gewöhnliches Glas.

Quarzgut entsteht beim Sintern von sehr reinem Quarzsand, hat ähnliche Eigenschaften wie das Quarzglas, ist aber nur durchscheinend, nicht durchsichtig. Da es wesentlich billiger ist, eignet es sich auch für größere Apparaturen.

15.5.2 Kieselsäure und Silicate

Während andere Nichtmetalloxide mit Wasser Säuren bilden, ist das Siliciumdioxid wasserunlöslich. Andererseits kann aus den *Kieselsäuren* durch Wasserabspaltung *Siliciumdioxid* entstehen, das daher als *Anhydrid der Kieselsäuren* aufzufassen ist.

Die einfachste Kieselsäure, die *Orthokieselsäure* H_4SiO_4, entsteht unter anderem durch Hydrolyse von *Siliciumtetrachlorid* $SiCl_4$:

$$SiCl_4 + 4\,H_2O \rightarrow H_4SiO_4 + 4\,HCl$$

Die Orthokieselsäure geht rasch in Orthodikieselsäure $H_6Si_2O_7$ über:

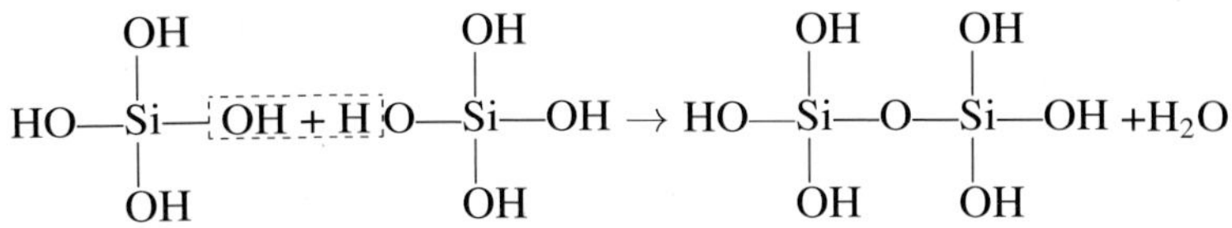

Durch Wasserabspaltung zwischen zwei OH-Gruppen treten zwei Siliciumatome über ein Sauerstoffatom miteinander in Verbindung. In gleicher Weise bilden sich *Metakieselsäuren* mit der Formel $(H_2SiO_3)_n$:

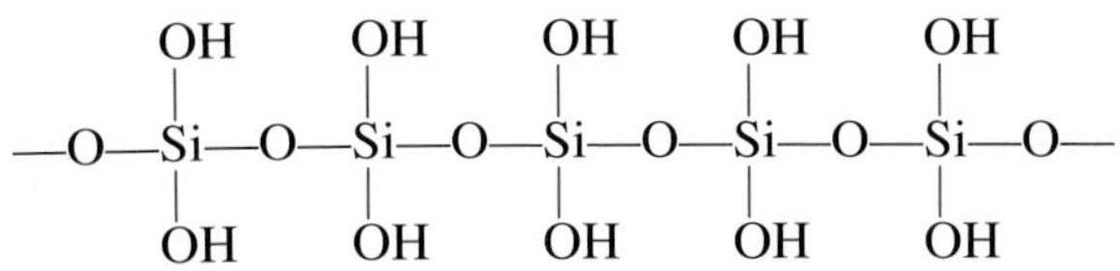

Solche Kettenmoleküle können sich unter Wasseraustritt miteinander vernetzen, wobei zunächst *Bandstrukturen*, dann *Blattstrukturen* und schließlich *Raumnetzstrukturen* zustande kommen. Wichtiger als die Kieselsäuren selbst sind ihre Salze, die *Silicate*, die wesentlichen Anteil am Aufbau der Erdkruste haben. Als charakteristischer Baustein der Kristallgitter aller Silicate tritt das SiO_4-Tetraeder des Siliciumdioxidgitters auf (Bild 15.7), das keine OH-Gruppen mehr enthält und daher als Grenzfall der Wasserabspaltung aus den Kieselsäuren zu betrachten ist. Mit der Wasserabspaltung nimmt auch die Wasserlöslichkeit ab. Orthokieselsäure ist leicht wasserlöslich, Siliciumdioxid ist wasserunlöslich.

Die Silicate sind mehr oder weniger kompliziert zusammengesetzt. Relativ einfache Beispiele sind *Granat* $Ca_3Al_2[SiO_4]_3$ und *Kaolinit* $Al_4[Si_4O_{10}(OH)_8]$. Kaolinit ist ein Aluminiumsilicat. Davon zu unterscheiden sind die *Alumosilicate*, bei denen ein Teil der Siliciumatome durch Aluminiumatome ersetzt ist, z. B. der sehr verbreitete *Kalifeldspat* $K[AlSi_3O_8]$. Da es sich bei den Silicaten nicht mehr um typische Salze handelt, ist es gerechtfertigt, anstelle der vorstehenden Formeln die übersichtlicheren *Oxidformeln* zu verwenden, z. B. für Kalifeldspat $K_2O \cdot Al_2O_3 \cdot 6\,SiO_2$.

Die Eigenschaften der Silicate hängen weitgehend von ihrer *Kristallstruktur* ab. Die *Feldspäte*, die *Raumnetzstruktur* besitzen, zeigen eine beträchtliche Härte. Auf die *Blattstruktur* sind die Spaltbarkeit des Glimmers, die „fettige" Beschaffenheit des *Talkums* und die Quellfähigkeit des *Kaolinits* und der *Tonmineralien* zurückzuführen. Die faserige Beschaffenheit der *Asbeste* beruht auf der *Bandstruktur* ihrer Moleküle. Schließlich gibt es auch Silicate, die, wie es für Salze typisch ist, ein *Ionengitter* besitzen, dessen Gitterpunkte mit Metall-Kationen und Silicat-Anionen besetzt sind (z. B. Olivin $(Mg,Fe)_2[SiO_4]$).

Von den Silicaten sind nur die *Alkalisilicate* wasserlöslich. Diese werden durch Zusammenschmelzen von Siliciumdioxid und Alkalicarbonaten gewonnen; zum Beispiel:

$$Na_2CO_3 + SiO_2 \rightarrow Na_2SiO_3 + CO_2\uparrow$$

Ihre wässrige Lösung kommt als *Natronwasserglas* bzw. *Kaliwasserglas* in den Handel. Beide werden vielseitig technisch verwendet (z. B. als Bindemittel für Leichtbauplatten, als Flammschutzmittel, als Füllstoff für Gummi und Seife, als Flussmittel für Schweißelektroden, als Imprägnierungsmittel für Textilien).

(→ Aufg. 15.8 und 15.9)

15.6 Technische Silicate

Technische Erzeugnisse, bei denen es sich um Silicate handelt, sind die Gläser, die keramischen Erzeugnisse und die Zemente (→ Abschn. 19.5.3).

15.6.1 Gläser

Gläser können – mit gewissen Einschränkungen – als unterkühlte Schmelzen aufgefasst werden, die erstarrt sind, ohne zu kristallisieren. Gläser besitzen im Gegensatz zu kristallisierten Stoffen keinen bestimmten Schmelzpunkt, sondern erweichen beim Erwärmen innerhalb eines mehr oder weniger großen Temperaturbereiches allmählich.

Die technisch wichtigen Gläser setzen sich aus *Siliciumdioxid* und *Metalloxiden* (vor allem *Natriumoxid, Kaliumoxid* und *Calciumoxid*) zusammen. Spezialgläser enthalten auch andere Oxide:

- *Boroxid* B_2O_3 erhöht die Säurebeständigkeit und setzt den Ausdehnungskoeffizienten herab, wodurch die Beständigkeit gegenüber Temperaturwechsel steigt.
- *Aluminiumoxid* Al_2O_3 setzt die Sprödigkeit herab und wirkt einer spontanen Kristallisation (Entglasung) entgegen.
- *Bleioxid* PbO ergibt ein hohes Lichtbrechungsvermögen.

Durch unterschiedliche Zusammensetzung lassen sich Gläser für ganz verschiedene Verwendungszwecke herstellen (Tabelle 15.3).

Einsatzstoffe für die Glaserzeugung sind (in Klammern die Trivialnamen, die sich allerdings zum Teil auf die kristallwasserhaltigen Produkte beziehen):

Siliciumdioxid SiO_2 (Quarzsand)
Natriumcarbonat Na_2CO_3 (Soda)
Natriumsulfat Na_2SO_4 (Glaubersalz)
Kaliumcarbonat K_2CO_3 (Pottasche)
Kaliumalumosilicate $K[AlSi_3O_8]$ (Kalifeldspat)
Calciumcarbonat $CaCO_3$ (Kalkstein)
Magnesiumcarbonat $MgCO_3$ (Magnesit)
Natriumborat $Na_2B_4O_7$ (Borax)
Blei(II)-oxid PbO (Bleiglätte)

Zur Erzeugung von Glas dienen hauptsächlich *Wannenöfen* (bis 1 000 t Fassungsvermögen), die mit einer *Regenerativfeuerung* (→ Abschn. 23.3.2) ausgestattet sind und mit Gas beheizt werden. Ein Gemenge aus den fein gemahlenen Einsatzstoffen wird in den Öfen geschmolzen und so lange (bis auf 1 600 °C) erhitzt, bis alle Gasblasen entwichen sind (Läuterung). Nach frühestens 12 Stunden ist die Glasschmelze so klar, dass sie in zähflüssigem Zustand dem Ofen entnommen und durch Blasen, Gießen, Ziehen oder Pressen verarbeitet werden kann.

Tabelle 15.3 Zusammensetzung wichtiger Gläser

Glasoxide	SiO_2	Na_2O	K_2O	CaO	MgO	Al_2O_3	B_2O_3	PbO	Sonstige
Einsatzstoffe	Quarzsand, Silicate	Na_2SO_3 Na_2SO_4	K_2CO_3 KNO_3	$CaCO_3$ CaF_2	$MgCO_3$	Feldspat	$Na_2B_4O_7$	PbO Pb_3O_4	
Glasart:	durchschnittliche Zusammensetzung in %								
Na-Ca-Gläser (Fensterglas, Gefäße)	71	14	–	11	2,5	>1	–	–	0,5 Fe_2O_3
K-Ca-Gläser (optisches Kronglas, Kristallglas)	73	5	17	3	–	2	–	–	
Na-K-Ca-Gläser (Geräteglas)	69	13	9	6	–	3	–	–	
K-Pb-Gläser (optisches Flintglas)	62	6	8	–	–	–	–	24	
Bleikristall	53	–	14	–	–	–	–	33	
B-Al-Gläser (Jenaer Glas)	76	5,5	1	>0,5	–	4,5	8,5	–	4 BaO

Unterschieden wird vor allem zwischen *Flachglas* (für Fensterglas usw.) und *Hohlglas* (für Flaschen und sonstige Gefäße). Von der großen Zahl der Spezialgläser sind die *optischen Gläser*, die vorwiegend zu Linsen verarbeitet werden, besonders wichtig. Durch besondere Herstellungsverfahren werden *Glasfasern (Glasseide, Glaswolle, Glaswatte, Glasfaservlies)* und *Schaumglas* gewonnen. Alle diese Stoffe zeichnen sich dadurch aus, dass sie unbrennbar sind, den elektrischen Strom nicht leiten, eine gute Schalldämmung bewirken und sehr schlechte Wärmeleiter sind. Mit Glasfasern verstärkte Plaste besitzen sehr gute Festigkeitseigenschaften (Tabelle 34.1).

Wegen seiner vielseitigen Verwendbarkeit gehört das Glas zu den wichtigsten Werkstoffen.

15.6.2 Keramische Erzeugnisse

Bei der Verwitterung von *Feldspat* und anderen *Alumosilicaten* entstehen die *Tone*. Das sind sehr feinkörnige, erdige Substanzen, die leicht Wasser aufnehmen und dabei quellen und plastisch (bildsam) werden. Die Tone bestehen ihrer Herkunft entsprechend hauptsächlich aus *Aluminiumoxid* Al_2O_3, *Siliciumdioxid* SiO_2 und *Wasser* H_2O, enthalten aber daneben meist andere Stoffe als Beimengungen. *Eisenoxid* färbt die Tone gelb bis braun. *Lehm* ist ein Gemenge aus eisenoxidhaltigem Ton und Sand. Die Tone sind Hauptrohstoff der *keramischen*[1)]*Industrie* (Tonwaren-Industrie). Zur Porzellanerzeugung wird an Stelle von Ton *Kaolin* verwendet, das ist ein tonartiger Stoff, der hauptsächlich aus *Kaolinit* $Al_4[Si_4O_{10}(OH)_8]$ besteht.

Die Tone (bzw. stark tonhaltige Gemenge) werden in plastischem Zustand zu den verschiedensten Gebrauchsgegenständen geformt, dann getrocknet und schließlich in Brennöfen bei 900 bis 1 500 °C gebrannt. Schon beim Trocknen tritt eine gewisse Volumenverminderung *(Trockenschwindung)* ein. Beim Brennen vermindert sich das Volumen weiter *(Feuerschwindung)*. Gleichzeitig kommt es zu einer *Sinterung*, die Tonteilchen erweichen oberflächlich und verkitten miteinander. Je nach dem Grad der Sinterung bleibt das Material dabei porös, oder es wird durch Verschluss der Poren glasartig dicht.

Nach der Beschaffenheit der Bruchfläche werden daher Tonwaren mit *porösem Scherben* und Tonwaren mit *verglastem, nichtporösem Scherben* unterschieden. Die Tonwaren mit porösem Scherben saugen Wasser auf. Die Bruchfläche klebt an der Zunge. Bei Tonwaren mit verglastem Scherben ist das nicht der Fall. Durch Glasuren können auch die Tonwaren mit porösem Scherben eine wasser- und gasdichte Oberfläche erhalten (Tabelle 15.4).

Wie die Glasindustrie, so fußt auch die keramische Industrie auf einheimischen Rohstoffen. Von großer wirtschaftlicher Bedeutung ist vor allem die Erzeugung von *Porzellan*, das aus *Kaolin, Feldspat* und *Quarz* gewonnen wird. Porzellan ist ein wertvolles Exportgut. Porzellan wird heute nicht nur als Speisegeschirr verwendet, sondern in vielfältiger Weise auch als technisches Porzellan, z. B. in der Elektrotechnik (hervorragender Isolator), in der chemischen Industrie (chemische Beständigkeit) und in hochbeanspruchten metallurgischen Öfen (sehr hohe Temperaturbeständigkeit).

[1)] keramos (griech.) Tongefäß

Tabelle 15.4 Übersicht über die wichtigsten keramischen Erzeugnisse

Bezeichnungen	Ausgangsstoffe	Brenntemperatur in °C	Beschaffenheit	Verwendung
1. Tonzeug (Sinterzeug)				
1.1. *Porzellan*	Kaolin Feldspat Quarz	1. 900 2. bis 1 500	Scherben dicht, weiß, durchscheinend, Standfläche ohne Glasur	Geschirr, Isolatoren, chemische Geräte, Rohrleitungen, feuerfeste Steine
1.2. *Steinzeug*	Tone (schwer schmelzend, aber leicht sinternd)	bis 1 400	Scherben dicht, grau bis gelb, nicht durchscheinend	Fliesen, säurefeste Steine, Rohre, Einlegetöpfe
2. Tongut (Irdengut)				
2.1. *Steingut*	Tone (plastisch, weißbrennend)	1. bis 1 250 2. über 950	Scherben porös, weiß, nicht durchscheinend, Standfläche mit Glasur	Geschirr, sanitäre Keramik
2.2. *Töpferei-erzeugnisse*	Tone (leicht schmelzend, farbig)	1 000	Scherben porös, farbig, nicht durchscheinend	ohne Glasur: Blumentöpfe mit Glasur: Töpferware, Kacheln (*Fayence* hat weiße, deckende Glasur, *Majolika* hat farbige, deckende Glasur)
2.3. *Ziegelei-erzeugnisse*	Lehm	bis 1 000	Scherben porös, gelb bis rot, nicht durchscheinend	Mauerziegel, Dachziegel, Rohre
Bezeichnungen	Ausgangsstoffe	beständig bis		Verwendung
3. Feuerfeste Erzeugnisse				
Schamotte	plastischer Ton und gemahlener, gebrannter Ton	1 700 °C		Feuerungen, Hochöfen, Winderhitzer, Generatoren
Silicatsteine (Dinassteine)	Quarz und Kalk oder Quarz und Ton	1 685 °C		Gewölbe von *Siemens-Martin*-Öfen, säurefeste Steine
Magnesitsteine	Magnesit $MgCO_3$	1 800 °C		*Siemens-Martin*-Öfen, Elektrostahlöfen
Dolomitsteine	Dolomit $MgCO_3 \cdot CaCO_3$	1 800 °C		Thomasbirnen
Dynamidon-steine (Korundsteine)	Al_2O_3 und Ton	1 800 °C		Zementdrehrohröfen (beständig gegen geschmolzene Silicate)
Carborund-steine	Siliciumcarbid (aus Quarz und Koks) und Ton	2 000 °C		Kesselausmauerungen (gute Wärmeleitfähigkeit)
Kohlenstoff-steine	Graphit oder Koks und Teer; Graphit und Ton	über 2 000 °C		Gestell des Hochofens Graphittiegel

Die *feuerfesten* und *hochfeuerfesten Steine* zum Ausmauern von Öfen der metallurgischen, keramischen und chemischen Industrie und der Glasindustrie werden, obwohl sie nur zum Teil zu den Silicaten gehören, gleichfalls zu den keramischen Erzeugnissen gerechnet, da sie nach dem typischen Verfahren der keramischen Industrie hergestellt werden (Verformen im plastischen Zustand und anschließendes Brennen). Das bekannteste feuerfeste Erzeugnis ist die *Schamotte*, die durch Brennen eines Gemenges aus plastischem Ton und gemahlenem, bereits gebranntem Ton entsteht und zum Ausmauern von Feuerungen, auch in den Heizöfen von Wohnungen, dient. Feuerfeste Steine dürfen nicht unter 1 500 °C, hochfeuerfeste Steine nicht unter 1 790 °C erweichen.

15.7 Silicone

Das Silicium bildet seiner Stellung im Periodensystem entsprechend *Wasserstoffverbindungen*, die denen des Kohlenstoffs (→ Kapitel 27) analog sind. Dem Methan CH_4 entspricht das *Monosilan* SiH_4, dem Ethan C_2H_6 entspricht das *Disilan* Si_2H_6, dem Propan C_2H_8 das *Trisilan* Si_3H_8 usw. Diese *Siliciumwasserstoffe* sind aber im Gegensatz zu den Kohlenwasserstoffen sehr unbeständig, sie zersetzen sich an der Luft explosionsartig. Die Bindung zwischen zwei Siliciumatomen Si—Si erweist sich im Gegensatz zu der Bindung zwischen zwei Kohlenstoffatomen als äußerst labil.

Wichtiger als diese Wasserstoffverbindungen sind die *Halogenverbindungen* des Siliciums, die gleichfalls denen des Kohlenstoffs analog sind. Dem Tetrachlormethan CCl_4 entspricht das *Siliciumtetrachlorid* $SiCl_4$. Von diesem lassen sich, indem die Chloratome schrittweise durch Methylgruppen $—CH_3$ (→ Kapitel 27) ersetzt werden, folgende Verbindungen ableiten:

Cl	Cl	Cl
|	|	|
$CH_3—Si—Cl$	$CH_3—Si—CH_3$	$CH_3—Si—CH_3$
|	|	|
Cl	Cl	CH_3
Methyltrichlorsilan	Dimethyldichlorsilan	Trimethylchlorsilan

Die Methylgruppe ist ein charakteristischer Bestandteil organischer Verbindungen. Bei den vorstehenden drei Verbindungen handelt es sich um *organische Siliciumhalogenide*[1)].

Diese Verbindungen sind wichtige Zwischenprodukte bei der Gewinnung von Siliconen.

Nach einem von dem deutschen Chemiker *Richard Müller* und dem amerikanischen Chemiker *E. G. Rochow* 1941/42 unabhängig voneinander gefundenen Verfahren *(Müller-Rochow-Synthese)* werden die organischen Siliciumhalogenide (bei 350 °C mit Katalysator) aus elementarem Silicium und Halogenalkanen (z. B. Monochlormethan CH_3Cl) gewonnen:

$$6\,CH_3Cl + 3\,Si \rightarrow (CH_3)_3SiCl + (CH_3)_2SiCl_2 + CH_3SiCl_3$$

1) An Stelle der Chloratome können auch Atome von Brom oder Iod auftreten.

Die dabei entstehenden Siliciumhalogenide werden durch fraktionierte Destillation getrennt und mit Wasser zu *Silanolen* (Organosilanolen) umgesetzt:

$$CH_3SiCl_3 + 3\,H_2O \rightarrow CH_3Si(OH)_3 + 3\,HCl$$

$$(CH_3)_2SiCl_2 + 2\,H_2O \rightarrow (CH_3)_2Si(OH)_2 + 2\,HCl$$

$$(CH_3)_3SiCl + H_2O \rightarrow (CH_3)_3SiOH + HCl$$

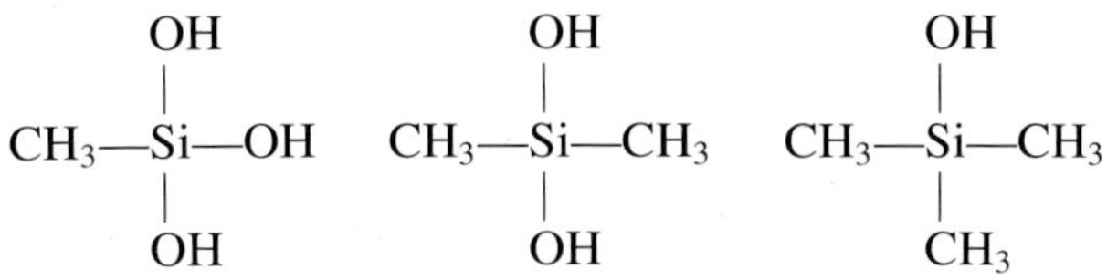

Methylsilantriol Dimethylsilandiol Trimethylsilanol

Die Moleküle der *Silanole* vermögen, in ähnlicher Weise wie die Moleküle der Kieselsäuren, unter Wasserabspaltung und Bildung der festen Si—O—Si-Bindung zu größeren Molekülen zusammenzutreten:

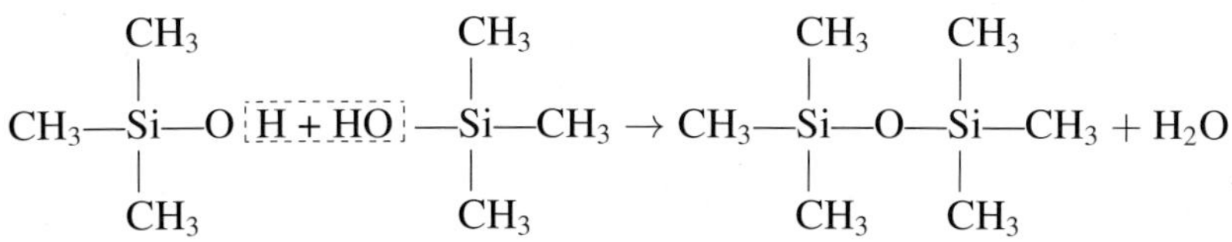

Diese aus den Silanolen durch *Kondensation* gewonnenen Verbindungen werden als *Silicone* bezeichnet. Sie unterscheiden sich von den Kieselsäuren dadurch, dass an jedes Siliciumatom mindestens eine Methylgruppe —CH_3 (oder ein anderer organischer Rest) gebunden ist. Je mehr OH-Gruppen ein Silanol besitzt, um so mehr Si—O—Si-Bindungen kann es eingehen. Das hat entscheidenden Einfluss auf die Struktur und die Eigenschaften der entstehenden Silicone. Aus *Trimethylsilanol* entstehen ölartige Verbindungen mit verhältnismäßig kleinen Molekülen, die *Siliconöle*, aus *Dimethylsilandiol* entstehen Verbindungen, die infolge geringer Vernetzung der Moleküle plastischen bzw. elastischen Charakter tragen (*Silicongummi* oder *-kautschuk*), und aus *Methylsilantriol* infolge starker Vernetzung der Moleküle feste Stoffe, die *Siliconharze*.

Die Silicone zeichnen sich gegenüber vergleichbaren Kohlenstoffverbindungen durch hohe Temperaturbeständigkeit und chemische Reaktionsträgheit aus. *Siliconöle* ändern ihre Viskosität mit wechselnder Temperatur nur geringfügig, sind wasserabweisend, gegenüber Säuren und Laugen beständig und nur schwer brennbar. Sie eignen sich daher besonders für Transformatoren und hydraulische Anlagen. Durch einen Film von Siliconöl werden Glas- und Keramikoberflächen wasserabweisend. Dadurch wird z. B. die Durchschlagfestigkeit von Isolatoren erhöht. Textilien werden durch Imprägnieren mit Siliconöl wasser- und schmutzabweisend sowie knitterarm.

Silicongummi ist chemisch sehr beständig und bleibt bei hohen (bis 200 °C) und tiefen Temperaturen elastisch. Er wird daher in der Wärme- und Kältetechnik, z. B. als Dichtungsmaterial, und in der Elektrotechnik als Isolationsmaterial für hochbeanspruchte Motoren verwendet.

Die *Siliconharze* behalten ihre gute elektrische Isolierfähigkeit bis 180 °C. Sie sind gute Lackrohstoffe, Aluminium-Siliconlacke *(Alusil)* sind bis 350 °C hitzebeständig.

(→ Aufg. 15.10 und 15.11).

15.8 Germanium

Symbol: Ge [von germania (lat.) Deutschland]

Germanium gehört zu den Elementen, die *Mendelejew* auf Grund des Periodensystems voraussagte (→ Abschn. 4.4). Es ist ein seltenes Element. In geringen Mengen ist es als Sulfid in der Freiberger Zinkblende und im Mansfelder Kupferschiefer enthalten.

Das Germaniumsulfid GeS_2 wird zunächst mit Salpetersäure in Germaniumdioxid GeO_2 und dieses anschließend mit Salzsäure in Germaniumtetrachlorid $GeCl_4$ übergeführt, das sich durch Destillation reinigen lässt. Durch Umsetzung mit Wasser erhält man daraus reines Germaniumdioxid GeO_2, das mit Wasserstoff zu elementarem Germanium reduziert wird.

Germanium ist ein typischer *Halbleiter*. Die elektrische Leitfähigkeit von reinem Germanium ist bei Zimmertemperatur sehr gering. Jede Verunreinigung erhöht die elektrische Leitfähigkeit beträchtlich. Für Halbleiterbauelemente wird daher ein Reinstgermanium mit 99,999 999 99 % Germaniumatomen hergestellt. Auf 10^{10} Germaniumatome kommt also nur ein Fremdatom. Diesem Reinstgermanium werden dann bestimmte, sehr geringe Mengen anderer Elemente zugesetzt, um dem Germanium die gewünschte Leitfähigkeitseigenschaft zu verleihen.

Das Germanium weist die gleiche Kristallstruktur auf wie der Diamant. Alle vier Außenelektronen des Germaniumatoms sind durch Atombindungen in Anspruch genommen. Im Reinstgermanium sind also keine freien Elektronen enthalten. Die elektrische Leitfähigkeit ist daher äußerst gering. Durch den Einbau von Fremdatomen kann diese Leitfähigkeit in vorher bestimmter Weise verändert werden. Dieser Vorgang ist als *Dotierung* bekannt.

Wird durch Diffusion in das Reinstgermanium etwas *Antimon* eingebracht, dessen Atome fünf Außenelektronen haben, so wird das Germanium durch den Elektronenüberschuss leitfähig.

Dagegen entsteht ein Elektronenmangel, wenn durch Diffusion *Indium* in das Germanium eingebracht wird, da Indium nur drei Außenelektronen besitzt. Im Diamantgitter des Germaniums entstehen also Lücken (Defektstellen), an denen ein Elektron fehlt. Bei angelegter Gleichspannung wandern nun Elektronen in Richtung zum Pluspol, indem sie in Lücken (Defektstellen) einrücken. Auf diese Weise wandern die Defektstellen in entgegengesetzter Richtung, also zum Minuspol. Die Lücken verhalten sich dabei so, als würde es sich um positiv geladene Elektronen handeln. Man spricht in diesem Falle auch von positiven „Defektelektronen".

Diese Art der elektrischen Leitung wird als p-Leitung bezeichnet, im Gegensatz zur n-Leitung, die auf den negativ geladenen Elektronen beruht.

Bei vielen Halbleiterbauelementen wird eine Übergangszone zwischen einem p-Leiter und einem n-Leiter technisch ausgenutzt. Ein solcher pn-Übergang weist in den beiden Richtungen einen außerordentlich unterschiedlichen elektrischen Widerstand auf (Bild 15.8).

Die technischen Möglichkeiten der Anwendung des Germaniums, des Siliciums und anderer Halbleiter sind mannigfaltig und bisher keineswegs erschöpft.

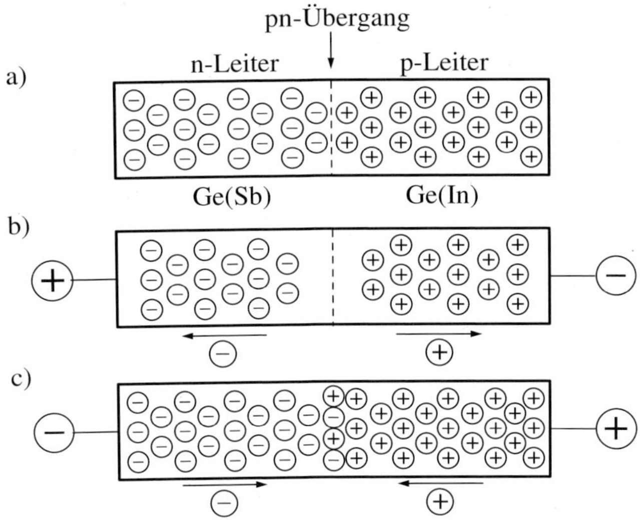

Bild 15.8 Wirkungsweise eines pn-Überganges in einem Halbleiterbauelement
a) links n-Leiter (Germanium mit Antimon-Fremdatomen), rechts p-Leiter (Germanium mit Indium-Fremdatomen)
b) Minuspol am p-Leiter, Verarmung des pn-Übergangs an Ladungsträgern, großer Widerstand
c) Minuspol am n-Leiter, Anreicherung des pn-Übergangs mit Ladungsträgern, geringer Widerstand

Die Mitte des 20. Jahrhunderts einsetzende Entwicklung der *Halbleitertechnik* ging vorrangig vom Germanium aus. Seit 1942 wurden Germanium-Dioden hergestellt, 1948 die ersten Transistoren. Germanium eignet sich besonders zur Reinstdarstellung. Der Anteil an Fremdatomen kann bis auf 10^{-14} gesenkt werden. Germanium ist aber verhältnismäßig schwer zugänglich. Zwar ist es nicht extrem selten (in der Erdrinde z. B. zehnmal so häufig wie Cadmium), aber es findet sich nirgends stark angereichert.

Die heutige Massenproduktion von Halbleiterbauelementen wurde erst möglich, nachdem es gelungen war, auch Silicium mit der erforderlichen Reinheit zu erzeugen. In der Weltproduktion standen 1996 70 t Germanium 3 Millionen t Silicium gegenüber.

15.9 Bor und seine Verbindungen

Symbol: B [von buraq (arab.) für Borax, $Na_2B_4O_7 \cdot 10\,H_2O$; engl. Boron]

Im Anschluss an die Nichtmetalle der 4. Hauptgruppe soll hier noch das Bor behandelt werden, das einzige Nichtmetall der 3. Hauptgruppe. Das Bor zeigt gewisse Ähnlichkeiten mit dem *Silicium*, es ist wie dieses Halbleiter und schmilzt erst oberhalb 2 000 °C. Auch bei den Verbindungen gibt es Ähnlichkeiten, so z. B. zwischen den Borwasserstoffen und den Siliciumwasserstoffen. Mehr oder weniger ausgeprägt zeigt sich bei allen Elementen der

2. Periode eine solche Verwandtschaft (sog. *Schrägbeziehung*) zu dem in der 3. Periode stehenden Element der nächsten Hauptgruppe (Li—Mg, Be—Al, B—Si, C—P, N—S, O—Cl).

Bor tritt in der Natur nur in Verbindungen auf, vor allem als *Borax* $Na_2B_4O_7 \cdot 10\,H_2O$.

Bor dient – meist in Form von Ferrobor, einer Bor-Eisen-Legierung – in der Metallurgie als Desoxidationsmittel und Legierungszusatz.

Die *Borwasserstoffe (Borane)*, z. B. B_2H_6, sind Gase oder leichtflüchtige Flüssigkeiten, sie sind giftig und entzünden sich z.T. an der Luft von selbst.

Es gibt mehrere *Borsäuren*. Am bekanntesten ist die Orthoborsäure H_3BO_3. Von den Salzen der Borsäuren ist das *Natriumtetraborat* $Na_2B_4O_7 \cdot 10\,H_2O$ *(Borax)* am wichtigsten. Es dient zur Herstellung von Gläsern und Emaillen, außerdem wirkt es wasserenthärtend. Borax ist giftig.

Einige *Peroxoverbindungen* des Bors (z. B. $Na_2B_4O_7 \cdot H_2O_2 \cdot 9\,H_2O$) werden ihrer Bleichwirkung wegen in Waschmitteln verwendet. Sie spalten Wasserstoffperoxid ab, das weiter in Wasser und Sauerstoff zerfällt.

Borcarbid B_4C ist außerordentlich hart und temperaturbeständig, deshalb dient es als Schleifmittel.

(→ Aufg. 15.12)

❍ Aufgaben

15.1 Wie verhalten sich diese Elemente hinsichtlich ihres Metall- bzw. Nichtmetallcharakters?

15.2 Welcher Zusammenhang besteht zwischen der Stellung der Elemente innerhalb der Gruppe und den Wertigkeiten, in denen sie auftreten?

15.3 In welchen Modifikationen tritt der elementare Kohlenstoff auf, und wie können diese Modifikationen ineinander übergeführt werden?

15.4 Welche Eigenschaften besitzt Kohlenstoffmonoxid?

15.5 In welcher Weise ist die Lage des *Boudouard*-Gleichgewichts von den äußeren Bedingungen abhängig?

15.6 Worin liegen die besonderen Vorzüge der „Kohlensäureschneelöscher“? Weshalb ist ihre Bezeichnung vom Standpunkt der Chemie nicht exakt?

15.7 Welche Rolle spielte Calciumcarbid für die chemische Industrie?

15.8 Welche charakteristische Besonderheit weisen die Kieselsäuren gegenüber anderen Säuren auf?

15.9 Wie unterscheiden sich Aluminiumsilicate und Alumosilicate?

15.10 Welche Atomgruppierung ist für die Silicone charakteristisch?

15.11 Welche Zusammenhänge bestehen zwischen Struktur und Eigenschaften von Siliconöl, Silicongummi und Siliconharz?

15.12 Weshalb ist es berechtigt, das Bor im Anschluss an die Nichtmetalle der 4. Hauptgruppe zu behandeln?

16 Edelgase

16.1 Vorkommen der Edelgase

In der 8. Hauptgruppe des Periodensystems stehen die Edelgase

- **Helium**, Symbol He [von helios (griech.) Sonne]
- **Neon**, Symbol Ne [von neos (griech.) neu]
- **Argon**, Symbol Ar [von argos (griech.) träge]
- **Krypton**, Symbol Kr [von kryptos (griech.) verborgen]
- **Xenon**, Symbol Xe [von xenos (griech.) fremd]
- **Radon**, Symbol Rn [von radius (lat.) Strahl]

Sie kommen – zum Teil in beträchtlicher Menge – in der Luft vor. Ein Kubikmeter Luft enthält etwa:

9 320 cm^3	Argon	1 cm^3	Krypton
15 cm^3	Neon	0,1 cm^3	Xenon
5 cm^3	Helium		

Radon und Helium sind Zerfallsprodukte radioaktiver Elemente (Uran, Radium, Thorium, Actinium). Das Radon tritt nur in der Nähe dieser Elemente auf, da es selbst radioaktiv ist und rasch weiter zerfällt (Halbwertszeit des langlebigsten Radonisotops knapp 4 Tage). Das Helium kommt (mit bis zu 7 %) in manchen Erdgasquellen vor und wird daraus technisch gewonnen. Argon und andere Edelgase werden durch fraktionierte Destillation aus flüssiger Luft abgetrennt.

16.2 Eigenschaften und Verwendung der Edelgase

Die physikalischen Eigenschaften der Edelgase sind in Tabelle 4.2 zusammengestellt. Die Edelgase lassen sich schwer verflüssigen. Helium ist das Element mit dem niedrigsten Siedepunkt (4,23 K = −268,93 °C).

Da die Edelgasatome auf ihren Außenschalen stabile Elektronenanordnungen haben (Helium 2, die übrigen Edelgase 8 Außenelektronen), sind sie chemisch sehr träge. So bilden sie im Gegensatz zu den sonstigen Gasen keine zweiatomigen Moleküle, sondern treten in Form einzelner Atome auf.

Über ein halbes Jahrhundert nach ihrer Entdeckung herrschte die Auffassung, die Edelgase vermöchten keine chemischen Verbindungen zu bilden. Da gelang es im Jahre 1962 kanadischen und amerikanischen Chemikern, *Xenonhexafluoroplatinat* $XePtF_6$ und wenig später *Xenontetrafluorid* XeF_4 darzustellen. Im Laufe eines Jahres wurden dann von verschiedenen Forschungsgruppen mehr als 20 stabile Edelgasverbindungen, in erster Linie Fluorverbindungen des Xenons, hergestellt. Das Xenon tritt in diesen Verbindungen 2-, 4-, 6- und 8-wertig auf. Außer den Verbindungen des Xenons gibt es heute auch solche des Kryptons. Der Gewinnung von Verbindungen der leichteren Edelgase stehen noch größere Schwierigkeiten entgegen.

Hier zeigt sich, wie der Widerspruch zwischen herrschenden Theorien und neuen Experimentalbefunden zu einer Triebkraft in der Entwicklung der menschlichen Erkenntnis wird. Wenn es früher nicht gelang, Edelgasverbindungen herzustellen, so lag das vor allem daran, dass keine Ausgangsstoffe von hinreichender Reinheit zur Verfügung standen. Die auf wissenschaftlichen Untersuchungen fußenden Fortschritte in der technischen Gewinnung von Reinststoffen wirken jetzt auf die Entwicklung der Wissenschaft zurück.

Die Edelgase verdanken ihre technische Verwendung in erster Linie ihrer Reaktionsträgheit. Es werden verwendet:

- *Argon* und *Krypton* als Füllgas für Glühlampen und als Lesermedium,
- *Argon* als Schutzgas beim Schweißen und als gasförmiges Löschmittel,
- *Helium* als Füllgas für Ballons und Luftschiffe (an Stelle des brennbaren Wasserstoffs),
- *Neon* als Füllgas für Gasentladungslampen.
- *Flüssiges Helium* (unter Normaldruck bei 4,21 K) wird eingesetzt, wenn Untersuchungen bei sehr tiefen Temperaturen durchgeführt werden sollen.

17 Eigenschaften, Vorkommen und Darstellungsprinzipien der Metalle

17.1 Eigenschaften der Metalle

Bei der Behandlung der Periodizität von Eigenschaften der Elemente (→ Abschn. 4.3.2) wurde zwischen *Metallen* und *Nichtmetallen* unterschieden. Von 88 in der Natur auftretenden Elementen sind 57 Elemente als reine Metalle anzusprechen. Daneben gibt es noch Elemente, die wie z. B. Arsen und Selen, in metallischen und nichtmetallischen Modifikationen auftreten.

Physikalische Eigenschaften

Bei den Metallen treten folgende *physikalische Eigenschaften* verschieden stark ausgeprägt auf:

1. Bei kompakten Stücken der *charakteristische Metallglanz* der reinen Oberfläche.
2. Mit Ausnahme von Gold und Kupfer zeigen die Metalle mehr oder weniger *silberweiße Farbe.*
3. In *Pulverform* sehen die Metalle im allgemeinen grau bis schwarz aus.
4. Bei *Zimmertemperatur* sind alle Metalle mit Ausnahme des Quecksilbers (Schmelzpunkt 234,31 K = −38,84 °C) fest.
5. Die Metalle sind auch in *sehr dünnen Schichten* durch starke Reflexion des Lichtes *undurchsichtig.*
6. Alle Metalle sind mehr oder weniger *gute Wärmeleiter.*
7. Metalle zeigen *hohe Leitfähigkeit* für den elektrischen Strom, die mit abnehmender Temperatur zunimmt.
8. Metalle werden durch *Stromfluss* stofflich *nicht verändert.* Sie werden daher im Gegensatz zu den *Elektrolyten* (Leiter 2. Klasse) als *Leiter 1. Klasse* bezeichnet.
9. Metalle sind in anderen Metallen beim Zusammenschmelzen im allgemeinen *löslich.* Beim Erstarren bilden sich dann *Legierungen.*
10. Metalle sind in *nichtmetallischen Lösungsmitteln*, wie Wasser, Alkohol, Benzol, Tetrachlormethan, *unlöslich.*
11. Die *plastische Formbarkeit* der Metalle und ihrer Legierungen ermöglicht eine Bearbeitung durch Walzen, Schmieden, Ziehen und Pressen.
12. Die Metalle werden nach ihrer Dichte in *Leichtmetalle* ($\varrho < 5\ \text{g} \cdot \text{cm}^{-3}$) und *Schwermetalle* ($\varrho > 5\ \text{g} \cdot \text{cm}^{-3}$) unterteilt.

Chemische Eigenschaften

1. Die Metallatome besitzen im allgemeinen *wenig Außenelektronen (Valenzelektronen)*, die leicht abgegeben werden, wobei *positiv* geladene Ionen entstehen. Von den Nichtmetallen zeigt nur Wasserstoff diese Erscheinung (→ Abschn. 11.1).
2. Die Elemente der 1. bis 3. *Hauptgruppe* – mit Ausnahme des Bors – sind *Metalle* (→ Kapitel 4).

3. In den Hauptgruppen nimmt mit steigender Kernladungszahl die Neigung zur Abspaltung der Valenzelektronen innerhalb der Gruppen zu. Deshalb stehen in der 4. bis 6. Hauptgruppe oben Nichtmetalle und unten Metalle (→ Kapitel 13 bis 15).
4. Alle Nebengruppenelemente bilden Metalle. Gemäß der Elektronenbesetzung des energiereichsten s-Niveaus sind die Nebengruppenelemente meist zweiwertig (→ Aufgabe 17.1).
5. Die Metalle der *1. und 2. Hauptgruppe* mit Ausnahme des Berylliums – bilden *basische Hydroxide*.
6. Die Metalle der *übrigen Hauptgruppen* und Beryllium bilden *amphotere Hydroxide* (Ausnahme Bismut).
7. Es gibt Metalle, die – in höheren Wertigkeitsstufen – in Salzen als Säurebestandteil auftreten können, z. B. Chrom im Kaliumchromat(VI) K_2CrO_4 und Mangan im Kaliummanganat(VI) K_2MnO_4.
8. Nach ihrem chemischen Verhalten werden die Metalle in *edle* und *unedle Metalle* eingeteilt (→ Abschn. 10.3 und 17.2).

Kristallgitter der Metalle

Der metallische Zustand ist – außer beim Quecksilber – an bestimmte *Kristallstrukturen* gebunden. Bei der Behandlung der Metallbindung wurde bereits gezeigt, dass in einem Metallgitter Metallionen und freie Elektronen auftreten (→ Abschn. 5.4). Viele Metalle erstarren so, dass ihre Atome (Ionen) sehr dicht gepackt sind und hochsymmetrische Anordnungen entstehen. Um eine möglichst einfache Beschreibung der Metallgitter zu erreichen, fasst man benachbarte Atome zu einfachen geometrischen Körpern zusammen (z. B. Würfel, Sechsecksäulen, Prismen). Die kleinste Einheit, die noch den Aufbau des gesamten Gitters erkennen lässt, nennt man *Elementarzelle*. Die *Abstände* zwischen den Mittelpunkten der Atome die die Elementarzelle aufbauen, werden *Gitterkonstanten* genannt.

> Ein Metallgitter ist durch den Typ des Elementarzelle sowie die Gitterkonstanten eindeutig beschrieben.

Die drei wichtigsten Kristallgitter der Metalle sind:
a) kubisch-raumzentriertes Gitter[1],
b) kubisch-flächenzentriertes Gitter,
c) hexagonales Gitter[2]

Im Bild 17.1 sind die Elementarzellen dieser Gitter dargestellt. Das hexagonale Gitter und das kubisch-flächenzentrierte Gitter sind dichteste Packungen.

Eine anschauliche Vorstellung von den *dichtesten Kugelpackungen* ist durch folgende Überlegungen zu gewinnen: Werden gleich große Kugeln in einen Kasten geschüttet, so ordnen sie sich so an, dass jede Kugel sechs andere Kugeln berührt. Dadurch ist jede Kugel von sechs Lücken umgeben. Die Kugeln der zweiten Schicht legen sich jeweils auf drei dieser Lücken. Die drei anderen Lücken bleiben frei.

---

[1] cubus (lat.) Würfel
[2] hexagonal (griech.) sechseckig

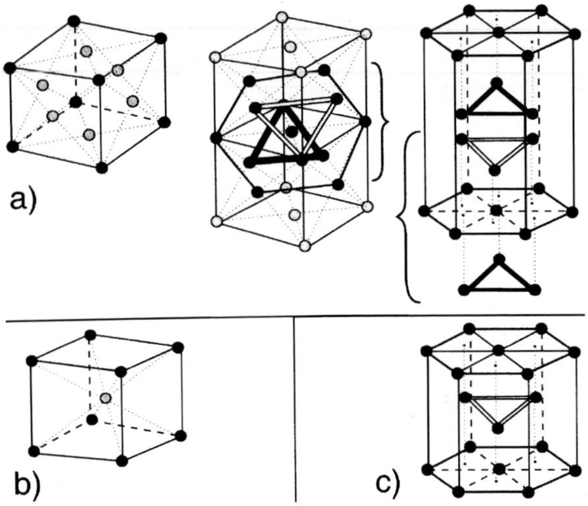

Bild 17.1 Wichtigste Kristallgitter der Metalle
a) kubisch-flächenzentriert,
b) kubisch-raumzentriert,
c) hexagonal

Für die dritte Schicht gibt es dann zwei Möglichkeiten der Anordnung:

Die Kugeln der dritten Schicht können sich entweder
a) auf jene Lücken der zweiten Schicht legen, unter denen sich *Lücken* der ersten Schicht befinden (Bild 17.2a) oder
b) auf jene Lücken der zweiten Schicht, unter denen sich *Kugeln* der ersten Schicht befinden (Bild 17.2b).

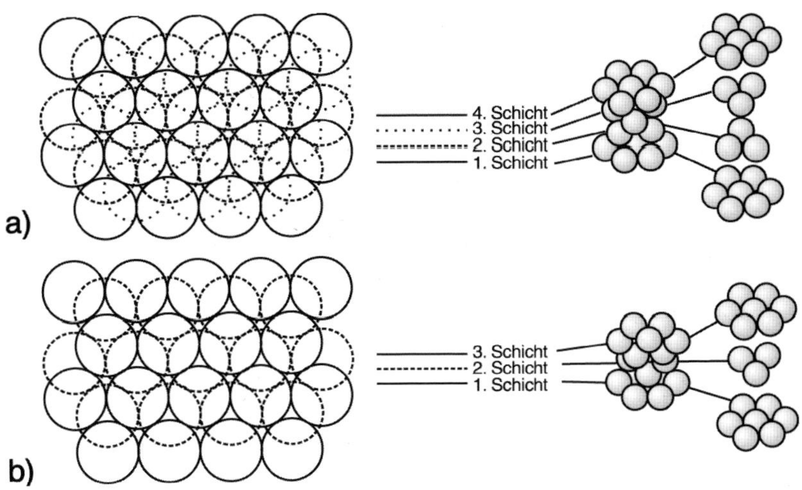

Bild 17.2 Dichteste Kugelpackungen; a) kubisch, b) hexagonal

Für den weiteren Gitteraufbau ergibt sich:
- Im ersten Falle (a) liegen die Kugeln der *vierten* Schicht über den Kugeln der ersten Schicht. Es handelt sich um die *kubisch-dichteste Kugelpackung* (Bild 17.1a)
- Im zweiten Falle (b) liegen bereits die Kugeln der *dritten* Schicht über den Kugeln der ersten Schicht. Es handelt sich um die *hexagonal-dichteste Kugelpackung* (Bild 17.1c).

Im Bild 17.1a ist dargestellt, wie man von der Elementarzelle des kubisch-flächenzentrierten Gitters zur kubisch-dichtesten Kugelpackung kommt. Es handelt sich um zwei Betrachtungsweisen des gleichen Gitters. Die mittlere Figur im Bild 17.1a zeigt, wie die Kugelschichten *diagonal* im kubisch-flächenzentrierten Gitter liegen.

Beiden dichtesten Kugelpackungen ist gemeinsam, dass jedem Atom zwölf andere Atome benachbart sind. Die dichtesten Kugelpackungen haben die *Koordinationszahl zwölf.* Dagegen hat das kubisch-raumzentrierte Gitter die Koordinationszahl *acht* (Bild 17.1b).

In Tabelle 17.1 sind einige wichtige Metalle mit ihrem Gittertyp und ihren Gitterkonstanten angegeben. Beim hexagonalen Gitter wird die Länge der Sechseckseite mit a und die Höhe der Sechsecksäule mit c bezeichnet. Der Quotient c/a ist also ein Maß für das Verhältnis von Länge und Breite der Seitenflächen. Bei der hexagonal *dichtesten* Kugelpackung hat c/a den Wert 1,633.

Tabelle 17.1 Kristallgittertypen und Gitterkonstanten einiger Metalle in 10^{-10} m

Kubisch-flächenzentriert		Kubisch-raumzentriert		Hexagonal			
Ag	4,08	Ba	5,02		a	c	c/a
Al	4,04	Cr	2,88	Be	2,27	3,59	1,58
Au	4,07	Fe	2,86	Mg	3,20	5,20	1,63
Ca	5,56	K	5,33	Zn	2,66	4,94	1,86
Cu	3,61	Mo	3,14	Cd	2,97	5,61	1,89
Ni	3,52	Na	4,28				
Pb	4,94	Rb	6,52				
Sr	6,07	V	3,03				
		W	3,16				
		Cs	6,05				

Beim Betrachten eines kompakten Metallstückes mit bloßem Auge erscheint dieses völlig homogen. Unter dem Mikroskop lassen sich dagegen viele regellos geformte Körner – die *Kristallite* – erkennen. Sie entstehen gleichzeitig nebeneinander beim Abkühlen einer Schmelze und behindern sich gegenseitig im Wachstum. In ihrem inneren Aufbau entsprechen sie den vollausgebildeten Kristallen.

Der kristalline Aufbau der Metalle erklärt das Auftreten der hohen Schmelzpunkte, der Leitfähigkeit, des Glanzes, der Undurchsichtigkeit und der plastischen Formbarkeit.

Die *hohen Schmelzpunkte*, die in ähnlicher Weise bei den Salzen beobachtet werden, beruhen auf starken Gitterkräften.

Die *Leitfähigkeit* ist bedingt durch *freie Elektronen* (Elektronengas) (→ Abschn. 5.4). Der *Glanz* und die *Undurchsichtigkeit* beruhen auf *Reflexion* und *Absorption* des Lichtes durch die freien Elektronen. Bei der *plastischen Formung* wird durch die äußeren Kräfte nicht das *Metallgitter zerstört*, sondern die Atome werden im Werkstück gegeneinander *verschoben* (Gleitebenen).

Legierungen

Die größte Bedeutung haben die Metalle in Form ihrer Legierungen. Davon spielt der Stahl die wichtigste Rolle. Die meisten metallischen Werkstoffe sind Legierungen.

Eine Legierung ist ein festes Gemenge eines Metalls mit anderen Metallen bzw. Nichtmetallen. Sie wird durch Zusammenschmelzen gewonnen.

Die Legierungsbestandteile können sich verschiedenartig anordnen. Sehr häufig wird bei den Legierungen das Auftreten von *Substitutionsmischkristallen*[1] beobachtet. Diese Art der Mischkristallbildung beruht darauf, dass sich Metalle mit gleichem Gittertyp und ähnlichem Ionendurchmesser gegenseitig in den Gittern ersetzen (Bild 17.3). Solche Kristalle nennt man auch *Austauschmischkristalle*.

Kann die Metallschmelze jede beliebige Zusammensetzung annehmen und tritt beim Übergang aus der Mischschmelze in den festen Aggregatzustand keine Entmischung ein (z. B. Cu-Ni-Legierungen), so haben auch die Mischkristalle Zusammensetzungen, die zwischen 100 % des einen und 100 % des anderen Legierungsbestandteiles liegen. Man spricht dann von einer *lückenlosen Mischkristallreihe*, weil sich praktisch alle möglichen Zusammensetzungen realisieren lassen.

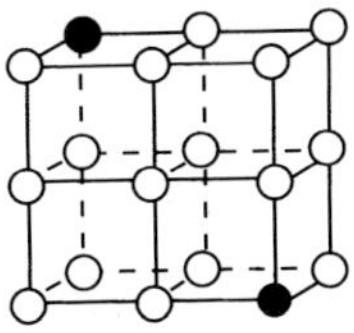

Bild 17.3
Substitutionsmischkristall

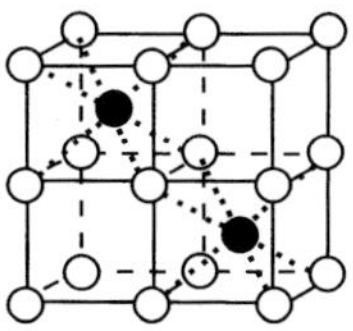

Bild 17.4
Einlagerungsmischkristall

Eine zweite Form der Mischkristalle sind die *Einlagerungsmischkristalle*. Bei ihnen sind, wie das Bild 17.4 zeigt, die Fremdatome in die Gitterlücken eingelagert.

Es gibt auch Metalle, die sich im flüssigen Zustand in jedem beliebigen Verhältnis miteinander mischen lassen; beim Übergang in den festen Zustand tritt jedoch eine vollständige Entmischung ein, d. h., es entstehen Kristalle, die entweder nur aus Atomen des einen oder des anderen Metalles bestehen. Die Atome des Stoffes A und die Atome des Stoffes B bilden dann ihre Kristalle für sich aus.

Möglichkeiten der Legierungsbildung:

1. Die Mischkristalle haben die gleiche Zusammensetzung wie die Schmelze; es kommt zu keiner Entmischung (z. B. Cu—Ni, Au—Ag, Cu—Pt).
2. Die Metalle bilden im festen Zustand ihre eigenen Kristalle aus; die Schmelze entmischt sich vollständig. Im festen Aggregatzustand bestehen solche Legierungen aus einem Gemisch von Kristallen (z. B. Bi–Cd).
3. Beim Übergang vom flüssigen in den festen Zustand tritt eine teilweise Entmischung auf; d. h., es entstehen Mischkristalle, deren Aufnahmefähigkeit an der Fremdkomponente jedoch begrenzt ist. Im festen Zustand können solche Legierungen aus einem Gemisch von Mischkristallen bestehen (z. B. Pb-Sn-Legierungen, Pb-Sb-Legierungen, Ag-Cu-Legierungen).

[1] substituere (lat.) ersetzen

4. Es entstehen *intermetallische Phasen*, in denen die Bestandteile in einem bestimmten Mengenverhältnis vorkommen. Solchen Kristallen kann man daher eine Formel zuordnen, die jedoch nur etwas über die stöchiometrische Zusammensetzung aussagt. Ein wichtiges Beispiel ist Eisencarbid (Cementit) Fe_3C (→ Aufg. 17.3)

Die meisten Legierungen haben, im Gegensatz zu den reinen Metallen, ein *Schmelzintervall*. Bei den unter 2. und 3. beschriebenen Systemen tritt jedoch – bei einer ganz bestimmten Zusammensetzung – auch eine Legierung auf, die sich vom Schmelzen her wie ein reiner Stoff verhält. Der Beginn und der Abschluss des Erstarrens liegen also bei einer derartigen Legierung bei der *gleichen* Temperatur. Man nennt Legierungen mit dieser Eigenschaft *eutektische*[1] *Legierungen* (Eutektikum). Der Schmelzpunkt der eutektischen Pb-Sb-Legierung beträgt z. B. 247 °C; ihre Zusammensetzung ist 13 % Antimon und 87 % Blei. Alle Pb-Sb-Legierungen mit einer anderen Zusammensetzung haben ein Schmelzintervall.

Bei der Anwendung von Metallen und Legierungen erweist sich als Nachteil, dass bei der Bearbeitung (z. B. durch spanabhebendes Formen) bis zu 30 % Abfall entstehen können. Materialökonomische Gesichtspunkte orientieren daher auf die Anwendung von Kunststoffen, bei denen diese Verluste wesentlich niedriger sind. Außerdem ergeben sich häufig technologische Vereinfachungen (weniger Arbeitsgänge), was zu einer weiteren Kostensenkung führt. Der sinnvolle Austausch von Metallen durch Kunststoffe ist daher ein wichtiges marktwirtschaftliches Prinzip.

17.2 Vorkommen der Metalle

Die *Metalle* kommen in der *Erdkruste* in *Erzen* vor. Das sind Gesteine, die die Metalle – meist in Verbindungen, aber auch elementar – in abbauwürdigen Mengen enthalten. Ein Erz besteht meist aus dem *Erzmineral* und der *Gangart* (taubes Gestein). Die Eisenerzlagerstätten sind mächtiger als die der Nichteisenmetalle (NE-Metalle). Dazu kommt noch, dass Eisenerze häufig weniger verunreinigt sind und das Metall schon in einer relativ hohen Konzentration vorhanden ist. Die wirtschaftliche Abbaugrenze schwankt um 20 % Eisengehalt. Die Erze der NE-Metalle enthalten meist nur wenig Metall. Ihre Verhüttung stößt auf größere Schwierigkeiten, weil die Verunreinigungen durch Mineralien und andere Metalle größer sind.

Zum Vorkommen der Metalle lassen sich die nachstehenden Regeln angeben:

1. Edle und halbedle Metalle (z. B. Platin, Gold, Silber, Quecksilber) kommen in der Natur bevorzugt elementar – man sagt hier gediegen – vor (metallisch, in Legierungen).
2. Buntmetalle (z. B. Blei, Nickel, Antimon, Kupfer) sind häufig mit dem Schwefel verbunden (Kiese, Glanze, Blenden). Nickel tritt auch in Arsenverbindungen auf.
3. Eisen, die Leichtmetalle und das Zinn findet man häufig in oxidischer Form vor (Oxide, Silicate, Hydroxide, Phosphate).

Die immer höheren Aufwendungen für Förderung und Transport der Erze führten in den letzten Jahrzehnten zu einer beträchtlichen Erhöhung der Weltmarktpreise. Deshalb erfahren die Sekundärrohstoffe, das sind Schrott und Rücklauf aus der metallverarbeitenden Industrie (Abfälle, Späne), eine ständig steigende Wertung. Schrott stellt einen ökonomisch wertvollen Rohstoff dar.

[1] *eutektos (griech.) gut schmelzbar*

17.3 Aufbereitung der Erze

Die bei der bergmännischen Gewinnung anfallenden Erze können in den wenigsten Fällen unmittelbar verhüttet werden. Besonders aus ökonomischen Gründen, wie Koksverbrauch zum Schmelzen, Transportkosten, Körnigkeit und Entfernung schädlicher Beimengungen, findet eine *Aufbereitung* der Erze statt.

Die Aufbereitung dient dazu, hochangereicherte Konzentrate der Erzmineralien (Erze) von möglichst einer Metallkomponente zu liefern.

Physikalische Methoden der Aufbereitung

Von den Verfahren zur *Anreicherung* der Metalle aus den Erz-Gangart-Gemischen zu *Erzkonzentraten* seien hier die folgenden erwähnt. Ihnen kann ein Sortieren von Erz und Gangart – nach dem Aussehen – vorangehen, das von Hand erfolgt und als *Klauben* bezeichnet wird.

1. Die *Zerkleinerung* hat die Aufgabe, das Gemenge aus Erzmineral und Gangart zu geeigneten Korngrößen zu zerkleinern und dabei die Verwachsungen von Erzmineral und Gangart zu lösen. Die Zerkleinerung erfolgt in verschiedenen Brechern und Mühlen.
2. Die *Klassierung* trennt nach Kornklassen (Größe der Körner). Sie erfolgt entweder nach Korngrößen durch Siebe und Roste oder nach Körnern gleichen Gewichts durch sogenannte Stromklassierung. Bei der Stromklassierung wird die verschiedene Sinkgeschwindigkeit der Körner in einem Wasserstrom zur Trennung ausgenutzt (Setzmaschinen).
3. Die *Magnetscheidung* nutzt die unterschiedliche Permeabilität[1] zur Trennung aus.
4. Bei der *Flotation*[2], die besonders zur Aufbereitung von sulfidischen Erzen dient, wird die unterschiedliche Benetzbarkeit von Gangart und Erzmineral praktisch ausgenutzt. Das vorher zerkleinerte Gemenge aus Erz und Gangart wird zunächst mit Ölen, sogenannten *Sammlern*, behandelt. Die Erzmineralkörner werden vom Öl benetzt und sind dann wasserabweisend. Das Gemisch wird nun in Wasser eingebracht. In der dadurch entstehenden *Trübe* werden durch Einblasen von Druckluft und durch Rühren Luftbläschen erzeugt, wobei man durch Zugabe eines seifenartigen Mittels, eines sogenannten *Schäumers*, die Schaumbildung verstärkt. Die Schaumbläschen heften sich an die öligen Erzmineralkörner und tragen diese nach oben. Die wasserbenetzte Gangart sinkt zu Boden. Die Flotation wird daher auch als *Schaumschwimmverfahren* bezeichnet. Durch stufenweise Flotation lassen sich auch Erze mit verschiedenen Komponenten trennen. Es liegt dann eine *selektive*[3] Flotation vor.
5. Beim *Schwimm-Sink-Verfahren* wird der Dichteunterschied zwischen Gangart und Erzmineral ausgenutzt. In einer Aufschlämmung aus feinstgemahlenen Stoffen (Ferrosilicium, Schwerspat) – der *Schwertrübe* – sinkt das Erzmineral unter, während die leichtere Gangart schwimmt.

---

[1] Physikalische Größe, die angibt, wievielmal sich die »magnetische Erregung« durch einen in das Magnetfeld gebrachten Stoff gegenüber dem Vakuum vergrößert oder verkleinert.

[2] floatation (engl.) Schwimmen

[3] selektiv = auslesend, auswählend

Chemische Methoden der Aufbereitung

Metalloxide führt man nach der Aufbereitung unmittelbar der Verhüttung zu. Sulfide, Arsenide oder Carbonate sind jedoch vorher chemisch aufzubereiten, d. h. in die Oxidform zu überführen. Bei Carbonaten (Galmei $ZnCO_3$, Spateisenstein $FeCO_3$) ist ein Erhitzen geeignet:

$$MeCO_3 \rightarrow MeO + CO_2$$

Metallsulfide wie Pyrit (FeS_2), Zinkblende (ZnS) und Bleiglanz (PbS) muss man *abrösten* (→ Abschn. 13.5.2). Der Abbrand, das sind die zurückbleibenden Oxide dieser Metalle, wird verhüttet.

Durch das bei der Aufbereitung anfallende körnige Konzentrat (Feinerz) können bei der Verhüttung Komplikationen auftreten, die man jedoch durch ein *Sintern* (Erwärmen bis nahe dem Schmelzpunkt) umgeht. Durch Zugabe von Koksgrus, Kalk oder anderen Stoffen soll eine bessere Reaktionsfähigkeit der zu sinternden Masse erreicht werden. Bei sulfidischen Erzen findet das Rösten und Sintern meist in einem Arbeitsgang statt (→ Aufg. 17.5).

17.4 Darstellungsprinzipien der Metalle

Bei der Metallgewinnung muss man die Metalle aus ihren Verbindungen freisetzen. Im Prinzip handelt es sich dabei um die *Reduktion* des Metallkations. Bei der technischen Durchführung treten Komplikationen durch metallische Verunreinigungen und die Gangart auf.

Die Reduktion des Metallkations kann auf verschiedene Weise erfolgen:

1. Carbothermische Reduktion
   Bei der carbothermischen Reduktion wendet man Koks oder Kohlenstoffmonoxid als Reduktionsmittel an.

$$MeO + C \rightarrow Me + CO$$
$$MeO + CO \rightarrow Me + CO_2$$

2. Reduktion mit Wasserstoff

$$MeO + H_2 \rightarrow Me + H_2O$$

3. Metallothermische Reduktion
   Es dienen Metalle mit hoher Affinität zum Sauerstoff als Reduktionsmittel.

$$3\,MeO + 2\,Al \rightarrow 3\,Me + Al_2O_3$$

4. Elektrochemisch
   Katodische Reduktion im Schmelzfluss oder in wässrigen Lösungen.

$$Me^{n+} + n\,e^- \rightarrow Me$$

17.4.1 Reduktion von Schwermetalloxiden

Die Reduktion der Schwermetalloxide nimmt man bei der technischen Metallgewinnung in der Regel in *Schachtöfen* vor (Bild 17.5). Sie sind entweder aus feuerfesten Schamottesteinen oder aus Wassermänteln, in denen Kühlwasser fließt, aufgebaut. Auch Kombinationen sind üblich. Der Innenraum der Schachtöfen ist den während der Verhüttung auftretenden Volumenänderungen angepasst. Nach der Art der Trennung des Rohmetalls von der Schlacke ist zwischen Tiegelöfen (Trennung im Ofen selbst) und Spuröfen (Trennung im Vorherd) zu unterscheiden (Bild 17.5).

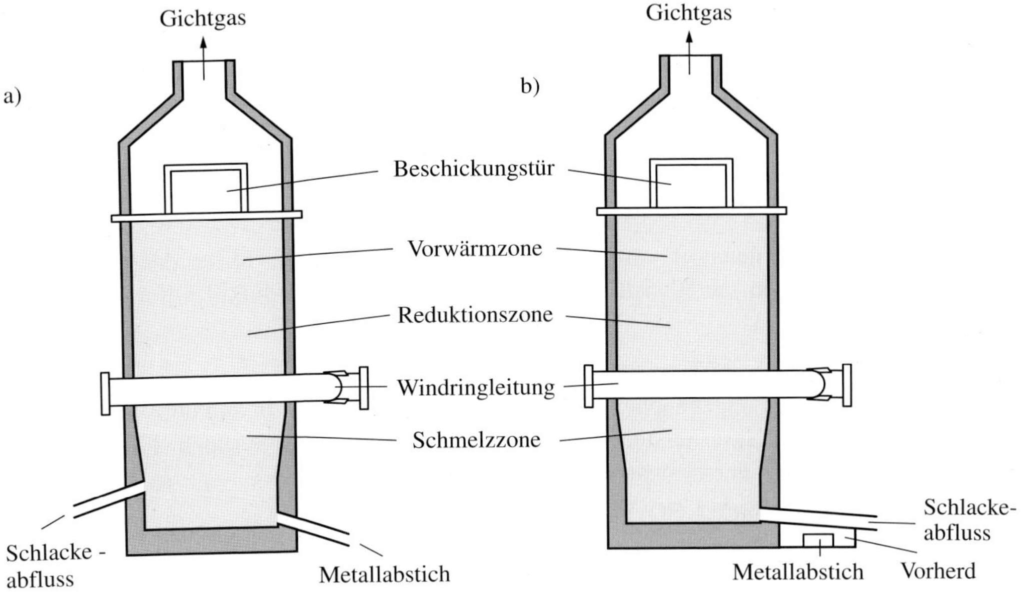

Bild 17.5 Schachtofen; a) Tiegelofen, b) Spurofen

Ein großer Teil der aufzuwendenden Energie ist für die Schlackenbildung notwendig. Die Zusätze für die Schlackenbildung sind daher so zu wählen, dass die Schlacke bereits bei Temperaturen flüssig wird, die nicht wesentlich höher sind als die für die Reduktion erforderliche Temperatur.

Mit zunehmender Temperatur steigen auch die Anforderungen an den *Hüttenkoks* (Druckfestigkeit, Abriebfestigkeit, Stückgröße, Porigkeit), der im wesentlichen zwei Aufgaben hat:
a) Bei seiner Verbrennung entsteht die für die Verflüssigung und den Reduktionsvorgang notwendige Wärme,
b) er liefert das für die Reduktion notwendige Kohlenstoffmonoxid.

Die Beschickung mit wechselnden Lagen aus Koks und Möller erfolgt durch die obere Schachtöffnung, die Gicht (Bild 23.1). Der *Möller* besteht aus Erz und Zuschlägen. Die Zuschläge sollen mit der *Gangart* des Erzes eine leichtflüssige und gut abtrennbare Schlacke (Silicate) ergeben. Die Gangart der basischen Erze enthält vor allem Calciumcarbonat $CaCO_3$, die der sauren Erze vor allem Siliciumdioxid SiO_2. Je nach Art des Erzes muss Quarz oder Kalk zur Schlackenbildung zugegeben werden.

$$CaO + SiO_2 \rightarrow CaSiO_3$$

Beim Herabsinken der Koks- und Möllerschichten erfolgt in der *Vorwärmzone* eine *Trocknung*. In der anschließenden *Reduktionszone* findet ein teilweiser Zerfall des Kohlenstoffmonoxides in Kohlenstoffdioxid und fein verteilten Kohlenstoff statt (*Boudouard*-Gleichgewicht; → Abschn. 15.3.1):

$$2\,CO \rightleftharpoons CO_2 + C \qquad \Delta H = -172{,}5\,kJ \cdot mol^{-1}$$

Dieser *Zerfallskohlenstoff* reduziert einen Teil des Metalloxids:

$$MeO + C \rightarrow Me + CO$$

Die Reaktion wird *indirekte Reduktion* genannt, da der Kohlenstoff nicht vom Koks, sondern vom Kohlenstoffmonoxid herstammt.

In den tiefen Schichten wirkt das Kohlenstoffmonoxid reduzierend *(direkte Reduktion)*:

$$MeO + CO \rightarrow Me + CO_2$$

Da Überschuss an Kohlenstoff vorhanden ist und in den tieferen Teilen des Ofens hohe Temperaturen herrschen, setzt sich das entstehende Kohlenstoffdioxid sofort wieder zu Kohlenstoffmonoxid um:

$$CO_2 + C \rightleftharpoons 2\,CO \qquad \Delta H = +172{,}5\;kJ \cdot mol^{-1}$$

Die in den Gleichungen angegebenen Reaktionen wiederholen sich in den einzelnen Schichten, durch welche die Gase aufsteigen. In der *Reduktionszone* findet auch die thermische *Spaltung der Carbonate* der Gangart oder der Zuschläge statt:

$$CaCO_3 \rightarrow CaO + CO_2\uparrow$$

Rohmetall und Schlacke gelangen in die *Schmelzzone* und werden flüssig. Die hohen Schmelztemperaturen erzielt man durch die Verbrennung des Kokses mit heißem Wind (Luft). Die Windzufuhr erfolgt in der Düsenebene durch wassergekühlte Windformen. Da jedes Rohmetalltröpfchen mit einem Schlackenhäutchen umgeben ist, kann durch den heißen Wind keine Rückoxidation auftreten.

Die *Schlacke* des Hüttenbetriebes ist nicht Abfallprodukt, sondern ein wichtiges Reaktionsmittel. Sie soll möglichst alle Verunreinigungen und möglichst wenig von dem zu gewinnenden Metall aufnehmen. Das flüssige Gemisch aus Metall und Schlacke trennt sich auf Grund der unterschiedlichen Dichten im Schachtofen bzw. im Vorherd. Die Schlacke fließt dauernd ab, das Metall wird periodisch entnommen.

Die an der *Gicht* entweichenden Gichtgase werden entstaubt und bei genügend hohem Kohlenstoffmonoxidgehalt zur Erzeugung von Heißwind oder Elektroenergie verbrannt.

Alle diese chemischen Prozesse sind temperaturabhängig und laufen auf die Reduktion von Metalloxiden hinaus (→ Aufg. 17.6).

Die Verhüttung der Erze im Schachtofen ist ein kontinuierlicher Prozess, der im Gegenstromverfahren erfolgt.

17.4.2 Raffination der Rohmetalle

Die durch die Reduktion gewonnenen *Rohmetalle* enthalten noch verschiedene Verunreinigungen (z. B. Kohlenstoff, Schwefel, Phosphor und Silicium sowie andere Metalle). Diese Verunreinigungen werden bei der Raffination der Metalle entfernt. Dafür haben sich zwei grundlegende Verfahren herausgebildet, die sich darin unterscheiden, ob die erforderliche *Wärme*

- im Prozess selbst entwickelt wird oder
- von außen zugeführt werden muss.

Aus historischer Sicht ist das erste Verfahren als *Windfrischen*, das zweite Verfahren als *Herdfrischen*[1] bekannt.

Das **Windfrischen**, bei dem flüssiges Rohmetall eingesetzt wird, erfolgt in Konvertern[2] (→ Bild 17.6), indem Luft (*Wind*) – in modernen Anlagen Sauerstoff – durch die Schmelze geblasen wird.

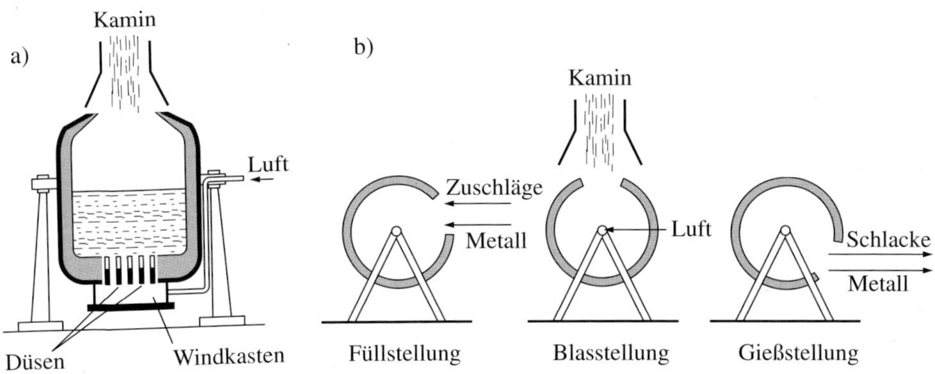

Bild 17.6 Konverter

Die Verunreinigungen werden dabei oxidiert. Sie entweichen entweder gasförmig (z. B. Schwefeldioxid SO_2 und Kohlenstoffdioxid CO_2) oder werden durch Zuschläge verschlackt (z. B. $SiO_2 + CaO \rightarrow CaSiO_3$). Die flüssige Schlacke wird getrennt vom Metall abgegossen. Das Windfrischen wird heute hauptsächlich bei Eisen, Kupfer (→ Abschn. 22.2) und Blei (→ Abschn. 21.3) angewandt.

In der Stahlgewinnung standen mehr als ein Jahrhundert lang zwei Windfrischverfahren nebeneinander, die sich durch die Ausmauerung der Konverter unterschieden:

- *Bessemer-Verfahren* (seit 1855) mit saurem Futter aus Siliciumdioxid und Tonerde,
- das *Thomas-Verfahren* (seit 1878) mit basischem Futter aus Calciumoxid und Magnesiumoxid.

Der wesentliche Unterschied bestand darin, dass sich nach dem Thomas-Verfahren auch phosphorhaltiges Roheisen verarbeiten lässt. Diese beiden Verfahren wurden gegen Ende

1) Frischen ist hüttenmännischer Ausdruck, bedeutet Reinigen von Metallen
2) convertere (lat.) umwandeln

des 20. Jahrhunderts durch eine Weiterentwicklung des Winfrischens, das *Aufblasverfahren* fast ganz verdrängt (→ Abschn. 23.3.2). Bei diesem Verfahren wird Sauerstoff auf die Roheisenschmelze aufgeblasen.

Beim **Herdfrischen** wird das Rohmetall entweder fest (auch als Schrott) oder flüssig in *Flammöfen* eingesetzt. Das sind Wannen (*Herde*) aus feuerfestem Material. Durch überstreichende sauerstoffreiche Flammgase oxidieren die in der Schmelze enthaltenen Verunreinigungen. Um die dabei auch entstandenen Oxide des zu raffinierenden Metalls und den Sauerstoff aus der Schmelze zu entfernen, wird abschließend desoxidiert. Dazu dienen Elemente (Silicium, Aluminium und Mangan), die sich leicht mit Sauerstoff verbinden (Desoxidationsmittel).

Das weitaus wichtigste Herdfrischverfahren war das *Siemens-Martin-Verfahren*, das (ab 1864) für mehr als ein Jahrhundert in der Stahlerzeugung vorherrschte (→ Bild 17.7). Die Franzosen *Emile* und *Pierre Martin* (Vater und Sohn) wandten die von *Friedrich Siemens* (1856) erfundene Regenerativfeuerung an, um die auch zum Schmelzen von Schrott ausreichenden sehr hohen Temperaturen (1700 °C) zu erreichen.

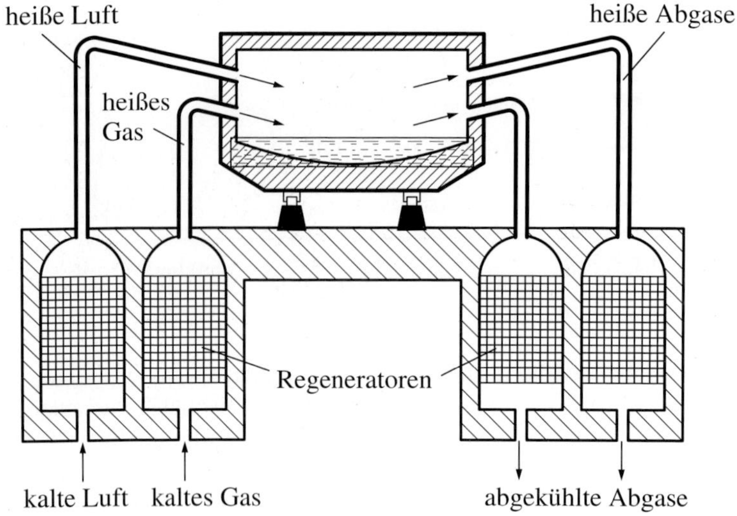

Bild 17.7 Siemens-Martin-Ofen mit Regenerativfeuerung im Schnitt

Neben das Herdfrischen im Flammofen sind seit Jahrzehnten *Elektroschmelzverfahren* mit Lichtbogenöfen oder Induktionsöfen getreten (→ Abschn. 23.4.2). Dienten in der Stahlgewinnung die Elektroöfen zunächst einer weiteren Raffination und der Veredelung des Stahls aus den Siemens-Martin-Öfen, so haben die Elektrostahlöfen – zusammen mit den Aufblaskonvertern (→ Bild 23.3) – inzwischen die Siemens-Martin-Öfen weitgehend verdrängt.

Da die Technik manche Metalle in reinster Form benötigt, wird ein Teil des raffinierten Metalls noch einer **elektrolytischen Raffination** unterworfen (→ Abschn. 10.6.3).

Aufgaben

17.1 Warum besitzen Metalle eine gute elektrische Leitfähigkeit, obwohl bei ihnen die Zahl der Außenelektronen meist relativ klein ist?

17.2 Was versteht man unter den Begriffen „edle" und „unedle" Metalle? Welche Beziehungen bestehen zur Spannungsreihe der Metalle?

17.3 Wie viel Massenprozent Kohlenstoff enthält Cementit?

17.4 Welche Aufgaben hat die Erzaufbereitung zu erfüllen?

17.5 Welche Reduktionsmittel spielen bei der Metallgewinnung eine Rolle?

17.6 Wie verläuft im Prinzip die Verhüttung eines sulfidischen Buntmetallerzes bis zum Reinmetall? Wie lauten die Reaktionsgleichungen für das Rösten von FeS_2, ZnS und PbS, und welche mineralogischen Bezeichnungen haben diese Stoffe?

18 Metalle der 1. Hauptgruppe

18.1 Übersicht über die Metalle der 1. Hauptgruppe

Die 1. Hauptgruppe des Periodensystems umfasst die Alkalimetalle Lithium Li, Natrium Na, Kalium K, Rubidium[1] Rb, Caesium[2] Cs und Francium[3] Fr. Das Francium als künstlich erzeugtes Element hat noch keine praktische Bedeutung erlangt.

Die Alkalimetalle (Tabelle 18.1) sind silberglänzend, sehr leicht, wachsartig weich und oxidieren an der Luft sofort. Die Elemente der 1. Hauptgruppe haben auf dem jeweils höchsten Energieniveau folgende Elektronenbesetzung:

s^1

[↑]

Das eine Elektron wird leicht abgegeben, und es entstehen *einfach positiv* geladene Ionen. Die Alkalimetalle stehen daher als stark elektropositive Elemente am Anfang der Spannungsreihe.

Tabelle 18.1 Übersicht der Alkalimetalle

Element	Symbol	Relative Atommasse	Ordnungszahl	Dichte in $g \cdot cm^{-3}$	Schmelzpunkt in °C	Siedepunkt in °C	Elektropositiver Charakter	Basischer Charakter der Hydroxide
Lithium	Li	6,94	3	0,53	180	1 347	nimmt zu ↓	nimmt zu ↓
Natrium	Na	22,990	11	0,97	97,7	883		
Kalium	K	39,098	19	0,86	63,4	775		
Rubidium	Rb	85,468	37	1,53	38,8	688		
Caesium	Cs	132,91	55	1,87	28,5	678		
Francium	Fr	[223][4]	87	–	27	677		

Mit Wasser reagieren die Alkalimetalle außerordentlich heftig unter Wasserstoffentwicklung. Es handelt sich um eine Redoxreaktion:

$$\begin{array}{lll} 2\,Me & \rightarrow 2\,Me^+ + 2\,e^- & \text{Oxidation} \\ 2\,H_2O + 2\,e^- & \rightarrow H_2\uparrow + 2\,OH^- & \text{Reduktion} \\ \hline 2\,Me + 2\,H_2O & \rightarrow 2\,Me^+ + 2\,OH^- + H_2\uparrow & \end{array}$$

In der wässrigen Lösung bleiben Metallionen und Hydroxidionen zurück. Da das Hydroxidion eine sehr starke Base ist, reagiert diese Lösung basisch. Beim Eindampfen kristallisiert das Metallhydroxid aus.

Mit den *Halogenen* reagieren die Alkalimetalle unter Bildung von *Salzen*:

$$2\,Me + Cl_2 \rightarrow 2\,MeCl$$

---

1) rubidus (lat.) dunkelrot, nach charakteristischer Spektrallinie

2) caesius (lat.) himmelblau, nach charakteristischer Spektrallinie

3) benannt nach Frankreich (France)

4) Massenzahl des langlebigsten Isotops

Die Alkalisalze sind in der Regel in Wasser gut löslich. (Lithiumphosphat und Lithiumcarbonat sind schwer löslich.)

Mit *elementarem* Wasserstoff ergeben die Alkalimetalle in der *Hitze* salzartige *Hydride*:

$$2\,Me + H_2 \rightarrow 2\,MeH$$

In der Schmelze dissoziieren diese Hydride in *positive Metallionen* und *negative Wasserstoffionen*, die die Elektronenkonfiguration des Edelgases Helium besitzen:

$$MeH \rightarrow Me^+ + H^-$$

Natriumhydrid NaH wird – in einer Schmelze von Natriumhydroxid – beim Beizen hochlegierter Stähle als Reduktionsmittel zur Zunderentfernung eingesetzt.

Beim *Verbrennen* an der Luft bilden die Alkalimetalle in der Regel (Ausnahme Lithium) Peroxide mit der Summenformel Me_2O (→ Aufg. 18.1). Die Alkalimetalle zeigen charakteristische *Flammenfärbung*:

- Natrium gelb
- Kalium und Rubidium violett
- Lithium rot und
- Caesium blau.

Ihrer großen Reaktionsfähigkeit wegen kommen die Alkalimetalle in der Natur nicht elementar vor, sondern nur in Verbindungen. Natriumsalze und Kaliumsalze sind sehr verbreitet. In den Silicatmineralien finden sich kleinere Mengen Lithium, Rubidium und Caesium in Form ihrer Verbindungen.

18.2 Lithium

Symbol: Li [von lithos (griech.) Stein]

Lithium kommt in der Natur nicht elementar vor. In Gesteinen ist es in Form vielfältiger Verbindungen enthalten, dagegen – im Unterschied zu Natrium und Kalium – nicht in den Salzlagerstätten, wohl aber in der Sole amerikanischer Salzseen. In der Erdkruste ist Lithium häufiger als Blei und Zinn (→ Anlage 4).

Das wichtigste Lithiummineral ist das *Spodumen*, ein Lithium-Aluminium-Silicat, $LiAl[Si_2O_6]$. Durch Schmelzen mit Natriumcarbonat Na_2CO_3 lässt sich daraus *Lithiumcarbonat* Li_2CO_3 gewinnen, das Ausgangsstoff für weitere Lithiumverbindungen ist. So entsteht durch Umsetzung mit Salzsäure *Lithiumchlorid* LiCl:

$$Li_2CO_3 + 2\,HCl \rightarrow 2\,LiCl + CO_2 + H_2O$$

Metallisches Lithium wird durch Schmelzflusselektrolyse eines eutektischen Gemischs von Lithiumchlorid und Kaliumchlorid gewonnen, das – im Unterschied zum reinen Lithiumchlorid ($Fp = 614$ °C) – bei 352 °C schmilzt.

Lithium ist sehr weich, es lässt sich schneiden. Mit der Dichte $0{,}5344\,g \cdot cm^{-3}$ ist es das leichteste Metall und – bei Zimmertemperatur – der leichteste Feststoff überhaupt. Lithium reagiert weniger heftig als die anderen Alkalimetalle. So schwimmt es auf Wasser, ohne dass sich der entstehende Wasserstoff entzündet.

Das Lithium hat in den letzten Jahrzehnten zunehmend technische Verwendung gefunden. Lithiumzellen sind als elektrochemische Stromquellen heute allgemein verbreitet. Das Lithium hat mit $-3{,}03$ Volt das niedrigste Standardelektrodenpotenzial aller Metalle (→ Abschn. 10.3.4). Als Legierungsbestandteil verbessert Lithium die Eigenschaften von Aluminium- und Magnesiumlegierungen. In der organischen Chemie spielen Lithiumverbindungen heute eine wichtige Rolle als Zwischenprodukte.

18.3 Natrium

Symbol: Na [von natrun (arab.) für Soda Na_2CO_3; engl. Sodium]

18.3.1 Elementares Natrium

Natrium ist mit 2,8 % in der Erdrinde oder -kruste verbreitet. Es tritt am häufigsten in der Form von Silicaten (z. B. Natronfeldspat $NaAlSi_3O_8$) auf. Die Steinsalzlagerstätten (NaCl) spielen für die Gewinnung des Natriums und seiner Verbindungen die größte Rolle. Die Salpeterlager in Chile enthalten neben *Natriumnitrat* $NaNO_3$ noch das wertvolle *Natriumiodat* $NaIO_3$. In Grönland gibt es Lagerstätten von Kryolith (Eisstein) Na_3AlF_6.

Auch im Meerwasser ist Natriumchlorid (zu etwa 2,7 %) enthalten. In den großen Sodaseen in Kalifornien und Ostafrika ist Natrium in Form von Natriumcarbonat Na_2CO_3 (Soda) in gewaltigen Mengen vorhanden. Die Gewinnung des Natriums erfolgt heute meist durch Schmelzflusselektrolyse aus Natriumchlorid (→ Aufg. 18.2 und 18.4).

Das *metallische Natrium* wird im Laboratorium für viele *Synthesen der organischen Chemie* als Reduktionsmittel benutzt. Für die *technische Darstellung* von *Natriumperoxid* Na_2O_2, *Natriumamid* $NaNH_2$ und *Natriumcyanid* NaCN wird gleichfalls metallisches Natrium verwendet. Für bestimmte Blei- und Aluminiumlegierungen *(Lagermetalle)* ist Natrium Legierungsbestandteil. *Natriumdampflampen* mit monochromatischem (einfarbigem) gelbem Licht zeigen *hohe Lichtausbeute* (bis zu 80 % der zugeführten Elektroenergie werden in Licht umgewandelt).

18.3.2 Natriumverbindungen

Natriumchlorid, *Koch-* oder *Steinsalz*, NaCl ist die *wichtigste* Natriumverbindung. Es kommt in riesigen Lagerstätten vor. Ferner gibt es natürliche Quellwässer mit hohem Natriumchloridgehalt. Sie werden als *Sole* bezeichnet. Die Bezeichnung *Hall*[1)] in Ortsnamen deutet stets auf Salzlagerstätten oder Solquellen hin (z. B. Halle, Reichenhall).

Um reines Kochsalz zu erhalten, wird das Steinsalz in Wasser gelöst und in großen eisernen Pfannen eingedampft *(Siedesalz)*. Wird die Verdampfung unter vermindertem Druck in Vakuumanlagen durchgeführt, entsteht ein feinkörniges Salz *(Vakuumsiedesalz)*. Natriumchlorid zeigt im Wasser fast konstante Löslichkeit. Bei 0 °C lösen sich 35,6 g und bei 100 °C 39,2 g in 100 g Wasser. Mit Eis gibt Natriumchlorid eine Kältemischung, mit der Temperaturen

[1)] halos (griech.) Salz

bis -21 °C erreicht werden können. Natriumchlorid ist der wichtigste Ausgangsstoff für die Erzeugung von anderen Natriumverbindungen sowie von Chlor und Salzsäure.

Natriumhydroxid NaOH wird technisch durch Elektrolyse einer Natriumchloridlösung gewonnen (→ Abschn. 10.5.4.2). Festes Natriumhydroxid (Ätznatron, früher auch kaustische Soda genannt) ist eine weiße, kristalline Masse, die stark hygroskopisch ist. Seine Dichte beträgt $\varrho = 2{,}13\ \mathrm{g \cdot cm^{-3}}$. Gewöhnlich kommt es in Stangen-, Schuppen- oder Plätzchenform in den Handel. Im Wasser dissoziiert Natriumhydroxid:

$$\mathrm{NaOH \rightarrow Na^+ + OH^-}$$

Die beim Auflösen auftretende starke Wärmeentwicklung beruht auf der Hydratation dieser Ionen (→ Abschn. 11.2.1). Die wässrige Lösung heißt *Natronlauge*, sie reagiert infolge der Hydroxidionen stark basisch. Natronlauge wird im Labor vielseitig eingesetzt. Das Natriumhydroxid wird in großen Mengen in der Zellstoff-, Kunstseiden-, Farbstoff- und Seifenindustrie verwendet.

Kohlenstoffdioxid wird von Natronlauge unter Wasserbildung gebunden:

$$\mathrm{2\,NaOH + CO_2 \rightarrow Na_2CO_3 + H_2O}$$

Als nichtflüchtige Base verdrängt das Natriumhydroxid leichtflüchtige Basen aus deren Verbindungen:

$$\mathrm{NaOH + NH_4Cl \rightarrow NaCl + NH_3 + H_2O}$$

Das *Natriumcarbonat* Na_2CO_3 *(Soda)* wird großtechnisch nach dem *Ammoniak-Soda-Verfahren* (Bild 18.1), das 1863 von *Solvay*[1)] entwickelt wurde, hergestellt.

Eine gereinigte, gesättigte Natriumchloridlösung *(Sole)* wird im *Absorber* mit Ammoniak versetzt, das teilweise der Protolyse unterliegt:

$$\mathrm{NH_3 + H_2O \rightarrow NH_4^+ + OH^-}$$

Im *Fällturm* wird in diese Lösung Kohlenstoffdioxid, das durch Brennen von Kalkstein erzeugt wird, eingeleitet. Das Kohlenstoffdioxid setzt sich mit den vorhandenen Hydroxidionen zu Hydrogencarbonationen um:

$$\mathrm{CO_2 + OH^- \rightleftharpoons HCO_3^-}$$

In der Lösung sind dann die Ionen zur Bildung von zwei reziproken Salzpaaren vorhanden:

$$\begin{aligned} \mathrm{Na^+ + Cl^- + NH_4^+ + HCO_3^-} &\rightleftharpoons \mathrm{Na^+ + HCO_3^- + NH_4^+ + Cl^-} \\ \mathrm{NaCl + NH_4HCO_3} &\rightleftharpoons \mathrm{NaHCO_3 + NH_4Cl} \end{aligned}$$

Unter den gegebenen Bedingungen ist das Natriumhydrogencarbonat am schwersten löslich und fällt daher aus. Es wird abfiltriert und durch Erhitzen in einer *Calciniertrommel* in Natriumcarbonat (Soda) übergeführt:

$$\mathrm{2\,NaHCO_3 \rightarrow Na_2CO_3 + H_2O + CO_2}$$

1) *Ernst Solvay* (1838 bis 1922), belgischer Chemiker

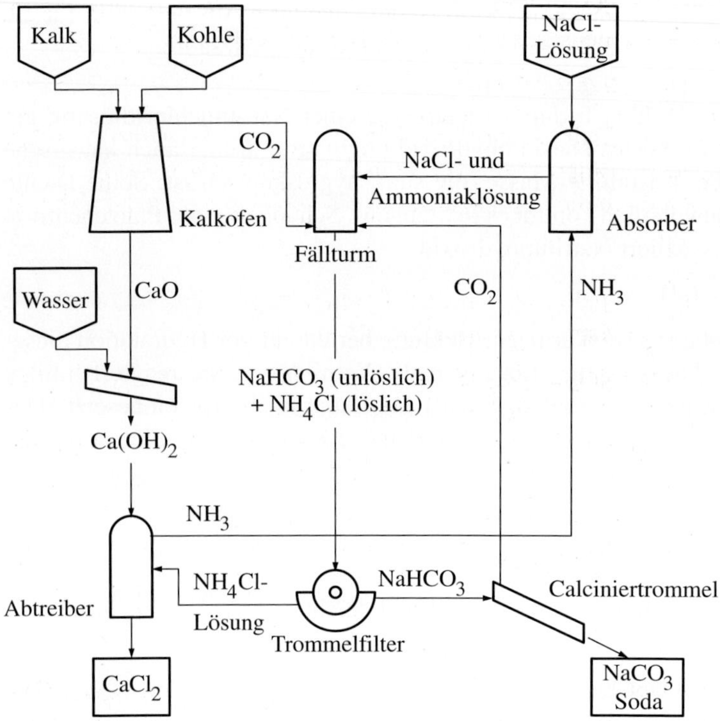

Bild 18.1 Sodagewinnung nach dem Ammoniak-Soda-Verfahren

Das beim Calcinieren anfallende Kohlenstoffdioxid geht wieder in den Prozess zurück.

Im Abtreiber wird die als Filtrat anfallende Ammoniumchloridlösung unter Zugabe von Calciumhydroxid destilliert:

$$2\,NH_4Cl + Ca(OH)_2 \rightarrow CaCl_2 + 2\,NH_3 + 2\,H_2O$$

Das entweichende Ammoniak wird dem Kreisprozess wieder zugeführt.

Durch die Rückgewinnung des Ammoniaks wird das Verfahren wirtschaftlich durchführbar. Das in schlammartiger Beschaffenheit anfallende Calciumchlorid bereitet einer Weiterverarbeitung große Schwierigkeiten und wird zum größten Teil als Abfallprodukt auf Halde gegeben.

Die wasserfreie *Soda* ist ein weißes Pulver mit einem Schmelzpunkt von 850 °C und der Dichte $\varrho = 2{,}5\,g\,cm^{-3}$. Sie ist in Wasser leicht löslich. Aus einer wässrigen Lösung kristallisiert die farblose Kristallsoda $Na_2CO_3 \cdot 10\,H_2O$ als Dekahydrat[1] aus.

Die Soda wird überwiegend in der Seifen-, Farben-, Textil-, Papier- und Glasindustrie verbraucht. Es dient zur Enthärtung von Kesselspeisewasser und zur Darstellung anderer Natriumverbindungen (→ Aufg. 18.5 und 18.6).

[1] Deka (griech.) zehn, Hydrate sind Verbindungen, in denen Wasser in Form von Anlagerungs- bzw. Durchdringungskomplexen gebunden ist.

Das *Natriumhydrogencarbonat* $NaHCO_3$ fällt beim *Solvay-Prozess* als Zwischenprodukt an. Es wird auch durch Einleiten von Kohlenstoffdioxid in wässrige Sodalösung dargestellt:

$$Na_2CO_3 + CO_2 + H_2O \rightleftharpoons 2\,NaHCO_3$$

Beim Erhitzen auf mehr als 300 °C findet die Umkehrung der Reaktion statt. Deshalb wird Natriumhydrogencarbonat, das allgemein unter dem Namen *Natron* bekannt ist, als Backpulver verwendet. In der Medizin dient es als Natrium bicarbonicum zur Neutralisation überschüssiger Magensäure.

Das *Natriumsulfat* Na_2SO_4 findet sich gelöst in manchen Heilquellen. Technisch wird es heute meist aus Natriumchlorid NaCl und Magnesiumsulfat $MgSO_4$ gewonnen:

$$2\,NaCl + MgSO_4 \rightarrow Na_2SO_4 + MgCl_2$$

Als *Glaubersalz*[1)] wird das Dekahydrat $Na_2SO_4 \cdot 10\,H_2O$ bezeichnet. Natriumsulfat wird in der Färberei, Glas- und Farbenindustrie benötigt.

Das *Natriumnitrat* $NaNO_3$ (Chilesalpeter) wird heute aus der nach dem *Ostwald-Verfahren* (→ Abschn. 14.3.4) erzeugten Salpetersäure durch Umsetzung mit Soda gewonnen:

$$Na_2CO_3 + 2\,HNO_3 \rightarrow 2\,NaNO_3 + H_2O + CO_2$$

Das *Natriumperoxid* Na_2O_2 entsteht bei der Verbrennung von Natrium. Es ist ein blassgelbes Pulver, das sehr leicht Sauerstoff abgibt. Mit Holzmehl, Kohlepulver, Baumwolle und anderen brennbaren Substanzen ergibt es explosible Gemenge. Da es Kohlenstoffdioxid bindet und gleichzeitig Sauerstoff abgibt, wird es in Atemschutzgeräten verwendet.

$$2\,Na_2O_2 + 2\,CO_2 \rightarrow 2\,Na_2CO_3 + O_2 \uparrow$$

18.4 Kalium

Symbol: K [von al-quali (arab.) Pflanzenasche, aus der Kaliumcarbonat K_2CO_3 (Pottasche) gewonnen wurde; engl. Potassium]

18.4.1 Elementares Kalium

Das Kalium kommt wie das Natrium in der Natur nur in Verbindungen vor, vor allem in *Silicaten* (Kalifeldspat $K[AlSi_3O_8]$), *Kaliumchlorid* KCl und *Kaliumsulfat* K_2SO_4. Die beiden letzteren werden in den Salzlagerstätten der norddeutschen Tiefebene abgebaut. Auch südlich des Harzes gibt es Kalivorkommen (Merkers, Bleicherode). In Russland liegt ein großes Kalisalzlager bei Solikamsk an der Kama. Bedeutende Vorkommen befinden sich auch bei Mulhouse in Frankreich, in den USA und Kanada. Das metallische Kalium wird durch Schmelzflusselektrolyse des Hydroxides gewonnen.

[1)] Johann Rudolf Glauber stellte es zuerst 1658 dar.

Kalium ist ein weiches, silberweißes Metall, das noch heftiger reagiert als Natrium. Beim Einwirken von Licht spaltet es wie alle Alkalimetalle sein Außenelektron ab:

$$K + \text{Lichtenergie} \rightarrow K^+ + e^-$$

Auf diese Weise kann elektrische Energie aus Lichtenergie gewonnen werden. In den Alkaliphotozellen, die in der Fotografie, Tonfilm- und Fernsehtechnik verwendet werden, wird diese Erscheinung praktisch genutzt.

18.4.2 Kaliumverbindungen

Das *Kaliumchlorid* KCl ist die wichtigste Kaliumverbindung. Als Mineral heißt es *Sylvin*. Es wird hauptsächlich als Düngemittel verwendet. Die meisten übrigen Kaliumverbindungen werden aus Kaliumchlorid gewonnen.

Das *Kaliumhydroxid* KOH wird wie das Natriumhydroxid durch Elektrolyse einer wässrigen Kaliumchloridlösung erzeugt. Das feste, weiße Kaliumhydroxid ist als *Ätzkali* bekannt. Seine Dichte beträgt $\varrho = 2{,}04\ \mathrm{g \cdot cm^{-3}}$, der Schmelzpunkt liegt bei 360 °C. Die wässrige Lösung wird *Kalilauge* genannt. *Kaliumhydroxid und Kalilauge wirken ätzend auf die Haut, besonders die Augen sind gefährdet* (erste Hilfe: Spülen mit viel Wasser). Kaliumhydroxid wird vor allem in der Seifen- und Farbstoffindustrie verwendet. Im Nickel-Cadmium-Akkumulator (→ Abschn. 10.4.4.2) befindet sich eine 20%ige Kalilauge als Elektrolyt (→ Aufg. 18.9).

Das *Kaliumcarbonat* K_2CO_3 *(Pottasche)* wurde früher aus Pflanzenasche, die etwa 2 % K_2CO_3 enthält, durch Auslaugen in großen Töpfen *(Pötten)* gewonnen. Da das Kaliumhydrogencarbonat leicht löslich ist, kann das *Solvay-Verfahren* nicht auf die Gewinnung von Kaliumcarbonat übertragen werden. Es wird meist durch Einleiten von Kohlenstoffdioxid in Kalilauge hergestellt:

$$2\,KOH + CO_2 \rightarrow K_2CO_3 + H_2O$$

Das beim Eindampfen der Lösung entstehende Dihydrat $K_2CO_3 \cdot 2\,H_2O$ (Kristallpottasche) wird durch Calcinieren (Glühen) in wasserfreies Kaliumcarbonat (Pottasche) übergeführt. Kaliumcarbonat wird in der Glasindustrie zur Herstellung von Kaligläsern benötigt.

Das *Kaliumnitrat* KNO_3 *(Kalisalpeter)* kommt in Indien natürlich vor (indischer Salpeter). Die technische Darstellung erfolgt heute durch Zugabe von Kaliumchlorid zu einer heißgesättigten Natriumnitratlösung:

$$NaNO_3 + KCl \rightarrow KNO_3 + NaCl$$

Da Natriumchlorid von den vier Salzen, die sich aus den in der Lösung vorhandenen Ionen bilden können, in der Wärme am schwersten löslich ist, fällt es aus (Bild 18.2). Aus dem Filtrat scheidet sich beim Abkühlen das in der Kälte verhältnismäßig schwer lösliche Kaliumnitrat ab. Das so gewonnene Kaliumnitrat wird wegen des Austausches der beteiligten Ionen auch als Konversionssalpeter[1)] bezeichnet.

[1)] convertio (lat.) Umkehrung

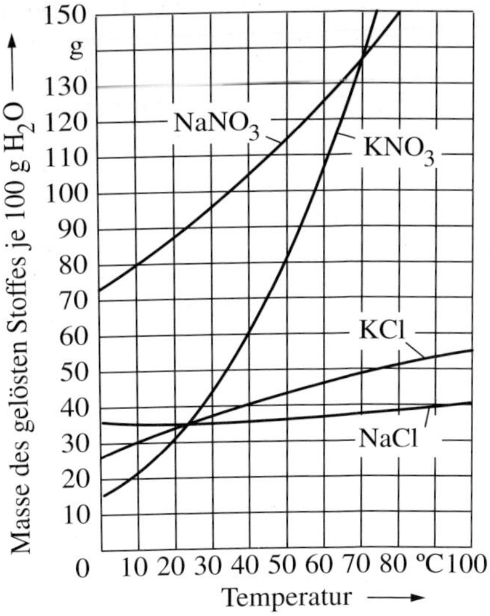

Bild 18.2 Löslichkeitsverhältnisse bei der Gewinnung von Konversionssalpeter

Das Kaliumnitrat KNO_3 spaltet beim Erhitzen Sauerstoff ab und geht in das *Kaliumnitrit* KNO_2 über:

$$2\,KNO_3 \rightarrow 2\,KNO_2 + O_2$$

Auf Grund dieser Reaktion dient das Kaliumnitrat, das im Gegensatz zum Natriumnitrat nicht hygroskopisch ist, als Sauerstofflieferant in Sprengstoffen.

Kaliumchlorat $KClO_3$ liefert beim Erhitzen Kaliumchlorid und Sauerstoff (→ Abschn. 12.3.2). Vorsicht beim Umgang mit diesem Stoff ist geboten, da mit brennbaren Substanzen Explosionsgefahr besteht!

18.4.3 Gewinnung der Kalisalze

In den deutschen Salzlagerstätten treten vor allem folgende Mineralien auf:

Sylvin	KCl	Gips	$CaSO_4 \cdot 2\,H_2O$
Carnallit	$KCl \cdot MgCl_2 \cdot 6\,H_2O$	Anhydrit	$CaSO_4$
Kainit	$KCl \cdot MgSO_4 \cdot 3\,H_2O$	Kieserit	$MgSO_4 \cdot H_2O$
Steinsalz	$NaCl$		

Wichtige Salzgesteine sind *Sylvinit* (Gemenge aus Kaliumchlorid und Natriumchlorid) und *Hartsalz* (Gemenge aus Kaliumchlorid, Natriumchlorid und Kieserit). Auch der *Carnallit* tritt meist im Gemenge mit Natriumchlorid und Kieserit auf. Die Trennung der Bestandteile erfolgt auf Grund ihrer unterschiedlichen Löslichkeit bei verschiedenen Temperaturen.

Die Verarbeitung des *Sylvinits* erfolgt durch *Umkristallisation*. Eine in der Kälte an Natriumchlorid und Kaliumchlorid gesättigte Lösung vermag in der Hitze wesentlich mehr Kaliumchlorid als Natriumchlorid zu lösen. Beim Abkühlen scheidet sich dann Kaliumchlorid wieder aus (Bild 18.3). Das wird bei der Sylvinitverarbeitung technisch genutzt, indem der bergmännisch gewonnene *Rohsylvinit* mit heißer *Mutterlauge*, die kalt an Natriumchlorid und Kaliumchlorid gesättigt ist, behandelt wird.

Dabei löst sich der größte Teil des Kaliumchlorids, während das Natriumchlorid die Hauptmenge des ungelösten Rückstandes ausmacht. Beim Abkühlen scheidet sich hauptsächlich Kaliumchlorid ab. Die Mutterlauge wird durch Filtration abgetrennt und geht, in Wärmeaustauschern und Vorwärmern erhitzt, als Löselauge in den Prozess zurück (→ Aufg. 18.8).

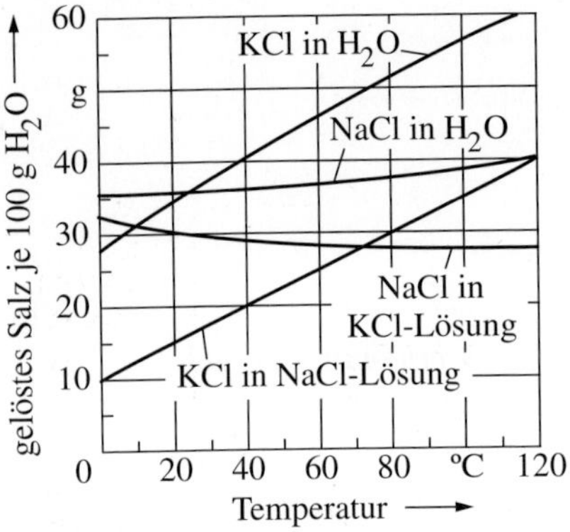

Bild 18.3 Löslichkeitsverhältnisse von Natriumchlorid und Kaliumchlorid

Da im *Hartsalz* neben Kaliumchlorid und Natriumchlorid noch Kieserit $MgSO_4 \cdot H_2O$ enthalten ist, wird bei der *Hartsalzverarbeitung* mit einer Mutterlauge gearbeitet, die neben Natriumchlorid und Kaliumchlorid noch Magnesiumchlorid $MgCl_2$ enthält. Dadurch bleibt nicht nur das Natriumchlorid, sondern auch der Kieserit weitgehend ungelöst. Aus dem ungelösten Rückstand wird Kieserit gewonnen, der mit Kaliumchlorid zu Kaliummagnesiumsulfat $K_2SO_4 \cdot MgSO_4$ und Kaliumsulfat K_2SO_4 umgesetzt wird, die ebenfalls als Düngesalze dienen.

$$2\,MgSO_4 + 2\,KCl \rightarrow K_2SO_4 \cdot MgSO_4 + MgCl_2$$

$$2\,KCl + K_2SO_4 \cdot MgSO_4 \rightarrow 2\,K_2SO_4 + MgCl_2$$

Die Heißlöseverfahren haben den Nachteil, dass dabei große Mengen an Ablaugen (hochkonzentrierte Salzlösungen, vor allem von Magnesiumchlorid und Natriumchlorid) zurückbleiben. Wie die festen Rückstände, die in die Schächte zurückgehen, werden auch diese Ablaugen nach Möglichkeit in tiefe Erdschichten versenkt, sie belasten aber zum Teil auch die Flüsse.

Eine gegenüber dem Heißlöseverfahren umweltfreundlichere Alternative stellt die Flotation von *Kalisalzen* dar, bei der wesentlich weniger sog. Abstoßlösungen anfallen. Im Unterschied zur Erzflotation (→ Abschn. 17.3) wird mit einer gesättigten Salzlösung als Tragflüssigkeit gearbeitet. Als Sammler dienen z. B. bei der Flotation von Sylvin KCl Alkylammoniumchloride $R{-}NH_3Cl$. Außerdem werden Schäumer zugesetzt, z. B. höhere Alkohole. Das Rohsalz muss je nach seiner Beschaffenheit auf eine bestimmte Korngröße gemahlen werden, und nicht jedes Rohsalz eignet sich für eine Flotation. Das vom Sammler benetzte Kaliumchlorid wird nach oben getragen, Verunreinigungen wie Natriumchlorid sinken zu Boden. Die Flotation wird in mehreren Stufen durchgeführt. Ein Nachteil der Flotationsverfahren ist, dass nur Kalisalze mit Gehalten bis reichlich 60 % K_2O gewonnen werden können. Für höhere Gehalte (bis 99 % KCl) eignet sich nur das Heißlöseverfahren.

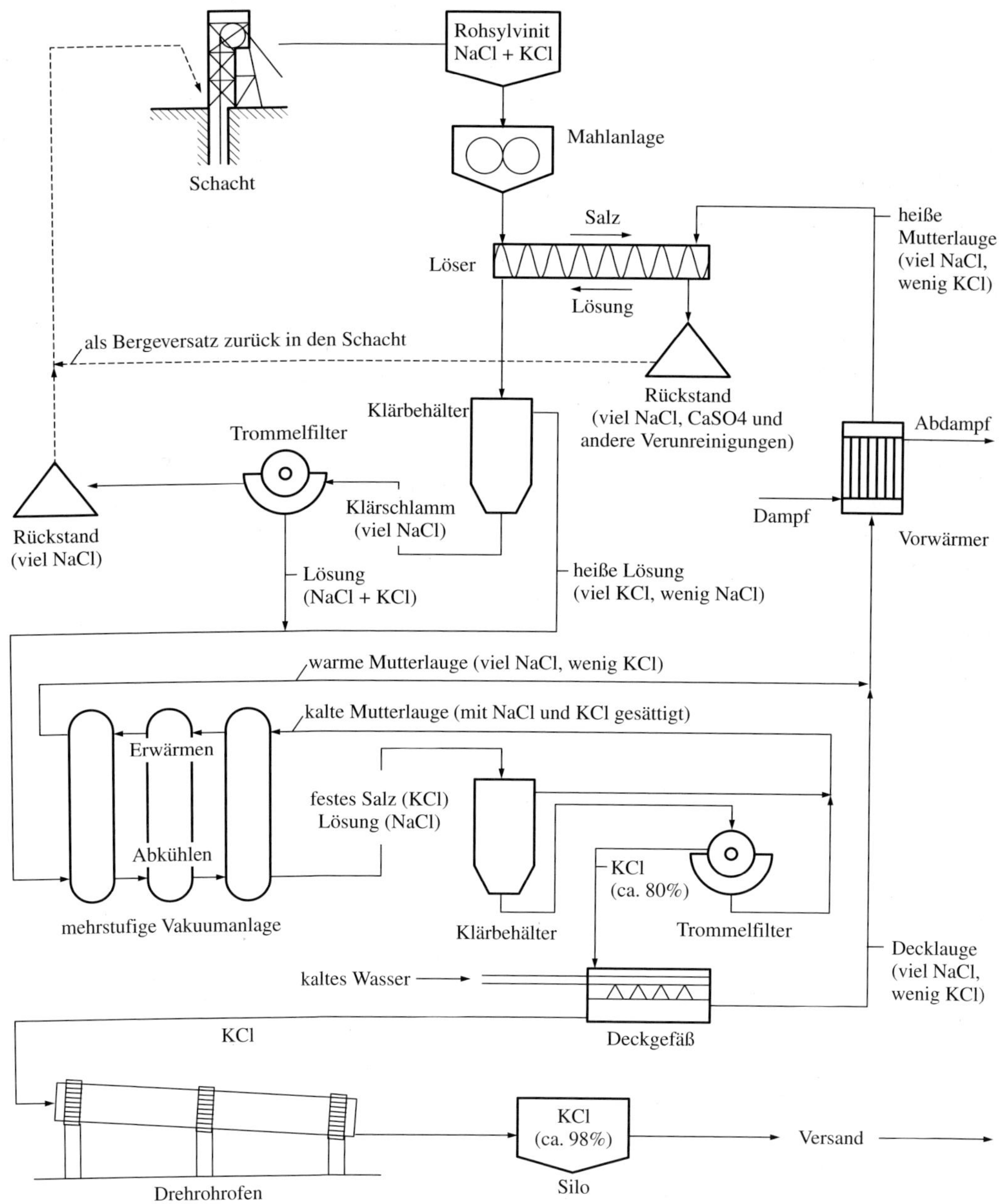

Bild 18.4 Übersicht zur Sylvinitverarbeitung nach dem Heißlöseverfahren

Der Kaliumgehalt von *Düngemitteln* wird stets auf Kaliumoxid K_2O bezogen, da man auf diese Weise die verschiedenen Kalidüngesalze (Chloride, Sulfate u. a.) in ihrer Wirksamkeit als Pflanzennährstoffe ohne weiteres vergleichen kann. In den Handel kommen Kalidüngesalze mit einem Gehalt von 20 bis 62 % K_2O. Es gibt auch Kalidüngemittel mit einem Magnesiumanteil (bis zu 8 % MgO). Das Magnesium benötigen die Pflanzen zum Aufbau des Chlorophylls (Blattgrüns).

(→ Aufg. 18.7 bis 18.9)

❍ Aufgaben

18.1 Wie lautet die Reaktionsgleichung für die Reaktion zwischen Alkalimetall und Wasser?

18.2 Wie viel Kilogramm Natrium und wie viel Kubikmeter Chlor (bei Normbedingungen) entstehen theoretisch bei der Schmelzflusselektrolyse aus einer Tonne Natriumchlorid?

18.3 Warum muss bei der Alkalichlorid-Schmelzflusselektrolyse das Chlor getrennt vom Natrium aufgefangen werden?

18.4 Die Schmelzflusselektrolyse von Natriumhydroxid lässt sich bei etwa 330 °C, die von Natriumchlorid aber bestenfalls bei 600 °C durchführen. Folglich ist die erstgenannte Elektrolyse technisch einfacher zu bewältigen. Dennoch wendet man sich immer mehr der Natriumchlorid-Elektrolyse zu. Wie ist das zu erklären?

18.5 Wie lauten die Reaktionsgleichungen für die Grundzüge des *Solvay*-Verfahrens?

18.6 Wie viel Kilogramm calcinierte Soda können aus 1 t Kristallsoda gewonnen werden?

18.7 Die Kalisalze werden auch als „Abraumsalze“ bezeichnet. Worauf bezieht sich diese Bezeichnung?

18.8 Wie viel Gramm Kaliumchlorid sind in einer gesättigten Lösung von 100 °C in 100 g Wasser enthalten? Wie viel Gramm Natriumchlorid vermag diese Lösung noch aufzunehmen?

18.9 Natronlauge spielt in der Technik eine größere Rolle als Kalilauge. Wie ist das zu erklären?

19 Metalle der 2. Hauptgruppe

19.1 Übersicht über die Metalle der 2. Hauptgruppe

In der 2. Hauptgruppe des Periodensystems stehen die Elemente *Beryllium* Be, *Magnesium* Mg, *Calcium* Ca, *Strontium* Sr, *Barium* Ba und *Radium* Ra. Das Radium ist ein sehr seltenes, natürliches radioaktives Element.

Die Elemente dieser Gruppe sind silberweiße bis graue Leichtmetalle, das Radium steht an der Grenze zu den Schwermetallen. Die Härte ist wesentlich größer als bei den Alkalimetallen.

Die Metalle Calcium, Strontium, Barium und Radium werden auch unter der Bezeichnung *Erdalkalimetalle* zusammengefasst, da ihre Oxide erdige Beschaffenheit aufweisen (z. B. gebrannter Kalk) und in ihren Eigenschaften zwischen denen der Alkalimetalle (1. Hauptgruppe) und denen der Erdmetalle (3. Hauptgruppe) stehen.

Die Atome der Elemente der 2. Hauptgruppe zeigen auf dem jeweils höchsten Energieniveau folgende Elektronenbesetzung:

s^2
[↑↓]

Sie geben diese beiden Elektronen relativ leicht ab und treten dann als zweiwertig positive Ionen auf. Infolge ihres stark elektropositiven Charakters stehen sie am Anfang der Spannungsreihe.

An der Luft oxidieren die Erdalkalimetalle

$$Me + \tfrac{1}{2}\,O_2 \rightarrow MeO$$

und reagieren mit Wasser unter Bildung von Hydroxiden und Wasserstoff:

$$Me + 2\,H_2O \rightarrow Me(OH)_2 + H_2\uparrow$$

Bei Beryllium und Magnesium verläuft die Reaktion nur sehr langsam. Die Ursache liegt darin, dass die gebildeten Oxide schwer löslich sind und einen relativ fest haftenden Bezug auf dem Metall bilden. Barium bildet das am leichtesten lösliche Hydroxid dieser Gruppe und

Tabelle 19.1 Übersicht der Erdalkalimetalle

Element	Symbol	Relative Atommasse	Ordnungszahl	Dichte in $g \cdot cm^{-3}$	Schmelzpunkt in °C	Siedepunkt in °C	Elektropositiver Charakter	Basischer Charakter der Hydroxide
Beryllium	Be	9,0122	4	1,85	1 285	2 470	nimmt zu ↓	nimmt zu ↓
Magnesium	Mg	24,305	12	1,74	655	1 100	↓	↓
Calcium	Ca	40,078	20	1,55	840	1 487	↓	↓
Strontium	Sr	87,62	38	2,6	757	1 366	↓	↓
Barium	Ba	137,33	56	3,5	710	1 638	↓	↓
Radium	Ra	[226][1]	88	5	700	1 530	↓	↓

[1] Massenzahl des langlebigsten Isotops

reagiert am lebhaftesten mit Wasser. Während die Löslichkeit der Hydroxide mit steigender Kernladungszahl zunimmt, nimmt die Löslichkeit der Sulfate ab. Bariumsulfat (Schwerspat) $BaSO_4$ ist praktisch wasserunlöslich.

Mit *Wasserstoff* bilden die Erdalkalimetalle salzartige *Hydride*:

$$Me + H_2 \rightleftharpoons MeH_2$$

Eine Übersicht über die Erdalkalimetalle bietet Tabelle 19.1.

19.2 Magnesium

Symbol: Mg [von Magnesia (griech.) eine Landschaft in Thessalien]

19.2.1 Elementares Magnesium

Vorkommen und Gewinnung

Magnesium ist mit etwa 1,9 % am Aufbau der Erdrinde beteiligt. Neben Calcium und Aluminium ist Magnesium das wichtigste gesteinsbildende Metall. Im *Magnesit* $MgCO_3$ und *Dolomit* $MgCO_3 \cdot CaCO_3$ kommt es in großen Lagern vor. Der Dolomit ist gebirgsbildend (südliche Kalkalpen: Österreich, Italien, Slowenien).

Magnesiumsulfat $MgSO_4$ und *Magnesiumchlorid* $MgCl_2$ sind im Meerwasser enthalten und treten deshalb in Salzlagerstätten auf (→ Abschn. 18.4.3). Die abführend wirkenden „Bitterwässer" sind magnesiumsulfathaltige Quellwässer.

Bekannte Magnesiumsilicate sind *Olivin* $(Mg, Fe)_2[SiO_4]$[1)], *Talk* $[Mg_3(OH)_2][Si_4O_{10}]$, *Serpentin* $[Mg_6(OH)_8][Si_4O_{10}]$ und *Chrysotil* $[Mg_3(OH)_4][Si_2O_5]$ (die wichtigste Asbestart).

Metallisches *Magnesium* wird durch Schmelzflusselektrolyse von wasserfreiem Magnesiumchlorid gewonnen. Dazu wird Magnesit $MgCO_3$ im Chlorstrom im Elektroofen mit Kohle behandelt, wobei Magnesiumchlorid entsteht:

$$MgCO_3 + Cl_2 + C \rightarrow MgCl_2 + CO_2 + CO$$

Das geschmolzene Magnesiumchlorid wird elektrolysiert, wobei durch Zugabe von Flussmitteln die Schmelztemperatur auf etwa 700 °C herabgesetzt wird:

$$MgCl_2 \rightarrow Mg + Cl_2$$

Das entstehende Chlor dient zur Erzeugung von weiterem Magnesiumchlorid.

Bei einem neueren Verfahren wird Magnesiumoxid MgO bei 2 000 °C mit Kohlenstoff in einem Elektroofen reduziert:

$$MgO + C \rightarrow Mg + CO$$

Das Magnesium geht dampfförmig ab und wird in einer Wasserstoffatmosphäre kondensiert.

---

1) Die Klammer (Mg, Fe) besagt, dass an dieser Stelle sowohl Magnesium als auch Eisen stehen kann.

Eigenschaften und Verwendung

Magnesium ist ein silberweißes Metall, das an der Luft beständig ist, da sich an der Oberfläche eine zusammenhängende Oxidschicht bildet. Bei höheren Temperaturen (800 °C) verbrennt Magnesium mit blendendweißer Flamme zum Oxid:

$$Mg + \frac{1}{2}\,O_2 \rightarrow MgO \qquad \Delta H = -601{,}7\ \mathrm{kJ \cdot mol^{-1}}$$

Magnesium ist in der Kälte gegenüber Wasser und Laugen beständig. Mit Säuren, Brom und Chlor reagiert es lebhaft. Magnesium dient als *Reduktionsmittel* in Blitzlichtpulvern und Feuerwerkskörpern.

Das Magnesium ist das technisch wichtigste Metall der 2. Hauptgruppe. Die *Legierungen* des Magnesiums zeichnen sich durch besonders geringe Dichte aus. Sie werden als Guss- und Walzlegierungen im Flugzeug-, Fahrzeug-, Maschinen- und Gerätebau eingesetzt.

19.2.2 Magnesiumverbindungen

Magnesiumoxid MgO entsteht als weißes, lockeres Pulver bei der Verbrennung von Magnesium. Auch beim Glühen von Magnesiumhydroxid $Mg(OH)_2$ entsteht MgO (*gebrannte Magnesia*). In größeren Mengen wird es durch Brennen von Magnesit $MgCO_3$ hergestellt:

$$MgCO_3 \rightarrow MgO + CO_2$$

Die beim Brennen bei etwa 800 °C entstehende sogenannte *kaustische Magnesia* eignet sich als Baubindemittel (→ Abschn. 19.5.3). Bei etwa 1 600 °C entsteht eine Sintermasse, die zu hochfeuerfesten Magnesitsteinen, deren Schmelzpunkt über 2 000 °C liegt, verarbeitet wird. Die *Magnesitsteine* dienen zur Ausmauerung der Siemens-Martin- und Elektrostahlöfen.

Magnesiumhydroxid $Mg(OH)_2$ ist in Wasser schwer löslich. Magnesiumionen Mg^{2+} lassen sich daher durch Hydroxidionen aus wässrigen Lösungen ausfällen:

$$Mg^{2+} + 2\,OH^- \rightarrow Mg(OH)_2\downarrow$$

Magnesiumchlorid $MgCl_2$ tritt bei der Verarbeitung des Carnallits $MgCl \cdot KCl \cdot 6\,H_2O$ in großen Mengen als Nebenprodukt auf. Es fällt aus den Endlaugen beim Eindampfen als Hexahydrat $MgCl_2 \cdot 6\,H_2O$ aus und ist leicht löslich und stark hygroskopisch. Es wird zum Imprägnieren von Holz verwendet.

Magnesiumsulfat $MgSO_4$ bildet mehrere Hydrate. Am bekanntesten sind *Bittersalz* $MgSO_4 \cdot 7\,H_2O$ und *Kieserit* $MgSO_4 \cdot H_2O$. Bittersalz hat technische Bedeutung als Beschwerungssalz für Wolle und Seide. *Kieserit* entsteht als Abfallprodukt bei der Hartsalzverarbeitung (→ Abschn. 18.4.3).

Die als *Asbest*[1)] bezeichneten Mineralien sind vorwiegend Magnesiumsilicate. Da Asbest hitzebeständig, unbrennbar und wärmedämmend ist, wurde ihm eine vielseitige technische Verwendung erschlossen (Isolierstoffe, Dichtungen, Bremsbeläge, Filter, Diaphragmen für die Alkalichloridelektrolyse, feuerfeste Schutzanzüge). Inzwischen wurde festgestellt, dass

[1)] asbestos (altgriechisch), unverträglich

Asbeststaub zu Lungenschädigungen bis hin zum Bronchialkarzinom führen kann. Die Verwendung von Asbest ist in der EU seit 1990 verboten und wird durch Mineralwolle, Keramik- und Kunststofffasern (auf PA-Basis) ersetzt.

19.3 Calcium

Symbol: Ca [von calx (lat.) Kalk, Kalkstein]

19.3.1 Elementares Calcium

Calcium ist mit 3,4 % am Aufbau der Erdrinde beteiligt. *Calciumcarbonat* $CaCO_3$ tritt als *Kalkstein, Kreide, Marmor, Kalkspat, Aragonit* und als Doppelsalz im *Dolomit* $MgCO_3 \cdot CaCO_3$ auf. Große Vorkommen bildet auch das *Calciumsulfat* $CaSO_4$ als *Gips* $CaSO_4 \cdot 2\,H_2O$ und *Anhydrit* $CaSO_4$. Weitere wichtige Calciummineralien sind *Flussspat* CaF_2, *Phosphorit* $Ca_3(PO_4)_2$ und *Apatit* $3\,Ca_3(PO_4)_2 \cdot Ca(F, Cl)_2$ [1].

Die Darstellung von metallischem Calcium erfolgt heute auf aluminothermischem Weg (→ Abschn. 20.2.3) aus Calciumoxid CaO. Calcium gehört zu den Leichtmetallen. Seine Härte liegt zwischen der des Magnesiums und der des Natriums. Infolge seines größeren Atomdurchmessers ist es leichter ionisierbar als Magnesium. An der Luft überzieht es sich mit einer gelblichgrauen Schicht, die neben dem Calciumoxid CaO auch das Calciumnitrid Ca_3N_2 enthält. Seine silberweiße Farbe ist deshalb nur an der frischen Schnittfläche zu beobachten. Bei gewöhnlicher Temperatur reagiert es mit Wasser (→ Aufg. 19.1). Durch die geringe Löslichkeit des Hydroxids wird die Reaktion verlangsamt:

$$Ca + 2\,H_2O \rightarrow Ca(OH)_2 + H_2\uparrow$$

Beim Erhitzen an der Luft verbrennt es mit rötlicher Flamme. Mit den Halogenen und mit Wasserstoff bildet es in der Hitze binäre Verbindungen. Technisch wird Calcium nur in geringen Mengen für Legierungszwecke verwendet. In einem bei der Eisenbahn viel gebrauchten Lagermetall sind 0,7 % Calcium enthalten.

19.3.2 Calciumverbindungen

Calciumcarbonat $CaCO_3$ ist die wichtigste Calciumverbindung. Es dient als Ausgangsstoff für die Darstellung von fast allen Calciumverbindungen. Wird *Kalkstein* gebrannt, so entsteht gebrannter Kalk (Branntkalk) CaO, wobei Kohlenstoffdioxid entweicht:

$$CaCO_3 \rightarrow CaO + CO_2\uparrow$$

Das Calciumcarbonat dient daher beim *Ammoniak-Soda-Verfahren* als Kohlenstoffdioxidquelle.

Wird *Calciumoxid (gebrannter Kalk, Branntkalk)* CaO mit Wasser gelöscht, so entsteht *Calciumhydroxid (gelöschter Kalk, Löschkalk)* $Ca(OH)_2$ (→ Aufg. 19.2). Calciumhydroxid ist eines der wichtigsten Baubindemittel (→ Abschn. 19.5). Da Calciumhydroxid im Wasser

[1] Die Klammer $(F, Cl)_2$ besagt, dass sowohl Fluor als auch Chlor an dieser Stelle stehen können.

ziemlich schwer löslich ist, wird neben Kalkwasser, einer klaren wässrigen Lösung von Calciumhydroxid, auch Kalkmilch, eine Aufschlämmung von festem Calciumhydroxid in Wasser, verwendet. Kalkwasser und Kalkmilch reagieren infolge des Gehalts an Hydroxidionen basisch. Der geringen Gewinnungskosten wegen werden sie in der Industrie als Neutralisationsmittel z. B. für saure Abwässer eingesetzt.

Calciumoxid dient neben seiner Verwendung im Bauwesen und als Zuschlagstoff im Hüttenwesen (→ Abschn. 17.4), zur Gewinnung von *Calciumcarbid* CaC_2 und *Kalkstickstoff* $CaCN_2$ (→ Abschn. 15.3.5 und 14.3.3).

Das *Calciumfluorid* CaF_2 kommt als *Flussspat* in der Natur vor. Beim Calciumfluorid wurde zuerst die Erscheinung der Fluoreszenz beobachtet. Es leuchtet im auffallenden weißen Licht blau auf. In der optischen Industrie wird es zum Vergüten der Linsen verwendet. (Vergütete Linsen fluoreszieren bläulich.) Calciumfluorid dient ferner als Flussmittel (zum Herabsetzen des Schlackenschmelzpunktes) in der Metallurgie, worauf sein Trivialname Flussspat beruht.

Das *Calciumchlorid* $CaCl_2$ fällt beim *Solvay-Prozess* in großen Mengen als Abfallprodukt an – allerdings in schwer zu verarbeitender Form. Das Hexahydrat $CaCl_2 \cdot 6\,H_2O$ dient zusammen mit Eis als Kältemischung, mit der sich Temperaturen bis zu -50 °C erzielen lassen. Die wasserfreie Form wird als Trockenmittel verwendet.

Das salzartige, weiße *Calciumhydrid* CaH_2 setzt sich mit Wasser zu Calciumhydroxid und Wasserstoff um:

$$CaH_2 + 2\,H_2O \rightarrow Ca(OH)_2 + 2\,H_2\uparrow$$

Die Wasserstoffentwicklung ist bedeutend lebhafter als die mit metallischem Calcium.

Das *Calciumsulfat* tritt in der Natur als *Gips* $CaSO_4 \cdot 2\,H_2O$ und *Anhydrit* $CaSO_4$ auf. Es dient als Baubindemittel, ferner als Pigment und Füllstoff in der Papierindustrie. Die verschiedenen *Calciumphosphate* dienen zur Herstellung von Düngemitteln (→ Abschn. 14.5.4) und Phosphor(→ Abschn. 17.4).

19.4 Barium

Symbol Ba [von barys (griech.) schwer]

Das Barium wird in der Natur als *Witherit* $BaCO_3$ und *Schwerspat (Baryt)* $BaSO_4$ gefunden. Das silberweiße Metall wird durch Reduktion des Bariumoxids BaO mit Aluminium in einem Elektroofen im Vakuum gewonnen:

$$3\,BaO + 2\,Al \rightarrow Al_2O_3 + 3\,Ba$$

Das Metall reagiert mit Wasser unter Bildung von Bariumhydroxid $Ba(OH)_2$ und Wasserstoff.

$$Ba + 2\,H_2O \rightarrow Ba(OH)_2 + H_2\uparrow$$

Barium nimmt unter Bildung des Oxids BaO bzw. des Peroxids BaO_2 sehr leicht Sauerstoff auf. Technisch hat es wenig Bedeutung (z. B. Gettermetall in Glühlampen).

Das *Bariumhydroxid* $Ba(OH)_2$ ist in Wasser leichter löslich als das Calciumhydroxid. Aus der klaren Lösung des Bariumhydroxids (*Barytwasser* genannt) fallen bei Zugabe von

Carbonationen CO_3^{2-} und Sulfationen SO_4^{2-} weiße Niederschläge von Bariumcarbonat und Bariumsulfat aus.

Bariumsulfat $BaSO_4$ ist praktisch wasserunlöslich und chemisch sehr beständig, es dient in der Farben-, Papier, Gummi-, Kunststoff- und Baustoffindustrie als Füllmittel. Unter den Namen *Barytweiß, Blanc fixe* oder *Permanentweiß* ist es als Pigment bekannt. *Lithopone* dagegen ist eine Mischung aus Bariumsulfat und Zinksulfid ZnS. In der Medizin dient Bariumsulfat als Röntgenkonstrastmittel bei Untersuchungen des Magen-Darm-Kanals.

Alle löslichen Bariumverbindungen sind giftig.

19.5 Baubindemittel

19.5.1 Bedeutung der Baubindemittel

Die Baubindemittel dienen zum Einbinden von Ziegelsteinen und Natursteinen oder zur Herstellung von Kunststeinen (monolithische oder Plattenbauweise). Ihr Einsatz erfolgt als Mörtel oder als Beton.

Mörtel ist eine Sammelbezeichnung für verschieden zusammengesetzte Gemische aus Baubindemittel, Sand und Wasser.

Beton ist ein künstlicher Stein, der durch das Erhärten eines Gemisches aus Zement, Zuschlagstoffen und Wasser entsteht.

Nach der Art der Erhärtung lassen sich die Baubindemittel vereinfacht in folgende Gruppen einteilen:
1. Luftbinder oder nichthydraulische Bindemittel, die nur an der Luft erhärten
2. hydraulische Bindemittel, die an Luft und auch nur unter Wasser erhärten
3. hydrothermale Bindemittel, die mit Wasserdampf und unter Druck erhärten.

19.5.2 Luftbinder

19.5.2.1 Kalk

Durch Brennen von *Kalkstein* (*Calciumcarbonat* $CaCO_3$) bei 700 bis 1 000 °C entsteht *Branntkalk* (*Calciumoxid* CaO) und Kohlendioxid.

Beim Löschen des *Branntkalks* entsteht unter erheblicher Wärmeentwicklung *Calciumhydroxid* (*Löschkalk*, auch *Kalkhydrat* genannt).

$$CaO + H_2O \rightarrow Ca(OH)_2$$

Durch Anmischen des *Löschkalks* mit Wasser und Sand[1] entsteht ein *Mörtel*, der mit dem Kohlenstoffdioxid der Luft reagiert, sich verfestigt und schließlich abbindet.

$$Ca(OH)_2 + CO_2 \rightarrow CaCO_3 + H_2O$$

Bei dieser Abbindereaktion (Carbonatisierung) entsteht Wasser, das mit dem verbleibenden Anmachwasser des Mörtels verdunsten muss (Baufeuchtigkeit).

[1] Dabei werden im Mittel drei Teile Sand zu einem Teil Kalk gegeben.

19.5.2.2 Gips

Durch Erhitzen auf ca. 150 °C wird Gips (auch Gipsstein) $CaSO_4 \cdot 2\,H_2O$ teilweise entwässert und in das *Hemihydrat*[2)] $CaSO_4 \cdot \frac{1}{2}\,H_2O$ umgewandelt, welches beim Anrühren mit Wasser in einer exothermen Reaktion sehr schnell unter Dihydratbildung erstarrt:

$$CaSO_4 \cdot \tfrac{1}{2}\,H_2O + 1\tfrac{1}{2}\,H_2O \rightarrow CaSO_4 \cdot 2\,H_2O$$

Es kommt zur Ausbildung vieler engverfilzter Kristalle. Der *Stuckgips* besteht aus viel Hemihydrat und bis zu 20 % aus Anhydrit, der kristallwasserfreien Form des Gipses. Beim Anrühren mit Wasser versteift er in 8 bis 25 min unter erheblicher Erwärmung.

Estrichgips, eine feste Lösung von bis zu 10 % Calciumoxid in Calciumsulfat, wird durch Brennen von Gips bei über 1 000 °C gewonnen. Beim Anrühren mit Wasser und Sand entsteht ein Mörtel, der relativ langsam in 2 bis 24 Stunden abbindet und in 12 Tagen erhärtet. Da er dann sehr fest und wasserbeständig ist, eignet er sich für das Vergießen von Fußböden, wird allerdings in Deutschland fast nicht mehr verwendet.

19.5.2.3 Magnesiabinder

Durch thermische Spaltung ($< 800\,°C$) des *Magnesiumcarbonats (Magnesit)* $MgCO_3$ entstehen Magnesiumoxid MgO (Magnesia) und Kohlendioxid.

Das pulverförmige Magnesiumoxid wird mit in Wasser gelösten Magnesiumsalzen ($MgCl_2$, $MgSO_4$) angerührt und erstarrt innerhalb eines Tages zu einer steinartigen Masse.

Deshalb dient der Magnesiabinder zur Herstellung von Steinholzfußböden (Magnesiaestrich), Kunststeinen und als Kitt für Metalle und Glas. Nach dem französischen Ingenieur *Sorel*, der 1864 dieses Baubindemittel erfand, wird der Magnesiabinder auch als *Sorelzement* bezeichnet.

19.5.3 Hydraulische Bindemittel

19.5.3.1 Zemente

Während bei den bisher behandelten Baubindemitteln die Rohstoffe, wie sie in der Natur vorkommen, zum Brennen verwendet werden, wird z. B. bei der *Portlandzementgewinnung* von einer künstlichen Mischung von *Kalkstein, Ton, Sand* und *metallurgischen Abbränden* ausgegangen (→ Abschn. 23.3.1). Da die hydraulischen Eigenschaften von der Bildung bestimmter Silicate, Aluminate und Ferrite abhängen, ist eine genaue und kontrollierte Mischung notwendig. Tabelle 19.2 gibt Auskunft über einige wichtige im Zement vorkommende *Silicate, Aluminate* und *Ferrite* des Calciums.

Die Ausgangsstoffe werden zerkleinert, klassiert und in Kugelmühlen staubfein vermahlen. Bei dem heute im Interesse des Umweltschutzes (Verminderung der Staubemission) bevorzugten Halbnassverfahren wird das so entstandene Pulver zunächst mit bis zu 15 % Wasser granuliert. Die Granalien (1 … 2 cm) kommen nach einer Vortrocknung (durch Ofenabgase)

[2)] hemi (griech.) halb

in einen Drehrohrofen (mit Erdgas-, Erdöl- oder Kohlenstaubfeuerung) und werden hier bei bis zu 1 450 °C zu steinharten Zementklinkern gebrannt. Nach Kühlung werden die Klinker staubfein gemahlen und kommen so als Zement in den Handel.

Tabelle 19.2 Bestandteile der Zementklinker

Name	Oxidschreibweise
Tricalciumsilicat	$3\,CaO \cdot SiO_2$
Dicalciumsilicat	$2\,CaO \cdot SiO_2$
Tricalciumaluminat	$3\,CaO \cdot Al_2O_3$
Tetracalciumaluminatferrit	$4\,CaO \cdot Al_2O_3 \cdot Fe_2O_3$

Wird Zement mit Wasser und Sand angerührt, so entsteht ein hydraulischer Mörtel, der innerhalb von 12 Stunden abbindet. Das Abbinden eines hydraulischen Mörtels ist das Erstarren unter Wasseraufnahme (Zementhydratation). Die Menge des zugegebenen Wassers (Anmachwasser genannt) beeinflusst entscheidend die Eigenschaften des entstehenden Betons. Dem Abbinden folgt ein langsames Erhärten, das sich über Jahre erstreckt. Dabei müssen nach 28 Tagen bestimmte Festigkeitswerte erreicht sein, nach denen die Zementarten unterschieden werden. Beim Erhärten bildet sich eine kristalline Struktur (Zementstein) heraus, die mit Volumenverminderung (Schwinden) des Betons verbunden ist. Um diese zu vermeiden und bestimmte Eigenschaften zu erreichen, werden Kies und andere Zuschlagstoffe zugegeben.

Beim Abbinden und Erhärten des Zements handelt es sich um komplexe Prozesse von Hydrolyse- und Hydratationsvorgängen, die bisher noch nicht völlig aufgeklärt werden konnten. Eine wichtige Rolle spielt dabei die Umsetzung des Tricalciumsilicates $3\,CaO \cdot SiO_2$ (bzw. Ca_3SiO_5), eines Hauptbestandteils des Zements, mit Wasser:

$$3\,CaO \cdot SiO_2 + 4\,H_2O \rightarrow 3\,Ca(OH)_2 + SiO_2 \cdot H_2O$$

Es wird jedoch nur soviel Wasser zugesetzt, dass diese Umsetzung im Zementmörtel unvollständig verläuft, und zwar etwa nach der Gleichung:

$$3\,CaO \cdot SiO_2 + 3\,H_2O \rightarrow CaO \cdot SiO_2 \cdot H_2O + 2\,Ca(OH)_2$$

Im Ergebnis der Hydrolyse der Calciumsilicate bildet sich $Ca(OH)_2$. Der angestrebte Erhärtungsprozess umfasst die Hydratation der Klinkerphasen des Zements. Dabei entstehen wasserhaltige Verbindungen, die Hydratphasen.

Das u. a. entstehende Monocalciumsilicatmonohydrat $CaO \cdot SiO_2 \cdot H_2O$ bildet feinste Kriställchen, die fest miteinander verfilzen. Das Calciumhydroxid setzt sich, wenn Zementmörtel bzw. Beton an der Luft härtet, zu Calciumcarbonat um.

Nach DIN 1164 werden u. a. folgende Hauptarten des Zements unterschieden:
- Portlandzement (CEM I)
- Portlandkompositzement (CEM II)
- Hochofenzement (CEM III)

Portlandzement wird nach dem vorstehend beschriebenen Verfahren hergestellt.

Portlandkompositzement ist ein neu eingeführter Oberbegriff für Zemente, die neben Portlandzement bis zu 35 % andere Bestandteile enthalten. Am bekanntesten ist davon der

Portlandhüttenzement (ältere Bezeichnung: Eisenportlandzement), von dem zwei Arten erzeugt werden, die neben Portlandzement bis zu 20 % bzw. bis zu 35 % Hüttensand enthalten, der aus Hochofenschlacke gewonnen wird.

Hochofenzement enthält neben Portlandzement mehr als 35 % Hüttensand, wobei wiederum zwei Arten mit bis zu 65 % und bis zu 80 % Hüttensand unterschieden werden. Der Anteil an Portlandzement ist als *Anreger* (erhärtungsprozessauslösende Komponente) nötig, da der Hüttensand nur latent (verborgen) hydraulische Eigenschaften besitzt (→ Aufg. 19.9 und 19.10). Nur wenige Prozent Anhydrit oder Gips werden als *Erstarrungsregler* zugegeben.

Da der hohen Druckfestigkeit des Betons eine geringe Zugfestigkeit gegenübersteht, wird Beton in der Regel mit Stahlstäben oder Stahlgittern bewehrt eingesetzt. Der Stahl wird durch den umgebenden Beton weitgehend, aber keineswegs unbegrenzt, gegen Korrosion geschützt (→ Abschn. 10.7). Das sich bildende $Ca(OH)_2$ ist ausschlaggebend für die Rostsicherheit des Bewehrungsstahls im Stahlbeton. Notwendig ist eine ausreichende Betonbedeckung über dem Bewehrungsstahl. Die Korrosionsgefahr muss schon bei der Projektierung und später bei der Überwachung und Wartung von Stahlbetonbauten beachtet werden.

Normalbeton hat im Mittel eine Dichte von $2{,}3\ \mathrm{kg \cdot cm^{-3}}$. Daneben werden – insbesondere der Wärmedehnung wegen – *Leichtbetone* mit Dichten zwischen 0,6 und $1{,}8\ \mathrm{kg \cdot cm^{-3}}$ verwendet. Sie werden unter Einsatz von Zuschlagstoffen mit besonders geringer Dichte erzeugt (Beispiele mit Dichtemittelwerten: Kieselgur $\varrho = 0{,}3\ \mathrm{kg \cdot cm^{-3}}$; Bims $\varrho = 0{,}6\ \mathrm{kg \cdot cm^{-3}}$; geschäumte Hochofenschlacke $\varrho = 1\ \mathrm{kg \cdot cm^{-3}}$; Ziegelsplitt $\varrho = 1{,}5\ \mathrm{kg \cdot cm^{-3}}$). Auch der Porenbeton (→ Abschn. 19.5.4.2) gehört zu den Leichtbetonen. Mit der Dichte der Leichtbetone nimmt auch deren Druckfestigkeit ab.

19.5.3.2 Weitere hydraulische Bindemittel

In der Natur kommen auch Gemische von Kalkstein und Ton als *Kalkmergel* (15 bis 30 % Ton), *Mergel* (30 bis 50 % Ton) und *Tonmergel* (> 30 % Ton) vor. Werden diese Mergel unterhalb ihrer Sintertemperatur (< 1 200 °C) gebrannt, so entsteht ein *hydraulischer Kalk*, der Calciumoxid, Siliciumdioxid und Aluminiumoxid enthält. Das Abbinden und Erhärten erfolgt wieder unter Wasseraufnahme:

$$CaO + SiO_2 + H_2O \rightarrow CaSiO_3 \cdot H_2O$$

Daneben bildet sich auch Calciumcarbonat. Nach dem Erhärten ist der Mörtel wasserbeständig. In der Festigkeit stehen die hydraulischen Kalke hinter den Zementen zurück, da sie nach 28 Tagen nur eine Druckfestigkeit von etwa $5\ \mathrm{N \cdot mm^{-2}}$ erreichen.

Die Mischbinder entstehen durch Vermahlen von hydraulischen Stoffen *(Hochofenschlacke, Ziegelmehl, Trass*[1]*)* und Anregern *(Portlandzement, Branntkalk, Gips, Braunkohlenfilteraschen)*. Ihre Druckfestigkeit beträgt nach 28 Tagen $12{,}5\ \mathrm{N \cdot mm^{-2}}$.

[1] *Trass ist ein poröses Gestein, das aus vulkanischen Aschen gewonnen wird.*

19.5.4 Hydrothermale Bindemittel

19.5.4.1 Kalksandstein

Die Ausgangsmaterialien sind Weißkalk[1] CaO und Sand SiO_2, die mit Wasser gemischt und zur Ablöschung des Weißkalkes gelagert werden müssen. Danach folgt die Formgebung durch Pressen. Die Formlinge werden bei 80 bis 200 °C und unter einem Sattdampfdruck von ca. 16 bar im Autoklaven in 4 bis 8 Stunden ausgehärtet.

Beim Erhärten kommt es wie bei den Zementen zur Ausbildung von Calciumsilicathydraten variabler Phasenzusammensetzung. Die Festigkeit und damit die Verwendungsmöglichkeiten des Kalksandsteins entsprechen denen von Ziegelsteinen.

19.5.4.2 Porenbeton

Porenbeton (früher: Gasbeton; DIN 4165) wird in großem Umfang zur Wärme- und Schallisolation eingesetzt. Die Ausgangsstoffe sind Branntkalk und/oder Zement in unterschiedlichem Massenverhältnis. Bei Zugabe von Aluminiumgrieß und dessen Umsetzung mit dem Calciumhydroxid wird Wasserstoff entwickelt und die Betonmischung in Formen zum Block aufgetrieben. Nach dem Ansteifen wird der Block entschalt und in Elemente zerschnitten, die dann im Autoklaven aushärten. Die Bedingungen sind ähnlich wie beim Kalksandstein. Der Porenbeton hat Dichten zwischen 0,4 und 0,9 $kg \cdot dm^{-3}$ und Druckfestigkeiten zwischen 2 und 8 $N \cdot mm^{-2}$. Daraus resultiert eine bedingte Einsatzmöglichkeit für tragende Wände. Die Porosität eines Betons bestimmt prinzipiell seine Festigkeit.

❍ Aufgaben

19.1 Wie erklärt sich das unterschiedliche Verhalten von Magnesium und Calcium gegenüber Wasser?

19.2 Wie lauten die Gleichungen für die Gewinnung von gebranntem und gelöschtem Kalk!

19.3 Warum ist Calciumhydroxid die industriell wichtigste Base?

19.4 Wozu werden Bariumhydroxid und Bariumsulfat verwendet?

19.5 Warum wird zwischen Luft- und Wassermörtel unterschieden?

19.6 Was geschieht beim Abbinden und was beim Erhärten eines Mörtels?

19.7 Was ist Stuckgips, und was ist Estrichgips?

19.8 Was ist Steinholz?

19.9 Wie wird Zement hergestellt?

19.10 Welche Zementarten werden unterschieden?

19.11 Welche Reaktion spielt eine große Rolle beim Abbinden und Erhärten von Zementmörtel?

[1] Weißkalk ist gebrannter Kalk mit mindestens 90 % CaO-Gehalt.

20 Metalle der 3. Hauptgruppe

20.1 Übersicht über die Elemente der 3. Hauptgruppe

In der 3. Hauptgruppe des Periodensystems stehen die Elemente *Bor* B, *Aluminium* Al, *Gallium*[1] Ga, *Indium*[2] In und *Thallium*[3] Tl. Das Bor ist ein Nichtmetall (→ Abschn. 15.9), Aluminium ist ein Leichtmetall, und die übrigen Elemente sind unedle Schwermetalle (Tabelle 20.1).

Die Elemente der 3. Hauptgruppe zeigen auf dem jeweils höchsten Energieniveau folgende Elektronenbesetzung:

s^2 p^1
[↑↓] [↑]

Da diese drei Elektronen abgegeben werden können, treten diese Elemente alle *dreiwertig positiv* auf. Der elektropositive Charakter nimmt mit steigender relativer Atommasse zu.

Gallium, Indium und Thallium kommen auch ein- und zweiwertig vor, Thallium sogar vorwiegend einwertig. Die Beständigkeit der dreiwertigen Stufe nimmt demnach mit steigender Atommasse ab. Von den Metallen dieser Gruppe hat nur das Aluminium große praktische Bedeutung.

Tabelle 20.1 Übersicht der Elemente der 3. Hauptgruppe

Element	Symbol	Relative Atommasse	Ordnungszahl	Dichte in $g\,cm^{-3}$	Schmelzpunkt in °C	Siedepunkt in °C	Elektropositiver Charakter	Basischer Charakter der Hydroxide
Bor	B	10,81	5	2,34	2 030	≈2 550	|	|
Aluminium	Al	26,982	13	2,70	660	≈2 450	|	|
Gallium	Ga	69,723	31	5,91	29,8	≈ 2 200	nimmt zu	nimmt zu
Indium	In	114,82	49	7,31	156,2	2 044	|	|
Thallium	Tl	204,38	81	11,85	302,5	1 457	↓	↓

20.2 Aluminium

Symbol: Al [von alumen (lat.) Alaun]

20.2.1 Elementares Aluminium

Vorkommen und Gewinnung

Aluminium ist mit etwa 7,5 % am Aufbau der Erdrinde beteiligt. Es ist nach Sauerstoff und Silicium das häufigste Element und damit das häufigste Metall. In gediegener Form kommt es nicht vor. In den *Silicaten* wie *Feldspat* $K[AlSi_3O_8]$ und *Glimmer* (z. B. $KAl_2(OH,F)_2[AlSi_3O_5]$, Muskovit) ist es Bestandteil vieler Gesteine (Granit Gneis, Basalt und Porphyr).

[1] gallia (lat.) Gallien, heute Frankreich
[2] wegen seiner blauen Flammenfärbung nach dem Indigo benannt
[3] thallos (griech.) grüner Zweig, grüne Spektrallinien

Die Verwitterungsprodukte dieser Silicate sind *Kaolinit* $Al_2O_3 \cdot SiO_2 \cdot 2\,H_2O$ und *Ton*. Tone sind Gemenge aus Aluminiumoxid Al_2O_3, Siliciumdioxid SiO_2 und Wasser, *Lehm* ist ein durch Eisenoxide und Sand verunreinigter Ton.

Das *Aluminiumoxid* Al_2O_3 kommt rein in kristallisierter Form als *Korund* vor. *Rubin* ist ein durch Spuren von Chromoxid rot gefärbter Korund. Die blaue Farbe des *Saphirs* ist auf Spuren von Titan und Eisen zurückzuführen. *Schmirgel* ist ein sehr hartes, hauptsächlich aus kleinen Korundkristallen bestehendes Gestein, das gemahlen als Schleifmittel dient. Künstlich wird Schmirgel aus Bauxit und Koks im Elektroofen hergestellt.

Der für die technische Gewinnung des Aluminiums wichtige *Bauxit*[1)] ist ein hydratisiertes Oxid AlO(OH) oder $Al_2O_3 \cdot H_2O$. Bauxit findet sich in großen Lagern in Ungarn, Kroatien, Bosnien, Serbien, Russland, Frankreich, den USA und Zaire. Aluminium wird nur durch Schmelzflusselektrolyse des gereinigten Aluminiumoxids gewonnen (→ Abschn. 10.6.2).

Eigenschaften und Verwendung

Aluminium ist ein silberweißes Leichtmetall. Da es sehr dehnbar ist, kann es zu dünnen Blechen, Folien und Drähten verarbeitet werden. Die Leitfähigkeit für den elektrischen Strom beträgt 62 % und die Wärmeleitfähigkeit etwa 50 % der des Kupfers (→ Aufg. 20.1).

Obwohl das Aluminium in der Spannungsreihe der Metalle sehr weit links steht, ist es bei Zimmertemperatur gegenüber Luft, Wasser und oxidierenden Säuren gut beständig, da es sich mit einer dünnen, zusammenhängenden Schicht von Oxid bzw. Hydroxid überzieht. Durch elektrolytische Oxidation lässt sich diese weiter verstärken (→ Abschn. 10.6.5). Bei höheren Temperaturen reagiert es lebhaft mit Sauerstoff und wird deshalb als starkes Reduktionsmittel verwendet. In Säuren – mit Ausnahme von Salpetersäure – löst es sich unter Salzbildung:

$$Al + 3\,HCl \rightarrow AlCl_3 + 1\tfrac{1}{2}\,H_2\uparrow$$

Es handelt sich um eine Redoxreaktion:

$$\begin{array}{lll} Al & \rightarrow Al^{3+} + 3\,e^- & \text{Oxidation} \\ 3\,H_3O^+ + 3\,e^- & \rightarrow 1\tfrac{1}{2}\,H_2 + 3\,H_2O & \text{Reduktion} \end{array}$$

Von konzentrierter Salpetersäure wird Aluminium nicht angegriffen, sondern durch Verstärkung der Oxidschicht passiviert.

In Laugen wird Aluminium unter Bildung von Aluminaten gelöst (→ Abschn. 20.2.2):

$$Al + NaOH + 3\,H_2O \rightarrow Na[Al(OH)_4] + 1\tfrac{1}{2}\,H_2\uparrow$$

Auch hier liegt eine Redoxreaktion vor:

$$\begin{array}{ll} Al & \rightarrow Al^{3+} + 3\,e^- \\ 3\,H_2O + 3\,e^- & \rightarrow 3\,OH^- + 1\tfrac{1}{2}\,H_2 \end{array}$$

1) nach dem ersten Fundort Les Baux-de-Provence

Das *Aluminium* ist das technisch *wichtigste Leichtmetall*. Es wird im Fahrzeugbau und zur Herstellung von Geräten verschiedener Art eingesetzt. Infolge seiner guten Leitfähigkeit wird es in der Elektrotechnik für Leitungen, Motoren- und Transformatorenwicklungen und Kondensatoren benutzt (→ Aufg. 20.2). In Form von Folien und Tuben dient das Aluminium – neuerdings umstritten – als Verpackungsmittel. Das früher hierfür verwendete Zinn *(Stanniol)* wurde für wichtigere Zwecke frei gesetzt. Aluminiumpulver dient zur Herstellung von Blitzlichtpulver und Thermitgemisch (→ Abschn. 20.2.3). Da das reine Aluminium für viele technische Zwecke zu weich ist, wird es mit Magnesium, Kupfer, Mangan und Silicium legiert.

20.2.2 Aluminiumverbindungen

Das *Aluminiumoxid* Al_2O_3, auch *Tonerde* genannt, wird im großen Umfange zur Gewinnung des Metalls gebraucht. Zur Darstellung des reinen Aluminiumoxids wird der Bauxit aufgeschlossen. Unter *Aufschluss* wird in der Chemie allgemein ein Verfahren verstanden, bei dem eine unlösliche Verbindung in eine lösliche übergeführt wird.

Der Bauxit ist stets durch mehr oder weniger Eisenoxid und Siliciumdioxid verunreinigt. Überwiegt das Eisenoxid (bis zu 25 % Fe_2O_3), wird von *rotem* Bauxit, überwiegt das Siliciumdioxid (bis zu 25 % SiO_2), wird von *weißem* Bauxit gesprochen. Diese und andere Verunreinigungen müssen abgetrennt werden.

Dazu dient in erster Linie das Bayer-Verfahren (nasser Aufschluss). Der Rohbauxit wird in Backenbrechern gebrochen und in Drehrohröfen auf 400 °C erhitzt. Nach Durchlaufen einer Kühltrommel wird der calcinierte Bauxit in Kugelmühlen zu Staub vermahlen. In einem Mischer erfolgt die Zugabe von Natronlauge. Die Mischung wird in Autoklavenbatterien unter Druck mehrere Stunden auf etwa 250 °C erhitzt. Unter diesen Bedingungen geht das Aluminiumoxid als Aluminat in Lösung

$$Al_2O_3 + 2\,NaOH + 3\,H_2O \rightleftharpoons 2\,Na[Al(OH)_4]$$

Das Eisenoxid Fe_2O_3 bleibt ungelöst, während das Siliciumdioxid sich zu unlöslichem Natriumalumosilicat umsetzt:

$$SiO_2 + 2\,NaOH + Al_2O_3 \rightarrow Na_2[Al_2SiO_6] + H_2O$$

Die Bildung dieses Silicates führt zu beträchtlichen Natronlauge- und Aluminiumverlusten.

Nach dem Aufschluss wird die Lösung entspannt und abgekühlt und mit Wasser verdünnt. Hierbei stellt sich folgendes Gleichgewicht ein:

$$Na^+ + [Al(OH)_4]^- \rightleftharpoons Al(OH)_3 + NaOH$$

Nach Abtrennung des Löserückstandes (*Rotschlamm*) wird die klare Aluminatlösung im Ausrührer mit kristallinem Aluminiumhydroxid (*Hydrargillit*) geimpft und bis zu 3 Tagen gerührt. Da das Aluminiumhydroxid auskristallisiert, wird das Aluminatgleichgewicht nach rechts verschoben. Das Aluminiumhydroxid wird abfiltriert und durch Glühen in das Oxid übergeführt. Die verdünnte Natronlauge wird konzentriert und geht in den Prozess zurück.

Das *Aluminiumhydroxid* $Al(OH)_3$ ist wasserunlöslich und fällt bei Zugabe von Laugen, d. h. von wässrigen Lösungen, die einen Überschuss der Base OH^- enthalten, aus Aluminiumsalzlösungen aus:

$$Al^{3+} + 3\,OH^- \rightarrow Al(OH)_3\downarrow$$

Aluminiumhydroxid zeigt typisch amphoteres Verhalten (→ Abschn. 9.2.10) und löst sich in starken Laugen unter Aluminatbildung:

$$Al(OH)_3 + OH^- \rightleftharpoons [Al(OH)_4]^-$$

Das *Aluminiumsulfat* $Al_2(SO_4)_3$, ein wichtiges Aluminiumsalz, bildet ein Hydrat mit 18 Molekülen Kristallwasser $Al_2(SO_4)_3 \cdot 18\,H_2O$. Seine technische Darstellung erfolgt durch Auflösen von Aluminiumhydroxid in heißer, konzentrierter Schwefelsäure:

$$2\,Al(OH)_3 + 3\,H_2SO_4 \rightarrow Al_2(SO_4)_3 + 6\,H_2O$$

Die wässrige Lösung reagiert infolge Protolyse (→ Abschn. 9.2.10) sauer. Das dabei entstehende Aluminiumhydroxid schlägt sich auf Wollfasern nieder und bildet mit organischen Farbstoffen gut haftende Farblacke. Das Aluminiumsulfat wird daher in der Färberei verwendet. Außerdem dient es als Leimhilfsstoff bei der Papierherstellung und zur Abwässerreinigung (→ Abschn. 25.6).

Aluminiumsulfat bildet mit Alkalisulfaten *Doppelsalze*, die *Alaune*. Die Alaune sind Verbindungen des Typs $Me^IMe^{III}(SO_4)_2 \cdot 12\,H_2O$. Außer Aluminium treten auch Eisen und Chrom als dreiwertige Metalle in diesen Doppelsalzen auf. Im Gegensatz zu den Komplexsalzen, bei denen das eine Metallatom komplex gebunden bleibt, dissoziieren die Alaune als Doppelsalze nach der Gleichung:

$$Me^IMe^{III}(SO_4)_2 \rightarrow Me^+ + Me^{3+} + 2\,SO_4^{2-}$$

Der *Kaliumaluminiumalaun* $KAl(SO_4)_2 \cdot 12\,H_2O$ ist der bekannteste Alaun. Er wird viel in der Gerberei verwendet.

Das *Aluminiumchlorid* $AlCl_3$ wird durch Überleiten von Chlorwasserstoff über erhitztes Aluminium erzeugt:

$$2\,Al + 6\,HCl \rightarrow 2\,AlCl_3 + 3\,H_2$$

Das wasserfreie Chlorid ist ein fester, sehr hygroskopischer Stoff, der an feuchter Luft infolge Protolyse Chlorwasserstoffnebel abgibt:

$$AlCl_3 + 3\,H_2O \rightarrow Al(OH)_3 + 3\,HCl\uparrow$$

Aluminiumchlorid wird z. B. zur Herstellung organischer Farben und zur Abwässerreinigung verwendet.

Das *Natriumhexafluoroaluminat (Kryolith)* $Na_3[AlF_6]$ kommt in Grönland vor und wird deswegen auch als Eisstein bezeichnet. Heute wird es aber meist künstlich aus Calciumfluorid (Flussspat) CaF_2 hergestellt. Es dient als Flussmittel bei der Aluminiumgewinnung.

Aluminiumhydroxidacetat $Al(OH)(CH_3COO)_2$ wird in der Medizin als „essigsaure Tonerde“ für Umschläge (bei Entzündungen) verwendet. Seine wässrige Lösung riecht infolge Protolyse nach Essig.

20.2.3 Aluminothermisches Verfahren

H. Goldschmidt führte 1894 sein aluminothermisches Verfahren ein, das auf der *hohen Reduktionswirkung* des Aluminiums und der großen Bildungswärme des Aluminiumoxids beruht. Eine Mischung von Aluminiumgrieß und Eisenoxid – meist Eisen(II, III)-oxid Fe_3O_4 –, die als *Thermit* bekannt ist, wird mittels einer Zündkirsche aus Magnesiumspänen und einem Oxidationsmittel gezündet. Unter blendender Lichterscheinung kommt es zu einer Redoxreaktion:

$$Al + Fe^{3+} \rightarrow Al^{3+} + Fe$$

Mit Eisen(II, III)-oxid muss folgende Gesamtgleichung formuliert werden:

$$8\,Al + 3\,Fe_3O_4 \rightarrow 4\,Al_2O_3 + 9\,Fe \qquad \Delta H = -3\,396\ kJ \cdot mol^{-1}$$

Die Reaktion verläuft so stark exotherm, dass das Eisen und das Aluminiumoxid flüssig anfallen. Nach ihrer Dichte trennen sie sich in zwei Schichten, wobei das Aluminiumoxid das Eisen vor der Oxidation durch Luftsauerstoff schützt. Das flüssige Eisen kann zum Verschweißen von Eisenteilen dienen. Die Schlacke aus Aluminiumoxid dient als künstlicher Korund zum Schleifen oder nach ihrer Sinterung im Lichtbogen als feuerfester Baustoff (→ Aufg. 20.4).

Durch die hohe Bildungswärme des Aluminiumoxids und die Konzentrierung der Reaktionswärme auf engem Raum ist mit dem aluminothermischen Verfahren auch die Reduktion schwer reduzierbarer Oxide (z. B. Chrom, Cobalt, Mangan, Calcium und Silicium) möglich geworden. Die nach diesem Verfahren gewonnenen Elemente sind frei von Kohlenstoff, da nicht mit Koks bzw. Kohlenstoffmonoxid reduziert wurde (→ Aufg. 20.5 bis 20.7).

❍ Aufgaben

20.1 Warum darf aus der Beständigkeit des Aluminiums gegenüber Luft und Wasser nicht auf seine Stellung in der Spannungsreihe geschlossen werden?

20.2 Warum spielt das Aluminium in der Elektrotechnik eine wichtige Rolle, obwohl seine Leitfähigkeit nur etwa 60 % der des Kupfers beträgt?

20.3 Wie lautet die Reaktionsgleichung für die Umsetzung von Aluminiumhydroxid mit Kalilauge?

20.4 Wie viel Eisen(II, III)-oxid und wie viel Aluminium muss ein Thermitgemisch enthalten, wenn daraus 1 kg Eisen gewonnen werden soll?

20.5 Wie lautet die Reaktionsgleichung für die aluminothermische Reduktion von Siliciumdioxid?

20.6 Wie groß ist die Reaktionsenthalpie für diese Reaktion (→ Tabelle 7.1)?

20.7 Wie lautet die Reaktionsgleichung für die aluminothermische Reduktion von Chrom(III)-oxid?

21 Metalle der 4. Hauptgruppe

21.1 Übersicht über die Elemente der 4. Hauptgruppe

Die Elemente der 4. Hauptgruppe zeigen deutlich den Übergang vom nichtmetallischen zum metallischen Charakter (→ Abschn. 15.1). So treten auch bei einigen vierwertigen Zinn- und Bleiverbindungen noch homöopolare Bindungen auf. Zinn und Blei bilden Zinnwasserstoff SnH_4 und Bleiwasserstoff PbH_4, die dem Methan CH_4 analog sind. Zinn- und Bleitetrachlorid sind wie Tetrachlormethan CCl_4 flüchtige Flüssigkeiten. Die zweiwertigen Zinn- und Bleiverbindungen zeigen salzartigen Charakter.

21.2 Zinn

Symbol: Sn [von stannum (lat.), ursprünglich stagnum (lat.) für eine bleihaltige Legierung; engl. Tin]

21.2.1 Elementares Zinn

Vorkommen und Gewinnung

Das *Zinn* Sn kommt fast ausschließlich als *Zinnstein* (Kassiterit) SnO_2 vor. Die bedeutendsten Lagerstätten befinden sich in Südostasien (Malaysia, Indonesien, besonders auf den Inseln Banka und Billiton), in China, in Ostsibirien, Kongo, Brasilien, Peru und Bolivien. Die für Deutschland bedeutsamen Zinnerzlagerstätten im sächsischen Erzgebirge werden momentan nicht genutzt.

Der Gehalt der Zinnerze an Zinnstein ist meist sehr gering. 0,3 % SnO_2 gelten noch als abbauwürdig. Das Erz muss daher durch Aufschlämmen, Flotation und andere Verfahren zunächst (auf mindestens 35 % SnO_2) angereichert werden. Durch Rösten des Konzentrats werden Arsen und Schwefel entfernt. Die anschließende Reduktion durch Koks erfolgt in Flammöfen, Wassermantelschachtöfen (→ Bild 17.6) oder Elektroöfen.

$$SnO_2 + 2\,C \rightarrow Sn + 2\,CO$$
$$SnO_2 + 2\,CO \rightarrow Sn + 2\,CO_2$$

Das entstehende Rohzinn enthält mindestens 97 % Sn.

Durch *Seigerung* des Rohzinns wird das meist vorhandene Eisen entfernt. Dazu wird das Zinn auf einer geneigten Unterlage wenig über den Schmelzpunkt (232 °C) erhitzt. Das Reinzinn läuft ab, während das Eisen mit Zinn legiert als sogenannte *Seigerdörner* oder *-körner* zurückbleibt. Durch *Polen* (→ Abschn. 22.2.1) werden andere Verunreinigungen entfernt. Durch Elektrolyse erfolgt die Reinstdarstellung.

Eigenschaften und Verwendung

Bei gewöhnlicher Temperatur ist das Zinn gegen Sauerstoff, Wasser, verdünnte anorganische und organische Säuren und verdünnte Laugen sehr beständig. Zinn verhält sich amphoter. Es setzt sich sowohl mit konzentrierten Säuren als auch mit konzentrierten Laugen rasch um. Dabei entstehen einerseits Zinnsalze und andererseits Stannate. Beide haben Salzcharakter und sind leicht wasserlöslich.

$$Sn + 2\,HCl \rightarrow SnCl_2 + H_2$$

$$Sn + 2\,NaOH + 4\,H_2O \rightarrow Na_2[Sn(OH)_6] + 2\,H_2$$

Bei starkem Erhitzen verbrennt Zinn mit weißer Flamme. Mit Halogenen reagiert es heftig schon bei wenig erhöhter Temperatur.

Die frühere Verwendung von Zinn zur Herstellung von Gefäßen und Geschirr wurde durch Steingut und Porzellan bedeutungslos. Das Zinn dient heute überwiegend als Korrosionsschutz für unedlere Metalle und als Legierungsbestandteil. Das Weißblech ist ein verzinntes Stahlblech. Die Verzinnung erfolgt entweder durch Tauchen der gereinigten Stahlbleche in geschmolzenes Zinn oder elektrolytisch. Die Zinnfolie *(Stanniol)* für Verpackungszwecke wurde durch Aluminiumfolie ersetzt, da Zinn dafür zu wertvoll ist.

Bronzen sind Kupfer-Zinn-Legierungen mit mehr als 75 % Kupfer.

Lötzinn (Schnelllot) enthält 40 bis 70 % Zinn, der Rest ist Blei. Die eutektische Mischung aus 64 % Zinn und 36 % Blei schmilzt schon bei 181 °C.

Achslager für Maschinen und Fahrzeuge werden aus *Lagermetallen* hergestellt, bei denen in einer relativ weichen Grundlegierung (Zinn, Blei) harte Kristallite (Kupfer, Antimon) eingebettet sind, die den Druck der Achsen aufnehmen.

21.2.2 Zinnverbindungen

Zinn(IV)-oxid SnO_2 kommt als *Zinnstein* natürlich vor. In reiner Form wird es durch Verbrennung von Zinn gewonnen und dient zur Herstellung von weißen Glasuren und Emaillen. In Wasser, Säuren und Laugen ist das Zinn(IV)-oxid unlöslich. Durch Schmelzen mit Natriumhydroxid wird es aufgeschlossen:

$$SnO_2 + 2\,NaOH \rightarrow Na_2SnO_3 + H_2O$$

Das entstandene Natriumstannat ist wasserlöslich (→ Aufg. 21.1).

Zinn(II)-chlorid $SnCl_2$ entsteht bei der Reaktion von Zinn mit Salzsäure:

$$Sn + 2\,HCl \rightarrow SnCl_2 + H_2$$

Das zweiwertige Zinnion Sn^{2+} hat das Bestreben, durch Elektronenabgabe in die vierwertige Stufe überzugehen:

$$Sn^{2+} \rightarrow Sn^{4+} + 2\,e^-$$

Die *Zinn(II)-salze* sind daher *starke Reduktionsmittel* (→ Aufg. 21.2).

Zinn(IV)-chlorid (Zinntetrachlorid) $SnCl_4$ ist eine farblose, ätzende Flüssigkeit, die an der Luft Nebel von HCl abgibt. Bei der Rückgewinnung von Zinn aus Weißblechabfällen und Zinnlegierungen wird es durch Umsetzung mit trockenem Chlor

$$Sn + 2\,Cl_2 \rightarrow SnCl_4,$$

in erheblichen Mengen gewonnen.

21.3 Blei

Symbol: Pb [von plumbum (lat.) Blei; engl. Lead]

21.3.1 Elementares Blei

Vorkommen und Gewinnung

Das wichtigste Bleierz ist das unter dem Namen *Bleiglanz* (auch Galenit) bekannte Bleisulfid PbS. Die größten Bleierzlagerstätten befinden sich in Australien, den USA, Russland, Mexiko und Brasilien. In Deutschland treten Bleierze unter anderem bei Freiberg und bei Goslar auf. Die meisten Bleierze müssen zunächst angereichert werden. Die Gewinnung des Bleis erfolgt dann durch Abrösten des Bleisulfids:

$$PbS + 1\tfrac{1}{2}\,O_2 \rightarrow PbO + SO_2\uparrow$$

und Reduktion des Bleioxids mit Koks *(Röstreduktionsverfahren)*:

$$PbO + CO \rightarrow Pb + CO_2$$

oder – bei Erzkonzentraten mit mehr als 50 % Bleigehalt – nach unvollständigem Abrösten durch Reaktion von Bleioxid mit verbliebenem Bleisulfid *(Röstreaktionsverfahren)*:

$$2\,PbO + PbS \rightarrow 3\,Pb + SO_2$$

Das als Nebenprodukt anfallende Schwefeldioxid wird zu Schwefelsäure verarbeitet. Das bei beiden Verfahren gewonnene Roh- oder Werkblei wird einer Raffination durch oxidierendes Schmelzen oder Elektrolyse unterworfen, um noch vorhandene Verunreinigungen (Arsen, Antimon, Schwefel, Zinn, Kupfer oder Silber) abzutrennen.

Eigenschaften und Verwendung

Blei ist ein weiches, dehnbares Metall, das mit dem Fingernagel geritzt werden kann. Seine Dichte beträgt $\varrho = 11{,}3\,g\,cm^{-3}$. Die frische Schnittfläche zeigt einen bläulichen, metallischen Glanz, der durch oberflächliche Oxidation rasch verschwindet. Die graue Oxidschicht schützt vor weiterer Oxidation. Im geschmolzenen Zustand ist die Oxidation an der Luft erheblich. Gegenüber Salz- und Schwefelsäure ist Blei ziemlich beständig, da sich eine schwerlösliche Salzschicht bildet. Infolge der stark oxidierenden Wirkung der Salpetersäure löst sich Blei in dieser leicht auf:

$$Pb + 4\,HNO_3 \rightarrow Pb(NO_3)_2 + 2\,H_2O + 2\,NO_2\uparrow$$

Auch kohlenstoffdioxid- und sauerstoffhaltiges Wasser greifen das Blei unter Bildung von löslichem *Bleihydrogencarbonat* und schwerlöslichem *Bleihydroxid* an:

$$Pb + H_2O + \tfrac{1}{2}\,O_2 + 2\,CO_2 \rightarrow Pb(HCO_3)_2$$

$$Pb + H_2O + \tfrac{1}{2}\,O_2 \rightarrow Pb(OH)_2$$

Da Blei und alle seine löslichen Verbindungen giftig sind, sind für bleierzeugende und bleiverarbeitende Betriebe besondere Arbeitsschutzanordnungen zu beachten. Für Blei und seine anorganischen Verbindungen beträgt der MAK-Wert 0,1 mg · m^{-3} Luft.

Da Blei sehr gut verformbar und korrosionsbeständig ist, wird es als Werkstoff in der Technik vielseitig verwendet, häufig in Form von Legierungen (Lagermetall, Letternmetall). Weiterhin dient Blei in massiver Form als Strahlenschutz gegenüber Röntgen- und γ-Strahlen. Der größte Teil des in Deutschland verarbeiteten Bleis geht jedoch in die Erzeugung von Bleiakkumulatoren (→ Abschn. 10.4.4.1).

21.3.2 Bleiverbindungen

In der 4. Hauptgruppe nimmt die Beständigkeit der zweiwertigen Stufe mit steigender Atommasse zu. Beim Blei sind deshalb die Verbindungen der *zweiwertigen* Stufe am beständigsten. Die *vierwertigen* Bleiverbindungen gehen leicht in zweiwertige über und wirken dabei als Oxidationsmittel.

Tabelle 21.1 Verwendung von Bleiverbindungen

Name	Chemische Formel	Verwendung
Bleimennige	Pb_3O_4	Pigment, Korrosionsschutz, giftig!
Bleiweiß	$Pb(OH)_2 \cdot 2\,PbCO_3$	Pigment, giftig!
Blei(II)-chromat (Chromgelb)	$PbCrO_4$	Pigment, giftig!
Blei(II)-acetat (Bleizucker)	$Pb(CH_3COO)_2$	Färberei, Firnisherstellung, giftig!
Blei(II)-oxid (Bleiglätte)	PbO	Bleikristallglas, Glasuren, giftig!
Blei(II)-sulfat	$PbSO_4$	

Blei(IV)-oxid PbO_2 wird aus Blei(II)-verbindungen durch starke Oxidationsmittel (Chlor, Brom, anodische Oxidation) gewonnen. Es ist ein braunes Pulver, das kräftig oxidierend wirkt. Beim Erhitzen spaltet es Sauerstoff ab. Blei(IV)-oxid ist *amphoter*. Es bildet daher Plumbate. Die früher in Rostschutzfarbe häufig verwendete *Mennige* Pb_3O_4 ist das *Blei(II)-plumbat* $Pb_2[PbO_4]$.

Das Blei(IV)-oxid ist als Anhydrid der hypothetischen Bleisäure H_4PbO_4 aufzufassen. Mennige entsteht beim Erhitzen ($\sim 500\ ^\circ C$) von Blei(II)-oxid unter Luftzutritt (→ Aufg. 21.3).

Blei(II)-chlorid $PbCl_2$ kann durch Zugabe von Salzsäure aus Blei(II)-salzlösungen gefällt werden:

$$Pb^{2+} + 2\,Cl^- \rightarrow PbCl_2$$

Es ist das einzige Chlorid eines zweiwertigen Metalls, das im kalten Wasser schwer löslich ist. In heißem Wasser löst es sich merklich. Beim Abkühlen fällt es in Form glänzender Nadeln aus.

Bleitetraethyl $Pb(C_2H_5)_4$ wurde über viele Jahrzehnte als Antiklopfmittel dem Benzin zugesetzt. Wegen seiner hohen Giftigkeit wurde die Herstellung von verbleitem Benzin seit 1990 systematisch eingestellt. Inzwischen wird ganz darauf verzichtet und durch Antiklopfmittel wie Alkyl-tert.-buthylether ersetzt (→ Abschn. 30.9).

❍ Aufgaben

21.1 Wie kann die Bildung von flüssigen Tetrachloriden des Zinns und Bleis durch die Gesetzmäßigkeiten des Periodensystems erklärt werden?

21.2 Wie lauten die Reaktionsgleichungen für die Reduktion von salzsauerer Permanganat- ($KMnO_4$) und Chromatlösung (K_2CrO_4) durch Zinn(II)-chlorid?

21.3 In welcher Wertigkeitsstufe bildet Blei die beständigsten Verbindungen?

22 Metalle der 1. und 2. Nebengruppe

22.1 Übersicht über die Metalle der 1. Nebengruppe

In der 1. Nebengruppe stehen die Metalle Kupfer Cu, Silber Ag und Gold Au[1] (Tabelle 22.1). Diese Elemente besitzen wie die Elemente der 1. Hauptgruppe auf dem höchsten Energieniveau ein s-Elektron und werden deshalb im Kurzperiodensystem der Elemente (→ Abschn. 4.2.2) neben die 1. Hauptgruppe gestellt.

Tabelle 22.1 Übersicht der Metalle der 1. Nebengruppe

Element	Symbol	Relative Atommasse	Ordnungszahl	Dichte in $g \cdot cm^{-3}$	Schmelzpunkt in °C	Siedepunkt in °C
Kupfer	Cu	63,546	29	8,96	1 083,2	2 580
Silber	Ag	107,87	47	10,53	960,8	2 170
Gold	Au	196,97	79	19,3	1 063	2 700

Auch das 1994 in Darmstadt künstlich erzeugte Element mit der Ordnungszahl 111 ist in die 1. Nebengruppe einzuordnen, es erhielt die Bezeichnung Roentgenium[2], Symbol Rg.

22.2 Kupfer

Symbol: Cu [von cuprum (lat.) nach der Insel Zypern, von der die Römer ihr erstes Kupfer erhielten; engl. Copper]

22.2.1 Elementares Kupfer

Vorkommen

Als Halbedelmetall kommt Kupfer zum Teil in gediegener Form vor. Der *Kupferkies* $CuFeS_2$ ist das wichtigste und häufigste Kupfererz. Er wird meist von Sulfiden anderer Metalle begleitet. *Kupferglanz* Cu_2S, *Rotkupfererz* Cu_2O und *Malachit* $CuCO_3 \cdot Cu(OH)_2$ sind weitere Kupfererze.

Die bedeutendsten Fördergebiete von Kupfer sind: Chile, USA, Russland und Kasachstan, Kanada, Sambia, Zaire, Polen und China. Neben den primären Lagerstätten der Kupfererze gibt es sekundäre Lagerstätten, wie die des Mansfelder Kupferschiefers in Sachsen-Anhalt. Diese Lagerstätte entstand in der Zechsteinzeit (vor mehr als 200 Mill. Jahren) als Ablagerung eines großen Binnenmeers. Von den umliegenden Gebirgen (heutige Reste Harz und Thüringer Wald) gelangten Metallverbindungen mit Niederschlagswasser in dieses Meer. Durch den hohen Schwefelwasserstoffgehalt wurden die Metalle als Sulfide ausgefällt.

---

[1] aurum (lat.)

[2] nach *Wilhelm Conrad Röntgen*

Je nach der Beschaffenheit der eingesetzten Kupfererze haben sich unterschiedliche Gewinnungsverfahren herausgebildet. Grundsätzlich zu unterscheiden ist zwischen der

- *pyrometallurgischen Kupfergewinnung*, bei der die Erze auf 1 200 °C und mehr erhitzt werden und der
- *hydrometallurgischen Kupfergewinnung*, bei der die Erze mit Schwefelsäure oder mit Eisen(III)-sulfatlösung ausgelaugt werden.

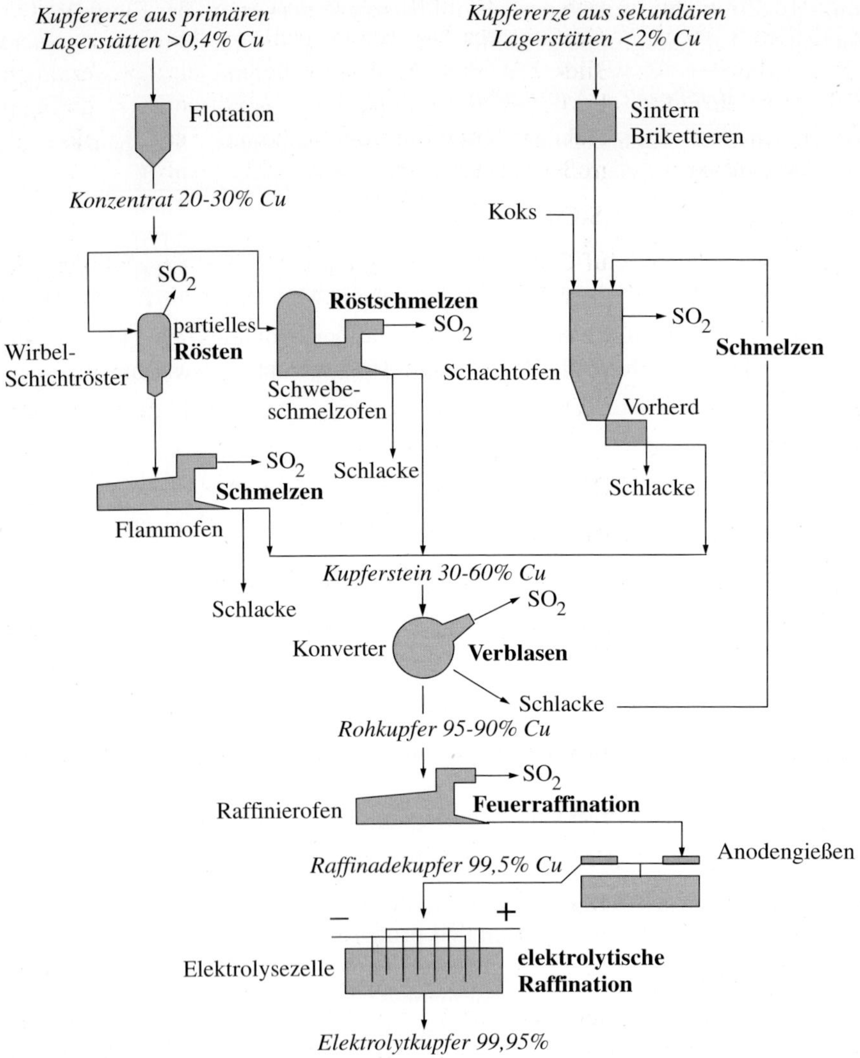

Bild 22.1 Übersicht über die Kupfergewinnung

Während die hydrometallurgischen Verfahren vorwiegend für oxidische Kupfererze angewandt werden, werden die sulfidischen Kupfererze meist pyrometallurgisch verhüttet. Das für die Kupfergewinnung wichtigste Mineral ist der Kupferkies $CuFeS_2$.

Die Kupfererze enthalten im günstigsten Falle bis zu 2 % Cu; noch bis 0,4 % Cu gelten sie als verhüttungswürdig. Solche geringen Gehalte erfordern zunächst eine Anreicherung. Bei Kupfererzen aus primären Lagerstätten erfolgt das vorwiegend durch Flotation. Dabei werden *Konzentrate* mit 20 bis 30 % Cu gewonnen.

Der Erzanreicherung folgt bei den sulfidischen Erzen die pyrometallurgische Verhüttung in verschiedenartigen Öfen (Flammöfen, Schachtöfen, Schwebeschmelzöfen). Dabei werden zwei grundlegende Verfahren unterschieden, je nachdem, ob dem *Schmelzprozess* ein *partielles Abrösten* der Sulfide als besonderer Verfahrensschritt vorangestellt ist oder beide zu einem *Röstschmelzprozess* verbunden sind (Bild 22.1). Produkt dieser hüttenmännischen Verfahren ist der *Kupferstein* (Rohstein) mit 30 bis 60 % Cu. Beim partiellen Abrösten wird vorrangig das Eisen in die oxidische Form übergeführt. Indem für den Schmelzprozess neben Koks noch Quarzsand zugegeben wird, geht ein großer Teil des Eisens in die Schlacke über:

$$Fe_2O_3 + SiO_2 + C \rightarrow Fe_2SiO_4 + CO$$

Die flüssige Schlacke scheidet sich auf Grund ihrer geringen Dichte über dem Kupferstein ab. Soweit sie noch mehr als 0,5 % Cu enthält, wird ihr in einem weiteren Verfahrensschritt Kupfer entzogen.

Der Kupferstein der noch bis zu einem Drittel Eisen enthält, wird im schmelzflüssigen Zustand in einem *Konverter* verblasen. Dabei reagiert zunächst das Eisen(II)-sulfid mit dem Sauerstoff der durchgeblasenen Luft:

$$FeS + 1\tfrac{1}{2}\,O_2 \rightarrow FeO + SO_2 \qquad \Delta H = -502\ \text{kJ} \cdot \text{mol}^{-1}$$

Das Eisen(II)-oxid bildet mit zugegebenem Quarzsand eine Schlacke,

$$FeO + SiO_2 \rightarrow FeSiO_3 \qquad \Delta H = -75\ \text{kJ} \cdot \text{mol}^{-1}$$

die ihres noch erheblichen Kupfergehaltes wegen in den Schmelzprozess zurückgeht (Bild 22.1). Wenn kaum noch Eisen vorhanden ist, reagiert das Kupfer(I)-sulfid mit dem Sauerstoff:

$$Cu_2S + 1\tfrac{1}{2}\,O_2 \rightarrow Cu_2O + SO_2 \qquad \Delta H = -394\ \text{kJ} \cdot \text{mol}^{-1}$$

und das dabei entstandene Kupfer(I)-oxid mit weiterem Kupfer(I)-sulfid zu elementarem Kupfer:

$$2\,Cu_2O + Cu_2S \rightarrow 6\,Cu + SO_2 \qquad \Delta H = -159\ \text{kJ} \cdot \text{mol}^{-1}$$

Das so im Konverter erzeugte *Rohkupfer* (Schwarzkupfer) enthält 95 bis 98 % Cu.

Die Weiterverarbeitung erfolgt in der Regel in zwei Schritten durch
- Feuerraffination und
- elektrolytische Raffination.

Bei der *Feuerraffination* wird in einem Flammofen ein Luftstrom über die Rohkupferschmelze geblasen. Dadurch werden noch vorhandene Fremdmetalle oxidiert, ein Teil davon verflüchtigt sich (Blei, Antimon, Arsen), ein anderer Teil (Eisen, Cobalt, Nickel) scheidet sich (als *Gekrätz*) auf der Oberfläche der Schmelze ab und kann entfernt werden. Um alle gelösten Gase aus der Schmelze zu entfernen, werden Baumstämme aus frischem Holz in die Schmelze gedrückt (*Dichtpolen*), wobei es durch den entweichenden Wasserdampf zu einem kräftigen Aufwallen kommt. Durch Abdecken mit Holzkohle wird noch vorhandenes

Kupferoxid reduziert und eine erneute Oxidation der Schmelze verhindert (*Zähpolen*). In neueren Anlagen wird stattdessen Erdgas in die Schmelze eingeblasen (*Gaspolen*). Als Produkt der Feuerraffination liegt dann das *Raffinadekupfer* (Garkupfer) mit etwa 99,5 % Cu vor. Es wird zu Kupferformaten (Halbzeug) oder – soweit es in die elektrolytische Raffination geht (→ Abschn. 10.6.3) – zu Anodenplatten vergossen.

Die Kupferverhüttung ist mit erheblichen Umweltbelastungen verbunden. Das in den verschiedenen Verfahrensstufen anfallende Schwefeldioxid wird soweit wie möglich zu Schwefelsäure verarbeitet. Die in großen Mengen anfallenden Eisenschlacken lassen sich nur zum Teil für Pflastersteine, Straßenschotter oder Baustoffe nutzen. Dem steht gegenüber, dass bei der Kupferverhüttung – je nach der Zusammensetzung der eingesetzten Erze – zahlreiche wertvolle Nebenprodukte gewonnen werden können. Zu nennen sind: Blei, Zink, Nickel, Cobalt, Molybdän, Wolfram, Vanadium, Gallium, Germanium, Rhenium, Cadmium, Thallium, Selen, Antimon und Arsen sowie die bei der elektrolytischen Raffination im *Anodenschlamm* anfallenden Edelmetalle (Silber, Gold und Platin).

Eigenschaften und Verwendung

Das Kupfer ist das einzige rote Metall. Es ist zäh und verhältnismäßig weich. Daher lässt es sich zu Folien von 0,025 mm Dicke auswalzen. Diese schimmern im durchscheinenden Licht grünlich. Die Dichte des Kupfers beträgt $\varrho = 8{,}93\ \mathrm{g \cdot cm^{-3}}$. Kupfer ist nach Silber der beste metallische Leiter für elektrischen Strom und Wärme.

Kupfer überzieht sich in trockener Luft langsam mit einer dünnen Schicht von *rotem Kupfer(I)-oxid* Cu_2O. In feuchter Luft bildet sich allmählich ein hellgrünes Gemenge von Hydroxidcarbonat und Hydroxidsulfat, die sogenannte *Patina*, die als Schutzschicht wirkt. Kupfer ist edler als Wasserstoff (→ Tabelle 10.3), daher wird es von Wasser und nichtoxidierenden Säuren nicht angegriffen. Von heißer, konzentrierter Schwefel- und von Salpetersäure wird es oxidiert (→ Abschn. 14.3.4). Sauerstoffhaltiges Wasser und Meerwasser wirken ebenfalls auf Kupfer ein. Mit verdünnter Ammoniaklösung reagiert Kupfer im Verlauf einiger Tage unter Bildung von blauem *Tetraamminkupfer(II)-hydroxid* $[Cu(NH_3)_4](OH)_2$.

Auf Grund ihrer Eigenschaften sind Kupfer und Kupferlegierungen vielseitig eingesetzte Werkstoffe in der Technik. Die gute elektrische Leitfähigkeit des Kupfers wird in allen Zweigen der Elektrotechnik genutzt, die gute Wärmeleitfähigkeit bei Heizrohren, Kühlschlangen, Destillierapparaturen u. a. (→ Aufg. 22.2).

Die wichtigsten *Legierungen* des Kupfers sind Messing und Bronze. *Messinge* sind *Kupfer-Zink-Legierungen*. Die Farbe des Messings ist abhängig vom Kupfergehalt. Die Sondermessinge enthalten Zusätze (Ni, Mn, Al, Sn, Fe, Si), um die Eigenschaften für den Einsatzzweck zu verbessern.

Die *Bronzen* sind *Kupfer-Zinn-Legierungen*. Konstantan, Nickelin und Manganin sind *Kupfer-Nickel-Mangan-Legierungen*, die als Widerstandsmaterial in der Elektrotechnik verwendet werden (→ Aufg. 22.3).

22.2.2 Kupferverbindungen

Das *rote Kupfer(I)-oxid* bildet sich bei normaler Temperatur auf dem Kupfer und verleiht diesem die rote Färbung. Blankes Kupfer ist erheblich heller.

Beim Erhitzen bildet sich das *schwarze Kupfer(II)-oxid*, das in der organischen Elementaranalyse als Oxidationsmittel dient. Es gibt seinen Sauerstoff sehr leicht ab.

Aus Kupfer(II)-salzlösungen fällt bei Zugabe einer Lauge, d. h. einer wässrigen Lösung, die einen Überschuss der Base Hydroxidion OH^- enthält, Kupfer(II)-hydroxid als hellblauer Niederschlag aus.

$$Cu^{2+} + 2\,OH^- \rightarrow Cu(OH)_2 \downarrow$$

Bei Zugabe konzentrierter Ammoniaklösung entsteht aus dem Niederschlag von Kupfer(II)-hydroxid eine tiefblaue Lösung von *Tetraamminkupfer(II)-hydroxid* $[Cu(NH_3)_4](OH)_2$ (→ Abschn. 5.6):

$$Cu(OH)_2 + 4\,NH_3 \rightarrow [Cu(NH_3)_4](OH)_2$$

Diese als *Schweitzers Reagens* bekannte Lösung vermag Cellulose zu lösen und dient der Erzeugung von Kupferseide.

Das *Kupfersulfat* $CuSO_4$ entsteht beim Lösen von Kupfer in heißer konzentrierter Schwefelsäure. Sein blaues Pentahydrat $CuSO_4 \cdot 5\,H_2O$ ist als *Kupfervitriol* bekannt. Das entwässerte weiße Pulver ist hygroskopisch. Kupfersulfat dient als Elektrolyt in der Galvanotechnik, als Holz- und Pflanzenschutzmittel (→ Aufg. 22.4).

22.3 Silber

Symbol: Ag [von argentum (lat.) aus argunas (sanskr.) hell; engl. Silver]

22.3.1 Elementares Silber

Vorkommen und Gewinnung

Silber tritt als Edelmetall in der Natur häufig gediegen auf. Solche Vorkommen finden sich vor allem auf dem amerikanischen Kontinent.

Die wichtigsten *Silbererze* sind *Silberglanz* Ag_2S, *lichtes Rotgültigerz* $3\,Ag_2S \cdot As_2S_3$ und *dunkles Rotgültigerz* $3\,Ag_2S \cdot Sb_2S_3$.

Das Silber wird heute aus seinen Erzen meist auf nassem Wege, durch Cyanidlaugerei, gewonnen. Dieses Verfahren beruht darauf, dass Silber durch Kalium- oder Natriumcyanidlösung unter Bildung von Komplexionen *(Dicyanoargentationen)* aus seinen Erzen herausgelöst und dann durch Zinkstaub ausgefällt wird.

$$Ag_2S + 4\,NaCN \rightarrow 2\,Na[Ag(CN)_2] + Na_2S$$

$$2\,Na[Ag(CN)_2] + Zn \rightarrow 2\,Ag + Na_2[Zn(CN)_4]$$

Silber fällt auch als wertvolles Nebenprodukt bei der Gewinnung anderer Metalle (vor allem Kupfer und Blei) an.

Obwohl die komplexen Cyanide bei weitem nicht so giftig sind wie Natrium- und Kaliumcyanid, bedürfen die Abwässer der Cyanidlaugerei einer sorgfältigen Aufarbeitung durch Oxidation mittels Wasserstoffperoxid oder Hypochlorit.

$$\underset{\text{Cyanid}}{CN^-} + H_2O_2 \rightarrow \underset{\text{Cyanat}}{OCN^-} + H_2O$$

Eigenschaften und Verwendung

Silber zeichnet sich durch seinen schönen Glanz aus. Die Dichte beträgt $\varrho = 10{,}5\ \text{g} \cdot \text{cm}^{-3}$. Silber ist härter als Gold, aber nicht so hart wie Kupfer. Auf Grund seiner guten Dehnbarkeit lässt es sich zu äußerst dünnen Folien (bis zu 0,0027 mm) und Drähten verarbeiten. Silber ist der beste metallische Leiter für Wärme und Elektrizität. Gegenüber Luftsauerstoff ist es beständig. Von Chlor, Schwefel und Schwefelwasserstoff wird es angegriffen. Silber ist nur in oxidierenden Säuren löslich.

Wegen seines schönen Glanzes wird Silber zu Schmucksachen, Bestecks und Münzen verarbeitet. Um seine Härte zu erhöhen, wird es für diese Zwecke meist mit Kupfer legiert. Der Feingehalt an Silber wird in Promille angegeben. Silber dient der Herstellung von elektrischen und chemischen Apparaturen, Spiegeln und Thermosflaschen. In der Medizin dient es in kolloidaler Form als keimtötendes Mittel. Viele Gebrauchsgegenstände werden zum Korrosionsschutz versilbert. Das geschieht galvanisch oder durch Plattieren (→ Abschn. 10.6.5). Ein großer Teil der Silberproduktion wird in Form von Silberhalogeniden für Fotomaterial verwendet.

22.3.2 Silberverbindungen

Das wichtigste Silbersalz ist das *Silbernitrat* $AgNO_3$. Es wird durch Umsetzung von Silber mit Salpetersäure gewonnen:

$$3\,Ag + 4\,HNO_3 \rightarrow 3\,AgNO_3 + NO + 2\,H_2O$$

Dabei handelt es sich um eine Redoxreaktion. Das Silbernitrat ist sehr leicht wasserlöslich (215 g $AgNO_3$ in 100 g H_2O bei 20 °C).

Silbernitrat dient als *Höllenstein* in der Medizin zum Ätzen. Höllensteinstifte bestehen in der Regel aus 1 Teil Silbernitrat und 2 Teilen Kaliumnitrat. Höllenstein erzeugt auf der Haut und auf Kleidungsstücken schwarze Flecke aus fein verteiltem Silber.

Alle übrigen Silbersalze werden aus Silbernitrat gewonnen. *Silberhalogenide* (AgCl, AgBr, AgI) fallen als Niederschlag beim Versetzen einer Silbernitratlösung mit Halogenidionen aus:

$$Ag^+ + Cl^- \rightarrow AgCl \downarrow$$

Beim längeren Einwirken von Licht dunkeln diese Niederschläge nach. Das Silberhalogenid zersetzt sich:

$$AgBr + \text{Lichtenergie} \rightarrow Ag + \tfrac{1}{2}\,Br_2$$

Auf dieser Reaktion beruhen die bisher verwendeten *Negativverfahren* in der Fotografie. Das bei dieser Reaktion entstandene Halogen wird durch die Gelatine gebunden, während das Silber die noch unsichtbaren Silberkeime bildet. Durch *Reduktionsmittel* (fotografische

Entwickler) werden die den Silberkeimen benachbarten Silberionen reduziert (Entwicklung). Nach Abspülen des Entwicklers muss das Bild *fixiert* werden, d. h., nicht umgesetztes Silberhalogenid muss entfernt werden, da sich dieses im Tageslicht ebenfalls zersetzen würde. Das Fixierbad enthält Natriumthiosulfat $Na_2S_2O_3$, das mit Silberhalogenid lösliche Komplexsalze bildet:

$$AgBr + 2\,Na_2S_2O_3 \rightarrow Na_3[Ag(S_2O_3)_2] + NaBr$$

Da die verbrauchten Fixierbäder beträchtliche Silbermengen enthalten, ist es volkswirtschaftlich notwendig, diese der Silberrückgewinnung zuzuführen.

22.4 Übersicht über die Metalle der 2. Nebengruppe

In dieser Gruppe stehen die Metalle *Zink* Zn, *Cadmium* Cd und *Quecksilber* Hg (Tabelle 22.2). Zink und Cadmium sind unedle Schwermetalle, während Quecksilber ein halbedles Metall ist. An feuchter Luft bedecken sich Zink und Cadmium mit einer Oxid- bzw. Hydroxidschicht. Bei Zimmertemperatur sind sie gegen trockene Luft beständig. Bei höheren Temperaturen verbrennen sie.

Tabelle 22.2 Übersicht der Metalle der 2. Nebengruppe

Element	Symbol	Relative Atommasse	Ordnungszahl	Dichte in $g \cdot cm^{-3}$	Schmelzpunkt in °C	Siedepunkt in °C
Zink	Zn	65,38	30	7,14	419,5	907
Cadmium	Cd	112,414	48	8,65	320,9	767
Quecksilber	Hg	200,59	80	13,53	−38,84	356,95

Auch das 1996 in Darmstadt künstlich erzeugte Element mit der Ordnungszahl 112 ist in die 2. Nebengruppe einzuordnen. Es wurde inzwischen nach Nikolaus Kopernikus als Copernicium benannt (Symbol Cn).

Die Metalle der 2. Nebengruppe weisen auf den beiden letzten Hauptniveaus die Elektronenkonfiguration $s^2p^6d^{10}/s^2$ auf. Alle drei Metalle treten daher positiv zweiwertig auf (Quecksilber auch einwertig). Die Verbindungen des Zinks und Cadmiums ähneln denen des Magnesiums, die des Quecksilbers mehr denen des gleichfalls halbedlen Kupfers.

Cadmium und Cadmiumverbindungen sind stark giftig. Vor allem besteht beim Umgang mit ihnen die Gefahr chronischer Vergiftungen (MAK-Wert 0,1 $mg \cdot m^{-3}$).

22.5 Zink

Symbol: Zn [von Zink (deutsch) wegen zinkiger, zackiger Formen an Erzen und Schmelzen; engl. Zinc]

Vorkommen und Gewinnung

In gediegener Form wird Zink nicht gefunden. Die wichtigsten Zinkerze sind *Zinkblende* ZnS, *Zinkspat* (Galmei) $ZnCO_3$ und *Kieselzinkerz* $Zn_2SiO_4 \cdot H_2O$.

Die wichtigsten Zinkproduzenten sind Kanada, die USA, Australien, Russland und Polen.

Die deutschen Zinkerzvorkommen (z. B. bei Freiberg gemeinsam mit Blei) sind momentan nicht mehr abbauwürdig. Zur Gewinnung von Zink werden die Zinkerze zunächst – unter anderem durch Flotation – auf mindestens 45 % Zn angereichert und dann durch Rösten in Zinkoxid übergeführt.

Für die Reduktion des Zinkoxids wurden verschiedene Verfahren entwickelt. Das herkömmliche Verfahren ist die Reduktion mit gemahlenem Koks in Muffelöfen bei etwa 1 200 °C:

$$ZnO + C \rightarrow Zn + CO$$

Das Zink fällt bei dieser Temperatur dampfförmig an, in Vorlagen wird es zu flüssigem *Rohzink* (> 97 % Zn) kondensiert. Ein Teil des Zinkdampfes schlägt sich aber als Zinkstaub nieder, in dem das als Begleiter des Zinns auftretende *Cadmium* angereichert ist. Das Rohzink wird durch fraktionierte Destillation in *Feinzink* (99,99 % Zn) übergeführt.

Weiter verbreitet als dieses *trockene Verfahren* ist heute das *nasse Verfahren* zur Zinkgewinnung. Dazu werden die gerösteten Zinkerze mit Schwefelsäure ausgelaugt. Das Zinkoxid geht dabei in das lösliche Zinksulfat über:

$$ZnO + H_2SO_4 \rightarrow ZnSO_4 + H_2O$$

Die *Zinksulfatlösung* wird gründlich gereinigt und dann einer Elektrolyse unterworfen. Als Katoden dienen Aluminiumbleche, auf denen sich das Zink als *Feinzink* (99,99 % Zn) abscheidet, als Anoden Bleiplatten, die in Schwefelsäure unlöslich sind (→ Aufg. 22.5).

Eigenschaften und Verwendung

Zink ist ein bläulichweißes, stark glänzendes Metall. Es ist bei Zimmertemperatur ziemlich spröde (hexagonales Kristallgitter). Bei 100 bis 150 °C kann es gewalzt werden. Oberhalb 200 °C wird es wieder spröde, und bei 419 °C schmilzt es. Bei 500 °C verbrennt es mit blaugrüner Flamme.

Die Leitfähigkeit für den elektrischen Strom beträgt etwa ein Drittel und die für Wärme etwa zwei Drittel der des Kupfers. Entsprechend seiner Stellung in der Spannungsreihe (→ Abschn. 10.3.1) wird es von allen Säuren angegriffen. Im Laboratorium wird Zink zusammen mit Salzsäure zur Darstellung von Wasserstoff eingesetzt:

$$Zn + 2\,HCl \rightarrow ZnCl_2 + H_2 \uparrow$$

An feuchter Luft bedeckt sich Zink mit einer Oxidschicht. Bei Anwesenheit von Kohlenstoffdioxid bildet sich eine zusammenhängende Schicht von Hydroxidcarbonaten. Im Wasser entsteht eine Schutzschicht von Zinkhydroxid. Aus diesen Gründen ist das Zink korrosionsbeständig.

Zink ist das am vielseitigsten verwendbare Nichteisenmetall. Wegen der guten Korrosionsbeständigkeit finden Zinkblech und verzinkte Eisenlegierungen (Bleche, Rohre, Drähte) weite Anwendung. Durch Verzinken erhalten Eisenlegierungen die Korrosionsbeständigkeit des Zinks, ohne ihre Festigkeit zu verlieren (→ Abschn. 10.8.2.2). Zink ist ferner Bestandteil vieler Legierungen (→ Aufg. 22.6).

In den herkömmlichen galvanischen Zellen für Taschenlampen, Kofferradios usw. ist Zink der negative Pol. Es kann hier gleichzeitig als Gefäß für die Elektrolytlösung dienen (→ Abschn. 10.4.3).

Alle löslichen Zinkverbindungen sind giftig. Darum ist die Nahrungsmittelzubereitung in Zinkgefäßen verboten.

Zinkhydroxid $Zn(OH)_2$ wird aus Zinksalzlösungen durch Hydroxidionen als weißer gelatinöser Niederschlag gefällt:

$$Zn^{2+} + 2\,OH^- \rightarrow Zn(OH)_2$$

Das Zinkhydroxid hat amphoteren Charakter (→ Abschn. 9.2.3). Es setzt sich mit Salzsäure zu Zinkchlorid $ZnCl_2$ um, mit Natronlauge zu Natriumzinkat $Na_2[Zn(OH)_4]$.

22.6 Quecksilber

Symbol: Hg [von hydr-argyrum (griech./lat.) flüssiges Silber; engl. Mercury, nach griechischem Gott Merkur]

22.6.1 Elementares Quecksilber

Vorkommen und Gewinnung

Quecksilber kommt in der Natur vor allem als roter *Zinnober* HgS vor. Seltener finden sich feinverteilte Quecksilbertröpfchen im Gestein. Die wichtigsten Produktionsländer sind Serbien, China, Algerien, Russland, Spanien und Italien. Erhebliche Mengen werden auch in Kanada, den USA und Mexiko gewonnen.

Die Gewinnung des Quecksilbers erfolgt durch Erhitzen des Sulfids unter Luftzutritt in Schachtöfen. Auf Grund seines edlen Charakters fällt bei diesem *Röstprozess* sofort das Metall an:

$$HgS + O_2 \rightarrow Hg + SO_2$$

Schwefeldioxid und Quecksilberdämpfe werden in Vorlagen geleitet, in denen das Quecksilber kondensiert. Durch *Destillation* kann eine weitere Reinigung des Quecksilbers erfolgen.

Eigenschaften und Verwendung

Quecksilber ist das einzige bei Zimmertemperatur flüssige Metall. Es ist silberglänzend und besitzt die Dichte $\varrho = 13{,}546\,\mathrm{g\,cm^{-3}}$. Die Leitfähigkeit für Wärme und Strom beträgt etwa den sechzigsten Teil des Silbers. Die Wärmeausdehnung ist beträchtlich.

Gegenüber Luftsauerstoff ist Quecksilber bei normaler Temperatur beständig. Oberhalb 300 °C bildet sich das rote Quecksilber(II)-oxid HgO, das oberhalb 400 °C wieder zerfällt. Als halbedles Metall wird Quecksilber nur von oxidierenden Säuren angegriffen. Mit Chlor und Schwefel reagiert das Quecksilber schon bei Zimmertemperatur merklich (→ Aufg. 22.7).

Quecksilber und alle seine löslichen Verbindungen sind stark giftig. Der MAK-Wert für Quecksilber beträgt 0,1 $mg \cdot m^{-3}$ *Luft*. Deshalb ist bei Arbeiten mit Quecksilber und seinen Verbindungen größte Vorsicht geboten. Auch das Einatmen von geringen Mengen Quecksilberdampf kann zu chronischen Vergiftungen führen, da das Quecksilber im Körper gespeichert wird.

Quecksilber wird zur Herstellung einer Vielzahl von wissenschaftlichen und technischen Geräten verwendet (Thermometer, Barometer, Manometer, Gleichrichter, elektrische Schalter, Hochvakuumpumpen u. a.). Die Verwendung von Quecksilberdampf in *Höhensonnen*, *Leuchtstoffröhren* und *Energiesparlampen* beruht auf der Erscheinung, dass bei elektrischen Entladungen im Quecksilberdampf neben Licht auch ultraviolette Strahlen auftreten. Dadurch wird in den Leuchtstoffröhren die auf der Innenwand aufgetragene Leuchtschicht zum Leuchten angeregt. Quecksilber enthaltende Leuchtkörper und Geräte dürfen nur als Sondermüll über Schadstoffsammelstellen entsorgt werden.

Quecksilber bildet mit vielen Metallen Legierungen, die *Amalgame*. *Silberamalgam*, eine Legierung mit Quecksilber, wird noch in der Zahnmedizin für Zahnfüllungen eingesetzt, da es zunächst plastisch ist und dann aushärtet. In jüngerer Zeit ist diese Verwendung umstritten, da ein Freisetzen von Quecksilber nicht völlig ausgeschlossen werden kann.

22.6.2 Quecksilberverbindungen

Vom Quecksilber leiten sich zwei Reihen von Verbindungen ab, in denen das Quecksilber *einund zweiwertig positiv* auftritt. Die Quecksilber(I)-verbindungen weisen keine Hg^+-Ionen, sondern Hg_2^{2+}-Ionen auf.

Quecksilber(I)-chlorid Hg_2Cl_2 *(Kalomel)*, eine schwach gelblich gefärbte, kristalline Substanz, wird aus Quecksilber(I)-salzlösungen durch Chloridionen gefällt:

$$Hg_2^{2+} + 2\,Cl^- \rightarrow Hg_2Cl_2$$

Der Quecksilber(I)-chloridniederschlag färbt sich im Sonnenlicht schwarz. Es tritt Disproportionierung ein (→ Abschn. 14.3.3). Dieses Chlorid ist in Wasser schwer löslich.

Das *Quecksilber(II)-chlorid* $HgCl_2$ zeigt nicht mehr die typischen Eigenschaften eines Salzes. Es ist in wässriger Lösung nur in sehr geringem Maße elektrolytisch dissoziiert (sehr schwacher Elektrolyt). In der Lösung und im Kristallgitter liegt Quecksilber(II)-chlorid in Form von $HgCl_2$-Molekülen vor. Es schmilzt bei 280 °C und siedet bei 380 °C. Sein Trivialname „Sublimat“ ist also irreführend, da unter Sublimation der unmittelbare Übergang aus dem festen in den gasförmigen Zustand verstanden wird.

Das *Quecksilber(II)-sulfid* HgS heißt als Pigment *Zinnoberrot*. Es fällt beim Einleiten von Schwefelwasserstoff in Quecksilber(II)-salzlösungen als schwarzer Niederschlag aus:

$$Hg^{2+} + S^{2-} \rightarrow HgS$$

Durch Sublimation geht die schwarze Modifikation in die rote kristalline Modifikation über.

❍ Aufgaben

22.1 Welche Aufgabe hat das Erschmelzen des Kupferrohsteines?

22.2 Warum wird Kupfer als Halbedelmetall von Salzsäure bei Anwesenheit von Luft gelöst?

22.3 In explosionsgefährdeten Räumen darf nur mit Werkzeugen aus Bronze gearbeitet werden. Welchen Sinn hat diese Maßnahme?

22.4 Wodurch lässt sich die Grünfärbung von Kupferdächern alter Gebäude erklären?

22.5 Warum scheidet sich bei der Elektrolyse einer wässrigen Zinksulfatlösung Zink und nicht Wasserstoff an der Katode ab? Diese Erscheinung entspricht doch nicht der Stellung in der Spannungsreihe?

22.6 Worauf ist die Korrosionsbeständigkeit des Zinks zurückzuführen?

22.7 Wie verhalten sich Zink und Quecksilber gegenüber Säuren?

23 Eisen und Stahl

23.1 Übersicht über die Metalle der 8. Nebengruppe

In der 8. Nebengruppe stehen die Metalle *Eisen* Fe, *Cobalt* Co, *Nickel* Ni, *Ruthenium* Ru, *Rhodium* Rh, *Palladium* Pd, *Osmium* Os, *Iridium* Ir und *Platin* Pt. Abweichend von den übrigen Nebengruppen werden der 8. Nebengruppe jeweils drei Elemente der gleichen Periode zugeordnet. Auf Grund ähnlicher Eigenschaften werden Eisen, Cobalt und Nickel zur *Eisengruppe* zusammengefasst. Die übrigen sechs Metalle bilden die Gruppe der *Platinmetalle*, Ruthenium, Rhodium und Palladium bilden die *leichten* Platinmetalle mit einer Dichte ϱ von etwa 12 g · cm^{-3}. Die restlichen Metalle sind die *schweren* Platinmetalle mit einer Dichte ϱ von etwa 22 g · cm^{-3}

Die Platinmetalle stimmen in vielen chemischen und physikalischen Eigenschaften überein. Sie sind sehr widerstandsfähig gegenüber chemischen Einwirkungen, besitzen hohe Schmelzpunkte und gute katalytische Eigenschaften. Ihre technische Verwendung erstreckt sich auf viele Gebiete.

Das wichtigste Element dieser Nebengruppe ist das Eisen.

Tabelle 23.1 Übersicht der Metalle der 8. Nebengruppe

Element	Symbol	Relative Atommasse	Ordnungszahl	Dichte in g · cm^{-3}	Schmelzpunkt in °C	Siedepunkt in °C	Charakter der Hydroxide
Eisen	Fe	55,845	26	7,86	1 535	2 727	amphoter
Cobalt	Co	58,933	27	8,9	1 492	3 185	amphoter
Nickel	Ni	58,693	28	8,9	1 453	3 177	basisch
Ruthenium	Ru	101,07	44	12,40	2 450	4 150	amphoter
Rhodium	Rh	102,91	45	12,41	1 966	3 670	basisch
Palladium	Pd	106,42	46	12,03	1 555	2 964	basisch
Osmium	Os	190,23	76	22,48	2 500	5 200	amphoter
Iridium	Ir	192,22	77	22,65	2 443	4 406	basisch
Platin	Pt	195,08	78	21,4	1 773	3 830	basisch

23.2 Eisen

Symbol: Fe [ferrum (lat.); engl. Iron]

23.2.1 Elementares Eisen

Vorkommen

In elementarer Form wird das Eisen nur in manchen Basalten in feinverteilter Form gefunden. Das Meteoreisen ist mit etwas Cobalt und Nickel legiert. Da das Eisen mit 4,7 % am Aufbau der Erdrinde beteiligt ist, wird es in gebundener Form weit verbreitet gefunden.

Eisenerzlagerstätten sind nur dann abbauwürdig, wenn sie mindestens 20 % Eisen enthalten (→ Aufg. 23.1).

Tabelle 23.2 Eisenerze

Bezeichnung	Formel	Aussehen	Eisengehalt
Magneteisenstein	Fe_3O_4 ($FeO \cdot Fe_2O_3$)	schwärzlich	48 ... 68 %
Roteisenstein	Fe_2O_3	rot bis stahlgrau	30 ... 60 %
Brauneisenstein	$2\,Fe_2O_3 \cdot 3\,H_2O$ (Auch andere Kristallwassergehalte treten auf.)	dunkelbraun bis gelbgrau	20 ... 55 %
Minette (brauneisensteinhaltiges Sedimentgestein mit hohem Phosphorgehalt)	FeO(OH)	bräunlich	30 ... 60 %
Spateisenstein	$FeCO_3$	gelb bis braun	25 ... 40 %
Pyrit	FeS_2	messinggelb, metallischer Glanz	etwa 40 %

Gewinnung und Eigenschaften

Chemisch reines Eisen kann durch thermische Zersetzung von Eisenpentacarbonyl $Fe(CO)_5$, durch Elektrolyse von Eisen(II)-salzlösung und durch Reduktion von reinem Eisenoxid mittels Wasserstoffs hergestellt werden. Chemisch reines Eisen ist von silberweißer Farbe und verhältnismäßig weich (Härte 4,5 nach *Mohs*). Da es sehr zäh ist, lässt es sich zu dünnen Drähten ausziehen.

Reines Eisen tritt im festen Zustand in mehreren Modifikationen auf (→ Bild 17.1). Bei Temperaturen bis 906 °C liegt das kubisch-raumzentrierte α-Eisen vor. Von 906 bis 1 401 °C bildet es das kubisch-flächenzentrierte γ-Eisen. Oberhalb 1 401 °C bis zum Schmelzpunkt ist das Eisen wieder kubisch-raumzentriert. Bis zu einer Temperatur von 768 °C *(Curiepunkt*[1]*)* ist das Eisen *ferromagnetisch*, d. h., in einem Magnetfeld wird das Eisen selbst stark magnetisch. Wird das Magnetfeld entfernt, verschwindet auch der Magnetismus des Eisens *(temporärer Magnetismus)*. Wird dagegen *Stahl* magnetisiert, so behält dieser nach Entfernung des äußeren Magnetfeldes sein Magnetfeld bei *(permanenter Magnetismus)*. Oberhalb des Curiepunktes wird die Magnetisierbarkeit des Eisens durch die Wärmeschwingungen der Atome aufgehoben. Den temporären Magnetismus des Eisens nutzt man in Transformatoren und Elektromotoren aus.

Im allgemeinen wird Eisen nur in legierter Form als Stahl oder Gusseisen verwendet. Feinverteiltes Eisen verglimmt schon bei Zimmertemperatur (pyrophores[2] Eisen). In kompakter Form ist Eisen beständig gegenüber trockener Luft. Die dabei entstehende Oxidschicht schützt das Eisen auch gegenüber reinem, gasfreiem Wasser. In feuchter Luft und in natürlichem Wasser *rostet* das Eisen. Bei höheren Temperaturen (über 150 °C) reagiert das Eisen merklich mit dem Luftsauerstoff. Es bildet sich *Zunder* (→ Abschn. 10.7.3.2).

---

[1] *Nach dem französischen Forscherehepaar Marie und Pierre Curie.*

[2] pyr (griech.) Feuer, phoros (griech.) Träger

In verdünnten Säuren wird Eisen unter Bildung von Salzen der zweiwertigen Stufe gelöst:

$$Fe + 2\,HCl \rightarrow FeCl_2 + H_2$$

Durch konzentrierte Salpetersäure und konzentrierte Schwefelsäure wird Eisen nicht angegriffen, da das Eisen durch Ausbildung einer Oxidschicht *passiviert* wird.

23.2.2 Eisenverbindungen

In seinen Verbindungen tritt das Eisen *zwei-* und *dreiwertig* auf. In den *Ferraten* kann es *sechswertig* vorliegen. Die Eisen(II)-verbindungen lassen sich leicht zu den Eisen(III)-verbindungen oxidieren, während die Eisen(III)-verbindungen nur durch kräftige Reduktionsmittel zur zweiwertigen Stufe reduziert werden.

Eisen(II)-hydroxid $Fe(OH)_2$ fällt aus frisch bereiteten Eisen(II)-salzlösungen bei Zugabe von Laugen als weißer, flockiger Niederschlag aus. Durch Luftzutritt verfärbt es sich sofort über Grün nach Rotbraun. Es entsteht das *Eisen(III)-hydroxid* $Fe(OH)_3$. Das Eisen(III)-hydroxid entsteht auch unmittelbar aus Eisen(III)-salzlösungen bei Zugabe von Natronlauge:

$$Fe^{3+} + 3\,OH^- \rightarrow Fe(OH)_3$$

Das rotbraune *Eisen(III)-oxid* Fe_2O_3 wird durch Glühen von Eisen(III)-hydroxid dargestellt. Es dient als Poliermittel für Metalle, Glas und Edelsteine. Außerdem wird es in Malerfarbe verwendet.

Eisen(II)-sulfid FeS wird technisch durch Erhitzen von Eisenabfällen mit Schwefel hergestellt:

$$Fe + S \rightarrow FeS$$

Eisen(II)-sulfid setzt sich mit Säuren unter Schwefelwasserstoffentwicklung um:

$$FeS + 2\,HCl \rightarrow FeCl_2 + H_2S$$

Es dient im Laboratorium zur Darstellung von Schwefelwasserstoff *(Kippscher Apparat).*

Eisen(II)-sulfat $FeSO_4$ entsteht durch Lösen von Eisen in verdünnter Schwefelsäure:

$$Fe + H_2SO_4 \rightarrow FeSO_4 + H_2$$

Sein Heptahydrat ist das grüne *Eisenvitriol* $FeSO_4 \cdot 7\,H_2O$. Durch oberflächliche Oxidation färbt sich dieses unter Bildung von Eisen(III)-hydroxidsulfat $Fe(OH)SO_4$ gelbbraun.

Eisen(III)-sulfat $Fe_2(SO_4)_3$ entsteht beim Auflösen von Eisen(III)-oxid in konzentrierter Schwefelsäure. Es ist ein gelblichweißes, hygroskopisches Pulver. Es bildet mit Alkali- oder Ammoniumsulfat *Alaune*. Das Eisen(III)-sulfat, der *Kaliumeisenalaun* $KFe(SO_4)_2 \cdot 12\,H_2O$ und der *Ammoniumeisenalaun* $NH_4Fe(SO_4)_2 \cdot 12\,H_2O$ dienen als Beize in der Färberei.

Das *Eisen(II)-chlorid* $FeCl_2$ findet u. a. in der Abwasserreinigung als Fällungsmittel und bei der Aufbereitung von Biogas Anwendung.

Eisen(III)-chlorid $FeCl_3$ wird es zum Ätzen von Leiterplatten genutzt.

Von den *Komplexsalzen* des Eisens seien nur das *Kaliumhexacyanoferrat(II)* $K_4[Fe(CN)_6]$ (gelbes Blutlaugensalz) und das *Kaliumhexacyanoferrat(III)* $K_3[Fe(CN)_6]$ (rotes Blutlaugensalz) erwähnt (→ Abschn. 5.7.2.4).

23.3 Eisen- und Stahlgewinnung

Vom wichtigsten Schwermetall, dem Eisen, sind die ältesten Geräte in altägyptischen Gräbern (etwa 4000 v. u. Z.) gefunden worden. Sie wurden aus *Meteoreisen* gefertigt und zeigen beim Anätzen die *Widmannstättenschen Figuren*[1]. Seit etwa 3 000 Jahren erzeugten die Menschen Eisen aus Eisenerzen und verarbeiten es zu Werkzeugen und Waffen. Jahrtausendelang erfolgte die Erzeugung von Eisen und Stahl mit einfachen Verfahren. Die Eisenerze wurden in Gruben mit einem Überschuss an Holzkohle erhitzt (*Rennfeuer-Verfahren*). Die dabei zu erreichenden Temperaturen reichten nicht zum Schmelzen des Eisens aus. Es entstanden jedoch schmiedbare Stücke (*Luppen*) von mit Schlacke verunreinigtem Eisen.

Um 1350 kamen in Norden Europas *Schachtöfen* auf, die mit Holzkohle betrieben wurden. Mit Beginn der *industriellen Revolution* konnte in England der Bedarf an Holzkohle nicht mehr befriedigt werden. Die ökonomische Notwendigkeit führte zur Umstellung auf *Steinkohlenkoks*. 1735 wurde in England von *A. Draby* der erste *Kokshochofen* errichtet. In der zweiten Hälfte des 19. Jahrhunderts entstanden die herkömmlichen Stahlgewinnungsverfahren (1855 *Bessemer-*, 1864 *Siemens–Martin-* und 1878 *Thomas-Verfahren* (→ S. 351)).

Das *Elektrostahlverfahren* geht auf die Arbeiten des Franzosen *Héroult* zur Aluminiumgewinnung zurück. 1907 ließ er sich einen *Lichtbogenofen* patentieren.

Das *Sauerstoffaufblasverfahren* wurde 1948 von den Österreichern *Dürrer* und *Hellbrügge* entwickelt. Zu den Weiterentwicklungen dieses Verfahrens gehört auch das *Sauerstoffdurchblasverfahren*, bei dem es mittels wassergekühlter Düsen möglich wird, den Sauerstoff – wie bei der Bessemer- und Thomasbirne – vom Boden des Konverters her einzublasen.

23.3.1 Roheisengewinnung

Reines Eisen hat nur eine geringe technische Bedeutung. Der Bedarf der Industrie an Gusseisen und Stahl ist unvergleichlich größer. Daher interessieren besonders ihre Herstellungsverfahren.

Hochofenprozess

Die Vorgänge im Hochofen erstrecken sich bei gleichzeitigem Temperaturanstieg über vier Zonen (Bild 23.1):

1. Vorwärmzone	(Temperatur bis 400 °C)
2. Reduktionszone	(Temperatur von 400 bis etwa 1 100 °C)
3. Kohlungszone	(Temperatur von etwa 900 bis 1 100 °C)
4. Schmelzzone	(Temperatur um 1 800 °C)

Der Hochofen wird abwechselnd mit *Koks* und *Möller* (→ S. 349) beschickt. Die Beschickung wird in der *Vorwärmzone* getrocknet.

[1] Eigentümliche Zeichnungen, die beim Anätzen polierten Meteoreisens auftreten.

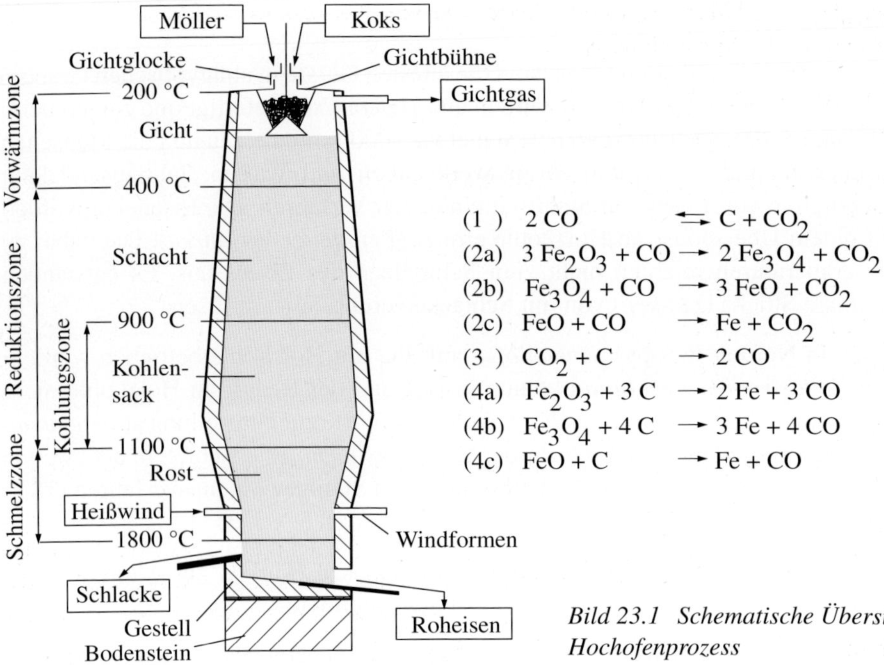

Bild 23.1 Schematische Übersicht zum Hochofenprozess

In der sich anschließenden *Reduktionszone* findet teilweise ein *Zerfall* des Kohlenstoffmonoxids in Kohlenstoffdioxid und feinverteilten Kohlenstoff statt (*Boudouard-Gleichgewicht*; → Abschn. 15.3.1):

$$2\,CO \rightleftharpoons C + CO_2 \qquad \Delta H = -172{,}6\ \text{kJ}\cdot\text{mol}^{-1} \qquad (23.1)$$

Bei Temperaturen von 500 °C reduziert das aufsteigende Kohlenstoffmonoxid das Eisen(III)-oxid zu Eisen(II, III)-oxid:

$$3\,Fe_2O_3 + CO \rightleftharpoons 2\,Fe_3O_4 + CO_2 \qquad \Delta H = -47{,}2\ \text{kJ}\cdot\text{mol}^{-1} \qquad (23.2a)$$

Steigt die Temperatur über 850 °C, so reduziert das Kohlenstoffmonoxid Eisen(II, III)-oxid zu Eisen(II)-oxid:

$$Fe_3O_4 + CO \rightarrow 3\,FeO + CO_2 \qquad \Delta H = +6{,}8\ \text{kJ}\cdot\text{mol}^{-1} \qquad (23.2b)$$

$$FeO + CO \rightarrow Fe + CO_2 \qquad \Delta H = -6{,}8\ \text{kJ}\cdot\text{mol}^{-1} \qquad (23.2c)$$

In der heißen Reduktionszone findet die Umsetzung des Kohlenstoffdioxids mit Kohlenstoff nach Gleichung (23.3) statt (Umkehrung von Gleichung (23.1)):

$$CO_2 + C \rightleftharpoons 2\,CO \qquad \Delta H = +172{,}6\ \text{kJ}\cdot\text{mol}^{-1} \qquad (23.3)$$

Das gebildete Kohlenstoffmonoxid vermag dann weiteres Eisenoxid zu reduzieren. Das gebildete feste, poröse Eisen sinkt in die *Kohlungszone* ab. Hier wird der feinverteilte *Zerfallskohlenstoff*, der nach Gleichung (23.1) gebildet wurde, vom Eisen aufgenommen. Dadurch wird der Schmelzpunkt von 1 535 °C auf 1 100 bis 1 200 °C herabgesetzt.

Dieser Vorgang heißt *Kohlung* des Eisens. Dabei entsteht das *Eisencarbid (Cementit)* Fe_3C, das eine intermetallische Verbindung ist:

$$3\,Fe + C \rightleftharpoons Fe_3C$$

$$3\,Fe + 2\,CO \rightleftharpoons Fe_3C + CO_2$$

In der Kohlungszone findet nicht nur die Reduktion der Eisenoxide durch Kohlenstoffmonoxid nach Gleichung (23.2a) bis (23.2c) statt, sondern auch der Zerfallskohlenstoff wirkt reduzierend:

$$Fe_2O_3 + 3\,C \rightleftharpoons 2\,Fe + 3\,CO \quad (23.4a)$$

$$Fe_3O_4 + 4\,C \rightleftharpoons 3\,Fe + 4\,CO \quad (23.4b)$$

$$FeO + C \rightleftharpoons Fe + CO \quad (23.4c)$$

Die Reduktion durch den Zerfallskohlenstoff wird als *indirekte Reduktionswirkung* des Kohlenstoffmonoxids bezeichnet – im Unterschied zur *direkten Reduktionswirkung* (Gleichungen (23.4a) bis (23.4c)).

Eisen und Schlacke gelangen in die *Schmelzzone* und werden flüssig. Da jedes Eisentröpfchen von einem Schlackenhäutchen umgeben ist, findet durch den heißen *Wind* keine Rückoxidation statt. Im *Gestell* trennen sich Eisen und Schlacke nach ihrer unterschiedlichen Dichte. Der Hochofen liefert ununterbrochen *Roheisen, Schlacke* und *Gichtgas*.

Das Roheisen wird alle 3 bis 6 Stunden abgestochen. Die Weiterverarbeitung erfolgt entweder flüssig, oder das Roheisen wird zu Blöcken oder Masseln vergossen. Da im Hochofen nicht nur die Eisenoxide reduziert werden, enthält das Roheisen neben 3 bis 4,2 % Kohlenstoff noch 0,5 bis 6 % Mangan, 0,2 bis 3 % Silicium, 0,1 bis 3 % Phosphor und Spuren von Schwefel[1)].

Graues Roheisen entsteht bei der *langsamen Abkühlung* in Masselbetten aus Sand. Der Kohlenstoff scheidet sich in *Graphitblättchen* ab, die an der frischen Bruchfläche deutlich erkennbar sind.

Weißes Roheisen entsteht bei *schneller Abkühlung* in eisernen Kokillen. Der größte Teil des Kohlenstoffs liegt in gebundener Form als *Eisencarbid (Cementit)* Fe_3C vor. Die Bruchfläche ist weiß und häufig von strahlenförmiger Struktur.

Infolge des hohen Kohlenstoffgehaltes ist das Roheisen spröde und schmilzt bei allmählicher Erwärmung plötzlich. Es ist nicht schmiedbar. Graues Roheisen wird überwiegend als Gusseisen *(Grauguss)* verwendet. Weißes Roheisen wird durch *Frischen*, d. h. durch Oxidation der unerwünschten Begleitstoffe, zu *Stahl* verarbeitet.

Da das *Gichtgas* einen spezifischen Heizwert von 3 000 bis 4 000 $kJ \cdot m^{-3}$ (im Normzustand) besitzt, wird es nach der Reinigung zum Aufheizen der Winderhitzer, zum Antrieb der Gebläsemaschinen und zur Erzeugung von Elektroenergie eingesetzt. Die *Cowperschen Winderhitzer* sind Stahlzylinder von 5 bis 8 m Durchmesser und 20 bis 30 m Höhe (Bild 23.2). Im Inneren sind sie mit feuerfesten Schamottesteinen ausgekleidet. In den Winderhitzern wird

[1)] Der Schwefelgehalt des Roheisens wird durch den als Zuschlag verwendeten Kalk sowie durch Soda, die man dem Roheisen beim Abstich zugibt, möglichst klein (0,05 %) gehalten.

Gichtgas mit Luft gemischt und verbrannt. Die heißen Verbrennungsgase heizen die Steine auf *(Heißblasen)*. Beim *Kaltblasen* wird Frischluft durch die heißen Türme geblasen und dabei auf 700 bis 900 °C erhitzt. Heiß- und Kaltblasen erfolgt bei jedem Winderhitzer im Wechsel. Das Vorwärmen des Windes auf 900 °C ist notwendig, um die hohen Temperaturen im unteren Teil des Hochofens zu erzeugen und dadurch das Roheisen und die Schlacke im leichtflüssigen Zustand zu halten.

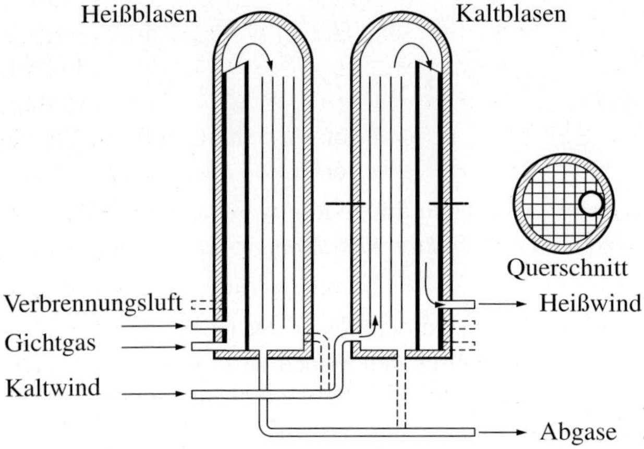

Bild 23.2 Schematische Darstellung der Arbeitsweise von Winderhitzern

Die *Schlacke* fließt entweder ständig ab oder wird periodisch abgestochen. Ein großer Teil der Schlacke wird durch Einleiten in Wasser gekörnt (granuliert) und geht in die Zementfabrikation (→ Abschn. 19.5.3). Die Schlacke wird auch zu Pflastersteinen, Schotter, Splitt und Schlackenwolle für Wärme- und Schalldämmung weiterverarbeitet. Die Hochofenschlacke setzt sich zusammen zu 35 bis 50 % aus Calcium- und Magnesiumoxid, 30 bis 40 % aus Siliciumdioxid und 6 bis 8 % aus Aluminiumoxid.

23.3.2 Stahlgewinnung

Als Stahl bezeichnet man alles technische Eisen, das ohne Nachbehandlung schmiedbar ist.

Eine ältere Definition des Begriffes »Stahl« setzte eine Höchstgrenze von 1,7 % Kohlenstoffgehalt fest. Diese Grenze kann durch andere Legierungszusätze stark beeinflusst werden. Das Wesen der Stahlerzeugungsverfahren beruht auf dem Herabsetzen des (3 bis 4 %igen) Kohlenstoffgehaltes des Roheisens. Weitere unerwünschte Beimengungen (z. B. Schwefel, Phosphor und Silicium) werden gleichzeitig entfernt. Das geschieht durch Oxidation (*Frischen*) mit elementarem Sauerstoff (Luft) oder durch Zugabe von gebundenem Sauerstoff (oxidischen Erzen, Zunder und verrostetem Schrott).

Die herkömmlichen Stahlerzeugungsverfahren sind (→ Abschn. 17.4.2):
- die Windfrischverfahren (Bessemer- und Thomas-Verfahren),
- das Herdfrischverfahren (Siemens–Martin-Verfahren).

Sie wurden in den letzten Jahrzehnten verdrängt durch moderne Stahlerzeugungsverfahren wie

- das Sauerstoffaufblasverfahren (LD-Verfahren) und
- die Elektrostahlverfahren.

Aufblasverfahren

Das Aufblasverfahren, auch LD-Verfahren[1] genannt, ist eine jüngere Entwicklung auf dem Gebiet der Stahlerzeugung im Konverter. Bei diesem Verfahren wird die Luft nicht durch die Schmelze geblasen, sondern fast reiner Sauerstoff (99,5 % O_2) wird auf die Schmelze geblasen. Das Aufblasen geschieht durch eine wassergekühlte „Lanze". An der Stelle, wo der Sauerstoffstrahl die Oberfläche der Schmelze trifft, findet eine lebhafte Reaktion statt. Dadurch werden ständig neue Teile der Schmelze an die Reaktionsstelle herangeführt. Um die Temperatur und Bewegung innerhalb der Schmelze zu regulieren, wird Schrott oder Eisenerz (15 bis 20 %) zugesetzt. Der Zusammenfall der langen, hellen Flamme, die während des Blasens besteht, kündigt die Beendigung des Prozesses an.

Die in diesem Verfahren erzeugten Stähle zeichnen sich durch größere Reinheit als die üblichen Thomasstähle aus und sind mittleren *Siemens–Martin-Stählen* gleichwertig. Da der Stickstoffgehalt nur noch 0,3 bis 0,5 % beträgt, sind Alterungserscheinungen und Sprödbruchanfälligkeit wesentlich geringer. Da das LD-Verfahren die hohe Produktivität des *Thomas-Verfahrens* mit den wesentlich besseren Eigenschaften des Stahls beim *Siemens-Martin-Verfahren* vereinigt und außerdem niedrigere Investitionsmittel als ein SM-Stahlwerk erfordert, wird es sich bei der Stahlgewinnung vollends durchsetzen.

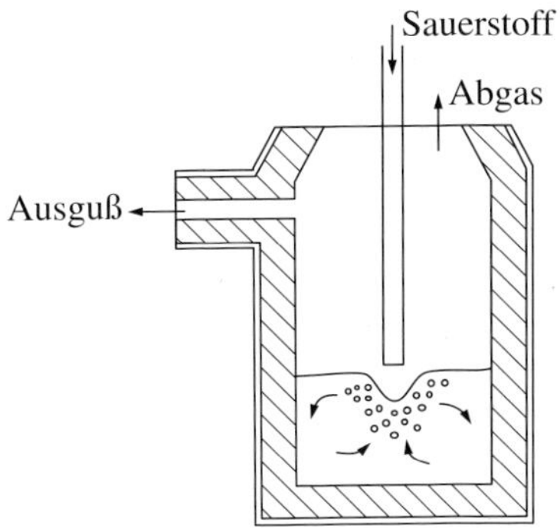

Bild 23.3 Aufblaskonverter

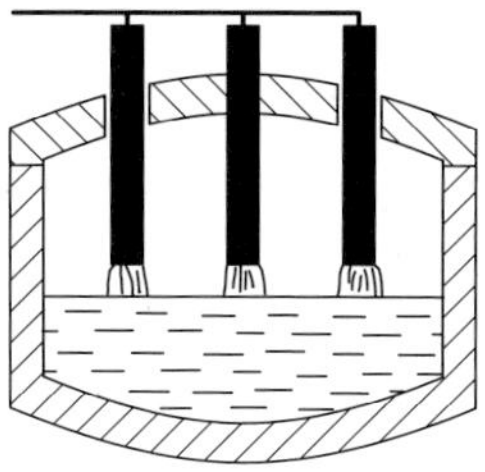

Bild 23.4 Lichtbogenofen

Elektrostahlverfahren

Unter den für die Stahlerzeugung entwickelten Elektroöfen spielt der Lichtbogenofen (→ Bild 23.4) die wichtigste Rolle[2] Die Elektrostahlöfen wurden ursprünglich dazu eingesetzt, Stähle – vorwiegend Siemens-Martin-Stahl – zu hochwertigen Qualitätsstählen zu veredeln.

[1] LD-Verfahren, benannt nach den österreichischen Stahlwerken Linz und Donawitz, in denen das Verfahren erstmals technisch angewandt wurde

[2] Daneben sind die *Induktionsöfen* zu nennen, bei denen die zum Schmelzen erforderliche Wärme durch ein elektromagnetisches Wechselfeld erzeugt wird. Induktionsöfen sind inzwischen, vor allem im Gießereiwesen, an die Stelle der Kupolöfen getreten.

Das wird dadurch ermöglicht, dass die hohen Temperaturen sehr genau geregelt werden können und Verunreinigungen durch Heizgase nicht auftreten. Heute wird in den Elektrostahlöfen hauptsächlich Schrott – zu einem geringen Teil auch Roheisen – eingesetzt. Dieser Entwicklung folgend sind neben die Elektrostahlöfen für Edelstähle mit einem Fassungsvermögen von 0,5 bis 50 t solche für Massenstähle mit bis zu 250 t getreten.

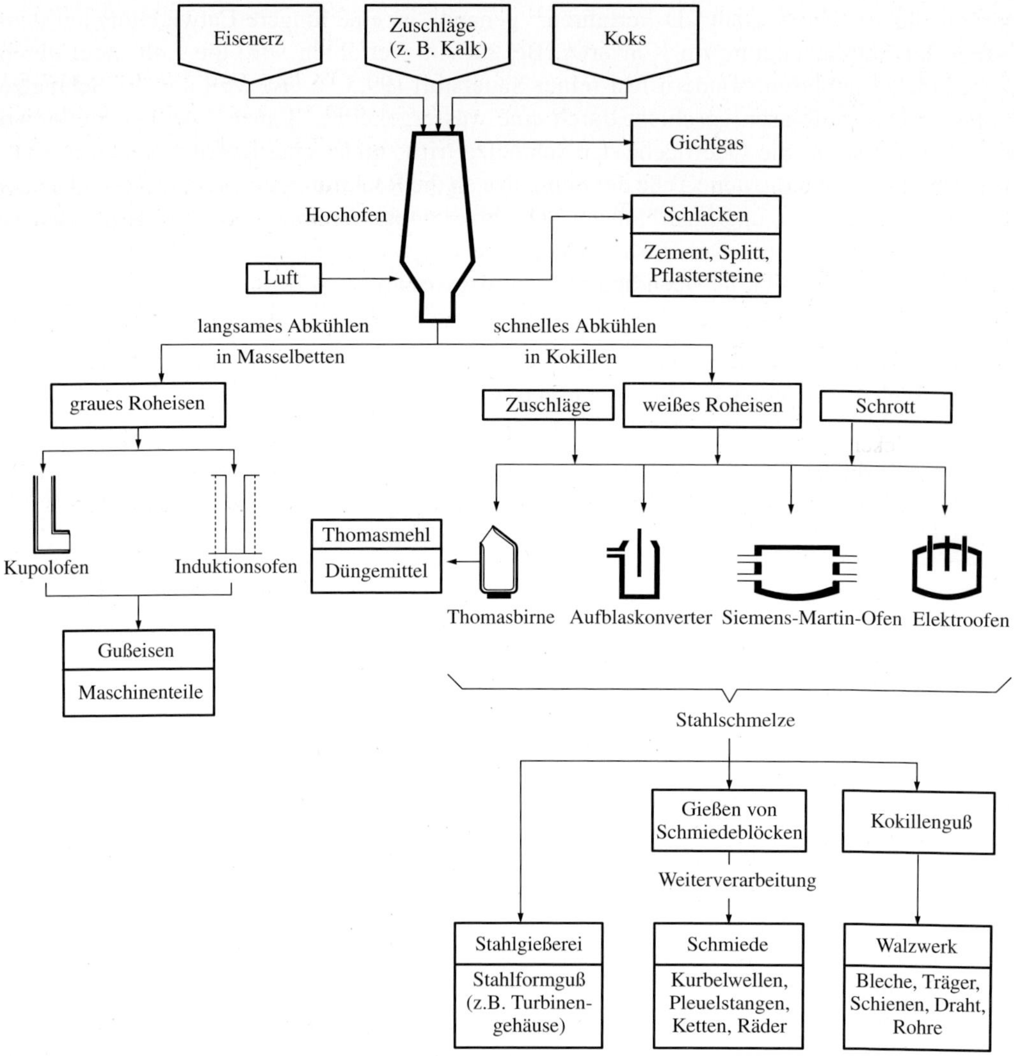

Bild 23.5 Übersicht zur Gewinnung von Eisen und Stahl

Die Stahlerzeugung erfolgt in zwei Phasen:

Der im Schrott enthaltene Sauerstoff bewirkt eine Oxidation des Kohlenstoffs. Dieser oxidierenden Phase des *Frischens* folgt – nach einem zwischenzeitlichen Abschlacken – eine reduzierende Phase, die hüttenmännisch *Feinen* genannt wird. Dabei werden die noch vorhandenen Reste an Sauerstoff, Schwefel und Phosphor durch Desoxidationsmittel (Ferrosilicium und Ferromangan) verschlackt und Schwermetalloxide reduziert. Gelöster Stickstoff wird durch Aluminium als Nitrid gebunden.

Durch Zugabe von Stahlveredlern (→ Tabelle 23.3) in Form von Eisenlegierungen (*Ferrochrom, Ferronickel, Ferrovanadium, Ferrowolfram, Ferrotitan, Ferromolybdän*) werden legierte Stähle erschmolzen. Es wird zwischen *niedriglegierten* Stählen (Anteil der Legierungsbestandteile $< 5\ \%$) und *hochlegierten Stählen* unterschieden. Durch das Zulegieren verschiedener Bestandteile können Spezialstähle mit gewünschten Eigenschaften erzeugt werden. Die *unlegierten* Stähle verdanken ihre Eigenschaften vor allem dem wechselnden Kohlenstoffgehalt. Sie werden deshalb als *Kohlenstoffstähle* bezeichnet (→ Aufg. 23.4).

Der nach den verschiedenen Verfahren erzeugte Stahl wird entweder in gusseisernen Formen (*Kokillen*) zu Blöcken, im Strangguss oder direkt im Stahlformguss vergossen (Bild 23.5).

Tabelle 23.3 Übersicht der wichtigsten Stahlveredler

Nebengruppe	Name	Symbol	Dichte in $g\ cm^{-3}$	Schmelzpunkt in °C	Verleiht dem Stahl folgende Eigenschaften
8.	Cobalt (→ Abschn. 23.4)	Co	8,90	1 492	Härte auch bei höheren Temperaturen
8.	Nickel (→ Abschn. 23.5)	Ni	8,9	1 453	Härte, Zähigkeit, Korrosionsbeständigkeit
7.	Mangan (→ Abschn. 24.4)	Mn	7,44	1 220	Dehnbarkeit, Verschleißfestigkeit
6.	Chrom (→ Abschn. 24.3)	Cr	7,14	1 875	Härte, Hitzebeständigkeit, Korrosionsbeständigkeit
6.	Molybdän (→ Abschn. 24.3)	Mo	10,22	2 622	Zähigkeit, Korrosionsbeständigkeit
6.	Wolfram (→ Abschn. 24.3)	W	19,3	3 410	Härte, Hitzebeständigkeit, Verschleißfestigkeit
5.	Vanadium (→ Abschn. 24.2)	V	6,10	1 910	Härte, Stoßfestigkeit, Hitzebeständigkeit
4.	Titan (→ Abschn. 24.1)	Ti	4,51	≈ 1 670	Stoßfestigkeit

23.4 Cobalt

Symbol: Co [deutsch: Kobalt; im 16. Jahrhundert für Erze, von denen die Bergleute meinten, sie seien von Kobolden (Hausgeistern, Waldgeistern) verzaubert, weil sie sich nicht wie erwartet verhütten ließen]

Cobalt ist dem Eisen und dem Nickel verwandt, alle drei Metalle sind ferromagnetisch. Cobalt kommt in der Natur nur in Verbindungen vor, und zwar meist mit Arsen:

Speiscobalt $CoAs_2$

Kobaltglanz $CoAsS$

Diese Mineralien treten in der Regel gemeinsam mit Nickelmineralien auf. Auch in manchen Kupfererzen ist ein gewinnungswürdiger Anteil an Cobalt enthalten.

Die Gewinnung von metallischem Cobalt erfolgt in Abhängigkeit von der Art der Ausgangsstoffe nach unterschiedlichen Verfahren. Im Allgemeinen sind folgende Schritte zu unterscheiden: Verbunden mit der Abtrennung anderer Metalle (Ni, Cu, Fe, Mn) wird eine Anreicherung des Cobalts vorgenommen. Durch Abrösten wird der Schwefel und ein Teil des Arsens abgetrennt. Die verbleibenden Oxide werden in heißer Salz- oder Schwefelsäure gelöst. Durch fraktionierte Fällung werden aus der Lösung weiterhin Kupfer, Eisen und Arsen abgetrennt. Nach Ausfällung des Cobalts mittels Chlorkalk verbleibt das Nickel in der Lösung und kann daraus gewonnen werden. Die angefallenen Cobaltoxide und -hydroxyde, hauptsächlich Cobalt(III)-oxid Co_2O_3, werden abschließend mit Koks zu metallischem Cobalt reduziert.

Cobalt wird in *Legierungen* ganz unterschiedlicher Zweckbestimmung und Zusammensetzung verwendet:

Werkzeugstähle, die (neben Nickel und Molybdän) bis zu 20 % Cobalt enthalten, weisen höchste Verschleißfestigkeit auf.

Es gibt aber auch Legierungen, in denen Cobalt (mit bis zu 66 %) Basismetall ist; mit Zusätzen von Chrom, Molybdän, Wolfram, Nickel und Eisen ergeben sich *Hartlegierungen*, die Hochtemperaturfestigkeit und Zunderbeständigkeit (bis über 1000 °C) aufweisen. Sie lassen sich gießen und werden vornehmlich für Schneidwerkzeuge eingesetzt.

Daneben stehen *Hartmetalle*, die durch Sintern hergestellt werden. Hier dient Cobalt (mit etwa 10 %) als Bindemittel für die sehr harten Kristalle von Carbiden des Wolframs (oder auch des Chroms und Molybdäns). Die Härte liegt bei 1000 °C noch bei etwa 80 % der Härte bei Normaltemperatur. (Eine bekannte Markenbezeichnung ist Widia, „wie Diamant".)

Es gibt *Magnetwerkstoffe*, die neben Nickel, Eisen und Aluminium bis zu 36 % Cobalt enthalten. Permanentmagnete aus diesem Material sind um ein Vielfaches stärker als solche aus Stahl.

Cobalt ist ein Reinelement, es tritt in der Natur nur als Nuklid ^{59}Co auf. Von den künstlich erzeugten Isotopen hat das *Cobalt-60* als Gamma-Strahler Bedeutung für die Strahlentherapie („Kobaltkanone") und für die zerstörungsfreie Werkstoffprüfung erlangt.

Von den *Cobaltverbindungen* sind vor allem die Komplexverbindungen interessant. Während wasserfreies Cobalt(II)-chlorid $CoCl_2$ blau gefärbt ist, zeigt das kristallwasserhaltige Salz infolge der Bildung von Hexaaquo-cobalt(II)-ionen $[Co(H_2O)_6]^{2+}$ eine rote Färbung.

Diesem und anderen *Kationkomplexen* des zweiwertigen Cobalts stehen *Anionkomplexe* des dreiwertigen Cobalts gegenüber, z. B. im gelb gefärbten Kalium-hexacyano-cobaltat(III) $K_3[Co(CN)_6]$. Cobaltverbindungen sind Ausgangsstoffe für blaue, grüne und auch gelbe Farbpigmente. Das blaue Cobaltglase („Schmalte") ist ein Kalium-cobalt(II)-silicat.

Cobalt und seine Verbindungen sind gesundheitsschädlich. Atembare Stäube und Aerosole insbesondere von Cobaltchlorid $CoCl_2$ und Cobaltsulfat $CoSO_4$ werden als krebserregend angesehen (MAK-Wert 0,1 mg/m^3).

23.5 Nickel

Symbol: Ni [Nickel, kleiner Nikolaus; in ähnlichem Sinne wie Kobold verwendet (→ S. 405)]

Nickel ist dem Eisen und dem Cobalt verwandt, es ist wie diese ferromagnetisch. Nickel tritt auf der Erde nur in gebundener Form auf, und zwar vorwiegend in Sulfiden und Arseniden:

Gelbnickelkies	NiS
Rotnickelkies	NiAs

Gewonnen wird Nickel aber vorwiegend aus *Magnetkies*, einem Eisensulfid, das etwa 3 % Nickel enthält, sowie aus *Garnierit*[1] einem Verwitterungsprodukt, das auf ein Nickel-Magnesium-Silicat (etwa $(Ni,Mg)_2[SiO_4]$) zurückgeht und sehr unterschiedliche Anteile an Nickel enthält.

In den Verfahren zur Gewinnung von Nickel ist das *Abrösten* der Sulfide zu Oxiden ein entscheidender Schritt. Der Garnierit wird dazu zunächst mit Sulfiden verschmolzen, wobei zugleich eine Abtrennung von Verunreinigungen als silicatische Schlacke erreicht wird. Die oxidischen Röstprodukte enthalten noch erhebliche Anteile an Eisen, das abgetrennt werden muss, soweit das Nickel nicht als *Ferronickel* in die Stahlerzeugung gehen soll. Die beim Abrösten erhaltenen *Nickeloxide* werden durch Koks zu *Rohnickel* (etwa 95 % Ni) reduziert. Die Raffination zu Reinnickel kann auf elektrolytischem Wege erfolgen.

Von ganz anderer Art ist das *Carbonylverfahren*, das nach seinem Erfinder auch Mond-Verfahren genannt wird. Hier wird feinverteiltes (schwammiges) Nickel (bei bis zu 80 °C) mit Kohlenstoffmonoxid CO zu *Nickeltetracarbonyl* $Ni(C0)_4$ umgesetzt, das bei dieser Temperatur gasförmig ist. Dieses zerfällt oberhalb 150 °C zu *Reinnickel* (99,8 %) und Kohlenstoffmonoxid, das in den Prozess zurückgeht. (Nickeltetracarbonyl ist sehr giftig und leicht entzündlich.)

Nickel ist ein silberglänzendes Metall, das sich gut polieren lässt. An der Luft wird es durch die Ausbildung einer dichten Oxidschicht passiviert. Wegen dieser Korrosionsbeständigkeit wird es für galvanische Überzüge verwendet, die meist noch mit einem dünnen Chromüberzug versehen werden (→ S. 412).

Nickel dient in Form von *Ferronickel* (75 . . . 90 % Ni) der Stahlveredelung. Meist kombiniert mit anderen Legierungszusätzen ergeben sich *nicht rostende Stähle*. Die Korrosionsbeständigkeit beruht auf einer dichten Schicht, die die Legierungszusätze auf der Stahloberfläche rasch ausbilden, was zur *Passivierung* führt. Ein bekannter nicht rostender Stahl (früher als V2A-Stahl bekannt) enthält 8 % Nickel und 18 % Chrom. Nicht magnetisierbare Stähle, wie sie zum Beispiel für Uhrgehäuse verwendet werden, enthalten etwa 25 % Nickel und 5 % Chrom.

Nickellegierungen: Legierungen, in denen Nickel (neben Chrom, Kupfer und anderen) Hauptbestandteil ist, werden in vielfältiger Zusammensetzung hergestellt. Ihre entscheidenden Eigenschaften sind Korrosionsbeständigkeit und Festigkeit, die auch bei hohen Temperaturen bestehen bleiben.

---

[1] Der Franzose *Francis Garnier* (1839–1873) entdeckte es in Neukaledonien.

Beispiele: 67 % Ni; 32 % Cu; 1 % Mn („Monel-Metall"; 500 °C)
78 % Ni; 15 % Cr; 7 % Fe („Inconel"; 800 °C)
56 % Ni; 17 % Cr; 15 % Co; 5 % Mo; 4 % Al; 3 % Ti („Unimet"; 1000 °C)

Der Verwendungsbereich solcher Legierungen reicht vom chemischen Apparatebau bis zu verschiedenen Zweigen des Maschinenbaus. In der Elektrotechnik werden Nickellegierungen mit bis zu 20 % Chrom als *Heizleiter* für elektrische Öfen (bis 1250 °C) eingesetzt. Im elektrischen Gerätebau wird eine Legierung mit hohem elektrischen Widerstand aus etwa 55 % Kupfer und 45 % Nickel verwendet („Konstantan").

Als *Neusilber* werden Kupfer-Zink-Nickel-Legierungen sehr unterschiedlicher Zusammensetzung bezeichnet. *Weißgold* enthält bis zu 20 % Nickel. Beide Legierungen lassen die entfärbende Wirkung des zulegierten Nickels erkennen.

In der chemischen Industrie, vor allem in der Petrolchemie, wird Nickel als Katalysator verwendet. In der Elektrochemie spielt Nickel als Elektrodenmaterial eine Rolle. Beträchtliche Mengen gehen in die Erzeugung von Nickel-Cadmium-Akkumulatoren und Nickel-Metallhydrid-Akkumulatoren (→ S. 218). An der positiven Elektrode dieser Akkumulatoren spielt sich bei der Stromentnahme und beim Laden ein wechselseitiger Übergang zwischen Nickel(II)-hydroxid $Ni(OH)_2$ und Nickel(III)-oxid-hydroxid NiO(OH), also zwischen zweiwertigem und dreiwertigem Nickel ab.

Nickelverbindungen gibt es ganz überwiegend in der zweiwertigen Stufe. Das Nickel(II)-sulfat $NiSO_4$ wird, als Heptahydrat $NiSO_4 \cdot 7\,H_2O$ (Nickelvitriol) im Elektrolysebad bei der Vernickelung verwendet. Auch Nickelverbindungen neigen zur Komplexbildung, wenn auch nicht so ausgeprägt wie die des Cobalts. Dabei treten auch hier charakteristische Färbungen auf. So färben Hexaaquonickel(II)-ionen $[Ni(H_2O)_6]^{2+}$ wässrige Lösungen grün, Hexaamminnickel(II)-ionen $[Ni(NH_3)_6]^{2+}$ dagegen blau.

Nickel ist gesundheitsschädlich. Atembare Stäube und Aerosole von Nickel und seinen Verbindungen sind krebserregend. MAK 0,5 mg/m^3, für atembare Tröpfchen 0,05 mg/m^3. Als giftig eingestuft sind: Nickelchlorid, Nickelhydroxyde, Nickeloxide, Nickelsulfide und Nickeltetracarbonyl (dieses ist auch leichtentzündlich). Bei dafür disponierten Personen ruft Nickel (Armbanduhren, Brillengestelle, Modeschmuck) Allergien hervor.

❍ Aufgaben

23.1 In welcher Form kommt das Eisen in der Natur vor?

23.2 Welche Aufgaben haben die Winderhitzer und Regenerativkammern zu erfüllen?

23.3 Warum wird zwischen Kohlenstoffstählen und legierten Stählen unterschieden?

23.4 An welchen Stellen werden die verschiedenen Stähle in der Praxis eingesetzt?

23.5 Inwiefern ist es berechtigt, von einem Kreislauf des Eisens zu sprechen, wenn die natürlichen Vorgänge der Korrosion im Zusammenhang mit den chemischen Reaktionen in den Öfen der Schwarzmetallurgie betrachtet werden?

23.6 Warum ist die Umwandlung der Verbindung Fe_2O_3 in die Verbindung Fe_3O_4 eine Reduktion?

23.7 Welcher Unterschied besteht zwischen Roheisen und Stahl?

23.8 Worin besteht das Wesen der Stahlgewinnung?

24 Wichtige Metalle der 4. bis 7. Nebengruppe

Alle Nebengruppenelemente sind Metalle. In diesem Kapitel wird in einer Auswahl auf die technisch wichtigsten Elemente der 4. bis 7. Nebengruppe eingegangen. Die Elemente der 3. Nebengruppe haben kaum technische Bedeutung. Daher wird hier nur eine Übersichtstabelle gebracht.

Tabelle 24.1 Übersicht der Metalle der 3. Nebengruppe

Element	Symbol	Relative Atommasse	Ordnungszahl	Dichte in $g \cdot cm^3$	Schmelzpunkt in °C	Siedepunkt in °C
Scandium	Sc	44,956	21	3,0	1540	2730
Yttrium	Y	88,906	39	4,5	1500	2930
Lutetium	Lu	174,97	71	9,84	1650	3330

In diese Gruppe eingeordnet wird auch das künstlich erzeugte Element Lawrencium (103).

Anstelle des Lutetiums steht in älterer Literatur das Lanthan. Wie aus Anlage 1 hervorgeht, beginnt der gesetzmäßige Aufbau des 5d-Niveaus der Elektronenhülle aber erst beim Lutetium, nachdem beim Ytterbium das 4f-Niveau mit 14 Elektronen voll besetzt ist.

24.1 4. Nebengruppe

Zur 4. Nebengruppe gehören die Metalle Titan, Zirconium und Hafnium sowie das künstlich erzeugte Element Rutherfordium (104). Aufgrund der zwei s-Elektronen und zwei d-Elektronen auf den höchsten Energieniveaus treten diese Elemente vorrangig vierwertig auf. Daraus resultiert die Einordnung im Kurzperiodensystem neben der IV. Hauptgruppe (→ Anlage 2).

Tabelle 24.2 Übersicht der Metalle der 4. Nebengruppe

Element	Symbol	Relative Atommasse	Ordnungszahl	Dichte in $g \cdot cm^3$	Schmelzpunkt in °C	Siedepunkt in °C
Titan	Ti	47,867	22	4,51	1668	3287
Zirconium	Zr	91,224	40	6,50	2125	4577
Hafnium	Hf	178,49	72	13,31	2227	4602

Titan [nach den Titanen, einem von Zeus besiegten griech. Göttergeschlecht] ist nach Aluminium, Eisen und Magnesium das in der Erdkruste – in Form seiner Verbindungen – am häufigsten auftretende Gebrauchsmetall. In einem Kilogramm Ackerboden sind in gebundener Form durchschnittlich mehr als 4 g Titan enthalten. Dieser weiten Verbreitung stehen aber nur verhältnismäßig wenige abbauwürdige Vorkommen gegenüber.

Die wichtigsten Titanmineralien sind *Rutil*, TiO_2, und *Ilmenit*, $TiO_2 \cdot FeO$. Die Gewinnung von metallischem Titan ist kompliziert. Ein Verfahren (seit 1940) verläuft über eine Chlorierung des Oxids zu Titan(IV)-chlorid, $TiCl_4$, und dessen Reduktion mit geschmolzenem Magnesium zu Titanschwamm, der in einem Lichtbogenofen zu metallischem Titan geschmolzen wird. Dabei muss unter Schutzgas (Argon) oder im Hochvakuum gearbeitet werden.

Einfacher und schon länger praktiziert ist die Gewinnung von *Ferrotitan*, einer Eisenlegierung mit 10 . . . 25 % Titan. Ferrotitan wirkt in der Stahlgewinnung als Desoxidationsmittel und ergibt als Legierungsbestandteil ($< 0{,}8$ %) eine höhere Schlagfestigkeit des Stahls.

Aufgrund der geringen Dichte und der – bei normalen Temperaturen – hohen Korrosionsfestigkeit werden heute sehr verschiedenartige Legierungen, in denen Titan Hauptbestandteil ist, als Werkstoffe eingesetzt, vor allem in der Luft- und Raumfahrttechnik, im chemischen Apparatebau, aber auch in der Medizintechnik. Da Titan im Unterschied zu Silber nicht dunkel anläuft und im Unterschied zu Nickel keine allergische Reaktionen bewirkt, wird es auch für Schmucksachen und Brillengestelle verwendet.

Titan(IV)-oxid, TiO_2, Titanweiß, ist heute das beste und wichtigste Weißpigment für Anstrichstoffe (auch Straßenmarkierungen), Papier, Emaile, Kosmetika u. a.

24.2 5. Nebengruppe

Zur 5. Nebengruppe gehören die Metalle Vanadium, Niob und Tantal sowie das künstlich erzeugte Element Dubnium (105). Aufgrund der Besetzung der Elektronenhülle mit zwei s-Elektronen und drei d-Elektronen auf den höchsten Energieniveaus treten diese Elemente vorrangig fünfwertig auf. Darauf beruht die Einordnung dieser Elemente im Kurzperiodensystem ($\rightarrow$ Anlage 2) neben der V. Hauptgruppe.

Tabelle 24.3 Übersicht der Metalle der 5. Nebengruppe

Element	Symbol	Relative Atommasse	Ordnungszahl	Dichte in $g \cdot cm^3$	Schmelzpunkt in °C	Siedepunkt in °C
Vanadium	V	50,942	23	6,11	1902	3406
Niob	Nb	92,906	41	8,57	2467	4740
Tantal	Ta	180,95	73	16,65	3014	5453

Vanadium[1)] [von Vanadis, dem Beinamen der germanischen Göttin Freya]

Die Vanadiummineralien (am bekanntesten ist *Carnotit*, das seines Urangehaltes wegen genutzt wird) spielen für die Gewinnung von Vanadium kaum eine Rolle. Wichtigster Ausgangsstoff für die Vanadiumerzeugung ist der *Magneteisenstein* (Eisen(II,III)-oxid, $FeO \cdot Fe_2O_3$), der neben anderen Begleitmetallen bis zu 1,5 % Vanadium enthalten kann. Die Gewinnung des metallischen Vanadium verläuft über das Vanadium(V)-oxid V_2O_5. Das reine Vanadium hat nur geringe technische Bedeutung. Daher wird dieses Element ganz überwiegend als *Ferrovanadium* (30 . . . 80 % V) gewonnen, unter anderem durch aluminothermische Reduktion eines Gemischs aus Stahlschrott und Schlacken mit hohem Gehalt an Vanadium(V)-oxid. Ferrovanadium geht größtenteils in die Stahlgewinnung. Es wirkt desoxidierend und verleiht den Stählen Zähigkeit und Zug- und Schlagfestigkeit (Schnelldrehstähle bis 5 % V, Werkzeugstähle bis 0,5 % V, Baustähle bis 0,2 % V). Vanadium wird stets mit anderen Stahlveredlern kombiniert eingesetzt (z. B. für Chrom-Vanadium-Werkzeuge).

1) früher auch Vanadin

Vanadium(V)-oxid (Vanadiumpentaoxid) V_2O_5 ist die wichtigste Vanadiumverbindung. Es dient unter anderem als sauerstoffübertragender Katalysator in der chemischen Technik (→ S. 279). Da die meisten Erdöle Vanadium enthalten, setzt sich Vanadium(V)-oxid im Ruß von Ölheizungen ab. Vanadium(V)-oxid ist als gesundheitsschädlich eingestuft.

24.3 6. Nebengruppe

Zur 6. Nebengruppe gehören die Metalle *Chrom*, *Molybdän* und *Wolfram*. Hier eingeordnet wird auch das künstlich erzeugte Element 106, das nach einem amerikanischen Kernforscher *Seaborgium* genannt wird. Die Einordnung im Kurzperiodensystem (→ Anlage 2) neben der VI. Hauptgruppe entspricht der Höchstwertigkeit dieser Elemente, die darauf beruht, dass die beiden höchsten Energieniveaus (s und d) mit insgesamt sechs Elektronen besetzt sind[1)]. Neben der Oxidationsstufe +6 spielt auch die Oxidationsstufe +3 eine wichtige Rolle (vor allem beim Chrom). Auch andere Oxidationsstufen treten auf. Die Beständigkeit der sechswertigen Verbindungen nimmt vom Chrom zum Wolfram hin zu.

Tabelle 24.4 Übersicht der Metalle der 6. Nebengruppe

Element	Symbol	Relative Atommasse	Ordnungszahl	Dichte in $g \cdot cm^3$	Schmelzpunkt in °C	Siedepunkt in °C
Chrom	Cr	51,996	24	7,19	1857	2669
Molybdän	Mo	95,96	42	10,22	2624	4705
Wolfram	W	183,84	74	19,30	3400	5650

Chrom [von chroma (griech.) Farbe, seiner farbigen Verbindungen wegen] gehört zu den häufigeren Metallen (häufiger als Zink, Kupfer und Blei). Es kommt auf der Erde nur in Verbindungen vor. Das wichtigste Mineral ist das *Chromit* (Chromeisenstein), das in seiner Zusammensetzung der Formel $Cr_2O_3 \cdot FeO$ nahe kommt.

Die Gewinnung von metallischem Chrom ist aufwendig. Zunächst wird das Chromit im Gemisch mit Natriumcarbonat (Soda) Na_2CO_3 und Calciumoxid (gebranntem Kalk) CaO in Drehrohröfen durch den Luftsauerstoff zum wasserlöslichen Natriumchromat Na_2CrO_4 oxidiert, aus dem mittels Schwefelsäure Natriumdichromat $Na_2Cr_2O_7$ gewonnen wird. Dieses wird durch Kohle zu reinem Chrom(III)-oxid Cr_2O_3 reduziert. Es schließt sich dessen aluminothermische Reduktion zu metallischem Chrom an:

$$Na_2\overset{+6}{Cr_2}O_7 + 2\,\overset{0}{C} \rightarrow \overset{+3}{Cr_2}O_3 + Na_2\overset{+4}{C}O_3 + \overset{+2}{C}O$$

$$\overset{+3}{Cr_2}O_3 + 2\,\overset{0}{Al} \rightarrow \overset{+3}{Al_2}O_3 + 2\,\overset{0}{Cr}$$

Zur Stahlveredelung wird Chrom in der Form von *Ferrochrom* (52 ... 75 % Cr) eingesetzt, dass durch Reduktion mit Kohlenstoff in Elektroöfen direkt aus Chromit hergestellt wird:

$$Cr_2O_3 \cdot FeO + 4\,C \rightarrow 2\,Cr + Fe + 4\,CO$$

[1)] An sich wäre eine Besetzung mit zwei s-Elektronen und vier d-Elektronen zu erwarten. Die Besetzung mit fünf d-Elektronen, das heißt, mit je einem Elektron in allen fünf d-Orbitalen, erweist sich aber als besonders stabil (Chrom, Molybdän) (→ Anlage 1).

Chrom erhöht die Härte, die Hitzebeständigkeit und die Korrosionsbeständigkeit von Stahl. Die Korrosionsbeständigkeit von Chromstählen beruht darauf, dass sich auf der Oberfläche eine sehr dünne, aber dichte Schicht von Chrom(III)-oxid Cr_2O_3 ausbildet, die Passivität bewirkt. Diese Schicht erneuert sich bei Beschädigungen von selbst. Werkzeugstähle enthalten bis 25 % Chrom, hitzebeständige Stähle bis 18 % Chrom. Oft werden neben Chrom noch andere Legierungszusätze eingebracht (Nickel, Molybdän, Kupfer, Mangan u. a.). Ein bekannter nicht rostender Stahl enthält 18 % Chrom und 8 % Nickel, aber nur 0,1 % Kohlenstoff.

Das *metallische Chrom* ist silberglänzend. Es bildet an der Luft eine korrosionsbeständige Oxidschicht, die durchsichtig ist und daher den Metallglanz nicht verdeckt. Da Chrom mit dem Standardelektrodenpotenzial $\varepsilon^{\ominus} = -0{,}91$ V unedler ist als Eisen ($\varepsilon^{\ominus} = -0{,}44$ V), eignen sich Chromüberzüge nur aufgrund dieser Oxidschicht als Korrosionsschutz.

Bei der *galvanischen Verchromung* werden die zu schützenden Werkstücke als Katoden in ein Elektrolysebad gehängt, in dem Chrom(VI)-oxid, Chrom(III)-oxid und Chromsulfat gelöst sind. Als Anoden dienen unangreifbare Bleielektroden. (Im Unterschied zu den meisten Verfahren der Galvanotechnik werden also hier die Elektrolyte nicht durch anodische Oxidation nachgeliefert, sondern müssen dem Bad ständig zugeführt werden.)

Es wird zwischen Glanzverchromung und Hartverchromung unterschieden. Die *Glanzverchromung* dient Schmuckzwecken und beschränkt sich auf eine Chromschicht von bis zu 1 µm. Um dennoch Korrosionsschutz zu erreichen, wird vorher – gleichfalls galvanisch – eine Nickelzwischenschicht aufgetragen. (Das hat freilich den Nachteil, dass bei Verletzung dieser Schicht durch Lokalelementbildung (→ S. 279) das Eisen umso stärker angegriffen wird.)

Bei der *Hartverchromung* werden Schichten bis zu 50 µm aufgetragen. Damit wird die Verschleißfestigkeit von Lagerwellen, Feilen, Sägen Messwerkzeugen u. a. auf das Mehrfache (bis Zehnfache) erhöht.

Von der galvanischen Verchromung zu unterscheiden sind die Inchromierung und die Chromatisierung, die beide gleichfalls dem Korrosionsschutz dienen. Bei der *Inchromierung* wirken bei sehr hohen Temperaturen (über 1000 °C) Dämpfe von Chromverbindungen auf die Stahloberfläche ein. Dabei werden durch Diffusion ungefähr ein Drittel der Eisenatome bis zu einer Tiefe von 200 µm gegen Chromatome ausgetauscht. Die Oberfläche von so inchromiertem Stahl ist ähnlich korrosions- und hitzebeständig wie die von Chromstahl. Auch Chromcarbide können sich bilden, die eine Schicht mit erhöhter Verschleißfestigkeit ergeben.

Das *Chromatieren* ist ein Verfahren zur Oberflächenveredlung von ganz anderer Art. Es wird vornehmlich für Aluminium, Magnesium und Zink angewandt. Durch Tauchen in Chromat(VI)-lösungen bildet sich auf der Oberfläche der Metalle eine Schicht aus, auf der organisch-chemische Substanzen (Plaste, Lacke, Leime) gut haften.

Chromverbindungen gibt es in den Oxidationsstufen +2 bis +6. Die wichtigsten davon sind die Chrom(III)- und die Chrom(VI)-verbindungen. Aus der Vielzahl der erzeugten Verbindungen und deren mannigfachen Verwendung kann hier nur eine kleine Auswahl gebracht werden.

Chrom(III)-oxid Cr_2O_3 dient als grünes Farbpigment.

Chrom(IV)-oxid CrO_2 ist ferromagnetisch, leitet elektrischen Strom und wird zur Beschichtung von Magnetbändern verwendet, deren Herstellung rückläufig ist.

Chrom(VI)-oxid CrO_3 (früher als „Chromsäure" bezeichnet) bildet rote Kristalle, es ist ein sehr starkes Oxidationsmittel und kann daher organische Stoffe entzünden sowie die Haut verätzen. Mit Wasser protolysiert es zu Chromationen CrO_4^{2-}:

$$CrO_3 + 3\,H_2O \rightarrow CrO_4^{2-} + 2\,H_3O^+$$

Chromate(VI), z. B. Kaliumchromat K_2CrO_4, sind gelb, mit Säuren gehen sie über in Dichromate:

$$2\,CrO_4^{2-} + 2\,H_3O^+ \rightarrow Cr_2O_7^{2-} + 3\,H_2O$$

Dichromate(VI), z. B. Kaliumdichromat K_2CrO_7, sind orange.

Chrom(III)-sulfat $Cr_2(SO_4)_3$ wird für die Erzeugung von Chromleder verwendet.

Chrom(III)-chlorid $CrCl_3$ ist hellviolett (pfirsichblütenfarbig).

Bleichromat(VI) $PbCrO_4$ ist unter der Bezeichnung *Chromgelb* als Pigment im Gebrauch, im Gemisch mit Blei(II)-hydroxid ergibt es *Chromrot*, im Gemisch mit Eisen(III)-hexacyanoferrat(II) (Berliner Blau) $Fe_4[Fe(CN)_6]_3$ *Chromgrün*.

Chromverbindungen bilden in vielfältiger Weise *Komplexverbindungen* (→ S. 83). Zwei davon seien hier als Beispiel angeführt:

Aus Chrom(III)-chlorid entstehen
- mit Wasser *Kationkomplexe* mit unterschiedlicher Zusammensetzung und damit in unterschiedlichen Farben, z. B. Dichloro-tetraaquochrom(III)-chlorid $[Cr(H_2O)_4Cl_2]Cl \cdot 2\,H_2O$, dunkelgrün;
- mit Basen *Anionkomplexe*; z. B. Kalium-hexahydroxo-chromat(III), grün.

Unter der Bezeichnung *„Chromschwefelsäure"* ist eine Lösung von Kaliumchromat in konzentrierter Schwefelsäure zum Reinigen von Glasgeräten in Laboratorien im Gebrauch (Arbeiten nur unter dem Abzug mit Schutzbrille und Gummihandschuhen).

Alle *Chromverbindungen* – besonders jene mit sechswertigem Chrom, aber auch Chromstaub – sind *giftig*. Sie können zu akuten und chronischen Gesundheitsschäden führen (Haut, Nasenschleimhaut, Lunge, Magen, Darm, Nieren), zum Teil gelten sie auch als krebserregend. (Literatur: Roth/Weller: Sicherheitsfibel Chemie; Landsberg/Lech, 1991).

Molybdän [von molybdos (griech.) Blei, aus einer Zeit, in der man die Minerale der beiden Metalle noch nicht unterscheiden konnte] dient gleichfalls der Stahlveredelung. Dazu wird es in Form von *Ferromolybdän* (60 . . . 75 % Mo) eingesetzt. Die wichtigsten Minerale sind *Molybdänglanz* MoS_2 und *Gelbbleierz* $PbMoO_4$. Nach weitgehender Anreicherung mittels Flotation kann daraus unter anderem mit Ferrosilicium im Elektroofen Ferromolybdän gewonnen werden. Molybdän erhöhte im Stahl neben der Korrosionsfestigkeit auch die Hitzebeständigkeit. Rostfreier Stahl kann bis zu 4 % Mo, Schnelldrehstahl bis zu 14 % Mo enthalten. Im Gusseisen erhöhen schon 0,3 % Mo die Festigkeit.

Die Gewinnung des reinen *Molybdäns*, das seiner Hochtemperaturbeständigkeit wegen für einige spezielle Zwecke in Elektrotechnik und Elektronik eingesetzt wird, kann über das Abrösten des angereicherten Molybdänglanzes zu Molybdän(VI)-oxid MoO_3 und dessen Reduktion mit Wasserstoff erfolgen:

$$MoO_3 + 3\,H_2 \rightarrow Mo + 3\,H_2O$$

Von den *Molybdänverbindungen* sind Molybdän(VI)-oxid MoO_3 und Molybdän(IV)-sulfid MoS_2 als Katalysatoren der organischen Chemie nennenswert, das Sulfid auch wegen seiner Eignung als Trockenschmierstoff (ähnlich dem Graphit).

Wolfram, Symbol: W [von Wolfsrahm, wie im 16. Jahrhundert eine Schlacke genannt wurde, die sich auf Zinnschmelzen absetzte und einen Teil des Zinns „wegfraß". Nach Entdeckung des Elements (1783), das diese Verschlackung verursachte, wurde die Bezeichnung auf dieses Element übertragen; engl. *Tungsten*, nach dem Schwedischen, Schwerstein]

Wolfram hat von allen Metallen die höchste Schmelztemperatur (3400 °C) und den kleinsten Ausdehnungskoeffizienten. Gegenüber Säuren ist es sehr beständig. Mit $19{,}3\,g \cdot cm^{3-}$ hat Wolfram die gleiche Dichte wie Gold. Oberhalb 1100 °C ist es gegenüber Luftsauerstoff weniger beständig als Chrom und Nickel.

Die wichtigsten Wolframmineralien sind *Wolframit* $(Fe,Mn)WO_4$ und *Scheelit* $CaWO_4$. Wolframit lässt sich im elektrischen Ofen mit Kohlenstoff zu *Ferrowolfram* (75 . . . 85 % W) reduzieren.

Die Erzeugung von metallischem Wolfram erfolgt nach verschiedenen Verfahren, denen die abschließende Reduktion des zwischenzeitlich gewonnenen *Wolfram(VI)-oxids* WO_3 mit Wasserstoff (bei etwa 1200 °C) gemeinsam ist:

$$WO_3 + 3\,H_2 \rightarrow W + 3\,H_2O$$

Das Wolfram fällt dabei als ein graues Pulver an, das anschließend (gleichfalls bei etwa 1200 °C) durch Sintern und Hämmern zu einem silberglänzenden duktilen Metall verarbeitet wird.

Eines der Gewinnungsverfahren für das Wolfram(VI)-oxid lässt sich wie folgt skizzieren: Da die Wolframerze meist nur etwa 1 % Wolfram enthalten, muss zunächst eine Anreicherung (durch Schwimm-Sink-Verfahren, Magnetscheidung, Flotation) auf mindestens 20 % W erfolgen. Durch Rösten im Gemisch mit Natriumcarbonat (Soda) gehen die Wolframmineralien in *Natrium-wolframat(VI)* Na_2WO_4 über, das mit Wasser aus dem Röstgut herausgelöst werden kann. Wird der Lösung Salzsäure zugesetzt, fällt *Wolfram(VI)-oxid-Hydrat* $WO_3 \cdot H_2O$ aus (das auch als *Wolframsäure* H_2WO_4 aufgefasst werden kann). Durch Erhitzen geht das in *Wolfram(VI)-oxid* über.

Ferrowolfram dient vorwiegend zur Erzeugung von *Schnellarbeitsstählen* (mit bis zu 18 % W), die in Härte und Hitzebeständigkeit weitgehend die Eigenschaften des Wolframs annehmen.

Eine besondere Rolle in der Werkstofftechnik spielen die *Wolframcarbide* (WC, W_2C) mit ihren außerordentlich harten Kristallen. In *Hartmetallen*, die durch Sintern erzeugt werden, sind diese Kristalle (neben denen anderer Carbide: TiC, TaC) als Hauptbestandteil in ein metallisches Bindemittel (meist Cobalt; etwa 10 %) eingelagert.

In den *Hartlegierungen*, die gießbar und schweißbar sind, ist Cobalt (neben Chrom, Wolfram und etwas Kohlenstoff) das Hauptlegierungselement, während die Härte auf Wolfram-, Chrom- und Molybdäncarbiden fußt. Die Hartlegierungen sind hitze- und korrosionsbeständig, vor allem aber besonders abriebfest. Hartmetalle und Hartlegierungen werden in vielfältiger Weise in der Werkzeugtechnik eingesetzt, aber auch für hochbeanspruchte Maschinenteile.

Reines Wolfram lässt sich zu außerordentlich dünnen ($> 10\,\mu m$) Drähten ausziehen, die als *Glühfäden* für Beleuchtungszwecke verwendet werden. In der Elektrotechnik und Elektronik wird es für Elektroden und hoch beanspruchte Kontakte verwendet, in der Raketentechnik für Düsen und Hitzeschilde.

Wolframverbindungen haben im Vergleich – etwa zum Chrom – nur geringe praktische Bedeutung. Außer den bereits genannten Wolframoxiden, Wolframaten und Wolframcarbiden sind die *Wolframbronzen* erwähnenswert. Das sind farbige, metallisch glänzende, elektrisch leitende nichtstöchiometrische Verbindungen der Formel Na_xWO_3, also ein Natriumwolframat(V), wobei x zwischen 0,9 und 0 liegt. Im Kristallgitter sind also mehr oder weniger Kationenplätze unbesetzt. Dafür liegen dann ungebundene Elektronen vor und das Wolfram nimmt die Oxidationsstufe +6 an. Mit abnehmendem Natriumgehalt verändert sich die Farbe von goldgelb über rot nach blauviolett.

24.4 7. Nebengruppe

Zur 7. Nebengruppe gehören die Elemente *Mangan*, *Technetium* und *Rhenium*. Davon ist nur das Mangan von großer technischer Bedeutung. Rhenium wurde erst im 20. Jahrhundert entdeckt und Technetium künstlich erzeugt. Immerhin ist erwähnenswert, dass Rhenium heute als Reformierungskatalysator für die Erzeugung von bleifreiem Benzin dient. In die 7.Nebengruppe eingeordnet wird auch das Element 107, das nach dem dänischen Kernphysiker *Niels Bohr* als *Bohrium* (Symbol Bh) benannt wurde.

Tabelle 24.5 Übersicht der Metalle der 7. Nebengruppe

Element	Symbol	Relative Atommasse	Ordnungszahl	Dichte in $g \cdot cm^3$	Schmelzpunkt in °C	Siedepunkt in °C
Mangan	Mn	54,938	25	7,44	1244	2059
Technetium	Tc	[98] [1)]	43	11,5	2200	4631
Rhenium	Re	186,21	75	21,02	3180	5590

Mangan, Symbol Mn [zur Herkunft des Namens gibt es widersprüchliche Erklärungen] ist nach dem Eisen das zweithäufigste Schwermetall (0,095 %) in der Erdkruste. Bekanntestes Mineral ist der *Braunstein* MnO_2 (Mangan(IV)-oxid). Weiter sind zu nennen:

Hausmannit	Mn_3O_4
Manganit	$MnO(OH)$
Braunit	$3\,Mn_2O_3 \cdot MnSiO_3$
Mangankies	MnS_2
Manganspat	$MnCO_3$

[1)] Massenzahl des langlebigsten Isotops

Reines metallisches Mangan wird technisch kaum verwendet. Hergestellt werden kann es durch Elektrolyse einer Mangan(II)-sulfatlösung mit Stahlkatoden:

$$2\,MnSO_4 + 2\,H_2O \rightarrow 2\,Mn + 2\,H_2SO_4 + O_2$$

wobei an den Anoden Sauerstoff frei wird.

Großtechnisch bedeutsam ist demgegenüber die Erzeugung von *Ferromangan* (60 ... 90 %), das in Elektroöfen aus einem Gemisch von Mangan- und Eisenerzen mit Koks erschmolzen wird. Mangan und Eisen liegen darin in Form verschiedener Carbide vor. Neben dem Ferromangan stehen *Spiegeleisen* (bis zu 20 % Mn und bis zu 6 % Kohlenstoff) und *Silicomangan* (etwa 65 % Mn und bis zu 18 % Silicium, bis 2 % Kohlenstoff, Rest Eisen). Diese Vorlegierungen bewirken im Stahl eine Desoxidation, eine Entschwefelung und eine gewisse Aufkohlung. Manganstahl mit 10 bis 15 % ist zäh und relativ abriebfest (Verwendung z. B. in Kugelmühlen). Stähle mit niedrigem Mangangehalt (bis 1 %) werden für manche Werkzeuge (Rechen, Sägen, Hämmer) eingesetzt. In Aluminium- und Magnesiumlegierungen erhöht ein Zusatz von Mangan (bis 2 %) die Korrosionsbeständigkeit.

Manganverbindungen

Mangan tritt in besonders vielen Wertigkeitsstufen auf. Nach der Besetzung der höchsten Energieniveaus mit zwei s-Elektronen und fünf d-Elektronen ist die höchste Oxidationsstufe +7, daneben treten alle Stufen zwischen +2 und +6 auf. In den niedrigen Oxidationsstufen (+2, +3) ist das Mangan basenbildend, es tritt als Kation auf. In den hohen Oxidationsstufen (+5, +6, +7) ist es säurebildend, es tritt in den Anionen auf. In der mittleren Oxidationsstufe (+4) ist es amphoter.

Mangan(II)-verbindungen sind besonders stabil, da bei ihnen die fünf Orbitale des 3d-Niveaus der Elektronenhülle mit je einem Elektron besetzt sind (→ Anlage 2).

Mangan(II)-sulfat $MnSO_4$, Ausgangsstoff für die elektrolytische Gewinnung von metallischem Mangan, wird durch starkes Erhitzen (bis zur Rotglut) von Braunstein mit konzentrierter Schwefelsäure gewonnen:

$$\overset{+4}{Mn}O_2 + H_2SO_4 \rightarrow \overset{+2}{Mn}SO_4 + H_2O + \tfrac{1}{2}\,O_2$$

Mangan(II)-sulfat ist leicht wasserlöslich.

Mangan(II)-chlorid $MnCl_2$ kann gewonnen werden durch Einwirken von Chlor auf Ferromangan. Es ist Zwischenprodukt bei der Erzeugung von Manganbraun wechselnder Zusammensetzung (Mangan(III)-oxid-hydrat), das in der Malerfarbe Umbra enthalten ist.

Mangan(II)-carbonat $MnCO_3$ ist Zwischenprodukt bei der Herstellung von *Ferriten*, z. B. $MnO \cdot Fe_2O_3$. Das sind weichmagnetische Werkstoffe, die heute für die Informationstechnik unentbehrlich sind.

Mangan(IV)-oxid MnO_2 (Mangandioxid, Braunstein) ist die bekannteste und meistverwendete Manganverbindung. In großen Mengen geht es als Depolisator in die Fabrikation von elektrochemischen Zellen (→ Abschn. 10.4.3). Mangan(IV)-oxid ist gesundheitsschädlich. Wegen seines hohen Oxidationsvermögens gegenüber organischen Stoffen muss es vorsichtig gehandhabt werden.

Mangan(IV)-oxid MnO_2 ist der mittleren Oxidationsstufe entsprechend *amphoter*. Es reagiert sowohl mit Säuren als auch mit Basen. Mit konzentrierter Salzsäure HCl geht es zunächst in *Mangan(VI)-chlorid* $MnCl_4$ über, das aber unter Abgabe von Chlor in *Mangan(II)-chlorid* zerfällt:

$$MnO_2 + 4\,HCl \rightarrow MnCl_4 + 2\,H_2O$$
$$MnCl_4 \rightarrow MnCl_2 + Cl_2$$

Gegenüber der Salzsäure verhält sich das Mangan(IV)-oxid also als *Base*. Gegenüber Calciumoxid CaO (gebranntem Kalk) verhält es sich in einer Schmelze als *Säure*. Es entsteht *Calcium-manganat(IV)*:

$$\overset{+4}{Mn}O_2 + CaO \rightarrow Ca\overset{+4}{Mn}O_3$$

Ein Übergang zur Oxidationsstufe +6 tritt ein, wenn Mangan(IV)-oxid mit Kaliumhydroxid KOH (Ätzkali) an der Luft geschmolzen wird (dieser Prozess wird als „Aufschluss" von Braunstein bezeichnet):

$$2\,\overset{+4}{Mn}O_2 + 4\,KOH + \overset{0}{O}_2 \rightarrow 2\,K_2\overset{+6}{Mn}O_4 + 2\,H_2\overset{-2}{O}$$

Das unlösliche Mangan(IV)-oxid geht dabei in das mit grüner Farbe lösliche *Kalium-manganat(VI)* K_2MnO_4 über, das aber nur in alkalischer Lösung beständig ist. Mit Säuren disproportioniert es nach:

$$3\,K_2\overset{+6}{Mn}O_4 + 4\,HCl \rightarrow 2\,K\overset{+7}{Mn}O_4 + \overset{+4}{Mn}O_2 + 4\,KCl + 2\,H_2O$$

zu *Kalium-manganat(VII)* $KMnO_4$, das allgemein als Kaliumpermanganat bekannt ist und eine violette Lösung ergibt.

Kaliumpermanganat ist ein sehr starkes Oxidationsmittel, also ein Elektronenakzeptor (→ S. 177. Indem es – gegenüber geeigneten Reduktionsmitteln – oxidierend wirkt, wird das Kaliumpermanganat selbst reduziert und zwar

- in saurer Lösung bis zur Oxidationsstufe +2:

$$\overset{+7}{Mn}O_4^- + 8\,H_3O^+ + 5\,e^- \rightarrow Mn^{2+} + 8\,H_2O$$

- in neutraler oder basischer Lösung nur bis zur Oxidationsstufe +4:

$$\overset{+7}{Mn}O_4^- + 2\,H_2O + 3\,e^- \rightarrow \overset{+4}{Mn}O_2 + 4\,OH^-$$

In saurer Lösung entstehen demnach Mangan(II)-salze, in neutraler oder basischer Lösung Mangan(IV)-oxid. Technisch erzeugt wird Kaliumpermanganat $KMnO_4$ heute durch anodische Oxidation von Kaliummanganat(VI).

Kaliumpermanganat ist brandfördernd und gesundheitsschädlich. Bei der umfänglichen Verwendung ist daher Vorsicht geboten. Es dient in der organischen Chemie als Oxidationsmittel, wobei vielfach zugleich eine entfärbende Wirkung auftritt, die auch technisch genutzt wird. Es dient als Desinfektionsmittel und wird in der Gasreinigung und Abwasserreinigung eingesetzt. Dabei spielt die oxidative Zerstörung übelriechender Substanzen eine Rolle. Schließlich ist es Ausgangsstoff für die Erzeugung verschiedener Farbpigmente.

❍ Aufgaben

24.1 Welche Legierungszusätze erhöhen die Härte von Stahl?

24.2 Welche Legierungszusätze erhöhen die Verschleißfestigkeit von Stahl?

24.3 Welche Legierungszusätze erhöhen die Hitzebeständigkeit von Stahl?

24.4 Welche Legierungszusätze erhöhen die Korrosionsbeständigkeit von Stahl?

25 Chemie und Technologie des Wassers

25.1 Die wirtschaftliche Bedeutung des Wassers

Das Wasser ist ein für die Existenz und Entwicklung der menschlichen Gesellschaft unentbehrlicher Rohstoff. Ohne Wasser gibt es kein organisches Leben und keine Produktion. So bestehen fast alle lebenden Pflanzen und Tiere zu 50 bis 95 % aus Wasser. Ein Wasserverlust von 10 bis 15 % führt bei Wirbeltieren und Menschen zum Tode. Das Wasser ist ein unentbehrliches Mittel zum Lösen der Nährstoffe, zu ihrem Transport im Organismus, zur Regulierung der Körpertemperatur sowie für die Ausscheidung von Stoffwechselprodukten.

Als Wachstumsfaktor ist das Wasser für die Pflanzenwelt von größter Bedeutung. Auf Störungen des Wasserangebotes reagieren die Pflanzen sofort. Eine Steigerung der pflanzlichen und damit auch der tierischen Produktion ist weitgehend von einer geordneten Wasserwirtschaft abhängig. Die Zunahme der Bevölkerung, der steigende Wohnkomfort, die Erweiterung der sozialen Einrichtungen führen zur Steigerung des Pro-Kopf-Verbrauchs an Wasser. In der Bundesrepublik Deutschland hat er sich auf hohem Niveau stabilisiert.

In industriell entwickelten Gebieten ist die Mehrfachnutzung des Wassers schon lange unerlässlich. Das setzt an sich voraus, dass die Betriebe Wasser nicht in einer schlechteren Qualität abgeben, als sie es aufnehmen. Obwohl mit dem Bau von Abwasserreinigungsanlagen für Industrie, Landwirtschaft und Bevölkerung schon viel getan worden ist, sind Flüsse und Meere noch immer in unvertretbarem Maße mit Schadstoffen belastet. In der Bundesrepublik Deutschland ist die Bewirtschaftung und der Schutz von Gewässern durch das Gesetz zur Ordnung des Wasserhaushalts[1)] geregelt (→ Aufg. 25.1).

25.2 Natürliches Wasser

Als natürliches Wasser werden unterschieden:

- *Oberflächenwasser* (Bäche, Flüsse, Seen, Talsperren),
- *Grundwasser* (das durch Brunnen erschlossen wird, aber auch als *Quellwasser* zutage tritt) und
- *Meerwasser*.

Der Wasservorrat der Erde ist konstant. Durch Verdunstung und Niederschläge (Regen, Schnee) steht er in einem ständigen Kreislauf.

Das natürliche Wasser ist niemals chemisch rein. Im Regenwasser befinden sich lösliche Bestandteile der Luft, wie Sauerstoff, Stickstoff, Kohlenstoffdioxid, Schwefeldioxid, Ammoniak, ferner Staub, Bakterien u. a. Beim Eindringen in die Erdkruste nimmt das Wasser weitere lösliche Verbindungen auf. Dabei unterstützt das vorher gelöste Kohlenstoffdioxid besonders das Lösen der Carbonate des Calciums, Magnesiums, Eisens, Mangans usw. in Form der Hydrogencarbonate:

$$\underset{\text{unlöslich}}{CaCO_3} + H_2O + CO_2 \rightleftharpoons \underset{\text{löslich}}{Ca(HCO_3)_2} \qquad (25.1)$$

1) Wasserhaushaltsgesetz – WHG, beim Redaktionsschluss galt die Fassung vom 31.7.2009

Oberflächenwasser und *Grundwasser* ist fast immer durch eine Vielfalt von anorganischen und organischen Stoffen verunreinigt, die aus Abwässern der Siedlungen und der Industrie stammen. Es hat im Allgemeinen einen mäßigen Salzgehalt, wenn nicht Abwässer mit extrem hohem Salzgehalt eingeleitet werden. Das Oberflächenwasser ist sauerstoffhaltig und unterliegt durch *biologische Abbauprozesse* einer *Selbstreinigung*.

Ein hoher Eintrag von organischen Stoffen, wie z. B. Kohlenhydrate, Eiweiße und Fette, durch ungereinigte oder ungenügend gereinigte Abwässer aus Siedlungen, Landwirtschaft und Industrie führt zur Überschreitung der biologischen Selbstreinigung des Wassers, und anaerobe Fäulnisprozesse laufen ab. Dabei entstehen Methan, Kohlenstoffdioxid, Ammoniak und Schwefelwasserstoff.

Durch Auswaschung von Düngemitteln kann es zur Anreicherung von Nitraten und Phosphaten vor allem im Wasser von Seen kommen, die bei ausreichender Belichtung zum Massenwachstum von Algen führt (Eutrophierung; → Abschn. 25.7.2).

Eine Verunreinigung des Wassers mit Cyanid- und Schwermetallionen oder anorganischen Säuren aus Industrieabwässern führt zur Vergiftung des Wassers. Die gefährlichsten Abwasserschmutzstoffe sind Mineralöle, Halogenkohlenwasserstoffe (Lösungsmittel), Hydroxybenzole (Phenole) und Tenside[1)]. Sie vermindern die Sauerstoffaufnahme des Wassers, beeinflussen Geruch, Geschmack und Farbe nachteilig. Für Fische sind bereits Phenolkonzentrationen von 3 bis 5 $mg \cdot l^{-1}$ tödlich. Bei der Aufbereitung zu Trinkwasser verursachen alle diese Verunreinigungen hohe Kosten.

25.3 Wasserhärte

Der Begriff der Wasserhärte stammt aus dem Waschprozess. Bei Anwendung von Seife in *hartem* Wasser erzeugt die ausgefällte *Kalkseife* eine stumpfe, rauhe Empfindung auf der Haut. In *weichem* Wasser liegt eine schlüpfrige, weiche Empfindung vor. Wird in hartem Wasser gewaschen, so tritt ein hoher Verbrauch an Seife ein und in Textilien setzt sich Kalkseife ab.

Für die Härte eines Wassers ist der Gehalt an Calcium- und Magnesiumsalzen ausschlaggebend, die daher als *Härtebildner* bezeichnet werden. Bei der Wasserhärte wird zwischen Carbonathärte KH und Nichtcarbonathärte NKH unterschieden.

Die *Carbonathärte*, auch als temporäre (zeitweilige) Härte bezeichnet, beruht auf dem Gehalt an Calcium- und Magnesiumhydrogencarbonat. Durch Kochen wird – in Umkehrung der Gleichung (25.1) – Kohlenstoffdioxid aus dem Gleichgewicht ausgetrieben, und unlösliche Carbonate fallen aus.

Die *Nichtcarbonathärte* beruht auf Sulfaten, Chloriden und anderen Salzen, die durch Kochen nicht ausgefällt werden können; sie wird daher auch als permanente (bleibende) Härte bezeichnet.

Die *Gesamthärte* GH ist die Summe von Carbonat- und Nichtcarbonathärte.

[1)] Tenside (von lat. tensio, Spannung) sind Substanzen, die die Grenzflächenspannung herabsetzen und deshalb in Wasch- und Reinigungsmitteln (Detergenzien) eingesetzt werden.

Quantitativ wird die Wasserhärte als *Stoffmengenkonzentration* der Calcium- und Magnesiumionen in mmol · l^{-1} angegeben.[1)] Es werden vier Härtebereiche unterschieden (→ Tab. 25.1).

Tabelle 25.1 Einteilung des Wassers nach Härtebereichen

Härtebereich	Konzentration an Ca^{2+}- und Mg^{2+}-Ionen in mmol · l^{-1}	Bezeichnung
1	bis 1,3	sehr weich
2	1,3 ... 2,5	weich
3	2,5 ... 3,8	hart
4	über 3,8	sehr hart

Die Härtebildner sind nicht nur für den Waschprozess schädlich, sondern führen auch zur Bildung von Kesselstein in Dampfkesseln und -rohren und damit indirekt zu Korrosionserscheinungen. Beim Erhitzen von hartem Wasser entweicht gelöstes Kohlenstoffdioxid, und es entsteht das unlösliche Carbonat. Die schwerlöslichen Erdalkalisulfate fallen beim Verdampfen des Wassers allmählich aus. Aus den Carbonaten und Sulfaten entsteht eine festhaftende Kesselsteinschicht an der Dampfkesselwand. Da 1 mm Kesselstein in der Wärmeleitfähigkeit einem 37 mm dicken Eisenblech äquivalent ist, steigt der Brennstoffbedarf stark an. Die mit Kesselstein belegten Bleche sind einer ständigen Überhitzung und damit verstärkten Abnutzung ausgesetzt. Zu explosionsartigen Wasserverdampfungen kommt es, wenn der Kesselstein abplatzt und das Wasser die überhitzten Kesselbleche berührt. Das kann zu Ausbeulungen und zur Zerstörung des Kessels führen. Abgesehen von der Kesselsteinbildung können die im Kesselwasser angereicherten Salze durch Schäumen und Spucken des Kessels zu Betriebsstörungen führen. Die eventuell eintretende Verstopfung von Rohrleitungen durch Kesselstein ist ebenfalls Ursache von Betriebsstörungen. Aus diesen Gründen ist eine Enthärtung des Kesselspeisewassers erforderlich (→ Aufg. 25.9 und 25.10).

25.4 Anforderungen an die Wasserbeschaffenheit

25.4.1 Anforderungen an die Trinkwassergüte

An das Trinkwasser werden die höchsten hygienischen Anforderungen gestellt. Trinkwasser muss klar, farblos, kühl (15 °C sollen nicht überschritten werden), geruchlos, geschmacklich einwandfrei, appetitlich und zum Genuss anregend sein. Es muss frei sein von Krankheitserregern und arm an Keimen (DIN 2000). Für die Inhaltsstoffe sind Grenzwerte festgelegt (Tabelle 25.2).

Vorhandene Keime werden durch den *Coli-Titer* bestimmt. Darunter versteht man die kleinste Wassermenge, in der – bei einer Untersuchung nach bestimmten Vorschriften – der Nachweis von Coli-Bakterien noch positiv ist. Der Coli-Titer 100 besagt, dass in einer Probe von

[1)] Die früher verwendeten deutschen Härtegrade °dH können in mmol · l^{-1} umgerechnet werden, indem der Zahlenwert durch 5,6 dividiert wird: 1 °dH ≙ 10 mg CaO · l^{-1}; 56 mg CaO ≙ 1 mmol CaO.

100 ml Wasser gerade noch Coli-Bakterien nachgewiesen werden konnten. Das Bakterium Coli gehört zu den normalen Bewohnern des Dickdarms von Menschen und Säugetieren, es beeinflusst die Verdauung. Sein Vorhandensein im Wasser deutet auf eine Verunreinigung durch Fäkalien hin. In modernen Trinkwasseraufbereitungsanlagen sind Colibakterien in der Regel nicht mehr nachweisbar.

Tabelle 25.2 Grenzkonzentrationen in Trinkwasser (Auswahl [1])

Bezeichnung	$mg \cdot l^{-1}$	Bezeichnung	$mg \cdot l^{-1}$	Bezeichnung	$mg \cdot l^{-1}$
Cl^-	250	K^+	12	Hg	0,001
F^-	1,5	Ca^{2+}	400	Mn^{2+}	0,05
SO_4^{2-}	240	Mg^{2+}	50	Fe	0,2
NO_2^-	0,1	Al^{3+}	0,2	CCl_4	0,003
NO_3^-	50	Pb	0,04	andere Chlor-	0,01
NH_4^+	0,5	As	0,01	kohlenwasserstoffe	
Na^+	150	Cd	0,005	Phenole	0,0005

[1] Näheres siehe Trinkwasserverordnung vom 21.05.2001; letzte Änderung 01.04.2012

25.4.2 Anforderungen der Industrie an Brauchwasser

Je nach dem vorgesehenen Verwendungszweck werden verschiedene Anforderungen an das Brauchwasser gestellt. Grundsätzlich wird ein *klares, farbloses, salzarmes* Wasser gefordert, das nur geringste Mengen an organischen Stoffen enthält und keine korrosiven Eigenschaften aufweist. Der Eisen- und Mangangehalt sollte die Grenzkonzentration des Trinkwassers nicht überschreiten. Natürliche Silicate sind im Wasser teils echt, teils kolloidal gelöst, sie beeinträchtigen die Qualität des Trinkwassers nicht, sind aber im Kesselspeisewasser infolge der Bildung von harten Belägen äußerst schädlich.

Die Nahrungs-, Papier-, Zellstoff-, Film- und Genussmittelindustrie fordern mindestens Trinkwasserqualität. Wäschereien, Textilbetriebe und Färbereien verlangen ein enthärtetes Wasser, um den Waschmittelverbrauch gering zu halten und Störungen im Färbebetrieb zu vermeiden.

Für Kühlzwecke werden in den Kraftwerken große Wassermengen benötigt. Für die Durchlaufkühlung, bei der das Wasser nur einmal Verwendung findet, wird nur ein Wasser verlangt, das nicht korrodierend wirkt und keine störenden Beläge hinterlässt. Bei der Rückflusskühlung, bei der das Wasser mehrmals verwendet wird, muss besonders die Carbonathärte klein sein, um das Abscheiden von unlöslichen Ablagerungen zu vermeiden. Die Neigung zum Algen- und Pilzwachstum ist ebenfalls unerwünscht. Die höchste Anforderung an die chemische Beschaffenheit stellt das Kesselspeisewasser (→ Abschn. 25.6 und Aufg. 25.14).

25.5 Trinkwasseraufbereitung

In der Bundesrepublik Deutschland wird das Trinkwasser zu mehr als zwei Dritteln aus *Grundwasser* (einschließlich Quellwasser) gewonnen. Der Rest stammt aus *Oberflächenwasser* (Seen, Talsperren, Flüssen). Je nach der Herkunft und Beschaffenheit des Rohwassers sind die Trinkwasserwerke technologisch unterschiedlich angelegt. Bild 25.1 zeigt eine Prinzipskizze für ein Grundwasserwerk, Bild 25.2 eine solche für ein Talsperrenwasserwerk. Im Grenzbereich liegt die Anreicherung von Grundwasser durch Infiltration von Oberflächenwasser (Flusswasser; → Bild 25.3).

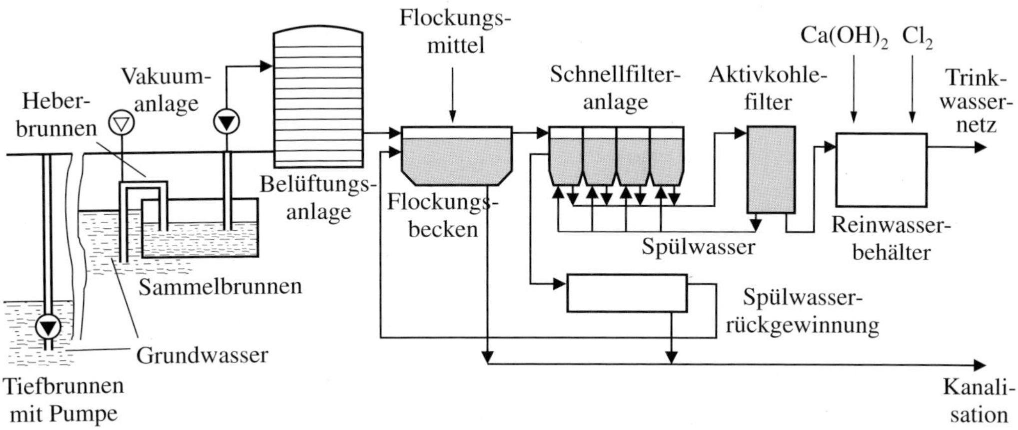

Bild 25.1 Prinzipskizze eines Grundwasserwerkes

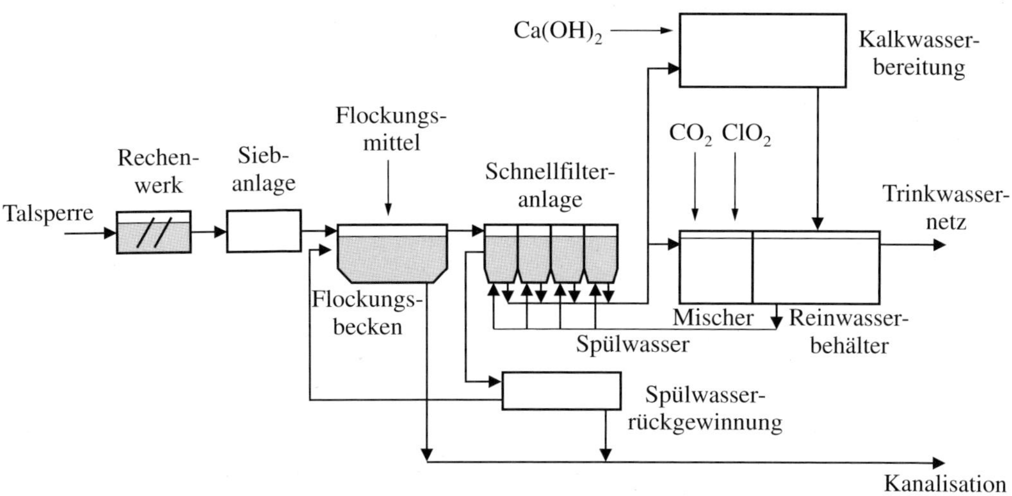

Bild 25.2 Prinzipskizze eines Talsperrenwasserwerkes

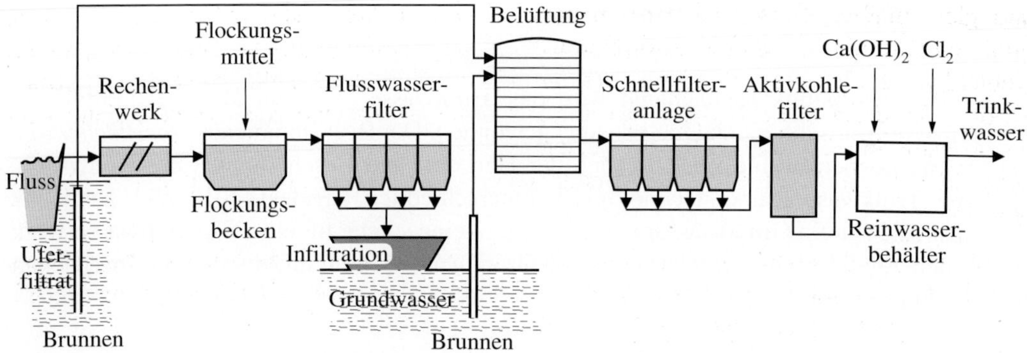

Bild 25.3 Prinzipskizze eines Flusswasserwerkes mit Uferfiltration und Grundwasseranreicherung (Der Überschaubarkeit wegen wurden die Spülwasserkreisläufe weggelassen, vgl. dazu Bild 25.1 und 25.2.)

25.5.1 Flockung und Filtration

Die entscheidenden Verfahrensschritte der Trinkwasseraufbereitung sind:

- die *Flockung* der Verunreinigungen und
- deren Abtrennung durch *Filtration.*

Oberflächenwasser führt grobe Verunreinigungen und kleinere feste Teilchen mit. Diese werden durch Rechenwerke und durch Siebanlagen unterschiedlicher Konstruktion zurückgehalten (→ Bild 25.2).

Grundwasser wird aus Tiefbrunnen mit Unterwassermotorpumpen gefördert. Bei hohem Grundwasserstand reichen Heberbrunnen aus, aus denen das Wasser zunächst in einen tiefer gelegenen Sammelbrunnen fließt.

Im Grundwasser ist – im Unterschied zum Oberflächenwasser – nur wenig Sauerstoff gelöst. Es wird daher in eine *Belüftungsanlage* gepumpt. Indem das Wasser über verschiedenartige Kaskaden nach unten fließt, während von unten Luft entgegenströmt, wird das Wasser mit Sauerstoff angereichert. Zugleich entweicht ein Teil anderer im Wasser gelöster Gase (Kohlenstoffdioxid, Schwefeldioxid, Schwefelwasserstoff, Ammoniak u. a.). Enthält das Rohwasser einen unvertretbar hohen Anteil an Chlorkohlenwasserstoffen (Lösungsmitteln; → Tab 25.2), muss die Belüftung durch ein Gebläse verstärkt werden; man spricht dann von einer *Desorptionsanlage.*

In den Belüftungsanlagen kommt es auch zu chemischen Reaktionen. Der Sauerstoff bewirkt eine Oxidation vieler Inhaltsstoffe. Dabei gehen vor allem Eisen- und Manganionen in flockige Hydroxide über. (Hat das Rohwasser einen hohen Gehalt an Mangan(II)-ionen, wird Kaliumpermanganat $KMnO_4$ zugegeben, um das Mangan als Mangan(IV)-oxid (Braunstein) auszufällen.)

Aus den Belüftungsanlagen fließt das Wasser in offene Becken (*Flockungsbecken, Absetzbecken*). Oberflächenwasser wird direkt solchen Becken zugeleitet. Durch Zugabe von *Flockungsmitteln* (vor allem Aluminiumsulfat, auch Eisen(III)-chlorid und Eisen(II)-sulfat) wird die Ausfällung der Verunreinigungen gefördert. Durch Rührwerke kann für eine schnelle und gleichmäßige Umsetzung gesorgt werden. Die flockigen Hydroxide koagulieren zu größeren Partikeln, die durch Adsorption weitere Schadstoffe (z. B. Öle, Fette, Eiweißstoffe, Kohlenhydrate, Humusstoffe, Farbstoffe) aufnehmen. Zur Abscheidung von *kolloid* gelösten Stoffen, die durch gleiche elektrische Ladungen stabilisiert sind, kann es notwendig werden, organische *Flockungshilfsmittel* zuzugeben. Dabei handelt es sich um Polymere, deren Moleküle an verschiedenen Stellen Bindungen eingehen können; sie werden *Polyelektrolyte* genannt.

In Talsperren kann es unter ungünstigsten Bedingungen zu verstärktem Algenwachstum kommen. In diesem Falle ist es notwendig, in den Flockungsbecken *Aktivkohlepulver* zuzugeben, das Geruches- und Geschmacksstoffe adsorbiert.

Durch eine sehr geringe Fließgeschwindigkeit wird in den Absetzbecken erreicht, dass die flockigen Schwebstoffe weitgehend sedimentieren. Es werden mehrere Absetzbecken im Wechsel betrieben. Der abgesetzte Schlamm wird periodisch geräumt und in die Kanalisation geleitet.

In *Filteranlagen* werden die noch im Wasser verbliebenen Schwebstoffe abgetrennt. Es wird unterschieden zwischen

- Langsamfiltern (Fließgeschwindigkeit ab 4 m pro Tag) und
- Schnellfiltern (Fließgeschwindigkeit bis 20 m pro Stunde).

Die *Langsamfilter* ahmen die natürliche Reinigung der Versickerungswässer durch den Boden nach. In den Filterbecken sickert das Wasser durch Sand- und Kiesschichten. In der obersten Schicht kommt es zur Ausbildung einer *biologischen Filterhaut* von bis zu 5 mm Dicke. Hier siedeln sich Bakterien, Algen und Urtierchen an, welche die Schwebstoffe und gelöste organische Stoffe zurückhalten oder biologisch abbauen.

Die *Schnellfilter* benötigen gegenüber den Langsamfiltern viel weniger Raum. Ihre Durchsatzmenge ist viel größer. Nachteilig ist, dass Stoffe, die noch kolloiddispers vorliegen, nicht zurückgehalten werden, da sich keine biologische Filterhaut ausbilden kann. Die Schnellfilter werden in regelmäßigen Abständen (etwa einmal täglich) gesäubert, indem von unten Wasser und Luft eingeleitet werden. Durch eine Spülwasseraufbereitungsanlage wird das Wasser zurückgewonnen, während das Spülgut in die Kanalisation geleitet wird.

Eine Reinigung der Langsamfilter kann in der Weise erfolgen, dass ständig eine oberste Schicht (etwa 5 cm) abgehoben, ausgewaschen und auf die Filterfläche zurückgegeben wird.

Für die *Feinreinigung* des so gewonnenen Wassers kann dann noch ein *Aktivkohlefilter* angeschlossen werden. Er dient vor allem dem Entfernen von Geruchs- und Geschmacksstoffen. Schließlich fließt das Wasser in die *Reinwasserbehälter* und von hier ins Netz.

An größeren Flüssen (Rhein, Elbe) wird durch Brunnen aus dem Kiesbett des Flusslaufes Wasser entnommen, das als *Uferfiltrat* bezeichnet wird (→ Bild 25.3). Zur Erhöhung der Kapazität kann direkt aus dem Fluss aufgenommenes Wasser – nach einer Vorreinigung in Flusswasserfiltern – über große Langsamfilteranlagen versickert werden. Durch diese *Infiltration* kommt es zu einer *Grundwasseranreicherung* (→ Bild 25.3). Aufgrund der Belastung der Flüsse mit Schadstoffen fallen allerdings bei der Grundwasseranreicherung besonders hohe Kosten für die abzuführenden Rückstände an.

25.5.2 Kalk-Kohlenstoffdioxid-Gleichgewicht

Eine zentrale Rolle in der Wasserchemie spielt das Kohlenstoffdioxid. Es wird zwischen

- *gebundenem* Kohlenstoffdioxid und
- *freiem* Kohlenstoffdioxid

unterschieden.

Gebundenes Kohlenstoffdioxid liegt in den Ionen CO_3^{2-} und HCO_3^- vor. Ein Teil des *freien* Kohlenstoffdioxids steht im Gleichgewicht mit den Ionen CO_3^{2-} und HCO_3^-:

$$2\,HCO_3^- \rightleftharpoons H_2O + CO_3^{2-} + CO_2 \qquad (25.2)$$

Wird dieses Kohlenstoffdioxid aus dem Gleichgewicht entfernt (z. B. durch Erwärmen), so wird das Gleichgewicht nach rechts verschoben, es fällt schwerlösliches Calciumcarbonat aus der Lösung aus. Dieser Anteil des Kohlenstoffdioxids wird daher „*zugehöriges*" Kohlenstoffdioxid genannt. Ist darüber hinaus überschüssiges Kohlenstoffdioxid im Wasser gelöst, so greift es Metalle, aber auch Beton an und wird daher als „*aggressives*" Kohlenstoffdioxid bezeichnet.

Dieses aggressive Kohlenstoffdioxid muss in den Wasserwerken weitgehend beseitigt werden. Zum Teil geschieht das schon bei der Belüftung des Wassers auf physikalischem Wege. Soweit das nicht ausreicht, muss das aggressive Kohlenstoffdioxid durch Zugabe von Kalkwasser oder Natronlauge in zugehöriges Kohlenstoffdioxid übergeführt werden. Damit geht einher die Einstellung des pH-Wertes auf etwa 8, also auf sehr schwach basisch.

Ein anderer Weg zur Beseitigung aggressiven Kohlenstoffdioxids ist das Verrieseln des Wassers über dolomitisches Filtermaterial.

$$2\,CO_2 + H_2O + CaCO_3 \cdot MgCO_3 \rightarrow Ca(HCO_3)_2 + Mg(HCO_3)_2$$

Talsperrenwasser enthält – je nach der geologischen Beschaffenheit des Einzugsgebietes – mitunter sehr wenig Calciumionen. Nun ist sehr weiches Wasser zwar günstig für den Waschprozess, aber ungünstig für den Genuss als Trinkwasser. Die Talsperrenwasserwerke müssen in diesem Falle mit *Kalkwasserbereitungsanlagen* (→ Bild 25.2) ausgestattet werden, was erhebliche Kosten verursacht. Durch Zugabe von Kalkwasser wird das Wasser in der gewünschten Weise *aufgehärtet*.

Die Calciumionen bleiben aber nach der Gleichung

$$CaCO_3 + H_2O + CO_2 \rightleftharpoons Ca(HCO_3)_2 \qquad (25.3)$$

nur dann als Calciumhydrogencarbonat in Lösung, wenn hinreichend *zugehöriges* Kohlenstoffdioxid im Gleichgewicht vorhanden ist. Um das zu gewährleisten, kann die Zufuhr von Kohlenstoffdioxid erforderlich sein.

Die Feineinstellung von Härte und pH-Wert des Wassers bedarf einer ständigen sorgfältigen Regelung, wozu umfangreiche Laboreinrichtungen nötig sind.

25.5.3 Entkeimung des Wassers

Da bei der Trinkwasseraufbereitung meist Schnellfiltration erfolgt und Oberflächenwasser für die Trinkwasserversorgung herangezogen werden muss, ist eine Entkeimung gesetzlich vorgeschrieben. Als *Entkeimungsmittel* werden vor allem Chlor, Chlordioxid ClO_2 und Ozon eingesetzt. Durch ihre Oxidationswirkung werden die Keime abgetötet. Auch UV-Strahlung kann zur Entkeimung von Wasser eingesetzt werden.

Chlor setzt sich im Wasser durch *Disproportionierung* zu Hypochloriger Säure HClO und Salzsäure um:

$$\overset{0}{Cl}_2 + H_2O \rightarrow H\overset{+1}{Cl}O + H\overset{-1}{Cl}$$

Die Hypochlorige Säure wirkt als starkes Oxidationsmittel (Elektroneakzeptator), indem das Chlor von der Oxidationsstufe +1 in die Oxidationsstufe −1 übergeht:

$$2\,H\overset{+1}{Cl}\overset{-2}{O} \rightarrow 2\,H\overset{-1}{Cl} + \overset{0}{O}_2$$

Leider können bei der Chlorung schon sehr geringe Spuren organischer Verbindungen im Trinkwasser zu Geschmacksbeeinträchtigungen führen (vor allem durch Bildung von Chlorphenolen).

Das wird vermieden beim Einsatz von *Chlordioxid* ClO_2, das weniger Verbindungsneigung zu organischen Verbindungen zeigt als Chlor. Das Chlordioxid wird aus Natriumchlorit $NaClO_2$ und Chlor erzeugt:

$$2\,NaClO_2 + Cl_2 \rightarrow 2\,ClO_2 + 2\,NaCl$$

Beim Einsatz von *Ozon* können keine Geschmacksbeeinträchtigungen dieser Art auftreten. Allerdings wirkt das Ozon nur am Einsatzort durch Zerfall in molekularen und atomaren Sauerstoff:

$$O_3 \rightarrow O_2 + O$$

Der atomare Sauerstoff wirkt oxidierend gegen Mikroorganismen, auch gegen Viren. Ein Überschuss geht sofort in molekularen Sauerstoff über:

$$2\,O \rightarrow O_2$$

Um eine Keimfreiheit im gesamten Rohrleitungsnetz bis hin zum Verbraucher zu gewährleisten, ist daneben ein geringer Einsatz von Chlor erforderlich (so genannte Sicherheitschlorung).

Da jedes der Entkeimungsverfahren mit bestimmten im Wasser gelösten Stoffen zu gesundheitlich bedenklichen Nebenprodukten führen kann, ist eine ständige Laborüberwachung der Trinkwasserversorgung unerlässlich. In der Bundesrepublik Deutschland gilt das Trinkwasser heute als das am besten überwachte Lebensmittel.

25.6 Enthärtung des Wassers

Die klassischen Fällungsverfahren zur Wasserenthärtung sind in den letzten Jahrzehnten weitgehend durch die Ionenaustauschverfahren verdrängt worden. Sie seien daher nur kurz erwähnt.

Kalk-Soda-Verfahren

Calciumhydroxid beseitigt die temporäre Härte:

$$Ca(HCO_3)_2 + Ca(OH)_2 \rightarrow 2\,CaCO_3\downarrow + 2\,H_2O$$

Natriumcarbonat (Soda) beseitigt die permanente Härte:

$$CaSO_4 + Na_2CO_3 \rightarrow CaCO_3\downarrow + Na_2SO_4$$

Das entstehende Natriumsulfat ist leicht löslich und verursacht keine Kesselsteinbildung.

Trinatriumphosphat-Verfahren

Die nach dem Kalk-Soda-Verfahren verbleibende Resthärte ($> 0{,}05\ mmol \cdot l^{-1}$) kann durch Zugabe von Trinatriumphosphat auf $< 0{,}02\ mmol \cdot l^{-1}$ reduziert werden, was für Höchstdruckkessel nötig ist:

$$3\,Ca(HCO_3)_2 + 2\,Na_3PO_4 \rightarrow Ca_3(PO_4)_2\downarrow + 6\,NaHCO_3$$

$$3\,CaSO_4 + 2\,Na_3PO_4 \rightarrow Ca_3(PO_4)_2\downarrow + 3\,Na_2SO_4$$

Ionenaustausch-Verfahren

Wie der Name sagt, werden bei diesem Verfahren die Ionen der Härtebildner gegen andere Ionen ausgetauscht. Es wird unterschieden zwischen Kationenaustauschern und Anionenaustauschern. Als Austauscher kommen Zeolithe und Kunstharze in Frage.

Zeolithe sind natürlich vorkommende Natrium-Alumosilicate mit einer speziellen Struktur des Kristallgitters. Darin sitzen die Natriumkationen im Inneren einer Säule, deren Kanten von den Silicat- bzw. Aluminatanionen gebildet werden. Da die Summe der Anziehungskräfte, die von den Anionen auf das im Innern befindliche Kation ausgeübt werden, in diesem speziellen Fall unabhängig von dessen Lage innerhalb der Säule ist, kann das Kation durch einen geringen Energieaufwand längs einer Geraden verschoben werden.

Lässt man eine Salzlösung, z. B. hartes Wasser, über einen Zeolithfilter laufen, so verdrängen die Calciumionen der Lösung die im Gitter sitzenden Natriumionen:

$$2\,\text{Na-Zeolith} + Ca^{2+} \rightleftharpoons \text{Ca-Zeolith} + 2\,Na^{+}$$

Der verbrauchte Zeolith lässt sich regenerieren, indem durch Aufgießen von Natriumchloridlösung das Gleichgewicht von rechts nach links verlagert wird.

Schon seit 1858 wurden durch Schmelzen von Kalifeldspat, Kaolin und Soda Silicate mit ähnlicher Struktur und ähnlichen Eigenschaften wie die Zeolithe erzeugt. Sie sind als *Permutite* bekannt, wurden aber inzwischen weitgehend durch Kunstharzionenaustauscher verdrängt.

In den modernen Ionenaustausch-Verfahren werden Kunstharze[1] eingesetzt, die durch Einbau austauschaktiver Gruppen in das Molekül Ionenaustausch-Eigenschaften erhalten. Das Rohwasser durchläuft nach mechanischer Reinigung eine Filtersäule aus Austauschharz, das in gekörnter oder gebrochener Form vorliegt. Dabei finden folgende Umsetzungen statt:

$$Ca(HCO_3)_2 + 2\,\text{Na-Austauscher} \rightarrow \text{Ca-Austauscher} + 2\,NaHCO_3$$

$$CaSO_4 + 2\,\text{Na-Austauscher} \rightarrow \text{Ca-Austauscher} + Na_2SO_4$$

$$MgCl_2 + 2\,\text{Na-Austauscher} \rightarrow \text{Mg-Austauscher} + 2\,NaCl$$

Nach etwa einem Tag Betriebsdauer ist die Austauschfähigkeit des Kunstharzfilters erschöpft. Zur Regenerierung wird etwa eine Stunde lang Natriumchloridlösung durch das Filter geleitet, um die im Kunstharz enthaltenen Ionen der Härtebildner gegen Natriumionen wieder auszutauschen:

$$\text{Ca-Austauscher} + 2\,NaCl \rightarrow 2\,\text{Na-Austauscher} + CaCl_2$$

Nach dieser Regenerierung ist das Kunstharzfilter wieder einsatzfähig. Die Härte des Wassers lässt sich nach diesem Verfahren auf weniger als 0,02 mmol $\cdot\ l^{-1}$ herabsetzen.

Ein besonderer Vorteil der Ionenaustauschverfahren liegt darin, dass Wasser mit wechselnder Härte verarbeitet werden kann, ohne dass die Zugabe von Enthärtungsmitteln neu berechnet und eingestellt werden muss.

Neben *Kationenaustauschern* werden auch *Anionenaustauscher* eingesetzt. Dadurch ist nicht nur eine Enthärtung, sondern auch eine *Entsalzung* des Wassers möglich.

Kationenaustausch:

$$CaSO_4 + 2\,\text{H-Austauscher} \rightarrow \text{Ca-Austauscher} + H_2SO_4$$

Anionenaustausch:

$$H_2SO_4 + 2\,\text{OH-Austauscher} \rightarrow SO_4\text{-Austauscher} + 2\,H_2O$$

$$H_2CO_3 + 2\,\text{OH-Austauscher} \rightarrow CO_3\text{-Austauscher} + 2\,H_2O$$

$$HCl + \text{OH-Austauscher} \rightarrow \text{Cl-Austauscher} + H_2O$$

Das so entsalzte Wasser ist wesentlich billiger als destilliertes Wasser, da keine Brennstoffe zum Verdampfen des Wassers benötigt werden. Die Regenerierung des H-Austauschers erfolgt mit Salzsäure, die des OH-Austauschers mit Natronlauge oder Sodalösung (→ Aufg. 25.11 bis 25.13).

[1] Historisch interessant sind die in Wolfen (Sachsen-Anhalt) erzeugten *Wofatite*.

25.7 Abwasserreinigung

Häusliche, industrielle und landwirtschaftliche Abwässer enthalten die unterschiedlichsten festen, kolloidalen und gelösten Verunreinigungen. Um die Gewässer, in die sie eingeleitet werden (aus dieser Sicht *Vorfluter* genannt), sauber zu halten, müssen die Abwässer gereinigt werden. Verantwortlich sind dafür in der Bundesrepublik Deutschland die Kommunen. Aus volkswirtschaftlichem Interesse wird darauf orientiert, Schadstoffe möglichst weitgehend schon am Entstehungsort (in den Industrie-, Gewerbe- und Landwirtschaftsbetrieben) abzutrennen. Um das zu fördern, werden für die Einleitung von Schadstoffen in die öffentliche Kanalisation, wie auch dann für die Einleitung in den Vorfluter Abgaben erhoben. [1)]

Die kommunalen *Kläranlagen* sind je nach den örtlichen Gegebenheiten (Besiedlungsdichte, Anteile von Industrie und Landwirtschaft) unterschiedlich gestaltet. Grundsätzlich ist zu unterscheiden zwischen

- *mechanischer Reinigung*,
- *biologischer Reinigung* und
- *Schlammbehandlung*.

Im Bedarfsfalle wird – an unterschiedlichen Stellen des Ablaufs – noch eine

- *chemische Reinigung*

(z. B. zur Phosphatentfernung) vorgenommen. In den meisten Klärwerken verursacht die Schlammbehandlung den höchsten Kostenanteil.

25.7.1 Mechanische Reinigung

Die zufließenden Abwässer gelangen zunächst in ein

- *Rechenwerk*,

in dem mittels Grobrechen und Feinrechen oder Sieben alle Feststoffe (Holz, Textilien, Plaste, Papier, Speisereste u. a.) zurückgehalten werden. Das dabei anfallende Rechengut wird durch Pressen entwässert und der Müllentsorgung zugeführt.

Anschließend fließt das Abwasser durch

- *Sandfänge*,

in denen sich bei geringer Fließgeschwindigkeit (etwa 30 $cm \cdot s^{-1}$) Sand, Kies und Steine absetzen, die heute meist deponiert werden. Um einen Einsatz im Tiefbau zu ermöglichen, sind Sandwaschanlagen erforderlich.

In den nachfolgenden

- *Vorklärbecken*

setzt sich während einer Verweilzeit von etwa einer Stunde ein erheblicher Teil der noch vorhandenen festen Teilchen am Boden ab. Dieser Niederschlag wird, als *Primärschlamm* bezeichnet, der Schlammbehandlung zugeführt (→ Abschn. 25.7.3).

[1)] Verordnung über die Anforderungen für das Einleiten von Abwasser in Gewässer (Abwasserverordnung – AbwV); diese Verordnung wird ständig aktualisiert, zuletzt am 24.02.2012

Das so behandelte Abwasser enthält noch große Mengen an gelösten organischen Stoffen. Da die Selbstreinigungskraft des Vorfluters in der Regel nicht ausreicht, um diese Stoffe in einem vertretbaren Zeitraum abzubauen, muss in der Kläranlage noch eine biologische Reinigung vorgenommen werden.

25.7.2 Biologische Reinigung

Bei der biologischen Reinigung von Abwässern werden die Vorgänge der Selbstreinigung der Gewässer nachgeahmt und – durch größere Konzentrationen – intensiviert. Der wichtigste Vorgang der biologischen Reinigung ist die Oxidation organischer Inhaltsstoffe mit Hilfe verschiedenartiger Mikroorganismen (Bakterien, Pilze u. a.). Er erfordert die Anwesenheit von Sauerstoff und ist als *aerobe Atmung* bekannt. Als Summengleichung dafür wird meist die Oxidation von *Glucose* angegeben:

$$C_6H_{12}O_6 + 6\,O_2 \rightarrow 6\,CO_2 + 6\,H_2O; \qquad \Delta H = -2\,812\ \text{kJ} \cdot \text{mol}^{-1} \qquad (25.4)$$

Diese Reaktion verläuft über zahlreiche Zwischenstufen. Im zufließenden Abwasser ist Glucose nur in geringen Mengen enthalten. Sie entsteht aber während der biologischen Reinigung in großen Mengen durch Spaltung der hochmolekularen Kohlenhydrate Stärke und Cellulose.

Aus den exotherm verlaufenden Abbaureaktionen gewinnen die Mikroorganismen die Energie für den Aufbau von Zellsubstanz, der endotherm verläuft.

In der technischen Durchführung der biologischen Reinigung gibt es zwei grundlegend verschiedene Verfahren. Die Mikroorganismen können in den Reaktoren

- *frei beweglich* vorliegen (Belebtschlammverfahren) oder
- auf Trägermaterial *fixiert* sein (Festbettverfahren).

Beim *Belebtschlammverfahren* schwimmen die Mikroorganismen im Abwasser. Die Belebungsbecken werden durch Düsen von unten kräftig belüftet. Dadurch wird nicht nur der für den aeroben Abbau der gelösten und emulgierten organischen Kohlenstoffverbindungen notwendige Sauerstoff zugeführt, sondern das Abwasser auch ständig kräftig durchgemischt. Auf diese Weise werden die biochemischen Reaktionen beschleunigt. Durch das hohe Angebot an Nährstoffen (Kohlenstoff-, aber auch Stickstoff- und Phosphorverbindungen) entwickeln sich große Mengen an Mikroorganismen. Diese treten in Form schleimiger Flocken auf, an deren Oberfläche ein weiterer Anteil gelöster organischer Stoffe adsorbiert wird. Es bildet sich ein flockiger Schaum, der durch die Luftzufuhr in der Schwebe gehalten wird. Über die Kanten der Belebungsbecken fließt ständig ein Teil des Abwassers zu den Nachklärbecken ab. Die Aufenthaltsdauer in den Belebungsbecken beträgt insgesamt etwa 24 Stunden.

In den *Nachklärbecken* wird der Schlamm, der größtenteils (ca. 70 %) aus Mikroorganismen besteht, durch Sedimentation abgetrennt. Auch Flotations- und Membranverfahren sind dafür im Gebrauch. Das gereinigte Abwasser fließt aus den Nachklärbecken in den Vorfluter. Der Schlamm wird größtenteils in die Belebungsbecken zurückgeführt. Aus diesem Kreislauf wird ständig ein Teil (etwa 10 %) als Überschussschlamm abgezogen und der Schlammbehandlung zugeführt (→ Abschn. 25.7.3).

Das *Tropfkörperverfahren* ist das verbreitetste Festbettverfahren. Es läuft in Behältern ab, in denen sich eine Tropfkörperfüllung befindet. Als Tropfkörper werden in modernen Anlagen raumgitterförmige Bausteine aus Kunststoff eingesetzt. Sie haben eine größere Oberfläche und ergeben in der Füllung einen größeren Hohlraumanteil als die bisher üblichen anorganischen Füllmaterialien (z. B. Lavatuff-Brocken).

Das Abwasser wird auf die Tropfkörperschicht verrieselt und fließt nach unten, während ihm Luft entgegenströmt. Auf der Oberfläche der Tropfkörper bilden Bakterien und Pilze einen biologischen Rasen, der von Insektenlarven und Würmern besiedelt wird. (Ein solcher Rasen ist von glitschigen Steinen in Bachbetten her bekannt.) An der Oberfläche dieses Rasens bauen Mikroorganismen organische Inhaltsstoffe des Abwassers aerob ab, während sie mit der dabei gewonnenen Energie zugleich eigene Zellsubstanz aufbauen. Der sich dadurch verdickende biologische Rasen wird ständig zu einem Teil abgespült. Der Prozess muss – erforderlichenfalls unter Rückführung von gereinigtem Abwasser – so geführt werden, dass sich die Tropfkörperschicht nicht verstopft. In einem Nachklärbecken wird der abgespülte Rasen durch Sedimentation vom gereinigten Abwasser getrennt und in die Vorklärbecken zurückgeführt.

Das *Tauchkörperverfahren* ist ein weiteres Festbettverfahren. Bei ihm befinden sich die Aufwuchskörper in einem scheibenförmigen Behälter, der hochkant steht und sich um eine waagerechte Achse dreht. Dabei befindet sich immer ein Teil des biologischen Rasens im Abwasser, der andere Teil an der Luft.

Die Reduzierung des *Stickstoff*- und *Phosphorgehaltes* der Abwässer auf die zulässigen Werte ist eine weitere Aufgabe der Abwasserreinigung. Ein biologischer Abbau dieser Verbindungen vollzieht sich sowohl im Belebtschlammverfahren als auch in den Festbettverfahren der biologischen Reinigung. Das Belebtschlammverfahren hat den Vorteil, dass hier dieser Abbau geregelt werden kann.

Ein Überangebot der Nährstoffe Stickstoff und Phosphor führt zu einer als *Eutrophierung* bezeichneten Störung des biologischen Gleichgewichts in den Gewässern. Es kommt zu einem verstärkten Algenwachstum und damit zu einer Trübung des Wassers. In den tieferen Wasserschichten ist dann eine Photosynthese und damit eine Sauerstoffentwicklung kaum noch möglich. Andererseits wird zu Boden sinkende Algensubstanz unter Sauerstoffverbrauch abgebaut, so dass der Sauerstoffgehalt des Wassers für andere Lebewesen nicht mehr ausreicht. Das gefürchtete Fischsterben ist eine der Folgen.

Es kann so weit kommen, dass ein *aerober Abbau* von organischer Substanz nicht mehr möglich ist und ein *anaerober Abbau* (Abbau ohne Sauerstoff) einsetzt. Dieser Vorgang ist als „Umkippen" des Gewässers bekannt. Anstelle des Sauerstoffs nutzen die Mikroorganismen dann andere Oxidationsmittel (Elektronenakzeptoren), zum Beispiel Sulfationen und Nitrationen, die in Schwefelwasserstoff bzw. in Stickstoff oder Ammoniak übergehen. Ammoniak und Schwefelwasserstoff sind nicht nur unangenehm im Geruch, sondern – insbesondere der letzte – auch toxisch. (Der Geruch nach „umgekipptem" Wasser ist aus vernachlässigten Blumenvasen bekannt.)

Die Belastung der in den Klärwerken ankommenden Abwässer mit Stickstoff und Phosphor ist sehr unterschiedlich. In der Regel werden die für dic Abgabe in den Vorfluter geltenden Grenzwerte:

- $1\ mg \cdot l^{-1}$ Phosphor und
- $18\ mg \cdot l^{-1}$ Stickstoff, davon in Ammoniumionen gebunden höchstens $10\ mg \cdot l^{-1}$,

erheblich überschritten. Durch Analysen wird ermittelt, wie die Belebtschlammanlagen zu steuern sind, um eine hinreichende Eliminierung von Stickstoff und Phosphor zu erzielen.

Der Abbau der *Stickstoffverbindungen* erfolgt mittels Mikroorganismen durch Nitrifikation und Denitrifikation:

- *Nitrifikation* (aerob)

$$\begin{array}{ll} 2\,NH_4^+ + 3\,O_2 \rightarrow 2\,NO_2^- + 2\,H_2O + 4\,H^+ & \Delta H = -516\ kJ \cdot mol^{-1} \\ 2\,NO_2^- + O_2 \rightarrow 2\,NO_3^- & \Delta H = -200\ kJ \cdot mol^{-1} \\ \hline 2\,NH_4^+ + 4\,O_2 \rightarrow 2\,NO_3^- + 2\,H_2O + 4\,H^+ & \Delta H = -716\ kJ \cdot mol^{-1} \end{array} \quad (25.5)$$

- *Denitrifikation* (anoxisch, „Nitrat-Atmung“)

$$5\,CH_3OH + 6\,NO_3^- \rightarrow 3\,N_2 \uparrow + 5\,CO_2 + 7\,H_2O + 6\,OH^- \quad (25.6)$$

$$\Delta H = -2\,927\ kJ \cdot mol^{-1}$$

Für die *Denitrifikation* gibt es zwei Voraussetzungen:

- Das Abwassergemisch muss sich im *anoxischen* Zustand befinden, das heißt, es darf kein elementarer Sauerstoff vorhanden sein. Andernfalls gehen die Mikroorganismen zur aeroben Atmung (Gleichung (25.5)) über.
- Es müssen genügend oxidierbare Kohlenstoffverbindungen vorhanden sein. (In der Gleichung (25.6) wurde als einfaches Beispiel Methanol CH_3OH eingesetzt.) Um das zu gewährleisten, erweist es sich als günstig, die Denitrifikation *vor* dem aeroben Abbau der Kohlenstoffverbindungen durchzuführen. Es wird dann von einer *vorgeschalteten Denitrifikation* gesprochen (→ Bild 25.4).

Bei dieser Abfolge durchlaufen die Ammoniumionen das Denitrifikationsbecken unverändert. Sie werden erst in dem *aeroben* Becken nitrifiziert (→ Gl. (25.5)). Daher ist ein ständiger Rücklauf aus dem aeroben Becken in das anoxische Becken notwendig.

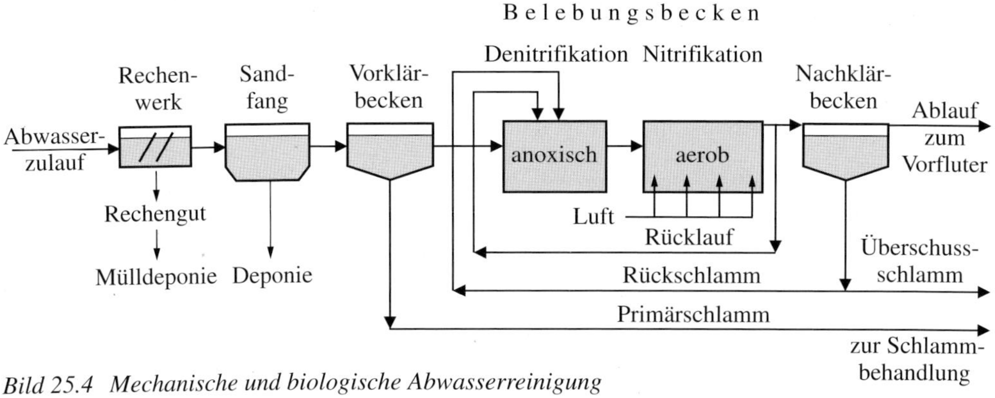

Bild 25.4 Mechanische und biologische Abwasserreinigung

Von den im Abwasser enthaltenen *Phosphaten* geht ein Teil (etwa 30 %) bei der biologischen Reinigung in die Zellsubstanz der Mikroorganismen über und gelangt so in den Überschussschlamm. Um auf diese Weise die für das Einleiten in die Vorfluter zulässigen Grenzwerte einzuhalten, ist es notwendig, die Belebtschlammanlage durch ein *anaerobes* Becken zu ergänzen. Indem der Belebtschlamm wechselweise anaeroben und aeroben Bedingungen ausgesetzt wird (man spricht von einer Stresssituation), bilden sich Mikroorganismen, die weit mehr Phosphor aufnehmen (und als Polyphosphate (z. B. $P_3O_{10}^{5-}$) einlagern) als für den Aufbau körpereigener Substanz notwendig ist. Diese mit Phosphor angereicherten Mikroorganismen werden mit dem Überschussschlamm abgezogen. Damit wird auf biologischem Wege eine erhöhte Phosphorelimination erreicht.

Meist erfolgt aber heute die weitere Reduzierung des Phosphorgehaltes noch auf *chemischem* Wege. Dazu werden Fällungsmittel (z. B. Eisen(III)-chlorid oder Aluminiumsulfat) eingesetzt, die beispielsweise zu folgenden Reaktionen führen:

$$Fe^{3+} + PO_4^{3-} \rightarrow FePO_4$$
$$Fe^{3+} + 3\,OH^- \rightarrow Fe(OH)_3$$

Neben den schwer löslichen Phosphaten entstehen dabei schwer lösliche Metallhydroxide, die an ihrer Oberfläche noch gelöste organische Phosphatverbindungen adsorbieren. Die Fällungsmittel können unmittelbar in die Nachklärbecken eingegeben werden, so dass die Niederschläge in den sich dort sedimentierenden Schlamm eingehen und schließlich mit dem Überschussschlamm zur Schlammbehandlung abgezogen werden. Die chemische Phosphoreliminierung hat allerdings Nachteile. Einerseits kommt es durch die Fällprodukte zu einem vermehrten Schlammanfall, andererseits führen die im Abwasser verbleibenden Sulfat- bzw. Chloridionen zu einer erhöhten Salzbelastung des Vorfluters. Durch den Entzug von Hydroxidionen wird außerdem der pH-Wert in den sauren Bereich verschoben. Der Trend geht daher hin zu einem weiteren Ausbau der biologischen Phosphoreliminierung.

25.7.3 Schlammbehandlung

Die Hauptaufgabe der Schlammbehandlung ist die *Stabilisierung* des Klärschlamms. Das heißt, weitere biochemische Umsetzungen sind zu unterbinden oder so weit zurückzudrängen, dass davon keine negativen Umwelteinflüsse, z. B. eine Verbreitung von Krankheitserregern oder eine Geruchsbelästigung, mehr ausgehen können.

Für die Schlammbehandlung stehen im Wesentlichen drei Verfahren zur Verfügung:
- die Entwässerung,
- die Schlammfaulung und
- die Schlammverbrennung.

Faulung und Verbrennung sind als Alternativen zu betrachten und stets mit Entwässerungsverfahren verbunden. Alle drei Verfahren führen neben der Stabilisierung zu einer – erwünschten – Volumenverminderung.

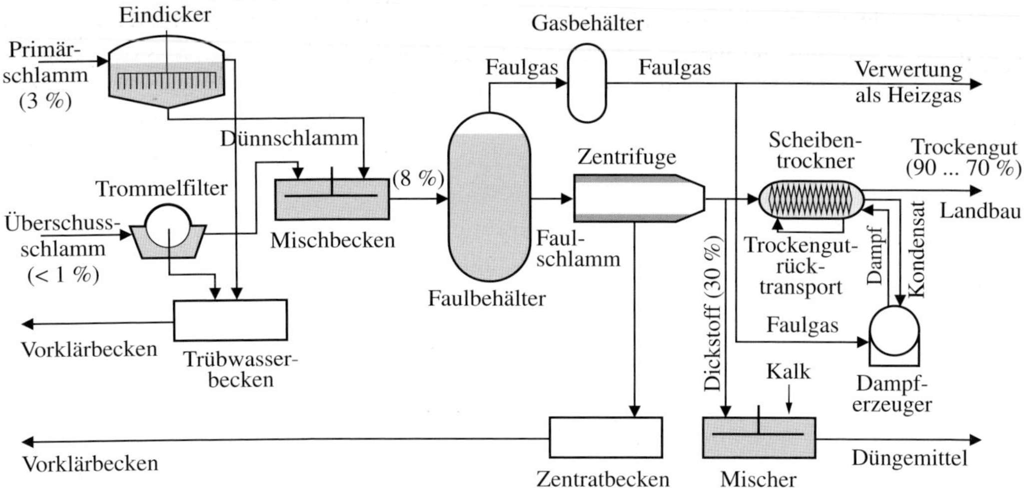

Bild 25.5 Abwasserreinigung – Schlammbehandlung

Aus den Vorklärbecken wird der dort anfallende Primärschlamm (etwa 3 % Trockensubstanz), aus den Nachklärbecken der Überschussschlamm (weniger als 1 %) der Schlammbehandlung zugeführt, in der zunächst der außerordentlich hohe Wassergehalt weitgehend zu reduzieren ist. Das kann durch eine *Konditionierung* des Schlamms gefördert werden, bei der durch Zugabe von Eisen- oder Aluminiumsalzen die Zellmembranen der Mikroorganismen gesprengt werden.

Von den zur Entwässerung eingesetzten Aggregaten seien hier genannt:
- Eindicker,
- Trommelfilter,
- Zentrifugen,
- Filterpressen,
- Siebbandpressen und
- Scheibentrockner.

Eindicker sind runde Behälter mit Krählwerk, mit bis zu 20 m Durchmesser und etwa 1 000 m^3 Fassungsvermögen. Darin setzt sich durch Sedimentation ein Dünnschlamm (mit bis zu 8 % Trockensubstanz) ab, während das darüberstehende Trübwasser in die Vorklärbecken zurückgeht.

Trommelfilter werden vor allem zur Entwässerung von Überschussschlamm eingesetzt. Durch die Achse der sich im Überschussschlamm drehenden Trommel wird Trübwasser abgesaugt. Auf der mit Filtertuch bespannten Trommel scheidet sich Dünnschlamm ab, der abgestreift wird.

Der *Dünnschlamm* wird in die Faulbehälter gepumpt oder geht – bei Kläranlagen, die keine Schlammfaulung betreiben – unmittelbar in die weitere Entwässerung.

Im *Faulprozess* werden die natürlichen Vorgänge, die sich in Deponien von Siedlungsmüll über Jahre erstrecken, auf einige Wochen verkürzt – unter anderem durch Temperaturerhöhung auf etwa 30 °C. Der Klärschlamm wird mit einem Trockensubstanzgehalt von etwa 5 % eingesetzt. Im Anschluss an die Faulung ist dann eine weitere Trocknung erforderlich, die aber ohne Geruchsbelästigung abläuft.

Die organischen Substanzen des Klärschlamms werden durch anaerobe Bakterien zu Säuren vergoren und dann weiter zu Methan, Kohlenstoffdioxid und Wasser umgesetzt. Die wichtigsten Umsetzungen sind (wieder in Summengleichungen dargestellt):

- *Gärung* (anaerob)

  $$\underset{\text{Glucose}}{C_6H_{12}O_6} \rightarrow \underset{\text{2-Hydroxy-Propansäure (Milchsäure)}}{2\,CH_3\text{—}CH(OH)\text{—}COOH} \qquad \Delta H = -142\ \text{kJ} \cdot \text{mol}^{-1}$$

  Die Glucose steht auch hier bereits als Abbauprodukt höherer organischer Verbindungen.

- *Anaerobe Atmung*

  $$\underset{\text{Butansäure (Buttersäure)}}{CH_3\text{—}CH_2\text{—}CH_2\text{—}COOH} + 2\,H_2O \rightarrow 2\,CH_3COOH + 2\,H_2 \qquad \Delta H = 142\ \text{kJ} \cdot \text{mol}^{-1}$$

  Auch die Butansäure ist bereits ein Abbauprodukt. Der entstehende Wasserstoff wird – ebenso wie die Essigsäure – unmittelbar anschließend durch andere Mikroorganismen zu Methan umgesetzt. (Das heißt, acetogene und methanogene Mikroorganismen leben in Symbiose.)

- *Methanisierung*

  $$4\,H_2 + CO_2 \rightarrow CH_4 + 2\,H_2O \qquad \Delta H = -178\ \text{kJ} \cdot \text{mol}^{-1}$$

  $$CH_3COOH \rightarrow CH_4 + CO_2 \qquad \Delta H = -33\ \text{kJ} \cdot \text{mol}^{-1}$$

Die exotherm verlaufende Methanisierung liefert die Energie für die endotherme anaerobe Atmung.

Das im Faulprozess anfallende *Biogas* besteht zu mindestens 50 % aus Methan, etwa 30 ... 40 % Kohlenstoffdioxid, der Rest sind Stickstoff, Wasserstoff und Schwefelwasserstoff. Der Heizwert liegt zwischen dem von Erdgas und dem des früheren Stadtgases. Das Gas wird vorwiegend innerhalb der Klärwerke als Energieträger eingesetzt. Der ausgefaulte Schlamm enthält alle in den Klärschlamm eingegangenen anorganischen Nährstoffe und ist fast geruchlos. Er kann als Düngemittel verwendet werden.

Eine weitere *Entwässerung* des Faulschlamms – wie auch von ungefaultem Dünnschlamm – erfolgt vorwiegend durch *Zentrifugen* (Dekantern), aber auch durch Filterpressen. Bei einer Drehzahl von etwa 1 500 min^{-1} wird der Schlamm bis auf einen Trockensubstanzgehalt von etwa 30 % entwässert. Der dabei entstehende *Dickstoff* kann, mit Branntkalk (ca. 95 % CaO) vermischt, als Düngemittel an die Landwirtschaft abgegeben werden. Durch die Reaktion

$$CaO + H_2O \rightarrow Ca(OH)_2$$

wird dabei weiteres Wasser chemisch gebunden.

Für einen Einsatz in der Landesgestaltung, z. B. zum Abdecken von Deponien, muss der Dickstoff weiter entwässert werden. Das kann in *Scheibentrocknern* geschehen, aber auch in Siebbandpressen. Die Scheibentrockner bestehen aus waagerecht liegenden Zylindern, in denen sich eine Hohlachse dreht, auf der – von innen mit Dampf beheizte – Scheiben sitzen. Es entsteht ein *Trockengut* mit bis zu 90 % Trockensubstanz. Aus technologischen Gründen wird das Trockengut im *Kreislauf* geführt, wobei jeweils nur etwa 20 % Dickstoff zugegeben werden. (Auf diese Weise wird die kritische Leimphase des Klärschlamms von ca. 50 ... 70 % Trockensubstanz umgangen, die zum Verkleben der Scheiben führen würde.) Für den Abtransport des Trockengutes ist abschließend eine Rückfeuchtung (auf etwa 70 % Trockensubstanz) erforderlich.

Die *Verbrennung* von Klärschlamm erfolgt vornehmlich in *Wirbelschichtöfen*. Aber auch Etagenöfen und Drehrohröfen sind im Einsatz. Auch zur Erzeugung von Synthesegas (→ Abschn. 14.3.1) kann Klärschlamm dienen.

In die *Wirbelschichtöfen* wird der Klärschlamm, nachdem er weitgehend entwässert wurde, als Schlammkuchen mit etwa 50 % Trockensubstanz eingeführt. Die Verbrennungsluft wird in einem Abhitzekessel auf etwa 400 °C vorgewärmt und dann in einer Vorbrennkammer auf etwa 800 °C erhitzt. Im Wirbelbett verdampft das im Schlammkuchen enthaltene Wasser explosionsartig, wodurch der Schlammkuchen zerrissen wird. In einem über dem Düsenboden in der Schwebe gehaltenen Quarzsandbett wird der Schlamm weiter zerrieben. Dadurch entsteht ein Produkt mit einer sehr großen Oberfläche. Daher reicht eine Verweilzeit im Verbrennungsraum von wenigen Sekunden aus. Durch Rauchgasgebläse wird erreicht, dass der Wirbelschichtofen mit Unterdruck arbeitet, wodurch Geruchsbelästigungen vermieden werden. Die Rauchgase werden zum Vorwärmen der zugeführten Verbrennungsluft und weiterhin zur Dampferzeugung genutzt. Die verbleibende Asche enthält nur noch anorganische Stoffe und kann deponiert werden.

25.8 Wasseruntersuchung

25.8.1 Bestimmung der Wasserhärte

Wasserhärtebestimmungen erfolgen heute fast ausschließlich durch *komplexometrische Titration*. Dabei kann so verfahren werden, dass dem zu untersuchenden Wasser (in der Regel einer Probe von 100 ml) die Indikatoren Eriochromschwarz T (Kurzbezeichnung Erio T) und ein Ammoniak-Puffergemisch zur Aufrechterhaltung des pH-Wertes zugesetzt werden. Titriert wird dann mit einer Lösung des Dinatriumsalzes der Ethylendiamin-tetraessigsäure (Kurzbezeichnung EDTA) einer bestimmten Konzentration bis zum Farbumschlag von Rot nach Blau.

Die Konzentration wird meist so gewählt, dass sich aus dem verbrauchten Volumen ohne Umrechnung die Härte in $mmol \cdot l^{-1}$ ergibt. Da sich auf diese Weise nur die Magnesiumionen Mg^{2+} exakt bestimmen lassen, nicht aber die Calciumionen Ca^{2+}, werden diese vor der Titration durch Zugabe von Mg-EDTA gegen Magnesiumionen ausgetauscht. Besonders einfach wird die Härtebestimmung, wenn die Chemikalien in Tabletten mit bestimmten Gehalt geliefert werden und nach den beigefügten Vorschriften gearbeitet wird.

25.8.2 Bestimmung des biochemischen Sauerstoffbedarfs

Bei der biologischen Selbstreinigung des Wassers erfolgt durch Oxidation eine vollständige Mineralisation der organischen Stoffe mit den Endprodukten Kohlenstoffdioxid, Nitrat und Sulfat. Hierzu ist eine ausreichende Menge Sauerstoff erforderlich, da während des aeroben biologischen Abbaus eine Verringerung der Sauerstoffkonzentration im Wasser erfolgt. Der Sauerstoffbedarf eines Wassers ist deshalb ein geeignetes Maß für den Grad seiner Verunreinigung.

Zur Ermittlung des biochemischen Sauerstoffbedarfs wird einer Abwasserprobe eine sauerstoffgesättigte, mit Bakterien versetzte Wassermenge zugemischt und in einem abgeschlossenen Gefäß bei 20 °C bebrütet. Durch den bakteriellen Abbau wird der Sauerstoffgehalt vermindert. Nach fünf Tagen wird die Differenz zwischen ursprünglichem und noch vorhandenem Sauerstoff in $mg \cdot l^{-1}$ ermittelt und als BSB_5-Wert ausgewiesen.

Tabelle 25.3 Biochemischer Sauerstoffbedarf für den Abbau organischer Substanzen im Abwasser für Lösungen von 1 ‰

Substanz	BSB_5-Wert in $mg \cdot l^{-1}\ O_2$
Hydroxybenzen (Phenol)	1 700
Ethanol (Ethylalkohol)	1 350
Benzolcarbonsäure (Benzoesäure)	1 250
Methanol (Methylalkohol)	960
Ethansäure (Essigsäure)	700
Stärke	680
Glucose (Traubenzucker)	580
2-Hydroxypropansäure (Milchsäure)	540

Die BSB_5-Werte erfassen nur die biologisch abbaubaren Verunreinigungen des Abwassers. Eine weitere Kenngröße zur Beurteilung der Abwassergüte ist der *chemische Sauerstoffbedarf* (CSB-Wert), der alle oxidierbaren Inhaltsstoffe des Wassers erfasst. Die Bestimmung des CSB-Wertes erfolgt mittels Kaliumdichromat $K_2Cr_2O_7$, dessen Verbrauch auf molekularen Sauerstoff umgerechnet wird.

Kommunale Abwässer haben CSB-Werte von 300 . . . 1 000 $mg \cdot l^{-1}$, ihr BSB_5-Wert liegt bei 250 $mg \cdot l^{-1}$.

Das in den Vorfluter fließende Abwasser darf bei Kläranlagen von Großstädten höchstens einen CSB-Wert von 75 $mg \cdot l^{-1}$ und einen BSB_5-Wert von 15 $mg \cdot l^{-1}$ haben.

❍ Aufgaben

25.1 Warum sind die natürlichen Wasservorräte vom Menschen nicht beeinflussbar?

25.2 In stehenden Gewässern (vor allem in Stauseen) reicht oft die biologische Selbstreinigung des Wassers nicht aus. Was kann getan werden, um sie zu verbessern?

25.3 Wie lautet die Reaktionsgleichung für das Lösen von Eisenspat $FeCO_3$ in kohlenstoffdioxidhaltigem Wasser?

25.4 Eine Wasserprobe hat eine Härte von 2 $mmol \cdot l^{-1}$ die sich aus den Stoffmengenkonzentrationen 1,2 $mmol \cdot l^{-1}$ für CaO und 0,8 $mmol \cdot l^{-1}$ für MgO ergibt. Berechnen Sie die Massenkonzentrationen.

25.5 Welche Härte weist ein Wasser auf, das 167 mg Calciumhydrogencarbonat und 110 mg Magnesiumhydrogencarbonat im Liter enthält?

25.6 Ein Wasser enthält 37 mg Magnesiumchlorid, 102 mg Kaliumchlorid, 80 mg Natriumchlorid, 10 mg Calciumsulfat, 56 mg Natriumsulfat und 48 mg Kaliumsulfat im Liter. Welche Härte hat dieses Wasser?

25.7 Wie entsteht die Härte des natürlichen Wassers?

25.8 Welche Salze verursachen die temporäre und welche die permanente Härte?

25.9 Warum dürfen Dampfkessel nicht mit Meerwasser gespeist werden?

25.10 Wieso kann Kesselsteinbildung zu erhöhtem Verbrauch an Brennstoffen führen?

25.11 Wie werden die Härtebildner beim Kalk-Soda- und beim Phosphat-Verfahren entfernt?

25.12 Was geschieht bei der Wasserenthärtung durch Ionenaustauscher?

25.13 Wie können verbrauchte Austauscher regeneriert werden?

25.14 Welche Anforderungen stellt ein Feinpapierwerk an das Brauchwasser?

25.15 Inwiefern werden bei Klärvorgängen natürliche Prozesse imitiert?

26 Gegenstand der organischen Chemie, Eigenschaften organischer Verbindungen und Ablauf organischer Reaktionen

26.1 Gegenstand der organischen Chemie

Sämtliche organischen Verbindungen enthalten das Element Kohlenstoff. Gegenstände der organischen Chemie sind die Kohlenstoffverbindungen und ihre stofflichen Veränderungen.

Einige wenige Verbindungen des Kohlenstoffs werden allerdings aus Gründen der Zweckmäßigkeit im Rahmen der anorganischen Chemie behandelt. Dieses betrifft die Kohlenstoffoxide und die Kohlensäure mit ihren Salzen. Gelegentlich werden auch andere Kohlenstoffverbindungen, wie der Cyanwasserstoff und die Cyansäure mit ihren Salzen, die Carbide, der Schwefelkohlenstoff u. a. zur anorganischen Chemie gerechnet.

Für die Abgrenzung der Kohlenstoffverbindungen (*organische Verbindungen*) von den Verbindungen der anderen Elemente (anorganische Verbindungen) gibt es zwei Gründe:

a) Der Kohlenstoff bildet mit den Elementen Sauerstoff, Wasserstoff, Stickstoff, Phosphor, Schwefel, den Halogenen und verschiedenen Metallen eine weitaus größere Anzahl von Verbindungen, als die anderen rund 100 Elemente zusammen hervorbringen. Es sind heute weit mehr als 10 Millionen organische Verbindungen gegenüber den nur etwa 100 000 anorganischen Verbindungen bekannt. Allein dieses Zahlenverhältnis rechtfertigt eine gesonderte Behandlung der organischen Verbindungen.

b) Den organischen Verbindungen und den Reaktionen der organischen Chemie sind gewisse chemische und physikalische Eigenarten gemeinsam, die sie von den anorganischen Reaktionen und Verbindungen unterscheiden (→ Abschn. 26.6) Grundsätzlich jedoch gelten für den Bau der organischen Verbindungen und den Ablauf der organisch-chemischen Reaktionen die gleichen allgemeinen chemischen Gesetze (z. B. Gesetz von der Erhaltung der Masse usw.) wie für die anorganischen Verbindungen und Reaktionen.

Noch zu Anfang des vorigen Jahrhunderts glaubte man jedoch an einen grundsätzlichen Unterschied. Die Bezeichnung „organisch“ in ihrem ursprünglichen Sinn deutet auf diese irrige Auffassung hin. Man war der Meinung, dass organische Stoffe nur im lebenden Tier- oder Pflanzenkörper aufgebaut werden können. Wegen des Fehlens der hypothetischen „Lebenskraft“, die nur der lebende Organismus besitze, so nahm man an, sei es grundsätzlich unmöglich, künstlich z. B. Zucker, Kautschuk, Essigsäure oder andere organische Produkte ohne Benutzung von Tier oder Pflanze herzustellen. Es war ein langwieriger Prozess, der von der damaligen Auffassung über die besondere Natur der organischen Verbindungen bis zu heutigen Auffassungen führte. Den wichtigsten Schritt auf diesem Wege tat 1828 *Friedrich Wöhler*. Er erhielt aus *Ammoniumcyanat* NH_4OCN, einer aus anorganischen Stoffen herstellbaren Verbindung, durch Umlagerung im Ammoniumcyanatmolekül die organische Verbindung *Harnstoff* $(NH_2)_2CO$.

$$\underset{\text{Ammoniumcyanat}}{NH_4{-}O{-}CN} \rightarrow \underset{\text{Harnstoff}}{O{=}C\begin{smallmatrix}\diagup NH_2\\ \diagdown NH_2\end{smallmatrix}}$$

Später wurde Essigsäure synthetisch dargestellt (*Kolbe* 1845). Die Synthese weiterer Naturstoffe folgte. Heute wird eine Fülle selbst kompliziert aufgebauter organischer Stoffe synthetisch hergestellt.

26.2 Aufgaben und Bedeutung der organischen Chemie

Wichtig für die organische Chemie ist zunächst die Aufklärung der chemischen Zusammensetzung eines Naturstoffes. Oft liegt dabei eine wirtschaftliche Notwendigkeit vor, sich mit dem betreffenden Naturstoff chemisch zu beschäftigen. So ist vielfach eine Gewinnung aus tierischem oder pflanzlichem Material umständlich und kostspielig oder wegen begrenzter Rohstoffressourcen nur beschränkt möglich. Ziel der chemischen Untersuchungen ist es, das Gewinnungsverfahren zu verbessern oder einen Weg zur synthetischen Herstellung zu finden. Die frühe Geschichte der organischen Chemie liefert für diesen Gesichtspunkt viele Beispiele, wie die Strukturaufklärung des Farbstoffes Indigos, des Morphiums, des Kautschuks, einiger Vitamine usw. Wegen des wesentlich komplizierteren Baues und der Vielfalt der organischen gegenüber den anorganischen Verbindungen sind in der organischen Chemie hochentwickelte Analysenmethoden nötig. Die Analysenmethoden, angefangen von der Elementaranalyse (*Liebig* 1830) bis zu modernen (oft automatisierten) physikalisch-chemischen Untersuchungsmethoden, wurden laufend verbessert und erlauben heute die Aufklärung selbst kompliziertest gebauter organischer Moleküle und verwickelter Reaktionsabläufe. Mit zunehmendem Erfolg werden auch im Organismus entstehende Stoffe und ablaufende Reaktionen (*biochemische Vorgänge*) aufgeklärt.

Die Kenntnis der chemischen Zusammensetzung eines organischen Stoffes ist von großer praktischer Bedeutung: Es kann ein Weg zu seiner Synthese gesucht werden. Hier ist die organische Synthese gegenüber der anorganischen insofern wirtschaftlich im Vorteil, als sehr wenige Rohstoffe ausreichen, eine Fülle praktisch wichtiger organisch-chemischer Verbindungen hervorzubringen. Oft werden bei der Suche nach einem Weg zur synthetischen Herstellung Verbindungen entdeckt, deren Aufbau mehr oder weniger stark von dem Vorbild des Naturstoffes abweicht. In ihrer praktischen Verwendbarkeit sind diese Verbindungen in vielen Fällen dem Naturprodukt überlegen. So entspricht der synthetische Kautschuk in seinem chemischen Aufbau nicht dem Naturkautschuk. Er ist ihm nur ähnlich. In der Anwendung aber ist er dem Naturkautschuk in vieler Hinsicht überlegen. Die Bedeutung der modernen organischen Chemie zeigt sich gerade darin, dass sie heute in immer größerem Maße Produkte hervorbringt, die keinerlei chemisches Vorbild in der Natur besitzen. Hierher gehören eine Vielzahl der Polymere, synthetische Fasern, viele Farbstoffe, Arzneimittel, Waschmittel usw. Schließlich ist die organische Synthese auch deswegen wirtschaftlich vorteilhaft, als sehr wenige Rohstoffe ausreichen, um eine Fülle praktisch wertvoller organischer Verbindungen hervorzubringen. Da die meisten organischen Verbindungen nur die Elemente Kohlenstoff, Wasserstoff, Sauerstoff, Stickstoff und Chlor enthalten, stehen geeignete Rohstoffe, wie Kohle, Erdöl, Erdgas, Luft und Steinsalz, zur Verfügung.

26.3 Zusammensetzung, Formeln und Isomerie organischer Verbindungen

Art, Anzahl und Anordnung der Atome

Organische Verbindungen unterscheiden sich durch die Art, die Anzahl und die Anordnung der Atome im Molekül.

Art der Atome: Neben dem Kohlenstoff ist fast immer das Element Wasserstoff im organischen Molekül anzutreffen. Sehr häufig sind die Elemente Sauerstoff, Stickstoff, Chlor und Brom, weniger häufig die Elemente Fluor, Jod, Schwefel, Selen, Phosphor, Silizium und seltener die Metalle an der Zusammensetzung organischer Moleküle beteiligt.

Anzahl der Atome: Die Gesamtzahl der Atome in organischen Molekülen ist sehr unterschiedlich Sie liegt zwischen drei und mehreren hunderttausend Atomen. Bemerkenswert ist das Vorkommen der sehr großen Moleküle (*Makromoleküle*). Es wird durch die Vierbindigkeit des Kohlenstoffs und durch seine Fähigkeit, sich mit sich selbst zu langen Ketten oder Ringen zu verbinden, verursacht. Die Art und Anzahl der Atome im organischen Molekül werden durch die *Summen-* oder *Bruttoformel* beschrieben. Zum Beispiel für Butan: C_4H_{10}, für Ethanol: C_2H_6O, für Benzol: C_6H_6.

Anordnung der Atome: Die Anordnung der Atome im Molekül wird *Struktur* (*Konstitution*) genannt. Die Kohlenstoffatome im organischen Molekül können auf dreierlei Weise angeordnet sein. Sie bilden:

- unverzweigte Ketten, z. B.:

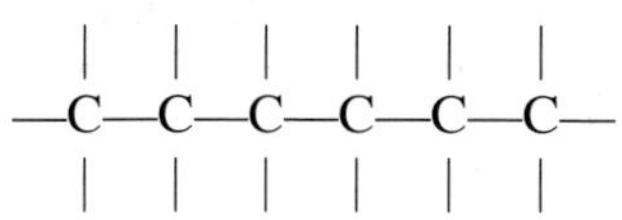

- verzweigte Ketten, z. B.:

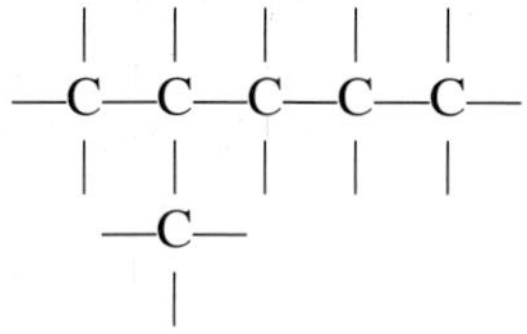

- Ringe, z. B.:

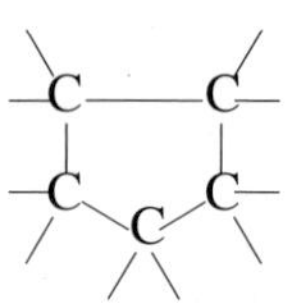

Diese unterschiedlichen Anordnungen können in einem Molekül auch kombiniert auftreten. Weiterhin können in die Ketten und Ringe Nichtkohlenstoffatome eingebaut sein, z. B.:

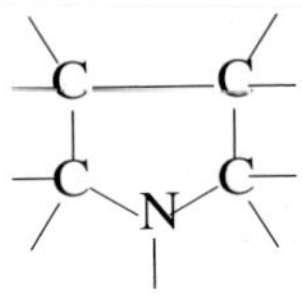

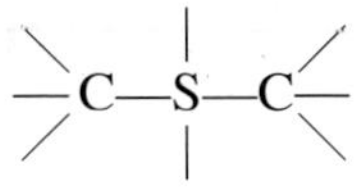

Formeln

Die Anordnung der Atome im Molekül wird mit Hilfe der (oben verwendeten) *Strukturformeln* beschrieben, In den Strukturformeln sind die Atome als Elementsymbole dargestellt, Verbindungsstriche zwischen den Elementsymbolen kennzeichnen die Bindungen. Jeder Bindungsstrich bedeutet dabei eine Atombindung bzw. ein gemeinsames Elektronenpaar:

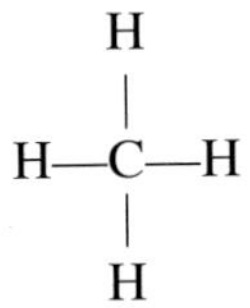

Methan

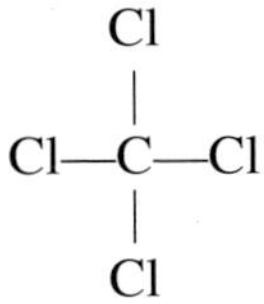

Tetrachlormethan

Diese Darstellung als Strukturformel lässt die an keiner Bindung beteiligten Valenzelektronen unberücksichtigt. Die Elektronenverteilung kommt durch die *Elektronenformel* zum Ausdruck:

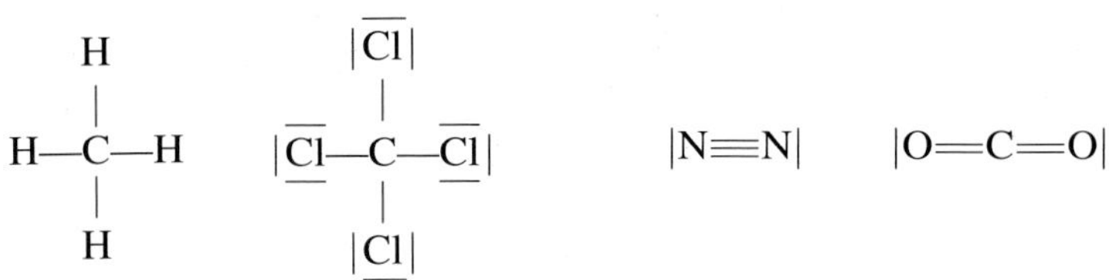

Jeder Strich bedeutet auch hier ein Elektronenpaar. Die drei Striche um jedes Chloratom beim Tetrachlormethan bezeichnen die sechs Valenzelektronen des Chlors, die nicht an der Bindung beteiligt sind. Das siebente Valenzelektron ist mit einem Valenzelektron des Kohlenstoffs zu einem Paar zusammengetreten und wird durch den Bindungsstrich zwischen C und Cl versinnbildlicht. Die Elementensymbole bezeichnen jetzt den Kern des Atoms und seine Elektronenhülle mit Ausnahme der äußeren, der Valenzschale. Ihrer umständlichen Schreibweise wegen weniger gebräuchlich ist die Verwendung des Punktsymbols für die Elektronen:

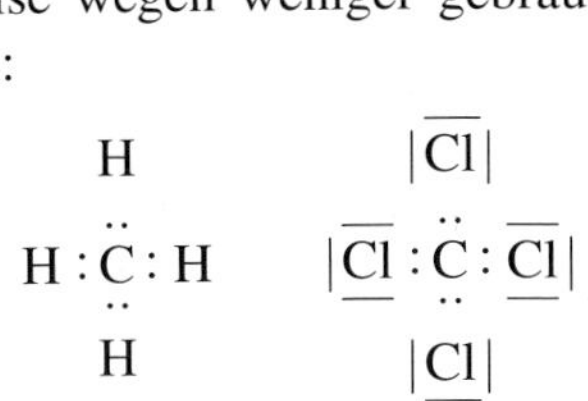

Die *rationelle Formel* ist eine abgekürzte Schreibweise der Strukturformel. Dabei werden die Elementsymbole nicht durch Striche verbunden, jedoch so zusammengestellt, dass die Reihenfolge der miteinander verbundenen Atome erkennbar ist.

Beispiel: Ethanol $CH_3—CH_2—OH$ oder CH_3CH_2OH.

Die Strukturformel bzw. rationelle Formel lässt im allgemeinen nur erkennen, ob das Molekül Ring- oder Kettenstruktur besitzt und in welcher Reihenfolge die Atome der verschiedenen Elemente miteinander verbunden sind. Die wirkliche räumliche Anordnung der Atome im Molekül (*Konfiguration*) und ihre genauen Bindungsverhältnisse werden nicht oder nur ungenügend wiedergegeben. Da diese Faktoren oft entscheidend das chemische und physikalische Verhalten einer Verbindung bestimmen, wird die Strukturformel, wenn notwendig, durch besondere Vereinbarungen ergänzt und vervollkommnet.

Zur Bezeichnung der Struktur organischer Verbindungen werden folgende Begriffe häufig verwendet: Ein Kohlenstoffatom, das mit nur einem weiteren Kohlenstoffatom verbunden ist, nennt man *primär*. *Sekundär* gebunden ist es bei der Verknüpfung mit zwei weiteren Kohlenstoffatomen, *tertiär* bei Bindung an drei und *quartär* bei Bindung an vier Kohlenstoffatome:

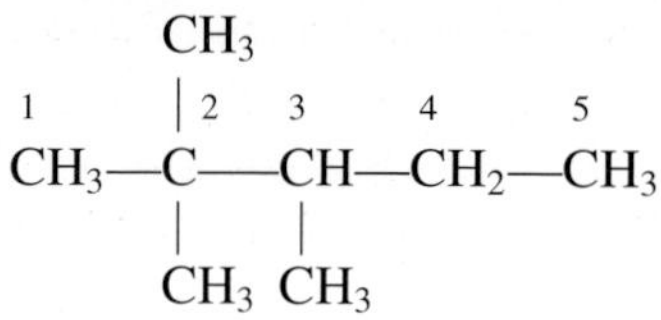

Kohlenstoffatome 1 und 5: primär, 2: quartär, 3: tertiär, 4: sekundär

Atome oder Atomgruppen in einem organischen Molekül, die vor allem die chemischen Eigenschaften der betreffenden Verbindung bestimmen, werden *funktionelle Gruppen* genannt. Solche funktionelle Gruppen sind z. B. die Hydroxygruppe —OH der Alkohole, die Carboxygruppe —COOH der Carbonsäuren usw.

Isomerie

In vielen Fällen ist bei gleicher Anzahl und Art der Atome eine unterschiedliche Anordnung der Atome im Molekül möglich (*Isomerie*). Unter Isomerie versteht man die Erscheinung, dass zwei oder mehr Verbindungen bei gleicher Summenformel eine unterschiedliche Struktur bzw. Konfiguration und damit unterschiedliche chemische und physikalische Eigenschaften besitzen. Solche Verbindungen heißen *Isomere*. Die Erscheinung der Isomerie ist unter den organischen Verbindungen weit verbreitet. Mit wachsender Anzahl der Atome im Molekül steigt auch die Anzahl der möglichen Isomere. So existieren vom Kohlenwasserstoff Butan C_4H_{10} zwei Isomere:

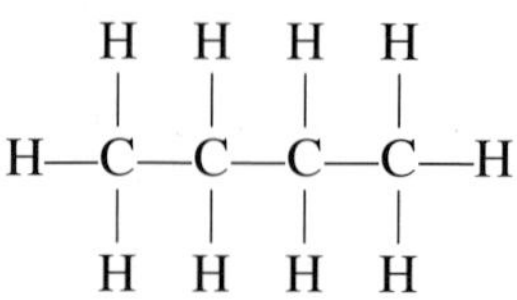

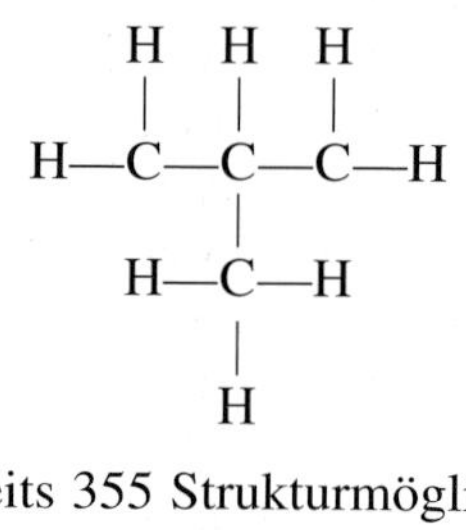

Vom Kohlenwasserstoff $C_{12}H_{26}$ gibt es bereits 355 Strukturmöglichkeiten. Die Fülle der organischen Verbindungen wird wesentlich durch die Möglichkeit zur Isomerie hervorgerufen.

Man unterscheidet verschiedene Arten der Isomerie. Es handelt sich um eine *Strukturisomerie*, wenn sich die Isomere durch die Reihenfolge der untereinander verbundenen Atome unterscheiden. Die Strukturisomerie tritt auf als *Kettenisomerie* (siehe Beispiel der isomeren Butane, → Kapitel 27) und als *Stellungsisomerie* (→ Abschn. 29.1). Man spricht von einer *Konfigurationsisomerie*, wenn sich die Isomeren bei gleicher Reihenfolge der miteinander verknüpften Atome durch die räumliche Anordnung der Atome im Molekül (Konfiguration) unterscheiden. Die Konfigurationsisomerie tritt auf als *cis-trans-Isomerie* (→ Abschn. 29.2) und als *optische Isomerie* (→ Abschn. 30.7).

26.4 Einteilung und Nomenklatur organischer Verbindungen

Die organischen Verbindungen gehören entweder der Gruppe der acyclischen (kettenförmigen, aliphatischen) oder cyclischen (ringförmigen) Verbindungen an. Die acyclischen Verbindungen werden meist *aliphatische*[1] Verbindungen genannt. Bei den aliphatischen Verbindungen sind die Kohlenstoffatome in einer offenen Kette angeordnet. Bei den cyclischen Verbindungen sind die Kohlenstoffatome zu einem Ring geschlossen. Besteht der Ring lediglich aus Kohlenstoffatomen, so spricht man von einer *carbocyclischen* Verbindung. Ringe, die außer dem Kohlenstoff noch andere Elemente, wie z. B. Stickstoff, Sauerstoff oder Schwefel, enthalten bilden das Gerüst der *heterocyclischen* Verbindungen. Unter den carbocyclischen Verbindungen nehmen das Benzol und die von ihm abgeleiteten Verbindungen wegen ihrer Bedeutung und Eigentümlichkeiten eine Sonderstellung ein. Sie werden als *aromatische* Verbindungen bezeichnet.

Tabelle 26.1 Einteilung der organischen Verbindungen nach ihrer Struktur

- organische Verbindungen
  - Kettenverbindungen oder aliphatische Verbindungen
  - Ringverbindungen oder cyclische Verbindungen
    - carbocyclische Verbindungen
      - alicyclische Verbindungen
      - aromatische Verbindungen
    - heterocyclische Verbindungen

Über die eindeutige Bezeichnung (*Nomenklatur*) organischer Verbindungen einigten sich 1892 in Genf Chemiker aus der ganzen Welt auf die sogenannte „Genfer Nomenklatur“. Diese wurde von der International Union of Pure and Applied Chemistry (IUPAC) später mit dem Ziel der Vereinheitlichung und Vereinfachung zur IUPAC-Nomenklatur präzisiert. Nach den Empfehlungen der IUPAC wird in den folgenden Abschnitten der substitutiven Nomenklatur der Vorzug gegeben, bei der Verbindungsnamen aus einem Namensstamm mit Vor- und Nachsilben gebildet werden. Bei der Einführung organischer Verbindungen wird deshalb die Bezeichnung nach der substitutiven Nomenklatur vorangestellt. Sonstige Bezeichnungen (Trivialnamen und ältere wissenschaftliche Namen) folgen gegebenenfalls. Im Text werden auch die in der Technik gebräuchlichen Bezeichnungen verwendet (→ Aufg. 26.4 bis 26.6).

[1] abgeleitet von aleiphar (griech.) Fett

26.5 Bindungsverhältnisse

26.5.1 Die σ- und die π-Bindung

Wegen der zentralen Stellung des Kohlenstoffs im Periodensystem zwischen den elektropositiven (Metalle) und den elektronegativen Elementen (Nichtmetalle) bildet der Kohlenstoff im allgemeinen mit allen Bindungspartnern *Atombindungen* aus. Dabei ist er befähigt, sowohl mit ausgesprochenen Nichtmetallen (z. B. Halogenen) als auch mit ausgesprochenen Metallen (z. B. Alkalimetallen), als auch mit sich selbst Bindungen einzugehen. Daraus, wie auch aus seiner Vierbindigkeit, die zur vollständigen koordinativen Absättigung führt, lässt sich die außerordentlich große Zahl der organischen Verbindungen erklären.

Die Atombindungen des Kohlenstoffatoms mit weiteren Kohlenstoffatomen oder mit Atomen anderer Elemente lassen sich in zwei Arten einteilen: in σ-Bindungen und in π-Bindungen. Beide Bindungsarten unterscheiden sich beträchtlich voneinander und verleihen dem betreffenden Molekül bestimmte chemische Eigenschaften. Beide Bindungsarten beruhen auf den verschiedenen Möglichkeiten zur Ausbildung von Hybridbindungsorbitalen in der Hülle des Kohlenstoffatoms (→ Kapitel 5).

a) Die σ-Bindung (erster Bindungszustand)

Im Methan CH_4 liegen vier *σ-Bindungen* vor. Das Kohlenstoffatom befindet sich in diesem Fall im *tetraedischen Valenzzustand*. Es hat vier gleichwertige sp^3-Hybridorbitale ausgebildet, die mit je einem σ-Elektron besetzt sind. Jeder dieser sp^3-Hybridorbitale des Kohlenstoffs hat das 1 s-Orbital eines Wasserstoffatoms maximal räumlich durchdrungen. Dieses durch Überlagerung entstandene Orbital der C—H-Bindung ist rotationssymmetrisch um die Verbindungslinie der Kerne beider Bindungspartner angeordnet. Eine solche Bindung heißt σ-Bindung. Entsprechend der Richtung der sp^3-Hybridorbitale des Kohlenstoffatoms sind im Methan die vier Wasserstoffatome tetraedrisch um das Kohlenstoffatom angeordnet (Bild 27.1, Bau des Methanmoleküls; Bild 26.1, Tetraedermodell).

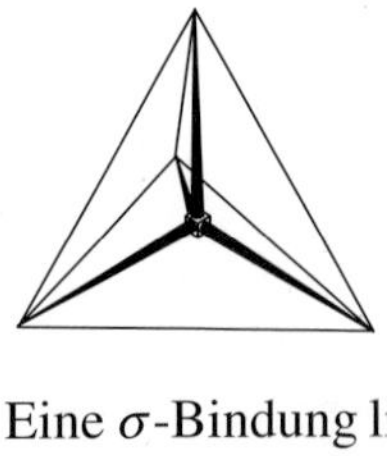

Bild 26.1 Tetraedermodell

Eine σ-Bindung liegt nicht nur zwischen Kohlenstoff und Wasserstoff, sondern auch zwischen Kohlenstoff und Kohlenstoff und allgemein bei jeder Einfachbindung zwischen Kohlenstoff und einem anderen Element vor. Die zwei an der σ-Bindung beteiligten Elektronen nennt man σ-Elektronen.

Die σ-Bindung besitzt folgende Eigenschaften: Sie ist relativ fest, d. h. von relativ großer Bindungsenergie. Die σ-Elektronen sind schwer zu entkoppeln, also schwer in Einzelelektronen aufzuspalten. Weiterhin ist die σ-Bindung relativ schwer polarisierbar, d. h., das σ-Elektronenpaar ist nur schwer verschiebbar, bzw. der σ-Bindungsorbital ist unter dem Einfluss von polaren Substituenten relativ schwierig deformierbar (→ Abschn. 26.5.2). Da die σ-Bindung rotationssymmetrisch um die Verbindungsradien zwischen beiden Bindungspartnern angeordnet ist, ist eine Drehung der Bindungspartner um die Kernverbindungslinie gegeneinander frei möglich. Eine solche gegenseitige Verdrehung bleibt ohne Einfluss auf den Bindungszustand. Zum Beispiel wird das Ausmaß der Überlappung der Bindungsorbitale zwischen den beiden Kohlenstoffatomen im Ethan nicht verändert, wenn beide CH_3-Gruppen gegeneinander verdreht werden. Diese Tatsache erklärt das Nichtauftreten von (Konfigurations-) Isomeren beim Ethen C_2H_6.

b) Die π-Bindung (zweiter Bindungszustand)

Die *π-Bindung* tritt (zusätzlich zur σ-Bindung) auf, wenn das Kohlenstoffatom eine Doppel- oder auch Dreifachbindung mit einem weiteren Kohlenstoffatom oder mit Atomen anderer Elemente (z. B. Sauerstoff, Stickstoff usw.) eingeht.

Doppelbindung: Im Ethen C_2H_4, einer Verbindung mit Doppelbindung, liegt der Kohlenstoff im *trigonalen Valenzzustand* vor. Drei Bindungen des Kohlenstoffatoms, nämlich an die beiden Wasserstoffatome und an das andere Kohlenstoffatom, erfolgen durch die drei sp^2-Hybridorbitale. Diese drei Bindungen sind σ-Bindungen mit allen Eigenschaften dieser Bindungsart. Die vierte Bindung des Kohlenstoffatoms erfolgt durch Überlappung des nichthybridisierten Orbitals mit dem gleichen Orbital des anderen Kohlenstoffatoms.

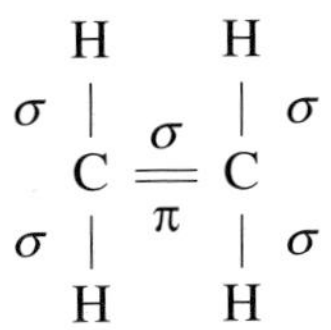

Diese Bindung heißt *π-Bindung*. Die C-C-Doppelbindung im Ethen setzt sich also aus einer σ- und einer π-Bindung zusammen.

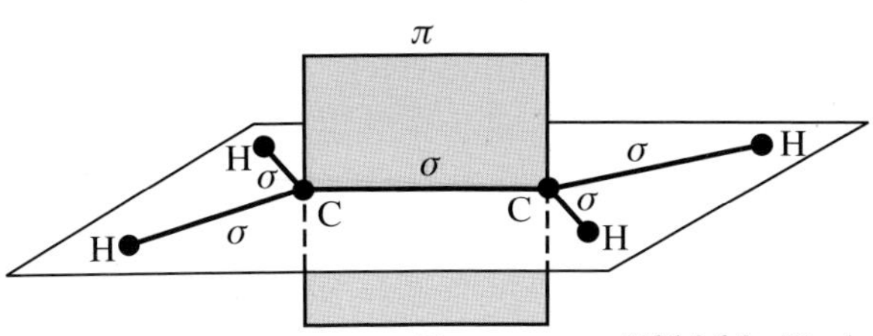

Bild 26.2 Bindungsverhältnisse im Ethen

Entsprechend der Gestalt und Lage der drei sp^2-Hybridorbitale und des nichthybridisierten $2p_z$-Orbitals besitzt das Ethen einen ebenen Bau. Die zwei Kohlenstoff- und die vier Wasserstoffatome liegen ebenso wie die drei sp^2-Hybridorbitale in einer Ebene. Der Winkel zwischen ihnen beträgt jeweils 120°. Die $2p_z$-Orbitale stehen senkrecht zur Ebene der σ-Bindungen. Ihre Überlappung führt zu einem Bindungsorbital, das aus zwei Teilräumen besteht, die senkrecht zur Ebene der σ-Bindungen liegen, und zwar der eine Teilraum oberhalb, der andere unterhalb dieser Ebene. Das Ausmaß der räumlichen Durchdringung bei der $2p_z$-Orbitale ist kleiner als bei der σ-Bindung.

Die π-Bindung besitzt folgende Eigenschaften: Sie ist weniger fest als die σ-Bindung. π-Elektronenpaare sind bedeutend leichter zu entkoppeln, d. h. in Einzelelektronen aufzuspalten, als Elektronen der σ-Bindung. Diese geringere Bindungsenergie hängt damit zusammen, dass die kugelförmige Gestalt der p-Orbitale im Gegensatz zur keulenförmigen Gestalt der sp^2-Hybridorbitale nur eine geringere Überlappung und damit einen kleineren Energiegewinn bei der π-Bindung gestattet.

Ist der σ-Bindung eine π-Bindung überlagert, d. h., liegt eine Doppelbindung vor, so ist die freie Drehbarkeit der σ-Bindung aufgehoben. Werden nämlich beide Molekülhälften gegeneinander verdreht, so verkleinert sich die gegenseitige Durchdringung der nichthybridisierten $2p_z$-Orbitale. Erst eine Verdrehung beider Molekülhälften um 180° ergibt wieder eine maximale Überlappung der Orbitale und damit ein stabiles Molekül. Daraus erklärt sich das Auftreten von zwei stabilen Isomeren bei den Derivaten des Ethens (cis-trans-Isomere, → Abschn. 29.2). Vom Ethen selbst gibt es selbstverständlich diese beiden Isomeren nicht, da beide Molekülhälften CH_2 einander gleich sind.

Die π-Bindung ist relativ leicht polarisierbar, d. h., die π-Elektronen sind leicht verschiebbar, weil sie von den positiven Kernen durch die σ-Elektronen abgeschirmt werden. Der Abstand zwischen den Atomkernen, die durch eine Doppelbindung verbunden sind, ist kleiner als der Abstand einer Einfachbindung (Abstand der Kohlenstoffatome im Ethan = 0,154 nm, im Ethen = 0,134 nm).

Dreifachbindung: Die Dreifachbindung am Kohlenstoffatom lässt sich aus dem *digonalen Valenzzustand* des Kohlenstoffatoms erklären. Im Ethin z. B. ist der Hybridorbital des einen Kohlenstoffatoms mit dem gleichen sp-Hybridorbital des anderen Kohlenstoffatoms überlagert, so dass zwischen den Kohlenstoffatomen eine σ-Bindung mit allen ihren bekannten Eigenschaften vorliegt. Zusätzlich sind die beiden nichthybridisierten $2p_y$-und $2p_z$-Orbitale des einen Kohlenstoffatoms mit den entsprechenden Orbitalen des anderen Kohlenstoffatoms überlappt. Es bestehen demnach zusätzlich zwei π-Bindungen. Die Wasserstoffatome sind durch σ-Bindungen mit den Kohlenstoffatomen verknüpft.

Die Dreifachbindung besteht also aus einer σ- und zwei π-Bindungen, d. h., zwei σ-Elektronen und vier π-Elektronen stellen die Bindung her. Entsprechend der räumlichen Lage und Ausdehnung der Orbitale im digonalen Valenzzustand des Kohlenstoffatoms ergibt sich folgendes Modell für die Dreifachbindung:

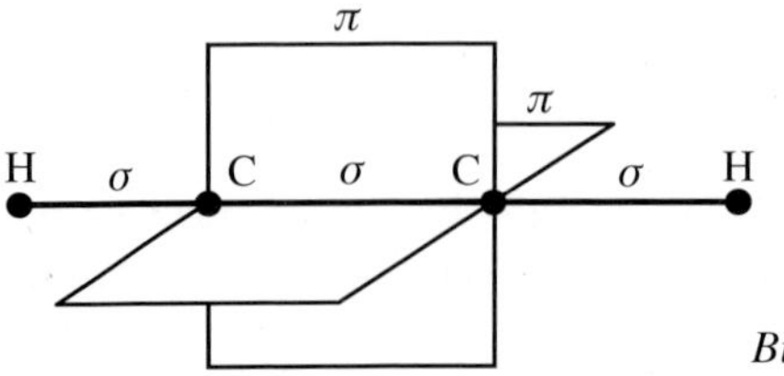

Bild 26.3 Bindungsverhältnisse im Ethin

Die σ-Bindung zwischen den Kohlenstoffatomen ist rotationssymmetrisch um die Kernverbindungsachse angeordnet. Die beiden π-Bindungen umhüllen zylindrisch die σ-Bindung.

Die Eigenschaften der π-Elektronen sind im allgemeinen die gleichen wie in der Doppelbindung. Ihre Polarisierbarkeit ist etwas geringer. Der Abstand der Kohlenstoffatome, die durch eine Dreifachbindung zusammengehalten werden, ist noch kleiner als bei einer Doppelbindung (Abstand der Kohlenstoffatome im Ethin = 0,12 nm).

Auch für Verbindungen mit konjugierten Doppelbindungen (wie z. B. im Butadien, → Abschnitt 28.2) und auch für die aromatischen Verbindungen (→ Abschnitt 31.2) gelten grundsätzlich die hier mitgeteilten Vorstellungen über die σ-Bindung und die π-Bindung. Allerdings ist eine Erweiterung der Theorie durch den Begriff der Mesomerie notwendig (→ Abschn. 29.2).

26.5.2 Polarisation der Atombindung

Die reine Ionenbeziehung und die reine Atombindung stellen nur Grenzfälle dar. Der Bindungscharakter liegt in den meisten Fällen zwischen diesen Extremen. Nur wenn beide Bindungspartner die gleiche *Elektronegativität* (Elektronenaffinität) aufweisen, kann mit dem Vorhandensein einer reinen Atombindung gerechnet werden. Dies trifft z. B. für die Bindung im Wasserstoffmolekül H_2 zu. (Es spielen jedoch auch hier in sehr geringem Maße ionische Zustände eine Rolle.) In allen anderen Fällen, in denen die Bindungspartner unterschiedliche Elektronegativität besitzen, erhält die Atombindung zu einem größeren oder kleineren Anteil den Charakter einer Ionenbeziehung. Man sagt, die Atombindung ist polarisiert. Eine solche *polarisierte Atombindung* besteht z. B. in den organischen Verbindungen bei der Bindung des Kohlenstoffs mit den Elementen Stickstoff, Sauerstoff oder Chlor. Hier wird in zunehmendem Maße das Elektronenpaar zu den Atomen der Elemente Stickstoff, Sauerstoff und Chlor mit ihrer größeren Elektronenaffinität herübergezogen. Das Bindungsorbital zwischen diesen Elementen und Kohlenstoff besitzt auf der den elektronegativeren Elementen zugewandten Seite eine größere Elektronendichte. Dadurch entsteht im Molekül eine Polarität zwischen dem jetzt positiv geladenen Atomrumpf des Kohlenstoffatoms und dem negativen Atomrumpf des Chlors, des Sauerstoffs oder des Stickstoffs. Entsprechendes gilt für die Bindung des Kohlenstoffs mit elektropositiveren Elementen, wie z. B. den Metallen.

Mit der *Polarisation* ändert sich die Atombindung in Richtung auf eine Ionenbeziehung, indem elektrostatische Anziehungskräfte Einfluss auf die Bindung gewinnen.

Für die Bindung des Kohlenstoffs mit den Elementen der ersten Periode zeigt die folgende Übersicht die Polarisation:

Li—C Be—C B—C	C—C	C—N C—O C—F
←		→
abnehmende Elektronegativität des Bindungspartners vom Kohlenstoff, zunehmende Polarisation der Atombindung, das Elektronenpaar wird zunehmend zum C-Atom herangezogen.	ideale oder reine Atom-Bindung	zunehmende Elektronegativität des Bindungspartners vom Kohlenstoff, zunehmende Polarisation der Atombindung, das Elektronenpaar wird zunehmend zum Bindungspartner des C-Atoms herangezogen.

Tabelle 5.1 enthält die Verhältniszahlen für die relative Elektronegativität einiger Elemente mit dem für Kohlenstoff willkürlich angenommenen Wert 2,5. Gehen zwei Elemente eine Bindung ein, so gibt die Größe der Differenz zwischen den Verhältniszahlen einen Hinweis auf das Ausmaß und die Richtung der Bindungspolarität. Die Kohlenstoffbindung trägt grundsätzlich den Charakter einer Atombindung. Ist der Kohlenstoff mit einem Element verbunden,

dessen relative Elektronegativität kleiner ist, so wird der Kohlenstoff zum negativen Teil des Dipolmoleküls und umgekehrt (→ Abschn. 5.2.2).

Um die Polarisation der Atombindung in der Struktur- bzw. Elektronenformel zum Ausdruck zu bringen, wird an Stelle des Bindungsstriches zwischen den Partnern oft ein keilförmiges Symbol verwendet. Die breite Seite dieses Symbols liegt beim elektronegativeren Bindungspartner, die Spitze des Keils beim elektropositiveren Bindungspartner.

Beispiel:

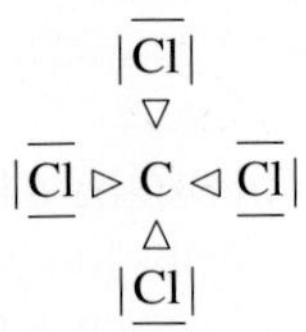

Tetrachlormethan

Quantitative Unterschiede in der Polarität können durch verschieden breite Keile gekennzeichnet werden.

Beispiel:

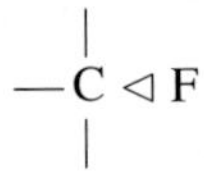

stärker polarisierte Bindung

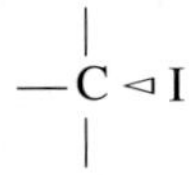

schwächer polarisierte Bindung

Auch wird die Polarität durch die Symbole $\delta+$ und $\delta-$ gekennzeichnet.

Beispiel:

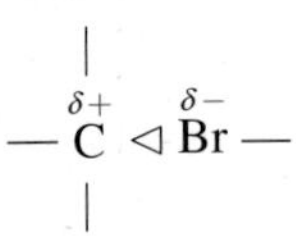

Durch das Symbol $\delta\delta+$ wird ein geringerer positiver Ladungsanteil symbolisiert. Noch kleiner ist der Ladungsanteil $\delta\delta\delta+$ usw.

Induktionseffekt

Die Kenntnis der Polarisation von Atombindungen ist deswegen wichtig, weil das chemische (und auch physikalische) Verhalten organischer Verbindungen u. a. durch die Polarität der Bindung bedingt ist. Eine polarisierte Bindung übt mit ihrem elektrischen Feld auf die unmittelbare und in stark abnehmendem Maße auch auf die weitere Umgebung innerhalb des Moleküls einen Einfluss aus. Benachbarte Bindungen werden unter diesem Einfluss ebenfalls polarisiert. Diese Erscheinung heißt *Induktionseffekt* (I-Effekt).

Beispiel:

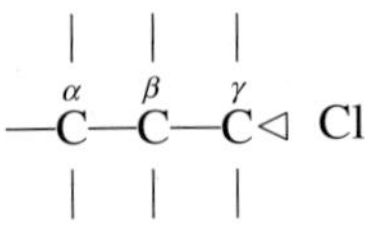

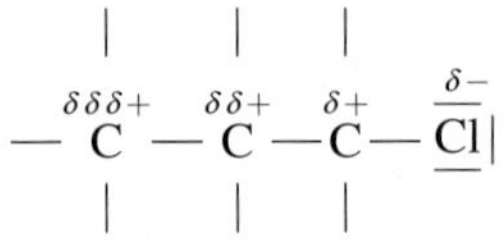

Die selbst stark polarisierte Bindung C—Cl polarisiert die nachfolgenden C—C-Bindungen, wobei das β-Kohlenstoffatom schwach, das α-Kohlenstoffatom noch schwächer positiviert wird. Insgesamt tritt also in der Bindungskette eine Verschiebung der Bindungselektronen zum relativ stark elektronegativen Chloratom ein.

Man unterscheidet zwischen einem $+I$- und einem $-I$-Effekt. Dabei wird der I-Effekt der ohnehin praktisch unpolaren C—H-Bindung gleich 0 gesetzt. Chlor beispielsweise verursacht den −I-Effekt. Die C—Cl-Bindung zieht benachbarte Bindungselektronen stärker an als die C—H-Bindung. In der folgenden Übersicht sind einige wichtige Substituenten nach der Größe ihres Induktionseffektes angeordnet:

$$NO_2 > CN > F > Cl > Br > I > OH > H < \text{Metalle}$$

$$\longleftarrow\!\!\longrightarrow$$

Zunahme des −I-Effektes, d. h., der elektronenanziehenden Wirkung	Zunahme des +I-Effektes, d. h. der elektronenabstoßenden Wirkung

Mit Hilfe der Polarisation der Atombindung und des I-Effektes kann in vielen Fällen das chemische und physikalische Verhalten von Verbindungen erklärt werden. Bei der Behandlung spezieller Verbindungsklassen wird darauf hingewiesen.

26.6 Eigenschaften organischer Verbindungen

26.6.1 Schmelz- und Siedepunkt organischer Verbindungen

Eine charakteristische Eigenschaft organischer Verbindungen ist ihr verhältnismäßig niedriger *Schmelz-* und *Siedepunkt*. Die organischen Verbindungen sind entweder Gase, Flüssigkeiten oder niedrig schmelzende Feststoffe. Ihr Schmelzpunkt liegt nur in wenigen Fällen über 300 °C. Bemerkenswert ist auch die *Sublimierbarkeit* zahlreicher organischer Verbindungen.

Feste Stoffe sind im allgemeinen kristallin aufgebaut. Jeder Kristall besitzt einen bestimmten Gitteraufbau. Die Gitterbausteine sind entweder Atome (*Atomgitter*), Ionen (*Ionengitter*) oder Moleküle (Molekülgitter). Zwischen den Gitterbausteinen wirken Kräfte, die das Gitter zusammenhalten. Die *kinetische Wärmetheorie* besagt, dass bei Erwärmung die Teilchen eines Stoffes in zunehmend schnellere Bewegung geraten. Die Wärmeenergie ist gleich der kinetischen Energie der Teilchen. Bei Erwärmung geraten die Gitterbausteine in Schwingungen, die bei einer bestimmten Temperatur, der Schmelztemperatur, so schnell werden, dass die Gitterkräfte nicht mehr ausreichen, um das Gitter zusammenzuhalten: Die Substanz schmilzt. Die Schmelze besitzt einen wesentlich geringeren Ordnungsgrad, aber immer noch eine gewisse Zusammenhangskraft der Teilchen untereinander. Bei der Siedetemperatur endlich wird auch diese letzte Zusammenhangskraft durch die Wärmebewegung überwunden. Die Teilchen lösen sich aus dem Verband und gelangen in die Gasphase. Eine große Zusammenhangskraft der Teilchen im Gitter des Kristalls und in der Schmelze hat also einen hohen Schmelz- und Siedepunkt zur Folge und umgekehrt.

Während im Ionengitter bei den anorganischen Salzen die Gitterkraft sehr groß ist, ist der Kristallaufbau der Verbindungen mit Atombindung anders geartet. In den organischen Verbindungen sind die Gitterpunkte mit Molekülen besetzt (*Molekülgitter*). Zwischen ihnen wirken die relativ schwachen *van der Waals*schen Kräfte. Daraus erklärt sich der relativ niedrige Schmelzpunkt und Siedepunkt organischer Verbindungen. Verstärkt werden die

Gitterkräfte, wenn die Moleküle einen Dipolcharakter besitzen. Bei stark polarisierten organischen Verbindungen ist deshalb ein höherer Schmelzpunkt zu erwarten.

Entsprechendes gilt auch für den Siedepunkt organischer Verbindungen. Er liegt relativ niedrig, weil die Zusammenhangskräfte in der Flüssigkeit ‚klein sind. Bei manchen Verbindungen sind in der Flüssigkeit die Moleküle zu größeren Gebilden zusammengeschlossen (*Assoziation*). In diesen Fällen liegt der Siedepunkt höher, als es zu erwarten wäre. So erklärt sich der relativ hohe Siedepunkt der Alkohole mit der Assoziation der Alkoholmoleküle, hervorgerufen durch *Wasserstoffbrückenbindung*.

Siedepunkt und Schmelzpunkt sind hauptsächlich *konstitutive* Eigenschaften einer Verbindung. Sie sind neben der Art und der Anzahl der Atome vor allem von der Konstitution (Struktur) des Moleküls, also von der räumlichen Anordnung der Atome im Molekül, abhängig. So liegt der Siedepunkt verzweigtkettiger Verbindungen niedriger als bei Verbindungen gleicher Molekularmasse mit gerader Kette. Einen besonders niedrigen Siedepunkt besitzen Moleküle mit derart hoher Verzweigung, dass das Molekül eine äußere kugelsymmetrische Gestalt aufweist. Bei solchen Molekülen sind die Oberflächen und damit die *van der Waals*schen Kräfte besonders klein. Beim Schmelzpunkt liegen die Verhältnisse teilweise umgekehrt. Hochverzweigte kugelige Moleküle bilden symmetrische Kristallgitter mit relativ großer Gitterkraft; dementsprechend liegt der Schmelzpunkt höher.

Neben den *konstitutiven* Einflüssen wird die Höhe des Schmelz- und Siedepunktes auch durch sogenannte *additive* Faktoren bestimmt. Eine physikalische Eigenschaft besitzt additiven Charakter, wenn ihr Zahlenwert sich aus den Einzelwerten für die beteiligten Elemente additiv zusammensetzt, d. h., wenn diese Eigenschaft eine Funktion von Art und Anzahl der Atome im Molekül ist. Ausgesprochen additiven Charakter trägt die Molekularmasse und vorwiegend die Verbrennungswärme und die Dichte. Den teilweisen additiven Charakter von Schmelz- und Siedepunkt zeigt die Tatsache, dass im allgemeinen Schmelz- und Siedepunkt mit wachsender Molekularmasse bzw. wachsender Anzahl von Kohlenstoffatomen im Molekül steigen. Abweichungen sind durch das Überwiegen konstitutiver Einflüsse bedingt.

Der relativ niedrige Schmelz- und Siedepunkt organischer Verbindungen ist von praktischer Bedeutung. Ohne auf die Zusammenhänge hier näher einzugehen, seien nur zwei Tatsachen genannt. Organische Reaktionen lassen sich in der flüssigen Phase oder in der technisch noch besser geeigneten Gasphase durchführen. Organische Feststoffreaktionen spielen kaum eine Rolle. Zur zweckmäßigen Verschiebung der Gleichgewichtslage organischer Reaktionen dient neben der Wahl einer günstigen Temperatur vor allem die Anwendung eines geeigneten äußeren Druckes. Bei der Trennung organischer Stoffgemische wird vor allen anderen Methoden die fraktionierte Destillation angewendet.

26.6.2 Löslichkeit organischer Verbindungen

Auch für die organischen Verbindungen gilt der allgemeine Grundsatz: Gleiches löst sich in Gleichem. Je größer die Ähnlichkeit zwischen den Molekülen des Lösungsmittels und des zu lösenden Stoffes ist, um so größer ist die Löslichkeit. In Wasser als stark polarem Lösungsmittel sind nur diejenigen organischen Verbindungen, deren Molekül u. a. eine

Ionenbeziehung enthält, gut löslich (Salze der Sulfonsäuren, Carbonsäuren, Amine usw.). Auch die freien Sulfonsäuren, Carbonsäuren, Alkanole (Alkohole), Amine, Phenole usw. sind teilweise noch in Wasser löslich, wenn das mit den funktionellen Gruppen verbundene Kohlenwasserstoffradikal klein ist. Mit zunehmender Molekularmasse (wachsender Anzahl von Kohlenstoffatomen im Molekül) nimmt die Wasserlöslichkeit ab. Im Gegensatz zum Wasser sind die Kohlenwasserstoffe, Halogenkohlenwasserstoffe und Ether wenig polare Lösungsmittel. In ihnen sind die ebenfalls wenig polaren Verbindungen (z. B. Kohlenwasserstoffe, Halogenkohlenwasserstoffe, Ether, Ester usw.) gut löslich. Zwischen diesen Extremen liegen Ester und Alkohole als Lösungsmittel.

26.7 Reaktionen organischer Verbindungen

26.7.1 Reaktionsgeschwindigkeit

Ein auffälliges Merkmal organischer Reaktionen ist die verhältnismäßig lange Zeit, die notwendig ist, die Reaktionspartner in befriedigendem Maße umzusetzen. Während in der anorganischen Chemie viele Reaktionen, wie Neutralisation, Fällungsreaktionen usw., in kaum messbar kurzer Zeit bis zur völligen Umsetzung verlaufen, sind in der organischen Chemie Reaktionszeiten, die nach Stunden oder gar Tagen zählen, keine Seltenheit. Ursache dieser relativen Reaktionsträgheit organischer Verbindungen sind die Atombindungen im organischen Molekül.

Die mit großer Geschwindigkeit in wässriger Lösung verlaufenden anorganischen Reaktionen sind Ionenreaktionen. Wegen der vor der eigentlichen Reaktion erfolgten elektrolytischen Dissoziation des Moleküls in Ionen liegen bereits reaktionsfähige Bruchstücke der Moleküle vor, die sich mit Leichtigkeit und in kürzester Zeit zu neuen Molekülen vereinigen können. Die organischen Verbindungen sind jedoch wegen ihrer Atombindung nicht zur elektrolytischen Dissoziation befähigt. Eine unmittelbare Anziehung entgegengesetzt geladener Teilchen wie bei den Ionenreaktionen erfolgt im allgemeinen nicht. Um eine praktisch vertretbare Reaktionsgeschwindigkeit zu erreichen, müssen die organischen Moleküle durch geeignete Reaktionsbedingungen aktiviert werden. Solche über Zwischenstufen verlaufende Reaktionen brauchen naturgemäß eine längere Zeit.

Die Reaktionsgeschwindigkeit steigt bekanntlich mit der Temperatur. Bei den organischen Reaktionen wird bei einer Temperaturerhöhung um 10 °C die Geschwindigkeit auf etwa das Doppelte erhöht. Wegen der Zersetzlichkeit organischer Verbindungen sind allerdings der Temperaturerhöhung enge Grenzen gesetzt. Deshalb werden zur Verkürzung der Reaktionszeit *Katalysatoren* verwendet.

Organische Reaktionen verlaufen kaum quantitativ. Die *Ausbeute* beträgt selten mehr als 80 bis 90 %. Häufig liegt sie viel niedriger. Das ist vor allem auf den Ablauf von Nebenreaktionen zurückzuführen, bei denen Nebenprodukte entstehen. Durch Wahl geeigneter Reaktionsbedingungen (z. B. Druck, Temperatur, Katalysator, Konzentrationsverhältnis usw.) und einer optimalen Reaktionszeit kann dies auf ein Minimum beschränkt werden.

Die Bildung von *Nebenprodukten* ist für die chemische Industrie ein wichtiges praktisches Problem. Ein verunreinigtes Hauptprodukt verlangt zur Reinigung einen hohen Aufwand. Um ein Verfahren wirtschaftlich zu gestalten, wird deshalb versucht, entstandene Nebenprodukte zu nutzen. Es erfolgt die Suche nach einem unmittelbaren Anwendungsgebiet oder nach einer Verwendungsmöglichkeit als Ausgangsstoff zur Synthese weiterer Produkte.

26.7.2 Reaktionsarten

Die organischen Reaktionen lassen sich grundsätzlich in drei verschiedene Arten einteilen: Im Verlauf einer *Substitution* (S) wird am organischen Molekül ein Atom oder eine Atomgruppe durch ein anderes Atom bzw. eine Atomgruppe ersetzt.

Beispiel:

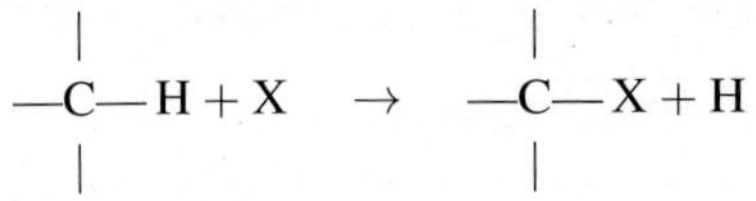

Im Verlauf einer *Eliminierung* (E) werden aus dem organischen Molekül zwei Atome bzw. Atomgruppen abgespalten, wobei im Molekül eine Mehrfachbindung entsteht.

Beispiel:

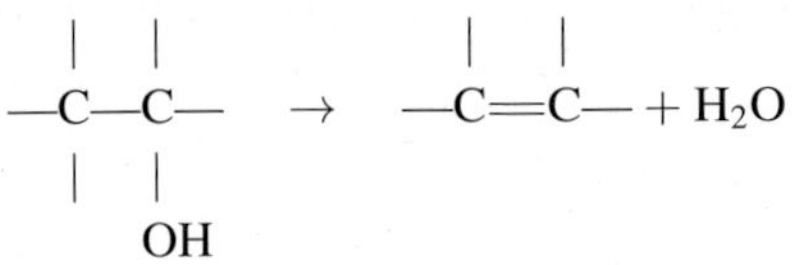

Im Verlauf einer *Addition* (A) wird von einem organischen Molekül ein Atom, ein Molekül bzw. ein Ion gebunden. Meist erfolgt diese Addition an Moleküle mit Mehrfachbindung.

Beispiel:

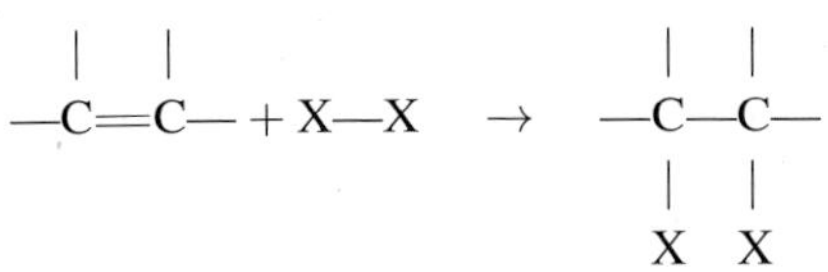

Die Addition kann auch an Moleküle mit einsamen, an keiner Bindung beteiligten Elektronenpaaren erfolgen.

Beispiel:

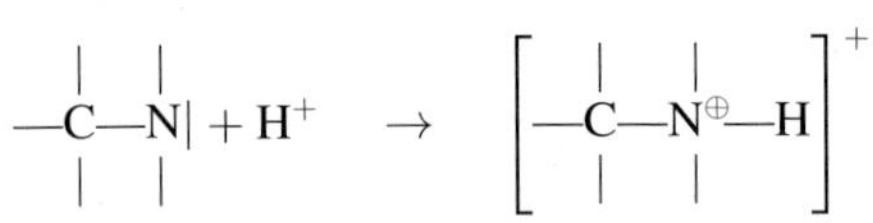

Bei diesen Reaktionen wurden nur die direkt beobachtbaren Ausgangsstoffe und Endprodukte der Reaktion, d. h. die Gesamtreaktion, formuliert. Tatsächlich setzt sich jede Gesamtreaktion aus mehreren Einzelreaktionen zusammen, wobei die Zwischenzustände nur in seltenen Fällen zu beobachten sind. Diese zeitlich neben- und nacheinander ablaufenden Teilreaktionen werden der Chemismus der (Gesamt-) Reaktion genannt. Man unterscheidet zwei Arten des *Reaktionschemismus*: radikalisch und ionisch.

Bei jeder Reaktion werden im organischen Molekül Atombindungen gelöst und neue Atombindungen geknüpft. Wird die Bindung so aufgespalten, dass je ein Elektron des gemeinsamen Elektronenpaares bei den beiden Atomen verbleibt, so verläuft die Reaktion über radikalische Zwischenstufen (*radikalische Reaktion*).

$$A{-}B \rightarrow A\cdot + \cdot B$$

Der *radikalische Chemismus* (R) wird ausgelöst durch Lichteinwirkung (z. B. Halogenierung der Alkane, → Kapitel 27), durch Hitzespaltung der Moleküle (z. B. Krackung von Alkanen, → Abschn. 28.1 und 28.2) oder durch Einsatz von Katalysatoren, wie Peroxide, die leicht in Radikale zerfallen (z. B. Polymerisation von Ethen, Butadien, Styrol usw., → Kapitel 28).

Wird die Bindung so aufgespalten, dass das Elektronenpaar der Bindung bei dem einen Atom verbleibt, so verläuft die Reaktion über ionische Zwischenstufen (*ionische Reaktion*)

$$A\text{—}B \rightarrow A^+ + B^- \qquad \text{oder} \qquad A^-B^+$$

Der *ionische Chemismus* verläuft je nach der Art des Reagens elektrophil (kationoid) oder nukleophil (anionoid). Als Reagens wird derjenige der beiden Reaktionspartner bezeichnet, dessen Moleküle die einfachere chemische Struktur besitzen.

Die *elektrophile Reaktion* (E) wird durch elektrophile (elektronensuchende) Reagenzien eingeleitet. Das sind z. B. positive Ionen oder Verbindungen mit einer Lücke im Elektronenoktett (ACl_3, BF_3 u. a.). A_E bedeutet dann eine elektrophile Addition usw.

Die *nukleophile Reaktion* (N) wird durch nukleophile (kernsuchende) Reagenzien eingeleitet. Das sind z. B. negative Ionen oder Verbindungen mit freien, an keiner Bindung beteiligten Elektronenpaaren (z. B. NH_3). S_N bedeutet dann eine nukleophile Substitution.

Der ionische Chemismus wird ausgelöst, wenn einer der Reaktionspartner selbst ein Ion ist oder aber stark polarisierte Bindungen im Molekül aufweist. Auch die Verwendung von polaren Katalysatoren und polaren Lösungsmitteln begünstigt den ionischen Chemismus.

Bei der Behandlung der speziellen Verbindungsklassen werden Beispiele für einen Reaktionschemismus beschrieben.

❍ Aufgaben

26.1 Weshalb ist es zweckmäßig, die Chemie der Kohlenstoffverbindungen gesondert von den Verbindungen der übrigen Elemente zu behandeln?

26.2 Welche Gemeinsamkeiten bestehen zwischen der anorganischen und der organischen Chemie?

26.3 Worin liegt die Bedeutung der Wöhlerschen Harnstoffsynthese?

26.4 Zu welcher Gruppe der organischen Verbindungen gehören die folgenden Verbindungen?

a) Cyklopentan

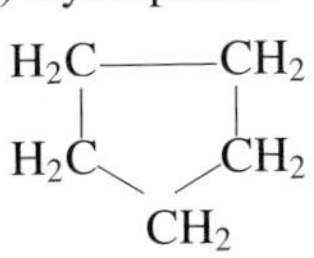

b) Aminobenzol (Anilin)

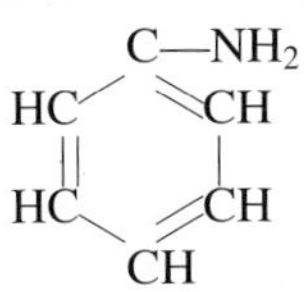

c) Pyridin

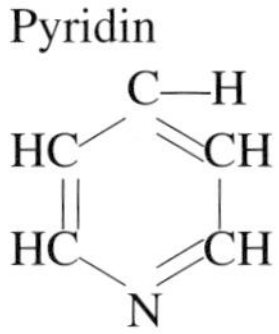

d) Harnstoff

$(NH_2)_2CO$

26.5 Welche Gemeinsamkeiten und welche Unterschiede bestehen zwischen zwei isomeren Verbindungen?

26.6 Wie lauten die Elektronenformeln für Harnstoff $(NH_2)_2CO$, Diethylsulfid $(C_2H_5)_2S$ und Dimethylsulfat $(CH_3)_2SO_4$?

26.7 Worin unterscheidet sich das *Rutherford-Bohr*sche Atommodell von der wellenmechanischen Vorstellung vom Atom?

26.8 Es ist die Hüllenstruktur des Kohlenstoffatoms im Grundzustand zu beschreiben und daran die Gültigkeit des *Pauli*-Prinzips nachzuweisen.

26.9 Es ist die räumliche Gestalt des Ethan-, des Ethen- und des Ethinmoleküls zu beschreiben und mit Hilfe der Theorie der Bindung zu erklären.

26.10 Was versteht man unter σ- und π-Bindung; welche Unterschiede bestehen zwischen ihnen?

26.11 Welche Gemeinsamkeiten und Unterschiede bestehen zwischen Atombindung und lonenbeziehung?

26.12 Es ist mit Hilfe der Begriffe Polarisation und Induktionseffekt die Elektronenverteilung im Ethanol C_2H_5OH angenähert zu beschreiben.

26.13 Die Elemente Magnesium, Stickstoff, Bor, Lithium, Fluor und Sauerstoff sollen mit Kohlenstoff verbunden sein. In welchem unterschiedlichen Maß ist die Atombindung dieser Elemente mit Kohlenstoff polarisiert?

26.14 Es ist zu begründen, warum organische Reaktionen im allgemeinen langsamer verlaufen als anorganische!

26.15 Warum schmilzt Natriumchlorid bei 800 °C, Rübenzucker dagegen bereits bei 160 °C?

26.16 Warum wird bei organischen Umsetzungen sehr selten eine 100%-ige Ausbeute erzielt?

26.17 Warum besitzt die Anwendung von Katalysatoren besonders bei organischen Reaktionen große Bedeutung?

26.18 Wodurch unterscheiden sich der ionische und der radikalische Ablauf einer organischen Reaktion?

27 Gesättigte aliphatische Kohlenwasserstoffe – Alkane

Allgemeines und Nomenklatur

Die einfachsten Verbindungen der organischen Chemie enthalten neben dem Element Kohlenstoff nur Wasserstoff, sie heißen *Kohlenwasserstoffe*. Die Kettenverbindungen, die keine Doppelbindungen enthalten und bei denen alle freien Valenzen der Kohlenstoffatome durch Wasserstoff abgesättigt sind, heißen *Alkane* oder *gesättigte Kohlenwasserstoffe*. Nach einer älteren Bezeichnung nennt man sie auch *Paraffine* [1)], da sie chemisch verhältnismäßig reaktionsträge sind. Nach der IUPAC-Nomenklatur haben alle gesättigten Kohlenwasserstoffe die gemeinsame Endung *-an*.

In den Alkanen ist ein sp^3-Hybrid des Kohlenstoffs durch σ-Bindungen mit den Wasserstoffatomen verbunden. Das erklärt die Festigkeit der Kohlenstoff-Wasserstoff-Bindungen und die relative Reaktionsträgheit der Alkane.

Das einfachste Alkan ist das Methan CH_4, das dem Bergmann unter dem Trivialnamen *Grubengas* bekannt ist.

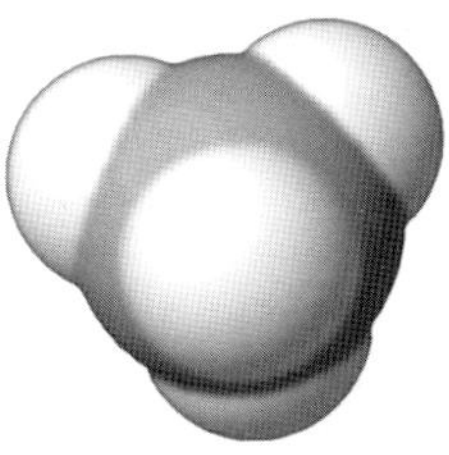

Bild 27.1 Atomkalottenmodell des Methans

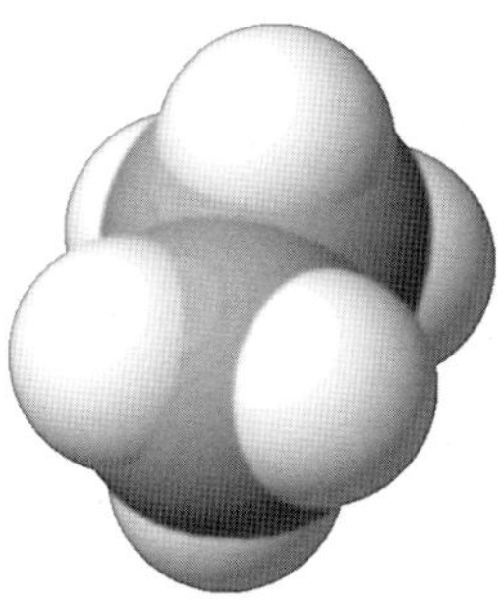

Bild 27.2 Atomkalottenmodell des Ethans

Ein räumliches Modell des Methanmoleküls ähnelt dem Bild 26.1. Das Kohlenstoffatom steht im Mittelpunkt des Tetraeders, an dessen Ecken sich Wasserstoffatome befinden (→ Abschn. 26.5.1).

Eine gute räumliche Darstellung für das Methanmolekül gibt das sogenannte Atomkalottenmodell (Bild 27.1). Die im Bild dargestellten Kugelkalotten zeigen ungefähr die Grenze des Wirkungsbereichs der Ladungswolken der am Molekülaufbau beteiligten Atome.

Wenn 2 Kohlenstoffatome durch eine Atombindung miteinander verbunden und alle 6 freien Valenzen durch Wasserstoff abgesättigt sind, so liegt ein anderer Kohlenwasserstoff, das

[1)] parum affinis (lat.) wenig verwandt

Ethan C_2H_6, vor. Das Ethan hat die Strukturformel

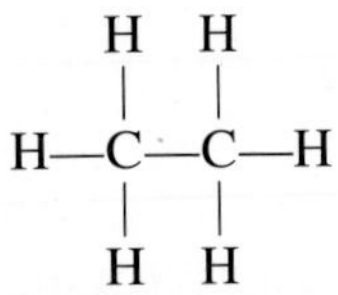

oder

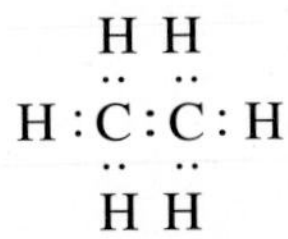

Das Atomkalottenmodell des Ethans zeigt Bild 27.2.

Von einer Kohlenstoffkette aus 3 Kohlenstoffatomen leitet sich das Propan C_3H_8 ab, seine Strukturformel ist:

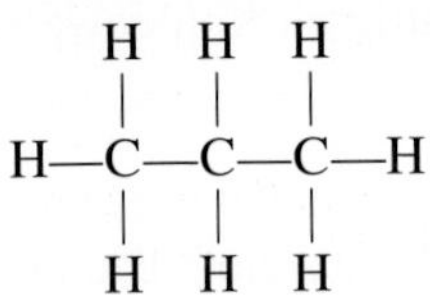

Das Zeichnen komplizierter Strukturformeln wird durch die *rationelle Schreibweise* vereinfacht, bei der immer wiederkehrende Gruppen zusammenhängend geschrieben werden. Solche Gruppen sind z. B. die bereits bekannten CH_3– und —CH_2–. Dadurch vereinfacht sich die Strukturformel des Propans zu $CH_3–CH_2–CH_3$.

Homologe Reihe

Durch Verlängerung der Kohlenstoffkette erhält man eine *homologe* (gleichartig aufgebaute) *Reihe* von Kohlenwasserstoffen. Die nächsten entstehenden Alkane sind:

Butan C_4H_{10}	Heptan C_7H_{16}	Nonan C_9H_{20}
Pentan C_5H_{12}	Octan C_8H_{18}	Decan $C_{10}H_{22}$ usw.
Hexan C_6H_{14}		

Alle Alkane haben demnach eine gemeinsame, allgemein gültige Formel C_nH_{2n+2}.

> Alkan = *Paraffin:* C_nH_{2n+2}

Die aufeinander folgenden Glieder der homologen Reihe unterscheiden sich jeweils nur durch Zuwachs einer –CH_2-Gruppe. Alle haben bei ähnlichem Molekülaufbau ähnliche chemische Eigenschaften. Die physikalischen Eigenschaften ändern sich proportional der Kettenlänge. Tabelle 27.1 enthält die wichtigsten Alkane mit unverzweigter Kohlenstoffkette. Sie zeigt, dass Schmelzpunkte, Siedepunkte und Dichten ansteigen, wenn die Kohlenstoffkette länger wird. Die physikalischen Eigenschaften jedes Gliedes einer solchen *homologen Reihe* besitzen additiven Charakter, d. h., sie ändern sich stetig mit der Kettenlänge ($\rightarrow$ Absch. 26.6.1).

Aus der homologen Reihe der Alkane folgt die homologe Reihe der *Alkylreste*. Es ist für die Nomenklatur organischer Verbindungen zweckmäßig, Reste von Molekülen (*Radikale*) zu benennen, die formal durch Wegnahme eines H-Atoms aus dem Alkanmolekül entstehen.

Kohlenwasserstoff	Name des Radikals	Formel
Methan	Methyl-	CH_3-
Ethan	Ethyl-	C_2H_5-
Propan	Propyl-	C_3H_7-
Butan	Butyl-	C_4H_9-
Pentan	Pentyl- (Amyl-)	$C_5H_{11}-$
⋮	⋮	⋮
Alkan	Alkyl-	$C_nH_{2n+1}-$

Die homologe Reihe der Alkylreste hat die allgemeine Formel:

Alkyl-: $C_nH_{2n+1}-$ oder R–

Es ist üblich, den Alkylrest abgekürzt mit R– zu bezeichnen.

Die bisher besprochenen Kohlenwasserstoffe haben eine unverzweigte Kohlenstoffkette. Kettenverzweigungen können das erste Mal beim Butan C_4H_{10} auftreten:

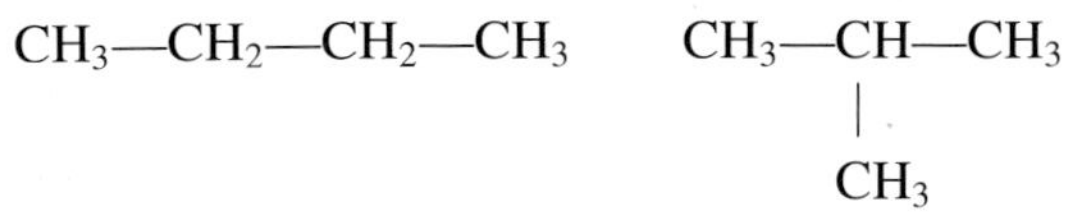

unverzweigte Kette verzweigte Kette

Beide Verbindungen sind Ketten-Isomere.

Vom Pentan C_5H_{12} gibt es 3 Isomere:

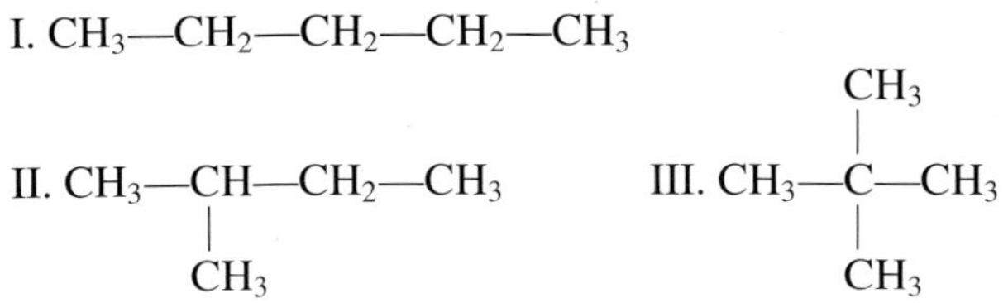

Beim Hexan sind es bereits 5 Isomere, beim Decan 75 usw.

Isomere Alkane müssen auch durch die Nomenklatur unterscheidbar sein. Nach einer älteren, aber in der Technik durchaus noch geläufigen Bezeichnungsweise heißen geradkettige Kohlenwasserstoffe n-Alkane, verzweigtkettige i-Alkane. Die beiden oben angegebenen Butane sind also danach *Normalbutan* und *Isobutan*. Bei den isomeren Pentanen reicht die Unterscheidung durch n- bzw. i- bereits nicht mehr aus, da Isopentan die Strukturformel II. oder III. haben könnte. Eine eindeutige Bezeichnung beim Vorliegen mehrerer Isomere ist nur mit Hilfe der IUPAC-Nomenklatur möglich, welche die einzelnen Kohlenstoffatome der längsten in der Strukturformel vorkommenden Kette nummeriert und angibt, an welchem Kohlenstoffatom Radikale gebunden sind. Die Bezifferung der Hauptkette beginnt von der Seite, die der Seitenkette am nächsten liegt.

Beispiele:

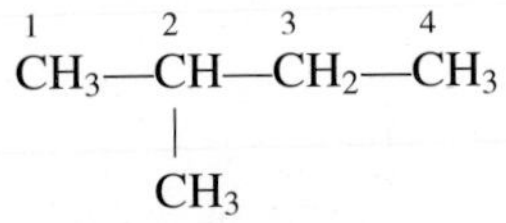

2-Methyl-butan

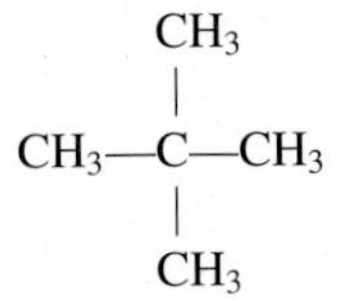

2,2-Dimethyl-propan

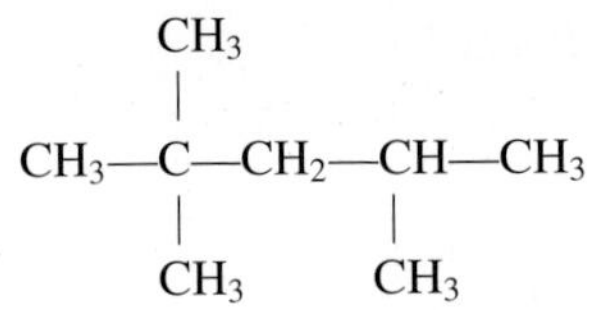

2,2,4-Trimethyl-pentan
(Isooctan)

Vorkommen

Die gasförmigen Alkane Methan, Ethan, Propan, Butan kommen natürlich als *Erdgas* vor. Methan entwickelt sich in Sümpfen als Sumpfgas bei der Zersetzung organischer Substanzen unter Luftabschluss. Da es auch beim Inkohlungsprozess gebildet wird, kommt es in Kohlengruben vor. Methan-Luftgemische sind die in Bergwerken gefürchteten schlagenden Wetter.

Die flüssigen und festen Alkane, beginnend mit dem Pentan bis zu den festen Paraffinen, sind Hauptbestandteile des *Erdöls*. Feste Alkane werden weiterhin als *Erdwachs* oder *Ozokerit* und als Bestandteile des *Erdpeches* oder *Asphalts* gefunden. Auch *Ölschiefer* und *Ölsande* sind reich an Alkanen.

Eigenschaften

Physikalische Eigenschaften der Alkane sind aus der Tabelle 27.1 abzulesen. Die ersten 4 Glieder der homologen Reihe der geradkettigen Kohlenwasserstoffe sind bei normaler Temperatur und Normdruck gasförmig, die folgenden Glieder bis zum Hexadecan $C_{16}H_{34}$ flüssig, die darauffolgenden fest.

Bei Kohlenwasserstoffen mit verzweigter Kette liegen Schmelz- und Siedepunkte im allgemeinen tiefer als bei den geradkettigen mit gleicher Kohlenstoffzahl.

Alle reinen Kohlenwasserstoffe sind farblos, die flüssigen haben einen benzinartigen Geruch, die festen Paraffine sind geruchlos. Alle Alkane sind leicht oxidierbar, d. h., sie sind brennbar, mit Luft bilden die niederen Alkane explosible Gemische.

Da die unpolaren σ-Bindungen zwischen dem Kohlenstoff und Wasserstoff relativ fest sind, zeigen die Alkane bei normaler Temperatur eine erhebliche Reaktionsträgheit. Die σ-Bindungen sind nur schwer Substitutions- und Eliminierungsreaktionen zugängig.

Tabelle 27.1 Alkane mit unverzweigter Kohlenstoffkette

Name	Formel	Fp in °C	Kp in °C	Dichte in g · cm^{-3}	
Methan	CH_4	−183	−162	0,424	beim Siedepunkt
Ethan	C_2H_6	−172	− 89	0,546	
Propan	C_3H_8	−187	− 42	0,585	
Butan	C_4H_{10}	−135	− 0,5	0,600	
Pentan	C_5H_{12}	−130	+ 36	0,626	bei 20 °C
Hexan	C_6H_{14}	− 94	+ 69	0,659	
Heptan	C_7H_{16}	− 91	+ 98	0,684	
Octan	C_8H_{18}	− 57	+126	0,703	
Nonan	C_9H_{20}	− 54	+151	0,718	
Decan	$C_{10}H_{22}$	− 30	+174	0,730	
Undecan	$C_{11}H_{24}$	− 26	+196	0,740	
Dodecan	$C_{12}H_{26}$	− 10	+216	0,749	
Tetradecan	$C_{14}H_{30}$	+ 5,5	+253	0,763	
Hexadecan	$C_{16}H_{34}$	+ 18	+286	0,773	
Eicosan	$C_{20}H_{42}$	+ 36	sieden unzersetzt	0,778	beim Schmelzpunkt
Triacontan	$C_{30}H_{62}$	+ 66	nur bei verminder-tem Druck	0,782	

Der Wasserstoff in den Alkanen kann durch Halogene substituiert werden. Es entstehen die Halogenalkane (→ Kapitel 29).

$$\underset{\text{Methan}}{CH_4} + Cl_2 \rightarrow \underset{\text{Monochlormethan}}{CH_3Cl} + HCl$$

Diese Reaktion erfolgt als radikalische Substitution. In der Startreaktion wird ein Chlormolekül durch Lichtenergie in Atome aufgespalten.

$$|\overline{\underline{Cl}} - \overline{\underline{Cl}}| \xrightarrow{\text{Licht}} |\overline{\underline{Cl}}\cdot + \cdot\overline{\underline{Cl}}|$$

Ein Chloratom entreißt dem Methan ein Wasserstoffatom; es bildet sich ein Methylradikal:

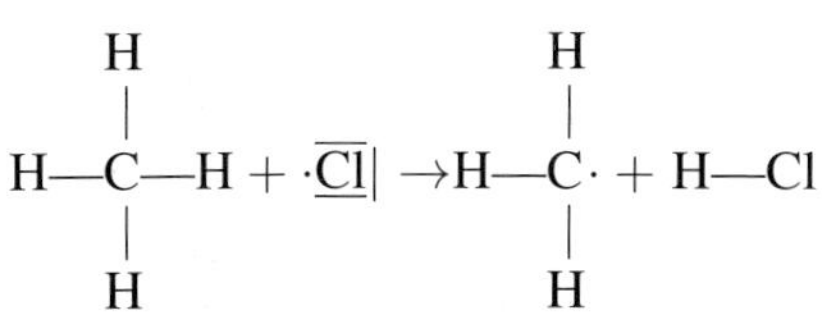

Methan Methylradikal

Dieses ergibt mit molekularem Chlor Cl_2 ein neues Chlorradikal:

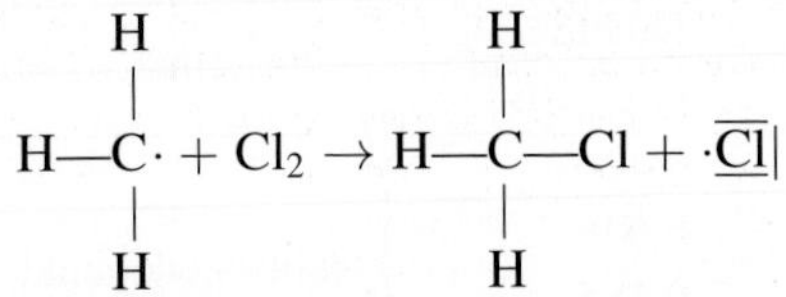

Nun reagiert das Chloratom wieder mit Methan usw. Es läuft eine Kettenreaktion ab, die schließlich durch Verbindung zwischen einem Chlor- und einem Methylradikal abbricht:

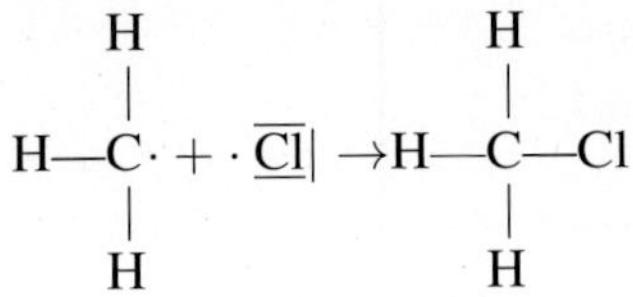

Monochlormethan

Auch die anderen Wasserstoffatome des Methans können durch Halogen substituiert werden:

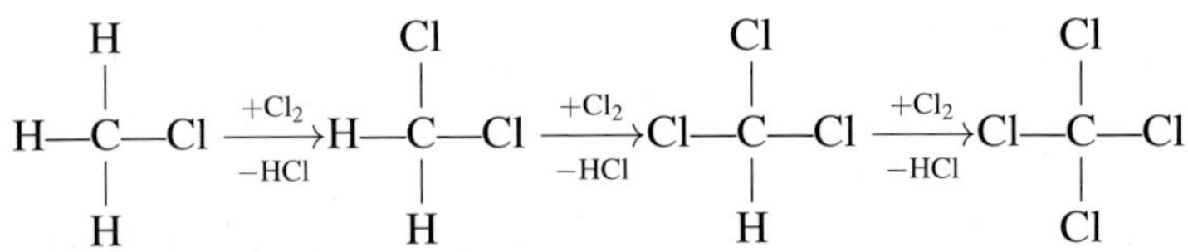

Monochlormethan Dichlormethan Trichlormethan Tetrachlormethan

Bei Temperaturen über 500 °C reagieren die Alkane so, dass eine Eliminierung von Wasserstoff erfolgt, meist gleichzeitig aber auch eine Spaltung von C—C-Bindungen, z. B.:

$$C_4H_{10} \nearrow CH_3{-}CH_3 + CH_2{=}CH_2$$
$$C_4H_{10} \searrow CH_3{-}CH_2{-}CH{=}CH_2 + H_2$$

Es entstehen bei dieser Reaktion, technisch als *Crackung* (auch Krackung) bezeichnet, u. a. ungesättigte Kohlenwasserstoffe und Wasserstoff (→ Abschn. 28.1). Die Eliminierung von Wasserstoff heißt auch *Dehydrierung*.

❍ Aufgaben

27.1 Wie viele Isomere existieren vom Hexan? Welche Strukturformeln und Bezeichnungen besitzen diese Isomere?

27.2 Wie lautet der Name für das Alkan $C_{14}H_{30}$, dessen Strukturformel wie folgt geschrieben wird?

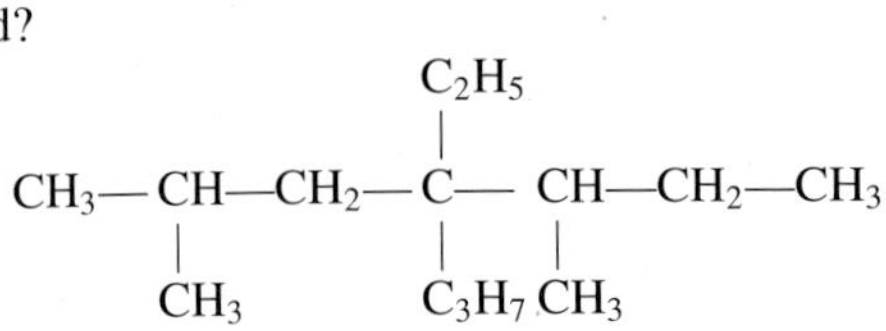

27.3 Welche Struktur- und Summenformel besitzt das 2,2-Dimethyl-5-propyloktan?

27.4 Was versteht man unter einer homologen Reihe?

27.5 Welche Reaktionen werden als Substitutionen bezeichnet? Beispiel!

27.6 Beschreiben Sie die Reaktionen bei der Einwirkung von Brom auf Ethan und den Reaktionschemismus!

27.7 Welche chemische Reaktion läuft bei einer Grubengasexplosion ab? Gleichung!

27.8 Welche physikalischen und chemischen Eigenschaften besitzt vermutlich der Kohlenwasserstoff $C_{21}H_{44}$?

27.9 Für 3-Methyl-heptan, 2,4-Dimethyl-pentan und 3-Ethyl-pentan sind die Struktur- und die Summenformeln aufzustellen. Welche unverzweigten Kohlenwasserstoffe sind den genannten Verbindungen isomer?

28 Ungesättigte aliphatische Kohlenwasserstoffe – Alkene und Alkine

Ungesättigte Kohlenwasserstoffe enthalten Mehrfachbindungen zwischen Kohlenstoffatomen. Mindestens 2 Kohlenstoffatome sind bei ihnen durch eine Doppelbindung –C═C– oder eine Dreifachbindung –C≡C– miteinander verbunden. Sie enthalten deshalb weniger Wasserstoff als die gesättigten Kohlenwasserstoffe. Als bindende Elektronen treten neben σ-Elektronen π-Elektronen auf (→ Abschn. 26.5.1). Beim Vorliegen einer Doppelbindung zwischen Kohlenstoffatomen

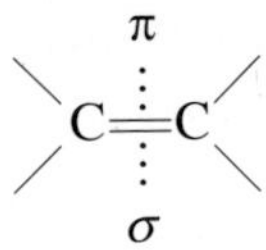

bilden die drei σ-Bindungen an jedem Kohlenstoffatom einen Winkel von 120 °C miteinander. Sie liegen in einer Ebene. Die beiden Kohlenstoffatome sind durch eine σ-Bindung und eine π-Bindung miteinander verbunden (Bild 26.2). Die π-Bindung steht senkrecht auf der Ebene, in der sich die σ-Bindungen befinden. Die Ladungswolke der beiden Elektronen der π-Bindung ist leicht verschiebbar oder auch leicht entkoppelbar (z. B. durch Katalysatoren oder durch Lichteinwirkung). Je nach den Reaktionspartnern bildet sich als angeregter Zustand eine polare oder radikalische Form aus.

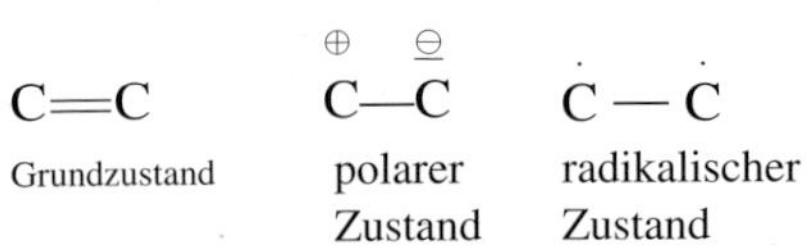

Infolge dieser Anregbarkeit sind ungesättigte Kohlenwasserstoffe reaktionsfähiger als gesättigte, die nur σ-Bindungen besitzen.

In einer Dreifachbindung sind die Kohlenstoffatome durch eine σ-Bindung und zwei π-Bindungen miteinander verbunden.

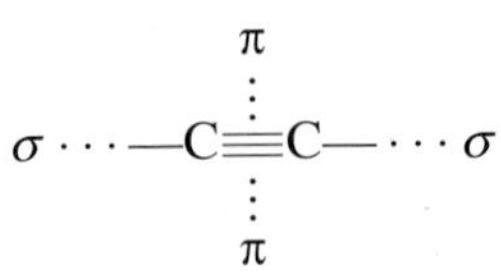

Die Ladungswolken der π-Bindungen stehen senkrecht aufeinander (Bild 26.3). Es gilt für die π-Elektronen dasselbe wie für die Doppelbindung.

Das unterschiedliche Reaktionsvermögen der σ- und π-Bindung wird bestätigt durch thermochemische Daten. Zum Sprengen einer C—C-Einfachbindung sind 327 kJ · mol^{-1}, für eine Doppelbindung 583 kJ · mol^{-1} erforderlich. Zum Lösen der π-Bindung sind also nur 256 kJ · mol^{-1} erforderlich, das sind 71 kJ weniger, als für die Auftrennung einer σ-Bindung notwendig sind.

28.1 Alkene – Olefine

Allgemeines und Nomenklatur

Die ungesättigten Kettenkohlenwasserstoffe mit nur einer Doppelbindung heißen *Alkene* oder *Olefine*, nach der IUPAC-Nomenklatur sind sie durch die Endung *-en* gekennzeichnet. Sie besitzen 2 Wasserstoffatome weniger als die Alkane mit gleich viel Kohlenstoffatomen. Sie bilden die homologe Reihe der Alkene, deren allgemeine Formel lautet:

Alken = *Olefin:* C_nH_{2n}

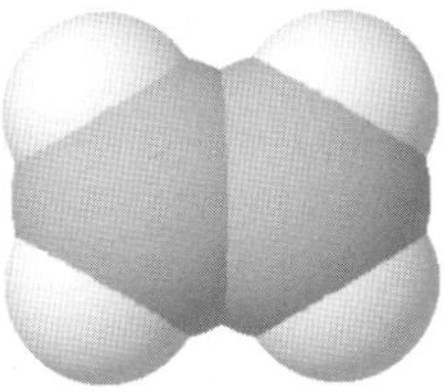

Bild 28.1 Atomkalottenmodell des Ethens

Der einfachste Kohlenwasserstoff dieser Reihe ist das Ethen *(Ethylen)* mit der Summenformel C_2H_4 und der Strukturformel

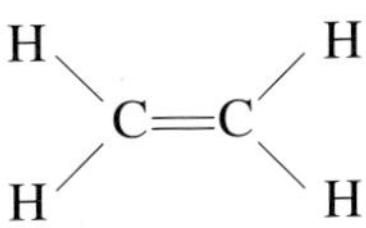

Die nächsten Glieder der homologen Reihe sind:

Propen C_3H_6

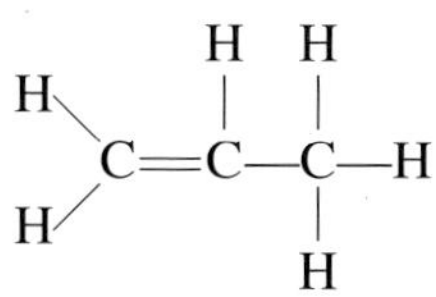

Propylen

1-Buten C_4H_8 $\quad H_2C{=}CH{-}CH_2{-}CH_3$ (C-Atome nummeriert 1 2 3 4)

2-Buten C_4H_8 $\quad H_3C{-}CH{=}CH{-}CH_3$

Methyl-propen C_4H_8 $\quad H_2C{=}C(CH_3){-}CH_3$

} *Butylene*

Zur Bezeichnung der Isomere wird in arabischen Ziffern die Nummer des Kohlenstoffatoms angegeben, von dem die Doppelbindung ausgeht.

Den Alkylresten der Alkane entspricht bei den Alkenen eine homologe Reihe der Alkenradikale. Das durch Abspaltung eines Wasserstoffatoms aus dem Ethen gebildete Radikal $CH_2{=}CH{-}$ heißt nach der IUPAC-Nomenklatur Ethenyl-, wird aber oft durch den Trivialnamen *Vinyl-* bezeichnet. Danach hat die Verbindung

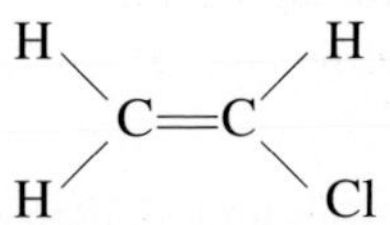

die Bezeichnungen Chlorethen, Ethenylchlorid und *Vinylchlorid* (→ Aufg. 28.14 bis 28.16).

Die Alkene kommen in der Natur nur in geringen Mengen im Erdgas und Erdöl vor. Sie fallen in großen Mengen bei der Spaltung des Erdöls, dem Crackprozess, an (→ Abschn. 32.3). Sie entstehen dabei durch thermische Spaltung der Alkane.

Beispiel: $C_{10}H_{22} \rightarrow C_6H_{14} + C_2H_4 + CH_4 + C$
Decan Hexan Ethen Methan Kohlenstoff (z. B. als Koks)

Die oben genannten Alkene sind bei normaler Temperatur Gase, vom Penten beginnend sind es Flüssigkeiten.

Die Alkene unterscheiden sich von den Alkanen durch eine weitaus größere Reaktionsfähigkeit.

Addition

Bei *Additionsreaktionen* wird der Reaktionspartner an die Doppelbindung angelagert. So werden u. a. Halogene, Wasserstoff, Säuren und Wasser ohne Schwierigkeiten addiert. Die Reaktion verläuft je nach den Reaktionsbedingungen radikalisch (bei Zufuhr von Lichtenergie oder mit Peroxiden als Katalysator) oder ionisch (in polaren Lösungsmitteln oder mit $AlCl_3$ als Katalysator). Brom z. B. reagiert mit Ethen ohne Wärmezufuhr nach folgender Reaktionsgleichung:

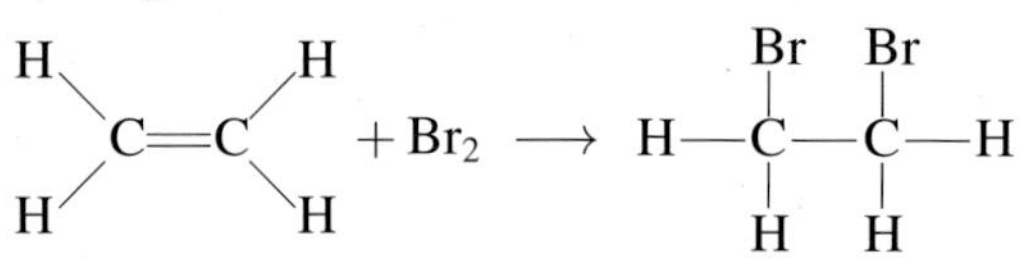

Ethen Dibromethan

Die *radikalische Bromierung* von Ethen verläuft über folgende Stufen: Zunächst wird das molekulare Brom durch Zufuhr von Lichtenergie in Atome mit einem ungepaarten Elektron aufgespalten (1):

$$|\overline{Br}—\overline{Br}| \xrightarrow{h \cdot \nu} |\overline{Br}^{\cdot} + {}^{\cdot}\overline{Br}| \qquad (1)$$

Stößt ein solches Bromatom mit einem Ethenmolekül zusammen, so wird das π-Elektronenpaar entkoppelt, und das Ethenmolekül bildet eine radikalische Grenzstruktur aus. Durch Addition des Bromatoms an dieses angeregte Ethenmolekül entsteht ein bromhaltiges Radikal (2):

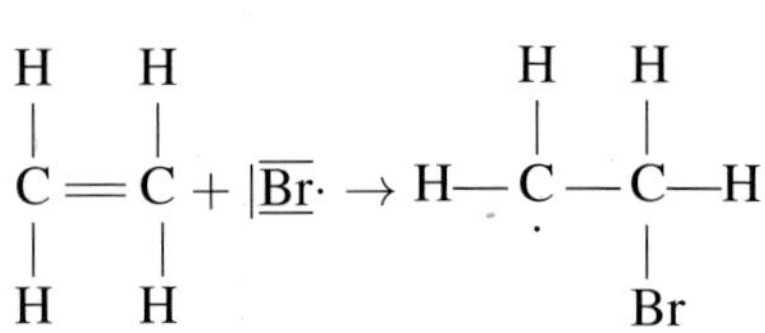

(2)

Beim Zusammenstoß dieses bromhaltigen Radikals mit einem Brommolekül bildet sich unter Aufspaltung des Brommoleküls das Dibromadditionsprodukt und ein weiteres freies reaktionsfähiges Bromatom (3):

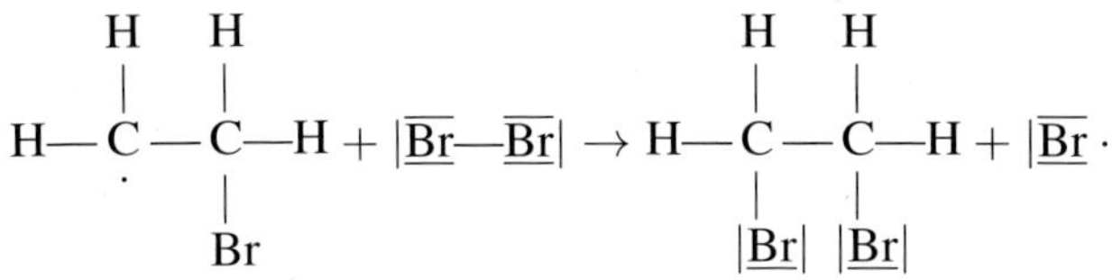
(3)

Das so entstandene Bromatom kann entweder mit einem Ethenmolekül (2) reagieren und damit einen neuen Reaktionsablauf einleiten, oder aber es stößt mit einem bromhaltigen Radikal zusammen, wobei die Reaktionskette abbricht (4).

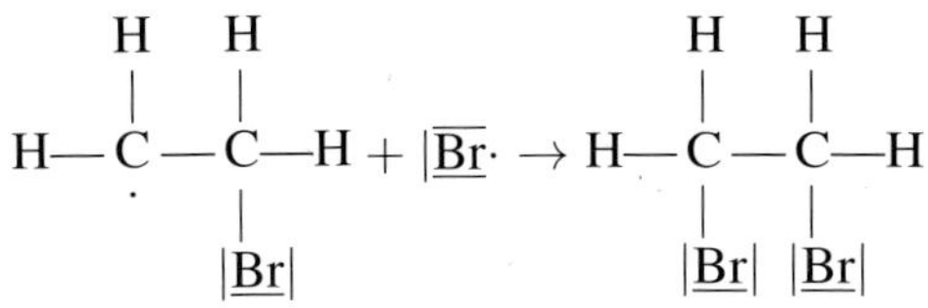
(4)

Dieser Radikalchemismus trägt den Charakter einer Kettenreaktion. Am Anfang der Kette steht die Startreaktion (1), bei der ein Brommolekül in Atome gespalten wird. Im Ablauf der Reaktionskette entstehen neue Bromatome (3), die wiederum neue Kettenreaktionen auslösen. Die Reaktion (4) führt zum Abbruch der Reaktionskette.

Die *elektrophile Bromierung* von Ethen verläuft über folgende Stufen: Unter dem Einfluss der Reaktionsbedingungen, z. B. mit Aluminiumchlorid als Katalysator, wird zunächst ein Brommolekül derart polarisiert, dass ein Bromkation Br- entsteht und als elektrophiles Reagens das Ethenmolekül angreift:

$$|\underline{\overline{Br}}-\underline{\overline{Br}}| + AlCl_3 \rightarrow |\underline{\overline{Br}}^{+} + \underline{\overline{Br}}|^{-} \ldots AlCl_3 \qquad (5)$$

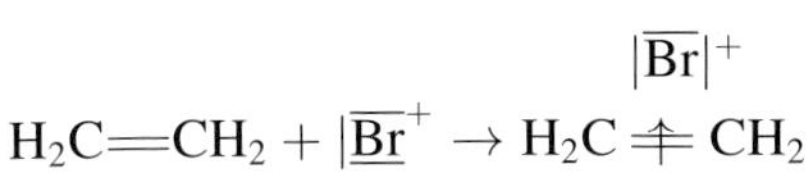
(6)

Das Bromkation geht über das (bewegliche) π-Elektronenpaar des Ethens eine (lockere) Bindung mit dem Ethenmolekül ein (6). Dieser sogenannte π-Komplex lagert sich in ein Karbeniumkation um (7), wobei das Bromkation eine σ-Atombindung mit einem der beiden Ethenkohlenstoffatome ausbildet. Als σ-Bindungselektronenpaar dient das ehemalige π-Elektronenpaar. Das zweite Kohlenstoffatom wird dadurch positiv geladen, es wird zu einem Kation. Solche Kohlenstoffkationen nennt man Karbeniumionen:

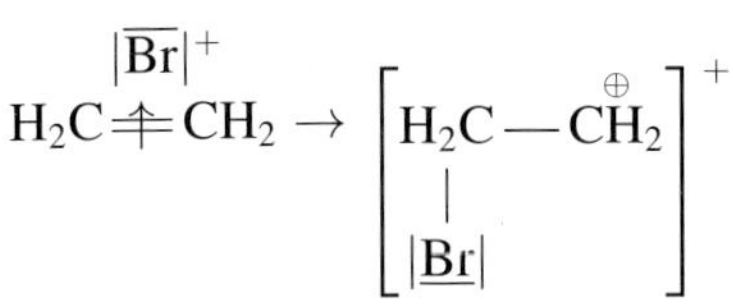
(7)

An das positive Kohlenstoffatom des Karbeniumions lagert sich das Bromanion Br^- an und geht mit ihm eine Atombindung ein, wobei das stabile Endprodukt der Umsetzung entsteht:

$$\left[\begin{array}{l} H_2C-\overset{\oplus}{C}H_2 \\ \;\;| \\ |\underline{Br}| \end{array}\right]^+ + |\overline{\underline{Br}}|^- \rightarrow \begin{array}{l} H_2C-CH_2 \\ \;\;|\qquad\;| \\ |\underline{Br}|\;|\underline{Br}| \end{array} \tag{8}$$

Polymerisation

Das chemische Verhalten der Alkene ist weiterhin durch das auf Addition beruhende *Polymerisationsvermögen* gekennzeichnet. Ein Vorgang, bei dem sich Moleküle mit π-Bindungen (oder mit Ringstruktur) unter Aufspaltung der π-Bindungen (oder des Ringes) im Verlauf einer Kettenreaktion miteinander zu einem neuen Molekül verbinden, wird Polymerisation genannt. Die Ausgangsverbindungen werden als *Monomere*, die Reaktionsprodukte als *Polymere* bezeichnet. Die Molekularmasse einer polymeren Verbindung beträgt das Vielfache der Molekularmasse der monomeren Verbindung. Chemische und physikalische Eigenschaften der polymeren Verbindung unterscheiden sich von denen der monomeren Verbindung und sind von dem Grad der Polymerisation abhängig. Der *Polymerisationsgrad n* ist die durchschnittliche Anzahl der monomeren Einheiten im polymeren Molekül. Wie der Polymerisationsvorgang und die entstehende polymere Verbindung formuliert werden, zeigt das folgende Beispiel:

$$n\,CH_2{=\!=}CH_2 \rightarrow [-CH_2\text{–}CH_2\text{–}]_n \qquad \text{Polyethylen}$$

(Näheres zum wichtigen Plastwerkstoff Polyethylen → Abschn. 34.2)

Polymerisationen laufen radikalisch (Radialkettenpolymerisation) oder ionisch (Ionenkettenpolymerisation) ab.

Um die *radikalische Polymerisation* von Ethylen durchzuführen, werden Radikale X gebraucht. Sie stammen beispielsweise aus dem Zerfall von Peroxiden. Das Radikal X wird an ein Ethenmolekül addiert (1), dabei erfolgt Entkopplung des π-Elektronenpaares:

$$CH_2{=\!=}CH_2 + \underset{\cdot}{X} \rightarrow X-CH_2-\underset{\cdot}{C}H_2 \tag{1}$$

Das so entstandene Ethenradikal reagiert mit einem weiteren Ethenmolekül (2):

$$X-CH_2-\underset{\cdot}{C}H_2 + CH_2{=\!=}CH_2 \rightarrow X-CH_2-CH_2-CH_2-\underset{\cdot}{C}H_2 \tag{2}$$

Auf diese Weise wachsen die kettenförmigen Makromoleküle. Das Wachstum der Kette bricht ab, wenn sich zwei Radikale vereinigen [Kombination (3)].

$$\begin{array}{l} 2\,X-[-CH_2-CH_2-]_m-CH_2-\underset{\cdot}{C}H_2 \rightarrow \\ \qquad X-[-CH_2-CH_2-]_m-CH_2-CH_2-[-CH_2-CH_2-]_m-X \end{array} \tag{3}$$

Zwei Radikale können sich auch in der Weise stabilisieren, dass ein Wasserstoffatom von dem einen zum anderen Radikal wandert. Es entstehen so ein Alkan und ein Alken (Disproportionierung) (4).

$$2\,X-\cdots CH_2-\underset{\cdot}{C}H_2 \rightarrow X-\cdots CH_2-CH_3 + X-\cdots CH{=\!=}CH_2 \tag{4}$$

Schließlich bricht auch dann die Kette ab, wenn ein Radikal gebunden wird, das dem zugesetzten Katalysator oder dem Lösungsmittel entstammt.

Die *Ionenkettenpolymerisation* der Alkene verläuft je nach Art des polaren Katalysators kationisch oder anionisch. Säuren, Borfluorid, Aluminiumchlorid u. a. bewirken die kationische Polymerisation. Die letztgenannten Ansolvosäuren bilden mit geringen Mengen eines Cokatalysators (z. B. H_2O, HCl, R—Cl u. a.) starke Säuren.

Beispiel:

$$AlCl_3 + HCl \rightarrow [AlCl_4]^- H^+$$

Unter dem Einfluss dieser Säuren wird die π-Bindung polarisiert und schließlich ein Kation gebildet. Diesen Vorgang beschreibt die Gleichung (5) für das Ethen, wobei nur das Wasserstoffion in der Gleichung erscheint, während das komplexe Säureanion vereinfachend weggelassen wurde.

$$CH_2{=\!=}CH_2 + H^+ \rightarrow H^+ + \overset{\ominus}{\underline{C}}H_2{-\!-}\overset{\oplus}{C}H_2 \rightarrow \left[CH_3{-\!-}\overset{\oplus}{C}H_2\right]^+ \qquad (5)$$

Dieses (elektrophile) Kation polarisiert und bindet ein zweites Ethenmolekül (6):

$$\left[CH_3{-\!-}\overset{\oplus}{C}H_2\right]^+ + CH_2{=\!=}CH_2 \rightarrow + \left[CH_3{-\!-}CH_2{-\!-}CH_2{-\!-}\overset{\oplus}{C}H_2\right]^+ \qquad (6)$$

Die Kette wächst. Der Kettenabbruch erfolgt durch Abspaltung eines Wasserstoffions:

$$\left[CH_3{-\!-}[CH_2{-\!-}CH_2]_m{-\!-}CH_2{-\!-}\overset{\oplus}{C}H_2\right]^+ \rightarrow H^+ + CH_3{-\!-}[CH_2{-\!-}CH_2]_m{-\!-}CH{=\!=}CH_2 \qquad (7)$$

Metallorganische Verbindungen, wie Alkylnatrium, Aluminiumalkyle, aber auch Natriumamid usw., bewirken die anionische Polymerisation:

$$CH_2{=\!=}CH_2 + NaR \rightarrow \left[R{-\!-}CH_2{-\!-}\overset{\ominus}{C}H_2\right]^- Na^+ \qquad (8)$$

Das (nukleophile) Anion polarisiert ein weiteres Ethenmolekül und geht mit ihm schließlich eine Bindung ein (9):

$$\left[R{-\!-}CH_2{-\!-}\overset{\ominus}{C}H_2\right]^- Na^+ + CH_2{=\!=}CH_2 \rightarrow \left[R{-\!-}CH_2{-\!-}CH_2{-\!-}CH_2{-\!-}\overset{\ominus}{C}H_2\right]^- Na^+ \qquad (9)$$

Auf diese Weise wächst die Kette.

28.2 Alkadiene – Diolefine

Aggemeines und Nomenklatur

Kohlenwasserstoffe mit zwei Doppelbindungen heißen *Alkadiene* oder *Diolefine*. Die Doppelbindungen können grundsätzlich *isoliert* (vereinzelt), *kumuliert* (angehäuft) oder *konjugiert* vorkommen.

Praktisch haben die *Alkadiene mit konjugierten Doppelbindungen* die größte Bedeutung. Bei ihnen treten abwechselnd Doppelbindungen und Einfachbindungen auf.

Vom Butan $CH_3{-}CH_2{-}CH_2{-}CH_3$ leitet sich das bekannteste Alkadien ab: 1,3-Butadien $CH_2{=}CH{-}CH{=}CH_2$.

Das 2-Methyl-1,3-butadien, *Isopren*, besitzt die Strukturformel:

$$\begin{array}{l} CH{=}C{-}CH{=}CH_2 \\ \quad\;\; | \\ \quad\; CH_3 \end{array}$$

1,3-Butadien besitzt große technische Bedeutung als Ausgangsmaterial für die Synthese des Kautschuks. Je nach Rohstofflage werden verschiedene Verfahren zur technischen Gewinnung angewendet. Butadien wird auf petrolchemischem Wege durch katalytische Dehydrierung von Butanen gewonnen. Butane sind reichlich in den Gasen enthalten, die beim Cracken von Erdöl entstehen (→ Abschn. 32.3):

$$\underset{\text{Butan}}{CH_3{-}CH_2{-}CH_2{-}CH_3} \rightarrow \underset{\text{1,3-Butadien}}{CH_2{=}CH{-}CH{=}CH_2} + 2\,H_2$$

Butadien ist bei Zimmertemperatur gasförmig und in Wasser unlöslich. Der Siedepunkt beträgt 4,4 °C; es kann also leicht unter erhöhtem Druck verflüssigt werden.

Ebenso wie die Alkene neigen auch die Diene zur Addition und Polymerisation.

Addition

Die Addition an Butadien kann mit Wasserstoff, Halogen, Halogenwasserstoff usw. erfolgen. Stets werden dabei 1,2- und 1,4-Additionsprodukte gebildet. Zum Beispiel wird ein Molekül Brom von einem Molekül Butadien addiert. Bei dieser Reaktion werden die Bromatome an die Enden der Kohlenstoffkette gebunden (Kohlenstoffatome 1 und 4). Die beiden Doppelbindungen des Butadiens lösen sich auf. Zwischen den Kohlenstoffatomen 2 und 3 entsteht eine neue Doppelbindung:

$$CH_2{=}CH{-}CH{=}CH_2 \xrightarrow{+Br_2} \underset{\text{1,4-Dibrom-2-buten}}{CH_2Br{-}CH{=}CH{-}CH_2Br}$$

Diese Addition an die endständigen Kohlenstoffatome des Butadiens wird als *1,4-Addition* bezeichnet.

In unterschiedlichem Ausmaß läuft auch die *1,2-Addition* nebenher:

$$\underset{\text{1,3-Butadien}}{CH_2{=}CH{-}CH{=}CH_2} \xrightarrow{+Br_2} \underset{\text{1,2-Dibrom-3-buten}}{CH_2Br{-}CHBr{-}CH{=}CH_2}$$

Polymerisation

Die Polymerisation des Butadiens erfolgt ebenso wie die oben beschriebene Addition in zwei Arten.

Die 1,4-Polymerisation führt zu unverzweigten Ketten:

$$\cdots\text{–}CH_2\text{–}CH{=}CH\text{–}CH_2\text{–}\vdots\text{–}CH_2\text{–}CH{=}CH\text{–}CH_2\text{–}\vdots\text{–}CH_2\text{–}CH{=}CH\text{–}CH_2\text{–}\cdots$$

Diese Formel gibt einen Teil einer durch *1,4-Polymerisation* von Butadien entstandenen Kette wieder. Die senkrechten Striche begrenzen die einzelnen Butadienmoleküle, wie sie vor der Polymerisation vorlagen.

Die *1,2-Polymerisation* führt zu verzweigten Ketten, mit Doppelbindung in der Seitenkette:

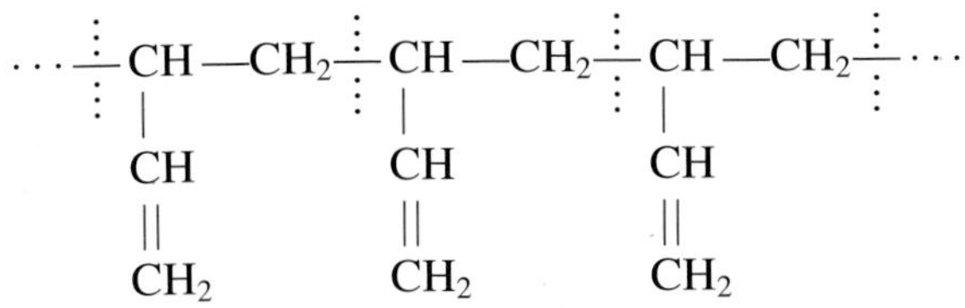

Auch bei der Polymerisation des Butadiens laufen wie bei der Addition je nach den Bedingungen die 1,2- und die 1,4-Reaktion nebeneinander. Dabei entstehen Polymerisate, in denen gerade und verzweigte Kettenstücke einander abwechseln. Beispiel für die vielen Strukturmöglichkeiten:

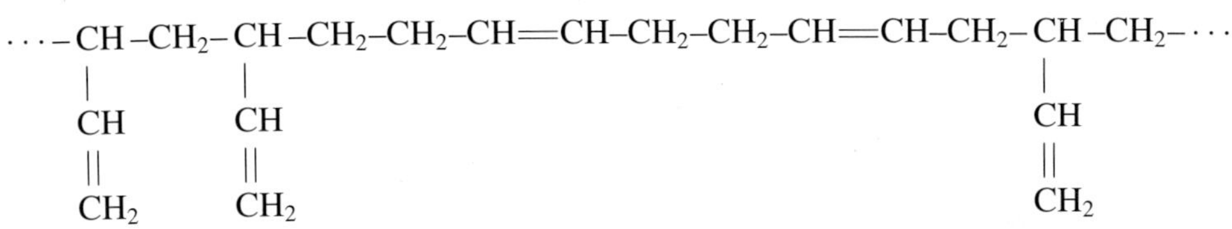

Die Polymerisationsprodukte des Butadiens besitzen in ihrer chemischen Struktur und in ihren physikalischen Eigenschaften große Ähnlichkeit mit dem Naturkautschuk. Sie werden im großtechnischen Maßstab hergestellt (→ Abschn. 34.3).

Während für die Diene mit isolierten Doppelbindungen die gleichen bekannten Gesetzmäßigkeiten wie für die Alkene gelten, weisen die *konjugierten Diene* Besonderheiten auf, die ihre Ursache in der eigentümlichen Elektronenverteilung im Molekül haben.

Im 1,3-Butadien befinden sich die vier Kohlenstoffatome im trigonalen Valenzzustand (→ Abschn. 26.5). Zwischen den Kohlenstoffatomen liegen σ-Bindungen vor. In der gleichen Weise sind auch die Wasserstoffatome an die Kohlenstoffatome gebunden. Die σ-Bindungen kommen durch Überlappung der sp^2-Hybridorbitale zustande. Jedes Kohlenstoffatom im trigonalen Valenzzustand besitzt außerdem ein nicht hybridisiertes 2p-Orbital, das sich mit dem der Nachbarkohlenstoffatome überlagert und damit eine π-Bindung bildet. Im Butadien durchdringt (teilweise) das 2p-Orbital des Kohlenstoffatoms 2 sowohl das 2p-Orbital des Kohlenstoffatoms 1 als auch des C-Atoms 3. Entsprechendes gilt für das Kohlenstoffatom 3. Nur die 2p-Orbitale der endständigen Kohlenstoffatome 1 und 4 sind einseitig eine π-Bindung eingegangen (Bild 28.2).

Das kommt durch den Vergleich der Bindungsabstände im Butadien mit denen im Ethan und Ethen zum Ausdruck:

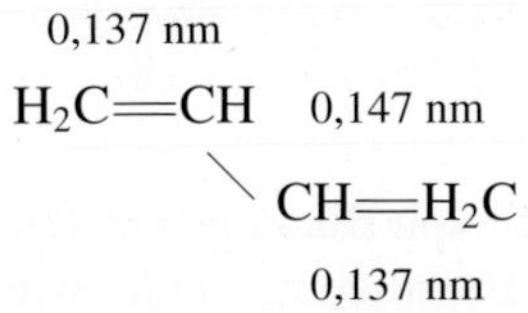

Bindungsabstände im 1,3-Butadien

C=C-Bindungsabstand im Ethen = 0,133 nm
C—C-Bindungsabstand im Ethan = 0,154 nm

Der gegenüber der Einfachbindung im Ethan verkürzte Bindungsabstand zwischen den Kohlenstoffatomen 2 und 3 im Butadien bedeutet, dass diese Bindung teilweise den Charakter einer Doppelbindung besitzt. Der gegenüber der Doppelbindung im Ethen vergrößerte Bindungsabstand zwischen den Kohlenstoffatomen 1 und 2 bzw. 3 und 4 im Butadien bedeutet, dass diese Doppelbindung abgeschwächt ist. Die folgende Elektronenformel soll diesen Sachverhalt zum Ausdruck bringen:

$$CH_2 \overset{\cdots}{—} CH \overset{\cdots}{—} CH \overset{\cdots}{—} CH_2$$

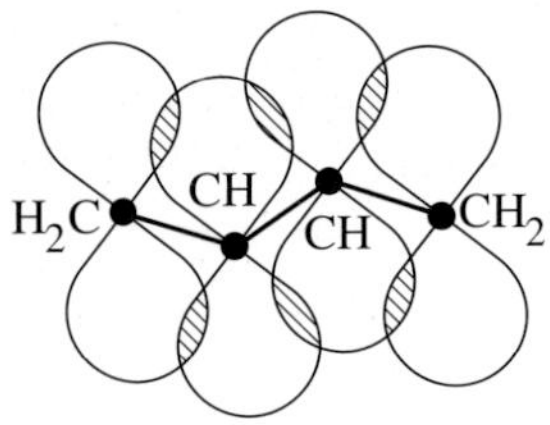

Bild 28.2 Bindungsverhältnisse im Butadien-(1,3)

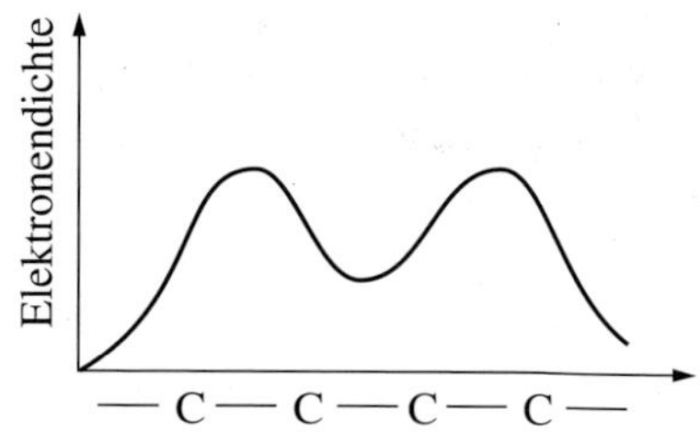

Bild 28.3 Elektronendichte im Butadien

Die punktierten Linien bezeichnen dabei die über das gesamte System verteilten, nicht lokalisierten π-Bindungen. Im Butadien ist also die Ladungswolke der π-Elektronen auf die gesamte Kohlenstoffkette verteilt. Man kann diese Ladungswolke als ein einziges großes Bindungsorbital auffassen, in das sich eine stehende Materiewelle ausgebildet hat, bzw. als einen Raum, in dem die insgesamt vier π-Elektronen ohne Energiezufuhr verschiebbar sind. Dieser Zustand lässt sich mit der freien Beweglichkeit der Elektronen in Metallen vergleichen.

Die Elektronendichte ist im Butadien nicht an allen Stellen der Kohlenstoffkette gleich groß. Maxima liegen zwischen den Kohlenstoffatomen 1 und 2 und zwischen 3 und 4, während der Raum zwischen 2 und 3 ein Minimum aufweist (Bild 28.3). Damit stehen auch die unterschiedlichen Bindungsabstände zwischen den Kohlenstoffatomen im Einklang. Die mit der üblichen Strukturformel für Butadien $CH_2{=}CH{-}CH{=}CH_2$ wiedergegebene Elektronenverteilung besitzt also eine teilweise Berechtigung.

Mesomerie

Die oben beschriebene Erscheinung, wonach zwei π-Elektronenpaare miteinander in Wechselwirkung treten, wird *Mesomerie* genannt. Zur Mesomerie sind alle Verbindungen mit konjugierten Doppelbindungen befähigt.[1] Mesomere Verbindungen lassen sich nicht mit einer einzigen Elektronenformel beschreiben. Man nimmt deshalb für eine mesomere Verbindung sogenannte *Grenzstrukturen* an, gibt diese durch Elektronenformeln wieder und setzt sie durch einen Doppelpfeil miteinander in Beziehung. Für die Elektronenverteilung im Butadien bestehen also folgende Grenzstrukturen:

$$CH_2{=}CH{-}CH{=}CH_2 \leftrightarrow \underset{\vdots\cdots\cdots\cdots\cdots\cdots\cdots\cdots\cdots\vdots}{CH_2{-}CH{=}CH{-}CH_2}$$

Die punktierte Linie soll eine schwache Bindung – hervorgerufen durch die beiden endständigen π-Elektronen mit antiparallelem Spin an den Kohlenstoffatomen 1 und 4 – symbolisieren.

Keineswegs besteht das Butadien aus einem Gemisch von Molekülen beider Grenzstrukturen. Butadien enthält vielmehr eine einzige Molekülart, deren Elektronenverteilung und damit auch chemische Eigenschaften sich befriedigend nur durch zwei Grenzstrukturen beschreiben lassen. Die Grenzstrukturen sind also nur ein Hilfsmittel um den wirklichen Zustand des Moleküls formulieren zu können. Sie werden gelegentlich herangezogen, um das chemische Verhalten einer Verbindung und den Ablauf einer Reaktion beschreiben zu können. Für die Registrierung einer Verbindung wird die einfachste Strukturformel (Registrierformel) benutzt.

Der wirkliche Zustand einer mesomeren Verbindung ist stets energieärmer als die erdachten Zustände, die jede einzelne Grenzformel wiedergibt. Diese Energiedifferenz wird *Mesomerieenergie* oder *Konjugationsenergie* genannt. Sie ist auf die tatsächlich vorhandene, im Gegensatz zu den angenommenen Grenzstrukturen, weitergehende gegenseitige Durchdringung der π-Orbitale zurückzuführen.

28.3 Alkine – Acetylene

Allgemeines und Nomenklatur

Die ungesättigten Kohlenwasserstoffe mit einer Dreifachbindung heißen *Alkine* oder *Acetylene*, nach der IUPAC-Nomenklatur haben sie die Endung *-in*. Sie besitzen zwei Atome Wasserstoff weniger als die entsprechenden Alkene. Die Alkine bilden die folgende homologe Reihe:

Alkin = *Acetylen:* C_nH_{2n-2}

Der einfachste Kohlenwasserstoff dieser Art ist das Ethin oder *Acetylen*, es hat die folgende Strukturformel:

$$H{-}C{\equiv}C{-}H$$

Weitere Alkine der homologen Reihe sind:

Propin C_3H_4 $H{-}C{\equiv}C{-}CH_3$
1-Butin C_4H_6 $H{-}C{\equiv}C{-}CH_2{-}CH_3$
2-Butin C_4H_6 $CH_3{-}C{\equiv}C{-}CH_3$

[1] Mesomerie tritt auch dann auf, wenn eine Doppelbindung und ein einsames Elektronenpaar konjugiert benachbart sind (→ Abschn. 29.2).

Die größte technische Bedeutung hat aber das erste Glied der homologen Reihe, das Ethin. In der Technik wird es allgemein *Acetylen* genannt. Davon ist auch die ältere Bezeichnung Acetylene für alle Kohlenwasserstoffe dieser Reihe abgeleitet.

Ethin kommt nicht natürlich vor. Es kann aus Calciumcarbid CaC_2 *(Carbid)* mit Hilfe von Wasser gewonnen werden:

$$\underset{\text{Calciumcarbid}}{CaC_2} + 2\,H_2O \rightarrow \underset{\text{Ethin}}{C_2H_2} + Ca(OH)_2$$

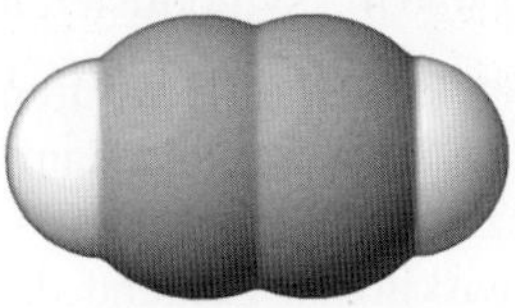

Bild 28.4 Atomkalottenmodell des Ethins

Auf der Grundlage von Erdöl oder Erdgas stellt man Ethin aus Kohlenwasserstoffen des Erdöls bzw. Erdgases durch Pyrolyse her, z. B.:

$$\underset{\text{Methan}}{2\,CH_4} \xrightarrow{1\,500\ °C} \underset{\text{Ethin}}{C_2H_2} + 3\,H_2$$

Reines Ethin ist ein farbloses, brennbares Gas, das noch reaktionsfähiger als Ethen ist. Technisches Ethin riecht unangenehm knoblauchartig; dieser Geruch wird von Phosphorwasserstoff hervorgerufen, der bei der Ethinentwicklung aus technischem Carbid mit entsteht. Da Ethin auch bei Druckanwendung explosionsartig zerfällt, kann es in Stahlflaschen nur in Aceton gelöst komprimiert werden (Druck etwa 1,2 MPa), das von Kieselgur aufgesaugt wird. Stahlflaschen mit Ethin sind am gelben Anstrich zu erkennen. Dieses Flaschengas wird im Ethin-Sauerstoff-Gebläse zu Schweiß- oder Brennarbeiten verwendet, es können Temperaturen bis zu 3 000 °C erreicht werden. Gelegentlich wird aber das Gas aus ortsfesten oder transportablen Ethinentwicklern entnommen.

Reaktionen

Da an der Dreifachbindung im Ethin und anderen Alkinen zwei π-Bindungen beteiligt sind, verlaufen ihre Additionsreaktionen noch schneller als bei den Alkenen (→ Abschn. 26.5.1). An Ethin lassen sich unter anderem Wasserstoff, Halogene, Halogenwasserstoffe, Wasser, Zyanwasserstoff (Blausäure) HCN, Alkohole und Kohlendioxid anlagern. Ethin ist deshalb eine ideale Ausgangssubstanz für viele Synthesen.

Die deutsche organisch-technische Chemie war nach dem 1. Weltkrieg führend in der Verwendung des Ethins als Grundstoff für organische Synthesen. Mit der Entwicklung der Petrolchemie wurden aber mehr und mehr Verfahren der Acethylenchemie durch petrolchemische ersetzt.

Formelmäßig sollen einige Additionsreaktionen des Ethins angegeben werden. Der Reaktionsmechanismus ist ähnlich wie beim Ethen, d. h., polare und radikalische Zwischenzustände bewirken die Reaktion:

Hydrierung: $HC{\equiv}CH + H_2 \rightarrow H_2C{=}CH_2$

Ethin → Ethen

Chlorierung: $HC{\equiv}CH + Cl_2 \rightarrow HCCl{=}CHCl$

1,2-Dichlorethen

Hydrochlorierung: $HC{\equiv}CH + HCl \rightarrow H_2C{=}CHCl$

Chlorethen *(Vinylchlorid)*

Beim Ethin und bei anderen Alkinen mit endständiger C≡C-Bindung ist das in unmittelbarer Nachbarschaft zur Kohlenstoff-Dreifachbindung stehende Wasserstoffatom sehr beweglich. Es ist z. B. durch Metalle ersetzbar. Die entstehenden Verbindungen heißen *Acetylide* (*Carbide*). Hierzu zählt das Calciumcarbid (→ Abschn. 15.3.5):

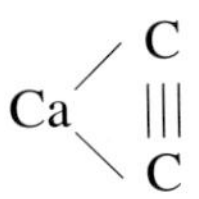

Calciumacetylid, Calciumcarbid

❍ Aufgaben

28.1 Welche Strukturformeln besitzen 3-Hexen, 2-Methyl-2-penten, 3,3-Diethyl-8-nonen?

28.2 Durch welche chemischen Eigenschaften unterscheiden sich Alkane und Alkene; wie lassen sieh diese Unterschiede aus den Bindungsverhältnissen erklären?

28.3 Nach welcher Methode kann Propen aus Erdöl oder Erdgas hergestellt werden?

28.4 Beschreiben Sie den Chemismus der Addition von Chlor an Buten.

28.5 Es sind die Begriffe Radikalpolymerisation und ionische Polymerisation zu erklären.

28.6 Welche Reaktionsbedingungen begünstigen radikalische und ionische Polymerisation?

28.7 Welche Unterschiede weist die Chemie der Alkene, Alkadiene und Alkine auf?

28.8 Stellen Sie alle isomeren Kohlenwasserstoffe C_4H_6 zusammen, und benennen Sie diese!

28.9 Wie verhält sieh 1,4-Pentadien bei der Einwirkung von Brom und Bromwasserstoff?

28.10 Nach welcher Methode kann 1,3-Butadien technisch gewonnen werden?

28.11 Welche Produkte entstehen bei der stufenweisen Addition von Brom an 1,3-Butadien?

28.12 Welcher Unterschied besteht zwischen Mesomerie und Isomerie?

28.13 Wie erklärt sich die Möglichkeit des Butadiens zur 1,2- und 1,4-Polymerisation?

28.14 Warum ist beim 1,4-Pentadien keine Mesomerie möglich?

28.15 Wie unterscheiden sich die Makromoleküle bei radikalischer und ionischer Polymerisation von Ethen?

28.16 Propen *(Propylen)* polymerisiert zu Polypropylen. Es ist der Reaktionsablauf durch Gleichungen anzugeben!

28.17 Es sind die mesomeren Grenzstrukturen des Isoprenmoleküls zu entwickeln!

28.18 Die folgenden Gleichungen sind zu vervollständigen:

$CH_3{-}CH_3 + Cl_2 \rightarrow$

$CH_2{=}CH_2 + HBr \rightarrow$

$CH_2{=}CH{-}CH_3 + Br_2 \rightarrow$

Welche Reaktionstypen liegen bei den drei Reaktionen vor? Welche Reaktionsprodukte entstehen?

28.19 Welche Hybridorbitale des Kohlenstoffs sind beim Aufbau der folgenden Kohlenstoffkette

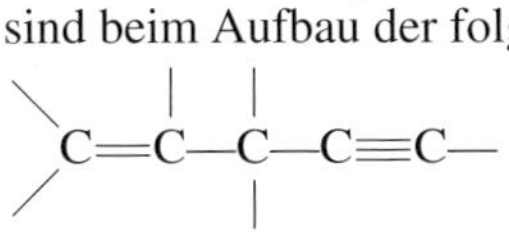

beteiligt?

28.20 1 kg eines technischen Carbids ergibt beim Umsetzen mit Wasser 310 l Ethin unter Normalbedingungen. Wie viel Prozent reines Calciumcarbid CaC_2 enthält das technische Produkt?

29 Halogenverbindungen der Alkane und Alkene

29.1 Halogenalkane

Allgemeines und Nomenklatur

Von den Alkanen ausgehend, gelangt man bei Ersatz eines Wasserstoffatoms durch ein Halogenatom zu den *Monohalogenalkanen*:

Formel	rationelle Benennung	ältere Benennung
CH_3Cl	Chlormethan	Methylchlorid
C_2H_5Cl	Chlorethan	Ethylchlorid
C_3H_7Cl	Chlorpropan	Propylchlorid
C_4H_9Cl	Chlorbutan	Butylchlorid
$C_5H_{11}Cl$	Chlorpentan	Amylchlorid usw.

Durch Ersatz mehrerer Wasserstoffatome in einem Alkanmolekül entstehen die *Polyhalogenalkane*. So leiten sich z. B. vom Ethan ab:

Formel	rationelle Benennung	
$C_2H_4Cl_2$	Dichlorethan	(Ethylenchlorid)
$C_2H_3Cl_3$	Trichlorethan	
$C_2H_2Cl_4$	Tetrachlorethan	
C_2HCl_5	Pentachlorethan	
C_2Cl_6	Hexachlorethan	

Wie die vorstehende Übersicht zeigt, wird z. B. die Verbindung C_2H_5Cl sowohl Chlorethan als auch Ethylchlorid genannt. Die Benennung Ethylchlorid, auch Methylbromid, Propyliodid usw., erinnert an die Bezeichnungsweise anorganischer Salze, die sich von der Salzsäure, Bromwasserstoffsäure, Iodwasserstoffsäure usw. ableiten. Zwischen den Halogenalkanen und den anorganischen Salzen der Halogenwasserstoffsäuren besteht eine formale Ähnlichkeit. Der Alkylrest vertritt die Stelle eines Metalls, so dass man allgemein von *Alkylhalogeniden* sprechen kann.

Tatsächlich unterscheiden sich Alkylhalogenide und anorganische Salze grundsätzlich. In dem einen Fall handelt es sich um Stoffe mit Molekulargitter, im anderen Fall um solche mit Ionengitter. Alkylhalogenide sind deshalb im Unterschied zu den Salzen flüchtig, wasserunlöslich, nicht dissoziierbar usw. (→ Abschn. 26.6).

Von den Monohalogenverbindungen des Methans und Ethans existieren keine Isomere, da wegen des bekannten räumlichen Baus des Methan- bzw. Ethanmoleleküls keine Stellungsisomerie möglich ist.

Vom Monohalogenpropan gibt es zwei Stellungsisomere. Im Falle des Chlorpropans C_3H_7Cl kann das Chloratom an ein endständiges Kohlenstoffatom (1) oder an das mittlere Kohlenstoffatom gebunden sein (2):

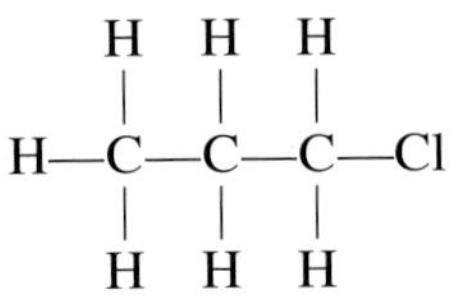

1-Chlorpropan

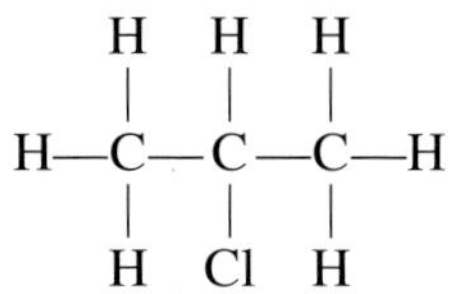

2-Chlorpropan

Die Anzahl der Stellungsisomeren steigt selbstverständlich bei den höheren Halogenalkanen.

Bei den Dihalogenalkanen erhöht sich die Anzahl der Stellungsisomeren. Vom Dichlormethan CH_2Cl_2 existiert jedoch nur eine Verbindung. Die beiden Strukturformeln

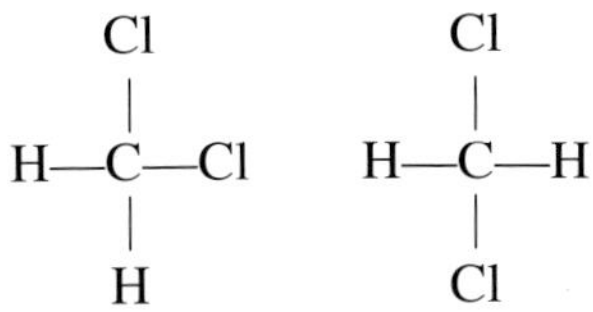

sind nur scheinbar verschieden. In Wirklichkeit liegen die beiden Wasserstoff- und Chloratome mit dem Kohlenstoffatom nicht in einer Ebene, sondern sind bekanntlich tetraedrisch um das zentrale Kohlenstoffatom angeordnet. Wohl aber gibt es vom Dichlorethan $C_2H_4Cl_2$ zwei Isomere. Ihre Struktur geht aus den Formeln hervor:

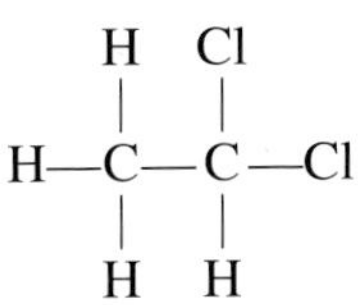

1,1-Dichlorethan

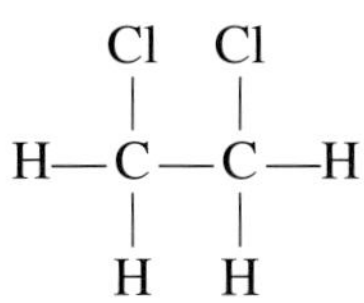

1,2-Dichlorethan

Diese Beispiele enthalten nur die Chlorverbindungen. Es existieren jedoch auch die entsprechenden Fluor-, Brom- und Iodalkane. Weiterhin gibt es auch gemischte Halogenalkane. Das sind Verbindungen, deren Molekül verschiedene Halogenatome enthält.

Eigenschaften

Die Siede- und Schmelzpunkte der Halogenalkene liegen bedeutend höher als die der entsprechenden Alkane.

Die bemerkenswerteste chemische Eigenschaft der Halogenalkane ist die leichte Austauschbarkeit des Halogenatoms gegen andere Atome oder Atomgruppen. Zwischen dem Halogen und dem Kohlenstoffatom in den Halogenkohlenwasserstoffen besteht eine Atombindung. Allerdings ist diese Atombindung wegen der unterschiedlichen Elektronenaffinität beider Elemente polarisiert. Das Halogenatom bewirkt einen -I-Effekt:

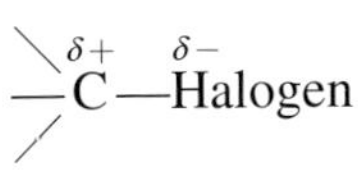

Die Polarisation geht aber nicht so weit, dass in einer Lösung von Methylchlorid z. B. Chloridionen vorliegen, die mit Silbernitratlösung nachgewiesen werden könnten. Erst in der Hitze fällt nach längerer Zeit das Chlor als Silberchlorid aus. Die Dissoziation der Halogen-Kohlenstoff-Bindung in Ionen erfolgt also tatsächlich, aber nur sehr langsam und unter dem Einfluss von Wärme und in einem geeigneten, polaren Lösungsmittel.

Die Alkylhalogenide werden wegen ihrer Reaktionsfähigkeit oft als Alkylierungsmittel verwendet, um einen Alkylrest in andere Verbindungen einzuführen. Sie spielen deshalb bei der Synthese wichtiger organischer Stoffgruppen eine große Rolle. Hierfür werden in der chemischen Technik besonders die Chloride verwendet, weil sie billiger als die entsprechenden Bromide oder Iodide sind.

Technische Bedeutung haben vor allem die folgenden *Halogenalkane:*

- Monochlormethan CH_3Cl *Methylchlorid* (Kältemittel in Kühlanlagen)
- Monochlorethan C_2H_5Cl *Ethylchlorid* (lokale Anästhesie, Vereisungsmittel)
- Trichlormethan $CHCl_3$ *Chloroform* (Lösungsmittel, Narkoticum)
- Triiodmethan CHI_3 *Iodoform*
- Tetrachlormethan CCl_4 *Tetrachlorkohlenstoff* (Lösungsmittel)

Halogenierte Alkane sind teilweise giftig (Zellen- bzw. Nervengift) und werden deswegen zunehmend weniger als Lösungs-, Treib- oder Feuerlöschmittel verwendet.

Besondere Bedeutung erlangten *Fluoralkane*. Sie wurden als Kältemittel in Kühlanlagen verwendet. Wegen Ihrer Ungiftigkeit sind sie anderen Kältemitteln, z. B. Ammoniak, überlegen. Das Difluordichlormethan CCl_2F_2 hat einen Siedepunkt von -30 °C. Es war das am häufigsten als Kältemittel oder Treibgas in Spraydosen, bzw. als Lösungsmittel eingesetzte Fluoralkan. Seine Verwendung, wie auch die anderer Fluorkohlenwasserstoffe (*FCKW*) ist problematisch, da ein Abbau von Ozon O_3 durch FCKW nachgewiesen wurde (Gefahr des Abbaus des schützenden Ozongürtels der Erde). So wurde deren Einsatz ab 1997 mit Ausnahmeregelungen in Entwicklungsländern verboten und durch chlorfreie Kältemittel bzw. wieder klassisch durch Ammoniak ersetzt. Als Treibgas kommen momentan Propan-Butan-Gemische zum Einsatz (Vorsicht: brennbar). In der EU ist die Herstellung von FCKW seit 1995 verboten.

29.2 Halogenalkene

Allgemeines und Nomenklatur

Die ungesättigten Halogenkohlenwasserstoffe leiten sich von den Alkenen (oder Alkinen) ab, indem eines oder mehrere Wasserstoffatome durch Halogenatome ersetzt sind. Sie sind also sowohl durch das Vorhandensein von Halogenatomen, als auch von C—C-Doppelbindungen (bzw. C—C-Dreifachbindungen) gekennzeichnet. Hier werden nur die Halogenalkene näher betrachtet.

Je nach der Lage des Halogenatoms zur Kohlenstoffdoppelbindung unterscheidet man ungesättigte Halogenkohlenwasserstoffe vom *Vinyl-* und vom *Allyltyp*:

$$R{-}CH{=}CH{-}Hal \qquad \text{Vinyltyp}$$

$$R{-}CH{=}CH{-}CH_2{-}Hal \qquad \text{Allyltyp}$$

In den Vinylverbindungen ist das Halogenatom direkt mit demjenigen Kohlenstoffatom verbunden, das eine π-Bindung trägt; in den Allylverbindungen befindet sich das Halogenatom in konjugierter Nachbarschaft, d. h. getrennt durch eine C—C-Einfachbindung, zur π-Bindung der Kohlenstoffatome. Vinyl- und Allylhalogenide unterscheiden sich beträchtlich in ihren chemischen Eigenschaften (vgl. Mesomerie-Effekt in diesem Abschnitt). Wichtige Verbindungen sind das *Vinylchlorid* und das *Allylchlorid*:

$CH_2{=}CH{-}Cl$	$CH_2{=}CH{-}CH_2{-}Cl$
Vinylchlorid, Chlorethen	Allylchlorid, 3-Chlorpropen-(1)

Auch bei den Halogenalkenen tritt Stellungsisomerie auf. So gibt es z. B. zwei stellungsisomere Chlorethene $C_2H_2Cl_2$:

$CH_2{=}CCl_2$	$CHCl{=}CHCl$
1,1-Dichlorethen	1,2-Dichlorethen

Cis-trans-Isomerie

Neben der Stellungsisomerie ist in verschiedenen Fällen eine Konfigurationsisomerie, die *cis-trans-Isomerie* zu beobachten. Cis-trans-isomere Verbindungen unterscheiden sich bei gleicher Struktur des Moleküls (gleiche Reihenfolge der miteinander verknüpften Atome im Molekül) durch eine unterschiedliche räumliche Anordnung der Atome im Molekül. So gibt es z. B. ein cis- und ein trans-1,2-Dichlorethen:

$$\begin{array}{l} HC{-}Cl \\ \;\,\| \\ HC{-}Cl \end{array} \qquad\qquad \begin{array}{l} \quad\; HC{-}Cl \\ \qquad\;\;\| \\ Cl{-}CH \end{array}$$

cis-1,2-Dichlorethen trans-1,2-Dichlorethen

Das 1,2-Dichlorethen ist wie alle Ethensubstitutionsderivate und wie das Ethen selbst eben gebaut. Die Kohlenstoffatome der C═C-Doppelbindung und ihre Substituenten liegen in einer Ebene. Diese Tatsache rührt von dem trigonalen Valenzzustand des Kohlenstoffs und damit von der besonderen Anordnung seiner Bindungsorbitale im zweiten Bindungszustand her (→ Abschn. 26.5.1). Deshalb sind die beiden Molekülhälften eines Ethenderivates nicht um die C—C-Doppelbindung frei drehbar. Lediglich zwei Stellungen der beiden Molekülhälften zueinander, die sich um den Winkel von 180° unterscheiden, ergeben eine stabile räumliche Anordnung. In allen anderen Lagen überlappen sich die sp_z-Orbitale der beiden Kohlenstoffatome nicht maximal. Trägt jedes der Kohlenstoffatome zwei voneinander verschiedene Substituenten, so kann aus den oben genannten Gründen das Molekül in unterschiedlichen räumlichen Anordnungen auftreten. Im Falle des 1,2-Dichlorethens können die beiden Chloratome einander benachbart sein (cis-Isomer) oder sich maximal entfernt gegenüberliegen (trans-Isomer) (Bilder 29.1 und 29.2).

Cis-trans-Isomere unterscheiden sich in ihren physikalischen (Schmelzpunkt, Dipolmoment usw.) und chemischen Eigenschaften voneinander. Die trans-Form ist im allgemeinen die stabilere, weil sie den energieärmsten Zustand darstellt. Das Molekül weist hier den höchsten Grad an Symmetrie auf. Im 1,2-Dichlorethen z. B. besitzen die beiden Chloratome auf

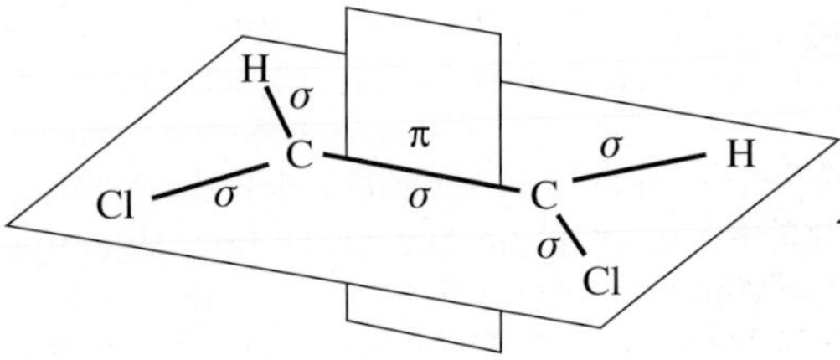

Bild 29.1 Cis-1,2-Dichlorethen

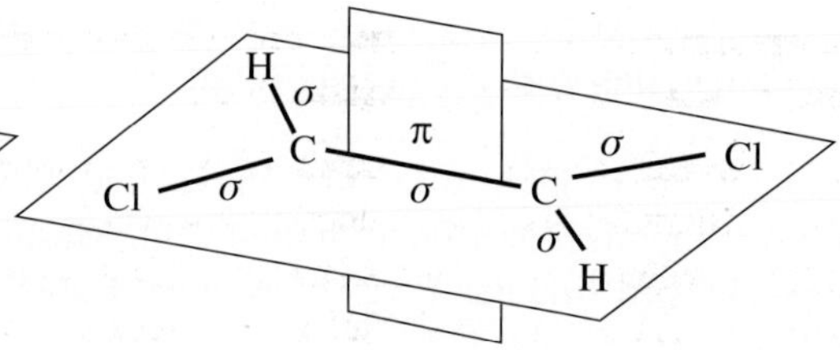

Bild 29.2 Trans-1,2-Dichlorethen

Grund des I-Effektes eine partiell negative Ladung. Sie stoßen sich deshalb gegenseitig ab. Eine Annäherung, wie sie die cis-Form im Vergleich zur trans-Form darstellt, erfordert dementsprechend eine Energiezufuhr. Umwandlungen der trans-Form in die cis-Form verlaufen nur unter Energiezufuhr (Isomerisierungsenergie). Beim Sättigen der Doppelbindung, z. B. durch Hydrieren einer Form des 1,2-Dichlorethens, wird die freie Drehbarkeit um die C—C-Achse zurückgewonnen. Der σ-Bindung zwischen den beiden Kohlenstoffatomen ist jetzt keine π-Bindung mehr überlagert. Die so entstandene Verbindung, in diesem Falle das 1,2-Dichlorethan, zeigt deshalb nicht mehr die Erscheinung der cis-trans-Isomerie.

Eigenschaften, Mesomerieeffekt

Die physikalischen Eigenschaften der Halogenalkene entsprechen weitgehend denen der Halogenalkane. Die chemischen Eigenschaften der ungesättigten Halogenkohlenwasserstoffe sind durch das Vorhandensein der C—C-Doppelbindung und des Halogens im Molekül bestimmt. Einerseits reagieren die Halogenalkene wegen der C—C-Doppelbindung wie die Alkene, d. h., sie sind zu Additionen und auch zu Polymerisationen befähigt. (Auf die technisch wichtigen Polymerisationen wird in Abschn. 34.2 eingegangen.) Andererseits entspricht die Reaktionsfähigkeit des Halogenatoms (Substituierbarkeit und Eliminierbarkeit von Halogenwasserstoff) in den Halogenalkenen nicht völlig derjenigen bei den Halogenalkanen. Doppelbindung und Halogenatom beeinflussen sich gegenseitig und bewirken in ihrer Gesamtheit ein besonderes chemisches Verhalten der Halogenalkene. In dieser Hinsicht unterscheiden sich beide Typen von Halogenkohlenwasserstoffen beträchtlich.

Bei den Halogeniden vom Allyltypus $CH_2{=}CH{-}CH_2X$ ist das Halogenatom X wesentlich reaktionsfähiger und damit leichter substituierbar als bei den entsprechenden gesättigten Halogeniden. Die leichte Abspaltbarkeit des Halogens in den Allylhalogeniden lässt sich mithilfe der *Mesomerie* erklären (→ Abschn. 28.2): Bei elektrophilen Substitutionen wird die Abtrennung des Halogens als negatives Halogenidion dadurch begünstigt, dass aus dem Allylrest ein mesomeres Karbeniumion entsteht:

$$CH_2{=}CH{-}CH_2{-}X \rightarrow X^- + \left\{ \begin{array}{l} [CH_2{=}CH{-}\overset{\oplus}{C}H_2]^+ \\ [\overset{\oplus}{C}H_2{-}CH{=}CH_2]^+ \end{array} \right\}$$

Allylhalogenid mesomeres Karbeniumion

Dieser Übergang in ein mesomeriefähigen Molekülrest ist mit einem Energiegewinn verbunden, der einen Teil der Dissoziationsenergie deckt. Elektrophile Reagenzien, z. B. OH^-,

NH_2^-, CN^- usw., können sich jetzt an den positiv geladenen Kohlenstoff des Karbeniumions anlagern.

Es ist eine allgemeine Erscheinung, dass ein Atom oder eine Atomgruppe, die in konjugierter Nachbarschaft zu einer Doppelbindung angebracht ist, sich in einem reaktionsfähigen Zustand befindet. Ein Beispiel dafür ist auch die Bildung von Allylchlorid aus Propen:

$$\underset{\text{Propen}}{\mathrm{CH_2{=}CH{-}CH_3}} + \mathrm{Cl_2} \rightarrow \underset{\text{Allylchlorid}}{\mathrm{CH_2{=}CH{-}CH_2Cl}} + \mathrm{HCl}$$

Es findet keine Addition statt. Die Substitution erfolgt an der CH_3-Gruppe. Das Wasserstoffatom ist wegen seiner konjugierten Nachbarschaft zur Doppelbindung leicht abspaltbar.

Im Gegensatz zu den Allylhalogeniden ist das Halogenatom in den Vinylhalogeniden $CH_2{=}CH{-}X$ bedeutend weniger reaktionsfähig. Die von den Halogenalkanen bekannten Substitutionsreaktionen laufen bei den Vinylhalogeniden nur sehr langsam ab. Diese Reaktionsträgheit lässt auf eine besonders feste Bindung des Halogenatoms schließen. Tatsächlich ist der Bindungsabstand des Chlors zum Kohlenstoff im Vinylchlorid kleiner als im Ethylchlorid. Die Bindung besitzt teilweise den Charakter einer Doppelbindung. Im Vinylchlorid liegt eine mesomere Elektronenverteilung vor:

$$\underset{(1)}{\mathrm{CH_2{=}CH{-}\underline{\overline{Cl}}|}} \rightarrow \underset{(2)}{\mathrm{|\overset{\ominus}{C}H_2{-}CH{=}\overset{\oplus}{\underline{\overline{Cl}}}}}$$

Im Vinylchlorid sind nicht nur die 2p-Orbitale der beiden Kohlenstoffatome überlappt und haben eine π-Bindung gebildet (Grenzstruktur 1), sondern Überlappung besteht auch zwischen einem der drei p-Orbitale des Chloratoms und dem 2p-Orbital des benachbarten Kohlenstoffatoms (Grenzstruktur 2). Der wirkliche Zustand des Vinylchloridmoleküls liegt zwischen den Grenzstrukturen 1 und 2. Er kann auch mithilfe einer der beiden folgenden Formeln beschrieben werden:

$$\mathrm{CH_2 \overset{\cdots}{-} CH \overset{\cdots}{-} Cl} \qquad \text{oder} \qquad \overset{\delta-}{\mathrm{CH_2}}{=}\mathrm{CH}{-}\overset{\delta+}{\mathrm{\underline{\overline{Cl}}|}}$$

Im Vinylchlorid besitzt das Chloratom also keineswegs eine volle positive Ladungseinheit, da es sich nicht um eine vollständige, sondern um eine teilweise Elektronenabgabe handelt. Der so entstandene Ladungsanteil wird deshalb mit dem Symbol $\delta+$ (im Gegensatz zur vollen Ladungseinheit $+$) bezeichnet.

Mesomerie tritt also nicht nur bei Verbindungen mit konjugierten Doppelbindungen auf, sondern auch in den Fällen, in denen sich in unmittelbarer Nachbarschaft zur Doppelbindung ein Substituent mit freien Elektronenpaaren befindet. Allgemein wird eine solche Erscheinung, dass ein freies Elektronenpaar eines Substituenten mit in die Mesomerie einbezogen wird, als *Mesomerieeffekt* (M-Effekt) bezeichnet.

Infolge des Mesomerieeffektes erhält das Chlor eine teilweise positive Ladung (+M-Effekt). Das gilt für alle Substituenten, bei denen ein freies Elektronenpaar in Richtung auf die Doppelbindung abgezogen wird. Einen +M-Effekt verursachen z. B. die Halogene, die Reste $—NR_2$, —OR u. a.

Auch der −M-Effekt ist bekannt. Hier nimmt der Substituent aus der Doppelbindung teilweise Elektronen auf und erhält damit eine teilweise negative Ladung. Solche Substituenten sind z. B. —COOH, —NO_2 u. a.

Mithilfe des Mesomerieeffektes kann in vielen Fällen das chemische Verhalten einer Verbindung erklärt werden.

Technisch wichtige Halogenalkyle

Zur technischen Gewinnung von Chlorethen (*Vinylchlorid*) wird nach einem zur Petrolchemie gehörenden Verfahren an das Ethen der Krackgase Chlor addiert und aus dem entstandenen 1,2-Dichlorethan bei 400 °C mit Tonerde als Katalysator Chlorwasserstoff abgespalten:

$$CH_2{=\!=}CH_2 + Cl_2 \rightarrow CH_2Cl{-\!-}CH_2Cl$$

$$CH_2Cl{-\!-}CH_2Cl \xrightarrow{-HCl} CH_2{=\!=}CHCl$$

Vinylchlorid wird großtechnisch durch Polymerisation zum Polyvinylchlorid umgesetzt (→ Abschn. 34.2).

Trichlorethen (1,1,2-Trichlorethen) $CHCl{=\!=}CCl_2$ wird aus Tetrachlorethan durch Abspalten von HCl mittels Kalkmilch gewonnen. Das Tetrachlorethan selbst ist durch Addition von Chlor an Azetylen zugänglich:

$$CH{\equiv}CH \xrightarrow{Cl_2} CHCl{=\!=}CHCl \xrightarrow{Cl_2} CHCl_2{-\!-}CHCl_2$$

$$CHCl_2{-\!-}CHCl_2 \rightarrow CHCl{=\!=}CCl_2 + HCl$$

Das *Trichlorethylen* ist eine nicht brennbare Flüssigkeit (Kp. 87,2 °C) und wird als Lösungsmittel für Fette, Öle und Harze verwendet. Es wirkt auf Metalle nicht korrodierend.

❍ Aufgaben

29.1 Wie lauten die Formeln und Namen der Isomeren mit der Summenformel C_4H_9Cl?

29.2 Wie lauten Formeln und Namen der Tribrommethane?

29.3 Warum gibt es beim 1,2-Diiodethan keine Isomeren?

29.4 Welche Unterschiede bestehen zwischen Natriumchlorid und Ethylchlorid im Hinblick auf chemische Bindung, Dissoziationsfähigkeit, Löslichkeit, Siedepunkt und Schmelzpunkt?

29.5 Wieso werden die Halogenalkane als Alkylierungsmittel verwendet?

29.6 Wie lauten Namen und Formeln aller isomeren Brompropene?

29.7 Bei welcher der folgenden Verbindungen ist eine cis-trans-Isomerie möglich?

a) $CH_2{=\!=}CBr_2$
b) $CH_2{=\!=}CHBr$
c) $CHI{=\!=}CHI$
d) $CHBr{=\!=}CBr_2$
e) $CCl_2{=\!=}CCl_2$
f) $CHCl{=\!=}CH{-\!-}CH_2Cl$
g) $CH_3{-\!-}CH{=\!=}CH{-\!-}CH_3$

29.8 Es ist die Reaktionsgleichung für die Polymerisation von Vinylchlorid aufzustellen.

29.9 Wie groß ist etwa der prozentuale Chlorgehalt im Polyvinylchlorid mit dem Polymerisationsgrad $n = 10\,000$?

29.10 Welches der beiden Bromatome in der nachstehenden Verbindung ist am reaktionsfähigsten?

```
CH2—C=CH2
|   |
Br  Br
```

30 Derivate der aliphatischen Kohlenwasserstoffe

30.1 Funktionelle Gruppen

Funktionelle Gruppen ersetzen formal Wasserstoff in organischen Verbindungen und bestimmen weitgehend Eigenschaft und Charakter der entstehenden Verbindung. Organische Verbindungen mit gleichen funktionellen Gruppen erhielten Sammelbezeichnungen. Die in der folgenden Tabelle 30.1 angegebenen funktionellen Gruppen ergeben die in der Zeile angegebenen Verbindungstypen.

Tabelle 30.1 Sauerstoff enthaltende funktionelle Gruppen

Funktionelle Gruppe		Alkanderivat		Verbindungstyp [1]
Formel	Bezeichnung	Allgemeine Formel	Rationelle Bezeichnung	
—OH	Hydroxy-	R—OH	Alkanol	*Alkohol*
—C(=O)—H	Aldehyd-	R—CHO	Alkanal	*Aldehyd*
>C=O	Carbonyl-	R′(R)>CO	Alkanon	*Keton*
—C(=O)—OH	Carboxyl-	R—COOH	Alkansäure	*Carbonsäure*

Bekannte funktionelle Gruppen, die Stickstoff bzw. Schwefel enthalten, sind:
- —NH_2 Aminogruppe,
- >SO_2 Sulfongruppe,
- —SO_3H Sulfonsäuregruppe,
- —CN Cyanid- oder Nitrilgruppe,
- —NO_2 Nitrogruppe.

Die in diesem Abschnitt genannten funktionellen Gruppen zeigen mehr oder weniger stark einen Induktionseffekt (→ Abschn. 26.5.2).

[1] Die angegebenen Bezeichnungen werden auch für Verbindungen benutzt, die sich nicht von den Alkanen ableiten.

30.2 Alkanole (Alkohole)

Alkohole sind Kohlenwasserstoffverbindungen, in denen ein oder mehrere Wasserstoffatome durch die Hydroxygruppe ersetzt sind. Nach der IUPAC-Nomenklatur werden sie durch die Endung *-ol* gekennzeichnet. Nach der Anzahl der OH-Gruppen im Molekül unterscheidet man ein-, zwei- und mehrwertige Alkohole.

Man kann sich ein Alkoholmolekül aus dem Wassermolekül durch Austausch eines Wasserstoffatoms gegen eine Alkylgruppe entstanden denken:

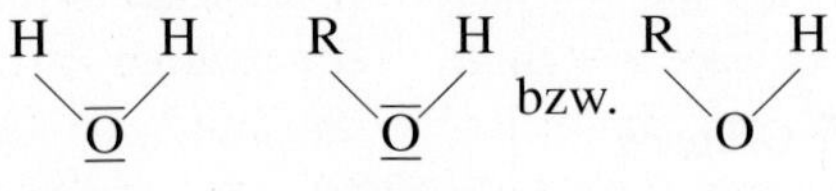

Wasser Alkohol

Dieser Aufbau der Alkoholmoleküle erklärt die polaren Eigenschaften der Alkohole, die u. a. in der Wasserlöslichkeit der Alkohole mit nicht zu langer Alkylrestkette zum Ausdruck kommen. Wegen der Polarität der OH-Gruppe neigen Alkohole auch zur Assoziation durch *Wasserstoffbrückenbindung*. Diese entsteht dadurch, dass ein einsames Elektronenpaar des Sauerstoffatoms, das zu einem Alkoholmolekül gehört, sich dem polar gebundenen Wasserstoffatom der Hydroxygruppe eines anderen Alkoholmoleküls sehr stark nähert. Die Wasserstoffatome am Alkylrest der Alkohole sind an diesem Anlagerungsvorgang nicht beteiligt.

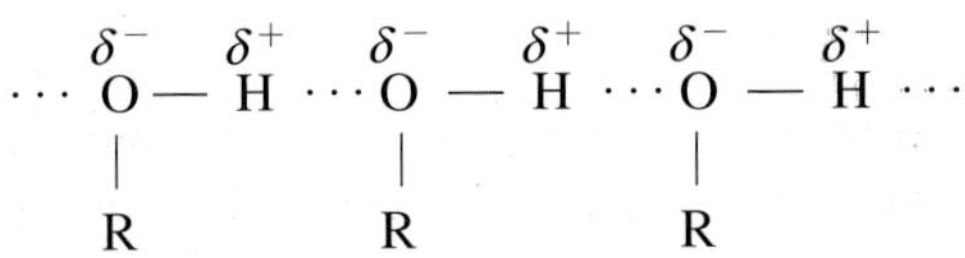

Die Wasserstoffbrückenbindung ist keine starke Bindung. Es besteht lediglich eine verstärkte Anziehung, die zur Assoziation der beteiligten Moleküle führt. Infolge dieser Assoziation sieden die Alkanole bei wesentlich höherer Temperatur als die entsprechenden Alkane. Durch die stark elektropositiven Alkalimetalle wird der Wasserstoff der Hydroxygruppe substituiert, wobei es zur Bildung von Alkanolaten *(Alkoholaten)* kommt.

$$2\,\mathrm{R{-}OH} + 2\,\mathrm{Na} \rightarrow 2\,\mathrm{R{-}O{-}Na} + \mathrm{H_2}$$

Alkohol Natriumalkoholat

Weitere Reaktionen der Alkanole werden in den folgenden Abschnitten behandelt.

30.2.1 Einwertige Alkanole

Einwertige Alkohole leiten sich von den Alkanen durch Substitution eines Wasserstoffatoms durch die Hydroxygruppe ab.

Die Alkanole bilden eine homologe Reihe mit der allgemeinen Formel:

Alkanol = *einwertiger Alkohol:* $C_nH_{2n+1}{-}OH$

Die ersten Glieder und zugleich die wichtigsten Alkanole dieser homologen Reihe sind:

Methanol $CH_3—OH$ *Methylalkohol*
Ethanol $C_2H_5—OH$ *Ethylalkohol*
Propanol $C_3H_7—OH$ *Propylalkohol*
Butanol $C_4H_9—OH$ *Butylalkohol*
Pentanol $C_5H_{11}—OH$ *Amylalkohol*

Entsprechend leiten sich auch ungesättigte Alkohole von den Alkenen und Alkinen ab.

Bei den Alkanolen kann Stellungsisomerie auftreten, da die Hydroxygruppe eine unterschiedliche Stellung innerhalb des Moleküls haben kann. Nach der Stellung der Hydroxygruppe unterscheidet man primäre, sekundäre und tertiäre Alkohole. Bei *primären Alkoholen* steht die Hydroxygruppe mit 2 Wasserstoffatomen an einem Kohlenstoffatom, sie enthalten als wesentliche Gruppe: $—CH_2OH$. Bei *sekundären Alkoholen* steht die Hydroxygruppe mit nur einem Wasserstoffatom gemeinsam an einem Kohlenstoffatom, die typische Gruppe ist:

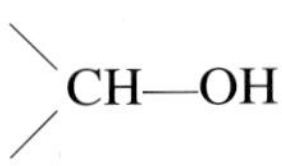

Beim *tertiären Alkohol* befindet sich die Hydroxygruppe an einem tertiären Kohlenstoffatom, das an drei Kohlenstoffatome gebunden ist. Der tertiäre Alkohol hat also immer die Gruppe:

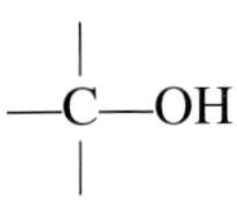

Um die Stellung der Hydroxygruppe im Molekül festzulegen, wird die längste Kohlenstoffkette nummeriert und das Kohlenstoffatom, an dem die OH-Gruppe hängt, angegeben.

Die drei isomeren Butylalkohole z. B. heißen

Butan-1-ol — *primärer Butylalkohol*
Butan-2-ol — *sekundärer Butylalkohol*
2-Methyl-propan-2-ol — *tertiärer Butylalkohol*

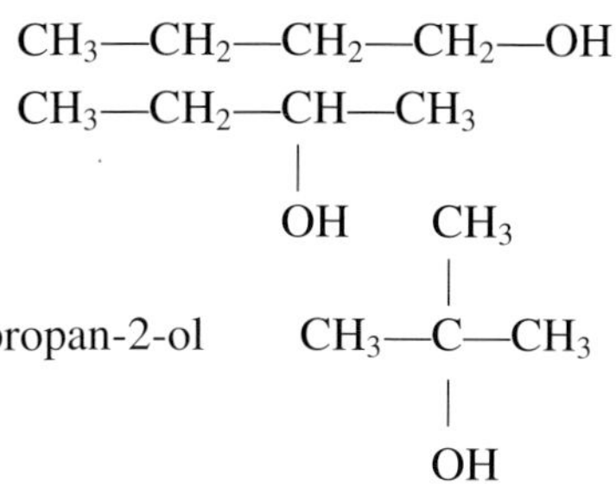

Primäre, sekundäre und tertiäre Alkohole reagieren verschieden, insbesondere lassen sie sich durch ihre Oxidationsprodukte unterscheiden, wie die folgende Übersicht zeigt:

primärer Alkohol:

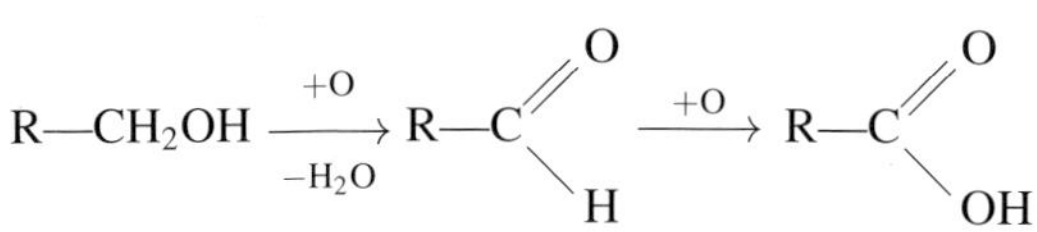

Aldehyd Carbonsäure

sekundärer Alkohol:

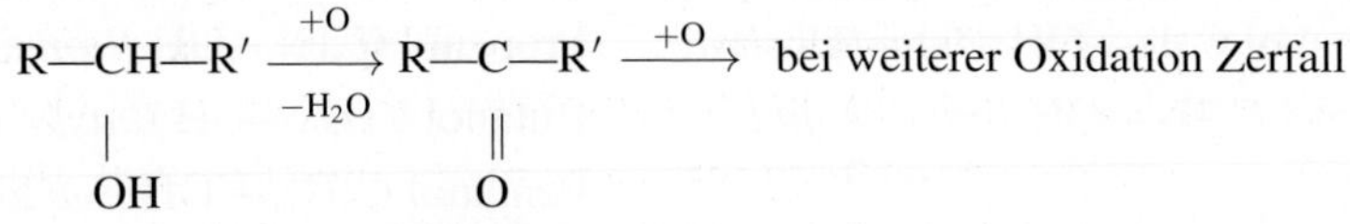

Keton

tertiärer Alkohol:

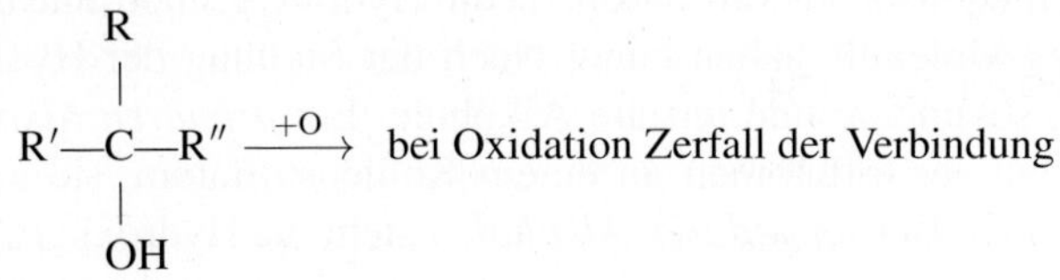

30.2.2 Mehrwertige Alkanole

Mehrwertige Alkohole besitzen mehrere Hydroxygruppen.

Vom Ethan leitet sich der zweiwertige Alkohol Ethan-1,2-diol

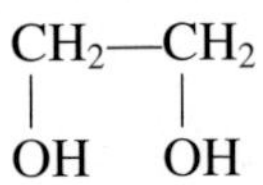

Ethylenglykol

ab. Durch Einführung von 3 Hydroxygruppen in das Propanmolekül entsteht der dreiwertige Alkohol Propan-1,2,3-triol

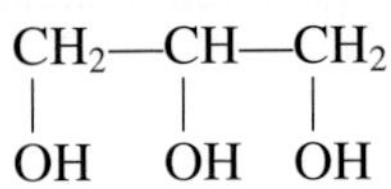

Glycerol

Die Hydroxygruppen besitzen eine bestimmte Wertigkeit, je nach der Stellung des C-Atoms, an das sie gebunden sind. So sind z. B. beim Glycerol die OH-Gruppen am Kohlenstoffatom Nr. 1 und 3 primär, die restliche OH-Gruppe aber sekundär.

30.2.3 Technisch wichtige Alkanole

Methanol CH_3OH, *Methylalkohol, Holzgeist*, ist das erste Glied in der homologen Reihe der Alkohole. Methanol entsteht u. a. bei der trockenen Destillation des Holzes. Großtechnisch wird es aus Synthesegas u. a. bei 400 °C und einem Druck von 20 MPa in Gegenwart von Metalloxidkontakten hergestellt.

$$CO + 2\,H_2 \xrightarrow[\text{Kat.}]{400\,^\circ C} CH_3OH$$

Methanol ist eine farblose, brennbare Flüssigkeit, die in jedem Verhältnis mit Wasser mischbar ist und bei 64,7 °C siedet. Methanol ist sehr giftig, geringe Mengen, etwa 10 ml, führen zu Erblindung und Tod. Verwendet wird es als Brennstoff, Lösungsmittel und Treibstoffzusatz. Es ist Bestandteil von Gefrierschutzmitteln und Ausgangsmaterial für wichtige Synthesen.

Ethanol C_2H_5OH, *Ethylalkohol*, ist der bekannteste Alkohol, Trivialnamen für ihn sind *Weingeist, Spiritus* oder einfach *Sprit*. Ethanol wird technisch aus Naturprodukten und durch rein synthetische Verfahren gewonnen. Durch Gärung gewinnt man ihn aus zuckerhaltigen Früchten (Weinbereitung) oder aus der in Zuckerfabriken als Nebenprodukt anfallenden Zuckermelasse oder aus stärkehaltigen Produkten, z. B. Getreide oder Kartoffeln. Auch die Sulfitablaugen der Zellstofffabriken enthalten vergärbaren Zucker. Aus ihnen wird der sogenannte Sulfitsprit gewonnen.

Petrolchemisch lässt sich Ethanol durch Additionsreaktion aus Ethen synthetisieren:

$$\underset{\text{Ethen}}{CH_2{=}CH_2} \xrightarrow{H_2O} \underset{\text{Ethanol}}{CH_3{-}CH_2OH}$$

Ungefähr 15 % der Ethanolproduktion dient in alkoholischen Getränken als Genussmittel. Technisch verwendet man Ethanol zur Herstellung von Lacken, Firnissen und pharmazeutischen Präparaten, weiterhin als Treibstoffzusatz, Konservierungsmittel sowie als Ausgangsstoff für Synthesen. Brennspiritus ist durch Methanol, Pyridin oder Benzin vergälltes Ethanol. Auf unvergälltem Ethylalkohol liegen in allen Staaten hohe Steuern. Reiner Alkohol hat eine Konzentration von 95,6 % Ethanol. Das restliche Wasser lässt sich nicht durch Destillation, sondern nur durch chemische Trockenmittel entfernen. Absoluter (wasserfreier) Alkohol ist eine farblose, brennbare Flüssigkeit, die bei 78,3 °C siedet.

Propan-2-ol $CH_3{-}CH(OH){-}CH_3$, *Isopropylalkohol*, wird synthetisch durch Addition von Wasser an Propen gewonnen:

$$\underset{\text{Propen}}{H_2C{=}CH{-}CH_3} + H_2O \rightarrow \underset{\text{Propan-2-ol}}{H_3C{-}\overset{\displaystyle H}{\underset{\displaystyle OH}{C}}{-}CH_3}$$

Auch dieser Alkohol ist in jedem Verhältnis mit Wasser mischbar. An Stelle von Ethanol wird er als Lösungsmittel eingesetzt.

Vom Butanol $C_4H_9{-}OH$ gibt es vier Isomere. Sie sind nur noch beschränkt in Wasser löslich. Butanole kommen als Nebenprodukt bei der alkoholischen Gärung vor, sie sind in den sogenannten Fuselölen enthalten. Technisch werden sie als Lösungsmittel verwendet. Aus *n*-Butanol wird ein Essigsäureester *Butylacetat* (→ Abschn. 30.8) hergestellt, der als Lösungsmittel für Lacke große Bedeutung hat.

Höhere Alkohole kommen in der Form von Estern in der Natur als etherische Öle und als Wachse vor. Derivate höherer Alkohole haben Bedeutung als Waschmittel und als Weichmacher für polymere Werkstoffe.

Von den mehrwertigen Alkoholen sind die weiter oben schon genannten Ethylenglykol und Glycerol die wichtigsten. Beide Alkohole schmecken süß. [1]

[1] glykos (griech.) süß

Ethan-1,2-diol $HO{-}CH_2{-}CH_2{-}OH$, *Ethylenglykol*, ist eine ölige, farblose Flüssigkeit mit einem Siedepunkt von 197 °C, die für den Menschen giftig ist.

Ethylenglykol gewinnt man durch Wasseranlagerung an Ethenoxid, das wiederum durch direkte Oxidation aus Ethen erzeugt werden kann:

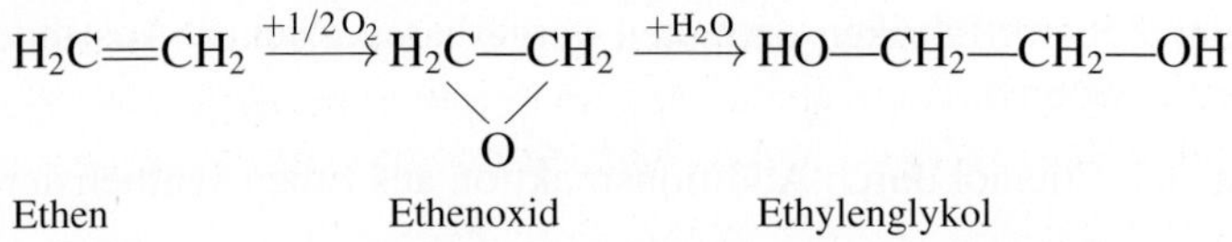

Ethylenglykol findet Verwendung als Bremsflüssigkeit, außerdem ist es Hauptbestandteil von Gefrierschutzmitteln. Bei der Herstellung von Polyesterfasern, Alkydharzen und Sprengstoffen dient es als wichtiger Ausgangsstoff (→ Abschn. 34.7).

Propan-1,2,3-triol $CH_2OH{-}CHOH{-}CH_2OH$, *Glycerol*, entsteht in geringer Menge als Nebenprodukt bei der alkoholischen Gärung. Es kommt natürlich gebunden in Fetten und Ölen vor. Es fällt bei der Fettspaltung an, kann aber auch synthetisch aus dem in Crackgasen enthaltenen Propen gewonnen werden.

Glycerol ist wie Ethylenglykol eine ölige, farblose Flüssigkeit, die aber nicht giftig ist, mit einem Siedepunkt von 290 °C. Wegen seiner hygroskopischen Eigenschaft wird es kosmetischen Erzeugnissen, Tinten und Stempelfarben zugesetzt. Glycerol wird als Gefrierschutz- und Bremsflüssigkeit, aber auch zur Wärmeübertragung eingesetzt. Besondere Bedeutung hat es bei der Erzeugung hochbrisanter Sprengstoffe (*Nitroglyzerin*).

30.3 Alkanale (Aldehyde)

Aldehyde sind die ersten Oxidationsprodukte primärer Alkohole, sie haben die funktionelle Gruppe $-C{\overset{\Large O}{\underset{\Large H}{\leqslant}}}$, die rationell —CHO geschrieben wird. Nach der IUPAC-Nomenklatur sind Aldehyde an der Endung *-al* zu erkennen. Die in der Technik üblichen Bezeichnungen leiten sich von den Säuren ab, die durch Oxidation aus den Aldehyden entstehen. Die von den gesättigten Kohlenwasserstoffen abgeleiteten Aldehyde, die *Alkanale*, bilden eine homologe Reihe:

$$\text{Alkanal: } C_{n-1}H_{2n-1}{-}C{\overset{O}{\underset{H}{\leqslant}}} = R{-}CHO$$

Die Carbonylgruppe $>C{=}O$ in den Aldehyden enthält eine Doppelbindung, die durch je eine σ- und π-Bindung gebildet wird. Diese π-Bindung ist stark polarisiert infolge der unterschiedlichen Elektronegativität des Kohlenstoff- und Sauerstoffatoms. Der Bindungszustand kann durch mesomere Grenzstrukturen angegeben werden:

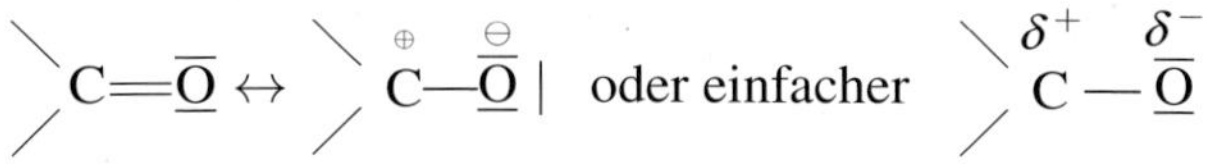

Infolge des Mesomerieeffektes neigen Aldehyde zu Additionen und Polymerisationen und weiteren spezifischen Aldehydreaktionen, auf die hier nicht eingegangen werden kann. Addiert werden nukleophile Reagenzien, wie Alkohole, Ammoniak, Amine, Blausäure. Addition von Wasserstoff führt zu den jeweiligen Alkoholen.

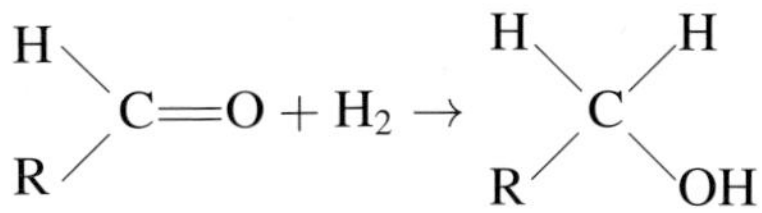

Die Aldehydmoleküle können aber auch miteinander reagieren, wobei es zur Polymerisation oder Kondensation kommen kann. Auf dieser Eigenschaft beruht die Verwendung von Aldehyden bei der Plastherstellung.

Als Oxidationsprodukte primärer Alkohole sind die Aldehyde leicht aus den zugehörigen Alkoholen durch Oxidation mit Luftsauerstoff in Gegenwart von Kupfer als Katalysator zu gewinnen:

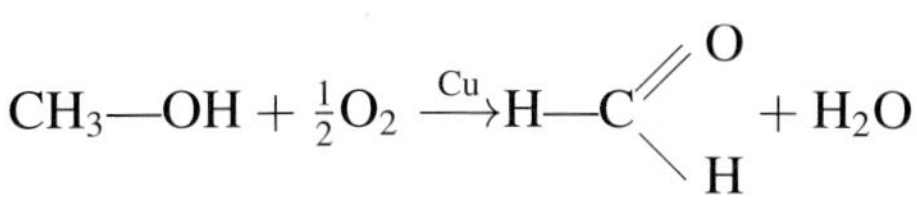

Methanol Methanal

Bei dieser Reaktion wird dem Alkohol Wasserstoff entzogen, er wird dehydriert. Daraus entstand der Name Aldehyd: *al*cohol *dehyd*rogenatus.

Die beiden ersten Glieder der homologen Reihe der Alkanale sind die wichtigsten:

Methanal H—CHO *Formaldehyd*

Ethanal CH_3—CHO *Acetaldehyd*

Methanal HCHO, *Formaldehyd*, wird auch großtechnisch durch Dehydrierung von Methanol gewonnen. Es ist ein farbloses, stechend riechendes Gas, das in 40%iger wässriger Lösung in den Handel kommt und in dieser Form als Desinfektionsmittel verwendet wurde. Große Mengen Formaldehyd werden bei der Gewinnung von Aminoplasten und Phenoplasten verbraucht (→ Abschn. 34.4). Dabei sind Kondensationsreaktionen wirksam.

Bei der Polymerisation von Formaldehyd entsteht Paraformaldehyd als feinkristalline weiße Masse.

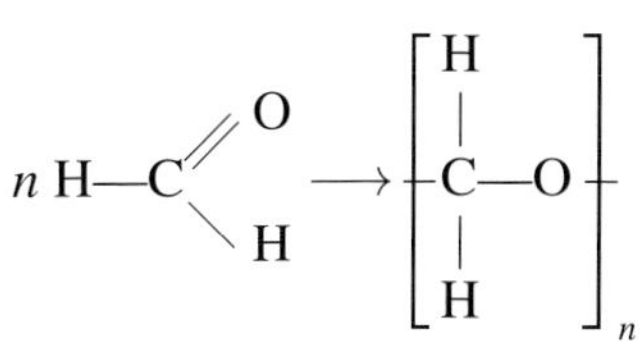

Formaldehyd Paraformaldehyd

Aus ihm kann bei höherer Temperatur gasförmiges Formaldehyd zurückgewonnen werden.

Ethanal CH_3CHO, *Acetaldehyd*, ist eine bei 21 °C siedende Flüssigkeit, die sich leicht in Wasser löst. In der Technik gewinnt man Acetaldehyd durch katalytische Oxidation von Ethen:

$$CH_2{=}CH_2 + \tfrac{1}{2}O_2 \rightarrow CH_3-\underset{\underset{\displaystyle O}{\|}}{C}-H$$

Aus Acetaldehyd kann man durch Reduktion Ethanol oder durch Oxidation Ethansäure (Essigsäure) herstellen.

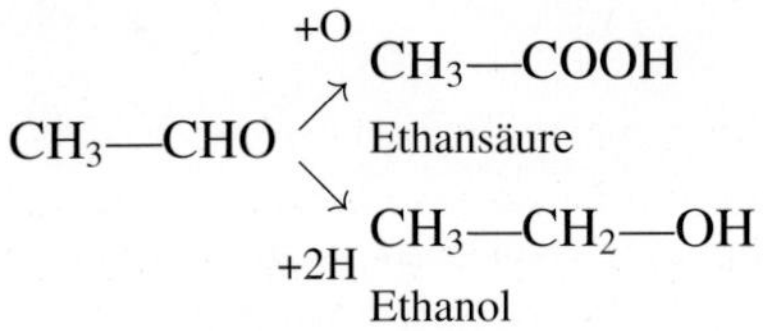

Diese Reaktion zeigt deutlich die Stellung der Aldehyde zwischen Alkoholen und Säuren. Aldehyde können daher sowohl als Oxidations- als auch als Reduktionsmittel wirken.

30.4 Alkanone (Ketone)

Ketone enthalten als funktionelle Gruppe die Carbonylgruppe,

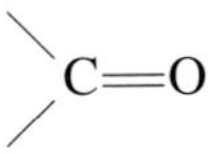

die mit zwei Kohlenwasserstoffresten verbunden ist.

Die Oxidationsprodukte sekundärer Alkohole, die sich von den Alkanen ableiten, heißen Alkanone. Nach der IUPAC-Nomenklatur erhalten sie die Endung *-on*. Die allgemeine Formel der Alkanone ist:

$$\boxed{\text{Alkanon: } R-\underset{\underset{\displaystyle O}{\|}}{C}-R'}$$

Zur Benennung kann auch an die Alkylreste die Endung -keton angehängt werden.

Sind die Kohlenwasserstoffe R- und R′-gleich, so liegt ein einfaches Keton (z. B. Pentan-3-on $C_2H_5-CO-C_2H_5$, *Diethylketon*), sonst ein gemischtes Keton vor (z. B. Butan-2-on $CH_3-CO-C_2H_5$, *Methylethylketon*).

Die Ketone haben mit den Aldehyden die Carbonylgruppe gemeinsam. Sie reagieren deshalb ähnlich wie die Aldehyde. Das erste und zugleich wichtigste Glied der Alkanonreihe ist:

$$\text{Propanon } CH_3-\underset{\underset{\displaystyle O}{\|}}{C}-CH_3 \quad \textit{Dimethylketon, Aceton}$$

Aceton kann aus Essigsäure (acidum aceticum) hergestellt werden, diese Reaktion gab diesem Keton seinen gebräuchlichen Namen.

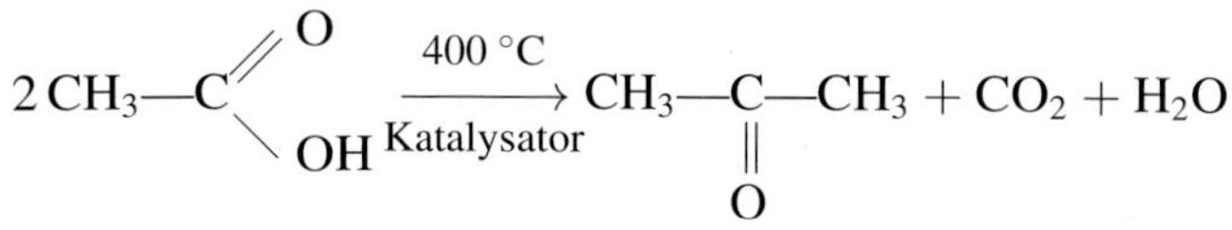

Essigsäure Aceton

Technisch wird Aceton als wertvolles Nebenprodukt bei der Erzeugung von Phenol nach dem Cumolverfahren gewonnen (→ Abschn. 31.4).

Aceton ist eine farblose, angenehm riechende, brennbare Flüssigkeit, die bei 56 °C siedet. Es lässt sich mit Wasser, Ethanol und Ether mischen und ist ein ausgezeichnetes Lösungsmittel für organische Substanzen: Acetylen in Druckflaschen, Celluloseacetat, Celluloid, Nitrolacke und Cellulosenitrat.

30.5 Alkansäuren

Allgemeines und Nomenklatur

Durch Oxidation von Aldehyden entstehen Verbindungen mit der Carboxylgruppe

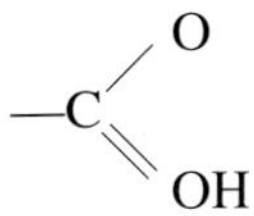

rationell —COOH geschrieben. Organische Verbindungen mit dieser funktionellen Gruppe erhielten den Namen *Carbonsäuren*.

Nach der Anzahl der Carboxylgruppen in einem Molekül unterscheidet man ein- und mehrbasische Carbonsäuren. Die von den Alkanen abgeleiteten Carbonsäuren mit nur einer Carboxylgruppe heißen *Alkansäuren*. Da viele von ihnen in chemischer Verbindung die Fette Bilden, werden sie auch *Fettsäuren* genannt. Nach der IUPAC-Nomenklatur werden die Alkansäuren durch die Endung *-säure* gekennzeichnet, die an den Namen des Kohlenwasserstoffs mit gleicher Kohlenstoffkette angehängt wird.

Die Alkansäuren bilden eine homologe Reihe:

$$\boxed{\text{Alkansäure } C_{n-1}H_{2n-1}\text{—COOH}}$$

Die Tabelle 30.2 enthält die wichtigsten Alkansäuren, ihre Siede- und Schmelzpunkte sowie den Trivialnamen ihrer Salze. Die Salze der Alkansäuren heißen *Alkanate* (Methanate, Ethanate usw.).

[1] Die höheren Fettsäuren zersetzen sich bei Normaldruck, bevor sie sieden.

Tabelle 30.2 Alkansäuren

Formel	Rationelle Bezeichnung	Trivialname	Fp in °C	Kp in °C	Trivialnamen der Salze
H—COOH	Methansäure	*Ameisensäure*	+ 8,4	101	Formiat
CH_3—COOH	Ethansäure	*Essigsäure*	+16,6	118	Acetat
C_2H_5—COOH	Propansäure	*Propionsäure*	−21	141	Propionat
C_3H_7—COOH	Butansäure	*Buttersäure*	− 5,5	164	Butyrat
⋮					
$C_{15}H_{31}$—COOH	Hexadecansäure	*Palmitinsäure*	+63	} 1)	Palmitat
$C_{17}H_{35}$—COOH	Octadecansäure	*Stearinsäure*	+70		Stearat

Die Carbonsäuren sind Protonendonatoren und damit Säuren im Sinne *Brönsteds*:

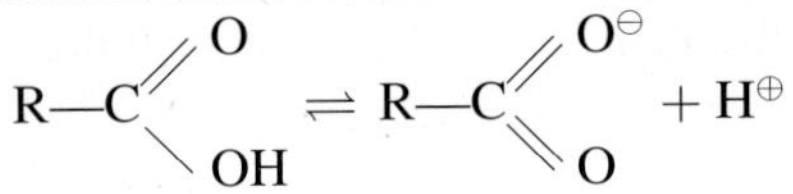

Säure Base

In wässriger Lösung läuft die folgende protolytische Reaktion ab:

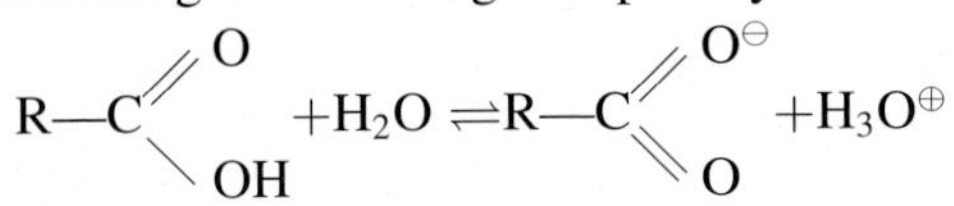

Säure I Base II Base I Säure II

Das dabei gebildete Anion besitzt infolge Mesomerie zwei Grenzstrukturen:

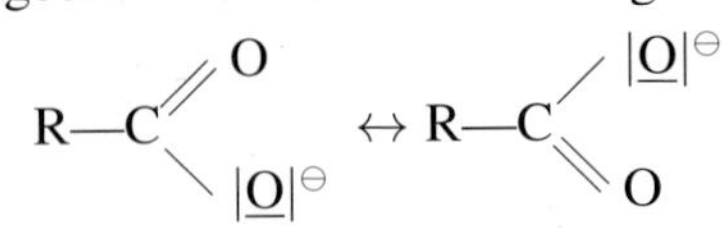

Durch Mesomerieeffekt wird die Positivierung des Carbonylkohlenstoffs bewirkt und dadurch die Ablösung des Protons durch das Dipolmolekül Wasser ermöglicht. Die Säurekonstante der Alkansäuren und der meisten organischen Säuren ist allerdings meist klein ($K_S < 10^{-4}$) und damit der pK_S-Wert groß (> 4). Die stärkste Alkansäure ist die Ameisensäure mit p$K_S = 3{,}75$.

Die Polarität der Carboxylgruppe führt auch zur Assoziation von Alkansäuremolekülen durch Wasserstoffbrücken:

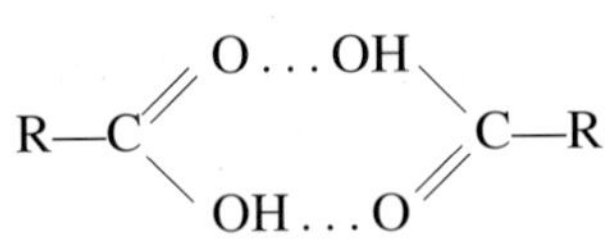

Diese Assoziation bedingt die relativ hohen Siedepunkte der Alkansäuren, die aus der Tabelle 30.2 zu ersehen sind. Die ersten 9 Glieder der homologen Reihe der Alkansäuren sind bei normaler Temperatur flüssig, die übrigen fest, paraffinartig. Die ersten drei haben einen stechenden, die folgenden einen unangenehmen, schweißartigen Geruch, die festen Alkansäuren sind geruchlos. Die Wasserlöslichkeit nimmt mit der Länge der Kohlenstoffkette ab.

Wichtige Alkansäuren

Methansäure HCOOH, *Ameisensäure*, kommt natürlich in den Haaren der Brennnessel und im Giftdrüsensekret von Ameise und Biene vor.

Ethansäure CH_3—COOH, *Essigsäure*, ist im Speiseessig verdünnt enthalten, der durch Oxidation ethanolhaltiger Flüssigkeiten erzeugt wird:

$$\underset{\text{Ethanol}}{CH_3\text{—}CH_2OH} \xrightarrow{+O_2} \underset{\text{Ethansäure}}{CH_3\text{—}C\begin{matrix}{/\!\!/ O}\\ {\backslash\, OH}\end{matrix}} + H_2O$$

Konzentrierte Essigsäure wird u. a. technisch aus Ethanal gewonnen:

$$\underset{\text{Ethanal}}{CH_3\text{—}CHO} \xrightarrow{+O} \underset{\text{Ethansäure}}{CH_3COOH}$$

Reine Essigsäure erstarrt bei 16,6 °C zu farblosen Kristallen (Eisessig).

Die Salze der Ethansäure heißen Ethanate (*Acetate*). Die Säure und ihre Salze finden ausgedehnte Verwendung in der chemischen Industrie, sie sind Ausgangsmaterial für die Herstellung von Acetatseide, Sicherheitsfilm, Aceton, Vinylacetat, Pharmazeutika. Von den anorganischen Salzen der Essigsäure sind zu nennen: Bleiacetat (Bleizucker) und Aluminiumacetat.

Butter-, *Palmitin-* und *Stearinsäure* kommen natürlich in den Fetten an Glycerol gebunden vor. Beim Ranzigwerden der Fette werden diese Fettsäuren frei. Höhere Fettsäuren werden technisch durch die *Paraffinoxidation* gewonnen. Man kann dabei von geeigneten Fraktionen des Erdöls ausgehen:

$$\underset{\text{Paraffin}}{R\text{—}CH_3} + \frac{3}{2}O_2 \xrightarrow[\text{100 bis 160 °C}]{\text{Katalysator}} \underset{\text{Fettsäure}}{R\text{—}C\begin{matrix}{/\!\!/ O}\\ {\backslash\, OH}\end{matrix}} + H_2O$$

Die so gewonnenen Fettsäuren werden zur Herstellung von Seifen, Waschmitteln und Weichmachern verwendet.

Die *Weinsäure* HCOOH—CH_2OH—CH_2OH—COOH ist eine Dioxy-dicarbosäure und kommt in der Natur verbreitet als Fruchtsäure vor. Ihre Salze heißen *Tartrate*.

Durch Oxidation zweiwertiger aliphatischer Alkohole entstehen Carbonsäuren mit zwei Carboxylgruppen, sie heißen *Alkandisäuren*. Ihre allgemeine Formel ist:

$$\boxed{\text{Alkandisäuren: } (CH_2)_n\begin{matrix}{/\ COOH}\\ {\backslash\ COOH}\end{matrix}}$$

Die ersten 3 Glieder der homologen Reihe sind stärker sauer als die entsprechenden Alkansäuren. Das ist auf Induktionswirkung der negativen, elektronenanziehenden Oxogruppe der einen Carboxylgruppe auf das Kohlenstoffatom der anderen Carboxylgruppe zurückzuführen. Durch verstärkte Positivierung dieses Kohlenstoffatoms wird die Ablösung von Wasserstoffionen erheblich erleichtert. Der Induktionseffekt kann aber nur dann eintreten, wenn der Abstand der beiden Carboxylgruppen im Molekül nicht zu groß ist.

Am stärksten sauer ist Ethandisäure HOOC—COOH, *Oxalsäure*, mit $pK_S = 1{,}42$ für das folgende Säure-Base-Paar:

$$\underset{\text{Säure}}{H_2C_2O_4} \rightleftharpoons \underset{\text{Base}}{HC_2O_4^{\ominus}} + H^{\oplus}$$

Oxalsäure kommt natürlich im Sauerklee (Oxalis), Rhabarber, Spinat und in Tomaten vor. Technisch kann sie durch Oxidation von Ethylenglykol hergestellt werden.

Oxalsäure und ihre Salze, die *Oxalate*, sind giftig, da sie durch Fällung von unlöslichem Calciumoxalat den Kalkhaushalt des Körpers stören. Oxalsäure wird u. a. in der Farbstoffindustrie und beim Galvanisieren gebraucht.

Weitere Säuren der Reihe der Alkandisäuren sind:

Propandisäure	$HOOC{-}CH_2{-}COOH$	*Malonsäure*
Butandisäure	$HOOC{-}(CH_2)_2{-}COOH$	*Bernsteinsäure*
Pentandisäure	$HOOC{-}(CH_2)_3{-}COOH$	*Glutarsäure*
Hexandisäure	$HOOC{-}(CH_2)_4{-}COOH$	*Adipinsäure*

Die *Malonsäure* und die *Adipinsäure* kommen natürlich im Zuckerrübensaft vor. Derivate der Malonsäure dienen zur Herstellung von Arzneimitteln. Die Adipinsäure erlangte große Bedeutung, da aus ihr Plaste und synthetische Faserstoffe gewonnen werden.

30.6 Alkensäuren

Auch von den Alkenen leiten sich Säuren ab, sie heißen *Alkensäuren*. Sie enthalten im Molekül eine Doppelbindung und eine Carboxylgruppe. Die allgemeine Formel für die ungesättigten Säuren ist:

$$\boxed{\text{Alkensäure: } C_{n-1}H_{2n-3}{-}COOH}$$

Die Alkensäuren vereinigen in sich die Eigenschaften von Säuren und ungesättigten Verbindungen. Sie reagieren sauer und neigen zu Additions- und Polymerisationsreaktionen.

Die Alkensäuren sind stärker sauer als die entsprechenden Alkansäuren. Die Zunahme der Acidität ist auf die induktive, elektronenanziehende Wirkung der Doppelbindung zurückzuführen, welche die Ablösung von Wasserstoffionen zusätzlich begünstigt.

Die Propensäure $CH_2{=}CH{-}COOH$, *Acrylsäure*, ist die einfachste Alkensäure. Sie wird technisch aus Propen durch Oxidation hergestellt:

$$CH_2{=}CH{-}CH_3 \xrightarrow[-H_2O]{+\frac{3}{2}O_2} CH_2{=}CH{-}COOH$$

Die Acrylsäure und Abkömmlinge dieser Säure polymerisieren leicht zu Produkten, die als Plastwerkstoffe und Synthesefaserstoffe große Bedeutung erlangten (→ Abschn. 34.2). Die 2-Methyl-propensäure, *Methacrylsäure*,

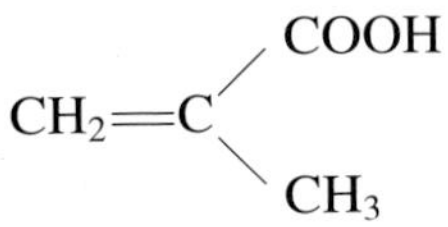

kommt natürlich im Kamillenöl vor. Der Methylester der Methacrylsäure polymerisiert zum Polymethacrylat („organisches Glas“).

Die Octadecensäure $C_{17}H_{33}$—COOH, *Ölsäure*, kommt in den fetten Ölen und anderen natürlichen Fetten gebunden vor. Sie addiert leicht Wasserstoff und geht in Stearinsäure über:

$$\underset{\text{Ölsäure}}{C_{17}H_{33}\text{—}COOH} + H_2 \rightarrow \underset{\text{Stearinsäure}}{C_{17}H_{35}\text{—}COOH}$$

Auch Sauerstoff wird leicht an der Doppelbindung angelagert. Dadurch kommt es zu einer Verharzung.

Es gibt ungesättigte Carbonsäuren mit 2 bzw. 3 Doppelbindungen. Sie kommen ebenfalls in den fetten Ölen vor. Zu nennen sind die *Linolsäure* $C_{17}H_{31}COOH$ und die *Linolensäure* $C_{17}H_{29}COOH$.

Es existieren auch *ungesättigte Dicarbonsäuren*. Die einfachste und zugleich wichtigste Alkendisäure ist:

eis-2-Butendisäure 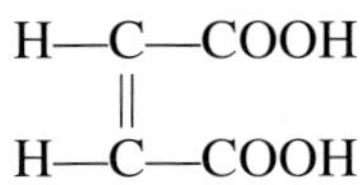 *Maleinsäure*

Maleinsäure kommt nicht natürlich vor. Industriell wird sie u. a. durch Oxidation von Benzol mit Vanadiumpentoxid als Katalysator dargestellt:

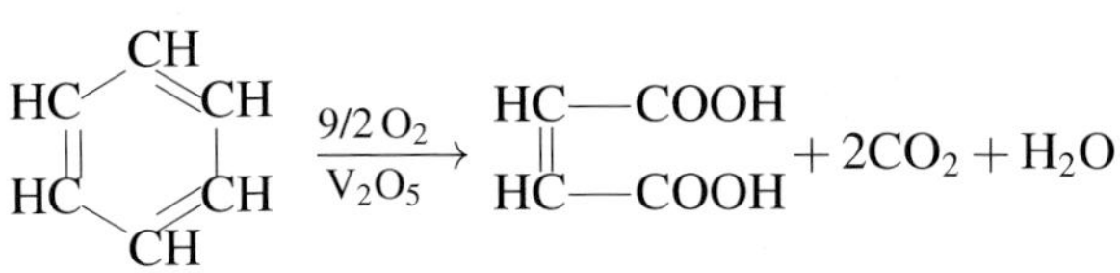

Maleinsäure wird vor allem zur Synthese von Alkyd- und Polyesterharzen benötigt (→ Abschn. 34.7).

30.7 Substituierte Carbonsäuren und Carbonsäurederivat

Von den Carbonsäuren leiten sich eine große Anzahl weiterer Verbindungen ab, die durch Substitution am Alkylrest oder der Carboxylgruppe entstehen.

30.7.1 Substituierte Carbonsäuren – optische Isomerie

Werden die H-Atome im Alkylrest einer Carbonsäure ersetzt, spricht man von einer *substituierten Carbonsäuren*. Durch Eintritt von Halogen, Hydroxy- oder Aminogruppen erhält man z. B. Halogencarbonsäuren, Hydroxysäuren und Aminosäuren.

Vertreter dieser Stoffklasse sind u. a.

Chlorethansäure	$CH_2Cl—COOH$	*Chloressigsäure*
2-Hydroxy-propansäure	$CH_3—CHOH—COOH$	*Milchsäure*
Aminoethansäure	$CH_2NH_2—COOH$	*Glycin*

Bei allen genannten substituierten Säuren erfolgte die Substitution am Kohlenstoffatom, das der Carboxylgruppe benachbart ist. Die Carboxylgruppe erleichtert durch ihren polaren Charakter die Substitution am nächstliegenden Kohlenstoffatom:

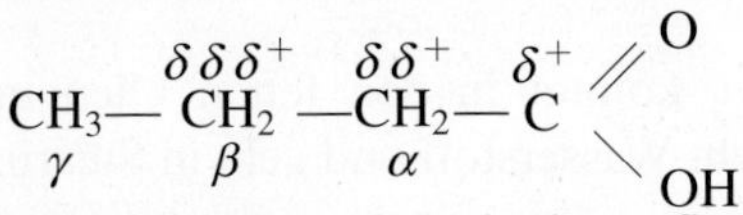

Man sagt, die Substitution erfolgt in der α-Stellung zur Carboxylgruppe, und kennzeichnet die Milchsäure deshalb auch als α-Hydroxy-propansäure. Substitutionen an den nachfolgenden Kohlenstoffatomen werden durch β-, γ- usw. bezeichnet.

Ein Kohlenstoffatom, das vier verschiedene Substituenten gebunden hält, wird als *asymmetrisches C-Atom* bezeichnet. Dies trifft für das α-Kohlenstoffatom der Milchsäure zu. Die Substituenten sind: $—CH_3$, —H, —COOH, —OH. Verbindungen mit asymmetrischem Kohlenstoffatom sind *optisch aktiv*, d. h., sie verdrehen die Ebene polarisierten Lichtes und treten als sogenannte *optische Isomere* (*Spiegelbild-Isomere*) auf. Optische Isomere werden entsprechend dem Drehsinn als d- und l-Isomere bzw (+)- und (−)-Isomere bezeichnet.[1)] Sie unterscheiden sich i. allg. nicht in ihren physikalischen und chemischen Eigenschaften (mit Ausnahme eines spezifischen chemischen Verhaltens und selbstverständlich mit Ausnahme des Drehverhaltens).

Die Ursache für diese Isometrie liegt im tetraedrischen Aufbau der jeweiligen optisch aktiven Verbindung.

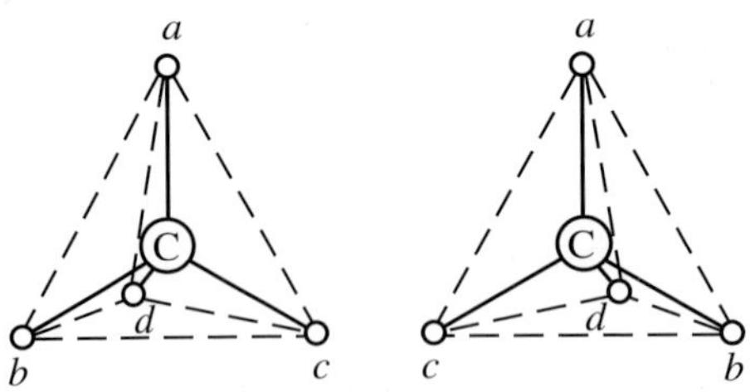

Bild 30.1 Tetraedermodell zur optischen Isometrie

Bild 30.1 zeigt, dass für die vier Substituenten am asymmetrischen Kohlenstoffatom zwei unterschiedliche Anordnungen möglich sind, die sich wie Bild und Spiegelbild verhalten. Beide Anordnungen können nicht durch Verdrehen des Moleküls ineinander überführt werden. So gibt es z. B. eine (+)- und eine (−)-Milchsäure.[2)]

[1)] d = rechts (von lt. dextro, l = links (von lt. laevo)

[2)] Mit D- und L- wird nicht die tatsächlich beobachtbare Drehung des Isomers bezeichnet, sondern zusätzlich eine Angabe zur Konfiguration des Isomers im Vergleich zum Bau des Glyzerinaldehydmoleküls gemacht, z. B.; D-(−)-Milchsäure.

Bei Synthese optisch aktiver Verbindungen aus Ausgangsstoffen, die noch kein asymmetrisches C-Atom enthalten, entsteht ein Gemisch aus gleichen Teilen beider Isomeren. Es wird *racemisches Gemisch* oder *Racemat* genannt.

Viele Naturstoffe treten als optische Isomere auf, wobei i. allg. nur eine der möglichen Molekülformen im Verlauf biochemischer Prozesse entsteht oder umgesetzt wird. Bei Arzneimitteln ist oft nur ein Isomer wirksam.

Milchsäure entsteht durch Vergärung von Milchzucker beim Sauerwerden der Milch oder beim Säuern von Kohl usw., sowie bei der Herstellung von Silofutter, wobei Fäulnis verhindert wird. Bei der Muskelarbeit wird aus Glykogen, einer dem Traubenzucker verwandten Verbindung, unter Energieabgabe Milchsäure gebildet.

Aminocarbonsäuren besitzen außer der Carboxylgruppe die Amino-Gruppe. Sie haben Bedeutung als Baustein der Eiweißstoffe (→ Kapitel 33). Die ε-Aminocarbonsäure $NH_2—(CH_2)_5—COOH$ ist Ausgangsstoff für den Kunststoff Polyamid (→ Abschn. 34.8).

30.7.2 Carbonsäurederivate und Derivate der Kohlensäure

Bei einer Substitution in der Carboxylgruppe durch Ersatz der Hydroxygruppe entstehen *Carbonsäurederivate*. Beispiele für Verbindungen dieser Art sind:

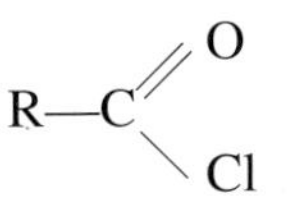
Säurechloride

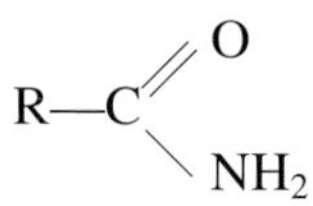
Säureamide

Säurechloride sind sehr reaktionsfähige Substanzen, da das am Carboxylkohlenstoff stehende Halogen leicht ablösbar ist. Sie werden von Wasser stürmisch zersetzt:

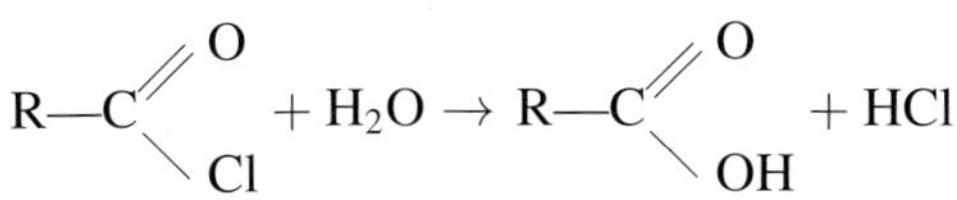

Säurechlorid   Carbonsäure

Mit Alkoholen bilden sie Ester:

$$R—COCl + R'—OH \rightarrow R—COO—R' + HCl$$

Säurechlorid   Ester

Die Carbonsäurederivate spielen als Zwischenprodukte bei Synthesen eine Rolle.

Während *Kohlensäure* und ihre Salze in der anorganischen Chemie behandelt werden, zählen ihre Derivate zu den organischen Verbindungen.

Kohlensäuredichlorid 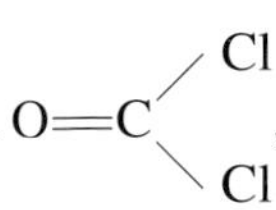, *Phosgen*, kann direkt aus Kohlenmonoxid CO und Chlor hergestellt werden:

$$CO + Cl_2 \rightarrow COCl_2$$

Es ist bei normaler Temperatur gasförmig. Wegen seiner Giftigkeit wurde Phosgen im ersten Weltkrieg in verbrecherischer Weise als Giftgas eingesetzt. In der technischen Chemie wird es zur Gewinnung von Farbstoffen, Arzneimitteln und Weichmachern benötigt.

Kohlensäurediamid 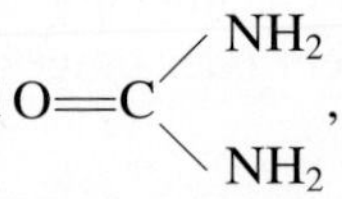 , *Harnstoff*, kommt als Abbauprodukt von Eiweiß natürlich im Harn vor. Es ist eine geruchlose, kristalline, in Wasser und Alkohol leichtlösliche Substanz. Sie wird als Düngemittel, Viehfutter und zur Erzeugung von Arzneimitteln und Kunststoffen (→ Abschn. 32.5) in großen Mengen eingesetzt. Harnstoff wird u. a. aus Ammoniak und Kohlendioxid synthetisiert:

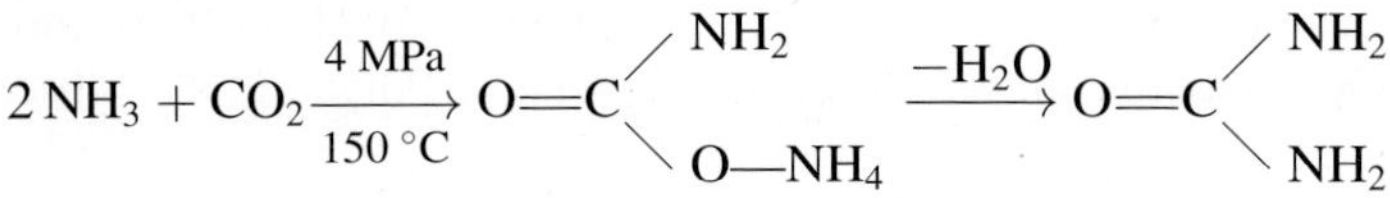

Ammoniumcarbaminat Harnstoff

Für die Entwicklung der organischen Chemie war die Wöhlersche Synthese des Harnstoffs aus Ammoniumcyanat von besonderer Bedeutung (→ Abschn. 26.1):

$$NH_4OCN \rightarrow CO(NH_2)_2$$

Ammoniumcyanat Harnstoff

Diese Reaktion ist eine einfache Umlagerung, die in der Wärme abläuft.

30.8 Ester

Bei Kondensationsreaktionen zwischen Alkoholen und Säuren entstehen *Ester*.

Esterbildung: Alkohol + Säure ⇌ Ester + Wasser

Beispiel:

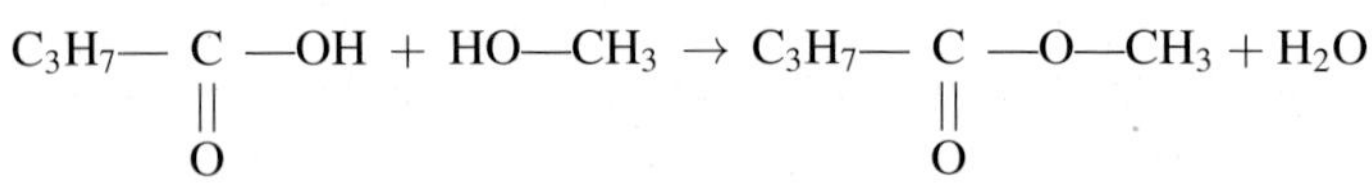

Buttersäure Methanol Methylbutyrat (Buttersäuremethylester)

Diese Reaktion ist eine ausgesprochene Gleichgewichtsreaktion, bei Wasserentzug bildet sich ein Ester. Der Ester wird andererseits durch Hydrolyse in Umkehrung der Reaktion, die hier auch *Verseifung* heißt, in Alkohol und Säure aufgespalten.

Die Ester sind im allgemeinen Substanzen von oft charakteristischem Geruch, die in der Natur verbreitet vorkommen. Diese und synthetisch hergestellte Ester finden ausgedehnte technische Anwendung. Die hydrolytische Esterspaltung heißt deswegen Verseifung, weil auch bei der klassischen Seifenherstellung Ester, nämlich Fette, durch Hydrolyse aufgespalten werden (→ Abschn. 33.4).

Von den *Estern anorganischer Säuren* sind die Ester der Salpeter- und Schwefelsäure die wichtigsten. Salpetersäureester des Ethylenglykols, Glycerols und der Cellulose sind viel gebrauchte Sprengstoffe.

Dazu eine Reaktionsgleichung:

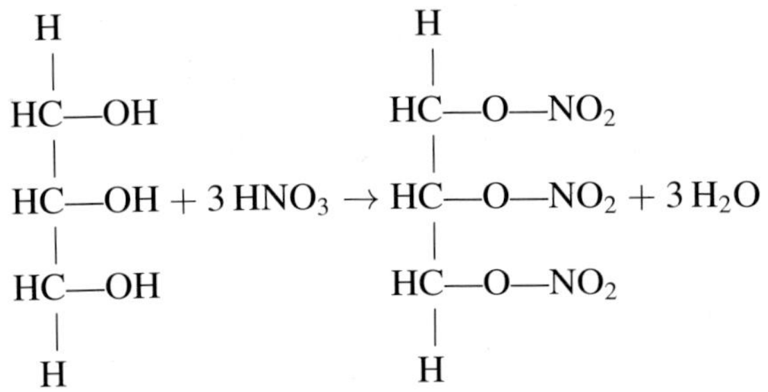

Glycerol Glyceroltrinitrat

Von der zweiwertigen Schwefelsäure gibt es saure und neutrale Ester:

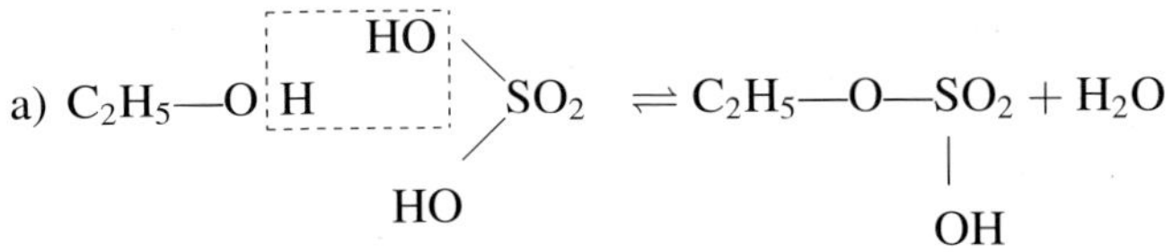

Ethanol Ethylhydrogensulfat (saurer Schwefelsäureethylester)

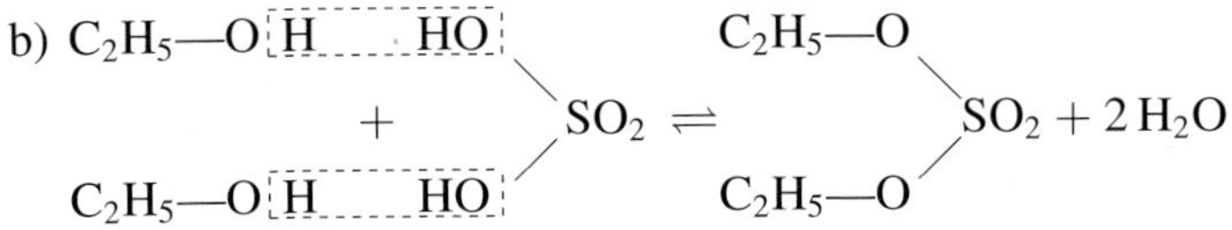

Diethylsulfat (neutraler Schwefelsäureethylester)

Schwefelsäureester höherer Alkohole mit 16 bis 18 Kohlenstoffatomen dienen zur Herstellung synthetischer Waschmittel (→ Abschn. 33.4).

Ester organischer Säuren kommen natürlich vor als Geruchs- und Geschmacksstoffe von Früchten, als Fette, fette Öle (→ Abschn. 33.3) und Wachse. Ein einfach gebauter Ester ist der aus Ethylalkohol und Essigsäure entstehende:

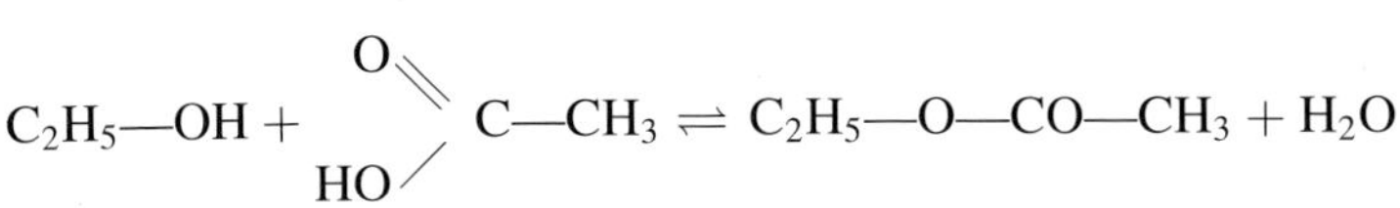

Ethylalkohol Essigsäure Ethylacetat (Essigsäureethylester)

Dieser Ester wird bei der Herstellung von Limonaden, Süßwaren und von Parfüms verwendet und als Lösungsmittel u. a. für Celluloid und Nitrolacke benutzt.

Wachse sind Ester aus höheren Carbonsäuren und höheren einwertigen Alkoholen. Ein Beispiel ist das Bienenwachs, das im Wesentlichen ein Palmitinsäureester eines Alkohols mit 30 Kohlenstoffatomen ist:

$$C_{15}H_{31}COOC_{30}H_{61}$$

Wachse haben einen Schmelzpunkt zwischen 50 und 90 °C. Sie besitzen eine gewisse Plastizität, werden zur Herstellung von Kerzen, Glanzmitteln (Bohnerwachs) und für Isolationszwecke verwendet. Chemisch sind es außerordentlich beständige Substanzen. Pflanzenwachse haben beim Inkohlungsprozess Jahrmillionen unverändert überstanden, sie sind Hauptanteil des aus Braunkohle extrahierten *Montanwachses*.

30.9 Ether

Durch Kondensation können zwei Moleküle Alkohol miteinander regieren. Die Reaktion wird durch wasserentziehende Mittel begünstigt. Die dabei entstehenden Radikale treten zu einer neuen Verbindungsklasse zusammen, die den Namen *Ether* erhielt.

■ Etherbildung: Alkohol + Alkohol → Ether + *Wasser*

Beispiel:

$$C_2H_5—O\boxed{H + HO}—C_2H_5 \xrightarrow[140\,°C]{H_2SO_4} C_2H_5—O—C_2H_5 + H_2O$$

Ethylalkohol Diethylether, Ethoxyethan

Die Ether können nach den im Molekül enthaltenen Alkylgruppen benannt werden. Die durch Kondensationsreaktion aus den Alkanolen gebildeten Radikale sind der Alkylrest R- und das Radikal R—O—, das Alkoxy-Radikal heißt. Dementsprechend werden die Ether, die sich von den Alkanen ableiten, auch *Alkoxyalkane* genannt. Die Alkoxyalkane bilden eine homologe Reihe, deren allgemeine Formel die folgende ist:

$$\text{Alkoxyalkan: } R—O—R'$$

(R— und R′— können gleiche oder verschiedene Alkylgruppen sein.)

Die Ether sind meist leichtbewegliche Flüssigkeiten von geringer Dichte. Sie werden als ausgezeichnete Lösungsmittel für nichtpolare Verbindungen verwendet, da sie selbst kaum polarisiert sind. Weil die Ethermoleküle nicht assoziieren, sind ihre Siedepunkte relativ niedrig.

Das in der oben angegebenen Reaktion entstehende Ethoxyethan $C_2H_5—O—C_2H_5$, *Diethylether* (oft einfach als Ether bezeichnet), wird technisch durch Anlagerung von Schwefelsäure an Ethen hergestellt, wobei folgende Stufen durchlaufen werden:

$$CH_2{=}CH_2 + H_2SO_4 \rightarrow CH_3—CH_2—O—SO_2—OH$$
$$CH_3—CH_2—O—SO_2—OH + H_2O \rightarrow CH_3—CH_2—OH + H_2SO_4$$
$$CH_3—CH_2—OH + CH_3—CH_2—O—SO_2—OH$$
$$\rightarrow CH_3—CH_2—O—CH_2—CH_3 + H_2SO_4$$

Ether ist eine farblose Flüssigkeit von eigentümlich „etherischem“ Geruch. Er ist nur wenig in Wasser löslich, siedet bei 34,5 °C und verdampft bereits merklich bei Zimmertemperatur. Etherdämpfe sind schwerer als Luft, sie bilden mit ihr hochexplosive Gemische. Außerdem kann der Ether beim Stehen an der Luft giftige Peroxide bilden, die beim Destillieren unerwartete Explosionen auslösen. Diethylether ist ein gutes Lösungsmittel für Fette und Harze, er wird im Laboratorium und in der Technik benötigt. Wegen seiner Feuergefährlichkeit wird er allerdings zunehmend durch andere Lösungsmittel, z. B. Halogenalkane, verdrängt. In der Medizin diente Ether als Narkosemittel.

Große Bedeutung als bleifreier Kraftstoffzusatz zur Verbesserung des Klopfverhaltens und als Lösungsmittel besitzt ein Ether mit der Kurzbezeichnung *MTBE*:

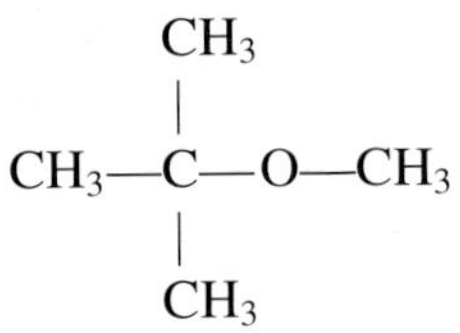

Methyl-tert-butylether

❍ Aufgaben

30.1 Welches sind wichtige funktionelle Gruppen der organischen Chemie, welche Verbindungstypen entstehen durch ihren Eintritt in einen Kohlenwasserstoff?

30.2 Welches sind die Strukturformeln für den primären, sekundären und tertiären Alkohol, mit der Summenformel $C_5H_{11}OH$?

30.3 In welchem chemischen und strukturellen Zusammenhang stehen Alkohole, Aldehyde, Ketone und Carbonsäuren?

30.4 Wie wird technisch Methanol hergestellt?

30.5 Welches sind die bekanntesten mehrwertigen Alkohole? Wozu werden sie technisch verwendet?

30.6 Welche Alkohole finden ausgedehnte Verwendung in der Technik?

30.7 Welche typischen Reaktionen zeigen Aldehyde?

30.8 Es ist die Reaktionsgleichung für die Addition von Chlorwasserstoff an Ethanal zu formulieren!

30.9 Welchen Verwendungszweck hat Aceton?

30.10 Wie ist die Reaktionsfähigkeit von Aldehyden, Ketonen und Carbonsäuren zu erklären?

30.11 Welche Voraussage kann man über die Wasserlöslichkeit von Alkanolen, Alkanalen, Alkanonen und Alkansäuren machen? Wie ist sie zu begründen?

30.12 Welchen pH-Wert (Größenordnung) haben wässrige Lösungen von Alkalisalzen der Alkansäuren, z. B. Natriumethanat? (Begründung!)

30.13 Wie lautet die allgemeine Formel für Alkane, Alkan- und Alkensäuren?

30.14 Welche gesättigten und ungesättigten Säuren kommen in Fetten und fetten Ölen vor?

30.15 Wozu werden bekannte Alkandisäuren verwendet?

30.16 Welche Art von Isometrie tritt bei den folgenden Verbindungen auf:
a) C_4H_{10}
b) C_3H_7OH
c) $CHI{=}CHI$
d) $CH_3{-}CH(NH_2){-}COOH$
e) $C_2H_5{-}CH(CH_3){-}OH$

30.17 Kristallisierte Oxalsäure zerfällt beim Erhitzen nach folgender Reaktionsgleichung:

$$(COOH)_2 \cdot 2\,H_2O \rightarrow CO + CO_2 + 3\,H_2O$$

Wie viel Gramm Oxalsäure sind erforderlich, um 10 l Kohlenmonoxid bei 20 °C und 0,1 MPa herzustellen?

30.18 Vergleichen Sie den Stickstoffgehalt in Massenprozent der beiden Stickstoffdüngemittel Ammonsulfat und Harnstoff!

30.19 Welche chemische Formel haben β-Aminopropansäure und Trichlorethansäure?

30.20 Wie viel g Aminoethansäure sind in 500 ml einer 1/10-molaren Lösung dieser Säure enthalten?

30.21 Aus einer Tabelle ist zu entnehmen, dass die Säurekonstante
der Ethansäure $K_S = 1{,}76 \cdot 10^{-5}$,
der Aminoethansäure $K_S = 1{,}67 \cdot 10^{-10}$,
der Chlorethansäure $K_S = 1{,}4 \cdot 10^{-3}$
beträgt. Was sagen diese Zahlen aus?

30.22 Welche Verbindung entsteht bei der Einwirkung von Salpetersäure auf Methanol? (Reaktionsgleichung, Benennung des Esters!)

30.23 Wie viel Liter Gas (als ideal betrachtet) bilden sich bei der Explosion von 1 kg Glyceroltrinitrat, wenn die Temperatur dabei 2 500 °C erreicht? Bei der Explosion entstehen CO, N_2, H_2O und O_2.

30.24 Warum muss man beim Umgang mit Diethylether besondere Vorsicht walten lassen?

30.25 Die Reaktionsgleichung für die Bildung von Ethylenglykoldinitrat ist anzugeben!

31 Cyclische Verbindungen

31.1 Cycloalkane – Naphthene

Alicyclische Verbindungen sind gesättigte cyclische Verbindungen, die nur Kohlenstoffatome zum Aufbau des Ringes enthalten und aliphatischen Charakter haben. Die Kohlenstoffatome sind also nur einfach miteinander verbunden. Die alicyclischen Kohlenwasserstoffe bilden eine homologe Reihe mit der Summenformel C_nH_{2n}, sie heißen Cycloalkane oder *Naphthene*.

Cycloalkan = *Naphthen*: C_nH_{2n}

Die Cycloalkane haben dieselbe Summenformel wie die Alkene, doch unterscheiden sie sich von diesen wesentlich. Sie enthalten keine Doppelbindungen. Da nur σ-Bindungen wirksam sind, laufen wie bei den Alkanen bevorzugt Substitutions- und Eliminierungsreaktionen ab. Im Vergleich zu den entsprechenden gesättigten Kettenkohlenwasserstoffen besitzen sie zwei Wasserstoffatome weniger im Molekül infolge des Ringschlusses. Das erste Glied der homologen Reihe ist *Cyclopropan* C_3H_6, da zur Ringbildung aus räumlichen Gründen mindestens 3 Kohlenstoffatome erforderlich sind. Die beständigsten und wichtigsten Verbindungen der Reihe sind *Cyclopentan* C_5H_{10} und *Cyclohexan* C_6H_{12}:

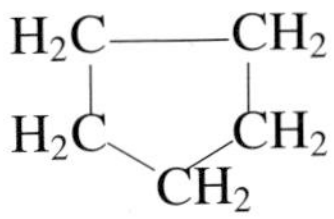

Cyclopentan

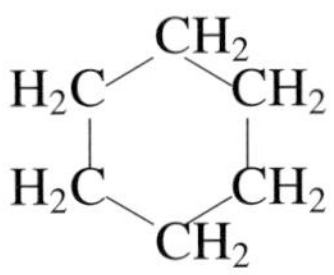

Cyclohexan

Vereinfacht wird die Formel des Cyclohexans wie folgt dargestellt:

Cyclopentan und Cyclohexan sowie Homologe dieser Kohlenwasserstoffe entstehen beim Crackprozess, sie können isoliert werden. Außerdem sind sie in den naphtenbasischen Erdölen enthalten, sie geben dem daraus hergestellten Benzin eine gute Klopffestigkeit. Der Cyclohexanring kommt weiterhin in vielen Naturstoffen (z. B. etherischen Ölen und Harzen) vor.

Cyclohexan C_6H_{12} ist bei normaler Temperatur eine Flüssigkeit, die bei 80,7 °C siedet.

Bei normaler Temperatur ist Cyclohexan verhältnismäßig reaktionsträge, reagiert leicht nur mit den Halogenen. Vom Cyclohexan leitet sich das *Hexachlorcyclohexan* ab, von dem ein Isomeres als Schädlingsbekämpfungsmittel (Insecticid) bekannt ist.

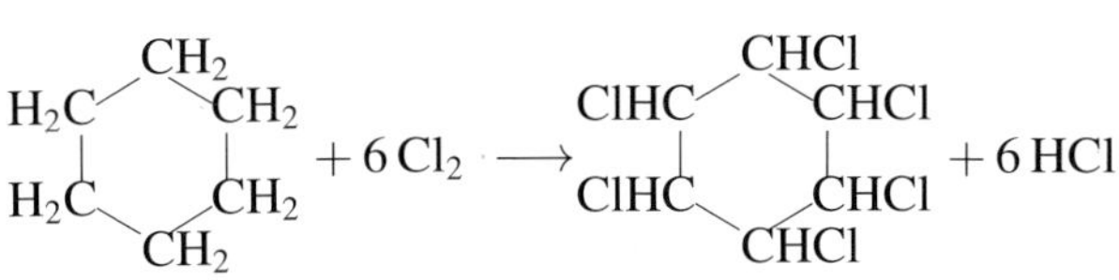

Cyclohexan Hexachlorcyclohexan

Bei der Oxidation des Cyclohexans bildet sich erst ein sekundärer Alkohol, dann ein Keton:

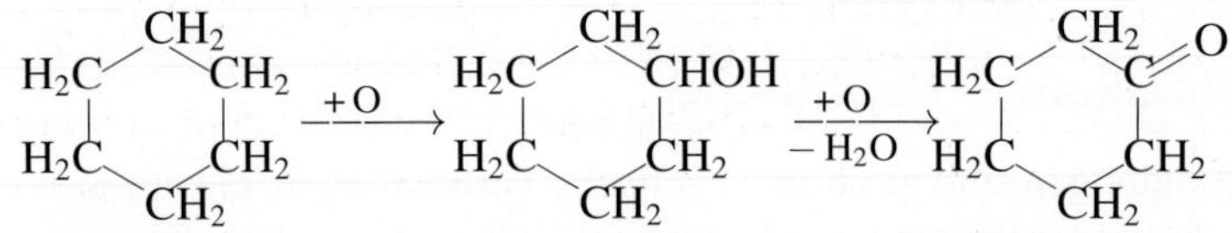

Cyclohexan Cyclohexanol Cyclohexanon

Cyclohexan ist Ausgangsprodukt für die Gewinnung der Adipinsäure. *Cyclohexanon* bildet das Zwischen- oder Ausgangsprodukt für die Synthese von Caprolactam. Adipinsäure bzw. Cyclohexanon sind Grundstoffe für die Polyamid-Erzeugung (→ Abschn. 34.8).

Im Reformingprozess (→ Abschn. 32.3) werden Naphthene durch Eliminierungsreaktion in Aromaten und Wasserstoff zerlegt. Umgekehrt kann Cyclohexan auch durch Hydrierung von Benzol, der Stammsubstanz der Aromaten, dargestellt werden.

$$C_6H_6 + 3\,H_2 \rightleftharpoons C_6H_{12}$$

Benzol Cyclohexan

Deshalb nennt man Abkömmlinge des Cyclohexans auch *hydroaromatische Verbindungen*. Diese sind vielfach Bestandteile von etherischen Ölen (leicht flüchtige, ölige Flüssigkeiten, z. B. Pfefferminz- und Rosenöl), Terpentinöl, Harzen und Campher.

Homologe der Cycloalkane mit Alkylrest in einer Seitenkette können bis zu Carbonsäuren aufoxidiert werden. Die dabei entstehenden Säuren heißen *Naphthensäuren*.

Beispiel:

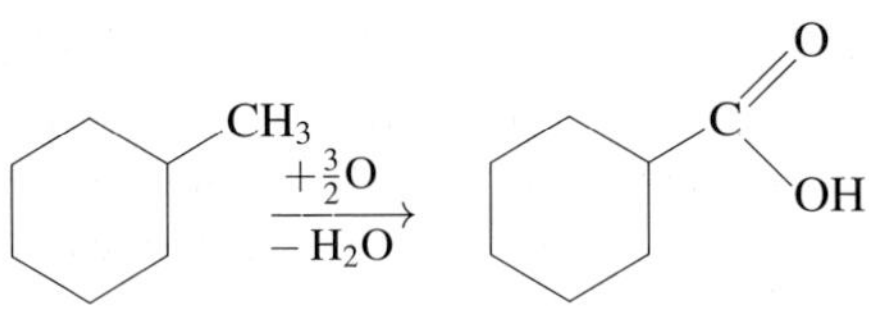

Methylcyclohexan Naphthensäure

Naphthensäuren befinden sich als unerwünschte Bestandteile im Erdöl und in Kohleveredlungsprodukten.

31.2 Aromatische Kohlenwasserstoffe – Benzol

Struktur des Benzols

Unter den cyclischen Verbindungen haben diejenigen die größte technische Bedeutung erlangt, die als Grundkörper das *Benzol* C_6H_6 enthalten. Für Benzol wird allgemein die folgende Strukturformel verwendet:

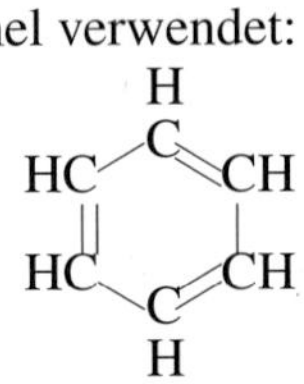

vereinfachte Darstellung:

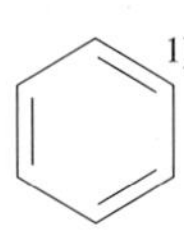 [1)]

[1)] Aus satztechnischen Gründen wird häufig das Benzol als langgestrecktes an Stelle eines regelmäßigen Sechsecks dargestellt.

Diese Formel (*Kekulé* 1895) wird unseren heutigen Kenntnissen vom Benzolmolekül nicht ganz gerecht. Nach der obigen Formel müsste man annehmen, dass Benzol ähnliche Eigenschaften wie die Alkene zeigt. In Wirklichkeit reagiert es fast wie ein gesättigter Kohlenwasserstoff, und die sechs Kohlenstoffatome des Ringes verhalten sich chemisch vollkommen gleich.

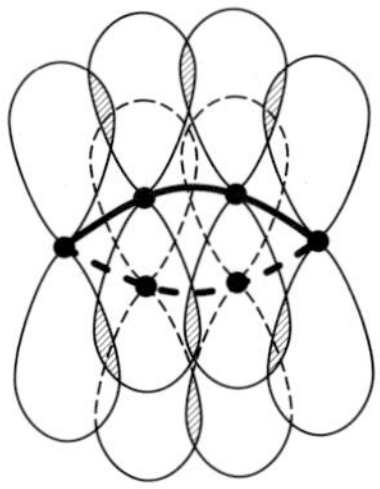

Bild 31.1 Überlappung der 2p-Orbitale im Benzolmolekül

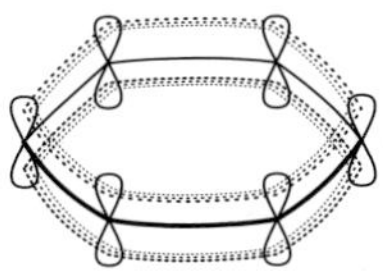

Bild 31.2 Ladungswolken der π-Elektronen

Die Bindungen zwischen den Kohlenstoffatomen sind gleichwertig, da im Benzolmolekül ein Zwischenzustand vorliegt, der weder die Eigenschaften einer Einfach- noch die einer Doppelbindung in idealer Form zeigt. Nach der Elektronentheorie der Valenz ist jedes Kohlenstoffatom im Benzolring durch σ-Bindungen mit zwei benachbarten Kohlenstoffatomen und einem Wasserstoffatom verbunden Die restlichen 6 Elektronen sind π-Elektronen, die sich in einem System von konjugierten Doppelbindungen befinden, deren Ladungswolken sich überlappen (→ Abschn. 28.2). Die π-Elektronen bilden ober- und unterhalb des Sechserringes Ladungswolken und stehen dem Gesamtmolekül gleichmäßig zur Verfügung. Bild 31.1 zeigt die beiderseitige Überlappung der 2p-Orbitale der Kohlenstoffatome des Benzolringes, die sich im sp^2-Zustand befinden. Bild 31.2 veranschaulicht die Ladungswolken, die sich oberhalb und unterhalb des Ringes befinden.

Verwendet man die Kekuléformeln zur Darstellung des Benzolmoleküls, so muss man von 2 mesomeren Grenzstrukturen ausgehen:

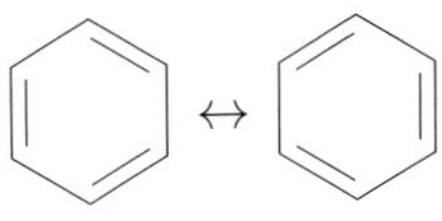

Die mesomere Struktur des Benzolmoleküls kann auch vereinfacht durch folgende Formelbilder dargestellt werden. Der Ring im Inneren des Sechsecks symbolisiert die sechs nicht lokalisierten π-Elektronen:

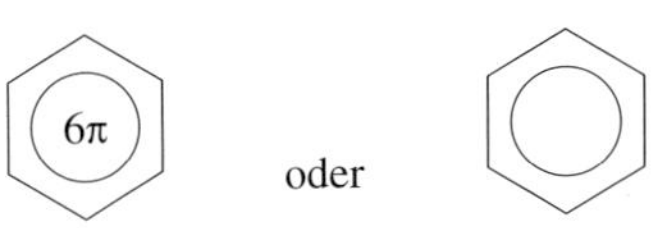

Durch die Mesomerie wird die Stabilität des Benzolmoleküls erhöht. Die Differenz zwischen dem Energiegehalt der mesomeren Form und der Kekuléform des Benzols beträgt

151 kJ · mol^{-1}. Diese Energie wird als Aromatisierungs- oder Mesomerieenergie bezeichnet. Sie muss aufgebracht werden, wenn das Benzol in der Kekuléform reagieren soll.

Der Zustand der π-Elektronen ist also beim Benzol wesentlich anders als bei den Alkenen. Deshalb haben das Benzol und die von ihm abgeleiteten Verbindungen ein anderes chemisches Verhalten als die Aliphaten, sie haben einen „aromatischen Charakter".

Der Name Benzol leitet sich von der natürlich vorkommenden Benzoesäure ab[1]. Die vom Benzol abgeleitete Atomgruppe wird als *Phenylrest* bezeichnet.

Phenyl: C_6H_5-

Verbindungen, die sich vom Benzol ableiten oder den Benzolring enthalten, heißen aromatische Verbindungen oder *Aromaten*. Allgemein werden aromatische Kohlenwasserstoffreste als Arylreste (abgekürzt Ar-) bezeichnet. Viele Benzolderivate führen Trivialnamen.

Stellungsisomerie

Durch Einführung von Substituenten am Benzolring entsteht die Möglichkeit zur *Stellungsisomerie*.

Beispiel: Werden zwei Methylgruppen in den Benzolkern eingeführt, so entsteht Dimethylbenzol $C_6H_4(CH_3)_2$, *Xylol*. Davon gibt es 3 Isomere:

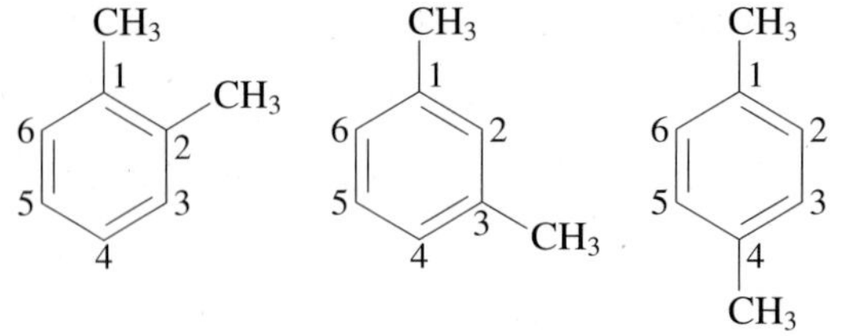

1,2-Dimethylbenzol *o-Xylol* | 1,3-Dimethylbenzol *m-Xylol* | 1,4-Dimethylbenzol *p-Xylol*

Um die Isomere eindeutig bezeichnen zu können, werden nach der IUPAC-Nomenklatur die Kohlenstoffatome des Benzols nummeriert. Nach einer älteren, aber noch gebräuchlichen Bezeichnungsweise werden

- 1,2-Verbindungen des Benzols durch die Vorsilbe *ortho-* (-o)
- 1,3-Verbindungen des Benzols durch die Vorsilbe *meta-* (-m)
- 1,4-Verbindungen des Benzols durch die Vorsilbe *para-* (-p)

gekennzeichnet.

Mehr als drei Isomere können beim obigen Beispiel eines Disubstitutionsproduktes nicht auftreten.

---

[1] Nach der Nomenklatur lautet die korrekte Bezeichnung „Benzen". Jedoch ist überwiegend der Name „Benzol" im Gebrauch, obwohl die Silbe „-ol" hier nicht auf einen Alkohol hinweisen soll. Das trifft auch auf Abkömmlinge des Benzols zu, z. B. Xylol anstelle von Xylen.

Wegen der Gleichstellung aller sechs C-Atome am Benzolring gibt es nur ein Monosubstitutionsprodukt, wohl aber drei Trisubstitutionsprodukte:

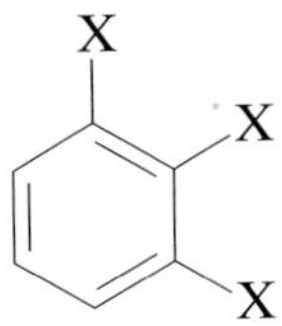

1,2,3-Tri-X-Benzol

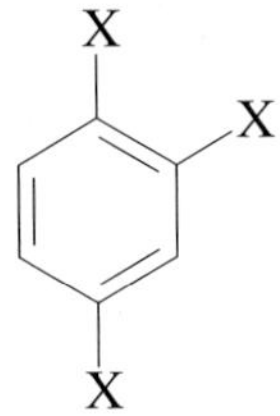

1,2,4-Tri-X-Benzol

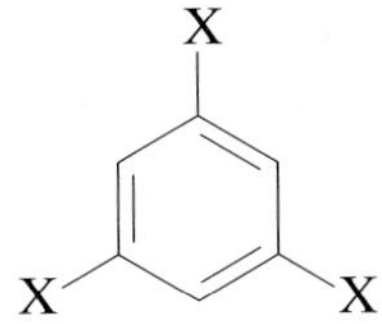

1,3,5-Tri-X-Benzol

Benzol und Benzolhomologe

Tabelle 31.1 Ausgewählte aromatische Kohlenwasserstoffe

Name	Formel	Fp in °C	Kp in °C
Benzen, *Benzol*	C_6H_6	5,5	80,1
Toluen, *Toluol*	$C_6H_5—CH_3$	−95	111
o-Xylen, *o-Xylol*	$C_6H_4—(CH_3)_2$	−25,2	144
m-Xylen, *m-Xylol*	$C_6H_4—(CH_3)_2$	−48	139
p-Xylen, *p-Xylol*	$C_6H_4—(CH_3)_2$	13,3	138
Cumol, *Isopropylbenzol*	$C_6H_5—CH(CH_3)_2$	−96	152
Ethylbenzen, *Ethylbenzol*	$C_6H_5—CH_2—CH_3$	−95	136
Styren, *Styrol, Vinylbenzol*	$C_6H_5—CH{=}CH_2$	−30,6	145
Biphenyl	$C_6H_5—C_6H_5$	69,2	255

Benzol C_6H_6 kommt natürlich in verschiedenen Erdölen vor. Die größte Menge wird technisch aus Erdöl und Kohle gewonnen (→ Abschn. 32.2).

Benzol ist eine farblose, stark lichtbrechende Flüssigkeit von eigentümlichem aromatischem Geruch (Kp = 80,5 °C). Beim Verbrennen entsteht eine stark rußende Flamme. Benzol ist ein gutes Lösungsmittel für Fette, Harze, Kautschuk usw. Mit Wasser ist es nicht mischbar, aber mit vielen organischen Flüssigkeiten. Benzoldämpfe sind stark giftig.

In seinem chemischen Verhalten steht das Benzol zwischen den gesättigten und ungesättigten Verbindungen. Seine Hydrierung zu Cyclohexan (→ Abschn. 31.1) ist eine Additionsreaktion, die ungesättigten Verbindungen eigen ist. Bei den meisten anderen Reaktionen zeigt das Benzol dagegen das Verhalten gesättigter Verbindungen. Die Wasserstoffatome des Benzols werden bevorzugt substituiert, da Substitutionsreaktionen an aromatischen Systemen energetisch begünstigt sind. Die Substitution erfolgt fast ausschließlich als ionische Reaktion.

Typisch für Benzol und die meisten Aromaten ist ihr Verhalten gegen Salpetersäure und Schwefelsäure. Mit Salpetersäure bildet Benzol *Nitroverbindungen*.

Beispiel:

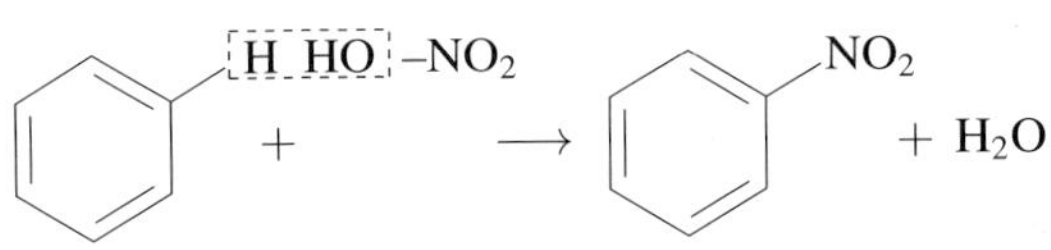

Nitrobenzol

Bei dieser elektrophilen Substitution wird zunächst das positive Nitroniumion der Salpetersäure $NO_2^{\oplus}$ lose an das π-Elektronensystem angelagert, es kommt zur Ausbildung eines π-Komplexes. Dieser lagert sich zum σ-Komplex um, in dem $NO_2^{\oplus}$ an ein bestimmtes Kohlenstoffatom gebunden wird. Unter Rückbildung des mesomeren aromatischen Systems wird die Reaktion durch Abspaltung eines Protons beendet, wobei Aromatisierungsenergie gewonnen wird.

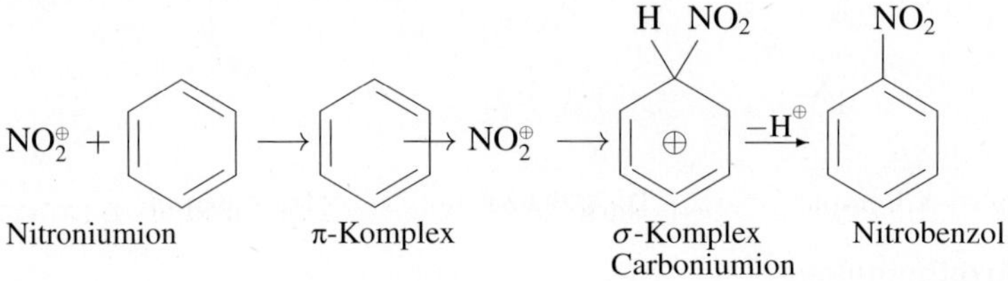

Bei der Reaktion mit Schwefelsäure bildet sich die sauer reagierende *Benzolsulfonsäure:*

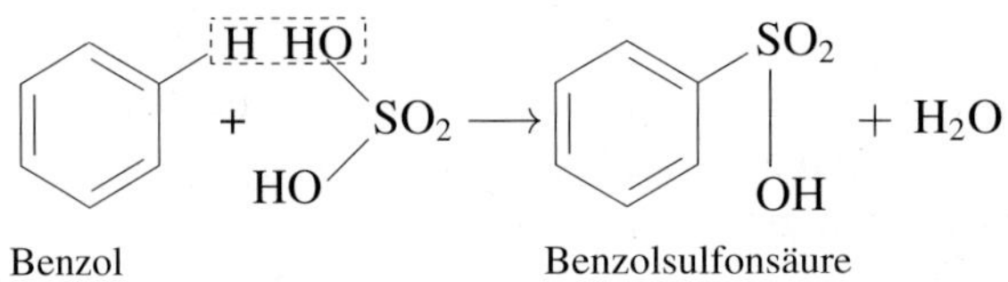

Da die Benzolsulfonsäure und ihre Salze wasserlöslich sind, hat diese Reaktion große technische Bedeutung, um Aromaten in eine lösliche Form zu überführen.

Benzolhomologe bilden sich bei der Substitution von Wasserstoffatomen im Benzolring durch Alkylreste. Im Laboratorium wird diese Substitution durch *Synthese* nach *Friedel* und *Crafts* erreicht. Die Benzolhomologen entstehen dabei durch Einwirkung von Halogenalkanen auf Benzol in Gegenwart von wasserfreiem Aluminiumchlorid $AlCl_3$ als Katalysator. Durch den Katalysator werden die Halogenalkane so weit ionisiert, dass in elektrophiler Substitution die Anlagerung der Alkylreste an Benzol erfolgen kann.

Beim Umsatz von Benzol mit Chlormethan entsteht Methylbenzol C_6H_5—CH_3, *Toluol*, durch folgende Teilreaktionen:

Startreaktion: CH_3—Cl → $CH_3^{\oplus} \ldots Cl^{\ominus}$
Chlormethan

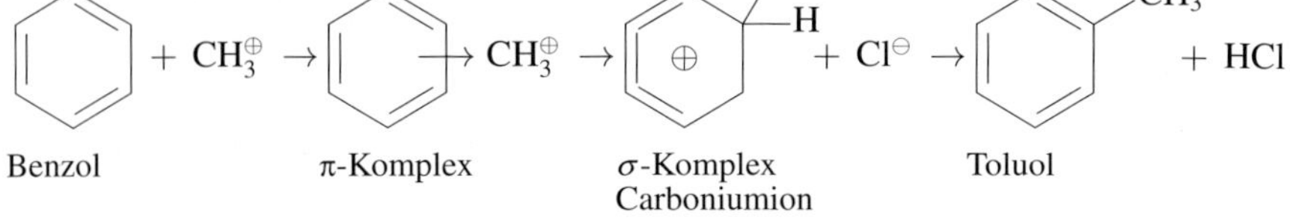

Toluol ist eine farblose Flüssigkeit, die dem Benzol sehr ähnlich ist. Es wird technisch aus Erdöl durch thermische Spaltung gewonnen und dient in der chemischen Großindustrie als

Ausgangsstoff für Synthesen sowie als Lösungsmittel. Aus Toluol stellt man u. a. durch Nitrierung den Sprengstoff *Trinitrotoluol* (TNT) her:

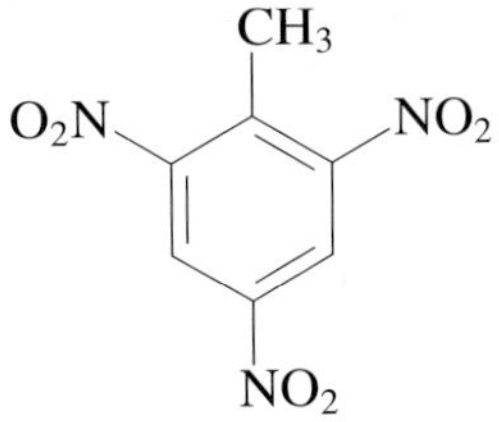

Er wird in großen Mengen als Explosivstoff in Granaten, Minen und als Bergbausprengstoff verwendet.

Das technische *Xylol*, Dimethylbenzol, ist meist ein Gemisch aus den 3 Isomeren mit einem Siedepunkt von etwa 140 °C. Es wird zur Wasserbestimmung in Kohle, Öl und anderen Stoffen benutzt, da es mit Wasser nicht mischbar ist und siedendes Xylol sicher alles Wasser austreibt.

Niedere Benzol-Homologe sind Begleiter des Benzols in natürlichen Vorkommen und bei der technischen Gewinnung. Sie werden als Lösungsmittel und Ausgangsstoffe für wichtige Synthesen eingesetzt. Ihre Dämpfe sind giftig.

Aus Phenylethan gewinnt man durch Dehydrierung:

Phenylethen 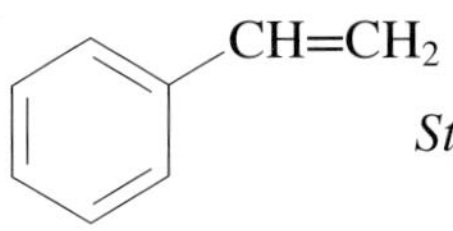 *Styren, Styrol, Vinylbenzol*

$$\text{Reaktion: } \underset{\text{Phenylethan}}{C_6H_5\text{—}CH_2\text{—}CH_3} \xrightarrow{-H_2} \underset{\text{Styrol}}{C_6H_5\text{—}CH{=}CH_2}$$

Styrol ist eine Flüssigkeit mit angenehmem Geruch, die bei 145 °C siedet. Es wird in großen Mengen technisch hergestellt, da es für die Gummi- und Plastindustrie benötigt wird. Styrol hat die typischen Eigenschaften des Ethens, neigt vor allem zur Polymerisation, wobei sich der glasartige Plastwerkstoff *Polystyrol* bildet (→ Abschn. 34.2).

31.3 Substitutionsprodukte aromatischer Kohlenwasserstoffe

Es ist zu unterscheiden zwischen einer Substitution von Wasserstoff am Benzolkern (Kernwasserstoff) und einer Substitution von Wasserstoff an einer Seitenkette.

Halogenierung

Wird ein Wasserstoffatom durch ein Chloratom substituiert, so entsteht

Monochlorbenzol C_6H_5—Cl 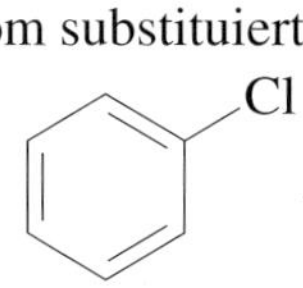 *Phenylchlorid*

Monochlorbenzol ist eine aromatisch riechende Flüssigkeit, die u. a. als Lösungsmittel und zur Herstellung von Phenol und Schädlingsbekämpfungsmitteln Verwendung findet.

Das einfachste Chlorsubstitutionsprodukt in einer Seitenkette ist das *Benzylchlorid*. Es entsteht auf radikalischem Wege durch direkte Chlorierung von Toluol:

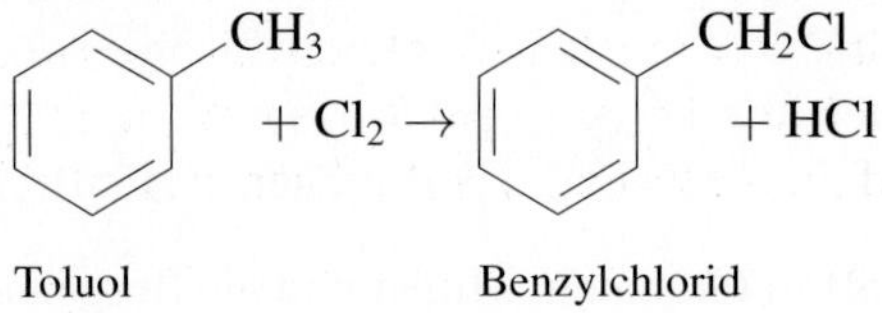

Nitrierung

Bei der Einwirkung von Nitriersäure, einem Gemisch aus Salpeter- und Schwefelsäure, auf Benzol entsteht das *Nitrobenzol* C_6H_5—NO_2.

Das Nitrobenzol mit der funktionellen Gruppe —NO_2 ist eine gelbliche, nach bitteren Mandeln riechende Flüssigkeit (Kp = 211 °C). Seine Hauptbedeutung liegt darin, dass es leicht durch Hydrierung in ein Aminoderivat des Benzols mit der funktionellen Gruppe —NH_2 umgesetzt wird:

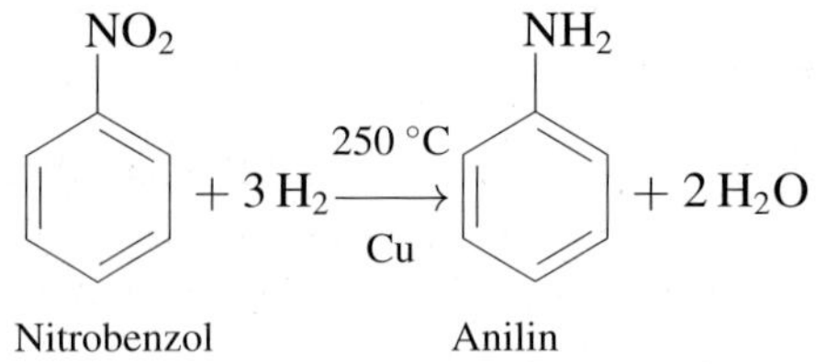

Bei dieser Reaktion entsteht Aminobenzol oder *Anilin*.

Anilin ist eine farblose Flüssigkeit, die sich an der Luft gelblich-braun färbt (Kp = 184 °C). Es hat einen eigenartigen Geruch und ist giftig. Chemisch hat es einen schwach basischen Charakter, da das einsame Elektronenpaar des Stickstoffatoms Protonen binden kann. Die Basizität reicht nicht aus, um Lackmus blau zu färben, weil das freie Elektronenpaar teilweise in die Elektronenwolke der π-Elektronen des Rings einbezogen wird.

Anilin kommt im Steinkohlenteer vor, es wird jedoch zum größten Teil synthetisch aus Nitrobenzol gewonnen. Es ist Ausgangsstoff für die Herstellung vieler Farbstoffe, der sogenannten Anilinfarben.

Sulfonierung

Bei der Einwirkung von konzentrierter Schwefelsäure auf Benzol entsteht Benzolsulfonsäure C_6H_5—SO_3H. Technisch besitzen Sulfonsäuren als Zwischenprodukte u. a. in der Farbstoffchemie und bei Waschmitteln Bedeutung. Die Einführung der Sulfonsäuregruppe —SO_3H macht oft organische Verbindungen wasserlöslich.

31.4 Phenole

Wichtige Derivate des Benzols sind seine Hydroxyverbindungen, die *Phenole*. Bei ihnen ist der Kernwasserstoff durch die Hydroxy-Gruppe ersetzt.

Nach der Anzahl der Hydroxygruppen unterscheidet man ein- und mehrwertige Phenole. Phenole sind Protonendonatoren und damit schwache Säuren. Durch das aromatische System wird das bindende Elektronenpaar des Sauerstoffs stärker vom Ringsystem angezogen und an dessen Mesomerie beteiligt. Dadurch wird die Ablösung von Protonen ermöglicht.

Das einfachste Hydroxybenzol ist das Phenol C_6H_5—OH 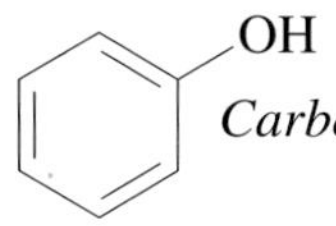 *Carbolsäure*.

Phenol kommt in Stein- und Braunkohlenteer, im Abwasser von Kokereien und Hydrierwerken, im Schwelwasser vor. Es verleiht dem Braunkohlenteer den aufdringlichen Geruch, der auch in der Umgebung von Schwelereien feststellbar ist. Da der Phenolbedarf in den letzten Jahrzehnten sprunghaft anstieg, wird Phenol auch synthetisch hergestellt. Leicht übersehbar ist die folgende Reaktion:

$$\underset{\text{Monochlorbenzol}}{C_6H_5\text{—}Cl} + H_2O \xrightarrow[20\,\text{MPa}]{400\,°C} \underset{\text{Phenol}}{C_6H_5\text{—}OH} + HCl$$

Das wirtschaftlichste Verfahren ist seine Gewinnung aus Benzol und Propen (Petrolchemikalien), das sogenannte Cumen-Verfahren. Seinen Namen hat es von dem als Zwischenprodukt bei dem Prozess entstehenden *Cumol* (Isopropylbenzol). Den groben Reaktionsverlauf des Verfahrens geben die folgenden chemischen Gleichungen an:

$$\underset{\text{Benzol}}{C_6H_6} + \underset{\text{Propen}}{CH_3\text{—}CH{=}CH_2} \xrightarrow{AlCl_3} \underset{\text{Cumol}}{C_6H_5\text{—}CH(CH_3)_2}$$

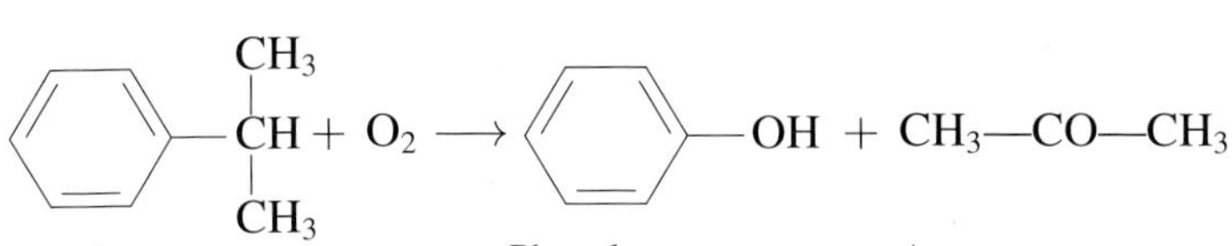

Cumol Phenol Aceton

Phenol C_6H_5—OH ist eine bei Zimmertemperatur feste, kristalline Substanz mit durchdringendem Geruch. An der Luft verfärben sich die Kristalle rötlich. Phenol ist ein starkes Gift, es kann als Grobdesinfektionsmittel verwendet werden. Eine wässrige Phenollösung rötet Lackmus, mit Alkalihydroxiden bildet Phenol leicht salzartige Verbindungen, die *Phenolate* heißen.

$$\underset{\text{Phenol}}{C_6H_5\text{—}OH} + NaOH \rightarrow \underset{\text{Natriumphenolat}}{C_6H_5\text{—}ONa} + H_2O$$

Phenol wird zur Herstellung von Sprengstoffen (Pikrinsäure), Arzneimitteln, Farbstoffen, Herbiciden[1)] und Phenoplasten verwendet.

Phenoplaste entstehen durch Polykondensation aus Phenol und Formaldehyd (→ Abschn. 34.4).

Ähnliche Eigenschaften wie Hydroxybenzol haben die Phenole, die sich vom Toluol und Xylol ableiten. Sie heißen *Cresole* und *Xylenole*.

Methyl-phenol $C_6H_4\left\langle\begin{matrix}OH\\CH_3\end{matrix}\right.$ und Dimethyl-phenol $C_6H_3\left\langle\begin{matrix}CH_3\\CH_3,\\OH\end{matrix}\right.$

Cresol *Xylenol*

Von ihnen existieren jeweils 3 bzw. 6 Isomere. Sie kommen im Teer vor. Sie finden ähnliche Verwendung wie das oben besprochene Phenol. Cresol-Seifenlösungen werden als Desinfektionsmittel benutzt.

Dihydroxy-benzole $C_6H_4\left\langle\begin{matrix}OH\\OH\end{matrix}\right.$ sind die zweiwertigen stellungsisomeren Phenole *Brenzcatechin, Resorcin* und *Hydrochinon*. Sie können aus Braunkohlen-, Steinkohlenteer und Gaswasser isoliert werden. Wegen ihrer leichten Oxidierbarkeit werden Brenzcatechin und Hydrochinon als Reduktionsmittel verwendet.

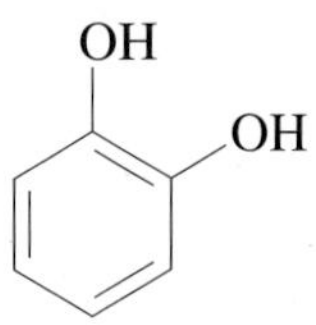

1,2-Dihydroxybenzol
Brenzcatechin

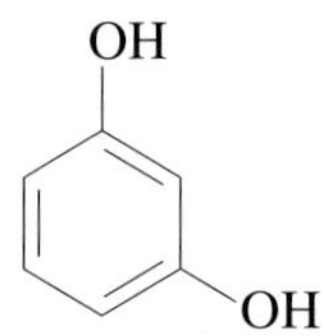

1,3-Dihydroxybenzol
Resorcin

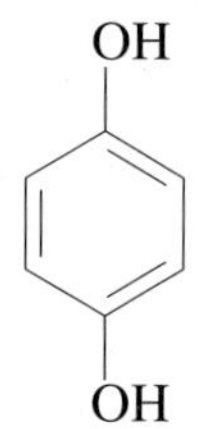

1,4-Dihydroxybenzol
Hydrochinon

31.5 Aromatische Alkohole und Carbonsäuren

Alkohole

In aromatischen Alkoholen befindet sich die Hydroxygruppe nicht am Benzolring, sondern es hat eine Oxidation in der Seitenkette von Benzolhomologen stattgefunden. Durch Oxidation der Methylgruppe im Toluol entsteht der

Benzylalkohol $C_6H_5—CH_2OH$

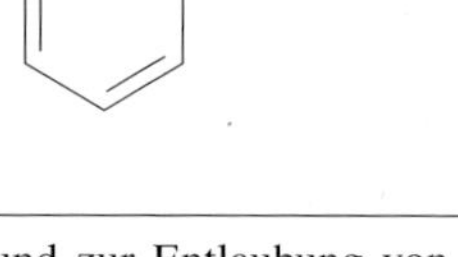

1) Herbicide werden zur Bekämpfung von Unkraut und zur Entlaubung von Kulturpflanzen eingesetzt. Der Wirkstoff dringt meist über die Blätter in das Pflanzengewebe ein und ist dann in allen Pflanzenteilen wirksam. Er bekämpft in der Regel nur bestimmte Unkräuter, hat also selektive Eigenschaften.

Benzylalkohol ist eine angenehm riechende Flüssigkeit, die alle Eigenschaften hat, die bei den aliphatischen Alkoholen besprochen wurden. Benzylalkohol lässt sich als einwertiger, primärer Alkohol zu Aldehyd und Säure oxidieren.

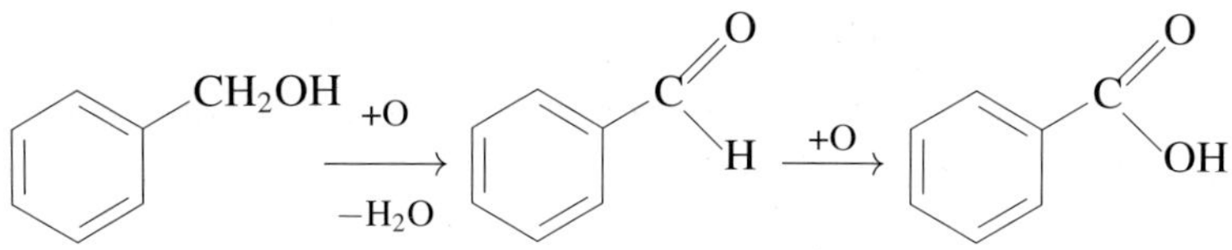

Benzylalkohol Benzaldehyd Benzoesäure

Benzaldehyd ist eine farblose, nach bitteren Mandeln riechende Flüssigkeit. Er kommt in der Natur gebunden in den Kernen von Mandeln und Steinobst vor.

Carbonsäuren

Bei den aromatischen Carbonsäuren kann die Carboxylgruppe —COOH am Kern oder auch an einer Seitenkette gebunden sein.

Benzoesäure C_6H_5COOH ist die einfachste aromatische Säure, die in der Natur vorkommt. Sie lässt sich aus dem Benzoeharz, einem Naturprodukt, durch Destillation gewinnen. Benzoesäure dient zur Herstellung von Farbstoffen und Arzneimitteln.

Eine zweibasische aromatische Säure ist die *Phthalsäure*:

Benzol-1,2-dicarbonsäure

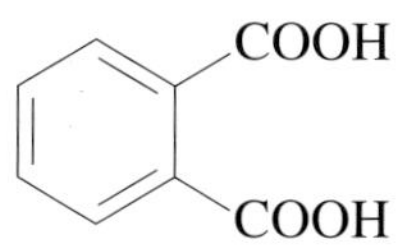

Phthalsäure

Phthalsäure wird großtechnisch durch Oxidation von o-Xylol oder Naphthalin (→ Abschn. 31.6) erzeugt. Man stellt aus ihr Farbstoffe, Plaste und Weichmacher her. Eine zur Phthalsäure isomere Säure ist die

Benzol-1,4-dicarbonsäure

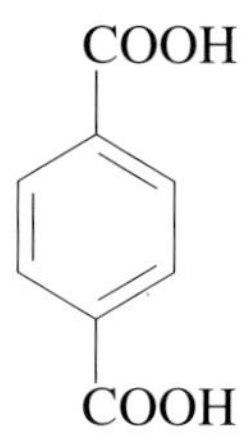

Terephthalsäure

Aus Terephthalsäure und Ethylenglykol entstehen durch Polykondensation Polyesterfaserstoffe (→ Abschn. 34.7).

Die Salicylsäure ist eine o-Hydroxycarbonsäure

2-Hydroxy-benzolcarbonsäure

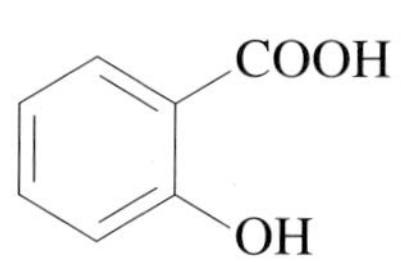

Salicylsäure

Sie besitzt bakteriostatische Eigenschaften und ist Ausgangsstoff für die Acetylsalicylsäure C_6H_4—(COOH)($OCOCH_3$) (Aspirin).

31.6 Kondensierte aromatische Ringsysteme

In kondensierten aromatischen Ringsystemen gehören Kohlenstoffatome gleichzeitig mehreren Ringen an. Verbindungen dieses Typs finden sich in den hochsiedenden Fraktionen des Steinkohlenteers. In größerer Menge fallen an: *Naphthalin, Anthracen* und *Phenanthren*.

Die Strukturformeln dieser drei Verbindungen zeigen konjugierte Doppelbindungen, wie sie in der Kekuléschen Benzolformel vorhanden sind. Die π-Elektronen befinden sich auf ähnlichen Bahnen wie beim Benzol. Naphthalin, Anthracen und Phenanthren haben deshalb typisch aromatischen Charakter.

Naphthalin hat die Summenformel $C_{10}H_8$ und die Strukturformel

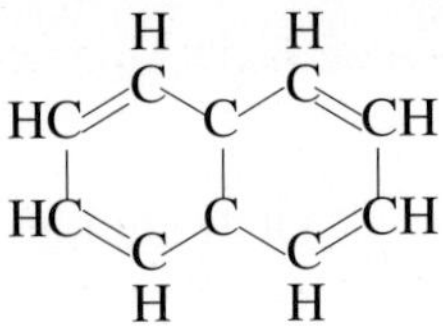

vereinfacht

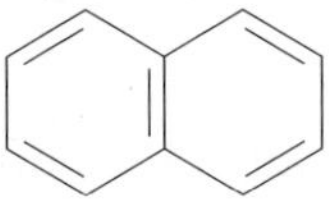

Die Kohlenstoffatome des Naphthalinringes werden für die rationelle Bezeichnungsweise nummeriert. Um die Eintrittsstelle eines einzelnen Substituenten zu kennzeichnen, ist es gebräuchlich, die möglichen Stellungen durch Ziffern bzw. die griechischen Buchstaben α und β zu kennzeichnen.

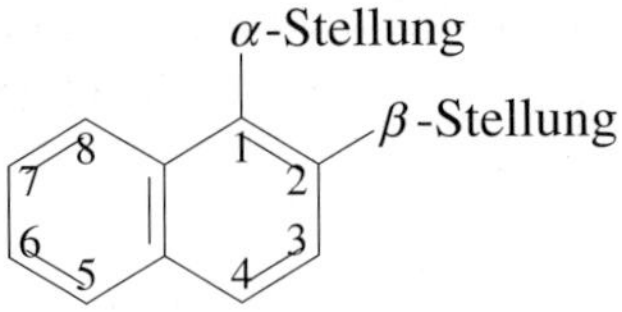

Naphthalin findet sich zu etwa 6 % im Steinkohlenteer und wird aus der Mittelölfraktion gewonnen. Es kristallisiert in glänzenden Blättchen, die bei 80 °C schmelzen, und hat einen charakteristischen Geruch. In seinen chemischen Eigenschaften ähnelt es dem Benzol, reagiert leicht mit Salpeter- und Schwefelsäure. Seine Hydroxyverbindungen haben Phenolcharakter. Es gibt 2 *Naphthole* $C_{10}H_7OH$. Nach der Stellung der Hydroxygruppe am Ring unterscheidet man α- und β-Naphthol. Aus beiden Naphtholen werden Farbstoffe gewonnen.

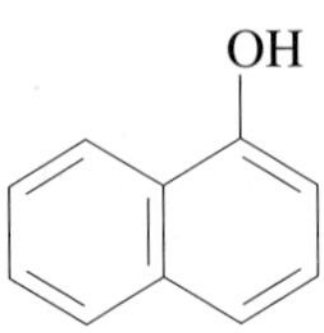

α-Naphthol

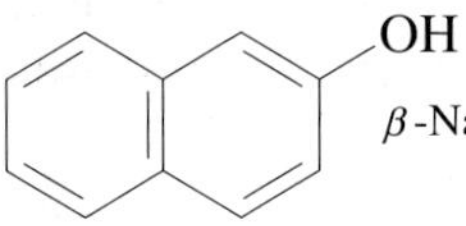

β-Naphthol

Auch bei Eintritt anderer Substituenten in den Naphthalinring treten immer 2 Monosubstitutionsverbindungen auf, α- und β-Verbindung.

Bei der Hydrierung von Naphthalin ergeben sich ausgezeichnete Lösungsmittel:

Tetrahydronaphthalin

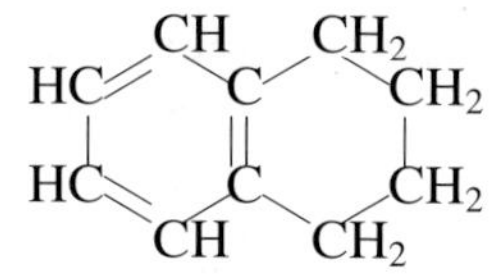

Tetralin

Dekahydronaphthalin

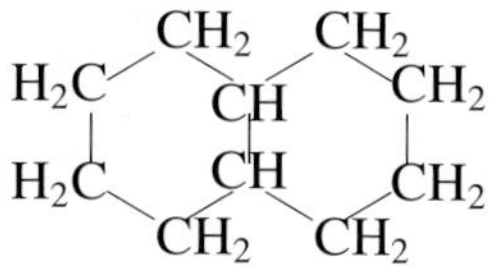

Dekalin.

Anthracen und *Phenanthren* enthalten 3 Benzolringe, ihre gemeinsame Summenformel ist $C_{14}H_{10}$:

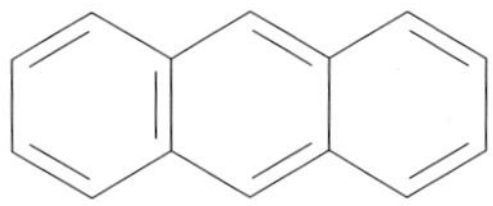

Anthracen

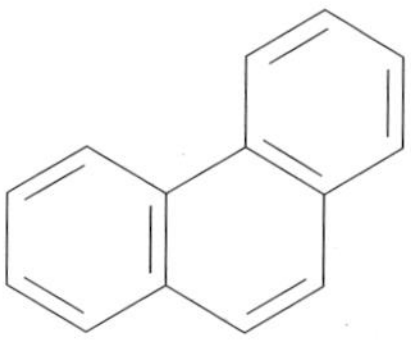

Phenanthren

Beide aromatischen Kohlenwasserstoffe kommen in der Anthracenölfraktion des Steinkohlenteers vor. Technische Bedeutung hat nur das Anthracen, das in farblosen Blättchen kristallisiert (Fp = 217 °C). Es zeigt typisch aromatische Eigenschaften. Aus Anthracen werden bekannte Farbstoffe hergestellt. Besonders sind Alizarin und viele Anthrachinonfarben zu nennen, die sich durch Licht- und Waschechtheit auszeichnen.

31.7 Heterocyclische Verbindungen

Heterocyclische Verbindungen sind Verbindungen, die neben Kohlenstoff noch andere Elemente, vor allem Sauerstoff, Stickstoff und Schwefel, im Ring enthalten. Heterocyclische Verbindungen kommen im Steinkohlenteer vor, sie sind außerdem Bausteine kompliziert aufgebauter Naturstoffe (z. B. der Nucleinsäuren, der Alkaloide, des Hämoglobins und des Chlorophylls).

Die größte Beständigkeit zeigen fünf- und sechsgliedrige heterocyclische Ringe, in denen wie beim Benzol konjugierte Doppelbindungen vorliegen. Die Elektronenverteilung ist daher auch ähnlich wie beim Benzol, insbesondere existieren π-Elektronen, die dem gesamten Molekül zur Verfügung stehen. Infolgedessen haben diese heterocyclischen Verbindungen auch chemische Eigenschaften, die denen der Aromaten entsprechen. Einfach gebaut sind die fünfgliedrigen Heterocyclen *Thiophen* und *Furan* und das sechsgliedrige *Pyridin.*

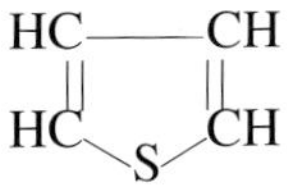

Thiophen C_4H_4S

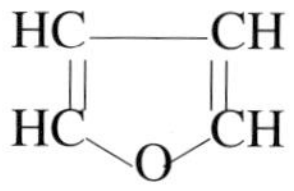

Furan C_4H_4O

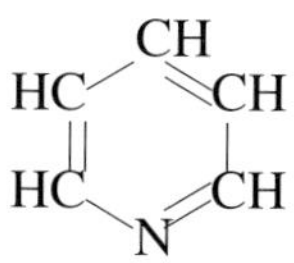

Pyridin C_5H_5N

❍ Aufgaben

31.1 Welche Summenformel und welche gemeinsamen Eigenschaften haben die Cycloalkane?

31.2 Weshalb kann Cyclohexan nur bis zum Cyclohexanon oxidiert werden?

31.3 Wie sind die besonderen Eigenschaften aromatischer Verbindungen zu erklären?

31.4 Warum ist die Sulfonierung von Aromaten mit Schwefelsäure technisch interessant?

31.5 Welches sind die wichtigsten Benzolhomologen?

31.6 Nennen Sie einige Chlorsubstitutionsprodukte aromatischer Kohlenwasserstoffe.

31.7 Wie werden die großen Mengen Aromaten gewonnen, welche die technische Chemie benötigt?

31.8 Welches sind die Strukturformeln der 3 isomeren Cresole?
Wie bezeichnet man sie eindeutig?

31.9 Durch welche Verfahren gewinnt man technisch Phenole?

31.10 Die Carbolsäure C_6H_5OH ist ein einwertiges Phenol. Welche Summenformel haben dreiwertige Phenole?

31.11 Weshalb hat die Nitrierung von Benzol große technische Bedeutung?

31.12 Wie viel Liter Wasserstoff sind bei einer Temperatur von 250 °C erforderlich, um 800 g Nitrobenzol in Anilin zu überführen? ($p = 0{,}1$ MPa)

31.13 Weshalb reagieren Phenol C_6H_5–OH und Benzylalkohol C_6H_5—CH_2OH verschiedenartig?

31.14 Welche Summenformeln haben Benzoesäure, Phthalsäure und Terephthalsäure?

31.15 Durch welche chemische Reaktion kann man Phthalsäure und Terephthalsäure aus Xylolen gewinnen?

31.16 Der pH-Wert einer wässrigen Lösung von Natriumbenzoat (Salz der Benzoesäure) beträgt 8,44. Was sagt dieser Wert über die Säurekonstante der Benzoesäure aus? Wie groß ist die Wasserstoffionenaktivität der Lösung?

31.17 Die Summenformeln für die folgenden Ester, die als Weichmacher in der Plastindustrie verwendet werden, sind anzugeben: Triphenylphosphat, Dibutylphthalat und Tricresylphosphat!

31.18 Welches sind die bekanntesten chemischen Verbindungen mit kondensierten Ringsystemen?

31.19 Welche Strukturformel hat α-Methylnaphthalin?

31.20 Die Strukturformel folgender Naphthalinderivate sind anzugeben: Nitrobenzol, Anilin und Phenol!

32 Petrol- und Kohlechemie

Die technische organische Chemie ging am Anfang ihrer Entwicklung meist von Naturstoffen aus. Im 19. Jahrhundert fand man im Steinkohlenteer eine neue, willkommene Rohstoffquelle. Es entwickelte sich die *Teerchemie*. Es zeigte sich, dass die Kohle ganz allgemein gut als Ausgangssubstanz für die chemische Industrie dienen konnte. In Ländern, die über wenig Erdöl verfügen, wurden Kohlenwasserstoffe, die wesentlichen Inhaltsstoffe des Erdöls, aus Kohle im Rahmen einer *Kohlechemie* produziert. Erst nach dem zweiten Weltkrieg setzte sich im weltweiten Maßstab die Erkenntnis durch, dass Erdölprodukte auch die billigsten Grundstoffe der technischen organischen Chemie sind, die relativ leicht umgesetzt werden können. Die *Petrolchemie* wurde in allen Industrieländern auf Kosten der Kohlechemie ausgebaut.

Kohle und *Erdöl* oder *Erdgas* sind in zweifacher Hinsicht wertvolle Rohstoffe:

a) Durch ihre Verbrennung oder durch Verbrennung der aus diesen Rohstoffen durch Veredlung hergestellten Produkte wird der überwiegende Teil der in Industrie und Haushalt benötigten Energie gewonnen. Dabei handelt es sich um eine Oxidation des Kohlenstoffs und des Wasserstoffs zu Kohlendioxid und Wasser. Es ist im Prinzip gleichgültig, ob der Kohlenstoff elementar in der Kohle bzw. im Koks oder chemisch gebunden im Benzin, Dieselöl, Mischgas usw. vorliegt. Das gleiche gilt vom Wasserstoff.

b) Einige durch Veredlung von Kohle und Erdöl hergestellte Produkte werden nicht zur Energiegewinnung verbrannt (Kohlenstoff und Wasserstoff werden also nicht oxidiert), sondern dienen zur Synthese organischer Verbindungen mit den verschiedensten Eigenschaften und Anwendungsmöglichkeiten. Solche Produkte sind synthetischer Kautschuk, Ammoniak, Farbstoffe, Sprengstoffe, Arzneimittel, Lösungsmittel, polymere Werkstoffe, Chemiefasern, Schmierstoffe, Wachse usw.

32.1 Entstehung, Vorkommen und Inhaltsstoffe von Erdöl und Erdgas

Kohle, Erdöl und Erdgas sind genetisch verwandt. Alle drei entstanden aus organischem Material durch den Inkohlungsprozess. Während man aber sicher ist, dass die Kohlen aus pflanzlichem Material gebildet wurden, nimmt man für Erdöl und Erdgas eine Bildung aus pflanzlichem und tierischem Material, vorwiegend aus dem Plankton des Meeres, an. Dieses wurde unter Luftabschluss bakteriell zersetzt.

Die größten Erdölvorkommen der Welt befinden sich nach steigendem Ölreichtum in: Saudi-Arabien, Kanada, Iran, Irak, Kuwait, VAE, Venezuela, Russland, Lybien und Nigeria und mit steigender Fördermenge kommen hinzu: USA, China und Mexiko. Europa hat größere Erdöllagerstätten in Rumänien, der Ukraine, der Nordsee und Österreich. In Deutschland wird Erdöl im Emsland, der Lüneburger Heide und in Holstein gefördert. Erdölhöffige Gebiete gibt es am Harz, in Thüringen, Mecklenburg und in der Altmark. Erdgase in Verbindung mit Erdölvorkommen, sogenannte Ölfeldgase, gibt es in allen oben genannten Erdöllagerstätten. Vom Erdöl unabhängige Erdgasquellen haben große wirtschaftliche Bedeutung in Russland, den USA und in anderen Ländern.

Die Ölfeldgase sind meist nasse Erdgase (spezifischer Heizwert 42 000 bis 48 000 kJ · m^{-3}), die im wesentlichen aus den ersten vier Gliedern der homologen Reihe der Alkane bestehen, außerdem aber noch Dämpfe und Nebel von flüssigen Kohlenwasserstoffen enthalten. Diese können durch Absorption abgetrennt werden. Andere Erdgase weisen als wesentlichsten Bestandteil Methan auf, es sind die trockenen Erdgase (spezifischer Heizwert 33 500 bis 37 700 kJ · m^{-3}). Alle Erdgase können neben den Kohlenwasserstoffen CO_2, N_2, H_2S und Helium enthalten.

Zur wirtschaftlichen Nutzung der Erdgase wie auch des Erdöls ist in allen großen Industrieländern ein weitverzweigtes Netz von Erdgasleitungen gebaut worden. Außerdem wird Erdgas verflüssigt auch in Tankern transportiert.

Das z. T. aus sehr großen Tiefen (bis 6 000 m) geförderte rohe Erdöl kann im *Aussehen und der Zusammensetzung* stark differieren. Es ist dick- bis dünnflüssig, hell bis dunkelschwarzbraun, oft fluoresziert es und hat einen unangenehmen Geruch. Die Inhaltsstoffe des Erdöls können in ihrer chemischen Struktur ebenfalls starke Unterschiede aufweisen, es enthält vornehmlich gesättigte Kohlenwasserstoffe von Pentan bis zu langkettigen Paraffinen, oft auch cyclische Verbindungen. Als cyclische Verbindungen treten auf: Naphthene (die zu den Alicyclen gehören), Aromaten (Benzol und seine Homologen) und in kleinen Mengen auch heterocyclische Verbindungen. Unerwünschte anorganische Bestandteile sind Salz und Schwefel.

Nach den vorwiegend den Charakter des Erdöls bestimmenden Inhaltsstoffen nennt man ein Erdöl *paraffinisch, naphthenbasisch, gemischtbasisch* oder *aromatisch.* Paraffinbasisch sind die meisten nordamerikanischen, naphthenbasisch die kaukasischen Öle, aromatische Erdöle werden in Rumänien und Indonesien gefördert.

32.2 Physikalische Trennung von Erdölbestandteilen

Nur ein kleiner Teil des in der Welt geförderten rohen Erdöls wird direkt verheizt. Die Hauptmenge wird durch physikalische Verfahren in technisch wichtige Produkte zerlegt. Die größte Bedeutung hat dabei die *fraktionierte* (stufenweise) *Destillation.*

Diese Zerlegung durch Destillation ist leicht möglich, da die im Erdöl enthaltenen Kohlenwasserstoffe verschiedene Siedepunkte haben (Tabelle 32.1). Meist reicht die Trennung bis zu definierten Kohlenwasserstoffgemischen aus. Die Destillation kann bei Atmosphärendruck und bei Über- oder Unterdruck erfolgen. Druckdestillation wendet man zur Trennung von Gasgemischen (Erdgase, Crackgase), Unterdruck bei der Zerlegung hochsiedender Fraktionen an, um die Zersetzungstemperatur von Erdölprodukten (etwa 370 °C) nicht überschreiten zu müssen.

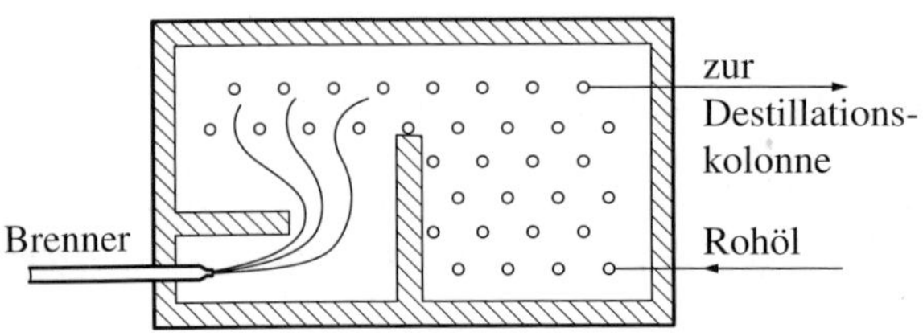

Bild 32.1 Röhrenofen

In jedem Falle wird das Rohöl zunächst in einem *Röhrenofen* erhitzt (Bild 32.1) und dann einer oder mehreren *Fraktionierkolonnen* zugeführt. Die Fraktionierkolonnen sind durch einzelne Böden unterteilt, die meist als sogenannte Glockenböden ausgeführt sind (Bild 32.2). Das im Röhrenofen erhitzte Öl trennt sich beim Eintritt in die Kolonne in Dampf und Flüssigkeit. Auf seinem Weg nach oben kühlt sich der Dampf ab und lässt einen Teil des schwersiedenden Anteils in jedem Boden zurück, bis zuletzt nur der gewünschte leichtsiedende Anteil den Kopf der Kolonne verlässt. Aus der kolonnenabwärts fließenden Flüssigkeit werden in jedem Boden durch den aufsteigenden Dampf noch leichtflüchtige Anteile mitgerissen. Der Rest fließt als Bodenfraktion oder Sumpfprodukt ab. Mehrkolonnenapparate ermöglichen es, mehrere Fraktionen auszuscheiden (Bild 32.3).

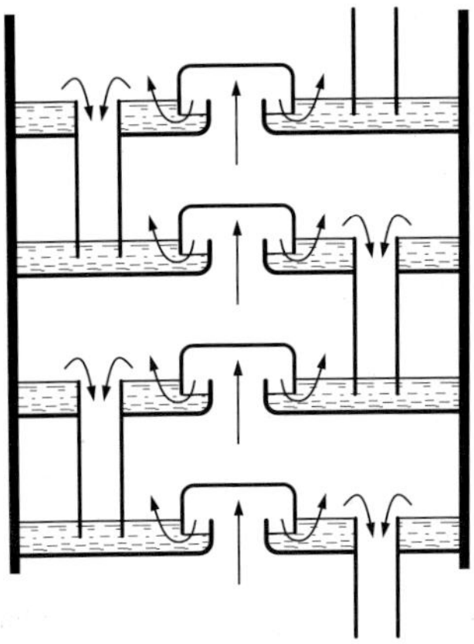

Bild 32.2 Glockenböden

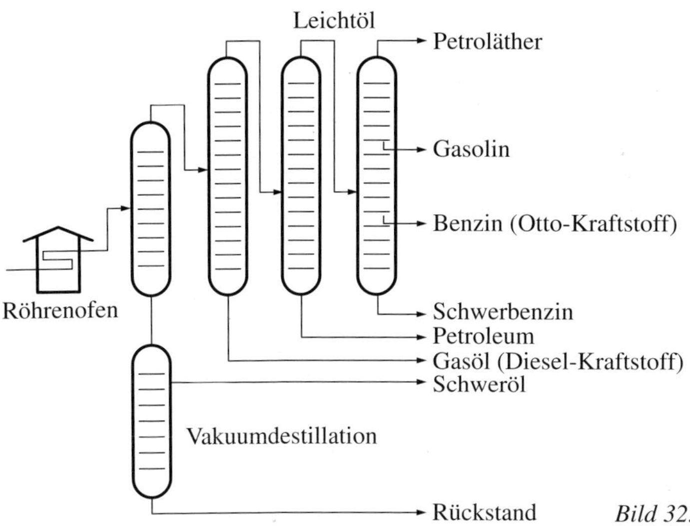

Bild 32.3 Mehrkolonnenapparat

Der Rückstand der Destillation kann enthalten: Vaseline (Salbengrundlage, Rostschutzmittel), Weichparaffin (Zündholzimprägnierung), Hartparaffin (Kerzen), Erdölbitumen (Dachpappe, Straßenbau).

Tabelle 32.1 gibt eine Übersicht über die Produkte einer möglichen Zerlegung von Erdöl, das vorwiegend gesättigte Kettenkohlenwasserstoffe (gerad- und verzweigtkettige) enthält.

Die bei der Destillation anfallenden Produkte müssen oft noch einer *Raffination* unterzogen werden, um störende Substanzen zu beseitigen. Ein wichtiges Mittel zur Raffination ist Schwefelsäure. Sie beseitigt Harze, Asphalte (Oxidations- und Polymerisationsprodukte des Erdöls), Olefine und Schwefelverbindungen. Um keine Säure im Fertigprodukt zu haben, folgt der Behandlung mit Schwefelsäure meist eine solche mit Natronlauge.

Tabelle 32.1 Erdölfraktionen

Name des technischen Produktes	Siedepunkt in °C	Enthaltene Kohlenwasserstoffe	Verwendung
Leichtöl	35...180	$C_5H_{12} \dots C_{11}H_{24}$	
Petrolether	35... 70	$C_5H_{12} \dots C_6H_{14}$	Lösungsmittel für Fette und Harze
Gasolin	70... 90	$C_6H_{14} \dots C_7H_{16}$	Beleuchtung, Heizung
Benzin	80...140	$C_6H_{14} \dots C_{10}H_{22}$	Ottotreibstoff, Lösungsmittel
Schwerbenzin	120...180	$C_8H_{18} \dots C_{11}H_{24}$	Lösungsmittel, Lackbereitung
Leuchtöl oder Petroleum	180...250	$C_{10}H_{22} \dots C_{14}H_{30}$	Heizung, Beleuchtung, Putzöl Treibstoff für Turbinen und Traktoren
Gasöl oder Dieselöl	250...350	$C_{12}H_{26} \dots C_{16}H_{34}$	Heizöl, Ölvergasung, Dieseltreibstoff
Schweröl oder Schmieröl	350...500	$C_{15}H_{32} \dots C_{25}H_{52}$	Schmiermittel, schweres Heizöl

Eine trockene Raffination wird mit Hilfe von Bleicherden durchgeführt. Die Bleicherden sind natürliche oder synthetisch gewonnene Adsorptionsmittel, die sich bei der Entfernung störender Bestandteile sehr bewähren.

Die wirksamste Raffination ist eine Hydrierung unter Druck, die zur Beseitigung von Heterocyclen, Schwefel, Olefinen und zur Aufspaltung langkettiger Verbindungen führt.

Weitere Verfahren zur Gewinnung von Erdölproduktion durch physikalische Methoden sind die Absorption, Adsorption, Extraktion und Kristallisation.

Absorption und *Adsorption* werden vor allem zur Gewinnung von Dämpfen aus Gasgemischen angewendet. Zur Absorption eignen sich Waschöle, zur Adsorption Stoffe mit großer Oberfläche, z. B. Silicagel oder Aktivkohle. Die Dämpfe werden gelöst bzw. an der Oberfläche festgehalten und später bei erhöhter Temperatur wieder abgegeben.

Die *Extraktion* dient zum Abtrennen von Bestandteilen eines Flüssigkeitsgemisches. Das geschieht durch ein selektives Lösungsmittel, das mit der zu behandelnden Flüssigkeit nur beschränkt mischbar ist. Es kommt zu einer Auftrennung in Extrakt und Raffinat, aus denen das Lösungsmittel zurückgewonnen werden kann. Die Extraktion wird bevorzugt angewendet zur Gewinnung von Aromaten, Entfernung von Schwefelverbindungen aus Erdölprodukten und zur Herstellung hochwertiger Schmieröle.

Durch *Kristallisation* wird vor allem Paraffin aus Schmieröl und anderen Produkten ausgeschieden. Man erreicht den gewünschten Effekt durch starke Abkühlung.

32.3 Erdölveredlung mit chemischen Methoden – Petrolchemie

Chemische Verfahren werden herangezogen, um die natürlichen Inhaltsstoffe von Erdölen durch Veränderung den jeweiligen Marktbedürfnissen anzupassen oder die Qualität von Erdölprodukten zu verbessern.

Das durch Destillation gewonnene Straightrun-Benzin konnte den steil ansteigenden Bedarf an Benzin in der Welt nicht decken. Man steigerte deshalb die Benzinausbeute aus dem Erdöl durch thermische Spaltung der höher siedenden Fraktionen. Das technische Verfahren heißt *Crackprozess*[1)]. Nach diesem Verfahren werden mehr als 50 % der Weltbenzinproduktion erzeugt. Beim Crackverfahren erhitzt man das Einsatzgut in Röhrenöfen unter erhöhtem Druck bei einer Temperatur von etwa 500 °C, die einsetzende Reaktion kann durch Aluminiumsilikat-Katalysatoren unterstützt werden. Die langkettigen Kohlenwasserstoffe werden dabei in kleinere Moleküle zerbrochen. Die beiden möglichen Technologien des Crackprozesses unterscheidet man als *thermisches* und *katalytisches Cracken.*

Neben den Benzinkohlenwasserstoffen (C_5H_{12} bis $C_{10}H_{22}$) entstehen Koks, reichlich Methan und olefinische Gase. Eine Reaktion des Crackprozesses könnte sein:

$$\underset{\text{Undecan}}{C_{11}H_{24}} \rightarrow \underset{\text{Hexan}}{C_6H_{14}} + \underset{\text{Propen}}{C_3H_6} + \underset{\text{Methan}}{CH_4} + \underset{\text{Koks}}{C}$$

Der Crackprozess steigerte nicht nur die Benzinausbeute aus dem Erdöl, er gab außerdem der *Petrolchemie* einen erheblichen Auftrieb, da die beim Crackprozess anfallenden olefinischen Gase Ethen, Propen, Buten sich auf Grund ihrer großen Reaktionsfähigkeit leicht zu vielen wirtschaftlich wichtigen Substanzen umsetzen lassen.

Um die Ausbeute an olefinischen Gasen in petrolchemischen Betrieben zu steigern, wurde der Crackprozess zum *Pyrolyse-Verfahren* modifiziert. Man arbeitet bei niedrigen Drücken und Temperaturen um 750 °C und erreicht, dass das Einsatzprodukt (meist Leichtbenzin oder Erdgas) nahezu vollständig in ungesättigte gasförmige Kohlenwasserstoffe umgesetzt wird.

Der Crackprozess fand eine weitere Vervollkommnung, als sich ergab, dass bei Verwendung von besonders wirksamen Katalysatoren (z. B. Platin) neben Kettenkohlenwasserstoffen vor allem Aromaten neu entstehen. Man nennt dieses Verfahren *Reformingprozess*[2)]. Der bekannteste Reformingprozess ist das *Platforming*-Verfahren, dessen Name auf die Verwendung von Platinkatalysatoren hinweist. Eine mögliche Reaktion des Reformens ist:

[1)] to crack (engl.) sprengen, brechen

[2)] to reform (engl.) verbessern

$CH_3—CH_2—CH_2—CH_2—CH_2—CH_3 \rightarrow$ 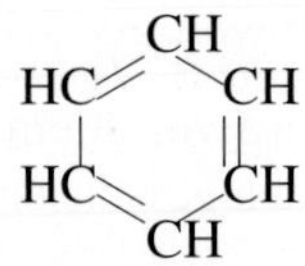 $+ 4\,H_2$

Hexan Benzol Wasserstoff

Diese Reaktionsgleichung zeigt Vorteile dieses Verfahrens: Es liefert Aromaten und Wasserstoff. Die Aromaten sind wertvolle Grundstoffe der Chemie; im Benzin steigern sie die Klopffestigkeit des Kraftstoffs erheblich. Der anfallende Wasserstoff wird für Hydrierungen benötigt. Die beim Reformen anfallenden Aromaten können durch Extraktion mit geeigneten selektiven Lösungsmitteln sehr rein abgetrennt werden.

Die Crackgase werden nicht nur als Grundstoffe für die Petrolchemie genutzt, teilweise steigert man mit ihrer Hilfe die Benzinausbeute des Crackprozesses. Durch Polymerisation von olefinischen Gasen erhält man das *Polymerbenzin*. Durch Addition von Alkylgruppen an Alkene, die so genannte *Alkylierung*, wird *Alkylat* gewonnen, das meist zur Octanzahlverbesserung von Benzinen eingesetzt wird.

Beispiele:

$$\underset{\text{Propen}}{CH_2{=}CH—CH_3} + \underset{\text{Propen}}{CH_2{=}CH—CH_3} \rightarrow \underset{\text{Hexen}}{C_6H_{12}} \qquad \textit{Polymerisation}$$

$$\underset{\text{Propen}}{CH_2{=}CH—CH_3} + \underset{\text{Propan}}{CH_3—CH_2—CH_3} \rightarrow \underset{\text{Hexan}}{C_6H_{14}} \qquad \textit{Alkylierung}$$

Die Verfahren zur Raffination von Erdölprodukten mit Hilfe von Schwefelsäure, Laugen oder Wasserstoff sind ebenfalls chemische Prozesse, die in diesem Fall zur Qualitätsverbesserung von Erdölprodukten herangezogen werden.

Die bisher geschilderten Verfahren zur Gewinnung von Erdölprodukten liefern im allgemeinen nur Gemische von chemischen Verbindungen (z. B. Benzin, Crackgase, Erdgase, Aromatengemische). Es ist aber meist möglich, auf physikalischem Wege diese Gemische in reine Stoffe zu zerlegen. Diese aus Erdöl und Erdgas gewonnenen *Petrolchemikalien* sind dann Ausgangsstoffe für die chemische Industrie. Aus der großen Zahl von Petrolchemikalien sollen im Folgenden nur Vertreter der wichtigsten Stoffgruppen genannt werden:

Alkane: Methan, Ethan, Propan, Butan, Pentan, Hexan, Paraffin, Alkane mittlerer Kettenlänge $C_{12} \ldots C_{18}$,
Alkene: Ethen, Propen, Buten,
Aromaten: Benzol, Toluol, Xylol,
Naphthene: Cyclopentan, Cyclohexan.

In entwickelten Industrieländern, die über eine entsprechende Erdölbasis verfügen, werden etwa 90 % der industriell erzeugten organischen Verbindungen auf petrolchemischer Grundlage hergestellt. Selbst ein wesentlicher Teil der produzierten anorganischen Verbindungen geht auf Erdöl und Erdgas als Ausgangssubstanzen zurück. So ist z. B. Ammoniak NH_3 ein Produkt der Petrolchemie, wenn das zu seiner Herstellung benötigte Synthesegas aus Erdölprodukten erzeugt wird.

Tabelle 32.2 nennt einige wichtige Verfahren auf petrolchemischer Basis.

Tabelle 32.2 Petrolchemische Reaktionen von Alkanen, Alkenen und Aromaten

Ausgangsstoffe aus Erdöl/Erdgas	Reaktion	Produkte	→ Abschnitt zum Produkt
Alkane	Pyrolyse	Alkene, Alkadiene, Acethylen, Wasserstoff, Ruß	28.1–28.3
	Reforming	Cycloalkane, Aromaten	31
	katalyt. Dehydrierung	Alkene, Alkadiene	28.1, 28.2
	Oxidation	Alkohole, Ketone	30.2–30.4
	Alkylierung	klopffeste Benzine	32.3
Alkene	Addition von ...		
	... Wasser	Alkohole	30.2
	... Sauerstoff	Ketone, Ethenoxid	30.4
	... Halogene	Dihalogenalkane	29.1
	... Halogenwasserstoff	Halogenalkane	29.1
	... Säuren	Ester	30.8
	Oxosynthese	Aldehyde	30.3
	Substitution		
	... mit Halogenen	Halogenalkene	29.2
	Polymerisation	Polyethene usw.	28.2
	Alkylierung	Alkylbenzol	32.2
	Dehydrierung	Alkadiene	28.2
Aromaten	Addition von ...		
	... Alkenen	Alkylbenzol, Phenol,	31.2–31.4
	... Wasserstoff	Cyclohexan	31.1
	Nitrierung	Nitroaromaten, Anilin usw.	31.3
	Sulfonierung	aromat. Sulfonsäuren	31.3
	Oxidation	Phthalsäure	31.5

32.4 Inhaltsstoffe, Entstehung und Vorkommen der Kohle

Die Kohlen sind feste Brennstoffe, die aus organischem Material entstanden sind. Zu den Kohlen zählen *Anthrazit, Steinkohle* und *Braunkohle*. Sie enthalten wenig freien Kohlenstoff, bei der Steinkohle sind es 10 %. Hauptsächlich setzen sich die Kohlen aus komplizierten, meist ringförmigen organischen Verbindungen zusammen, die aus den Elementen Kohlenstoff, Wasserstoff, Sauerstoff, Stickstoff und Schwefel bestehen. Hinzu kommen Wasser (vor allem in den Braunkohlen) und anorganische Stoffe. Den Gehalt an Kohlenstoff, Wasserstoff und Sauerstoff in den Kohlen zeigt Bild 32.4. Zum Vergleich sind dort noch Holz und Torf angegeben.

Die Kohlen entstanden im Verlaufe von vielen Millionen Jahren durch den *Inkohlungsprozess*, bei dem biologische, chemische und geologische Vorgänge mitwirkten. Aus Holz und holzigen Pflanzenteilen wurde die Cellulose nahezu vollständig abgebaut und zusammen mit

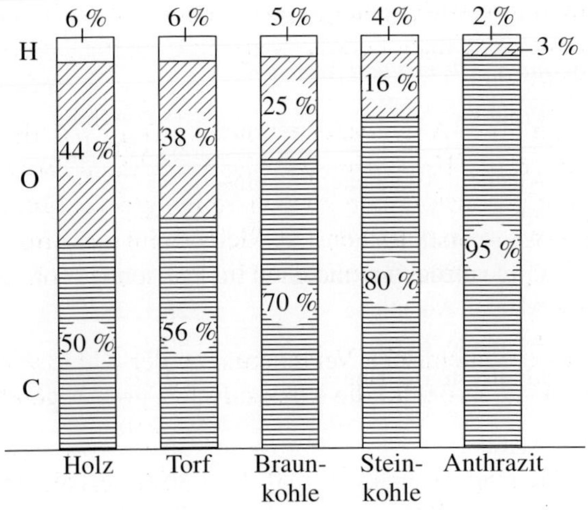

Bild 32.4 Ungefähre Zusammensetzung von Brennstoffen

Lignin (→ Abschn. 33.5.3) in die heute vorliegende Kohlensubstanz verwandelt. Wachse und Harze reicherten sich in der Kohle an, sie bilden im wesentlichen das extrahierbare Kohlebitumen.

Der Abbau der Pflanzensubstanz erfolgte durch anaerobe[1] Mikroorganismen. Bei Reduktions- und Oxidationsprozessen wurden Kohlendioxid CO_2, Methan CH_4 und Wasser H_2O abgespalten und dadurch der Kohlenstoffgehalt laufend erhöht. Die Braunkohle entstand aus Waldmooren von Laub- und Nadelbäumen, die Steinkohle aus Sumpfmooren mit Sporenpflanzen (Farnen, Schachtelhalmen). Die Braunkohle ist zum größten Teil im Tertiär vor etwa 50 Mill. Jahren entstanden, während die Steinkohle sich vor allem im Zeitalter des Karbon, also vor etwa 250 Mill. Jahren, bildete.

Die größten Steinkohlenlager gibt es in Russland, China, den USA, England, Deutschland und Belgien. Die größten Braunkohlenvorkommen der Erde befinden sich in Russland und den USA. Reiche Lager gibt es auch auf deutschem Boden. Deutschland fördert Braunkohle vor allem im Niederrheinischen Revier, im Raum Merseburg, Halle, Borna und der Lausitz.

Die Steinkohle wird zum größten Teil im Tiefbau gewonnen, Braunkohle meist im Tagebau.

Der spezifische Heizwert des Anthrazits beträgt je Kilogramm ungefähr 35 000 kJ, der Steinkohle 31 000 kJ, bei der Braunkohle schwankt er zwischen 12 500 und 27 000 kJ je nach Herkunft und Wassergehalt.

32.5 Verfahren der Kohleveredlung

Da die Kohlevorräte die Erdölvorräte weit übertreffen, ist die Kohle ein wichtiger Bestandteil der Energiewirtschaft und ein nicht minder bedeutungsvoller Rohstoff der chemischen Industrie.

[1] anaerob (griech.) ohne Luft lebend

Nur minderwertige Ballastkohle kommt direkt zur Verfeuerung, und möglichst viel Kohle wird der Kohleveredlung zugeführt. Die Kohleveredlungsprozesse sind Brikettierung, Verschwelung, Verkokung und Vergasung der Kohle.

Die *Brikettierung* der Braunkohle hat die wesentliche Aufgabe, den hohen Wassergehalt der grubenfeuchten Kohle von 40 bis 60 % auf 16 bis 18 %, für spezielle Zwecke auf noch geringere Feuchtigkeit herabzusetzen und dem Brennstoff eine in allen Teilen gleiche Form zu geben. In den Brikettfabriken wird die Rohkohle im Nassdienst zerkleinert, im darauffolgenden Trockendienst auf die vorgesehene Feuchte getrocknet und dann im Pressenhaus ohne Zusatz von Bindemitteln zu Briketts verpresst.

Während bei der Brikettierung nur unwesentliche chemische Veränderungen der Kohle vor sich gehen, wird durch die übrigen Kohleveredlungsprozesse die Kohlesubstanz grundlegend umgewandelt.

Bei der *Schwelung* der Kohle wird diese Temperaturen von 500 bis 600 °C, bei der Verkokung Temperaturen von 1 000 bis 1 200 °C ausgesetzt. Zur Schwelung eignen sich nur bitumenreiche Braunkohlen, die vor allem im mitteldeutschen Raum vorkommen.

Bei der *Verkokung von Steinkohle* wird diese unter Luftabschluss über 1 100 °C erhitzt. Es entstehen ein Gas, Steinkohlenteer und Koks. Das Kokereigas enthält nach der Reinigung vorwiegend Wasserstoff (60–70 %), Methan (20–30 %) und einige Prozent Kohlenmonoxid. Bei der Reinigung des Gases mit Schwefelsäure wird NH_3 als Ammoniumsulfat gebunden. Aus dem Teer lassen sich durch physikalische Trennverfahren zahlreiche wertvolle organische Verbindungen gewinnen.

Der Steinkohlenteer enthält etwa 10 000 organische Verbindungen vorwiegend aromatischen Charakters (→ Tabelle 32.3). Durch die *Destillation des Teers* erfolgt eine Anreicherung von Stoffgruppen in den Fraktionen des Teers. Der Teer der Steinkohle liefert seit mehr als 100 Jahren die Rohstoffe, die in der chemischen Industrie zu Farben, Arzneimitteln, Treib- und Sprengstoffen weiterverarbeitet werden. Obgleich der Steinkohlenteer seine führende Stellung in der Aromatenchemie verloren hat, ist er weiterhin eine wichtige Rohstoffquelle. Der Koks dient in der Stahlgewinnung zur Reduktion der Eisenerze.

Tabelle 32.3 Steinkohlenteerfraktionen

	Siedepunkt in °C	Dichte in $g \cdot cm^{-3}$	Menge in %	Enthaltene Aromaten
1. Leichtöl	180	0,91 … 0,96	4	Benzol, Toluol, Xylol
2. Mittelöl	180 … 250	1,00 … 1,02	12	Naphthalin, Phenol
3. Schweröl	250 … 300	1,03 … 1,05	12	Naphthalinverbindungen, Cresol
4. Anthracenöl	300 … 360	1,09 … 1,11	18	Anthracen, Phenanthren
5. Pech	> 360	1,07 … 1,11	54	

Die *Verkokung der Braunkohle* erfolgt in Vertikalkammeröfen (Bild 32.5). Die eingesetzten Feinkornbriketts aus asche- und schwefelarmer Braunkohle werden im oberen Teil des Kokers durch Spülgase getrocknet, im unteren Teil in den Kokskammern, die durch in Heizzügen verbrennendes Gas beheizt werden, verkokt. Hauptprodukt dieses Verfahrens ist der *BHT-Koks (Braunkohlenhochtemperaturkoks)*. Außerdem fallen in der Zusammensetzung ähnliche Produkte wie bei der Schwelung an: Gas, Öl, Teer, Gaswasser.

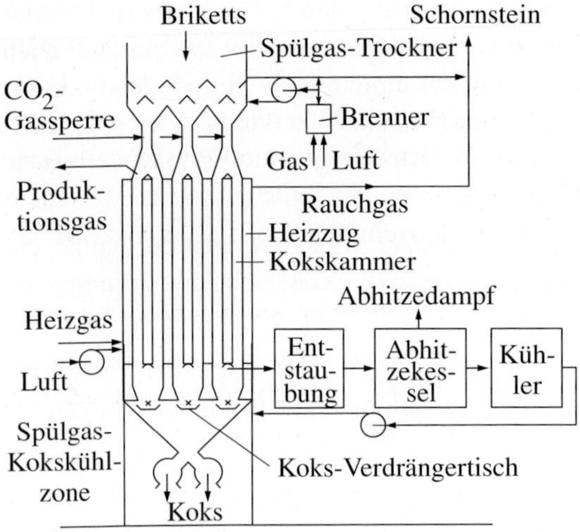

Bild 32.5 BHT-Koksofen

Die *Vergasung der Kohle* hat das Ziel, minderwertige Kohle (Ballastkohle) möglichst vollständig zu vergasen. Die Vergasung der Braunkohle kann bei Normaldruck oder geringem Überdruck in Drehrost- und Winklergeneratoren erfolgen. Die beste Nutzung des eingesetzten Brennstoffes erreicht man aber bei der Druckvergasung, wo mit Hilfe von Sauerstoff und Wasserdampf bei einem Druck von 2 bis 3 MPa gearbeitet wird. Das dabei entstehende Starkgas hat einen hohen Methangehalt, es ähnelt in seiner Zusammensetzung dem Stadtgas, das bei der Verkokung der Steinkohle gewonnen wird. Dem Druckgaserzeugern nachgeschaltete Reinigungsanlagen liefern Öl und Teer, die in der Zusammensetzung den Schwelprodukten ähnlich sind. Das bei der Sauerstoffdruckvergasung anfallende Reingas enthält 52 % Wasserstoff, 23 % Methan, 20 % Kohlenmonoxid, 3,5 % Kohlendioxid und 1,5 % Stickstoff. Der spezifische Heizwert des Gases beträgt 18 500 $kJ \cdot m^{-3}$ (i. N.).

Der größte Teil der bei der Veredlung der Braunkohle anfallenden Öle und Teere wird durch die *Hochdruckhydrierung* zu Treibstoffen verarbeitet. Das Verfahren wurde von dem deutschen Chemiker *Friedrich Bergius* (1884 bis 1949) entwickelt. Es gestattet, Wasserstoff bei einem Druck von 20 bis 30 MPa und einer Temperatur von 450 °C direkt mit Kohle, Teer, Erdöl und Erdölrückständen umzusetzen.

32.6 Kraftstoffe

Die wichtigsten Erdölprodukte sind Kraftstoffe für Otto- und Dieselmotor dank der großartigen Entwicklung dieser Maschinen in den letzten 100 Jahren. Wichtigstes Qualitätsmerkmal von *Vergaserkraftstoffen* für den Benzinmotor ist die Klopffestigkeit. Entzündet sich das Benzin-Luft-Gemisch im Ottomotor, bevor die Kompression erreicht ist, so klopft und klingelt der Motor. Technisches Maß für die *Klopffestigkeit* eines Vergaserkraftstoffes ist die *Octanzahl* (OZ). Die Prüfung der Klopffestigkeit eines Kraftstoffs erfolgt in speziellen, genormten

Einzylindermotoren. Der zu prüfende Kraftstoff wird verglichen mit einem Gemisch von Isooctan und n-Heptan. Reines Isooctan hat die OZ = 100, reines n-Heptan die OZ = 0. Verhält sich ein Kraftstoff im Standardmotor wie ein Gemisch aus 60 Teilen Isooctan und 40 Teilen n-Heptan, so hat er die OZ = 60.

Die Octanzahl eines Kraftstoffs wird günstig beeinflusst durch verzweigte und ungesättigte Kohlenwasserstoffe, Naphthene und Aromaten. Wenn ein Benzin nur geringe Mengen der genannten Verbindungen enthält, hat es eine schlechte Octanzahl. Es wurde dann mit einem Antiklopfmittel, z. B. Bleitetraethyl $Pb(C_2H_5)_4$, versetzt. Allerdings trat wegen des Bleiausstoßes eine erhebliche Schädigung der Umwelt ein. Moderne Einrichtungen zur katalytischen Reinigung von Abgasen beim Kraftfahrzeug erfordern bleifreies Benzin, z. B. mit MTBE als Zusatz (→ Abschn. 30.9).

Die Qualität eines *Dieselkraftstoffs* wird durch die *Cetanzahl* (CZ) charakterisiert. Sie gibt die Zündwilligkeit eines Kraftstoffes an. Als Vergleichsmischung dient Cetan ($C_{16}H_{34}$ unverzweigt) mit CZ = 100 und α-Methyl-naphthalen (eine aromatische Verbindung) mit CZ = 0. Die Prüfung erfolgt in genormten Dieselmotoren. Die Cetanzahl wird günstig beeinflusst durch geradkettige gesättigte Kohlenwasserstoffe und Olefine, ungünstig durch Naphthene und Aromaten. Es gilt die Regel, dass gute Dieselkraftstoffe schlechte Otto-Treibstoffe sind und umgekehrt. Vom Dieselkraftstoff wird mindestens die CZ = 40 gefordert.

32.7 Schmieröle und Schmierfette

Schmieröle haben die Aufgabe, die Reibung zwischen gleitenden Maschinenteilen herabzusetzen. Etwa 2 % der Erdölproduktion der Welt werden auf Schmieröl verarbeitet. Zur Schmierölgewinnung eignen sich vor allem Erdöle, die reich an hochsiedenden verzweigten paraffinischen Kohlenwasserstoffen sind. Um die durch Destillation gewonnenen Produkte weitgehend dem jeweiligen Verwendungszweck anzupassen, werden die Destillate raffiniert. Dadurch sollen vor allem asphaltartige Anteile und Paraffin entfernt sowie die Viskosität (Zähflüssigkeit) verbessert werden. Vollsynthetisch stellt man Schmieröl u. a. aus Ethen her. Für spezielle Schmierungsaufgaben werden in geringem Umfang noch andere synthetisch gewonnene Verbindungen, z. B. Siliconöle, eingesetzt (→ Abschn. 15.7). Wirtschaftliche Bedeutung hat auch die Aufarbeitung von Altölen zu Regeneratölen.

Die Schmierölfraktionen des Erdöls werden unterteilt in Spindel-, Maschinen-, Motoren-, Umlauf- und Zylinderöl. Die Siedepunkte der Öle erhöhen sich in der angegebenen Reihenfolge, dementsprechend sind sie dann höheren Temperaturbeanspruchungen gewachsen.

Die wichtigste Eigenschaft eines Schmieröls ist seine *Viskosität* bzw. das Viskositäts-Temperatur-Verhalten. Die Zähflüssigkeit von Schmierölen wird durch die Größe der kinematischen Viskosität, angegeben in $mm^2 \cdot s^{-1}$, bestimmt. Die kinematische Viskosität ist stark temperaturabhängig.

Flamm- und *Brennpunkt* charakterisieren die Entzündbarkeit von Schmierölen. Am Flammpunkt haben sich so viel brennbare Dämpfe gebildet, dass diese bei Annäherung einer Flamme verpuffen. Am *Brennpunkt* brennt das Öl nach Entzündung selbst weiter. Am *Stockpunkt* verliert ein Öl seine Fließfähigkeit. Er wird durch Abkühlen von Öl in einem Probeglas unter vorgeschriebenen Bedingungen geprüft. Chemische Kennwerte von Schmierölen sind Neutralisations-, Verseifungs-, Teerzahl, Asche-, Wassergehalt und Verkokungsneigung. Die *Neutralisationszahl* (NZ) gibt Auskunft über den Gehalt von mineralischen und organischen Säuren im Schmieröl.

Die *Verseifungszahl* (VZ) erfasst die im Schmieröl enthaltenen verseifbaren Stoffe. Die *Teer*zahl kennzeichnet das Verhalten des Schmieröls gegenüber konzentrierter Schwefelsäure. Zur Bestimmung des *Aschegehalts* wird eine bestimmte Ölmenge in einem Quarztiegel langsam abgebrannt und der Rückstand gewogen. Er soll bei unlegierten Ölen unter 0,05 % liegen.

Der *Wassergehalt* eines Schmieröls soll 0,1 % nicht übersteigen. Es wird mit Hilfe von Xylol festgestellt. Ein Xylol-Öl-Gemisch wird zum Sieden erhitzt, das Wasser geht mit dem Xylol in eine Vorlage über und setzt sich im Kondensat klar vom Xylol ab.

Die *Verkokungsneigung* gibt Auskunft über die zu erwartende Bildung von Rückständen an Ventilen und in Zylindern. Sie wird festgestellt, indem eine bestimmte Ölmenge unter Luftabschluss vorsichtig abgeschwelt und der Rückstand gewogen wird.

Da durch Raffination die gewünschten Qualitätsmerkmale von Schmierölen allein oft nicht zu erreichen sind, werden seine Eigenschaften vielfach noch durch Legierung mit bestimmten Zusätzen (Additive) verbessert. Um die Ölalterung durch Oxidationsvorgänge einzuschränken, setzt man Sauerstoffinhibitoren[1)] zu.

Polymerisate von Olefinen und Styrol verbessern das Viskositäts-Temperatur-Verhalten, Siliconzusatz verhindert das Schäumen von Schmierölen. Metallorganische Verbindungen als Reinigungszusatz (Detergents, Dispersants) halten Verschmutzungen des Öls in der Schwebe, so dass es nicht zu Ablagerungen kommt. Hochdruckzusätze sind erforderlich, wenn in den geschmierten Lagern hohe Drücke auftreten.

Neben den Schmierölen werden zum Herabsetzen der Reibung auch *Schmierfette* verwendet. Schmierfette sind meist Mischungen aus Mineralöl (also Kohlenwasserstoffen) und Seife (→ Abschn. 33.4). Beide Bestandteile werden miteinander verkocht, so dass ein mehr oder weniger konsistentes Starrfett entsteht. Der Seifenanteil kann 10 bis 25 % betragen. Als Seifen werden Natron-, Kali-, Kalk-, Barium-, Aluminium- und Lithiumseifen eingesetzt. Die Qualität von Schmierfetten wird durch die verwendeten Seifen und durch Konsistenz und Tropfpunkt des Fettes bestimmt. Die besten Heißlagerfette enthalten Lithiumseifen.

Die *Konsistenz* ist ein Maß für die Weichheit eines Schmierfettes. Man misst dazu die Eindringtiefe eines genormten Metallkegels in vorgeschriebener Zeit.

Der *Tropfpunkt* eines Schmierfettes wird bei der Temperatur erreicht, wo in einer genormten Prüfeinrichtung der erste Tropfen des Schmierfettes beim Erwärmen abtropft.

Auch Schmierfette erhalten für besondere Zwecke Zusätze, die die Schmierfähigkeit verbessern: Petrolpech, Graphit und Molybdän(IV)-sulfid MoS_2 (auch als Molybdändisulfid bezeichnet). Graphit und MoS_2 können in Sonderfällen auch als Festschmierstoffe allein eingesetzt werden.

[1)] inhibere (lat.) hemmen

❍ Aufgaben

32.1 Was versteht man unter Petrolchemie?

32.2 Welche Hauptbestandteile enthalten Erdgase?

32.3 Welches sind die Hauptfraktionen bei der Erdöldestillation?

32.4 Durch welche physikalischen Methoden werden Erdölprodukte erzeugt?

32.5 Durch welche chemischen Methoden werden Erdölprodukte erzeugt oder verbessert?

32.6 Worin unterscheiden sich Crackprozess und Reformierungsverfahren?

32.7 Bei welchen petrolchemischen Verfahren fallen die aufgezählten Stoffgruppen an: Alkane, Alkene, Aromaten, H_2, Naphtene, Schwefel?

32.8 In einer Feuerung werden stündlich 110 kg Kohle verbrannt, die folgende Zusammensetzung hat: 75 % Kohlenstoff, 4,5 % Wasserstoff und 20,5 % unbrennbare Stoffe. Es ist das theoretische Luftvolumen bei 20 °C und 0,1 MPa zu berechnen, das zur vollständigen Verbrennung nötig ist!

32.9 Es ist die Zusammensetzung der Rauchgase in Frage 32.8 bei 150 °C in Volumenprozenten anzugeben!

32.10 Wie groß ist die Wärmemenge, die bei der vollständigen Verbrennung von 1 kg der in Frage 32.8 beschriebenen Kohle entsteht, wenn dabei das entstehende Wasser als Dampf entweicht?
$\Delta H = -242\ \mathrm{kJ \cdot mol^{-1}}$
für Wasser (H_2O) g
$\Delta H = -394\ \mathrm{kJ \cdot mol^{-1}}$
für Kohlendioxid CO_2.
Die in dieser Aufgabe zu berechnende Wärmemenge ist der untere Heizwert des Brennstoffes.

32.11 Durch welche technischen Prozesse stellt man Kohlenwasserstoffe aus Kohle her?

32.12 Was versteht man unter der Octan- und Cetanzahl eines Kraftstoffes?

32.13 Welche physikalischen Eigenschaften bestimmen die Qualität eines Schmieröls?

32.14 Welche chemischen Kenngrößen charakterisieren die Verwendungsmöglichkeiten von Schmierölen?

32.15 Wodurch kann die Oktanzahl eines Kraftstoffes erhöht werden?

32.16 Wie stellt man Schmierfette her?

32.17 Welchem Zweck dienen die verschiedenen Additives in Schmierölen?

33 Eiweiße, Fette und Kohlenhydrate

Eiweiße, Fette und Kohlenhydrate sind unsere wichtigsten organischen energieliefernden Nahrungsmittel. Ihr energetischer Nährwert ist verschieden, er beträgt für Eiweiß oder Kohlenhydrate 17,2 kJ · g^{-1}, für Fett 39 kJ · g^{-1}. Verbindungen der drei Stoffklassen kommen natürlich vor, viele sind auch Grundstoffe der technischen organischen Chemie (→ Aufg. 33.1).

33.1 Aminosäuren

Aminosäuren sind substituierte Carbonsäuren, in denen ein oder mehrere Wasserstoffatome durch die Aminogruppe —NH_2 ersetzt sind. Einige Aminosäuren kommen natürlich vor, besondere Bedeutung haben die α-Aminosäuren, die als Bausteine der Eiweiße auftreten. Aus Eiweißen lassen sich Aminosäuren durch hydrolytische Spaltung gewinnen. Von der großen Anzahl wichtiger Aminosäuren sollen nur einige genannt werden:

Amino-ethansäure 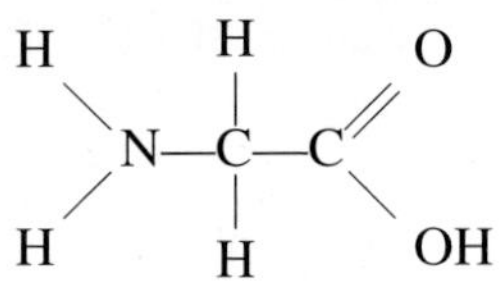 $CH_2(NH_2)$—COOH *Glycin*

α-Amino-propansäure 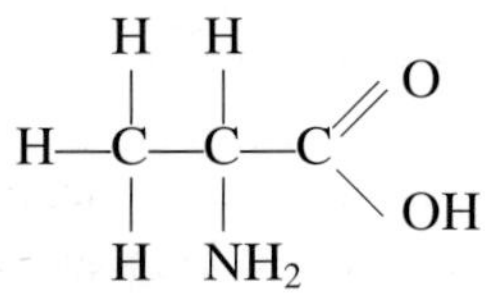 CH_3—$CH(NH_2)$—COOH *Alanin*

α-Amino-β-hydroxy-propansäure HO—CH_2—$CH(NH_2)$—COOH *Serin*

C_6H_5—$CH(NH_2)$—COOH *Phenylalanin*
CH_2SH—$CH(NH_2)$—COOH *Cystein*

Es sind auch schwefelhaltige Aminosäuren bekannt und solche, die sich von Aromaten ableiten.

Aminosäuren sind amphotere Stoffe, da sie protonenaufnehmende Gruppen (—NH_2) und protonenabgebende Gruppen (—COOH) enthalten. Der basische Charakter der NH_2-Gruppe ergibt sich daraus, dass das einsame Elektronenpaar am Aminostickstoff leicht Protonen anlagert:

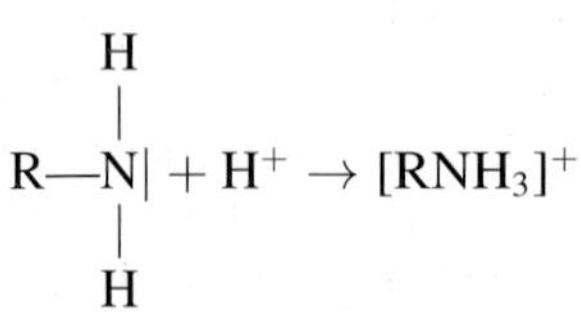

Dadurch liegt in Aminosäuren das folgende Gleichgewicht vor, das sehr stark nach rechts verschoben ist:

$$H_2N—R—COOH \rightleftharpoons H_3\overset{\oplus}{N}—R—CO\overset{\ominus}{O}$$

Die hier vorliegende Molekülform wird als *Zwitterion* bezeichnet. Wegen ihres amphoteren Charakters können Aminosäuren sowohl als Säuren als auch als Basen auftreten.

Aminosäuren sind die Bestandteile der *Eiweißstoffe*. In ihnen sind Aminosäuren miteinander zu Ketten verbunden (*Polypeptide*). Das Bindeglied ist die Peptid-(Amid-)Gruppe —CO—NH—, deren Entstehung man sich formal aus einer Kondensation der Carboxylgruppe des einen Aminosäuremoleküls mit der Aminogruppe des anderen Aminosäuremoleküls vorstellen kann, z. B.:

$$NH_2–CH_2–COOH + NH_2–CH_2–COOH \rightarrow NH_2–CH_2–CO–NH–CH_2–COOH + H_2O$$

Glycin Dipeptid

Man nimmt an, dass nach dem oben angegebenen Prinzip in den natürlichen Eiweißen Aminosäuren zu langkettigen Polypeptiden verbunden sind. Es ist das Verdienst des deutschen Chemikers *Emil Fischer* (1852 bis 1919), dass er einerseits aus Aminosäuren eiweißähnliche Stoffe, die Polypeptide, synthetisch herstellte und andererseits nachwies, dass die natürlichen Eiweißstoffe durch Hydrolyse in Aminosäuren aufgespalten werden.

33.2 Proteine

Die Proteine werden auch als Eiweiße bzw. als Eiweißstoffe bezeichnet. Sie bilden kettenartige Makromoleküle, wobei die Ketten in verschiedener Weise aneinander gelagert sind. Die makromolekularen Ketten bestehen aus 2 bis zu mehreren 10 000 Molekülresten verschiedener α-Aminosäuren, die durch eine Peptidbindung (→ Abschn. 33.1) miteinander verbunden sind.

Die Proteine befinden sich in den Zellen aller Organismen. Sie nehmen unter den organischen Naturstoffen eine Sonderstellung ein. Jeder Lebensvorgang ist an das Vorhandensein von Eiweiß gebunden. Während der Mensch die übrigen Nahrungsmittel (Fette und Kohlenhydrate) notfalls längere Zeit ohne Schaden entbehren kann, machen sich beim Fehlen von Eiweiß sehr bald ernste Gesundheitsschäden bemerkbar. Das Eiweiß ist der einzige Stickstofflieferant in der menschlichen Nahrungskette, es ist zum Aufbau körpereigenen Eiweißes unbedingt erforderlich. Nur die Pflanzen sind in der Lage, aus anderen Stickstoffverbindungen Eiweiß aufzubauen.

Die Proteine des Menschen bestehen aus 21 verschiedenen Aminosäuren. Darunter sind acht, die der menschliche Körper nicht selbst herstellen kann. Sie müssen über die Nahrung aufgenommen werden (essenzielle Aminosäuren).

Die Proteine unterschiedlicher Organismen unterscheiden sich in der Art der miteinander verknüpften Aminosäuren und in ihrer Reihenfolge (Sequenz) mit der sie die Polypeptidkette bilden. Die Vielzahl der Möglichkeiten ist weiter erhöht durch verschiedenartige räumliche Gestaltungen der aneinander gelagerten Polypeptidketten. Ein Polypeptid mit 100 Bausteinen aus 10 verschiedenen Aminosäuren ist bereits in 10^{100} Anordnungsmöglichkeiten denkbar.

Die Eiweißmoleküle sind Makromoleküle. Wegen der Größe der Moleküle liegt Eiweiß in Lösung fast immer kolloid vor.

Erhitzt man kolloide Eiweißlösungen oder gibt man Salze oder verdünnte Säuren hinzu, so gerinnen sie, sie *koagulieren*. Manche dieser Fällungen können durch Wasserzufuhr wieder rückgängig gemacht werden, d. h., die betreffenden Kolloide sind reversibel. Sind die Fällungen irreversibel, so wird das Eiweiß *denaturiert*. Zu den *einfachen Eiweißstoffen oder Proteinen*[1] gehören das Eiweiß der Eier und des Muskelfleisches, der Kleber der Getreidekörner, Gerüsteiweißstoffe (Horn, Haar, Leimstoffe). *Zusammengesetzte Eiweißstoffe oder Proteide* sind z. B. Kasein (Eiweiß + Phosphorsäure), Hämoglobin (Eiweiß + Farbstoff) und Schleimstoffe (Eiweiß + Kohlenhydrate).

In dem komplexen Vorgang der biologischen Eiweißsynthese spielen die *Nucleinsäuren* (z. B. die DNS[2]) eine besondere Rolle. Die Makromoleküle der DNS besitzen eine schraubenförmige Struktur (Helix). Heterocyclische Basen verbinden paarweise zwei derartige Molekülketten zu einer schraubenförmig gewundenen „Leiter“ mit Paaren von Basen als „Sprossen“ (Doppelhelix). Die Reihenfolge der Basen in der Doppelhelix codiert Erbinformationen. Sie entscheidet über die Reihenfolge der Aminosäuren in dem mit ihrer Hilfe synthetisierten Proteinmoleküle und weist damit auf einen bestimmten individuellen Organismus hin.

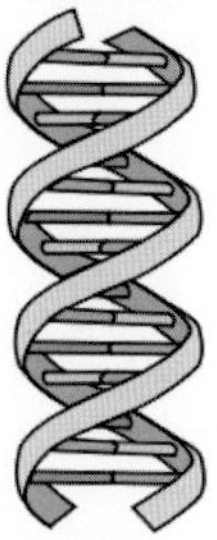

Bild 33.1 Doppelhelix

33.3 Fette und fette Öle

Unsere kalorienreichsten Nahrungsmittel, die Fette und fetten Öle, gehören nach ihrer chemischen Struktur zu den Estern (→ Abschn. 30.8).

▌ Fette und fette Öle sind Ester aus höheren Fettsäuren und Glycerol.

Die in den Fetten hauptsächlich vorkommenden gesättigten Fettsäuren sind *Buttersäure* C_3H_7COOH, *Palmitinsäure* $C_{15}H_{31}COOH$ und *Stearinsäure* $C_{17}H_{35}COOH$, außerdem kommen ungesättigte Fettsäuren vor: die *Ölsäure* $C_{17}H_{33}COOH$ mit einer Doppelbindung und die *Linolsäure* $C_{17}H_{31}COOH$ mit zwei Doppelbindungen im Molekül.

Die festen Fette (Butter, Schmalz, Kokosfett) enthalten vorwiegend gesättigte Fettsäuren, die fetten Öle (Pflanzenöl) und Tran vorwiegend ungesättigte.

Den chemischen Aufbau eines Fettes zeigt die folgende Formel von *Tripalmitin (Tripalmitinsäureglycerolester)*:

$$\begin{array}{l} H_2C—O—CO—C_{15}H_{31} \\ \;\;| \\ \;HC—O—CO—C_{15}H_{31} \\ \;\;| \\ H_2C—O—CO—C_{15}H_{31} \end{array}$$

[1] Sprich pro-te-in, von protos (griech.) der erste

[2] DNS – Desoxyribonucleinsäure, englisch: DNA

In natürlichen Fetten kommen nur gemischte Ester vor, in denen an einem Glycerolmolekül verschiedene Fettsäuren gebunden sind.

Tierische Fette werden meist durch *Ausschmelzen* aus fetthaltigem Gewebe, fette Öle aus Samen durch *Pressen* oder *Extraktion* mit Hilfe von Lösungsmitteln gewonnen. Die Dichte von Fetten und fetten Ölen ist geringer als die des Wassers, sie sind in Ether, Benzin, Schwefelkohlenstoff, Tetrachlorkohlenstoff löslich. Durch Mikroorganismen werden sie bei Luftzutritt verseift, d. h. in Fettsäure und Glycerol aufgespalten, das Fett wird ranzig. Für den lebenden Organismus bilden die Fette Nährstoffreserven. Besonders technische Bedeutung haben die sogenannten trocknenden Öle, z. B. Leinöl, die an der Luft durch Oxidation und Polymerisation fest werden. Sie sind im Firnis enthalten und werden bei der Herstellung von Linoleum und Öllacken gebraucht.

Um das Angebot an festen Fetten zu erhöhen, werden Pflanzenöle durch katalytische Addition von Wasserstoff an Doppelbindungen der ungesättigten Säuren gehärtet.

Beispiel:

$$\underset{\text{Ölsäurerest}}{C_{17}H_{33}\text{—COO—R}} \xrightarrow[\text{Katalysator}]{+H_2} \underset{\text{Stearinsäurerest}}{C_{17}H_{35}\text{—COO—R}}$$

Die so durch *Fetthärtung* gewonnenen festen Fette ergeben nach Zugabe von Vitaminen, Milch und Eigelb usw. die Margarine (→ Aufg. 33.8 bis 33.10).

33.4 Seifen und synthetische Waschgrundstoffe

Seifen

Für den Wasch- und Reinigungsprozess werden bereits seit langer Zeit *Seifen* benutzt, die durch Fettverseifung gewonnen wurden. Erst im vorigen Jahrhundert stellte man waschaktive Substanzen synthetisch auch aus völlig anderen Grundstoffen her. Seifen und synthetische Waschgrundstoffe sind grenzflächenaktiv (*Tenside*), sie haben benetzende, dispergierende und emulgierende Wirkung. In ihren Molekülen bedingt eine hydrophile Gruppe die Wasserlöslichkeit, eine hydrophobe die Grenzflächenaktivität. Beim Waschprozess werden die Schmutzteilchen von den hydrophoben Gruppen umhüllt, das am hydrophilen Molekülteil angelagerte Wasser trägt den Schmutz in kolloider Form fort.

Seifen sind Salze höherer Fettsäuren. Die Natriumsalze der Fettsäuren ergeben Kernseifen, die Kaliumsalze Schmierseifen.

Die klassische Verseifung von Fetten mit Hilfe von Laugen wird durch die folgende Reaktionsgleichung beschrieben:

$$\begin{array}{lcl} H_2\,C\text{—O—CO—R} & & CH_2\text{—OH} \\ \quad | & & | \\ H\;C\text{—O—CO—R} \; + 3\,NaOH & \rightarrow & CH\text{—OH} + 3\,R\text{—COONa} \\ \quad | & & | \\ H_2\,C\text{—O—CO—R} & & CH_2\text{—OH} \\ \text{Fett} \quad + \text{Lauge} & \rightarrow & \text{Glycerol} \quad + \text{Seife} \end{array}$$

Verwendet man bei der Seifenherstellung Natronlauge, so bildet sich zuerst eine Lösung der „Seifenleim“. Aus der erhaltenen Lösung muss durch Aussalzen mit Kochsalz der „Seifenkern“ von der Unterlauge getrennt werden, in der sich dann das Glycerol befindet.

Besser führt man die Fettspaltung mit Wasserdampf im Autoklaven bei etwa 170 °C und 0,8 MPa Druck durch. Man erhält dabei Glycerol und Fettsäure in großer Reinheit. Die Fettsäure setzt man anschließend mit Carbonaten zu der gewünschten Seife um.

Beispiel:

$$\underset{\text{Fettsäure}}{2\,R{-}COOH} + \underset{\substack{\text{Kaliumcarbonat}\\ \text{Pottasche}}}{K_2CO_3} \rightarrow \underset{\text{Schmierseife}}{2\,R{-}COOK} + CO_2 + H_2O$$

Für diese Umsetzung lassen sich auch synthetische Fettsäuren einsetzen, die durch die Paraffinoxidation gewonnen werden (→ Abschn. 30.5). Verbindet man die Fettsäuren nicht mit Natrium- oder Kaliumionen, sondern mit anderen Metallen, so erhält man Seifen dieser Metalle, z. B. Aluminium-, Kalk- und Lithiumseifen. Diese sind für die Herstellung von Schmierfetten erforderlich.

Die Seifen der Alkalimetalle (also Kern- und Schmierseifen) sind in Wasser gut löslich, die Seifen vieler anderer Metalle nicht. Unlösliche Kalkseife bildet sich u. a. beim Waschen mit hartem Wasser. Um das zu verhüten, verwendet man möglichst weiches Wasser oder enthärtet das Wasser.

Wässrige Seifenlösung reagiert durch Hydrolyse alkalisch. Die Alkalität ist für den Waschprozess nicht unerwünscht, da sie eine Auflockerung des Schmutzes bewirkt. Andererseits kann sich die Alkalität auch ungünstig auswirken, indem z. B. die Farben des Gewebes dadurch verändert werden.

Synthetische Waschgrundstoffe

Von den synthetischen Waschgrundstoffen seien 2 Verbindungsgruppen erwähnt. Es sind Natriumsalze von sauren Schwefelsäureestern, sogenannte *Alkylsulfate*, oder Natriumsalze von Sulfonsäuren, sogenannte *Alkylsulfonate*. Die synthetischen Waschgrundstoffe reagieren im Gegensatz zur Seife in wässriger Lösung neutral, mit hartem Wasser bilden sie keine Niederschläge. Aus diesem Grunde kann man sie zum Waschen empfindlicher Textilien verwenden und auf eine Enthärtung des Waschwassers verzichten.

Die Alkylsulfate stellt man her, indem man von Alkoholen ausgeht, die durch Paraffinoxidation und anschließender Reduktion der Fettsäuren gewonnen werden. Nach Veresterung mit Schwefelsäure wird der saure Ester mit Natronlauge neutralisiert.

$$\underset{\text{saurer Ester}}{C_{17}H_{35}{-}CH_2O{-}\underset{\displaystyle OH}{\underset{|}{SO_2}}} + NaOH \rightarrow \underset{\text{Alkylsulfat}}{C_{17}H_{35}{-}CH_2O{-}\underset{\displaystyle ONa}{\underset{|}{SO_2}}} + H_2O$$

Alkylsulfate des oben angegebenen Typs sind Hauptbestandteile verschiedener Feinwaschmittel.

Von Paraffinen geht man auch bei der Erzeugung von *Alkylsulfonaten* aus. Den Reaktionsverlauf zeigt das folgende Schema:

$$\underset{\text{Paraffin}}{R{-}H} + SO_2 + Cl_2 \xrightarrow{-HCl} R{-}SO_2{-}Cl \xrightarrow{+2\,NaOH} \underset{\text{Alkylsulfonat}}{R{-}SO_2{-}ONa} + H_2O + NaCl$$

Hauptsächlich sind synthetische Waschgrundstoffe in Gebrauch, die sich vom Benzol ableiten und ähnlichen chemischen Aufbau besitzen wie die oben besprochenen.

Der Verbrauch großer Mengen synthetischer Waschgrundstoffe in Haushalten und Industrie führt diese in Abwässer und belastet stark das Wasser der Flüsse und Seen. Die Wasserwirtschaft ist daran interessiert, dass nur solche Waschmittel verwendet werden, die in den Gewässern leicht biologisch abgebaut werden. Die oben genannten Alkylsulfate und -sulfonate erfüllen diese Bedingungen. Auch Alkylbenzolsulfonate sind leicht abbaubar, wenn sich die Sulfonsäuregruppe an der Alkylgruppe eines n-Alkans befindet, das als Seitenkette am Benzolring sitzt.

Theorie der Waschwirkung (→ Abschn. 6.2.3.5)

Die *Waschwirkung* der Seifen und Waschmittel beruht auf ihrer benetzenden und emulgierenden Fähigkeit gegenüber den Fetten, Mineralölen, Schmutzteilchen usw. Durch Zusatz von Seifen und Waschmittel gelingt es beispielsweise, eine verhältnismäßig stabile Emulsion von Öl in Wasser herzustellen. Diese Eigenart kann physikalisch mit einer Verminderung der Grenzflächenspannung von Wasser gegen Öl erklärt werden. Die von Natur aus große Grenzflächenspannung zwischen Wasser und Öl bewirkt, dass beide Stoffe – in Dispersion gebracht – danach trachten, sich mit der kleinstmöglichen Fläche zu berühren. In Wasser mechanisch zerteiltes Öl fließt zu großen Tropfen zusammen, bis sie schließlich eine einzige Ölschicht bildet. Ein Seifenzusatz zum Wasser setzt dagegen diese Grenzflächenspannung herab. Die kleinen Öltröpfchen fließen jetzt nicht mehr zusammen, die Berührungsfläche zwischen Öl und Wasser bleibt groß. Schmutzteilchen, Fette, Öle usw., die sich gegenüber reinem Wasser „abstoßend" verhalten, lassen sich dagegen von Seifen oder Waschmittellösungen benetzen, umhüllen und schließlich von ihrer Unterlage abspülen. Sie werden in der Seifenlösung emulgiert.

Die Ursache dieser Fähigkeit der Seifen und Waschmittel ist in ihrem Molekülaufbau zu suchen. Die Moleküle sämtlicher waschaktiven Substanzen sind im Prinzip stets so gebaut, dass das Molekül Stäbchenform besitzt, d. h., es liegen längere Kohlenstoffketten vor. Diese Verbindungen sind an sich noch nicht waschaktiv. Die beiden Enden des Stäbchenmoleküls müssen Atomgruppen tragen, die sich in ihrem physikalischen Verhalten gegenüber Wasser unterschiedlich, und zwar entgegengesetzt, verhalten. Ionisierbare Reste, wie —COONa und —SO_3Na, werden als hydrophile, d. h. „wasserfreundliche" Gruppen bezeichnet. Hydrophile Gruppen sind wegen ihrer Polarität auch die Aminogruppe und die alkoholische OH-Gruppe. Alkylreste, wie z. B. —CH_3, sind dagegen hydrophob, d. h. „wasserfeindlich". Die Stäbchenmolcküle aller Seifen und Waschmittel tragen sowohl eine hydrophile als auch eine hydrobe

Gruppe. Ein Seifenanion, d. h. ein Fettsäureanion größerer Kettenlänge, besitzt also folgende schematische Struktur:

$$CH_3—CH_2— \cdots —COO^-$$

hydrophober Rest hydrophile Gruppe

Bei der Benetzung eines Öltröpfchens mit Seifenlösung orientieren sich diese polaren Stäbchenmoleküle derart, dass die hydrophoben Enden der Moleküle den Öltropfen berühren, die hydrophilen Enden dagegen in das umgebende Wasser ragen. Eine Schicht von Seifenmolekülen „vermittelt" also zwischen Wasser und den Öltröpchen und bewirkt damit eine Herabsetzung der Grenzflächenspannung (Bild 33.2). Zur Erklärung der Waschwirkung werden im allgemeinen noch weitere Einflüsse (wie z. B. unterschiedliche elektrische Aufladung von Schmutzteilchen und Fasern) herangezogen.

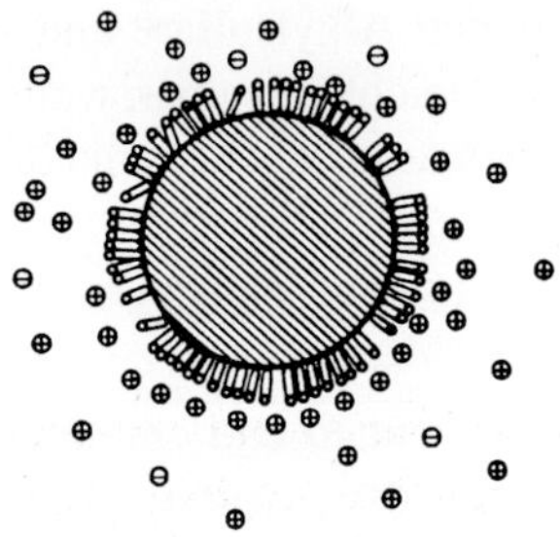

Bild 33.2 Benetzende Wirkung eines Waschmittels

33.5 Kohlenhydrate

Kohlenhydrate enthalten nur die Elemente Kohlenstoff, Wasserstoff und Sauerstoff, die beiden letzten genannten Elemente meist in dem im Wasser vorliegenden Verhältnis, so dass ihre allgemeine Formel lautet:

$$\text{Kohlenhydrat: } C_n(H_2O)_m$$

Die Kohlenhydrate sind Oxidationsprodukte mehrwertiger Alkohole. Nach ihrem Verhalten gegenüber Säuren unterteilt man sie in drei Gruppen:

1. Monosaccharide[1] oder Einfachzucker, sie sind nicht durch Säuren zerlegbar.
2. Oligosaccharide[2] oder Mehrfachzucker, sie zerfallen durch Hydrolyse in wenige Monosaccharidmoleküle.
3. Polysaccharide[3] oder Vielfachzucker, sie sind aus vielen Monosaccharidmolekülen zu hochmolekularen Verbindungen aufgebaut.

Alle Kohlenhydrate tragen die Endung *-ose*.

[1] sákcharon (griech.) Zucker
[2] oligos (griech.) wenig
[3] polýs (griech.) viel

Die Monosaccharide enthalten neben Hydroxygruppen noch jeweils eine Aldehyd- oder Ketogruppe. Danach unterscheidet man Aldosen und Ketosen, nach der Anzahl der Kohlenstoffatome Tetrosen, Pentosen, Hexosen usw.

33.5.1 Monosaccharide

Die bekanntesten Monosaccharide sind die Hexosen Glucose *(Traubenzucker)* und Fructose *(Fruchtzucker)* mit der gemeinsamen Summenformel $C_6H_{12}O_6$, aber unterschiedlicher Strukturformel:

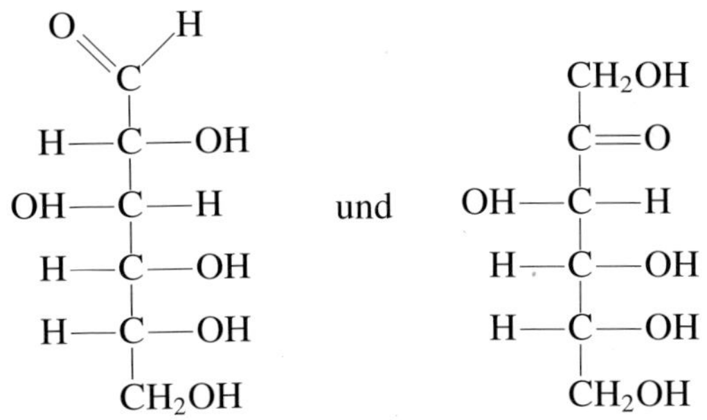

D-Glucose D-Fructose

Durch Vergleich beider Strukturformeln ist zu erkennen, dass Glucose eine Aldehydgruppe, Fructose eine Ketogruppe enthält. Diese Zucker zeigen deshalb typische Aldehyd- bzw. Ketonreaktionen. Beide Verbindungen enthalten (mehrere) asymmetrische Kohlenstoffatome und sind deshalb optisch aktiv.

Die oben angegebenen kettenförmigen Strukturen von Zuckern stehen im Gleichgewicht mit Ringstrukturen, wie das folgende Beispiel zeigt:

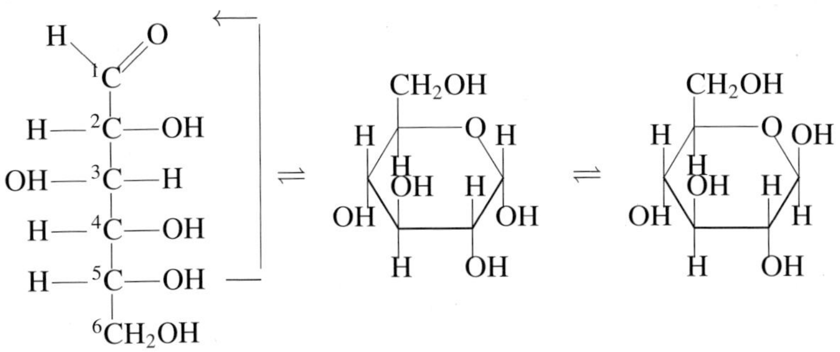

D-Glucose (Aldehydform) α-Glucose β-Glucose

Die entstehenden Ringe können sich in der sterischen (räumlichen) Konfiguration unterscheiden, die bei der Glucose als α- und β-Form der Verbindung bezeichnet werden. Bei diesen Ringformen liegt *Stereoisomerie* vor. Stereoisomere Verbindungen unterscheiden sich im allgemeinen in physikalischen Eigenschaften, häufig auch in ihrem chemischen Verhalten. α- und β-Glucose zeigen Unterschiede in Löslichkeit, Schmelzpunkt und optischem Verhalten. Die Ebene des polarisierten Lichtes wird beim Durchgang durch Lösungen der beiden Verbindungen in unterschiedlicher Weise gedreht.

Trauben- und Fruchtzucker sind süß schmeckende, in Wasser lösliche, neutral reagierende Substanzen, die natürlich in Früchten vorkommen. Der Bienenhonig ist ein Gemisch aus beiden Zuckern. Traubenzucker wird ohne einen Verdauungsprozess vom Organismus aufgenommen. Er kann auch direkt in die Blutbahn injiziert werden. Beide Zucker werden durch Enzyme (Biokatalysatoren), die in der Hefe enthalten sind, zu Ethanol vergoren:

$$\underset{\text{Glucose}}{C_6H_{12}O_6} \rightarrow 2\,\underset{\text{Ethanol}}{C_2H_5OH} + 2\,CO_2$$

33.5.2 Oligosaccharide

Die Moleküle von Monosacchariden können sich unter Kondensation zu größeren Molekülen vereinigen. Von den durch diese Reaktion entstehenden Stoffen sind die Disaccharide (aus 2 Molekülen von Einfachzuckern) die wichtigsten. Die Summenformel der Disaccharide ist $C_{12}H_{22}O_{11}$.

Bei der Vereinigung von je einem Molekül Trauben- und Fruchtzucker entsteht das Disaccharid *Saccharose* $C_{12}H_{22}O_{11}$, *Rohrzucker*[1]:

$$\underset{\text{Glucose}}{C_6H_{12}O_6} + \underset{\text{Fructose}}{C_6H_{12}O_6} \rightleftharpoons \underset{\text{Saccharose}}{C_{12}H_{22}O_{11}} + H_2O$$

Wie die Gleichgewichtsreaktion zeigt, zerfällt Rohrzucker umgekehrt durch Hydrolyse in Monosaccharide.

Die räumliche Strukturformel des Rohrzuckers zeigt folgendes Bild:

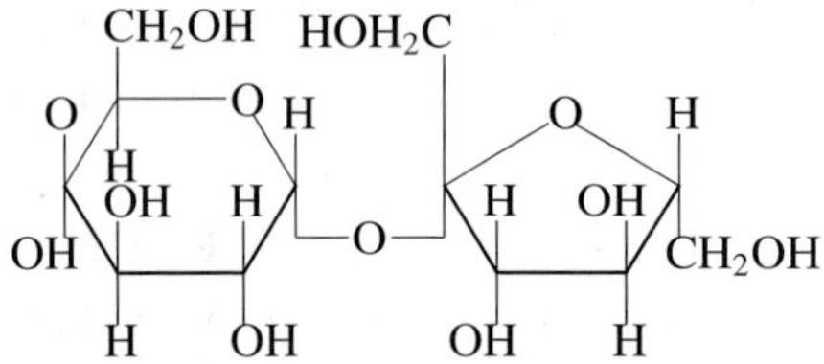

Saccharose

Saccharose findet sich in vielen Pflanzen und Früchten. Es ist der Zucker, der zur Bereitung von Speisen und Getränken verwendet wird. Technisch gewinnt man ihn in Europa aus den Wurzeln der Zuckerrübe, in Übersee meist aus den Stängeln des Zuckerrohrs. Der bei der technischen Zuckergewinnung anfallende, nicht kristallisierende Sirup heißt Melasse, er wird zum größten Teil zu Spiritus verarbeitet.

Weitere Disaccharide mit der Summenformel $C_{12}H_{22}O_{11}$ sind *Maltose* (Malzzucker) und *Cellobiose*. Sie zerfallen bei der hydrolytischen Spaltung in 2 Moleküle Glucose, aus denen sie sich auch aufbauen. Die beiden Glucosemoleküle sind aber in Maltose und Cellobiose andersartig miteinander verknüpft (→ Abschn. 33.5.3).

[1] Rohr- und Rübenzucker sind chemisch identisch.

33.5.3 Polysaccharide: Stärke und Cellulose

In den Polysacchariden *Stärke* und *Cellulose* sind sehr viele Glucosemoleküle durch Sauerstoffbrücken miteinander verbunden. Die Anzahl x der am Aufbau der Polysaccharidmoleküle beteiligten Glucosemoleküle ist nicht genau angebbar; die Polysaccharide bestehen aus *Makromolekülen*, die nur in der Größenordnung übereinstimmen. Gemeinsame Summenformel der Polysaccharide ist

Polysaccharid: $(C_6H_{10}O_5)_x$

Es ist bekannt, dass die Makromoleküle der Stärke aus α-Glucose, die der Cellulose aus β-Glucose aufgebaut sind. Die Ringstrukturen sind jeweils am 1. und 4. C-Atom der Ringe miteinander verknüpft. Stärke ist ein Polysaccharid, in dem Glucosemoleküle α(1,4)-glucosidisch verbunden sind, β-(1,4)-glucosidisch sind sie es in der Cellulose. Diesem Aufbau der beiden Substanzen entspricht, dass sie hydrolytisch bis zu Glucose abgebaut werden können. Als Zwischenprodukte lassen sich dabei das Disaccharid Maltose (aus Stärke) und Cellobiose (bei der Cellulose) isolieren.

Stärke ist der Reservestoff der Pflanze, sie ist enthalten in Getreidekörnern, Kartoffeln usw. Stärke ist unser billigstes Nahrungsmittel. Nicht vorbehandelte Stärke wird in kaltem Wasser nicht gelöst, erst ab 50 °C setzt Quellung unter Wasseraufnahme ein. Es entsteht eine Suspension, Stärkekleister. Diese Suspension ergibt beim Erkalten eine steife Gallerte, das Stärkegel. Pudding ist z. B. ein Gel der Stärke (→ Abschn. 6.3).

Stärkekleister und Stärkelösungen geben eine typische Farbreaktion mit Iod. Sie werden blau bis blauschwarz gefärbt. Durch Kochen mit verdünnten Säuren oder durch Fermente wird Stärke bis zur Glucose abgebaut. Auf dieser Reaktion beruht die Alkoholerzeugung aus Stärkeprodukten. Stärke wird in der Lebensmittelindustrie als Kleister, zum Steifen der Wäsche und als Appretur in der Textilindustrie gebraucht.

Cellulose ist der Hauptbestandteil der pflanzlichen Gerüstsubstanz. Röntgenbilder zeigen die Faserstruktur der Cellulose, die entscheidend für ihre technische Verwendung ist. Pflanzliche Faserstoffe, z. B. Baumwolle oder Flachs, sind mehr oder weniger reine Cellulose. Das Holz der Laub- und Nadelhölzer besteht zu 40 bis 60 % aus Cellulose, daneben enthält es Hemicellulosen (leicht spaltbare Polysaccharide), Lignin (20 bis 30 %) und Harze. Lignin und Harze heißen inkrustierende Substanzen, da sie die Cellulosefasern durchdringen.

Technisch gewinnt man Cellulose aus Baumwolle, Baumwollinters (kurze Samenfasern der Baumwolle), Holz, Stroh und Schilf. Die reinste Cellulose liefert die Baumwolle, für viele technische Zwecke ist jedoch der Holzzellstoff ausreichend. Bei der *Zellstoffgewinnung* aus Holz muss man das Lignin durch Herauslösen von der Cellulose trennen. Das wird in den meisten Zellstoffwerken mit Hilfe von sogenannter *Sulfitlauge*, einer wässrigen Lösung von Calciumhydrogensulfit $Ca(HSO_3)_2$, erreicht.

Bei diesem *Sulfitverfahren* wird das geschälte und auf Streichholzschachtelgröße zerkleinerte Holz in Zellstoffkochern unter 0,4 bis 0,6 MPa Druck und bei 130 bis 150 °C mit Sulfitlauge gekocht. Nach 12 bis 20 Stunden ist der Aufschluss beendet, der Zellstoff wird auf Trommelfiltern von der Ablauge getrennt und gründlich mit Wasser gewaschen.

Der so erhaltene Zellstoff muss für viele Zwecke noch gebleicht werden. Das geschieht mit Chlorkalk- oder Hypochloritlösungen in Bleichholländern. Holländer sind längliche Tröge, in denen der Zellstoffbrei durch ein Schaufelrad in Zirkulation gehalten wird.

Der Sulfitzellstoff gelangt häufig als Brei in angeschlossene Papierfabriken, oder er kommt in Platten oder Rollen in den Handel. Ein großer Teil des Zellstoffs wird durch chemische Prozesse in regenerierte Fasern (→ Abschn. 34.9) oder andere Produkte verwandelt.

Die bei der Zellstoffherstellung anfallende Sulfitlauge enthält noch vergärbaren Zucker, der aus der Hemicellulose stammt. Mit geeigneten Hefen liefert er nach Vergärung den *Sulfitsprit*. Außerdem kann aus der Sulfitlauge Futterhefe gewonnen werden.

Cellulose ist in den meisten Flüssigkeiten unlöslich, ein geeignetes Lösungsmittel ist eine ammoniakalische Kupferhydroxidlösung (*Schweitzers* Reagens).

Die Hydroxygruppen der Cellulose lassen sich verestern: Mit Salpetersäure entstehen *Cellulosenitrate*, durch Essigsäureanhydrid *Celluloseacetat*, mit Hilfe von Natronlauge und Schwefelkohlenstoff *Cellulosexanthogenat*. Die genannten Ester haben große technische Bedeutung (→ Abschn. 34.9).

❍ Aufgaben

33.1 Es ist der Nährstoffgehalt in kJ von 100 g Vollkornbrot zu berechnen, das 8 % Eiweiß, 1 % Fett, 50 % Kohlenhydrate und 41 % Wasser enthält!

33.2 Welche rationelle Bezeichnung haben Glycin und Alanin?

33.3 Wie lautet die Reaktionsgleichung für die Kondensationsreaktion zwischen Glycin und Alanin?

33.4 Wie viel Prozent Stickstoff enthält Serin?

33.5 Welche typische Gruppe enthalten Proteine und Polypeptide?

33.6 Warum unterscheidet man bei Eiweißstoffen Proteine und Proteide?

33.7 Welchen chemischen Aufbau hat ein Protein?

33.8 Welcher Unterschied besteht chemisch zwischen Mineralölen und fetten Ölen?

33.9 Es ist die chemische Formel für einen gemischten Ester anzugeben, der ein Fett darstellt!

33.10 Zu welchem Reaktionstyp gehört die Fetthärtung?

33.11 Welche Formel hat Calciumstearat?

33.12 Zu welchen Verbindungstypen gehören Wachse, Fette, Öle und Seifen?

33.13 Wie ist die Fähigkeit der Seife mit Schmutzteilchen (z. B. Ruß) Emulsionen zu bilden, zu erklären?

33.14 Auf welchem Wege können aus Fraktionen des Erdöls Waschgrundstoffe erzeugt werden?

33.15 Warum reagieren wässrige Lösungen von Seifen alkalisch, von Alkylsulfaten dagegen neutral?

33.16 Welche funktionellen Gruppen enthalten Aldosen und Ketosen?

33.17 Welche Summenformel hat eine Pentose?

33.18 Es sind als Spaltprodukte von Stärke und Cellulose die Strukturformeln für Maltose und Cellobiose anzugeben!

33.19 Wie viel g Glucose sind theoretisch nötig, um durch Vergären 1 l eines Weines mit 10 Masse-% Alkohol zu bekommen?

33.20 Aus den Formeln für Stärke und Cellulose ist zu begründen, dass beide Polysaccharide bis zur Glucose aufgespalten werden können!

33.21 Durch welche Reaktion kann Stärke nachgewiesen werden?

33.22 Aus welchen Naturstoffen wird Cellulose technisch gewonnen?

33.23 Es sind die Strukturformeln für Celluloseradikale zu zeichnen, die durch zwei Moleküle Salpetersäure verestert wurden!

33.24 Welche Stoffe enthält Holz?

33.25 Wie können die Sulfitablaugen der Zellstoffwerke verwertet werden?

33.26 Physikalisch-chemische Messungen ergaben, dass Cellulosemoleküle 2 000 bis 3 000 $C_6H_{10}O_5$-Gruppen enthalten. Wie groß muss demnach die relative Molekülmasse der Cellulose sein?

33.27 Welche Summenformel haben die im Lehrbuch behandelten Kohlenhydrate?

34 Polymere Werkstoffe und Faserstoffe – Kunststoffe

Polymere Verbindungen besitzen sehr große Moleküle (*Makromoleküle*). Ihr Aufbau ist verhältnismäßig einfach: gleiche Atomgruppierungen sind wiederholt aneinandergereiht und bilden lineare oder verzweigte Ketten, bzw. flächenhaft und ähnlich vernetzte Strukturen.

Polymere kommen natürlich vor (z. B. Cellulose, Eiweißkörper, Stärke) oder können synthetisch hergestellt werden und werden dann *Kunststoffe* genannt. Auch werden halbsynthetische Kunststoffe durch Modifikation natürlicher Polymeren hergestellt.

Die wirtschaftliche Bedeutung der Polymeren liegt in der Vielfalt ihrer möglichen Werkstoffeigenschaften, die weit über diejenigen traditioneller Werkstoffe hinausgehen. Mit den Kunststoffen können Verarbeitungstechnologien und Einsatzmöglichkeiten erschlossen werden, wie sie mit Holz, Metallen, silikatischen Materialien o. ä. „natürlichen" Stoffen unerreichbar sind.

34.1 Arten der Polymerisation und Polymereigenschaften

Die chemischen Reaktionen, die zur Bildung von Makromolekülen führen, werden unter *Polymerisation* zusammengefasst. Bei allen diesen Reaktionen entstehen aus den niedrigmolekularen Ausgangsstoffen, den *Monomeren*, hochmolekulare Produkte, die *Polymeren*.

Die durchschnittliche Anzahl von Molekülen des Monomeren, die in das Makromolekül eintritt, bestimmt den *Polymerisationsgrad n*. In den meisten hochpolymeren Verbindungen ist $n > 1\,000$.

Polymerisationen können nach ihrem Ablauf unterteilt werden:

a) Die Monomeren werden aneinander addiert, ohne dass Nebenprodukte entstehen. Dies kann als Kettenreaktion (Polymerisation im engeren Sinne) oder als Stufenreaktion (Polyaddition) ablaufen.

b) Die Monomeren vereinigen sich miteinander, wobei ein chemisch einfach gebauter Stoff austritt (Polykondensation).

Zu a): Die *Ketten-Polymerisation* läuft über Startreaktion, Kettenwachstum und Kettenabbruch (→ Polymerisation von Ethylen zu Polyethylen, Abschn. 28.1). Die *Startreaktion* wird durch Energiezufuhr oder polare Katalysatoren bewirkt. Die monomeren Moleküle, die immer π-Bindungen enthalten müssen, werden in den radikalischen oder ionischen Zustand übergeführt. Beim *Kettenwachstum* lagern sich die bei der Startreaktion aktivierten Moleküle zusammen, wobei kettenförmige oder verzweigte Makroradikale bzw. -ionen entstehen. Der *Kettenabbruch* beendet den Polymerisationsvorgang durch Umwandlung der radikalischen bzw. ionischen Gruppen an den Enden in stabile Formen. Das kann erfolgen durch Eintritt von Teilen des Katalysators in das Makromolekül oder durch Kombination von Makroradikalen. Auch können Wasserstoffatome zwischen den Makromolekülen ausgetauscht werden, wobei es zum Neuaufbau einzelner Doppelbindungen kommen kann. Da bei dem Gesamtvorgang energiereichere Verbindungen mit Doppelbindungen in energieärmere mit Einfachbindungen übergeführt werden, verlaufen Polymerisationsreaktionen stets exotherm. Bei der technischen Durchführung ist deshalb die Wärmeabführung besonders wichtig.

Die praktische Verwendung der Kunststoffe verlangt, dass durch die Polymerisation Produkte von gleichmäßiger Beschaffenheit erzeugt werden. Deshalb müssen einheitlicher Polymerisationsgrad und einheitlich aufgebaute Makromoleküle erzielt werden. Bei der Polymerisation wird häufig die Bildung fadenförmiger Moleküle angestrebt. Durch geeignete Reaktionsbedingungen und Katalysatoren ist es möglich, die Polymerisation so zu lenken, dass sich bestimmte sterische (räumliche) Konfigurationen im Makromolekül wiederholen und so Kunststoffe „nach Maß“ erzeugt werden kann. Diese Art der Reaktionsführung wird *stereospezifische Polymerisation* genannt.

Bei der *Polyaddition* werden verschiedenartige monomere Moleküle vermittels ihrer reaktiven Endgruppen durch Addition miteinander verknüpft (Polyurethane, → Abschn. 34.5).

Zu b): Bei der *Polykondensation* erfolgt die Verknüpfung der am Aufbau der Makromoleküle beteiligten monomeren Verbindungen durch Kondensationsreaktion (→ Polykondensation von Phenol und Formaldehyd zum Phenoplast im Abschn. 34.4). Doppelbindungen in den Molekülen der Monomeren sind für diesen Reaktionsmechanismus nicht erforderlich. Die Polykondensation verläuft langsamer als die Polymerisation, sie ist ebenfalls exotherm. Bei der praktischen Durchführung der Polykondensation ist die Bildung von räumlich vernetzten Makromolekülen erwünscht, da dadurch die mechanische Festigkeit der Reaktionsprodukte steigt.

Nach ihren physikalischen Eigenschaften werden die Kunststoffe in *Thermoplaste, Duroplaste* und *Elastomere* eingeteilt. Die Thermoplaste erweichen beim Erhitzen und werden beim Erkalten wieder fest. Sie lassen sich unter Erwärmen beliebig oft verformen, sofern nicht durch Überhitzung eine chemische Zersetzung eintritt. Die Duroplaste durchlaufen bei der Herstellung einen plastischen Zustand, in dem sie sich verformen lassen. Im Anschluss daran härten sie in der Form aus und können nicht in den plastischen Zustand zurückgeführt werden. Die Elastomere zeigen gummielastische Eigenschaften. Thermoplaste und Elastomere sind in der Regel Polymerisationsprodukte, die meisten Duroplaste sind Kondensationsprodukte.

Technische Durchführung der Bildung von Makromolekülen

Ketten-Polymerisationen werden technisch je nach dem Verteilungsgrad der reagierenden Substanz, des Monomeren, nach vier verschiedenen Verfahren durchgeführt. Man spricht von *Blockpolymerisation*, wenn das Monomere flüssig, ohne Verwendung von Lösungsmitteln eingesetzt wird. Unter dem Einfluss von Katalysatoren und Reaktionsreglern wandelt es sich allmählich in das Polymerisat um. Technisch ist die Blockpolymerisation nicht leicht durchzuführen, da die immer zäher werdende Masse nicht mehr gerührt werden kann und leicht Makromoleküle verschiedener Größenordnung entstehen.

Diese Schwierigkeit vermeidet die *Lösungspolymerisation*, bei der das Monomere in einem Lösungsmittel gelöst ist. Die frei werdende Wärme lässt sich gut ableiten. Dafür muss man besonders darauf achten, dass das zum Schluss stark verdünnte Monomere, durch einen Emulgator (z. B. Seife) getragen, sich feinverteilt in einer Flüssigkeit befindet, die gleichzeitig Katalysatoren und Regler enthält. Durch Nachfließen kalter Emulsion lässt sich die Temperatur gut regeln, und es fällt ein Produkt gleichmäßiger Beschaffenheit an.

Durch besondere Reinheit zeichnen sich Produkte aus, die durch die *Perl-* oder *Suspensionspolymerisation* erzeugt werden. Hierbei wird das Monomere ohne Emulgator durch starkes Rühren in Form feinster Tröpfchen in Wasser verteilt. Der Katalysator ist nur im Monomeren, das polymerisiert, löslich. Das Polymerisat fällt in Form von Körnchen (Perlen) an.

Von großer praktischer Bedeutung ist die *Mischpolymerisation*, bei der mehrere Monomeren gemeinsam reagieren. Die Polymerisate enthalten dann mehr oder weniger abwechselnd die Monomeren als Bausteine der Makromoleküle.

Wenn an einem bereits fertigen Polymerisat Seitenketten mit Hilfe einer anderen Verbindung anpolymerisiert werden, so spricht man von *Pfropfpolymerisation*. Durch dieses Verfahren können die Eigenschaften von Kunststoffen wesentlich verbessert werden.

Bei der technischen Durchführung der Polykondensation ist es wichtig, Wärme und entstehendes Nebenprodukt (meist Wasser) ständig abzuführen.

Die Polyaddition wird technisch ähnlich wie die Polymerisation durchgeführt.

Die Tabellen 34.1 und 34.2 enthalten eine Übersicht der Eigenschaften einiger Kunststoffe.

34.2 Thermoplaste auf der Basis von Ethen und Ethenderivaten

Polyvinylchlorid

Einer der bekanntesten Kunststoffe ist *Polyvinylchlorid* (PVC). Das Monomere *Vinylchlorid* wird aus Ethin hergestellt. Dabei ist folgender Reaktionsweg möglich:

$$\underset{\text{Ethen}}{CH_2{=}CH_2} + Cl_2 \rightarrow \underset{\text{1,2-Dichlor-ethan}}{CH_2Cl{-}CH_2Cl} \rightarrow \underset{\text{Vinylchlorid}}{CH_2{=}CHCl} + HCl$$

Die Polymerisation des Vinylchlorids erfolgt als Emulsions- oder Suspensionspolymerisation, wobei Wasser als Träger für das Vinylchlorid dient. Als Emulgator dienen seifenähnliche Verbindungen, z. B. Alkylsulfonat. Als Katalysator werden Peroxide zugesetzt. Die Reaktion erfolgt als Radikalpolymerisation. Es bilden sich kettenförmige Moleküle mit großer relativer Molekülmasse.

$$\underset{\text{Vinylchlorid}}{n\,CH_2{=}CHCl} \rightarrow \underset{\text{PVC}}{\left[\begin{array}{cc} H & H \\ | & | \\ -C & -\,C- \\ | & | \\ H & Cl \end{array} \right]_n}$$

Das PVC fällt als weißes, geruchloses Pulver an. PVC hat eine Wärmebeständigkeit von 67 °C (nach *Martens*), lässt sich bei 140 °C durch Pressen, Blasen, Tiefziehen verformen, bei 160 °C zu dünnen Folien auswalzen. Es lässt sich kleben, durch Heißluft und Hochfrequenz schweißen. Bei Abkühlung erstarrt es zum *Hart-PVC*, das sich spanend sehr gut bearbeiten lässt. PVC ist beständig gegenüber vielen Chemikalien. Mit flüssigen Weichmachern (meist Ester organischer Säuren) verknetet, entsteht gummiähnliches *Weich-PVC*. Die charakteristischen Eigenschaften des Weich-PVC entstehen durch Einlagerung der Weichmachermoleküle zwischen die Makromoleküle des PVC.

Hart-PVC wird in allen Industriezweigen verwendet, vorwiegend in der chemischen Industrie, im Bauwesen und im Schiffbau (Rohre, Platten, Auskleidungen, Schachteln, Dachrinnen usw.).

Weich-PVC wird in der chemischen Industrie, Elektrotechnik, der Kunstledererzeugung und anderen Zweigen der Leichtindustrie eingesetzt.

Setzt man bei der Verarbeitung des PVC-Pulvers Treibmittel zu, so entsteht *Zell-PVC*, das ebenfalls in harter und weicher Ausführung hergestellt wird.

Zell-PVC lässt sich wie Holz verarbeiten, es hat geringe Dichte und gutes Wärmedämmungsvermögen. Es wird beim Fahrzeug-, Flugzeug-, Schiffs- und Kühlschrankbau verwendet.

Transparent-PVC schließlich ist durchscheinend bis durchsichtig, es wird in Form von Folien und Tafeln erzeugt.

Die erste vollsynthetisch aus Kohle, Kalk und Kochsalz hergestellte Faser war die *PC-Faser*. Chemisch besteht diese Faser aus nachchloriertem Polyvinylchlorid PVC, das in Aceton löslich ist. Grundsätzlich kann sie im Trocken- und Nassspinnverfahren hergestellt werden.

Die PC-Faser wird im Nassspinnverfahren erzeugt, indem die aus den Düsen austretenden Fäden durch Wasser gezogen und so vom Aceton befreit werden. Dabei werden die Fäden gleichzeitig verstreckt, was ein Ordnen der linearen Moleküle in der Längsrichtung bewirkt und die Festigkeit steigert. Anschließend wird der Fadenstrang gekräuselt und in die gewünschte Stapellänge zerschnitten. Die auf diese Weise hergestellte Faser ist beständig gegen Säuren, Laugen und andere aggressive Chemikalien, sie ist fäulnisfest, nicht entflammbar und besitzt ein hohes Isolier- und Wärmehaltevermögen. Sie wird deshalb vorwiegend in der Technik benutzt zur Herstellung von Filtertüchern, Diaphragmen, Arbeitsschutzbekleidung und nicht entflammbaren Textilien.

Wie PVC ist auch die PC-Faser hitzeempfindlich.

Polyacrylnitril

Auf petrochemischem Wege gewinnt man über Ethen den *Polyvinylcyanid*-Faserstoff (*Polyacrylnitril*, PAN). Er ist ein Polymeriasationsprodukt von Vinylcyanid (Acrylnitril), das aus Propen und Ammoniak synthetisiert wird:

$$\underset{\text{Propen}}{CH_2{=}CH{-}CH_3} + NH_3 + \tfrac{3}{2}O_2 \rightarrow \underset{\text{Vinylcyanid, Acrylnitril}}{CH_2{=}CH{-}CN} + 3\,H_2O$$

Polyvinylcyanid löst sich in Dimethylformamid.

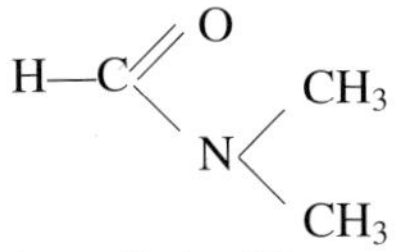

Die hochviskose Spinnlösung wird im Nassspinnverfahren ähnlich wie die PC-Faser versponnen.

Tabelle 34.1 Mechanische und elektrische Eigenschaften von Kunststoffen

Plaste	Dichte	Zugfestigkeit	Druckfestigkeit	Kerbschlagzähigkeit	Wärmebeständigkeit (Formbeständigkeit nach *Martens*)	Widerstand an der Oberfläche	Dielektrischer Verlustfaktor	Durchschlagsfestigkeit
	in $g \cdot cm^{-3}$	in MPa	in MPa	in MPa	in °C	in Ω	bei 800 Hz	in $kV \cdot mm^{-1}$
PVC – hart	1,38	60	80	0,5	67	10^{14}	0,02 ... 0,04	20 ... 60
Polystyrol	1,07	30	105	0,2 ... 0,5	72 ... 80	10^{14}	0,004	50 ... 65
Polyethylen (weich)	0,92	10	12	–	104	10^{14}	0,004	60
Polyethylen (hart)	0,94	20	10	–	90 ... 100	10^{18}	0,001	40 ... 60
Polymethacrylat	1,18	70	120	0,23	70	10^{14}	0,06	35
Polyamid	1,13	70 ... 75	110	1,5	60	10^{12}	0,03	20
Polyurethan	1,21	40 ... 55	65	2,0	45	10^{14}	0,01 ... 0,02	–
Phenol-Formaldehydharz	1,3	40	60	0,15	40	$5 \cdot 10^{11}$	0,075	10
Phenolharz + Holzmehl	1,4 ...,1,45	25	200	0,15	125	$2 \cdot 10^{10}$	0,07	15 ... 20
Phenolharz + Papier (Hartpapier)	1,3 ... 1,4	100	100 ... 150	0,5	125	10^{12}	0,1	30 ... 60
Harnstoffharz	1,45 ... 1,55	25	180	0,12	100	10^{10}	0,04	17
Melaminharz + Cellulose	1,55 ... 1,6	50	220	0,17	135	10^{10}	0,01	10
Harnstoffharz + Papier (Hartpapier)	1,35 ... 1,45	70	100	0,5	100	10^{12}	0,1	40
Epoxidharz	1,2 ... 1,3	50 ... 80	–	1,0 ... 2,0	110	10^{13}	0,007	>40
unges. Polyesterharz	1,26	60	65	–	80	$3 \cdot 10^{14}$	0,008	25
unges. Polyesterharz + Glasseide	1,9	840	490	2,0 ... 4,0	110 ... 140	–	–	–

Der gestreckte Faden gleicht der Naturseide, die Stapelfaser der Wolle. Diese ist schmutzabweisend, knitterarm, schnelltrocknend und beständig gegen Mikroorganismen und Feuchtigkeit. Unterzieht man die PAN-Fasern zusätzlich einem Schrumpfprozess, so wird das Garn fülliger, es hat eine größere Bauschelastizität. PAN-Fasern lassen sich gleich gut zu Textilien und für technische Zwecke verarbeiten.

Polyethylen, Polypropylen

Größte Bedeutung erlangte *Polyethylen* als hochwertiger Plastwerkstoff. Seine Produktionszahlen stiegen in der gesamten Welt steil an, da Polyethylen vielseitig technisch anwendbar ist. Das zu seiner Herstellung benötigte Ethylen C_2H_4 liefert die thermische Spaltung von Erdölprodukten im Crackprozess ($\rightarrow$ Abschn. 32.3).

Je nachdem, ob man die Polymerisation von Ethylen unter hohem Druck (100 MPa und 200 °C) mit Peroxiden als Katalysator oder bei Normaldruck (50 bis 70 °C) in Gegenwart von Titan- und Aluminiumkatalysatoren durchführt, erhält man Weich- oder Hartpolyethylen (auch Hochdruck- und Niederdruckpolyethylen genannt).

Die Moleküle des Hartpolyethylens haben lineare Struktur, der Polymerisationsgrad ist ähnlich hoch wie beim PVC. Weichpolyethylen besitzt verzweigte Moleküle. Es erweicht bei 110 °C und ist deswegen nur bis etwa 80 °C verwendbar. Dagegen kann Hartpolyethylen noch bis 100 °C eingesetzt werden.

Polyethylene fassen sich wachsartig an, sie besitzen helles, durchscheinendes Aussehen, sind physiologisch einwandfrei und chemisch sehr beständig. Sie können leicht zu Platten, Rohren, Folien usw. verarbeitet werden. Verwendung findet Polyethylen im Bauwesen, in der Elektrotechnik, der chemischen Industrie und der Leichtindustrie. Besondere Bedeutung erlangte es als Verpackungsmaterial für Lebensmittel.

Durch Polymerisation von Propylen C_3H_6 erhält man *Polypropylen*

$$n\,\mathrm{H_2C{=}CH{-}CH_3} \rightarrow \left[\begin{array}{c} \mathrm{H}\quad\mathrm{H} \\ |\quad\;| \\ -\mathrm{C}-\mathrm{C}- \\ |\quad\;| \\ \mathrm{H}\quad\mathrm{CH_3} \end{array}\right]_n$$

Propylen Polypropylen

Polypropylen ist steifer und wärmebeständiger als Polyethylen. Es ist deshalb noch vielfältiger einsetzbar, aber teurer.

Weitere Kunststoffe

Besonders hohe Temperaturbeständigkeit hat *Polytetrafluorethylen* (PTFE), das durch die folgende Reaktion gebildet wird:

$$n\,\mathrm{F_2C{=}CF_2} \rightarrow [-\mathrm{CF_2}-\mathrm{CF_2}-]_n$$

Tetrafluorethylen Polytetrafluorethylen

Das Monomere ist aus Fluorchlormethan $CHClF_2$ durch Chlorwasserstoffabspaltung beim Erhitzen leicht erhältlich:

$$2\,CHClF_2 \xrightarrow{700\,^\circ C} CF_2 = CF_2 + 2\,HCl$$

Difluorchlormethan Tetrafluorethylen

Polytetrafluorethylen hat eine Dauerwärmebeständigkeit von 280 °C und besitzt einen niedrigen Reibungskoeffizienten. Es ist gegen die meisten Chemikalien beständig.

PTFE dient als hochwertiger Isolierstoff in der Elektronik und Elektrotechnik, als korrosionsfester Werkstoff in der chemischen Industrie und zur Herstellung wartungsarmer Gleitlager im Maschinenbau und zur Beschichtung von Tiegeln. Infolge seines hohen Preises und schwieriger Verarbeitung ist der Einsatz dieses Plastes beschränkt.

Polyvinylacetat (PVA) entsteht durch Perl- oder Emulsionspolymerisation aus Vinylacetat $CH_2{=}CH{-}O{-}CO{-}CH_3$. PVA fällt als öliges, weichklebriges oder auch festes Produkt an, das vor allem in der Farben- und Lackindustrie, aber auch in der Textil- und Papierindustrie Verwendung findet.

Durch Verseifung einer methanolischen Lösung von PVA wird *Polyvinylalkohol* $[{-}CH_2{-}CHOH{-}]_n$ hergestellt. Dieses zählt zu den wasserlöslichen Polymeren. Es kann als Emulgator, Klebstoff, Permanentsteife für Textilien, wasserlöslicher Film oder Faden verwendet werden.

Große Ähnlichkeit mit Polyethylen besitzt *Polystyrol*, das durch Block- oder Emulsionspolymerisation gewonnen wird:

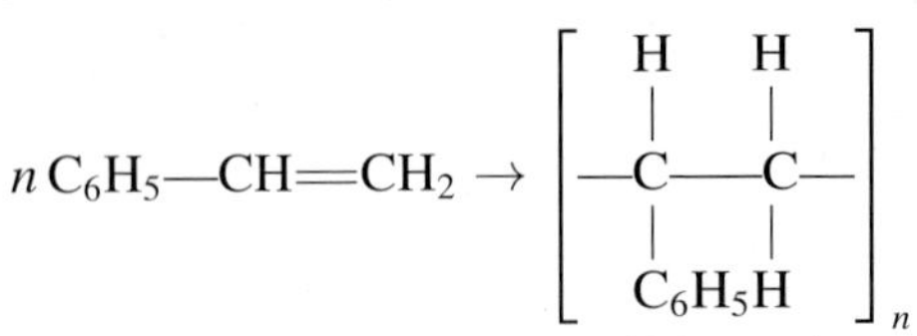

Styrol Polystyrol

Das für die Polymerisation benötigte Styrol wird durch Dehydrierung von Ethylbenzol erzeugt (→ Abschn. 31.2).

Styrol polymerisiert bereits spontan bei Zimmertemperatur; technisch wird dieser Prozess durch Wärme und Peroxidkatalysatoren beschleunigt. Der Polymerisationsgrad wird durch das Polymerisationsverfahren beeinflusst, ist aber in jedem Fall groß.

Polystyrol kann glasklar hergestellt werden, lässt sich auch leicht anfärben. Gegenüber Wasser, Alkalien und Säuren ist es beständig. Polystyrol ist das billigste Spritzgussmaterial. Wegen seiner hohen Dielektrizitätskonstanten wird es bevorzugt als Isoliermaterial in Form von Apparateteilen oder als Folie zur Aderisolation von Kabeln verwendet. Außerdem werden Brillengestelle, Arzneischachteln, Knöpfe, Haushaltsgeräte usw. aus diesem Material hergestellt.

Auch hochwirksame Kationenaustauscher werden auf der Basis von Polystyrol gewonnen. Große Mengen Styrol werden für eine Mischpolymerisation mit Butadien zur Herstellung von synthetischem Kautschuk (Buna S) benötigt (→ Abschn. 34.3).

„Schlagfestes Polystyrol" mit erhöhter Schlagzähigkeit erhält man durch Zumischung von Synthesekautschuk zum polymerisierten Styrol.

Ein durch Blockpolymerisation erzeugtes *Polymethacrylat* ist unter der Bezeichnung *Acrylglas* oder organisches Glas im Handel.

Ausgangsstoff für das Polymethacrylat ist der Methylester der Methacrylsäure, die sich von der Acrylsäure $CH_2{=}CH{-}COOH$ ableitet.

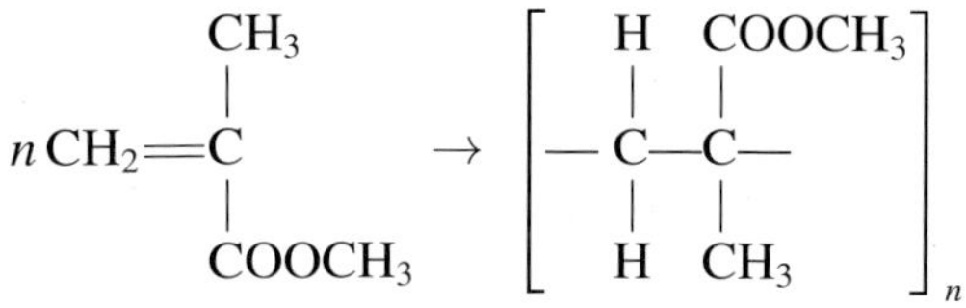

Methacrylsäure-methylester Polymethacrylat

Dieser Kunststoff ist glasklar, unzerbrechlich und leicht zu bearbeiten. Da er sehr gute optische Eigenschaften hat (90 bis 99 % Lichtdurchlässigkeit), wird er zu Verglasungen im Fahr- und Flugzeugbau, zu Mess- und Zeichengeräten und durchsichtigen Gebrauchsgegenständen verarbeitet. Seine Beständigkeit gegen Säuren, Laugen und andere Chemikalien macht ihn als Prothesenmaterial in der Medizin verwendungsfähig.

34.3 Synthetischer Kautschuk

Der synthetische Kautschuk gehört zu den Elastomeren.

Zur Polymerisation zu elastischen Makromolekularen eignen sich besonders ungesättigte Kohlenwasserstoffe mit 4 Kohlenstoffatomen in der Hauptkette. Man geht dabei vom *1,3-Butadien* $CH_2{=}CH{-}CH{=}CH_2$ (→ Abschn. 28.2) aus. Die daraus hergestellten Polymerisationsprodukte heißen *Bunakautschuk*.

Das als Monomeres verwendete Butadien kann durch Crackung bestimmter Erdölfraktionen oder aus dem im Erdgas enthaltenen Butan gewonnen werden. Dieses petrochemische Verfahren verläuft nach folgender Reaktionsgleichung:

$$\underset{\text{Butan}}{CH_3{-}CH_2{-}CH_2{-}CH_3} \xrightarrow{-2\,H_2} \underset{\text{1,3-Butadien}}{CH_2{=}CH{-}CH{=}CH_2}$$

Die Emulsionspolymerisation, die zum reinen Polybutadien führt, kann katalytisch durch Natrium beschleunigt werden. Aus *Bu*tadien und *Na*trium wurde die Kurzbezeichnung Buna gebildet. Heute werden jedoch meist Peroxidkatalysatoren eingesetzt, die einen radikalischen Reaktionsablauf bewirken.

Infolge der mesomeren Struktur des Butadiens gibt es für die Polymerisation zwei Möglichkeiten. Die Kopplung der Budadienradikale erfolgt als 1,2- oder 1,4-Addition (→ Abschn. 28.2). Dementsprechend führt die Reaktion zum

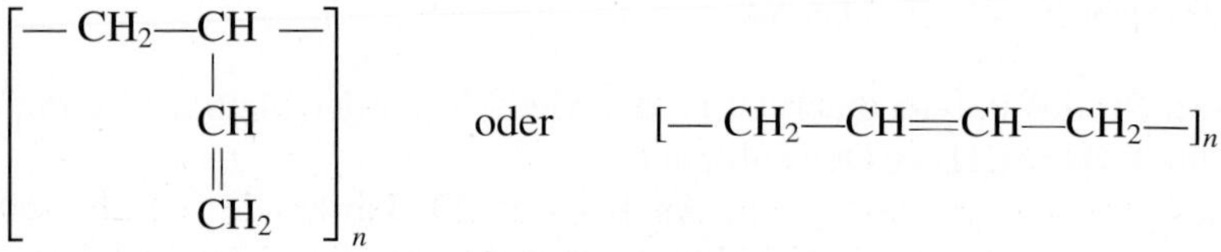

1,2-Polymerisat 1,4-Polymerisat

Das entstehende Produkt heißt *Zahlenbuna*, da die nach dieser Reaktion entstehenden Produkte durch eine Zahl gekennzeichnet werden. Der sogenannte *Buchstabenbuna* umfasst Sorten, die durch eine Mischpolymerisation entstehen. Emulgiert man gleichzeitig Butadien und Styrol für die Polymerisation, so entsteht *Buna S*. Mischpolymerisate von Butadien und Acrylnitril $CH_2{=}CH{-}CN$ ergeben die als *Buna N* bezeichneten Kautschuksorten.

Die Mischpolymerisation von Butadien und Styrol kann bei Einsatz von Redox-Systemen als Katalysator bei Temperaturen zwischen +5 und −10 °C durchgeführt werden. Der entstehende Tieftemperaturkautschuk (engl. cold rubber) hat sehr gute Verarbeitungs- und Gebrauchseigenschaften.

Zahlenbuna eignet sich für die Herstellung von Hartgummi und Auskleidungen, Buna S für Fahrzeugreifen, Transportbänder, Sohlen, Gummiringe, sanitäre Gummiwaren, Buna N für öl-, fett- und benzinfeste Gummiwaren.

Das Reaktionsprodukt der Polymerisation ist in jedem Fall der *Latex*, der durch Säurezusatz koaguliert, in krümeliger Beschaffenheit anfällt. Er wird in Kalandern zu Fellen verpresst. Dieser synthetische Kautschuk ist noch weich und klebrig, seine Makromoleküle sind linear aufgebaut. Sie enthalten die reaktionsfähige Gruppe $-CH{=}CH-$. Diese kann mit Schwefel reagieren, wobei es zu vernetzten Strukturen kommt, die elastische Eigenschaften aufweisen.

Technisch wird die Überführung des Kautschuks in Gummi durch *Vulkanisation* erreicht. Dabei ist eine Zumischung von Füllstoffen (zur Festigkeitserhöhung), Vulkanisatoren (zur Erzeugung elastischer Eigenschaften) und Zusatzstoffen (Vulkanisationsbeschleuniger und Alterungsschutzmittel) erforderlich. Die Vernetzung der Makromoleküle wird bei Verwendung von elementarem Schwefel als Heißvulkanisation bei Temperaturen von 120 bis 160 °C oder mit Hilfe von Dischwefeldichlorid S_2Cl_2 als Kaltvulkanisation bei Temperaturen um 5 °C durchgeführt. Verwendet man für die Vulkanisation wenig Schwefel (1 bis 10 %), so erhält man Weichgummi; mit viel Schwefel (30 bis 45 %) entsteht Hartgummi.

Als Elastomere mit hervorragenden Eigenschaften eignen sich auch *Ethylen-Propylen-Terpolymere* (EPT). EPT ist ein Mischpolymerisat von Ethylen und Propylen mit nichtkonjugierten Alkadienen, das mit Schwefel vulkanisierbar ist.

34.4 Duroplaste auf der Basis von Phenolen

Die durch die Polykondensation aus Phenolen und Formaldehyd entstehenden, durch Hitze härtbaren Formmassen heißen *Phenoplaste*. Zu ihrer Herstellung sind auch Homologe des Phenols, z. B. Cresol

$$C_6H_4\left\langle\begin{matrix} CH_3 \\ OH \end{matrix}\right. \quad \text{geeignet.}$$

Diese Kunststoffe wurden bereits am Anfang des 20. Jahrhunderts technisch hergestellt. Da ihre Produktion billiger als die der meisten Thermoplaste ist und Phenoplaste gute mechanische und elektrische Eigenschaften besitzen, ist ihr Einsatz sehr umfassend.

Die *Polykondensation* kann in saurer Lösung (Verhältnis 1 Mol Phenol : 0,8 Mol Formaldehyd) erfolgen, dabei entstehen die *Novolake*, die thermoplastische Eigenschaften haben. Der eigentlichen Polykondensation geht eine Anlagerung des Formaldehyds an das Phenol voraus.

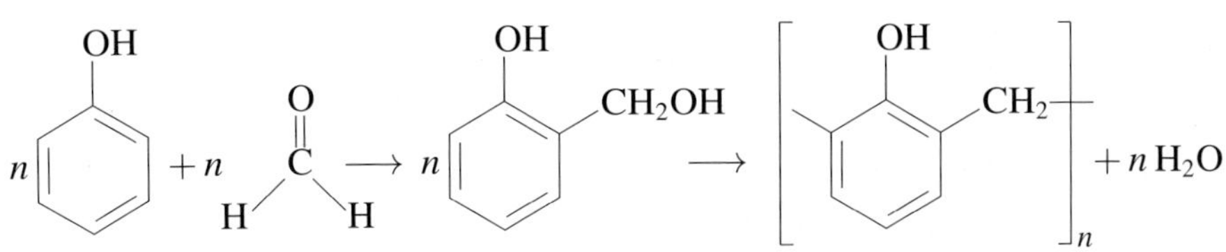

Phenol Formaldehyd Anlagerungsprodukt Phenoplast

Der Kondensationsvorgang verläuft in diesem Fall sehr rasch. Die angelagerten Formaldehydmoleküle reagieren sofort weiter. Es kommt nur zum Aufbau von linearen Makromolekülen. Die Novolake werden technisch zur Herstellung von Lacken und zum Imprägnieren benutzt.

Bei der Kondensation im alkalischen Medium arbeitet man mit einem Formaldehydüberschuss. Es werden im ersten Reaktionsschritt mehrere Formaldehydmoleküle gleichzeitig an den Phenolring angelagert, so dass durch Kondensation vernetzte Makromoleküle entstehen können.

Das bei beiden Technologien zuerst entstehende A-Harz wird gemahlen und nach Zusatz von Farb- und Füllstoffen auf geheizten Mischwalzen durchgeknetet, wobei das B-Harz entsteht. Presst man dieses bei etwa 150 °C in Pressformen, so härtet es aus und wird zum C-Harz. Beim Übergang in den B- und C-Zustand kommen mehr und mehr —CH_2OH-Gruppen zur Kondensation, die Makromoleküle zeigen zunehmend netzförmigen Aufbau.

Reines Phenol-Formaldehydharz wird als sogenanntes *Edelkunstharz* hergestellt. Aus reinem Phenol-Formaldehydharz stellt man in verschiedenen Farben Gebrauchs-, Schmuck- und Luxusartikel her. Darüber hinaus kann es auch als Träger für Ionenaustauscher Verwendung finden. Die große Menge der erzeugten Phenoplaste wird aber als *Phenoplast-Pressmasse* verarbeitet, in der die Harze mit Harzträgern (Holz-, Gesteinsmehl, Textil- und Glasfasern) vermischt ausgehärtet werden.

Verwendet man lagenförmiges Trägermaterial, so entstehen die *Phenoplast-Schichtpressstoffe*. Phenoplastpressmassen haben in fast allen Zweigen der Technik Eingang gefunden, vor allem in der Elektrotechnik. Für Gegenstände, die mit Lebensmitteln in Berührung kommen, sind sie allerdings nicht geeignet (Phenolgehalt!). Schichtpressstoffe werden verwendet als Hartpapier, Hartgewebe und Schichtpressholz. Aus Phenoplastschichtstoff werden Zahnräder, Tragrollen und Lagerbuchsen hergestellt. Phenoplast-Pressmassen mit Baumwollinters als Einlage wurden als Autokarosserien (Trabant) verwendet.

34.5 Kunststoffe auf der Basis von Harnstoff und anderen Stickstoffverbindungen

Durch Polykondensation von Formaldehyd mit Harnstoff und anderen geeigneten Aminen und Amiden bilden sich die *Aminoplaste*. Diese sind den Phenoplasten in der Herstellung und Verarbeitung sehr ähnlich. Der Reaktionsverlauf ist am Beispiel des Harnstoffs, dem Diamid der Kohlensäure, gezeigt:

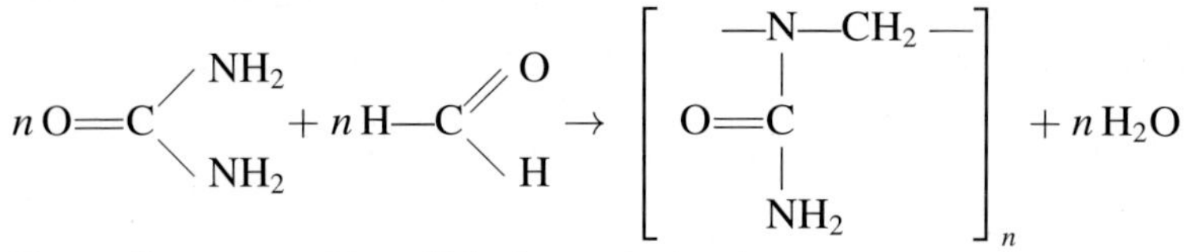

Harnstoff Formaldehyd Aminoplast

Die Polykondensation wird auch mit anderen Stickstoffverbindungen, vor allem mit *Dicyandiamid* und *Melamin*, durchgeführt.

Beide Verbindungen entstehen durch Additionsreaktion aus *Cyanamid* NH_2–CN. Sie enthalten Aminogruppen, die die Formelbilder zeigen:

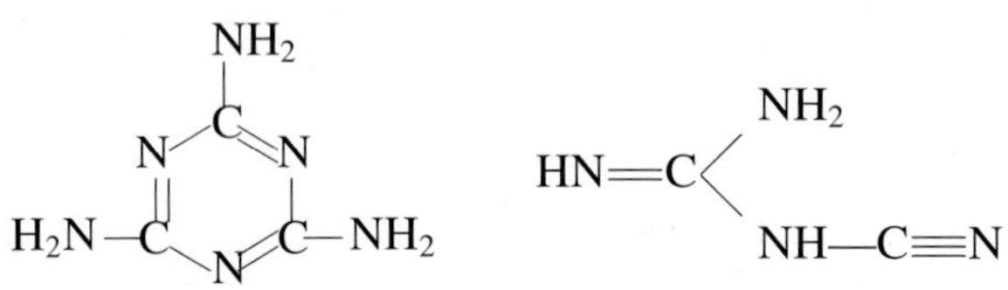

Melamin Dicyandiamid

Die Didi- und Melaminharze sind den Harnstoffen vielfach überlegen.

Die bei der technischen Herstellung von Aminoplasten anfallenden A-Harze werden als Holzleim, Lackrohstoffe und Textilhilfsmittel eingesetzt. Die große Menge der erzeugten Plaste wird zu Pressmassen verarbeitet (u. a. Schichtpressstoffe in der Möbelindustrie). Da die Harze farblos sind, lassen sich leicht klarfarbige und bunte Teile herstellen; sie können auch zu zahlreichen Gebrauchsgütern verarbeitet werden, da die Aminoplaste physiologisch einwandfrei sind. Geschäumte Harnstoffharze werden als Mittel zur Wärme- und Schalldämmung gebraucht.

Stickstoff ist auch beim Aufbau der Makromoleküle der *Polyurethane* beteiligt, die durch Polyaddition entstehen. Ausgangsstoffe sind zweiwertige Alkohole (Diole) und Diisocyanate (diese enthalten die funktionelle Gruppe —N=C=O), die sich wie folgt nach einer Umlagerung von Wasserstoffatomen vereinigen:

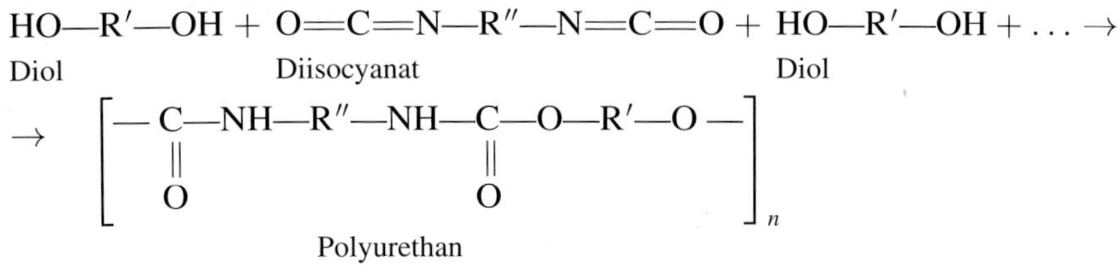

Die entstehenden Produkte können thermoplastisch oder unschmelzbar und hart sein. Durch unterschiedliche Ausgangsstoffe und Reaktionsführung erhält man Produkte mit ganz verschiedenen Eigenschaften, die vielseitig technisch verwendbar sind.

Polyurethane werden eingesetzt zur Herstellung von Formteilen, Schaumstoffen, kautschukelastischen Massen, Klebstoffen, Fasern und Lacken.

34.6 Epoxidharze

Die *Epoxidharze* erhielten ihren Namen vom *Epichlorhydrin*

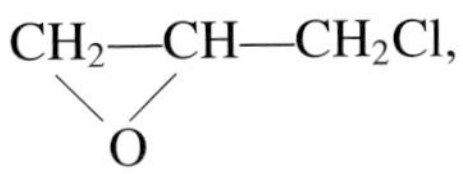

einem Glycerolester mit einem Siedepunkt von 117 °C. Der Ester ergibt in Reaktion mit zweiwertigen Phenolen durch Polykondensation und Polyaddition lineare makromolekulare Produkte, die schmelz- und vergießbar sind, z. B.

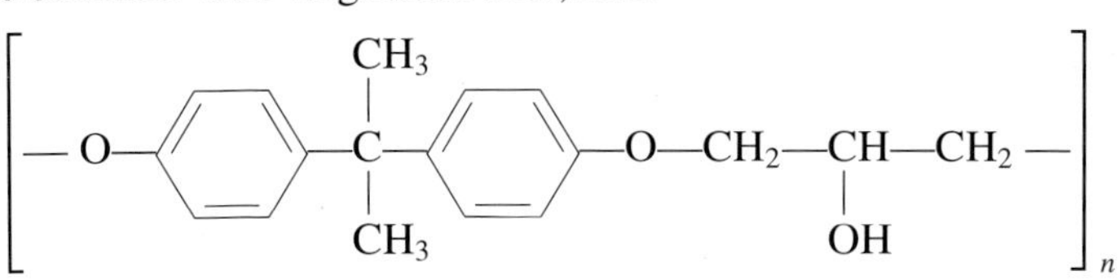

Diese können dann durch Triamine bei Zimmertemperatur oder Diamide und Dicarbonsäureanhydride bei höheren Temperaturen gehärtet werden. Bei diesem Härtungsvorgang kommt es zu einer Vernetzung der Makromoleküle, so dass ein harter Duroplast entsteht.

Die Epoxidharze sind vielseitig einsetzbar. Als Gießharze werden sie zur Einbettung elektrischer Bauteile verwendet. Nach der Aushärtung ergeben sich ausgezeichnete Isolatoren, die wasser- und chemikalienfest sind und thermisch hoch beansprucht werden können.

Besondere Bedeutung erlangten sie als Klebeharze. Durch ihren Einsatz entwickelte sich die Metallklebetechnik, die im Maschinenbau zu umwälzenden Neuerungen führte. In der Laminiertechnik werden Epoxidharze schichtweise mit Glasfasern oder Gewebe verklebt. Dabei entstehen Formteile hoher Festigkeit. In Kombination mit anderen Lackrohstoffen dienen die Harze als kalthärtende, korrosionsfeste Anstriche und Einbrennlacke.

Bei der Verarbeitung von Epoxidharzen werden häufig auch Füllstoffe (Quarz-, Porzellan- und Glasmehl) hinzugefügt. Es ist zu beachten, dass Harze und Härter die Haut angreifen können.

34.7 Polyester

Polyesterharze entstehen durch eine Polykondensation von mehrwertigen Alkoholen und Dicarbonsäuren. Aus Glycerol und Adipinsäure bilden sich z. B. Makromoleküle folgender Struktur:

$$[-OC-(CH_2)_4-CO-O-CH_2-CHOH-CH_2-O-]_n$$

Zu den Polyesterharzen gehören die *Alkydharze*, die als Lackharze benutzt werden.

Zur Gewinnung elastischer Lackfilme kondensiert man trocknende Öle (z. B. Leinöl) mit ein, die eine Vernetzung der Makromoleküle bewirken.

Besonders gute mechanische Eigenschaften zeigen die *ungesättigten Polyesterharze*, die durch Kondensation aus zweiwertigen Alkoholen und ungesättigten Dicarbonsäuren (z. B. Maleinsäure) gewonnen werden. Die Kondensationsprodukte enthalten noch reaktionsfähige Doppelbindungen, die durch Polymerisation mit entsprechenden Verbindungen, z. B. Styrol, zu Duroplasten vernetzen.

Die Aushärtung erfolgt nach Zugabe von Styrol durch radikalbildende Katalysatoren. Verwendet man Glasfasern als Harzträger, so können große Formteile mit hoher Festigkeit hergestellt werden. Bei Einsatz alkalifreier Glasfasern ergeben sich Zugfestigkeiten von 1 500 MPa. So werden z. B. Bootskörper, Autokarosserien, Badewannen usw. aus diesem Material gewonnen.

Tabelle 34.2 Physikalische Eigenschaften von Textilfaserstoffen

	Faserlänge in mm	Dichte in g cm^{-3}	Zugfestigkeit		Bruchdehnung		Wasseraufnahme in %
			Reißlänge in km	rel. Nassfestigkeit in %	trocken in %	nass in %	
Baumwolle	10 ... 42	1,47 ... 1,55	17 ... 38	100 ... 120	6 ... 10	7 ... 11	32
Wolle	60 ... 250	1,3 ... 1,32	10 ... 16	76 ... 97	28 ... 48	29 ... 61	43
Naturseide	endlos	1,37	27 ... 40	80 ... 90	18 ... 24	24 ... 30	24
Viscoseseide		1,50 ... 1,52	11 ... 26	47 ... 73	14 ... 30	17 ... 40	35
Acetatseide	Faden endlos, Länge der Faser in Garnen 30 ... 150 (Acetatseide bis Polyesterseide)	1,33	10 ... 16	58 ... 70	16 ... 39	26 ... 45	12
Kupferseide		1,5 ... 1,61	13 ... 24	53 ... 69	11 ... 23	17 ... 30	36
Polyamidseide		1,15	40 ... 50	90	35 ... 45	35 ... 45	4
PAN-Seide		1,18	13 ... 20	95	> 45	> 45	1
PC-Faser		1,48	16 ... 20	99 ... 109	24 ... 46	30 ... 46	0,4
Polyesterseide		1,38	60 ... 70	100	8 ... 40	8 ... 40	0,5

Reißlänge ist die theoretische Länge eines Fadens, bei der Zerreißen durch Eigenmasse eintritt. *Wasseraufnahme* gilt für 100 % relative Luftfeuchte.

Die *Polyesterfaserstoffe*, werden durch eine Polykondensation von Ethylenglykol und Terephthalsäuremethylester gewonnen. Bei dieser Reaktion wird Methanol abgcspalten.

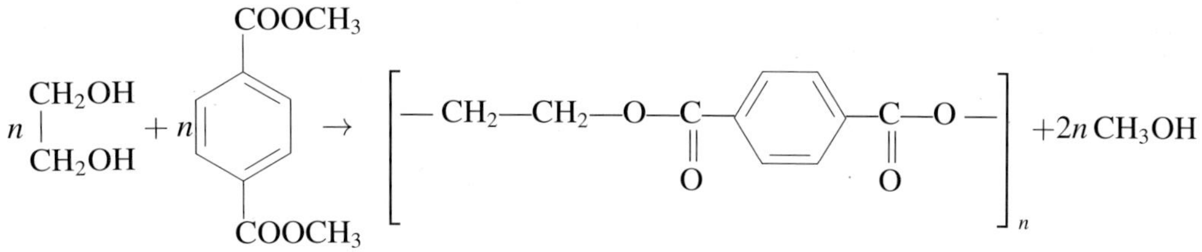

Ethylenglykol Terephthalsäure-dimethylester Polyester Methanol

Das Verspinnen erfolgt aus der Schmelze, die entstandene Seidenfaser wird verstreckt.

Der größte Teil der Produktion wird zu Fasern verarbeitet. Diese haben die guten Eigenschaften der Polyamidfaserstoffe und der Wolle. Sie haben sich deshalb hervorragend als textile Faserstoffe bewährt, eignen sich besonders für Oberbekleidungsgewebe, -gewirke und -gestricke.

Im Weltmaßstab wächst die Produktion von Polyesterfaserstoffen im Vergleich zu anderen synthetischen Faserstoffen am stärksten.

Tabelle 34.2 gibt eine Übersicht über Eigenschaften einiger Textilfaserstoffe.

34.8 Polyamide

Die thermoplastischen *Polyamide* wurden zunächst als Synthesefasern entwickelt und fanden erst später als Konstruktionswerkstoffe für besondere Anwendungsbereiche Verwendung. Sie besitzen eine hohe Reiß- und Scheuerfestigkeit, sind elastisch und unempfindlich gegenüber Kohlenwasserstoffen (Kraftstoffe). Sie sind physiologisch einwandfrei und lassen sich durch Spritzguss verformen. Ihre Zähigkeit wird u. a. durch Glasfaserverstärkung verbessert. Polyamide werden vor allem im Maschinenbau (Pumpen, Lager, Kupplungen, Lenkräder) und als Faserstoffe verwendet.

Die als Konstruktionswerkstoff verwendeten Polyamide werden aus den gleichen Stoffen wie die Polyamidfasern hergestellt. Sie besitzen als gemeinsames Strukturmerkmal die *Carbonsäureamid-Gruppe* —CO—NH—. Es gibt zwei Arten von Polyamiden, den Aminocarbonsäuretyp (z. B. Polyamid 6) und den Diaminsäure-Dicarbonsäuretyp (z. B. Polyamid 66).

Ausgangsstoffe für die Synthese von *Polyamid 6* sind Phenol oder Cyclohexanon, die zu

Caprolactam

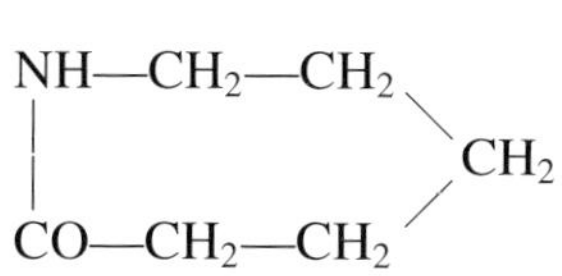

umgesetzt werden.

Caprolactam wird in Gegenwart von Katalysatoren zu einer plastischen Polyamidmasse polymerisiert, deren Schmelzpunkt bei 215 °C liegt:

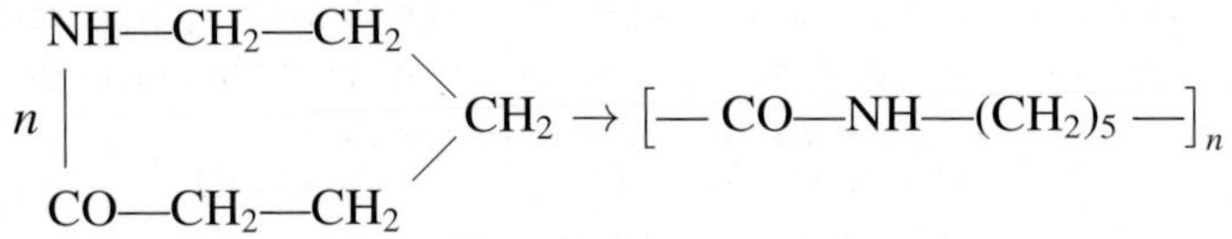

Caprolactam Polyamid

Das Polyamid wird aus der Schmelze versponnen. Die aus den Spinndüsen austretenden Fäden erstarren sofort an der Luft (Trockenspinnverfahren). Diese Fäden können rund oder profiliert sein, sie können auch einen inneren Hohlraum haben. Zur Erhöhung der Festigkeit wird der Faden auf das Vielfache verstreckt. Durch diesen Streckvorgang werden die kettenförmigen Moleküle parallel gerichtet, und zwischen Nachbarketten tritt Wasserstoffbrückenbindung ein.

Der auf Konen aufgewickelte Faden ist die Polyamid-Seide. Nach der Dicke der Fäden unterscheidet man Fein-, Grobseide und Drähte. Werden Fadenbündel zu Stapeln verschnitten, so entsteht die voluminöse Polyamid-Faser. Es werden Fasern des Baumwoll-, Woll- und Teppichtyps hergestellt. Sie werden allein oder auch mit Baumwolle und Wolle vermischt verarbeitet. Der Faserstoff ist hochgradig scheuerfest und von guter Trage-, Zug- und Biegefestigkeit. Weiterhin ist er schwer entflammbar, kochfest, mottensicher, seewasserbeständig und von geringer Dichte. Er wird eingesetzt zur Herstellung von Textilien, Bürsten, Seilen. Transportbändern, Filtern und Reifencord.

Polyamid-6,6 wird aus Adipinsäure und *Hexamethylendiamin* produziert:

$$\underset{\text{Adipinsäure}}{n\,\mathrm{COOH{-}(CH_2)_4{-}COOH}} + \underset{\text{Hexamethylendiamin}}{n\mathrm{H_2N{-}(CH_2)_6{-}NH_2}} \xrightarrow{-2n\,\mathrm{H_2O}} \underset{\text{Polyamid-6,6}}{\left[-\overset{\displaystyle \mathrm{O}}{\overset{\|}{\mathrm{C}}}\mathrm{{-}(CH_2)_4{-}}\overset{\displaystyle \mathrm{O}}{\overset{\|}{\mathrm{C}}}\mathrm{{-}NH{-}(CH_2)_6{-}NH}-\right]_n}$$

Natürliche tierische Faserstoffe gehören chemisch zu den Eiweißen. Die Textilindustrie verwendet Seide, Wolle und Tierhaare als tierische Fasern, die wegen der ihnen eigenen Festigkeit, Elastizität und Formbeständigkeit besonders geschätzt sind. Diese Eigenschaften verdanken sie den im Makromolekül enthaltenen Peptid-(Amid-)Gruppen —CO—NH—, die sich auch in den vollsynthetischen Polyamidfasern befinden.

34.9 Kunststoffe auf Cellulosebasis

Natürliche pflanzliche Faserstoffe bestehen chemisch im wesentlichen aus Cellulose. Als Textilfasern werden Samen- und Bastfasern (Baumwolle, Flachs, Hanf, Jute, Ramie), für andere industrielle Zwecke auch Hartfasern aus Früchten und Blättern (z. B. Kokosfasern) verwendet. Baumwolle eignet sich von allen Faserarten am besten zum Verspinnen, deshalb wird im Weltmaßstab mehr als die Hälfte aller Textilien aus Baumwolle hergestellt.

Die von Natur aus guten textilen Eigenschaften der Baumwolle werden häufig durch Veredlungsverfahren verbessert. Durch Einlagerung von Kunstharzmolekülen in die Faserhohlräume entstehen Vernetzungen zwischen den Hydroxygruppen der Cellulose mit reaktiven Gruppen der Harze.

Die Makromoleküle der natürlichen Faserstoffe haben linearen Aufbau. Die parallel zueinander liegenden Moleküle sind über Wasserstoffbrücken aneinander gekettet. Hierdurch erklären sich die Zerreißfestigkeit und die Unlöslichkeit dieser Faserstoffe.

Regeneratfaserstoffe und andere Produkte aus Zellstoff

Regeneratfaserstoffe werden synthetisch aus Stoffen erzeugt, die ihren Ursprung in natürlichen Makromolekülen haben. Die Produkte, die als unendlich langer Faden anfallen, heißen *Seiden*, kurze Fadenbündel *Fasern*.

Zu den Regeneratfaserstoffen (auch *Reyon* genannt) gehören vor allem die aus Cellulose hergestellten Seiden und Fasern. Bei ihrer Produktion geht man von dem aus Holz gewonnenen Zellstoff aus und nutzt die chemischen Eigenschaften der Cellulose aus (→ Abschn. 33.5.3). Die Löslichkeit von Cellulose in *Schweitzers Reagens* wird bei der Herstellung von *Kupferseide* genutzt. Die ammoniakalische Celluloselösung wird durch Spinndüsen in saure Bäder gepresst, wobei der aus Cellulose bestehende Kunstseidenfaden entsteht.

Am wirtschaftlichsten lässt sich die *Viscoseseide* produzieren, da an den dabei verwendeten Holzzellstoff keine großen Qualitätsansprüche gestellt werden und die zur Xanthogenatbildung benutzten Chemikalien Natronlauge und Schwefelkohlenstoff leicht zugänglich sind. Der Celluloseester nimmt in einem Reifeprozess viskose Beschaffenheit an. In dieser Form wird er durch die Spinndüsen in schwefelsaure Bäder gepresst, wo der Ester zerstört wird und regenerierte Cellulose ausfällt.

Acetatseide gewinnt man, indem man Celluloseacetat in Aceton löst. Die Acetatseide wird trocken versponnen. Das aus der Spinndüse austretende Fadenbündel wird von heißer Luft getrocknet, wobei das Aceton verdunstet und der Ester fadenförmig erstarrt. Diese Seide ist wegen ihres schönen Glanzes und hoher relativer Nassfestigkeit sehr geschätzt.

Alle Seiden ähneln der Naturseide in Glanz und Geschmeidigkeit, unterscheiden sich aber chemisch und auch durch physikalische Eigenschaften von ihr. *Cellulosefasern* lassen sich grundsätzlich nach denselben Verfahren herstellen wie die entsprechenden Seiden. Die aus den Spinndüsen austretenden, im Fällbad stabilisierten, unendlich langen Seidenfäden werden zu einem starken Kabel vereinigt und dann in Stapelfasern in der Länge zerschnitten, die den Längen der natürlichen Fasern entsprechen (30 bis 100 mm). Die so entstehenden bauschigen und weichen Seidenfasern werden zu Garn verarbeitet, häufig nach einem Kräuselungsprozess. Diese Garne ähneln Woll- und Baumwollgarnen. Durch Verbesserung der Herstellung- und Verarbeitungsverfahren ist es gelungen, Cellulosefasern mit besonderen Qualitätsmerkmalen zu entwickeln.

Weitere Zellstoffprodukte

Schießbaumwolle (Cellulosetrinitrat) ist ein stark nitrierter Ester der Cellulose, er wirkt als hochbrisanter Sprengstoff. Schießbaumwolle kann durch Ethanol-Ether-Gemische gelatiniert werden. Gekörnt ergibt sich rauchschwaches Pulver für Schusswaffen.

Kollodiumwolle ist ein Celluloseester mit mittlerem Stickstoffgehalt, der ebenfalls löslich ist. Die *Kollodiumlösung* wird als Kleber verwendet.

Nitrolacke sind Lösungen von Kollodium in Ethyl- um Butylacetat. Thermoplastisches *Celluloid* wird durch Verkneten von Kollodiumwolle mit Campher gewonnen. Es diente zur Herstellung von Filmmaterial und Gebrauchsartikeln.

Auch Celluloseacetat kann zu plastischen Massen, Acetatlacken, Sicherheitsfilm und Triacetatfolie verarbeitet werden. Viscoselösung, in geeigneter Weise verformt, ist Grundstoff für Viscosezellglas, *Viscoseschwämme*, Kunstdarm.

Durch kurzzeitige Behandlung des Zellstoffs mit konzentrierter Schwefelsäure entsteht *Pergamentpapier*. Zellstoffbahnen quellen in Zinkchloridlösung, so dass sie unter Druck miteinander verpresst werden können. Nach Auswaschen des Zinkchlorids erhält man die zähe, biegsame *Vulkanfiber*.

❍ Aufgaben

34.1 Wie führt man technisch die Polymerisation und Polykondensation durch?

34.2 Wodurch unterscheiden sich Polymerisation und Polyaddition?

34.3 Welche Reaktionsschritte sind bei der Polymerisation zu unterscheiden? Es sind die einzelnen Reaktionsgleichungen für die Polymerisation von Vinylchlorid bei Verwendung von Peroxiden als Katalysator zu formulieren?

34.4 2-Methylpropen (Isobutylen) wird mit Hilfe von Borfluorid BF_3 als Katalysator zu Polyisobutylen polymerisiert. Es ist die zugehörige Reaktionsgleichung anzugeben!

34.5 Der Polymerisationsgrad des Polyisobutylens wird zu $n \approx 3\,000$ angegeben. Welche relative Molekülmasse hat demnach dieser als Isoliermaterial verwendete Kunststoff?

34.6 Trifluorethylen lässt sich zu Polytrifluorethylen polymerisieren. Welche chemische Gleichung beschreibt diesen Vorgang?

34.7 Welche vom Ethylen abgeleiteten Plaste haben große technische Bedeutung?

34.8 Wie groß ist der Polymerisationsgrad n der folgenden Plaste, wenn ihre relative Molekülmasse die folgenden Werte hat?
Polyethylen M = 80 000,
Polystyrol M = 160 000,
PVC M = 100 000,
Polymethacrylat M = 800 000.

34.9 Zu Welchem Reaktionstyp gehört die Umsetzung von Butan zu Butadien?

34.10 Welche Typen synthetischen Kautschuks unterscheiden wir?

34.11 Wie kann der zur Vulkanisation benötigte Ruß technisch gewonnen werden?

34.12 Welchen Einfluss übt der Schwefel beim Ablauf der Vulkanisation aus?

34.13 Warum wird synthetischer Kautschuk in allen großen Industriestaaten produziert?

34.14 Welche Verwendung finden Pheno- und Aminoplaste?

34.15 Aus welchen Rohstoffen werden Aminoplaste erzeugt?

34.16 Die Polykondensation von Cresol und Formaldehyd ist durch eine Reaktionsgleichung zu beschreiben!

34.17 Von welchen zweiwertigen Alkoholen könnte man bei der Polyesterharz- und Polyurethanherstellung ausgehen?

34.18 Welche Plaste werden durch eine Polyaddition erzeugt?

34.19 Polyamid AH entsteht durch Polykondensation von Adipinsäure und Hexamethylendiamin $H_2N—(CH_2)_6—NH_2$. Es ist die zugehörige Reaktionsgleichung zu formulieren!

34.20 Welche Kunstharze werden als Lacke eingesetzt?

34.21 Zu welchen chemischen Verbindungsklassen gehören die natürlichen Faserstoffe?

34.22 Wodurch unterscheiden sich Seiden und Fasern?

34.23 Welche Faserstoffe sind chemisch Cellulose, welche Celluloseester?

34.24 Welche nicht zu den Faserstoffen zählenden Produkte werden aus Cellulose gewonnen?

34.25 Wodurch unterscheiden sich synthetische und Regeneratfaserstoffe?

34.26 Aus welchen Grundstoffen werden Polyesterharze und Polyesterfasern gewonnen?

34.27 Wie wird technisch Polyacrylnitril gewonnen?

34.28 Die Festigkeit der Polyamidfaserstoffe wird u. a. durch Wasserstoffbrückenbindung zwischen parallelen Makromolekülen bedingt. An welchen Stellen der Moleküle sind die Wasserstoffbrücken wirksam?

34.29 Welche Faserstoffe trocknen nach der Wäsche besonders schnell, welche verhältnismäßig langsam? (Tabelle 34.2).

Literaturverzeichnis

[1] *Autorenkollektiv*: Anorganikum. – Leipzig: Barth, 1993

[2] Fachlexikon ABC Chemie. – Thun, Frankfurt a. M.: Verlag Harri Deutsch, 1987

[3] *Liebscher, W. (Hrsg.)*: Gefahrstoffe im Hochschulbereich, Das Praxishandbuch für den Umgang mit Gefahrstoffen an Hochschulen. – Filderstadt: Weinmann, 1992

[4] *Liebscher, W. (Hrsg.)*: Nomenklatur der Anorganischen Chemie. – Weinheim: VCH Verlagsgesellschaft mbH, 1995

[5] *Büchner; Schliebs; Winter; Büchel*: Industrielle Anorganische Chemie. – Weinheim: VCH Verlagsgesellschaft mbH, 1986

[6] *Dickerson, R. E.; Geis, I.*: Chemie – eine lebendige und anschauliche Einführung. – Weinheim: VCH Verlagsgesellschaft mbH, 1986

[7] *Holleman–Wiberg*: Lehrbuch der Anorganischen Chemie. – Berlin: De Gruyter, 2007

[8] *Kaltofen, R. K.*: Tabellenbuch Chemie. – Frankfurt a. M.: Verlag Harri Deutsch, 1998

[9] *Moore, W. J.*: Grundlagen der Physikalischen Chemie. – Berlin; New York: De Gruyter, 1990

[10] *Regen, O.*: Chemisch-technische Stoffwerte; eine Datensammlung. – Frankfurt a. M.: Verlag Harri Deutsch, 1987

[11] *Römpp*: Chemie-Lexikon. – Stuttgart: Thieme Verlag, 1995

[12] *Roth; Weller-Schäferbarthold*: Sicherheitsfibel Chemie. – Landsberg/Lech: Ecomed, 2011

[13] *Schauer; Quellmalz*: Die Kennzeichnung von gefährlichen Stoffen und Zubereitungen nach Chemikaliengesetz und Gefahrenstoffverordnung. – Weinheim: VCH Verlagsgesellschaft mbH, 1992

[14] *Lautenschläger, Schröter, Wanninger*: Taschenbuch der Chemie. – 20. Auflage – Frankfurt a. M.: Verlag Harri Deutsch, 2005

[15] *Willmes, A.*: Taschenbuch Chemische Substanzen. – 3. Auflage. – Frankfurt a. M.: Verlag Harri Deutsch, 2006

[16] *Zirngiebel, E.*: Einführung in die angewandte Elektrochemie. – Frankfurt a. M.: Otto Salle Verlag GmbH, 1993

[17] *Atkins, P. W.; Beran, J. A.*: Chemie – einfach alles. – Weinheim: VHC Verlagsgesellschaft mbH, 1996

[18] *Bliefert, C.*: Umweltchemie. – Weinheim: VHC Verlagsgesellschaft mbH, 1994

[19] *Mudrack, K.; Kunst, S.*: Biologie der Abwasserreinigung. – Stuttgart: Fischer Verlag, 1991

[20] *Jeromin, G.*: Organische Chemie. Ein praxisbezogenes Lehrbuch. – Frankfurt a. M.: Verlag Harri Deutsch, 2006

[21] *Riedel, E.*: Moderne Anorganische Chemie. – Berlin: De Gruyter, 1999

[22] *Merkel, M.; Thomas, K.-H.*: Taschenbuch der Werkstoffe. – 6. Auflage. – Leipzig: Fachbuchverlag, 2003

[23] Ullmanns Enzyklopädie der Technischen Chemie. – 7. Auflage. – Weinheim: Wiley-VCH, 2012

Gesetzliche Regelungen

- Gesetz zum Schutze vor gefährlichen Stoffen (*Chemikaliengesetz*, ChemG) v. 14.02.2012
- Verordnung zum Schutz vor gefährlichen Stoffen (*Gefahrstoffverordnung*, GefStoffV) v. 04.08.2011
- *Chemikalien-Verbotsverordnung* (ChemVerbotsV) v. 01.12.2010

Lösungen zu den Aufgaben

1.1 Beide sind Naturwissenschaften. Die Frage nach Aufbau und Eigenschaften der Stoffe ist für beide Wissenschaften bedeutungsvoll. Chemische Stoffumsetzungen sind immer von physikalischen Bedingungen abhängig und an ihren physikalischen Auswirkungen erkennbar.

1.2 Gegenstand der analytischen Chemie ist die Trennung von Stoffgemischen und der Nachweis seiner einzelnen Bestandteile. Die synthetische Chemie verfolgt das Ziel, Stoffe aufzubauen.

1.3 Verwendung von Kunststoffen, Chemiefasern usw. an Stelle traditioneller Werkstoffe (z. B. Metalle, Naturstoffe); Verwendung synthetischer Düngemittel und Schädlingsbekämpfungsmittel in der Landwirtschaft usw. mit dem Ziel, die Arbeitsproduktivität zu erhöhen.

2.1 Körper bestehen aus Stoffen. Körper sind durch ihre Gestalt charakterisiert. Stoffe besitzen keine eigentümliche Gestalt, außer in der Gestalt von Kristallen.

2.2 Es handelt sich um den Siedepunkt bei einem Druck von 101,3 kPa und die Dichte bei 20 °C.

2.3 373,15 K.

2.4 Im Feststoff sind die kleinsten Teilchen in der Art eines Gitters angeordnet. Mit Erhöhung der Temperatur nehmen die Schwingungen der Teilchen um die Ruhelage zu, bis schließlich (auf dem Weg über die flüssige Phase) in der Gasphase jeder ordnende Zusammenhalt der Teilchen aufgehoben ist.

2.5 Schmelzpunkt, Siedepunkt, Dichte, Farbe, Löslichkeit, elektrische Leitfähigkeit usw.

2.6 Es wird die unterschiedliche Löslichkeit beider Stoffe in Wasser ausgenutzt.

2.7 Lösungsmittel, Temperatur und (bei Gasen) Druck.

2.8 Nein.

2.9 Die Auskristallisation beginnt bei 35 °C. Bei 20 °C sind etwa 13 g auskristallisiert.

2.10 Die hauptsächlichen Bestandteile der Luft sind Gase und bilden deswegen ein homogenes Gemisch. Eingelagerte feste oder flüssige Schwebstoffe bilden mit den Gasen ein heterogenes Gemisch.

2.11 12,96 Masseprozent; Konzentration von 14,9 g $NaNO_3$ in 100 g H_2O.

2.12 Zentrifugieren: Gewinnung von Butterfett aus Milch; Destillieren: Herstellung von Weinbrand; Dekantieren; Abgießen des Kochwassers von z. B. Kartoffeln.

2.13 Lösung entspricht der Erklärung im Text zu Bild 2.9.

2.14 Reine Stoffe und Gemenge Reine Stoffe sind Elemente oder Verbindungen.

2.15 Antwort ist u. a. Anlage 4 zu entnehmen.

3.1 H : C : Na = 1 : 12 : 23

3.2 35,453

3.3 Der „Beschuss“ muss mit Neutronen erfolgen. Er erhöht die Massenzahl, aber nicht die Kernladungszahl.

3.4

Energieniveau	2p	3p	3d	4d	4f
Maximale Elektronenzahl	6	6	10	10	14

3.5 Aus dem Bohrschen Atommodell ergibt sich für die 4 Außenelektronen kein Unterschied. Nach dem wellenmechanischen Atommodell haben aber die 2 Elektronen ($2p^2$) ein höheres Energieniveau.

3.6 He $1s^2$ Ne $1s^2$ $2s^2$ $2p^6$ Ar, Kr, Xe, Rn siehe Anlage 1.

3.7 s^2

3.8 Al $1s^2$ $2s^2$ $2p^6$ $3s^2$ $3p^1$ Fe, I, Pb siehe Anlage 1.

3.9 Nach Anlage 1 schwankt die Zahl zwischen 1 und 2 Elektronen.

3.10 5s – 4d – 5p – 6s – 4f – 5d – 6p – 7s – 5f – 6d

4.1 Für die elektronische Struktur der Atome eines Elementes ist die Kernladungszahl die wichtigste Größe. Sie entspricht der Protonenzahl. Mit steigender Kernladungszahl nimmt auch die Neutronenzahl zu. Aus der Gesamtzahl der Nukleonen ergibt sich unter Berücksichtigung der vorhandenen natürlichen Isotope die relative Atommasse.

4.2 Im Periodensystem sind die Elemente nach steigenden Kernladungszahlen angeordnet. Die 7 Perioden sind das Ergebnis der verschiedenen Energieniveaus der Elektronen.

4.3 Die chemischen Eigenschaften der Elemente werden durch die Zahl der Valenzelektronen charakterisiert. Auf ihrer Außenschale besitzen Atome 1 bis 8 Valenzelektronen. Elemente mit derselben Anzahl Außenelektronen bilden eine Hauptgruppe.

4.4 Im Mittelalter gab es den heutigen Begriff des Elementes noch nicht. Von den im Periodensystem mit der Ordnungszahlen 1 bis 92 aufgeführten Elementen sind die letzten erst 1940 gefunden worden.

4.5 Die typischen Metalle der Chemie besitzen 1 oder 2 Valenzelektronen, den Atomen der typischen Nichtmetalle fehlen zur Edelgaskonfiguration 1 oder 2 Elektronen. Durch die Abgabe bzw. Aufnahme von Elektronen entstehen Kationen und Anionen.

4.6 Die Elemente der VIII. Hauptgruppe sind die Edelgase. Da ihre Elektronenaußenschale schon Edelgaskonfiguration aufweist, sind sie besonders reaktionsträge. Wegen der geringen chemischen Affinität ist der Nachweis dieser Elemente über chemische Reaktionen schwierig.

4.7 Alle Elemente der I. Hauptgruppe besitzen ein Valenzelektron, sie sind typische, besonders heftig reagierende Metalle, sie bilden einfach geladene positive Ionen, in wässerigen Lösungen entstehen starke Basen. Mit steigender Kernladungszahl der Elemente der I. Hauptgruppe nimmt der elektropositive Charakter zu, daraus resultieren eine Reihe weiterer sich periodisch ändernder Eigenschaften.

4.8 Da die im Periodensystem enthaltenen Elemente bis zur Ordnungszahl 112 kontinuierlich von der Protonenzahl 1 bis 112 angeordnet sind, ist es nicht möglich, neue Elemente mit diesen Kernladungszahlen zu finden.

4.9 Durch die Anordnung der Elemente im Periodensystem nach ihrem Atombau in Gruppen und Perioden sind Rückschlüsse von bekannten Elementen auf weniger bekannte möglich, und zwar auf deren chemische und physikalische Eigenschaften. Damit wird das Periodensystem zum wichtigsten Hilfsmittel der Chemie.

5.1 Im H_2S-Molekül liegen polarisierte Atombindungen vor. Es ähnelt im Bau und in der Bindung dem H_2O-Molekül.

5.2 Die Ionisierungsenergie nimmt in der 1. Gruppe des PSE von oben nach unten ab, da die steigende Zahl von Elektronen den Einfluss der Kernladung auf die Außenelektronen abschirmt, was deren Abspaltbarkeit erleichtert.

5.3 Die Elektronenaffinität sinkt in der 7. Gruppe des PSE von oben nach unten. (Ausnahme ist Fluor!) Infolge Abschirmung der Ladung des Kerns durch die steigende Zahl der inneren Elektronen verringert sich dessen Anziehungskraft auf das einzubauende Außenelektron. Daher nimmt die freiwerdende Energie bei der Bildung des Anions ab.

5.4 Das Mg-Atom gibt 2 Elektronen ab, und es bildet sich Mg^{2+}. Das S-Atom nimmt 2 Elektronen auf, und es entsteht S^{2-}.

5.5

Atombindung	Polarisierte Atombindung	Ionenbeziehung
I_2	CCl_4	MgO
N_2	C_2H_6	Na_2S
		KBr

5.6 Im Natriumbromid NaBr haben auf Grund des größeren Durchmessers des Bromid-Ions Br^- die Ionen einen größeren Abstand r voneinander als im Natriumfluorid NaF. Nach dem Coulombschen Gesetz nimmt die Anziehungskraft der Ionen mit steigendem Radius r ab. Es sinkt der Schmelzpunkt. Für die Differenzen der Elektronennegativitäten ergeben sich: NaF $4{,}0 - 0{,}9 = 3{,}1$ und NaBr $2{,}8 - 0{,}9 = 1{,}8$.

5.7 Nur die CH_3-Gruppen im Ethan zeigen auf Grund der rotationssymmetrischen σ-Bindung freie Drehbarkeit. Diese ist bei den Mehrfachbindungen aufgehoben.

5.8 Bei Annahme der Existenz von Ionen im Molekül entspricht die Ionenwertigkeit der Oxidationszahl. Diese Angaben dienen u.a. zur Berechnung der Ladungen von Komplexionen.

5.9 Aus der Summe der Oxidationszahlen ergibt sich die Ladung der einzelnen Anionen, z. B. $SiO_4^{4-}(+4) + 4 \cdot (-2) = -4$ unter Berücksichtigung der Anlage 3.

5.10

Ladung	Oxidationszahlen	Koordinationszahl
$Na^+NO_2^-$	$(+1) + (+3) + 2 \cdot (-2)$	2
$Na^+NO_3^-$	$(+1) + (+5) + 3 \cdot (-2)$	3
$2\,Na^+HPO_4^{2-}$	$2 \cdot (+1) + (+1) + (+5) + 4 \cdot (-2)$	4
$2\,K^+SO_3^{2-}$	$2 \cdot (+1) + (+4) + 3 \cdot (-2)$	3
$K^+ClO_3^-$	$(+1) + (+5) + 3 \cdot (-2)$	3

5.11 Mg^{++} $3s^2$ $3p^6$ $3d^4$

5.12

Verbindung	Oxidationszahl des Zentralatoms
Kalium-hexachloroplumbat(IV)	4
Diamminsilber(I)-chlorid	1
Natrium-hexafluoroaluminat	3
Hexaaquachrom(III)-chlorid	3

6.1 Teilchengröße 500 bis 1 nm bzw. Zahl der Atome im dispergierten Teilchen 10^9 bis 10^3

6.2 Filtration, Diffusion, Verhalten im Lichtkegel

6.3 Stärke, Eiweiß, Kautschuk, Polyamide u.a.

6.4 Zwischenmolekulare Bindungen

6.5 Aggregation in feindispersen Systemen führt zu kolloiden Systemen.

6.6 Die Ausflockungsfähigkeit steigt in der angegebenen Lösungsreihe, da sich die Ladung des Kations erhöht.

6.7 Grenzflächenaktive Stoffe werden u. a. zur Herstellung von Schaum-, Netz und Waschmitteln, Cremes, Salben, Shampoos, Badezusätzen, Schädlingsbekämpfungsmitteln, Mayonnaisen, Margarine usw. verwendet.

7.1 Abstrahlung von Wärme und Licht, Schmelzen des Paraffins und Stofftransport sind physikalische Vorgänge. Die chemische Umsetzung besteht in der Oxidation des Paraffins zu Kohlenstoffdioxid und Wasser (-dampf).

7.2 In einem Mol Kupfer(II)-oxid CuO (= 79,5 g) ist ein Grammatom Kupfer Cu (= 63,5 g) enthalten.

$$79{,}5\,\text{g} : 63{,}5\,\text{g} = 100\,\% : x$$
$$x = \frac{63{,}5 \cdot 100}{79{,}5}\,\%$$
$$x = 79{,}9\,\%$$

7.3
$$\begin{array}{lll} 1\,\text{g} & x & \\ C + & O_2 \rightarrow CO_2 & \\ 12\,\text{g} & 22{,}4\,\text{l} & \end{array}$$
$$1\,\text{g} : 12\,\text{g} = x : 22{,}4\,\text{l}$$
$$x = \frac{1 \cdot 22{,}4}{12}\,\text{l}$$
$$x = 1{,}87\,\text{l}\ O_2$$
$$1{,}87\,\text{l} : y = 20{,}95\,\% : 100\,\%$$
$$y = \frac{1{,}87\,\text{l} \cdot 100\,\%}{20{,}95\,\%}$$
$$y = 8{,}926\,\text{Liter Luft}$$

Zum Verbrennen von 1 g Kohlenstoff werden 8,926 l Luft benötigt.

7.4 $V_0 = V\dfrac{p}{p_0} \cdot \dfrac{T_0}{T} = 1\,\text{l} \cdot \dfrac{102{,}6\,\text{kPa} \cdot 273\,\text{K}}{101{,}3\,\text{kPa} \cdot 291\,\text{K}} = 0{,}949\,\text{Liter}$

Unter Normbedingungen stünden 0,949 Liter H_2 zur Verbrennung zur Verfügung. Diesen Wert setzen wir in die Reaktionsgleichung ein:

$$\begin{array}{lll} 0{,}949\,\text{l} & & x \\ H_2 + & \frac{1}{2}O_2 \rightarrow & H_2O \\ 22{,}4\,\text{l} & & 18\,\text{g} \end{array}$$
$$0{,}949\,\text{l} : 22{,}4\,\text{l} = x : 18\,\text{g}$$
$$x = \frac{0{,}949 \cdot 18}{22{,}4}\,\text{g}$$
$$x = 0{,}762\,\text{g}$$

Bei der Verbrennung entstehen 0,762 g Wasser.

7.5
$$\begin{array}{ll} 2\,\text{g} & x \\ Al + 3\,HCl \rightarrow AlCl_3 + & \frac{3}{2}\,H_2 \\ 27\,\text{g} & \frac{3}{2} \cdot 22{,}4\,\text{l} \end{array}$$
$27\,\text{g} : 33{,}6\,\text{l} = 2\,\text{g} : x$

$x = 2{,}49\,\text{l}$ (unter Normalbedingungen)

$$V = \frac{2{,}49\,\text{l} \cdot 101{,}3\,\text{kPa} \cdot 290{,}15\,\text{K}}{102{,}4\,\text{kPa} \cdot 273{,}15\,\text{K}} = 2{,}62\,\text{l}$$

7.6 Die Gleichung besagt, dass sich 2 Mol (zwei Volumenteile) Kohlenstoffmonoxid CO ($\widehat{=}56\,\text{g}\widehat{=}44{,}8\,\text{l}$) mit einem Mol (einem Volumenteil) Sauerstoff O_2 ($\widehat{=}32\,\text{g}\widehat{=}22{,}4\,\text{l}$) zu zwei Molen (zwei Volumenteilen) Kohlenstoffdioxid CO_2 ($\widehat{=}88\,\text{g}\widehat{=}44{,}8\,\text{l}$) verbinden, wobei eine Wärmemenge von 566 kJ frei wird.

7.7 Chlorwasserstoff wird durch Reaktion von Wasserstoff mit Chlor gewonnen:

$$H_2 + Cl_2 \rightarrow 2\,HCl$$

Aus je einem Volumenteil Wasserstoff und Chlor entstehen zwei Volumenteile Chlorwasserstoff. Das Gesamtvolumen bleibt also bei dieser Reaktion unverändert.

7.8 50 g
$CaCO_3 + 2\,HCl \rightarrow CaCl_2 + CO_2 + H_2O$
100 g 44 g≙22,4 l
$x = 22$ g≙11,2 l

7.9 Eine gesättigte Lösung von $NaNO_3$ enthält etwa 150 g $NaNO_3$/100 g H_2O. Unter Annahme, dass beim Lösen keine wesentliche Änderung des Volumens eintritt, enthält 1 l Lösung 1 500 g $NaNO_3$. Da ein Mol $NaNO_3$ gleich 85 g sind, folgt 1 500 g : 85 g = 17,6. Die Lösung ist 17,6molar. Entsprechend ist die KNO_3-Lösung 1,98molar, die NaCl-Lösung 5,99molar. Die Normalität besitzt in diesen Fällen den gleichen Wert, wie die Molarität.

7.10 70 g x
$P_2O_5 + 3\,H_2O \rightarrow 2\,H_3PO_4$
142 g 196 g
$$x = \frac{196 \cdot 70}{142}\,\text{g} = 96{,}6\,\text{g}$$
In 370 g Lösung sind 96,6 g H_3PO_4 enthalten; das sind 26 Masse-%.

7.11 Die Reaktionsenthalpie beträgt −6,8 kJ.

7.12 Die Bildungsenthalpie für Methan beträgt $-74{,}2\,\text{kJ} \cdot \text{mol}^{-1}$.

7.13 a) Die Verbrennungswärme für Methanol beträgt $-20{,}45\,\text{kJ} \cdot \text{mol}^{-1}$.
b) Tankgröße müsste für eine vergleichbare Laufleistung auf das 2,3fache Volumen vergrößert werden.

8.1 Da Quecksilberoxid eine exotherme Verbindung ist, verlagert sich nach dem Prinzip vom kleinsten Zwang bei höherer Temperatur (400 °C) das Gleichgewicht nach links (d.h. auf die Seite des Wärmeverbrauchs), bei niedriger Temperatur (300 °C) nach rechts. Bei tieferen Temperaturen als 300 °C würde das Gleichgewicht noch weiter rechts liegen. Allerdings wird dann die Reaktionsgeschwindigkeit so klein sein, dass keine Umsetzung mehr zu beobachten ist.

8.2 Um eine hohe Ausbeute an Ammoniak zu erhalten, muss das Gleichgewicht möglichst weit rechts liegen. Eine Verschiebung nach rechts wird erreicht durch *a*) hohen Druck (das Volumen von N_2 und $3\,H_2$ ist größer als das von $2\,NH_3$). *b*) niedrige Temperatur (da bei der Bildung von Ammoniak Wärme frei wird, wirken hohe Temperaturen der Ammoniakbildung entgegen). Der Höhe des Druckes sind durch die technischen Möglichkeiten der Apparate Grenzen gesetzt. Die Temperatur darf nicht tiefer als 400 °C liegen, da andernfalls der Katalysator die Reaktion nicht mehr genügend beschleunigt.

8.3 a) Bei den Reaktionen 2, 4 und 5 ist das Volumen der Stoffe auf der linken Seite der Gleichung größer als das der Stoffe auf der rechten Seite. Die Gleichgewichte werden bei Druckerhöhung nach rechts verschoben. Die Reaktionen 1 und 3 verlaufen ohne Volumenänderung. Der Druck hat deshalb keinen Einfluss auf die Gleichgewichtslage.
b) Bei Temperaturerhöhung erfolgt eine Gleichgewichtsverschiebung nach der Seite des Wärmeverbrauchs. Demnach wird durch Temperaturerhöhung die Lage des Gleichgewichts bei den Reaktionen 1, 2, 4 und 5 nach links, bei der Reaktion 3 nach rechts verschoben.

8.4 Beim Erwärmen entweicht aus dem System fortlaufend gasförmiger Chlorwasserstoff. Durch diese anhaltende Konzentrationsverminderung der Salzsäure kann sich kein Gleichgewicht einstellen. Es kommt zum vollständigen Umsatz des Kochsalzes mit Schwefelsäure.

8.5 $NaOH + NH_4Cl \rightarrow NaCl + NH_3\uparrow + H_2O$
$2\,HCl + Na_2SO_3 \rightarrow 2\,NaCl + H_2O + SO_2\uparrow$
In beiden Fällen handelt es sich um heterogene Systeme, aus denen ein Bestandteil als Gas

entweicht (NH_3 bzw. SO_2). Es stellt sich deswegen kein Gleichgewicht ein, sondern es kommt zum vollständigen Ablauf der Gesamtreaktion von links nach rechts.

8.6 Die Oxidation verläuft als Reaktion 3. Ordnung.

8.7 a) Bei Verwendung der Partialdrücke als Konzentrationsmaß lautet die Massenwirkungsgleichung:

$$\frac{(p_{SO_3})^2}{(p_{SO_2})^2 \cdot p_{O_2}} = K_p$$

b) Bei Druckerhöhung auf das Dreifache ergibt sich:

$$\frac{(3p_{SO_3})^2}{(3p_{SO_2})^2 \cdot 3p_{O_2}} = \frac{9(p_{SO_3})^2}{9(p_{SO_2})^2 \cdot 3p_{O_2}} = \frac{(p_{SO_3})^2}{3(p_{SO_2})^2 \cdot p_{O_2}}$$

Der Quotient würde also bei konstanter Temperatur nur noch $1/3$ seines ursprünglichen Wertes von K_p besitzen. Das chemische Gleichgewicht ist damit gestört. Es muss sich neu einstellen. Um den konstanten Wert K_p für den Quotienten wieder zu erreichen, muss der Zähler, d.h. der Partialdruck des Schwefeltrioxids SO_3 steigen. Das ist nur auf Kosten des Schwefeldioxids und des Sauerstoffs möglich, deren Partialdrücke damit abnehmen. Das Gleichgewicht wird also durch die Druckerhöhung nach rechts verschoben, so dass eine erhöhte Ausbeute an Schwefeltrioxid erzielt wird.

c) Da durch Erhöhung der Sauerstoffkonzentration der Faktor p_{O_2} des Nenners größer wird, würde der Quotient einen Wert $< K_p$ annehmen. Damit der Quotient den konstanten Wert K_p behält, muss der andere Faktor p_{SO_2} des Nenners kleiner werden. Das geschieht durch eine Verschiebung des Gleichgewichts nach rechts, also durch eine weitere Umsetzung von Schwefeldioxid und Sauerstoff zu Schwefeltrioxid. Dadurch wird zugleich der Zähler p_{SO_3} größer. Das trägt seinerseits dazu bei, dass der ursprüngliche Wert K_p für den Quotienten wieder erreicht wird.

d) Bei 227 °C ist K_p sehr groß. Der im Zähler der Massenwirkungsgleichung stehende Partialdruck des Schwefeltrioxids und damit dessen Anteil am Gasgemisch ist also bei dieser Temperatur im Gleichgewichtszustand sehr groß. Bei 427 °C ist K_p viel kleiner als bei 227 °C. Bei dieser Temperatur ist also im Gleichgewichtszustand der Partialdruck des Schwefeltrioxids und damit dessen Anteil am Gasgemisch kleiner. Bei Temperaturerhöhung wird also die Lage des Gleichgewichts in Richtung der Ausgangsstoffe Schwefeldioxid und Sauerstoff verschoben, so dass sich die Ausbeute an Schwefeltrioxid verringert.

8.8 Die Gleichgewichtskonstante ergibt sich als Quotient aus den beiden Geschwindigkeitskonstanten

$$K_c = \frac{k_H}{k_R}$$

$$K_c = \frac{3 \cdot 10^{-4}}{3{,}6 \cdot 10^{-6}} = 83{,}3$$

8.9 Da es sich um eine homogene Gasreaktion handelt, können in die Massenwirkungsgleichung an Stelle der Konzentrationen die Partialdrücke eingesetzt werden:

$$K = \frac{(p_{HI})^2}{p_{H_2} \cdot p_{I_2}}$$

Man setzt den Partialdruck des Wasserstoffs, der genauso groß sein muss wie der des Iods, gleich x und erhält:

$$50 = \frac{(p_{HI})^2}{x \cdot x}$$
$$x^2 = \frac{(p_{HI})^2}{50}$$
$$x = \sqrt{\frac{1}{50}} p_{HI}$$
$$x = \frac{1}{7{,}07} p_{HI}$$

Der Partialdruck des Iodwasserstoffs ist etwa siebenmal so groß wie der des Wasserstoffs.

9.1 $CuCl_2 \rightleftharpoons Cu^{2+} + 2\,Cl^-$
$Ca(HCO_3)_2 \rightleftharpoons Ca^{2+} + 2\,HCO_3^-$
$ZnSO_4 \rightleftharpoons Zn^{2+} + SO_4^{2-}$
$Na_3PO_4 \rightleftharpoons 3\,Na^+ + PO_4^{3-}$
$K_2SO_3 \rightleftharpoons 2\,K^+ + SO_3^{2-}$
$Mg(NO_3)_2 \rightleftharpoons Mg^{2+} + 2\,NO_3^-$

9.2 Die angegebenen Dissoziationskonstanten gelten für folgende Reaktionen mit deren zugehörigen Massenwirkungsgleichungen:

$$Ca(OH)_2 \rightleftharpoons Ca^{2+} + 2\,OH^-$$
$$\frac{c_{Ca^{2+}} \cdot c^2_{OH^-}}{c_{Ca(OH)_2}} = 3{,}7 \cdot 10^{-6}\,\text{mol}^2 \cdot \text{l}^{-2}$$
$$Zn(OH)_2 \rightleftharpoons Zn^{2+} + 2\,OH^-$$
$$\frac{c_{Zn^{2+}} \cdot c^2_{OH^-}}{c_{Zn(OH)_2}} = 1{,}5 \cdot 10^{-9}\,\text{mol}^2 \cdot \text{l}^{-2}$$

Aus dem niedrigen Wert der Dissoziationskonstanten des Zinkhydroxids $Zn(OH)_2$ kann man entnehmen, dass dieses nur wenig dissoziiert ist. Calciumhydroxid $Ca(OH)_2$ ist von beiden die stärkere Base.

9.3 In einer 1-normalen Essigsäure sind von 1 000 Molekülen 4 Moleküle dissoziiert. Mit steigender Verdünnung nimmt die Dissoziation zu. In einer 0,1-normalen Essigsäure sind von 1 000 Molekülen bereits 13 dissoziiert. Aber auch dieser Dissoziationsgrad ist noch so gering, dass die Essigsäure zu den schwachen Elektrolyten gehört.

9.4 Aus einer sulfationenhaltigen Lösung, der die äquivalente Menge Bariumionen zugesetzt wurde, fällt Bariumsulfat aus. Ein geringer Anteil an Sulfationen und Bariumionen bleibt jedoch in Lösung, und zwar (entsprechend dem Löslichkeitsprodukt $L_{BaSO_4} = 10^{-10}$) 10^{-5} mol · l^{-1} Bariumionen und 10^{-5} mol · l^{-1} Sulfationen, denn

$$a_{Ba^{++}} \cdot a_{SO_4^{--}} = L_{BaSO_4}$$
$$10^{-5}\,\text{mol} \cdot \text{l}^{-1} \cdot 10^{-5}\,\text{mol} \cdot \text{l}^{-1} = 10^{-10}\,\text{mol}^2 \cdot \text{l}^{-2}$$

Wird das Bariumchlorid aber im Überschuss zugesetzt, so steigt die Konzentration der Bariumionen auf über 10^{-5} mol · l^{-1} an, während auf Grund des konstanten Löslichkeitsprodukts gleichzeitig die Konzentration der Sulfationen auf unter 10^{-5} mol · l^{-1} absinkt. Das bedeutet, dass die Sulfationen bei einem Überschuss von Bariumionen erheblich vollständiger in Form von Bariumsulfat ausgefällt werden als beim Vorliegen äquivalenter Mengen von Bariumionen und Sulfationen.

9.5 a) $HBr \rightarrow H^+ + Br^-$ (Abspaltung eines Wasserstoffions)
b) $HBr + H_2O \rightarrow H_3O^+ + Br^-$ (Protonenübergang)

9.6 An einem freien Elektronenpaar des Wassermoleküls bzw. Ammoniakmoleküls wird ein Proton gebunden:

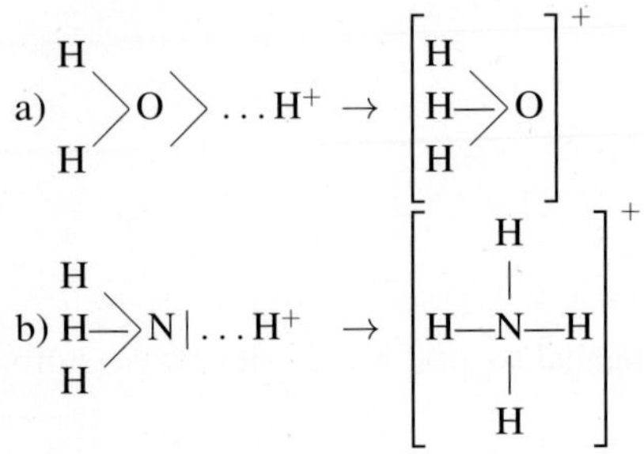

9.7 a) eine Säure gibt Protonen ab (Protonendonator)
b) eine Base nimmt Protonen auf (Protonenakzeptor)

9.8 Die Base Bromidion Br^-

9.9 a) $HNO_2 \rightleftharpoons NO_2^- + H^+$ c) $HI \rightleftharpoons I^- + H^+$
b) $H_2SO_3 \rightleftharpoons HSO_3^- + H^+$
$HSO_3^- \rightleftharpoons SO_3^{2-} + H^+$

9.10 Neutralsäuren: HBr, H_2CO_3; Anionsäure: HCO_3^-; Anionbasen: Br^-, HCO_3^-, CO_3^{2-}

9.11 Protonendonator: Oxoniumion; Protonenakzeptor: Hydroxidion;
Ampholyt: Wassermolekül

9.12 Das Hydrogencarbonation HCO_3^- ist ein Ampholyt.

9.13
$HBr \rightleftharpoons Br^- + H^+$ (Protonenabgabe)
$H_2O + H^+ \rightleftharpoons H_3O^+$ (Protonenaufnahme)

$HBr + H_2O \rightleftharpoons Br^- + H_3O^+$ (protolytisches System)
$S_I + B_{II} \rightleftharpoons B_I + S_{II}$

9.14 Aktivität der Oxoniumionen: a) $10^{-11}\ mol \cdot l^{-1}$; b) $2 \cdot 10^{-6}\ mol \cdot l^{-1}$
Aktivität der Hydroxidionen: c) $10^{-13}\ mol \cdot l^{-1}$; d) $5 \cdot 10^{-3}\ mol \cdot l^{-1}$

9.15 a) pH = 10; b) pH = 6,3; c) $a_{H_3O^+} = 10^{-5}\ mol \cdot l^{-1}$;
d) $a_{H_3O^+} = 3 \cdot 10^{-8}\ mol \cdot l^{-1}$

9.16

	pH = 3	pH = 11
Thymolblau	gelb	blau
Methylrot	rot	gelb
Lackmus	rot	blau
Bromthymolblau	gelb	blau
Phenolphthalein	farblos	rot

9.17 $NH_4^+ + H_2O \rightleftharpoons NH_3 + H_3O^+$

$S_I + B_{II} \rightleftharpoons B_I + S_{II}$

$$\frac{a_{NH_3} \cdot a_{H_3O^+}}{a_{NH_4^+}} = K_S$$

$H_2O + NH_3 \rightleftharpoons OH^- + NH_4^+$

$S_I + B_{II} \rightleftharpoons B_I + S_{II}$

$$\frac{a_{OH^-} \cdot a_{NH_4^+}}{a_{NH_3}} = K_B$$

9.18 $pK_S(NH_4^+) = 9{,}25$; $pK_B(Cl^-) \approx 20$

9.19 a) stark: NH_3; b) schwach: NH_4^+

9.20 a) $H_2SO_4 \rightleftharpoons HSO_4^- + H^+$ $\quad pK_S = -3$

$HSO_4^- \rightleftharpoons SO_4^{2-} + H^+$ $\quad pK_S = 1{,}92$

$NH_3 + H^+ \rightleftharpoons NH_4^+$ $\quad pK_S = 9{,}25$

Da $pK_S(NH_3)$ höher ist als $pK_S(HSO_4^-)$, laufen folgende Reaktionen ab:

$H_2SO_4 + NH_3 \rightleftharpoons NH_4^+ + HSO_4^-$

$H_2SO_4 + 2\,NH_3 \rightleftharpoons 2\,NH_4^+ + SO_4^{2-}$

b) $H_2CO_3 \rightleftharpoons HCO_3^- + H^+$ $\quad pK_S = 6{,}52$

$HCO_3^- \rightleftharpoons CO_3^{2-} + H^+$ $\quad pK_S = 10{,}40$

Da $pK_S(NH_3)$ niedriger ist als $pK_S(HCO_3^-)$, läuft nur folgende Reaktion ab:

$H_2CO_3 + NH_3 \rightleftharpoons NH_4^+ + HCO_3^-$

Es entsteht kein Ammoniumcarbonat $(NH_4)_2CO_3$.

9.21 Salpetersäure unterliegt der Protolyse:

$HNO_3 \rightleftharpoons NO_3^- + H^+$

$H_2O + H^+ \rightleftharpoons H_3O^+$

$HNO_3 + H_2O \rightleftharpoons NO_3^- + H_3O^+$

Kaliumhydroxid (nach *Brönsted* als Salz aufzufassen) dissoziiert:

$KOH \rightleftharpoons K^+ + OH^-$

Die entstehenden Hydroxidionen bilden mit den Oxoniumionen aus der Protolyse der Salpetersäure ein protolytisches System:

$H_3O^+ \rightleftharpoons H_2O + H^+$

$OH^- + H^+ \rightleftharpoons H_2O$

$H_3O^+ + OH^- \rightleftharpoons 2\,H_2O$

Äquivalente Mengen von Salpetersäure und Kalilauge vorausgesetzt, entsteht daher eine neutrale Lösung, die Kaliumionen K^+ und Nitrationen NO_3^- enthält, also eine Kaliumnitratlösung.

9.22 $pH = pK_S + \lg \frac{c_{Base}}{c_{Säure}}$

$pH = 9{,}25 + \lg \frac{c_{NH_3}}{c_{NH_4^+}}$

$pH = 9{,}25 + \lg 1$

$pH = 9{,}25$

Bei Zugabe einer starken Säure wirken gegenüber deren Oxoniumionen die Ammoniakmoleküle als Protonenakzeptoren (Reaktionsverlauf von rechts nach links).
Bei Zugabe einer starken Base wirken gegenüber deren Hydroxidionen die Ammoniumionen als Protonendonatoren (Reaktionsverlauf von links nach rechts).

9.23 Ammoniumion NH_4^+ ist mittelstarke Säure ($pK_S = 9{,}25$). Hydrogensulfation HSO_4^- ist sehr schwache Base ($pK_B \approx 17$). Die Lösung reagiert daher sauer.

9.24 a) $NH_4H_2PO_4$ $\quad pH \approx \dfrac{14 + 9{,}25 - 12{,}04}{2}$ $\quad pH \approx 5{,}7$; also schwach sauer;

b) $NH_4(CH_3COO)$ $\quad pH \approx \dfrac{14 + 9{,}25 - 9{,}25}{2}$ $\quad pH \approx 7$; also neutral.

9.25 Anionbasen nach abnehmender Stärke des Basencharakters:

$OH^-(pK_B = 0)$; $CO_3^{2-}(pK_B = 3{,}60)$; $CN^-(pK_S = 4{,}60)$;
$HCO_3^-(pK_B = 7{,}48)$; $NO_2^-(pK_B = 10{,}65)$; $SO_4^{2-}(pK_B = 12{,}08)$;
$NO_3^-(pK_B = 15{,}32)$; $HSO_4^-(pK_B \approx 17)$; $Br^-(pK_B \approx 20)$; $Cl^-(pK_B \approx 20)$.

9.26 a) Mit Natronlauge entsteht eine Natriumzinkatlösung.
b) Mit Salzsäure entsteht eine Zinkchloridlösung.

9.27 $4\,P + 5\,O_2 \rightleftharpoons P_2O_5 \quad 2\,Ca + O_2 \rightleftharpoons 2\,CaO$
$2\,Cu + O_2 \rightleftharpoons 2\,CuO \quad 2\,Fe_2O_3 + 3\,C \rightleftharpoons 4\,Fe + 3\,CO_2$

9.28 Fluor nimmt am leichtesten Elektronen auf.
Caesium gibt am leichtesten Elektronen ab.
Beide erreichen damit abgeschlossene Elektronenschalen.

9.29 a) $Al + 3\,HNO_3 \rightleftharpoons Al(NO_3)_3 + 1\tfrac{1}{2}\,H_2$
$Al \rightleftharpoons Al^{3+} + 3\,e^-$ Oxidation
$3\,H^+ + 3\,e^- \rightleftharpoons 1\tfrac{1}{2}\,H_2$ Reduktion

b) $Mg + 2\,HCl \rightleftharpoons MgCl_2 + H_2$
$Mg \rightleftharpoons Mg^{2+} + 2\,e^-$ Oxidation
$2\,H^+ + 2\,e^- \rightleftharpoons H_2$ Reduktion

c) $Zn + H_2SO_4 \rightleftharpoons ZnSO_4 + H_2$
$Zn \rightleftharpoons Zn^{2+} + 2\,e^-$ Oxidation
$2\,H^+ + 2\,e^- \rightleftharpoons H_2$ Reduktion

9.30 $H_2\overset{+6}{S}O_4 + 3\,H_2\overset{-2}{S} \rightleftharpoons 4\,\overset{0}{S} + 4\,H_2O$

Der Schwefel geht von einer höheren Oxidationsstufe (+6) und einer niedrigeren Oxidationsstufe (−2) in eine mittlere Oxidationsstufe (0) über. Die Sulfationen *oxidieren* die Sulfidionen zu elementarem Schwefel und werden dabei selbst zu elementarem Schwefel *reduziert*.

9.31 $2\,\overset{+3}{Fe}Cl_3 + H_2\overset{-2}{S} \rightleftharpoons 2\,\overset{+2}{Fe}Cl + 2\,HCl + \overset{0}{S}$

Die Fe(III)-ionen oxidieren die Sulfidionen S^{2-} zu elementarem Schwefel und werden dabei zu Fe(II)-ionen reduziert.

9.32

Oxidationsmittel	Reduktionsmittel
H^+	Al
H^+	Mg
H^+	Zn
H_2SO_4	H_2S
$FeCl_3$	H_2S

9.33 Reduktionsmittel ist gasförmiger Wasserstoff H_2.
Oxidationsmittel sind die Wasserstoffionen H^+.

9.34 Das Aluminium reduziert das Eisen(II, III)-oxid zu elementarem Eisen:

$$8\,\overset{0}{Al} + 3\,(\overset{+3}{Fe_2}O_3 \cdot \overset{+2}{Fe}O) \rightleftharpoons 4\,\overset{+3}{Al_2}O_3 + 9\,\overset{0}{Fe}$$

$8\,Al \rightleftharpoons 8\,Al^{3+} + 24\,e^-$ Oxidation

$6\,Fe^{3+} + 3\,Fe^{2+} + 24\,e^- \rightleftharpoons 9\,Fe$ Reduktion

10.1 Die elektrische Leitfähigkeit ist $8{,}378 \cdot 10^5$-mal größer.

10.2 Die Gefäßkonstante beträgt $0{,}246\,8\,cm^{-1}$.

10.3 Die spezifische elektrische Leitfähigkeit beträgt $3{,}69 \cdot 10^{-8}\,S \cdot cm^{-1}$.

10.4 Von der Art der Ionen und deren Beweglichkeit, Konzentration und Dissoziationsgrad, Temperatur. Da mehrere Faktoren von Einfluss sind, erfordern eindeutige Zuordnungen in der Messtechnik, dass bestimmte Größen (z. B. die Temperatur) konstant gehalten werden müssen.

10.5 Zunächst nimmt die Konzentration der gut beweglichen OH^--Ionen ab; nach Überschreiten des Äquivalenzpunktes treten in der Lösung zusätzlich H^+- bzw. H_3O^+-Ionen auf, so dass die Leitfähigkeit wieder ansteigt.

10.6 Kupferionen werden entladen und scheiden sich als metallisches Kupfer auf dem Eisenblech ab; Eisen geht in Ionenform über. Es findet ein Austausch von Elektronen statt.

10.7 Gleichgewichtseinstellung, Wasserstoffdruck 101,3 kPa, 298 K,
Wasserstoffionenaktivität $1\,mol \cdot l^{-1}$, Eliminierung von Diffusionspotenzialen.

10.8 $2\,Na + 2\,H_2O \rightarrow 2\,NaOH + H_2\uparrow \qquad \Delta_R H = -285{,}5\,kJ \cdot mol^{-1}$
Bei der Reaktion entsteht Wärme: dadurch kann es bei einer Lokalisierung des Natriums zur Entzündung des Wasserstoffs kommen. Die wässrige Lösung reagiert alkalisch (Bildung von NaOH). Das Potenzial des Kupfers ist größer als das der H_3O^+-Ionen bei ihrer im Wasser vorliegenden Konzentration.

10.9 Mit zunehmender Verdünnung wird das Potenzial der Elektrode unedler (weniger positiv, negativer); abhängig von der Stellung zum Wasserstoff in der Spannungsreihe nimmt somit die Spannung ab oder zu (Wechsel der Polarität).

10.10 Das Potenzial oder besser Elektrodenpotenzial der Kupferelektrode beträgt 0,35 V. Mit der Bezeichnung „Potenzial“ ist streng genommen eine Bezugsspannung gemeint, die in diesem Fall auf die Standardwasserstoffelektrode bezogen ist.

10.11 Zeit bis zur Einstellung des Gleichgewichts, Konzentration der potenzialbestimmenden Ionen, Temperatur.

10.12 Bei 25 °C beträgt die Zu- oder Abnahme des Elektrodenpotenzials je Änderung um eine pH-Wert-Einheit 0,059 V.

10.13 Die Klemmenspannung ist um den am inneren Widerstand wirksamen Spannungswert kleiner als die Zellspannung (Urspannung).

10.14 Die Potenzialunterschiede betragen *a*) 0,174 V, *b*) 0,098 5 V.

10.15 Elektrochemisch findet an der Anode eine Oxidation statt (Abgabe von Elektronen). Der zum Zink führende Anschluss ist der Minuspol.

10.16 Der innere Widerstand wird u.a. durch die Konzentration der Schwefelsäure bestimmt, die sich beim Laden oder Entladen ändert.

10.17 Die H^--Ionen würden an der Anode entladen.

10.18 Das Potenzial für die Entladung von Na^+-Ionen muss „edler“ sein als das der H^+-Ionen. Das ist durch die Wahl von Elektrodenwerkstoffen möglich, an denen für Wasserstoff eine hohe Überspannung auftritt (z. B. Blei).

10.19 Wegen der hohen Überspannung von Wasserstoffionen an Blei werden zunächst bevorzugt Pb^{2+}-Ionen entladen.

10.20 a) NaCl (Schmelze): Natrium- und Chlorbildung (gasförmig)
NaCl in H_2O: Wasserstoff- und Chlorgasbildung
KCl (Schmelze): Kalium- und Chlorbildung (gasförmig)
KCl in H_2O: Wasserstoff- und Chlorgasbildung
b) HCl: Wasserstoff- und Chlorbildung (gasförmig)
H_2SO_4: Wasserstoff- und Sauerstoffbildung
c) NaOH: Wasserstoff- und Sauerstoffbildung
KOH: Wasserstoff- und Sauerstoffbildung
d) $MgCl_2$: Wasserstoff- und Chlorbildung
K_2SO_4: Wasserstoff- und Sauerstoffbildung
Die angegebenen Reaktionsmöglichkeiten sind an bestimmte Elektrodenwerkstoffe gebunden. Ordnungsmöglichkeiten: Elektrolysen in der Schmelze oder in wässrigen Lösungen, Entwicklung von Gasen oder Abscheidung von Metallen, abhängig von der Höhe der Abscheidungspotenziale.

10.21 Aluminium: 0,093 2 mg je A s
Wasserstoff: $1{,}045 \cdot 10^{-5}$ g je A s

10.22 Es entstehen 0,013 9 g Wasserstoff, der bei 0 °C und 101,325 kPa ein Volumen von 0,154 l beansprucht. Die Umrechnung auf 102,6 kPa und 298 K ergibt ein Volumen von 0,166 l. Das Sauerstoffvolumen ist theoretisch halb so groß. Abweichungen vom theoretischen Wert können durch unterschiedliche Lösung der Gase in Wasser oder durch Folgereaktionen (z. B. Bildung von Ozon bei entsprechender Stromdichte) bedingt sein.

10.23 Die mittlere Stromstärke betrug 0,027 A.

10.24 Die relative Atommasse bzw. die molare Masse hängen von der Wahl des Bezugsatoms ab; das trifft auch auf die Zahl der Teilchen zu, die auf die molare Masse entfallen. Beim Bezug auf das C-12-Nuklid ist das Mol gleich der Objektmenge der Kohlenstoffatome in genau 12 g des reinen Nuklids: $6{,}022\,5 \cdot 10^{23}$ Atome. Solchen feststehenden Werten entsprechen ganz bestimmte Elektrizitätsmengen, die zur Abscheidung eines Mols (einwertiger) Ionen notwendig sind.

10.25 Kosten der elektrischen Energie, Material der Elektroden, Standzeit der Elektroden und Reaktionsräume, Absatzmöglichkeiten für das Chlor und die entstandene Lauge.

10.26 *Quecksilberverfahren:* Chloridarme Lauge, bewegliche Katode, Lauge entsteht in einem Zersetzer, hohe Überspannung für die Entladung von H^+-Ionen.
Diaphragmaverfahren: Es entsteht chloridhaltige Lauge niedriger Konzentration, feststehende Katode, Entladung von H^+-Ionen.

10.27 Gewinnung bestimmter Metalle durch Schmelzflusselektrolyse, Metallraffination, Elektrolyse zur Gewinnung von Chlor und Natronlauge, im weiteren Sinne auch Verfahren des Korrosionsschutzes sowie der chemischen Analytik.

10.28 Beim Galvanisieren wird auf den zu schützenden Stoff eine Schutzschicht aus einem anderen Werkstoff aufgetragen: beim Aloxieren wird die natürliche Al_2O_3-Schicht verstärkt.

10.29 Im Gegensatz von z. B. Aluminiumoxidschichten sind Rost und Zunder nicht festhaftend und zusammenhängend. Durch diese porösen Korrosionsprodukte gelangt weiteres Wasser (Elektrolyt) an die Metalloberfläche.

10.30 Bei der Eisensäule von Delhi handelt es sich um ein relativ reines Eisen. Zusätzlich sind in Delhi die atmosphärischen Bedingungen (Luftfeuchtigkeit und -schadstoffe) günstiger als in Industriegegenden.

10.31 6 500 t Kohle

10.32 Erwünschter Vorgang: $8\,H_2SO_4 + FeO + Fe_3O_4 + Fe_2O_3 \rightleftharpoons 2\,FeSO_4 + 2\,Fe_2(SO_4)_3 + 8\,H_2O$
Unerwünschter Vorgang: $H_2SO_4 + Fe \rightarrow FeSO_4 + H_2\uparrow$

10.33 Erwünscht ist die Entfernung der Korrosionsprodukte, Mineralsäuren greifen aber auch unedle Metalle an. Die Strahlmittel, deshalb die Bezeichnung abrasiv, rauhen durch den Angriff auf den metallischen Werkstoff die Metalloberfläche auf. Beim Beizen werden Sparbeizen zugegeben, beim Strahlen sind Einhalten der Strahldauer, feinere Strahlmittel, geringere Abwurfgeschwindigkeiten Voraussetzungen zur Verringerung des Metallangriffs.

10.34 $FeSO_4 + 2\,H_2O \rightleftharpoons H_2SO_4 + Fe(OH)_2$
$FeCl_2 + 2\,H_2O \rightleftharpoons 2\,HCl + Fe(OH)_2$
$4\,Fe(OH)_2 + O_2 + 2\,H_2O \rightleftharpoons 4\,Fe(OH)_3\downarrow$

10.35 Entsprechend der Reihenfolge der Metalle in der elektrochemischen Spannungsreihe wird zuerst die Zinkschicht zerstört, bevor ein Angriff auf den Eisenwerkstoff erfolgt. Beim Zinn ist es umgekehrt, es steht in der Spannungsreihe rechts vom Eisen.

10.36 Korrosion im engeren Sinne ist die Zerstörung von Metallen durch vorwiegend elektrochemische Vorgänge. Im erweiterten Sinne gibt es auch Korrosion bei nichtmetallischen Werkstoffen, z. B. spielt heute die Zerstörung von Beton eine wichtige Rolle.

10.37 Der aktive Korrosionsschutz befasst sich mit dem Einsatz korrosionsbeständiger Werkstoffe, mit dem korrosionsschutzgerechten Konstruieren, mit dem Einsatz von Inhibitoren, aber auch mit dem katodischen bzw. anodischen Korrosionsschutz. Beim passiven Korrosionsschutz werden Metalle durch Anstriche (etwa 80 %) oder andere organische bzw. nichtorganische Schichten geschützt; auch die für die Lebensdauer der Schutzschichten wichtigen Verfahren der Oberflächenvorbehandlung werden hierzu gezählt.

11.1 Wasserstoff tritt elementar in Spuren in der Luft auf, in gebundenem Zustand im Wasser, in Säuren und organischen Verbindungen.

11.2 Wasserstoff wird erzeugt *a*) im Labor aus Zink und Salzsäure, *b*) technisch aus Wasser durch Reduktion mit Kohlenstoff bzw. Kohlenstoffmonoxid.

11.3 Wasserstoff ist das leichteste Gas, farblos und geruchlos, er ist brennbar.

11.4 Zu Hydrierungen (Ammoniaksynthese, Methanolsynthese, Hochdruckhydrierung von Teer und Erdöldestillationsprodukten, Fetthärtung).

11.5 Wasser wird zur Dampferzeugung, als Lösungsmittel, Transportmittel, Kühlmittel in großen Mengen gebraucht.

11.6 Die O—H-Bindungen im Wassermolekül sind polarisiert. Da sie in einem Winkel zueinander stehen, fallen die Schwerpunkte der positiven und negativen Partialladungen nicht zusammen.

11.7 Die Wasserstoffbrückenbindungen führen zu Molekülassoziationen, die den flüssigen Zustand des Wassers bewirken.

11.8 Unter Hydratation wird die auf elektrostatischer Anziehung beruhende Anlagerung von Dipolmolekülen des Wassers an Ionen verstanden.

11.9 Für das Wasserstoffperioxid ist die Peroxogruppe —O—O— charakteristisch.

11.10 $H_2O_2 \rightarrow H_2O + O$. Es entsteht atomarer Sauerstoff.

12.1 Die Elemente der 7. Hauptgruppe bilden mit Metallen Salze (griech. hals, Salz).

12.2 Die allgemeine Reaktionsfähigkeit nimmt vom Iod zum Fluor zu.

12.3 Chlor wird technisch durch Natriumchloridelektrolyse gewonnen.

12.4 Chlor wirkt als Oxidationsmittel, da es leicht Elektronen aufnimmt, wobei die volle Besetzung der 3p-Orbitale erreicht wird.

12.5 Chlorwasser enthält hypochlorige Säure $HClO$, die unter Lichtwirkung in Salzsäure und atomaren Sauerstoff zerfällt, der stark oxidierend wirkt und daher Farbstoffe zerstört.

12.6 Durch Synthese aus den Elementen Chlor und Wasserstoff, die in Quarzbrennern verbrannt werden (Chlorknallgasreaktion), entsteht Chlorwasserstoff, der – im Gegenstrom – in Wasser gelöst wird.

12.7 a) Flüssiges Chlor wird in Stahlflaschen und -kesselwagen aufbewahrt und transportiert,
b) Konzentrierte Salzsäure in Glas- oder Steingutgefäßen.

12.8 Kaliumchlorat ist ein sehr starkes Oxidationsmittel; mit organischen Stoffen, mit Phosphor und Schwefel setzt es sich beim Erhitzen, bei Schlag oder Reibung explosionsartig um.

12.9 Chlor verdrängt Brom und Iod aus seinen Verbindungen, es entsteht elementares Brom bzw. Iod.

13.1 Der Säurecharakter der Oxide nimmt vom Schwefel über das Selen zum Tellur ab.

13.2 Stickstoff beginnt schon bei 77 K (−196 °C) zu verdampfen, so dass der Sauerstoffanteil in der flüssigen Luft zunimmt.

13.3 Der Sauerstoff hat in seinen Verbindungen die Oxidationszahl −2.

13.4 $O_3 \rightleftharpoons O_2 + O$

13.5 Das *Claus*-Verfahren dient zur Gewinnung von elementarem Schwefel aus Schwefelwasserstoff, der bei der Verarbeitung fossiler Brennstoffe in großen Mengen anfällt.

13.6 Schwefelwasserstoff ist ein übelriechendes, sehr giftiges, leicht wasserlösliches Gas, in wässriger Lösung unterliegt er als mittelstarke Säure teilweise der Protolyse.

13.7 Schwefeldioxid löst sich sehr leicht in Wasser, setzt sich dabei aber nur zu einem geringen Teil zu schwefliger Säure um: $SO_2 + H_2O \rightleftharpoons H_2SO_3$. Die Lösung reagiert daher nur schwach sauer, obwohl die schweflige Säure zu den starken Säuren gehört.

13.8 Einsatz eines Katalysators, Temperatur nicht wesentlich über 400 °C.

13.9 Verdünnte Schwefelsäure reagiert auf Grund ihres hohen Oxoniumionengehalts mit unedlen Metallen unter Wasserstoffentwicklung. Konzentrierte Schwefelsäure enthält keine Oxoniumionen, sie reagiert mit unedlen Metallen, aber auch mit Kupfer, unter Entwicklung von Schwefeldioxid. In beiden Fällen werden die Metalle oxidiert, reduziert wird bei verdünnter Schwefelsäure der Wasserstoff, bei konzentrierter Schwefelsäure der Schwefel.

13.10 Konzentrierte Schwefelsäure kann in eisernen Kesselwagen transportiert werden, da sie Eisen passiviert.

14.1 Stickstoff ist ein ausgeprägtes Nichtmetall; Phosphor ist ein Nichtmetall, das auch eine metallische Modifikation aufweist; Arsen und Antimon besitzen nichtmetallische und metallische Modifikationen; Bismut ist ein Metall von nicht sehr ausgeprägtem Charakter, hat jedoch keine nichtmetallische Modifikation.

14.2 Die wichtigsten Oxidationszahlen sind gegenüber Wasserstoff −3, gegenüber Sauerstoff und anderen elektronegativen Elementen +3 und +5.

14.3 Stickstoff kann aus der Luft durch Luftverflüssigung und anschließende fraktionierte Destillation oder durch Reduktion des Sauerstoffs mittels Koks' (bzw. Kohlenstoffmonoxids) und Auswaschen des dabei entstehenden Kohlenstoffdioxids gewonnen werden.

14.4 Ammoniak ist ein leichtes, stechend riechendes Gas, das sich sehr leicht in Wasser löst. Es lässt sich leicht verflüssigen und hat eine hohe Verdampfungswärme.

14.5 Ammoniak unterliegt in wässrigen Lösungen der Protolyse:

$$H_2O + NH_3 \rightleftharpoons OH^- + NH_4^+$$

14.6 Das Ammoniakgleichgewicht wird in Richtung der Ammoniakbildung verschoben durch hohen Druck (da das Volumen des Reaktionsgemischs in dieser Richtung abnimmt) und durch relativ niedrige Temperatur (da die Reaktion in dieser Richtung exotherm verläuft).

14.7 Die Kohlenwasserstoffe bringen (im Unterschied zu Kohle bzw. Koks) einen erheblichen Anteil des für die Synthese erforderlichen Wasserstoffs in das Synthesegas ein.

14.8 Des auf Grund der Gleichgewichtslage geringen Anteils an Ammoniak wegen muss die Ammoniaksynthese als Kreisprozess durchgeführt werden.

14.9 Nitrose Gase sind Stickstoffmonoxid NO, Stickstoffdioxid NO_2 und Distickstofftetraoxid N_2O_4, die meist als Gemenge auftreten.

14.10 Salpetersäure wird durch katalytische Oxidation von Ammoniak gewonnen.

14.11 Konzentrierte Salpetersäure wirkt stark oxidierend. Es muss daher verhindert werden, dass sie mit leicht oxidierbaren (brennbaren) Stoffen in Berührung kommt.

14.12 In verdünnter Salpetersäure wirken die Oxoniumionen gegenüber den Metallen oxidierend, in der konzentrierten Salpetersäure die Salpetersäuremoleküle, die in Stickstoffdioxidmoleküle übergehen (unter Änderung der Oxidationszahl des Stickstoffs von +5 auf +4).

14.13 Kalkstickstoff ist ein Gemenge aus Calciumcyanamid $CaCN_2$ und Kohlenstoff. Er wird als Düngemittel verwendet.

14.14 Bei einer intensiv betriebenen Pflanzenproduktion müssen dem Boden ständig Nitrate oder Ammoniumsalze zugeführt werden, aus denen die Pflanzen ihren Stickstoffbedarf decken.

14.15 Superphosphat wird im nassen Aufschluss von Calciumphosphat mit Schwefelsäure gewonnen, es ist wasserlöslich. Sinterphosphate werden im trockenen Aufschluss durch Erhitzen (1 200 °C) gewonnen, sie sind wasserunlöslich, werden aber von organischen Säuren, die die Pflanzenwurzeln ausscheiden, allmählich gelöst.

15.1 Kohlenstoff und Silicium sind Nichtmetalle, Germanium nimmt eine Mittelstellung ein, Zinn und Blei sind Metalle.

15.2 Alle Elemente der IV. Hauptgruppe treten vierwertig auf, die schweren Elemente Zinn und Blei auch zweiwertig, wobei die zweiwertige Stufe beim Blei die beständigere ist.

15.3 Diamant und Graphit. Diamant geht bei 1 500 °C in Graphit über (Luftabschluss vorausgesetzt, sonst verbrennt er). Graphit lässt sich bei 3 000 °C und 5 000 MPa in Diamant umwandeln. Die künstlich erzeugten Fullerene werden als dritte Modifikation des Kohlenstoffs betrachtet.

15.4 Kohlenstoffmonoxid ist ein leichtes, farb- und geruchloses, giftiges Gas, das an der Luft mit blauer Flamme zu Kohlenstoffdioxid verbrennt.

15.5 Bei hohen Temperaturen (1 000 °C) liegt das *Boudouard*-Gleichgewicht

$$CO_2 + C \rightleftharpoons CO \quad \Delta H = +172 \text{ kJ} \cdot \text{mol}^{-1} \quad \text{(endotherme Reaktion)}$$

auf der Seite des Kohlenstoffmonoxids, bei niedrigen Temperaturen (400 °C) auf der Seite des Kohlenstoffdioxids.

15.6 In den Kohlenstoffdioxidlöschern (deren Vorteile siehe Text Abschn. 15.3.2) liegt flüssiges Kohlenstoffdioxid vor, nicht Kohlensäure, die nur in wässriger Lösung existiert.

15.7 Calciumcarbid ist Ausgangsstoff für die Acetylenchemie, die für die technische organische Chemie eine – heute kaum noch genutzte – Alternative zur Petrolchemie darstellte.

15.8 Die Moleküle der Kieselsäure (Orthokieselsäure) H_4SiO_4 gehen unter Wasserabspaltung in Makromoleküle über, die Band-, Blatt- oder Raumnetzstruktur aufweisen.

15.9 Aluminiumsilicate und Alumosilicate sind Salze von Kieselsäuren, ihr Anion enthält stets Silicium. Bei den Aluminiumsilicaten tritt das Aluminium als Kation auf, bei den Alumosilicaten ist ein Teil der Siliciumatome des Anions durch Aluminiumatome ersetzt.

15.10 Alle Silicone weisen Si—O—Si-Bindungen auf.

15.11 Die Siliconöle sind auf Grund ihrer relativ kleinen Moleküle flüssig, Silicongummi ist infolge schwacher Vernetzung plastisch bzw. elastisch, Siliconharz infolge starker Vernetzung fest.

15.12 Zwischen Bor und Silicium sowie zwischen Borverbindungen und Siliciumverbindungen gibt es Ähnlichkeiten in den Eigenschaften. Silicium ist dem Bor viel ähnlicher als dem Kohlenstoff.

17.1 Da im Metallgitter die Valenzelektronen als freie Elektronen vorliegen, sind diese leicht verschiebbar (→ Abschn. 5.4).

17.2 „Edle" Metalle werden in der Natur auch elementar gefunden. Sie stehen in der Spannungsreihe unter dem Wasserstoff.
„Unedle" Metalle treten in der Natur nur in Verbindungen (Oxiden und Salzen) auf. In der Spannungsreihe stehen sie über dem Wasserstoff (→ Tabelle 10.3).

17.3 Die molare Masse des Cementits Fe_3C beträgt 70,85 g · mol^{-1}.
$$70{,}85\ \text{g} \cdot \text{mol}^{-1} : 12\ \text{g} \cdot \text{mol}^{-1} = 100\,\% : x \qquad x = 16{,}94\,\%$$

17.4 Durch Zerkleinerung sollen die Verwachsungen zwischen Erzmineral und Gestein gelöst werden. Durch Klassierung, Sortierung bzw. Flotation sollen Erzkonzentrate erreicht werden. Durch Rösten sollen Carbonate und Sulfide in Metalloxide übergeführt werden, da nur Oxide im Ofen reduziert werden können.

17.5 Kohlenstoff, Kohlenstoffmonoxid und Gleichstrom.

17.6 Abröstung der Sulfide zu Oxiden. Reduktion der Oxide. Evtl. Raffination durch Elektrolyse.

Pyrit: $2\,FeS_2 + 5\,O_2 \rightarrow 2\,FeO + 4\,SO_2\uparrow$

Zinkblende: $ZnS + 1\frac{2}{2}\,O_2 \rightarrow ZnO + SO_2\uparrow$

Bleiglanz: $PbS + 1\frac{1}{2}\,O_2 \rightarrow PbO + SO_2\uparrow$

18.1 $2\,Me + 2\,H_2O \rightarrow 2\,Me^+ + 2\,OH^- + H_2\uparrow$

18.2
$$\begin{array}{lll} 1\,000\ \text{kg} & x & y \\ NaCl & \rightarrow Na + & \frac{1}{2}\,Cl_2 \\ 58{,}5\ \text{g} & 23\ \text{g} & 11{,}2\ \text{l} \end{array}$$
$1\,000\ \text{kg} : 58{,}5\ \text{g} = x : 23\ \text{g} \qquad x = 393{,}2\ \text{kg}$

$1\,000\ \text{kg} : 58{,}5\ \text{g} = y : 0{,}011\,2\ \text{m}^3 \quad y = 191{,}5\ \text{m}^3$

18.3 Da die Alkalimetalle stark elektropositiven Charakter aufweisen und das Chlor stark elektronegativ ist, reagieren sie lebhaft miteinander.

18.4 Das Natriumhydroxid muss erst durch eine Elektrolyse gewonnen werden, dadurch steigt der Aufwand beträchtlich.

18.5 $NH_3 + CO_2 + H_2O \rightarrow NH_4HCO_3$

$NH_4HCO_3 + NaCl \rightarrow NaHCO_3 + NH_4Cl$

$2\,NaHCO_3 \rightarrow Na_2CO_3 + H_2O + CO_2$

18.6
$$\begin{array}{ll} 1\,000\ \text{kg} & x \\ Na_2CO_3 \cdot 10\,H_2O \rightarrow & Na_2CO_3 + 10\,H_2O \\ 286\ \text{g} & 106\ \text{g} \end{array}$$
$1\,000\ \text{kg} : 286\ \text{g} = x : 106\ \text{g} \quad x = 370{,}6\ \text{kg}$

18.7 In Salzlagerstätten liegen die leichter löslichen Kalisalze über dem Steinsalz. Vor der Gewinnung des Steinsalzes müssen die Kalisalze abgeräumt werden, sie wurden früher als Abraumsalze auf Halde geschüttet.

18.8 Aus Bild 18.3 ist zu erkennen, dass bei 100 °C eine gesättigte Kaliumchloridlösung etwa 55 g KCl enthält und noch etwa 35 g NaCl zu lösen vermag.

18.9 Natronlauge kann direkt aus Kochsalzlösung gewonnen werden, während Kaliumchlorid erst durch Aufbereitungsverfahren aus den Salzgesteinen gewonnen werden muss.

19.1 Magnesium wird durch die vorhandenen dichte Oxidschicht geschützt und reagiert erst bei höheren Temperaturen mit Wasser. Calcium besitzt keine solche Schicht und reagiert lebhaft mit Wasser. Außerdem steht Calcium weiter oben in der Spannungsreihe der Metalle (→ Tabelle 10.3).

19.2 Branntkalk: $CaCO_3 \rightarrow CaO + CO_2$

Löschkalk: $CaO + H_2O \rightarrow Ca(OH)_2$

19.3 Calciumhydroxid ist eine starke Base und wird durch geringeren Energieaufwand aus Kalk und Wasser gewonnen. Natrium- und Kaliumhydroxid erfordern für die Elektrolyse einen wesentlichen höheren Aufwand.

19.4 Bariumhydroxid dient zum Nachweis von Carbonat- und Sulfationen.
Bariumsulfat dient als Füllmittel in der Farben-, Papier-, Gummi-, Plast- und Baustoffindustrie und als Röntgenkontrastmittel.

19.5 Luftmörtel erhärtet nur an der Luft und ist gegenüber Wasser nicht beständig. Hydraulischer Mörtel bindet unter Wasseraufnahme ab und ist dann wasserbeständig.

19.6 Das Abbinden eines hydraulischen Mörtels ist das Erstarren unter Wasseraufnahme. Beim Erhärten bildet sich eine kristalline Struktur aus.

19.7 Stuckgips ist ein wenig gebrannter Gips, der in 8 bis 25 min erstarrt. Estrichgips wurde hoch gebrannt und bindet in 2 bis 24 Stunden ab.

19.8 Steinholz ist ein Magnesiabinder, dem Füllstoffe, wie Holz-, Kork-, Gesteinsmehl und Farbpigmente, zugesetzt wurden und der zur Herstellung von Fußböden und Kunststeinen verwendet werden kann.

19.9 Zement wird in Drehrohröfen aus Mischungen von Kalk, Ton und Sand bei hohen Temperaturen (1 400 bis 1 500 °C) zu Klinkern gebrannt und anschließend mit Anregern (Gips oder Anhydrit) staubfein gemahlen.

19.10 Portlandzement, Portlandkompositzement (Portlandhüttenzement u. a.), Hochofenzement.

19.11 $3\,CaO \cdot SiO_2 + 3\,H_2O \rightarrow CaO \cdot SiO_2 \cdot H_2O + 2\,Ca(OH)_2$

20.1 Die Beständigkeit des Aluminiums gegenüber Luft und Wasser beruht auf der dichten Oxidschicht. Aluminium selbst steht in der Spannungsreihe links vom Wasserstoff (→ Abschn. 10.6.5 Aloxieren).

20.2 Die Dichte des Aluminiums beträgt nur etwa ein Drittel der des Kupfers. Somit fällt die geringere Leitfähigkeit für viele Zwecke nicht ins Gewicht. Aluminium ist außerdem billiger als Kupfer und steht in größeren Mengen zur Verfügung.

20.3 $Al(OH)_3 + KOH \rightarrow K[Al(OH)_4]$

20.4

$$\begin{array}{llll} x & y & & 1\,kg \\ 8\,Al + & 3\,Fe_3O_4 & \rightarrow 4\,Al_2O_3 & + 9\,Fe \\ 216\,g & 696\,g & & 504\,g \end{array}$$

$x : 216\,g = 1\,kg : 504\,g \quad x = 0{,}429\,kg$

$y : 696\,g = 1\,kg : 504\,g \quad y = 1{,}381\,kg$

20.5 $4\,Al + 3\,SiO_2 \rightarrow 2\,Al_2O_3 + 3\,Si$

20.6 $\Delta H_B(Al_2O_3) = -1\,591\,kJ \cdot mol^{-1}$
$\Delta H_B(SiO_2) = -851{,}2\,kJ \cdot mol^{-1}$
$\Delta H = 2(-1\,591\,kJ \cdot mol^{-1}) - 3(-851{,}2\,kJ \cdot mol^{-1}) = -628{,}4\,kJ \cdot mol^{-1}$

20.7 $2\,Al + Cr_2O_3 \rightarrow 2\,Cr + Al_2O_3$

21.1 Die Elemente der 4. Hauptgruppe zeigen deutlich Übergangscharakter. Obwohl der Metallcharakter zunimmt, treten beim Zink und Blei noch homöopolare Bindungen wie beim Kohlenstoff und Silicium auf. Dadurch erklärt sich auch das Auftreten der flüssigen Tetrachloride in dieser Gruppe.

21.2 $Sn^{2+} \rightarrow Sn^{4+} + 2\,e^-$ Oxidation
$MnO_4^- + 8\,H^+ + 5\,e^- \rightarrow Mn^{2+} + 4\,H_2O$ Reduktion
$2\,MnO_4^- + 16\,H^+ + 5\,Sn^{2+} \rightarrow 2\,Mn^{2+} + 8\,H_2O + 5\,Sn^{4+}$
$2\,CrO_4^- + 16\,H^+ + 3\,Sn^{2+} \rightarrow 2\,Cr^{3+} + 8\,H_2O + 3\,Sn^{4+}$

21.3 Da in der 4. Hauptgruppe mit wachsender Atommasse die Beständigkeit der zweiwertigen Stufe zunimmt, sind die Blei(II)-verbindungen am beständigsten.

22.1 Das Erschmelzen des Kupferrohsteines ist eine thermische Aufbereitung und dient zur Kupferanreicherung.

22.2 Die Luft oxidiert Kupfer zu Kupfer(II)-oxid, das dann von Salzsäure gelöst wird.

22.3 Bei Werkzeugen aus Stahl besteht die Gefahr, dass abgerissene Teilchen an der Luft verglühen (Funkenbildung). Da Kupfer und Zinn wesentlich edler sind, tritt keine Funkenbildung auf.

22.4 Durch feuchte, kohlenstoffdioxidhaltige Luft entstehen Kupferhydroxidcarbonate, die grün gefärbt sind.

22.5 Das Potenzial des Wasserstoffes beträgt in neutraler Lösung $\varphi_H = -0{,}413\,V$, das des Zinks $\varphi_{Zn} = -0{,}76\,V$. Da das Potenzial des Zinks kleiner als das des Wasserstoffes ist, findet an der Katode Abscheidung des Zinks statt.

22.6 An feuchter Luft und im Wasser bildet sich eine dichte Schicht von Zinkoxid bzw. Zinkhydroxid aus, die die Korrosionsbeständigkeit bewirkt.

22.7 Mit steigender Kernladungszahl nimmt innerhalb einer Gruppe die Säurebeständigkeit zu. Quecksilber wird deshalb nur von oxidierenden Säuren gelöst, Zink dagegen von allen Säuren.

23.1 Die wichtigsten Eisenerze sind Magneteisenstein, Roteisenstein und Brauneisenstein. Abbauwürdig sind nur Erze mit 20 % Eisengehalt. Braunfärbung weist in der Natur auf Eisen hin (Lehm) (→ Tabelle 23.2).

23.2 Die heißen Abgase dienen zum Aufheizen der Winderhitzer und Regenerativkammer. Danach wird kalte Luft (Wind) hindurchgeblasen, die sich erwärmt. So wird Koks eingespart und die Luft auf die erforderlichen hohen Temperaturen aufgeheizt.

23.3 C-Stähle erhalten ihre Eigenschaften durch wechselnden Kohlenstoffgehalt. Durch Zulegieren von bestimmten Metallen werden Stähle mit bestimmten Eigenschaften erzeugt.

23.4 Siehe Text Abschn. 23.3.2 und Tabelle 23.3

23.5 Beim Rosten des Eisens entstehen unterschiedliche Eisenoxidhydrate mit der allgemeinen Formel $x\,FeO \cdot y\,Fe_2O_3 \cdot z\,H_2O$. Im Hochofen werden die Eisenoxide durch Kohlenstoff und Kohlenstoffmonoxid zu metallischem Eisen reduziert (→ Abschn. 23.3.1).

23.6 In der Reduktionszone des Hochofens findet die Reduktion des Eisen(III)-oxid zu Eisen(II, III)-oxid nach folgender Reaktionsgleichung statt:

$$3\,\overset{+3}{Fe}_2 + CO \rightarrow 2\,Fe_3O_4 + CO_2$$

$$Fe_3O_4 = \overset{+2}{Fe}O \cdot \overset{+3}{Fe}_2O_3$$

23.7 Auf Grund des hohen Kohlenstoffgehaltes schmilzt Roheisen plötzlich und ist nicht schmiedbar. Stahl ist ohne Nachbehandlung schmiedbar.

23.8 Das Wesen der Stahlgewinnung beruht auf dem Herabsetzen des Kohlenstoffgehaltes (3 bis 4,2 %) des Roheisens und der Entfernung unerwünschter Beimengungen z. B. Schwefel, Phosphor und Silicium.

24.1 Die Härte von Stahl wird erhöht von Chrom, Cobalt, Nickel, Vanadium und Wolfram.

24.2 Die Verschleißfestigkeit von Stahl wird erhöht von Mangan und Wolfram.

24.3 Die Hitzebeständigkeit von Stahl wird erhöht von Chrom, Vanadium und Wolfram.

24.4 Die Korrosionsbeständigkeit von Stahl wird erhöht von Chrom, Nickel und Molybdän.

25.1 Als Wasservorrat zählt das vorhandene bzw. zufließende Grund- und Oberflächenwasser, das aus Niederschlägen gespeist wird. Die Niederschlagsmenge ist durch geographische und meteorologische Faktoren bestimmt und deshalb vom Menschen nicht beeinflussbar.

25.2 Durch Einleiten von Luft wird der Sauerstoffgehalt des Wassers erhöht und damit die Selbstreinigung.

25.3 $FeCO_3 + H_2O + CO_2 \rightarrow Fe(HCO_3)_2$

25.4 Die Stoffmengenkonzentrationen sind mit der molaren Masse (→ Abschn. 7.4) zu multiplizieren:

$$\text{CaO: } 1{,}2\,\text{mmol} \cdot \text{l}^{-1} \cdot 56\,\text{mg} \cdot \text{mmol} = 67{,}2\,\text{mg} \cdot \text{l}^{-1}$$
$$\text{MgO: } 0{,}8\,\text{mmol} \cdot \text{l}^{-1} \cdot 40{,}3\,\text{mg} \cdot \text{mmol} = 32{,}2\,\text{mg} \cdot \text{l}^{-1}$$

25.5 Die Massenkonzentration ist durch die molare Masse zu dividieren:

$$\text{Ca(HCO}_3)_2\text{: } \frac{167\,\text{mg} \cdot \text{l}^{-1}}{162{,}2\,\text{mg} \cdot \text{mmol}^{-1}} = 1{,}030\,\text{mmol} \cdot \text{l}^{-1}$$
$$\text{Mg(HCO}_3)_2\text{: } \frac{110\,\text{mg} \cdot \text{l}^{-1}}{146{,}3\,\text{mg} \cdot \text{mmol}^{-1}} = 0{,}752\,\text{mmol} \cdot \text{l}^{-1}$$

Die Carbonathärte beträgt insgesamt $1{,}782\,\text{mmol} \cdot \text{l}^{-1}$.

25.6
$$\text{MgCl}_2\text{ : } \frac{37\,\text{mg} \cdot \text{l}^{-1}}{9{,}52\,\text{mg} \cdot \text{mmol}^{-1}} = 0{,}389\,\text{mmol} \cdot \text{l}^{-1}$$
$$\text{CaSO}_4\text{ : } \frac{10\,\text{mg} \cdot \text{l}^{-1}}{136{,}1\,\text{mg} \cdot \text{mmol}^{-1}} = 0{,}073\,\text{mmol} \cdot \text{l}^{-1}$$

Die Nichtcarbonathärte beträgt insgesamt $0{,}462\,\text{mmol} \cdot \text{l}^{-1}$. (Die übrigen gelösten Salze sind keine Härtebildner.)

25.7 Durch kohlenstoffdioxidhaltiges Wasser werden Carbonate als Hydrogencarbonate gelöst.

25.8 Temporäre Härte: Hydrogencarbonate des Calciums und des Magnesiums.
Permanente Härte: Sulfate, Chloride, Nitrate und Phosphate des Calciums und Magnesiums.

25.9 Gefahr der Kesselsteinbildung und Korrosion.

25.10 Da 1 mm Kesselstein in der Wärmeleitfähigkeit einem 37 mm dicken Eisenblech äquivalent ist, steigt der Brennstoffbedarf.

25.11 Kalk-Soda-Verfahren:

$$Ca(OH)_2 + Ca(HCO_3)_2 \rightarrow 2\,CaCO_3\downarrow + 2\,H_2O$$
$$Na_2CO_3 + CaSO_4 \rightarrow CaCO_3\downarrow + Na_2SO_4$$

Phosphatverfahren:

$$3\,Ca(HCO_3)_2 + 2\,Na_3PO_4 \rightarrow Ca_3(PO_4)_2\downarrow + 6\,NaHCO_3$$
$$3\,CaSO_4 + 2\,Na_3PO_4 \rightarrow Ca_3(PO_4)_2\downarrow + 3\,Na_2SO_4$$

25.12 Die Härtebildner wie Ca- und Mg-Ionen werden gegen Na-Ionen ausgetauscht.

25.13 Durchlauf von Natriumchloridlösung führt zum Austausch der Ionen der Härtebildner gegen Natriumionen.

25.14 Es wird mindestens Trinkwasserqualität verlangt.

25.15 Die mechanische Reinigung entspricht dem Absetzen von groben Stoffen als Schlamm im stehenden Gewässer. Bei der biologischen Reinigung wird die Selbstreinigung fließender Gewässer in kurzer Zeit (etwa 1 Tag) vollzogen. Bei der Schlammfaulung werden anaerobe Abbauprozesse, wie sie sich in Mülldeponien über Jahre hinziehen, in wenigen Wochen abgeschlossen.

26.1 Organische Verbindungen unterscheiden sich von den anorganischen Verbindungen durch ihre Vielfalt und durch charakteristische chemische und physikalische Eigenschaften. Ursache ist die Stellung des Kohlenstoffs im Periodensystem.

26.2 Es gelten die gleichen physikalisch-chemischen Grundgesetze.

26.3 Im Nachweis der Entbehrlichkeit einer „Lebenskraft" bei der Synthese organischer Verbindungen.

26.4 a) cyclische, b) aromatische, c) heterocyclische, d) aliphatische Verbindung.

26.5 Gleiche Art und Anzahl der Atome im Molekül (gleiche Summenformel), bei unterschiedlicher (räumlicher) Anordnung.

26.6
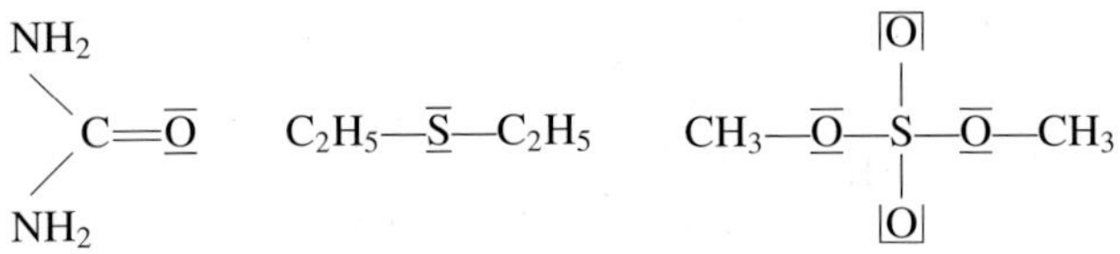

26.7 Siehe Abschn. 3.2.2 und Aufgabe 3.5.

26.8 Siehe Abschn. 5.7.1.

26.9 Das Ethanmolekül gleicht zwei Tetraedern mit einem gemeinsamen Eckpunkt. Zu Ethen und Ethin siehe Bilder 26.2 und 26.3. Zur Erklärung siehe Abschn. 26.5.

26.10 σ-Bindung: bei Einfachbindung, relativ große Bindungsenergie, schwer entkoppelbar und polarisierbar, freie Drehbarkeit der Bindungspartner.
π-Bindung: bei Mehrfachbindung, geringere Bindungsenergie, leichtere Entkoppelbarkeit oder Verschiebbarkeit, keine freie Drehbarkeit

26.11 Siehe Abschn. 5.2 und 5.3.

26.12 $CH_3—\overset{\delta+}{CH_2}—\overset{\delta-}{O}—\overset{\delta+}{H}$. Da O einen -I-Effekt bewirkt, werden die Bindungen C—O und H—O polarisiert.

26.13 Li Mg B C N O F

$\longleftarrow$ zunehmende Polarisation $\longrightarrow$

26.14 Atombindungen sind unter üblichen Bedingungen nicht dissoziierbar.

26.15 Die Kräfte im Molekülgitter (Zucker) sind kleiner als im Ionengitter (NaCl).

26.16 Ablauf von Nebenreaktionen. Im Allgemeinen keine Ionenreaktionen.

26.17 Katalysatoren erhöhen die bei organischen Verbindungen geringe Reaktionsgeschwindigkeit und vergrößern wegen ihrer Spezifik den Anteil der Hauptreaktion.

26.18 In der Verschiebung oder Entkopplung eines Elektronenpaares, also im Auftreten von Ionen oder Radikalen als Zwischenstufen während des Reaktionsablaufes.

27.1 Hexan, 2-Methylpentan, 3-Methylpentan, 2,2-Dimethylbutan, 2,3-Dimethylbutan.

27.2 2-Methyl-4-ethyl-4-propyl-5-methyl-heptan

27.3 $C_{13}H_{28}$; $CH_3—(CH_3)_2C—CH_2—CH_2—(C_3H_7)CH—CH_2—CH_2—CH_3$

27.4 Glieder einer homologen Reihe unterscheiden sich um den Zuwachs von CH_2 in der Kette.

27.5 Ersatz eines Atoms oder Radikals durch ein anderes Atom oder Radikal.
Beispiel: Ersatz von H-Atomen im Kohlenwasserstoffmolekül durch Halogenatome.

27.6 Es erfolgt unter dem Einfluss von Lichtenergie eine radikalische Substitution, wie in Kapitel 27 für die Chlorierung von Methan beschrieben.

27.7 $CH_4 + 2\,O_2 \rightarrow CO_2 + 2\,H_2O$

27.8 Fester, „paraffinartiger", farbloser, brennbarer Stoff von großer chemischer Reaktionsträgheit mit relativ niedrigem Schmelzpunkt.

27.9

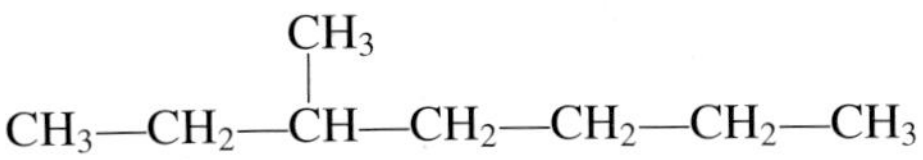

isomer zu C_8H_{18} *n*-Octan

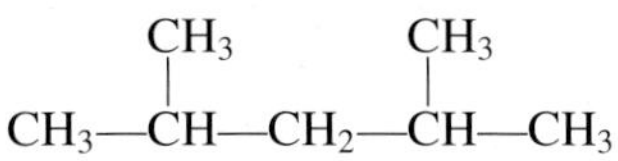

isomer zu C_7H_{16} *n*-Heptan

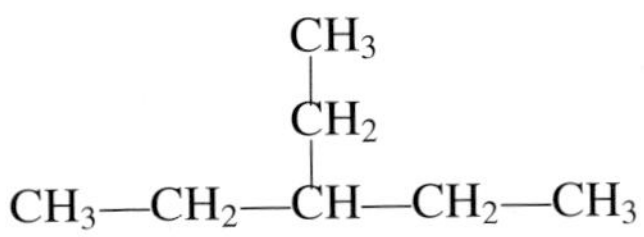

isomer zu C_7H_{16} *n*-Heptan

28.1 $CH_3—CH_2—CH{=}CH—CH_2—CH_3$

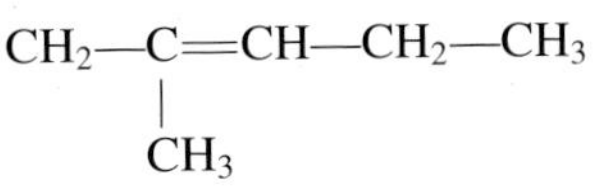

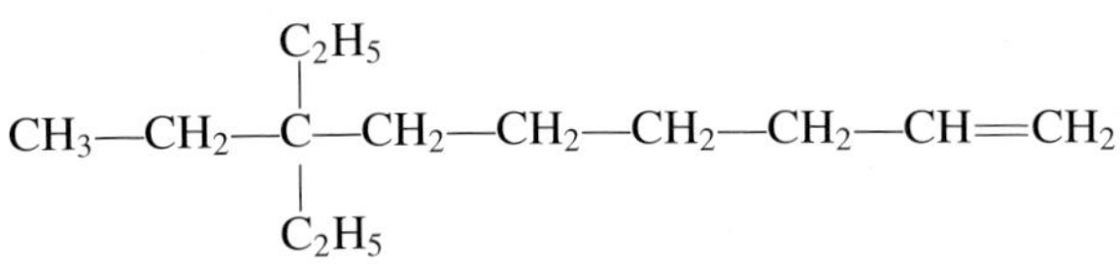

28.2 Das Vorhandensein einer π-Bindung bei den Alkenen erlaubt Additionen.

28.3 Durch thermische Spaltung von Alkanen.

28.4 Die Addition erfolgt nach dem ionischen Chemismus, wie in Abschn. 28.1 für die Bromierung von Ethen beschrieben.

28.5 Die Aktivierung der Doppelbindung erfolgt durch Aufspaltung des Elektronenpaares (radikalisch) oder durch seine Verschiebung (ionisch).

28.6 radikalisch: Licht, Peroxide
ionisch: polare Lösungsmittel, $AlCl_3$.

28.7 gemeinsam: vollständig oxidierbar zu CO_2 und H_2O, Aufspaltung der C—C-Bindung durch Cracken;
unterschiedlich: Additionen und Polymerisationen nur bei den Alkenen und Alkinen.

28.8 1,2-Butadien, 1,3-Butadien, Butin, 2-Butin.

28.9 1,4-Pentadien verhält sich wie ein Alken, weil die Doppelbindungen isoliert und nicht konjugiert sind, siehe Beispiel für die Addition in Abschn. 28.1.

28.10 Katalytische Dehydrierung von Butan.

28.11 Es entstehen zunächst 1,2- und 1,4-Dibrombutene und schließlich das 1,2,3,4-Tetrabrombutan.

28.12 Mesomere Verbindungen werden durch Grenzzustände in der Elektronenverteilung beschrieben; diese existieren nicht als selbständige Moleküle.
Isomere Verbindungen sind selbständige chemische Individuen mit unterschiedlicher Anordnung der Atome im Molekül.

28.13 1,3-Butadien weist eine mesomeren Zustand auf, indem die beiden π-Elektronenpaare der konjugierten Doppelbindung miteinander in Wechselwirkung stehen.

28.14 Die Doppelbindungen stehen isoliert.

28.15 Bei radikalischer Polymerisation entsteht der Plast Polyethylen, bei ionischer Polymerisation Schmieröle.

28.16 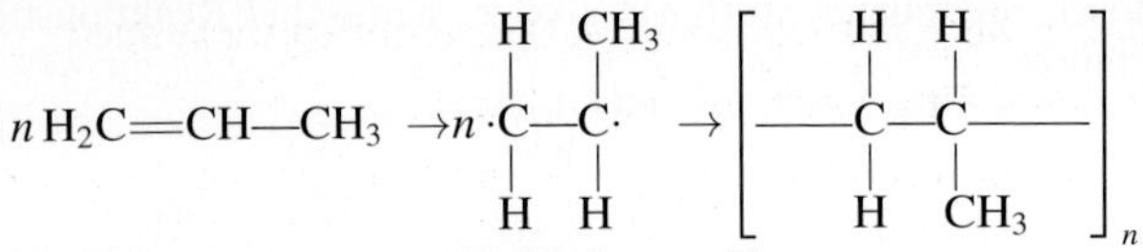

Moleküle Radikale Plast

28.17

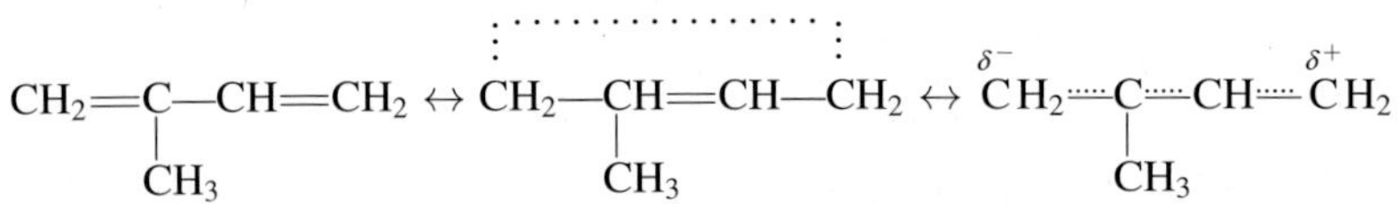

28.18 $CH_3—CH_3 + Cl_2 \rightarrow CH_3—CH_2Cl + HCl$ *Substitution*
$CH_2{=}CH_2 + HBr \rightarrow CH_3—CH_2Br$ *Addition*
$CH_2{=}CH—CH_3 + Br_2 \rightarrow CH_2Br—CHBr—CH_3$ *Addition*

28.19 Es sind die sp^3-, sp^2- und sp-Hybridorbitale beteiligt.

28.20 Das technische Carbid ist 88,6-prozentig.

29.1 Chlorbutan, 2-Chlorbutan, 1-Chlor-2-methyl-propan, 2-Chlor-2-methyl-propan.

29.2 1,1,1-Tribromethan, 1,1,2-Tribromethan.

29.3 Die C—C-Bindung ist frei drehbar.

29.4 Die Unterschiede beruhen auf der Ionenbeziehung beim NaCl (wasserlöslich, dissoziierbar, hoher Schmelz- und Siedepunkt wegen Ionengitter) und der Atombindung beim C_2H_5Cl (H_2O-unlöslich, nicht dissoziierbar, niederer Schmelz- und Siedepunkt wegen Molekülgitter).

29.5 Die Bindung C-Halogen ist polarisiert und damit reaktionsfähig.

29.6 cis- und trans-1-Brombuten, 2-Brombuten, 3-Brombuten.

29.7 Bei c), f), g).

29.8 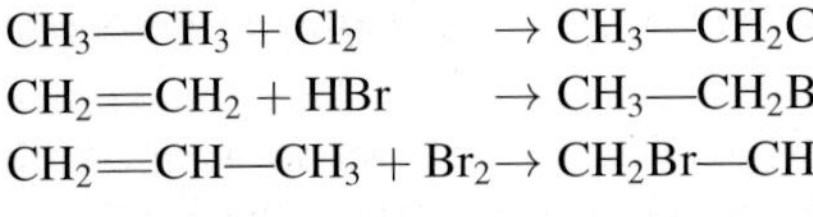

29.9 56,8 %

29.10 Das Bromatom in Allylstellung, also in konjugierter Nachbarschaft zu einer Doppelbindung (also am ersten C-Atom).

30.1 Wichtige funktionelle Gruppen sind Hydroxy-, Aldehyd-, Carbonyl- und Carboxylgruppen. Sie sind enthalten in Alkoholen, Aldehyden, Ketonen und Carbonsäuren.

30.2 $CH_3—CH_2—CH_2—CH_2—CH_2OH$; $CH_3—CH_2—CH_2—CHOH—CH_3$;

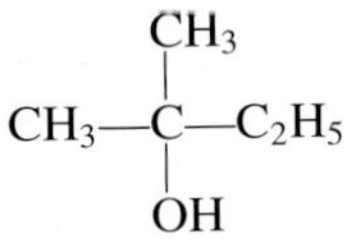

30.3 Aldehyde sind die ersten, Carbonsäuren die zweiten Oxidationsprodukte primärer Alkohole. Ketone sind Oxidationsprodukte sekundärer Alkohole.

30.4 Synthesegas gewinnt man durch Umsetzen von Kohle oder Kohlenwasserstoffen mit Luft und Wasserdampf. Aus ihm bildet sich bei höherem Druck (20 MPa) und Temperatur (400 °C) das Methanol.

30.5 Die bekanntesten mehrwertigen Alkohole sind Ethylenglykol und Glycerol. Sie werden unter anderem als Gefrierschutzmittel sowie zur Herstellung von Sprengstoffen verwendet.

30.6 Methanol, Ethanol, Isopropylalkohol, Ethylenglykol und Glycerol.

30.7 Aldehyde können polare Reaktionspartner addieren. Sie neigen zu Polymerisations- und Kondensationsreaktionen.

30.8

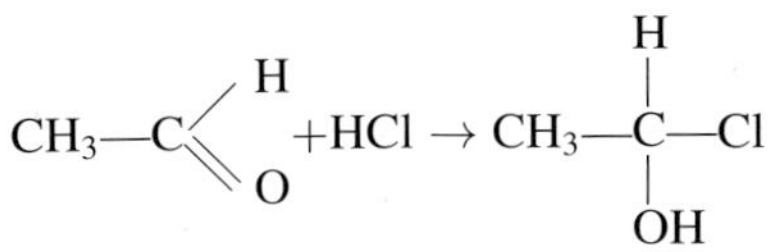

30.9 Aceton wird vorwiegend als Lösungsmittel verwendet.

30.10 Aldehyde, Ketone und Carbonsäuren haben die Carbonylgruppe gemeinsam, die polaren Charakter besitzt.

30.11 Alkanole, Alkanale, Alkanone und Alkansäuren sind wasserlöslich, sofern der an der funktionellen Gruppe befindliche Kohlenwasserstoffrest nicht zu lang ist, da sowohl Wasser wie auch die funktionellen Gruppen polare Eigenschaften haben.

30.12 pH > 7 da $pK_S > pK_B$.

30.13 Alkane C_nH_{2n+2}; Alkansäuren $C_{n-1}H_{2n-1}—COOH$; Alkensäuren $C_{n-1}H_{2n-3}—COOH$.

30.14 Stearinsäure, Ölsäure, Linolsäure, Linolensäure, Buttersäure, Palmitinsäure.

30.15 Sie dienen der Herstellung von Arzneimitteln, Fasern und Kunststoffen.

30.16 a) Kettenisomerie, b) Stellungsisomerie, c) cis-trans-Isomerie, d) und e) optische Isomerie.

30.17 52 g Oxalsäure sind erforderlich.

30.18 Ammonsulfat enthält 21,2 % Stickstoff, Harnstoff 56 %.

30.19 $CH_2NH_2—CH_2—COOH$ (β-Aminopropansäure) $CCl_3—COOH$ (Trichlorethansäure)

30.20 3,75 g.

30.21 Die Ethansäure ist mittelstark, die Aminoethansäure schwach, die Chlorethansäure stark.

30.22 $CH_3OH + HNO_3 \rightarrow H_3C—O—NO_2 + H_2O$

Methylnitrat

30.23 8 517,5 l Gas bilden sich.

30.24 Etherdämpfe bilden mit Luft hochexplosible Gemische.

30.25

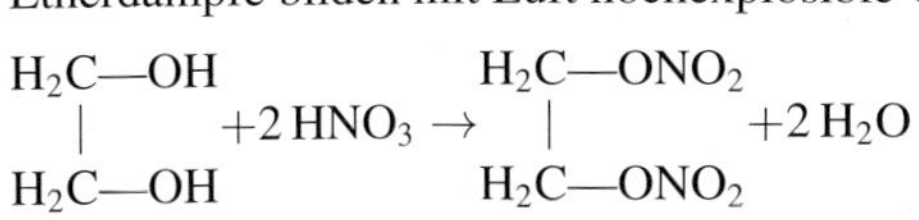

31.1 Die Summenformel ist C_nH_{2n}. Wie bei den Alkanen verlaufen bevorzugt Substitutions- und Eliminierungsreaktionen.

31.2 Bei weiterer Oxidation wird der Ring gesprengt.

31.3 Der Benzolring hat σ-Bindungen und 6π-Elektronen, deren Ladungswolken sich überlappen. Sie stehen dem Gesamtmolekül gleichmäßig zur Verfügung. Das bedingt den „aromatischen Charakter" des Benzols und seiner Verbindungen.

31.4 Die Benzolsulfonsäure und ihre Salze sind wasserlöslich.

31.5 Die wichtigsten Benzolhomologen sind Toluol (Methylbenzol) und die Xylole (Dimethylbenzole).

31.6 Monochlorbenzol, Phenylchlorid C_6H_5Cl, Benzylchlorid $C_6H_5CH_2Cl$, Benzalchlorid $C_6H_5CHCl_2$, Benzotrichlorid $C_6H_5CCl_3$.

31.7 Sie werden aus der Steinkohle und Erdöl gewonnen.

31.8

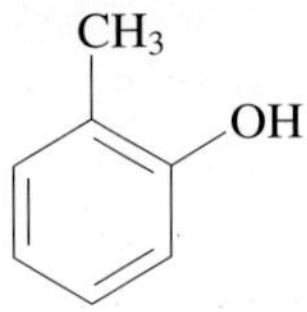

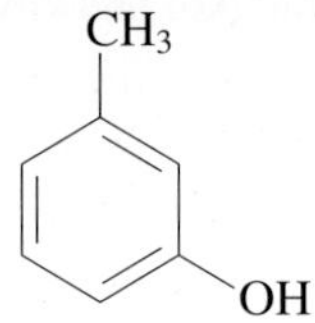

o-Methylphenol   m-Methylphenol   p-Methylphenol

31.9 Phenol wird aus Produkten der Kohleveredlung gewonnen. Synthetisch wird es vor allem durch das Cumol-Verfahren erzeugt.

31.10 $C_6H_3(OH)_3$

31.11 Anilin als Reduktionsprodukt von Nitrobenzol ist Ausgangsstoff für die Herstellung von Farbstoffen.

31.12 848,2 l sind erforderlich.

31.13 Phenol reagiert schwach sauer als typische aromatische Hydroxylverbindung , Benzylalkohol hat die Eigenschaften aliphatischer Alkohole, da sich die Hydroxylgruppe an einer Seitenkette befindet.

31.14 $C_6H_5—COOH$, $C_6H_4(COOH)_2$, $C_6H_4(COOH)_2$

31.15 Phthalsäure und Terephthalsäure werden durch Oxidation von o- und p-Xylol gewonnen.

$$C_6H_4(CH_3)_2 \xrightarrow[-2\,H_2O]{+6\,O} C_6H_4(COOH)_2$$

31.16 Die Säurekonstante ist klein. Die Wasserstoffionenaktivität der Lösung beträgt $3{,}63 \cdot 10^{-9}$.

31.17 $C_6H_4(COOC_4H_9)_2$ Dibutylphthalat; $(C_6H_5)_3PO_4$ Triphenylphosphat; $(C_6H_4—CH_3)_3PO_4$ Tricresylphosphat.

31.18 Naphthalin, Anthracen und Phenanthren.

31.19

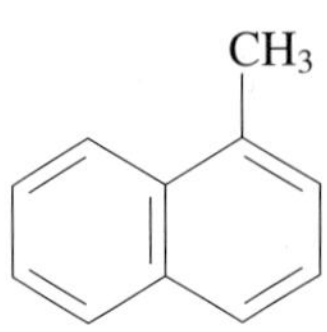

31.20

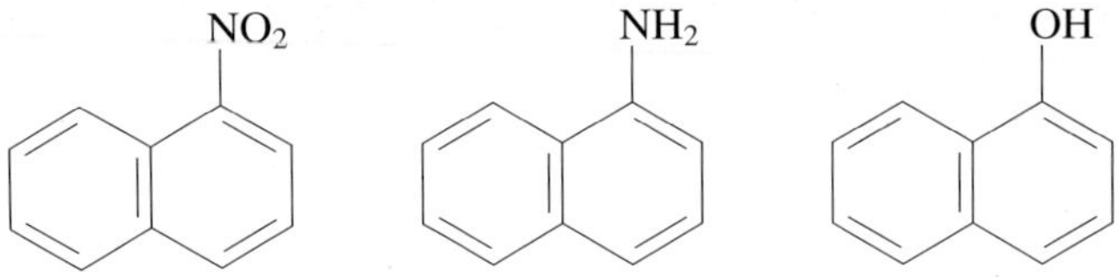

Nitronaphthalin Aminonaphthalin Naphthol

Zu den dargestellten α-Verbindungen existieren noch die β-Verbindungen.

32.1 Petrolchemie ist die technische Chemie, die Erdöl und Erdgas sowie deren Folgeprodukte bei ihren Umsetzungen einsetzt.

32.2 Erdgase können Kohlenwasserstoffe, Kohlendioxid, Stickstoff, Schwefelwasserstoff und Helium enthalten.

32.3 Leichtöl, Leuchtöl, Gasöl und Schweröl.

32.4 Destillation, Absorption, Adsorption, Extraktion und Kristallisation.

32.5 Crackprozess, Pyrolyse-Verfahren, Reformingprozess, Polymerisation.

32.6 Beim Reforming-Verfahren werden besonders wirksame Katalysatoren (Platin) eingesetzt.

32.7 Alkane bei der Destillation, Alkene beim Pyrolyse-Verfahren, Aromaten und Wasserstoff beim Reforming-Prozess, Naphthene beim Crackprozess, Schwefel bei der Reinigung von Erdgasen.

32.8 Das theoretische Luftvolumen beträgt 941 m^3.

32.9 Die Rauchgase enthalten 6,2 % Wasserdampf, 17,2 % Kohlendioxid und 76,6 % Stickstoff.

32.10 Der untere Heizwert der Steinkohle beträgt 30 070 kJ kg^{-1}.

32.11 Verkokung, Verschwelung, Vergasung.

32.12 Die Octanzahl ist das technische Maß für die Klopffestigkeit eines Vergaserkraftstoffs, die Cetanzahl charakterisiert die Zündwilligkeit von Dieselkraftstoff.

32.13 Dichte, Viskosität, Flamm-, Brenn- und Stockpunkt.

32.14 Neutralisations-, Verseifungs- und Teerzahl, Asche- und Wassergehalt, Verkokungsneigung.

32.15 Durch einen erhöhten Anteil von verzweigtkettigen oder ungesättigten oder aromatischen Kohlenwasserstoffen.

32.16 Schmierfette sind Mischungen aus Mineralöl und Seife.

32.17 Additives verlangsamen die Ölalterung, verbessern das Viskositäts-Temperaturverhalten, verhindern das Schäumen, dienen als Reinigungs- und Hochdruckzusatz.

33.1 Der Nährstoffgehalt des Vollkornbrotes beträgt 1 036,6 kJ.

33.2 Amino-ethansäure und α-Amino-propansäure.

33.3 $NH_2—CH_2—COOH + CH_3—CH(NH_2)—COOH$
$\rightarrow CH_3—CH(NH_2)—CO(NH)—CH_2COOH + H_2O$

33.4 13,3 %

33.5 Sie enthalten die Amidgruppe —CO—NH—.

33.6 Proteine sind einfache, Proteide zusammengesetzte Eiweißstoffe.

33.7 Proteine sind ein Produkt der Polykondensation von Aminosäuren.

33.8 Mineralöle sind Kohlenwasserstoffe, fette Öle Ester.

33.9 $H_2C—O—C_{15}H_{31}$
$HC—O—CO—C_{15}H_{31}$
$H_2C—O—CO—C_{17}H_{35}$

33.10 Die Fetthärtung ist eine Additionsreaktion.

33.11 $(C_{17}H_{35}COO)_2Ca$

33.12 Wachse sind Ester aus höheren Carbonsäuren und höheren einwertigen Alkoholen, Fette und fette Öle sind Ester aus Fettsäuren und Glycerol, Seifen sind Salze höherer Fettsäuren.

33.13 Die Seife ist grenzflächenaktiv (vgl. Abschn. 33.4). Sie verringert den Zusammenhalt der Moleküle einer Wasseroberfläche und erleichtert die Benetzung von Fett und Schmutz durch Wasser.

33.14 Als Grundstoffe für die Herstellung von synthetischen Waschmitteln werden u. a. verwendet: Kohlenwasserstoffe, Alkohole und Aromaten. Zur Weiterverarbeitung → Abschn. 33.4.

33.15 Die als Waschmittel verwendeten Seifen sind Salze aus starken Basen und schwachen Säuren und reagieren dadurch alkalisch. Die verschiedenen synthetischen Waschgrundstoffe sind dagegen organische Verbindungen verschiedenen Typs, die in der Regel neutral reagieren.

33.16 Aldosen enthalten Aldehyd-, Ketosen Carbonylgruppen.

33.17 Pentosen haben die Summenformel $C_5H_{10}O_5$.

33.18

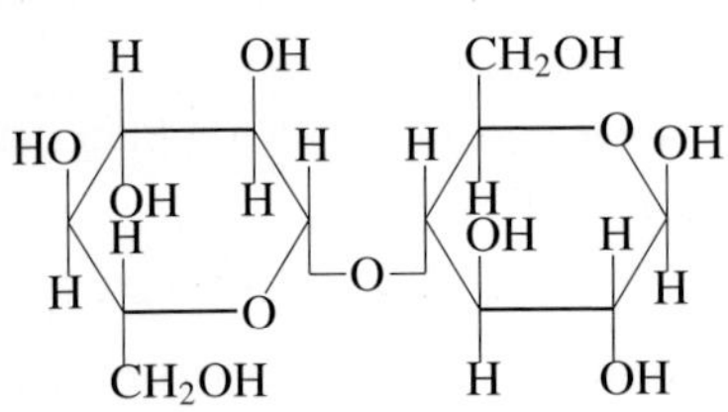

Cellobiose

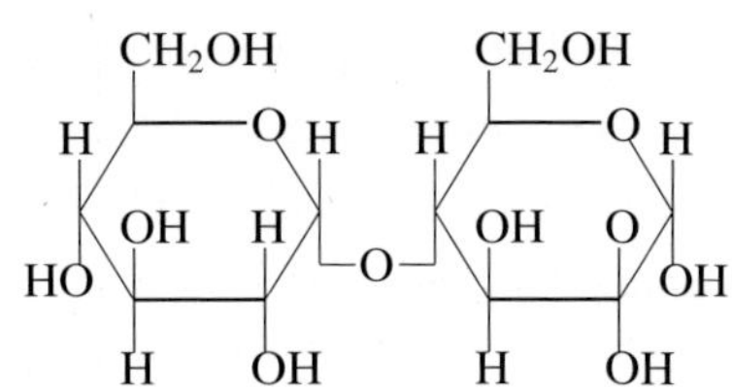

Maltose

33.19 Theoretisch sind 196 g Glucose erforderlich.

33.20 Glucose ist Baustein beider Verbindungen.

33.21 Stärke kann durch eine Iodlösung nachgewiesen werden.

33.22 Cellulose gewinnt man aus Baumwolle, Baumwollinters, Holz, Stroh und Schilf.

33.23

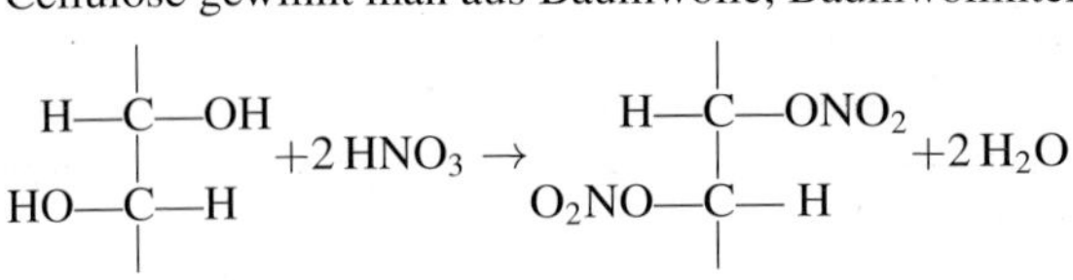

33.24 Holz besteht aus Cellulose, Hemicellulosen, Lignin und Harzen.

33.25 Aus der Sulfitlauge kann Alkohol und Futterhefe gewonnen werden.

33.26 Die relative Molekülmasse der Cellulose liegt zwischen 324 000 und 486 000.

33.27 Glucose and Fructose $C_6H_{12}O_6$, Saccharose, Maltose und Cellobiose $C_{12}H_{22}O_{11}$, Stärke und Cellulose $(C_6H_{10}O_5)_x$.

34.1 Die Polymerisation wird als Block-, Lösungs-, Emulsions-, Perl- oder Mischpolymerisation durchgeführt. Bei der Polykondensation müssen Wasser und entstehendes Kondensationsprodukt abgeführt werden. Bei der Bildung des Duroplastes werden Zwischenstufen durchlaufen: A-, B- und C-Zustand.

34.2 Bei der Polyaddition lagern sich im Gegensatz zur Polymerisation gewisse Molekülbestandteile um.

34.3 Startreaktion, Kettenwachstum und Kettenabbruch.

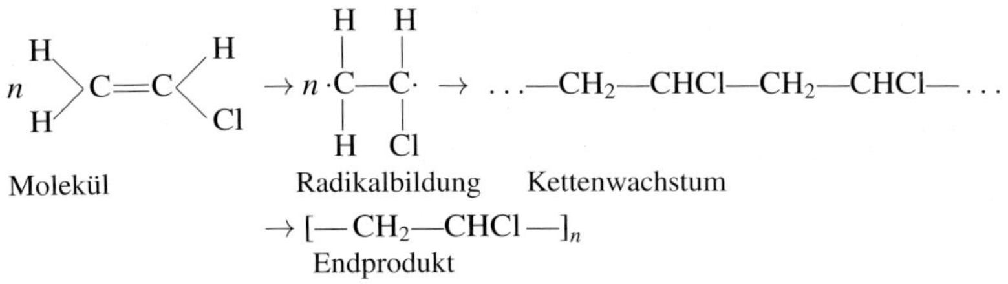

34.4

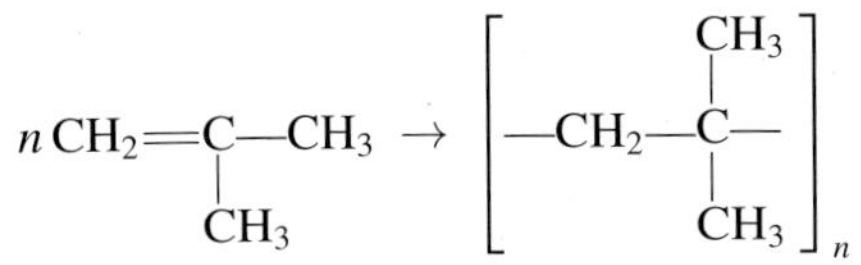

34.5 Die relative Molekülmasse des Polyisobutylens beträgt etwa 170 000.

34.6

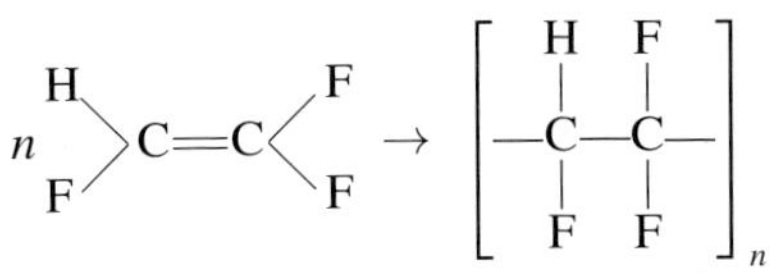

34.7 Polyvinylchlorid, Polypropylen, Polytetrafluorethylen, Polyvinylacetat, Polyvinylalkohol, Polystyrol und Polymethacrylat.

34.8 Der Polymerisationsgrad von Polyethylen ist $n \approx 2\,860$, von Polystyren $n \approx 1\,540$, von PVC $n \approx 1\,600$ und von Polymethacrylat $n \approx 9\,520$.

34.9 Es handelt sich um eine Eliminierungsreaktion.

34.10 Zahlenbuna, Buchstabenbuna, Buna S, Buna N, Tieftemperaturkautschuk, Stereokautschuk, Ethylen-Propylen-Terpolymere.

34.11 Gasruß aus Teerölen, Spaltruß durch thermische Spaltung von flüssigen Kohlenwasserstoffen und Acetylen.

34.12 Der Schwefel führt zur Bildung von Schwefelbrücken zwischen den Kohlenwasserstoffketten.

34.13 Da die erzeugte Menge Naturkautschuk für die industrielle Nutzung nicht ausreicht und Synthesekautschuk z.T. bessere technische Eigenschaften als Naturkautschuk hat.

34.14 Phenoplaste werden als Edelkunstharz, Ionenaustauscher, Phenoplastschichtstoffe verwendet, Aminoplaste als Leim, Lackrohstoff, Textilhilfsmittel und Pressmassen eingesetzt.

34.15 Rohstoffe für die Aminoplastherstellung sind Formaldehyd, Harnstoff und andere Amine und Amide. Besonders sind zu nennen Dicyandiamid und Melamin.

34.16 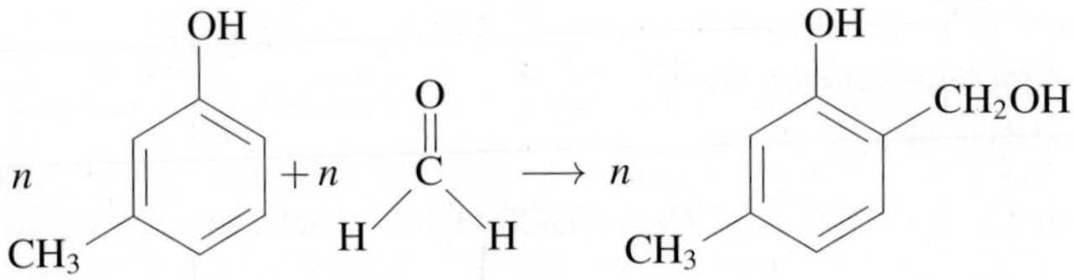

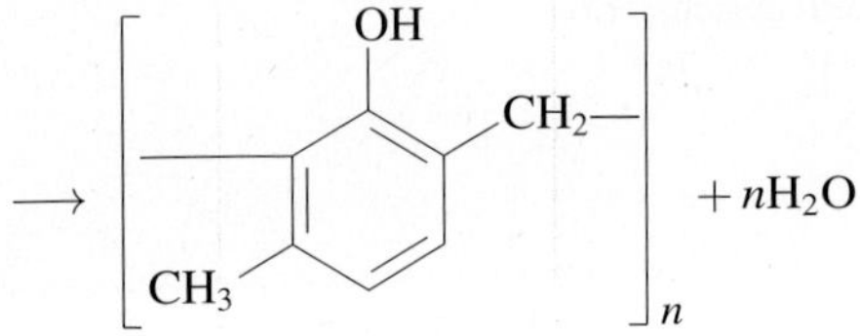

34.17 Ethylenglykol, Propan-1,2-diol.

34.18 Polyurethane und Epoxidharze.

34.19 Siehe die Bildung von Polyamid-6,6 in Abschn. 34.8.

34.20 Als Lacke werden u. a. verwendet: Alkydharze, Polyesterharze, Cellulosenitratlacke, Epoxidharze, Polyurethane, Polyvinylprodukte, Harnstoff- und Phenolharze.

34.21 Natürliche pflanzliche Faserstoffe bestehen im wesentlichen aus Cellulose, tierische Faserstoffe sind Eiweißstoffe.

34.22 Die aus den Spinndüsen austretenden Fäden heißen Seiden. Werden diese gebündelt und zerschnitten, so ergeben sie die Fasern, die meist zu Garnen verarbeitet werden.

34.23 Kupferseide und Viscoseseide sind chemisch Cellulose, Acetatseide ist ein Celluloseester.

34.24 Papier, Pappe, Schießbaumwolle, Kollodiumlösung, Nitrolacke, Celluloid, Celluloseacetat, Cellophan, Viscoseschwämme, Pergament, Vulkanfiber.

34.25 Regeneratfasern werden aus Cellulose hergestellt. Synthetische Fasern entstehen durch Synthese der verschiedensten Verbindungen.

34.26 Polyester entstehen durch Polykondensation mehrwertiger Alkohole mit Dicarbonsäuren.

34.27 Aus Propan, Ammoniak und Sauerstoff entsteht unter H_2O-Abspaltung das Acrylnitil, das zum PAN polymerisiert wird.

34.28 Die Wasserstoffbrücken sind zwischen dem Wasserstoff der N—H- und dem Sauerstoff der C=O-Gruppe wirksam.

34.29 Besonders schnell trocknen Polyamid-, PAN-, Polyesterseide und die PC-Faser, verhältnismäßig langsam die Wolle.

Elektronenverteilung auf die Energieniveaus der Atome

Kernladungszahl	Element	K	L		M			N				O				P			Q
		1s	2s	2p	3s	3p	3d	4s	4p	4d	4f	5s	5p	5d	5f	6s	6p	6d	7s
1	H	1																	
2	He	2																	
3	Li	2	1																
4	Be	2	2																
5	B	2	2	1															
6	C	2	2	2															
7	N	2	2	3															
8	O	2	2	4															
9	F	2	2	5															
10	Ne	2	2	6															
11	Na	2	2	6	1														
12	Mg	2	2	6	2														
13	Al	2	2	6	2	1													
14	Si	2	2	6	2	2													
15	P	2	2	6	2	3													
16	S	2	2	6	2	4													
17	Cl	2	2	6	2	5													
18	Ar	2	2	6	2	6													
19	K	2	2	6	2	6		1											
20	Ca	2	2	6	2	6		2											
21	Sc	2	2	6	2	6	1	2											
22	Ti	2	2	6	2	6	2	2											
23	V	2	2	6	2	6	3	2											
24	Cr	2	2	6	2	6	5	1											
25	Mn	2	2	6	2	6	5	2											
26	Fe	2	2	6	2	6	6	2											
27	Co	2	2	6	2	6	7	2											
28	Ni	2	2	6	2	6	8	2											
29	Cu	2	2	6	2	6	10	1											
30	Zn	2	2	6	2	6	10	2											
31	Ga	2	2	6	2	6	10	2	1										
32	Ge	2	2	6	2	6	10	2	2										
33	As	2	2	6	2	6	10	2	3										
34	Se	2	2	6	2	6	10	2	4										
35	Br	2	2	6	2	6	10	2	5										
36	Kr	2	2	6	2	6	10	2	6										
37	Rb	2	2	6	2	6	10	2	6			1							
38	Sr	2	2	6	2	6	10	2	6			2							
39	Y	2	2	6	2	6	10	2	6	1		2							
40	Zr	2	2	6	2	6	10	2	6	2		2							
41	Nb	2	2	6	2	6	10	2	6	4		1							
42	Mo	2	2	6	2	6	10	2	6	5		1							
43	Tc	2	2	6	2	6	10	2	6	6		1							
44	Ru	2	2	6	2	6	10	2	6	7		1							
45	Rh	2	2	6	2	6	10	2	6	8		1							
46	Pd	2	2	6	2	6	10	2	6	10									

Elektronenverteilung auf die Energieniveaus der Atome

Kernladungs-	Element	K	L		M			N				O				P			Q
zahl		1s	2s	2p	3s	3p	3d	4s	4p	4d	4f	5s	5p	5d	5f	6s	6p	6d	7s
47	Ag	2	2	6	2	6	10	2	6	10		1							
48	Cd	2	2	6	2	6	10	2	6	10		2							
49	In	2	2	6	2	6	10	2	6	10		2	1						
50	Sn	2	2	6	2	6	10	2	6	10		2	2						
51	Sb	2	2	6	2	6	10	2	6	10		2	3						
52	Te	2	2	6	2	6	10	2	6	10		2	4						
53	I	2	2	6	2	6	10	2	6	10		2	5						
54	Xe	2	2	6	2	6	10	2	6	10		2	6						
55	Cs	2	2	6	2	6	10	2	6	10		2	6			1			
56	Ba	2	2	6	2	6	10	2	6	10		2	6			2			
57	La	2	2	6	2	6	10	2	6	10		2	6	1		2			
58	Ce	2	2	6	2	6	10	2	6	10	2	2	6			2			
59	Pr	2	2	6	2	6	10	2	6	10	3	2	6			2			
60	Nd	2	2	6	2	6	10	2	6	10	4	2	6			2			
61	Pm	2	2	6	2	6	10	2	6	10	5	2	6			2			
62	Sm	2	2	6	2	6	10	2	6	10	6	2	6			2			
63	Eu	2	2	6	2	6	10	2	6	10	7	2	6			2			
64	Gd	2	2	6	2	6	10	2	6	10	7	2	6	1		2			
65	Tb	2	2	6	2	6	10	2	6	10	9	2	6			2			
66	Dy	2	2	6	2	6	10	2	6	10	10	2	6			2			
67	Ho	2	2	6	2	6	10	2	6	10	11	2	6			2			
68	Er	2	2	6	2	6	10	2	6	10	12	2	6			2			
69	Tm	2	2	6	2	6	10	2	6	10	13	2	6			2			
70	Yb	2	2	6	2	6	10	2	6	10	14	2	6			2			
71	Lu	2	2	6	2	6	10	2	6	10	14	2	6	1		2			
72	Hf	2	2	6	2	6	10	2	6	10	14	2	6	2		2			
73	Ta	2	2	6	2	6	10	2	6	10	14	2	6	3		2			
74	W	2	2	6	2	6	10	2	6	10	14	2	6	4		2			
75	Re	2	2	6	2	6	10	2	6	10	14	2	6	5		2			
76	Os	2	2	6	2	6	10	2	6	10	14	2	6	6		2			
77	Ir	2	2	6	2	6	10	2	6	10	14	2	6	7		2			
78	Pt	2	2	6	2	6	10	2	6	10	14	2	6	9		1			
79	Au	2	2	6	2	6	10	2	6	10	14	2	6	10		1			
80	Hg	2	2	6	2	6	10	2	6	10	14	2	6	10		2			
81	Tl	2	2	6	2	6	10	2	6	10	14	2	6	10		2	1		
82	Pb	2	2	6	2	6	10	2	6	10	14	2	6	10		2	2		
83	Bi	2	2	6	2	6	10	2	6	10	14	2	6	10		2	3		
84	Po	2	2	6	2	6	10	2	6	10	14	2	6	10		2	4		
85	At	2	2	6	2	6	10	2	6	10	14	2	6	10		2	5		
86	Rn	2	2	6	2	6	10	2	6	10	14	2	6	10		2	6		
87	Fr	2	2	6	2	6	10	2	6	10	14	2	6	10		2	6		1
88	Ra	2	2	6	2	6	10	2	6	10	14	2	6	10		2	6		2
89	Ac	2	2	6	2	6	10	2	6	10	14	2	6	10		2	6	1	2
90	Th	2	2	6	2	6	10	2	6	10	14	2	6	10		2	6	2	2
91	Pa	2	2	6	2	6	10	2	6	10	14	2	6	10	2	2	6	1	2
92	U	2	2	6	2	6	10	2	6	10	14	2	6	10	3	2	6	1	2

Quantenzahlen und Energieniveaus

Schale	n	l	Orbital-typ	m	Anzahl der Orbitale	s	Anzahl der Energieniveaus für l	für n
K	1	0	1s	0	1	$\pm 1/2$	$1 \cdot 2 = 2$	2
L	2	0	2s	0	1	$\pm 1/2$	$1 \cdot 2 = 2$	8
		1	2p	$-1\ 0\ +1$	3	$\pm 1/2$	$3 \cdot 2 = 6$	
M	3	0	3s	0	1	$\pm 1/2$	$1 \cdot 2 = 2$	18
		1	3p	$-1\ 0\ +1$	3	$\pm 1/2$	$3 \cdot 2 = 6$	
		2	3d	$-2\ -1\ 0\ +1\ +2$	5	$\pm 1/2$	$5 \cdot 2 = 10$	
N	4	0	4s	0	1	$\pm 1/2$	$1 \cdot 2 = 2$	32
		1	4p	$-1\ 0\ +1$	3	$\pm 1/2$	$3 \cdot 2 = 6$	
		2	4d	$-2\ -1\ 0\ +1\ +2$	5	$\pm 1/2$	$5 \cdot 2 = 10$	
		3	4f	$-3\ -2\ -1\ 0\ +1\ +2\ +3$	7	$\pm 1/2$	$7 \cdot 2 = 14$	

Periodensystem der Elemente (Kurzperiodensystem)

	0	I							II	
1	0 Nn	1 H							2 He	1
	0	I 1	II 2	3 III	4 IV	5 V	6 VI	7 VII	8 VIII	
2	2 He	3 Li	4 Be	5 B	6 C	7 N	8 O	9 F	10 Ne	2
3	10 Ne	11 Na	12 Mg	13 Al	14 Si	15 P	16 S	17 Cl	18 Ar	3
4	18 Ar	19 K 29 Cu	20 Ca 30 Zn	21 Sc 31 Ga	22 Ti 32 Ge	23 V 33 As	24 Cr 34 Se	25 Mn 35 Br	26 27 28 Fe Co Ni 36 Kr	4
5	36 Kr	37 Rb 47 Ag	38 Sr 48 Cd	39 Y 49 In	40 Zr 50 Sn	41 Nb 51 Sb	42 Mo 52 Te	43 Tc 53 I	44 45 46 Ru Rh Pd 54 Xe	5
6	54 Xe	55 Cs 79 Au	56 Ba 80 Hg	57…71 La…Lu 81 Tl	↑ 72 Hf ↓ 82 Pb	73 Ta 83 Bi	74 W 84 Po	75 Re 85 At	76 77 78 Os Ir Pt 86 Rn	6
7	86 Rn	87 Fr 111 Rg	88 Ra 112 Cn	89…103 Ac…Lr 113 Uut	↑ 104 Rf ↓ 114 Uuq	105 Db 115 Uup	106 Sg 116 Uuh	107 Bh 117 Uus	108 109 110 Hs Mt Ds 118 Uuo	7
höchste Oxidationszahl der Hauptgruppenelemente	gegenüber Wasserstoff	+1(EH)	$+2(EH_2)$	$+3(EH_4)$	$+4(EH_4)$	$-3(EH_3)$	$-2(EH_2)$	−1(EH)	–	
	gegenüber Sauerstoff	$+1(E_2O)$	+2(EO)	$+2(E_2O_3)$	$+4(EO_2)$	$+5(E_2O_5)$	$+6(EO_3)$	$+7(E_2O_7)$	–	

Die Symbole der Reinelemente wurden unterstrichen. Die Lanthanoide und Actinoide wurden gemeinsam mit Lutetium und Lawrencium in die 3. Nebengruppe gesetzt. Bei den in den letzten beiden Zeilen in Klammern angegebenen allgemeinen Formeln der Hydride und Oxide steht E für alle Elemente der betreffenden Hauptgruppen.

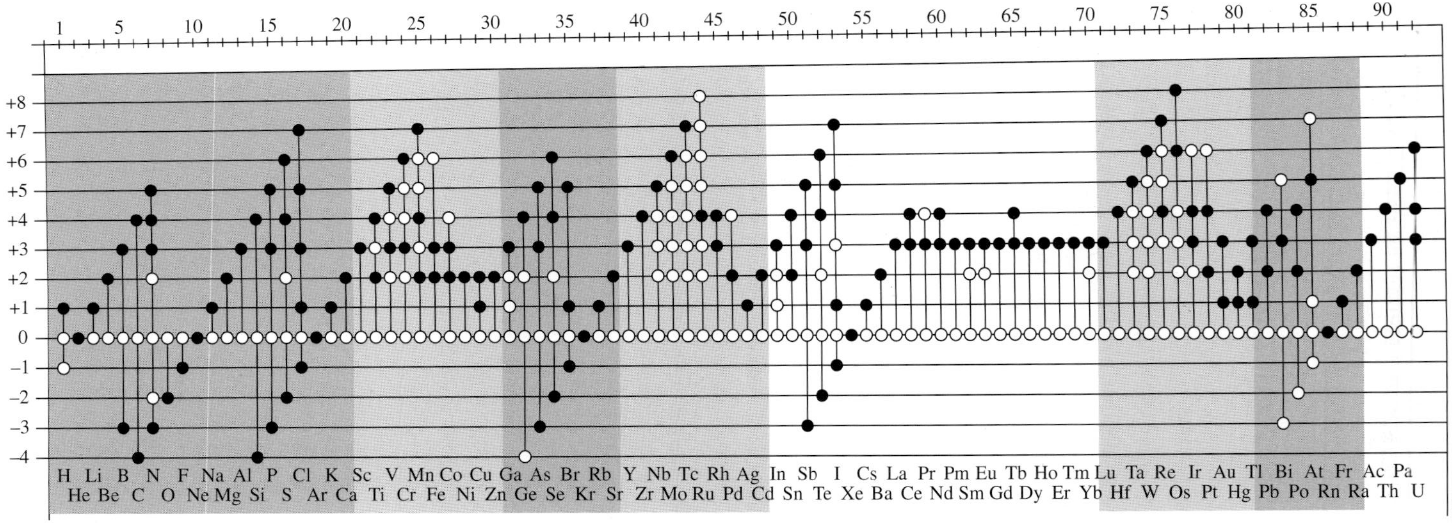

Oxidationszahlen (Oxidationsstufen) der Elemente

Erläuterung: Schwarze Punkte geben die wichtigsten Oxidationszahlen an, helle Punkte die weniger häufig auftretenden Oxidationszahlen. Die Hauptgruppenelemente wurden grau unterlegt. Die Nebengruppenelemente wurden schwach grau unterlegt. Die Lanthanoide und Actinoide wurden nicht unterlegt.

Relative Atommassen der Elemente

Massenzahlen und Häufigkeiten ihrer natürlichen Isotope und Häufigkeit der Elemente in der Erdkruste

Spalte Namen: Ein Sternchen hinter dem Namen eines Elements besagt, dass dieses Element radioaktiv ist (z. B. Thorium*) oder zumindest ein natürliches radioaktives Isotop hat (z. B. Kalium*).

Spalte Oxidationszahlen (Wertigkeiten): Der Fettdruck weist auf die wichtigsten Oxidationszahlen hin. Auf selten auftretende Oxidationszahlen wurde verzichtet.

Spalte relative Atommassen: Angegeben sind die *Standardwerte* und *gerundete Werte*, die von der IUPAC 2009 bestätigt wurden. [Atomic weights of the elements 2009 (IUPAC Technical Report), Pure Appl. Chem., Vol. 83, No. 2, pp. 359–396, 2011.]

Die relativen Atommassen der *Mischelemente* beziehen sich auf das natürliche Isotropengemisch, das allerdings je nach Herkunftsort etwas unterschiedlich sein kann. Das ist eine Ursache dafür, dass die *letzte Stelle* der relativen Atommassen als unsicher gilt. Der Grad dieser Unsicherheit drückt sich aus in der Zahl in runden Klammern. Beispiel Eisen: 55,845(2), das heißt: ± 2 auf der letzten Stelle. Die relative Atommasse liegt also zwischen 55,843 und 55,847.

Für zehn Elemente, bei denen diese Unsicherheit groß ist, hat die IUPAC 2009 die *Intervalle* [in eckigen Klammern] angegeben, in denen die relativen Atommassen liegen (→ S. 106).

Bei den *gerundeten* relativen Atommassen wurden im Allgemeinen die von der IUPAC bekanntgegebenen *fünfstelligen Werte* verwendet. Für Elemente, bei denen sich da noch Unsicherheiten auf der letzten Stelle ergeben, wurden die gleichfalls von der IUPAC bekanntgegebenen *vierstelligen* Werte herangezogen.

Für die *radioaktiven Elemente* wird in einer gesonderten Spalte die relative Atommasse des langlebigsten *Isotops* angegeben.

Spalte natürliche Isotope: Es sind die – von der IUPAC für das Jahr 2000 veröffentlichten – Isotopenzusammensetzungen der Elemente angegeben. [Atomic weights of the elements: Review 2000 (IUPAC Technical Report), Pure Appl. Chem., Vol. 75, No. 6, pp. 683–800, 2003.]

Spalte Häufigkeit der Elemente: Als *Erdkruste* wird die Gesteinsschicht der Erde bis zu einer Tiefe von 17 km betrachtet. Es wurden die von *Mason* und *Moore* angegebenen Zahlenwerte zugrunde gelegt. [*Mason, B.; Moore, C. B.*: Grundzüge der Geochemie, Enke Stuttgart 1985, siehe auch *Römpp*: Basislexikon Chemie, Thieme Stuttgart 1998, Stichwort: Geochemie.]

Name des Elements	Symbol	Oxidationszahlen (Wertigkeiten)	Ordnungszahl	Relative Atommasse (2009)			Natürliche Isotope		Häufigkeit des Elements in der Erdkruste in Masse-%
				Standardwert	gerundet	eines Isotops	Massenzahl	Häufigkeit in %	
Actinium*	Ac	3	89	–	–	227,027 8	–	–	–
Aluminium	Al	3	13	26,981 538 6(8)	26,982	–	27	100	8,13
Americium*	Am	–	95	–	–	243,061 4	–	–	–
Antimon	Sb	**3**; 5; –3	51	121,760(1)	121,76	–	121	57,21	$2 \cdot 10^{-5}$
							123	42,79	
Argon	Ar	0	18	39,948(1)	39,948	–	40	99,6003	–
							36	0,3365	
							38	0,0632	
Arsen	As	3; 5; –3	33	74,921 60(2)	74,922	–	75	100	$1{,}8 \cdot 10^{-4}$
Astat*	At	1; 5; 7; –1	85	–	–	209,987 1	–	–	–
Barium	Ba	2	56	137,327(7)	137,33	–	138	71,698	0,0425
							137	11,232	
							136	7,854	
							135	6,592	
							134	2,417	
							130	0,106	
							132	0,101	
Berkelium	Bk	–	97	–	–	247,070 3	–	–	–
Beryllium	Be	2	4	9,012 182(3)	9,012 2	–	9	100	$2{,}8 \cdot 10^{-4}$
Bismut	Bi	**3**; 5; –3	83	208,980 40(1)	208,98	–	209	100	$2 \cdot 10^{-5}$
Blei	Pb	**2**; 4	82	207,2(1)	207,2	–	208	52,4	0,0013
							206	24,1	
							207	22,1	
							204	1,4	

Name des Elements	Symbol	Oxidationszahlen (Wertigkeiten)	Ordnungszahl	Relative Atommasse (2009)			Natürliche Isotope		Häufigkeit des Elements in der Erdkruste in Masse-%
				Standardwert	gerundet	eines Isotops	Massenzahl	Häufigkeit in %	
Bohrium*	Bh	–	107	–	–	271,133	–	–	–
Bor	B	3; –3	5	[10,806; 10,821]	10,81	–	11	80,1	0,001
							10	19,9	
Brom	Br	1; 5; **–1**	35	79,904(1)	79,904	–	79	50,69	$2{,}5 \cdot 10^{-4}$
							81	49,31	
Cadmium	Cd	2	48	112,411(8)	112,41	–	114	28,73	$2 \cdot 10^{-5}$
							112	24,13	
							111	12,80	
							110	12,49	
							113	12,22	
							116	7,49	
							106	1,25	
							108	0,89	
Californium*	Cf	–	98	–	–	251,079 6	–	–	–
Caesium	Cs	1	55	132,905 451 9(2)	132,91	–	133	100	$3 \cdot 10^{-4}$
Calcium	Ca	2	20	40,078(4)	40,08	–	40	96,941	3,63
							44	2,086	
							42	0,647	
							48	0,187	
							43	0,135	
							46	0,004	
Cer	Ce	**3**; 4	58	140,116(1)	140,12	–	140	88,450	0,006
							142	11,144	
							138	0,251	
							136	0,185	

Name des Elements	Symbol	Oxidationszahlen (Wertigkeiten)	Ordnungszahl	Relative Atommasse (2009)			Natürliche Isotope		Häufigkeit des Elements
				Standardwert	gerundet	eines Isotops	Massenzahl	Häufigkeit in %	in der Erdkruste in Masse-%
Chlor	Cl	1; 3; 5; 7; **–1**	17	[35,446; 35,457]	35,45	–	35	75,76	0,0130
							37	24,24	
Chrom	Cr	2; **3**; 4; 5; **6**	24	51,996 1(6)	51,996	–	52	83,789	0,01
							53	9,501	
							50	4,345	
							54	2,365	
Cobalt	Co	**2**; **3**; 4	27	58,933 195(5)	58,933	–	59	100,00	0,0025
Copernicium*	Cn	–	112	–	–	285,174	–	–	–
Curium*	Cm	–	96	–	–	247,070 4	–	–	–
Darmstadtium*	Ds	–	110	–	–	281,162	–	–	–
Dubnium*	Db	–	105	–	–	268,125	–	–	–
Dysprosium	Dy	3	66	162,500(1)	162,50	–	164	28,260	$3 \cdot 10^{-4}$
							162	25,475	
							163	24,896	
							161	18,889	
							160	2,329	
							158	0,095	
							156	0,056	
Einsteinium*	Es	–	99	–	–	252,083 0	–	–	–
Eisen	Fe	**2**; **3**; 6	26	55,845(2)	55,85	–	56	91,754	5,0
							54	5,845	
							57	2,119	
							58	0,282	

Name des Elements	Symbol	Oxidationszahlen (Wertigkeiten)	Ordnungszahl	Relative Atommasse (2009)			Natürliche Isotope		Häufigkeit des Elements
				Standardwert	gerundet	eines Isotops	Massenzahl	Häufigkeit in %	in der Erdkruste in Masse-%
Erbium	Er	3	68	167,259(3)	167,26	–	166	33,503	$2{,}8 \cdot 10^{-4}$
							168	26,978	
							167	22,869	
							170	14,910	
							164	1,601	
							162	0,139	
Europium	Eu	2; **3**	63	151,964(1)	151,96	–	153	52,19	$1{,}2 \cdot 10^{-4}$
							151	47,81	
Fermium*	Fm	–	100	–	–	257,095 1	–	–	–
Fluor	F	–1	9	18,998 403 2(5)	18,998		19	100	0,0625
Francium*	Fr	1	87	–	–	223,019 7	–	–	–
Gadolinium	Gd	3	64	157,25(3)	157,3	–	158	24,84	$5{,}4 \cdot 10^{-4}$
							160	21,86	
							156	20,47	
							157	15,65	
							155	14,80	
							154	2,18	
							152	0,20	
Gallium	Ga	1; 2; **3**	31	69,723(1)	69,723	–	69	60,108	$1{,}5 \cdot 10^{-3}$
							71	39,892	
Germanium	Ge	2; **4**; –4	32	72,63(1)	72,63	–	74	36,72	$1{,}5 \cdot 10^{-4}$
							72	27,51	
							70	20,38	
							76	7,83	
							73	7,76	

Name des Elements	Symbol	Oxidationszahlen (Wertigkeiten)	Ordnungszahl	Relative Atommasse (2009)			Natürliche Isotope		Häufigkeit des Elements in der Erdkruste in Masse-%
				Standardwert	gerundet	eines Isotops	Massenzahl	Häufigkeit in %	
Gold	Au	1; **3**	79	196,966 569(4)	196,97	–	197	100	$4 \cdot 10^{-7}$
Hafnium	Hf	4	72	178,49(2)	178,5	–	180	35,08	$3 \cdot 10^{-4}$
							178	27,28	
							177	18,60	
							179	13,62	
							176	5,26	
							174	0,16	
Hassium	Hs	–	108	–	–	277,150	–	–	–
Helium	He	0	2	4,002 602(2)	4,002 6	–	4	99,999 866	–
							3	0,000134	
Holmium	Ho	3	67	164,930 32(2)	164,93	–	165	100	$1{,}2 \cdot 10^{-4}$
Indium	In	1; 2; **3**	49	114,818(3)	114,82	–	115	95,71	$1 \cdot 10^{-5}$
							113	4,29	
Iod	I	1; 3; 5; 7; **–1**	53	126,904 47(3)	126,90	–	127	100	$5 \cdot 10^{-5}$
Iridium	Ir	2; **3**; 4; 6	77	192,217(3)	192,22	–	193	62,7	$1 \cdot 10^{-7}$
							191	37,3	
Kalium*	K	1	19	39,0983(1)	39,098	–	39	93,2581	2,83
							41	6,7302	
							40	0,0117	
Kohlenstoff	C	**4**; –4	6	[12,009 8; 12,011 6]	12,011	–	12	98,93	0,02
							13	1,07	
Krypton	Kr	0 (gegenüber Fluor 2)	36	83,798(2)	83,80	–	84	56,987	–
							86	17,279	
							82	11,593	
							83	11,500	
							80	2,286	
							78	0,355	

Name des Elements	Symbol	Oxidationszahlen (Wertigkeiten)	Ordnungszahl	Relative Atommasse (2009) Standardwert	gerundet	eines Isotops	Natürliche Isotope Massenzahl	Häufigkeit in %	Häufigkeit des Elements in der Erdkruste in Masse-%
Kupfer	Cu	1; **2**	29	63,546(3)	63,55	–	63	69,15	0,0055
							65	30,85	
Lanthan	La	3	57	138,905 47(7)	138,91	–	139	99,910	0,003
							138	0,090	
Lawrencium	Lr	–	103	–	–	262,109 6	–	–	–
Lithium	Li	1	3	[6,938; 6,997]	6,94	–	7	92,41	0,002
							6	7,59	
Lutetium*	Lu	3	71	174,966 8(1)	174,97	–	175	97,41	$5 \cdot 10^{-5}$
							176	2,59	
Magnesium	Mg	2	12	24,305 0(6)	24,305	–	24	78,99	2,09
							26	11,01	
							25	10,00	
Mangan	Mn	**2**; 3; **4**; 5; 6; **7**	25	54,938 045(5)	54,938	–	55	100	0,095
Meitnerium	Mt	–	109	–	–	276,151	–	–	–
Mendelevium*	Md	–	101	–	–	258,098 4	–	–	–
Molybdän	Mo	2; 3; 4; 5; **6**	42	95,96(2)	95,96	–	98	24,19	$1{,}5 \cdot 10^{-4}$
							96	16,68	
							95	15,90	
							92	14,77	
							100	9,67	
							97	9,56	
							94	9,23	
Natrium	Na	1	11	22,989 769 28(2)	22,990	–	23	100	2,59

Name des Elements	Symbol	Oxidationszahlen (Wertigkeiten)	Ordnungszahl	Relative Atommasse (2009)			Natürliche Isotope		Häufigkeit des Elements in der Erdkruste in Masse-%
				Standardwert	gerundet	eines Isotops	Massenzahl	Häufigkeit in %	
Neodym	Nd	**3**; 4	60	144,242(3)	144,24	–	142	27,2	0,0028
							144	23,8	
							146	17,2	
							143	12,2	
							145	8,3	
							148	5,7	
							150	5,6	
Neon	Ne	0	10	20,179 7(6)	20,180	–	20	90,48	–
							22	9,25	
							21	0,27	
Neptunium*	Np	3; 4; 5	93	–	–	237,048 2	–	–	–
Nickel	Ni	2	28	58,693 4(4)	58,693	–	58	68,0769	0,018
							60	26,2231	
							62	3,6345	
							61	1,1399	
							64	0,9256	
Niob	Nb	2; 3; 4; **5**	41	92,906 38(2)	92,91	–	93	100	0,002
Nobelium	No	–	102	–	–	259,101 0	–	–	–
Osmium	Os	2; 3; 4; **6**; **8**	76	190,23(3)	190,2	–	192	40,78	$5 \cdot 10^{-7}$
							190	26,26	
							189	16,15	
							188	13,24	
							187	1,96	
							186	1,59	
							184	0,02	

Name des Elements	Symbol	Oxidationszahlen (Wertigkeiten)	Ordnungszahl	Relative Atommasse (2009)			Natürliche Isotope		Häufigkeit des Elements
				Standardwert	gerundet	eines Isotops	Massenzahl	Häufigkeit in %	in der Erdkruste in Masse-%
Palladium	Pd	**2**; 4	46	106,42(1)	106,42	–	106	27,33	$1 \cdot 10^{-6}$
							108	26,46	
							105	22,33	
							110	11,72	
							104	11,14	
							102	1,02	
Phosphor	P	**3**; **5**; –3	15	30,973 762(2)	30,974	–	31	100	0,105
Platin	Pt	**2**; **4**; 6	78	195,084(9)	195,08	–	195	33,832	$1 \cdot 10^{-6}$
							194	32,967	
							196	25,242	
							198	7,163	
							192	0,782	
							190	0,014	
Plutonium*	Pu	3; **4**; 5; 6; 7	94	–	–	244,064 2	–	–	–
Polonium*	Po	**2**; 4; –2	84	–	–	208,982 4	–	–	–
Praseodym	Pr	**3**; 4	59	140,907 65(2)	140,91	–	141	100	$8{,}2 \cdot 10^{-4}$
Promethium*	Pm	3	61	–	–	144,912 7	–	–	–
Protactinium	Pa	4; **5**	91	231,035 88(2)	231,04	–	231	100	–
Quecksilber	Hg	1; 2	80	200,59(2)	200,6	–	202	29,86	$8 \cdot 10^{-6}$
							200	23,10	
							199	16,87	
							201	13,18	
							198	9,97	
							204	6,87	
							196	0,15	

Name des Elements	Symbol	Oxidationszahlen (Wertigkeiten)	Ordnungszahl	Relative Atommasse (2009)			Natürliche Isotope		Häufigkeit des Elements in der Erdkruste in Masse-%
				Standardwert	gerundet	eines Isotops	Massenzahl	Häufigkeit in %	
Radium*	Ra	2	88	–	–	226,025 4	–	–	–
Radon*	Rn	0	86	–	–	222,017 6	–	–	–
Rhenium	Re	**2**; 3; **4**; 5; 6; 7	75	186,207(1)	186,21	–	187	62,60	$1 \cdot 10^{-7}$
							185	37,40	
Rhodium	Rh	**3**; 4; 5; 6	45	102,905 50(2)	102,91	–	103	100	$1 \cdot 10^{-7}$
Roentgenium*	Rg	–	111	–	–	280,164	–	–	–
Rubidium*	Rb	1	37	85,467 8(3)	85,468	–	85	72,17	0,009
							87	27,83	
Ruthenium	Ru	2; 3; **4**; 5; 6; 7; 8	44	101,07(2)	101,1	–	102	31,55	$1 \cdot 10^{-6}$
							104	18,62	
							101	17,06	
							99	12,76	
							100	12,60	
							96	5,54	
							98	1,87	
Rutherfordium*	Rf	–	104	–	–	265,116 7	–	–	–
Samarium	Sm	2; **3**	62	150,36(2)	150,4	–	152	26,75	$6 \cdot 10^{-4}$
							154	22,75	
							147	14,99	
							149	13,82	
							148	11,24	
							150	7,38	
							144	3,07	
Sauerstoff	O	–2	8	[15,999 03; 15,999 77]	15,999	–	16	99,757	46,6
							18	0,205	
							17	0,038	

Name des Elements	Symbol	Oxidationszahlen (Wertigkeiten)	Ordnungszahl	Relative Atommasse (2009)			Natürliche Isotope		Häufigkeit des Elements in der Erdkruste in Masse-%
				Standardwert	gerundet	eines Isotops	Massenzahl	Häufigkeit in %	
Scandium	Sc	3	21	44,955 912(6)	44,956	–	45	100	$2{,}2 \cdot 10^{-3}$
Schwefel	S	2; **4**; **6**; **–2**	16	[32,059; 32,076]	32,06	–	32	94,99	0,026
							34	4,25	
							33	0,75	
							36	0,01	
Seaborgium*	Sg	–	106	–	–	271,133	–	–	–
Selen	Se	2; **4**; 6; –2	34	78,96(3)	78,96	–	80	49,61	$5 \cdot 10^{-6}$
							78	23,77	
							76	9,37	
							82	8,73	
							77	7,63	
							74	0,89	
Silber	Ag	**1**; 2	47	107,868 2(2)	107,87	–	107	51,839	$7 \cdot 10^{-6}$
							109	48,161	
Silicium	Si	**4**; –4	14	[28,084; 28,088]	28,085	–	28	92,223	27,72
							29	4,685	
							30	3,092	
Stickstoff	N	1; 2; **3**; 4; **5**; **–3**	7	[14,006 43; 14,007 28]	14,007	–	14	99,636	0,002
							15	0,364	
Strontium	Sr	2	38	87,62(1)	87,62	–	88	82,58	0,0375
							86	9,86	
							87	7,00	
							84	0,56	
Tantal	Ta	2; 3; 4; **5**	73	180,947 88(2)	180,95	–	181	99,988	$2 \cdot 10^{-4}$
							180	0,012	

Name des Elements	Symbol	Oxidationszahlen (Wertigkeiten)	Ordnungszahl	Relative Atommasse (2009)			Natürliche Isotope		Häufigkeit des Elements in der Erdkruste in Masse-%
				Standardwert	gerundet	eines Isotops	Massenzahl	Häufigkeit in %	
Technetium*	Tc	4; 5; 6; **7**	43	–	–	97,907 2	–	–	–
Tellur	Te	2; **4**; 6; –2	52	127,60(3)	127,6	–	130	34,08	$1 \cdot 10^{-6}$
							128	31,74	
							126	18,84	
							125	7,07	
							124	4,74	
							122	2,55	
							123	0,89	
							120	0,09	
Terbium	Tb	**3**; 4	65	158,925 35(2)	158,93	–	159	100	$9 \cdot 10^{-5}$
Thallium	Tl	1; 3	81	[204,382; 204,385]	204,38	–	205	70,48	$5 \cdot 10^{-5}$
							203	29,52	
Thorium*	Th	4	90	232,038 06(2)	232,04	–	232	100	$7{,}2 \cdot 10^{-4}$
Thulium	Tm	3	69	168,934 21(2)	168,93	–	169	100	$5 \cdot 10^{-5}$
Titan	Ti	2; 3; **4**	22	47,867(1)	47,867	–	48	73,72	0,44
							46	8,25	
							47	7,44	
							49	5,41	
							50	5,18	
Uran*	U	3; 4; 5; **6**	92	238,028 91(3)	238,03	–	238	99,2742	$1{,}8 \cdot 10^{-4}$
							235	0,7204	
							234	0,0054	
Vanadium	V	2; 3; 4; **5**	23	50,941 5(1)	50,942	–	51	99,750	0,0135
							50	0,250	

Name des Elements	Symbol	Oxidationszahlen (Wertigkeiten)	Ordnungszahl	Relative Atommasse (2009) Standardwert	gerundet	eines Isotops	Natürliche Isotope Massenzahl	Häufigkeit in %	Häufigkeit des Elements in der Erdkruste in Masse-%
Wasserstoff	H	1	1	[1,007 84; 1,008 11]	1,008	–	1	99,9885	0,14
							2	0,0115	
Wolfram	W	2; 3; 4; 5; **6**	74	183,84(1)	183,84	–	184	30,64	$1{,}5 \cdot 10^{-4}$
							186	28,43	
							182	26,50	
							183	14,31	
							180	0,12	
Xenon	Xe	0 (gegenüber Fluor und Sauerstoff 2; 4; 6; 8)	54	131,293(6)	131,29	–	132	26,9086	–
							129	26,4006	
							131	21,2324	
							134	10,4357	
							136	8,8573	
							130	4,0710	
							128	1,9102	
							124	0,0952	
							126	0,0890	
Ytterbium	Yb	2; **3**	70	173,054(3)	173,05	–	174	31,83	$3{,}4 \cdot 10^{-4}$
							172	21,83	
							173	16,13	
							171	14,28	
							176	12,76	
							170	3,04	
							168	0,13	
Yttrium	Y	3	39	88,905 85(2)	88,906	–	89	100	0,0033

Name des Elements	Symbol	Oxidationszahlen (Wertigkeiten)	Ordnungszahl	Relative Atommasse (2009)			Natürliche Isotope		Häufigkeit des Elements in der Erdkruste in Masse-%
				Standardwert	gerundet	eines Isotops	Massenzahl	Häufigkeit in %	
Zink	Zn	2	30	65,38(2)	65,38(2)	–	64	48,268	0,007
							66	27,975	
							68	19,024	
							67	4,102	
							70	0,631	
Zinn	Sn	**2**; 4	50	118,710(7)	118,71	–	120	32,58	$2 \cdot 10^{-4}$
							118	24,22	
							116	14,54	
							119	8,59	
							117	7,68	
							124	5,79	
							122	4,63	
							112	0,97	
							114	0,66	
							115	0,34	
Zirconium	Zr	2; 3; **4**	40	91,224(2)	91,22	–	90	51,45	0,0165
							94	17,38	
							92	17,15	
							91	11,22	
							96	2,80	

Sachwortverzeichnis

A

Abbau, aerober 432
–, anaerober 432
Abbinden, von Zement 372
Abbrand 348
Abdampfen 29
abgeschlossenes System 113
Absetzbecken 424
Abtreiben 29
Abwasser, Schlammbehandlung 435
Abwässer 249
Abwasserreinigung 430
Acetaldehyd 489
Acetat 493
Acetatseide 557
Aceton 490
Acetylen 473 f.
Acetylenchemie 324
Acetylid 475
Achat 327
Acrylglas 549
Acrylnitril 550
Acrylsäure 494, 549
Actinoide 56
Addition 454
Additionsreaktion 466
Additiv 528
adiabatisch 116
adiabatisches System 113
Adipinsäure 494, 556
Adsorbieren 29
Adsorption 102
aerober Abbau 432
Aerosol 99
Aggregation 100
Aggregatzustand 21
A^{III}-B^{V}-Verbindung 309
Akkumulator 214 f.
Aktivität 144 f.
– der Hydroxidionen 155
– der Oxoniumionen 155
Aktivitätskoeffizient 145
Aktivkohle 318
Alanin 530
Alaune 378, 398
Alchemie 18
Aldehyd 483, 488
Alizarin 515
Alkadiene 469
Alkalichloridelektrolyse 227, 236
Alkalimetall 354
–, Flammenfärbung 355
Alkalisilicat 328 f.
Alkalisinterphosphat 307
Alkanale 488
Alkandisäure 493
Alkane 457
Alkanol 483 f.
Alkanolate 484
Alkanon 483, 490
Alkansäure 483, 491
Alkene 465
Alkensäure 494
Alkine 473
Alkohol 484
–, einwertiger 484
–, mehrwertiger 486
–, primärer 485
–, sekundärer 485
–, tertiärer 485
Alkydharze 554
Alkyl-anthra-chinon 256
Alkylat 522
Alkylhalogenide 476
Alkylierungsmittel 478
Alkylsulfat 534
Alkylsulfonat 534
Allotropie 327
Allylchlorid 479
Allyltypus 480
Aloxieren 240
Aluminat 377
Aluminium 375
–, Verbindung 377
Aluminiumarsenid 309
Aluminiumchlorid 173, 378

Aluminiumhydroxid 175, 377 f.
–, amphoteres 175
Aluminiumhydroxidacetat 379
Aluminiumion, hydratisierte, Protolyse 173
Aluminiumoxid 376 f.
Aluminiumsilicat 329
Aluminiumsulfat 378
aluminothermisches Verfahren 379
Alumosilicat, Tone 332
Amalgam 394
Amalgambildung 238
Amalgamverfahren 238
Ameisensäure 493
Americium 54
Amethyst 327
Aminobenzol 510
Aminocarbonsäure 497
Amino-ethansäure 530
Aminogruppe 483
Aminoplaste 552
Aminosäure 495, 530
Ammoniak 287 f.
– als Base 149
–, Autoprotolyse 154, 288
–, Synthesegasgewinnung 289
Ammoniakat 90
Ammoniak-Soda-Verfahren 357
Ammoniaksynthese 131, 289, 292
Ammoniumchlorid 173, 289
Ammoniumcyanat 440
Ammoniumcyanid 174
Ammonium-Eisen-Alaun 398
Ammoniumion 149
–, Protolyse 173
Ammoniumnitrat 289, 300
Ammoniumnitrit 287
Ammoniumphosphat 161, 307
Ammoniumsulfat 289
Ammoniumverbindung 289
Ampholyt 152
anaerobe Atmung 436
anaerober Abbau 432
Anhydrit 273, 361, 368, 371
Anilin 510
Anilinfarben 510
Anionbase 151
Anionbasen 174
Anionen 73
Anionsäure 151
anisotrop 91
Anisotropie 91
Anodenvorgang 223
anodischer Schutz 247
Anstrichstoff 249
Anthracen 515
Anthrachinonfarbstoffe 515
Anthrazit 523
Antimon 285, 309
–, Dotierung 336
Antimon(V)-sulfid 310
Antimonwasserstoff 310
Apatit 300, 368
Äquivalent, elektrochemisches 231
Äquivalentkonzentration 108, 110, 168
Äquivalenzpunkt 165
Aragonit 368
Arbeit, nutzbare 118
Argon 339 f.
Aromaten 506, 521
aromatische Kohlenwasserstoffe 509
Aromatisierungsenergie 506
Arrhenius 148
Arsen 285, 309
Arsen(III)-oxid 309
Arsenik 309
Arsenwasserstoff 309
Arylrest 506
Asbest 329, 367
Aschegehalt 528
Asphalt 460
Assimilation des Kohlenstoffdioxids 323
Assoziation 452
Assoziationskolloide 98
Astat 53, 60
asymmetrisches C-Atom 496
Atmung, aerobe 431
–, anaerobe 436
Atom 20
Atombau 36, 54
Atombindigkeit 70
Atombindung 61 f., 80, 446
–, polarisierte 67, 449
–, Richtung 69
Atomgitter 72, 80, 92
Atomhülle 20, 36
Atomkalottenmodell 457
Atomkern 20, 36
Atommasse 106

Atommodell, *Bohrsches* 39
–, *Rutherfordsches* 36
–, wellenmechanisches 42
Atomorbital 44, 62
Ätzkali 360
Ätznatron 357
Aufbau-Prinzip der Atome 45
Aufbereitung 347
–, chemische Methoden 348
– der Erze 347
–, physikalische Methoden 347
Aufblasverfahren 403
Auripigment 309
Ausbeute 453
Außenelektron 50
Autoprotolyse, des Ammoniaks 288
– des Wassers 154
Avogadro-Konstante 107

B

Barium 369
–, Verbindungen 370
Bariumhydroxid 369
Bariumoxid 369
Bariumsulfat 370
Baryt 369
Barytwasser 369
Barytweiß 370
Base 148
–, Ammoniak 149
–, *Arrhenius* 148
–, *Brönsted* 148
–, schwache 157
–, starke 157
Basekonstante 159
Batterie 207
Baubindemittel 370
Baumwolle 539, 556
Bauxit 376
Bayer-Verfahren 377
Beizen 248
Belebtschlammverfahren 431
Belüftungsanlage 424
Belüftungselement 244 f.
Benzaldehyd 513
Benzen 506
Benzin 520
Benzoesäure 513
Benzol 504, 507
Benzolsulfonsäure 508, 510
Benzylalkohol 513
Benzylchlorid 510
Bergius 526
Bergkristall 327
Berliner Blau 326
Bernsteinsäure 494
Beryllium 365
Beton 370, 372
Bezugselektrode 197
Bezugsspannung 198
BHT-Koks 526
Bildungsenthalpie 116
Bindemittel, hydraulisches 370 f., 373
–, hydrothermales 370
–, nichthydraulisches 370
Bindung, chemische 61
–, heteropolare 61, 91
–, homöopolare 61
–, koordinative 84
–, π- 65
–, polare 61
–, σ- 64
–, zwischenmolekulare 61
Bindungswertigkeit 70
Biogas 436
Biphosphonate 308
Bismut 285, 310
Bismutat 310
Bismutglanz 310
Bismut(III)-oxid 310
Bismutocker 310
Bismut(V)-salz 310
Bittersalz 367
Bitterwässer 366
Bitumen 519, 524
Blanc fixe 370
Blausäure 325
–, Protolyse 157
Blei 382
Bleiakkumulator 216
Bleiglanz 273, 382
Bleiglätte 383
Blei(II)-chlorid 263, 383
Blei(II)-plumbat 383
Blei(IV)-oxid 383
Bleikammerverfahren 281
Bleisammler 216
Bleisulfid 382

Bleitetraethyl 383, 527
Bleiverbindungen 383
Bleiwasserstoff 380
Bleiweiß 383
Bleizucker 383
Blockpolymerisation 543
Blutlaugensalz, gelbes 398
–, rotes 398
Bohrsches Postulat 39
Bor 337, 375
Boran 338
Borcarbid 325, 338
Borsäure 338
Borwasserstoff 338
Bosch, Carl 289
Boudouard-Gleichgewicht 318, 400
Branntkalk 368, 370
Brauchwasser 422
Braunkohle 523
Brennpunkt 527
Brennstoffzelle 220
Brennwert 116
Brenzcatechin 512
Brikettierung 525
Broglie 39
Brom 265
Bromid 266
Bromierung, elektrophile 467
–, radikalische 466
Bromwasser 179
Bromwasserstoff 266
Brönsted 148
Bronze 381
Bruttoformel 442
BSB_5-Wert 438
Buchstabenbuna 550
Bunakautschuk 549
Butadien 470, 549
Butan 458
Butanol 487
Butansäure 492
Butin 474
Buttersäure 492 f., 532
Butylacetat 487
Butylalkohol 485
Butylen 465

C

Cadmium 391
Caesium 354
Calcium 368
–, Verbindungen 368
Calciumcarbid 324, 474
Calciumcarbonat 368
Calciumchlorid 369
Calciumcyanamid 297
Calciumcyanid 326
Calciumfluorid 268, 369
Calciumhydrid 369
Calciumhydrogensulfit 279
Calciumnitrid 368
Calciumphosphat 301, 369
Calciumphosphit 303
Calciumsilicate 371
Calciumsulfat 273, 368
Campher 504
Caprolactam 504, 555
Carbid 324, 474
Carbolsäure 511
Carbonat 324
Carbonathärte 420
Carbonation, Protolyse 173
Carbonatisierung 370
Carbonsäure, -amid 555
Carbonsäurederivat 495
Carbonsäure 491
–, aromatische 513
–, substituierte 495
Carbonylgruppe 483, 488, 490 f.
Carbonylverfahren 407
Carborundum 325
Carboxylgruppe 483
Carnallit 260, 361
Catena-Phosphate 306
C-Atom, asymmetrisches 496
Cavendish 253
Cellobiose 538
Celluloid 558
Cellulose 499, 539, 556
Celluloseacetat 540, 557
Cellulosenitrat 540
Cellulosetrinitrat 557
Cellulosexanthogenat 540
Cementit 346, 401
Cetanzahl 527
Chalcedon 327
Chalkogene 269
Chemie 17
–, analytische 17

–, anorganische 18
–, Entstehung der 18
–, Gegenstand der 17
–, organische 18, 440
–, physikalische 18
–, synthetische 17
chemische Reaktion 104
chemisches Gleichgewicht 123
–, Druckeinfluss 124 f.
–, Konzentrationseinfluss 126 f.
–, Temperatureinfluss 126
Chemismus 454
–, ionischer 455
–, radikalischer 455
Chilesalpeter 359
Chilesalpeter, Iod 266
Chlor 260
–, Eigenschaften 260
–, Gewinnung 260
–, Verwendung 261
–, Wasserentkeimung 427
Chlorate 264
Chlordioxid 427
Chloressigsäure 496
Chlorethen 466
Chlorid 262 f.
Chloridion 151
Chlorit 263
Chlorkalk 264
Chlorknallgas 261
Chlor-Knallgas-Kette 205, 227
Chlorknallgasreaktion 177
Chlormethan 476
Chloroform 478
Chloroxid 263
Chlorsäure 264
Chlorwasser 261
Chlorwasserstoff 165, 262
–, Dissoziation 148
–, Protolyse 165
Chlorwasserstoffsäure 262
Chrysotil 366
cis-trans-Isomerie 445, 479
Citrin 327
Claus-Verfahren 274
Cobalt 396, 405
Cobalt(III)-oxid 406
Cobaltverbindung 406
Coli-Titer 421
Copernicium 391
Coulombsches Gesetz 76
Coulometrie 232 f.
Cowperscher Winderhitzer 401
Cracken 470
Crackprozess 466, 503, 521
Crackung 462
Cresol 512, 551
Cristobalit 327
CSB-Wert 438
Cumenverfahren 491
Cumol 511
Cumol-Verfahren 511
Curium 54
Cyanamid 298, 552
Cyanate 326
Cyanide 325
Cyanidgruppe 483
Cyanidion 157
Cyanidlaugerei 326, 389
Cyankali 325
Cyansäure 326
Cyanwasserstoffsäure 325
Cycloalkane 503
Cyclohexan 503
Cyclohexanol 504
Cyclohexanon 504, 555
Cyclopentan 503
Cyclopropan 503
Cystein 530

D

Dampfdruck 30
Dampfreformierung 292
Dampfspaltung 253
Daniell-Element 209
Decan 459
Defektelektron 336
Dehydrierung 462
Dekalin 515
Dekantieren 29
Denitrifikation 433
Desorptionsanlage 424
Destillation 30
–, fraktionierte 518
Destillieren 29
Dialyse 96
Diamant 312, 314
Diaphragma 191, 237

Diaphragmaverfahren 237
Dichte 23
dichteste Kugelpackung 342
Dichtpolen 387
Dicyandiamid 552
Dicyanoargentationen 389
Didi-Harz 552
Dielektrizitätskonstante 142
Dieselkraftstoff 527
Dieselöl 520
Diethylether 500
Diethylsulfat 499
Diffusion 96
Diffusionspotenzial 196
Difluordichlormethan 478
digonaler Valenzzustand 448
Diisocyanat 552
Dimethylbenzol 506
Dimethyldichlorsilan 334
Dimethylketon 490
Dimethylsilandiol 335
Dinatriumhydrogenphosphat 306
Diolefine 469
Diphosphate 307
Dipolmolekül 67, 75
– des Wassers 255
Dipolmoment 67
Dipolverband 75
Disaccharid 538
Disauerstoff 272
Disilan 334
Dispersion 99
Dispersionskolloide 98
Dispersionsmittel 94
Dispersitätsgrad 94
Disproportionierung 295
– des Chlors 264
Dissoziation, elektrolytische 77, 142, 183
Dissoziationsgrad 142
Dissoziationskonstante 142
Distickstofftetraoxid 294
DNA 532
DNS 532
Dolomit 366, 368
Doppelbindung, konjugierte 470
Doppelsalz 378
Doppelschicht, elektrische 193
Dotierung 336
Druck, osmotischer 194
Druckvergasung 292
Duplexsystem 250
Durchtrittsreaktion 225
Duroplaste 543
dynamisches Gleichgewicht 123

E

Edelgase 52, 339
Edelgaskonfiguration 62, 87
Edelkunstharz 551
Einfachzucker 536
Einlagerungsmischkristall 345
Eisen 396
–, Eigenschaften 397
–, Verbindungen 398
Eisencarbid 325, 346, 401
Eisengruppe 396
Eisen(II, III)-oxid 379
Eisen(II)-hydroxid 398
Eisen(III)-hexacyanoferrat(II) 326
Eisen(III)-hydroxid 398
Eisen(III)-oxid 398
Eisen(II)-sulfat 278, 398
Eisen(II)-sulfid 398
Eisen-Nickel-Akkumulator 215, 218
Eisenoxidhydrat 245
Eisenpentacarbonyl 397
Eisenportlandzement 373
Eisensulfid 276
Eiweiße 530
–, einfache 532
–, zusammengesetzte 532
Elastomere 543
elektrische Doppelschicht 193
Elektrode 183, 192
Elektrodenpotenzial 198 f.
Elektrodenspannung 198
–, relative 197
Elektrodenvorgang 222 f.
Elektrogravimetrie 232
Elektrolyse 184, 220
–, Beispiele 227
– wässriger Lösungen 224
Elektrolysespannung 226
Elektrolyte 242
–, echte 184
–, potenzielle 77, 184
elektrolytische Dissoziation 142

Elektron 36
–, einsames 62
–, ungepaartes 62
Elektronegativität 68, 449
Elektronenabgabe 176
Elektronenaffinität 74, 190
Elektronenakzeptor 177, 244
Elektronenaufnahme 176
Elektronendonator 177, 244
Elektronenformel 443
Elektronengas 78
Elektronenkonfiguration 45
Elektronenpaar, bindendes 62
–, freies 71
Elektronenpaar-Bindung 64
Elektronenspin 44
elektrophile Reaktion 455
Elektrophorese 97
Elektroreinigen 29
Elektroschmelzverfahren 352
Elektrostahlverfahren 403
Element, chemisches 34, 37
Elementaranalyse 441
Elementarteilchen 36
Elementarzelle 342
Eliminierung 454
Eloxieren 240
Elysieren 241
Emaillieren 250
Emulsion 94, 99
Emulsionspolymerisation 548 f.
endotherme Wärmetönung 114
Energie, innere 112
Energieäquivalent 116
Energieband 78
Energieerhaltungssatz 113
Energieniveau 40, 42
Energiewandlung, alternative 220
Entgasung 318
Enthalpie 112, 114
–, freie 119
Enthalpieaustausch 114
Enthärtung des Wassers 428
Entkeimung, des Wassers 427
Entropie 117
Entzinkung 244
Enzym 131
Epichlorhydrin 553
Epoxidharz 553
ε-Aminocarbonsäure 497
EPT 550
Erdalkalimetalle 365
Erdgas 460, 474, 517
Erdkruste 594
Erdöl 460, 474
Erdölprodukte 518
Erdpech 460
Erdwachs 460
Erhärten, von Zement 372
Erstarrungspunkt 21
Erze 58, 346
–, Aufbereitung 347
–, Aufbereitung sulfidischer 347
Essigsäure 490 f., 493
Ester 498
Estrichgips 371
Ethan 458
Ethanal 489 f.
Ethandisäure 494
Ethanol 487, 490
Ethansäure 490, 493
Ethen 82, 465, 544
Ethenylchlorid 466
Ether 500
Ethin 82, 93, 473 f.
Ethoxyethan 500
Ethylacetat 499
Ethylalkohol 485, 487
Ethylchlorid 476, 478
Ethylen 465, 547
Ethylenchlorid 476
Ethylenglykol 486, 488, 555
Ethylhydrogensulfat 499
Ethylnitrat 498
Eutektikum 346
Eutrophierung 432
Extrahieren 29
Extraktion 520, 533

F

Faraday-Konstante 185
Faradaysches Gesetz 230 f., 233
Fasern 557
Faserstoffe 542
–, tierische 556
Faulung, Klärschlamm 436
FCKW 478
Feinen, von Elektrostahl 404

Feldspat 329, 375
–, Tone 332
Ferment 131
Ferrobor 338
Ferrolegierungen 405
Ferrosilicium 327, 405
Festkörper 91
Fette 532
Fetthärtung 533
Fettsäure 491, 532
Feuerlöscher 322
Feuermetallisierung 250
Feuerstein 327
Feuerverzinken 250
Filteranlage 425
Filtration 95, 424
Filtrieren 29
Fischer, Emil 531
Flachglas 332
Flammofen 352, 387
Flammpunkt 527
Flammstrahlen 248
Flockung 424
Flockungsbecken 424
Flotation 347, 362
–, selektive 347
Flotieren 29
Fluor 267
Fluoralkane 478
Fluorid 268
Fluorkohlenwasserstoff 478
Fluorwasserstoff 267
Flusssäure 268
Flussspat 267, 368 f.
Formaldehyd 489
formale Ladung 72
Formel 104
Fotografie 390
Fraktionierkolonne 519
Francium 354
freie Enthalpie 119
freie Reaktionsenthalpie 118
Fremdstrom 247
Friedel-Crafts-Synthese 508
Fruchtzucker 537
Fructose 537
Fullerene 314
funktionelle Gruppe 444, 483
Furan 515

G

Galenit 382
Gallerte 101
Gallium 375
Galliumarsenid 309
Galliumselenid 284
Galmei 391
galvanische Zelle 191 f., 207
galvanisches Element 184, 192
Galvanisieren 240
Galvanispannung 193, 196
Gangart 346
Garkupfer 388
Garnierit 407
Gas, nitroses 294
Gasbatterie 220
Gasbeton 374
Gasöl 520
Gasolin 520
Gaspolen 388
Gefäßkonstante 186
Gefrierpunktserniedrigung 32
Gekrätz 387
Gel 101
Gelbnickelkies 407
Generatorgas 319
Germanium 312, 336
Germaniumdioxid 336
Germaniumsulfid 336
Germaniumtetrachlorid 336
Gesamthärte 420
gesättigte Lösung 145
geschlossenes System 113
Geschwindigkeitskonstante 134
Gesetz von *Avogadro* 110 f.
Gesetz von der Erhaltung der Masse 105
Gibbs, J. W. 114
Gibbs-Helmholtz-Gleichung 118
Gichtgas 350, 401
Gips 273, 361, 368 f., 371
Gitter, hexagonales 342
–, kubisch-flächenzentriertes 342
–, kubisch-raumzentriertes 342
Gitterkonstante 342
–, Metallgitter 344
Gitterkräfte 72, 76
Gittertyp, Metallgitter 344
Glaselektrode 211 f.
Gläser 328, 330

Glaubersalz 359
Gleichgewicht, chemisches 123, 126
–, dynamisches 123
–, elektrochemisches 194
Gleichgewichtsgalvanispannung 196 f.
Gleichgewichtskonstante, thermodynamische 120
Gleichgewichtszellspannung 195
Gleichgewichtszustand 123
Gleichung, chemische 104
Glimmer 329, 375
Glucose 537
Glutarsäure 494
Glycerol 486, 488, 532
Glyceroltrinitrat 499
Glycin 496, 530
Gneis 326
Gold 385
Granat 329
Granit 326
Graphit 312, 314
Grauguss 401
Grauspießglanz 309
Grenzstruktur 63, 71, 473
–, mesomere 71
grobdisperses System 26
Grubengas 457
Grundwasser 419
Grundwasseranreicherung 425
Gruppen, des PSE 50
–, funktionelle 483
Gusseisen 397, 401

H

Haber, Fritz 289
Haber-Bosch-Verfahren 131, 290
Halbelement 192
Halbleiter 336
Halogen 52, 258
Halogenalkane 476, 478
Halogenalkene 478
Halogencarbonsäure 495
Harnstoff 299, 498
Härtebildner 420
Hartlegierung 406
Hartmetall 325, 406
Hartsalz 361
Harze 503
Hauptgruppe 50
–, 1. 354
–, 2. 365
–, 3. 375
–, 4. 312
–, 4., Metalle 380
–, 8. 339
Hauptquantenzahl 42, 50
Hauptsatz der Thermodynamik, 1. 112
–, 2. 118
Heißblasen, Winderhitzer 402
Heisenberg 40
*Heisenberg*sche Unschärfebeziehung 40
Heizwert 116
Heliotrop 327
Helium 339 f.
Hemicellulose 539
Heptan 458
Herbicide 512
Herdfrischen 351 f.
Hexachlorcyclohexan 503
Hexadecan 461
Hexafluorokieselsäure 268, 328
Hexafluorosilicat 268
hexagonales Gitter 342
Hexamethylendiamin 556
Hexan 458
Hexandisäure 494
Hexose 537
Hochdruckhydrierung 526
Hochofen, Kohlungszone 400
–, Reduktionszone 400
–, Schmelzzone 401
–, Vorwärmzone 399
Hochofenprozess 399
Hochofenzement 373
Hochpolymere 542
Hohlglas 332
Höllenstein 390
Holzkohle 318
homogen 91
homologe Reihe 458
*Hund*sche Regel 45
Hüttenkoks 349
Hybridisation 81
Hydrat 89
Hydratation 256
Hydrathülle 184
Hydratisierung 184

Hydratphase 372
hydraulische Bindemittel 371, 373
Hydrazin 151
Hydrazinium-(I)-Ion 151
Hydrid 57, 355, 366
Hydrochinon 512
Hydrogencarbonat 324
Hydrogensalze 89
Hydrogensulfat 282
Hydrogensulfid 276
Hydrogensulfit 279
Hydroklassieren 29
Hydrolyse 173
Hydroniumion 148
Hydroxid, amphoteres 174
Hydroxidion 152
Hydroxidionenaktivität 155
Hydroxysäure 495
Hypochlorit 261, 264

I

Iatrochemie 18
ideale Lösung 145
Inchromieren 250
Indikator 156
Indium, Dotierung 336
Indiumarsenid 309
Indiumselenid 284
Induktionseffekt 450
Induktionsofen 403
Inhibitor 249
Inkohlungsprozess 517
innere Energie 112
interionische Wechselwirkung 188
intermetallische Phase 346
Iod 266
Iodat 267
Iodid 266
Iodoform 478
Iodsäure 267
Iodwasserstoff 266
Ionen 73
Ionenaustausch-Verfahren 428
Ionenbeweglichkeit 187
Ionenbeziehung 61, 73, 80
Ionengitter 61, 75, 142, 451
Ionenkettenpolymerisation 468
Ionenprodukt des Wassers 154
Ionenumladung 206
Ionenverbindung 73
Ionenwertigkeit 74 f.
ionischer Chemismus 455
Ionisierungsenergie 74
Iridium 396
irreversibler Prozessverlauf 118
Isobutan 459
isoliertes System 113
Isomere 444
Isomerie 444
–, cis-trans- 445
–, optische 445
Isooctan 460, 527
isoperibol 116
Isopropylalkohol 487
isotherm 116
Isotope 20, 38
isotrop 91
Isotropie 91

J

Joule-Thomson-Effekt 271

K

Kainit 361
Kalidüngesalze 364
Kalifeldspat 329
Kalisalpeter 360
Kalisalz 361
Kalium 359
Kaliumaluminiumalaun 378
Kaliumbromid 265
Kaliumcarbonat 360
Kaliumchlorat 264
Kaliumchlorid 263, 360
Kaliumcyanid 325
Kaliumeisenalaun 398
Kaliumgehalt, von Düngemitteln 364
Kaliumhexacyanoferrat(II) 398
Kaliumhexacyanoferrat(III) 398
Kaliumhydrogenfluorid 267
Kaliumhydrogensulfid 276
Kaliumhydroxid 360
Kaliumhypochlorit 264
Kaliumiodid 266
Kaliummagnesiumchlorid 260
Kaliumnitrat 360
Kaliumnitrit 361
Kaliumpermanganat 260, 271

Kaliumsulfit 279
Kaliumverbindungen 360
Kalk 370
–, gebrannter 368
–, gelöschter 368
–, hydraulischer 373
Kalkammonsalpeter 300
Kalkbrennen 128
Kalkhydrat 370
Kalk-Kohlenstoffdioxid-Gleichgewicht 426
Kalkmergel 373
Kalkmilch 369
Kalksandstein 374
Kalkseife 534
Kalk-Soda-Verfahren 428
Kalkspat 368
Kalkstein 368
Kalksteinbrennen 128
Kalkstickstoff 297
Kalkwasser 369
Kalomel 394
Kalomel-Elektrode 211
Kalorimeter 116
kalorimetrische Bombe 116
kalorimetrische Grundgleichung 116
Kaltblasen, Wassergas 319
–, Winderhitzer 402
Kaolin 332
Kaolinit 329
Kassiterit 380
Katalysator 130, 292
katalytische Abgasreinigung 319
Kationbase 151
Kationbasen 151
Kationen 73
Kationsäure 151
Kationsäuren 174
Katodenvorgang 222
Kautschuk 549
–, synthetischer 549
Kautschuks 470
Kekulé 505
Keramik 332
keramische Erzeugnisse 332
Kernladungszahl 37, 54 f.
Kernseifen 533
Kesselstein 421
Ketone 483, 490
Kettenisomerie 445
Kettenreaktion 467
Kieselgur 474
Kieselsäure 328
Kieselzinkerz 391
Kieserit 273, 361 f., 367
kinetische Wärmetheorie 451
Kläranlage 430
Klärschlamm 434, 436
–, Verbrennung 437
Klärschlammfaulung 436
Klassierung 347
Klauben 28, 347
Klemmenspannung 203, 207
Klopffestigkeit 526
Knallgas 254
Knallgasprobe 254
Knopfzelle 215
Kobaltglanz 405
Kochsalz 263, 356
Kohle 314, 523
Kohlechemie 517
Kohlendioxid 320
Kohlenhydrate 536
Kohlenmonoxid 318
Kohlenoxid 318
Kohlensäure 321, 323, 497
Kohlensäurediamid 498
Kohlensäuredichlorid 497
Kohlenstoff 312
Kohlenstoffatom, Bindungsverhältnisse 81
Kohlenstoffdioxid 290, 314, 320
–, Wasserchemie 426
Kohlenstoffdioxidschnee 322
Kohlenstoffdioxidschneelöscher 322
Kohlenstoffdisulfid 317
Kohlenstoffgruppe 312
Kohlenstoffmonoxid 290, 317 f.
Kohlenstoff-Nanoröhren 316
Kohlenwasserstoff 457
–, gesättigter 457
–, ungesättigter 462
Kohleveredlung 524
Kohlungszone 400
Kollodium 558
Kollodiumwolle 558
kolloiddisperses System 26
Kolloide 94
–, Alterung 102
–, Arten 98

–, Eigenschaften 100
–, Herstellung 99
–, hydrophile 100
–, hydrophobe 100
–, irreversible 101
–, lyophile 100
–, lyophobe 100
–, polymolekulare 98
–, reversible 101
Komplex 83
–, Struktur 84
Komplexverbindung 83
–, Bezeichnungen 90
Kondensationspunkt 21
Kondensieren 29
konduktometrische Titration 189
Konfiguration 444
Konfigurationsisomerie 445
Königswasser 263, 297
Konjugationsenergie 473
Konsistenz von Schmierfetten 528
Konstitution 442
Kontakte 130
Kontaktkorrosion 243
Kontaktschwefelsäure 282
Kontaktverfahren 280
Konversionssalpeter 360
Konverter 351, 387
Konvertierung 290
– von Wassergas 321
Konzentration 26
Konzentrationselement 208, 210
Koordinationsverbindung 83
Koordinationszahl 75, 84
–, Metallgitter 344
Körper, homogene 91
Korrosion 203, 242
–, chemische 242
–, elektrochemische 242
–, interkristalline 243
–, selektive 244
Korrosionselement 203
Korrosionsschutz 247
–, aktiver 247
–, elektrochemischer 247
–, passiver 247 f.
–, Überzug 248
Korrosionsschutzüberzug 248 f.
Korund 376
Kraftstoffe 526
Kreide 368
Kreisprozess 293
Kristall 20, 22, 76
Kristallchemie 91
Kristallgitter 22, 91, 342
Kristallite 344
Kristallwasser 89
Kryolith 267, 356, 378
Krypton 339 f.
kubisch-dichteste Kugelpackung 343
kubisch-flächenzentriertes Gitter 342
kubisch-raumzentriertes Gitter 342
Kugelpackung, dichteste 342
–, kubisch-dichteste 343
Kunststoffe 542
Kupfer 385
–, Vorkommen 385
Kupferglanz 385
Kupfer(II)-hydroxid 389
Kupfer(II)-oxid 389
Kupfer(I)-oxid 389
Kupferkies 273, 385
Kupferrohstein 387
Kupferseide 554, 557
Kupfersulfat 282, 389
Kupferverbindungen 389
Kupfervitriol 389

L

Ladung, formale 72
Ladungsdichte 40
–, radiale 45
Ladungsdoppelschicht 193
Ladungswolke 40
Lagermetall 310, 381
Lanthanoide 56
Latex 550
LD-Verfahren 403
Leclanché-Element 214
Legierung 25, 345
Lehm 332, 376
Leichtbetone 373
Leinöl 533
Leiter, 1. Klasse 183
– 2. Klasse 183
Leitfähigkeit, spezifische elektrische 187 f.
Leitfähigkeitsmessung 189
Leitfähigkeitstitration 189

Letternmetall 310
Lichtbogenofen 403
Liebig, Justus von 299, 441
Liganden 84
Lignin 524, 539
Linde-Verfahren 271
Linearkolloide 98
Linolensäure 495
Linolsäure 495, 532
Lipowitz-Metall 310
Litermasse 23
Lithium 354
Lithiumzelle 356
Lithopone 370
Lokalelement 243
Löschkalk 368, 370
Löslichkeit 27, 452
Löslichkeitsprodukt 145
Lösung 24, 26
–, echte 95
–, gesättigte 145
–, ideale 145
–, kolloide 96
–, reale 145
Lösungsdruck, elektrolytischer 193
Lösungsmittel 26
Lösungspolymerisation 543
Lötzinn 381
Luftbinder 370
Luftstickstoff 287
Luftverflüssigung 271
Luppen 399

M

Magnesia, gebrannte 367
–, kaustische 367
Magnesiabinder 371
Magnesit 366, 371
Magnesium 366 f.
–, Verbindungen 367
Magnesiumbromid 265
Magnesiumcarbonat 371
Magnesiumchlorid 366 f.
Magnesiumhexafluorosilicat 268
Magnesiumhydroxid 367
Magnesiumoxid 367
Magnesiumsilicat 366
Magnesiumsulfat 273, 366 f.
Magnetismus 397
Magnetquantenzahl 42
Magnetscheidung 347
Makromolekül 98, 442, 539, 542
MAK-Werte 321
Malachit 385
Maleinsäure 495, 554
Malonsäure 494
Maltose 538
Malzzucker 538
Marmor 368
Maßanalyse 165
Massenkonzentration 168
Massenwirkungsgesetz 136 f.
–, Anwendung 137
–, Autoprotolyse des Wassers 154
Massenzahl 37
Mehrfachzucker 536
Melamin 552
Melaminharz 552
Melasse 538
Membran, semipermeable 96
Membranverfahren 239
Mendelejew 52
Mennige 383
Mergel 373
Mesomerie 71, 472, 481, 505
Mesomerieeffekt 480 f.
Mesomerieenergie 473, 506
Messing 388
Metakieselsäure 329
Metallbindung 77, 80
Metallcharakter 59
Metalle 341
–, chemische Eigenschaften 341
–, Darstellung 348
–, Gitterkonstante 342
–, Kristallgitter 342
–, physikalische Eigenschaften 341
–, Vorkommen 346
Metallgitter 78, 342
Metallhydroxid, amphoteres 174
– basischen Charakters 174
– sauren Charakters 174
Metallionen-Komplex 89
metallische Schutzschicht 250
Metallraffination, elektrolytische 235
Metallspritzen 250
Metaphosphate 306
Metaphosphorsäure 305

Meteoreisen 396, 399
Methacrylsäure 495
Methan 82, 253, 290, 457, 460, 522, 524
Methanal 489
Methanisierung 436
Methanol 485 f.
Methansäure 493
Methylalkohol 485 f.
Methylbenzol 508
Methylchlorid 476, 478
Methylsilantriol 335
Methyltrichlorsilan 334
Meyer 52
Milchsäure 496 f.
Minette 397
Mischbinder 373
Mischelement 38
Mischung 24
Mittasch, Alwin 289
Modifikationen 274
–, enantiotrope 275
–, monotrope 275
Mol 27
molare Masse 108
Molarität 108
Molekülassoziation 255
Molekülbase 151
Molekülgitter 79 f., 451
Molekülkolloide 98
Molekülmasse 107
Molekülorbitale 65
Molekülsäure 151
Molekülwellenfunktion 63
Molenbruch 26
Möller 349
Molybdäncarbid 325
MO-Methode 65
Mond-Verfahren 407
Monochlorbenzol 510
Monochlormethan 478
Monomer 468, 542
Monosaccharid 537
Monosilan 334
monotrope Modifikation 301
Mörtel 370
MTBE 501
Müller-Kühne-Verfahren 278
Müller-Rochow-Synthese 334

N

Naphthalen 525
Naphthalin 514
Naphthene 503, 518
Naphthensäure 504
Naphthol 514
Nassfeuerlöscher 322
Natrium 356
–, Verbindungen 356
–, Vorkommen 356
Natriumbromid 265
Natriumcalciumphosphat 307
Natriumcarbonat 173, 356 f.
Natriumchlorid 260, 263, 356
Natriumdihydrogenphosphat 306
Natriumhexafluoroaluminat 378
Natriumhydrogencarbonat 359
Natriumhydrogensulfat 262, 282
Natriumhypochlorit 264
Natriumhypophosphit 303
Natriumiodat 266 f., 356
Natriumnitrat 356
Natriumnitrit 295
Natriumstannat 381
Natriumsulfid 276
Natriumtetraborat 338
Natriumthiosulfat 261, 391
Natriumzinkat 393
Natronlauge 175, 357
Naturseide 547, 554, 557
Nebengruppe 50
–, 1. 385
–, 2. 391
–, 8. 396
Nebenprodukt 453
Nebenquantenzahl 42
Neon 339 f.
Neptunium 52
*Nernst*sche Gleichung 195, 226
Neutralbase 151
Neutralisationsanalyse 165
Neutralisationspunkt 165
Neutralisationszahl 528
Neutralsäure 151
Neutronen 36, 54
Nichtcarbonathärte 420
Nichtelektrolyt 184
Nichtmetallcharakter 59
Nickel 396, 407

Nickel-Cadmium-Zelle 218
Nickel-Metallhydrid-Akkumulator 218
Nickeltetracarbonyl 407
Nitrat 285, 297
Nitrid 287
Nitrieren 297
Nitriersäure 297
Nitrifikation 433
Nitrit 295
Nitrogruppe 483
Nitrolack 558
nitroses Gas 294
Nitroseverfahren 281
Nitrosylchlorid 263
Nitrumverfahren 294
n-Leiter 336
n-Leitung 336
Nomenklatur, IUPAC 445
Nonan 461
Normalbutan 459
Normalität 110
Normalpotenzial 199
Normalwasserstoffelektrode 199
Novolake 551
Nucleinsäure 532
Nuclide 38, 52
Nukleonenzahl 37
nukleophile Reaktion 455
nutzbare Arbeit 118

O

Oberflächenvorbehandlung 248
Oberflächenwasser 419
Objektmenge 115
Octan 458
Octanzahl 522, 526
offenes System 113
Oktettprinzip 62
Öle, etherische 504
–, fette 495
Olefine 465
Oligosaccharide 538
Olivin 366
Ölsand 460
Ölsäure 495, 532
Ölschiefer 460
Opal 327
Opferanode 247
optische Isomere 496
optische Isomerie 445
Orbital 43
–, bindendes 65
–, lockerndes 65
organische Chemie 440
organische Synthese 441
organische Verbindung 440
Orthoborsäure 338
Orthokieselsäure 329
Orthophosphorsäure 305
Osmium 396
osmotischer Druck 194
Ostwaldsches Verdünnungsgesetz 144
Ostwald-Verfahren 295
Oxalsäure 494
Oxidation, als Elektronenabgabe 175
–, Elektronenabgabe 176
–, Vereinigung mit Sauerstoff 175
Oxidationsmittel 176
Oxidationszahl 57, 87, 279, 593
–, Abnahme 176
–, Zunahme 176
Oxidformel 329
Oxidoreduktion 295
Oxo-Anion 85
Oxoniumion 148
Oxoniumionenaktivität 155
Ozokerit 460
Ozon 272
–, Wasserentkeimung 427

P

Palladium 396
Palmitinsäure 492 f., 532
Paracelsus 18
Paraffin 457, 518
Paraffinoxidation 493, 534
Paraformaldehyd 489
Partialdruck 140
Passivierung 246, 283
–, Salpetersäure 297
Passivität 243
Passivzustand 247
Patina 388
Pauli-Prinzip 42
PC-Faser 545
Pentan 458
Peptidgruppe 556
Perchlorat 265

Perchlorsäure 265
Pergamentpapier 558
Perioden des PSE 50
Periodensystem (PSE) 50, 54, 592
Perlpolymerisation 544
Permanentweiß 370
Peroxogruppe 256
Petrolchemie 517, 521
Petrolether 520
Petroleum 520
Pfropfpolymerisation 544
Phase 25
–, disperse 94
Phasengrenze 193
Phenanthren 515
Phenole 511
Phenolplaste 551
Phenoplaste 512, 551
Phenylalanin 530
Phenylchlorid 509
Phenylethen 509
Phenylrest 506
Phosgen 497
Phosphan 303
Phosphat-Düngemittel 307
Phosphate 307
–, Catena- 306
–, kondensierte 306
–, Meta- 306
Phosphatieren 249
Phosphin 303
Phosphonate 308
Phosphonsäure 304
Phosphonsäuren 308
Phosphonylgruppe 308
Phosphor 285, 300
Phosphorhalogenverbindungen 303
phosphorige Säure 304
Phosphor(III)-oxid 304
Phosphorit 300, 368
Phosphorpentachlorid 303
Phosphorsäure 161, 248, 305
Phosphorsäuredüngemittel 305
Phosphortrichlorid 303
Phosphorverbindungen 302
Phosphor(V)-oxid 304
Phosphorwasserstoff 303
Photosynthese 323
Phthalsäure 513
pH-Wert 155, 211
Physik 17
physikalischer Vorgang 22
π-Bindung 447
pK_B-Wert 158 f.
pK_S-Wert 158 f.
–, Tabelle 160
*Planck*sches Wirkungsquantum 39 f.
Plaste 546, 552
Platforming-Verfahren 521
Platin 396
Platinmetalle 396
p-Leiter 336
p-Leitung 336
Plumbat 383
Plutonium 52
pn-Übergang 336
Pol 218
Polarisation 67, 449
–, galvanische 225
Polarisationsspannung 226
polarisierte Atombindung 449
Polonium 269
Polyaddition 543
Polyelektrolyt 425
Polyester 554
Polyesterfaserstoff 555
Polyesterharze 554
–, ungesättigte 554
Polyethylen 547
Polykondensation 543
Polymer 468
Polymerbenzin 522
Polymere 542
Polymerisation 468, 542
–, stereospezifische 543
Polymerisationsgrad 468, 542
Polymethacrylat 549
Polymorphie 327
Polyphosphate 306
Polypropylen 547
Polysaccharid 536, 539
Polystyrol 509, 548
Polytetrafluorethylen 547
Polyurethane 552
Polyvinylacetat 548
Polyvinylalkohol 548
Polyvinylchlorid 261, 544
Polyvinylcyanid 545

Porenbeton 374
Portlandhüttenzement 373
Portlandkompositzement 372
Portlandzement 371 f.
Porzellan 332
Potenzial 198
Potenzialdifferenz 193, 197 f.
Primärelement 207, 214
Prinzip vom kleinsten Zwang 124
Prinzip von *Le Chatelier* und *Braun* 124
Prinzip von *Thomsen* und *Berthelot* 118
Propan 458
Propanol 485
Propanon 490
Propen 465
Propin 474
Propylalkohol 485
Propylen 465, 547
Protactinium 54
Proteide 532
Proteine 531 f.
Protolyse 153, 157
Protolysekonstante des Wassers 154
Protolyte 152
–, schwache 158
–, starke 174
protolytische Reaktion 153
Protonen 36
Protonenabgabe 153 f.
Protonenakzeptor 148
Protonenaufnahme 153 f.
Protonendonator 148
Prozessgröße 113
Prozessverlauf, irreversibler 118
PTFE 547
Punkt, isoelektrischer 100
Purisol-Verfahren 290
PVC 544
Pyridin 515
Pyrit 273, 277, 397
Pyrolyse-Verfahren 521

Q

Quanten 40
Quantenzahl 41
Quarz 327
Quarzglas 328
Quarzgut 328
Quarzsand 327
Quecksilber 391, 393
–, Gewinnung 393
–, Verbindungen 394
–, Verwendung 393
–, Vorkommen 393
Quecksilber(I)-chlorid 263, 394
Quecksilber(II)-chlorid 394
Quecksilber(II)-sulfid 394
Quecksilberverfahren 237 f.
Quellenspannung 203, 207 f.

R

Röstreaktionsverfahren, für Blei 382
Racemat 497
racemisches Gemisch 497
Radialkettenpolymerisation 468
Radikal 458
radikalische Reaktion 454
radikalischer Chemismus 455
Radionuclide 39
Radium 365
Radon 339
Raffinadekupfer 388
Raffination 520
Raffination von Rohmetallen 351
rationelle Formel 443
Rauchgasentschwefelung 278
Reaktion, elektrophile 455
–, exotherme 114
–, nukleophile 455
–, protolytische 153
–, radikalische 454
Reaktionschemismus 454
Reaktionsenthalpie 115
–, freie 118
Reaktionsfortschritt 115
Reaktionsgeschwindigkeit 133 f., 453
–, Katalysatoreinfluss 130
–, Temperatureinfluss 129
Reaktionslaufzahl 115
Reaktionsmechanismus 136
Reaktionsordnung 134
Reaktionswärme 116
reale Lösung 145
Redoxpaar, korrespondierendes 176 f.
Redoxreaktion 175 f.
–, Beispiele 179
Redoxsystem 177

Reduktion, als Elektronenaufnahme 175
–, Elektronenaufnahme 176
–, Entzug von Sauerstoff 175
– von Schwermetalloxiden 349
Reduktionsmittel 176
Reduktionszone 400
Reformierungsprozess 504
Reformingprozess 521
Regeneratfaserstoffe 557
Registrierformel 473
Reihe, homologe 458
Reinelement 38
reiner Stoff 24
Reinnickel 407
Reinstsilicium 327
relative Elektrodenspannung 197
Rennfeuer-Verfahren 399
Resorcin 512
Reyon 557
RGT-Regel 129
Rhodium 396
Roentgenium 385
Roheisen, graues 401
–, weißes 401
Rohkupfer 387
Rohnickel 407
Röhrenofen 519
Rohrzucker 538
Rosenquarz 327
Rost 244
Rosten 245
Röstreduktionsverfahren, für Blei 382
Rotgültigerz 389
Rotkupfererz 385
Rotnickelkies 407
Rotschlamm 377
Rubidium 354
Rubin 376
Ruß 318
Ruthenium 396
Rutherford 36

S

Saccharose 538
Salmiak 289
Salmiakgeist 288
Salpetersäure 288, 293, 295 f.
salpetrige Säure 295
Salz 91
Salzbildung 165
Salzsäure 148, 248, 262
–, Protolyse 157
Saphirs 376
Satz von *Hess* 116
Sauerstoff 269
Sauerstoffbedarf, biochemischer 438
–, chemischer 438
Sauerstoffdarstellung 271
Sauerstoffgruppe 269
Sauerstoffkorrosion 245
Sauerstofftyp 244
Säure 148
–, *Arrhenius* 148
–, *Brönsted* 148
–, hypochlorige 261, 263
–, phosphorige 304
–, salpetrige 288, 295
–, schwache 157
–, schweflige 278 f.
–, starke 157
–, unterchlorige 263
Säureamide 497
Säure-Base-Paar, korrespondierendes 150 f.
–, pK_S-Wert 160
Säure-Base-Reaktion 148
Säure-Base-System 177
Säure-Base-Titration 165
Säurechloride 497
Säurekonstante 158
Schamotte 333 f.
Schaum 99
Scheiden 29
Scheidewasser 297
Schießbaumwolle 557
Schlacke 402
Schlammbehandlung 434 f.
Schmelzenthalpie 23
Schmelzflusselektrolyse 222, 224, 233
Schmelzpunkt 21, 451
Schmelzzone 401
Schmierfett 527 f.
Schmieröl 527
Schmierseife 533
Schmirgel 376
Schnelllot 381
Schreibweise, rationelle 458
Schrödinger 40
Schrödinger-Gleichung 40

Schutz, anodischer 247
Schutzkolloide 101
Schutzschicht, metallische 250
Schutzverfahren, katodisches 247
Schwefel 273 f.
Schwefeldioxid 276, 279
Schwefelkohlenstoff 317, 557
Schwefelsäure 248, 269
Schwefeltrioxid 279
Schwefelwasserstoff 274 f., 290
schweflige Säure 278
Schweißen 254
Schweitzers Reagens 389, 540, 557
Schwelung 525
Schwerspat 369
Schwimm-Sink-Verfahren 347
Seiden 557
Seife 102, 533
Seigern 28
Seigerung, des Zinns 380
Sekundärelement 207, 214 f.
Selen 283
Selenid 269, 284
Selenwasserstoff 284
Serin 530
Serpentin 366
Siedediagramm 33
Siedepunkt 21, 451
Siedepunktserhöhung 31
Siedesalz 356
σ-Bindung 446
Silanole 335
Silber 389
–, Verbindungen 390
Silberamalgam 394
Silberbromid 266
Silberchlorid 263
Silberglanz 389
Silberhalogenid 390
Silbernitrat 390
Silicat 326, 329
Silicium 312, 326
Siliciumcarbid 325
Siliciumdioxid 326
Siliciumhalogenid 334
Siliciumtetrachlorid 329, 334
Siliciumtetrafluorid 328
Siliciumwasserstoff 334
Silicon 334 f.
Silicongummi 335
Siliconharz 336
Siliconöl 335
Sintern 348
Soda 357
Sol 95, 99
Sol-Gel-Umwandlung 101
Solvay-Verfahren 360
Sommerfeld 39
Sorelzement 371
Spaltkorrosion 244
Spannung 193
Spannungsreihe 190
–, elektrochemische 200
Sparbeizzusatz 249
Spateisenstein 397
Speiscobalt 405
Speiskobalt 309
spezifische elektrische Leitfähigkeit 185, 187 f.
spezifischer elektrischer Widerstand 185
Sphärokolloide 98
Spiegelbild-Isomere 496
Spinell 246
Spinquantenzahl 42
Spiritus 487
Stabilisator 257
Stahl 402
–, legierter 405
Stahlbeton 373
Stahlgewinnung 402
– durch Aufblasverfahren 403
– im Elektroofen 403
Stahlsammler 218
Stahlveredler 405
Standardbildungsenthalpie 116
Standardelektrodenpotenzial 198
Standardpotenzial 197, 203
–, Tabelle 178
Standardwasserstoffelektrode 198
Stärke 539
– der Protolyte 157
Startreaktion 467
Stearinsäure 492 f., 532
Stein, feuerfest 333 f.
Steinkohle 523
Steinkohlenteer 525
Steinsalz 263, 356
Stereoisomerie 537
Stickstoff 285
–, Abwasser 433

Stickstoffdioxid 288, 294
–, technische Gewinnung 296
Stickstoffdüngemittel 293
Stickstoffgruppe 285
Stickstoffmonoxid 287, 294
–, technische Gewinnung 295
Stöchiometrie 112
Stöchiometriezahl 115
Stockpunkt 527
Stoff 20
–, grenzflächenaktiver 102
–, physikalische Eigenschaften 21
–, reiner 24
Stoffmenge 107
Stoffmengenanteil 26
Stoffmengenkonzentration 108, 169
Stoffumwandlung 17
Strahlen 248
Streustromkorrosion 244
Stromschlüssel 199
Strontium 365
Struktur 442
Strukturformel 443
Strukturisomerie 444
Styren 509
Styrol 509, 548
Sublimat 394
Sublimierbarkeit 451
Substanz, dispergierte 94
Substitution 454
Substitutionsmischkristalle 345
Sulfat 278, 282
Sulfatisierung 217
Sulfid 269, 276
Sulfit 279
Sulfitablauge 487
Sulfitlauge 539
Sulfitsprit 487
Sulfolan-Verfahren 290
Sulfongruppe 483
Sulfonsäuregruppe 483
Summenformel 442
Sumpfgas 460
Superphosphat 307
Suspension 95, 97
Suspensionspolymerisation 544
Sylvin 263, 361
Sylvinit 361
Synthesegasgewinnung 290
System 113
–, abgeschlossenes 113
–, adiabatisches 113
–, disperses 24, 94
–, feindisperses 95
–, geschlossenes 113
–, grobdisperses 26, 95
–, isoliertes 113
–, kolloiddisperses 26, 95, 97
–, offenes 113
–, protolytisches 153

T

Talkum 329
Tantalcarbid 325
Taschenlampenbatterie 215
Tautomerie 304
Technetium 52
Teerzahl 528
Tellur 283 f.
Tellurdioxid 269
Tellurid 284
Tellurwasserstoff 284
Tenside 102, 420, 533
Terephthalsäure 513
Terephthalsäuremethylester 555
Tetraamminkupfer(II)-hydroxid 388 f.
Tetrachlorkohlenstoff 478
Tetrachlormethan 478
tetragonaler Valenzzustand 446
Tetralen 515
Thermit 379
Thermodynamik 112
thermodynamische Gleichgewichtskonstante 120
Thermoplaste 543 f.
Thiophen 515
Thixotropie 101
Thomasmehl 300, 307
Thorium 54
Tierkohle 318
Titancarbid 325
Titration, konduktometrische 189
–, potenziometrische 211
TNT 509
Toluol 508 f.
Ton 332
Tonerde 377
–, essigsaure 379

Tonmergel 373
Traubenzucker 537
Treibhauseffekt 323
Trichlorsilan 327
Tridymit 327
Triebkraft 118
Triethanolamin 290
trigonaler Valenzzustand 447
Triiodmethan 478
Trimethylchlorsilan 334
Trimethylsilanol 335
Trinatriumphosphat 306
Trinatriumphosphat-Verfahren 428
Trinitrotoluol 509
Trinkwasser 421
–, Belüftungsanlage 424
–, Desorptionsanlage 424
Trinkwasseraufbereitung 423
Trinkwassergüte 421
Tripalmitin 532
Trisauerstoff 272
Trisilan 334
Trockeneis 322
Tropfpunkt 528
Tyndall-Effekt 96

U

Überchlorsäure 265
Überspannung 226
Uferfiltrat 425
Ultrafilter 95
Ultramikroskopie 96
Umgebung 113
Umkehrbarkeit chemischer Reaktionen 121
Umsatzvariable 115
Unschärfebeziehung, *Heisenberg*sche 40
Untergrundvorbehandlung 248
Uranium 60
Urspannung 203, 208

V

Valenzbindungsmethode 63
Valenzelektron 50, 57, 62
Valenzzustand 62
–, digonaler 448
–, tetragonaler 446
–, trigonaler 447
Vanadium 405
Vanadium(V)-oxid 279 f.
Van-der-Waalssche Kräfte 78
Vaseline 519
VB-Methode 63
Verbindung 34
–, aliphatische 445
–, aromatische 445, 506
–, binäre 83
–, carbocyclische 445
– erster Ordnung 83
–, heterocyclische 445, 515
– höherer Ordnung 83
–, hydroaromatische 504
–, organische 440
Verbrennung von Klärschlamm 437
Verbrennungsenthalpie 116
Verdampfungsenthalpie 23
Verfahren, aluminothermisches 379
Vergaserkraftstoff 526
Vergasung 526
Verkokung 525
Verkokungsneigung 528
Verseifung 498, 533
Verseifungszahl 528
Verzinnung 381
Verzundern 246
Vielfachzucker 536
Vinylchlorid 261, 466, 479, 481, 544
Vinylhalogenide 481
Viscoseseide 557
Viskosität, kinematische 527
Volumenarbeit 114
Vorzeichenkonvention 114
Vulkanfiber 558
Vulkanisation 550

W

Wachse 500
Wand 113
Warmblasen, Generatorgas 319
Wärmetheorie, kinetische 22
Wärmetönung, endotherme 114
Waschgrundstoff, synthetischer 533
Waschmittel, synthetische 102
Wasser 255
– als Ampholyt 152
–, Autoprotolyse 154
–, Dipolmolekül 255
–, Enthärtung 428
–, Entkeimung 427

–, Ionenprodukt 154
–, Protolysekonstante 154
–, wirtschaftliche Bedeutung 419
Wasseraufbereitung, Absetzbecken 424
–, Filteranlage 425
–, Flockungsbecken 424
Wasserchemie, Kohlenstoffdioxid 426
Wasserentkeimung 427
Wassergas 319
–, Konvertierung 321
Wassergehalt von Schmierölen 528
Wasserglas 330
Wasserhärte 420
–, Bestimmung 437
Wasserstoff 253
–, Eigenschaften 254
–, Verbindungen 255
–, Verwendung 254
Wasserstoffbrückenbindung 79, 452, 484
Wasserstoffelektrode 198
Wasserstoffperoxid 255 f., 271
Wasserstofftyp 244
Weingeist 487
Weinsäure 493
Wellenfunktion 43
–, asymmetrische 64
–, symmetrische 64
Wellenmechanik 41
Welle-Teilchen-Dualismus 39
Wertigkeit 104
–, reziproke 169
–, stöchiometrische 104
Widerstand, innerer 208
Widia 406
Winderhitzer 401
Windfrischen 351
Winkler-Generator 319
Wirbelschichtvergasung 290, 319
Wismut 310
Witherit 369
Wofatit 429
Wöhler, Friedrich 440
Wolframcarbid 325
Wood-Metall 310

X

Xenon 339
Xenontetrafluorid 339
Xylenol 512
Xylol 506, 509

Z

Zahlenbuna 550
Zähpolen 388
Zellspannung 195, 197, 203
Zellstoff 539
Zellstoffgewinnung 539
Zement 371
–, Abbinden 372
–, Erhärten 372
Zementklinker 372
Zementmörtel 372
Zentralatom 84
Zentrifugieren 29
Zerfallskohlenstoff 400
Zersetzungsspannung 226
Zink 391
–, Gewinnung 392
–, Verwendung 392
–, Vorkommen 391
Zinkblende 273, 391
Zinkchlorid 393
Zinkhydroxid 393
Zinksulfat 392
Zinn 380
Zinn(II)-chlorid 381
Zinn(IV)-chlorid 381
Zinn(IV)-ionen 180
Zinn(IV)-oxid 381
Zinnober 393
Zinnstein 380
Zinnverbindungen 381
Zinnwasserstoff 380
Zunder 242, 246
Zündholz 302
Zündholzfabrikation 302
Zustand, angeregter 62, 81
Zustandsgleichung der Gase 111
Zustandsgröße 113
Zweizentren-Elektronenpaar-Bindung 64
Zwitterion 530

Notizen

Notizen